VIDA A Ciência da Biologia

Volume II: Evolução, Diversidade e Ecologia

Equipe de Tradução

Carla Denise Bonan (caps. 1-3)
Mestre e Doutora em Ciências Biológicas: Bioquímica pela UFRGS. Professora adjunta do Departamento de Biologia Celular e Molecular da Faculdade de Biociências da PUCRS.

Carlos Alexandre Sanchez Ferreira (caps. 11-12)
Mestre em Genética e Biologia Molecular pela UFRGS. Doutor em Ciências Biológicas: Bioquímica pela UFRGS. Professor adjunto e diretor da Faculdade de Biociências da PUCRS.

Cláudia Calegaro Marques (caps. 34-39)
Mestre em Ecologia pela UnB. Doutora em Biologia Animal pela UFRGS. Professora substituta do Departamento de Zoologia da UFRGS.

Débora Vom Endt (caps. 26-28)
Mestre em Genética e Biologia Molecular pela UFRGS. Doutora em Biologia Molecular Vegetal pela Universidade de Leiden, Holanda. Professora da UERGS.

Elke Bromberg (caps. 54-55)
Mestre em Ciências: Fisiologia Geral pela USP. Doutora em Ciências Biológicas: Fisiologia pela UFRGS. Professora adjunta da Faculdade de Biociências da PUCRS.

Gaby Renard (caps. 9, 14, 16, glossário)
Mestre e Doutora em Ciências Biológicas: Bioquímica pela UFRGS.

Guendalina Turcato Oliveira (cap. 57)
Mestre e Doutora em Ciências Biológicas: Fisiologia pela UFRGS. Professora adjunta da Faculdade de Biociências da PUCRS.

Isabel Cristina da Costa Rossi (cap. 47)
Mestre e Doutora em Ciências Biológicas: Fisiologia pela UFRGS. Professora adjunta da Faculdade de Biociências da PUCRS.

Isabel Cristina Ribas Werlang (iniciais, caps. 10, 29, 33, apêndices, respostas às questões, créditos, índice)
Mestre e Doutoranda em Biologia Celular e Molecular pela UFRGS.

Jacqueline Moraes Cardone (caps. 13, 30-32)
Mestre e Doutora em Genética e Biologia Molecular pela UFRGS. Pós-doutoranda no Centro de Biotecnologia da UFRGS.

José Artur Bogo Chies (caps. 4-5, 18)
Mestre em Genética e Biologia Molecular pela UFRGS. Doutor em Sciences de La Vie Specialité en Immunologie - Université de Paris VI (Pierre et Marie Curie). Professor associado do Departamento de Genética da UFRGS.

Léder Leal Xavier (caps. 46, 50)
Mestre em Ciências Biológicas: Fisiologia pela UFRGS. Doutor em Bioquímica pela UFRGS. Professora adjunta da Faculdade de Biociências da PUCRS.

Marilene Porawski Garrido (caps. 48-49)
Mestre e Doutora em Ciências Biológicas: Fisiologia pela UFRGS. Professora adjunta da Faculdade de Biociências da PUCRS.

Monica Ryff Moreira Roca Vianna (caps. 51-52)
Mestre e Doutora em Ciências Biológicas: Bioquímica pela UFRGS. Pós-doutorado no Montreal Neurological Institute, Canadá. Professora adjunta da Faculdade de Biociências da PUCRS.

Nadja Schroder (caps. 53, 56)
Mestre e Doutora em Bioquímica pela UFRGS. Pós-Doutora em Neurobiologia pela Universidade da Califórnia, Irvine, USA. Professora adjunta da Faculdade de Biociências da PUCRS.

Nelson Jurandi Rosa Fagundes (caps. 21-23)
Pós-Graduado (Especialização *Lato Sensu*) em Bioinformática, LNCC. Mestre e Doutor em Genética e Biologia Molecular pela UFRGS. Pós-doutorando do Departamento de Genética da UFRGS.

Paulo Luiz de Oliveira (caps. 6-8, 40-45)
Biólogo. Doutor em Agronomia pela Universität Hohenheim, Stuttgart, República Federal da Alemanha. Professor titular aposentado do Departamento de Ecologia do Instituto de Biociências da UFRGS.

Rafael Guimarães da Silva (caps. 20, 24-25)
Mestre e Doutor em Bioquímica pela UFRGS. Pós-doutorando no Department of Biochemistry of the Albert Einstein College of Medicine, NYC.

Rui Fernando Felix Lopes (caps. 15, 17, 19)
Mestre em Ciências Veterinárias pela UFRGS. Doutor em Zootecnia pela UFRGS. Professor associado do Departamento de Ciências Morfológicas no Instituto de Ciências Básicas da Saúde da UFRGS.

David
SADAVA
The Claremont Colleges,
Claremont, California

H. Craig
HELLER
Stanford University,
Stanford, California

Gordon H.
ORIANS
Emeritus,
The University of Washington,
Seattle, Washington

William K.
PURVES
Emeritus,
Harvey Mudd College,
Claremont, California

David M.
HILLIS
University of Texas,
Austin, Texas

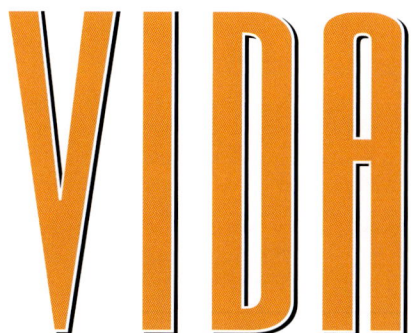

VIDA A Ciência da Biologia

Volume II: Evolução, Diversidade e Ecologia

8ª Edição

Consultoria, supervisão e revisão técnica desta edição:

Gaby Renard (caps. 1-5, 9-25)
Mestre e Doutora em Ciências Biológicas: Bioquímica pela UFRGS.

Giancarlo Pasquali (caps. 26-32)
Especialista em Biotecnologia Moderna pelo Centro de Biotecnologia da UFRGS.
Doutor em Biologia Molecular Vegetal pela Universidade de Leiden, Holanda.
Professor adjunto do Departamento de Biologia Molecular e Biotecnologia do Instituto de Biociências da UFRGS.
Pesquisador do Centro de Biotecnologia da UFRGS.

Júlio César Bicca-Marques (caps. 34-39)
Mestre em Ecologia pela UnB. PhD em Antropologia Biológica pela University of Illinois at Urbana-Champaign, EUA.
Professor titular da Faculdade de Biociências da PUCRS.

Monica Ryff Moreira Roca Vianna (caps. 46-57)
Mestre e Doutora em Ciências Biológicas: Bioquímica pela UFRGS.
Pós-doutorado no Montreal Neurological Institute, Canadá. Professora adjunta da Faculdade de Biociências da PUCRS.

Paulo Luiz de Oliveira (caps. 6-8, 40-45)
Biólogo. Doutor em Agronomia pela Universität Hohenheim, Stuttgart, República Federal da Alemanha.
Professor titular aposentado do Departamento de Ecologia do Instituto de Biociências da UFRGS.

Rafael Guimarães da Silva (caps. 1-5, 9-25)
Mestre e Doutor em Bioquímica pela UFRGS.
Pós-doutorando no Department of Biochemistry of the Albert Einstein College of Medicine, NYC.

Roberto Esser dos Reis (cap. 33)
Doutor em Zoologia pela USP. Pós-Doutor pela University of Michigan.
Professor titular da Faculdade de Biociências da PUCRS.

artmed®

2009

Obra originalmente publicada sob o título *Life: The Science of Biology*, 8th Edition
ISBN 978-0-7167-7876-9

First published in the United States by Sinauer Associates, Inc., Sunderland, MA.
Originalmente publicado nos Estados Unidos por Sinauer Associates, Inc., Sunderland, MA.

Capa: *Mário Röhnelt*

Preparação de original: *Tiago Cargnin*

Leitura final: *Henrique de Oliveira Guerra*

Supervisão editorial: *Letícia Bispo de Lima*

Editoração eletrônica: *Techbooks*

V648 Vida : a ciência da biologia / David Sadava ... [et al.] ; tradução Carla Denise Bonan ... [et al.]. – 8. ed. – Porto Alegre : Artmed, 2009.
3 v. : il. : color. ; 28 cm.

Contém v. 1. Célula e hereditariedade ; v. 2. Evolução, diversidade e ecologia ; v. 3. Plantas e animais.
ISBN 978-85-363-1924-7 (obra completa) 978-85-363-1921-6 (v. 1). – 978-85-363-1922-3 (v. 2). – 978-85-363-1923-0 (v. 3)

1. Biologia. 2. Citologia. 3. Hereditariedade. 4. Ecologia. 5. Genética. 6. Botânica. 7. Evolução. I. Sadava, David.

CDU 573

Catalogação na publicação: Renata de Souza Borges CRB-10/1922

Reservados todos os direitos de publicação, em língua portuguesa, à
ARTMED® EDITORA S.A.
Av. Jerônimo de Ornelas, 670 – Santana
90040-340 – Porto Alegre – RS
Fone: (51) 3027-7000 Fax: (51) 3027-7070

SÃO PAULO
Av. Angélica, 1.091 – Higienópolis
01227-100 – São Paulo – SP
Fone: (11) 3665-1100 Fax: (11) 3667-1333

SAC 0800 703-3444

IMPRESSO NO BRASIL
PRINTED IN BRAZIL

Sobre os Autores

Craig Heller Gordon Orians Bill Purves David Sadava David Hillis

David Sadava é professor de Biologia da Pritzker Family Foundation no Keck Science Center de Claremont Mckenna, Pitzer e Scripps, três das Faculdades de Claremont. Duas vezes ganhador do prêmio Huntoon, por distinguir-se como professor, Dr. Sadava tem ministrado cursos de introdução à biologia, biotecnologia, bioquímica, biologia celular, biologia molecular, biologia vegetal e biologia do câncer. Ele é pesquisador visitante em oncologia médica no City of Hope Medical Center. Dr. Sadava é autor/co-autor de cinco livros-texto em biologia celular e biologia vegetal, genes e biotecnologia para agricultura. Sua pesquisa resultou em mais de 50 artigos, muitos dos quais têm como co-autores alunos de graduação, em tópicos que vão desde a bioquímica vegetal à farmacologia de analgésicos narcóticos e doenças genéticas humanas. Durante os últimos 15 anos, Dr. Sadava e colaboradores têm investigado a resistência a múltiplas drogas em células de carcinoma de pulmão de pequenas células com a finalidade de compreender e reverter esse desafio clínico. Seus trabalhos atuais estão voltados para novos agentes anticâncer provenientes de plantas.

Craig Heller é Lorry I. Lokey/Business Wire Professor de Ciências Biológicas e Biologia Humana na Universidade de Stanford. Obteve seu Ph.D. no Departamento de Biologia da Universidade de Yale em 1970. Dr. Heller ministra aulas em cursos de biologia em Stanford desde 1972, foi Diretor do Programa em Biologia Humana, coordenador do Departamento de Ciências Biológicas e pesquisador associado. É membro da Associação Americana para o Progresso da Ciência e coordenador do prêmio Walter J. Gores de excelência em ensino. Sua pesquisa está focada na neurobiologia do sono e ritmos circadianos, hibernação de mamíferos, regulação da temperatura corporal e fisiologia da atividade física humana. Tem realizado pesquisas sobre o sono de cangurus, focas e ursos em hibernação, bem como sobre atletas em exercício. Um de seus recentes estudos sobre os efeitos da temperatura na atividade física humana está descrito no início do Capítulo 46.

Gordon Orians é professor emérito de Biologia da Universidade de Washington. Obteve seu Ph.D. na Universidade da Califórnia, Berkeley, em 1960, sob a orientação de Frank Pitelka. Dr. Orians foi eleito para a Academia Nacional de Ciências e para a Academia Americana de Artes e Ciências, e é membro externo da Academia Real de Artes e Ciências da Holanda. Foi Presidente da Organização para Estudos Tropicais, 1988-1994, e Presidente da Sociedade Ecológica da América, 1995-1996. Dr. Orians foi contemplado com o Prêmio Distinção por Serviços Prestados do Instituto Americano de Ciências Biológicas. Autoridade em ecologia, biologia da conservação e evolução, sua pesquisa em ecologia comportamental, interações planta-herbívoros, estrutura de comunidades e política ambiental tem proporcionado que viaje pelos seis continentes. Agora, Dr. Orians dedica seu tempo para escrever e se envolver em atividades relacionadas a políticas ambientais.

Bill Purves é professor emérito de Biologia, fundador e coordenador do Departamento de Biologia no Harvey Mudd College em Claremont, Califórnia. Obteve seu Ph.D. na Universidade de Yale em 1959, sob a orientação de Arthur Galston. Membro da Associação Americana para o Progresso da Ciência, Dr. Purves tem atuado como líder do Grupo de Ciências da Vida na Universidade de Connecticut, Storrs, e como coordenador do Departamento de Ciências Biológicas, Universidade da Califórnia, Santa Bárbara, onde foi agraciado com o Prêmio Harold J. Plous por excelência em ensino. Seu interesse em pesquisa sempre esteve focalizado na regulação hormonal do crescimento de plantas. Ele aposentou-se prematuramente em 1995, após lecionar introdução à biologia durante 34 anos consecutivos, com o objetivo de concentrar seus esforços na pesquisa direcionada em aprendizagem e educação da ciência. Atualmente, Dr. Purves participa do desenvolvimento de uma escola técnica virtual, com a responsabilidade de desenvolver um currículo baseado em raciocínio científico e ciências da saúde.

David Hillis é Centennial Professor da Alfred W. Roark em Biologia Integrativa e Diretor do Centro para Biologia Computacional e Bioinformática da Universidade do Texas em Austin, onde também coordena a Escola de Ciências Biológicas. Dr. Hillis ministra cursos de introdução à biologia, genética, evolução, sistemática e biodiversidade. Foi eleito membro da Academia Americana de Artes e Ciências, agraciado com o prêmio John D. and Catherine T. MacArthur e tem atuado como Presidente da Sociedade para o Estudo da Evolução e da Sociedade de Biólogos Sistemáticos. Seus interesses em pesquisa contemplam muito da biologia da evolução, incluindo estudos experimentais de vírus em desenvolvimento, estudos empíricos da evolução molecular natural, aplicações de filogenética, análise de biodiversidade e modelagem da evolução. Dr. Hillis está particularmente interessado em ensinar e pesquisar as aplicações práticas da biologia da evolução.

Aos nossos estudantes, em especial aos mais de 30.000 para quem, coletivamente, ensinamos introdução à biologia.

Revisores da 8ª Edição

Revisores entre as edições (Ecologia e parte sobre animais)

May Berenbaum, University of Illinois, Urbana-Champaign
Carol Boggs, Stanford University
Judie Bronstein, University of Arizona
F. Lynn Carpenter, University of California, Irvine
Dan Doak, University of California, Santa Cruz
Jessica Gurevitch, SUNY, Stony Brook
Margaret Palmer, University of Maryland
Marty Shankland, University of Texas, Austin

Membros do Comitê de Aconselhamento

Heather Addy, University of Calgary
Art Buikema, Virginia Polytechnic Institute and State University
Jung Choi, Georgia Technical University
Rolf Christoffersen, University of California, Santa Barbara
Alison Cleveland, Florida Southern University
Mark Decker, University of Minnesota
Ernie Dubrul, University of Toledo
Richard Hallick, University of Arizona
John Merrill, Michigan State University
Melissa Michael, University of Illinois
Deb Pires, University of California, Los Angeles
Sharon Rogers, University of Nevada, Las Vegas
Marty Shankland, University of Texas, Austin

Revisores dos originais

John Alcock, Arizona State University
Charles Baer, University of Florida
Amy Baird, University of Texas, Austin
Patrice Boily, University of New Orleans
Thomas Boyle, University of Massachusetts, Amherst
Mirjana Brockett, Georgia Institute of Technology
Arthur Buikema, Virginia Polytechnic Institute and State University
Hilary Callahan, Barnard College
David Champlin, University of Southern Maine
Chris Chanway, University of British Columbia
Mike Chao, California State University, San Bernardino
Rhonda Clark, University of Calgary
Elizabeth Connor, University of Massachusetts, Amherst
Deborah A. Cook, Clark Atlanta University
Elizabeth A. Cowles, Eastern Connecticut State University
Joseph R. Cowles, Virginia Polytechnic Institute and State University
William L. Crepet, Cornell University
Martin Crozier, Wayne State University
Donald Dearborn, Bucknell University
Mark Decker, University of Minnesota
Michael Denbow, Virginia Polytechnic Institute and State University
Jean DeSaix, University of North Carolina, Chapel Hill
William Eldred, Boston University
Andy Ellington, University of Texas, Austin
Gordon L. Fain, University of California, Los Angeles
Kevin M. Folta, University of Florida
Stu Feinstein, University of California, Santa Barbara
Miriam Goldbert, College of the Canyons
Kenneth M. Halanych, Auburn University
Susan Han, Uuniversity of Massachusetts, Amherst
Tracy Heath, University of Texas, Austin
Shannon Hedtke, University of Texas, Austin
Mark Hens, University of North Carolina, Greensboro
Albert Herrera, University of Southern California
Barbara Hetrich, University of Northern Iowa
Ere Hillis, University of California, Berkeley
Jonathan Hillis, Austin, Texas
Hopi Hoekstra, University of California, San Diego
Kelly Hogan, University of North Carolina, Chapel Hill
Carl Hopkins, Cornell University
Andrew Jarosz, Michigan State University
Norman Johnson, University of Massachusetts, Amherst
Walter Judd, University of Florida
David Julian, University of Florida
Laura Katz, Smith College
Melissa Kosinski-Collins, Massachusetts Institute of Technology
William Kroll, Loyola University of Chicago
Marc Kubasak, University of California Los Angeles
Josephine Kurdziel, University of Michigan
John Latto, University of California, Berkeley
Brian Leander, University of British Columbia
Jennifer Leavey, Georgia Institute of Technology,
Arne Lekven, Texas A&M University
Don Levin, University of Texas, Austin
Rachel Levin, Amherst College
Thomas Lonergan, university of New Orleans
Blase Maffia, University of Miami
Meredith Mahoney, University of Texas, Austin
Charles Mallery, University of Miami
Ron Markle, Northern Arizona University
Mike Meighan, University of California, Berkeley
Melissa Michael, University of Illinois, Urbana-Champaign
Jill Miller, Amherst College
Subhash Minocha, University of New Hampshire
Thomas W. Moon, University of Ottawa
Richard Moore, Miami University of Ohio
John Morrissey, Hofstra University
Leonie Moyle, University of Indiana
Mary Anne Nelson, University of New Mexico
Dennis O'Connor, University of Maryland, College Park
Robert Osuna, SUNY, Albany
Cynthia Paszkowski, University of Alberta
Diane Pataki, University of California, Irvine
Ron Patterson, Michigan State University
Craig Peebles, University of Pittsburg
Debra Pires, University of California, Los Angeles
Greg Podgorski, Utah State University
Chuck Polson, Florida Institute of Technology
Donald Potts, University of California, Santa Cruz
Jill Raymond, Rock Valley College
Ken Robinson, Purdue University
Sharon L. Rogers, University of Nevada, Las Vegas
Laura Romano, Denison University
Pete Ruben, Utah State University, Logan
Albert Ruesink, Indiana University
Walter Sakai, Santa Monica College
Mary Alice Schaeffer, Virginia Polytechnic Institute and State University
Daniel Scheirer, Northeastern University
Stylianos Scordilis, Smith College
Kevin Scott, University of Calgary
Jim Shinkle, Trinity University
Denise Signorelli, Community College of Southern Nevada
Thomas Silva, Cornell University
Jeffrey Tamplin, University of Northern Iowa
Steve Theg, University of California, Davis
Sharon Thoma, University of Wisconsin, Madison

Jeff Thomas, University of California, Los Angeles
Christopher Todd, University of Saskatchewan
John True, SUNY, Stony Brook
Mary Tyler, University of Maine
Fred Wasserman, Boston University
John Weishampel, University of Central Florida
Elizabeth Willott, University of Arizona
David Wilson, University of Miami
Heather Wilson-Ashworth, Utah Valley State College

Revisores de acuidade

John Alcock, Arizona State University
John Anderson, University of Minnesota
Brian Bagatto, University of Akron
Lisa Baird, University of San Diego
May Berenbaum, University of Illinois, Urbana-Champaign
Gerald Bergtrom, University of Wisconsin, Milwaukee
Stewart Berlocher, University of Illinois, Urbana-Champaign
Mary Bisson, SUNY, Buffalo
Arnold Bloom, University of California, Davis
Judie Bronstein, University of Arizona
Jorge Busciglio, University of California, Irvine
Steve Carr, Memorial University of Newfoundland
Thomas Chen, Santa Monica College
Randy Cohen, California State University, Northridge
Reid Compton, University of Maryland, College Park
James Courtright, Marquette University
Jerry Coyne, University of Chicago
Joel Cracraft, American Museum of Natural History
Joseph Crivello, University of Connecticut, Storrs
Gerrit De Boer, University of Kansas, Lawrence
Arturo DeLozanne, University of Texas, Austin
Stephen Devoto, Wesleyan University
Laura DiCaprio, Ohio University
John Dighton, Rutgers Pinelands Field Station
Jocelyne DiRuggiero, University of Maryland, College Park
W. Ford Doolittle, Dalhousie University
Emanuel Epstein, University of California, Davis
Gordon L. Fain, University of California, Los Angeles
Lewis J. Feldman, university of California, Berkeley
James Ferraro, Southern Illinois University
Cole Gilbert, Cornell University
Elizabeth Godrick, Boston University
Martha Groom, University of Washington
Kenneth M. Halanych, Auburn University
Mike Hasegawa, Purdue University
Mark Hens, University of North California, Greensboro
Richard Hill, Michigan State University
Franz Hoffman, University of California, Irvine
Sara Hoot, University of Wisconsin, Milwaukee
Carl Hopkins, Cornell University
Alfredo Huerta, Miami University
Michael Ibba, The Ohio State University
Walter Judd, University of Florida
Laura Katz, Smith College
Manfred D. Laubichler, Arizona State University
Brian Leander, University of British Columbia
Mark V. Lomolino, SUNY College of Environmental Science and Forestry
Jim Lorenzen, University of Idaho
Denis Maxwell, University of Western Ontario
Brad Mehrtens, University of Illinois, Urbana-Champaign
John Merril, Michigan State University
Allison Miller, Saint Louis University
Clara Moore, Franklin and Marshall College
Julie Noor, Duke University
Theresa O'Halloran, University of Texas, Austin
Norman R. Pace, University of Colorado
Randall Packer, George Washington University
Walt Ream, Oregon State University
Eric Richards, Washington University
Steve Rissing, The Ohio Stateniversity
R. Michael Roberts, University of Missouri, Columbia
Pete Ruben, Simon Fraser University
David A. Sanders, Purdue University
Mike Shankland, university of Texas, Austin
Jeff Silberman, University of Arkansas
Margaret Silliker, DePaul University
Dee Silverthorn, University of Texas, Austin
M. Suzanne Simon-Westerndorf, Ohio University
Alastair G.B. Simpson, Dalhousie University
John Skillman, California State University, San Bernardino
Frederick W. Spiegel, University of Arkansas
John J. Stachowicz, University of California, Davis
Heven Sze, University of Maryland
E.G. Robert Turgeon, Cornell University
Mary Tyler, University of Maine
Mike Wade, Indiana University
Leslie Winemiller, Texas A&M University
Mimi Zolan, Indiana University

Revisores do apêndice "A Árvore da Vida"

John Abbott, University of Texas, Austin
Joseph Bischoff, National Center for Biotechnology Information
Ruth Buskirk, University of Texas, Austin
David Cannatella, University of Texas
Joel Cracraft, American Museum of Natural History
Scott Federhen, National Center for Biotechnology Information
Carol Hotton, National Center for Biotechnology Information
Robert Jansen, University of Texas
Brian Leander, University of British Columbia
Detlef Leipe, National Center for Biotechnology Information
Beryl Simpson, University of Texas, Austin
Richard Stenberg, National Center for Biotechnology Information
Edward Theriot, University of Texas
Sean Turner, National Center for Biotechnology Information

Autores dos suplementos*

Dany Adams, The Forsyth Institute
Erica Bergquist, Holyoke Community College
Ian Craine, University of Toronto
Ernest Dubrul, University of Toledo
Edward Dzialowski, University of North Texas
Donna Francis, University of Massachusetts, Amherst
Jon Glase, Cornell University
Lindsay Goodloe, Cornell University
Celine Muis Griffin, Quenn's University
Nancy Guild, University of Colorado at Boulder
Norman Johnson, University of Massachusetts, Amherst
Ames Knapp, Holyole Community College
Jennifer Knight, University of Colorado, Boulder
David Kurjiaka, University of Arizona
Richard MaCarty, Johns Hopkins University
Betty McGuire, Cornell University
Nancy Murray, Evergreen State College
Deb Pires, University of California
Catherine Ueckert, Northern Arizona University
Jerry Waldvogel, Clemson University

*Os suplementos originais não estão disponíveis para a edição em língua portuguesa. Consulte www.artmed.com.br (área do professor) para saber sobre os materiais complementares exclusivos desta edição.

Prefácio

Como cientistas atuantes, trabalhando com uma ampla variedade de biologia básica e aplicada, sentimo-nos afortunados por fazer parte de um campo que, além de fascinante, modifica-se rapidamente. Isso é percebido não somente desde o tempo em que começamos nossas carreiras – podemos verificar esse fato todos os dias quando abrimos um jornal ou revista científica. Como educadores, tanto de estudantes de nível introdutório como do avançado, desejamos transmitir nosso entusiasmo sobre a natureza dinâmica da biologia.

Esta nova edição do *Vida* parece, e é, um pouco diferente de suas antecessoras. No planejamento da 8ª edição, detivemo-nos em três objetivos fundamentais. O primeiro foi manter e reforçar o que tem funcionado desde o passado – com ênfase não somente no que conhecemos, mas também no que iremos conhecer; a incorporação de novas descobertas excitantes; um projeto gráfico que se diferencia por sua beleza e clareza; somado a um tema unificador. É como deve ser todo livro-texto de biologia, em que o tema é a evolução pela seleção natural, uma idéia de 150 anos que mais do que nunca mantém unido o mundo vivo. Tivemos um grande auxílio nesta tentativa por meio de um novo autor, David Hillis: seu conhecimento e idéias foram inestimáveis no desenvolvimento de nossos capítulos que tratam de evolução, filogenia e diversidade, e eles permeiam o restante do livro.

Nosso segundo objetivo foi fazer de *Vida* um livro mais acessível pedagogicamente. A partir de um novo visual até a inclusão de vários recursos de aprendizagem em cada capítulo (veja Novos aspectos pedagógicos), temos trabalhado para fazer com que nossa escrita seja fácil de entender, assim como estimulante.

Terceiro, entre as edições, sete ecologistas diferentes avaliaram os textos – todos os quais ensinam introdução à biologia – para fornecer críticas detalhadas da unidade de Ecologia. Como resultado de suas extensas sugestões, a Parte 7, Ecologia, apresenta uma nova organização (veja As 9 partes). Um dos sete ecologistas, May Berenbaum, concordou em se juntar ao time de autores de *Vida* para a próxima edição. Os outros seis parceiros são reconhecidos em "Revisores da 8ª Edição".

Características que permaneceram

Como já mencionado acima, comprometemo-nos a combinar uma apresentação de idéias centrais de biologia com a ênfase de introduzir nossos leitores no processo do questionamento científico. Tendo sido pioneiros na idéia de descrever experimentos utilizando figuras especialmente desenhadas para isso, continuamos a desenvolver esse método nesta edição, com 96 figuras de EXPERIMENTOS (28% a mais do que na 7ª edição). Cada figura segue uma estrutura: Hipótese, Método, Resultado e Conclusão. Muitas incluem Pesquisa Adicional, que faz com os estudantes imaginem um experimento que explora uma questão relacionada.

Um recurso complementar são as figuras de MÉTODO DE PESQUISA, descrevendo muitos experimentos de campo e métodos de laboratório utilizados para a realização da pesquisa.

Outro recurso bastante apreciado – que introduzimos dez anos atrás, quando da 5ª edição de *Vida* – são as LEGENDAS EM BALÃO utilizadas em nossas figuras. Sabemos que muitos estudantes aprendem de maneira visual. As legendas em balão trazem explicações de processos complexos diretamente para dentro da ilustração, permitindo que o leitor capte a informação sem ter que ir e voltar repetidamente entre a figura e a legenda.

Vida é o único livro de introdução à biologia para cientistas que inicia cada capítulo com uma história. Estas HISTÓRIAS DE ABERTURA, a maioria das quais é nova nesta edição, têm o propósito de intrigar estudantes enquanto os auxilia a ver como o assunto biológico do capítulo está relacionado ao mundo à sua volta.

Novos aspectos pedagógicos

Existem diversos elementos novos nos capítulos da 8ª edição. Cada um deles foi projetado como uma ferramenta de estudo para auxiliar o estudante a entender o conteúdo. Na página de abertura de cada capítulo, NESTE CAPÍTULO introduz, em poucas linhas, o que será abordado, e os DESTAQUES DO CAPÍTULO contêm os títulos das seções, todos numerados e na forma de perguntas que estimulam o questionamento científico.

Cada seção de um capítulo termina com uma RECAPITULAÇÃO. Este elemento-chave resume os conceitos importantes da seção, apresentando duas ou três questões para estimular a revisão.

O RESUMO DO CAPÍTULO apresenta os termos-chave em negrito introduzidos e definidos no capítulo. Mantivemos as referências marcadas para figuras-chave.

As 9 partes

Reorganizamos o livro em 9 partes. A Parte 1 apresenta o livro, com o capítulo de abertura em biologia tratando-a como uma ciência estimulante, começando com um projeto estudantil e mostrando como a evolução une o mundo. Esse capítulo é seguido por outros que relacionam aspectos da química básica à vida. Tentamos manter este material agrupado, relacionando-o a teorias sobre a origem da vida, destacando também a descoberta de água em nosso sistema solar.

Na Parte 2, Células e Energia, apresentamos uma visão integrada das funções estruturais e bioquímicas de células. As discussões de bioquímica são freqüentemente desafiadoras para os estudantes; por essa razão reestruturamos tanto o texto quanto as ilustrações para maior clareza. Essas discussões são apresentadas no contexto das últimas descobertas sobre a origem da vida e evolução das células.

A Parte 3, Hereditariedade e o Genoma, inicia com a continuidade em nível celular e então apresenta os princípios de genética e a identificação do DNA como o material genético. Novos exemplos, como a genética da cor de pêlos em cães, estimulam a curiosidade. Estes seguem por capítulos sobre expressão gênica e sobre genomas procariotos e eucariotos. Muitas descobertas têm sido feitas nesse novo campo da genômica, desde o rastreamento do vírus da gripe aviária até genomas de gatos selvagens, como da chita.

A Parte 4, Biologia Molecular: O Genoma em Ação, reforça os princípios básicos das genéticas clássica e molecular aplicando-as em diversos tópicos, como sinalização celular, biotecnologia e medicina. Utilizamos muitos experimentos e exemplos de biologia aplicada para ilustrar esses conceitos, que incluem as mais recentes informações sobre genoma humano e o campo emergente da biologia de sistemas. O capítulo sobre defesas naturais agora inclui uma discussão sobre alergia.

Na Parte 5, Os Padrões e os Processos da Evolução, ocorreram atualizações em diferentes âmbitos. Enfatizamos a importância da biologia evolutiva como uma base para a comparação e o entendimento de todos os aspectos da biologia, bem como descrevemos diversas aplicações práticas de biologia evolutiva que serão familiares e relevantes ao dia-a-dia da maioria dos estudantes.

Estudos experimentais de evolução recentes são descritos e explicados, a fim de auxiliar os estudantes no entendimento de que a evolução é um processo que podemos observar e que ocorre a todo momento. Os capítulos sobre filogenética e evolução molecular foram completamente reescritos para refletir os últimos avanços nesses campos de estudo. Outras mudanças refletem nosso crescente conhecimento da história da vida na Terra e dos mecanismos de evolução que resultaram em toda a biodiversidade.

A Parte 6, A Evolução da Diversidade, contempla informações atuais relativas à filogenia, que continua a enfatizar os grupos unidos pela história evolutiva, e não as taxas definidas de modo clássico. Essa ênfase é, agora, embasada por um apêndice da Árvore da Vida que mapeia claramente e descreve todos os grupos discutidos no texto, fazendo com que os estudantes possam verificar facilmente nomes desconhecidos e ver como estão posicionados no contexto maior de vida. Discutimos, então, aspectos de filogenia que ainda estão em estudo ou sob debate (dentre os principais grupos de eucariotos, plantas e animais, por exemplo).

A Parte 7, Ecologia, inicia com um novo capítulo que descreve o escopo da pesquisa ecológica e discute recentes avanços do nosso entendimento sobre os padrões de distribuição de vida na Terra. O próximo capítulo, também novo, combina Comportamento e Ecologia Comportamental. Ele mostra como as decisões que os organismos tomam durante suas vidas influenciam tanto a sua sobrevivência como o seu sucesso reprodutivo, e também a dinâmica das populações e a estrutura das comunidades ecológicas. O capítulo sobre Ecologia de Populações explica como os ecologistas são capazes de marcar e seguir organismos individuais na vida selvagem para determinar seu sucesso de sobrevivência e reprodutivo. Após Ecologia de Comunidades consta o capítulo sobre Ecossistemas e Ecologia Global, que mostra como os ecologistas estão expandindo o escopo de seus estudos para acompanhar o funcionamento do ecossistema global. Essa discussão leva, naturalmente, ao capítulo final dessa parte, Biologia da Conservação, que descreve como os ecologistas e os biólogos de conservação trabalham para reduzir o número de espécies que estão se tornando extintas como resultado de atividades humanas.

Na Parte 8, Angiospermas: Forma e Função, apresentamos muitas descobertas interessantes. Estas incluem os receptores de auxina, giberelina, brassinoesteróides, assim como o grande progresso nas informações relativas ao florígeno. Atualizamos o conhecimento de vias de transdução de sinal e de ritmos circadianos em plantas. A sempre forte interferência de desafios ambientais a plantas foi ampliada com novas figuras de Experimentos sobre defesas de plantas contra herbívoros, confirmando que a nicotina auxilia as plantas de tabaco na resistência contra alguns insetos.

A Parte 9, Animais: Forma e Função, trata de como os animais vivem. Apesar de darmos atenção especial à fisiologia humana, a encaixamos em uma revisão de fisiologia animal comparativa. Nosso foco é a fisiologia dos sistemas, porém também introduzimos os mecanismos moleculares e celulares. Por exemplo, nossas explicações de fenômenos do sistema nervoso – se eles são potenciais de ação, sensação, aprendizagem ou sono – são discutidas em termos das propriedades de canais iônicos. As ações de hormônios são explicadas no que diz respeito aos mecanismos moleculares. A atividade atlética máxima é explicada em termos dos sistemas de energia celular que operam. Durante a Parte 9 tentamos ajudar o estudante a fazer conexões de todos os níveis de biologia, desde o nível molecular até comportamental, e perceber a relevância da fisiologia para a saúde e para a doença. Os mecanismos de controle e regulação são de extrema importância em cada capítulo.

As muitas pessoas que devemos agradecer

Uma das coisas mais sensatas de um conselho, mesmo quando este é dado a um autor de livro-texto, é "ser passional sobre o seu tema, mas não colocar seu ego na página". Considerando todas as pessoas que nos ajudaram durante o processo de criação deste livro, este conselho não poderia ser melhor. Estamos em dívida com muitas pessoas que nos ajudaram de um modo valioso a fazer deste livro o que ele é. Primeiro, e muito importante, são os nossos colegas, biólogos de mais de 100 instituições. Alguns eram leitores da edição anterior e sugeriram muitas melhorias. Outros revisaram nossos rascunhos de capítulos em detalhe, incluindo sugestões de como melhorar as ilustrações. Ainda outros atuaram como revisores de acuidade quando o livro estava quase completo. Nossos editores criaram um grupo de conselheiros de coordenadores de cursos introdutórios. Eles nos aconselharam em uma variedade de temas, desde o conteúdo e *design* do livro até elementos de impressão e suplementos. Todos eles estão listados em "Revisores da 8ª Edição".

Precisávamos de um novo olho editorial para esta edição, e fomos afortunados a trabalhar com Carol Pritchard-Martinez como editora de desenvolvimento. Com uma mente elevada por anos de experiência, ela foi muito importante quando escrevemos e revisamos. Elizabeth Morales, nossa artista, fez sua 2ª edição conosco. Desta vez, ela revisou extensivamente quase todas as artes anteriores e transformou nossos rascunhos em uma nova e bonita arte. Esperamos que você concorde que nosso programa de arte permanece esclarecedor e elegante. Mais uma vez, tivemos sorte em ter Norma Roche como a editora de cópias. Seu pulso firme e o histórico enciclopédico de nossos muitos capítulos fizeram nossa prosa mais definida e mais acurada. Nesta edição, Norma juntou-se à meiga e capaz Maggie Brown. Susan McGlew coordenou as centenas de revisões que descrevemos acima. David McIntyre foi o verdadeiro editor de fotografia. Ele não só encontrou mais de 500 novas fotografias, incluindo muitas por ele produzidas, que enriqueceram o conteúdo e a apresentação do livro, mas também programou, realizou e fotografou o experimento mostrado na Figura 42.1. O novo e elegante projeto gráfico do livro é criação de Jeff Johnson, que também produziu a capa. Carol Wigg, pela oitava vez em oito edições, revisou o processo de editoração. Sua influência espalha-se por todo o livro – ela criou ícones, deu forma e melhorou as histórias que abrem os capítulos, interagiu com David McIntyre na concepção de muitos temas de fotos e manteve olhos de águia em cada detalhe de texto, arte e fotografias.

W. H. Freeman continua a trazer uma grande audiência para *Vida*. A diretora associada de Marketing Debbie Clare, especialistas regionais, coordenadores regionais e uma forte equipe de vendas são embaixadores efetivos e transmissores competentes das características de nosso livro. Dependemos de sua experiência e energia para nos mantermos informados em como *Vida* é visto por seus leitores.

Por fim, estamos em dívida com Andy Sinauer. Assim como nós, seu nome está na capa do livro, e ele realmente se importa com o que está dentro dele.

David Sadava

Craig Heller

Gordon Orians

Bill Purves

David Hillis

Sumário

Sumário Detalhado

Parte 1 ■ A Ciência e os Blocos Construtores da Vida

Parte 2 ■ Células e Energia

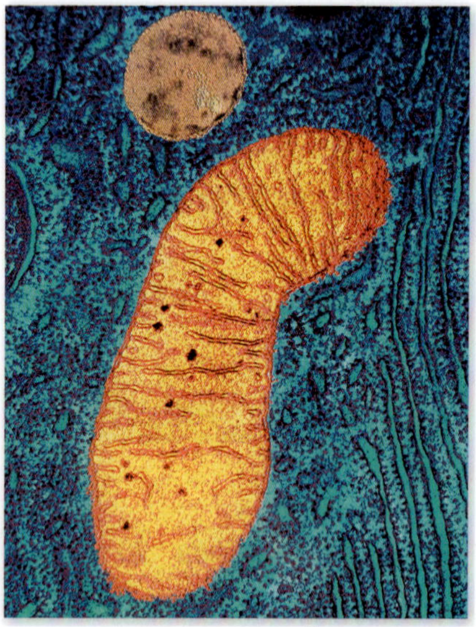

Parte 3 ■ Hereditariedade e o Genoma

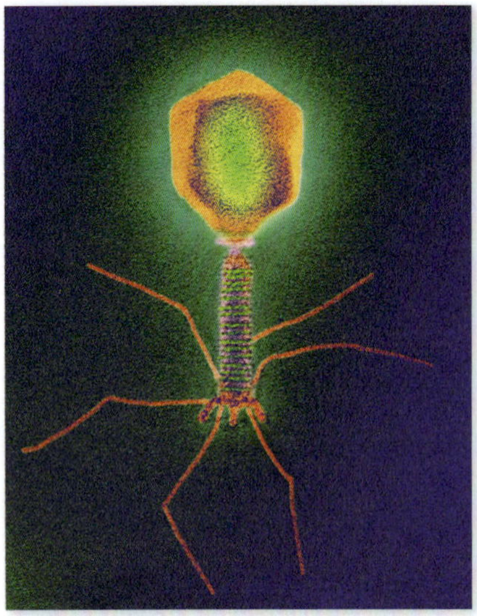

Parte 4 ■ Biologia Molecular: O Genoma em Ação

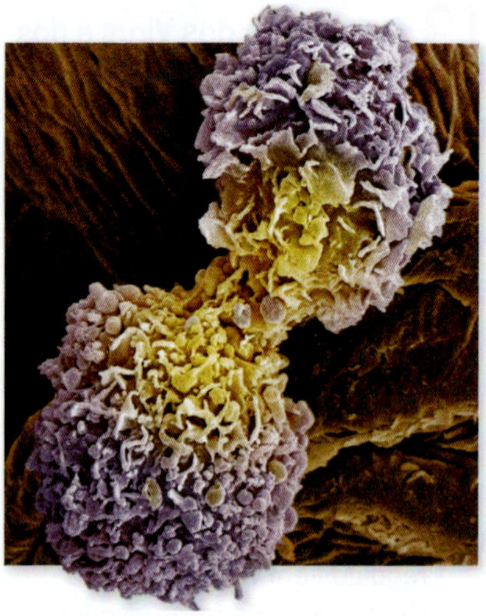

Parte 5 ■ Os Padrões e os Processos da Evolução

Parte 6 ■ A Evolução da Diversidade

Parte 7 ■ Ecologia

Parte 8 ■ Angiospermas: Forma e Função

Parte 9 ■ Animais: Forma e Função

PARTE 5

Os Padrões e os Processos da Evolução

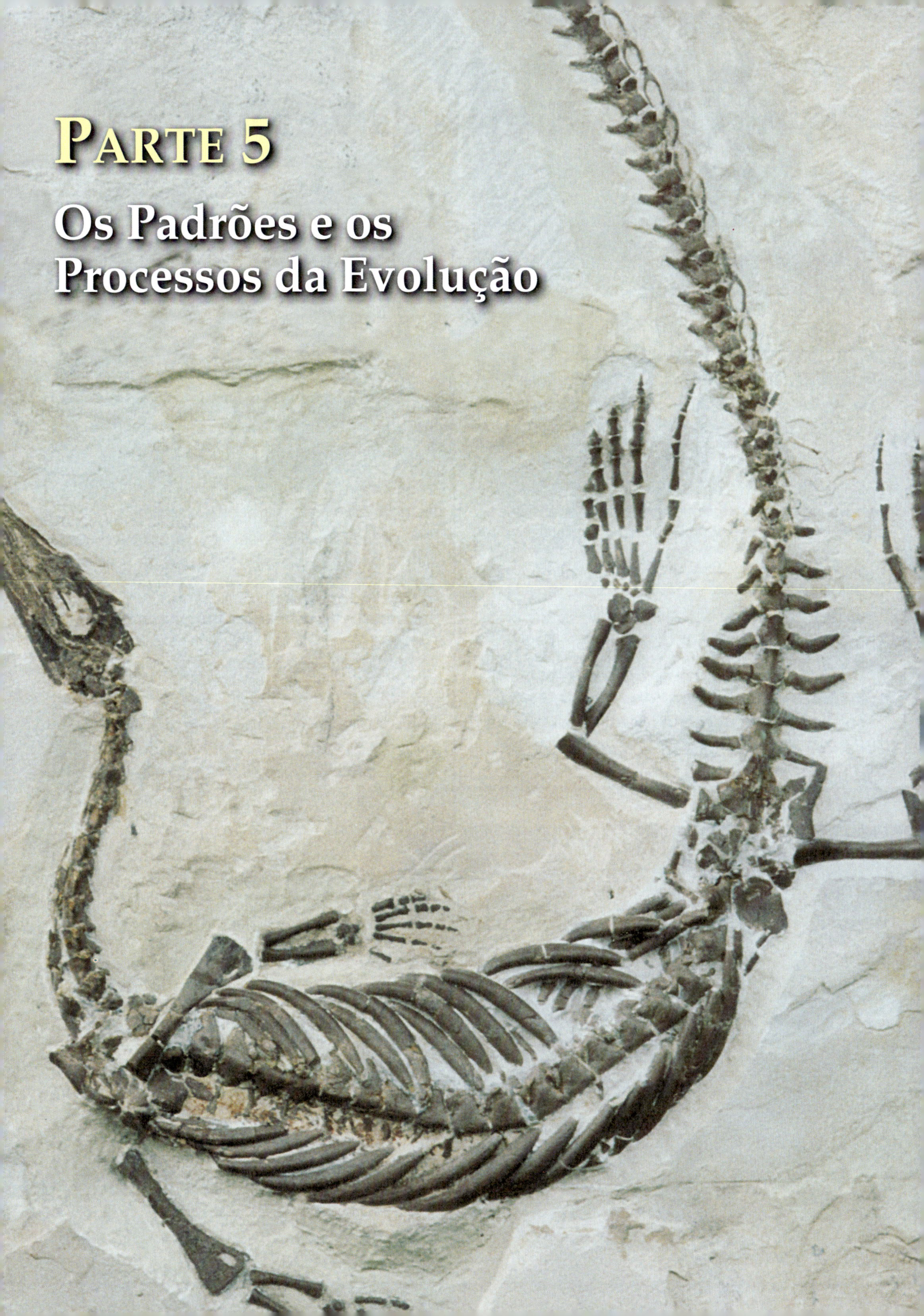

CAPÍTULO 21

A História da Vida na Terra

Roedores gigantes

Existem mais espécies de roedores do que de qualquer outro grupo de mamíferos, e a maioria é muito pequena. O camundongo, por exemplo, pesa aproximadamente 30 gramas, a ratazana pesa cerca de 300 gramas, e a maioria dos esquilos têm entre 300 e 600 gramas. No entanto, a América do Sul é o lar de um grupo diverso de roedores que inclui os conhecidos porquinhos-da-índia e as chinchilas, em média significativamente maiores do que os roedores de outras regiões. O maior roedor atual, a capivara, pesa cerca de 50 *quilogramas* e vive nos banhados da América do Sul.

Roedores grandes têm sido uma característica própria da história evolutiva da América do Sul. Durante o Mioceno (há aproximadamente 10 milhões de anos), esse continente abrigava um roedor do tamanho de um bisão. O *Phoberomys pattersoni*, como foi chamado, pesava aproximadamente 700 quilogramas – pelo menos 10 vezes mais do que uma capivara. A forma de seus dentes fossilizados revelou aos paleontólogos que o *Phoberomys* era de fato um roedor e também indicou que ele se alimentava de gramíneas de banhados e pântanos, como a capivara o faz atualmente. Os paleontólogos determinaram o tamanho desse roedor gigante aplicando aos ossos fossilizados uma relação matemática constante bem conhecida entre a massa corporal e o diâmetro dos ossos das patas de roedores atuais.

Como os biólogos sabem que o *Phoberomys* viveu há 10 milhões de anos? Os ossos de *Phoberomys* foram encontrados associados a fósseis de outros mamíferos já extintos, em uma camada de rocha específica que se formou há muito tempo. Mas quanto tempo? A deposição estratigráfica de diferentes rochas nos permite dizer suas idades relativas, mas não indica a idade absoluta de uma camada específica.

Um dos avanços notáveis da ciência no século XX foi o desenvolvimento de técnicas sofisticadas que utilizam a taxa de decaimento de vários radioisótopos, as mudanças no campo magnético da Terra e a presença ou ausência de determinadas moléculas para inferir e datar com precisão condições e eventos ocorridos no passado remoto. São esses métodos que fornecem as idades das rochas onde os fósseis de *Phoberomys* foram encontrados.

Estamos tão acostumados a ter à nossa volta mecanismos de medida do tempo, que esquecemos quão recentemente esses mecanismos foram inventados. Quando Galileu estudou o movimento de uma bola rolando para baixo em um plano inclinado há cerca de 400 anos, ele usou sua pulsação para marcar intervalos de tempo de mesma duração. O desenvolvimento da ciência da biologia liga-se intimamente a mudanças no conceito de tempo, especialmente em relação à idade da

O maior roedor do mundo A capivara (*Hydrochaeris hydrochaeris*), na América do Sul, é a maior espécie de roedor atual. Capivaras adultas, como essa mostrada com dois filhotes, podem pesar o mesmo que um homem adulto.

Rochas jovens se depositam sobre rochas antigas No Grand Canyon, o Rio Colorado cavou e expôs muitos estratos de rochas antigas. As rochas mais antigas vistas aqui se formaram há cerca de 540 milhões de anos. As rochas mais recentes, no topo, têm cerca de 500 milhões de anos de idade. Fósseis de organismos que existiram durante o mesmo período evolutivo encontram-se juntos no mesmo estrato.

DESTAQUES DO CAPÍTULO

21.1 **Como** os cientistas datam eventos antigos?

21.2 **Como** os continentes e o clima da Terra modificaram-se ao longo do tempo?

21.3 **Quais** são os principais eventos da história da vida?

21.4 **Por que** a taxa evolutiva difere entre diferentes grupos de organismos?

Terra. A biologia em seu formato atual só teve condições de se desenvolver a partir de 150 anos atrás, quando os geólogos apresentaram evidências sólidas de que a Terra era antiga. Antes de 1850, a maioria das pessoas acreditava que a Terra não tinha mais do que poucos milhares de anos. Charles Darwin não poderia ter desenvolvido sua teoria de evolução por seleção natural se não soubesse que a Terra é muito antiga e que milhões de anos se passaram na evolução da vida.

NESTE CAPÍTULO primeiramente descrevemos de que maneira os cientistas associam datas a eventos ocorridos num passado evolutivo distante. Então revisamos as principais mudanças nas condições físicas da Terra ao longo dos últimos 4 bilhões de anos e vemos como essas mudanças afetaram a vida. Descrevemos, então, os principais padrões na evolução da vida e explicamos por que a taxa evolutiva varia ao longo do tempo dentro de um mesmo grupo de organismo e entre grupos. Finalmente, discutimos a importância dos processos evolutivos hoje em funcionamento.

21.1 Como os cientistas datam eventos antigos?

Muitas mudanças evolutivas acontecem com rapidez suficiente para que possamos estudá-las diretamente ou por meio de experimentos. O melhoramento vegetal e animal realizado por pesquisadores e agricultores e a evolução de resistência a inseticidas são dois bons exemplos de evolução rápida, de curto prazo. Outras mudanças, como o aparecimento de novas espécies e linhagens evolutivas, normalmente ocorrem numa escala de tempo bem mais longa.

Para entender os padrões de mudanças evolutivas a longo prazo, que cobriremos ao longo das Partes 5 e 6 deste livro, devemos pensar em módulos temporais que cobrem muitos milhões de anos e imaginar eventos e condições muito diferentes daquelas que observamos hoje. Para nós, a Terra do passado distante é um planeta alienígena habitado por organismos estranhos. Os continentes não estavam onde se encontram hoje, e em alguns períodos o clima era drasticamente diferente do atual.

Conforme a abertura desse capítulo mostra, os **fósseis** – restos preservados de organismos antigos – podem nos dizer muito sobre a forma corporal, ou *morfologia*, de organismos que viveram há muito tempo, assim como onde e de que forma eles viveram. Entretanto, para entender os padrões de mudança evolutiva, devemos entender também como a vida se modificou ao longo do tempo.

Boa parte da história da Terra está gravada em suas rochas. Não podemos dizer a idade das rochas apenas ao olharmos para elas, mas podemos determinar suas idades em comparação a outras rochas. A primeira pessoa a reconhecer formalmente que isso poderia ser feito foi o médico dinamarquês Nicolaus Steno, no século XVII. Steno observou que numa seqüência intacta de rocha *sedimentar* (rochas formadas pelo acúmulo de sedimentos no fundo de corpos de água) as camadas, mais antigas, ou estratos, estavam no fundo, de modo que os estratos sucessivamente superiores eram progressivamente mais recentes.

Em seguida, geólogos, em especial o cientista inglês William Smith no século XVIII, combinaram as suposições de Steno com as observações de fósseis contidos em rochas sedimentares e concluíram:

- Fósseis de organismos semelhantes podiam ser encontrados em locais distintos da Terra, muito distantes uns dos outros.
- Certos organismos eram sempre encontrados em rochas mais recentes do que outros organismos.

- Organismos encontrados em estratos superiores eram mais semelhantes a organismos atuais do que aqueles encontrados em estratos inferiores, mais antigos.

Esses padrões revelaram muito sobre as idades relativas das rochas sedimentares além de padrões na evolução da vida. Contudo, os geólogos ainda não podiam precisar quão antigas as rochas eram de fato. Um método para datação de rochas não surgiu até se descobrir a radioatividade, no início do século XX.

Os radioisótopos fornecem uma forma para datar rochas

Isótopos radioativos de átomos (ver Seção 2.1) decaem de uma forma regular ao longo de grandes períodos de tempo. Durante cada intervalo de tempo sucessivo, ou **meia-vida**, metade do material radioativo do radioisótopo decai, transformando-se em outro elemento ou em um isótopo estável do mesmo elemento (**Figura 21.1**).

Cada radioisótopo apresenta meia-vida característica (**Tabela 21.1**). Ao utilizar um radioisótopo para datar um evento passado, deve-se saber ou estimar a concentração do isótopo na ocorrência daquele evento. No caso do carbono, a produção de novos ^{14}C na atmosfera superior (através da reação de nêutrons com ^{14}N) está em equilíbrio com o decaimento do ^{14}C. Portanto, a razão de ^{14}C por seu isótopo estável ^{12}C é relativamente constante em organismos vivos e no seu ambiente. Todavia, assim que um organismo morre, ele deixa de trocar compostos de carbono com seu ambiente. O decaimento de ^{14}C não é mais contrabalançado, e a relação de ^{14}C para ^{12}C nos seus restos diminui com o tempo. *Paleontólogos* (cientistas que estudam fósseis) podem usar a relação de ^{14}C por ^{12}C em organismos fósseis para datar fósseis de menos de 50 mil anos de idade (e portanto a rocha sedimentar que contém aqueles fósseis) com razoável grau de certeza. Após esse tempo, tão pouco ^{14}C permanece no fóssil que não podemos mais detectá-lo.

TABELA 21.1 Meia-vida de alguns radioisótopos

RADIOISÓTOPO	MEIA-VIDA
Fósforo-32 (^{32}P)	14,3 dias
Trítio (^{3}H)	12,3 anos
Carbono-14 (^{14}C)	5.700 anos
Potássio-40 (^{40}K)	1,3 bilhão de anos
Urânio-238 (^{238}U)	4,5 bilhão de anos

TABELA 21.2 A História Geológica da Terra

DURAÇÃO RELATIVA	ERA	PERÍODO	INÍCIO	PRINCIPAIS MUDANÇAS FÍSICAS NA TERRA
	Cenozóica	Quaternário	1,8 ma	Clima frio e seco; repetidas glaciações.
		Terciário	65 ma	Continentes em posições próximas às atuais; o clima esfria.
	Mesozóica	Cretáceo	145 ma	Os continentes do norte permanecem unidos; a Gondwana começa a se fragmentar; um meteorito atinge a península de Yucatán.
		Jurássico	200 ma	Formam-se dois grandes continentes: Laurásia (norte) e Gondwana (sul); clima ameno.
		Triássico	251 ma	A Pangéia começa a se separar lentamente; clima quente e úmido.
	Paleozóica	Permiano	297 ma	Os continentes se agregam na Pangéia; grandes geleiras se formam; climas secos surgem no interior da Pangéia.
		Carbonífero	359 ma	O clima esfria; notáveis gradientes climáticos latitudinais.
Pré-Cambriana		Devoniano	416 ma	Os continentes colidem no final do período; provável colisão de um meteorito com a Terra.
		Siluriano	444 ma	O nível do mar aumenta; formam-se dois grandes continentes; clima quente e úmido.
		Ordoviciano	488 ma	Grande glaciação; o nível do mar cai 50 metros.
		Cambriano	542 ma	O nível de O_2 se aproxima do atual.
			600 ma	O nível de O_2 é cerca de 5% do atual.
			1,5 ba	O nível de O_2 é cerca de 1% do atual.
			3,8 ba	Oxigênio aparece na atmosfera.
	Pré-Cambriana		4,5 ba	

Notas: ma, milhões de anos atrás; ba, bilhões de anos atrás.

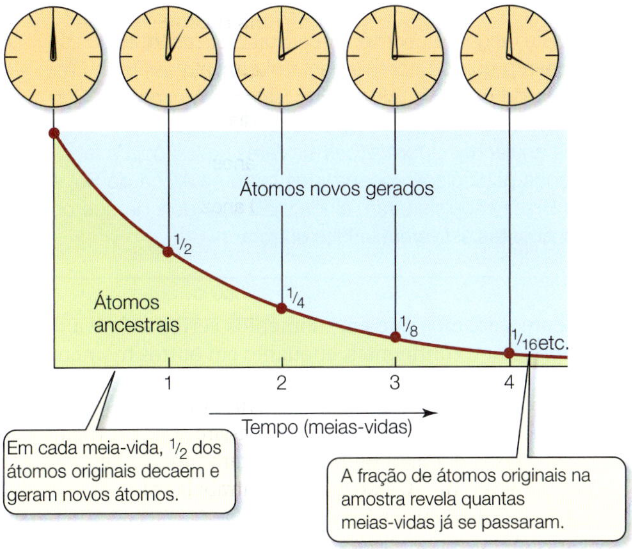

Átomos novos gerados
1/2
Átomos ancestrais
1/4
1/8
1/16etc.
1
2
3
4
Tempo (meias-vidas)
Em cada meia-vida, 1/2 dos átomos originais decaem e geram novos átomos.
A fração de átomos originais na amostra revela quantas meias-vidas já se passaram.

Figura 21.1 Os isótopos radioativos nos permitem datar rochas antigas O decaimento dos átomos radioativos originais em novos isótopos estáveis ocorre a uma taxa constante, chamada de meia-vida. Diferentes radioisótopos têm meias-vidas diferentes, mas específicas, que permitem medir quanto tempo se passou desde a deposição da rocha que contém aquele isótopo.

PRINCIPAIS EVENTOS NA HISTÓRIA DA VIDA

Evolução do homem; muitos grandes mamíferos se extinguem.

Diversificação das aves, mamíferos, angiospermas e insetos.

Dinossauros continuam a se diversificar; diversificação das angiospermas e dos mamíferos; extinção em massa no final do período (≈76% das espécies desaparecem).

Diversificação dos dinossauros; radiação (ou grande diversificação de espécies) dos peixes de nadadeiras raiadas.

Dinossauros primitivos; primeiros mamíferos; diversificação dos invertebrados marinhos; primeiras angiospermas; extinção em massa no final do período (65% das espécies desaparecem).

Diversificação dos répteis; declínio dos anfíbios; extinção em massa no final do período (≈96% das espécies desaparecem).

Grandes florestas de samambaias; répteis primitivos, diversificação dos insetos.

Diversificação dos peixes; insetos e anfíbios primitivos; extinção em massa no final do período (≈75% das espécies desaparecem).

Peixes agnatos de diversificam; primeiros peixes de nadadeiras raiadas; plantas e animais colonizam o ambiente terrestre.

Extinção em massa no final do período (≈75% das espécies desaparecem).

Maioria dos filos animais já presente; diversos protistas fotossintéticos.

Fauna de Ediacara.

Os eucariotos evoluem; surgem vários filos animais.

Origem da vida; os procariotos se desenvolvem.

Os métodos de datação com radioisótopos foram ampliados e melhorados

As rochas sedimentares são compostas por materiais que já existiam desde um período de tempo variável antes de serem transportados, às vezes por longas distâncias, até o seu local de deposição. Portanto, os isótopos em uma rocha sedimentar não contêm informação confiável sobre a data de sua formação. A datação de rochas mais antigas do que 50 mil anos exige que se estime as concentrações de isótopos nas rochas *ígneas* (rochas formadas quando a lava derretida esfria). Para datar rochas sedimentares, os cientistas procuram lugares onde cinza vulcânica ou fluxos de lava tenham se introduzido nos leitos dessas rochas.

Uma estimativa preliminar da idade de uma rocha ígnea determina qual isótopo pode ser usado para datá-la. O decaimento de potássio-40 para argônio-40 tem sido usado para datar os eventos mais antigos na evolução da vida. Fósseis em rochas sedimentares adjacentes semelhantes àqueles em outras rochas similares de idade conhecida fornecem evidências adicionais.

A datação de rochas por radioisótopos, combinada com a análise de fósseis, consiste no método mais poderoso para determinar a idade geológica. Contudo, em lugares onde as rochas sedimentares não contêm intrusões ígneas acessíveis e poucos fósseis estão presentes, os paleontólogos se voltam para outros métodos de datação. Um método conhecido como *datação paleomagnética* relaciona a idade das rochas aos padrões no magnetismo da Terra, que muda com o tempo. Os pólos magnéticos da terra movem-se e, ocasionalmente, revertem-se. Como tanto rochas sedimentares quanto ígneas preservam registro do campo magnético da Terra no momento em que foram formadas, o paleomagnetismo ajuda a determinar a idade dessas rochas. Outros métodos de datação, descritos nos próximos capítulos, usam a deriva continental, mudanças no nível do mar e o relógio molecular.

Usando esses métodos, os geólogos dividiram a história da vida em *eras* geológicas, que por sua vez são divididas em *períodos* (**Tabela 21.2**). Os limites entre essas divisões baseiam-se nas diferenças marcantes que os cientistas observaram entre os conjuntos de organismos fósseis contidos em camadas sucessivas de rochas; daí o sufixo *zoic* ("da vida") para as eras. Os geólogos estabeleceram e nomearam essas divisões antes de conhecerem as idades das eras e períodos, e estamos refinando constantemente as datas definidoras desses limites à medida que se fazem novas descobertas.

21.1 RECAPITULAÇÃO

Os fósseis contidos nas rochas sedimentares permitem aos geólogos determinar a idade relativa dos organismos, mas uma datação absoluta não foi possível até a descoberta da radioatividade. Os geólogos dividem a história da vida em eras e períodos baseados no conjunto de organismos fósseis encontrados nas camadas sucessivas das rochas.

- Quais observações sugeriram aos geólogos que os fósseis poderiam ser usados para determinar a idade relativa das rochas? Ver p. 465.
- Como a taxa de decaimento dos radioisótopos pode ser usada para determinar a idade absoluta das rochas? Ver p. 466-467 e Figura 21.1.

A escala à esquerda da Tabela 21.2 dá um sentido relativo do tempo geológico, especialmente a vasta extensão da era Pré-Cambriana, durante a qual a vida primordial surgiu em meio a mudanças físicas estupendas. A Terra continuou a sofrer mudanças físicas que influenciaram a evolução da vida, e esses eventos físicos e importantes marcos encontram-se listados na tabela. Agora, descreveremos a mais importante dessas mudanças em maior detalhe.

21.2 Como os continentes e o clima da Terra modificaram-se ao longo do tempo?

Os mapas e globos terrestres que enfeitam nossas paredes, estantes e livros dão a impressão de uma Terra estática. Seria fácil assumirmos que os continentes estão onde sempre estiveram, mas estaríamos errados. A idéia de que as massas de terra do planeta mudaram de posição ao longo de milênios, e que continuam a mover-se foi primeiramente postulada pelo meteorologista e geofísico alemão Alfred Wegener, em 1912. Seu livro, *A Origem dos Continentes e Oceanos*, foi recebido com ceticismo e resistência. Na década de 1960, entretanto, evidências físicas e um melhor entendimento da geofísica da *tectônica de placas* convenceram virtualmente todos os geólogos sobre a veracidade da idéia de Wegener.

A crosta terrestre consiste em um conjunto de *placas* sólidas de cerca de 40 quilômetros de espessura que, coletivamente, compõem a *litosfera*. As placas da litosfera flutuam sobre uma camada fluida de rocha derretida, ou *magma* (**Figura 21.2**). O magma circula porque o calor produzido no núcleo da Terra pelo decaimento de elementos radioativos cria correntes de convecção no fluido. As placas se movem porque o magma se expande, exercendo uma pressão tremenda. Onde duas placas são empurradas juntas, elas ou deslizam lado a lado, ou uma sobre a outra, formando cadeias montanhosas ou escavando *vales em fenda* (quando ocorrem sob a água, esses vales denominam-se *fossas*). Onde as placas são empurradas em direções opostas, um leito marinho pode se formar entre elas. O movimento das placas da litosfera dos continentes que elas representam chama-se **deriva continental**.

A idéia da deriva continental cativou Wegener quando estudava a grande complementaridade entre as linhas da costa do oeste da África e do leste da América do Sul. Evidências geológicas ligando as formações rochosas nos apalaches a formações similares na Escócia e fenômenos geológicos encontrados tanto na África do Sul e no Brasil impulsionaram ainda mais sua idéia de que os continentes estiverem unidos outrora.

Atualmente, sabemos que em momentos certos a deriva dessas placas aproximou continentes, enquanto em outros momentos os afastou. A posição e o tamanho dos continentes influenciam os padrões de circulação oceânicos, o nível do mar e o clima global. As extinções em massa de espécies, em particular de organismos marinhos, foram geralmente acompanhadas de grandes quedas no nível do mar, que expuseram vastas áreas da plataforma continental, matando os organismos marinhos que viviam nos mares rasos que cobriam essas áreas (**Figura 21.3**).

O oxigênio aumentou regularmente na atmosfera da Terra

Os continentes moveram-se irregularmente sobre a superfície da Terra, mas algumas mudanças físicas, como o aumento do oxigênio na atmosfera, foram basicamente unidirecionais. A atmosfera da Terra primitiva continha provavelmente pouco ou nenhum gás oxigênio (O_2) livre. O aumento no oxigênio atmosférico ocorreu em dois grandes passos separadas por mais de 1 bilhão de anos de diferença. O primeiro passo ocorreu há cerca de 2,4 bilhões de anos, quando algumas bactérias adquiriram a capacidade de usar água como fonte de íons de hidrogênio para a fotossíntese. Ao quebrar a molécula de água, essas bactérias geraram o O_2 atmosférico como subproduto. Elas também deixaram elétrons disponíveis para reduzir CO_2 e formar compostos orgânicos (ver Seção 8.3).

Um grupo de bactérias geradoras de oxigênio, as *cianobactérias*, formou estruturas chamadas *estromatólitos*, preservadas em

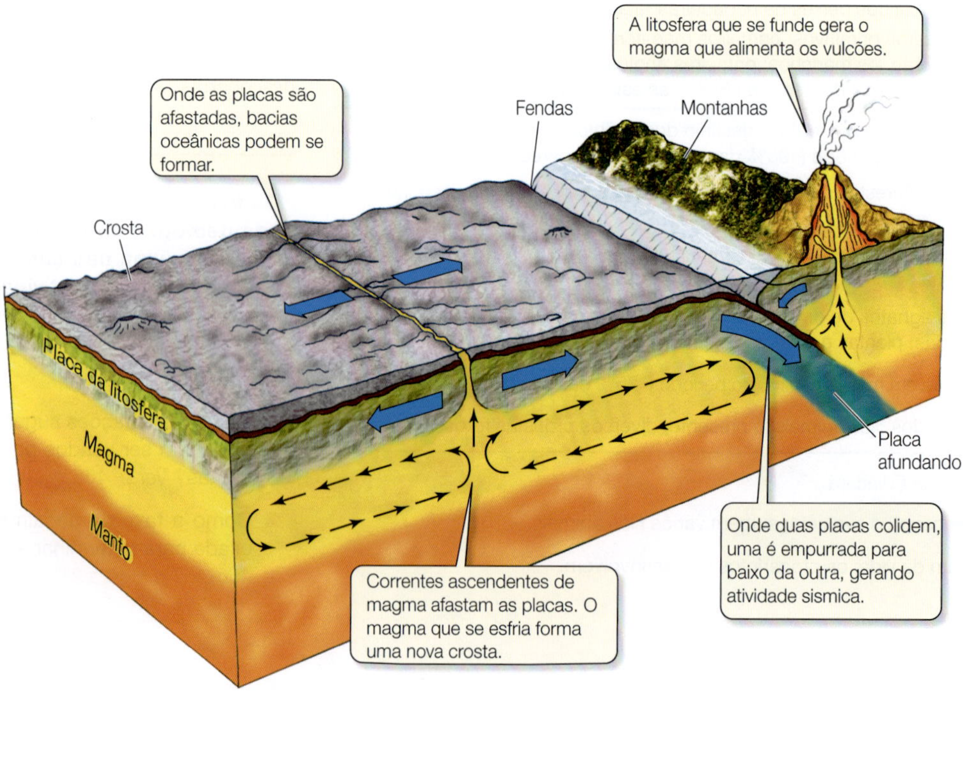
A litosfera que se funde gera o magma que alimenta os vulcões.
Onde as placas são afastadas, bacias oceânicas podem se formar.
Fendas
Montanhas
Crosta
Placa da litosfera
Magma
Manto
Placa afundando
Onde duas placas colidem, uma é empurrada para baixo da outra, gerando atividade sísmica.
Correntes ascendentes de magma afastam as placas. O magma que se esfria forma uma nova crosta.

Figura 21.2 A tectônica de placas e a deriva continental O calor do núcleo da Terra gera correntes de convecção (setas) que empurram as placas da litosfera, unindo ou separando as massas de terra que elas contêm. Quando duas placas da litosfera colidem, uma desliza sobre a outra. A atividade sísmica resultante pode criar montanhas e fendas oceânicas profundas (fossas oceânicas).

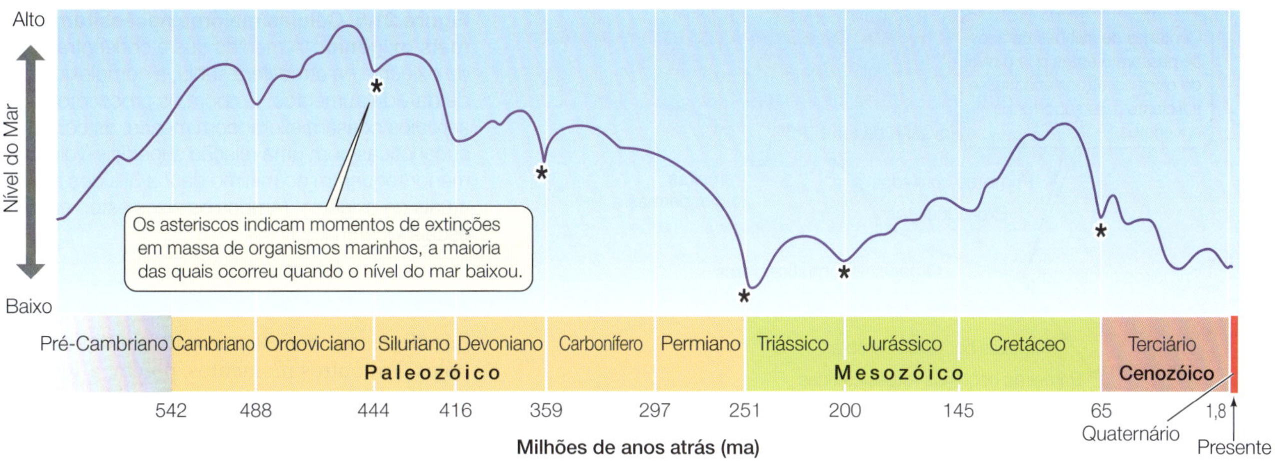
Alto
Nível do Mar
Baixo
Os asteriscos indicam momentos de extinções em massa de organismos marinhos, a maioria das quais ocorreu quando o nível do mar baixou.
Pré-Cambriano
Cambriano
Ordoviciano
Siluriano
Devoniano
Carbonífero
Permiano
Triássico
Jurássico
Cretáceo
Terciário
Paleozóico
Mesozóico
Cenozóico
542
488
444
416
359
297
251
200
145
65
1,8
Quaternário
Presente
Milhões de anos atrás (ma)

Figura 21.3 O nível do mar mudou repetidamente A maioria das extinções em massa (indicada por asteriscos) coincidiu com períodos quando o nível do mar estava baixo.

abundância no registro fóssil. As cianobactérias ainda formam estromatólitos hoje em dia em lugares muito salgados do planeta (**Figura 21.4**). Essas bactérias liberaram O_2 o suficiente para abrir caminho à evolução de reações de oxidação como fonte de energia para síntese de ATP (ver Seção 7.1). A sua habilidade em decompor a molécula de água sem dúvida contribuiu para o seu sucesso extraordinário.

A evolução da vida, portanto, modificou irrevogavelmente a natureza física da Terra. Essas mudanças físicas, por sua vez, influenciaram a evolução da vida. Quando apareceu na atmosfera pela primeira vez, o oxigênio era tóxico aos procariotos anaeróbios que habitavam a Terra naquele momento. Os procariotos que desenvolveram habilidades de metabolizar o O_2 não apenas sobreviveram como passaram a possuir uma série de vantagens. O metabolismo aeróbio ocorre em taxas mais aceleradas e produz energia de uma forma mais eficiente do que o metabolismo anaeróbio (ver Seção 7.5). Conseqüentemente, os organismos com metabolismo aeróbio substituíram os anaeróbios na maioria dos ambientes terrestres.

Uma atmosfera rica em O_2 também tornou possível células maiores e organismos mais complexos. Pequenos organismos aquáticos unicelulares podem obter oxigênio simplesmente por difusão, mesmo quando as concentrações de O_2 encontram-se muito baixas. Organismos unicelulares maiores apresentam uma relação área-volume menor (ver Figura 4.2) e, portanto, precisam viver em um ambiente com concentração de O_2 relativamente alta. Bactérias podem prosperar com 1% dos níveis atuais de O_2 atmosférico; células eucarióticas requerem níveis de oxigênio de pelo menos 2 a 3% da concentração atmosférica atual (para a concentração de O_2 dissolvido nos oceanos atingir esses níveis, concentrações atmosféricas muito maiores seriam necessárias).

Provavelmente porque foram necessários muitos milhões de anos para que a Terra desenvolvesse uma atmosfera rica em oxigênio, apenas procariotos unicelulares vive-

(A)

(B)

Figuras 21.4 Estromatólitos (A) Secção vertical através de um estromatólito fóssil. (B) Essas estruturas semelhantes a rochas são estromatólitos atuais que conseguem sobreviver nas águas extremamente salgadas de Shark Bay, na Austrália ocidental. Camadas de cianobactérias encontram-se na parte superior dessas estruturas.

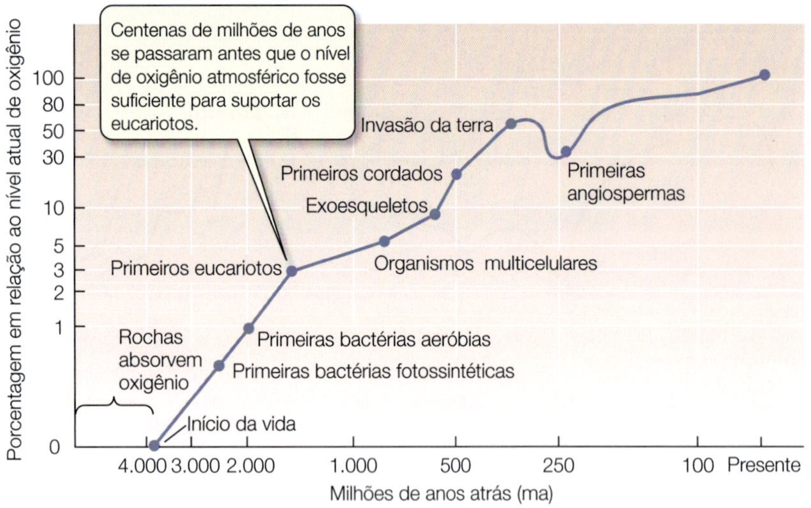
Centenas de milhões de anos se passaram antes que o nível de oxigênio atmosférico fosse suficiente para suportar os eucariotos.
Porcentagem em relação ao nível atual de oxigênio
100
80
50
30
10
5
3
2
1
0
Invasão da terra
Primeiros cordados
Exoesqueletos
Primeiras angiospermas
Primeiros eucariotos
Organismos multicelulares
Rochas absorvem oxigênio
Primeiras bactérias aeróbias
Primeiras bactérias fotossintéticas
Início da vida
4.000 3.000 2.000
1.000
500
250
100 Presente
Milhões de anos atrás (ma)

Figura 21.5 Células maiores necessitam de mais oxigênio À medida que a concentração de oxigênio na atmosfera subiu, a complexidade da vida aumentou. Embora os procariotos aeróbios possam aflorar com menos, as células eucarióticas com uma relação superfície-volume menor requerem no mínimo de 2 a 3% dos níveis atuais de oxigênio. (Ambos os eixos estão em escala logarítmica.)

ram por mais de 2 bilhões de anos. Há cerca de 1 bilhão de anos, a concentração de O_2 atmosférico tornou-se alta o bastante para que as grandes células eucarióticas florescessem (**Figura 21.5**). Novos incrementos no nível de O_2 atmosférico entre 700 a 570 milhões de anos permitiram que organismos multicelulares evoluíssem.

Em contraste com essa mudança unidirecional na concentração de O_2 atmosférico, a maioria das condições físicas da Terra oscilou em resposta a processos internos do planeta, como o vulcanismo e a deriva continental, e a eventos externos, como a colisão de meteoros, que também deixou a sua marca. Em alguns casos, conforme veremos adiante neste capítulo, esses eventos causaram **extinções em massa**, durante as quais uma grande proporção das espécies existentes desapareceu. Após cada extinção em massa, a diversidade da vida se restabeleceu, embora essa retomada tenha levado milhões de anos.

O clima da Terra tem oscilado entre as condições quente/úmido e frio/seco

Durante boa parte de sua história, o clima da Terra foi consideravelmente mais quente do que nos dias de hoje, e a temperatura decresceu mais lentamente em direção aos pólos. Em outros momentos, porém, a Terra foi mais fria do que atualmente. Grandes áreas foram cobertas por geleiras durante o final da era Pré-Cambriana e em partes dos períodos Carbonífero e Permiano. Esses períodos frios intercalaram-se com longos períodos de clima mais ameno (**Figura 21.6**). Para que a Terra tivesse um clima mais frio e seco, o nível de CO_2 atmosférico tinha de estar anormalmente baixo, mas os cientistas desconhecem o que causou essa diminuição. Como estamos vivendo em um dos períodos mais frios da história da Terra, é difícil imaginar o clima agradável encontrado em latitudes altas ao longo de boa parte da história da vida. Durante o período Quaternário, houve uma série de avanços glaciais intercalados com intervalos interglaciais mais quentes durante os quais as geleiras recuaram.

As condições meteorológicas costumam mudar rápido, mas o clima normalmente muda devagar. Grandes mudanças climáticas ocorreram ao longo de períodos tão curtos quanto 5 a 10 mil anos, ligadas principalmente a alterações na órbita da Terra ao redor do Sol. Umas poucas mudanças climáticas foram ainda mais rápidas. Por exemplo, durante um dos intervalos interglaciais do Quaternário, o oceano Antártico passou de coberto de gelo a praticamente livre de gelo em menos de 100 anos. Mudanças muito rápidas como essa são causadas normalmente por variações repentinas nas correntes oceânicas. Algumas mudanças climáticas ocorreram tão rápido que parecem "instantâneas" no registro fóssil.

Figura 21.6 Condições do tipo quente/úmido e frio/seco se alteraram ao longo da história da Terra Ao longo da história da Terra, períodos de clima frio e glaciação (depressões em branco) foram separados por longos períodos de clima mais ameno.

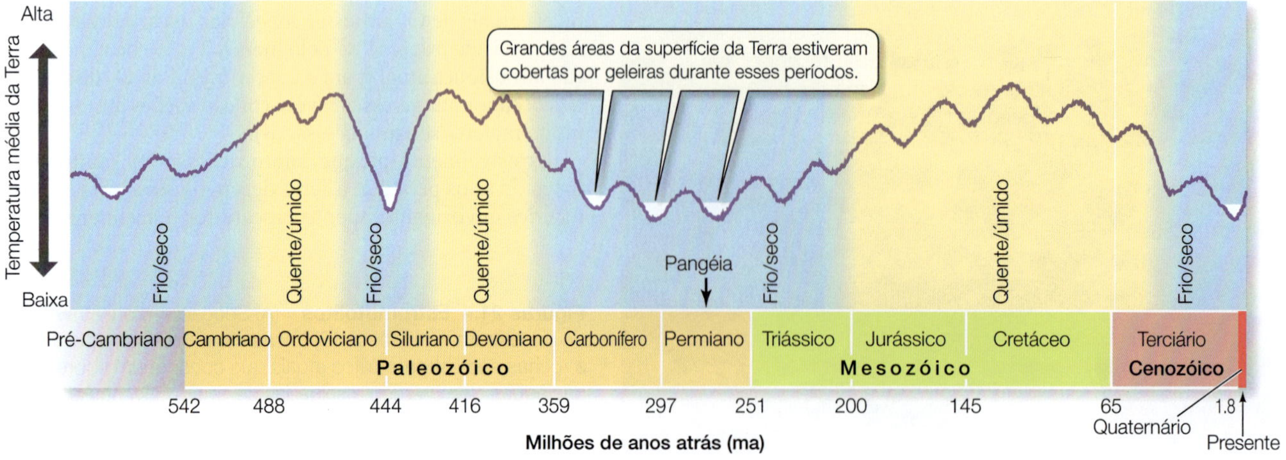
Alta
Temperatura média da Terra
Baixa
Grandes áreas da superfície da Terra estiveram cobertas por geleiras durante esses períodos.
Frio/seco
Quente/úmido
Frio/seco
Quente/úmido
Pangéia
Frio/seco
Quente/úmido
Frio/seco
Pré-Cambriano
Cambriano
Ordoviciano
Siluriano
Devoniano
Carbonífero
Permiano
Triássico
Jurássico
Cretáceo
Terciário
Paleozóico
Mesozóico
Cenozóico
542
488
444
416
359
297
251
200
145
65
1.8
Quaternário
Presente
Milhões de anos atrás (ma)

Atualmente, vivemos numa época de mudança climática rápida causada pelo aumento de CO_2 atmosférico originado principalmente pela queima de combustíveis fósseis. A concentração atual de CO_2 na atmosfera é a maior em muitos milhares de anos, com exceção de um intervalo quente há 5 mil anos atrás, quando a concentração era levemente maior do que a de hoje. A concentração de CO_2 atmosférico pode dobrar neste século, a menos que grandes esforços sejam feitos para reduzir o consumo humano de combustíveis fósseis. Esse aumento provavelmente elevaria a temperatura da Terra, causando secas na parte central dos continentes, aumentando a pluviosidade em áreas costeiras e derretendo geleiras e calotas polares, resultando em aumento do nível do mar que inundaria cidades costeiras e terras agriculturáveis. As possíveis conseqüências de tais mudanças climáticas serão discutidas nos Capítulos 38 e 39.

Os vulcões têm, ocasionalmente, alterado a história da vida

A maioria das erupções vulcânicas produz apenas efeitos locais ou de curta duração, mas algumas poucas erupções vulcânicas de grande escala tiveram conseqüências importantes para a história da vida. A colisão dos continentes durante o período Permiano (cerca de 275 milhões de anos atrás) para formar uma única e gigantesca massa de terra chamada **Pangéia**, causou erupções vulcânicas mássicas. As cinzas ejetadas pelos vulcões na atmosfera reduziram a penetração dos raios solares até a superfície da Terra, diminuindo a temperatura, reduzindo a taxa de fotossíntese e desencadeando intensa glaciação. Grandes erupções vulcânicas também ocorreram quando os continentes se separaram durante o início do período Triássico e final do Cretáceo.

Eventos externos desencadearam mudanças na Terra

Pelo menos 30 meteoritos de tamanho entre uma bola de beisebol e uma de futebol atingem a Terra todo o ano. As colisões com meteoritos maiores são raras, mas grandes meteoritos foram provavelmente responsáveis por diversas extinções em massa. Vários tipos de evidência nos indicam essas colisões. Suas crateras e as rochas bastante desfiguradas resultantes do impacto podem ser encontradas em muitos lugares. Os geólogos também descobriram moléculas gigantes que contém hélio e argônio cuja proporção de isótopos é típica de meteoritos e muito distinta das que encontramos na Terra.

Um meteorito causou ou contribuiu para a extinção em massa no final do período Cretáceo (cerca de 65 milhões de anos atrás). O primeiro indício de que um meteorito era o responsável veio das concentrações anormalmente altas do elemento irídio em uma fina camada que separa as rochas do Cretáceo daquelas depositadas durante o Terciário (**Figura 21.7**). O irídio é abundante em alguns meteoritos, mas extremamente raro na superfície da Terra. Subseqüentemente, cientistas descobriram uma cratera circular de 180 quilômetros de diâmetro enterrada abaixo da costa norte da península de Yucatán, no México (ver p.161). Quando colidiu com a Terra, o meteorito liberou uma energia equivalente a de 100 milhões de megatons de explosivos, criando grandes tsunamis. Uma enorme nuvem de restos de rocha levantou-se por um diâmetro de mais de 200 quilômetros, espalhou-se sobre a Terra e desceu. Essa poeira de rochas aqueceu a atmosfera em centenas de graus, iniciou grandes incêndios e bloqueou a luz do sol, impedindo que as plantas fizessem fotossíntese. À medida que se assentou, essa poeira de rochas formou a camada rica em irídio. Cerca de um bilhão de toneladas de fuligem, cuja composição se assemelha com a de fumaça de incêndios florestais, também se depositou. Muitas espécies fósseis, particularmente os dinossauros, encontrados nas rochas do Cretáceo, não mais se encontram na próxima camada, o Terciário.

Uma fina camada de irídio marca o limite entre as rochas os períodos Cretáceo e Terciário.

Figura 21.7 Evidências de um impacto de meteorito O irídio é um metal comum em alguns meteoritos, mas raro na Terra. Altas concentrações desse elemento em sedimentos depositados há cerca de 65 milhões de anos sugerem o impacto de um grande meteorito.

21.2 RECAPITULAÇÃO

As condições na Terra mudaram dramaticamente ao longo do tempo. Algumas mudanças, como o aumento na concentração de oxigênio atmosférico, foram basicamente unidirecionais, mas outros fatores, como o clima, oscilaram repetidamente.

- Você pode descrever como o aumento na concentração de oxigênio atmosférico afetou a evolução dos organismos multicelulares? Ver p. 469-470 e Figura 21.5.
- De que maneira as erupções vulcânicas e colisões com meteoritos influenciaram o curso da vida na Terra? Ver p. 471.

Muitos eventos físicos dramáticos na história da Terra influenciaram a natureza e o tempo das mudanças evolutivas nos organismos terrestres. Agora olharemos com mais detalhe alguns dos principais eventos que caracterizam a história da vida no planeta.

21.3 Quais são os principais eventos da história da vida?

A vida evoluiu na Terra há cerca de 3,8 bilhões de anos. Há aproximadamente de 1,5 bilhão de anos, surgiram os organismos eucariotos (ver Figura 21.5). O registro fóssil dos organismos que viveram antes de 550 milhões de anos é fragmentado, mas bom o suficiente para mostrar que o número total de espécies e indivíduos cresceu muito no Pré-Cambriano tardio. Segundo vimos anteriormente, os geólogos anteriores a Darwin dividiram a história geológica em eras e períodos baseados nos seus conjuntos distintos de fósseis. Os biólogos referem-se ao conjunto de todos os organismos vivos em um tempo e lugar em particular, como a **biota** desse tempo ou local. As plantas vivas em um tempo e local em particular constituem sua **flora**, enquanto todos os animais constituem a **fauna**. A Tabela 21.2 descreve algumas das mudanças físicas e biológicas, tais como extinções em massa e aumentos drásticos na diversidade dos principais grupos de organismos associados com cada período de tempo.

Cerca de 300 mil espécies fósseis já foram descritas, e esse número vem crescendo constantemente. Contudo, esse número constitui apenas uma fração ínfima de todas as espécies que já existiram. Não sabemos quantas espécies existiram no passado, mas temos meios de fazer estimativas razoáveis. Da biota atual, aproximadamente 1,7 milhão de espécies já foram nomeadas. O número de espécies que vivem hoje em dia é provavelmente não inferior a 10 milhões, porque a maioria dos insetos e ácaros (os grupos animais com maior número de espécies; ver Capítulo 32) ainda não foi descrita. Portanto, o número de espécies fósseis já descritas é menor do que 2% do número mínimo provável de espécies vivas. A vida existe na Terra desde cerca de 3,8 bilhões de anos. As espécies duram, em média, menos de 10 milhões de anos; logo, a biota terrestre deve ter se modificado completamente muitas vezes ao longo da história geológica. Assim, o número total de espécies que existiram no tempo evolutivo deve exceder em muito o número existente hoje em dia. Por que tão poucas espécies foram descritas a partir do registro fóssil?

Diversos processos contribuem para a escassez de fósseis

Apenas uma diminuta fração dos organismos se transforma em fósseis, e somente uma pequena fração desses fósseis é estudada pelos paleontólogos. A maioria dos organismos vive e morre em ambientes ricos em oxigênio, nos quais se decompõem com rapidez. É impossível que se tornem fósseis a menos que sejam transportados pelo vento ou pela água para lugares com pouco oxigênio, onde a decomposição é barrada ou ocorre lentamente. Além disso, os processos geológicos transformam as rochas, destruindo os fósseis que elas contêm, e muitas rochas que apresentam fósseis estão enterradas em camadas profundas ou inacessíveis. Os paleontólogos vêm estudando apenas uma pequena fração dos sítios que contêm fósseis, mas descrevem muitos fósseis novos anualmente.

O número de fósseis conhecidos é particularmente grande para animais marinhos que possuíam esqueletos duros (resistentes à decomposição). Entre os nove grupos principais de animais com conchas duras, aproximadamente 200 mil espécies foram descritas a partir de fósseis – cerca de duas vezes mais que o número de espécies atuais desses mesmos grupos. Os paleontólogos apóiam-se fortemente nesses grupos para interpretar a evolução da vida. Insetos e aranhas são igualmente bem preservados no registro fóssil (**Figura 21.8**). O registro fóssil, embora incompleto, é bom o bastante para demonstrar com clareza que organismos de um tipo particular encontram-se em rochas de idades específicas, e novos organismos aparecem em seqüência em rochas mais recentes.

Ao combinarem a informação sobre as mudanças geológicas ao longo da história da Terra com as evidências do registro fóssil, os cientistas montam retratos de como a Terra e seus habitantes se pareciam em diferentes momentos. Sabemos em geral onde os continentes estavam e como a vida se modificou ao longo do tempo, mas muitos detalhes são pouco conhecidos, especialmente para eventos no passado mais remoto. Nesta seção, forneceremos uma visão geral sobre como a vida mudou ao longo da história da Terra. Na Parte 6 deste livro, discutiremos a história evolutiva de grupos particulares de organismos com maior detalhe.

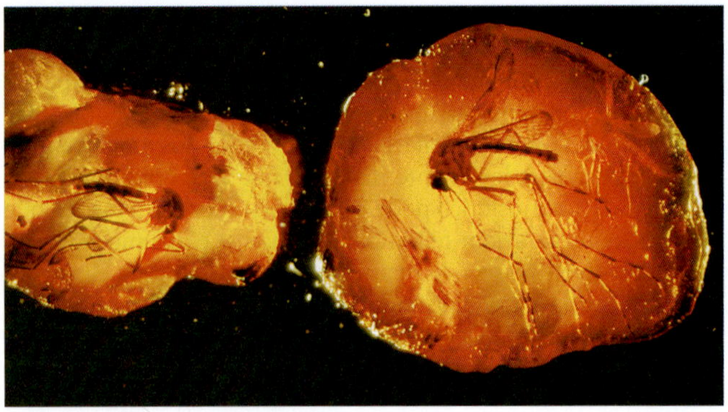

Figura 21.8 Insetos fósseis Esses pedaços de âmbar – resina vegetal fossilizada – contêm insetos preservados ao ficarem presos na resina grudenta há cerca de 50 milhões de anos.

A vida no Pré-Cambriano era pequena e aquática

Na maior parte de sua história, a vida esteve confinada aos oceanos e todos os organismos eram pequenos. Durante a longa era Pré-Cambriana – que durou mais de 3 bilhões de anos –, os mares rasos lentamente tornaram-se abundantes em vida. Na maior parte do **Pré-Cambriano**, a vida consistiu em procariotos microscópicos. Os eucariotos provavelmente surgiram depois de transcorridos dois terços dessa era. Eucariotos unicelulares e pequenos animais multicelulares alimentavam-se de microrganismos fotossintéticos flutuantes. Pequenos organismos flutuantes, conhecidos coletivamente como *plâncton*, eram devorados por animais um pouco maiores que os filtravam da água. Outros animais ingeriam sedimentos no fundo marinho e digeriam os organismos contidos nele. No final do Pré-Cambriano (cerca de 650 milhões de anos), diversos tipos de animais multicelulares de corpo mole evoluíram. Alguns desses eram muito diferentes daqueles que conhecemos hoje e podem representar membros de grupos que não deixaram descendentes (**Figura 21.9**).

A vida expandiu-se rapidamente durante o período Cambriano

O período **Cambriano** (542 a 488 milhões de anos) marca o início da era **Paleozóica**. A concentração de O_2 na atmosfera durante o Cambriano estava próxima ao nível atual, e os continentes uniram-se formando várias massas de terra. A maior dessas porções era chamada *Gondwana* (**Figura 21.10A**). Uma rápida diversificação nas formas de vida ocorreu, no que denominamos **explosão do Cambriano** (embora na verdade tenha iniciado antes do período). A maioria dos principais grupos de animais que possuem espécies vivas atualmente surgiu durante o Cambriano.

Basicamente, os fósseis nos revelam apenas as partes duras dos organismos. Todavia, em três leitos de fósseis do Cambriano – o Burgess Shale, na Columbia Britânica, Sirius Passet, no norte da Groenlândia e o sítio de Chengjiang, no sul da China – as par-

Figura 21.9 Animais de Ediacara Esses fósseis de invertebrados de corpo mole escavados em Ediacara, no sul da Austrália, se formaram há 600 milhões de anos. Eles ilustram a diversidade da vida que evoluiu durante a era Pré-Cambriana.

Spriggina floundersi

Mawsonites

tes moles de muitos animais foram preservadas (**Figura 21.10B**). Artrópodes (caranguejos, camarões e grupos próximos) são o grupo mais diverso na fauna chinesa, alguns dos quais eram grandes carnívoros. Os trilobitas, membros de um grupo de artrópodes muito abundante e diverso durante o Cambriano (ver Figura 32.21), sofreram uma grande redução no final do Cambriano, mas recuperaram-se e mantiveram-se abundantes até o final do Permiano, quando se extinguiram.

Vários grupos de organismos se diversificaram

Os geólogos dividem o restante da era Paleozóica nos períodos Ordoviciano, Siluriano, Devoniano, Carbonífero e Permiano (ver Tabela 21.1). Cada período caracteriza-se pela diversificação de grupos específicos de organismos. Extinções em massa marcaram o final do Ordoviciano, Devoniano e Permiano.

ORDOVICIANO (488-444 MILHÕES DE ANOS ATRÁS) Durante o período **Ordoviciano**, os continentes, localizados basicamente no hemisfério sul, ainda não possuíam plantas multicelulares. A radiação evolutiva dos organismos marinhos foi espetacular durante o início do Ordoviciano, especialmente entre os animais, como braquiópodes e moluscos que viviam no fundo do mar e filtravam suas presas da água. No final do Ordoviciano, quando grandes geleiras se formaram sobre o Gondwana, o nível do mar baixou cerca de 50 metros, e a temperatura da água despencou. Cerca de 75% das espécies animais se extinguiram, provavelmente devido a essas grandes mudanças climáticas.

SILURIANO (444-416 MILHÕES DE ANOS ATRÁS) Durante o período **Siluriano**, os continentes mais ao norte uniram-se, mas sua posição geral não se alterou muito. A vida marinha se recuperou da extinção em massa do final do Ordoviciano, e animais capazes de nadar e alimentar-se sobre o fundo oceânico surgiram pela primeira vez, mas nenhum grande grupo de organismos marinhos evoluiu. O mar tropical estava ininterrupto por barreiras terrestres, e a maioria dos animais tinha distribuição ampla. Em terra, as primeiras plantas vasculares surgiram no final do Siluriano (há cerca de 420 milhões de anos). Essas plantas tinham menos de 50 cm

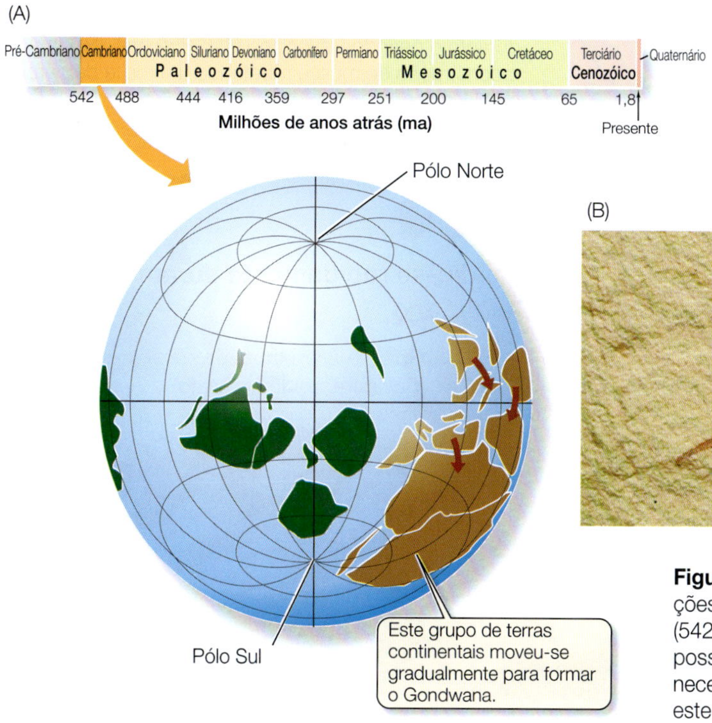
(A)
Pré-Cambriano
Cambriano
Ordoviciano
Siluriano
Devoniano
Carbonífero
Permiano
Triássico
Jurássico
Cretáceo
Terciário
Quaternário
Paleozóico
Mesozóico
Cenozóico
542
488
444
416
359
297
251
200
145
65
1,8
Milhões de anos atrás (ma)
Presente
Pólo Norte
Pólo Sul
Este grupo de terras continentais moveu-se gradualmente para formar o Gondwana.

(B)

Figura 21.10 Fauna e continentes no Cambriano (A) Posições dos continentes durante a metade do período Cambriano (542-488 ma). Essa visão da Terra foi distorcida para que você possa observar ambos os pólos. (B) Leitos de fósseis na China forneceram restos bem preservados de animais do Cambriano, como este chamado *Jianfangia*.

Esporângios continham os esporos reprodutivos.

Figura 21.11 ***Cooksonia*, a mais antiga planta vascular conhecida** Essas plantas primitivas eram pequenas e muito simples em estrutura. Entretanto, eram plantas vasculares verdadeiras (traqueófitas) com células internas condutoras de água (traqueídeos), bem equipadas para fazer a transição do ambiente aquático para o terrestre. Esse fóssil de *Cooksonia pertoni* pertence ao período Siluriano (cerca de 420 ma).

de altura e eram desprovidas de raízes e folhas (**Figura 21.11**). Os primeiros artrópodes terrestres – escorpiões e miriápodes – formaram-se aproximadamente na mesma época.

DEVONIANO (416-359 MILHÕES DE ANOS ATRÁS) A taxa de mudança evolutiva acelerou em muitos grupos de organismos durante o período **Devoniano**. As massas de terra ao norte (chamada *Laurásia*) e ao sul (Gondwana) moveram-se lentamente uma em direção à outra (**Figura 21.12A**). Grandes radiações evolutivas de corais e de um tipo de cefalópode semelhante a uma lula ocorreram (**Figura 21.12B**). Os peixes se diversificaram à medida que formas com mandíbulas substituíram formas agnatas e que uma carapaça rígida cedeu lugar à cobertura menos rígida dos peixes modernos. Todos os principais grupos de peixes estavam presentes ao final desse período.

As comunidades terrestres também mudaram muito durante o Devoniano. Licopódeos, cavalinhas e avencas eram comuns no final desse período, e algumas alcançavam o tamanho de árvores. Suas raízes profundas aceleravam o intemperismo das rochas, resultando no desenvolvimento dos primeiros solos de floresta. No final do período, floras distintas evoluíram na Laurásia e na Gondwana. Um precursor das plantas com sementes, conhecido como *Runcaria*, polinizado pelo vento, foi encontrado na Bélgica em sedimentos de 385 milhões de anos. Os ancestrais das gimnospermas, as primeiras plantas a produzirem sementes, apareceram posteriormente no Devoniano. Os primeiros fósseis de centopéias, aranhas, ácaros e insetos também datam desse período, e anfíbios semelhantes a peixes invadiram a terra.

Uma extinção de cerca de 75% de todas as espécies marinhas marcou o final do Devoniano. Os paleontólogos não têm certeza sobre a causa dessa extinção, mas dois grandes meteoritos que colidiram com a Terra por essa época, um deles no atual estado norte-americano de Nevada e o outro na Austrália ocidental, podem ter sido os responsáveis, ou pelo menos um fator que contribuiu para a extinção.

(A)

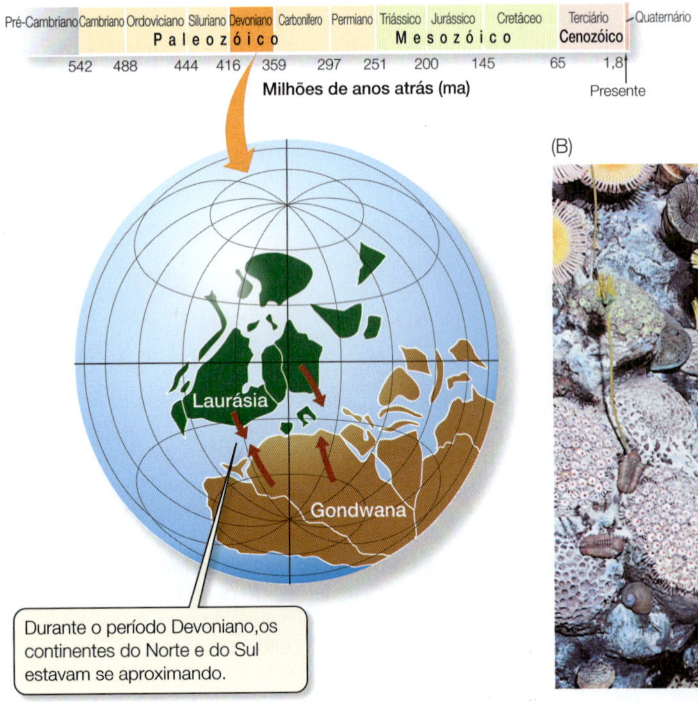
Pré-Cambriano
Cambriano
Ordoviciano
Siluriano
Devoniano
Carbonífero
Permiano
Triássico
Jurássico
Cretáceo
Terciário
Quaternário
Paleozóico
Mesozóico
Cenozóico
542
488
444
416
359
297
251
200
145
65
1,8
Presente
Milhões de anos atrás (ma)
Laurásia
Gondwana
Durante o período Devoniano, os continentes do Norte e do Sul estavam se aproximando.

Figura 21.12 Continentes e comunidades marinhas no Devoniano (A) Posições dos continentes durante o período Devoniano (416-359 ma). (B) Uma reconstrução de museu retratando um recife de corais do Devoniano.

(B)

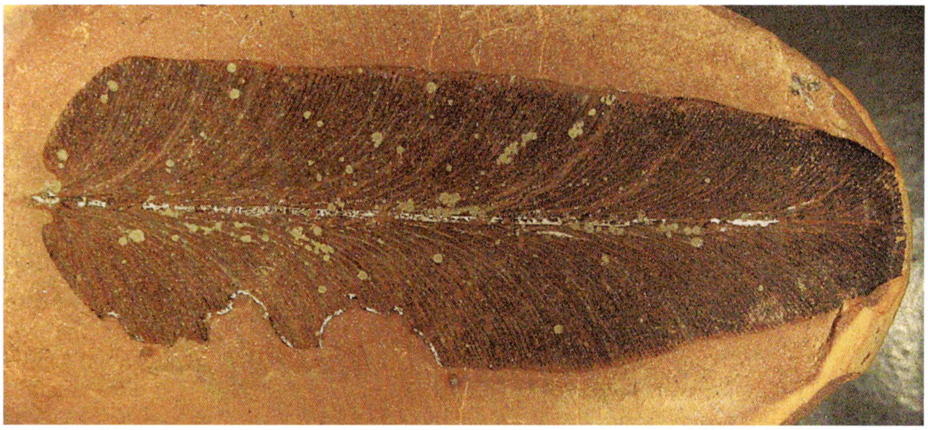

Figura 21.13 Evidências da diversificação dos insetos A borda dessa folha de samambaia fóssil do período Carbonífero foi parcialmente devorada por insetos.

CARBONÍFERO (359-297 MILHÕES DE ANOS ATRÁS) Grandes geleiras se formaram nas altas altitudes da Gondwana durante o período **Carbonífero**, mas grandes florestas pantanosas cresceram nos continentes tropicais. Tais florestas não eram formadas pelos tipos de árvores que conhecemos, mas sim dominadas por samambaias gigantes e cavalinhas de pequenas folhas (ver Figura 28.8). Restos fossilizados dessas "árvores" formaram o carvão que hoje extrai-se das minas.

A diversidade de animais terrestres cresceu muito durante o Carbonífero. Caracóis, escorpiões, centopéias e insetos eram abundantes e diversos. Os insetos desenvolveram asas, tornando-se os primeiros animais a voar. O vôo os permitiu acesso a plantas altas, e fósseis de plantas desse período mostram evidências de herbivoria por parte de insetos (**Figura 21.13**). Os anfíbios se tornaram maiores e mais bem adaptados à vida terrestre depois da separação da linhagem que levou aos *amniotas*, vertebrados com ovos bem protegidos que podiam ser postos em lugares secos. Nos mares, os crinóides alcançaram sua maior diversidade, formando "campos" sobre o leito do mar (**Figura 21.14**).

PERMIANO (297-251 MILHÕES DE ANOS ATRÁS) Durante o período **Permiano**, os continentes uniram-se no supercontinente *Pangéia* (**Figura 21.15**). As rochas do Permiano contêm representantes da maioria dos grupos modernos de insetos. No final do período, um grupo de amniotas, os répteis, tornou-se mais numeroso do que os anfíbios, e a linhagem que levaria aos mamíferos divergiu de um grupo de répteis. Em água doce, o Permiano foi um período de extensiva diversificação de peixes de nadadeiras raiadas.

As condições para a manutenção da vida se deterioraram no final do Permiano. Grandes erupções vulcânicas resultaram num derramamento de lava que cobriu grandes áreas da terra. A cinza produzida pelos vulcões cobriu a luz solar, causando esfriamento global que resultou nas maiores geleiras na história da Terra. A concentração atmosférica de oxigênio caiu de cerca de 30% para 12%. Em concentrações tão baixas, a maioria dos animais não conseguiria sobreviver em altitudes maiores do que 500 metros e,

Pré-Cambriano
Cambriano
Ordoviciano
Siluriano
Devoniano
Carbonífero
Permiano
Triássico
Jurássico
Cretáceo
Terciário
Quaternário
Paleozóico
Mesozóico
Cenozóico
542 488 444 416 359 297 251 200 145 65 1,8
Milhões de anos atrás (ma)
Presente

Figura 21.14 Um "campo de crinóides" do Carbonífero Os crinóides, organismos que se pareciam com flores – foram animais marinhos dominantes durante o período Carbonífero e podem ter formado comunidades semelhantes a essa.

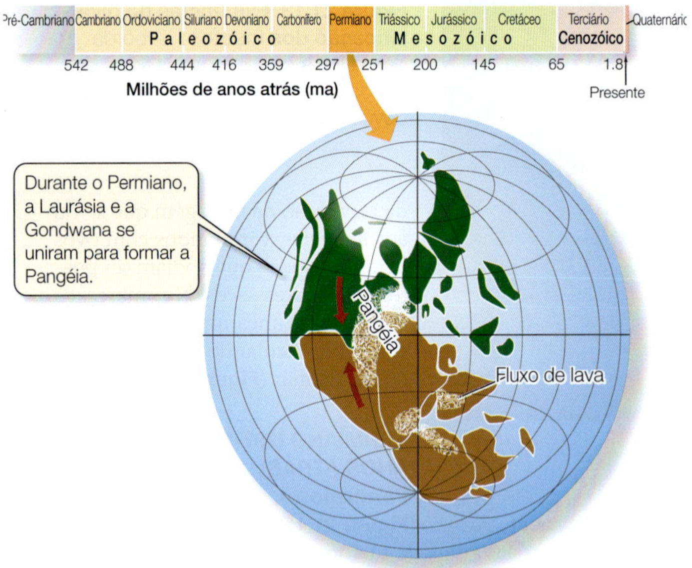

Pré-Cambriano Cambriano Ordoviciano Siluriano Devoniano Carbonífero Permiano Triássico Jurássico Cretáceo Terciário Quaternário
Paleozóico
Mesozóico
Cenozóico
542 488 444 416 359 297 251 200 145 65 1.8
Milhões de anos atrás (ma)
Presente
Durante o Permiano, a Laurásia e a Gondwana se uniram para formar a Pangéia.
Pangéia
Fluxo de lava

Figura 21.15 A Pangéia se formou durante o período Permiano No final do período Permiano, grandes fluxos de lava se espalharam sobre a Terra e as maiores geleiras da história do planeta se formaram.

dessa forma, metade da área terrestre deveria estar inabitável. A combinação dessas mudanças resultou no maior evento de extinção em massa da história da Terra. Muitas espécies extinguiram-se simultaneamente no final do período, enquanto outras desapareceram de forma gradual num período de alguns milhões de anos.

A extinção do Permiano pode ter chegado perigosamente perto de varrer a vida da Terra. Os cientistas estimam que cerca de 96% de todas as espécies se extinguiram naquela época.

A diferenciação geográfica aumentou durante a era Mesozóica

Os poucos organismos que sobreviveram à extinção em massa do Permiano se viram em um mundo relativamente vazio no início da era **Mesozóica** (251 milhões de anos atrás). À medida que a Pangéia se fragmentou em continentes individuais, os oceanos subiram e inundaram novamente as plataformas continentais, formando grandes e rasos mares continentais. A concentração de oxigênio atmosférico subiu gradualmente até seu nível anterior. Novamente, a vida proliferava e se diversificava, mas grupos diferentes de organismos vieram a dominar a Terra. Os três grupos de *fitoplâncton* (organismos flutuantes fotossintéticos) que dominam os oceanos atualmente – dinoflagelados, cocolitóforos e diatomáceas – tornaram-se os mais importantes ecologicamente. Novas plantas com sementes substituíram as árvores que dominavam as florestas no Permiano.

Durante o Mesozóico, a biota da Terra, até então relativamente homogênea, tornou-se cada vez mais **provincializada**; isto é, biotas terrestres distintas evoluíram em cada continente. As biotas das águas rasas na costa dos continentes também divergiram umas das outras. A provincialização que iniciou durante o Mesozóico continua a influenciar a geografia da vida atualmente. No final da era, os continentes estavam próximos às suas posições atuais e muitos organismos se pareciam com aqueles que vivem hoje em dia.

A era Mesozóica divide-se em três períodos: o Triássico, o Jurássico e o Cretáceo. O Triássico e o Cetáceo terminaram com extinções em massa, provavelmente causadas pelo impacto de meteoritos.

TRIÁSSICO (251-200 MILHÕES DE ANOS ATRÁS) A Pangéia começou a se fragmentar durante o período **Triássico**. Muitos grupos de invertebrados tornaram-se mais ricos em espécies, e muitos animais fossórios evoluíram a partir de grupos que viviam na superfície dos sedimentos marinhos. Em terra, coníferas e samambaias com sementes tornaram-se as árvores dominantes. As primeiras rãs e tartarugas apareceram, e uma grande radiação de répteis teve início, que por fim daria origem aos crocodilos, dinossauros e aves. O final do Triássico marcou-se por uma extinção em massa que eliminou cerca de 65% das espécies da Terra, talvez causada por um grande meteorito que caiu onde hoje encontra-se o Quebec, no Canadá.

JURÁSSICO (200-145 MILHÕES DE ANOS ATRÁS) Durante o período **Jurássico**, a Terra estava novamente dividida em dois grandes continentes – Laurásia ao norte e Gondwana ao sul. Os peixes de nadadeiras raiadas iniciaram uma grande radiação de

Figura 21.16 Parque Jurássico Os dinossauros do Mesozóico conquistaram a imaginação humana desde que seus fósseis foram descobertos pela primeira vez. Esta ilustração mostra dinossauros que viveram há cerca de 160 milhões de anos (no período Jurássico) onde hoje ficam as planícies ocidentais da América do Norte. À frente, um *Ceratossaurus* e dois pequenos *Coelurus* se alimentam da carcaça de um *Apatossaurus*. Ao fundo estão (da esquerda para a direita) dois *Camptossaurus*, *Stegossaurus*, *Brachiossaurus* e outro *Apatossaurus*.

Pré-Cambriano Cambriano Ordoviciano Siluriano Devoniano Carbonífero Permiano Triássico Jurássico Cretáceo Terciário Quaternário
Paleozóico
Mesozóico
Cenozóico
600 542 488 444 416 359 297 251 200 145 65 1.8
Quaternário
Milhões de anos atrás (ma)
Presente

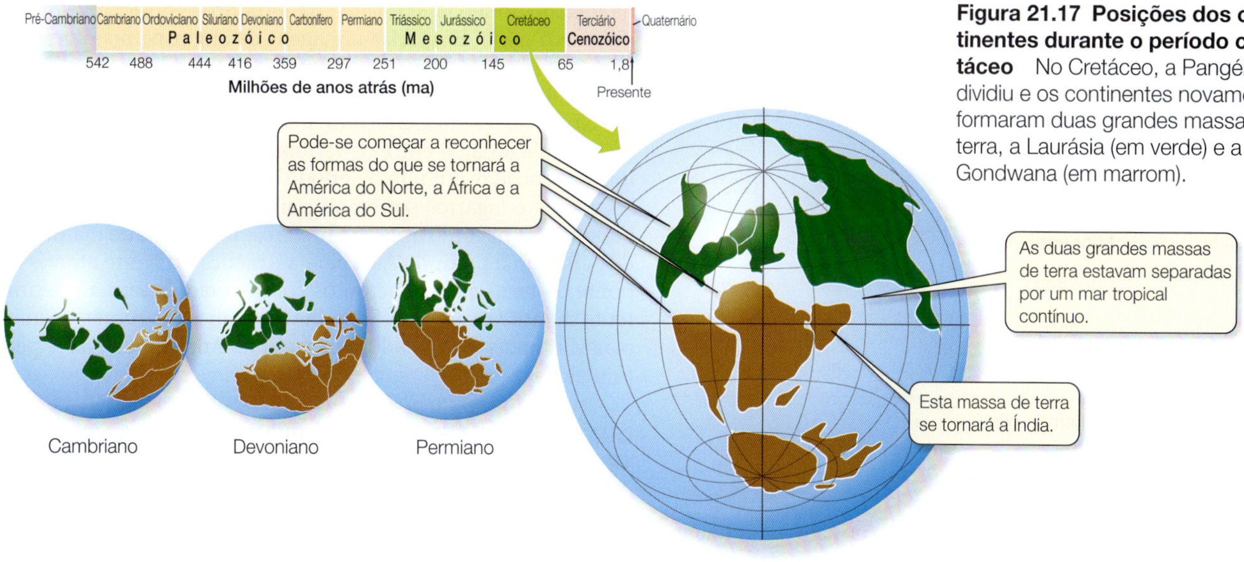
Pré-Cambriano Cambriano Ordoviciano Siluriano Devoniano Carbonífero Permiano Triássico Jurássico Cretáceo Terciário Quaternário
Paleozóico
Mesozóico
Cenozóico
542 488 444 416 359 297 251 200 145 65 1,8
Milhões de anos atrás (ma)
Presente
Pode-se começar a reconhecer as formas do que se tornará a América do Norte, a África e a América do Sul.
As duas grandes massas de terra estavam separadas por um mar tropical contínuo.
Esta massa de terra se tornará a Índia.
Cambriano
Devoniano
Permiano

Figura 21.17 Posições dos continentes durante o período cretáceo No Cretáceo, a Pangéia se dividiu e os continentes novamente formaram duas grandes massas de terra, a Laurásia (em verde) e a Gondwana (em marrom).

espécies que os levou a dominar os oceanos. As primeiras salamandras e lagartos surgiram, bem como répteis voadores (pterossauros). Linhagens de dinossauros originaram predadores que andavam sobre duas patas e grandes herbívoros que se apoiavam em quatro patas (**Figura 21.16**). Vários grupos de mamíferos surgiram durante esse período. A evolução das plantas continuou com a emergência das plantas com flores que dominam a vegetação da Terra atualmente.

CRETÁCEO (145-65 MILHÕES DE ANOS ATRÁS) No início do período **Cretáceo**, a Laurásia estava completamente separada da Gondwana, que por sua vez começava a se partir, e um mar contínuo circundava os trópicos (**Figura 21.17**). O nível do mar estava alto, e a Terra era quente e úmida. Tanto em terra quanto nos oceanos, a vida proliferava: invertebrados marinhos aumentavam em diversidade e em número de espécies. Em terra, os dinossauros continuaram a se diversificar. As primeiras cobras apareceram durante o Cretáceo, mas os grupos modernos, que contêm a maioria das espécies, resultaram de uma radiação posterior. No início do Cretáceo, as plantas com flores (angiospermas) iniciaram a proliferação que as tornou dominantes em terra. Fósseis das primeiras angiospermas conhecidas, datados de 124 milhões de anos atrás, foram recentemente descobertos na província de Liaoning, no nordeste da China (**Figura 21.18**). No final desse período, muitos grupos de mamíferos evoluíram, a maioria deles pequena, embora uma espécie recentemente descoberta na China, *Repenomamus giganticus*, fosse grande o suficiente para capturar e comer dinossauros jovens.

Conforme descrito anteriormente, outra extinção em massa causada por meteorito ocorreu no final do período Cretáceo. Nos mares, muitos organismos planctônicos e invertebrados de fundo extinguiram-se, assim como aparentemente todos os animais terrestres maiores do que cerca de 25 kg de peso. Muitas espécies de insetos desapareceram, talvez porque o crescimento das plantas das quais se alimentavam foi muito reduzido após o impacto. Algumas espécies sobreviveram no norte da América do Norte e Eurásia, áreas que se mantiveram livres dos grandes incêndios que devastaram a maior parte das regiões em latitudes baixas.

A biota moderna evoluiu durante o Cenozóico

No início da era **Cenozóica** (65 milhões de anos atrás), as posições dos continentes se pareciam com as atuais, mas a Austrália ainda estava ligada à Antártica, e o oceano Atlântico era muito mais estreito. A era Cenozóica se caracterizou pela extensiva radiação nas espécies dos mamíferos, mas outros grupos também sofreram mudanças importantes.

As angiospermas se diversificaram intensamente e se tornaram dominantes em todas as florestas do mundo, exceto em regiões frias. Mutações em dois genes em um grupo de plantas permitiram que elas utilizassem N_2 atmosférico diretamente, por meio da simbiose com algumas espécies de bactérias fixadoras de nitrogênio (ver Seção 42.4). A evolução dessa simbiose entre algumas plantas

O padrão "plumado" de suas folhas indica que o *Archaefructus* viveu na água.

Figura 21.18 As plantas com flores do Cretáceo Estes fósseis de *Archaefructus* são o exemplo conhecido mais antigo de plantas com flores, o tipo de planta mais comum atualmente na Terra.

TABELA 21.3 Subdivisões da era Cenozóica

PERÍODO	ÉPOCA	INÍCIO (MA)
Quaternário	Holoceno[a]	0,01 (~10.000 anos atrás)
	Pleistoceno	1,8
Terciário	Plioceno	5,3
	Mioceno	23
	Oligoceno	34
	Eoceno	55,8
	Paleoceno	65

[a] O Holoceno é também chamado de Recente.

cenozóicas e essas bactérias especializadas consistiu na primeira "revolução verde" e aumentou enormemente a quantidade de nitrogênio disponível para o crescimento das plantas terrestres.

A era Cenozóica divide-se em dois períodos: o Terciário e o Quaternário. Como em períodos mais próximos ao presente tanto o registro fóssil quanto o nosso conhecimento acerca da história evolutiva dessas épocas é maior, os paleontólogos subdividiram esses períodos em *épocas* (**Tabela 21.3**).

TERCIÁRIO (65-1,8 MILHÕES DE ANOS ATRÁS) Durante o período **Terciário**, a Austrália começou a derivar para o norte, e, há cerca de 20 milhões de anos, havia praticamente atingido sua posição atual. O início do Terciário foi um período quente e úmido, durante o qual a área ocupada por muitas plantas oscilou latitudinalmente. Os trópicos eram provavelmente muito quentes para as florestas pluviais e cobertos por vegetação rasteira. Entretanto, na metade do Terciário o clima da Terra ficou consideravelmente mais seco e frio. Em várias linhagens de angiospermas surgiram formas herbáceas (não-lenhosas), e as pradarias se espalharam sobre a Terra.

No início da era Cenozóica, a fauna de invertebrados se parecia com a atual. É entre os vertebrados que as mudanças evolutivas ocorridas durante o período Terciário foram mais rápidas. As cobras e lagartos sofreram grandes radiações durante esse período, assim como aves e mamíferos. Três ondas de mamíferos dispersaram a partir da Ásia para a América do Norte através da ponte de terra que conectou os continentes de forma intermitente durante os últimos 55 milhões de anos. Roedores, marsupiais, primatas e ungulados surgiram na América do Norte pela primeira vez.

QUATERNÁRIO (1,8 MILHÕES DE ANOS ATRÁS AO PRESENTE) O período geológico atual, o **Quaternário**, divide-se em duas épocas, *Pleistoceno* e *Holoceno* (também conhecido como *Recente*). O Pleistoceno consistiu em uma época de intenso esfriamento e oscilações climáticas. Ao longo de quatro ciclos glaciais principais e cerca de vinte ciclos secundários, grandes geleiras se espalharam pelos continentes, e a área de vida para as populações de animais e plantas mudou em direção ao equador. As últimas dessas geleiras recuaram das latitudes temperadas há menos de 15 mil anos. Os organismos ainda estão se ajustando a essas mudanças. Muitas comunidades ecológicas de altas latitudes ocupam as suas localizações atuais por não mais que poucos milhares de anos. De modo curioso, relativamente poucas espécies se extinguiram durante essas flutuações.

Figura 21.19 Faunas evolutivas Representantes das três grandes faunas evolutivas encontram-se representados, junto com um gráfico que ilustra o número de grandes grupos em cada fauna ao longo do tempo.

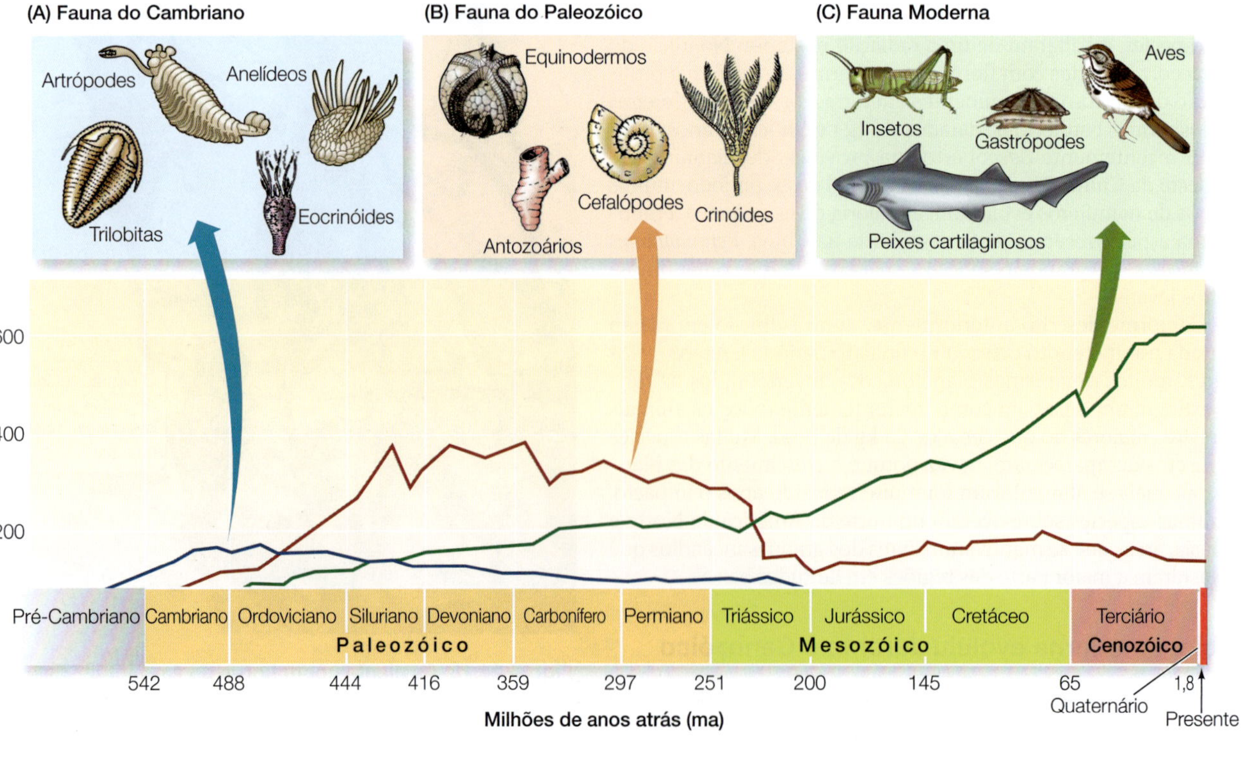
(A) Fauna do Cambriano
Artrópodes
Anelídeos
Trilobitas
Eocrinóides
(B) Fauna do Paleozóico
Equinodermos
Cefalópodes
Crinóides
Antozoários
(C) Fauna Moderna
Aves
Insetos
Gastrópodes
Peixes cartilaginosos
Número de grandes grupos
600
400
200
Pré-Cambriano
Cambriano
Ordoviciano
Siluriano
Devoniano
Carbonífero
Permiano
Triássico
Jurássico
Cretáceo
Terciário
Paleozóico
Mesozóico
Cenozóico
542
488
444
416
359
297
251
200
145
65
1,8
Quaternário
Presente
Milhões de anos atrás (ma)

O Pleistoceno foi a época em que ocorreu a evolução e radiação dos hominídios que resultou no aparecimento da espécie *Homo sapiens* – os humanos modernos (ver Seção 33.5). Muitas espécies grandes de aves e mamíferos se extinguiram na Austrália e nas Américas quando o *H. sapiens* chegou nesses continentes há cerca de 40 e 15 mil anos, respectivamente. Essas extinções foram provavelmente resultantes da caça pelos humanos, embora as evidências atuais não pareçam convincentes para todos os paleontólogos.

Os mamutes peludos sobreviveram na ilha Wrangel, na Sibéria, até 4 mil anos atrás, muito tempo após os caçadores os terem exterminado do continente. Os mamutes puderam manter o ambiente de estepe seca na Ilha ao pisotear os musgos da tundra e reciclar nitrogênio, enquanto no continente o ambiente se transformou em tundra úmida.

Três faunas principais dominaram a vida na Terra

O registro fóssil revela três grandes radiações evolutivas, cada uma resultando na evolução de uma nova fauna principal (**Figura 21.19**). A primeira, a explosão do Cambriano, começou de fato antes do período Cambriano. A segunda, há cerca de 60 milhões de anos, resultou na fauna Paleozóica. A grande extinção do Permiano 300 milhões de anos mais tarde foi seguida da terceira grande radiação, chamada de explosão do Triássico, que levou ao surgimento da fauna moderna.

Durante a explosão do Cambriano, os organismos ancestrais da maioria dos grupos de animais modernos apareceram, juntamente com vários outros grupos que se extinguiram. As explosões do Paleozóico e de Triássico resultaram numa considerável diversificação dos grupos de animais existentes, mas todos eles eram modificações de planos corporais já presentes quando essas grandes diversificações biológicas iniciaram-se (ver Capítulos 31-33).

21.3 RECAPITULAÇÃO

A vida surgiu nos oceanos durante o Pré-Cambriano e se diversificou quando o nível de oxigênio atmosférico se aproximou do atual e os continentes se uniram para formar grandes massas de terra. Várias mudanças climáticas e rearranjo na posição dos continentes, bem como impactos contra meteoritos, contribuíram para a ocorrência de cinco extinções em massa.

- Por que, dentre os inúmeros organismos que existiram ao longo de milênios, apenas alguns se tornam fósseis? Ver p. 472.
- O que queremos dizer quando nos referimos à "explosão do Cambriano"? Ver p. 472-473.
- Você consegue identificar as cinco extinções em massa e suas causas possíveis? Ver p. 473-477 e Tabela 21.2.

O registro fóssil revela grandes padrões na evolução da vida. Ele mostra que muitas espécies se modificaram muito pouco ao longo de muitos milhões de anos, outras se modificaram apenas gradualmente, enquanto outras sofreram alterações rápidas seguidas de períodos muito grandes de pouca mudança. Em resumo, a taxa de mudança evolutiva diferiu enormemente em tempos diferentes e entre diferentes linhagens. Vamos olhar alguns exemplos de padrões evolutivos para determinar por que as taxas de mudança evolutiva apresentam tanta variabilidade.

21.4 Por que a taxa evolutiva difere entre diferentes grupos de organismos?

Os fósseis podem revelar informações sobre a taxa de modificação dentro de uma linhagem de organismos. A mudança evolutiva em uma linhagem pode parecer erroneamente rápida se o seu registro fóssil for muito incompleto, mas algumas mudanças rápidas encontram-se bem documentadas por séries de excelentes fósseis.

Mudanças no ambiente físico e biológico podem estimular mudanças evolutivas. Organismos que vivem em ambientes em transformação provavelmente evoluirão de forma mais rápida do que aqueles que vivem em ambientes relativamente constantes. Quando o clima muda, a área de alguns organismos pode se modificar e outros organismos podem se ver às voltas com predadores ou competidores diferentes. De maneira parecida, os predadores podem mudar em resposta às mudanças de suas presas. Em contraste, a morfologia de organismos que vivem em ambientes relativamente estáveis normalmente muda de maneira lenta, quando muda.

"Fósseis vivos" podem ser encontrados atualmente

Espécies cuja morfologia mudou pouco ao longo de milhões de anos chamam-se "fósseis vivos". Por exemplo, os límulos (caranguejos-ferradura) que vivem hoje em dia são quase idênticos àqueles que viveram há 300 milhões de anos (ver Figura 32.30B). As costas arenosas onde os límulos desovam possuem temperatura e concentração de sal letais a muitos organismos. Esses ambientes extremos mudaram relativamente pouco ao longo dos milênios, e da mesma forma, os límulos permanecem relativamente inalterados na medida em que possuem as adaptações específicas que os permite sobreviver.

Da mesma forma, os náutilos do final do Cretáceo são praticamente indistinguíveis das formas atuais (ver Figura 32.15F). Os náutilos passam os dias em águas oceânicas profundas e frias. Subindo para se alimentar nas águas da superfície ricas em alimento apenas sob a proteção da calada da noite. As suas conchas complexas fornecem pouca proteção contra os peixes predadores dotados de boa visão. No entanto, eles sobrevivem porque se adaptaram a um ambiente específico e relativamente estável onde potenciais predadores não podem sobreviver.

A forma das folhas de muitas plantas pouco mudou ao longo do tempo. Folhas fósseis de *Ginkgo* do Triássico, por exemplo, são muito semelhantes daquelas de árvores atuais (**Figura 21.20**). Isso pode ter ocorrido porque a natureza física da luz do sol é constante, e os intricados mecanismos fotossintéticos que usam a luz do sol, depois de evoluírem, mantiveram-se relativamente constantes por milhões de anos.

As mudanças evolutivas foram graduais na maioria dos grupos

A característica mais chamativa na evolução da vida é que as taxas evolutivas são, em média, muito lentas. O registro fóssil contém muitas séries de fósseis que demonstram mudança gradual em

Figura 21.20 "Fósseis vivos" Folhas fossilizadas de *Ginkgo* do Triássico assemelham-se muito às folhas de espécies atuais desse gênero.

algumas linhagens ao longo do tempo. Um bom exemplo é a série de fósseis que mostra modificações no número de costilhas no exoesqueleto dos trilobitas durante o Ordoviciano (**Figura 21.21**). A taxa de mudança diferiu entre linhagens, e nem todas se modificaram ao mesmo tempo, mas em todas elas as mudanças foram graduais.

Por que mudanças lentas e graduais parecem dominar o registro fóssil? Uma razão provável é que o clima normalmente muda de modo lento. Além disso, o raio de ação da maioria dos organismos mudou de acordo com as mudanças climáticas, de modo que o ambiente no qual os organismos viveram de fato, modificou-se muito pouco. Por exemplo, com o aquecimento do clima e retração das geleiras nos últimos 10 mil anos, muitas espécies expandiram suas áreas para o norte (**Figura 21.22**).

Às vezes, a taxa de mudança evolutiva é rápida

Se o ambiente físico e biológico mudar rapidamente, algumas linhagens também podem mudar rápido. Bons exemplos de mudança evolutiva rápida encontram-se em espécies introduzidas em novas regiões que diferem completamente do ambiente de onde vieram. Por exemplo, até 1939, o tentilhão *Carpodacus mexicanus* vivia confinado às partes áridas e semi-áridas do oeste da América do Norte. Nesse ano, alguns pássaros que estavam em cativeiro foram libertados na cidade de Nova York. Muitos sobreviveram e formaram uma pequena unidade reprodutiva na periferia da cidade. No início dos anos 1960, essa população começou a crescer e a expandir sua área. Nos anos 1990, esse tentilhão havia se dispersado por todo os Estados Unidos e sul do Canadá (**Figura 21.23**), colonizando regiões cujo clima difere dramaticamente daquele encontrado na sua área original. De modo impressionante, perto do ano 2000, pássaros de diferentes populações ao leste da distribuição, separadas por apenas algumas décadas, eram tão diferentes em tamanho quanto pássaros de diferentes populações a oeste da distribuição, separadas há milhares de anos.

As taxas de extinção também variaram enormemente

Mais de 99% das espécies que já viveram estão extintas. Ao longo da história da vida, as espécies se extinguem, mas a taxa de extinção flutuou dramaticamente. A Seção 21.3 descreve pelo menos cinco grandes eventos de extinção que reduziram severamente a biota do planeta. Com freqüência, esses eventos foram seguidos por uma alta taxa de evolução, uma vez que os organismos sobreviventes tinham de responder a novos ambientes com uma composição diferente de presas, predadores e competidores.

Alguns grupos tiveram altas taxas de extinção enquanto outros proliferaram. Por exemplo, entre os moluscos da planície

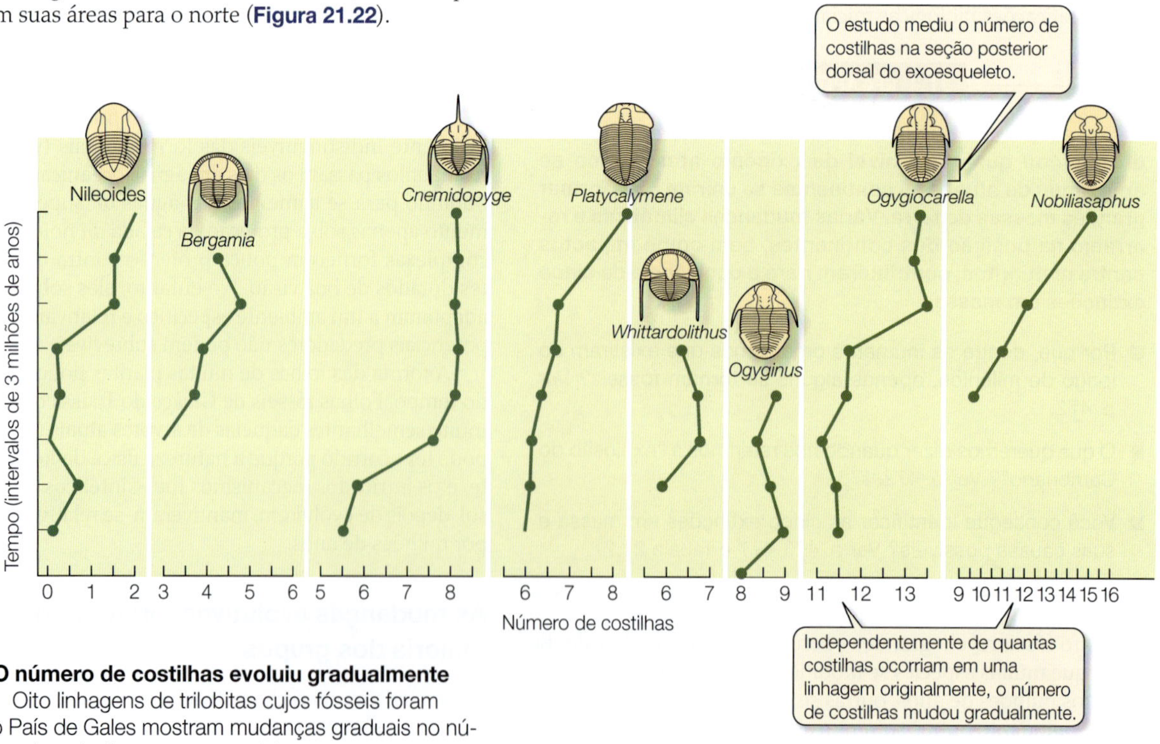
O estudo mediu o número de costilhas na seção posterior dorsal do exoesqueleto.
Nileoides
Bergamia
Cnemidopyge
Platycalymene
Whittardolithus
Ogyginus
Ogygiocarella
Nobiliasaphus
Tempo (intervalos de 3 milhões de anos)
0 1 2 3 4 5 6 5 6 7 8 6 7 8 6 7 8 9 11 12 13 9 10 11 12 13 14 15 16
Número de costilhas
Independentemente de quantas costilhas ocorriam em uma linhagem originalmente, o número de costilhas mudou gradualmente.

Figura 21.21 O número de costilhas evoluiu gradualmente nos trilobitas Oito linhagens de trilobitas cujos fósseis foram encontrados no País de Gales mostram mudanças graduais no número de costilhas dorsais do seu exoesqueleto.

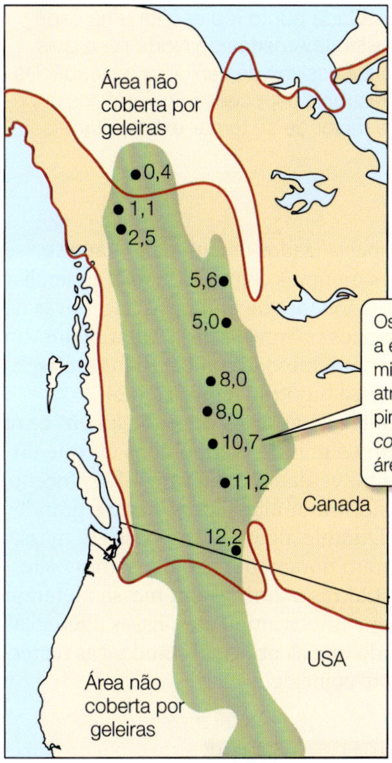
Área não coberta por geleiras
0,4
1,1
2,5
5,6
5,0
8,0
8,0
10,7
11,2
12,2
Canada
USA
Área não coberta por geleiras
Os números indicam a época (em milhares de anos atrás) em que o pinheiro *Pinus contorta* invadiu a área.

Extensão máxima da geleira

Distribuição atual de *Pinus contorta* no continente

● Local de coleta de amostras fósseis

Figura 21.22 Algumas espécies expandiram sua área de vida quando as geleiras continentais se retraíram Bosques do pinheiro *Pinus contorta*, como este mostrado na foto, se expandiram para o Norte quando as geleiras da América do Norte recuaram.

Figura 21.23 O tentilhão *Carpodacus mexicanus* sofreu modificações rápidas quando expandiu seu raio de ação Diferenças de tamanho, plumagem e canto entre populações do leste evoluíram rapidamente, enquanto que nas populações originais do oeste essas diferenças evoluíram ao longo de um período de tempo muito mais longo.

Carpodacus mexicanus (macho)

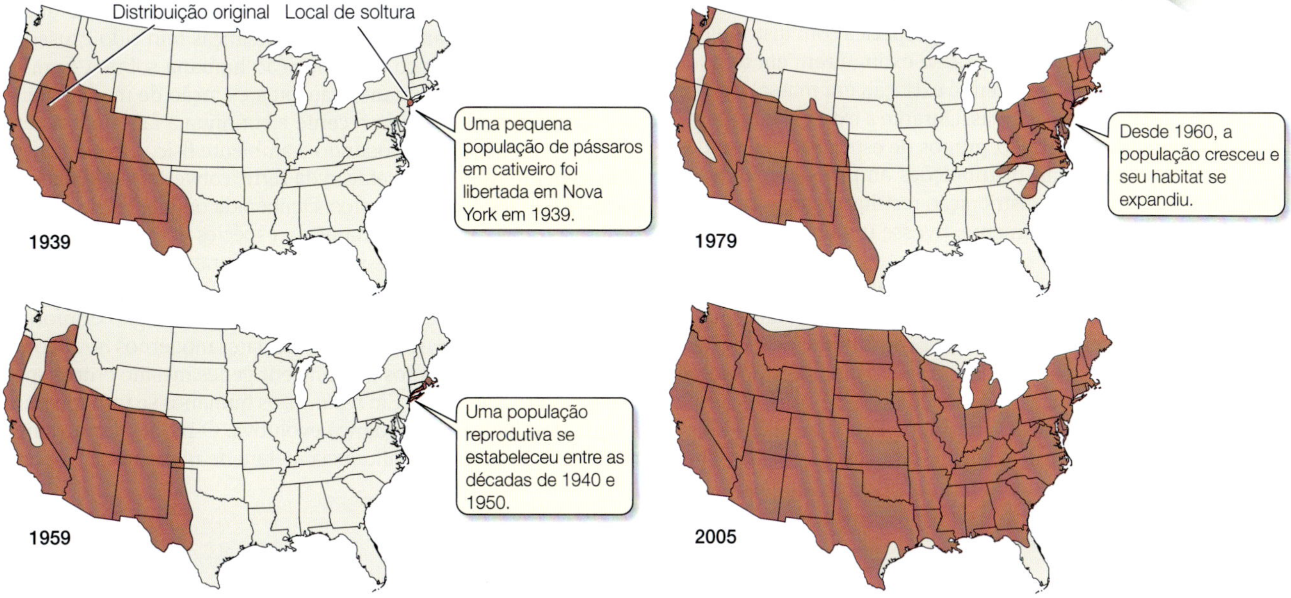
Distribuição original
Local de soltura
Uma pequena população de pássaros em cativeiro foi libertada em Nova York em 1939.
1939
Desde 1960, a população cresceu e seu habitat se expandiu.
1979
Uma população reprodutiva se estabeleceu entre as décadas de 1940 e 1950.
1959
2005

EXPERIMENTO

HIPÓTESE: Tamanho grande correlacionado a uma especialização de dieta resulta em maior chance de extinção.

MÉTODO

1. Usar características de mandíbulas fósseis (profundidade, tamanho dos dentes) para inferir o tamanho e a dieta de indivíduos de diferentes espécies.
2. Determinar a duração de cada espécie no registro fóssil.

RESULTADOS

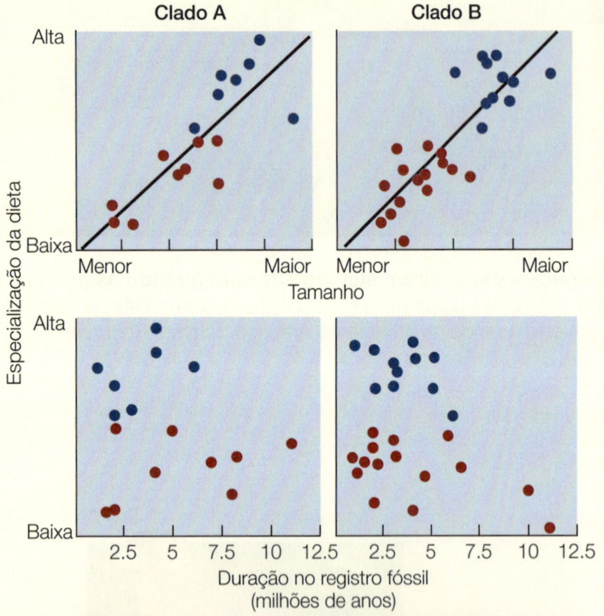
Clado A
Clado B
Alta
Baixa
Menor
Maior
Menor
Maior
Tamanho
Especialização da dieta
Alta
Baixa
2.5
5
7.5
10
12.5
2.5
5
7.5
10
12.5
Duração no registro fóssil
(milhões de anos)

CONCLUSÃO: Espécies grandes e especializadas de canídeos sobreviveram por períodos mais curtos do que espécies menores e menos especializadas.

Figura 21.24 Canídeos grandes e especializados sobreviveram por menos tempo Cada ponto representa uma espécie de canídeo no registro fóssil da América do Norte para dois clados. Nesses dois grupos sucessivos de canídeos, as espécies maiores estão ligadas a dietas mais especializadas (gráficos superiores) e apresentam chance maior de se tornar extintas (gráficos inferiores).

costeira atlântica da América do Norte, espécies com distribuição ampla apresentam menos chance de se extinguirem em tempos normais (quando não está ocorrendo extinção em massa) do que espécies com distribuições restritas. Durante a extinção em massa no final do Cretáceo, entretanto, grupos de espécies aparentadas de moluscos que possuíam distribuições amplas sobreviveram melhor do que grupos com distribuição restrita, mesmo que cada espécie do grupo, individualmente, tivesse uma distribuição limitada.

A dieta dos organismos também pode influenciar sua taxa de extinção. O registro fóssil mostra que a seleção natural tende a favorecer o tamanho maior em carnívoros (animais que se alimentam à base de carne). Todavia, carnívoros maiores possuem tipicamente uma dieta mais especializada do que os menores, e animais com dietas mais especializadas podem ficar mais vulneráveis à perda de sua fonte de alimento do que aqueles com uma dieta mais generalista. Uma possível conseqüência consiste em que carnívoros grandes e especializados teriam mais chance de se extinguirem do que espécies menores com dietas mais generalistas. Um registro fóssil impressionante de linhagens sucessivas de canídeos (cães, lobos e espécies próximas) permitiu a Blaire Van Valkenbugh e colegas usarem um método comparativo (ver Seção 1.3) para testar e confirmar essa hipótese (**Figura 21.24**).

No final do período Cretáceo, as taxas de extinção em terra eram muito mais altas entre os grandes vertebrados do que entre os pequenos. O mesmo foi verdadeiro durante o Pleistoceno, quando as taxas de extinção foram altas apenas entre grandes mamíferos e grandes aves. Durante algumas extinções em massa, os organismos marinhos foram duramente atingidos, mas os terrestres sobreviveram bem. Outras extinções em massa afetaram os organismos que viviam em ambos ambientes. Essas diferenças não são surpreendentes, dado que as principais mudanças na terra e nos oceanos nem sempre coincidem.

21.4 RECAPITULAÇÃO

A taxa de mudança evolutiva varia muito entre as diferentes linhagens de organismos. Modificações no ambientes físico e biológico normalmente induzem mudanças evolutivas. As taxas de extinção também flutuaram dramaticamente ao longo da história evolutiva.

- Por que mudanças lentas e graduais dominam o registro fóssil? Ver p. 479-480.
- Como a dieta dos organismos pode influenciar sua taxa de extinção? Ver p. 482 e Figura 21.24.

Embora os agentes de mudança evolutiva estejam operando atualmente da mesma forma como vêm operando desde que a vida apareceu no planeta, grandes mudanças têm sido causadas pelo aumento dramático da população humana sobre a Terra. A predação (caça) por humanos causou a extinção de muitos grandes mamíferos no passado recente e continua a fazê-lo hoje em dia. Os humanos estão mudando o ambiente físico e biológico ao alterarem em muito a vegetação da Terra, convertendo florestas e campos em plantações e pastos. Deliberada ou inadvertidamente estamos transportando milhares de espécies ao redor do globo, reduzindo a provincialização que iniciou durante a era Mesozóica. Os humanos também passaram a dirigir a evolução de algumas espécies através de seleção artificial ou biotecnologia. Conforme vimos no Capítulo 16, métodos moleculares modernos nos permitem modificar organismos ao transferir genes mesmo entre espécies pouco relacionadas. Em resumo, os humanos se tornaram um agente dominante de mudança evolutiva. O modo como vamos manejar nossa enorme influência afetará de maneira marcante o futuro da vida no planeta.

RESUMO DO CAPÍTULO

21.1 Como os cientistas datam eventos antigos?

A idade relativa dos organismos pode ser determinada através da datação de **fósseis** e dos **estratos** sedimentares das rochas que os contém.

Os paleontólogos utilizam uma variedade de radioisótopos com diferentes **meias-vidas** para datar eventos em diferentes tempos do passado remoto. Rever Figura 21.1.

Os geólogos dividem a história da vida em eras e períodos baseados em grandes diferenças entre o conjunto de fósseis encontrados em camadas de rochas sucessivas. Rever a Tabela 21.2.

21.2 Como os continentes e o clima da Terra modificaram-se ao longo do tempo?

A crosta terrestre consiste em placas sólidas da litosfera que flutuam sobre o magma fluido. A **deriva continental**, causada por correntes de convecção no magma, move essas placas e os continentes que elas representam. Rever Figura 21.2.

As condições na Terra mudaram drasticamente ao longo do tempo. Algumas mudanças, como o aumento na concentração de oxigênio na atmosfera, foram basicamente unidirecionais. Outras, como as mudanças climáticas, sofreram repetidas oscilações. Rever Figuras 21.5 e 21.6.

As cianobactérias geradoras de oxigênio liberaram O_2 suficiente para abrir caminho a reações de oxidação em rotas metabólicas. Os procariotos aeróbios foram capazes de produzir mais energia do que os organismos anaeróbios e começaram a se proliferar. Aumentos no nível de O_2 atmosférico permitiram a evolução de células eucarióticas grandes.

Grandes eventos físicos, como a colisão entre os continentes formando o supercontinente **Pangéia**, afetaram a superfície, o clima e a atmosfera do planeta. Além desses, eventos extraterrestres como o impacto de meteoritos, criaram alterações ambientais repentinas e dramáticas. Todas essas mudanças afetaram a história da vida.

21.3 Quais são os principais eventos da história da vida?

Os paleontólogos usam fósseis e evidências de mudanças geológicas para determinar de que modo a Terra e sua **biota** devem ter se parecido em diferentes momentos.

Durante a maior parte de sua história, a vida esteve confinada aos oceanos. A vida multicelular diversificou-se na **explosão do Cambriano**. Rever Figura 21.10.

Os períodos na era **Paleozóica** caracterizaram-se, cada um, pela diversificação de grupos específicos de organismos. Os amniotas – vertebrados cujos ovos podiam ser postos em locais secos – surgiram durante o período Carbonífero.

Durante a era **Mesozóica** a biota da Terra se tornou mais **provincializada**, quando **biotas** terrestres distintas evoluíram em cada continente.

Cinco episódios de **extinção em massa** pontuaram a história da vida nas eras Paleozóica e Mesozóica.

Três grandes **faunas** dominaram a vida na Terra, originando-se de radiações evolutivas ocorridas durante as eras Cambriana, Paleozóica e Mesozóica. Rever Figura 21.19.

A **flora** da Terra tem sido dominada pelas angiospermas desde a era **Cenozóica**.

21.4 Por que a taxa evolutiva difere entre diferentes grupos de organismos?

A maioria das linhagens evolui devagar e gradualmente ao longo do tempo. A morfologia de muitas espécies mudou muito pouco em muitos milhões de anos. Rever Figura 21.21.

Tipicamente, mudanças nos ambientes físico e biológico promovem mudanças evolutivas.

As taxas de extinção flutuaram dramaticamente durante a história da vida, mas enquanto alguns grupos tiveram taxas altas, outros proliferaram.

QUESTÕES

1. O número de espécies fósseis já descritas é de cerca de:
   a. 50.000.
   b. 100.000.
   c. 200.000.
   d. 300.000.
   e. 500.000.
2. Em estratos não-perturbados de rochas sedimentares:
   a. as rochas mais antigas estão no topo.
   b. as rochas mais antigas estão na base.
   c. as rochas mais antigas estão no meio.
   d. as rochas mais antigas estão distribuídas entre os estratos das rochas mais jovens.
   e. nenhuma das anteriores.
3. O carbono-14 pode ser usado para determinar a idade de organismos fósseis porque
   a. todos os organismos contêm muitos compostos de carbono.
   b. o carbono-14 tem uma taxa de decaimento regular em relação ao carbono-12.
   c. a razão de ^{14}C para ^{12}C em organismos vivos constitui sempre a mesma da encontrada na atmosfera
   d. a produção de ^{14}C novo na atmosfera contrabalança o decaimento radioativo natural do ^{14}C.
   e. todas as anteriores.
4. Uma mudança importante e basicamente unidirecional durante a história da Terra foi
   a. aumento constante na atividade vulcânica.
   b. aproximação gradual dos continentes.
   c. aumento constante na concentração de oxigênio na atmosfera.
   d. aquecimento gradual do clima.
   e. aumento constante na precipitação sobre a Terra.
5. O conjunto de espécies em dada região é conhecido como
   a. biota.
   b. flora.
   c. fauna.
   d. flora e fauna.
   e. diversidade.
6. As jazidas de carvão que agora mineramos para obter energia representam
   a. árvores que cresceram em pântanos durante o período Carbonífero.
   b. árvores que cresceram em pântanos durante o período Devoniano.
   c. árvores que cresceram em pântanos durante o período Permiano.
   d. pequenas plantas que cresceram em pântanos durante o período Carbonífero.
   e. nenhuma das anteriores.
7. A causa da extinção em massa no final do período Ordoviciano foi provavelmente:
   a. a colisão de um grande meteorito com a Terra.
   b. grandes erupções vulcânicas.
   c. uma grande glaciação na Gondwana.
   d. a união de todos os continentes para formar a Pangéia.
   e. uma mudança na órbita da Terra.
8. A causa da extinção em massa no final da era Mesozóica foi provavelmente
   a. a deriva continental.
   b. a colisão de um grande meteoro com a Terra.
   c. uma mudança na órbita da Terra.
   d. uma grande glaciação.
   e. uma modificação na concentração de sal nos oceanos.
9. Na história da vida, os momentos quando muitas linhagens evolutivas novas surgiram foram
   a. o Pré-Cambriano, o Cambriano e o Triássico.
   b. o Pré-Cambriano, o Cambriano e o Terciário.
   c. o Cambriano, o Paleozóico e o Triássico.
   d. o Cambriano, o Triássico e o Devoniano.
   e. o Paleozóico, o Triássico e o Terciário.
10. Em quais dos seguintes períodos *não* houve extinções em massa?
    a. No final do período Cetáceo.
    b. No final do período Devoniano.
    c. No final do período Permiano.
    d. No final do período Triássico.
    e. No final do período Siluriano.

PARA DISCUSSÃO

1. Alguns grupos de organismos evoluíram de forma a possuírem um grande número de espécies, enquanto outros grupos produziram apenas poucas espécies. Faz sentido considerar esses primeiros grupos mais "bem sucedidos" do que os últimos? O que a palavra "sucesso" significa em evolução? Como a sua resposta influenciaria o seu raciocínio sobre o *Homo sapiens*, o único representante vivo de uma linhagem que nunca conteve muitas espécies?
2. Os cientistas datam eventos antigos usando uma variedade de métodos, mas ninguém estava presente para testemunhar ou registrar esses eventos. Aceitar essas datas requer que acreditemos na exatidão e adequação de técnicas de medida indiretas. Que outros conceitos científicos básicos são igualmente baseados nos resultados de técnicas de medida indireta?
3. Por que é útil ser capaz de datar eventos passados tanto de forma absoluta quanto de forma relativa?
4. Se estamos vivendo durante um dos períodos mais frios da história do planeta, por que devemos nos preocupar com as atividades humanas que contribuem para o aquecimento global?
5. O choque de grandes meteoritos contra a Terra já causou, no passado, grandes mudanças climáticas e evolutivas. Você acha que deveríamos tomar medidas para prevenir futuros impactos? Que ações poderíamos tomar? Que efeitos adversos essas medidas desencadeariam?

PARA INVESTIGAÇÃO

O experimento da Figura 21.24 mostrou que ao longo da história evolutiva espécies de canídeos grandes com dietas especializadas sobreviveram por menos tempo do que espécies menores, mas menos especialistas. Herbívoros grandes também viveram por períodos mais curtos em relação aos pequenos. Que hipótese você proporia para explicar esses fatos? Como você poderia testar essa hipótese?

CAPÍTULO 22 Os Mecanismos da Evolução

Serpente devora salamandra venenosa – e sobrevive!

As salamandras movem-se lentamente, sendo presas fáceis para algumas serpentes do gênero *Thamnio-phis* e outros predadores. Contudo, alguns desses anfíbios desenvolveram defesas químicas contra a predação – em outras palavras, eles são venenosos. A salamandra-de-pele-rugosa, *Taricha granulosa*, uma salamandra que vive na costa do Pacífico na América do Norte, é capaz de armazenar em sua pele uma forte neurotoxina chamada tetrodotoxina (TTX). O TTX paralisa nervos e músculos bloqueando os canais de sódio (veja a Seção 5.3). A maioria dos vertebrados, incluindo as serpentes, morrerá se comer uma dessas salamandras.

Entretanto, algumas serpentes podem ingerir essa salamandra e sobreviver. Em algumas populações de *Thamnophis sirtalis*, a maioria dos indivíduos apresenta em seus nervos e músculos canais de sódio resistentes ao TTX, embora paguem um preço por isso. Serpentes resistentes ao TTX podem mover-se apenas lentamente por várias horas após ingerir uma dessas salamandras, e nunca se movem tão rapidamente quanto as serpentes não-resistentes. Portanto, as serpentes resistentes ao TTX são mais vulneráveis aos seus próprios predadores do que aquelas sensíveis ao TTX.

Baiacus, polvos, tunicados e algumas espécies de anuros também usam TTX como defesa química. Outros animais e plantas utilizam uma variedade de compostos químicos para se defender de seus predadores, e muitos predadores desenvolveram resistência a esses compostos. Tanto a produção quanto a resistência a defesas químicas são *adaptações* evolutivas. Todavia, adaptações que beneficiam um indivíduo de um certo modo podem reduzir sua habilidade para desenvolver outras atividades, como ocorre com a habilidade de locomoção rápida, restrita nas *Thamnophis* resistentes ao TTX. Por outro lado, adaptações, como a capacidade de produzir neurotoxinas na pele, podem ser custosas em termos energéticos para serem desenvolvidas e mantidas pelos organismos. Em outras palavras, ao aumentar sua performance em uma área, um organismo tipicamente experimenta redução de performance em outra área – existe uma relação de *custo-benefício* entre os ganhos proporcionados por uma adaptação e o custo para que o organismo a expresse.

Uma ferramenta dos biólogos evolutivos consiste em tentar identificar e medir a relação custo-benefício imposta por diferentes adaptações, porque a natureza e a força dessa relação influenciam o quanto tais adaptações serão bem sucedidas e como as populações de organismos evoluem. Se a resistência ao TTX não tivesse custo, esperaríamos encontrar serpentes resistentes em todos os lugares, mesmo em ambientes onde não houvesse salamandras tóxicas, mas esse não é o caso. Se possuir defesas químicas não tivesse custo, os indivíduos de muitas espécies de presa seriam venenosos, mas eles não são.

Guerra evolutiva As salamandras-de-pele-rugosa (abaixo) desenvolveram a habilidade de secretar pela epiderme um veneno paralisante que detém a maioria dos predadores. Algumas serpentes do gênero *Thamnophis* (acima) desenvolveram resistência ao veneno.

DESTAQUES DO CAPÍTULO

22.1 **Quais** fatos formam a base do nosso entendimento sobre a evolução?

22.2 **Quais** são os mecanismos da mudança evolutiva?

22.3 **Quais** mecanismos evolutivos resultam em adaptação?

22.4 **Como** a variação genética é mantida nas populações?

22.5 **Quais** são as restrições da evolução?

22.6 **Como** os humanos têm influenciado a evolução?

Um plano viável surge também em outros locais O lento baiacu *Arothron mappa* aqui mostrado se alimentando nos mares da Tailândia, produz TTX em vários órgãos, principalmente no fígado. O nível de toxicidade parece variar sazonalmente, mas não parece impedir as pessoas de apreciarem a carne desse peixe como uma perigosa iguaria.

Dentre as muitas contribuições de Charles Darwin para a biologia, umas das mais importantes foi sugerir uma hipótese plausível e testável para um mecanismo que resultasse na adaptação dos organismos ao meio ambiente. De fato, Darwin ofereceu uma explicação mecanicista para a evolução de todas as formas de vida, incluindo seres humanos. Algumas pessoas julgam difícil aceitar que os mesmos processos mecânicos que determinam o caminho evolutivo de plantas, insetos e bactérias também guiariam a evolução humana, mas como disse Darwin, "existe grandiosidade nesta visão de vida".

NESTE CAPÍTULO vemos de que forma Charles Darwin desenvolveu suas idéias e então voltamos para os avanços no nosso entendimento dos mecanismos evolutivos desde a época de Darwin. Discutimos a base genética da evolução e mostramos como se mede a variação genética dentro das populações. Descrevemos os mecanismos da evolução e mostramos como os biólogos montam estudos para investigá-los. Finalmente, discutimos restrições que podem se interpor nos caminhos que a evolução pode seguir.

22.1 Quais fatos formam a base do nosso entendimento sobre a evolução?

Atualmente, um rico conjunto de dados geológicos, morfológicos e moleculares apóia e acentua a base concreta da evolução, mas quando Charles Darwin era jovem, não era evidente para ele (ou para quase ninguém) que a vida havia evoluído. Darwin era apaixonadamente interessado tanto por geologia quanto por história natural – estudo científico de como diferentes organismos funcionam e vivem na natureza. Apesar desses interesses, ele havia planejado se tornar um médico, mas ficava nauseado com as cirurgias, realizadas sem anestesia. Ele desistiu da medicina para estudar na Universidade de Cambridge e seguir carreira como clérigo da Igreja Anglicana. Entretanto, Darwin estava mais interessado em ciência do que em teologia e estava freqüentemente em companhia dos cientistas da faculdade, especialmente do botânico John Henslow. Em 1831, Henslow recomendou Darwin para uma posição no H.M.S. *Beagle*, que se preparava para uma viagem de expedição ao redor do mundo (**Figura 22.1**).

Sempre que possível ao longo da viagem de 5 anos, Darwin (que se encontrava freqüentemente mareado) desembarcava para coletar espécimes de plantas e animais. Ele reparou que as espécies observadas na América do Sul eram muito diferentes daquelas encontradas na Europa e observou que as espécies das regiões temperadas da América do Sul (Argentina e Chile) eram mais semelhantes àquelas da América do Sul tropical (Brasil) do que às espécies da região temperada na Europa. Quando explorou as ilhas Galápagos, no oeste do Equador, percebeu que a maioria das espécies animais não era encontrada em nenhum outro lugar, mas eram semelhantes a espécies encontradas na América do Sul continental. Darwin também reconheceu que os animais do arquipélago diferiam de ilha para ilha. Ele postulou que alguns animais teriam vindo para o arquipélago a partir do continente e então teriam se diferenciado em cada uma das ilhas. Mas qual mecanismo poderia explicar essa diferenciação?

Quando retornou para a Inglaterra em 1836, Darwin continuou a ponderar sobre suas observações e em uma década ele havia desenvolvido os princípios de uma teoria que expli-

(A)

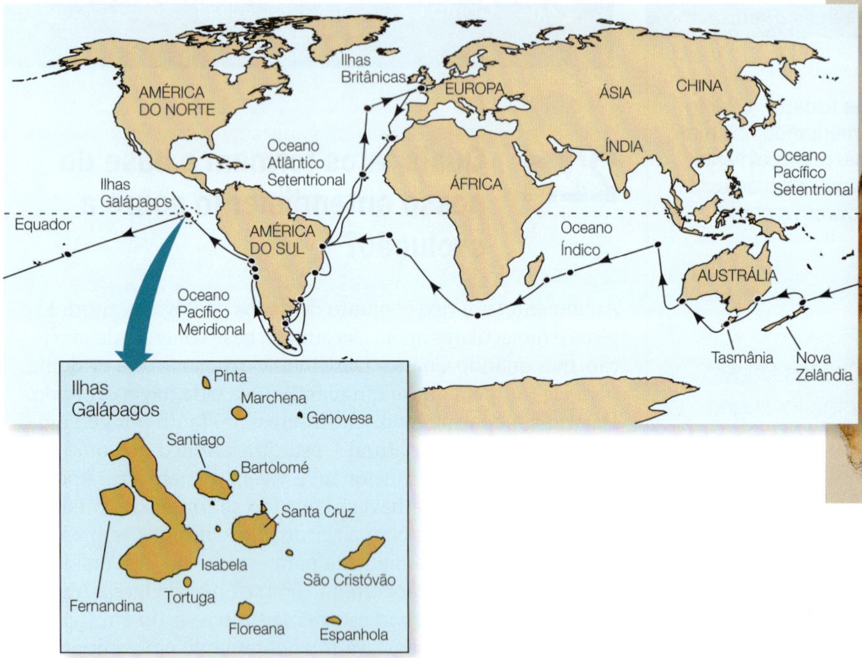
AMÉRICA DO NORTE
Ilhas Britânicas
EUROPA
ÁSIA
CHINA
Oceano Atlântico Setentrional
ÍNDIA
Oceano Pacífico Setentrional
ÁFRICA
Ilhas Galápagos
Equador
AMÉRICA DO SUL
Oceano Índico
AUSTRÁLIA
Oceano Pacífico Meridional
Tasmânia
Nova Zelândia
Ilhas Galápagos
Pinta
Marchena
Genovesa
Santiago
Bartolomé
Santa Cruz
Isabela
São Cristóvão
Fernandina
Tortuga
Floreana
Espanhola

Figura 22.1 Darwin e a viagem do *Beagle* (A) A missão do H.M.S. *Beagle* era mapear os oceanos e coletar informações oceanográficas e biológicas ao redor do mundo. O mapa indica a rota do navio, e o detalhe mostra as Ilhas Galápagos, cujos organismos foram, para Darwin, importante fonte de idéias sobre a seleção natural. (B) Charles Darwin aos 24 anos, logo após do retorno do *Beagle* para a Inglaterra.

(B)

cava a *mudança evolutiva* com base em duas proposições principais:

- As espécies não são imutáveis; elas mudam ao longo do tempo.
- O processo que produz essas mudanças constitui a *seleção natural*.

Darwin afirmou que a evolução consiste em um fato histórico cuja ocorrência pode ser demonstrada (sua primeira proposição). Em 1844, ele escreveu um longo ensaio sobre a seleção natural, processo que descreveu como a causa da evolução (sua segunda proposição), mas apesar do incentivo de sua esposa e colegas, ele estava relutante em publicá-lo, preferindo reunir mais evidências antes disso.

Darwin foi forçado a rever sua posição em 1858, quando recebeu uma carta e um manuscrito de outro naturalista viajante, Alfred Russel Wallace, que estava estudando a biota do arquipélago malaio. Wallace pediu a Darwin que avaliasse o manuscrito, no qual Wallace propunha uma teoria de seleção natural quase idêntica à de Darwin. Inicialmente, Darwin ficou desanimado, acreditando que Wallace havia antecipado suas idéias. Entretanto, partes do ensaio de 1844 de Darwin juntamente com o manuscrito de Wallace foram apresentadas na *Linnean Society* de Londres, em 01 de julho de 1858, dando crédito, portanto, a ambos pela idéia. Darwin então trabalhou rapidamente para finalizar seu livro, *A Origem das Espécies*, publicado no ano seguinte.

Embora tanto Darwin quanto Wallace tenham articulado independentemente o conceito de seleção natural, Darwin desenvolveu suas idéias primeiro. Além disso, o livro *A Origem das Espécies* forneceu evidências exaustivas de vários campos para apoiar a idéia de seleção natural e de evolução e, portanto, esses dois conceitos são mais comumente associados a Darwin do que a Wallace.

Os fatos que Darwin usou para conceber e desenvolver sua teoria de evolução por seleção natural eram familiares à maioria dos biólogos contemporâneos a ela. O que diferenciou Darwin dos demais foi sua capacidade de perceber a relação entre eles. Tanto Darwin quanto Wallace foram influenciados pelas idéias do economista Thomas Malthus, que em 1838 publicou *Ensaio Sobre o Princípio da População*. Malthus argumentou que como a taxa de crescimento da população humana era maior do que a taxa de crescimento na produção de alimentos, o crescimento descontrolado levaria inevitavelmente à fome. Darwin percebeu paralelos na natureza, percebendo que as populações de todas as espécies têm o potencial de crescer rapidamente em número. Para ilustrar esse ponto, ele usou o seguinte exemplo:

> Suponha... que existam oito casais de aves, e que desses, apenas quatro casais anualmente... tenham quatro filhotes, e que esses sigam criando filhotes na mesma taxa. Então, ao final de sete anos... existirão 2.048 aves ao invés das 16 originais.

Ainda assim, essas taxas de crescimento raramente encontram-se na natureza. Portanto, Darwin imaginou que a taxa de mortalidade na natureza também deveria ser alta. Sem uma alta taxa de mortalidade, mesmo as espécies de reprodução mais lenta alcançariam rapidamente um tamanho populacional enorme.

Darwin também observou que, embora exista uma tendência da prole se assemelhar a seus pais, os filhotes da maioria dos organismos não são idênticos entre si ou a seus pais. Ele sugeriu que pequenas variações entre os indivíduos afetam a chance de que um dado indivíduo sobreviva e reproduza. Darwin chamou essa sobrevivência e reprodução diferenciais entre indivíduos de **seleção natural**, que pode ser definida formalmente como: *a contribuição diferencial para a próxima geração de filhotes gerados pelos vários tipos genéticos pertencentes a uma dada população.*

Darwin pode ter usado o termo "seleção natural" porque tinha familiaridade com a **seleção artificial** feita por criadores de animais e plantas sobre indivíduos com certas características desejáveis. Muitas das observações de Darwin sobre a natureza da variação vieram de plantas e animais domesticados. Darwin era um criador de pombos e conhecia muito bem a fantástica diversidade de cores, tamanhos, formas e comportamento que os criadores podiam obter (**Figura 22.2**). Ele reconheceu um paralelo próximo entre a seleção feita pelos criadores e a seleção na natureza, como explicado em *A Origem das Espécies*:

> Como pode ser questionado o esforço de cada indivíduo para obter subsistência, no qual qualquer pequena variação em estrutura, hábito ou instinto, deixa-o mais adaptado às novas condições, dando-lhe mais vigor e saúde? Na adversidade ele terá maior chance de sobrevivência e assim ocorrerá com os descendentes que herdarem essa modificação, que mesmo sendo um detalhe, lhes dará melhor chance.

Essa afirmativa, escrita há 150 anos ainda serve como uma boa expressão do processo de evolução por seleção natural.

É importante lembrar, como Darwin claramente compreendeu, que *indivíduos não evoluem, as populações sim*. Uma **população** é um grupo de indivíduos da mesma espécie que vive e se reproduz em uma área geográfica particular em um mesmo período de tempo. Uma conseqüência importante da evolução das populações é que seus membros se tornam mais bem adaptados ao ambiente onde vivem. Contudo, o que os biólogos querem dizer quando afirmam que um organismo está adaptado ao ambiente?

A adaptação possui dois significados

Na biologia evolutiva, o termo **adaptação** se refere tanto ao *processo* pelo qual as características que parecem úteis para os seus possuidores evoluem – isto é, os mecanismos evolutivos que as produzem – quanto às *características* propriamente ditas. Com respeito às características, uma adaptação constitui uma característica fenotípica que ajudou o organismo a se ajustar às condições ambientais. Neste capítulo, discutiremos em maiores detalhes os processos que resultam em adaptação.

Os biólogos consideram um organismo adaptado a um ambiente em particular quando conseguem demonstrar que outro ligeiramente diferente sobrevive e se reproduz com menos sucesso nesse mesmo ambiente. Para entender a adaptação, os biólogos comparam a performance de indivíduos que diferem em suas características. Por exemplo, os biólogos podem testar o papel evolutivo da defesa química da salamandra-de-pele-rugosa descrita no início deste capítulo ao comparar a taxa de sobrevivência e reprodução de salamandras com diferentes concentrações de TTX na pele.

Quando Darwin propôs sua teoria de evolução por seleção natural, ele podia dar vários exemplos e mecanismos evolutivos que operavam na natureza, mas nenhum era apoiado por experimentos. Desde então, muitos estudos experimentais e de observação têm sido realizados. Os biólogos também vêm documentando a mudança na composição genética de muitas populações ao longo do tempo, e a nossa compreensão sobre os mecanismos de herança aumentou enormemente.

A genética de populações fornece apoio para a teoria de Darwin

Para que uma população evolua, os seus membros devem possuir variação genética herdável, que constitui a matéria-prima sobre a qual os mecanismos evolutivos atuam. Numa situação normal, não podemos observar a composição genética dos organismos. O que vemos são *fenótipos*, expressão física dos genes de um organismo. As características de um fenótipo dão seus *caracteres* – cor dos olhos, por exemplo. A forma específica de um caractere,

Figura 22.2 Muitos tipos de pombos foram produzidos por seleção artificial Charles Darwin criava pombos como hobby e percebeu que forças semelhantes atuavam na seleção artificial ou natural. Os pombos mostrados aqui representam apenas algumas das mais de 300 variedades selecionadas artificialmente por criadores para obter diferentes versões de caracteres como cor, tamanho e distribuição de penas.

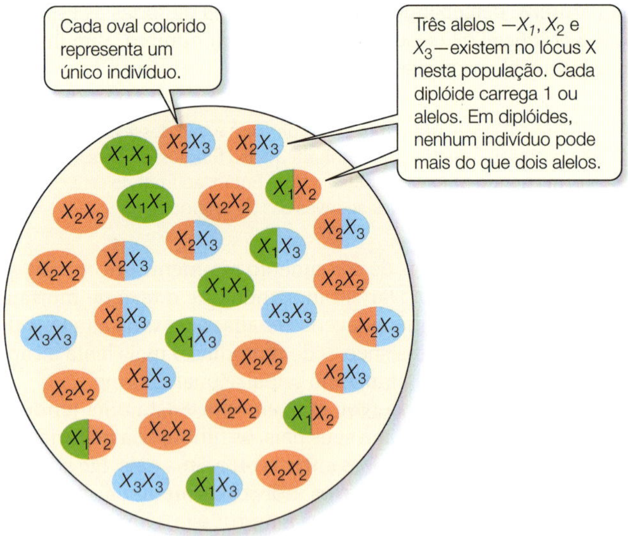
Cada oval colorido representa um único indivíduo.
Três alelos —X_1, X_2 e X_3—existem no lócus X nesta população. Cada diplóide carrega 1 ou alelos. Em diplóides, nenhum indivíduo pode mais do que dois alelos.

Figura 22.3 Um *pool* genético Um *pool* genético constitui o conjunto de todos os alelos encontrados em uma população. O *pool* genético para apenas um lócus, *X*, está representado nessa figura. As freqüências alélicas nesse *pool* genético são 0,20 para X_1, 0,50 para X_2 e 0,30 para X_3.

como os olhos castanhos, é um *traço*. Um traço **herdável** é um caractere de um organismo pelo menos parcialmente determinado pelos seus genes. A constituição genética que governa um caractere chama-se *genótipo*. *Uma população evolui quando indivíduos com diferentes genótipos sobrevivem ou reproduzem em taxas diferentes.*

A redescoberta das publicações de Gregor Mendel no início do século XX (ver Seção 10.1) abriu caminho para o desenvolvimento do campo da **genética de populações**, que tem três objetivos principais:

- Explicar a origem e manutenção da variabilidade genética.
- Explicar o padrão e a organização da variação genética.
- Entender os mecanismos que causam mudanças nas freqüências alélicas nas populações.

A perspectiva da genética de populações complementa as idéias trazidas da biologia do desenvolvimento para a biologia evolutiva, que discutimos no Capítulo 20.

Conforme descrito na Seção 10.1, diferentes formas de um gene, chamados de alelos, podem existir em um lócus em particular. Em qualquer lócus em particular, um indivíduo possui apenas alguns dos alelos presentes na população (**Figura 22.3**). O conjunto de todas as cópias de todos os alelos em todos os loci em uma população constitui o seu ***pool* genético** (também podemos nos referir ao *pool* genético em um determinado lócus ou em alguns loci em particular). O *pool* genético contém a variação genética que produz os traços fenotípicos sobre os quais a seleção natural atua. Para entendermos a evolução e o papel da seleção natural devemos saber quanta variação genética as populações contêm, as fontes dessa variação, e como essa variação muda ao longo do tempo e do espaço nessas populações.

A maioria das populações varia geneticamente

Quase todas as populações apresentam variação genética em muitos caracteres. Seleção artificial sobre diferentes caracteres em uma única espécie de mostarda selvagem produziu várias cultivares importantes (**Figura 22.4**). Os agricultores atingiram esses resultados porque a população original de mostarda possuía variação genética nos caracteres de interesse.

Experimentos de laboratório também demonstram a existência de variação genética considerável em populações. Em um desses experimentos, os investigadores tentaram selecionar populações de moscas-das-frutas (*Drosophila melanogaster*) com alto ou baixo número de cerdas no abdômen, a partir de uma população inicial com um número de cerdas intermediário. Após 35 gerações, todas as moscas tanto na linhagem para alto número de cerdas quanto na de baixo número de cerdas possuíam um número de

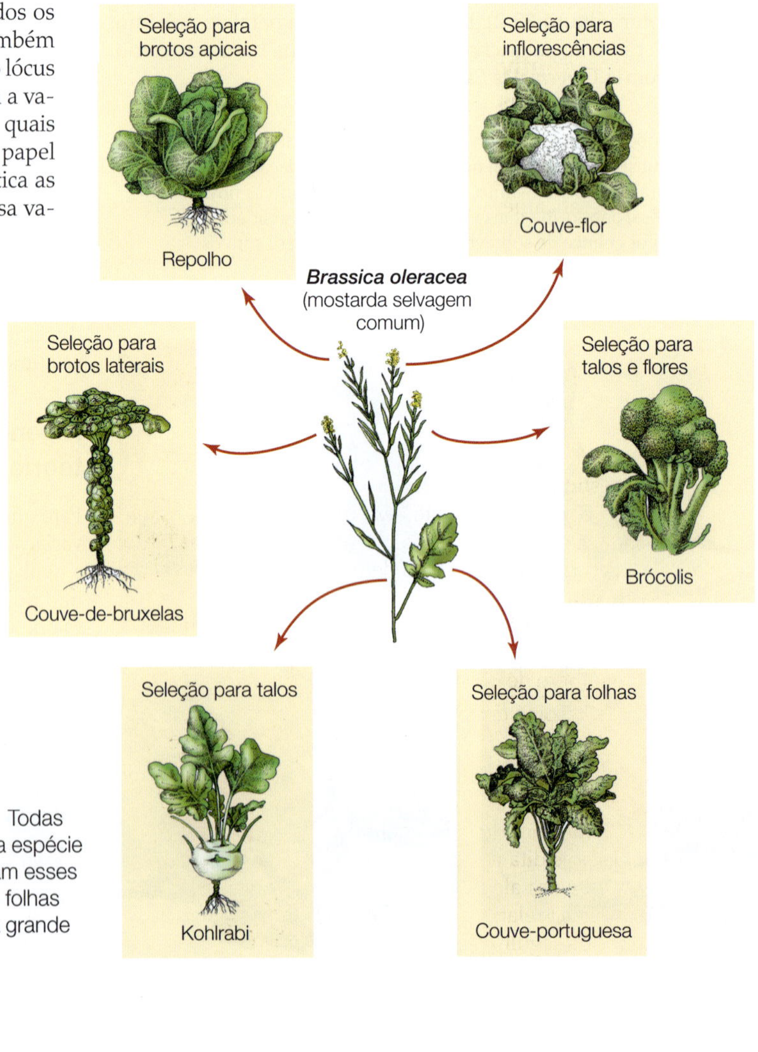
Seleção para brotos apicais
Repolho
Seleção para inflorescências
Couve-flor
Brassica oleracea
(mostarda selvagem comum)
Seleção para brotos laterais
Couve-de-bruxelas
Seleção para talos e flores
Brócolis
Seleção para talos
Kohlrabi
Seleção para folhas
Couve-portuguesa

Figura 22.4 Muitos vegetais a partir de uma espécie Todas as plantas cultivadas aqui mostradas derivam de uma única espécie selvagem de mostarda. Os agricultores europeus produziram esses vegetais escolhendo e cruzando plantas com brotos, talos, folhas ou flores extraordinariamente grandes. O resultado ilustra a grande quantidade de variação presente em um *pool* genético.

Figura 22.5 A seleção artificial revela a variação genética Em experimentos de seleção artificial com *Drosophila melanogaster*, o número de cerdas evoluiu rapidamente. O gráfico mostra o número de moscas com diferentes números de cerdas após 35 gerações de seleção artificial.

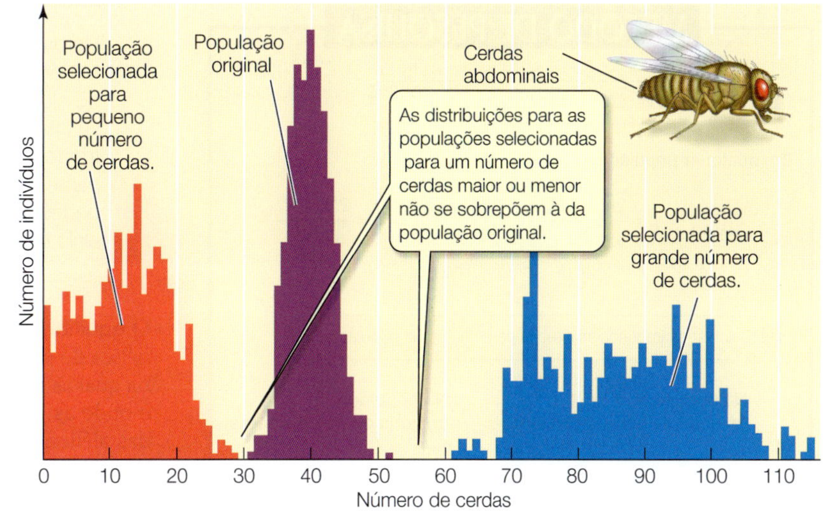
População selecionada para pequeno número de cerdas.
População original
Cerdas abdominais
As distribuições para as populações selecionadas para um número de cerdas maior ou menor não se sobrepõem à da população original.
População selecionada para grande número de cerdas.
Número de indivíduos
0
10
20
30
40
50
60
70
80
90
100
110
Número de cerdas

cerdas fora da distribuição encontrada na população original (**Figura 22.5**). Portanto, deveria haver variação genética considerável da população original de moscas para que a seleção pudesse ter atuado.

O estudo da base genética da seleção natural é difícil porque o genótipo por si só não consiste no único determinante do fenótipo. Com dominância, por exemplo, um fenótipo em particular pode ser produzido por mais de um genótipo (por exemplo, indivíduos *AA* ou *Aa* podem ser idênticos fenotipicamente). De modo semelhante, conforme descrevemos em detalhes na Seção 20.4, diferentes fenótipos podem ser produzidos por um dado genótipo dependendo das condições ambientais encontradas durante o desenvolvimento. Por exemplo, normalmente, as células de todas as folhas de uma árvore ou arbusto são geneticamente idênticas, mas as folhas de uma mesma planta costumam diferir em forma e tamanho.

A mudança evolutiva pode ser medida em freqüências alélicas e genotípicas

As freqüências alélicas são normalmente estimadas em um grupo de indivíduos que se cruza local e aleatoriamente, dentro de uma população geograficamente definida, chamado de **população mendeliana.** Para medir com precisão as freqüências alélicas em uma população mendeliana, precisaríamos contar todos os alelos em todos os loci dos indivíduos contidos nela. Ao fazermos isso, poderíamos determinar a freqüência de todos os alelos na população. A palavra **freqüência** em genética de populações significa *proporção*, de modo que a freqüência de um dado alelo ou genótipo constitui, simplesmente, a sua proporção no *pool* genético naquele lócus.

Felizmente, não precisamos fazer medidas completas porque podemos estimar com confiança as freqüências alélicas para um dado lócus contando os alelos em uma amostra de indivíduos da população. A soma das freqüências de todos os alelos iguala-se a 1, portanto, as medidas de freqüência alélica variam entre 0 e 1.

A freqüência alélica é calculada usando a seguinte fórmula:

$$p = \frac{\text{número de cópias do alelo na população}}{\text{soma dos alelos na população}}$$

Se apenas dois alelos (que chamaremos *A* e *a*) encontram-se entre os membros de uma população diplóide para um dado lócus, eles podem se combinar para formar três genótipos diferentes: *AA*, *Aa*, e *aa*. Tal população é dita *polimórfica* para este lócus, uma vêz que existe mais do que um alelo. Usando a fórmula acima, podemos calcular a freqüência relativa dos alelos *A* e *a* em uma população de *N* indivíduos da seguinte forma:

- Seja N_{AA} o número de indivíduos homozigotos para o alelo *A* (*AA*).
- Seja N_{Aa} o número de indivíduos heterozigotos (*Aa*).
- Seja N_{aa} o número de indivíduos homozigotos para o alelo *a* (*aa*).

Note que $N_{AA} + N_{Aa} + N_{aa} = N$, o número total de indivíduos na população, e que o número total de cópias de ambos os alelos presentes na população consiste em $2N$, porque cada indivíduo é diplóide. Cada indivíduo *AA* possui duas cópias do alelo *A* e cada indivíduo Aa possui uma única cópia. Portanto, o número total de alelos *A* na população é $2N_{AA} + N_{Aa}$. De maneira semelhante, o número total de alelos *a* na população é $2N_{aa} + N_{Aa}$.

Se *p* representa a freqüência de *A* e *q* representa a de *a*, então

$$p = \frac{2N_{AA} + N_{Aa}}{2}$$

e

$$q = \frac{2N_{aa} + N_{Aa}}{2N}$$

Para ver como essa fórmula funciona, a **Figura 22.6** mostra o cálculo das freqüências alélicas em duas populações hipotéticas, cada uma contendo 200 indivíduos diplóides. Na população 1 a maioria dos indivíduos constitui-se de homozigotos (90 *AA*, 40 *Aa* e 70 *aa*), enquanto na população 2, a maioria constitui-se de heterozigotos (45 *AA*, 130 *Aa* e 25 *aa*).

Os cálculos na Figura 22.6 demonstram duas propriedades importantes. A primeira é que para cada população, $p + q = 1$. Se $p + q = 1$, então $q = 1 - p$. Quando em uma população houver apenas dois alelos em um dado lócus, podemos calcular a freqüência de um alelo e obter facilmente a freqüência do outro alelo por subtração. Se houver apenas um alelo, a população é dita *monomórfica* para aquele lócus, e o alelo é dito *fixado*.

A segunda consiste em que a população 1 (basicamente homozigota) e a população 2 (basicamente heterozigota) têm as mesmas freqüências alélicas para *A* e *a*. Então, elas apresentam o mesmo *pool* genético para esse lócus. Contudo, como os alelos que compõem o *pool* genético estão distribuídos diferen-

MÉTODO DE PESQUISA

1 Determinar a freqüência dos alelos na população.

Em qualquer população:

Freqüência do alelo A $= p = \frac{2N_{AA} + N_{Aa}}{2N}$ Freqüência do alelo a $= q = \frac{2N_{aa} + N_{Aa}}{2N}$

onde N é o número total de indivíduos na população.

2 Calcular as freqüências alélicas para diferentes populações.

Na população 1 (maioria de homozigotos):

$N_{AA} = 90$, $N_{Aa} = 40$, e $N_{aa} = 70$

então

$$p = \frac{180 + 40}{400} = 0{,}55$$

$$q = \frac{140 + 40}{400} = 0{,}45$$

Na população 2 (maioria de heterozigotos):

$N_{AA} = 45$, $N_{Aa} = 130$, e $N_{aa} = 25$

então

$$p = \frac{90 + 130}{400} = 0{,}55$$

$$q = \frac{50 + 130}{400} = 0{,}45$$

Figura 22.6 Calculando as freqüências alélicas O *pool* genético e as freqüências alélicas são os mesmos para as duas populações, mas os alelos encontram-se distribuídos diferentemente entre os genótipos homozigotos e heterozigotos. Em todos os casos, $p + q$ deve ser igual a 1.

temente entre os indivíduos, as *freqüências genotípicas* das duas populações diferem. Calcula-se a freqüência genotípica como o número de indivíduos que possui um dado genótipo dividido pelo número total de indivíduos na população. Na população 1, da Figura 22.6, as freqüências genotípicas são 0,45 *AA*, 0,20 *Aa*, e 0,35 *aa*.

As freqüências de diferentes alelos em cada lócus e a dos diferentes genótipos determinam a **estrutura genética** da população. As freqüências alélicas medem a quantidade de variação genética na população, enquanto as genotípicas mostram como a variação genética encontra-se distribuída entre seus membros. Com essas medidas torna-se possível considerar de que forma a estrutura genética de uma população muda ou permanece constante ao longo das gerações – ou seja, é possível medir a mudança evolutiva.

Sob certas condições, a estrutura genética de uma população não muda ao longo do tempo

Em 1908, o matemático britânico Godfrey Hardy e o médico alemão Wilhelm Weinberg deduziram, de forma independente, quais condições devem prevalecer para que a estrutura genética de uma população permaneça constante ao longo do tempo. As equações de Hardy explicam porque alelos dominantes não substituem, necessariamente, alelos recessivos em uma população, assim como outras propriedades da estrutura genética das populações: *se um alelo não é vantajoso, sua freqüência permanece constante de geração em geração;* sua freqüência não aumentará mesmo que o alelo seja dominante.

Hardy escreveu sua equação em resposta a uma questão proposta a ele pelo geneticista Reginald C. Punnett, no clube da Universidade de Cambridge. Punnett estava intrigado com o fato de que embora a braquidactilia (dedos curtos e grossos) fosse causada por alelo dominante, a maioria da população da Grã-Bretanha possuía dedos de tamanho normal, característica originada por alelo recessivo.

O equilíbrio de Hardy-Weinberg é a pedra fundamental da genética de populações. A equação descreve uma situação-modelo na qual as freqüências alélicas não mudam ao longo das gerações e onde as freqüências genotípicas podem ser estimadas a partir das alélicas (**Figura 22.7**). Os princípios do equilíbrio de Hardy-Weinberg se aplicam a organismos de reprodução sexuada. Várias condições devem ser obedecidas para que uma população esteja no equilíbrio de Hardy-Weinberg:

- *Os cruzamentos são aleatórios*. Os indivíduos não escolhem preferencialmente parceiros com determinados genótipos.
- *O tamanho da população é infinito*. Quanto maior a população, menor será o efeito da *deriva genética* – flutuações aleatórias (ao acaso) nas freqüências alélicas.
- *Não há fluxo gênico*. Na população não existe nem imigração, nem emigração.
- *Não há mutação.* Não existe mudança entre os alelos *A* e *a*, nem a adição de novos alelos ao *pool* genético da população.
- *A seleção natural não afeta a sobrevivência de alguns genótipos em particular*. Não existe sobrevivência diferencial de indivíduos com diferentes genótipos.

Se essas condições ideais se mantêm, duas conseqüências principais se seguem. Primeiro, as freqüências dos alelos em um lócus permanecem constantes de geração em geração. Segundo, após uma geração de cruzamento aleatório, as freqüências genotípicas ocorrem na seguinte proporção:

Genótipo	*AA*	*Aa*	*aa*
Freqüência	p^2	$2pq$	q^2

Considere a geração 1 na Figura 22.7, na qual a freqüência do alelo *A* (p) é 0,55. Como assumiremos que os indivíduos selecionam parceiros ao acaso, sem se importar com seus genótipos, os gametas que possuem os alelos *A* ou *a* combinam-se ao acaso – ou seja, conforme previsto pelas freqüências p e q. A probabilidade de que um espermatozóide ou óvulo em particular tenha um alelo *A* e não *a*, é de 0,55. Em outras palavras, 55 de 100 gametas amostrados aleatoriamente terão o alelo *A*. Como $q = 1 - p$, a probabilidade de que um espermatozóide ou óvulo tenha o alelo *a* é $1 - 0{,}55 = 0{,}45$ (você talvez queira rever a discussão sobre probabilidade na Seção 10.1).

Para obter a probabilidade de que dois gametas *A* se juntem durante a fertilização, multiplicamos a duas probabilidades independentes de que eles ocorram de forma separada:

$$p \times p = p^2 = (0{,}55)^2 = 0{,}3025$$

Portanto, 0,3025 ou 30,25 % da prole na próxima geração terá o genótipo *AA*. De maneira similar, a probabilidade de que dois gametas *a* se unam é

$$q \times q = q^2 = (0{,}45)^2 = 0{,}2025$$

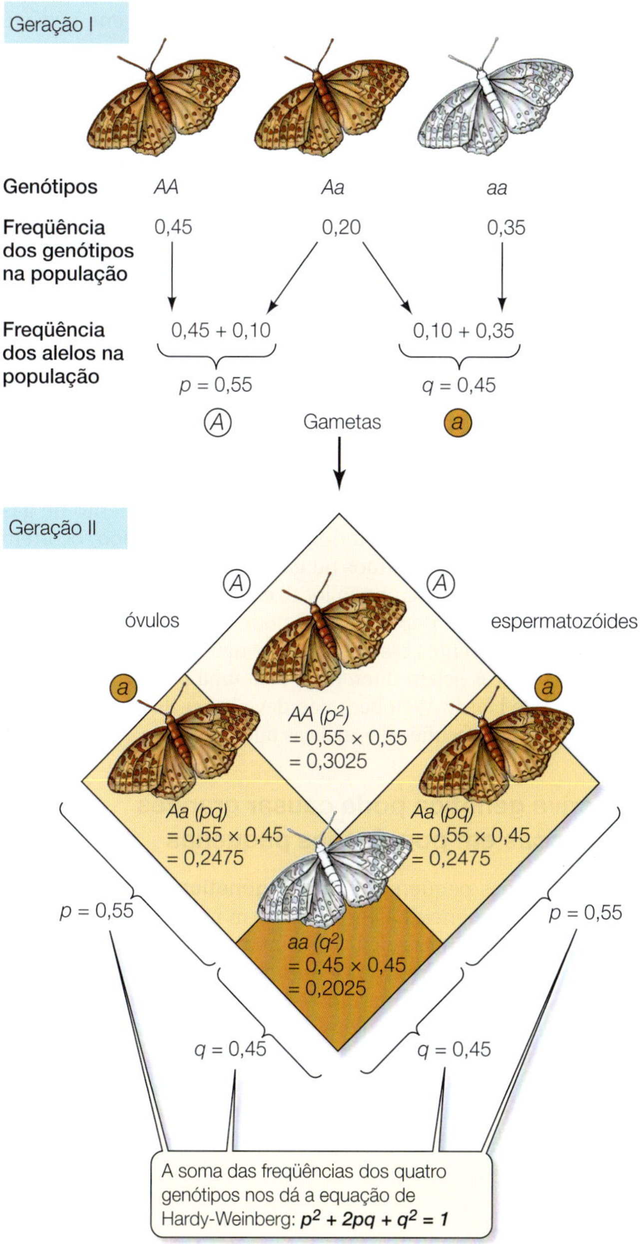

Geração I
Genótipos
AA
Aa
aa
Freqüência dos genótipos na população
0,45
0,20
0,35
Freqüência dos alelos na população
0,45 + 0,10
0,10 + 0,35
p = 0,55
q = 0,45
A
Gametas
a
Geração II
A
A
óvulos
espermatozóides
a
a
AA (p2) = 0,55 × 0,55 = 0,3025
Aa (pq) = 0,55 × 0,45 = 0,2475
Aa (pq) = 0,55 × 0,45 = 0,2475
aa (q2) = 0,45 × 0,45 = 0,2025
p = 0,55
p = 0,55
q = 0,45
q = 0,45
A soma das freqüências dos quatro genótipos nos dá a equação de Hardy-Weinberg: p2 + 2pq + q2 = 1

Figura 22.7 Calculando as freqüências genotípicas de Hardy-Weinberg As áreas dentro dos retângulos são proporcionais às freqüências esperadas se o cruzamento for ao acaso em relação ao genótipo. Como existem duas maneiras de produzir um heterozigoto, a probabilidade desse evento ocorrer é a soma dos dois quadrados *Aa*. Esse exemplo assume que (1) o organismo em questão é diplóide, (2) não há sobreposição de gerações, (3) o gene em consideração têm dois alelos e que (4) as freqüências alélicas são idênticas em machos e fêmeas. O equilíbrio de Hardy-Weinberg também se aplica se o gene tiver mais do que dois alelos e se as gerações se sobrepuserem, mas nesses casos a matemática torna-se mais complicada.

Então, 20,25 % dos indivíduos da próxima geração possuirão o genótipo *aa*.

A Figura 22.7 também mostra que existem duas formas de se produzir um heterozigoto: um espermatozóide *A* pode se combinar com um óvulo *a* com uma probabilidade de $p \times q$, ou um espermatozóide *a* pode se combinar com um óvulo *A*, com probabilidade de $q \times p$. Conseqüentemente, a probabilidade global para se obter um heterozigoto é $2pq$.

Agora demonstra-se facilmente que as freqüências alélicas *p* e *q* permanecem constantes em cada geração. Se a freqüência dos alelos *A* em uma população de cruzamento aleatório é $p^2 + pq$, essa freqüência pode ser escrita como $p^2 + p(1-p) = p^2 + p - p^2 = p$. As freqüências originais não mudam, e a população fica em *equilíbrio de Hardy-Weinberg*, como descrito pela **equação de Hardy-Weinberg:**

$$p^2 + 2pq + q^2 = 1$$

Se as freqüências genotípicas da população parental forem afetadas (digamos, pela imigração de vários indivíduos *AA*), então as freqüências alélicas na próxima geração também se alterarão. Todavia, baseado nas novas freqüências alélicas, uma única geração de cruzamento aleatório é suficiente para restaurar as freqüências genotípicas para o equilíbrio de Hardy-Weinberg (H-W) a partir das novas freqüências alélicas.

Desvios do equilíbrio de Hardy-Weinberg mostram que a evolução está ocorrendo

Você já deve ter percebido que as populações na natureza jamais cumprem as rigorosas condições necessárias para mantê-las no equilíbrio H-W. Por que então considera-se esse modelo tão importante para o estudo da evolução? Existem dois motivos. Primeiro, a equação é útil para prever as freqüências genotípicas aproximadas de uma população a partir de suas freqüências alélicas.

Em segundo lugar, de modo crucial, o modelo descreve as condições que resultariam caso *não* houvesse evolução em uma população: a equação do equilíbrio de Hardy-Weinberg mostra que *as freqüências alélicas permanecerão constantes de geração em geração a menos que algum mecanismo atue para alterá-las*. Como as condições do modelo nunca são atendidas completamente, as freqüências alélicas de todas as populações apresentam desvios em relação ao equilíbrio de Hardy-Weinberg. Em outras palavras, *existem mecanismos atuando para mudar as freqüências alélicas e são esses mecanismos que dirigem a evolução*. Os padrões de desvio do equilíbrio de Hardy-Weinberg podem nos auxiliar a identificar os mecanismos de mudança evolutiva.

22.1 RECAPITULAÇÃO

Os experimentos de laboratório e os resultados de procedimentos de seleção artificial demonstram a existência de variação genética nas populações e fornecem evidência de que a seleção natural atua para promover mudanças evolutivas.

- Você pode articular o princípio da seleção natural? Quais os dois significados de adaptação? Ver p. 489.
- Você percebe como o cálculo das freqüências alélicas nos permite medir a mudança evolutiva? Ver p. 491-492 e Figura 22.6.
- Por que o conceito do equilíbrio de Hardy-Weinberg é importante mesmo que os pressupostos nos quais ele se baseia sejam quase sempre violados na natureza? Ver p. 492-493.

Resumimos de maneira breve a idéia de Charles Darwin sobre seleção natural e explicamos a base matemática do equilíbrio de Hardy-Weinberg e sua importância para o estudo da evolução. Agora focaremos algumas das forças que fazem as populações se afastar do equilíbrio: os mecanismos da mudança evolutiva.

22.2 Quais são os mecanismos da mudança evolutiva?

Os mecanismos evolutivos são forças que mudam a estrutura genética de uma população. O equilíbrio de Hardy-Weinberg é uma hipótese sem efeito, que assume que essas forças estão ausentes. Os mecanismos evolutivos conhecidos incluem mutação, fluxo gênico, deriva genética, cruzamento não-aleatório e seleção natural. Para entendermos os processos evolutivos devemos discutir cada um desses mecanismos antes de considerarmos em maior detalhe a seleção natural.

A mutação gera variação genética

A origem da variação genética é a mutação. Uma mutação, segundo vimos na Seção 12.6, é qualquer mudança no DNA de um organismo. As mutações parecem aleatórias em relação às necessidades adaptativas dos organismos. A maioria das mutações é danosa aos seus portadores ou neutra, mas se as condições ambientais mudarem, alelos antes neutros ou deletérios podem se tornar vantajosos. Além disso, mutações podem gerar novamente alelos removidos por outros processos evolutivos. Portanto, a mutação pode tanto criar quanto ajudar a manter a variação genética nas populações.

A taxa de mutação é baixa para a maioria dos loci já estudados. Taxas altas, como uma mutação por lócus a cada mil zigotos por geração, ocorrem raramente; taxas uma em um milhão são mais típicas. Entretanto, essas taxas são suficientes para criar uma variação genética considerável, pois: um grande número de genes pode sofrer os efeitos da mutação; rearranjos cromossômicos podem afetar vários genes simultaneamente; e as populações freqüentemente contêm um grande número de indivíduos. Por exemplo, se a probabilidade de uma mutação pontual (adição, subtração ou substituição de uma única base) for de 10^{-9} por par de base por geração, então em cada gameta humano, cujo DNA contêm 3×10^9 pares de base, existiria uma média de 3 novas mutações pontuais ($3 \times 10^9 \times 10^{-9} = 3$). Portanto, cada zigoto carregaria, em média, 6 novas mutações. A população humana atual de aproximadamente 6,5 bilhões de pessoas carregaria cerca de 40 bilhões de novas mutações ausentes na geração anterior.

Uma condição para o equilíbrio de Hardy-Weinberg é a inexistência de mutações. Embora essa condição nunca seja atendida, a taxa pela qual as mutações surgem em um único lócus apresenta-se tão baixa que as mutações resultam apenas em pequenos desvios do equilíbrio de Hardy-Weinberg. Quando encontram-se grandes desvios é apropriado desconsiderar a mutação como causa e buscar evidências de que outras forças evolutivas encontram-se atuando na população.

O fluxo gênico pode alterar as freqüências alélicas

Poucas populações estão completamente isoladas de outras da mesma espécie. A migração de indivíduos e movimento de gametas entre populações, referidos como **fluxo gênico**, ocorrem comumente. Se os indivíduos ou gametas migrantes sobrevivem e se reproduzem em seu novo local, eles podem adicionar alelos ao *pool* genético da população, ou podem mudar as freqüências dos alelos já presentes caso venham de uma população cujas freqüências alélicas sejam diferentes. Para uma população estar no equilíbrio de Hardy-Weinberg não deve haver fluxo gênico entre populações com freqüências alélicas diferentes.

A deriva genética pode causar grandes mudanças em populações pequenas

Em populações pequenas, a **deriva genética** – mudanças aleatórias nas freqüências alélicas – podem produzir grandes mudanças nas freqüências alélicas de uma geração para a próxima. Alelos deletérios podem aumentar de freqüência e alelos raros e benéficos podem ser perdidos. Mesmo em grandes populações, a deriva genética pode influenciar a freqüência dos alelos que não afetam as taxas de sobrevivência e reprodução dos seus portadores.

Como exemplo, suponha que façamos um cruzamento entre moscas-das-frutas *Aa x Aa* para produzir uma população F_1, onde $p = q = 0,5$ e na qual as freqüências genotípicas sejam 0,25 *AA*, 0,5 *Aa* e 0,25 *aa*. Se selecionarmos 4 indivíduos ao acaso (8 cópias do gene) da população F_1 para produzir a geração F_2, as freqüências alélicas nessa pequena população amostrada podem diferir em muito de $p = q = 0,5$. Se, por exemplo, escolhermos ao acaso 2 homozigotos *AA* e dois heterozigotos (*Aa*), as freqüências alélicas na amostra serão $p = 0,75$ (6 de 8) e $q = 0,25$ (2 de 8). Se replicarmos esse experimento mil vezes, um dos dois alelos terá sido completamente perdido em 8 das amostras em média.

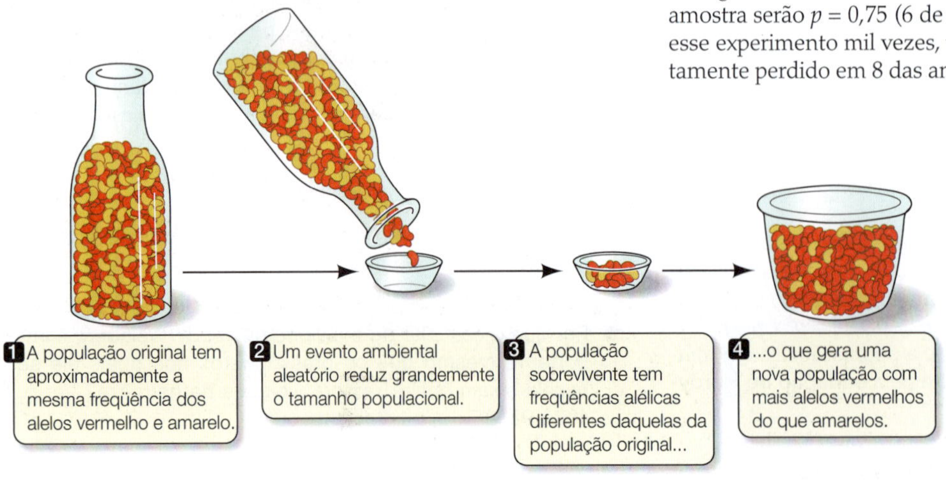
1 A população original tem aproximadamente a mesma freqüência dos alelos vermelho e amarelo.
2 Um evento ambiental aleatório reduz grandemente o tamanho populacional.
3 A população sobrevivente tem freqüências alélicas diferentes daquelas da população original...
4 ...o que gera uma nova população com mais alelos vermelhos do que amarelos.

Figura 22.8 Um evento de gargalo populacional Eventos de gargalo populacional ocorrem quando poucos indivíduos sobrevivem a um evento aleatório, resultando em uma mudança nas freqüências alélicas da população.

O mesmo princípio opera quando a população sofre grandes perdas. Populações normalmente grandes podem passar por períodos ocasionais quando apenas um pequeno número de indivíduos sobrevive. Durante esses **gargalos populacionais**, a variação genética pode ser reduzida por deriva genética. A **Figura 22.8** ilustra como isso ocorre. Nela, os feijões amarelos e vermelhos representam os dois alelos diferentes em um gene. A maioria dos feijões "sobreviventes" na pequena amostra tirada da população de feijões original é vermelha, apenas devido ao acaso, de forma que a nova população tem freqüência muito mais alta de feijões vermelhos do que na geração anterior. Em uma população real, diríamos que as freqüências alélicas sofreram "deriva".

Quando uma população passa por um evento de gargalo populacional é provável que perca a maior parte de sua variação genética. Milhões de indivíduos da ave *Tympanuchus cupido* viviam nas pradarias da América do Norte quando os europeus chegaram ao continente. Como resultado tanto de caça quanto de destruição de habitat, a população de aves no estado americano de Illinois caiu vertiginosamente de cerca de 100 milhões de aves em 1900 para menos que 50 indivíduos nos anos 90 (**Figura 22.9A**). Uma comparação entre o DNA coletado de aves em Illinois durante a metade do século XX com o DNA da população remanescente dos anos 90 mostrou que os *Tympanuchus* de Illinois perderam a maior parte da diversidade genética e que a população remanescente sofre de baixo sucesso reprodutivo. De maneira similar, a palmeira da Califórnia *Washingtonia filifera* já foi abundante na Califórnia e no México. Atualmente, restringe-se a uns poucos oásis no extremo sul da Califórnia e em regiões adjacentes no México (**Figura 22.9B**). Essa espécie possui pouca variabilidade genética: em média, um indivíduo é heterozigoto em apenas 0,009 dos seus loci.

As populações de guepardo (chita) da África do Sul apresentam pouca variação genética, sugerindo que um evento extremo de gargalo populacional ocorreu no passado. Esses animais são tão próximos geneticamente que transplantes de pele de um animal para o outro não sofrem rejeição nem provoca resposta imunológica.

(A)

Tympanuchus cupido (macho)

(B)

Washingtonia filifera

Figura 22.9 Espécies com baixa variação genética (A) A população de *Tympanuchus cupido*, do estado americano de Illinois, perdeu a maior parte da variação genética quando a população entrou em colapso, passando de milhões de indivíduos para menos de 100. (B) A palmeira da Califórnia, cuja distribuição foi reduzida a uma pequena área entre o sul da Califórnia e áreas adjacentes no México, possui baixa variação genética.

A deriva genética pode ter efeitos parecidos quando poucos indivíduos pioneiros colonizam uma nova região. Por conta de seu tamanho reduzido, é pouco provável que a população colonizadora tenha todos os alelos encontrados entre os membros da população fonte. A mudança na variação genética resultante, chamada de **efeito do fundador**, equivale à mudança de uma população grande reduzida por um evento de gargalo. Por exemplo, a população da planta *Sarracenia purpurea*, que vive atualmente em uma pequena ilha, surgiu de um único indivíduo plantado nela em 1912. Hoje, a população possui apenas um lócus polimórfico ao longo de todo o seu genoma.

Os cientistas tiveram a oportunidade de estudar a composição genética de uma população fundadora quando uma população de *Drosophila subobscura*, uma espécie de mosca-das-frutas bem conhecida e nativa da Europa, foi descoberta perto de Puerto Mont, Chile (em 1978) e em Port Townsend, Washington (em 1982). As fundadoras da população de *D. subobscura* provavelmente chegaram ao Chile, a partir da Europa, em um navio. Algumas moscas levadas para o norte a partir do Chile em um outro navio fundaram a população da América do Norte. Em ambas as Américas, as populações de moscas cresceram rapidamente e expandiram suas áreas de vida. Atualmente na América do Norte, a *D. subobscura* vai desde a Columbia Britânica, no Canadá, até o centro da Califórnia. No Chile, ela se espalha ao longo de 15° de latitude (**Figura 22.10**).

As populações européias de *D. subobscura* apresentam 80 inversões cromossômicas (ver Seção 12.6), mas as populações na América do Norte e do Sul apenas 20 dessas inversões – e são as mesmas 20 nos dois continentes. As populações americanas também possuem menor diversidade alélica em alguns genes que produzem enzimas do que as populações européias. Apenas os alelos que possuem freqüência superior a 0,10 em populações européias estão presentes nas Américas. Portanto, como esperado para uma população fundadora pequena, apenas uma pequena parte da variação genética total encontrada na Europa chegou até as Américas. Os geneticistas estimam que entre 4 e 100 moscas fundaram as populações das América do Norte e do Sul.

Cruzamentos não-aleatórios modificam as freqüências genotípicas

O padrão de cruzamento pode alterar as freqüências genotípicas se os indivíduos de uma população escolherem indivíduos com genótipos particulares como parceiros (fenômeno conhecido como **cruzamento não-aleatório**). Por exemplo, se eles

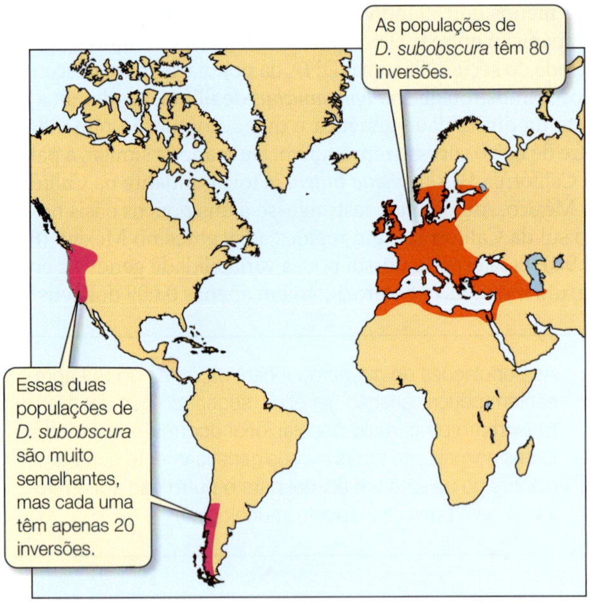
As populações de D. subobscura têm 80 inversões.
Essas duas populações de D. subobscura são muito semelhantes, mas cada uma têm apenas 20 inversões.

Figura 22.10 Um efeito do fundador Populações da mosca-das-frutas, *Drosophila subobscura*, nas Américas do Norte e do Sul contêm menos diversidade genética do que as populações européias que as originaram, medindo-se o número de inversões cromossômicas em cada população. Em duas décadas após chegarem ao Novo Mundo, as populações de *D. subobscura* cresceram muito e se espalharam amplamente, apesar de sua variação genética reduzida.

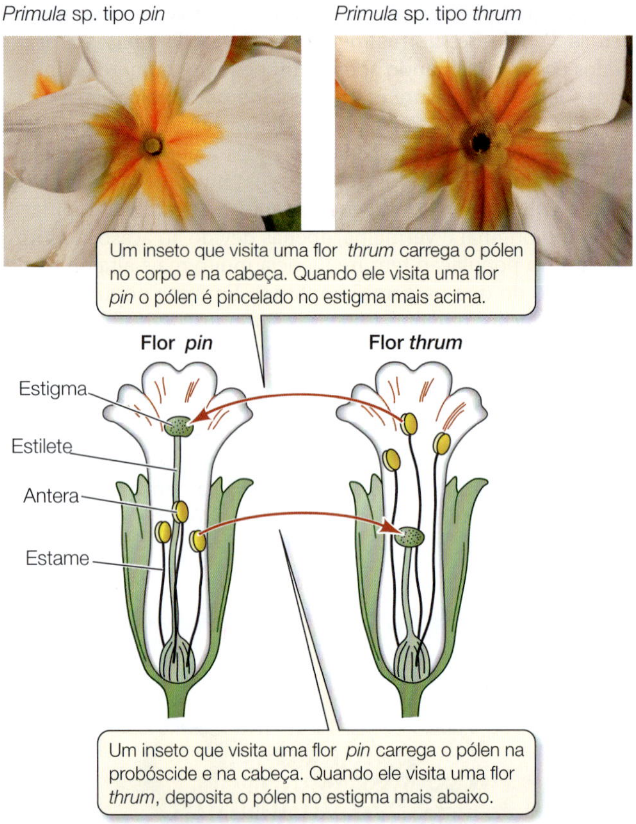
Primula sp. tipo *pin*
Primula sp. tipo *thrum*
Um inseto que visita uma flor *thrum* carrega o pólen no corpo e na cabeça. Quando ele visita uma flor *pin* o pólen é pincelado no estigma mais acima.
Flor *pin*
Flor *thrum*
Estigma
Estilete
Antera
Estame
Um inseto que visita uma flor *pin* carrega o pólen na probóscide e na cabeça. Quando ele visita uma flor *thrum*, deposita o pólen no estigma mais abaixo.

Figura 22.11 A estrutura floral promove cruzamento não-aleatório Uma estrutura floral diferente na mesma espécie de planta, como ilustrado por esta prímula, assegura que a polinização geralmente ocorra entre indivíduos de diferentes genótipos.

se reproduzem preferencialmente com indivíduos do mesmo genótipo, então genótipos homozigotos estarão representados em excesso, enquanto genótipos heterozigotos estarão subrepresentados em relação ao esperado por Hardy-Weinberg. De maneira alternativa, os indivíduos podem se reproduzir preferencial ou exclusivamente com indivíduos de genótipos diferentes do seu.

O cruzamento não-aleatório pode ser visto em algumas espécies de plantas como as prímulas (gênero *Prímula*), nas quais as plantas individuais possuem flores de dois tipos. Um tipo, conhecido como *pin*, possui estilete (órgão reprodutivo feminino) longo e estames (órgão reprodutivos masculinos) curtos. O outro tipo, chamado de *thrum*, tem estilete curto e estames longos. Em muitas espécies com esse arranjo recíproco, o pólen de uma flor só pode fertilizar as flores do outro tipo. Grãos de pólen de flores *pin* e *thrum* ficam depositados em partes diferentes do corpo dos insetos que visitam as flores. Quando os insetos visitam outras flores, os grãos de pólen de flores *pin* têm mais chance de entrar em contato com o estigma de flores do tipo *thrum*, e vice-versa.

A autofecundação (*selfing*) constitui uma outra forma de cruzamento não-aleatório comum em muitos grupos de organismos, especialmente plantas. A autofecundação reduz a freqüência de indivíduos heterozigotos em relação ao equilíbrio de Hardy-Weinberg e aumenta a freqüência de homozigotos, mas ela não muda as freqüências alélicas e, portanto, não resulta em adaptação.

A *seleção sexual* é uma forma particular e importante de cruzamento não-aleatório que muda *de fato* as freqüências alélicas e comumente resulta em adaptações. Discutiremos em detalhe esse importante mecanismo evolutivo na próxima seção.

22.2 RECAPITULAÇÃO

Os mecanismos evolutivos são forças que mudam a estrutura genética de uma população. As forças evolutivas conhecidas incluem mutação, fluxo gênico, deriva genética, cruzamento não-aleatório e seleção natural.

- Por que as mutações por si só resultam em apenas pequenos desvios do equilíbrio de Hardy-Weinberg? Ver p. 494.
- Você pode explicar como a deriva genética pode causar grandes mudanças em populações pequenas? Ver p. 494-495 e Figura 22.8.
- Por que alguns tipos de cruzamento não-aleatório alteram as freqüências genotípicas, mas não mudam as freqüências alélicas? Ver p. 496.

Os mecanismos evolutivos discutidos até aqui influenciam as freqüências dos alelos e genótipos nas populações. Embora todos esses processos influenciem o curso da evolução biológica, nenhum resulta em adaptação. Para que a adaptação ocorra, indivíduos que diferem quanto às características herdáveis devem sobreviver e se reproduzir com sucesso diferencial. Quais mecanismos evolutivos têm esses efeitos?

22.3 Quais mecanismos evolutivos resultam em adaptação?

A adaptação ocorre quando alguns indivíduos na população contribuem com uma prole mais numerosa para a próxima geração do que outros indivíduos, de forma que *as freqüências alélicas na população mudam em um sentido que deixa os indivíduos mais adaptados ao ambiente que influenciou esse sucesso reprodutivo*. Esse mecanismo Darwin chamou de"seleção natural".

Embora a seleção natural seja formalmente definida como"a contribuição diferencial de prole para a próxima geração entre os vários genótipos pertencentes à mesma população", a seleção natural na verdade atua sobre o *fenótipo* – as características físicas expressas por um organismo de um determinado genótipo – e não diretamente sobre o genótipo. A contribuição reprodutiva de um fenótipo para as gerações subseqüentes relativa à contribuição dos outros fenótipos denomina-se **valor adaptativo (*fitness*)**.

O número absoluto de prole produzida por um indivíduo não influencia a estrutura genética da população. Mudanças no número absoluto de prole são responsáveis pelo aumento ou decréscimo no *tamanho* populacional, mas apenas as mudanças no sucesso *relativo* dos diferentes fenótipos em uma população levam a mudanças nas freqüências alélicas de uma geração para a outra – isto é, à adaptação. O valor adaptativo dos indivíduos com um fenótipo em particular é uma função da probabilidade de que esses indivíduos sobrevivam, multiplicado pelo número médio de prole produzida ao longo de sua vida. Em outras palavras, *o valor adaptativo de um fenótipo determina-se pelas taxas médias de sobrevivência e reprodução dos indivíduos com aquele fenótipo específico.*

A seleção natural produz resultados variáveis

Para simplificar nossa discussão até agora, consideramos apenas caracteres influenciados por alelos em um único lócus. Entretanto, como descrito na Seção 10.3, a maioria dos caracteres influencia-se por alelos em mais de um lócus. Esses caracteres normalmente apresentam variação quantitativa e não qualitativa. Por exemplo, a distribuição do tamanho corporal dos indivíduos em uma população, caractere influenciado tanto por genes em vários loci como pelo ambiente, provavelmente se parecerá com as curvas em forma de sino (ou de distribuição normal) mostradas na coluna da direita na Figura 22.12.

A seleção natural pode atuar em caracteres com variação quantitativa de diversas maneiras, produzindo resultados bastante diferentes:

- *Seleção estabilizadora*: preserva as características médias da população favorecendo os indivíduos de fenótipo intermediário.
- *Seleção direcional*: muda as características de uma população favorecendo indivíduos que se desviam da média em direção a uma das extremidades da distribuição.
- *Seleção disruptiva*: muda as características da população, favorecendo indivíduos que se desviam da média em direção a ambas as extremidades da distribuição.

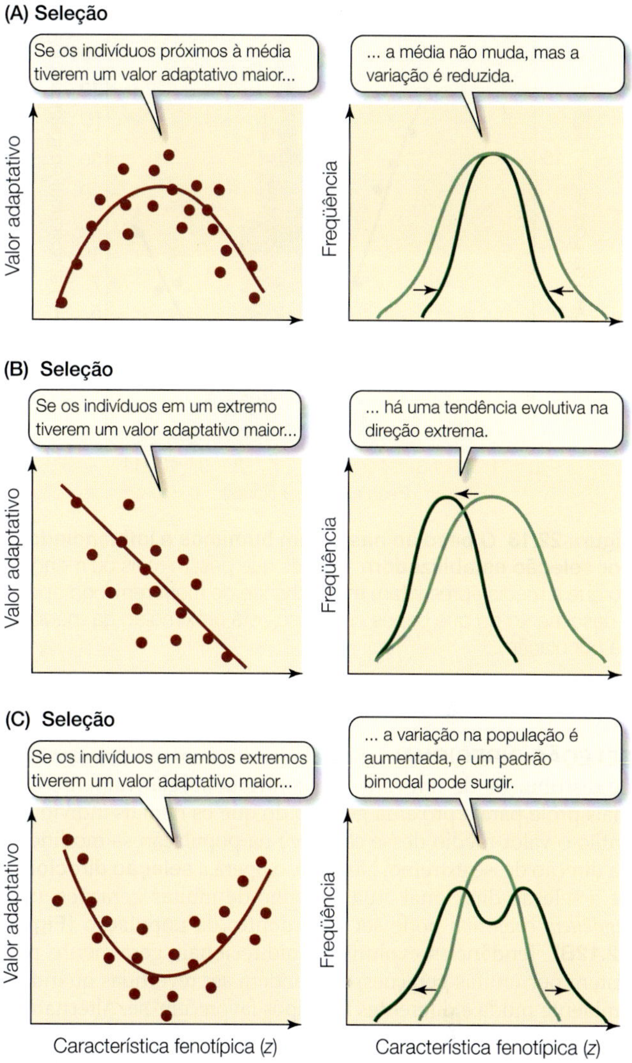
(A) Seleção
Se os indivíduos próximos à média tiverem um valor adaptativo maior...
... a média não muda, mas a variação é reduzida.
(B) Seleção
Se os indivíduos em um extremo tiverem um valor adaptativo maior...
... há uma tendência evolutiva na direção extrema.
(C) Seleção
Se os indivíduos em ambos extremos tiverem um valor adaptativo maior...
... a variação na população é aumentada, e um padrão bimodal pode surgir.
Valor adaptativo
Freqüência
Característica fenotípica (z)
Característica fenotípica (z)

Figura 22.12 A seleção natural pode operar sobre a variação quantitativa de diversas maneiras Os gráficos na coluna da esquerda mostram o valor adaptativo dos indivíduos com diferentes fenótipos para o mesmo caractere. Os gráficos à direita mostram a distribuição dos fenótipos na população antes (em verde claro) e depois (em verde escuro) da ação da seleção.

SELEÇÃO ESTABILIZADORA Se os indivíduos de uma população onde os indivíduos de tamanhos corporais menores e maiores contribuem com menos prole para a próxima geração do que aqueles indivíduos mais próximos do tamanho médio, então a **seleção estabilizadora** opera (**Figura 22.12A**). A seleção estabilizadora reduz a variação nas populações, mas não muda a média. A seleção natural atua de maneira freqüente dessa maneira, contrabalançando o aumento de variação causado pela recombinação sexual, mutação ou migração. As taxas de evolução são muito lentas tipicamente porque a seleção natural tende a ser estabilizadora. A seleção estabilizadora atua, por exemplo, no peso de recém-nascidos em humanos. Bebês que ao nascer são mais leves ou mais pesados do que a média morrem a uma taxa maior do que bebês cujo peso aproxima-se da média (**Figura 22.13**).

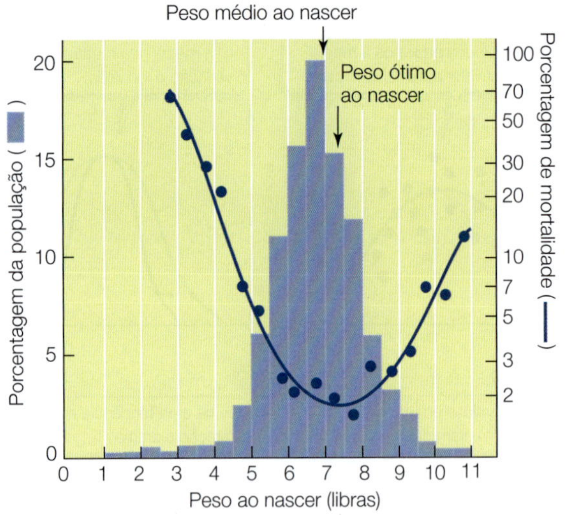
Peso médio ao nascer
Peso ótimo ao nascer
Porcentagem da população ( )
Porcentagem de mortalidade ( )
Peso ao nascer (libras)
0
5
10
15
20
100
70
50
30
20
10
7
5
3
2
0 1 2 3 4 5 6 7 8 9 10 11

Figura 22.13 O peso ao nascer em humanos é influenciado por seleção estabilizadora Bebês que pesam mais ou menos do que a média apresentam maior chance de morrerem logo após o nascimento do que bebês cujo peso está próximo ao da média da população.

SELEÇÃO DIRECIONAL Se os indivíduos em um dos extremos de distribuição de um caractere contribuem relativamente com mais prole para a próxima geração do que os demais indivíduos, então o valor médio desse caractere na população se modificará na direção desse extremo. Nesse caso opera a **seleção direcional**. Se a seleção direcional atua ao longo de muitas gerações, uma *tendência evolutiva* pode ser vista dentro da população (**Figura 22.12B**). Tendências evolutivas unidirecionais geralmente persistem por muitas gerações, mas podem ser revertidas quando o ambiente muda e diferentes fenótipos favorecem-se. Alternativamente, elas podem cessar quando atinge-se um fenótipo ótimo, ou quando relações de custo-benefício se opõem a mais mudanças. O caractere então fica sob seleção estabilizadora.

A seleção direcional produziu a resistência à tetrodotoxina (TTX) em *Thamnophis*, discutida no início deste capítulo. A resistência ao TTX evoluiu porque, em alguns indivíduos, mutações no alelo (i.e., forma do gene) para as proteínas do canal de sódio nos seus nervos e músculos resultaram em fenótipo (i.e., a proteína física) capaz de funcionar mesmo quando exposto ao TTX. Em áreas onde havia abundância de salamandras tóxicas, essas serpentes "mutantes" sobreviveram melhor do que outros indivíduos e deixaram mais descendentes (que herdaram o alelo para a proteína de canal de sódio resistente ao TTX). A resistência ao TTX evoluiu independentemente diversas vezes dentro das populações de *Thamnophis sirtalis* do oeste da América do Norte por meio de várias mutações diferentes no mesmo gene (**Figura 22.14**).

SELEÇÃO DISRUPTIVA Quando a **seleção disruptiva** opera, indivíduos em extremos opostos da distribuição de um caractere contribuem com mais prole para a próxima geração do que aqueles próximos à média, aumentando a variação na população (**Figura 22.12C**).

A distribuição nitidamente bimodal (com dois picos) para o tamanho do bico do tentilhão-de-peito-preto da África ocidental, *Pyrenestes ostrinus* (**Figura 22.15**), ilustra como a seleção disruptiva pode influenciar populações na natureza. As sementes de dois tipos de junco (plantas de zonas pantanosas) são a fonte de alimento mais abundante para esses tentilhões durante boa parte do ano. Pássaros com bicos grandes podem quebrar facilmente as sementes duras do junco *Scleria verrucosa*. Os pássaros com bicos pequenos apresentam dificuldade em quebrar as sementes de *S. verrucosa*, mas se alimentam das sementes macias de *S. goossensii* de uma maneira mais eficiente do que os pássaros de bicos maiores.

Tentilhões jovens cujos bicos desviam muito dos dois tipos de bico predominantes não sobrevivem tão bem quanto os tentilhões cujo tamanho de bico está próximo aos dois picos da distribuição. Como existem poucas fontes abundantes de alimento e as sementes dos dois juncos não se sobrepõem em dureza, as aves com bicos de tamanho intermediário são menos eficientes em usar qualquer um dois juncos como fonte de alimento principal. A seleção disruptiva portanto mantêm a distribuição bimodal de tamanho de bico.

A seleção sexual influencia o sucesso reprodutivo

A **seleção sexual** constitui um tipo especial de seleção natural que atua em características que determinam o sucesso reprodutivo. Em *A Origem das Espécies*, Darwin dedicou apenas algumas páginas para a seleção sexual, mas posteriormente ele escreveu um livro sobre isso – *A Descendência do Homem e a Seleção em Relação ao Sexo* (1871). A seleção sexual foi a explicação de Darwin para a evolução de caracteres chamativos, mas inúteis e em alguns casos deletérios, como cores chamativas, caudas longas, chifres, cornos e padrões complexos de corte exibidos por machos de várias espécies. Ele hipotetizou que esses caracteres ou aumentavam a habilidade de seus portadores de competir pelo acesso a parceiros sexuais (*seleção intrasexual*) ou tornavam seus portadores mais

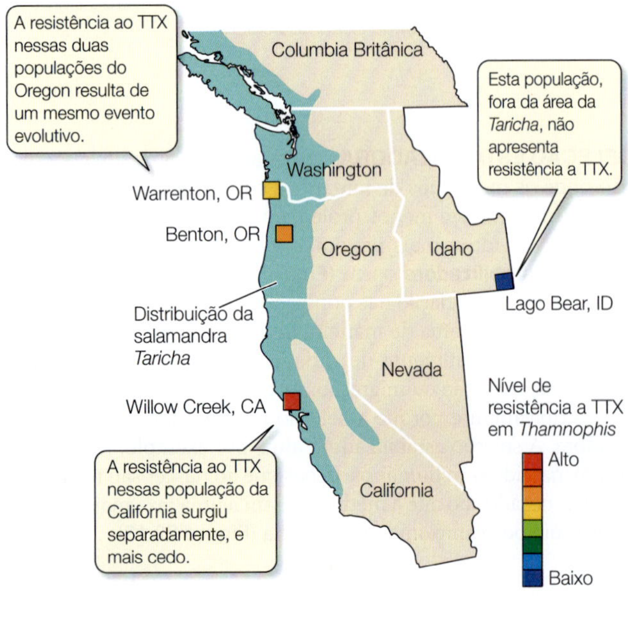
A resistência ao TTX nessas duas populações do Oregon resulta de um mesmo evento evolutivo.
Columbia Britânica
Esta população, fora da área da *Taricha*, não apresenta resistência a TTX.
Washington
Warrenton, OR
Benton, OR
Oregon
Idaho
Lago Bear, ID
Distribuição da salamandra *Taricha*
Nevada
Willow Creek, CA
Nível de resistência a TTX em *Thamnophis*
Alto
Baixo
California
A resistência ao TTX nessas população da Califórnia surgiu separadamente, e mais cedo.

Figura 22.14 A resistência ao TTX está associada com a presença de salamandras As serpentes *Thamnophis sirtalis* da costa do Pacífico desenvolveram resistência à neurotoxina TTX, produzida por uma de suas presas que habita essa área, a salamandra *Taricha granulosa*. A resistência ao TTX evoluiu pelo menos duas vezes. A distribuição da salamandra aparece em azul.

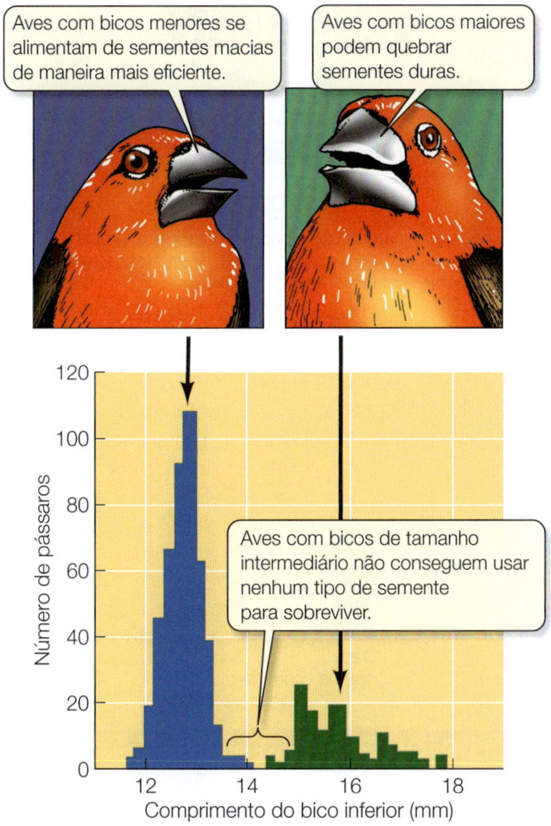
Aves com bicos menores se alimentam de sementes macias de maneira mais eficiente.
Aves com bicos maiores podem quebrar sementes duras.
Aves com bicos de tamanho intermediário não conseguem usar nenhum tipo de semente para sobreviver.
Número de pássaros
120
100
80
60
40
20
0
12
14
16
18
Comprimento do bico inferior (mm)

Figura 22.15 A seleção disruptiva resulta em distribuição bimodal A distribuição bimodal para o tamanho do bico no tentilhão-de-peito-preto do oeste da África resulta de seleção disruptiva, que favorece indivíduos com bicos maiores e menores em comparação com aves com bicos de tamanho intermediários.

atraentes para os membros do sexo oposto (*seleção intersexual*). O conceito de seleção sexual foi questionado ou ignorado pelos naturalistas contemporâneos de Darwin e por muitas décadas depois, mas investigações recentes demonstraram sua importância.

Darwin dedicou um livro inteiro à seleção sexual pois reconheceu que, enquanto a seleção natural favorece tipicamente características que aumentam a sobrevivência dos seus portadores e de seus descendentes, a seleção sexual tem a ver primeiramente com o sucesso reprodutivo. Obviamente, um animal deve sobreviver para que reproduza, mas se ele sobrevive e não é capaz de se reproduzir, ele não contribui para a próxima geração. Portanto, a seleção sexual pode favorecer caracteres que aumentam a chance do seu portador para reproduzir, mas que reduzam suas chances de sobrevivência. Esses caracteres custosos demonstram com bom grau de confiança a qualidade de seus portadores como parceiros sexuais, porque eles permitem aos indivíduos que escolhem seus parceiros (tipicamente as fêmeas) que façam distinção entre indivíduos genuinamente adaptados e os demais. Se as fêmeas escolhessem seus parceiros baseadas em caracteres que pudessem ser facilmente fingidos, elas não teriam benefícios de valor adaptativo.

Um exemplo de um caractere que Darwin atribuiu à seleção sexual é a cauda notável do macho da espécie *Euplectes progne* africana, maior do que a cabeça e o corpo da ave juntos. Para demonstrar como a seleção sexual dirigiu a evolução da cauda dessa ave, Malte Andersson, ecólogo do comportamento da Universidade de Gotemburgo, na Suécia, capturou alguns machos dessa espécie. Ele encurtou a cauda de alguns machos cortando-as, e aumentou a cauda de outros indivíduos colando penas adicionais. Ele ainda cortou e recolou as penas da cauda de outros machos, para que servissem como controles. Os macho dessa espécie escolhem um território, que defendem de outros machos, onde exibem comportamentos de côrte para atrair fêmeas. Tanto os machos com caudas curtas quanto longas defendiam com sucesso seu território de exibição, indicando que uma cauda longa não confere nenhuma vantagem na competição entre machos. Entretanto, os machos cuja cauda alongou-se artificialmente atraíram cerca de quatro vezes mais fêmeas do que os machos com as caudas cortadas (**Figura 22.16**).

Por que as fêmeas dessa espécie preferem machos com caudas maiores? A habilidade para fazer crescer e manter um caractere tão custoso como uma longa cauda pode indicar que um macho que a possua apresenta vigor e saúde, mesmo que a cauda atrapalhe a habilidade de vôo dessas aves. Ainda que os machos manipulados na investigação realizada por Malte Andersson não tives-

EXPERIMENTO

HIPÓTESE: A seleção sexual é a responsável pela evolução de caudas longas em *Euplectes plogne*.

MÉTODO

Capturar machos e alongar ou encurtar suas caudas artificialmente cortando as penas ou colando penas adicionais. Soltar os machos e então medir o sucesso reprodutivo contando os ninhos com ovos ou filhotes dentro do território de cada macho.

RESULTADOS

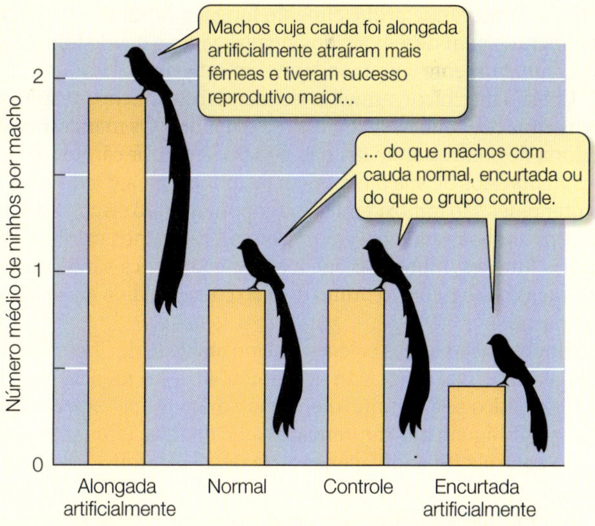
Machos cuja cauda foi alongada artificialmente atraíram mais fêmeas e tiveram sucesso reprodutivo maior...
... do que machos com cauda normal, encurtada ou do que o grupo controle.
Número médio de ninhos por macho
2
1
0
Alongada artificialmente
Normal
Controle
Encurtada artificialmente

CONCLUSÃO: A seleção sexual tende a resultar em caudas mais longas nessa espécie.

Figura 22.16 Quanto maior a cauda, melhor o macho Machos da espécie *Euplectes plogne* com caudas encurtadas, apesar de defenderem seu território e exibirem-se com sucesso, atraíram menos fêmeas (e, portanto, foram pais de menos ninhos ou ovos) do que machos com caudas normais ou alongadas.

(A)

♂
♀

Taeniopygia guttata

(B)

EXPERIMENTO

HIPÓTESE: Possuir um bico vermelho brilhante sinaliza boa saúde em machos de mandarim.

MÉTODO

Fornecer água com carotenóides para os machos do grupo experimental, mas não para os do controle. Testar todos os machos imunologicamente e medir a resposta imune.

RESULTADOS

Os machos do grupo experimental responderam mais fortemente ao teste. Eles também desenvolveram bicos mais brilhantes do que os machos do grupo controle.

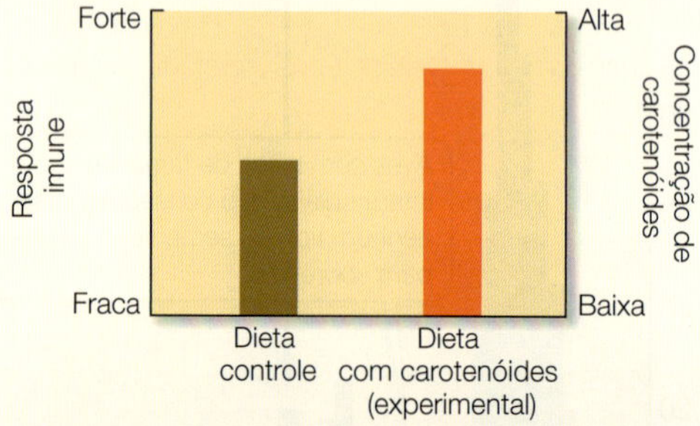
Forte
Fraca
Resposta imune
Alta
Baixa
Concentração de carotenóides
Dieta controle
Dieta com carotenóides (experimental)

CONCLUSÃO: Machos com concentrações mais altas de carotenóides têm bicos mais brilhantes e são mais fortes imunologicamente. Portanto, a cor do bico é uma indicação da saúde para um macho de mandarim.

Figura 22.17 Bicos mais brilhantes sinalizam boa saúde (A) Fêmeas de mandarim escolhem preferencialmente parceiros com bicos de cores brilhantes, escolhendo, assim, os machos mais saudáveis. (B) Esse experimento de laboratório demonstra que em mandarins, uma cor de bico brilhante indica um indivíduo saudável. PESQUISA ADICIONAL: Como você testaria esta mesma hipótese no campo? Quais seriam os grupos de machos experimentais e controles?

sem que pagar o preço de crescer e suportar (exceto por um breve período) uma cauda artificialmente longa, a hipótese de que ter ornamentos bem desenvolvidos sinaliza vigor e saúde foi testada experimentalmente com mandarins em cativeiro.

O brilhante bico vermelho de mandarins machos resulta de pigmentos carotenóides amarelos e vermelhos. Os mandarins (e a maioria dos outros animais) não podem sintetizar carotenóides e devem obtê-los de sua dieta. Além de influenciar a cor do bico, os carotenóides são antioxidantes e componentes do sistema imune. Machos em boa saúde devem precisar alocar menos carotenóides para as funções imunes do que machos com pouca saúde. Assim, as fêmeas podem usar o brilho do bico como medida da saúde de um macho.

Tim Birkhead e seus colegas na Universidade de Sheffield manipularam o nível sangüíneo de carotenóides em mandarins com perfil genético semelhante, oferecendo a um grupo experimental de machos água com carotenóides adicionados, enquanto a um grupo controle foi dado apenas água destilada. Todos os machos tinham acesso à mesma fonte de alimento. Após um mês, os machos do grupo experimental tinham um nível de carotenóides maior em seu sangue, bicos muito mais brilhantes do que o de machos controle, e eram preferidos pelas fêmeas.

A seguir, os investigadores desafiaram ambos os grupos imunologicamente ao injetar fitohemaglutinina (PHA) em suas asas. O PHA induz a resposta de linfócitos T (ver Capítulo 18), o que resulta na acumulação de linfócitos e espessamento da pele no local da injeção. Os machos do grupo experimental com níveis aumentados de carotenóides desenvolveram uma pele mais grossa porque responderam de maneira mais intensa ao PHA do que os machos do grupo controle, sugerindo que eles também tinham um sistema imunológico mais forte (**Figura 22.17**).

Esse experimento mostra que quando uma fêmea escolhe um macho com o bico brilhante, ela provavelmente conquista um parceiro com sistema imunológico saudável. Esses machos têm chance reduzida de serem infectados por parasitas e de adoecerem, por isso possuem menos chances de passar infecções para seus parceiros. Machos mais saudáveis também apresentam mais chances de ajudar no cuidado parental do que machos com bicos sem brilho.

22.3 RECAPITULAÇÃO

A variação no genótipo leva a variação no valor adaptativo. O valor adaptativo é a contribuição para as próximas gerações feita por um fenótipo durante a reprodução, relativa à contribuição feita pelos outros fenótipos da população. A seleção natural atua sobre fenótipos com variação quantitativa de diversas formas, que podem resultar em adaptação.

- Você entende a conexão entre genótipo e fenótipo, e por que a seleção natural que atua sobre o fenótipo resulta em mudanças na freqüência dos genótipos? Ver p. 497.
- Você pode descrever as diferenças entre a seleção estabilizadora, direcional e disruptiva? Ver p. 497-498 e Figura 22.12.
- Você pode explicar por que Darwin dedicou um livro inteiro à seleção sexual? Ver p. 498-499.

Tanto a deriva genética quanto a seleção estabilizadora e direcional tendem a reduzir a variação genética dentro de uma população. Não obstante, como já foi visto, a maioria das populações possui variação genética considerável. Quais processos produzem e mantêm a variação genética dentro das populações?

22.4 Como a variação genética é mantida nas populações?

Já vimos que a variação genética constitui a matéria bruta sobre a qual as forças evolutivas atuam. Diversas forças – mutações neutras, recombinação sexual e seleção dependente de freqüência – operam para manter a variação genética nas populações a despeito da ação de outras forças que agem para reduzi-la (como a deriva genética e muitos tipos de seleção). Além disso, conforme mostraremos a seguir, a variação genética pode ser mantida ao longo do espaço geográfico.

Mutações neutras podem-se acumular nas populações

Segundo vimos na Seção 12.6, algumas mutações não afetam a função das proteínas codificadas pelos genes mutados. Um alelo que não afeta o valor adaptativo de um organismo – isto é, um alelo que não é melhor nem pior do que os alelos alternativos no mesmo lócus – denomina-se **alelo neutro**.Eles não são afetados pela seleção natural. Mesmo em populações grandes, os alelos neutros podem ser perdidos ou suas freqüências podem aumentar apenas por deriva genética. Eles tendem a se acumular em uma população ao longo do tempo, fornecendo a ela uma considerável variação genética.

A maior parte da variação *fenotípica* que podemos observar não é neutra. Entretanto, técnicas modernas nos permitem medir a variação neutra ao nível *molecular* e nos fornecem os meios de distingui-la da variação adaptativa. Na Seção 24.2 veremos de que forma essas técnicas nos permitem discriminar alelos diferentes e como a variação em características moleculares pode ser usada para estimar taxas evolutivas.

A recombinação sexual amplifica o número de genótipos possíveis

Em organismos que se reproduzem assexuadamente, cada indivíduo novo é geneticamente idêntico ao seu genitor a menos que tenha ocorrido alguma mutação. Quando os organismos se reproduzem sexualmente, entretanto, a prole difere de seus pais devido ao *crossing-over* e à segregação aleatória dos cromossomos durante a meiose, e também pela combinação de material genético dos dois gametas diferentes, conforme descrito no Capítulo 9. A recombinação sexual gera uma variedade infindável de combinações genotípicas que aumenta o potencial evolutivo das populações – uma vantagem de longo prazo originada pelo reprodução sexuada.

A evolução dos mecanismos da meiose e da recombinação sexual foram eventos cruciais na história da vida. Entretanto, é intrigante como exatamente esses atributos surgiram, já que a reprodução sexual apresenta pelo menos três grandes desvantagens no curto prazo:

- A recombinação quebra combinações de genes adaptativas.
- O sexo reduz a taxa pela qual as fêmeas passam seus genes para a prole.
- A divisão da prole em gêneros diferentes reduz em muito a taxa reprodutiva.

Para vermos por que essa última desvantagem existe, consideremos uma fêmea assexuada que produza o mesmo número de prole quanto uma fêmea sexuada. Vamos assumir que ambas as fêmeas produzam dois descendentes, mas que a fêmea sexuada produza 50% de machos. Na geração F_1, as duas fêmeas assexuadas da F_1 produzirão mais 2 descendentes cada, contudo existe apenas uma fêmea sexuada, que produzirá apenas dois descendentes. O problema evolutivo consiste em identificar as vantagens do sexo que superam essas desvantagens de curto prazo.

Diversas hipóteses foram propostas para explicar a existência do sexo, nenhuma delas mutuamente exclusiva. Uma é que a recombinação sexual facilita o reparo de DNA defeituoso, porque quebras e outros erros no DNA de um cromossomo podem ser reparados copiando-se a seqüência homóloga do cromossomo intacto.

Outra vantagem da reprodução sexual consiste em que ela permite a eliminação de mutações deletérias. Como vimos na Seção 11.4, a replicação do DNA não é perfeita. Erros introduzem-se a cada geração, e muitos desses erros resultam na diminuição do valor adaptativo. Organismos assexuados não têm mecanismos para eliminar mutações deletérias. Hermann J. Muller observou que o acúmulo de mutações em um genoma não-recombinante funciona como uma catraca. As mutações se acumulam em cada replicação – passam pela catraca – ou seja, uma mutação ocorre e passa adiante quando o genoma se replica, então se duas novas mutações ocorrem na próxima replicação, três mutações passam para a próxima geração, e assim por diante. As mutações deletérias não podem ser eliminadas exceto pela morte daquela linhagem. Esse acúmulo de mutações deletérias em linhagens assexuadas denomina-se"catraca de Muller" (*Muller's ratchet*).

Por outro lado, em espécies de reprodução sexual a recombinação genética produz alguns indivíduos com mais dessas mutações deletérias e outros com menos. Os indivíduos com menos mutações têm mais chance de sobreviver. Portanto, a reprodução sexuada permite que a seleção natural elimine ao longo do tempo as mutações deletérias da população.

Outra explicação para a existência do sexo é que a grande variedade de combinações genéticas criadas a cada geração pela recombinação sexual pode ser especialmente valiosa como defesa contra patógenos e parasitas. A maioria dos patógenos e parasitas têm ciclos de vida muito mais curtos do que os seus hospedeiros e, portanto, podem desenvolver rapidamente adaptações contra as defesas do hospedeiro. A recombinação sexual pode dar às defesas do hospedeiro a chance de manter-se adaptada contra os invasores.

A recombinação sexual não influencia as freqüências dos alelos; em vez disso, *a recombinação sexual gera novas combinações de alelos sobre as quais a seleção natural pode atuar*. Ela expande a variação em um caractere influenciado por alelos em muitos loci ao criar novos genótipos. Por isso, a seleção artificial para o número de cerdas em *Drosophila* (ver Figura 22.5) resulta em moscas com número de cerdas maior do que aquele encontrado em qualquer mosca da população inicial.

A seleção dependente de freqüência mantém a variação genética das populações

A seleção natural geralmente preserva as variações como polimorfismos. Um polimorfismo pode ser mantido quando o valor adaptativo de um genótipo (ou fenótipo) depende de sua freqüência na população. Esse fenômeno denomina-se **seleção dependente de freqüência**.

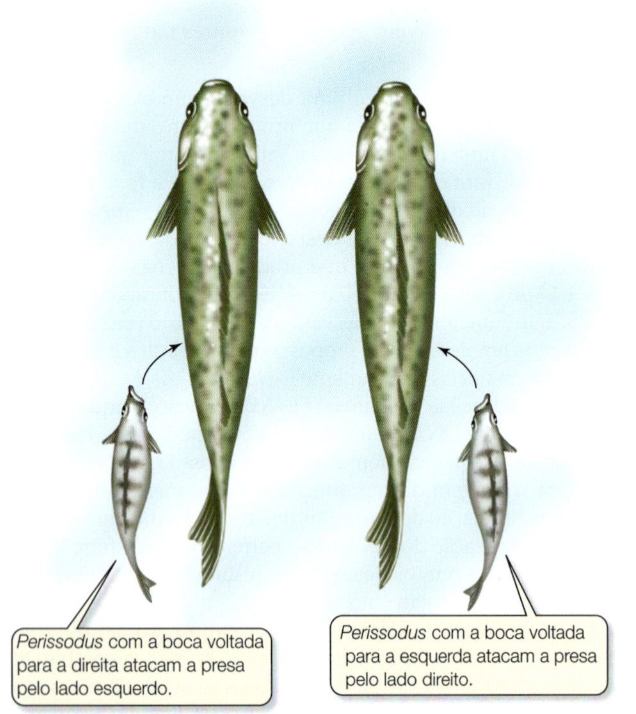
Perissodus com a boca voltada para a direita atacam a presa pelo lado esquerdo.
Perissodus com a boca voltada para a esquerda atacam a presa pelo lado direito.

Figura 22.18 Um polimorfismo estável A seleção dependente de freqüência mantém uma igual proporção de indivíduos com a boca voltada para a esquerda ou para a direita, no peixe que se alimenta de escamas *Perissodus microlepis*.

Um pequeno peixe que vive no Lago Tanganica, no leste da África, nos dá um exemplo de seleção dependente de freqüência. A boca desse peixe comedor de escamas, *Perissodus microlepis*, se abre ou para a direita ou para a esquerda como resultado de uma junta mandibular assimétrica, e a direção da abertura determina-se geneticamente (**Figura 22.18**). Esse devorador de escamas se aproxima da presa (outro peixe) vindo de trás e se agarra para retirar várias escamas de seu flanco. Indivíduos com a boca para a direita sempre atacam o lado esquerdo da vítima; enquanto indivíduos com a boca voltada para a esquerda atacam o lado direito. A boca distorcida aumenta a área na qual os dentes entram em contato com o flanco da presa, mas apenas se o predador atacar pelo lado apropriado.

Os peixes presas dessa espécie ficam alertas ao se aproximarem de um comedor de escamas, então os ataques têm mais chance de serem bem sucedidos se a presa tiver que vigiar ambos os flancos. A vigia da presa favorece um igual número de ataques de peixes com a boca virada para a direita ou para a esquerda, porque se os ataques de um lado forem mais freqüentes, os peixes estariam mais atentos a ataques em potencial daquele lado. Em um estudo feito ao longo de 11 anos no Lago Tanganica, viu-se que esse polimorfismo nos comedores de escamas apresenta estabilidade: as duas formas de *P. microlepis* permaneceram presentes com aproximadamente a mesma freqüência.

A variação ambiental favorece a variação genética

Os ambientes mudam muito ao longo do tempo. Uma noite já é bastante diferente do dia que a precedeu. Um dia nublado e frio difere de um de céu limpo e quente. A duração do dia e a temperatura mudam sazonalmente. É improvável que um genótipo único seja o melhor sob todas essas circunstâncias.

As borboletas do gênero *Colias*, nas Montanhas Rochosas, vivem em ambientes onde a temperatura para as borboletas voarem é geralmente muito fria ao amanhecer e muito quente à tarde. Populações dessa borboleta são polimórficas para a enzima fosfoglicose-isomerase (PGI), que influencia o quão bem uma borboleta voa em diferentes temperaturas. Alguns genótipos para PGI voam melhor durante as horas frias do início da manhã, enquanto outros voam melhor durante o calor do meio-dia. A temperatura corporal ótima para o vôo gira entre 35°C e 39°C, mas algumas borboletas conseguem voar com temperaturas corporais tão baixas quanto 29°C, ou tão altas quanto 40°C. Durante períodos de temperatura extraordinariamente quente os genótipos tolerantes ao calor se favorecem, enquanto durante temporadas de temperatura extraordinariamente baixa os genótipos tolerantes ao frio são favorecidos.

Borboletas heterozigotas podem voar em um intervalo de temperatura maior do que os indivíduos homozigotos, o que deve conferir a elas uma vantagem para se alimentar e encontrar parceiros sexuais. Portanto, machos heterozigotos devem ter mais sucesso em inseminar fêmeas do que machos homozigotos. Ward Watt testou essa predição, e seus resultados encontram-se apresentados na **Figura 22.19**.

EXPERIMENTO

HIPÓTESE: Machos heterozigotos da borboleta *Colias* devem ter sucesso reprodutivo maior do que machos homozigotos, porque podem voar mais longe em uma ampla gama de temperaturas.

MÉTODO

Capturar borboletas no campo, transferi-las para o laboratório e determinar seu genótipo. Permitir que as fêmeas ovopositem e determinar o genótipo da prole (e portanto, a paternidade e o sucesso reprodutivo dos machos).

RESULTADOS

Em ambas as espécies, a proporção de machos heterozigotos que se reproduziram com sucesso foi maior do que a proporção de todos os machos à procura de fêmeas ("voando").

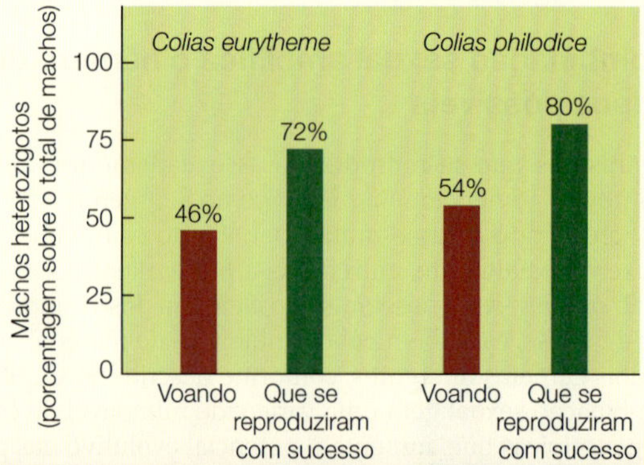
Machos heterozigotos (porcentagem sobre o total de machos)
100
75
50
25
0
Colias eurytheme
Colias philodice
46%
72%
54%
80%
Voando
Que se reproduziram com sucesso
Voando
Que se reproduziram com sucesso

CONCLUSÃO: Machos *Colias* heterozigotos têm uma vantagem reprodutiva sobre machos homozigotos.

Figura 22.19 Uma vantagem reprodutiva para o heterozigoto Em borboletas *Colias* machos heterozigotos podem voar mais longe do que os homozigotos em uma vasta gama de temperaturas; portanto, os heterozigotos têm mais sucesso em inseminar fêmeas.

Grande parte da variação genética pode ser mantida em subpopulações geograficamente distintas

Uma boa parte da variação genética presente em populações grandes preserva-se sob a forma de diferenças entre os membros que residem em diferentes lugares (subpopulações). As subpopulações geralmente variam geneticamente porque estão sujeitas a pressões seletivas diferentes em ambientes distintos. Por exemplo, no Hemisfério Norte, a temperatura e a umidade do solo diferem dramaticamente entre as escarpas montanhosas voltadas para o norte ou para o sul. Nas Montanhas Rochosas, no Colorado, a proporção do pinheiro *Pinus ponderosa,* heterozigota para uma enzima peroxidase específica, é particularmente alta em escarpas voltadas para o sul, onde as temperaturas flutuam dramaticamente, geralmente em ciclos diários. Esse genótipo heterozigoto tem melhor desempenho ao longo de uma grande faixa de temperaturas. Em escarpas voltadas para o norte e em altitudes mais elevadas, onde as temperaturas são mais frias e as variações menos abruptas, um homozigoto para a peroxidase cuja temperatura de ação ótima é mais baixa torna-se muito mais freqüente.

As espécies de plantas também podem variar geograficamente em relação aos produtos químicos que sintetizam para se defender contra herbívoros. Alguns indivíduos do trevo branco (*Trifolium repens*) produzem um composto químico venenoso chamado de cianeto. Indivíduos venenosos são menos atraentes aos herbívoros – particularmente camundongos e lesmas – do que indivíduos não-venenosos. Entretanto, trevos que produzem cianeto possuem mais chance de serem mortos por geada, pois o congelamento provoca danos na membrana celular e libera cianeto nos tecidos da própria planta.

Em subpopulações européias do *Trifolium repens* a freqüência de indivíduos produtores de cianeto aumenta gradualmente do norte para o sul e de leste para oeste (**Figura 22.20**). Plantas venenosas representam uma grande proporção das subpopulações de trevo apenas em áreas onde o inverno apresenta-se mais ameno. Indivíduos capazes de produzir cianeto raramente ocorrem onde os invernos são muito frios, ainda que nessas regiões eles sofram mais com a herbivoria.

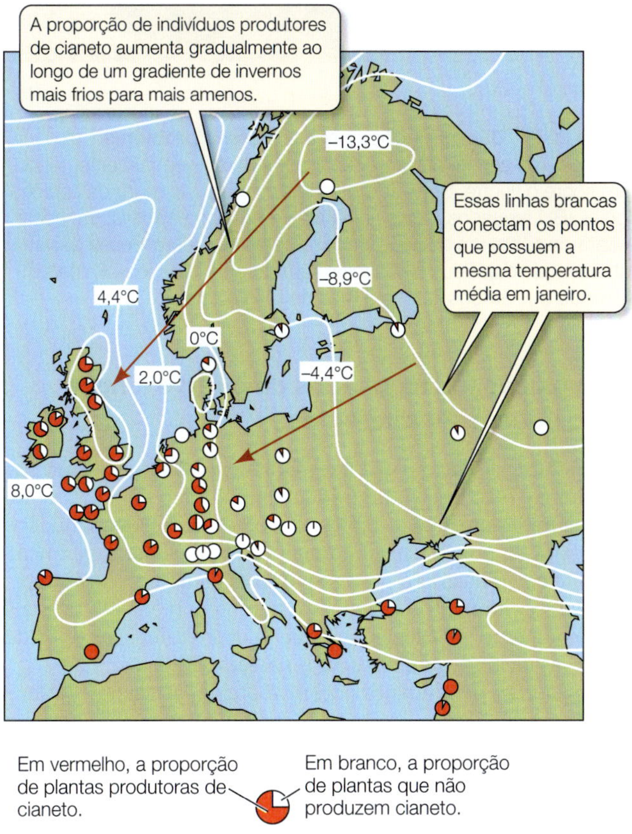
A proporção de indivíduos produtores de cianeto aumenta gradualmente ao longo de um gradiente de invernos mais frios para mais amenos.
–13,3°C
Essas linhas brancas conectam os pontos que possuem a mesma temperatura média em janeiro.
–8,9°C
4,4°C
0°C
2,0°C
–4,4°C
8,0°C
Em vermelho, a proporção de plantas produtoras de cianeto.
Em branco, a proporção de plantas que não produzem cianeto.

Figura 22.20 Variação geográfica em uma proteção química A freqüência de indivíduos produtores de cianeto em cada subpopulação do trevo branco (*Trifolium repens*) na Europa depende da temperatura de inverno em seu ambiente.

22.4 RECAPITULAÇÃO

Mutações neutras, recombinação sexual e seleção dependente de freqüência atuarão para manter uma variação genética considerável dentro da maioria das populações. Essa variação também mantem-se entre subpopulações geograficamente distintas e geneticamente diversas.

- Você entende por que a recombinação sexual é tão predominante na natureza, embora tenha pelo menos três desvantagens evolutivas de curto prazo? Ver p. 501.
- Como a seleção dependente de freqüência atua para manter a variação genética em uma população? Ver p. 501-502.

Os mecanismos da evolução produziram uma variedade admirável de indivíduos, adaptados à maioria dos ambientes que existem na Terra. Essa variação natural e o sucesso dos especialistas em melhoramento em produzir características desejadas em plantas e animais domesticados sugerem que a seleção natural pode favorecer a maioria dos traços que podem ser adaptativos. Mas essa impressão é correta?

22.5 Quais são as restrições da evolução?

Poderíamos nos enganar ao assumir que a seleção natural sempre resulta em caracteres adaptativos. Existem restrições óbvias na evolução. A falta de variação genética apropriada, por exemplo, poderia impedir o surgimento de muitos caracteres adaptativos (isto é, se o alelo para um dado caractere não existe numa população, esse caractere não pode evoluir mesmo que seja altamente favorecido pela seleção natural). Os biólogos evolucionistas desde há muito tempo debatem se a falta de variação genética restringiu a taxa e a direção da evolução de alguma forma relevante, mas ninguém sabe ao certo o quão importante foram essas restrições. Todavia, estão se acumulando evidências sugerindo outros tipos de restrição na evolução – de fato, imagine quantos organismos diferentes teriam evoluído se não houvesse nenhuma.

Anteriormente neste livro vimos restrições impostas aos organismos ditadas pelas leias da física e da química. O tamanho das células, por exemplo, restringe-se por rigorosas relações entre superfície, área e volume (ver Seção 2.1). As formas pelas quais as proteínas podem ser dobradas limitam-se pela capacidade de ligação de suas moléculas constituintes (ver Seção 3.2), e a transferência de energia que alimenta a vida deve operar segundo as leis da termodinâmica (ver Seção 6.1). Tenha em mente que a evolução trabalha dentro dos limites dessas restrições universais, assim como daqueles mencionados a seguir.

Os processos do desenvolvimento limitam a evolução

Conforme observamos na Seção 20.5, limites de desenvolvimento impostos à evolução são fenomenais porque todas as inovações evolutivas são modificações das estruturas previamente existentes. Engenheiros humanos que busquem aperfeiçoar o motor de um avião podem projetar um tipo completamente novo de motor (a jato) que substitua um tipo antigo (à hélice), mas as mudanças evolutivas não podem acontecer dessa maneira.

Um exemplo notável dessas restrições de desenvolvimento é dado pela evolução dos peixes que passam a maior parte de seu tempo no fundo do mar. Uma linhagem, as arraias de fundo do mar, compartilha um ancestral comum com os tubarões, cujo corpo já era levemente achatado na porção ventral e cujo esqueleto compõe-se de cartilagem flexível. As arraias desenvolveram um plano corporal que achatou ainda mais o seu ventre, o que as permite nadar rente ao fundo oceânico (**Figura 22.21A**).

Os linguados, por outro lado, são peixes de fundo descendentes de ancestrais achatados lateralmente, de esqueleto ósseo e ventre pronunciado. O único modo pelo qual um peixe assim pode se achatar consiste em deitar sobre um de seus lados. Sua habilidade para nadar é reduzida, mas seus corpos podem acompanhar a linha do solo e ficar bem camuflados. Durante o desenvolvimento, os olhos desses peixes achatados são virados grotescamente de modo que ambos os olhos fiquem em um único lado do corpo (**Figura 22.21B**). Pequenas mudanças na posição de um dos olhos provavelmente ajudaram os ancestrais desses peixes a ver melhor, resultando na forma corporal que vemos hoje.

(A) *Taeniura lymma*

(B) *Bothus lunatus*

Figura 22.21 Duas soluções para o mesmo problema (A) Arraias, cujos ancestrais eram achatados dorso-ventralmente, repousam sobre o ventre. Seus corpos são simétricos ao redor da espinha dorsal. (B) Linguados, cujos ancestrais eram achatados lateralmente, deitam-se sobre um de seus lados (a coluna vertebral desse peixe está à esquerda). Seus olhos migraram durante o desenvolvimento de modo que ambos ficam no mesmo lado do corpo.

Relações de custo-benefício limitam a evolução

Como vimos no caso das serpentes descrito na abertura do capítulo, todas as adaptações impõem custos e benefícios ao valor adaptativo. Para que uma adaptação evolua, o benefício que ela confere ao valor adaptativo deve ser maior do que o custo que ela impõe – em outras palavras, a relação de custo-benefício deve ser vantajosa. Aquelas serpentes pagam pela sua habilidade em comer salamandras venenosas sendo incapazes de se mover rapidamente após comer uma dessas salamandras. Aparentemente, existem benefícios suficientes para superar esse custo *apenas* em áreas onde as salamandras são comuns e, potencialmente, um item principal na dieta das serpentes.

O custo para desenvolver e manter alguns caracteres chamativos que os machos usam para atrair fêmeas foi testado com um método comparativo. Em alguns mamíferos, como veados, leões e babuínos, um macho controla o acesso reprodutivo a várias fêmeas. Espécies nas quais os machos possuem múltiplas parceiras sexuais denominam-se de *poligínicas* (o termo *monogâmico* se aplica a espécies com apenas um parceiro sexual). Os machos de muitas espécies poligínicas são significativamente maiores do que as fêmeas e normalmente possuem também armas maiores (tais como cornos, chifres e grandes dentes caninos). Essas diferenças dramáticas são conhecidas por *dimorfismo sexual*.

Em espécies poligínicas, essas armas e um tamanho grande fazem-se necessários para que um macho proteja suas múltiplas parceiras contra o assédio de outros machos da espécie. O desenvolvimento e manutenção dessas estruturas são custosos em termos energéticos, os machos freqüentemente se machucam durante os confrontos entre si, e o seu tempo de vida é consideravelmente mais curto do que o das fêmeas da mesma espécie. Entretanto, durante o seu "período de predomínio", um macho poligínico tem acesso a múltiplas fêmeas e seu sucesso reprodutivo será maior do que o dos machos que ele conseguir afastar ou que as fêmeas rejeitaram como "inferior".

Na evolução, os resultados de curto e longo prazo podem ser diferentes

As mudanças de curto prazo nas freqüências alélicas de uma população que enfatizamos no início deste capítulo são um foco de estudo importante para os biólogos evolucionistas. Essas mudanças podem ser observadas diretamente, manipuladas experimentalmente e demonstrar o processo real pela qual a evolução ocorre. Por si só, entretanto, elas não nos permitem predizer – ou mais adequadamente "pós-dizer" (porque já ocorreram) – os tipos de mudanças de longo prazo descritos na Seção 21.3.

Os padrões de mudança evolutiva podem ser muito influenciados por eventos que ocorrem tão infreqüentemente (o impacto de um meteorito, por exemplo) ou vagarosamente (a deriva continental) que é improvável que eles sejam observados durante estudos evolutivos de curto prazo. Além disso, a forma pelo qual os processos evolutivos atuam pode mudar ao longo do tempo. Mesmo entre os descendentes de um mesmo ancestral, as diferentes linhagens podem evoluir em direções distintas. Portanto, outros tipos de evidência demonstrando o efeito de eventos raros e pouco usuais sobre tendências observadas no registro fóssil devem ser obtidos se quisermos entender o curso da evolução ao longo de bilhões de anos. Nos capítulos subseqüentes, discutiremos os métodos que os biólogos usam para estudar as mudanças evolutivas de longo prazo e inferir os processos que as ocasionaram.

22.5 RECAPITULAÇÃO

Processos de desenvolvimento restringem a evolução porque todas as inovações constituem modificações de estruturas preexistentes. Uma adaptação só pode evoluir se os benefícios que ela confere excede os custos impostos no valor adaptativo.

- Como as relações de custo-benefício limitam a evolução das adaptações? Ver p. 504.
- Você consegue perceber por que a presença de bastante variação genética em uma população pode aumentar a chance de que alguns de seus membros sobreviveriam a uma mudança ambiental sem precedentes? Você também percebe por que não há garantias de que seria esse o caso?

Os seres humanos não alteraram os mecanismos da evolução. Contudo, os seres humanos têm influenciado eventos evolutivos.

22.6 Como os humanos têm influenciado a evolução?

Os processos evolutivos estão operando atualmente da mesma forma como estiveram desde que a vida apareceu no planeta pela primeira vez. Assim como todas as coisas vivas, os humanos estão evoluindo, mas como os humanos modificaram o seu ambiente, as forças seletivas que nos afetam também mudaram, e agora diferem daquelas que foram dominantes durante a maior parte de nossa pré-história. Hoje poucos humanos são mortos por predadores e as mortes devido a um clima ruim, embora não infreqüentes, são raras em comparação às mortes causadas por doenças, acidentes, guerras e assassinatos. Hoje, parte da diferença em sobrevivência e reprodução relaciona-se a genes que conferem resistência a doenças como malária, assim como às condições de saúde relacionadas ao estresse da vida industrial moderna: hipertensão, diabetes e AIDS, por exemplo.

> Na maior parte do mundo as pessoas não conseguem digerir lactose, o açúcar presente em produtos lácteos. As enzimas que digerem a lactose começaram a ser selecionadas entre 5 e 10 mil anos atrás, quando as populações humanas de diferentes regiões começaram a consumir o leite oriundo dos animais domesticados.

Muitas mudanças evolutivas ocorrem ao nosso redor, e os humanos influenciam algumas dessas mudanças. Por exemplo, nossas tentativas de controlar o tamanho da população de espécies que consideramos pragas e de aumentar o tamanho daquelas que consideramos benéficas nos faz agentes poderosos de mudança evolutiva. Além de produzirmos os resultados que queremos, esses esforços geralmente causam conseqüências indesejadas, como a evolução de resistência a antibióticos, por patógenos, e a pesticidas, por pragas. A medicina e a agricultura podem responder de uma forma criativa às mudanças evolutivas que esses campos causam apenas se os seus profissionais compreenderem como e por quê essas mudanças ocorrem.

Ovis canadensis (macho para troféu)

Ovis canadensis (macho)

Figura 22.22 A caça de animais de troféu selecionou machos menores Os caçadores preferem abater muflões grandes que podem servir como troféus do que outros indivíduos menos "impressionantes".

Muitas mudanças evolutivas causadas pelo homem atualmente não são propositais. Por exemplo, caçadores esportivos geralmente procuram grandes animais para exibi-los como troféu nas paredes de suas casas. Ao disparar preferencialmente contra grandes machos de mamíferos com ornamentos particularmente desenvolvidos, os caçadores, inadvertidamente, favorecem machos com ornamentos menores. A caça esportiva é um grande negócio: um caçador pagou mais de 1 milhão de dólares canadenses em 1998 e 1999 para obter a permissão para caçar carneiros das montanhas (muflão canadense) no estado de Alberta. Desde 1975, a maioria dos muflões (45 de 57) abatidos na montanha Ram, em Alberta, havia sido de carneiros de troféu: indivíduos grandes, com os cornos bem desenvolvidos (**Figura 22.22**). O resultado foi um declínio constante no tamanho dos carneiros abatidos pelos caçadores e dos seus cornos. Quase todos esses carneiros foram abatidos antes que tivessem atingido o maior sucesso reprodutivo esperado ao longo de suas vidas. Ironicamente, a retirada seletiva dos muflões grandes da população torna os animais de troféu escassos. A caça irrestrita de outras espécies resultou numa redução da população de animais com as características procuradas pelos caçadores.

Os humanos influenciaram a evolução de um grande número de formas. Nós movimentamos milhares de espécies ao redor do globo e modificamos organismos usando biotecnologia. As atividades humanas mudaram o clima e aumentaram muito a taxa de extinção de outras espécies. Ao longo deste livro, continuaremos a ver exemplos dos efeitos do *Homo sapiens* sobre a evolução de outras espécies.

RESUMO DO CAPÍTULO

22.1 Quais fatos formam a base do nosso entendimento sobre a evolução?

Charles Darwin atribuiu a modificação das espécies ao longo do tempo à posse de caracteres vantajosos por alguns indivíduos. Ele compreendeu que *indivíduos* não evoluem, mas que as *populações* evoluem quando indivíduos com diferentes genótipos herdáveis sobrevivem e se reproduzem a uma taxa diferencial.

Adaptação se refere tanto aos caracteres dos organismos quanto à forma pela qual esses caracteres foram adquiridos por **seleção natural**.

A soma de todas as cópias de todos os alelos em todos os loci encontrados na população constitui o seu **conjunto genético** e representa a **variação genética** que resulta em diferentes caracteres fenotípicos sobre os quais a seleção natural pode atuar. Rever Figura 22.3.

A **seleção artificial** e experimentos de laboratório demonstram a existência uma variação genética considerável na maioria das populações. Rever Figura 22.5.

As **freqüências alélicas** medem a quantidade de variação genética em uma população; as **freqüências genotípicas** mostram como a variação genética da população distribui-se entre os seus membros. Rever Figura 22.6.

O **Equilíbrio de Hardy-Weinberg** prediz as freqüências alélicas em uma população na ausência de evolução. O desvio dessas freqüências indica a ação dos mecanismos evolutivos. Rever Figura 22.7.

22.2 Quais são os mecanismos da mudança evolutiva?

A migração de indivíduos entre as populações resulta em **fluxo gênico**.

Em populações pequenas, a **deriva genética** – a perda aleatória de indivíduos e dos alelos que eles possuem – pode produzir grandes mudanças nas freqüências alélicas de uma geração para a outra, reduzindo muito a variação genética. Rever Figura 22.8.

Eventos de **gargalos populacionais** ocorrem quando apenas uns poucos indivíduos sobrevivem a um evento aleatório, resultando em uma mudança drástica nas freqüências alélicas dentro da população com perda de variação. De maneira similar, uma população fundada por um pequeno número de indivíduos que colonizam uma região pode perder variação por meio de um **efeito do fundador**.

O **cruzamento não-aleatório** pode resultar em freqüências genotípicas que se desviam do equilíbrio de Hardy-Weinberg.

22.3 Quais mecanismos evolutivos resultam em adaptação?

O **valor adaptativo** consiste na contribuição reprodutiva de um fenótipo às gerações subseqüentes em comparação às contribuições dos demais fenótipos.

Mudanças no número de prole são responsáveis por alterações no tamanho absoluto da população, mas apenas mudanças no sucesso relativo dos diferentes fenótipos em uma população levam a mudanças nas freqüências alélicas.

A seleção natural pode atuar em caracteres de variação quantitativa de várias formas, resultando em **seleção estabilizadora**, **direcional** ou **disruptiva**. Rever Figura 22.12.

A **seleção sexual** se refere basicamente ao sucesso na reprodução, não ao sucesso na sobrevivência. Rever Figuras 22.16 e 22.17.

22.4 Como a variação genética é mantida nas populações?

Embora a deriva genética, a seleção estabilizadora e a seleção direcional tendam a reduzir a variação genética nas populações, a maioria das populações possui diversidade genética considerável.

As mutações neutras, a recombinação sexual e a seleção dependente de freqüência podem manter a variação genética dentro das populações.

Alelos neutros não afetam o valor adaptativo de um organismo, não são afetados pela seleção natural e podem se acumular ou serem perdidos por deriva genética.

A reprodução sexuada gera combinações incontáveis de genótipos que aumentam o potencial evolutivo das populações, embora haja desvantagens de curto prazo.

Um polimorfismo pode ser mantido por **seleção dependente de freqüência** quando o valor adaptativo de um genótipo depende de sua freqüência na população.

A variação genética pode ser mantida pela existência de subpopulações geneticamente distintas ao longo do espaço geográfico. Rever Figura 22.20.

22.5 Quais são as restrições da evolução?

Processos de desenvolvimento impõem restrições à evolução porque todas as inovações evolutivas são modificações de estruturas preexistentes.

A maioria das adaptações impõe custos. Uma adaptação pode evoluir apenas se os benefícios que ela confere excede os custos que ela inflige, situação que leva a relações de **custo-benefício**.

22.6 Como os humanos têm influenciado a evolução?

Os humanos se tornaram agentes principais da evolução ao tentarem controlar pragas e doenças, moverem espécies ao redor do globo e modificar organismos via biotecnologia. As atividades humanas estão mudando o clima e aumentaram muito a taxa de extinção de outras espécies.

QUESTÕES

1. As serpentes resistentes ao TTX se movem mais lentamente do que aquelas suscetíveis à toxina. A sua velocidade reduzida constitui um exemplo de:
   a. uma adaptação.
   b. deriva genética.
   c. seleção natural.
   d. uma relação de custo-benefício.
   e. nenhuma das anteriores.

2. Qual das afirmativas a seguir *não* é verdadeira?
   a. Tanto Darwin quanto Wallace foram influenciados por Malthus.
   b. Wallace propôs uma teoria de evolução por seleção natural que era semelhante à de Darwin.
   c. Malthus afirmou que como o crescimento das populações humanas excederia os aumentos na produção de alimentos, a fome era um resultado provável.
   d. Darwin percebeu que todas as populações tinham a capacidade de aumentar em número rapidamente.
   e. Todas as afirmações acima são verdadeiras.

3. O fenótipo de um organismo é
   a. o espécime-tipo de sua espécie em um museu.
   b. sua constituição genética, que governa seus caracteres.
   c. a expressão cronológica de seus genes.
   d. a expressão física de seu genótipo.
   e. a forma que ele atinge quando adulto.
4. A unidade apropriada para definir e medir a variação genética é
   a. a célula.
   b. o indivíduo.
   c. a população.
   d. a comunidade.
   e. o ecossistema.
5. Qual das afirmativas sobre as freqüências alélicas *não* é verdadeira?
   a. A soma de todas as freqüências alélicas em um lócus é sempre 1.
   b. Se há dois alelos em um lócus e sabemos a freqüência de um deles, podemos obter a freqüência do outro alelo por subtração.
   c. Se um alelo está ausente em uma população sua freqüência nessa população é 0.
   d. Se duas populações têm o mesmo conjunto genético em um lócus, elas terão a mesma proporção de heterozigotos para esse lócus.
   e. Se existe apenas um alelo em um lócus, sua freqüência é 1.
6. Qual dos pressupostos a seguir *não* é necessário para que uma população esteja em equilíbrio de Hardy-Weinberg?
   a. Não há migração entre as populações.
   b. A seleção natural não atua sobre os alelos dessa população.
   c. O cruzamento é aleatório.
   d. A freqüência de um dos alelos deve ser maior do que 0,7.
   e. Todos os pressupostos acima devem ser atendidos.
7. O valor adaptativo de um genótipo constitui uma função:
   a. das taxas médias de sobrevivência e reprodução dos indivíduos com aquele genótipo.
   b. dos indivíduos que têm as taxas mais altas de sobrevivência e reprodução.
   c. dos indivíduos que têm a maior taxa de sobrevivência.
   d. dos indivíduos que têm a maior taxa de reprodução.
   e. da taxa média de reprodução dos indivíduos com aquele genótipo.
8. Experimentos de seleção em laboratório com moscas-das-frutas demonstraram que:
   a. o número de cerdas é controlado geneticamente.
   b. o número de cerdas não é controlado geneticamente, mas mudanças no número de cerdas são causadas pelo ambiente em que a mosca se desenvolve.
   c. O número de cerdas é controlado geneticamente, mas há pouca variação sobre a qual a seleção natural pode agir.
   d. O número de cerdas é controlado geneticamente, mas a seleção não consegue resultar em moscas que tenham um número de cerdas maior do que qualquer indivíduo da população original.
   e. O número de cerdas é controlado geneticamente, e a seleção pode resultar em moscas com um número de cerdas maior do que qualquer indivíduo da população original.
9. A seleção disruptiva mantém uma distribuição bimodal do tamanho do bico do tentilhão-do-peito-preto por que:
   a. bicos de tamanho intermediário são difíceis de se formar.
   b. as duas fontes principais de alimento para as aves diferem muito em tamanho e em dureza.
   c. os machos usam seus grandes bicos em comportamentos de corte.
   d. os migrantes introduzem todos os anos na população tamanhos de bico diferentes.
   e. os pássaros mais velhos precisam de bicos maiores do que os pássaros pequenos.
10. Qual das afirmativas a seguir *não* constitui um motivo pelo qual as relações de custo-benefício limitam a evolução?
   a. Todas as adaptações impõem custos e benefícios ao valor adaptativo.
   b. A seleção sexual para o desenvolvimento de armas e de um tamanho maior encurtam o tempo de vida dos seus possuidores.
   c. Mudanças nas freqüências alélicas podem ser influenciadas por eventos que ocorrem muito infreqüentemente.
   d. A habilidade para consumir uma presa tóxica pode reduzir a mobilidade.
   e. As adaptações podem evoluir apenas se os benefícios que elas conferem ao valor adaptativo excederem os custos impostos por elas.

PARA DISCUSSÃO

1. De que formas a seleção artificial pelos humanos difere da seleção natural? Darwin foi sábio ao basear boa parte de sua argumentação em favor da seleção natural nos resultados de seleção artificial?
2. Na natureza, o cruzamento entre indivíduos em uma população nunca é verdadeiramente ao acaso, imigração e emigração são comuns, e raramente a seleção natural está completamente ausente. Por quê, então, o equilíbrio de Hardy-Weinberg, que se baseia em pressupostos sabidamente falsos, é tão útil no estudo da evolução? Você consegue pensar em outros modelos na ciência que são baseados em pressupostos falsos? Como esses modelos são utilizados?
3. Até onde sabemos, a seleção natural não pode adaptar os organismos a eventos futuros. Ainda assim, muitos organismos parecem responder a eventos naturais antes que eles ocorram. Por exemplo, muitos mamíferos iniciam sua hibernação enquanto a temperatura ainda encontra-se amena. De maneira similar, muitas aves deixam a zona temperada para suas áreas de invernagem muito antes no inverno chegar. Como esses comportamentos "antecipatórios" evoluem?
4. Muitas populações das milhares de espécies introduzidas em áreas onde elas não se encontravam anteriormente, incluindo aquelas que se tornaram pragas, foram fundadas por poucos indivíduos. Portanto, elas deveriam ter, no início, muito menos variação genética do que sua população fonte. Se a diversidade genética constitui uma vantagem, por que muitas dessas espécies tiveram sucesso em seus novos ambientes?
5. Por que é importante que as formas pelas quais os machos fazem propaganda para as fêmeas de sua saúde e vigor indiquem corretamente as suas condições?
6. Como a seleção nos humanos atualmente difere daquela exercida num passado pré-industrial (i.e. antes de 1700)?
7. À medida que os humanos vivem mais, muitas pessoas enfrentam doenças degenerativas como o Mal de Alzheimer, que (na maioria dos casos) está ligado a uma idade avançada. Assumindo que alguns indivíduos estejam geneticamente mais predispostos a enfrentar essas doenças com sucesso, é provável que a seleção natural por si só atue em favor dessa predisposição em populações humanas? Por quê? Ou por que não?

PARA INVESTIGAÇÃO

Durante os últimos 50 anos, mais de 200 espécies de insetos que atacam plantas cultivadas se tornaram altamente resistentes ao DDT e a outros pesticidas. Usando o seu conhecimento recém adquirido sobre os processos evolutivos, explique a evolução rápida e amplamente distribuída dessa resistência. Que propostas referentes ao uso de inseticidas você faria para diminuir a taxa de evolução de resistência? Explique por que você acredita que as suas propostas poderiam funcionar e como poderia testá-las.

CAPÍTULO 23 As Espécies e sua Formação

O sexo estimula a formação de espécies (entre outras coisas)

Charles Darwin propôs que a seleção sexual era responsável pela evolução de caracteres atraentes e chamativos, como as grandes galhadas de veados machos ou as penas muito aumentadas da cauda de pavões machos. Esses caracteres são especialmente exagerados em espécies cujos indivíduos de um sexo – normalmente os machos – competem pela oportunidade de se acasalar com indivíduos do sexo oposto – normalmente as fêmeas. Esses traços exagerados se desenvolvem caso confiram uma vantagem, ou na competição entre os machos para terem acesso às fêmeas, ou na estimulação e atração das exigentes fêmeas.

Além de levar ao aparecimento de ornamentos atrativos, como chifre ou plumagem, estudos recentes sugerem que a seleção sexual também pode aumentar a taxa pela qual novas espécies se formam. Evidências para esse efeito da seleção sexual vêm da comparação entre o número de espécies fundadas em clados irmãos, isto é, clados que compartilham um ancestral comum. Por possuírem um ancestral comum, clados irmãos têm evoluído independentemente entre si pelo mesmo período de tempo. A taxa pela qual as espécies se formaram em ambos os ramos pode ser estimada pela comparação entre o número de espécies que eles possuem atualmente.

As aves com sistemas de acasalamento promíscuos oferecem alguns dos melhores exemplos dos dois efeitos da seleção sexual. Em muitas dessas espécies, os machos se reúnem em territórios de apresentação e as fêmeas vão até eles para escolher com quem copular. Após o acasalamento, as fêmeas de muitas espécies constroem seus ninhos, põem seus ovos e criam a prole sem a ajuda dos machos. Ainda, na maioria dessas espécies, os machos desenvolveram plumagem brilhante ou ornamentos como longas penas caudais. Em contraste, em espécies monogâmicas com formação de pares onde ambos os indivíduos compartilham as responsabilidades de criarem os mais jovens, os indivíduos de ambos os sexos tendem a ter plumagem desbotada e a assemelharem-se entre si.

Um exemplo desse fenômeno: existem 320 espécies de beija-flores nas Américas, todas promíscuas; entretanto, existem apenas 103 espécies de andorinhões (clado irmão dos beija-flores), mesmo que os andorinhões ocorram dispersos por todo o mundo. Machos e fêmeas de andorinhões formam pares estáveis e são muito semelhantes. Por que a seleção sexual estimula a divergência de uma linhagem em muitas espécies? Uma razão provável é que mutações aleatórias resultam em diferentes alterações na plumagem em diferentes locais da distribuição de uma espécie. Assim, populações locais de uma espécie podem desenvolver para os machos padrões únicos de plumagem, cada um dos quais favorecido por seleção sexual naquela área. As fêmeas podem não responder positivamente a

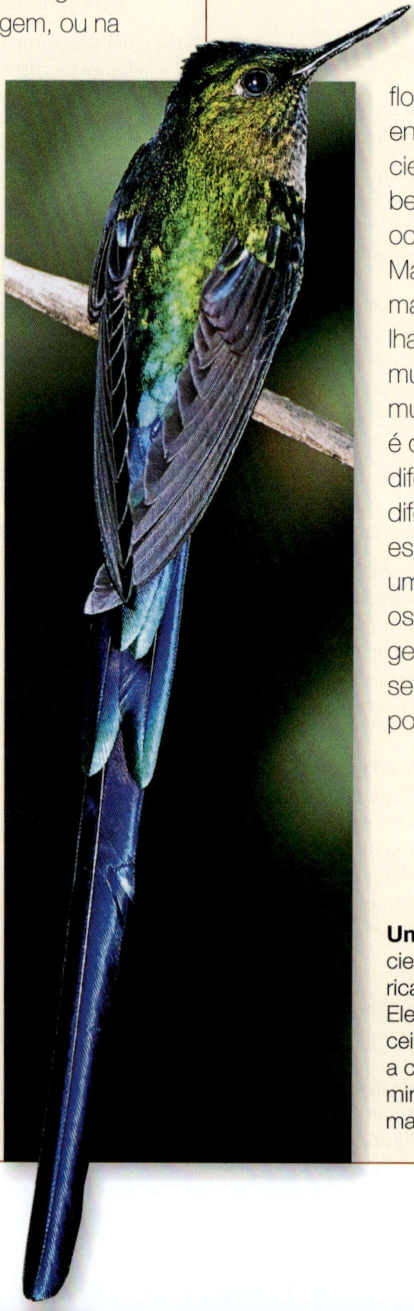

Um beija-flor macho Mais de 300 espécies de beija-flores encontram-se nas Américas. Beija-flores machos são promíscuos. Eles competem com outros machos por parceiras reprodutivas, e os machos que fazem a corte com maior sucesso geralmente inseminarão mais fêmeas e, portanto, deixarão maior prole.

DESTAQUES DO CAPÍTULO

Um andorinhão macho Os andorinhões representam o clado irmão dos beija-flores. Os andorinhões formam pares estáveis e tanto o macho quanto a fêmea, que se parecem bastante, criam a prole de forma conjunta. Assim, os machos com mais sucesso são aqueles capazes de ajudar suas parceiras a criar o maior número de filhotes. Existem apenas 103 espécies de andorinhões, embora sejam encontrados por todo o planeta.

machos imigrantes cujo padrão difere do padrão ao qual elas normalmente se atraem.

A origem de novas espécies – a divisão e divergência de uma única linhagem em espécies distintas – é um dos fenômenos mais importantes nas ciências biológicas. Charles Darwin reconheceu a sua importância quando escolheu o título de seu mais famoso livro. Contudo, sem a fundamentação da genética moderna, o que Darwin via eram basicamente as conseqüências da especiação e não suas causas subjacentes, o que também foi reconhecido por ele. Ainda estamos buscando as respostas para muitas questões sobre especiação, processo ao qual Darwin se referiu como "o mistério dos mistérios".

NESTE CAPÍTULO descrevemos o que são as espécies e como as milhões de espécies do planeta se formaram. Examinamos os mecanismos pelos quais uma população se divide em novas espécies e como essa separação é mantida. Estudamos diferentes fatores que podem fazer da especiação um processo rápido ou muito lento. Finalmente, nos concentramos nas condições que podem dar origem a grandes diversificações de espécies, conhecidas como radiações evolutivas.

23.1 O que é uma espécie?

A palavra *espécie* significa, literalmente, "tipos", mas como os biólogos interpretam "tipos"? É complicado responder a essa questão porque as espécies resultam de um processo que se desdobra ao longo do tempo. Ao estudar esses processos, os biólogos buscam respostas para várias questões sobre espécies. Como podemos reconhecer e identificar espécies diferentes? De que maneira as espécies se formam? De que modo as espécies se mantêm separadas? Várias definições de espécies surgirão na medida em que ficarmos nessas questões.

Podemos reconhecer e identificar muitas espécies pela sua aparência

Alguém com bom conhecimento sobre um grupo de organismos, lagartos ou aves, por exemplo, normalmente consegue distinguir as diferentes espécies encontradas em uma determinada área apenas examinando-as superficialmente. Os populares guias de campo para identificar aves, mamíferos, insetos e angiospermas só são possíveis porque a aparência de muitas espécies muda muito pouco ao longo de grandes distâncias geográficas. Podemos reconhecer facilmente os melros-de-asa-vermelha, de Nova York ou da Califórnia, como membros da mesma espécie (**Figura 23.1A**).

Há mais de 200 anos, o biólogo sueco Carolus Linnaeus desenvolveu o sistema *binomial* de nomenclatura em latim, pelo qual as espécies são conhecidas atualmente (ver Seção 1.2). Linnaeus descreveu centenas de espécies, e como não conhecia nada a respeito de genética ou comportamento reprodutivo dos indivíduos que estava nomeando, ele os classificou com base na aparência; ou seja, ele utilizou um **conceito morfológico de espécie**. Os membros de muitos dos grupos que ele classificou como espécies por sua aparência se parecem porque compartilham muitos alelos que codificam suas estruturas corporais. Em muitos grupos de organismos para os quais não se têm dados genéticos, as espécies ainda são reconhecidas por seus caracteres morfológicos.

Todavia, nem todos os membros de um grupo devem assemelhar-se. Por exemplo, machos, fêmeas e indivíduos juvenis podem apresentar certas dessemelhanças (**Figura 23.1B**). Os cientistas devem usar outras informações além da aparência a fim de decidir se indivíduos que podem ser facilmente distinguidos são membros da mesma espécie ou não. Para entendermos os tipos de informação que os cientistas usam, precisamos entender de que modo as espécies se formam.

(A)
(B)

Agelaius phoeniceus (macho, Nova York)

Agelaius phoeniceus (macho, Califórnia)

Agelaius phoeniceus (fêmea)

Figura 23.1 Membros da mesma espécie são assemelhados – ou não (A) Esses dois machos de melro-de-asa-vermelha são obviamente membros da mesma espécie, mesmo que um venha do leste dos Estados Unidos e o outro venha da Califórnia. (B) Como esses melros são sexualmente dimórficos, as fêmeas dessa espécie têm aparência muito diferentes dos machos.

As espécies se formam ao longo do tempo

Os biólogos evolucionistas pensam nas espécies como ramos na árvore da vida. Cada espécie tem uma história que inicia em um evento de especiação e termina ou por um evento de extinção ou outro evento de especiação, em que ela produz duas espécies filhas. Esse processo geralmente ocorre gradualmente (**Figura 23.2**). A **especiação** é portanto o processo pelo qual uma espécie se divide em duas ou mais espécies filhas, que então passam a evoluir como espécies distintas. A natureza gradual da maioria dos eventos de especiação constitui a certeza de que, em muitos casos, existirão duas populações em diferentes estágios do processo para se tornarem espécies diferentes. Nesses casos, é impraticável tentar decidir se os indivíduos pertencem à espécie A ou B. Entretanto, importa entender os processos que levam à divisão de uma espécie única em duas espécies diferentes.

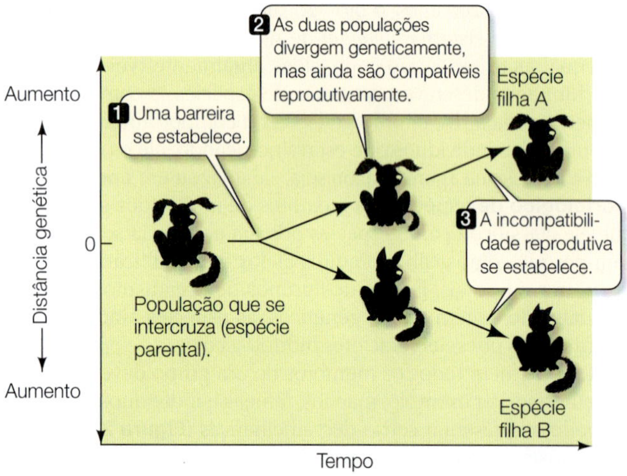
1 Uma barreira se estabelece.
2 As duas populações divergem geneticamente, mas ainda são compatíveis reprodutivamente.
3 A incompatibilidade reprodutiva se estabelece.
Espécie filha A
Espécie filha B
População que se intercruza (espécie parental).
Aumento
Distância genética
0
Aumento
Tempo

Figura 23.2 A especiação pode ser um processo gradual Nesse exemplo hipotético, a divergência genética entre duas populações separadas começa antes que a incompatibilidade reprodutiva se desenvolva.

Um componente importante do processo de especiação é o desenvolvimento de **isolamento reprodutivo**. Se os indivíduos de uma população cruzarem uns com os outros, mas não com indivíduos de outras populações, eles constituirão um grupo distinto no qual seus genes recombinam, isto é, serão unidades evolutivamente independentes – ramos separados na árvore da vida. Em 1940, Ernst Mayr propôs a seguinte definição de espécie, conhecida como o **conceito biológico de espécie**: "Espécies são grupos de populações naturais que se intercruzam real ou potencialmente, estando reprodutivamente isolados de outros grupos." As palavras " real ou potencialmente" constituem elementos importantes na definição, pois levam em conta que enquanto alguns indivíduos vivem na mesma área e se intercruzam, outros indivíduos vivem em áreas distintas e não podem, portanto, se intercruzar com os primeiros. Nesse caso, outras informações sugerem que eles se intercruzariam se estivessem juntos. Entretanto, essa definição de espécie amplamente utilizada não se aplica aos organismos que se reproduzem assexuadamente.

A definição de Mayr afirma que o isolamento reprodutivo é o critério mais importante para identificarmos espécies, mas como esse isolamento se desenvolve? Em outras palavras, de que modo as espécies surgem? Neste capítulo, dedicaremos muita atenção a essa importante questão.

23.1 RECAPITULAÇÃO

O conceito biológico de espécie define espécie em termos do isolamento reprodutivo entre grupos. A especiação é geralmente um processo gradual e podem existir populações em vários estágios do processo de se tornar reprodutivamente isoladas umas das outras.

- Você entende a importância do conceito biológico de espécie relativo ao conceito morfológico? Ver p. 509-510.
- Você percebe por que o conceito morfológico de espécie ainda é uma ferramenta útil? Ver p. 510.
- Você percebe por que é difícil aplicar o conceito biológico de espécie aos organismos que se reproduzem assexuadamente? (Reler cuidadosamente a definição de Mayr).

Embora Charles Darwin tenha intitulado seu livro *A Origem das Espécies*, ele não discutiu extensivamente o processo de especiação. Ele dedicou a maior parte de sua atenção para demonstrar que as espécies se alteram ao longo do tempo pela seleção natural. A seguir, discutiremos as muitas coisas que os biólogos já aprenderam sobre"o mistério dos mistérios"desde a época de Darwin.

23.2 Como novas espécies surgem?

Nem todas as mudanças evolutivas resultam em uma nova espécie. Uma única linhagem pode se modificar ao longo do tempo sem dar origem a uma nova espécie. Se as mudanças evolutivas resultarem em uma espécie se dividindo em duas ou mais espécies filhas, entretanto, terá ocorrido especiação. Subseqüentemente, dentro de cada *pool* genético isolado, as freqüências alélicas e genotípicas poderão mudar como resultado da ação das forças evolutivas. Se duas populações se isolam, e se há acúmulo suficiente de diferenças entre a sua estrutura genética durante esse período de isolamento, então essas populações podem não ser mais capazes de trocar genes quando entrarem em contato novamente. Conforme veremos, a quantidade de diferenciação genética necessária para prevenir a troca de genes é altamente variável.

Portanto, a especiação requer que o fluxo gênico existente anteriormente em uma população cujos membros trocavam genes seja interrompido. O fluxo gênico pode ser interrompido de dois modos principais, cada qual caracterizando um modo de especiação.

Tempo
Uma única espécie distribui-se ao longo de uma ampla área.
Uma barreira separa duas populações. As populações se adaptam aos ambientes diferentes em ambos os lados da barreira.
A barreira é removida. As populações recolonizam a zona intermediária e entram em contato, mas não hibridizam.
Zona de sobreposição

Figura 23.3 Especiação alopátrica A especiação alopátrica pode ocorrer quando uma população divide-se em duas populações separadas por uma barreira física, como pelo aumento do nível do mar.

A especiação alopátrica requer isolamento genético quase completo

A especiação resultante da divisão de uma população por uma barreira física denomina-se **especiação alopátrica** (*allo,* "diferente"; *patris,*"país") ou *especiação geográfica* (**Figura 23.3**). Imagina-se que a especiação alopátrica seja o modo de especiação dominante entre a maior parte de grupos de organismos. A barreira física que divide a área de uma espécie pode ser um curso d'água ou uma cadeia de montanhas para animais terrestres, ou terra seca para organismos aquáticos. Barreiras podem se formar com a deriva continental, com aumento do nível do mar, avanço e recuo de geleiras e mudanças climáticas. Esses processos continuam a gerar barreiras físicas hoje em dia. As populações separadas por essas barreiras são geralmente grandes, embora nem sempre. Elas se diferenciam por uma série de fatores, incluindo a deriva genética, mas principalmente porque os ambientes em que vivem são ou tornam-se diferentes.

A especiação alopátrica também pode ocorrer se membros de uma população atravessam uma barreira preexistente e fundam uma população nova isolada. As 14 espécies de tentilhões no arquipélago de Galápagos, a 1.000 km da costa do Equador, foram geradas por especiação alopátrica. Os tentilhões de Darwin (como são comumente chamados, porque Darwin foi o primeiro cientista a estudá-los) surgiram em Galápagos a partir de uma única espécie sul-americana que colonizou as ilhas. Hoje em dia, as 14 espécies dos tentilhões de Darwin diferem muito do seu parente mais próximo no continente (**Figura 23.4**). As ilhas do arquipélago de Galápagos são suficientemente distantes umas das outras, o que torna infreqüentes eventos de dispersão. Em adição, as condições ambientais diferem entre as ilhas. Algumas são relativamente planas e áridas, outras têm escarpas florestadas. As populações de tentilhão nas diferentes ilhas se diferenciaram tanto ao longo de milhões de anos que quando imigrantes eventuais chegam de outras ilhas, eles ou não cruzam com os residentes ou se o fazem, a prole resultante não sobrevive tão bem quanto aquela produzida por pares de residentes. A distinção genética e a coesão das diferentes espécies de tentilhão são, assim, mantidas.

Muitas das mais de 800 espécies da mosca-das-frutas do gênero *Drosophila,* no Havaí, são restritas a uma única ilha. Sabemos que essas espécies descendem de novas populações fundadas por indivíduos que se dispersaram entre as ilhas, porque o ancestral comum mais próximo de uma espécie em uma ilha geralmente é uma espécie de uma ilha vizinha, e não outra espécie do mesmo local. Os biólogos que estudaram os cromossomos das espécies do grupo de *Drosophila* de asas desenhadas acreditam que os eventos de especiação nesse grupo de moscas se originam de pelo menos 45 desses eventos de fundação (**Figura 23.5**).

O quanto uma barreira física é efetiva em prevenir o fluxo gênico depende do tamanho e da mobilidade da espécie em questão. Uma auto-estrada de oito pistas constitui uma barreira quase impenetrável para uma lesma, mas não constitui barreira alguma para uma borboleta ou para uma ave. Populações de plantas polinizadas pelo vento encontram-se isoladas pela distância máxima que um pólen pode viajar no vento, mas as plan-

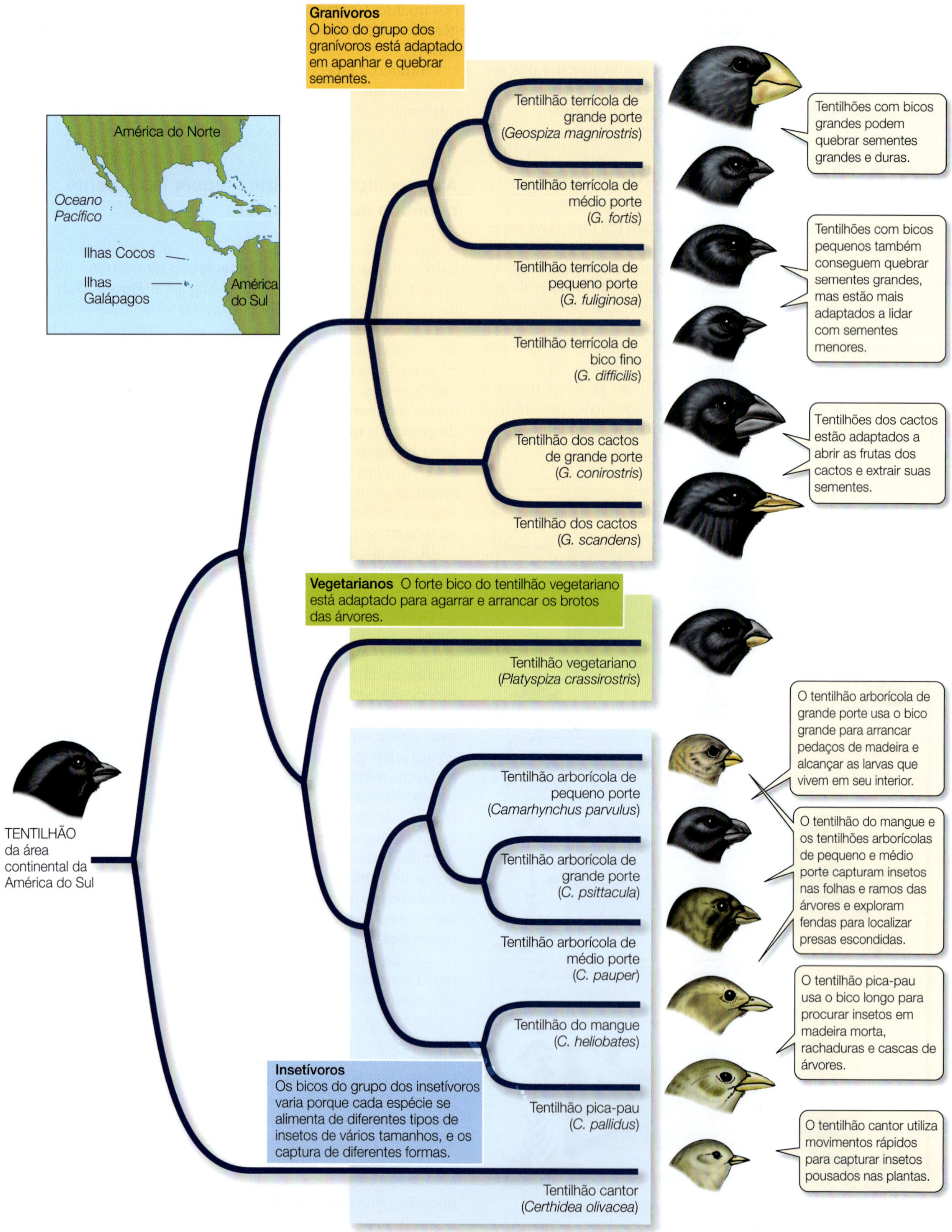

Granívoros
O bico do grupo dos granívoros está adaptado em apanhar e quebrar sementes.
América do Norte
Oceano Pacífico
Ilhas Cocos
Ilhas Galápagos
América do Sul
Tentilhão terrícola de grande porte (*Geospiza magnirostris*)
Tentilhão terrícola de médio porte (*G. fortis*)
Tentilhão terrícola de pequeno porte (*G. fuliginosa*)
Tentilhão terrícola de bico fino (*G. difficilis*)
Tentilhão dos cactos de grande porte (*G. conirostris*)
Tentilhão dos cactos (*G. scandens*)
Tentilhões com bicos grandes podem quebrar sementes grandes e duras.
Tentilhões com bicos pequenos também conseguem quebrar sementes grandes, mas estão mais adaptados a lidar com sementes menores.
Tentilhões dos cactos estão adaptados a abrir as frutas dos cactos e extrair suas sementes.
Vegetarianos O forte bico do tentilhão vegetariano está adaptado para agarrar e arrancar os brotos das árvores.
Tentilhão vegetariano (*Platyspiza crassirostris*)
TENTILHÃO da área continental da América do Sul
Tentilhão arborícola de pequeno porte (*Camarhynchus parvulus*)
Tentilhão arborícola de grande porte (*C. psittacula*)
Tentilhão arborícola de médio porte (*C. pauper*)
Tentilhão do mangue (*C. heliobates*)
Tentilhão pica-pau (*C. pallidus*)
Tentilhão cantor (*Certhidea olivacea*)
O tentilhão arborícola de grande porte usa o bico grande para arrancar pedaços de madeira e alcançar as larvas que vivem em seu interior.
O tentilhão do mangue e os tentilhões arborícolas de pequeno e médio porte capturam insetos nas folhas e ramos das árvores e exploram fendas para localizar presas escondidas.
O tentilhão pica-pau usa o bico longo para procurar insetos em madeira morta, rachaduras e cascas de árvores.
O tentilhão cantor utiliza movimentos rápidos para capturar insetos pousados nas plantas.
Insetívoros
Os bicos do grupo dos insetívoros varia porque cada espécie se alimenta de diferentes tipos de insetos de vários tamanhos, e os captura de diferentes formas.

Figura 23.4 Especiação alopátrica entre os tentilhões de Darwin Os descendentes do tentilhão ancestral que colonizou o arquipélago de Galápagos muitos milhões de anos atrás evoluíram em 14 diferentes espécies cujos membros estão adaptados de maneiras diversas para se alimentar de sementes, brotos e insetos (a décima quarta espécie, não apresentada aqui, habita a ilha de Cocos, mais ao norte no Oceano Pacífico).

tas individuais estão efetivamente isoladas por distâncias bem mais curtas. Entre plantas polinizadas por animais, a amplitude da barreira depende da distância que os animais viajam carregando pólen ou sementes. Mesmo animais com grande poder de dispersão não costumam atravessar faixas estreitas de habitat inóspito. Para aqueles que não podem nadar ou voar, cursos d'água estreitos podem representar barreiras efetivas. Entretanto, o fluxo gênico pode ser interrompido mesmo na ausência de barreiras físicas.

A especiação simpátrica ocorre sem barreiras físicas

Embora o isolamento físico seja geralmente exigido para que a especiação ocorra, sob algumas circunstâncias pode haver especiação sem ele. A divisão de um *pool* genético sem isolamento físico denomina-se **especiação simpátrica** (*sym*, "junto com"; *patrys*, "país"). Todavia, se a especiação é um processo gradual, como o isolamento reprodutivo pode se desenvolver quando os indivíduos têm freqüentemente a oportunidade para se intercruzarem? É necessário que esteja operando alguma forma de seleção disruptiva, na qual certos genótipos tenham valor adaptativo alto ao explorar um ou outro de dois tipos diferentes de recursos, segundo descrevemos para o tentilhão-de-peito-preto (veja a Figura 22.15).

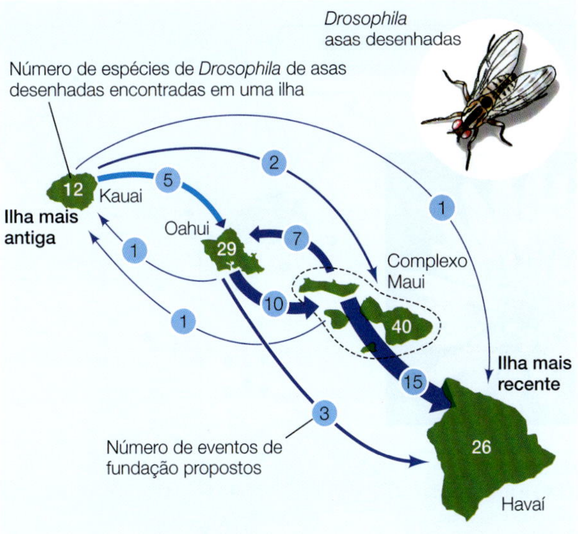

Drosophila asas desenhadas
Número de espécies de Drosophila de asas desenhadas encontradas em uma ilha
12
Kauai
Ilha mais antiga
5
2
1
Oahui
29
7
1
Complexo Maui
10
1
40
15
Ilha mais recente
3
Número de eventos de fundação propostos
26
Havaí

Figura 23.5 Eventos fundadores levam à especiação alopátrica O grande número de espécies de *Drosophila* de asas desenhadas nas ilhas havaianas resulta de eventos de fundação: a fundação de novas populações por indivíduos que se dispersam entre as ilhas. As ilhas, formadas em seqüência à medida que a crosta da Terra se movia sobre um "ponto quente" vulcânico, têm idades variáveis.

A seleção disruptiva no tentilhão-de-peito-preto ainda não resultou em especiação, mas uma especiação simpátrica via seleção disruptiva pode estar ocorrendo em uma mosca-das-frutas (*Rhagoletis pomonella*) no estado de Nova York. Até a metade do século XIX, as moscas *Rhagoletis* faziam seu comportamento da corte, se acasalavam e colocavam ovos apenas em frutos da espinheira *Crataegus*, espécie próxima da maçã. As larvas aprendem o odor da planta ao se alimentar de seus frutos. Quando emergem das pupas como adultos, elas usam isso para localizar outros arbustos dessa planta para se acasalar e colocar ovos. Cerca de 150 anos atrás, grandes pomares comerciais de maçã foram plantados no vale do rio Hudson. As macieiras e os arbustos de *Crataegus* são bastante aparentados, a algumas fêmeas de *Rhagoletis*, talvez por engano, colocaram ovos em maçãs. Suas larvas não cresceram tão bem quanto cresceriam nos frutos da espinheira, mas muitas sobreviveram. Essas larvas reconheciam o odor das maçãs e, portanto, quando emergiram como adultas, procuraram por macieiras, onde acabaram se acasalando com outros indivíduos que haviam se criado nessa árvore.

Atualmente existem dois grupos de moscas-das-frutas no vale do rio Hudson que podem estar a caminho de se tornarem espécies diferentes (**Figura 23.6**). Um se alimenta principalmente de frutos de *Crataega* e o outro de maçãs. Essas duas espécies incipientes encontram-se parcialmente isoladas reprodutivamente porque se acasalam preferencialmente com indivíduos criados no mesmo tipo de fruta e porque emergem do estágio de pupa em épocas diferentes do ano. Além disso, as moscas que se alimentam de maçãs crescem mais rapidamente do que o faziam originalmente.

Especiação simpátrica através de isolamento ecológico (sobre diferentes recursos), como ocorre com *Rhagoletis pomonella* pode ser comum entre os insetos, muitos dos quais se alimentam apenas de uma espécie de planta, mas a forma mais comum de especiação simpátrica é por **poliploidia** – a produção, em um indivíduo, de conjuntos duplicados de cromossomos. A poliploidia pode surgir tanto através de duplicação cromossômica em uma única espécie (**autopoliploidia**) quanto da combinação de cromossomos de espécies diferentes (**alopoliploidia**).

Um indivíduo autopoliplóide se origina quando (por exemplo) células normalmente diplóides (com dois conjuntos de cromossomos) duplicam seus cromossomos acidentalmente, criando um

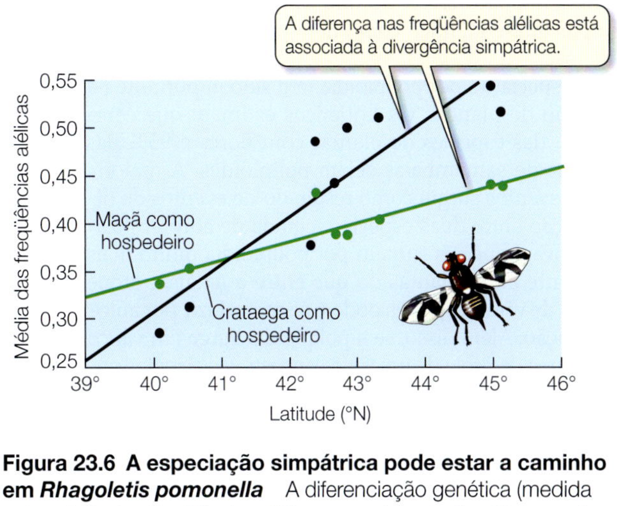

A diferença nas freqüências alélicas está associada à divergência simpátrica.
Média das freqüências alélicas
0,55
0,50
0,45
0,40
0,35
0,30
0,25
Maçã como hospedeiro
Crataega como hospedeiro
39°
40°
41°
42°
43°
44°
45°
46°
Latitude (°N)

Figura 23.6 A especiação simpátrica pode estar a caminho em *Rhagoletis pomonella* A diferenciação genética (medida pela média das freqüências alélicas em vários loci) está aumentando entre populações de moscas de *R. pomonella*, que desenvolveram preferência por plantas hospedeiras distintas.

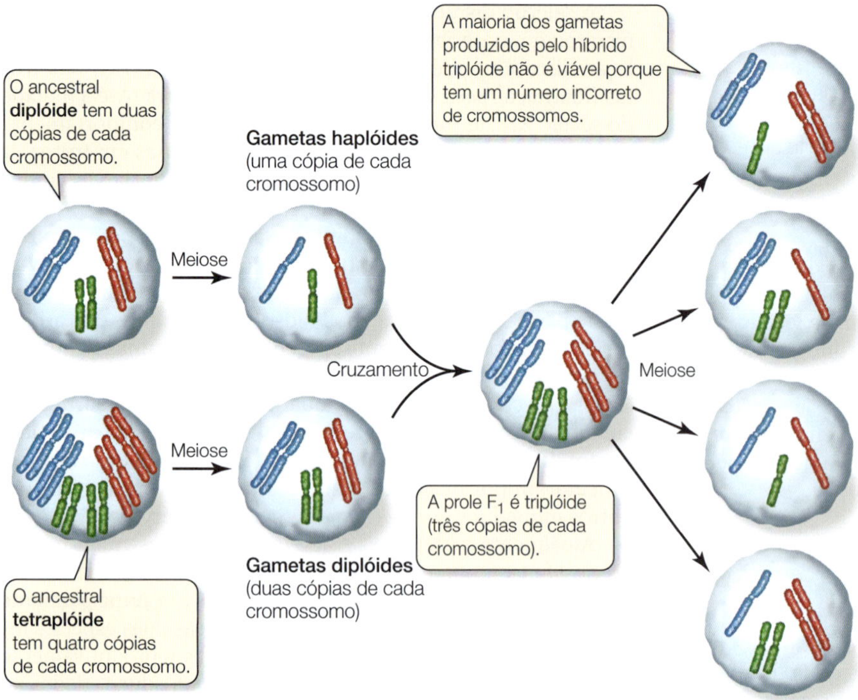
O ancestral **diplóide** tem duas cópias de cada cromossomo.
Meiose
Gametas haplóides (uma cópia de cada cromossomo)
A maioria dos gametas produzidos pelo híbrido triplóide não é viável porque tem um número incorreto de cromossomos.
Cruzamento
Meiose
Meiose
A prole F_1 é triplóide (três cópias de cada cromossomo).
Gametas diplóides (duas cópias de cada cromossomo)
O ancestral **tetraplóide** tem quatro cópias de cada cromossomo.

Figura 23.7 Tetraplóides logo ficam reprodutivamente isolados dos diplóides Mesmo que a prole triplóide entre parentes tetraplóides e diplóides sobreviva e atinja a maturidade sexual, a maioria dos seus gametas tem aneuploidias. Esses indivíduos triplóides são efetivamente estéreis (por simplicidade, o diagrama mostra apenas três cromossomos, a maioria das espécies tem mais do que isso).

indivíduo tetraplóide (com quatro conjuntos de cromossomos). Plantas tetraplóides e diplóides da mesma espécie estão isoladas reprodutivamente porque a sua prole híbrida é triplóide e geralmente estéril. Elas não conseguem produzir gametas viáveis porque seus cromossomos não segregam corretamente durante a meiose (**Figura 23.7**). Portanto, uma planta tetraplóide não consegue produzir uma descendência fértil ao se cruzar com um indivíduo diplóide – mas ela *pode* caso se autofertilize ou se cruze com outro indivíduo tetraplóide. Assim, a poliploidia pode resultar em isolamento completo em duas gerações – uma importante exceção à regra de que a especiação é um processo gradual.

Alopoliplóides também podem ser produzidos quando dois indivíduos de espécies diferentes (mas relacionadas) se intercruzam, ou **hibridizam**. Alopoliplóides geralmente são férteis porque cada cromossomo tem um par quase idêntico com quem pode parear durante a meiose.

A especiação por poliploidia tem sido importante na evolução de plantas. Os botânicos estimam que cerca de 70% das espécies de plantas com flores e 95% das espécies de samambaias sejam poliplóides. A maioria desses eventos surgiu como resultado de eventos de hibridização entre duas espécies seguida de autofertilização. Novas espécies surgem por poliploidia muito mais facilmente entre plantas do que entre animais, porque plantas de várias espécies podem se reproduzir por autofertilização. Além disso, se a poliploidia surge em vários indivíduos da prole de um único ancestral, os irmãos podem se fertilizar entre si.

Um exemplo do quão facilmente novas espécies podem ser produzidas por alopoliploidia consiste nas plantas do gênero *Tragopogon*, aparentadas ao girassol. Essas plantas herbáceas vivem em áreas degradadas ao redor de cidades e foram introduzidas ao redor do mundo inadvertidamente pelos humanos a partir de sua distribuição ancestral na Eurásia.

Três espécies desse gênero – *Tragopogon porrifolius*, *T. pratensis* e *T. dubius* – foram introduzidas na América do Norte no início do século XX. Dois híbridos tetraplóides – *T. mirus* e *T. miscellus* – entre as três espécies diplóides originais foram descobertos em 1950. Os híbridos se espalharam desde sua descoberta e hoje encontram-se mais dispersos do que seus ancestrais diplóides (**Figura 23.8**).

Estudos do seu material genético indicam que as duas plantas híbridas se formaram repetidas vezes. Algumas populações de *T. miscellus* – um híbrido entre *T. pratensis* e *T. dubius* – têm o genoma cloroplasmático de *T. pratensis*, enquanto outras populações têm o genoma cloroplasmático de *T. dubius*. O grau de diferenciação genética entre as populações locais *T. miscellus* mostra que essa alopoliploidia se formou independentemente pelo menos 21 vezes. *T. mirus*, um híbrido entre *T. porrifolius* e *T. dubius*, se formou 12 vezes. Os cientistas dificilmente conhecem tão bem a data e a localização

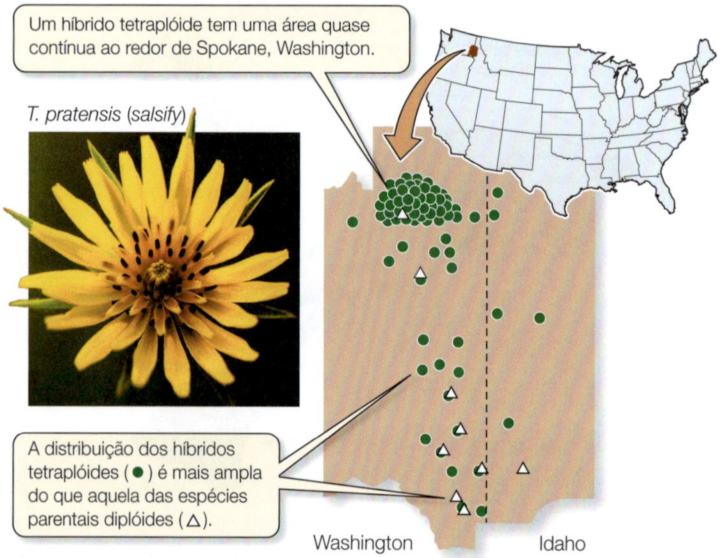
Um híbrido tetraplóide tem uma área quase contínua ao redor de Spokane, Washington.
T. pratensis (salsify)
A distribuição dos híbridos tetraplóides (●) é mais ampla do que aquela das espécies parentais diplóides (△).
Washington
Idaho

Figura 23.8 Poliplóides podem ter mais sucesso do que os seus ancestrais As espécies do gênero *Tragopogon* são membros da família do girassol. O mapa mostra a distribuição de três espécies parentais diplóides e duas espécies tetraplóides híbridas de *Tragopogon* no leste do estado de Washington e no Idaho.

de formação de espécies. *T. porrifolius* prefere lugares úmidos e sombreados, *T. dubius* prefere locais secos e ensolarados. *T. mirus*, entretanto, pode se desenvolver em ambientes parcialmente sombreados onde nenhum de seus genitores cresce bem. O sucesso dessas espécies híbridas formadas recentemente ilustra como tantas espécies de plantas podem ter se originado como poliplóides.

23.2 RECAPITULAÇÃO

A especiação alopátrica resulta da separação de populações por barreiras geográficas e constitui o modo de especiação dominante na maioria dos grupos de organismos. Entre plantas e alguns animais, a especiação simpátrica por poliploidia tem sido freqüente.

- Você pode explicar por que uma barreira ao fluxo gênico, efetiva para uma espécie, pode não ser tão eficiente para outra espécie? Ver p. 511-513.
- Como a especiação por poliploidia pode ocorrer em duas gerações? Ver p. 514 e Figura 23.7.

Conforme vimos, a poliploidia pode resultar em uma nova espécie completamente isolada reprodutivamente de suas espécies ancestrais em duas gerações, mas a maioria das populações separadas por uma barreira física torna-se isolada reprodutivamente apenas com muita lentidão. Vamos dar uma olhada em como o isolamento reprodutivo pode se estabelecer, uma vez que duas populações se separaram.

23.3 O que ocorre quando espécies recém-formadas entram em contato?

Uma vez que uma barreira ao fluxo gênico se estabelece, as populações separadas podem divergir geneticamente por meio da ação das forças evolutivas que descrevemos na Seção 22.2. Ao longo de muitas gerações, as diferenças podem se acumular e reduzir a probabilidade com a qual membros das duas populações poderiam se acasalar e produzir prole viável. Nesse sentido, o isolamento reprodutivo pode evoluir como produto incidental das mudanças genéticas sofridas pelas populações alopátricas.

Um isolamento reprodutivo parcial se desenvolveu dessa forma em linhagens de *Phlox drummondii*, uma planta ornamental. Em 1835, Thomas Drummond, cujo nome foi dado à planta, coletava sementes dessa planta e as distribuía para criadores na Europa. Durante os próximos 80 anos, esses criadores desenvolveram mais de 200 linhagens puras dessa planta, que diferiam na cor e tamanho das flores e na sua forma de crescimento. Esses criadores não selecionaram diretamente para incompatibilidade reprodutiva entre as linhagens, mas em experimentos subseqüentes, nos quais a taxa de fertilização entre flores de diversas variedades com o pólen de outras linhagens foi medida e comparada, descobriu-se que a compatibilidade reprodutiva entre as linhagens tinha sofrido uma redução entre 14 a 50%, dependendo das linhagens.

Entretanto, o isolamento geográfico não leva necessariamente ao isolamento reprodutivo, porque a divergência genética não é motivo para que o isolamento reprodutivo apareça como subproduto. Portanto, populações que se encontram isoladas entre si por milhões de anos podem ser ainda compatíveis reprodutivamente. Por exemplo, os plátanos americanos e europeus estão separados geograficamente há pelo menos 20 milhões de anos. Entretanto, são morfologicamente muito semelhantes (**Figura 23.9**) e podem formar híbridos férteis, embora nunca tenham essa oportunidade na natureza.

A incompatibilidade reprodutiva pode surgir através de muitos mecanismos diferentes, mas podemos agrupá-los em dois tipos principais: barreiras reprodutivas pré-zigóticas e pós-zigóticas.

As barreiras pré-zigóticas operam antes da fertilização

Diversos mecanismos que operam antes da fertilização – **barreiras reprodutivas pré-zigóticas** – podem evitar que indivíduos de diferentes espécies ou populações se intercruzem:

- *Isolamento de habitat.* Indivíduos de espécies diferentes podem selecionar diferentes habitats dentro de uma mesma área geral

(A) *Platanus occidentalis* (Plátano americano)

(B) *Platanus hispanica* (Plátano europeu)

Figura 23.9 Geograficamente separados, morfologicamente semelhantes Embora separados pelo Oceano Atlântico por pelo menos 20 milhões de anos, os plátanos americano e europeu divergiram muito pouco em aparência.

na qual vivem ou se reproduzem. Como resultado, eles podem nunca entrar em contato durante seus respectivos períodos reprodutivos. Isso é o que ocorre com as moscas *Rhagoletis*, no vale do rio Hudson.

- *Isolamento temporal.* Muitos organismos têm períodos reprodutivos tão curtos quanto algumas horas ou dias. Se o período reprodutivo de duas espécies não se sobrepuser, elas estarão isoladas reprodutivamente por uma questão temporal, assim como as moscas *Rhagoletis*.
- *Isolamento mecânico.* Diferenças no tamanho e na forma dos órgãos reprodutivos podem impedir a união dos gametas de diferentes espécies. Machos de muitos insetos, por exemplo, possuem órgãos copulatórios (pênis) elaborados, que podem impedi-los de inseminar fêmeas de outras espécies.
- *Isolamento gamético.* Os espermatozóides de uma espécie podem não se ligar aos óvulos de outra espécie porque os óvulos não liberam as substâncias químicas certas para atrair os espermatozóides, ou os espermatozóides podem não ser capazes de penetrar no óvulo caso os dois gametas sejam incompatíveis quimicamente.
- *Isolamento etológico (ou comportamental).* Os indivíduos de uma espécie podem rejeitar, ou não reconhecer, os indivíduos de outras espécies como parceiros de acasalamento. O isolamento comportamental pode ter estimulado a especiação das aves-do-paraíso.

Às vezes, a escolha de parceiro por parte de uma espécie é mediada pelo comportamento dos indivíduos de outra espécie. Por exemplo, o fato de duas plantas se hibridizarem pode depender das preferências de alimento por parte de seus polinizadores. Os caracteres florais das plantas podem aumentar o isolamento reprodutivo, seja influenciando quais polinizadores são atraídos às flores ou controlando onde o pólen será depositado nesses animais.

A evolução dos caracteres florais que geram isolamento reprodutivo tem sido estudada em plantas do gênero *Aquilegia*. Essas plantas passaram por especiação recente e muito rápida. Ao mesmo tempo, desenvolveram longas "esporas nectaríferas" florais – apêndices desenvolvidos de pétalas que produzem néctar em uma das extremidades. Os animais polinizam essas flores ao mesmo tempo em que exploram as esporas para obter o néctar. O comprimento e a orientação das esporas influenciam o quão eficientemente os polinizadores podem extrair o néctar. Duas espécies: *Aquilegia formosa* e *A. pubescens*, que crescem nas montanhas da Califórnia, podem produzir híbridos férteis. *A. formosa* apresenta flores pendentes e esporas curtas (**Figura 23.10A**); é polinizada por beija-flores. *A. pubescens* possui flores eretas com longas esporas (**Figura 23.10B**); é polinizada por mariposas.

M. Fulton e S. Hodges testaram a discriminação de mariposas a essas flores girando as flores de *A. formosa* para que essas ficassem em posição ereta. As mariposas ainda visitaram flores de *A. pobescens*, na maioria das vezes (**Figura 23.10C**), provavelmente porque as flores de ambas as espécies diferem muito na cor que refletem. Portanto, embora essas duas espécies possam produzir híbridos férteis, a formação de híbridos na natureza é rara porque as duas espécies atraem polinizadores diferentes.

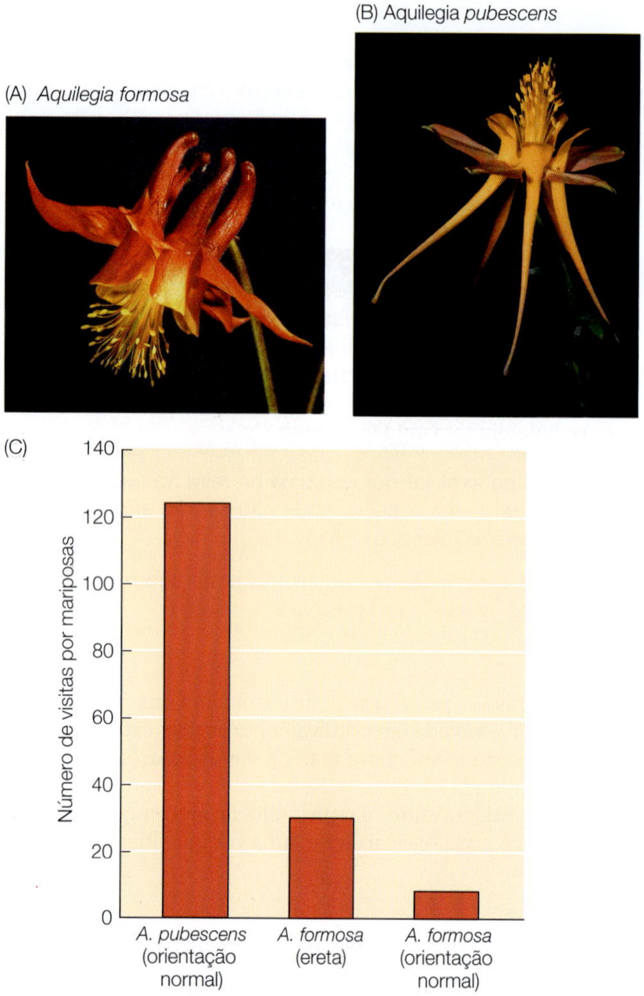
(A) *Aquilegia formosa*
(B) Aquilegia *pubescens*
(C)
Número de visitas por mariposas
0
20
40
60
80
100
120
140
A. pubescens (orientação normal)
A. formosa (ereta)
A. formosa (orientação normal)

Figura 23.10 Mariposas preferem as flores de uma espécie de *Aquilegia* (A) Flores de *A. formosa* normalmente são pendentes. (B) Flores de *A. pubescens* são normalmente eretas. (C) A mariposa que poliniza *A. pubescens* distingue entre flores de ambas as espécies, mesmo quando as flores de *A. formosa* são modificadas experimentalmente para ficarem eretas.

Barreiras pós-zigóticas operam após a fertilização

Se entre os indivíduos de duas populações diferentes não há barreiras reprodutivas pré-zigóticas completas, **barreiras reprodutivas pós-zigóticas** podem ainda evitar a troca genética. Diferenças genéticas que se acumulam enquanto as populações estavam isoladas entre si reduzem a sobrevivência e a reprodução da prole híbrida de várias formas diferentes:

- *Baixa viabilidade do zigoto híbrido.* Zigotos híbridos podem não ser capazes de amadurecer normalmente, seja morrendo ao longo do desenvolvimento ou desenvolvendo anomalias severas que os impeçam de se reproduzir quando adultos.
- *Baixa viabilidade do adulto híbrido.* A prole híbrida pode simplesmente sobreviver menos bem do que a prole resultante de cruzamento entre indivíduos da mesma população.
- *Infertilidade do híbrido.* Os híbridos podem se desenvolver normalmente, mas serem inférteis quando tentam reproduzir. Por exemplo, a prole resultante de cruzamento entre cavalos e burros – as mulas – são saudáveis, mas apresentam esterilidade e não produzem descendentes.

Embora a seleção natural não favoreça diretamente a evolução de barreiras pós-zigóticas, se a prole híbrida sobrevive de maneira precária, ela pode favorecer a evolução de barreiras pré-zigóticas. Isso ocorre porque os indivíduos que cruzam com os de outra população deixarão menos descendentes capazes de sobreviver em comparação com indivíduos que se cruzam apenas dentro de sua

EXPERIMENTO

HIPÓTESE: *Phlox drummondii* tem flores vermelhas apenas onde é simpátrica com *P. cuspidata* de flores cor-de-rosa, porque a presença de flores vermelhas diminui a hibridização interespecífica.

MÉTODO

1. Introduzir um número igual de indivíduos de *P. drummondii* com flores vermelhas e cor-de-rosa em uma área com muitos indivíduos de *P. cuspidata*, de flores cor-de-rosa.
2. Após o fim da floração, verificar a composição genética das sementes produzidas por plantas de ambas as cores de *P. drummondii*.

RESULTADOS

Das sementes produzidas por *P. drummondii* de flores cor-de-rosa, 38% eram híbridos com *P. cuspidata*. Apenas 13% das sementes produzidas por indivíduos de flores vermelhas eram híbridos geneticamente.

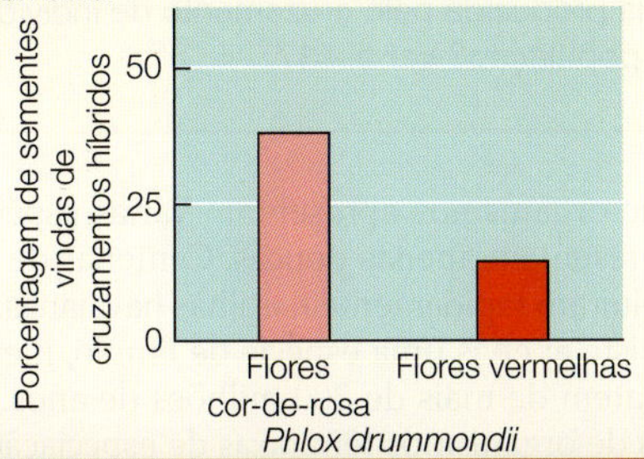
Porcentagem de sementes vindas de cruzamentos híbridos
50
25
0
Flores cor-de-rosa
Flores vermelhas
Phlox drummondii

CONCLUSÃO: Para *Phlox drummondii*, ter flores que diferem em cor daquelas de *P. cuspidata* reduz a quantidade de hibridização interespecífica.

Figura 23.11 Barreiras reprodutivas pré-zigóticas A maioria das plantas de *Phlox drummondii* é cor-de-rosa, mas em regiões onde são simpátricas com *P. cuspidata*, também cor-de-rosa, a maioria dos indivíduos é vermelha. Um experimento realizado por Donald Levin mostrou que a cor vermelha funciona como barreira reprodutiva pré-zigótica, porque os polinizadores tendem a visitar flores apenas de uma cor. PESQUISA ADICIONAL: Este experimento não verificou as prováveis vantagens reprodutivas para as plantas individuais de doar e receber pólen intraespecífico. Que experimentos poderiam ser delineados para medir essas vantagens?

população. Esse mecanismo que acentua as barreiras pré-zigóticas chama-se **reforço**.

Donald Levin, da Universidade do Texas, percebeu que indivíduos de *Phlox drummondii* possuem flores cor-de-rosa ao longo da maior parte de sua distribuição no Texas. Contudo, *P. drummondii* apresenta flores vermelhas quando é simpátrica com *P. cuspidata*, que tem flores cor-de-rosa. Nenhuma outra espécie de *Phlox* tem flores vermelhas. Levin realizou um experimento cujos resultados mostraram que o mecanismo de reforço poderia explicar a evolução de flores vermelhas onde as duas espécies são simpátricas (**Figura 23.11**).

Mecanismos de reforço também podem ser detectados usando um método comparativo. Se estiver ocorrendo reforço, então pares de espécies relacionadas que vivem em simpatria devem ter desenvolvido barreiras reprodutivas pré-zigóticas mais rapidamente do que pares de espécies em alopatria. Uma investigação usando espécies relacionadas de borboletas *Agrodiaetus* vivendo em simpatria e alopatria constitui um dos muitos estudos que demonstram o reforço. A cor das asas dos machos, utilizada pelas fêmeas para escolher o parceiro, divergiu muito mais rapidamente entre populações simpátricas do que entre populações alopátricas.

Muitas espécies relacionadas formam híbridos na natureza em áreas onde a sua distribuição se sobrepõe, e podem continuar a fazê-lo por muitos anos. Vamos examinar o que acontece quando barreiras reprodutivas não impedem completamente os indivíduos pertencentes a diferentes populações de se intercruzar e produzir prole.

Zonas híbridas podem se formar se o isolamento reprodutivo for incompleto

Se o contato entre populações previamente isoladas for restabelecido antes que um isolamento reprodutivo completo tenha se desenvolvido, os membros das duas populações podem se intercruzar. Três resultados desse cruzamento são possíveis:

- Se a prole híbrida é tão adaptada quanto àquela resultante de cruzamentos dentro de cada população, os híbridos podem se espalhar em ambas as populações e se reproduzir com outros indivíduos. O seu *pool* gênico então combina-se e o período de isolamento entre elas não resulta na formação uma nova espécie.
- Se a prole híbrida apresenta menor adaptação, um isolamento reprodutivo completo pode evoluir, à medida que mecanismos de reforço intensificam as barreiras reprodutivas pré-zigóticas.
- Mesmo que a prole híbrida tenha alguma desvantagem, uma **zona híbrida** estreita pode existir e não ocorrer reforço, ou essa zona pode persistir por um tempo enquanto algum mecanismo de reforço estiver se desenvolvendo.

Zonas híbridas são laboratórios naturais excelentes para o estudo de especiação. Quando uma zona híbrida se forma pela primeira vez, a maioria dos híbridos vem de cruzamentos entre indivíduos puros das duas espécies. Contudo, gerações subseqüentes incluem uma variedade de indivíduos com diferentes proporções de seus genes derivados das duas populações originais. Assim, zonas híbridas podem conter indivíduos recombinantes resultantes de muitas gerações de hibridização. Estudos genéticos detalhados podem nos dizer muito sobre porque zonas híbridas podem se manter estreitas e estáveis por longos períodos de tempo.

A zona híbrida entre duas espécies de sapos europeus do gênero *Bombina* tem sido estudada intensamente. Uma das espécies, *B. bombina*, vive no leste europeu, enquanto uma espécie próxima, *B. variegata*, vive no oeste e no sul da Europa. A distribuição das duas espécies se encontra em uma zona estreita que se estende por 4.800 km desde a Alemanha até o Mar Negro (**Figura 23.13**). Híbridos entre essas duas espécies sofrem de uma série de defeitos, muitos letais. Aqueles que sobrevivem normalmente apresentam anomalias no esqueleto, como malformações bucais, costelas fusionadas às vértebras e número reduzido de vértebras.

Ao acompanhar o destino de milhares de sapos da zona híbrida, pesquisadores descobriram que um sapo híbrido é, em média, duas vezes menos bem adaptado do que um indivíduo puro. A zona híbrida é estreita porque há uma forte seleção contra os híbridos e porque os sapos adultos não se movem ao longo de grandes distâncias. Entretanto, essa zona tem se mantido durante milhares de anos porque como muitos indivíduos puros se movem pouco dentro da zona, eles

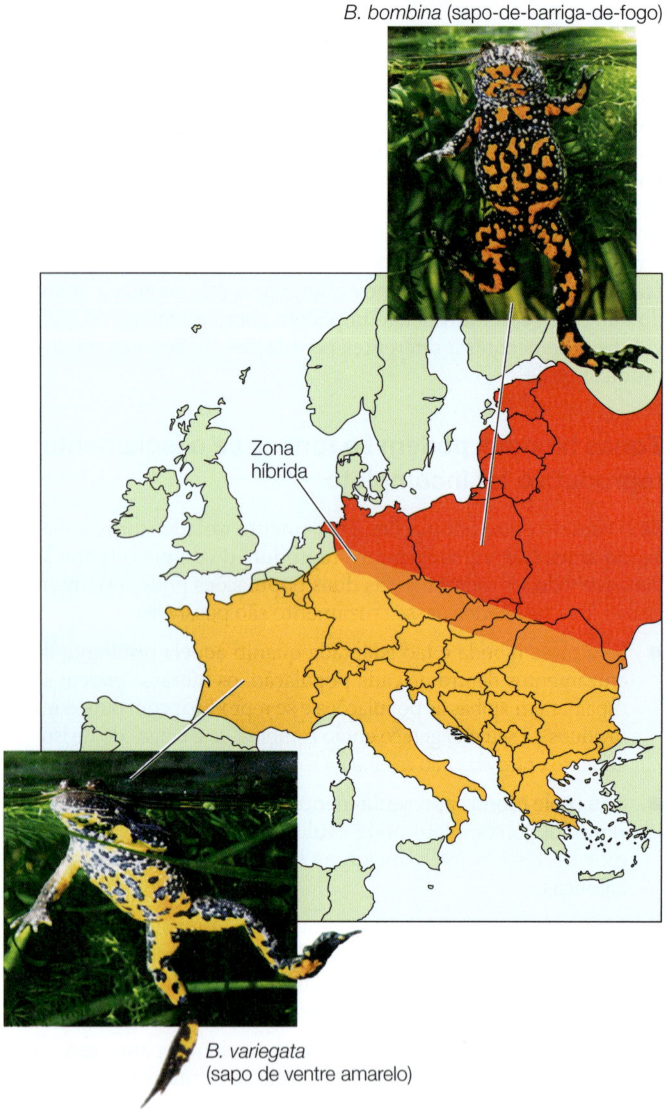
B. bombina (sapo-de-barriga-de-fogo)
Zona híbrida
B. variegata
(sapo de ventre amarelo)

Figura 23.12 Zonas híbridas podem ser longas e estreitas A estreita zona na Europa onde *B. bombina* se encontra e reproduz com *B. variegata* se estende por toda a Europa. Essa zona híbrida tem se mantido estável por centenas de anos, mas nunca se expandiu, e nenhum tipo de reforço evoluiu.

23.3 RECAPITULAÇÃO

O isolamento reprodutivo pode ser o resultado de barreiras reprodutivas pré ou pós-zigóticas. Se o isolamento reprodutivo é incompleto, zonas híbridas podem se formar quando duas populações anteriormente separadas entram em contato.

- Você pode descrever os vários tipos de barreiras reprodutivas pré e pós-zigóticas? Ver p. 516-517.
- Por que é provável que haja algum mecanismo de reforço das barreiras pré-zigóticas se a prole híbrida sobrevive pior do que aquela produzida pelo cruzamento de indivíduos de uma mesma população? Ver p. 517.

nunca haviam encontrado indivíduos da outra espécie anteriormente. Assim, não há oportunidade para que o reforço se desenvolva.

A atividade humana pode resultar em novas zonas híbridas. Um exemplo encontra-se entre as muitas plantas arbustivas adaptadas aos solos secos e pobres em nutrientes do sudoeste da Austrália. Na vegetação original das planícies arenosas dessa região, duas espécies próximas de arbustos, *Banksia hookeriana* e *Banksia prionotes*, não hibridizam porque a sua temporada de floração não se sobrepõe. Entretanto, onde alterações causadas pelo homem degradaram seu habitat, a sua temporada de floração se expandiu a ponto de se sobrepor, e híbridos entre as duas espécies totalmente férteis agora são comuns.

As proteáceas pertencem a um grupo de plantas muito distinto e antigo, datando do Mesozóico. As proteáceas ficaram isoladas na Gondwana quando a Pangéia se fragmentou, e nenhum membro desse grupo é nativo do Hemisfério Norte. As proteáceas modernas são mais especiosas no sudoeste australiano (≈550 espécies) e na região da cidade do Cabo, na África do Sul (≈320 espécies).

Alguns grupos de organismos apresentam várias espécies, enquanto outros apresentam apenas poucas. Centenas de espécies de *Drosophila* evoluíram rapidamente nas ilhas havaianas, mas em todo o mundo existe apenas uma espécie de límulo, mesmo que seus ancestrais datem de mais de 300 milhões de anos. Por que diferentes grupos de organismos têm taxas de especiação tão diferentes?

23.4 Por que as taxas de especiação variam?

As taxas de especiação variam muito porque vários fatores influenciam a probabilidade de uma linhagem se dividir para formar duas ou mais espécies. Quanto maior o número de espécies em um grupo, maior será o número de oportunidades para que novas espécies se formem. Na especiação por poliploidia, quanto maior o número de espécies em um grupo, maior o número de espécies que podem hibridizar entre si. Na especiação alopátrica, quanto maior o número de espécies que vive em uma área, maior será o número de espécies cuja distribuição será bifurcada por uma dada barreira física. Por todas essas razões, "os ricos tornam-se mais ricos": grupos já ricos quanto ao número de espécies possuem maior probabilidade de se especiar rapidamente do que grupos com poucas espécies.

As taxas de especiação são provavelmente maiores para espécies que possuem pouca capacidade de dispersão do que para aquelas que dispersam bastante, porque mesmo uma barreira estreita pode dividir efetivamente uma espécie cujos membros sejam altamente sedentários. As ilhas havaianas possuem cerca de mil espécies de caracóis terrestres, muitas das quais estão restritas a um único vale. Como os caracóis se movem apenas por distâncias pequenas, as cadeias de montanhas altas que separam os vales constituem barreiras efetivas à sua dispersão.

Populações de espécies com dietas especializadas têm probabilidade maior de divergir do que populações com dietas generalistas. Para investigar o efeito da dieta sobre a taxa de especiação, C. Mitter e colaboradores compararam a riqueza de espécies em grupos relacionados de percevejos (hemípteros). O ancestral comum desses grupos era uma espécie predadora que

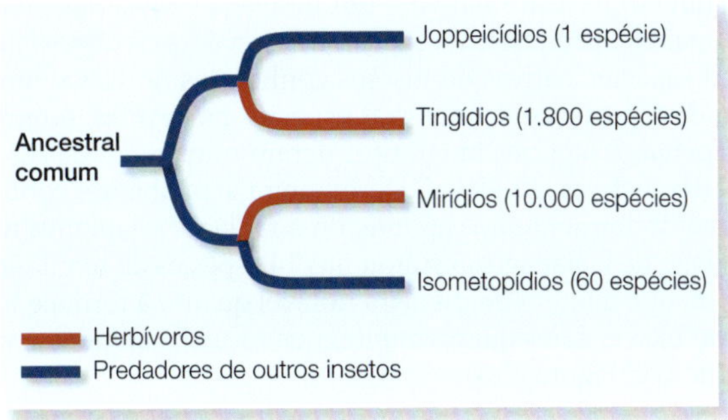
Joppeicídios (1 espécie)
Tingídios (1.800 espécies)
Ancestral comum
Mirídios (10.000 espécies)
Isometopídios (60 espécies)
Herbívoros
Predadores de outros insetos

Figura 23.13 Mudanças na dieta podem promover a especiação Grupos herbívoros de insetos hemípteros se especiaram muito mais rapidamente do que grupos de hábitos predadores proximamente relacionados.

se alimentava de outros insetos, mas uma mudança de dieta para herbivoria (alimentação baseada em plantas) evoluiu pelo menos duas vezes nos grupos estudados. Os grupos herbívoros apresentam muito mais espécies do que os grupos predadores (**Figura 23.13**). Percevejos herbívoros tipicamente se especializam em uma ou poucas espécies relacionadas de plantas, enquanto os percevejos predadores tendem a se alimentar de diferentes espécies de insetos.

A taxa de especiação em plantas ocorre de forma mais rápida em plantas polinizadas por animais do que em plantas polinizadas pelo vento. Grupos com polinização por animais possuem em média 2,4 mais espécies do que grupos relacionados polinizados pelo vento. Entre as plantas polinizadas por animais, a taxa de especiação correlaciona-se com a especialização do polinizador. Em *Aquilegia*, a taxa de evolução de espécies novas tem sido cerca de três vezes mais rápida em linhagens com esporas nectaríferas longas em comparação com linhagens relacionadas sem essas estruturas. Por que as esporas aumentam a taxa de especiação? Aparentemente isso ocorre porque as esporas longas restringem o número de espécies polinizadoras que visitam as flores, aumentando, portanto, a oportunidade para que o isolamento reprodutivo ocorra (ver Figura 23.10).

Os mecanismos de seleção sexual (ver Seção 22.3) também parecem resultar numa taxa de especiação aumentada. Alguns dos mais claros exemplos de seleção sexual encontram-se em aves com sistemas reprodutivos promíscuos.

Os observadores de aves viajam por milhares de milhas até Papua Nova-Guiné para testemunhar o comportamento de acasalamento de machos de aves-do-paraíso, que possuem penas caudais longas, coloridas e brilhantes e são muito distintos das fêmeas em aparência (*dimorfismo sexual*). Em muitas dessas espécies, os machos se reúnem em territórios de exibição e as fêmeas vão até lá para escolher um macho com quem copular. Após o acasalamento, as fêmeas deixam os territórios de exibição, constroem os ninhos, põem seus ovos e alimentam a prole sem a ajuda dos machos, que permanecem a cortejar mais fêmeas. Existem 33 espécies de aves-do-paraíso (**Figura 23.14A**).

Os ancestrais mais próximos das aves do paraíso são os pássaros do gênero *Manucoidia*. Machos e fêmeas nesse grupo de aves diferem levemente em plumagem e tamanho. Eles formam pares estáveis e ambos os sexos contribuem para criar os filhotes. Existem apenas 5 espécies de *Manucoidia* (**Figura 23.14B**).

Animais com comportamentos sexuais selecionados complexos apresentam boa probabilidade de formar novas espécies a taxas elevadas porque fazem discriminações sofisticadas entre eventuais parceiros de acasalamento. Eles distinguem entre membros de sua própria espécie de membros de outras espécies, e fazem discriminações sutis entre os membros da própria espécie com base no tamanho, forma, aparência e comportamento (ver Figuras 22.16 e 22.17). Esse discernimento pode influenciar muito quais indivíduos alcançam mais sucesso ao se reproduzir e produzir descendentes, e pode levar a uma evolução rápida das diferenças entre as populações.

(A) *Paradisaea minor*

(B) Manucodia comrii

Figura 23.14 A seleção sexual em aves pode levar a aumento na taxa de especiação (A) Aves-do-paraíso e (B) aves do gênero *Manucodia* são grupos aparentados do Pacífico Sul. Entretanto, a taxa de especiação é muito maior entre as aves-do-paraíso, sexualmente dimórficas e poligínicas (33 espécies), do que entre os *Manucodia* (5 espécies).

23.4 RECAPITULAÇÃO

Em um grupo de organismos, a riqueza de espécies, sua habilidade de dispersão, especialização de dieta, tipo de polinização e a existência de seleção sexual estão entre os muitos fatores que influenciam a taxa de especiação.

- Você entende por que as taxas de especiação tendem a ser maiores em grupos que já possuem um grande número de espécies? Ver p. 518.
- Você entende por que a especialização do polinizador em plantas e a seleção sexual em animais tipicamente estimulam a especiação? Ver p. 519.

O registro fóssil revela que, em determinados períodos em determinados grupos, as taxas de especiação foram muito maiores do que as taxas de extinção, resultando na proliferação de grande número de espécies filhas. Vamos examinar porque essas radiações evolutivas ocorrem.

23.5 Por que radiações adaptativas ocorrem?

A proliferação de um grande número de espécies filhas a partir de um único ancestral chama-se **radiação evolutiva**. Se essa proliferação rápida resulta num arranjo de espécies que vivem em uma grande variedade de ambientes e diferem nas características que usam para explorar esses ambientes, a radiação é dita *adaptativa*. Se a radiação não for acompanhada de nenhuma diferenciação ecológica entre as espécies ela é dita não-adaptativa.

Uma **radiação adaptativa** inicia quando começa a se desenvolver diferenciação genética entre populações em resposta a diferenças no ambiente onde vivem ou nos recursos que utilizam. Tal diferenciação tem mais chances de ocorrer em ambientes abundantes em recursos. É bastante provável que uma população encontre recursos subutilizados quando coloniza um novo ambiente com relativamente poucas espécies. Por esse motivo, como vimos no Capítulo 21, freqüentemente as radiações adaptativas são precedidas de extinções em massa. De maneira semelhante, em ilhas, normalmente não vemos todos os grupos de organismos encontrados no continente; portanto, as oportunidades ecológicas que existem nas ilhas podem estimular mudanças evolutivas rápidas quando uma nova espécie a coloniza. Barreiras aquáticas também restringem o fluxo gênico entre as ilhas de um arquipélago, de modo que populações em diferentes ilhas podem desenvolver adaptações aos seus ambientes locais.

Radiações adaptativas notáveis ocorreram no Havaí. A biota nativa das ilhas havaianas inclui mil espécies de angiospermas, 10 mil espécies de insetos, mil caracóis e mais de 100 espécies de aves. Entretanto, não existem anfíbios, répteis terrestres e o único mamífero terrestre nativo – um morcego – vivia nas ilhas até os humanos introduzirem espécies adicionais. Acredita-se que as 10 mil espécies nativas de insetos conhecidas no Havaí tenham evoluído a partir de apenas 400 espécies imigrantes, e também que apenas 7 espécies imigrantes deram origem a todas as aves terrestres nativas do Havaí. De maneira semelhante, conforme vimos anteriormente no capítulo, uma radiação adaptativa no arquipélago de Galápagos resultou nas 14 espécies de tentilhões de Darwin, que diferem de maneira notável quanto à forma e tamanho do bico e, conseqüentemente, nos recursos alimentares que utilizam (ver Figura 23.4).

O arquipélago do Havaí constitui o grupo de ilhas mais isolado que existe na Terra. As ilhas havaianas estão a 4 mil quilômetros do continente mais próximo e a 1.600 quilômetros do grupo de ilhas mais próximo.

Figura 23.15 Evolução rápida entre as espadas-de-prata havaianas Acredita-se que as espadas-de-prata havaianas, três gêneros da família do girassol, descendem todas de um ancestral comum (*Madia sativa*) que colonizou o Havaí a partir da costa do Pacífico da América do Norte. As quatro plantas mostradas aqui são mais proximamente relacionadas do que parecem julgando pela sua morfologia.

Madia sativa (tarweed)

Argyroxiphium sandwicense

Wilkesia hobdyi

Dubautia menziesii

Radiações adaptativas têm sido freqüentes entre as plantas das ilhas havaianas. Mais de 90% das mil espécies de plantas nas ilhas são *endêmicas* – isto é, não são encontradas em nenhum outro lugar. Vários grupos de angiospermas apresentam maior diversidade de formas e de histórias de vida nas ilhas, do que os têm os grupos de espécies continentais relacionados a eles. Um exemplo notável são as 28 espécies de girassóis havaianos, chamados de espadas-de-prata (gêneros *Argyroxiphium*, *Dubautia* e *Wilkesia*). Seqüências de DNA de cloroplasto mostram que essas espécies possuem um ancestral comum relativamente recente com uma espécie de planta encontrada na costa do Pacífico na América do Norte (*Madia sativa*) (**Figura 23.15**). Enquanto todas as plantas do continente são pequenas, herbáceas (não-lenhosas) e eretas, o grupo havaiano inclui plantas herbáceas eretas ou prostradas, arbustos, árvores e plantas trepadeiras. Essas espécies ocupam praticamente todos os habitats nas ilhas havaianas, desde o nível do mar até o topo das montanhas onde outras árvores já não crescem. Independentemente de sua diversidade morfológica extraordinária, todas as espadas-de-prata são geneticamente muito semelhantes entre si.

As espécies insulares apresentam maior diversidade em tamanho e forma do que as espécies continentais relacionadas porque as espécies colonizadoras originais chegaram a ilhas que possuíam um número muito pequeno de espécies de plantas. Em particular, havia poucas árvores e arbustos, porque angiospermas grandes raramente se dispersam para ilhas oceânicas. Árvores e arbustos evoluíram de ancestrais herbáceos em muitas ilhas oceânicas. No continente, porém, essas plantas vivem em comunidades ecológicas que contêm muitas espécies arborícolas e arbustivas em linhagens com histórias evolutivas profundas. Nesses ambientes, as oportunidades para explorar uma forma arborícola de vida já foram aproveitadas.

Radiações adaptativas são comuns em ilhas, mas não confinam-se a elas. A análise genética de 1.563 espécies da família Aizoacea, quase todas endêmicas do sul da África, mostra que esse grupo sofreu uma radiação nessa região nos últimos 9 milhões de anos. Essas plantas são *suculentas*, plantas cujas células utilizam o processo de metabolismos do ácido crassuláceo (MAC; ver Seção 8.4) para suportar condições extremamente secas. A sua preeminência no deserto deu o seu nome a essa região, conhecido como "Karoo Suculento".

23.5 RECAPITULAÇÃO

Uma radiação evolutiva é a rápida proliferação de espécies derivadas de um único ancestral.

- Você pode descrever a diferença entre radiação adaptativa e não-adaptativa? Ver p. 520.
- Você entende por que radiações adaptativas são particularmente comuns em ilhas? Ver p. 520-521.

Os processos que discutimos nesse capítulo, operando ao longo de bilhões de anos, produziram um mundo onde a vida organiza-se em milhões de espécies, cada uma adaptada para viver em um ambiente em particular e para usar os recursos ambientais de uma determinada forma. Na Parte 7 deste livro exploraremos como essas milhões de espécies organizam-se em comunidades ecológicas.

RESUMO DO CAPÍTULO

23.1 O que é uma espécie?

Especiação é o processo pelo qual uma espécie se divide em duas ou mais espécies filhas, que passarão então a evoluir como linhagens diferentes. Rever Figura 23.2.

O **conceito morfológico de espécie** distingue as espécies com base nas suas semelhanças físicas.

O **conceito biológico de espécie** distingue as espécies com base no **isolamento reprodutivo**, ou seja, considera-se espécie um conjunto de populações que podem se intercruzar. Espécies assexuadas não podem ser definidas com base no conceito biológico de espécie.

23.2 Como novas espécies surgem?

A especiação requer que o fluxo gênico seja interrompido dentro de uma população que trocava genes anteriormente.

A **especiação alopátrica**, que resulta quando as populações separam-se por uma barreira física, constitui o modo dominante de especiação. Esse tipo de especiação também pode ocorrer na seqüência de um efeito fundador, no qual alguns membros de uma população cruzam uma barreira e fundam uma população nova e isolada. Rever Figura 23.3.

A **especiação simpátrica** resulta quando o genoma de dois grupos diverge na ausência de isolamento físico, e pode ocorrer quando os grupos estão isolados ecologicamente (i.e. dependem de recursos diferentes). Rever Figura 23.6.

Em plantas, pode ocorrer especiação simpátrica em duas gerações via **poliploidia**, um aumento no número de cromossomos. A poliploidia pode surgir de duplicações cromossômicas dentro de uma espécie (autopoliploidia), ou de uma **hibridização** que resulte na combinação dos cromossomos de duas espécies (**alopoliploidia**). Rever Figura 23.7.

23.3 O que ocorre quando espécies recém-formadas entram em contato?

Barreiras pré-zigóticas à reprodução operam antes da fertilização; **barreiras reprodutivas pós-zigóticas** operam após a fertilização. Barreiras pré-zigóticas podem ser favorecidas pela seleção natural se as barreiras pós-zigóticas forem incompletas.

Zonas híbridas se formam quando populações previamente separadas voltam a ter contato, caso o isolamento reprodutivo seja incompleto.

23.4 Por que as taxas de especiação variam?

A riqueza de espécies, a habilidade de dispersão, a especialização da dieta, o tipo de polinização e a seleção sexual influenciam as taxas de especiação. Rever Figura 23.13.

23.5 Por que radiações adaptativas ocorrem?

Uma **radiação adaptativa**, a rápida proliferação de espécies oriundas de um ancestral comum, pode resultar em um conjunto de espécies que vivem em diferentes ambientes. Radiações também podem ser estimuladas pela seleção sexual.

Uma **radiação adaptativa**, durante a qual as espécies filhas se tornam ecologicamente diferenciadas, tem grandes chances de ocorrer em ambientes onde exista uma série de recursos subutilizados.

QUESTÕES

1. O conceito biológico de espécie define espécie como um grupo de:
   a. populações naturais que se intercruzam de fato e que estão reprodutivamente isoladas de outras populações.
   b. populações naturais que potencialmente se intercruzam e que estão reprodutivamente isoladas de outras populações.
   c. populações naturais que se intercruzam ou que potencialmente se intercruzam e que estão reprodutivamente isoladas de outras populações.
   d. populações naturais que se intercruzam ou que potencialmente se intercruzam e que estão reprodutivamente conectadas a outras populações.
   e. populações naturais que se intercruzam de fato e que estão reprodutivamente conectadas a outras populações.
2. Qual dos fatores a seguir *não* favorece a especiação alopátrica?
   a. Continentes se afastam e separam linhagens anteriormente conectadas.
   b. Uma cadeia de montanhas separa populações anteriormente conectadas.
   c. Diferentes ambientes em lados opostos de uma barreira fazem as populações divergirem.
   d. A distribuição de uma espécie é separada pela perda de um habitat intermediário.
   e. Indivíduos tetraplóides surgem em uma parte da distribuição de uma espécie.
3. Os tentilhões se especiaram nas ilhas Galápagos porque:
   a. as ilhas Galápagos estão próximas à costa.
   b. as ilhas Galápagos são áridas.
   c. as ilhas Galápagos são pequenas.
   d. as ilhas do arquipélago de Galápagos estão isoladas o suficiente de modo que há pouca migração entre elas.
   e. as ilhas do arquipélago de Galápagos estão próximas o suficiente de modo que há muita migração entre elas.
4. Qual dos fatores a seguir *não* constitui uma barreira reprodutiva pré-zigótica em potencial?
   a. Segregação temporal de temporadas de acasalamento.
   b. Diferenças nas substâncias químicas que atraem parceiros.
   c. Infertilidade do híbrido.
   d. Segregação espacial do local de reprodução.
   e. Espermatozóides que não conseguem penetrar no óvulo.
5. Uma forma comum de especiação simpátrica é:
   a. poliploidia.
   b. infertilidade do híbrido.
   c. segregação temporal de temporadas de acasalamento.
   d. segregação espacial do local de reprodução.
   e. imposição de uma barreira geográfica.
6. Zonas híbridas estreitas podem persistir por longos períodos porque:
   a. os híbridos sempre estão em desvantagem.
   b. os híbridos têm vantagem apenas em zonas estreitas.
   c. indivíduos híbridos nunca se movem além do seu local de nascimento.
   d. indivíduos que se movem dentro da zona ainda não encontram indivíduos da outra espécie, de modo que um reforço da barreira reprodutiva ainda não ocorreu.
   e. zonas híbridas estritas são artefatos porque os biólogos geralmente restringem os seus estudos a zonas de contato entre espécies.
7. Qual das afirmativas abaixo sobre especiação *não* é verdadeira?
   a. Ela sempre leva milhares de anos.
   b. O isolamento reprodutivo pode se desenvolver lentamente entre as linhagens divergentes.
   c. Entre animais, normalmente uma barreira física é requerida.
   d. Entre plantas, ela ocorre freqüentemente como resultado de poliploidia.
   e. Ela produziu os milhões de espécies que vivem atualmente.
8. A especiação normalmente é rápida dentro de grupos cujas espécies apresentam comportamentos complexos porque:
   a. os indivíduos dessas espécies fazem discriminações sutis entre parceiros reprodutivos em potencial.
   b. essas espécies têm tempos de geração curtos.
   c. essas espécies têm taxas de reprodução altas.
   d. essas espécies têm relações complexas com seu ambiente.
   e. essas espécies são particularmente abundantes.
9. Radiações evolutivas:
   a. ocorrem freqüentemente nos continentes, mas raramente em arquipélagos de ilhas.
   b. são características de aves e plantas, mas não de outros grupos de organismos.
   c. ocorreram tanto em continentes quanto em ilhas.
   d. requerem grandes reorganizações no genoma.
   e. nunca ocorrem em ambientes pobres em espécies.
10. A especiação é um componente importante da evolução porque:
   a. gerou a variação sobre a qual a seleção natural age.
   b. gerou a variação sobre a qual a deriva genética e as mutações agem.
   c. permitiu a Charles Darwin perceber os mecanismos da evolução.
   d. gerou as altas taxas de extinção que dirigem a mudança evolutiva.
   e. resultou em um mundo com milhões de espécies, cada uma adaptada a uma forma de vida particular.

PARA DISCUSSÃO

1. O ganso da neve na América do Norte possui dois padrões de cor distintos: branco e azul. Cruzamentos entre as duas formas são comuns, mas indivíduos azuis cruzam com indivíduos azuis e indivíduos brancos cruzam com indivíduos brancos com uma freqüência maior do que seria esperada ao acaso. Suponha que 75% de todos os pares reprodutivos consistissem em dois indivíduos da mesma cor. O que você concluiria sobre processos de especiação nesses gansos? E se 95% de todos os pares reprodutivos fossem da mesma cor? E se 100% de todos os pares reprodutivos fossem da mesma cor?
2. Suponha que pares desses gansos de cores mistas fossem encontrados apenas em uma zona estreita dentro de toda a ampla distribuição ártica dessa espécie. A sua resposta à questão 1 continuará idêntica? A sua resposta mudaria se os pares de cores mistas estivessem distribuídos por toda a zona de reprodução desses gansos?
3. Embora muitas espécies de borboletas estejam divididas em populações locais entre as quais existe pouco fluxo gênico, essas espécies geralmente mostram relativamente pouca variação morfológica entre as populações. Descreva os estudos que você realizaria para determinar o quê mantém essa similaridade morfológica.
4. Radiações evolutivas são comuns e facilmente estudadas em ilhas oceânicas, mas em que tipos de situação no continente você esperaria encontrar grandes radiações evolutivas? Por que?
5. Moscas das frutas do gênero *Drosophila* estão distribuídas globalmente, mas 30 a 40% das espécies desse gênero encontram-se no Havaí. O que poderia explicar esse padrão de distribuição?
6. Radiações evolutivas ocorrem quando a taxa de especiação supera a taxa de extinção. Que fatores são motivos para que a taxa de extinção exceda a de especiação em um determinado clado? Nomeie alguns clados nos quais as atividades humanas faz aumentar a taxa de extinção sem aumentar a taxa de especiação.
7. Se é verdade que a seleção natural não favorece diretamente a menor viabilidade dos híbridos, por que é tão comum que indivíduos híbridos tenham viabilidade diminuída?

PARA INVESTIGAÇÃO

O experimento na Figura 23.10 mudou apenas a orientação das flores. Embora as flores no experimento estivessem orientadas de maneira semelhante, elas ainda diferiam na cor e provavelmente no odor também. Que experimentos você poderia montar para determinar as características que as abelhas usam para distinguir entre as flores de espécies diferentes de *Aquilegia*?

CAPÍTULO 24

A Evolução dos Genes e Genomas

A evolução molecular e a conquista da pólio

Antes do final de 1950, milhares de crianças morriam ou ficavam paralíticas a cada ano pela poliomielite (pólio). Essa doença é causada por diversas cepas do vírus da pólio, que infecta humanos pela boca e se multiplica no intestino. Não existem sintomas na maioria dos indivíduos infectados, mas algumas vezes o vírus invade o sistema nervoso, resultando em rápida paralisia.

Em 1955, Jonas Salk desenvolveu uma vacina contra essa terrível doença. A vacina IPV (uma *v*acina *i*nativada da *p*ólio) baseava-se em vírus mortos. Uma injeção de IPV produz anticorpos para o poliovírus no sangue (*imunidade humoral*) e previne o espalhamento do vírus para o sistema nervoso. A IPV, porém, não previne a infecção no intestino, de modo que indivíduos infectados ainda podem espalhar o vírus para outros indivíduos. Então, apesar da IPV ter prevenido muitos casos de pólio, a doença persistiu, especialmente em países em desenvolvimento, onde era difícil vacinar a todos.

Em 1958, Albert Sabin introduziu uma alternativa: uma vacina de vírus vivo que poderia ser administrada oralmente e que fornecia reação imune local no intestino, bem como a imunidade humoral. A descoberta de Sabin exigiu a seleção de cepas mutantes do poliovírus, chamadas *vírus atenuados*, incapazes de causar a doença.

Sabin não poderia saber os detalhes moleculares em 1958, mas hoje sabemos que um pequeno número de substituições nucleotídicas presentes nas cepas atenuadas previne-as de infectarem o sistema nervoso. Anticorpos produzidos pelo intestino em resposta a vírus atenuados também previnem a multiplicação do vírus tipo selvagem da pólio, que não consegue infectar o intestino de um indivíduo imunizado; assim, a vacina de Sabin – chamada OPV, para *v*acina *o*ral para a *p*oliomielite – previne a transmissão de pessoa para pessoa. Além disso, as cepas atenuadas da OPV podem se espalhar para outros indivíduos (especialmente em regiões de baixa sanitização), de modo que a população local inteira torna-se protegida, mesmo que nem todos recebam a vacina.

No entanto, a OPV possui uma grande desvantagem: as cepas atenuadas continuam a evoluir. Muito raramente, um vírus atenuado sofre uma simples substituição que resulta em reversão para a cepa virulenta. Dessa forma, em regiões onde o poliovírus foi virtualmente eliminado, prefere-se a vacina IPV: por ser baseada em vírus morto, ela não pode evoluir. E agora que genomas inteiros

Combatendo a paralisia Cepas mutantes do poliovírus foram a chave para desenvolver uma vacina efetiva que está ajudando a eliminar a pólio ao redor do mundo. Aqui, um oficial de saúde do governo administra a vacina oral em uma criança na região rural da Índia.

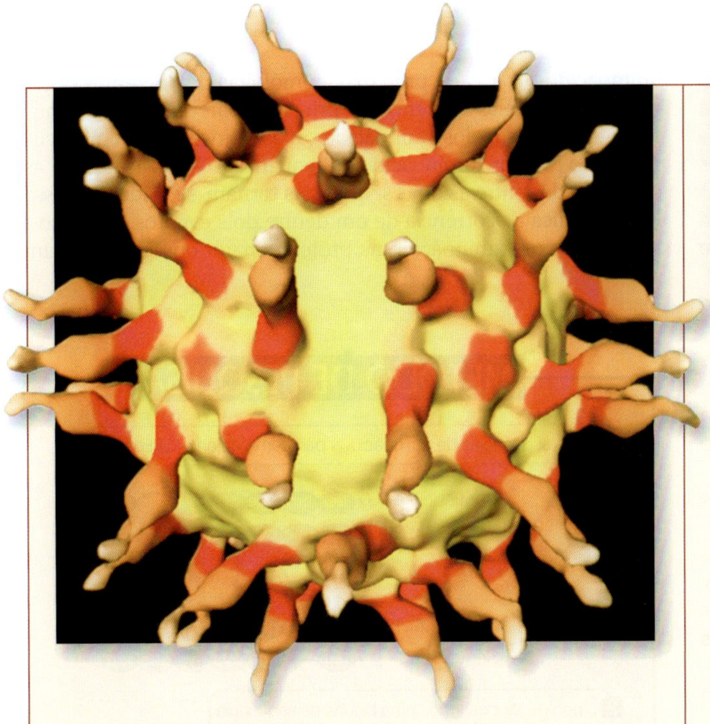

Matando um matador O poliovírus infecta seus hospedeiros ligando-se a receptores nas superfícies celulares das células hospedeiras. Os sítios de ligação deste vírus inativado são mostrados em vermelho; anticorpos inativaram os sítios e "mataram" o vírus. A injeção de uma vacina feita a partir do vírus inativado da pólio (IPV) previne a infecção do sistema nervoso.

de poliovírus foram seqüenciados, conhecemos a base molecular da atenuação – o que se torna útil na seleção de cepas atenuadas menos sujeitas à reversão, para serem utilizadas em OPV.

Atualmente, quando um surto de pólio ocorre em qualquer local do mundo, o seqüenciamento de DNA pode ser utilizado para determinar os relacionamentos evolutivos dos vírus e a estratégia preferida de vacinação. Essa história de sucesso médico resulta da crescente compreensão sobre a evolução molecular.

NESTE CAPÍTULO vemos como os biólogos moleculares utilizam ácidos nucléicos e proteínas para inferir tanto os padrões quanto as causas da evolução molecular. Exploramos de que modo as funções das moléculas mudam, de onde vêm novos genes e como os genomas alteram seu tamanho. Por último, vemos de que forma o conhecimento dos padrões de evolução molecular pode auxiliar a responder outras questões biológicas.

DESTAQUES DO CAPÍTULO

24.1 O que os genomas podem revelar sobre evolução?

O **genoma** de um organismo constitui o conjunto completo de genes que ele contém, bem como todas as regiões não-codificantes do DNA (ou, no caso de alguns vírus, RNA). A maioria dos genes de organismos eucarióticos encontra-se em cromossomos no núcleo, mas genes também estão presentes nos cloroplastos e mitocôndrias. Em organismos que se reproduzem sexualmente, tanto machos quanto fêmeas transmitem genes nucleares, ao passo que os genes dos cloroplastos e mitocôndrias são, geralmente, transmitidos apenas por meio do citoplasma dos gametas femininos, como visto na Seção 10.5.

Os genomas devem replicar-se para serem transmitidos dos pais para sua prole. No entanto, a replicação de DNA não ocorre sem erros. Erros na replicação do DNA – mutações – fornecem a matéria-prima para a mudança evolutiva. As mutações são essenciais para a sobrevivência a longo prazo da vida, já que sem a variação genética que elas fornecem os organismos não poderiam evoluir em resposta a mudanças no ambiente.

Uma determinada cópia de um gene não passará adiante para gerações futuras a menos que indivíduos com essa cópia sobrevivam e se reproduzam. Assim, a capacidade de cooperar com combinações diferentes de outros genes tende a aumentar a probabilidade de fixação na população de um alelo em particular. Além disso, o nível e o momento da expressão de um gene afetam-se pela sua localização no genoma. Por essas razões, os genes de um organismo individual podem ser vistos como membros de um grupo em interação, entre os quais existem divisões de trabalho, assim como fortes interdependências.

Um genoma, então, não é simplesmente um conjunto aleatório de genes em ordem aleatória em um cromossomo. Pelo contrário: o genoma é uma coleção complexa de genes integrados e de suas seqüências regulatórias, bem como de porções vastas de DNA não-codificante, que, aparentemente, possuem poucas funções diretas. As posições dos genes, bem como suas seqüências, estão sujeitas à mudança evolutiva, assim como o tamanho e a localização do DNA não-codificante. Todas essas mudanças podem afetar o fenótipo de um organismo. Biólogos seqüenciaram o genoma completo de um grande número de organismos (incluindo humanos) e essa informação está nos ajudando a entender como e por que os organismos diferem, como funcionam e evoluíram.

A evolução de genomas resulta na diversidade biológica

O campo da **evolução molecular** investiga os mecanismos e conseqüências da evolução de macromoléculas. Evolucionistas moleculares estudam relações entre as estruturas de genes e proteínas e as funções de organismos. Eles também utilizam a variação molecular para reconstruir a história evolutiva e estudar os mecanismos e conseqüências da evolução. As moléculas de especial interesse para os evolucionistas moleculares são os ácidos nucléicos (DNA e RNA) e as proteínas. Estudantes deste campo fazem perguntas tais como: de que maneira as proteínas adquirem novas funções? Por que os genomas de diferentes organismos variam tanto em tamanho? Como os genomas foram aumentados? Eles também investigam a evolução de ácidos nucléicos e proteínas em particular e utilizam suas descobertas para reconstruir as histórias evolutivas dos genes e dos organismos que os carregam. Dessa forma, evolucionistas moleculares procuram entender as bases moleculares para a diversidade biológica que observamos atualmente no mundo em nossa volta.

A evolução de ácidos nucléicos e proteínas depende da variação genética introduzida por mutações (para uma revisão dos vários tipos de mutação, ver Seção 12.6). Entre as muitas formas pelas quais os genes evoluem estão as **substituições nucleotídicas**. Em genes que codificam proteínas, algumas dessas substituições nucleotídicas podem resultar em **substituições de aminoácidos** nas proteínas codificadas. Alterações na seqüência de aminoácidos de uma proteína podem mudar a carga, bem como a estrutura secundária (bidimensional) e terciária (tridimensional) desta. Todas essas alterações fenotípicas afetam a forma como a proteína funciona no organismo.

Alterações evolutivas em genes e proteínas podem ser identificadas pela comparação das seqüências de nucleotídeos e aminoácidos de diferentes organismos. Quanto maior o tempo no qual duas espécies estão evoluindo separadamente, mais diferenças elas acumulam (ainda que genes distintos de uma mesma espécie evoluam em velocidades diferentes). A análise evolutiva por tais comparações é essencial para a determinação do momento das alterações evolutivas em caracteres moleculares, e o conhecimento do momento de tais mudanças consiste usualmente no primeiro passo para inferir suas causas. Por outro lado, o conhecimento do padrão e da taxa de mudança evolutiva em uma dada macromolécula é útil na reconstrução da história evolutiva de diferentes grupos de organismos.

Antes que os biológos possam comparar genes e proteínas de diferentes organismos, eles devem possuir um método para identificar porções homólogas dessas moléculas. Conforme veremos na Seção 25.1, quaisquer características compartilhadas por duas ou mais espécies herdadas de um ancestral comum denominam-se *homólogas*. Por exemplo, os membros anteriores de todos os mamíferos são homólogos, ainda que apresentem muitas diferenças em sua forma e função (considere as barbatanas das baleias e os braços de humanos). O conceito de homologia estende-se até o nível de posições particulares de nucleotídeos em genes. Portanto, um dos primeiros passos no estudo da evolução de genes é alinhar posições homólogas das seqüências de nucleotídeos ou aminoácidos de interesse.

Genes e proteínas são comparados pelo alinhamento de seqüência

Uma vez que as seqüências de DNA ou de aminoácidos de moléculas de diferentes organismos são determinadas, elas podem ser comparadas. Posições homólogas podem ser identificadas apenas se apontarmos precisamente as localizações de deleções e inserções ocorridas na molécula de interesse ao longo do tempo, já que os organismos divergiram a partir de um ancestral comum. Um simples exemplo hipotético ilustra esta técnica de **alinhamento de seqüência**. Na **Figura 24.1** comparamos duas seqüências de aminoácidos (1 e 2) de proteínas homólogas de diferentes organismos. Essas duas seqüências, a princípio, parecem diferir no número e identidade dos aminoácidos, mas se inserirmos uma lacuna após o primeiro aminoácido na seqüência 2 (após a leucina), as similaridades entre as duas seqüências tornam-se evidentes. Essa lacuna indica a ocorrência de um dentre dois eventos evolutivos: inserção de um aminoácido na proteína maior ou deleção de um

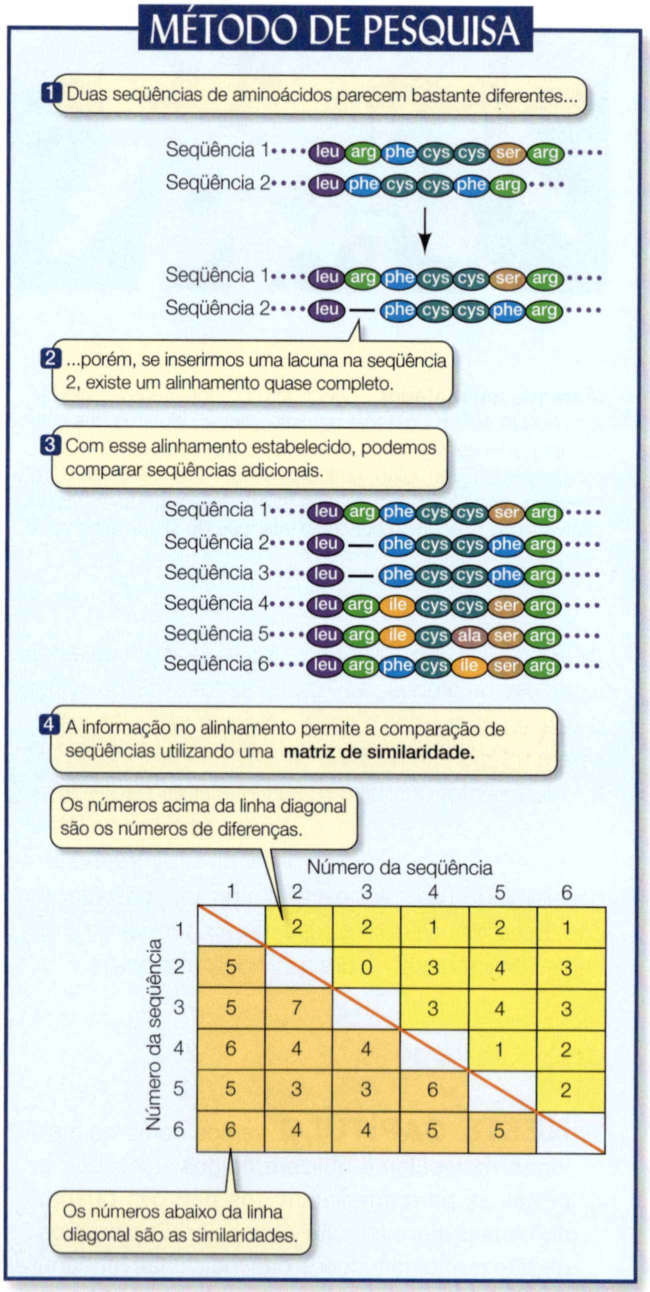
MÉTODO DE PESQUISA
1 Duas seqüências de aminoácidos parecem bastante diferentes...
Seqüência 1 leu arg phe cys cys ser arg
Seqüência 2 leu phe cys cys phe arg
Seqüência 1 leu arg phe cys cys ser arg
Seqüência 2 leu — phe cys cys phe arg
2 ...porém, se inserirmos uma lacuna na seqüência 2, existe um alinhamento quase completo.
3 Com esse alinhamento estabelecido, podemos comparar seqüências adicionais.
Seqüência 1 leu arg phe cys cys ser arg
Seqüência 2 leu — phe cys cys phe arg
Seqüência 3 leu — phe cys cys phe arg
Seqüência 4 leu arg ile cys cys ser arg
Seqüência 5 leu arg ile cys ala ser arg
Seqüência 6 leu arg phe cys ile ser arg
4 A informação no alinhamento permite a comparação de seqüências utilizando uma matriz de similaridade.
Os números acima da linha diagonal são os números de diferenças.
Número da seqüência
Número da seqüência
1 2 3 4 5 6
1: 2 2 1 2 1
2: 5 0 3 4 3
3: 5 7 3 4 3
4: 6 4 4 1 2
5: 5 3 3 6 2
6: 6 4 4 5 5
Os números abaixo da linha diagonal são as similaridades.

Figura 24.1 Alinhamento de seqüências de aminoácidos A inserção de um vão (—) permite o alinhamento de duas seqüências de aminoácidos homólogas de modo que possamos compará-las. Tão logo que o alinhamento é estabelecido, as seqüências de mais organismos podem ser adicionadas e comparadas. Uma matriz de similaridade soma as similaridades e diferenças entre cada par de organismos.

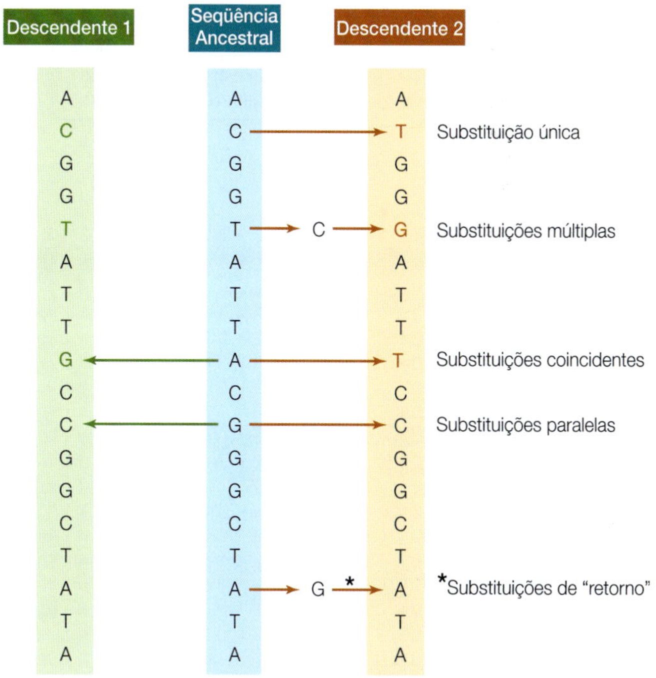

Descendente 1
Seqüência Ancestral
Descendente 2
Substituição única
Substituições múltiplas
Substituições coincidentes
Substituições paralelas
*Substituições de "retorno"

Figura 24.2 Substituições múltiplas não se refletem em comparações de seqüências pareadas Uma seqüência ancestral (centro) dá origem a duas seqüências descendentes por meio de uma série de substituições. Ainda que as duas seqüências descendentes exibam apenas três diferenças de nucleotídeos (letras coloridas), essas três diferenças resultaram de um total de nove substituições (setas).

aminoácido na proteína mais curta. Feito o ajuste para essa lacuna, podemos ver que as duas seqüências diferem apenas em um aminoácido na posição 6 (serina ou fenilalanina). A adição de uma única lacuna – ou seja, a identificação de deleção ou de inserção – *alinha* essas seqüências. Seqüências mais longas e aquelas que divergiram mais extensivamente necessitam de ajustes mais elaborados, com base em modelos explícitos (algoritmos de computador) para os custos relativos de deleções, inserções e determinadas substituições de aminoácidos.

Tendo alinhado as seqüências, podemos compará-las contando o número de nucleotídeos ou aminoácidos que diferem entre elas. Se adicionarmos mais seqüências ao nosso exemplo original e somarmos o total de aminoácidos similares e diferentes em cada par de seqüências, podemos construir uma **matriz de similaridade**, que fornece uma medida do número mínimo de mudanças ocorridas durante a divergência entre cada par de organismos (ver Figura 24.1).

Modelos de evolução de seqüências são utilizados para calcular a divergência evolutiva

O procedimento de comparação de seqüências ilustrado na Figura 24.1 dá uma simples conta do número mínimo de mudanças entre duas espécies. No contexto de duas seqüências de DNA alinhadas, podemos contar o número de diferenças em posições de nucleotídeos homólogos, e essa conta indica o número mínimo de substituições nucleotídicas que deve ter ocorrido entre as duas seqüências.

No entanto, essa simples conta de diferenças quase certamente subestimará o número de substituições que realmente ocorreram, uma vez que as seqüências divergiram de um ancestral comum. Quando mais de uma substituição ocorre entre o ancestral e os descendentes, conforme ilustrado na **Figura 24.2**, o número de alterações não é capturado por simples contagem das diferenças em uma matriz de similaridade. Diversos fenômenos podem contribuir para isso, incluindo:

- *Substituições múltiplas*: Mais de uma alteração ocorre em dada posição entre o ancestral e um descendente.
- *Substituições coincidentes*: Em dada posição, diferentes substituições ocorrem entre o ancestral e cada descendente.
- *Substituições paralelas*: A mesma substituição ocorre independentemente entre o ancestral e cada descendente.
- *Substituições de retorno*: Em uma variação das substituições múltiplas, após uma mudança em dada posição, uma substituição subseqüente altera a posição de volta ao estado ancestral.

Para corrigir a subestimação da conta de substituições, os evolucionistas moleculares desenvolveram modelos matemáticos que descrevem como seqüências de DNA (e proteínas) evoluem. Esses modelos levam em conta as taxas de mudança de cada nucleotídeo para outro; por exemplo, *transições* (mudanças entre duas purinas ou duas pirimidinas) são mais freqüentes do que *transversões* (mudanças de purina para pirimidina). Eles também incluem parâmetros como as diferentes taxas de substituições entre diferentes partes de um gene e as proporções de cada nucleotídeo presente em dada seqüência. Esses parâmetros são estimados para um grupo particular de seqüências, e então utilizam-se modelos para corrigir as substituições múltiplas. O resultado final é uma estimativa revisada do número total de substituições que provavelmente ocorreu entre as duas seqüências, quase sempre maior do que o número observado de diferenças.

À medida que a informação sobre seqüências torna-se disponível para mais e mais proteínas em uma base de dados em constante expansão, os alinhamentos de seqüência podem ser estendidos para múltiplas seqüências homólogas e o número mínimo de inserções, deleções e substituições pode ser computado para genes e proteínas homólogas de um grupo inteiro de organismos. A **Figura 24.3** mostra esse tipo de dados alinhados para as seqüências de citocromo *c* de uma vasta gama de animais, plantas e fungos. Utiliza-se esse tipo de informação amplamente na determinação das relações evolutivas entre espécies.

Estudos experimentais examinam a evolução molecular diretamente

Ainda que os evolucionistas moleculares estejam freqüentemente interessados em proteínas e seqüências que evoluíram naturalmente, a evolução molecular e fenotípica também pode ser diretamente observada em laboratório. Cada vez mais os biólogos evolucionistas estudam a evolução experimentalmente. Devido ao fato de que as taxas de substituições encontram-se relacionadas às taxas de geração, ao invés de tempo absoluto, a maioria desses experimentos utiliza organismos unicelulares ou vírus com tempos de geração curtos. Vírus, bactérias e eucariotos unicelulares (como as leveduras) podem ser cultivados em cultura até grandes populações no laboratório, e muitos desses organismos podem evoluir rapidamente. No caso de alguns vírus de RNA, a taxa de substituição natural pode ser tão alta quanto 10^{-3} substituições por posição a cada geração. Portanto, em um vírus de poucos milha-

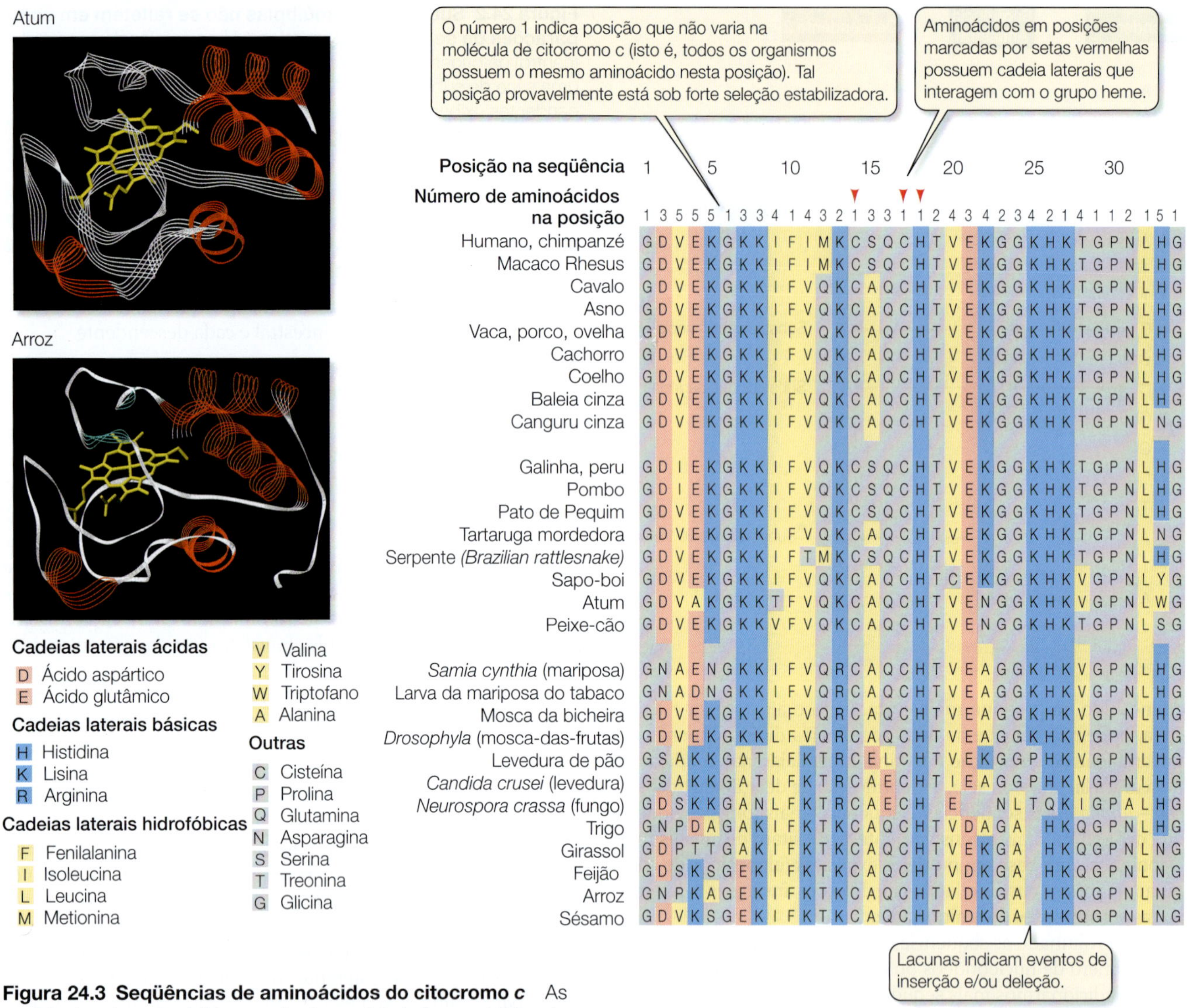
Atum
Arroz
Cadeias laterais ácidas
D Ácido aspártico
E Ácido glutâmico
Cadeias laterais básicas
H Histidina
K Lisina
R Arginina
Cadeias laterais hidrofóbicas
F Fenilalanina
I Isoleucina
L Leucina
M Metionina
V Valina
Y Tirosina
W Triptofano
A Alanina
Outras
C Cisteína
P Prolina
Q Glutamina
N Asparagina
S Serina
T Treonina
G Glicina
O número 1 indica posição que não varia na molécula de citocromo c (isto é, todos os organismos possuem o mesmo aminoácido nesta posição). Tal posição provavelmente está sob forte seleção estabilizadora.
Aminoácidos em posições marcadas por setas vermelhas possuem cadeia laterais que interagem com o grupo heme.
Posição na seqüência 1 5 10 15 20 25 30
Número de aminoácidos na posição 1 3 5 5 5 1 3 3 4 1 4 3 2 1 3 3 1 1 2 4 3 4 2 3 4 2 1 4 1 1 2 1 5 1
Humano, chimpanzé G D V E K G K K I F I M K C S Q C H T V E K G G K H K T G P N L H G
Macaco Rhesus G D V E K G K K I F I M K C S Q C H T V E K G G K H K T G P N L H G
Cavalo G D V E K G K K I F V Q K C A Q C H T V E K G G K H K T G P N L H G
Asno G D V E K G K K I F V Q K C A Q C H T V E K G G K H K T G P N L H G
Vaca, porco, ovelha G D V E K G K K I F V Q K C A Q C H T V E K G G K H K T G P N L H G
Cachorro G D V E K G K K I F V Q K C A Q C H T V E K G G K H K T G P N L H G
Coelho G D V E K G K K I F V Q K C A Q C H T V E K G G K H K T G P N L H G
Baleia cinza G D V E K G K K I F V Q K C A Q C H T V E K G G K H K T G P N L H G
Canguru cinza G D V E K G K K I F V Q K C A Q C H T V E K G G K H K T G P N L N G
Galinha, peru G D I E K G K K I F V Q K C S Q C H T V E K G G K H K T G P N L H G
Pombo G D I E K G K K I F V Q K C S Q C H T V E K G G K H K T G P N L H G
Pato de Pequim G D V E K G K K I F V Q K C S Q C H T V E K G G K H K T G P N L H G
Tartaruga mordedora G D V E K G K K I F V Q K C A Q C H T V E K G G K H K T G P N L N G
Serpente (Brazilian rattlesnake) G D V E K G K K I F T M K C S Q C H T V E K G G K H K T G P N L H G
Sapo-boi G D V E K G K K I F V Q K C A Q C H T C E K G G K H K V G P N L Y G
Atum G D V A K G K K T F V Q K C A Q C H T V E N G G K H K V G P N L W G
Peixe-cão G D V E K G K K V F V Q K C A Q C H T V E N G G K H K T G P N L S G
Samia cynthia (mariposa) G N A E N G K K I F V Q R C A Q C H T V E A G G K H K V G P N L H G
Larva da mariposa do tabaco G N A D N G K K I F V Q R C A Q C H T V E A G G K H K V G P N L H G
Mosca da bicheira G D V E K G K K I F V Q R C A Q C H T V E A G G K H K V G P N L H G
Drosophyla (mosca-das-frutas) G D V E K G K K L F V Q R C A Q C H T V E A G G K H K V G P N L H G
Levedura de pão G S A K K G A T L F K T R C E L C H T V E K G G P H K V G P N L H G
Candida crusei (levedura) G S A K K G A T L F K T R C A E C H T I E A G G P H K V G P N L H G
Neurospora crassa (fungo) G D S K K G A N L F K T R C A E C H E N L T Q K I G P A L H G
Trigo G N P D A G A K I F K T K C A Q C H T V D A G A H K Q G P N L H G
Girassol G D P T T G A K I F K T K C A Q C H T V E K G A H K Q G P N L N G
Feijão G D S K S G E K I F K T K C A Q C H T V D K G A H K Q G P N L N G
Arroz G N P K A G E K I F K T K C A Q C H T V D K G A H K Q G P N L N G
Sésamo G D V K S G E K I F K T K C A Q C H T V D K G A H K Q G P N L N G
Lacunas indicam eventos de inserção e/ou deleção.

Figura 24.3 Seqüências de aminoácidos do citocromo *c* As seqüências de aminoácidos mostradas na tabela foram obtidas da análise da enzima citocromo *c* de 33 espécies de plantas, fungos e animais. Note a falta de variação entre as seqüências nas posições 70 a 80, sugerindo que esta região encontra-se sobre forte seleção estabilizadora, e que a mudança desta seqüência de aminoácidos poderia prejudicar a função da proteína. Os gráficos de computador na parte superior esquerda são criados a partir destas seqüências e mostram as estruturas tridimensionais do citocromo *c* do atum e do arroz. As alfa-hélices estão em vermelho e o grupo heme da molécula aparece em amarelo.

res de nucleotídeos, uma ou mais substituições são esperadas (em média) a cada geração, e essas alterações podem facilmente ser determinadas pelo seqüenciamento do genoma inteiro (devido a seu tamanho diminuto). O tempo de geração pode ser apenas dezenas de minutos (ao invés de anos ou décadas, como em humanos), de modo que os biólogos podem observar diretamente uma evolução molecular substancial em uma população controlada no curso dos dias, semanas ou meses.

Um exemplo de estudo evolutivo experimental aparece na **Figura 24.4**. Paul Rainey e Michael Travisano desejaram examinar uma causa em potencial para as radiações adaptativas, uma das principais fontes de diversidade biológica. Por exemplo, perto do início da era Cenozóica, os mamíferos diversificaram-se rapidamente em formas tão diversas quanto elefantes, baleias e morcegos. Rainey e Travisano claramente não poderiam manipular experimentalmente mamíferos ao longo de muitos milhares de anos, mas poderiam testar a idéia de que ambientes heterogêneos levavam à radiação adaptativa pela manipulação experimental de uma linhagem de bactéria.

Rainey e Travisano inocularam diversos frascos contendo meio de cultura com a mesma cepa de *Pseudomonas fluorescens*. Então agitaram algumas das culturas para manter um ambiente constantemente uniforme e deixaram outras paradas (culturas estáticas), permitindo que elas desenvolvessem uma estrutura espacialmente distinta. Assim, nas culturas estáticas, o ambiente no filme da superfície diferia daquele nas paredes dos frascos e das partes da cultura que não tocavam nenhuma superfície.

Quando as culturas foram iniciadas, o fenótipo ancestral das bactérias produzia uma colônia lisa, a qual os investigadores chamaram de "forma lisa". Em apenas alguns dias, no entanto, as culturas estáticas de modo consistente e independente desenvolviam duas outras formas: uma "forma enrugada" e uma "forma esfumaçada". Os pesquisadores então determinaram que as duas

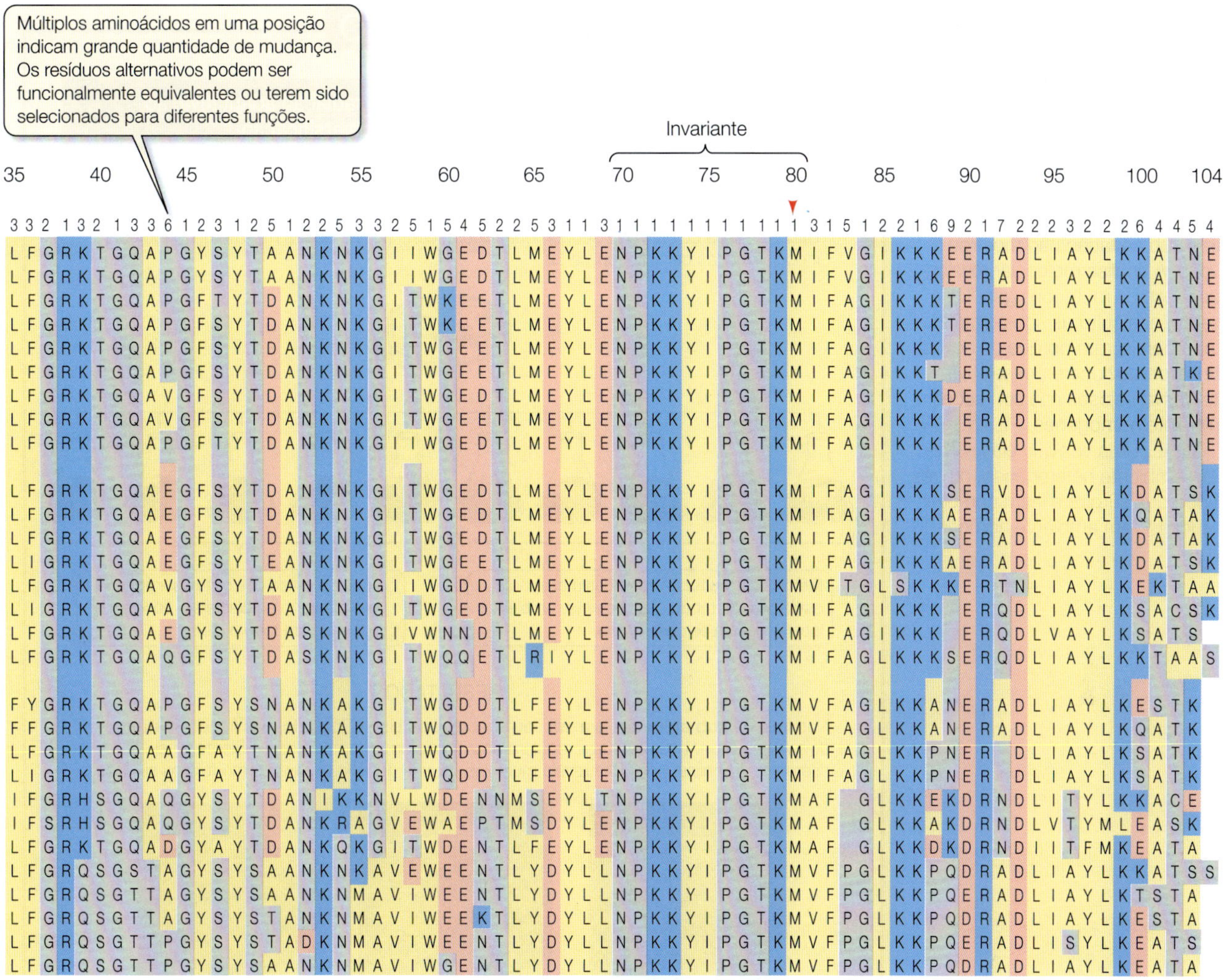
Múltiplos aminoácidos em uma posição indicam grande quantidade de mudança. Os resíduos alternativos podem ser funcionalmente equivalentes ou terem sido selecionados para diferentes funções.
Invariante
35 40 45 50 55 60 65 70 75 80 85 90 95 100 104
3 3 2 1 3 2 1 3 3 6 1 2 3 1 2 5 1 2 2 5 3 3 2 5 1 5 4 5 2 2 5 3 1 1 3 1 1 1 1 1 1 1 1 1 1 1 3 1 5 1 2 2 1 6 9 2 1 7 2 2 2 3 2 2 2 6 4 4 5 4
LFGRKTGQAPGYSYTAANKNKGIIWGEDTLMEYLENPKKYIPGTKMIFVGIKKKEERADLIAYLKKATNE
LFGRKTGQAPGYSYTAANKNKGIIWGEDTLMEYLENPKKYIPGTKMIFVGIKKKEERADLIAYLKKATNE
LFGRKTGQAPGFTYTDANKNKGITWKEETLMEYLENPKKYIPGTKMIFAGIKKKTEREDLIAYLKKATNE
LFGRKTGQAPGFSYTDANKNKGITWKEETLMEYLENPKKYIPGTKMIFAGIKKKTEREDLIAYLKKATNE
LFGRKTGQAPGFSYTDANKNKGITWGEETLMEYLENPKKYIPGTKMIFAGIKKK EREDLIAYLKKATNE
LFGRKTGQAPGFSYTDANKNKGITWGEETLMEYLENPKKYIPGTKMIFAGIKKT ERADLIAYLKKATKE
LFGRKTGQAVGFSYTDANKNKGITWGEDTLMEYLENPKKYIPGTKMIFAGIKKKDERADLIAYLKKATNE
LFGRKTGQAVGFSYTDANKNKGITWGEETLMEYLENPKKYIPGTKMIFAGIKKK ERADLIAYLKKATNE
LFGRKTGQAPGFTYTDANKNKGIIWGEDTLMEYLENPKKYIPGTKMIFAGIKKK ERADLIAYLKKATNE
LFGRKTGQAEGFSYTDANKNKGITWGEDTLMEYLENPKKYIPGTKMIFAGIKKKSERVDLIAYLKDATSK
LFGRKTGQAEGFSYTDANKNKGITWGEDTLMEYLENPKKYIPGTKMIFAGIKKKAERADLIAYLKQATAK
LFGRKTGQAEGFSYTDANKNKGITWGEDTLMEYLENPKKYIPGTKMIFAGIKKKSERADLIAYLKDATAK
LIGRKTGQAEGFSYTEANKNKGITWGEETLMEYLENPKKYIPGTKMIFAGIKKKAERADLIAYLKDATSK
LFGRKTGQAVGYSYTAANKNKGIIWGDDTLMEYLENPKKYIPGTKMVFTGLSKKKERTNLIAYLKEKTAA
LIGRKTGQAAGFSYTDANKNKGITWGEDTLMEYLENPKKYIPGTKMIFAGIKKK ERQDLIAYLKSACSK
LFGRKTGQAEGYSYTDASKNKGIVWNNDTLMEYLENPKKYIPGTKMIFAGIKKK ERQDLVAYLKSATS
LFGRKTGQAQGFSYTDASKNKGITWQQETLRIYLENPKKYIPGTKMIFAGLKKKSERQDLIAYLKKTAAS
FYGRKTGQAPGFSYSNANKAKGITWGDDTLFEYLENPKKYIPGTKMVFAGLKKANERADLIAYLKESTK
FFGRKTGQAPGFSYSNANKAKGITWQDDTLFEYLENPKKYIPGTKMVFAGLKKANERADLIAYLKQATK
LFGRKTGQAAGFAYTNANKAKGITWQDDTLFEYLENPKKYIPGTKMIFAGLKKPNER DLIAYLKSATK
LIGRKTGQAAGFAYTNANKAKGITWQDDTLFEYLENPKKYIPGTKMIFAGLKKPNER DLIAYLKSATK
IFGRHSGQAQGYSYTDANIKKNVLWDENNMSEYLTNPKKYIPGTKMAF GLKKEKDRNDLITYLKKACE
IFSRHSGQAQGYSYTDANKRAGVEWAEPTMSDYLENPKKYIPGTKMAF GLKKAKDRNDLVTYMLEASK
LFGRKTGQADGYAYTDANKQKGITWDENTLFEYLENPKKYIPGTKMAF GLKKDKDRNDIITFMKEATA
LFGRQSGSTAGYSYSAANKNKAVEWEENTLYDYLLNPKKYIPGTKMVFPGLKKPQDRADLIAYLKKATSS
LFGRQSGTTAGYSYSAANKNMAVIWEENTLYDYLLNPKKYIPGTKMVFPGLKKPQERADLIAYLKTSTA
LFGRQSGTTAGYSYSTANKNMAVIWEEKTLYDYLLNPKKYIPGTKMVFPGLKKPQDRADLIAYLKESTA
LFGRQSGTTPGYSYSTADKNMAVIWEENTLYDYLLNPKKYIPGTKMVFPGLKKPQERADLISYLKEATS
LFGRQSGTTPGYSYSAANKNMAVIWGENTLYDYLLNPKKYIPGTKMVFPGLKKPQDRADLIAYLKEATA

novas formas possuíam uma base genética e eram adaptativamente superiores em algum dos ambientes das culturas estáticas. Por exemplo, as células de "forma enrugada" aderiam firmemente umas às outras bem como às superfícies, e eram, dessa forma, capazes de formar uma moldura ao longo da superfície do meio, onde poderiam competir com sucesso por oxigênio.

Investigadores moleculares dessas diversas formas mostraram que elas haviam evoluído repetidamente e que muitas substituições diferentes poderiam produzir os mesmos fenótipos. Por outro lado, as culturas homogêneas, sob agitação, não mostraram evolução. As mesmas mutações ocorreram nessas culturas, mas não persistiram na população, pois os fenótipos novos que elas poderiam produzir eram seletivamente desvantajosos dentro das condições ambientais de "agitação".

Estudos experimentais de evolução molecular são utilizados em uma vasta gama de propósitos e expandiram muito a capacidade de biólogos evolucionistas testarem conceitos e princípios evolutivos. Hoje, os biólogos estudam a evolução rotineiramente no laboratório e, conforme veremos mais tarde neste capítulo, utilizam técnicas evolutivas *in vitro* para produzir novas moléculas com o objetivo de executarem novas funções para fins industriais e farmacêuticos.

24.1 RECAPITULAÇÃO

Um genoma é o somatório de todo o material genético de um organismo – incluindo ambas as seqüências que codificam genes funcionais. Os genomas de todos os organismos evoluem com o tempo.

- Você pode explicar a relação entre substituição nucleotídica e substituição de aminoácido? Ver p. 526.
- Você pode descrever como os biólogos alinham seqüências de aminoácidos e nucleotídeos que desejam comparar e como estimam o número de mudanças ocorridas entre os pares de seqüências alinhadas? Ver p. 526-527 e Figura 24.1.

Os evolucionistas moleculares podem observar diretamente a evolução de genomas ao longo do tempo, além de comparar os genomas de diferentes organismos e reconstruir as alterações que ocorreram durante a sua evolução. Vamos agora nos voltar para a questão de como os genomas mudam e examinar algumas das conseqüências destas mudanças.

Figura 24.4 Um ambiente heterogêneo incita a radiação adaptativa Os estudos de Rainey e Travisano utilizaram uma espécie de procarioto de reprodução rápida para modelar a radiação adaptativa. Seus experimentos indicaram que a mudança fenotípica aumenta em ambiente heterogêneo. O ambiente uniforme das culturas sob agitação não mostrou evolução. A análise molecular revelou que as mesmas mutações genéticas ocorreram nas culturas sob agitação, mas não persistiram porque os novos fenótipos produzidos eram seletivamente desvantajosos nas condições de ambiente homogêneo. PESQUISA ADICIONAL: Uma vez que elas surgiram em ambiente heterogêneo, os três fenótipos que surgiram iriam competir com sucesso em ambiente homogêneo?

EXPERIMENTO

HIPÓTESE: Ambientes heterogêneos levam à radiação adaptativa, ao passo que os ambientes homogêneos inibem a diversificação.

MÉTODO

Utiliza-se uma colônia de *Pseudomonas fluorescens* (todas de um mesmo genótipo) para inocular muitas culturas replicadas.

Metade das culturas replicadas mantêm-se **estáticas**, de modo que diferentes ambientes locais possam se desenvolver.

A outra metade das culturas é **agitada** para manter o ambiente em condições uniformes em todo o meio.

RESULTADOS

Nos frascos **sob agitação**, o morfótipo ancestral persiste. Contudo, nos frascos **estáticos**, dois novos morfótipos evoluem regularmente, cada um adaptado ao ambiente local diferente. A análise molecular revela múltiplas causas genéticas para os morfótipos similares.

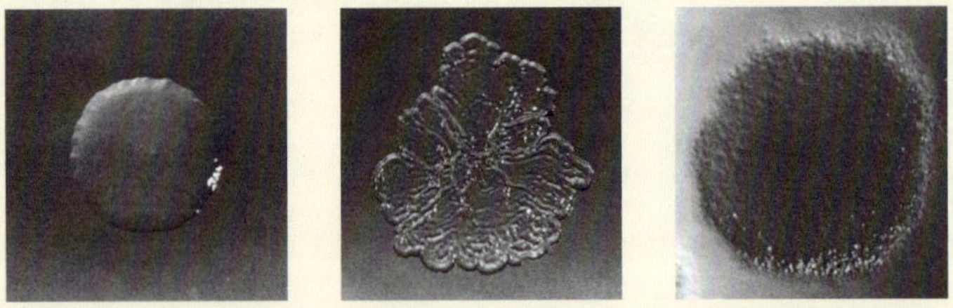

Forma lisa (ancestral) — "Forma enrugada" — "Forma esfumaçada"

CONCLUSÃO: Ambientes heterogêneos promovem diversificação.

24.2 Quais são os mecanismos da evolução molecular?

Uma *mutação*, conforme vimos no Capítulo 12, é qualquer alteração no material genético. A substituição nucleotídica é um tipo de mutação. Muitas substituições nucleotídicas não possuem efeito no fenótipo, ainda que a alteração ocorra em um gene que codifica uma proteína, já que muitos aminoácidos são especificados por mais de um códon (ver Figura 12.6). Uma substituição que não altera o aminoácido especificado denomina-se **substituição silenciosa** ou **sinônima** (**Figura 24.5A**). Substituições sinônimas não afetam o funcionamento da proteína (e, portanto, do organismo) e são, portanto, improváveis de influenciar a seleção natural.

Uma substituição nucleotídica que *realmente* altera a seqüência de aminoácidos codificada por um gene denomina-se **substituição não-sinônima** (**Figura 24.5B**). De modo geral, substituições não-sinônimas provavelmente são deletérias para o organismo. No entanto, nem toda a substituição de aminoácidos altera a forma e a carga da proteína (e, assim, suas propriedades funcionais). Portanto, algumas substituições não-sinônimas podem também ser seletivamente neutras ou praticamente neutras. Por outro lado, uma substituição de aminoácido que confere vantagem ao organismo resultaria na seleção positiva da substituição não-sinônima correspondente.

Análises suficientes dos genes de mamíferos foram executadas para mostrar que a taxa de substituições não-sinônimas de nucleotídeos variam de próximas de zero até $3\text{x}10^{-9}$ substituições por posição por ano. Substituições sinônimas nas regiões que codificam proteínas dos genes ocorreram aproximadamente cinco vezes mais rapidamente do que as substituições não-sinônimas. Em outras palavras, as taxas de substituição apresentam-se maiores em posições nucleotídicas que *não mudam o aminoácido sendo*

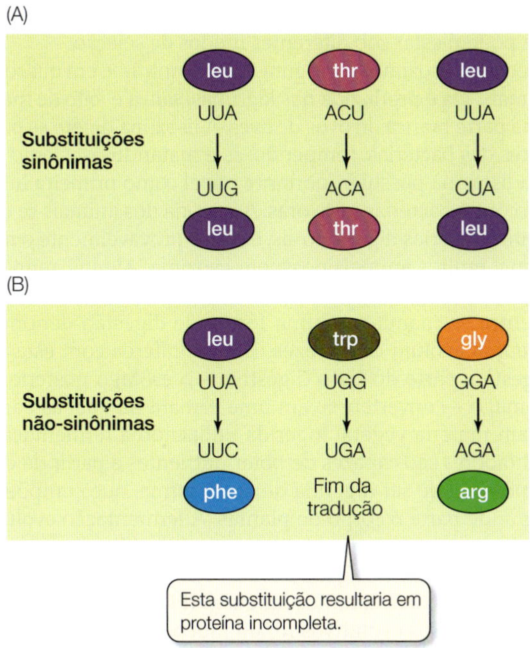
(A)
Substituições sinônimas
leu UUA → UUG leu
thr ACU → ACA thr
leu UUA → CUA leu
(B)
Substituições não-sinônimas
leu UUA → UUC phe
trp UGG → UGA Fim da tradução
gly GGA → AGA arg
Esta substituição resultaria em proteína incompleta.

Figura 24.5 Quando um nucleotídeo faz ou não faz diferença (A) Substituições sinônimas não modificam o aminoácido especificado e não afetam a função protéica; tais substituições são menos prováveis de estarem sujeitas à seleção natural. (B) Substituições não-sinônimas modificam a seqüência de aminoácidos e provavelmente possuem algum efeito (freqüentemente deletério) na função protéica; tais substituições são alvos da seleção natural.

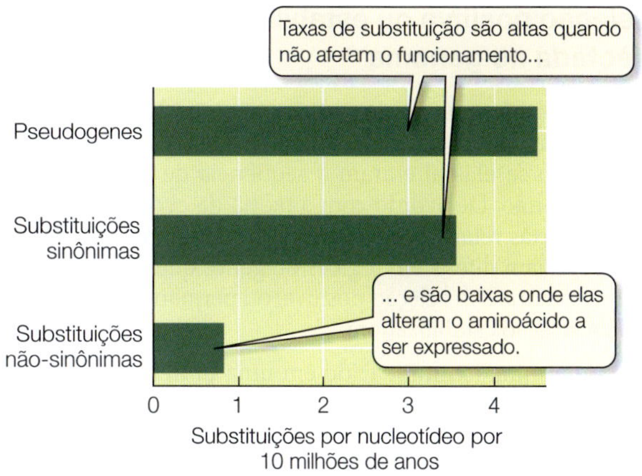
Taxas de substituição são altas quando não afetam o funcionamento...
Pseudogenes
Substituições sinônimas
Substituições não-sinônimas
... e são baixas onde elas alteram o aminoácido a ser expressado.
0
1
2
3
4
Substituições por nucleotídeo por 10 milhões de anos

Figura 24.6 As taxas de substituição diferem Taxas de substituição não-sinônima são tipicamente muito menores do que as taxas de substituições sinônimas e a taxa de substituição em pseudogenes. Este padrão reflete níveis diferentes de restrições funcionais.

expresso (**Figura 24.6**). A taxa de substituição é ainda maior nos **pseudogenes**, que são cópias duplicadas de genes que sofreram uma ou mais mutações que eliminaram sua capacidade de serem expressas.

Conforme observado no Capítulo 22, a maioria das populações naturais de organismos carrega muito mais variação genética do que esperaríamos se a variação genética fosse influenciada apenas pela seleção natural. Essa descoberta, combinada com o conhecimento de que muitas mutações não alteram a função molecular, estimularam o desenvolvimento da teoria da neutralidade da evolução molecular.

Boa parte da evolução é neutra

Em 1968, Motoo Kimura propôs a *teoria da evolução molecular neutra*. Kimura sugeriu que, em nível molecular, a maioria das mutações observadas nas populações são seletivamente neutras, ou seja, não conferem vantagem ou desvantagem para seus possuidores. Assim, essas mutações neutras acumulam-se pela deriva genética, ao invés de pela seleção positiva direcional (conforme descrito na Seção 22.3).

A taxa de fixação de mutações neutras pela deriva genética independe do tamanho da população. Para ver por que isso é verdade, considere uma população de tamanho N e uma taxa de mutação neutra μ (mu) por gameta por geração em um lócus. O número de novas mutações seria, em média, $\mu \times 2N$, já que $2N$ cópias de genes estariam disponíveis para mutar em uma população de organismos diplóides. De acordo com a teoria da deriva genética, a probabilidade de que uma mutação seja fixada apenas por deriva é a sua freqüência, p, que se iguala a $1/(2N)$ para uma mutação recém surgida. Assim, o número de mutações neutras que surge por geração e que pode fixar-se em uma dada população é $2N\mu \times 1/(2N) = \mu$. Portanto, a taxa de fixação de mutações neutras depende apenas da taxa de mutação neutra (μ) e independe do tamanho populacional (N). Uma dada mutação aparecerá mais provavelmente em uma população maior do que em uma menor, mas se ela aparecer, fixar-se-á mais provavelmente na população pequena. Essas duas influências do tamanho populacional se cancelam mutuamente.

Dessa forma, a taxa de fixação de mutações neutras iguala-se à taxa de mutação. Assim, se a maioria das mutações em macromoléculas é neutra, e se a taxa de mutação em questão é constante, as macromoléculas evoluindo em diferentes populações deveriam divergir umas das outras a uma taxa constante. Empiricamente, a taxa de evolução de determinados genes e proteínas apresenta-se relativamente constante ao longo do tempo, e pode ser usada como "relógio molecular". (Mais será dito sobre isso na Seção 25.2, onde veremos como os relógios moleculares podem ser utilizados para calcular tempos de divergência evolutiva entre espécies.)

Ainda que muito da variação genética observada nas populações seja resultado da evolução neutra, isto não significa que a maioria das mutações não possui efeito em um organismo. Muitas mutações nunca são observadas em populações porque são letais ou bastante prejudiciais para o organismo e, portanto, são removidas da população por seleção natural. Similarmente, mutações que conferem vantagem seletiva tendem a fixarem-se rapidamente na população, de modo que elas também não resultam em variação em nível populacional. Apesar disso, se compararmos proteínas homólogas de diferentes populações ou espécies, algumas posições de aminoácidos permanecerão constantes sob seleção estabilizadora, outras irão variar por meio de deriva genética neutra, e, ainda, outras irão variar como resultado da seleção positiva. Como esses processos evolutivos podem ser diferenciados?

A seleção positiva ou estabilizadora pode ser detectada no genoma

Como vimos há pouco, substituições em um gene que codifica uma proteína podem ser tanto sinônimas quanto não-sinônimas, dependendo se elas alteraram a seqüência de aminoácidos da proteína ou não. De acordo com a teoria da evolução molecular neutra, as taxas relativas de substituições sinônimas e não-sinônimas deveriam diferir em regiões de genes que estão evoluindo de forma neutra, sob seleção positiva, ou permanecendo imutável devido à seleção estabilizadora.

- Se determinado aminoácido em uma proteína pode ser um dentre muitas alternativas (sem alterar a função da proteína), então uma substituição de aminoácidos é *neutra* com relação à adaptação de um organismo. Nesse caso, as taxas de substituição sinônimas e não-sinônimas nas seqüências correspondentes de DNA devem ser bastante similares, de modo que a média das duas taxas seria perto de um.
- Se determinada posição de aminoácido encontra-se sobre *forte seleção estabilizadora*, então a taxa de substituições sinônimas nas seqüências correspondentes de DNA deverá ser muito maior do que a taxa de substituições não-sinônimas.
- Se determinada posição de aminoácido está sob *forte seleção para mudança*, a taxa de substituições não-sinônimas deverá exceder a taxa de substituições sinônimas nas seqüências correspondentes de DNA.

Comparando as seqüências de genes que codificam proteínas de muitas espécies, a história e momento de uma substituição sinônima e não-sinônima podem ser determinados (ver Figura 24.2 como exemplo). Essa informação pode ser mapeada em uma *árvore filogenética*, um diagrama de relações evolutivas (discutiremos a construção de árvores filogenéticas em maior detalhe no Capítulo 25).

Genes, ou regiões de genes, evoluindo sob seleção positiva, estabilizadora ou neutra podem ser identificados comparando a natureza e as taxas de substituições ao longo da árvore filogenética. Vamos considerar o exemplo da evolução da lisozima para explorar como e por que posições particulares de uma seqüência gênica podem estar sob diferentes modos de seleção.

A enzima lisozima (ver Figura 3.8) encontra-se em quase todos os animais. Ela é produzida nas lágrimas, saliva e leite de mamíferos e na parte branca de ovos de aves. A lisozima digere as paredes celulares das bactérias, rompendo-as e matando-as. Como resultado, a lisozima possui importante papel como primeira linha de defesa contra bactérias invasoras. A maioria dos animais se defende contra bactérias digerindo-as, e esse é provavelmente o motivo pelo qual muitos animais possuem lisozima. Alguns animais, no entanto, também utilizam a lisozima na digestão de alimentos.

Dentre os mamíferos, uma forma de digestão denominada *fermentação* evoluiu duas vezes. Em mamíferos com esta forma de digestão, parte do trato digestivo – o esôfago posterior e/ou o estômago – converteu-se em uma câmara na qual as bactérias quebram matéria vegetal ingerida utilizando a fermentação. Os fermentadores são capazes de obter nutrientes a partir da celulose, impossível de ser digerida de outra forma, que compõem em uma grande parte o corpo de plantas. A fermentação evoluiu independentemente em ruminantes (grupo de mamíferos que possui cascos e que inclui o gado bovino) e em certos macacos comedores de folhas, tais como os langures (**Figura 24.7A**). Sabemos que esses eventos evolutivos foram independentes porque tanto langures quanto ruminantes possuem parentes próximos que não realizam a fermentação no trato digestivo.

Em ambas as linhagens que fazem a fermentação no trato digestivo, a enzima lisozima foi modificada para possuir uma nova função, não-defensiva. A lisozima rompe algumas das bactérias que vivem no trato digestivo, liberando nutrientes metabolizados por elas, que o mamífero então absorve. Quantas mudanças na molécula de lisozima foram necessárias para permitir que ela possua essa função entre as enzimas digestivas e as condições ácidas do trato digestivo de mamíferos? Para responder a essa questão, evolucionistas moleculares compararam as seqüências que codificam a lisozima em fermentadores com as de uma série de seus parentes não-fermentadores. Eles determinaram quais aminoácidos diferiam e quais eram compartilhados entre as espécies (**Tabela 24.1**), e também determinaram as taxas de substituições sinônimas e não-sinônimas nos genes da lisozima ao longo da história evolutiva das espécies analisadas.

Para muitas das posições de aminoácidos da lisozima, a taxa de substituições sinônimas (no gene correspondente) constitui-se muito maior do que a taxa de substituições não-sinônimas. Esta observação indica que muitos dos aminoácidos que fazem parte da lisozima estão evoluindo sob seleção estabilizadora. Em outras palavras, existe uma seleção contra mudanças na proteína nestas posições, e os aminoácidos observados devem, portanto,

(A) *Presbytis entellus*

(B) *Opisthocomus hoazin*

Figura 24.7 Evolução molecular convergente Mamíferos que fermentam no trato digestivo como o langur Hanuman (A) evoluíram independentemente do jacu-cigano (B) por centenas de milhões de anos, mas eles evoluíram independentemente modificações similares para a enzima lisozima.

TABELA 24.1 Matriz de similaridade para a lisozima em mamíferos

ESPÉCIES	LANGUR	BABUÍNO	HUMANO	CAMUNDONGO	BOI	CAVALO
Langur *		14	18	38	32	65
Babuíno	0		14	33	39	65
Humano	0	1		37	41	64
Camundongo	0	1	0		55	64
Boi *	5	0	0	0		71
Cavalo	0	0	0	0	1	

Acima da linha diagonal mostra o número de *diferenças* na seqüência de aminoácidos entre as duas espécies sendo comparadas; abaixo da linha está o número de modificações compartilhadas unicamente pelas duas espécies.
Os asteriscos (*) indicam as espécies que fazem a fermentação no trato digestivo.

ser críticos para a função da lisozima. Em outras posições, muitos aminoácidos diferentes funcionavam igualmente bem e as regiões correspondentes dos genes possuíam taxas similares de substituições sinônimas e não-sinônimas. A descoberta mais surpreendente foi de que as substituições na lisozima aconteciam em uma taxa muito maior na linhagem que levava aos langures do que em outros primatas. A alta taxa de substituições não-sinônimas no gene da lisozima dos langures mostra que a lisozima passou por um período de rápida mudança na adaptação para os estômagos dos langures. Além disso, a lisozima dos langures e a dos bovinos compartilham 5 substituições de aminoácidos, todas localizadas na superfície da molécula de lisozima, bem distantes do local ativo da enzima. Muitas dessas substituições compartilhadas envolveram mudanças de arginina para lisina, o que torna as proteínas mais resistentes ao ataque pela enzima pancreática tripsina. Pela compreensão do significado funcional das substituições de aminoácidos, os evolucionistas moleculares puderam explicar as mudanças observadas nas seqüências de aminoácidos em termos de alterações no funcionamento de uma proteína.

Um grande número de evidências fósseis, morfológicas e moleculares mostra que langures e bois não compartilham ancestral comum recente. No entanto, as lisozimas de langures e ruminantes compartilham muitos aminoácidos que nem os próprios mamíferos compartilham com as lisozimas de seus parentes mais próximos. As lisozimas desses dois mamíferos convergiram em algumas posições de aminoácidos apesar de ancestrais bastante diferentes. (Veremos outros exemplos de *evolução convergente* sob pressões de seleção similares no Capítulo 25.) Os aminoácidos que compartilham deram a estas lisozimas a capacidade de lisar as bactérias que fermentam material vegetal no trato digestivo.

Uma história ainda mais notável surge no caso da lisozima no papo do jacu-cigano, um singular pássaro sul-americano comedor de folhas e o único que faz fermentação no trato digestivo dentre as aves (**Figura 24.7B**). Muitos pássaros possuem uma câmara no esôfago denominada *papo*. Os jacus-ciganos possuem um papo que contém bactérias e age como câmara de fermentação. Muitas das substituições de aminoácidos que ocorreram na adaptação para a lisozima de papo do jacu-cigano são idênticas às mudanças que evoluíram em ruminantes e em langures. Então, ainda que o jacu-cigano e os mamíferos fermentadores não compartilhem ancestral comum por centenas de milhares de anos, todos evoluíram adaptações similares nas lisozimas, o que lhes permitiu a recuperação de nutrientes de suas bactérias fermentadoras em ambiente altamente ácido.

O tamanho do genoma e sua organização também evoluem

Sabemos que o tamanho do genoma varia tremendamente entre os organismos. Ao longo de amplas categorias taxonômicas, existe uma correlação entre tamanho do genoma e a complexidade do organismo. O genoma da pequena bactéria *Mycoplasma genitalium* possui apenas 470 genes. A *Rickettsia prowazekii*, a bactéria que causa o tifo, possui 634 genes. O *Homo sapiens*, por outro lado, possui em torno de 23 mil genes que codificam proteínas. A **Figura 24.8** mostra o número relativo de genes para muitos organismos procarióticos e eucarióticos.

Comparações genômicas adicionais revelam, no entanto, que um genoma maior nem sempre indica maior complexidade. Não surpreende que muitas instruções genéticas complexas sejam necessárias para construir e manter um grande organismo multicelular e fazer o mesmo com uma pequena bactéria unicelular. O que surpreende mesmo é que muitos organismos, como os peixes pulmonados, algumas salamandras e lírios possuam em torno de 40 vezes mais DNA do que os humanos. Estruturalmente um peixe pulmonado ou um lírio não são 40 vezes mais complexos do que um humano. Então, por que o tamanho do genoma varia tanto?

Diferenças do tamanho do genoma não parecem tão grandes se levarmos em conta a porção do DNA que realmente codifica RNA ou proteínas. Os organismos com as maiores quantidades totais de DNA nuclear (alguns musgos e plantas com flores) possuem 80 mil vezes a quantidade de DNA das bactérias com os menores genomas, mas nenhuma espécie possui mais de 100 vezes mais genes que codificam proteínas do que uma bactéria. Assim, grande parte da variação do tamanho do genoma reside não no número de genes funcionais, mas sim na quantidade de DNA não-codificante. (**Figura 24.9**)

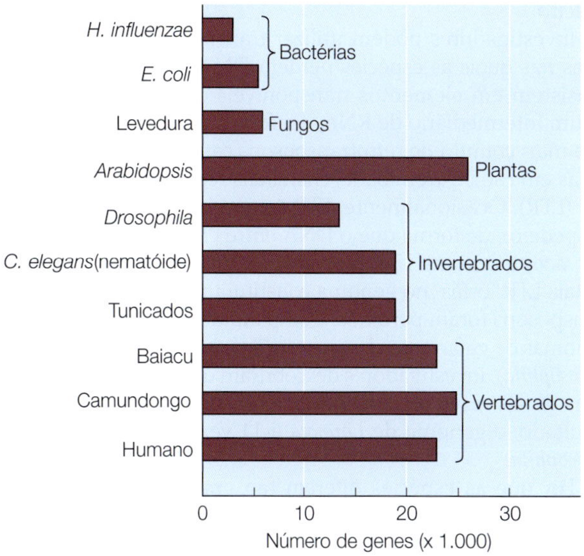
H. influenzae
E. coli
Bactérias
Levedura
Fungos
Arabidopsis
Plantas
Drosophila
C. elegans(nematóide)
Tunicados
Invertebrados
Baiacu
Camundongo
Humano
Vertebrados
0
10
20
30
Número de genes (x 1.000)

Figura 24.8 O tamanho do genoma varia bastante O número de genes em um genoma foi medido ou estimado em diversos organismos, desde procariotos unicelulares até vertebrados.

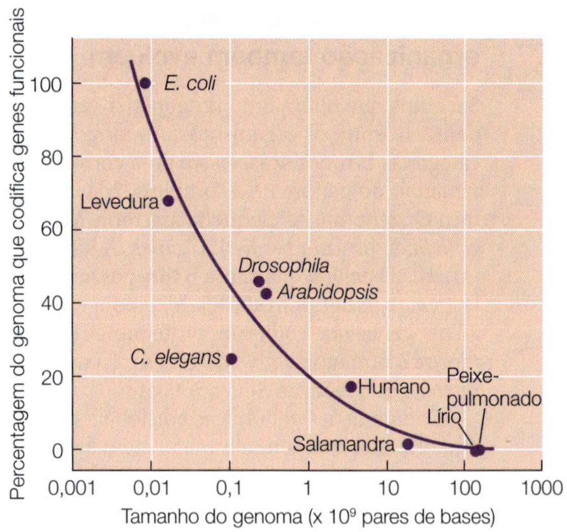
Percentagem do genoma que codifica genes funcionais
100
80
60
40
20
0
E. coli
Levedura
Drosophila
Arabidopsis
C. elegans
Humano
Peixe-pulmonado
Lírio
Salamandra
0,001
0,01
0,1
1
10
100
1000
Tamanho do genoma (x 10^9 pares de bases)

Figura 24.9 Uma grande porção do DNA é não-codificante A maioria do DNA de bactérias e leveduras codifica RNA ou proteínas, mas uma grande percentagem do DNA de espécies multicelulares é não-codificante.

Por que as células na maior parte de organismos possuem tanto DNA não-codificante? Esse DNA não-codificante possui uma função, ou ele é "lixo"? Ainda que grande parte desse DNA aparente não tenha uma função direta, ele pode alterar a expressão dos genes circundantes. O grau ou o momento da expressão gênica podem ser muito alterados dependendo da posição do gene em relação às seqüências não-codificantes. Outras regiões de DNA não-codificante consistem em pseudogenes carregados pelo genoma simplesmente porque o custo de fazê-lo é muito baixo. Esses pseudogenes podem tornar-se a matéria-prima para a evolução de novos genes com novas funções. Outras seqüências não-codificantes, ainda, consistem em elementos transponíveis parasitas que encontram-se espalhados pelas populações, já que elas se reproduzem mais rápido do que o genoma do hospedeiro.

Investigadores podem utilizar transposons para estimar as taxas nas quais as espécies perdem DNA. Os retrotransposons consistem em elementos transponíveis que se copiam através de um intermediário de RNA, conforme vimos na Seção 14.1. O tipo mais comum de retrotransposons carrega seqüências duplicadas em cada extremidade, chamadas repetições terminais longas (LTR). Ocasionalmente, LTR recombinam-se no genoma do hospedeiro, de forma que o DNA entre eles é excisado. Quando isso acontece, uma LTR recombinada fica para trás. O número de tais LTR "órfãs" no genoma constitui uma medida de quantos transposons foram perdidos. Comparando o número de LTR nos genomas de gafanhotos havaianos (*Laupala*) e moscas-das-frutas (*Drosophila*), investigadores descobriram que *Laupala* perde DNA mais de 40 vezes mais lentamente do que a *Drosophila*. Como resultado, o genoma de *Laupala* é 11 vezes maior do que o da *Drosophila*.

Por que as espécies diferem tão grandemente na taxa na qual elas ganham ou perdem DNA aparentemente sem função? Uma hipótese advoga que o tamanho do genoma está relacionado à taxa na qual o organismo se desenvolve, que pode estar sob pressão seletiva. Grandes genomas podem atrasar a taxa de desenvolvimento e assim alterar o momento relativo da expressão de genes particulares. Conforme ilustramos e discutimos na Seção 20.2, tais mudanças no momento da expressão (*heterocronia*) podem produzir grandes alterações no fenótipo. Então, ainda que algumas seqüências de DNA não-codificante possam não ter função direta, elas ainda podem afetar o desenvolvimento de um organismo.

Outra hipótese, ainda, diz que a proporção de DNA não-codificante encontra-se relacionada primeiramente ao tamanho populacional. Seqüências não-codificantes apenas pouco deletérias provavelmente serão retiradas por seleção principalmente em espécies com grandes tamanhos populacionais. Em espécies com populações pequenas, os efeitos da deriva genética podem superar a seleção contra seqüências não-codificantes que possuem pequenas conseqüências deletérias. Dessa forma, a seleção contra o acúmulo de seqüências não-codificantes desenvolve-se mais efetivamente em espécies com grandes tamanhos populacionais, de modo que tais espécies (como bactérias ou leveduras) possuam relativamente pouco DNA não-codificantes se comparadas com pequenas populações (ver Figura 24.9).

Novas funções podem surgir por duplicação gênica

A **duplicação gênica** constitui outra forma pela qual proteínas podem adquirir novas funções. Quando um gene duplica-se, uma cópia desse gene é potencialmente liberada de executar sua função original. As cópias idênticas de um gene duplicado podem ter um de quatro destinos diferentes:

- Ambas as cópias do gene podem reter sua função original (o que resultará em mudança na quantidade de produto gênico produzido pelo organismo).
- Ambas as cópias do gene podem reter a capacidade de produzir o produto do gênico original, mas a expressão dos genes divergirá em diferentes tecidos ou em diferentes momentos do desenvolvimento.
- Uma cópia do gene pode ser incapacitada pelo acúmulo de substituições deletérias e tornar-se um pseudogene sem função.
- Uma das cópias do gene pode reter sua função original, enquanto a segunda cópia acumula substituições suficientes para que possa executar função diferente.

O quão freqüentemente duplicações gênicas surgem, e qual dessas quatro possibilidades é a mais possível? Investigadores descobriram que as taxas de duplicação gênica são rápidas o suficiente para que uma população de levedura ou *Drosophila* adquira muitas centenas de genes duplicados ao longo de um milhão de anos. Eles também descobriram que a maioria dos genes duplicados nesses organismos é bastante jovem. Muitos genes extras perdem-se de um genoma em 10 milhões de anos (o que é rápido na escala do tempo evolutivo).

Muitas duplicações gênicas afetam apenas um ou alguns genes de uma vez só, mas genomas inteiros com freqüência duplicam-se em organismos *poliplóides* (incluindo plantas). Quando todos os genes são duplicados, existem oportunidades concretas para a evolução de novas funções. Isso constitui exatamente o que parece ter acontecido na evolução dos vertebrados. Os genomas da maioria dos vertebrados que possuem mandíbulas parecem ter quatro cópias antigas de dois genes principais, o que levou os biólogos a acreditarem que dois eventos de duplicação do genoma inteiro ocorreram no ancestral dessas espécies. Essas duplicações permitiram consideráveis especializações de genes individuais de vertebrados, muitos deles altamente tecido-específicos em sua expressão.

Uma nova função que evoluiu como resultado da duplicação gênica é a capacidade de alguns peixes – arraias elétricas, entre outros – de produzir sinais elétricos. Essa função evoluiu independentemente muitas vezes em diferentes espécies, sempre por meio de alterações similares em genes duplicados de canais de sódio.

Ainda que muitos genes extras desapareçam rapidamente, alguns eventos de duplicação levam à evolução de genes com novas funções. Muitas etapas sucessivas de duplicação e de mutação podem resultar em uma *família de genes*, um grupo de genes homólogos com funções relacionadas, freqüentemente distribuídos um após o outro em um cromossomo. Um exemplo desse processo nos fornece a *família de genes da globina* (ver Figura 14.8). As globinas estão entre as primeiras proteínas a serem seqüenciadas e comparadas. Comparações de suas seqüências de aminoácidos sugerem fortemente que estas diferentes globinas surgiram por duplicações gênicas. Essas comparações também podem nos dizer por quanto tempo as globinas evoluíram separadamente, já que diferenças entre essas proteínas foram acumuladas com o tempo.

A hemoglobina, um tetrâmero (molécula com quatro subunidades) constituído de duas cadeias polipeptídicas α-globina e duas ß-globina, carrega o oxigênio no sangue. A mioglobina, um monômero, é a principal proteína armazenadora de oxigênio no músculo. A afinidade da hemoglobina por O_2 é muito maior do que a da hemoglobina, mas a hemoglobina evoluiu para ser mais diversificada no seu papel. A hemoglobina liga O_2 nos pulmões ou nas guelras, onde a concentração de O_2 é relativamente alta, transporta-o para tecidos profundos onde a concentração de O_2 é baixa, e o libera nesses tecidos. Com sua estrutura tetramérica mais complexa, a hemoglobina apresenta a capacidade de carregar quatro moléculas de O_2, bem como íons de hidrogênio e dióxido de carbono, no sangue.

Para estimar o tempo da duplicação do gene da globina que deu origem aos conjuntos de genes da α- e ß-globina, podemos criar uma *árvore de genes*, árvore genealógica baseada nas seqüências gênicas que codifica)m as várias globinas (**Figura 24.10**). A taxa de evolução molecular dos genes da globina foi estimada em outros estudos, utilizando os tempos de divergência de diferentes grupos de vertebrados que estavam bem documentados no registro fóssil. Esses estudos indicaram uma taxa média de divergência para os genes da globina de, em média, uma substituição a cada 2 milhões de anos. Aplicando essa taxa à árvore de genes, estima-se que os dois conjuntos de genes da globina se separaram em torno de 450 milhões de anos atrás.

Algumas famílias de genes evoluem pela evolução em concerto

Ainda que os membros da família de genes da globina tenham se diversificado na forma e função, os membros de muitas outras famílias de genes não evoluíram independentemente uns dos outros. Por exemplo, quase todos os organismos possuem muitos (até milhares) de cópias de genes de RNA ribossômico. O RNA ribossômico é o principal elemento estrutural do ribossomo, e, como tal, possui papel fundamental na síntese protéica. Todas as espécies vivas precisam sintetizar proteínas, freqüentemente em grandes quantidades (especialmente durante as primeiras etapas do desenvolvimento). Ter muitas cópias dos genes de RNA ribossômico assegura que os organismos possam produzir rapidamente muitos ribossomos e, assim, manter alta taxa de síntese protéica.

Como todas as porções do genoma, os genes de RNA ribossômico evoluem, e a diferença acumula-se nos genes de RNA ribossômico de diferentes espécies. Todavia, em uma única espécie, as múltiplas cópias de genes de RNA ribossômico são muito similares, tanto estruturalmente quanto funcionalmente. Essa similaridade faz sentido, já que, de forma ideal, cada ribossomo de uma mesma espécie deve sintetizar proteínas da mesma forma. Em outras palavras, as múltiplas cópias desses genes em uma mesma

Figura 24.10 A árvore de genes da família das globinas Esta árvore de genes sugere que os grupos de genes da α-globina e β-globina divergiram em torno de 450 milhões de anos atrás (círculo aberto), logo após a origem dos vertebrados.

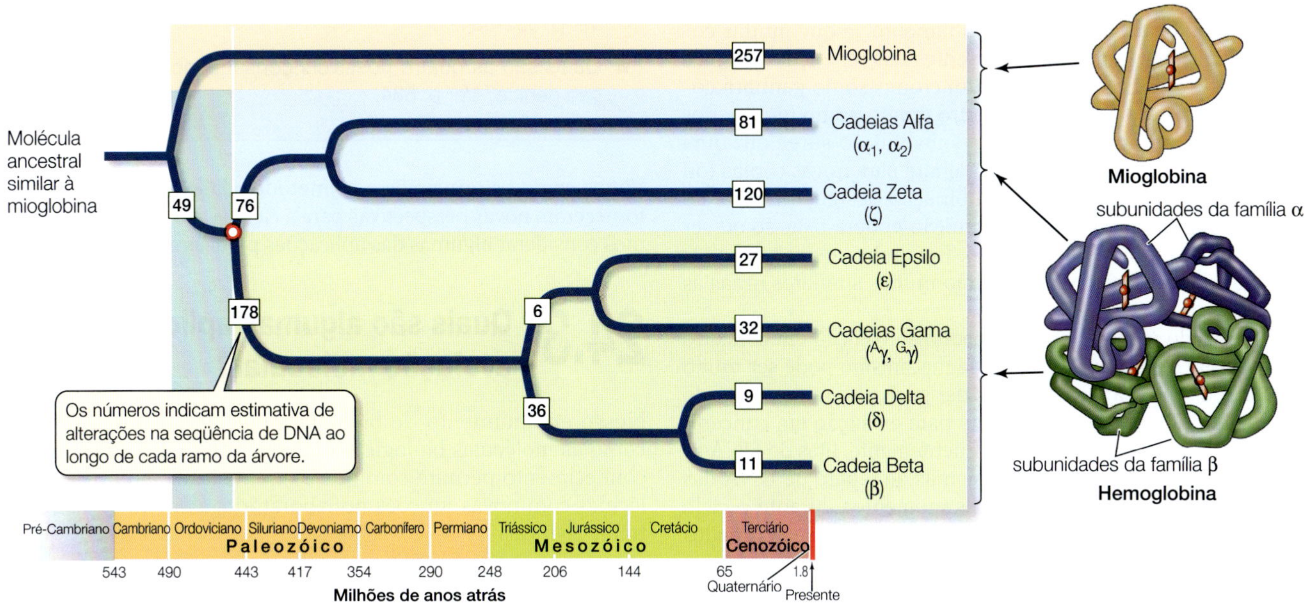

Molécula ancestral similar à mioglobina
49
76
178
6
36
257
81
120
27
32
9
11
Mioglobina
Cadeias Alfa (α1, α2)
Cadeia Zeta (ζ)
Cadeia Epsilo (ε)
Cadeias Gama (Aγ, Gγ)
Cadeia Delta (δ)
Cadeia Beta (β)
Os números indicam estimativa de alterações na seqüência de DNA ao longo de cada ramo da árvore.
Mioglobina
subunidades da família α
subunidades da família β
Hemoglobina
Pré-Cambriano
Cambriano
Ordoviciano
Siluriano
Devoniamo
Carbonífero
Permiano
Triássico
Jurássico
Cretácio
Terciário
Paleozóico
Mesozóico
Cenozóico
543
490
443
417
354
290
248
206
144
65
1.8
Quaternário
Presente
Milhões de anos atrás

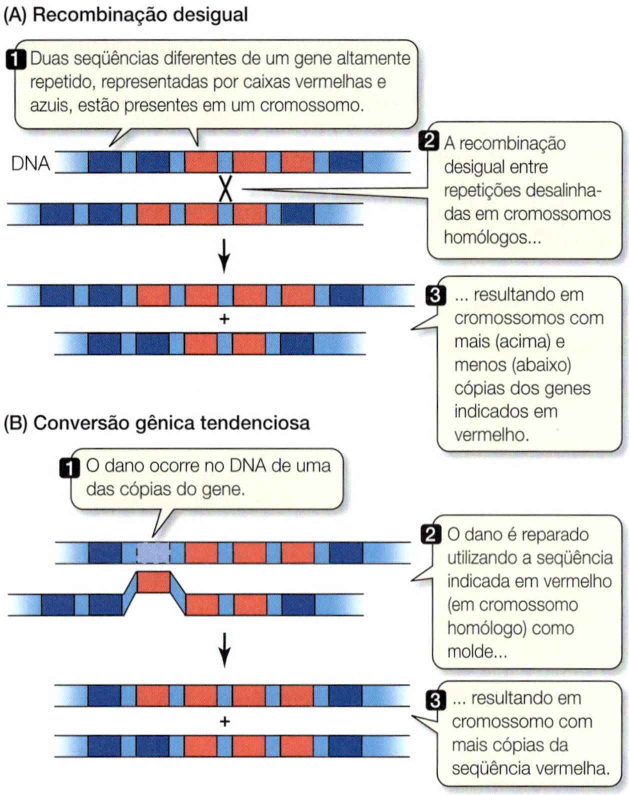
(A) Recombinação desigual
1 Duas seqüências diferentes de um gene altamente repetido, representadas por caixas vermelhas e azuis, estão presentes em um cromossomo.
DNA
2 A recombinação desigual entre repetições desalinhadas em cromossomos homólogos...
3 ... resultando em cromossomos com mais (acima) e menos (abaixo) cópias dos genes indicados em vermelho.
(B) Conversão gênica tendenciosa
1 O dano ocorre no DNA de uma das cópias do gene.
2 O dano é reparado utilizando a seqüência indicada em vermelho (em cromossomo homólogo) como molde...
3 ... resultando em cromossomo com mais cópias da seqüência vermelha.

Figuras 24.11 Evolução em concerto Dois mecanismos podem produzir a evolução em concerto de genes altamente repetidos. (A) A recombinação desigual resulta em deleções e duplicações de um gene repetido. (B) A conversão gênica tendenciosa pode espalhar rapidamente uma mutação ao longo de múltiplas cópias de um gene repetido.

espécie estão evoluindo de forma concertada umas com as outras, um fenômeno chamado **evolução em concerto**.

De que maneira a evolução em concerto ocorre? Devido a um ou mais mecanismos, uma substituição em uma cópia espalha-se para outras dentro de uma espécie, de modo que todas as cópias permaneçam similares. De fato, dois diferentes mecanismos parecem ser responsáveis pela evolução em concerto. O primeiro desses consiste na *recombinação desigual*. Quando o DNA replica-se durante a meiose em espécies diplóides, os pares de cromossomos homólogos alinham-se e recombinam-se (ver Seção 9.5).

No entanto, no caso de genes altamente repetidos, os genes são facilmente substituídos no alinhamento, já que muitas cópias dos mesmos genes estão presentes nas repetições (**Figura 24.11A**). O resultado final é que um cromossomo ganhará cópias adicionais da repetição e o outro cromossomo terá menos cópias da repetição. Se uma nova substituição surge em uma cópia da repetição, ela agora se espalhará para novas cópias (ou será eliminada) através da recombinação desigual. Então, ao longo do tempo, uma nova substituição poderá fixar-se ou ser inteiramente perdida da repetição. Em ambos os casos, todas as cópias da repetição permanecerão muitos similares umas às outras.

O segundo mecanismo que produz a evolução em concerto é a *conversão gênica tendenciosa*. Esse mecanismo pode ser muito mais rápido do que a recombinação desigual, e tem sido mostrado como sendo o principal mecanismo para evolução em concerto de genes de RNA ribossômico. Freqüentemente, fitas de DNA se quebram e são reparadas pelos sistemas de reparo de DNA das células (ver Seção 11.4). Em muitos momentos durante o ciclo celular, os genes de RNA ribossômico encontram-se agrupados muito proximamente. Se algum dano ocorrer a algum desses genes, outra cópia do gene de RNA em outro cromossomo pode ser usada para reparar a cópia danificada, e a seqüência que se utiliza como molde pode dessa forma substituir a seqüência original (**Figura 24.11B**). Em muitos casos, esse sistema de reparo parece preferir o uso de seqüências particulares enquanto moldes para o reparo, e, assim, a seqüência favorecida se espalha rapidamente para todas as cópias do gene. Assim, alterações podem aparecer em uma única cópia ou então se espalhar rapidamente para todas as outras cópias.

Independente do mecanismo responsável, o resultado geral da evolução em concerto é que as cópias de um gene altamente repetido não evoluem independentemente umas das outras. Mutações ainda ocorrem, mas ao surgirem em uma cópia elas podem tanto se espalhar rapidamente ao longo de todas as cópias ou perderem-se completamente no genoma. Esse processo permite que os produtos de cada cópia permaneçam similares ao longo do tempo tanto na seqüência quanto na função.

24.2 RECAPITULAÇÃO

Examinando as taxas relativas de substituições sinônimas e não-sinônimas em genes ao longo da história evolutiva, os biólogos puderam distinguir os mecanismos evolutivos agindo em genes individuais. Esse conhecimento, por sua vez, pode levar ao entendimento da função protéica.

- Você pode descrever como as taxas de substituições sinônimas e de substituições não-sinônimas podem ser usadas para determinar se um gene está evoluindo de forma neutra, sob seleção positiva ou sob seleção estabilizadora? Ver p. 530-532 e Figura 24.6.
- Você pode contrastar duas hipóteses para a ampla diversidade de tamanho de genomas entre diferentes organismos? Ver p. 533-534.
- Quais são as quatro possíveis conseqüências da duplicação gênica? Ver p. 534.

Vimos como os princípios e os métodos da evolução molecular forneceram novas perspectivas para a ciência evolutiva. Agora, vamos considerar algumas das aplicações práticas deste campo.

24.3 Quais são algumas aplicações da evolução molecular?

Nosso entendimento de biologia molecular auxilia a revelar como as moléculas biológicas funcionam e se diversificam. Tal conhecimento permite com que os cientistas criem novas moléculas com novas funções no laboratório, além de entender e tratar doenças.

Dados moleculares de seqüências são utilizados para determinar a história evolutiva de genes

Uma **árvore de genes** mostra as relações evolutivas de um gene em diferentes espécies ou dos membros de uma família de genes (como na Figura 24.10). Os métodos para a construção de uma árvore de genes são os mesmos a serem apresentados na Seção 25.2 para a construção de árvores filogenéticas. O processo envolve a identificação de diferenças entre genes e a utilização dessas diferenças para reconstruir a história evolutiva dos genes. Árvores de genes são freqüentemente utilizadas para inferir árvores filogenéticas de espécies, mas os dois tipos de árvores não são necessariamente equivalentes. Processos como a duplicação gênica podem dar origem a diferenças entre as árvores filogenéticas de genes e espécies. A partir de uma árvore de genes, os biólogos podem reconstruir a história e o momento de eventos de duplicação gênica e aprender de que maneira a diversificação gênica resultou na evolução de novas funções protéicas.

Todos os genes de uma família particular de genes possuem seqüências similares já que possuem ancestral comum. Conforme veremos no Capítulo 25, características similares como resultado de ancestral comum chamam-se *homólogas* uma em relação à outra. Contudo, quando discutimos árvores de genes, usualmente precisamos distinguir entre duas formas de homologia. Genes encontrados em diferentes espécies, de cuja divergência podemos rastrear até os eventos de especiação que deram origem a várias espécies, denominam-se **ortólogos**. Genes na mesma, ou em diferentes espécies, relacionados aos eventos de duplicação gênica denominam-se **parálogos**. Quando examinamos uma árvore de genes, as questões que desejamos responder determinam se devemos comparar genes ortólogos ou parálogos. Se desejarmos reconstruir a história evolutiva das espécies que contêm os genes, a nossa comparação deve ser restrita aos ortólogos (já que eles refletem a história de eventos de especiação). Por outro lado, se estivermos interessados nas alterações na função que resultaram de eventos de duplicação gênica, então a comparação apropriada é entre parálogos (por que eles refletem a história de eventos de duplicação gênica). Se o nosso foco pousa na diversificação de uma família de genes por meio de ambos os processos, teremos que incluir parálogos e ortólogos em nossa análise.

A **Figura 24.12** mostra uma árvore de genes para os membros de uma família de genes chamada *engrailed* (seus membros codificam fatores de transcrição que regulam o desenvolvimento). No mínimo três duplicações gênicas ocorreram nesta família resultando, em até 4 diferentes genes *engrailed* em alguns vertebrados (como o peixe-zebra). Todos os genes *engrailed* (*En*) são homólogos porque possuem ancestral comum. Eventos de duplicação gênica geraram genes *engrailed* parálogos em algumas linhagens de vertebrados. Poderíamos comparar as seqüências ortólogas do grupo *En1* de genes para reconstruir a história dos vertebrados ósseos (isto é, todos os vertebrados na Figura 24.12 exceto a lam-

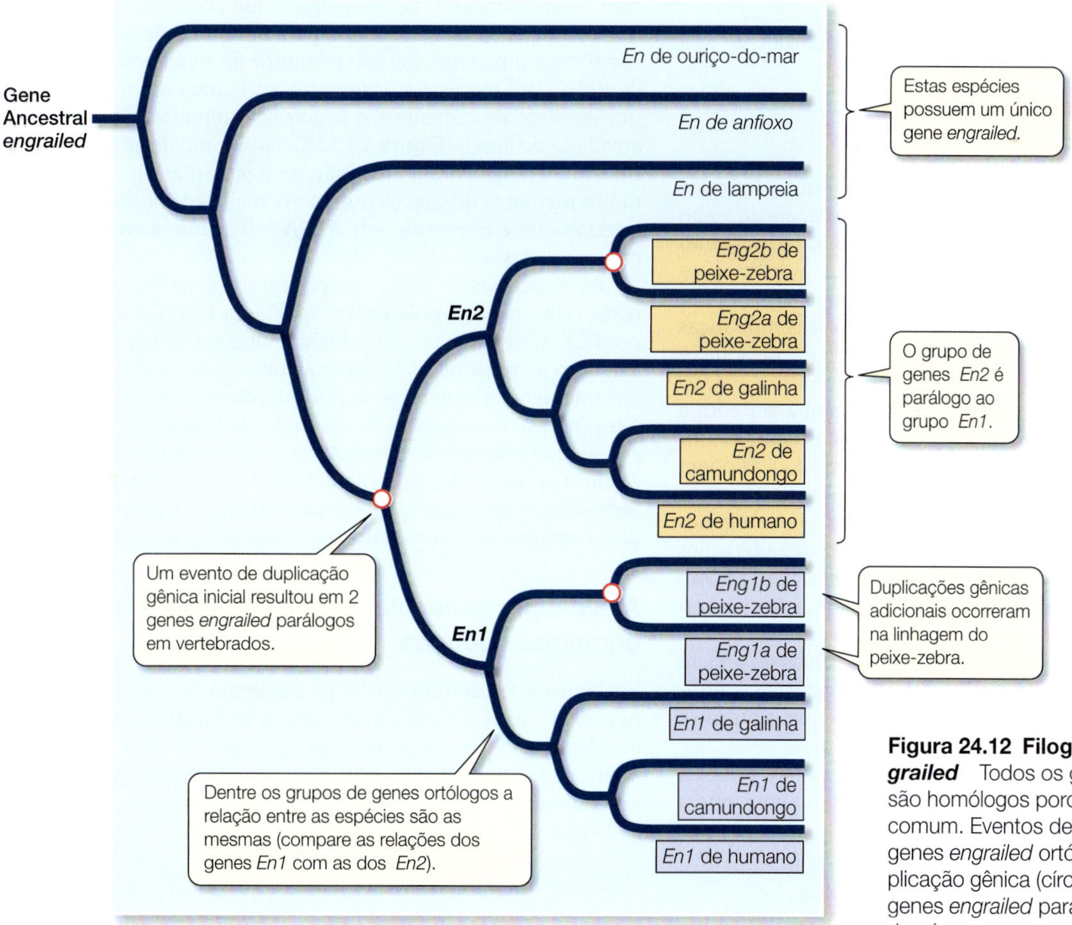

Gene Ancestral *engrailed*
En de ouriço-do-mar
En de anfioxo
En de lampreia
Estas espécies possuem um único gene *engrailed.*
En2
Eng2b de peixe-zebra
Eng2a de peixe-zebra
En2 de galinha
En2 de camundongo
En2 de humano
O grupo de genes *En2* é parálogo ao grupo *En1*.
Um evento de duplicação gênica inicial resultou em 2 genes *engrailed* parálogos em vertebrados.
En1
Eng1b de peixe-zebra
Eng1a de peixe-zebra
Duplicações gênicas adicionais ocorreram na linhagem do peixe-zebra.
En1 de galinha
En1 de camundongo
En1 de humano
Dentre os grupos de genes ortólogos a relação entre as espécies são as mesmas (compare as relações dos genes *En1* com as dos *En2*).

Figura 24.12 Filogenia dos genes *engrailed* Todos os genes em destaque são homólogos porque possuem ancestral comum. Eventos de especiação geraram genes *engrailed* ortólogos e eventos de duplicação gênica (círculos abertos) geraram genes *engrailed* parálogos entre os vertebrados ósseos.

preia), ou poderíamos utilizar as seqüências ortólogas do grupo *En2* de genes e esperar a mesma resposta (porque existe apenas uma história por trás dos eventos de especiação). Todos vertebrados ósseos possuem ambos os grupos de genes *engrailed* porque ambos os grupos surgiram de eventos de duplicação gênica no ancestral comum de vertebrados ósseos. Se quiséssemos focar a diversificação que ocorreu como resultado dessa duplicação gênica, então a comparação apropriada deveria ser entre os genes parálogos dos grupos *En1* versus *En2*.

A evolução gênica é utilizada para estudar a função de proteínas

Anteriormente neste capítulo discutimos as formas pelas quais os biólogos podem detectar regiões de genes sob seleção positiva para mudança. Quais são as utilidades práticas dessa informação? Considere a evolução de uma família de genes de canais de portão de sódio. Canais de sódio possuem muitas funções, incluindo o controle dos impulsos nervosos no sistema nervoso. Os canais de sódio podem ser bloqueados por várias toxinas, como a tetrodoxina presente em salamandras (ver abertura do Capítulo 22), baiacus e muitos outros animais. Se um humano come esses tecidos de um baiacu que contém tetrodoxina, ele pode ficar paralisado e morrer, porque a tetrodoxina bloqueia os canais de sódio e previne os nervos e músculos de funcionarem.

Apesar de sua toxicidade potencial, o sushi de baiacu (fugu) é considerado uma especiaria em algumas culturas. Apenas tecidos com quantidades mínimas de tetrodoxina podem ser consumidos de forma segura, e falhas na preparação levam rapidamente à morte do consumidor. O perigo no consumo é parte do apelo deste sushi.

Os próprios baiacus possuem canais de sódio; por que a tetrodoxina não causa paralisia nos próprios peixes? Os canais de sódio dos baiacus (e de outros animais que seqüestram tetrodoxina) evoluíram para tornarem-se resistentes à toxina. Substituições nucleotídicas no genoma do baiacu resultaram em alterações nas proteínas que constituem os canais de sódio, e essas mudanças preveniram a tetrodoxina de se ligar ao poro do canal de sódio e bloqueá-lo.

Muitas outras alterações que não tiveram nada a ver com a evolução da resistência à tetrodoxina também ocorreram nesses genes. Biólogos que estudam a função de canais de sódio podem aprender muito sobre como estes canais funcionam (e acerca de doenças neurológicas que são causadas por mutações nos genes de canais de sódio) através da compreensão de quais alterações foram selecionadas pela resistência à tetrodoxina. Eles podem fazê-lo utilizando a comparação das taxas de substituições sinônimas e não-sinônimas de genes de diversas linhagens que desenvolveram resistência à tetrodoxina (incluindo as cobras do gênero *Thamnophis* mencionadas no Capítulo 22). De forma similar, utilizam-se princípios de evolução molecular para entender a função e a diversificação de função em muitas outras proteínas.

Conforme os biólogos estudaram as relações entre seleção, evolução e função de macromoléculas, eles entenderam que a evolução molecular poderia ser utilizada em um ambiente controlado de laboratório para produzir novas moléculas com funções novas e úteis. Assim nasceram as aplicações da evolução *in vitro*.

A evolução *in vitro* produz novas moléculas

Os organismos vivos produzem milhares de compostos que os humanos acham úteis. A busca por compostos de ocorrência natural que possam ser usados para fins farmacêuticos, industriais ou na agricultura, chamou-se de *bioprospecção*. Esses compostos resultam de milhões de anos de evolução molecular em milhões de espécies de organismos vivos. Ainda assim, os biólogos podem imaginar moléculas que poderiam ter evoluído e não o fizeram devido à falta da combinação certa de pressões e oportunidades.

Por exemplo, poderíamos querer uma molécula que se ligasse a um contaminante ambiental em particular, de forma a facilmente isolar e retirar do ambiente esse contaminante. Contudo, se o contaminante ambiental for sintético (não produzido naturalmente), é improvável que qualquer organismo vivo tenha evoluído uma molécula com a função que desejamos. Esse problema foi a inspiração para o campo da **evolução *in vitro***, no qual novas moléculas são produzidas em laboratório para desempenhar funções novas e úteis.

Os princípios da evolução *in vitro* baseiam-se nos princípios da evolução molecular que aprendemos a partir do mundo natural. Considere a evolução de uma nova molécula de RNA produzida em laboratório utilizando algumas das técnicas descritas no Capítulo 16. A função desejada para essa molécula era a de unir duas outras moléculas de RNA (agindo como uma ribozima, com função similar à da DNA-ligase que ocorre naturalmente e foi descrita na Seção 11.3, porém para moléculas de RNA). O processo iniciou com um grande conjunto de seqüências aleatórias de RNA (10^{15} seqüências diferentes, cada uma em torno de 300 nucleotídeos de tamanho), a seguir selecionadas para qualquer atividade de ligase (**Figura 24.13A**). Nenhuma delas mostrou-se ribozima efetiva para a atividade de ligase, mas algumas foram muito melhores do que as outras. As melhores ribozimas foram selecionadas e transcritas em cDNA (utilizando a enzima transcriptase reversa).

As moléculas de cDNA amplificaram-se então utilizando a reação em cadeia da polimerase (ver Figura 11.23). A amplificação por PCR não é perfeita e introduziu muitas substituições novas no conjunto de seqüências. Essas seqüências foram então transcritas novamente para moléculas de RNA utilizando a RNA-polimerase e o processo foi repetido. A atividade de ligase dos RNA havia evoluído rapidamente, e após 10 ciclos de evolução *in vitro*, aumentou aproximadamente 7 milhões de vezes (**Figura 24.13B**). Técnicas similares têm sido utilizadas para criar uma vasta gama de moléculas com novas funções enzimáticas e de ligação.

A evolução molecular é utilizada para estudar e combater doenças

Iniciamos este capítulo com uma discussão de algumas das formas pelas quais a evolução molecular se mostrou crítica para a erradicação global da pólio. A pólio é apenas uma das muitas doenças que podem ser controladas simplesmente por meio do entendimento e da aplicação dos princípios da evolução molecu-

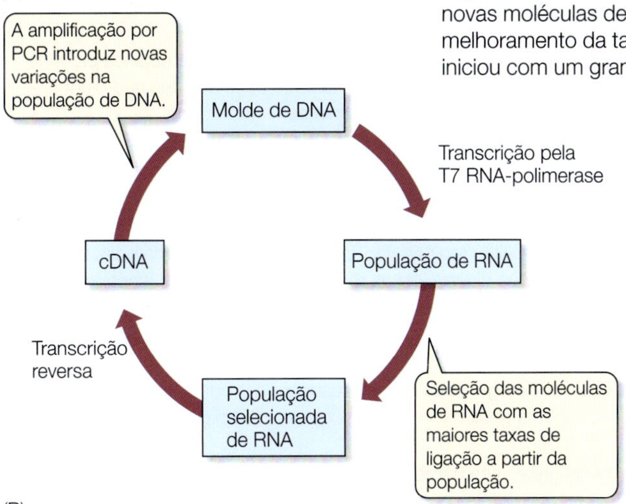
(A)
A amplificação por PCR introduz novas variações na população de DNA.
Molde de DNA
Transcrição pela T7 RNA-polimerase
População de RNA
Seleção das moléculas de RNA com as maiores taxas de ligação a partir da população.
População selecionada de RNA
Transcrição reversa
cDNA

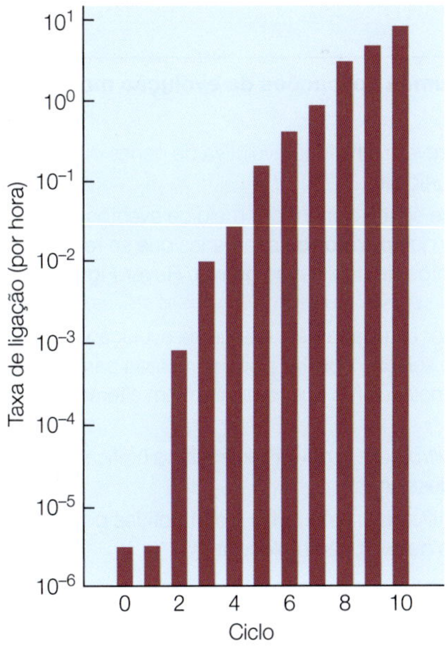
(B)
Taxa de ligação (por hora)
10^1
10^0
10^{-1}
10^{-2}
10^{-3}
10^{-4}
10^{-5}
10^{-6}
0 2 4 6 8 10
Ciclo

Figura 24.13 A evolução *in vitro* da ribozima (A) Metodologia da evolução *in vitro* de novas moléculas de RNA com a capacidade nova de ligar outras moléculas de RNA. (B) Um melhoramento da taxa de ligação ao longo de 10 ciclos de evolução *in vitro*; o experimento iniciou com um grande conjunto de seqüências aleatórias de RNA.

lar. Muitas doenças mais problemáticas para a humanidade são causadas por organismos vivos que evoluem e esses organismos representam um alvo em movimento. Seu controle depende de técnicas que possam rastrear a sua evolução ao longo do tempo.

Durante o último século, avanços nos transportes permitiram com que os humanos se movessem ao redor do mundo com uma velocidade e freqüência sem precedentes. Infelizmente, essa mobilidade permitiu a transmissão de patógenos entre populações humanas a taxas muito maiores, o que levou à emergência global de muitas "novas" doenças. Muitas dessas doenças emergentes são causadas por vírus, e virtualmente todas as novas doenças virais foram identificadas por meio da comparação evolutiva dos seus genomas com aqueles de vírus conhecidos. Recentemente, por exemplo, o hantavírus, originário de roedores, foi identificado como a fonte de doenças respiratórias amplamente distribuídas e o vírus (e seu hospedeiro), que causa a Síndrome Aguda Respiratória Repentina (SARS), foi identificado utilizando comparações evolutivas dos genes. Estudos sobre as origens, o momento de emergência e a diversidade global do vírus humano da imunodeficiência (HIV) dependem dos princípios da evolução molecular, assim como os esforços para desenvolver uma vacina para o HIV. Padrões globais de alterações de gripes, como o vírus da influenza, evoluem a cada ano e novas vacinas podem ser desenvolvidas para identificar a evolução desses vírus.

No futuro, a evolução molecular se tornará ainda mais crítica para identificação de doenças humanas (e outras). Contanto que os biólogos coletem dados de genomas de organismos suficientes, será possível identificar uma infecção seqüenciando uma porção do genoma do organismo infectante e comparando essa seqüência com outras seqüências de uma árvore evolutiva. No presente, existe dificuldade em identificar muitas infecções virais comuns (por exemplo, as causadoras dos "resfriados"). À medida que os bancos de dados de genomas e as árvores evolutivas aumentam, no entanto, os métodos automatizados de seqüenciamento e rápida comparação filogenética das seqüências permitirão a identificação e o tratamento de um conjunto muito mais amplo de doenças humanas.

24.3 RECAPITULAÇÃO

Estudos de evolução molecular forneceram aos biólogos novas ferramentas para entender as funções de macromoléculas e como essas funções podem mudar ao longo do tempo. Utiliza-se a evolução molecular para desenvolver moléculas sintéticas para fins industriais e farmacêuticos e para identificar e combater doenças humanas.

- Você pode explicar por que os biólogos podem limitar uma investigação particular a genes ortólogos (ao invés de parálogos)? Ver p. 537-538.
- Você entende como a evolução dos genes pode ser utilizada para estudar a função de proteínas? Ver p. 538.
- Você pode descrever o processo da evolução *in vitro*? Ver p. 538 e Figura 24.13.

Agora que discutimos como os organismos e moléculas biológicas evoluem, estamos prontos para considerar como a história evolutiva é estudada e porque a evolução principal é a estrutura de organização para a biologia. O Capítulo 25 descreve alguns dos princípios e usos para a análise filogenética: o estudo das relações evolutivas.

RESUMO DO CAPÍTULO

24.1 O que os genoma podem revelar sobre a evolução?

O campo da **evolução molecular** diz respeito às relações entre as estruturas dos genes e proteínas e às funções dos organismos.

Um **genoma** constitui um conjunto completo de genes de um organismo e também de DNA não-codificante. Em eucariotos, o genoma inclui o material genético do núcleo da célula bem como o das mitocôndrias e cloroplastos (se presentes).

Substituições nucleotídicas podem ou não resultar em **substituições de aminoácidos** nas proteínas codificadas.

O número estimado de substituições entre seqüências pode ser calculado através de uma **matriz de similaridade** utilizando modelos de evolução de seqüências que levam em conta as alterações que não podem ser diretamente observadas. Rever Figura 24.1.

O conceito de homologia (semelhança que resulta de ancestral comum) estende-se até o nível de posições particulares nas seqüências de nucleotídeos ou aminoácidos. **Alinhamentos de seqüências** de diferentes organismos permitem a comparação das seqüências e a identificação das posições homólogas. Rever Figura 24.3.

24.2 Quais são os mecanismos da evolução molecular?

Substituições não-sinônimas de nucleotídeos resultam em substituições de aminoácidos em proteínas, ao passo que **substituições sinônimas** não. Rever Figura 24.5.

Taxas de substituições sinônimas são significativamente maiores do que as taxas de substituições não-sinônimas em genes que codificam proteínas ou (resultado da seleção estabilizante). Rever Figura 24.6.

Grande parte da alteração molecular em seqüências de nucleotídeos resulta da evolução neutra. A taxa de fixação de mutações neutras independe do tamanho populacional e iguala-se à taxa de mutação.

A seleção positiva para mudança em um gene que codifica proteína pode ser detectada por uma taxa de substituições não-sinônimas maior do que a das sinônimas.

O tamanho do genoma evolui pela adição ou deleção de genes e DNA não-codificante. O tamanho total dos genomas varia muito mais amplamente em organismos vivos do que o número de genes funcionais. Rever Figura 24.8 e 24.9.

Ainda que muitas regiões não-codificantes do genoma possam não ter funções diretas, essas regiões podem afetar o fenótipo de um organismo influenciando a expressão gênica. **Pseudogenes** sem função podem servir como matéria-prima para a evolução de novos genes.

Duplicações gênicas podem resultar na produção aumentada e produtos gênicos, em pseudogenes ou em genes com novas funções.

Alguns genes altamente repetitivos evoluem por **evolução em concerto**: múltiplas cópias em um mesmo organismo mantém alta similaridade, ao passo que os genes continuam a divergir entre as espécies.

24.3 Quais são algumas aplicações da evolução molecular?

Árvores de genes descrevem a história evolutiva de genes ou famílias de genes em particular.

Ortólogos são genes que se relacionam por meio de eventos de especiação, ao passo que **parálogos** são genes que se relacionam por meio de eventos de duplicação gênica. Rever Figura 24.12.

A função protéica pode ser estudada pelo exame da evolução de genes. A detecção de seleção positiva pode ser usada para identificar alterações moleculares que resultaram em alterações funcionais.

Utiliza-se a **evolução** *in vitro* para produzir moléculas sintéticas com funções particulares desejadas.

Muitas doenças são identificadas, estudadas e combatidas por meio de investigações de evolução molecular.

QUESTÕES

1. Uma taxa de substituições sinônimas maior do que as não-sinônimas em um gene que codifica proteína é esperada sob:
   a. seleção estabilizadora.
   b. seleção positiva.
   c. evolução neutra.
   d. seleção concertada.
   e. nenhuma das acima.
2. Antes que as seqüências de nucleotídeos e aminoácidos possam ser comparadas do ponto de vista evolutivo, elas devem ser alinhadas para levar em conta
   a. deleções e inserções.
   b. seleção e neutralidade.
   c. paralelismos e convergências.
   d. famílias de genes.
   e. todas acima.
3. Modelos de evolução de seqüências de nucleotídeos, desenvolvidos por biólogos, para estimar a divergência de seqüências incluem parâmetros que levam em conta:
   a. taxas de substituições entre nucleotídeos.
   b. diferenças nas taxas de substituições em diferentes posições de um gene.
   c. diferenças nas freqüências de nucleotídeos.
   d. todas acima.
   e. nenhuma das acima.
4. A taxa de fixação de mutações neutras é
   a.. independente do tamanho populacional.
   b. maior em populações pequenas do que em populações grandes.
   c. maior em populações maiores do que em populações menores.
   d. mais lenta do que a taxa de fixação de mutações deletérias.
   e. nenhuma das acima.
5. O tamanho dos genomas varia grandemente entre as espécies. Qual é a causa que mais contribui para essas diferenças?
   a. O número de genes que codificam proteínas.
   b. A quantidade de DNA não-codificante.
   c. O número de genes duplicados.
   d. O grau de evolução concertada.
   e. A quantidade de seleção positiva para mudança em genes que codificam proteínas.

6. Qual das seguintes afirmações *não* é verdade sobre a evolução em concerto?
   a. A evolução em concerto se refere à evolução não-independente de alguns genes repetidos em uma dada espécie.
   b. A recombinação desigual pode produzir evolução em concerto.
   c. A conversão gênica tendenciosa pode produzir evolução em concerto.
   d. Genes de RNA ribossômico são um exemplo de uma família de genes que sofreu evolução em concerto.
   e. A evolução em concerto resulta na divergência de membros de uma família de genes de um mesmo organismo.
7. Quando um gene duplica-se, quais dos seguintes eventos podem ocorrer?
   a. A produção do produto do gene pode aumentar.
   b. As duas cópias podem ser expressas em diferentes tecidos.
   c. Uma cópia do gene pode acumular substituições deletérias e tornar-se não-funcional.
   d. As duas cópias podem divergir e adquirir diferentes funções.
   e. Todos acima.
8. Genes parálogos podem ser rastreados até um comum:
   a. evento de especiação.
   b. evento de substituição.
   c. evento de inserção.
   d. evento de deleção.
   e. evento de duplicação.
9. Qual das seguintes é verdade acerca da evolução *in vitro*?
   a. A evolução *in vitro* se refere à bioprospecção por macromoléculas que ocorrem naturalmente.
   b. A evolução *in vitro* pode produzir novas seqüências moleculares desconhecidas na natureza.
   c. A evolução *in vitro* pode produzir apenas novas proteínas.
   d. A evolução *in vitro* seleciona apenas alterações que estavam presentes no conjunto inicial de moléculas e não introduz novas mutações.
   e. Todas acima.
10. Qual das seguintes afirmações é verdade sobre o uso de estudos de evolução molecular de doenças humanas?
   a. Estudos de evolução molecular são úteis para identificar muitas doenças.
   b. Estudos de evolução molecular são freqüentemente utilizados para determinar a origem de doenças emergentes.
   c. Estudos de evolução molecular são importantes para o desenvolvimento de vacinas contra doenças.
   d. Estudos de evolução molecular são utilizados para determinar se os surtos de pólio resultam de vírus que ocorrem naturalmente ou de vírus que evoluíram a partir de vírus atenuados.
   e. Todas acima.

PARA DISCUSSÃO

1. As taxas de mudança evolutiva diferem entre diferentes moléculas e espécies diferentes diferem grandemente nos seus tempos geracionais e tamanhos populacionais. De que forma essa variação limita como e de que formas podemos usar o conceito de relógio molecular para responder questões sobre a evolução de moléculas e microrganimos.
2. Uma hipótese proposta para explicar a existência de grandes quantidades de DNA não-codificante é que o custo de manutenção desse DNA é tão pequeno que a seleção natural seria muito fraca para reduzi-la. Como você poderia testar essa hipótese contra a hipótese de que o tamanho do genoma é funcionalmente relacionado à taxa de desenvolvimento?
3. Se as evidências fósseis e moleculares não concordam sobre a data da maior separação entre linhagens, qual dos dois tipos de evidência você preferiria? Por quê?
4. Em breve especialistas serão capazes de produzir e liberar na natureza mosquitos geneticamente modificados incapazes de possuir e transmitir parasitas da malária. Que assuntos éticos precisam ser discutidos antes que tal liberação seja permitida?

PARA INVESTIGAÇÃO

Muitos grupos de organismos que habitam cavernas evoluíram para tornarem-se sem olhos. Por exemplo, ainda que as lagostas-de-água-doce possuam olhos funcionais, diversas espécies restritas a habitats subterrâneos não os possuem. As opsinas são um grupo de proteínas sensíveis à luz que possuem importante função na visão; os genes da opsina expressam-se nos tecidos dos olhos. Mesmo que as lagostas-de-água-doce não possuam olhos, os genes de opsina ainda estão presentes nos seus genomas. Duas hipóteses alternativas são: (1) os genes da opsina não mais experimentam a seleção estabilizadora (porque não há mais seleção para função na visão); ou (2) os genes da opsina experimentam a seleção para outra função que não a visão. Como você poderia investigar estas alternativas utilizando as seqüências dos genes da opsina de diversas espécies de lagostas-de-água-doce?

CAPÍTULO 25

Reconstruindo e Usando Filogenias

Árvores filogenéticas no tribunal

A transmissão do HIV, embora irresponsável, não é usualmente denunciada como um crime. Contudo, em um caso de crime verídico, uma mulher que chamaremos de "April" foi à polícia logo depois de saber que era HIV-positiva. April acreditava ter sido vítima de uma tentativa de homicídio por "Victor", médico e seu ex-namorado, que a havia repetidamente ameaçado com violência quando ela tentou terminar o relacionamento. A acusação de April era de que Victor, sob o pretexto de administrar terapia com vitaminas, injetou-a com sangue de um de seus pacientes infectados com HIV.

Os investigadores da polícia descobriram que Victor havia retirado sangue de um de seus pacientes soropositivos pouco antes de aplicar a injeção em April. Essa coleta de sangue não tinha qualquer propósito clínico, e Victor tentara esconder as provas disso. A polícia convenceu-se de que ele poderia de fato ter cometido o alegado crime.

O promotor, entretanto, precisava provar que a infecção por HIV de April viera do paciente de Victor e não de outra fonte. Para reconstruir a história da infecção, o promotor voltou-se para a *análise filogenética* – o estudo das relações evolutivas entre um grupo de organismos.

A tarefa do promotor era complicada pela natureza do HIV. O HIV é um retrovírus, no qual um reparo ineficiente de erros de replicação leva a uma alta taxa de evolução. Quando uma pessoa é infectada com HIV, o vírus não apenas replica-se rapidamente como evolui rapidamente, de modo que o indivíduo infectado logo se torna hospedeiro de uma população geneticamente diversa de vírus. Assim, quando uma pessoa transmite HIV para outra, tipicamente poucas partículas virais (em geral apenas uma) iniciam o evento infeccioso. Todavia, a pessoa fonte da infecção pode ser hospedeira de uma grande e geneticamente diversa população de vírus – não apenas a variante que ela transmite para o receptor.

Entra a filogenia molecular. Amostras de HIV de um indivíduo infectado podem ser seqüenciadas para rastrear suas linhagens evolutivas de volta até os vírus originalmente transmitidos. O vírus transmitido ao novo infectado será intimamente relacionado a alguns dos vírus do indivíduo fonte e menos relacionado a outros. A reconstrução da história evolutiva dos vírus nos dois indivíduos faz-se necessária para revelar não apenas se os vírus dos dois indivíduos são intimamente relacionados, mas também para identificar quem infectou quem.

Para provar a tentativa de homicídio, o promotor precisou demonstrar que o HIV de April era mais intimamente relacionado ao paciente de Victor do que a outras variantes de HIV em sua comunidade. Isolaram-se amostras de HIV do sangue do paciente, de April e de outros indivíduos HIV-positivos na comunidade. Análises filogenéticas revelaram que o HIV de April era de fato intimamente relacionado a

Vírus da imunodeficiência humana O vírus da imunodeficiência humana (HIV) é a causa da síndrome da imunodeficiência adquirida, ou AIDS. A biologia desse retrovírus foi discutida extensivamente no Capítulo 13; entretanto, para combater a AIDS é também essencial entender a filogenia do HIV.

Uma fonte do vírus A AIDS é uma doença zoonótica, com o vírus inicialmente sendo transferido para humanos a partir de outros animais. Análises filogenéticas de vírus de imunodeficiência mostram que humanos adquiriram HIV-1 dos chimpanzés (ver Figura 25.8). Outras formas do vírus foram passadas para humanos por diferentes símios.

um subconjunto do HIV do paciente e menos relacionado a outras fontes de HIV na comunidade. Devido a esse fato e a outras evidências no caso, Victor foi condenado por tentativa de homicídio.

NESTE CAPÍTULO examinamos o campo da sistemática, o estudo científico da diversidade da vida. Vemos como métodos filogenéticos são usados para reconstruir a história evolutiva e estudar a diversidade pelos genes, populações, espécies e grupos maiores de organismos. Analisamos como sistemáticos reconstroem o passado e predizem o curso da evolução. Terminamos o capítulo com um pouco de taxonomia, a teoria e prática de classificar organismos.

DESTAQUES DO CAPÍTULO

25.1 O que é filogenia?

Filogenia é uma descrição da história evolutiva de relações entre organismos (ou de suas partes). Uma **árvore filogenética** é um diagrama que retrata uma reconstrução dessa história. Árvores filogenéticas são comumente usadas para demonstrar a história evolutiva de espécies, populações e genes. Cada divisão (ou *nódulo*) em uma árvore filogenética representa um ponto em que linhagens divergiram no passado. No caso de espécies, esses nódulos representam eventos passados de especiação, quando uma linhagem divide-se em duas. Assim, uma árvore filogenética pode ser usada para traçar as relações filogenéticas do ancestral comum de um grupo de espécies, pelos vários eventos de especiação quando linhagens dividem-se, até as populações atuais de organismos.

Uma árvore filogenética pode retratar a história evolutiva de todas as formas de vida: de um grande grupo evolutivo (como os insetos), de um pequeno grupo de espécies intimamente relacionadas ou, em alguns casos, mesmo a história de indivíduos, populações ou genes dentro de uma espécie. O ancestral comum de todos os organismos na árvore forma a *raiz* da árvore. As árvores filogenéticas neste livro mostram o fluxo de tempo da esquerda (mais antigo) para a direita (mais recente) (**Figura 25.1A**); é igualmente comum desenhar-se árvores com os tempos mais antigos em baixo.

O intervalo de separações entre linhagens de organismos aparece mostrado pelas posições de nódulos no eixo do tempo ou da divergência; esse eixo pode ter uma escala explícita ou simplesmente apresentar o intervalo relativo de eventos de divergência. Neste livro, as posições de nódulos ao longo do eixo horizontal (tempo) têm significado, mas a distância vertical entre os ramos não têm. Distâncias verticais ajustam-se para legitimidade e clareza de apresentação; elas não se correlacionam com o grau de similaridade ou diferença entre grupos. Note também que linhagens podem ser rotadas em torno de nódulos na árvore, assim a ordem vertical das taxa é muito arbitrária (**Figura 25.1B**).

Qualquer grupo de espécies que designamos ou nomeamos chama-se **táxon** (*taxa*, no plural). Alguns exemplos de taxa familiares incluem humanos, primatas, mamíferos e vertebrados (note que nesta série, cada táxon na lista é também membro do próximo mais inclusivo táxon). Qualquer táxon que consista em todos os descendentes evolutivos de um ancestral comum denomina-se **clado**. Clados podem ser identificados tomando-se qualquer ponto numa árvore filogenética

Figura 25.1 Como ler uma árvore filogenética? (A) Uma árvore filogenética mostra as relações evolutivas entre organismos. Tais árvores podem ser geradas com escalas de tempo, como a mostrada aqui, ou sem indicação de tempo. Se não há escala de tempo mostrada, então os comprimentos dos ramos mostram tempos relativos de divergência, em vez de absolutos. (B) As linhagens podem ser giradas ao redor de um dado nódulo, logo a ordem vertical de taxa altera-se também amplamente.

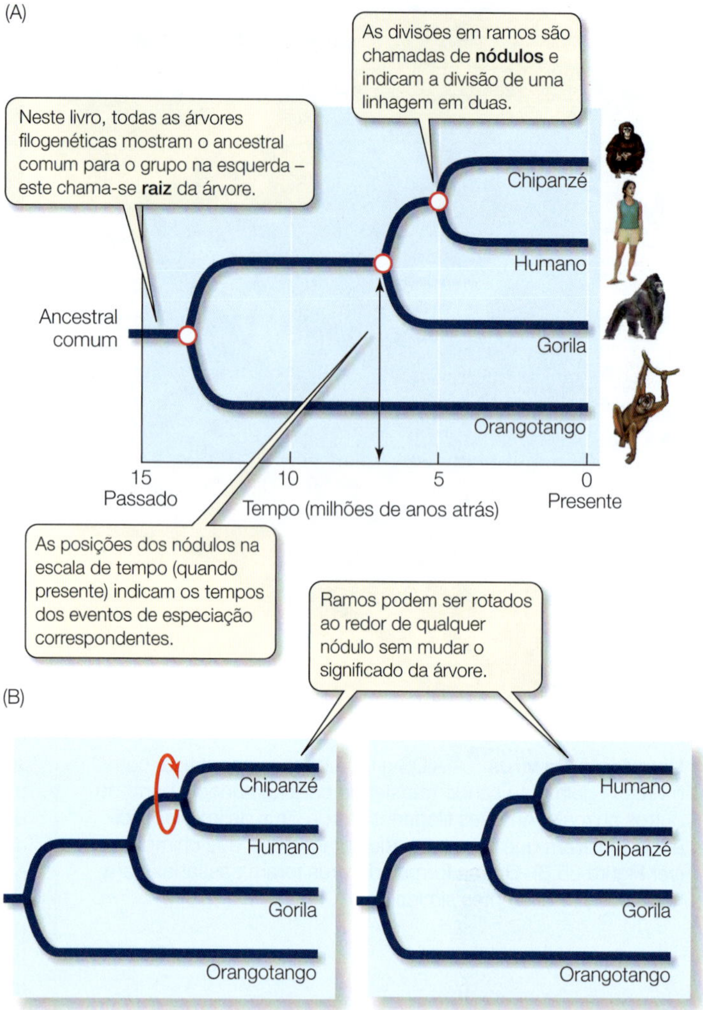
(A)
As divisões em ramos são chamadas de **nódulos** e indicam a divisão de uma linhagem em duas.
Neste livro, todas as árvores filogenéticas mostram o ancestral comum para o grupo na esquerda – este chama-se **raiz** da árvore.
Chipanzé
Humano
Ancestral comum
Gorila
Orangotango
15
Passado
10
5
0
Presente
Tempo (milhões de anos atrás)
As posições dos nódulos na escala de tempo (quando presente) indicam os tempos dos eventos de especiação correspondentes.
Ramos podem ser rotados ao redor de qualquer nódulo sem mudar o significado da árvore.
(B)
Chipanzé
Humano
Gorila
Orangotango
Humano
Chipanzé
Gorila
Orangotango

e então rastreando-se todos as linhagens descendentes até as pontas dos ramos terminais. Duas espécies parentes mais próximas uma da outra chamam-se **espécies irmãs**; similarmente, dois clados parentes mais próximos um do outro são chamados **clados irmãos**.

Antes da década de 1980, árvores filogenéticas eram geralmente vistas na literatura de biologia evolutiva, especialmente em **sistemática**, o estudo de biodiversidade. Contudo, hoje, em quase todos os periódicos científicos das ciências da vida publicados nos últimos anos, você poderá encontrar artigos com árvores filogenéticas. As árvores são amplamente usadas em estudos de biologia molecular, biomedicina, fisiologia, comportamento, ecologia e virtualmente todos os outros campos da biologia. Por que estudos filogenéticos tornaram-se tão importantes para a biologia?

Toda a vida conecta-se pela história evolutiva

Em biologia, estudamos a vida em todos os níveis de organização – de genes, células, organismos, populações e espécies às divisões maiores da vida. Na maioria dos casos, entretanto, nenhum gene individual ou organismo (ou outra unidade de estudo) se iguala exatamente a qualquer outro gene ou organismo que investigamos.

Considere os indivíduos em sua aula de biologia. Reconhecemos cada pessoa como um ser humano, mas sabemos que não há dois exatamente iguais. Se soubéssemos a árvore genealógica de cada um em detalhe, poderíamos predizer a similaridade genética de qualquer par de estudantes. Se tivéssemos essa informação, descobriríamos que estudantes mais intimamente relacionados apresentam muito mais traços em comum (tais como suscetibilidade ou resistência a doenças). De maneira similar, biólogos usam filogenias para fazer comparações e predições sobre traços compartilhados por genes, populações e espécies.

Um dos maiores conceitos unificadores em biologia diz que toda a vida conecta-se por sua história evolutiva. A história evolutiva completa de quase 4 bilhões de anos da vida é conhecida como a "Árvore da Vida". Biólogos estimam que há dezenas de milhões de espécies na Terra. Destes, apenas 1,7 milhões foram formalmente descritas e nomeadas. Novas espécies estão sendo descobertas e nomeadas, e análises filogenéticas revistas e revisadas o tempo todo, mas nosso conhecimento da Árvore da Vida está longe de ser completo, mesmo para espécies conhecidas. Não obstante, o conhecimento de relações evolutivas é essencial para fazer comparações em biologia, logo biólogos constroem filogenias para grupos particulares de interesse de acordo com a necessidade.

Qualquer alegação de uma associação evolutiva entre um fenótipo e um grupo de organismos é, na verdade, uma declaração sobre quando durante a história do grupo o fenótipo primeiramente surgiu e sobre a manutenção do traço desde sua aparição. Por exemplo, a declaração de que o citoesqueleto é um traço possuído por todos os eucariotos equivale a dizer que o citoesqueleto é um traço ancestral de eucariotos mantido durante a evolução subseqüente de todas as linhagens sobreviventes de eucariotos.

Comparações entre espécies requerem uma perspectiva evolutiva

Quando biólogos fazem comparações entre espécies, eles observam traços que diferem dentro do grupo de interesse e tentam descobrir quando esses traços evoluíram. Em muitos casos, investigadores interessam-se em como a evolução de um traço depende das condições ambientais ou pressões seletivas. Por exemplo, análises filogenéticas têm sido usadas para descobrir mudanças no genoma do HIV que conferem resistência a tratamentos quimioterápicos particulares. A associação de uma mudança genética particular no HIV com um tratamento particular fornece uma hipótese sobre a resistência testável experimentalmente.

Quaisquer características compartilhadas por duas ou mais espécies, herdadas de um ancestral comum, denominam-se **homólogas**. Conforme notamos na Seção 24.1, características homólogas podem ser quaisquer traços herdados, como seqüências de DNA, estruturas de proteínas, estruturas anatômicas e mesmo certos padrões de comportamento. Traços compartilhados pela maioria ou por todos os organismos de um grupo de interesse provavelmente foram herdados de um ancestral comum. Por exemplo, todos os vertebrados vivos possuem coluna vertebral, todos os fósseis conhecidos de vertebrados tinham coluna vertebral e todos os vertebrados são descendentes do mesmo ancestral comum. Portanto, julgamos a coluna vertebral como homóloga a todos os vertebrados.

Um fenótipo que se diferencia de sua forma ancestral chama-se **traço derivado**. Por outro lado, um traço presente no ancestral de um grupo é chamado **traço ancestral**. Traços derivados que se compartilham entre um grupo de organismos e são vistos como evidência do ancestral comum do grupo chamam-se **sinapomorfias** (*sin* significa "compartilhado", *apo*, "derivado" e *morfia* refere-se à "forma" de um traço). Assim, consideramos a coluna vertebral uma sinapomorfia dos vertebrados.

Entretanto, nem todo traço similar é evidência de parentesco. Traços similares em grupos não-relacionados de organismos podem-se desenvolver por uma das seguintes razões:

- Traços que evoluíram independentemente sujeitos a pressões seletivas similares podem tornar-se superficialmente similares; esse fenômeno é chamado **evolução convergente**. Por exemplo, embora os ossos das asas de morcegos e aves sejam homólogos, herdados de um ancestral comum, as asas das duas espécies não são homólogas porque evoluíram independentemente dos membros anteriores de diferentes ancestrais não-voadores (**Figura 25.2**).

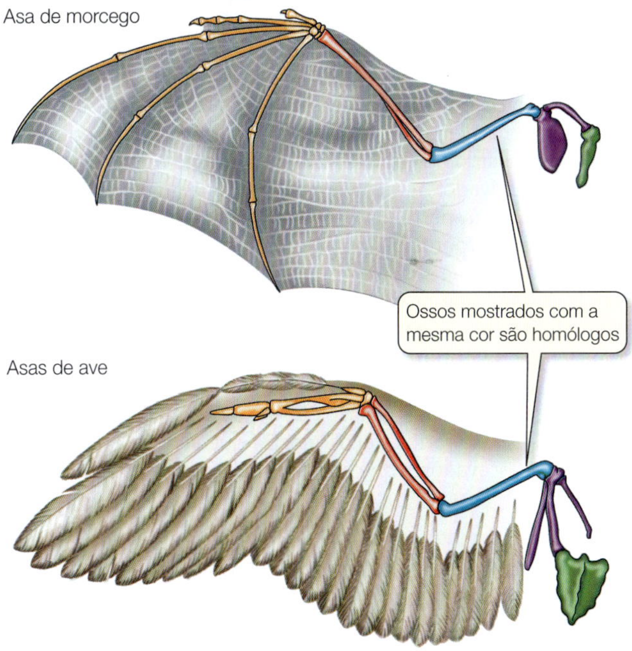
Asa de morcego
Ossos mostrados com a mesma cor são homólogos
Asas de ave

Figura 25.2 Os ossos são homólogos; as asas não são As estruturas ósseas que suportam as asas de morcegos e aves são derivadas de um ancestral comum de quatro membros e, assim, são homólogas. No entanto, as asas propriamente ditas – uma adaptação para o vôo – evoluíram independentemente nos dois grupos.

- Um caráter pode-se reverter de um estado derivado para um estado ancestral. Tal mudança chama-se **reversão evolutiva**. Por exemplo, a maioria das rãs não tem dentes na mandíbula inferior, mas o ancestral das rãs os tinha. Os dentes reapareceram na mandíbula inferior de um gênero de rã, *Amphignathodon*, e representam assim uma reversão evolutiva.

A evolução convergente e a reversão evolutiva geram traços que se assemelham por outras razões que não a herança de ancestral comum. Tais traços chamam-se *traços homoplásticos* ou **homoplasias**.

Um traço particular pode ser ancestral ou derivado, dependendo do nosso ponto de referência numa filogenia. Por exemplo, todas as aves possuem penas, escamas altamente modificadas. Inferimos disso que penas estavam presentes no ancestral comum de aves modernas. Portanto, consideramos a presença de penas como traço *ancestral* para aves. No entanto, penas não estão presentes em qualquer outro grupo de vertebrados (ou em qualquer outra espécie animal, na verdade). Se estivéssemos reconstruindo uma filogenia de todos os vertebrados existentes, a presença de penas seria um traço **derivado** encontrado apenas entre as aves (uma sinapomorfia das aves).

25.1 RECAPITULAÇÃO

Uma filogenia é uma descrição das relações evolutivas: como um grupo de genes, populações ou espécies evoluíram de um ancestral comum. Todos os organismos vivos compartilham ancestral comum e são relacionadas pela Árvore Filogenética da Vida.

- Você entende os diferentes elementos de uma árvore filogenética? Ver p. 543 e Figura 25.1.
- Você pode explicar as diferenças entre traço ancestral e derivado? Ver p. 545.
- Você percebe como traços similares podem surgir em espécies que não descendem de ancestral comum? Ver p. 545 e Figura 25.2.

Análises filogenéticas tornaram-se cada vez mais importantes para muitos tipos de pesquisas biológicas recentemente e constituem a base para a natureza comparativa da biologia. Contudo, na sua maior parte, a história evolutiva não pode ser observada diretamente. Como, então, biólogos reconstroem o passado?

25.2 Como são construídas as árvores filogenéticas?

Para ilustrar de que maneira uma árvore filogenética é construida, vamos considerar oito animais vertebrados: lampreia, perca (tipo de peixe), pombo, chimpanzé, salamandra, lagarto, camundongo e crocodilo. Assumiremos inicialmente que um dado traço derivado evoluiu apenas uma vez durante a evolução desses animais (isto é, não houve evolução convergente) e que nenhum traço derivado perdeu-se em qualquer dos grupos descendentes (não houve reversão evolutiva). Para simplificar, selecionamos traços presentes (+) ou ausentes (-) (**Tabela 25.1**).

TABELA 25.1 Oito vertebrados ordenados de acordo com traços derivados compartilhados únicos

	TRAÇO DERIVADO[a]							
TÁXON	MANDÍBULA	PULMÕES	GARRAS OU UNHAS	MOELA	PENAS	PÊLO	GLÂNDULAS MAMÁRIAS	ESCAMAS QUERATINOSAS
Lampreia (grupo externo)	–	–	–	–	–	–	–	–
Perca	+	–	–	–	–	–	–	–
Salamandra	+	+	–	–	–	–	–	–
Lagarto	+	+	+	–	–	–	–	+
Crocodilo	+	+	+	+	–	–	–	+
Pombo	+	+	+	+	+	–	–	+
Camundongo	+	+	+	–	–	+	+	–
Chimpanzé	+	+	+	–	–	+	+	–

[a]Sinal de adição indica presença do traço, sinal de subtração indica ausência.

Conforme veremos no Capítulo 33, um grupo de peixes sem mandíbulas chamado de lampreia parece ter-se separado da linhagem que levava a outros vertebrados antes do surgimento da mandíbula. Portanto, escolheremos a lampreia como o *grupo externo* para nossa análise. Um grupo externo pode ser qualquer espécie ou grupo de espécies fora do grupo de interesse; segue-se, então, que chamaremos o grupo de interesse primário de *grupo interno*. Utiliza-se o grupo externo para determinar quais traços do grupo interno são derivados (evoluíram no grupo interno) e quais são ancestrais (evoluíram antes da origem do grupo interno). Neste caso, traços derivados são aqueles adquiridos por outros membros da linhagem de vertebrados desde que eles separaram-se da lampreia, enquanto qualquer traço presente em ambos os grupos é julgado como ancestral. A raiz da árvore se determina pela relação do grupo interno com o externo.

Começamos observando que chimpanzé e camundongo compartilham dois traços derivados: glândulas mamárias e pêlos. Estes traços estão ausentes no grupo externo e nas outras espécies do interno. Portanto, inferimos que glândulas mamárias e pêlos são traços derivados que evoluíram em um ancestral comum de chimpanzés e camundongos após estas linhagens separarem-se de outros vertebrados. Em outras palavras, assumiremos provisoriamente que glândulas mamárias e pêlos evoluíram apenas uma vez entre os animais em nosso grupo interno. Esses caracteres são, portanto, sinapomorfias que unem chimpanzés e camundongos (bem como outros mamíferos, mas não incluímos outras espécies de mamíferos neste exemplo).

Na mesma linha de raciocínio, podemos inferir que os outros traços compartilhados são sinapomorfias para os vários grupos em que eles se expressam. Por exemplo, escamas queratinosas são uma sinapomorfia de crocodilo, pombo e lagarto, significando que inferimos que essas espécies herdaram este traço de um ancestral comum.

O pombo tem um traço único em nossa lista: penas. Como antes, provisoriamente assumimos que penas evoluíram apenas uma vez, no ancestral das aves. Penas consistem em uma sinapomorfia de aves, mas já que temos apenas uma ave neste exemplo, a presença de penas não fornece pistas sobre as relações entre as oito espécies de vertebrados que amostramos. Por outro lado, moelas são encontradas em aves e crocodilianos; assim, esse traço evidencia a íntima relação entre aves e crocodilianos.

Combinadas as informações sobre as várias sinapomorfias, podemos construir uma árvore filogenética. Inferimos, por exemplo, que camundongos e chimpanzés, os únicos dois animais que compartilham pêlos e glândulas mamárias aqui, compartilham entre si um ancestral comum mais recente do que com pombos e crocodilos. Do contrário, precisaríamos assumir que os ancestrais de pombos e crocodilos também tinham pêlos e glândulas mamárias, mas subseqüentemente os perderam – suposições adicionais desnecessárias.

A **Figura 25.3** mostra uma árvore filogenética para esses oito vertebrados, baseada nos traços que usamos e na suposição de que cada traço derivado evoluiu apenas uma vez. Esta árvore filogenética particular foi fácil de construir porque os animais e traços que usamos completavam plenamente as suposições de que traços derivados apareceram apenas uma vez na árvore e que eles nunca foram perdidos após seu surgimento. Se tivéssemos incluído uma serpente no grupo, nossa segunda suposição teria sido violada, já que sabemos que os lagartos ancestrais das serpentes tinham membros que foram subseqüentemente perdidos (juntamente com as garras). Precisaríamos examinar traços adicionais para determinar que a linhagem que levou às serpentes separou-se daquela que levou aos lagartos muito depois da linhagem que levou aos lagartos ter-se separado das outras. De fato, a análise de vários traços mostra que serpentes evoluíram de lagartos escavadores que se adaptaram a uma existência subterrânea.

A parcimônia fornece a explicação mais simples para dados filogenéticos

A árvore filogenética mostrada na Figura 25.3 baseia-se em apenas uma pequena amostra de traços. Tipicamente, biólogos constroem árvores filogenéticas usando centenas ou milhares de traços. Com conjuntos de dados maiores, esperaríamos observar alguns traços que mudaram mais de uma vez e, assim, esperaríamos ver alguma convergência e reversão evolutiva. Como determinamos quais traços são sinapomorfias e quais são homoplasias?

Uma abordagem consiste em usar o princípio da **parcimônia**. Na sua forma mais geral, o princípio da parcimônia diz que a explicação preferida para os dados observados é a explicação mais simples. Sua aplicação para a reconstrução de filogenias

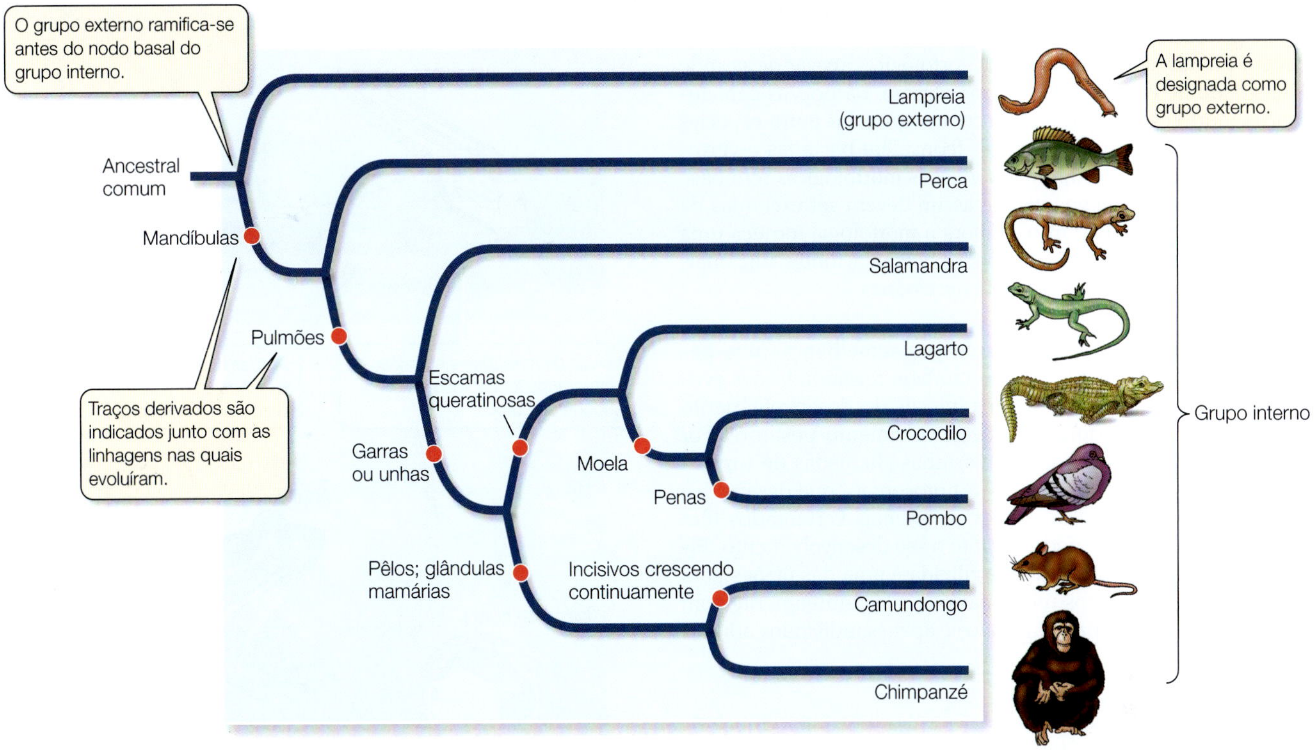
O grupo externo ramifica-se antes do nodo basal do grupo interno.
Ancestral comum
Mandíbulas
Pulmões
Traços derivados são indicados junto com as linhagens nas quais evoluíram.
Garras ou unhas
Escamas queratinosas
Moela
Penas
Pêlos; glândulas mamárias
Incisivos crescendo continuamente
Lampreia (grupo externo)
Perca
Salamandra
Lagarto
Crocodilo
Pombo
Camundongo
Chimpanzé
A lampreia é designada como grupo externo.
Grupo interno

Figura 25.3 Inferindo uma árvore filogenética Esta árvore filogenética foi construída a partir da informação dada na Tabela 25.1 usando o princípio da parcimônia. Cada clado na árvore apóia-se em pelo menos um traço derivado compartilhado, ou sinapomorfia.

significa minimizar o número de mudanças evolutivas que precisam ser assumidas para todos os caracteres em todos os grupos na árvore. Em outras palavras, a melhor hipótese sob o princípio da parcimônia é o caso específico de um princípio geral de lógica chamado de navalha de Occam: a idéia de que a melhor explicação é aquela que se ajusta melhor aos dados e faz menos suposições.

O uso do princípio da parcimônia faz-se apropriado não porque todas as mudanças evolutivas ocorreram parcimoniosamente, mas porque é lógico adotar a explicação mais simples para descrever os dados observados. Explicações mais complicadas são aceitas apenas quando a evidência as requer. Árvores filogenéticas representam nossas melhores estimativas sobre as relações evolutivas. Elas modificam-se continuamente à medida que evidências adicionais tornam-se disponíveis.

Filogenias são reconstruídas a partir de muitas fontes de dados

Naturalistas construíram várias formas de árvores filogenéticas desde os tempos clássicos. Entretanto, a construção de árvores tem sido revolucionada pelo advento de programas de computador para a análise de fenótipos e construção de árvores, permitindo-nos considerar quantidades de dados muito mais vastas do que antes podíamos processar.

Qualquer traço geneticamente determinado e, portanto, herdável, pode ser usado em análise filogenética. Relações evolutivas podem ser reveladas por estudos de morfologia, desenvolvimento, registro fóssil, traços comportamentais e traços moleculares tais como seqüências de DNA e proteínas. Tudo isso é usado por sistematas modernos, e a construção de árvores e o seqüenciamento gênico dirigidos por computador, juntos, levaram a uma explosão de novas abordagens para a filogenia.

Embora a construção de árvores filogenéticas seja conceitualmente direta, a computação envolvida com grandes conjuntos de características e taxa pode ser desafiadora. Para se ter uma idéia, o número de possíveis árvores filogenéticas para apenas 50 espécies excede grandemente o número de átomos do universo!

MORFOLOGIA Uma importante fonte de informação filogenética é a *morfologia* – isto é, a presença, tamanho, forma e outros atributos de partes do corpo. Uma vez que organismos vivos foram estudados por séculos, temos uma riqueza de dados morfológicos gravados, bem como um extenso museu e coleções herbáreas de organismos cujos traços podem ser medidos. Novas ferramentas tecnológicas, como a microscopia eletrônica e a varredura por tomografia computadorizada (TC), permitem aos sistematas examinar e analisar as estruturas de organismos em escalas muito mais finas do que eram possíveis anteriormente. A maioria das espécies de organismos vivos tem sido descrita e conhecida primariamente a partir de dados morfológicos, logo a morfologia fornece o mais compreensivo conjunto de dados disponível para muitos taxa. As características de morfologia importantes para a análise filogenética são freqüentemente específicas para um grupo particular de organismos. Por exemplo, a presença, desenvolvimento, forma e tamanho de várias características do sistema ósseo são importantes para o estudo de filogenia de vertebrados, enquanto estruturas florais são importantes para o estudo de relações entre plantas com flores.

Apesar da utilidade de abordagens morfológicas para a análise filogenética, elas apresentam algumas limitações. Alguns taxa exibem pouquíssima diversidade morfológica, apesar de grande diversidade de espécies. No outro extremo, há poucas características morfológicas que podem ser comparadas entre espécies muito distantemente relacionadas (considere bactérias e vertebrados, por exemplo). Algumas variações morfológicas têm base ambiental (em vez de genética) e assim devem ser excluídas da análise filogenética. Portanto, embora a morfologia forneça uma importante fonte de informação para a filogenia, fontes adicionais de informação são freqüentemente necessárias.

DESENVOLVIMENTO Observações de semelhanças nos padrões de desenvolvimento podem também revelar relações evolutivas. Semelhanças em estágios iniciais do desenvolvimento podem ser perdidas durante o desenvolvimento posterior. Por exemplo, as larvas de criaturas marinhas chamadas de tunicados possuem bastão nas costas – a notocorda – que desaparece quando tornam-se adultos. Todos os animais vertebrados têm notocorda em algum período durante o seu desenvolvimento (**Figura 25.4**). Essa estrutura compartilhada é uma das razões para inferirmos que tunicados relacionam-se mais intimamente com vertebrados do que seria imaginado se apenas indivíduos adultos fossem examinados.

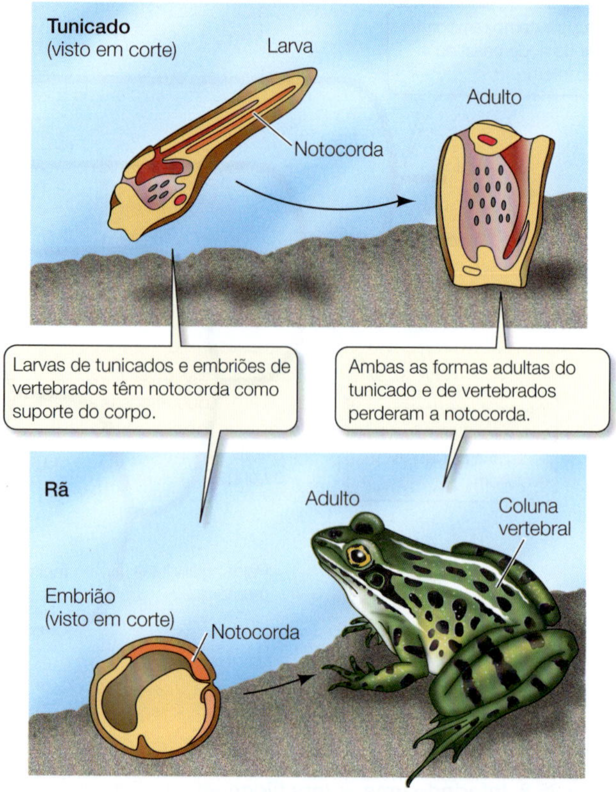
Tunicado
(visto em corte)
Larva
Adulto
Notocorda
Larvas de tunicados e embriões de vertebrados têm notocorda como suporte do corpo.
Ambas as formas adultas do tunicado e de vertebrados perderam a notocorda.
Rã
Adulto
Coluna vertebral
Embrião
(visto em corte)
Notocorda

Figura 25.4 Uma larva revela relações evolutivas Larvas de tunicados, mas não adultos, têm notocorda bem desenvolvida (laranja) que revela relação evolutiva com vertebrados, que apresentam notocorda em algum período do seu ciclo de vida. Em vertebrados adultos, a coluna vertebral substitui a notocorda como estrutura de suporte.

PALEONTOLOGIA O registro fóssil forma outra importante fonte de informação da história evolutiva. Fósseis nos mostram onde e quando organismos viveram no passado e nos dão uma idéia de com o que eles se pareciam. Fósseis fornecem importante evidência que ajuda a distinguir traços ancestrais dos traços derivados. O testemunho fóssil pode, também, revelar quando linhagens divergiram e começaram suas histórias evolutivas independentes. Além disso, em grupos com poucas espécies que sobreviveram até o presente, informações de espécies distintas são freqüentemente cruciais para o entendimento das grandes divergências entre as espécies sobreviventes. Entretanto, o registro fóssil apresenta limitações. Pouco ou nenhum registro fóssil foi encontrado para certos grupos cujas filogenias desejamos determinar, e o registro fóssil para muitos grupos encontra-se fragmentado.

COMPORTAMENTO Alguns traços comportamentais são culturalmente transmitidos e outros herdados. Se um comportamento particular transmite-se culturalmente, então pode não refletir precisamente relações evolutivas (mas pode, entretanto, refletir conexões culturais). O canto dos pássaros, por exemplo, é normalmente aprendido e pode ser uma característica inapropriada para a análise filogenética. O coaxar das rãs, por outro lado, determina-se geneticamente e parece ser fonte aceitável de informação para reconstruir filogenias.

DADOS MOLECULARES Toda a variação herdável encontra-se codificada no DNA; assim, o genoma completo de um organismo contém um conjunto enorme de características (as bases nucleotídicas individuais do DNA) que podem ser usadas em análises filogenéticas. Nos últimos anos, seqüências de DNA tornaram-se uma das fontes mais amplamente utilizadas para a construção de árvores filogenéticas. Comparações de seqüências de nucleotídeos não limitam-se ao DNA no núcleo da célula. Eucariotos têm genes nas mitocôndrias, bem como nos núcleos; células vegetais também têm genes nos cloroplastos. O genoma do cloroplasto (cpDNA), usado extensivamente em estudos filogenéticos de plantas, mudou lentamente ao longo do tempo evolutivo. Assim, ele é freqüentemente usado para estudar relações filogenéticas relativamente antigas. A maioria do DNA mitocondrial (mtDNA) de animais mudou mais rapidamente, assim genes mitocondriais têm sido usados de forma extensiva para estudos das relações evolutivas entre espécies animais intimamente relacionadas. Muitas seqüências de genes nucleares são também comumente analisadas, e agora que diversos genomas inteiros foram seqüenciados, eles também são usados para construir árvores filogenéticas. Informações de produtos gênicos (como seqüências de aminoácidos de proteínas) também são amplamente utilizadas para análises filogenéticas, como discutimos no Capítulo 24.

Modelos matemáticos expandem o poder da reconstrução filogenética

Quando biólogos começaram a usar seqüências de DNA para inferir filogenias nas décadas de 1970 e 1980, eles desenvolveram modelos matemáticos explícitos que descreviam como seqüências de DNA mudam ao longo do tempo. Esses modelos descrevem múltiplas mudanças em dada posição na seqüência de DNA e também levam em conta diferentes taxas de mudanças em diferentes posições num gene, em diferentes posições num códon e entre diferentes nucleotídeos (ver Seção 24.1). Por exemplo, transições (mudanças entre duas purinas ou entre duas pirimidinas) são usualmente mais prováveis de ocorrer do que transversões (mudanças entre purina e pirimidina).

Tais modelos matemáticos podem ser usados a fim de computar soluções com **máxima probabilidade** para a estimativa filogenética. Uma pontuação para a probabilidade de uma árvore filogenética baseia-se na probabilidade dos dados observados evoluírem na árvore especificada, seguindo um modelo matemático explícito de evolução para os grupos. A solução de máxima probabilidade, então, é a árvore mais provável segundo os dados observados. Métodos de máxima probabilidade podem ser usados para qualquer tipo de características, mas são mais freqüentemente usados com dados moleculares, para os quais modelos matemáticos explícitos de mudanças evolutivas são mais fáceis de desenvolver. A principal vantagem das análises de máxima probabilidade é a incorporação de mais informações sobre a mudança evolutiva em comparação aos métodos parcimônicos. Além disso, são mais fáceis de tratar do ponto de vista estatístico. As principais desvantagens: são computacionalmente intensivas e requerem modelos explícitos de mudança evolutiva (os quais podem não estar disponíveis para alguns tipos de mudanças de características).

A precisão de métodos filogenéticos pode ser testada

Se árvores filogenéticas representam reconstruções de eventos passados, e se muitos desses eventos ocorreram antes que qualquer humano estivesse presente para testemunhá-los, como podemos testar a precisão dos métodos filogenéticos? Biólogos têm conduzido experimentos em organismos vivos e com simulações computacionais que demonstram a eficiência e precisão de métodos filogenéticos.

Em um experimento desenhado para testar a precisão da análise filogenética, uma única cultura viral do bacteriófago T7 foi usada como ponto de partida e foi permitido que linhagens evoluíssem desse vírus ancestral em laboratório (**Figura 25.5**). A cultura inicial dividiu-se em duas linhagens separadas, uma das quais tornou-se o grupo interno para a análise e a outra tornou-se o grupo externo usado como raiz da árvore. No grupo interno, as linhagens foram divididas em duas a cada 400 gerações, e amostras do vírus foram guardadas para análise em cada ponto

EXPERIMENTO

HIPÓTESE: A história evolutiva pode ser corretamente construída a partir das seqüências de DNA de organismos vivos usando a análise filogenética.

MÉTODO

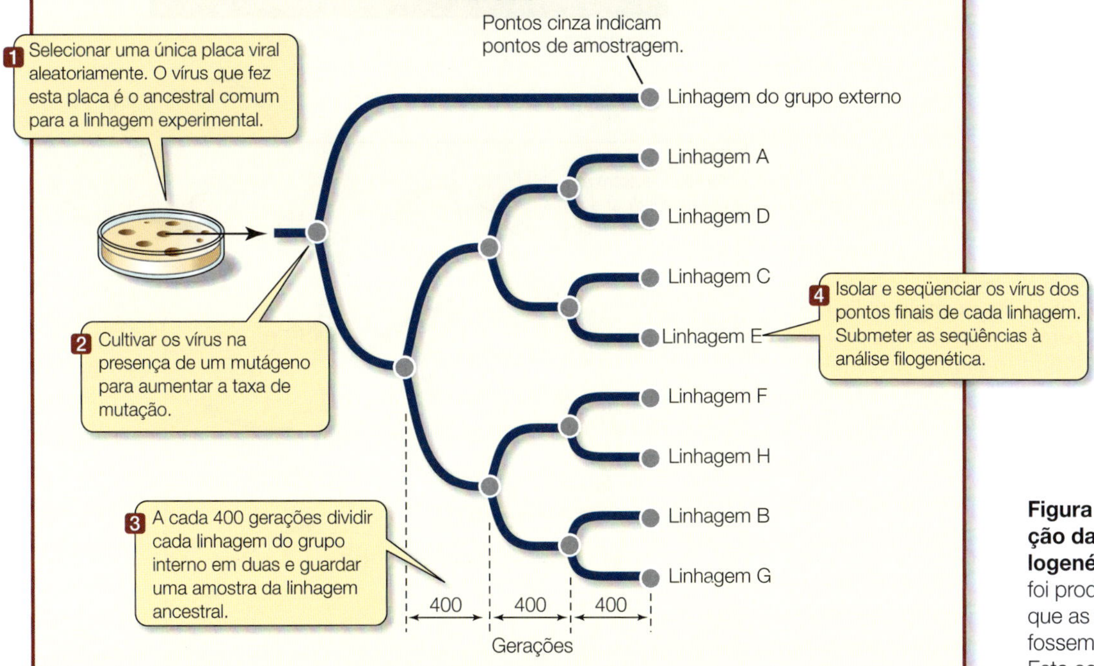

Pontos cinza indicam pontos de amostragem.
1 Selecionar uma única placa viral aleatoriamente. O vírus que fez esta placa é o ancestral comum para a linhagem experimental.
2 Cultivar os vírus na presença de um mutágeno para aumentar a taxa de mutação.
3 A cada 400 gerações dividir cada linhagem do grupo interno em duas e guardar uma amostra da linhagem ancestral.
4 Isolar e seqüenciar os vírus dos pontos finais de cada linhagem. Submeter as seqüências à análise filogenética.
Linhagem do grupo externo
Linhagem A
Linhagem D
Linhagem C
Linhagem E
Linhagem F
Linhagem H
Linhagem B
Linhagem G
400
400
400
Gerações

RESULTADOS

A história evolutiva das linhagens e as seqüências ancestrais dos vírus foram reconstruídas precisamente.

CONCLUSÃO: A análise filogenética de seqüências de DNA pode reconstruir precisamente a história evolutiva e as seqüências ancestrais.

Figura 25.5 Uma demonstração da precisão da análise filogenética A filogenia de vírus foi produzida no laboratório para que as reais relações evolutivas fossem observadas diretamente. Esta conhecida filogenia foi precisamente reconstruída a partir das seqüências de DNA de apenas aqueles vírus nas pontas da árvore. PESQUISA ADICIONAL Como você mudaria as condições experimentais para tornar a filogenia mais desafiadora de construir?

de ramificação. As linhagens puderam evoluir até que houvesse oito linhagens no grupo interno e uma no grupo externo. Mutágenos foram adicionados às culturas virais para aumentar a taxa de mutação, de modo que a quantidade de mudança e o grau de homoplasia fossem típicos dos organismos analisados em análises filogenéticas comuns. Os investigadores, então, seqüenciaram amostras dos pontos finais das oito linhagens, bem como dos ancestrais em cada ponto de ramificação. Então passaram as seqüências dos pontos finais das linhagens para que outros investigadores as analisassem, sem revelar a conhecida história das linhagens ou as seqüências dos vírus ancestrais.

Após completar a análise filogenética, os investigadores fizeram duas questões. Os métodos filogenéticos reconstruíram corretamente a história conhecida? As seqüências dos vírus ancestrais foram precisamente reconstruídas? A resposta em ambos os casos foi sim: a ordem de ramificação das linhagens reconstruiu-se exatamente como era, mais de 98% das posições dos nucleotídeos dos vírus ancestrais foram reconstruídas corretamente, e 100% das mudanças de aminoácidos nas proteínas virais foram reconstruídas corretamente.

O experimento mostrado na Figura 25.5 demonstrou que a análise filogenética foi precisa nas condições testadas, mas não examinou todas as condições possíveis. Outros estudos experimentais têm levado outros fatores em consideração, tais como a sensibilidade da análise filogenética a ambientes convergentes e taxas altamente variáveis de mudança evolutiva. Além disso, simulações computacionais baseadas em modelos evolutivos têm sido extensivamente utilizadas para testar a eficiência da análise filogenética. Esses estudos também confirmam a precisão dos métodos filogenéticos e têm sido usados para refiná-los e estendê-los a novas aplicações.

Estados ancestrais podem ser reconstruídos

Além de inferir as relações evolutivas entre linhagens, biólogos podem usar métodos filogenéticos para reconstruir a filogenia, comportamento ou seqüências de nucleotídeos e aminoácidos de espécies ancestrais (como foi demonstrado para seqüências ancestrais de T7 no experimento mostrado na Figura 25.5). Por exemplo, utilizou-se uma análise filogenética para reconstruir uma proteína opsina no ancestral arcossauro (o último ancestral comum de aves, dinossauros e crocodilos). Opsinas são pigmentos protéicos envolvidos na visão, diferentes opsinas (com diferentes seqüências de aminoácidos) excitam-se por luz em diferentes comprimentos de onda. O conhecimento da seqüência da opsina no ancestral arcossauro forneceria pistas sobre as capacidades visuais dos animais e, portanto, sobre alguns de seus prováveis comportamentos. Os investigadores usaram a análise filogenética de opsinas de vertebrados vivos para estimar a seqüência de aminoácidos do pigmento existente no ancestral arcossauro. Uma proteína com essa mesma seqüência foi então construída no laboratório. Os investigadores testaram a opsina reconstruída e encontraram uma mudança significativa para a extremidade vermelha do espectro na sensibilidade à luz dessa proteína comparada com opsinas mais modernas. Espécies modernas que exibem sensibilidade similar são adaptadas para a visão noturna, logo, os investigadores inferiram que o ancestral arcossauro poderia ter sido ativo à noite. Assim, lembrando o filme *Parque dos Dinossauros*, análises filogenéticas são usadas para reconstruir espécies distintas, uma proteína por vez!

Relógios moleculares adicionam uma dimensão de tempo

Para muitas aplicações, biólogos desejam saber não apenas a ordem na qual as linhagens evolutivas dividiram-se, mas também

(A)

Harpagochromis sp.

Ptyochromis sp.

(B)

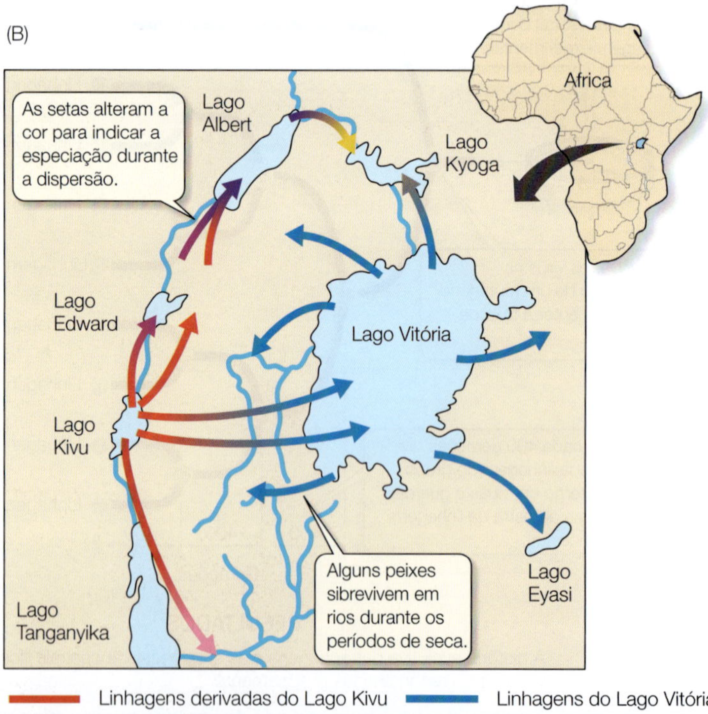
África
As setas alteram a cor para indicar a especiação durante a dispersão.
Lago Albert
Lago Kyoga
Lago Edward
Lago Vitória
Lago Kivu
Alguns peixes sibrevivem em rios durante os períodos de seca.
Lago Eyasi
Lago Tanganyika
Linhagens derivadas do Lago Kivu
Linhagens do Lago Vitória

Figura 25.6 Origens dos peixes ciclídeos do Lago Vitória (A) Estas fotografias mostram apenas duas das centenas de espécies de ciclídeos encontradas do Lago Vitória. (B) A análise filogenética sugere que os ciclídeos colonizaram o Lago Vitória pelas rotas mostradas no mapa.

quando elas o fizeram. Em 1965, Emile Zuckerkandl e Linus Pauling hipotetizaram que taxas de mudança molecular eram constantes o suficiente para que pudessem ser usadas para prever tempos de divergência evolutiva – idéia que se tornou conhecida como *hipótese do relógio molecular*.

É claro que diferentes genes evoluem em diferentes ritmos e há também diferenças nos ritmos evolutivos entre espécies relacionadas a distintos tempos de geração, ambientes, eficiência dos sistemas de reparo de DNA e outros fatores biológicos. Entretanto, entre espécies intimamente relacionadas um dado gene usualmente evolui em um ritmo razoavelmente constante e pode ser usado como medida para calcular o tempo de divergência para uma divisão particular na filogenia. Esses **relógios moleculares** devem ser calibrados usando dados independentes, como registro fóssil, tempos conhecidos de divergência ou datas biogeográficas (como as datas para separações dos continentes). Usando essas calibrações, estimam-se tempos de divergência para muitos grupos de espécies.

Estudos de peixes ciclídeos fornecem um exemplo do uso de relógios moleculares. A espetacular radiação evolutiva que produziu mais de 500 espécies em um grupo de peixes ciclídeos no Lago Vitória, na África Oriental, inicialmente presumiu-se ter ocorrido durante um período de cerca de 750 mil anos, a suposta idade da bacia do lago. Dados geológicos recentemente descobertos sugerem, entretanto, que o Lago Vitória secou entre 15.600 e 14.700 anos atrás. Biólogos julgaram que as centenas de ciclídeos morfologicamente diversos no Lago Vitória não poderiam ter evoluído em tão curto período de tempo, assim, eles consideraram outras hipóteses. Uma hipótese assumiu que o lago não havia secado completamente. Outra postulou que algumas das espécies de peixes sobreviveram em rios, a partir dos quais subseqüentemente recolonizaram o lago. Contudo, como eles poderiam testar essas possibilidades? Análises filogenéticas baseadas em dados moleculares ajudaram a resolver o problema.

Usando seqüências de DNA mitocondrial de cada uma das 300 espécies, investigadores construíram uma árvore filogenética dos peixes ciclídeos do lago Vitória e outros lagos na região. Essas árvores filogenéticas sugerem que os ancestrais ciclídeos do Lago Vitória vieram do Lago Kivu, geologicamente muito mais antigo. Hoje, o Lago Kivu é o lar de apenas 15 espécies de ciclídeos, mas a árvore filogenética sugere que peixes do Lago Kivu colonizaram o Lago Vitória em duas diferentes ocasiões (**Figura 25.6**). Uma análise do relógio molecular também indicou que algumas das linhagens de ciclídeos encontradas apenas no Lago Vitória e que, portanto, provavelmente ali evoluíram, dividiram-se há pelo menos 100 mil anos. Logo, a filogenia inferida desses peixes sugere fortemente que o Lago Vitória não secou completamente cerca de 15 mil anos atrás e que muitas espécies de peixes sobreviveram em rios e em porções menores de água que remanesceram na parte mais profunda do lago, ao longo dos períodos de seca mais recentes.

Antigamente, os biólogos pensavam que o HIV-1 movera-se de chimpanzés para humanos antes da AIDS tornar-se reconhecida como doença, no começo dos anos 1980. Entretanto, a análise do relógio molecular do principal grupo de vírus HIV-1 demonstrou que o HIV-1 em humanos data pelo menos das décadas de 1920 ou 1930, e que outras viroses de imunodeficiência de primatas moveram-se para populações humanas muitas vezes ao longo do século passado.

25.2 RECAPITULAÇÃO

Árvores filogenéticas podem ser construídas usando-se o princípio da parcimônia a fim de encontrar a explicação mais simples para a evolução das características. Métodos de máxima probabilidade incorporam modelos mais explícitos de mudança evolutiva para reconstruir a história evolutiva.

- Você entende como uma árvore filogenética é construída? Ver p. 547-548 e Figura 25.3.
- Há um modo de testar se árvores filogenéticas fornecem reconstruções precisas da história evolutiva? Ver p. 549-550 e Figura 25.5.
- Como os relógios moleculares adicionam a dimensão tempo às árvores filogenéticas? Ver p.551.

Biólogos em muitas áreas agora reconstroem rotineiramente relações filogenéticas. Vamos examinar alguns dos muitos usos dessas árvores filogenéticas

25.3 Como os biólogos utilizam as árvores filogenéticas?

Informações sobre as relações evolutivas entre organismos são úteis para cientistas que investigam uma ampla variedade de questões biológicas. Nesta seção, ilustraremos de que forma árvores filogenéticas podem ser usadas para fazer perguntas sobre o passado, comparar organismos no presente e fazer previsões sobre o futuro.

Filogenias ajudam-nos a reconstruir o passado

Muitas plantas com flores reproduzem-se pelo encontro com outros indivíduos, processo chamado fecundação cruzada. Muitas espécies de fecundação cruzada possuem mecanismos para prevenir a autofertilização e assim são referidas como *auto-incompatíveis*. Indivíduos de algumas espécies, entretanto, regularmente fertilizam a si próprios com seu próprio pólen, e denominam-se espécies *autofecundáveis*, o que, obviamente, requer que sejam *autocompatíveis*. Como podemos saber o quão freqüentemente a autocompatibilidade evoluiu num grupo de plantas? Podemos fazê-lo conduzindo uma análise filogenética de espécies de fecundação cruzada e autofecundação e testando as espécies para auto-compatibilidade.

A evolução de mecanismos de fertilização foi examinada em *Linanthus* (gênero da família Flox), grupo de plantas com diversidade de sistemas de procriação e mecanismos de polinização. As espécies de fecundação cruzada de *Linanthus* apresentam pétalas longas e são polinizadas por moscas de língua longa; essas espécies são auto-incompatíveis. As espécies autocompatíveis, em contraste, possuem pétalas pequenas. Os investigadores reconstruíram uma filogenia para doze espécies do gênero usando seqüências de DNA ribossomal nuclear (**Figura 25.7**). Eles determinaram se cada espécie era autocompatível por flores que polinizavam artificialmente com o próprio pólen da planta ou com o pólen de outros indivíduos e observaram se sementes viáveis se formavam.

Várias linhas de evidência sugerem que a auto-incompatibilidade é o estado ancestral em *Linanthus*. Múltiplas origens de auto-

Figura 25.7 Filogenia de um ramo da planta do gênero *Linanthus* A autocompatibilidade aparentemente evoluiu três vezes neste grupo. Como a forma das flores convergiu nas três linhagens de autofecundação, taxonomistas erroneamente pensaram que elas eram todas variedades de uma única espécie.

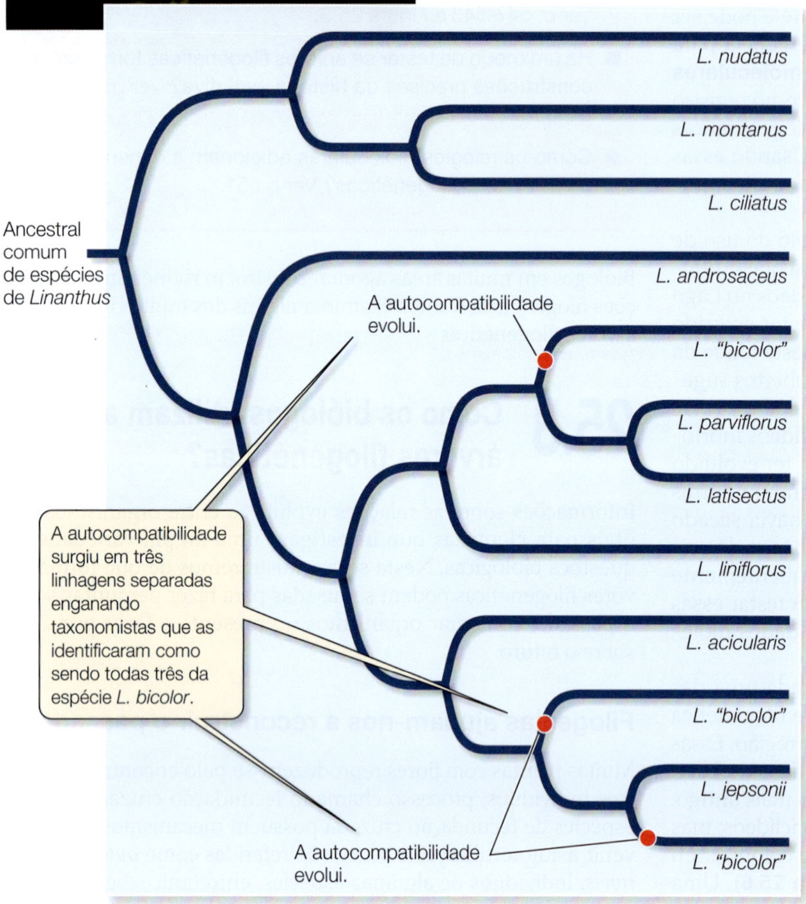

L. nudatus
L. montanus
L. ciliatus
Ancestral comum de espécies de Linanthus
L. androsaceus
A autocompatibilidade evolui.
L. "bicolor"
L. parviflorus
L. latisectus
L. liniflorus
A autocompatibilidade surgiu em três linhagens separadas enganando taxonomistas que as identificaram como sendo todas três da espécie L. bicolor.
L. acicularis
L. "bicolor"
L. jepsonii
L. "bicolor"
A autocompatibilidade evolui.

incompatibilidade não têm sido encontradas em qualquer outra família de plantas com flores. A auto-incompatibilidade depende de mecanismos fisiológicos tanto no pólen quanto no estigma (o órgão feminino no qual o pólen aterrissa) e requer a presença de pelo menos três alelos diferentes. Portanto, uma mudança de auto-incompatibilidade para autocompatibilidade seria mais fácil do que a mudança reversa. Além disso, em todas as espécies auto-incompatíveis de *Linanthus*, o local de rejeição do pólen é o estigma, embora sítios de rejeição do pólen variem grandemente em outras famílias de plantas.

Assumindo que a auto-incompatibilidade constitui o estado ancestral, a filogenia reconstruída sugere que a autocompatibilidade tenha evoluído três vezes dentro deste grupo de *Linanthus* (ver Figura 25.7). A mudança para a autocompatibilidade tem sido acompanhada pela evolução de pétalas de tamanho reduzido. De forma interessante, a grande semelhança de flores nos grupos autocompatíveis uma vez levou a sua classificação como membros de uma única espécie. Entretanto, a análise filogenética usando DNA ribossomal mostrou que eles são membros de três linhagens distintas.

Reconstruir o passado é importante para entender muitos processos biológicos. No caso das *zoonozes* (doenças causadas por organismos infecciosos transferidos para humanos a partir de outros animais hospedeiros), importa entender como, onde e quando a doença entrou primeiramente na população humana. O vírus da imunodeficiência humana (HIV) causa uma dessas zoonoses: a síndrome da imunodeficiência adquirida ou AIDS. A análise filogenética do vírus da imunodeficiência mostrou que humanos adquiriram esses vírus de dois diferentes hospedeiros: o HIV-1 de chimpanzés e o HIV-2 de macacos de Mangabeys (**Figura 25.8**).

O HIV-1 é a forma comum do vírus em populações humanas na África central, onde chimpanzés são caçados para comida, e o HIV-2 é a forma comum do vírus em populações humanas na África ocidental, onde mangabeis são caçados para comida. Assim, parece provável que esses vírus entraram em populações humanas por intermédio de caçadores que se cortavam durante a retirada da pele de chimpanzés e macacos fuliginosos de Mangabeys. A relativamente recente pandemia global de AIDS ocorreu quando essas infecções em populações locais africanas rapidamente se espalharam por populações humanas ao redor do mundo.

Filogenias permitem-nos comparar e contrastar organismos vivos

Peixes-cauda-de-espada machos (grupo de peixes dentro do gênero *Xiphophorus*) apresentam uma longa e colorida extensão da cauda (**Figura 25.9A**). O sucesso reprodutivo dos machos de cauda-de-espada encontra-se intimamente associado a esses apêndices. Machos com longas espadas têm maior probabilidade de acasalar com sucesso do que machos com espadas curtas (exemplo de *seleção sexual*; ver Capítulos 22 e 23). Várias explicações têm sido usadas para a evolução dessas estruturas, incluindo a hipótese de que a espada simplesmente explora a tendência preexistente do sistema sensorial das fêmeas. Essa *hipótese da exploração sensorial* sugere que caudas-de-espada fêmeas tinham preferência por machos com longas caudas mesmo antes da cauda evoluir (talvez porque fêmeas acessam o tamanho dos machos pelo seu comprimento total, incluindo a cauda). Longas caudas tornaram-se um traço sexualmente selecionado por causa da preferência preexistente das fêmeas.

Uma filogenia foi usada para identificar os parentes mais próximos dos caudas-de-espada que haviam se dividido da sua linhagem antes da evolução das espadas. Eles eram os platis, outro grupo dos *Xiphophorus* (**Figura 25.9B**). Para testar a hipótese da exploração sensorial, pesquisadores ligaram estruturas artificiais semelhantes à espada na cauda de alguns platis machos. Embora platis machos não possuam normalmente tais estruturas, platis fêmeas preferiram os machos com espadas artificiais, provendo assim suporte para a hipótese de que *Xiphophorus* fêmeas tinham tendência sensorial

Figura 25.8 Árvore filogenética de vírus de imunodeficiência Vírus de imunodeficiência têm sido transmitidos para humanos a partir de dois diferentes hospedeiros simianos (HIV-1 de chimpanzés e HIV-2 de macacos fuliginosos de Mangabeys).

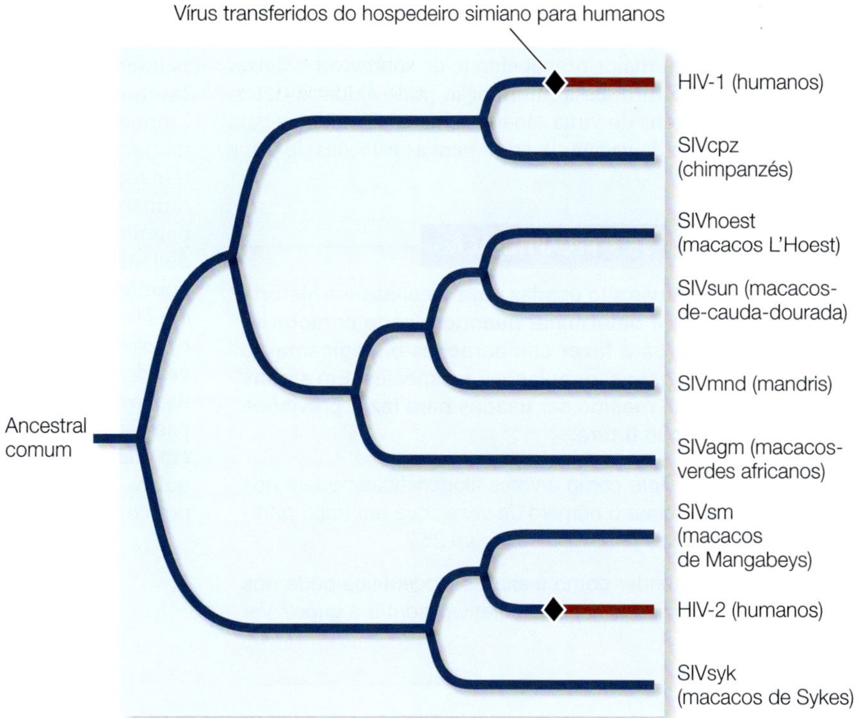
Vírus transferidos do hospedeiro simiano para humanos
HIV-1 (humanos)
SIVcpz (chimpanzés)
SIVhoest (macacos L'Hoest)
SIVsun (macacos-de-cauda-dourada)
SIVmnd (mandris)
SIVagm (macacos-verdes africanos)
SIVsm (macacos de Mangabeys)
HIV-2 (humanos)
SIVsyk (macacos de Sykes)
Ancestral comum

preexistente que favorecia espadas mesmo antes do fenótipo evoluir.

Biólogos usam filogenia para predizer o futuro

A gripe mata muitas pessoas a cada ano, e, a cada ano, muitos indivíduos suscetíveis recebem vacina contra a gripe para reduzir chance de contrair a doença. Por que precisamos de uma nova vacina contra a gripe a cada ano, quando uma única dose de vacina para muitas outras doenças provê muitos anos de proteção? A resposta é que a taxa de evolução do vírus da gripe é suficientemente alta para que os vírus em circulação a cada ano sejam com freqüência bastante diferentes dos vírus que circularam nos anos anteriores.

Uma análise filogenética de linhagens de vírus da gripe indica que há forte seleção pelo sistema imune humano contra a maioria das linhagens. Apenas aquelas linhagens com maior número de substituições de aminoácidos em posições particulares da proteína hemaglutinina (proteína da superfície do vírus reconhecida pelo sistema imune humano; **Figura 25.10**) provavelmente deixarão linhagens descendentes nos anos seguintes. Assim, conduzindo uma

(A)
(B)

Figura 25.9 A Origem de um traço sexualmente selecionado no peixe do gênero *Xiphophorus* (A) O macho do peixe-de-cauda-de-espada, mostrando a grande cauda que evoluiu por seleção sexual. (B) Um macho de plati, uma espécie relacionada. A análise filogenética revelou que o plati se separou do cauda-de-espada antes da evolução da espada. Porém, a análise experimental demonstrou que fêmeas de plati preferem machos com espadas artificiais. Essa descoberta apóia a idéia de que a espada dos caudas-de-espada evoluiu como resultado de uma preferência preexistente nas fêmeas.

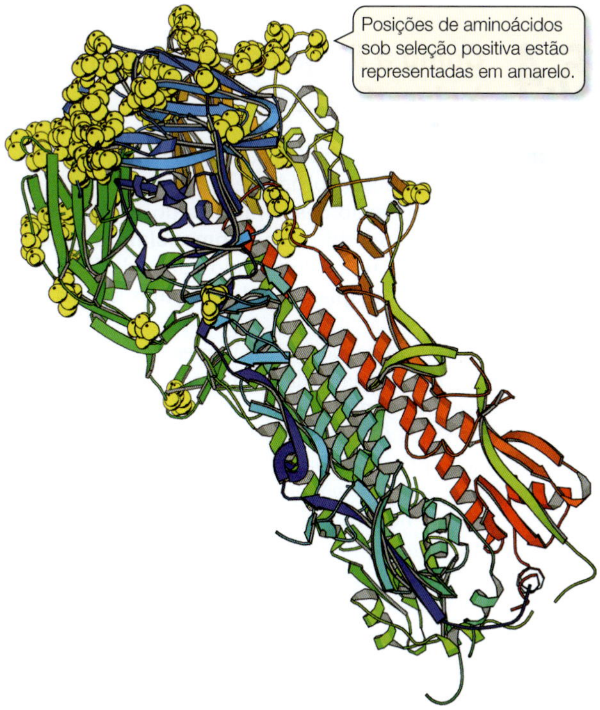
Posições de aminoácidos sob seleção positiva estão representadas em amarelo.

Figura 25.10 Modelo de hemaglutinina, uma proteína de superfície do vírus da gripe As estruturas amarelas em forma de balão representam aminoácidos na proteína que se encontram sob forte seleção para mudança. Mudanças nestes aminoácidos produzem proteínas com maior probabilidade de escapar da detecção pelo sistema imune humano.

análise filogenética de seqüências de hemaglutinina, biólogos podem prever quais das linhagens do vírus da gripe atualmente circulando possuem maior probabilidade de sobreviver e deixar descendentes no futuro. Essa informação pode ajudar a determinar quais linhagens do vírus são as melhores candidatas para o desenvolvimento da vacina da gripe para as estações de gripe vindouras.

25.3 RECAPITULAÇÃO

Árvores filogenéticas são usadas para reconstruir a história de linhagens, para determinar quando e onde características surgiram e para fazer comparações biologicamente relevantes entre genes, populações e espécies. Em alguns casos, podem até mesmo ser usadas para fazer previsões acerca da evolução futura.

- Você pode explicar como árvores filogenéticas podem nos ajudar a determinar o número de vezes que um traço particular evoluiu? Ver p. 551-552 e Figura 25.7.
- Você pode entender como a análise filogenética pode nos ajudar a produzir vacinas mais efetivas contra a gripe? Ver p.553.

Conforme vimos agora, toda a vida conecta-se pela história evolutiva, e as relações entre organismos fornecem a base natural para fazer comparações biológicas. Por essas razões, biólogos usam as relações filogenéticas como a base para organizar a vida em um sistema coerente de classificação.

25.4 Como a filogenia está relacionada à classificação?

O sistema de classificação biológica amplamente usado hoje deriva de um sistema desenvolvido pelo biólogo sueco Carolus Linnaeus e tem sido usado desde meados do século XVIII. O sistema de Linnaeus, referido como **nomenclatura binomial**, permite a cientistas ao redor do mundo referir de forma não-ambígua aos mesmos organismos pelos mesmos nomes (**Figura 25.11**).

Linnaeus deu a cada espécie dois nomes, um identificando a espécie propriamente dita e o outro o gênero ao qual ela pertence. Um **gênero** é um grupo de espécies intimamente relacionadas. Opcionalmente, o nome do taxonomista que primeiro propôs o nome da espécie pode ser adicionado ao final. Assim, *Homo sapiens* Linnaeus é o nome da espécie humana moderna. *Homo* é o gênero ao qual a espécie pertence e *sapiens* identifica a espécie particular no gênero *Homo*; Linnaeus propôs o nome da espécie *Homo sapiens*. Você pode pensar no nome genérico *Homo* como equivalente ao seu sobrenome e o nome específico *sapiens* como ao seu primeiro nome. O gênero sempre começa com letra maiúscula; o nome identificando a espécie sempre com minúscula. Ambos os nomes são em itálico, enquanto nomes comuns de organismos não são. Ao invés de repetir o nome do gênero quando ele é usado muitas vezes na mesma discussão, biólogos freqüentemente o soletram apenas uma vez e o abreviam como a letra inicial a partir de então (por exemplo, *D. melanogaster* é a forma abreviada de *Drosophila melanogaster*).

Segundo anotamos anteriormente, qualquer grupo de organismos tratado como unidade num sistema de classificação biológica, como o gênero *Drosophila* ou todos os insetos, chama-se *táxon*. No sistema de Linnaeus, espécies e gêneros são adicionalmente agrupados em um sistema hierárquico de categorias taxonômicas superiores. O táxon acima do gênero no sistema de Linnaeus é a **Família**. Os nomes das famílias de animais terminam com o sufixo "-idae". Assim, Formicidae é a família que contém todas as espécies de formigas e a família Hominidae contém humanos e nossos parentes fósseis recentes, bem como nossos parentes vivos mais próximos, os chimpanzés e os gorilas. Nomes de família baseiam-se no nome do gênero de um dos membros: Formicidae baseia-se no gênero *Formica*, e Hominidae é baseado em *Homo*. A classificação de plantas segue o mesmo procedimento, exceto que o sufixo "-aceae" é usado para nomes de família em vez de "-idae". Assim, Rosaceae é a família que inclui o gênero das rosas (*Rosa*) e parentes próximos. Famílias, por sua vez, agrupam-se em **Ordens**, ordens em **Classes**, classes em **Filos** e filos em **Reinos**. Entretanto, a aplicação desses vários níveis hierárquicos de classificação é subjetiva, e eles são usados amplamente por conveniência. Embora famílias sejam sempre agrupadas em

(A) *Campanula rotundifolia*

(B) *Endymion non-scriptus*

(C) *Mertensia virginica*

Figura 25.11 Muitas plantas diferentes são chamadas de campânulas Todas estas três espécies não-relacionadas de plantas são comumente chamadas de "campânulas". A nomenclatura binomial permite-nos saber exatamente qual está sendo descrita. (A) *Campanula rotundifolia*, encontrada nas grandes planícies da América do Norte, pertence a um grupo maior de campânulas. (B) *Endymion non-scriptus*, a campânula inglesa, tem parentesco com os jacintos. (C) *Mertensia virginica*, a campânula da Virgínia, pertence a um grupo muito diferente de plantas conhecidas como borragens.

ordens, ordens em classes e assim por diante, não há qualquer coisa que torne a família de um grupo equivalente (em idade, por exemplo) a uma família de outro grupo.

Linnaeus desenvolveu seu sistema antes do pensamento evolutivo ter se disseminado na biologia, mas ele ainda reconheceu a impressionante hierarquia da vida. Embora Linnaeus desconhecesse a base dessa hierarquia, biólogos hoje reconhecem universalmente a árvore comum da vida como a base organizacional para a classificação biológica. Hoje, alguns biólogos desencorajam o uso de classificações hierárquicas, pois é uma decisão amplamente subjetiva se um táxon particular deve ser considerado, por exemplo, ordem ou classe. Contudo, independentemente se biólogos modernos explicitamente usam essas categorias hierárquicas, eles usam as relações evolutivas como base para reconhecer todos os taxa biológicos.

A filogenia é a base para a classificação biológica moderna

Sistemas de classificação biológica são usados para expressar relações entre organismos. O tipo de relação que desejamos expressar influencia quais características usamos para classificar os organismos. Se, por exemplo, estivéssemos interessados num sistema que nos ajudasse a decidir quais plantas e animais eram desejáveis como alimento, poderíamos desenvolver uma classificação baseada no sabor, facilidade de captura e o tipo de partes comestíveis que cada organismo possui. Classificações antigas dos hindus sobre organismos foram delineadas de acordo com esses critérios. Biólogos não usam tais sistemas em classificações formais atualmente, mas aqueles sistemas serviam às necessidades de pessoas que os desenvolveram.

Taxonomistas, hoje, usam classificações biológicas para expressar as relações evolutivas dos organismos. Portanto, espera-se que os taxa em classificações biológicas sejam **monofiléticos**, ou seja, que o táxon contenha um ancestral e todos os descendentes desse ancestral e nenhum outro organismo (**Figura 25.12**). Em outras palavras, é um grupo histórico de espécies relacionadas, ou um ramo completo na árvore da vida (também conhecido como *clado*). Embora biólogos procurem nomear taxa monofiléticos, a informação monofilética detalhada necessária para fazê-lo nem sempre está disponível. Um grupo que não inclui seu ancestral comum chama-se grupo **polifilético**. Um grupo que não inclui todos os descendentes de um ancestral comum chama-se **parafilético**.

Um grupo monofilético verdadeiro (ou clado) pode ser removido de uma árvore filogenética por um simples "corte" na árvore, conforme mostrado na Figura 25.12. Note que há muitos grupos monofiléticos em qualquer árvore filogenética e que esses grupos são sucessivamente subconjuntos menores de grupos monofiléticos maiores. Essa hierarquia dos taxa biológicos, classificando toda a vida no âmbito do táxon mais inclusivo e muitos taxa menores dentro dos taxa maiores, até as espécies individuais, constitui a base moderna da classificação biológica.

Virtualmente todos os taxonomistas hoje concordam que grupos polifiléticos e parafiléticos são inapropriados como unidades taxonômicas. As classificações usadas hoje ainda contêm tais grupos porque alguns organismos não foram avaliados filogeneticamente. À medida que erros em classificações anteriores são detectados, revisam-se os nomes taxonômicos, e grupos polifiléticos e parafiléticos são eliminados das classificações.

Vários códigos de nomenclatura biológica governam o uso de nomes científicos

Vários conjuntos de regras explícitas governam o uso de nomes científicos. Biólogos ao redor do mundo seguem essas regras voluntariamente para facilitar a comunicação e o diálogo. Embora possa haver dúzias de nomes comuns para um organismo em muitas línguas diferentes, as regras de nomenclatura biológica são planejadas para que haja apenas um nome científico correto para qualquer táxon único reconhecido, e (idealmente) um dado nome científico aplica-se somente a um único táxon (isto é, cada nome científico é único). Algumas vezes nomeia-se a mesma espécie mais de uma vez (quando mais de um taxonomista assume

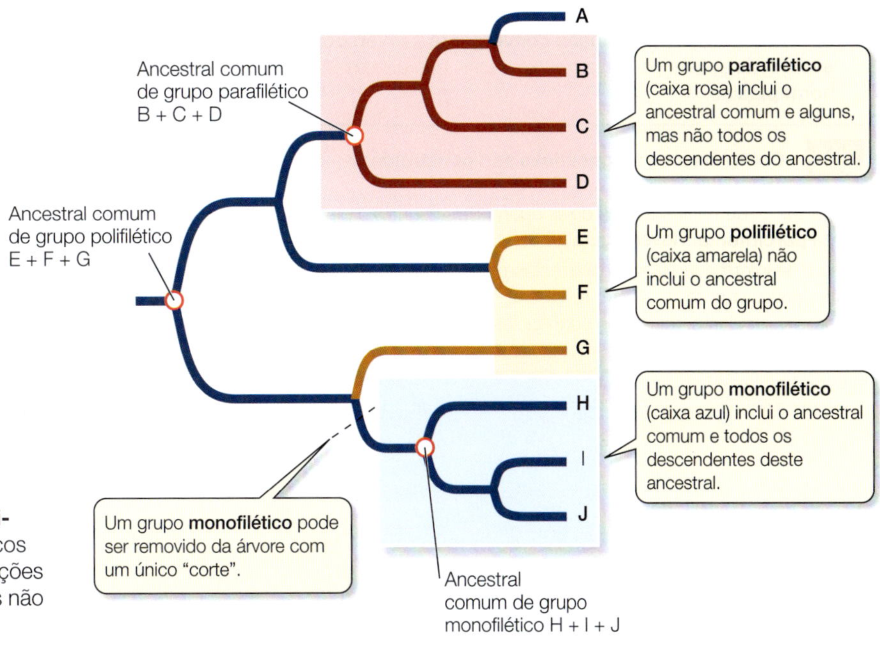
A
B
C
D
E
F
G
H
I
J
Ancestral comum de grupo parafilético B + C + D
Ancestral comum de grupo polifilético E + F + G
Ancestral comum de grupo monofilético H + I + J
Um grupo **parafilético** (caixa rosa) inclui o ancestral comum e alguns, mas não todos os descendentes do ancestral.
Um grupo **polifilético** (caixa amarela) não inclui o ancestral comum do grupo.
Um grupo **monofilético** (caixa azul) inclui o ancestral comum e todos os descendentes deste ancestral.
Um grupo **monofilético** pode ser removido da árvore com um único "corte".

Figura 25.12 Grupos monofiléticos, polifiléticos e parafiléticos Grupos monofiléticos são a base dos taxa biológicos em classificações modernas. Grupos polifiléticos e parafiléticos não refletem a história evolutiva.

a tarefa); as regras especificam que o nome válido é o primeiro nome proposto. Se o mesmo nome é inadvertidamente dado a duas espécies diferentes, então o nome substituto deve ser dado à espécie nomeada em segundo lugar.

Por causa da histórica separação dos campos de zoologia, botânica (incluindo, originalmente, o estudo de fungos) e microbiologia, diferentes conjuntos de regras taxonômicas foram desenvolvidos para cada um desses grupos. Ainda outro conjunto de regras para classificar vírus emergiu posteriormente. Isso resultou em muitos nomes duplicados entre grupos governados por diferentes conjuntos de regras: *Drosophila*, por exemplo, é tanto um gênero das moscas-das-frutas quanto um gênero de fungos, e há espécies dentro dos dois grupos com nomes idênticos. Até recentemente, esses nomes duplicados causavam pouca confusão, uma vez que, tradicionalmente, biólogos que estudam moscas-das-frutas dificilmente liam a literatura de fungos (e vice-versa). Hoje, entretanto, devido ao uso de bancos de dados biológicos grandes e universais (tais como o GenBank, que inclui seqüências de DNA de toda a vida), é extremamente importante que cada táxon tenha nome único. Taxonomistas estão agora trabalhando para desenvolver conjuntos comuns de regras que possam ser aplicados a todos os organismos vivos.

25.4 RECAPITULAÇÃO

Biólogos organizam e classificam a vida identificando e nomeando grupos monofiléticos. Vários conjuntos de regras governam o uso de nomes científicos para que cada espécie e taxa superiores possam ser identificados e nomeados sem ambigüidade.

- Você pode explicar a diferença entre grupos monofiléticos, parafiléticos e polifiléticos? Ver p. 555 e Figura 25.12.
- Você entende por que biólogos preferem grupos monofiléticos para uso em classificações formais? Ver p. 555.

Agora que observamos como a evolução ocorre e como ela pode se estudada estamos prontos para considerar os produtos da história evolutiva. A vastidão e diversidade do mundo vivo são o que primeiramente interessa a muitos futuros biólogos e os convence a estudar biologia. Na Parte 6, examinaremos a grande diversidade da vida e descreveremos algumas das razões pelas quais biólogos voltam sua atenção para grupos particulares de organismos.

RESUMO DO CAPÍTULO

25.1 O que é filogenia?

Uma **filogenia** é a descrição da história de descendentes de um grupo de organismos a partir do ancestral comum. Grupos de espécies evolutivamente relacionadas são representados como ramos relacionados numa **árvore filogenética**. Rever Figura 25.1.

Um grupo de espécies com todos os descendentes evolutivos de um ancestral comum chama-se **clado**. Clados e espécies nomeados chamam-se **taxa**.

Homologias são características similares herdadas de ancestral comum. Rever Figura 25.2.

Um traço **derivado** é aquele que difere da sua forma no ancestral comum de uma linhagem. Traços derivados que suportam a relação comum entre um grupo de espécies são chamados **sinapomorfias**.

Traços similares podem ocorrer entre espécies que não resultam de ancestral comum. **Evolução convergente** e **reversões evolutivas** podem dar origem a tais traços, que denominam-se **homoplasias**.

25.2 Como árvores filogenéticas são construídas?

Filogenias podem ser inferidas de sinapomorfias usando o princípio da **parcimônia**. Rever Figura 25.3.

Fontes de informação filogenética incluem morfologia, padrões de desenvolvimento, o registro fóssil, traços comportamentais e traços moleculares, tais como seqüências de DNA e proteínas.

Filogenias podem também ser inferidas encontrando-se as soluções de **máxima probabilidade**, usando modelos evolutivos explícitos de mudanças de características.

Biólogos podem usar árvores filogenéticas para reconstruir estados ancestrais.

Árvores filogenéticas podem incluir estimativas de tempo de divergência de linhagens, como determinado por uma análise do **relógio molecular**.

25.3 Como biólogos utilizam as árvores filogenéticas?

Utilizam-se árvores filogenéticas para reconstruir o passado e entender a origem de características. Rever a Figura 25.7, para fazer comparações evolutivas apropriadas entre organismos vivos e, algumas vezes, prever evolução futura.

25.4 Como a filogenia está relacionada à classificação?

Taxonomistas organizam a diversidade biológica com base na história evolutiva.

Taxa, nas classificações modernas, devem ser grupos **monofiléticos**. Grupos **parafiléticos** e **polifiléticos** não se consideram unidades taxonômicas apropriadas. Rever a Figura 25.12. Vários conjuntos de regras governam o uso de nomes científicos com o objetivo de prover nomes únicos e universais para taxa biológicos.

QUESTÕES

1. Um clado é:
   a. um tipo de árvore filogenética.
   b. um grupo de espécies relacionado evolutivamente que compartilha um ancestral comum.
   c. uma ferramenta para a construção de árvores filogenéticas.
   d. uma espécie extinta.
   e. uma espécie ancestral.
2. Árvores filogenéticas podem ser reconstruídas para:
   a. genes.
   b. espécies.
   c. grupos evolutivos maiores.
   d. vírus.
   e. Todos os citados acima.
3. Um traço derivado compartilhado, usado como a base para inferir um grupo monofilético, denomina-se
   a. sinapomorfia.
   b. homoplasia.
   c. traço paralelo.
   d. traço convergente.
   e. filogenia.
4. O princípio da parcimônia pode ser usado para inferir filogenias, pois:
   a. a evolução é quase sempre parcimoniosa.
   b. é lógico adotar a hipótese mais simples capaz de explicar os fatos conhecidos.
   c. uma vez que um traço muda, ele nunca reverte sua condição.
   d. todas as espécies têm probabilidade igual de evoluir.
   e. espécies intimamente relacionadas são sempre muito similares entre si.
5. Evolução convergente e reversão evolutiva são duas fontes de
   a. homologia.
   b. parcimônia.
   c. sinapomorfia.
   d. monofilia.
   e. homoplasia.
6. Quais dos seguintes tipos de genes são comumente usados para inferir relações filogenéticas entre plantas, mas não entre animais?
   a. Genes nucleares.
   b. Genes de cloroplastos.
   c. Genes mitocondriais.
   d. Genes de RNA ribossomal.
   e. Genes que codificam proteínas.
7. Qual das seguintes afirmações *não* é verdadeira a respeito dos métodos de máxima probabilidade ou de parcimônia para inferir filogenia?
   a. O método de máxima probabilidade exige um modelo explícito de mudança de característica evolutiva.
   b. O método da parcimônia é computacionalmente mais fácil do que o método da máxima probabilidade.
   c. O método da máxima probabilidade é mais fácil de tratar do ponto de vista estatístico.
   d. O método da máxima probabilidade é mais freqüentemente usado com dados moleculares.
   e. Parcimônia é geralmente usada para inferir tempo numa árvore filogenética.
8. Taxonomistas esforçam-se quanto à inclusão de taxa em classificações biológicas que sejam:
   a. monofiléticos.
   b. parafiléticos.
   c. polifiléticos.
   d. homoplásicos.
   e. monomórficos.
9. Quais dos seguintes grupos apresentam conjuntos separados de regras para nomenclatura?
   a. Animais.
   b. Plantas e fungos.
   c. Bactérias.
   d. Vírus.
   e. Todos os citados acima.
10. Se dois nomes científicos são propostos para a mesma espécie, como taxonomistas decidem qual nome deve ser usado?
   a. O nome que fornece a descrição mais precisa do organismo é usado.
   b. O nome proposto mais recentemente é usado.
   c. O nome usado na mais recente revisão taxonômica é usado.
   d. O primeiro nome a ser proposto é usado, a menos que esse nome tenha sido previamente utilizado para outra espécie.
   e. Taxonomistas usam o nome que preferirem.

PARA DISCUSSÃO

1. Por que taxonomistas preocupam-se com a identificação de espécies que compartilham um único ancestral comum?
2. Como os fósseis são usados para identificar traços ancestrais e derivados de organismos?
3. O princípio da parcimônia é freqüentemente usado para reconstruir árvores genéticas. Levando em conta que os processos evolutivos nem sempre são parcimoniosos, por que ele é usado como princípio a ser seguido?
4. Um estudante de evolução de rãs propôs uma classificação extremamente nova de rãs baseada na análise de poucos genes mitocondriais de cerca de 10% das espécies de rãs. Taxonomistas de rã deveriam aceitar imediatamente a nova classificação? Por que sim ou por que não?
5. Linnaeus desenvolveu seu sistema de classificação antes de Darwin desenvolver sua teoria de evolução por seleção natural, e a maioria das classificações de organismos foi proposta por não-evolucionistas. Ainda assim, muitas partes dessas classificações são usadas hoje, com pequenas modificações, pela maioria dos taxonomistas evolucionistas. Por quê?
6. Sistemas de classificação resumem muita informação sobre organismos e nos permitem relembrar os traços de muitos organismos. Do nosso conhecimento geral, quantos traços você pode associar com os seguintes nomes: coníferas, samambaias, aves e mamíferos?

PARA INVESTIGAÇÃO

O vírus do Nilo ocidental causa mortalidade em muitas espécies de aves e pode causar encefalite fatal (inflamação do cérebro) em humanos e cavalos. Ele foi primeiramente isolado na África (onde se acredita que ele seja endêmico) na década de 1930, e na década de 1990 ele já havia sido encontrado em grande parte da Eurásia. O vírus do Nilo ocidental não foi encontrado na América do Norte até 1999, mas desde então tem se espalhado rapidamente pela maior parte dos Estados Unidos. O genoma do vírus do Nilo ocidental evolui rapidamente. Como você pode usar a análise filogenética para investigar a origem do vírus do Nilo ocidental introduzido na América do Norte em 1999?

PARTE 6

A Evolução da Diversidade

CAPÍTULO 26

Bacteria e Archaea: Os Domínios Procarióticos

Vida no Planeta Vermelho?

Para os antigos fenícios, ele era o "Rio de Fogo". Hoje, para o astrobiólogo espanhol Ricardo Amils Pibernat, o Rio Tinto da Espanha ("Rio Pintado") é um possível modelo para o cenário de origem da vida que pode ter existido em Marte. O Rio Tinto serpenteia através de um enorme depósito de pirita de ferro – "ouro-de-tolo". A cor intensa do rio ocorre porque procariotos no rio e no solo ácido de onde ele nasce convertem a pirita de ferro em ácido sulfúrico e ferro dissolvido.

O Rio Tinto apresenta pH 2 e concentrações excepcionalmente altas de metais pesados, especialmente ferro. As concentrações de oxigênio no rio e no solo de origem são extremamente baixas. Amils acredita que esse solo se assemelha ao tipo de ambiente em que a vida poderia ter surgido em Marte. Independentemente da veracidade dessa especulação, o Rio Tinto representa um dos habitats mais incomuns para a vida na Terra.

Há vida – presumivelmente microscópica – em Marte hoje? A maioria dos cientistas é cética sobre essa possibilidade. No entanto, em um congresso em 2005, o cientista espacial italiano Vittorio Formisano relatou algumas descobertas sugestivas. Em particular, parece haver formaldeído, produto da quebra do metano, na atmosfera marciana.

Para acumular a concentração de formaldeído observada na atmosfera de Marte, seria necessária a produção anual em torno de 2,5 milhões de toneladas de metano. Formisano argumenta que há apenas três explicações para essa alta taxa de produção de metano: reações químicas induzidas por radiação solar na superfície planetária, reações químicas no interior do planeta ou reações bioquímicas em organismos vivos. Não existem evidências geológicas ou químicas para as duas primeiras explicações. Poderiam microrganismos vivos semelhantes aos muitos procariotos produtores de metano conhecidos na Terra serem os responsáveis?

Qual a probabilidade de populações de organismos simples estarem vivendo na crosta marciana? Sabemos que enormes números de procariotos encontram-se vivendo nas profundezas da subsuperfície da Terra em rochas, minas, reservatórios de óleo, lençóis de gelo e sedimentos em até 90 metros abaixo do fundo do oceano. Algumas dessas populações têm vivido e metabolizado debaixo da terra por milhões de anos.

Os procariotos têm estrutura relativamente simples, mas não faça o erro de subestimar suas capacidades. Os procariotos

Terra ou Marte antiga? O Rio Tinto da Espanha deve sua cor vermelho-ferrugem – e sua extrema acidez – à ação de procariotos no solo rico em pirita de ferro.

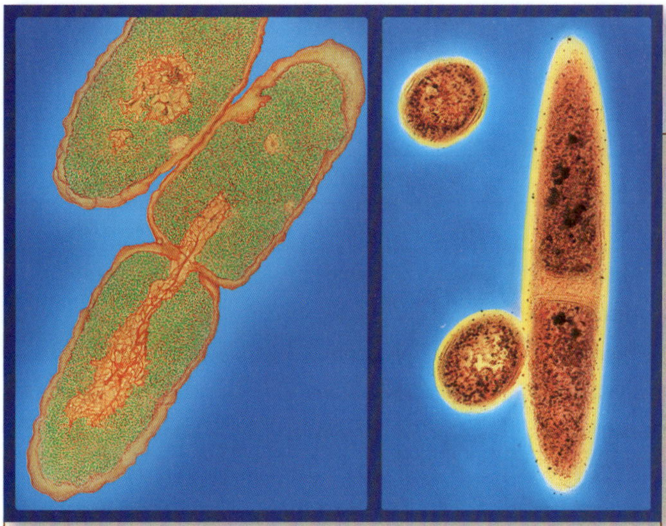

Procariotos muito diferentes *Salmonella typhimurium* (à esquerda) é de um membro do domínio *Bacteria*; *Methanospirillum hungatii* (à direita) é classificado no *Archaea*, provavelmente mais intimamente relacionado aos eucariotos do que às bactérias. As células em ambas as imagens estão dividindo-se, mas não se encontram na mesma escala; as células de *Archaea* são, na verdade, cerca de um décimo do tamanho das células de *Salmonella*.

são, de longe, os mais numerosos organismos da Terra, onde encontram-se em mais habitats que os eucariotos. Há mais procariotos vivendo na superfície e no interior do seu corpo do que células humanas em você. Os procariotos são mestres da engenhosidade metabólica, tendo desenvolvido mais maneiras de obter energia do ambiente que os eucariotos. E existem há mais tempo que os outros organismos.

No final do século XX, tornou-se aparente para muito microbiologistas que certos procariotos diferem tão fundamentalmente de outros em seus processos metabólicos que deveriam ser considerados membros de linhagens evolutivas distintas. Além disso, as duas linhagens procarióticas divergiram muito cedo na evolução da vida. Referimo-nos a essas linhagens como os domínios *Bacteria* e *Archaea*.

NESTE CAPÍTULO discutimos a distribuição dos procariotos e examinamos sua extraordinária diversidade metabólica. Descrevemos os obstáculos para a determinação das relações evolutivas entre os procariotos e analisamos a surpreendente diversidade de organismos em cada domínio. Finalmente, discutimos os efeitos dos procariotos em seus ambientes.

DESTAQUES DO CAPÍTULO

26.1 De que maneira o mundo vivo começou a se diversificar?

O que significa ser *diferente*? Você e a pessoa mais próxima são bem diferentes – certamente vocês diferem mais entre si do que as duas células mostradas acima. Contudo, vocês dois pertencem à mesma espécie, enquanto esses dois minúsculos organismos que se parecem tanto são, na verdade, classificados em domínios totalmente distintos. Ainda assim, você – no domínio *Eukarya* – e aqueles dois procariotos dos domínios *Bacteria* e *Archaea* possuem muito em comum. Vocês três:

- realizam glicólise;
- replicam o DNA de forma semiconservativa;
- possuem DNA que codifica polipeptídeos;
- produzem esses polipeptídeos por transcrição e tradução utilizando o mesmo código genético;
- possuem membranas plasmáticas e ribossomos em abundância;

Apesar desses atributos comuns entre os domínios da vida, existem também diferenças importantes. Vamos primeiro distinguir entre o domínio *Eukarya* e os dois domínios procarióticos. Observe que "domínio" constitui um termo subjetivo utilizado para os maiores grupos da vida. Não há definição objetiva de um domínio, mais do que de um reino ou família.

Os três domínios diferem em aspectos significativos

As células procarióticas diferem das células eucarióticas em três importantes aspectos:

- As células procarióticas não possuem citoesqueleto e, na ausência de proteínas organizadoras de citoesqueleto, não realizam mitose. As células procarióticas dividem-se por seu próprio mecanismo, a *fissão binária*, após a replicação de seu DNA (ver Figura 9.2).
- A organização e a replicação do material genético diferem. O DNA das células procarióticas não se organiza no interior de um núcleo delimitado por membrana. As

TABELA 26.1 Os três domínios da vida na Terra

	DOMÍNIO		
CARACTERÍSTICAS	***BACTERIA***	***ARCHAEA***	***EUKARYA***
Núcleo envolvido por membrana	Ausente	Ausente	*Presente*
Organelas envolvidas por membrana	Ausente	Ausente	*Presente*
Peptideoglicanos na parede celular	*Presente*	Ausente	Ausente
Lipídeos de membrana	Ligado a éster	*Ligado a éter*	Ligado a éster
	Não-ramificados	*Ramificados*	Não-ramificados
Ribossomos[a]	70S	70S	*80S*
tRNA iniciador	*Formilmetionina*	Metionina	Metionina
Óperons	Sim	Sim	*Não*
Plasmídeos	Sim	Sim	*Raramente*
RNA-polimerases	Uma	Uma[b]	*Três*
Ribossomos sensíveis a cloranfenicol e estreptomicina	*Sim*	Não	Não
Ribossomos sensíveis à toxina da difteria	*Não*	Sim	Sim
Alguns são metanogênicos	Não	*Sim*	Não
Alguns fixam nitrogênio	Sim	Sim	*Não*
Alguns conduzem fotossíntese baseada em clorofila	Sim	*Não*	Sim

[a] Ribossomos 70S são menores que ribossomos 80S.
[b] A RNA-polimerase de arqueas assemelha-se às polimerases eucarióticas.

moléculas de DNA em procariotos (tanto em *Bacteria* quanto em *Archaea*) são normalmente circulares; nos procariotos mais bem estudados, há um único cromossomo, mas com freqüência existem também plasmídeos. (ver Seção 13.3).

- Os procariotos não possuem quaisquer das organelas citoplasmáticas delimitadas por membranas que os eucariotos modernos apresentam – mitocôndrias, complexo de Golgi e outras. No entanto, o citoplasma de uma célula procariótica pode conter uma variedade de invaginações da membrana plasmática e sistemas fotossintéticos de membrana que não se encontram em eucariotos.

Uma rápida olhada na **Tabela 26.1** revela que também existem diferenças importantes (a maioria das quais não pode ser vista nem mesmo sob o microscópio) entre os dois domínios procarióticos. Em alguns aspectos, os organismos de *Archaea* (ou arqueas, antigamente denominadas arquebactérias), são mais parecidos com os eucariotos, em outros, são mais parecidos com as bactérias. As arquiteturas das células procarióticas e eucarióticas são comparadas no Capítulo 4. A unidade básica de *Archaea* e *Bacteria* é a célula procariótica, que contém um suplemento completo dos sistemas genético e de síntese de proteínas, incluindo DNA, RNA e todas as enzimas necessárias para transcrever e traduzir a informação genética em proteínas. As células procarióticas também contêm pelo menos um sistema de geração do ATP de que necessita.

Os estudos genéticos indicam claramente que todos os três domínios possuem um único ancestral comum, e que as arqueas existentes hoje em dia compartilham ancestral comum mais recente com *Eukarya* do que com *Bacteria*. (**Figura 26.1**). Tratar todos os procariotos como um único domínio em uma classificação de organismos de dois domínios resultaria em um domínio parafilético. Ou seja, um único domínio "Procariotos" não incluiria todos os descendentes do seu ancestral comum. (Ver Seção 25.4 para uma discussão a respeito de grupos parafiléticos.)

O ancestral comum de todos os três domínios possuía DNA como material genético; sua maquinaria para transcrição e tradução produzia RNA e proteínas, respectivamente. Ele provavelmente continha um cromossomo circular.

Archaea, Bacteria e *Eukarya* são produtos de bilhões de anos de mutação, seleção natural e deriva genética e estão todos bem adaptados ao ambiente atual. Nenhum é "primitivo". O ancestral comum de *Archaea* e *Eukarya* provavelmente viveu há mais de 2 bilhões de anos, e o ancestral comum de *Archaea, Eukarya* e *Bacteria* provavelmente viveu há mais de 3 bilhões de anos. Os mais antigos fósseis procarióticos datam de pelo menos 3,5 bilhões de

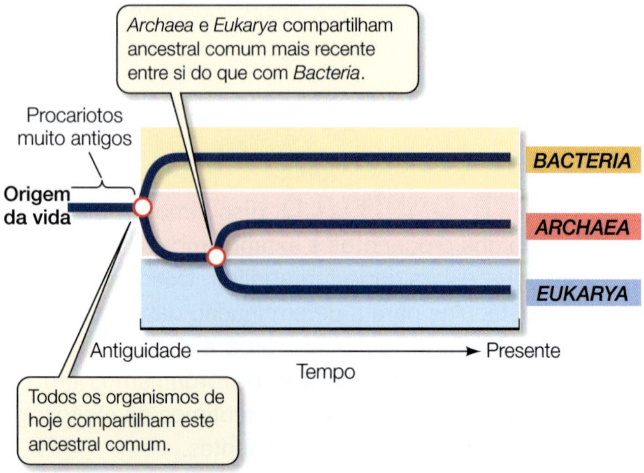
Archaea e Eukarya compartilham ancestral comum mais recente entre si do que com Bacteria.
Procariotos muito antigos
Origem da vida
BACTERIA
ARCHAEA
EUKARYA
Antiguidade
Presente
Tempo
Todos os organismos de hoje compartilham este ancestral comum.

Figura 26.1 Os três domínios do mundo vivo A maioria dos biólogos acredita que todos os três domínios compartilham ancestral procariótico comum.

anos e esses fósseis antigos indicam que houve uma considerável diversidade entre os procariotos já durante os mais remotos dias da vida.

26.1 RECAPITULAÇÃO

***Bacteria* e *Archaea* procarióticos são tão diferentes entre si quanto dos eucariotos. Os eucariotos compartilham ancestral comum mais recente com *Archaea* do que com *Bacteria*.**

- Você compreende as diferenças principais entre procariotos e eucariotos? Ver p. 561-562 e Tabela 26.1.
- Você pode explicar por que não agrupamos *Bacteria* e *Archaea* em um único domínio? Ver p. 562 e Figura 26.1.

Os procariotos estiveram sozinhos na Terra por muito tempo, adaptando-se a novos ambientes e às mudanças nos ambientes já existentes. Eles sobreviveram até hoje – e em número expressivo. Os procariotos estão ao nosso redor em todos os lugares.

26.2 Onde são encontrados os procariotos?

Ainda que não possamos vê-los a olho nu, os procariotos seriam as criaturas mais bem-sucedidas da Terra, se o sucesso fosse medido por número de indivíduos. O número de componentes dos domínios *Bacteria* e *Archaea* nos oceanos é superior a 3×10^{28}. Esse número impressionante é talvez 100 milhões de vezes o número de estrelas no universo visível.

As bactérias que vivem em um único trato intestinal humano excedem em número todos os humanos que já viveram.

Os procariotos encontram-se em todos os tipos de ambiente do planeta, do mais frio ao mais quente, do mais ácido ao mais alcalino, e também no mais salgado. Alguns vivem onde há bastante oxigênio, outros onde não há oxigênio. Eles estabeleceram-se no fundo dos oceanos, em rochas a mais de 2 quilômetros de profundidade na crosta sólida, nas nuvens e na superfície e no interior de outros organismos, grandes e pequenos. Seus efeitos no nosso ambiente são diversos e profundos.

Três formas são particularmente comuns entre as bactérias: esferas, bastões e formas curvadas ou helicoidais (**Figura 26.2**). Entre as outras formas estão filamentos longos e filamentos ramificados. Uma bactéria esférica chama-se *coccus* (plural *cocci*). Os *cocci* podem viver isoladamente ou se associar em um arranjo bi- ou tridimensional como cadeias, placas, blocos ou aglomerados de células. Uma bactéria em forma de bastão denomina-se *bacillus* (plural *bacilli*). Formas helicoidais (forma de saca-rolha) são a terceira principal forma bacteriana. Os *bacilli* e as formas helicoidais podem ser avulsos, podem formar cadeias ou podem se agregar em aglomerados regulares. Sabe-se menos a respeito das formas de arqueas porque muitos desses organismos nunca foram vistos; são conhecidos apenas por meio de amostras de DNA do ambiente, conforme descreveremos na Seção 26.4.

Os procariotos são quase todos unicelulares, embora alguns multicelulares sejam conhecidos. As associações em cadeias ou aglomerados não representam multicelularidade porque cada célula individual é completamente viável e independente. Essas associações surgem quando as células aderem umas às outras após a reprodução por fissão binária. As associações na forma de cadeias são chamadas de **filamentos**. Alguns filamentos tornam-se envolvidos por delicados revestimentos tubulares.

Os procariotos geralmente formam comunidades complexas

As células procarióticas e suas associações normalmente não vivem isoladas. Ao contrário: vivem em comunidades de muitas diferentes espécies de organismos, com freqüência incluindo eucariotos microscópicos. (Organismos microscópicos algumas vezes chamam-se coletivamente de *micróbios*.) Algumas comunidades microbianas formam camadas em sedimentos e outras agrupamentos de um metro ou mais de diâmetro. Enquanto algumas comunidades microbianas são nocivas a humanos, outras nos fornecem importantes serviços. Elas nos ajudam a digerir nossa comida, degradam o lixo municipal e reciclam a matéria orgânica no ambiente.

Muitas comunidades microbianas tendem a formar densos **biofilmes**. Quando em contato com superfície sólida, as células depositam-se em matriz polissacarídica semelhante a gel que,

Figura 26.2 Formatos celulares bacterianos (A) Estes *cocci* produtores de ácido multiplicam-se no intestino de mamíferos. (B) O bacilos de *E. coli*, um residente do intestino de humanos, consiste em um dos mais estudados organismos da Terra. (C) Esta bactéria helicoidal pertence a um gênero de patógenos humanos que causa a leptospirose, infecção propagada por água contaminada. Esta cepa em particular foi isolada, em 1915, do sangue de um soldado que servia na Primeira Guerra Mundial.

(A) *Enterococcus* sp. (B) *Escherichia coli* (C) *Leptospira interrogans*

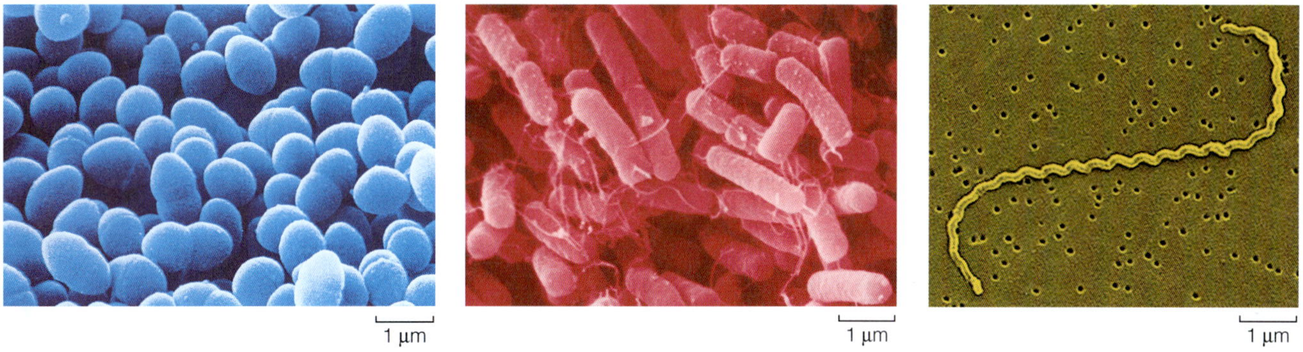
1 μm
1 μm
1 μm

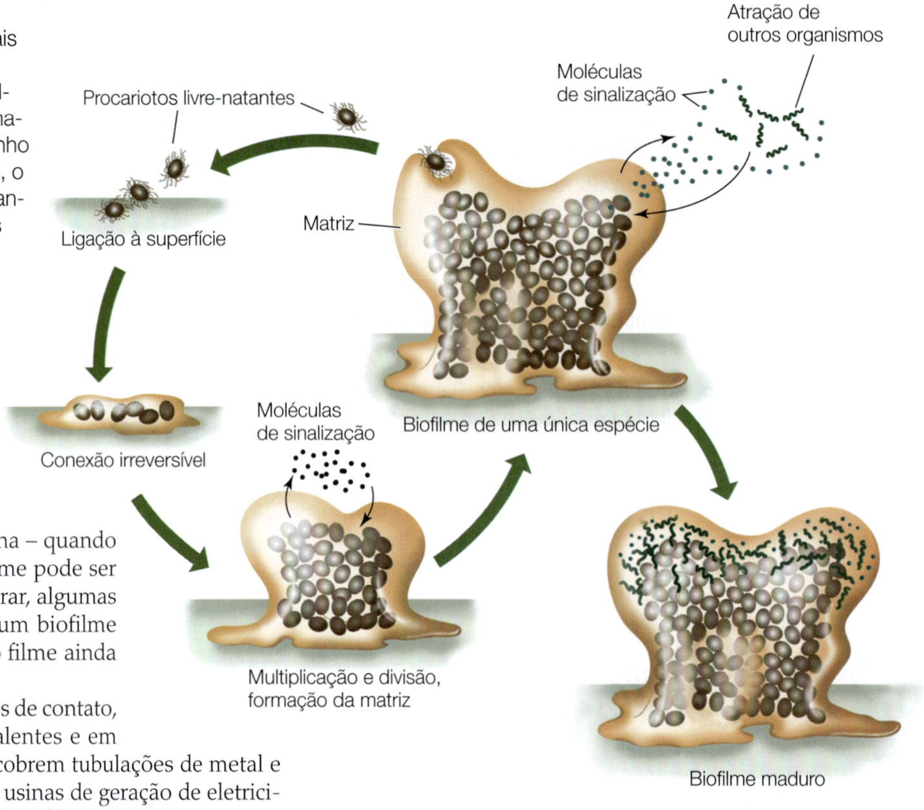
Atração de
outros organismos
Moléculas
de sinalização
Procariotos livre-natantes
Ligação à superfície
Matriz
Conexão irreversível
Moléculas
de sinalização
Biofilme de uma única espécie
Multiplicação e divisão,
formação da matriz
Biofilme maduro

Figura 26.3 A formação de biofilme Microrganismos livre-natantes tais como *Bacteria* e *Archaea* aderem-se prontamente a superfícies e formam filmes estabilizados e protegidos pela matriz circundante. Uma vez que o tamanho da população seja grande o suficiente, o biofilme em desenvolvimento pode mandar sinais químicos que atraem outros microrganismos.

então, aprisiona outras células, formando o biofilme (**Figura 26.3**). Uma vez que o biofilme se forma, torna-se difícil matar as células. Bactérias patogênicas (causadoras de doenças) são difíceis de combater pelo sistema imune – e pela medicina moderna – quando formam biofilme. Por exemplo, o filme pode ser impermeável a antibióticos. Para piorar, algumas drogas estimulam as bactérias em um biofilme a depositar mais matriz, tornando o filme ainda mais impermeável.

Os biofilmes formam-se em lentes de contato, em articulações artificiais e sobressalentes e em qualquer superfície disponível. Eles cobrem tubulações de metal e causam corrosão, problema sério em usinas de geração de eletricidade a partir de vapor. Os estromatólitos fósseis – estruturas grandes e rochosas com camadas alternadas de biofilme microbiano fossilizado e carbonato de cálcio – são os mais antigos remanescentes da vida primitiva na Terra (ver Figura 21.4). Os estromatólitos ainda se formam hoje, em algumas partes do mundo.

Os biofilmes são o tema de muitas pesquisas em andamento. Por exemplo, alguns biólogos estão estudando os sinais químicos utilizados pelas bactérias em biofilmes para se comunicar umas com as outras. Pelo bloqueio dos sinais que levam à produção de matriz polissacarídica, eles poderão ser capazes de prevenir a formação de biofilmes.

(A)

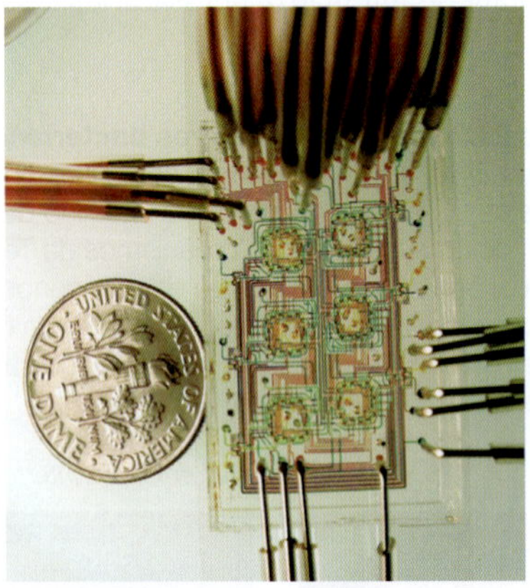

(B)

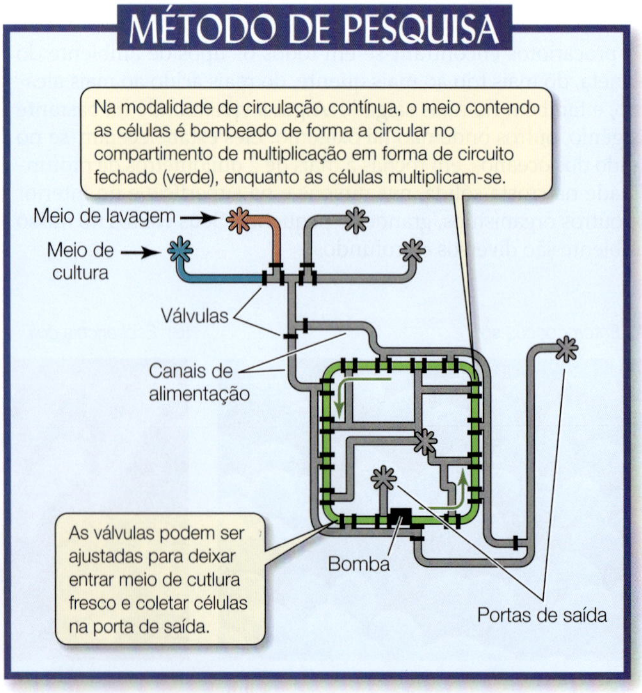
MÉTODO DE PESQUISA
Na modalidade de circulação contínua, o meio contendo as células é bombeado de forma a circular no compartimento de multiplicação em forma de circuito fechado (verde), enquanto as células multiplicam-se.
Meio de lavagem
Meio de cultura
Válvulas
Canais de alimentação
As válvulas podem ser ajustadas para deixar entrar meio de cutlura fresco e coletar células na porta de saída.
Bomba
Portas de saída

Figura 26.4 Os microquimiostatos nos permitem estudar a dinâmica microbiana (A) Seis microquimiostatos em um único *chip*. Biólogos e engenheiros monitoram a dinâmica da população microbiana em seis diferentes compartimentos simultaneamente pela aplicação das técnicas de microfluidos. (B) Um microquimiostato é equipado com portas de entrada para os meios de cultura e de lavagem e portas de saída para as células e para os rejeitos. Válvulas minúsculas, controladas por um computador, direcionam o fluxo. Duas modalidades são apresentadas aqui. Um meio de cultura contendo população bacteriana circula em um circuito com volume total de 16 nanolitros.

Aquela mancha nos seus dentes é um biofilme chamado de placa dental, uma camada de bactérias e matriz compacta sobre e entre seus dentes. Um biofilme bacteriano mais brando forma-se na língua se você não a escovar regularmente. Os dois biofilmes podem causar mau hálito.

Uma equipe de bioengenheiros e engenheiros químicos recentemente delinearam uma técnica sofisticada que os permite monitorar o desenvolvimento de biofilmes, célula a célula, em populações bacterianas extremamente pequenas. Eles desenvolveram um minúsculo *chip* com seis compartimentos separados de multiplicação, ou "microquimiostatos" (**Figura 26.4A**). As técnicas de *microfluidica* utilizam tubos microscópicos e válvulas controladas por computadores para direcionar o fluxo do fluido através de complexos "circuitos de canos" nas câmaras de multiplicação (**Figura 26.4B**).

26.2 RECAPITULAÇÃO

Os procariotos estabeleceram-se em todos os lugares da Terra. Com freqüência, eles vivem em comunidades chamadas de biofilmes.

- Você pode descrever as três formas mais comuns de células bacterianas? Ver p. 563 e Figura 26.2.
- Você compreende como os biofilmes são formados e por que são de especial interesse para os pesquisadores? Ver p. 563 e Figura 26.3.

Os procariotos não são apenas os mais numerosos organismos vivos, mas também os mais amplamente dispersos. A que eles devem esse sucesso espetacular?

26.3 Quais são algumas das chaves do sucesso dos procariotos?

As características dos procariotos que contribuíram para o seu sucesso incluem superfícies celulares e modos de locomoção, comunicação, nutrição e reprodução únicos. Essas características variam de grupo para grupo, e mesmo dentro de grupos de procariotos.

Os procariotos possuem paredes celulares distintas

Muitos procariotos possuem uma parede celular espessa e relativamente rija. Essa parede celular difere daquelas de plantas e algas, as quais contêm celulose e outros polissacarídeos, e daquelas de fungos, que contêm quitina. Quase todas as bactérias possuem paredes celulares contendo **peptideoglicanos** (um polímero de aminoaçúcares). As paredes celulares de arqueas são de diferentes tipos, mas a maioria contém quantidades significativas de proteínas. Um grupo de arqueas possui *pseudopeptideoglicanos* na parede celular; como você já percebeu pelo prefixo *pseudo*, o pseudopeptideoglicano assemelha-se, mas difere do peptideoglicano de bactérias. Os monômeros que compõe o pseudopeptideoglicano diferem e são diferentemente ligados em relação ao peptideoglicano. O peptideoglicano é uma substância específica das bactérias; a sua ausência das paredes de arqueas é uma diferença-chave entre esses dois domínios procarióticos.

Para apreciar a complexidade de algumas paredes bacterianas, considere as reações das bactérias em um simples processo de coloração. A **coloração de Gram** separa a maioria dos tipos de bactérias em dois grupos distintos, gram-positivas e gram-negativas. Um esfregaço de células sobre uma lâmina de microscópio é embebido em corante violeta e tratado com tintura de iodo; ele é então lavado com álcool e corado com safranina (corante vermelho). As bactérias **gram-positivas** retêm o corante violeta e aparecem com cor de azul a púrpura (**Figura 26.5A**). O álcool lava o corante violeta das células **gram-negativas**; essas células,

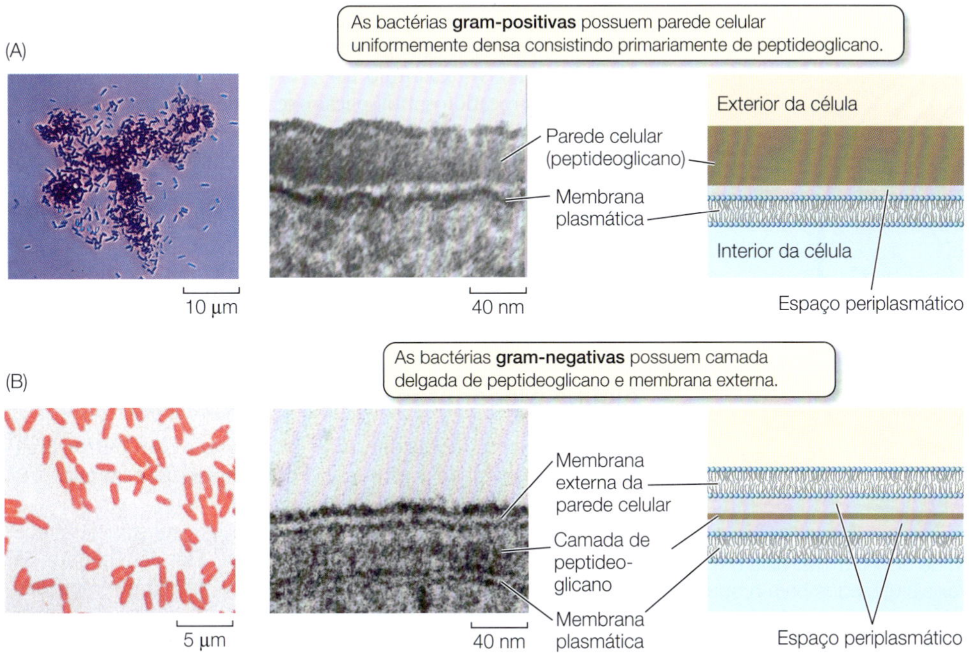
(A)
As bactérias gram-positivas possuem parede celular uniformemente densa consistindo primariamente de peptideoglicano.
10 μm
40 nm
Parede celular (peptideoglicano)
Membrana plasmática
Exterior da célula
Interior da célula
Espaço periplasmático
(B)
As bactérias gram-negativas possuem camada delgada de peptideoglicano e membrana externa.
5 μm
40 nm
Membrana externa da parede celular
Camada de peptideoglicano
Membrana plasmática
Espaço periplasmático

Figura 26.5 A coloração de Gram e a parede celular bacteriana Quando tratadas com a coloração de Gram, os componentes da parede celular de diferentes bactérias reagem de uma das duas formas. (A) As bactérias gram-positivas possuem parede celular espessa de peptideoglicano, a qual retém o corante violeta e se apresenta azul-escuro ou púrpura. (B) As bactérias gram-negativas possuem fina camada de peptideoglicano que não retém o corante violeta, mas absorve o segundo corante e se apresenta rosa-avermelhada.

então, absorvem a safranina e aparecem com cor-de-rosa a vermelho (**Figura 26.5B**).

Para muitas bactérias, os resultados da coloração de Gram correlacionam-se com a estrutura da parede celular. Uma parede celular de bactérias gram-negativas normalmente apresenta fina camada de peptideoglicano e, por fora da camada de peptideoglicano, a célula é envolvida por uma segunda membrana externa, distinta em composição química da membrana plasmática (ver Figura 26.5B). Entre as membranas interna (plasmática) e externa das bactérias gram-negativas, existe o espaço periplasmático. Esse espaço contém proteínas importantes para a digestão de alguns materiais, para o transporte de outros e para a detecção de gradientes químicos no ambiente.

A parede celular de uma bactéria gram-positiva geralmente possui cinco vezes mais peptideoglicano do que a parede celular de uma célula gram-negativa. Essa espessa camada de peptideoglicano é de uma malha que serve aos mesmos propósitos do espaço periplasmático das paredes celulares de gram-negativas.

As conseqüências das diferentes características das paredes celulares procarióticas são numerosas e se relacionam às características causadoras de doenças por algumas bactérias. De fato, a parede celular constitui o alvo preferido no combate médico contra bactérias patogênicas, uma vez que não apresenta equivalente nas células eucarióticas. Antibióticos como a penicilina e a ampicilina, assim como outros agentes que interferem especificamente na síntese de paredes celulares de peptideoglicanos, tendem a apresentar pouco ou nenhum efeito em células humanas ou de outros eucariotos.

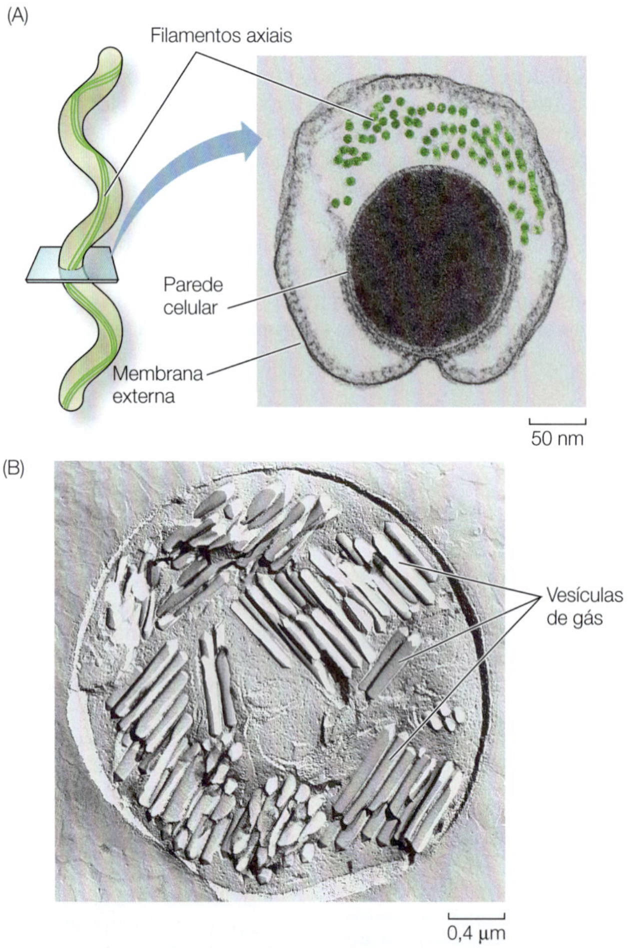
(A)
Filamentos axiais
Parede celular
Membrana externa
50 nm
(B)
Vesículas de gás
0,4 μm

Figura 26.6 Estruturas associadas com a mobilidade de procariotos (A) Espiroqueta do intestino de uma térmita, vista em seção transversal, mostra os filamentos axiais utilizados para produzir o movimento rolante. (B) Vesículas de gás em uma cianobactéria, visualizada pela técnica de criofratura.

Os procariotos possuem distintos modos de locomoção

Ainda que muitos procariotos não possam se mover, outros são *móveis*. Esses organismos movem-se de uma dentre várias maneiras. Algumas bactérias espiraladas, chamadas *espiroquetas*, fazem uso de uma locomoção rolante possível graças a flagelos modificados, chamados de *filamentos axiais*, localizadas ao longo do eixo da célula abaixo da membrana externa (**Figura 26.6A**). Muitas cianobactérias e alguns outros grupos de bactérias utilizam vários mecanismos de deslizamento, pouco compreendidos, inclusive rolantes. Vários procariotos aquáticos, incluindo algumas cianobactérias, podem se mover lentamente na água, para cima e para baixo, regulando a quantidade de gás nas *vesículas de gás* (**Figura 26.6B**). Sem dúvida, o tipo mais comum de locomoção em procariotos, no entanto, é aquele conduzido por flagelos.

Os flagelos bacterianos são filamentos delgados que se estendem, sozinhos ou em tufos, de um ou de ambos os lados da célula, ou são distribuídos ao acaso ao redor de toda célula (**Figura 26.7**). Um flagelo procariótico consiste em uma única fibrila feita da proteína fibrila, projetando-se da superfície celular, acrescido de um gancho e de um corpo basal responsável pelo movimento (ver Figura 4.5). Ao contrário, um flagelo de eucariotos envolve-se pela membrana plasmática e geralmente contém um círculo de nove pares de microtúbulos cercando dois microtúbulos centrais, todos contendo a proteína tubulina, além de várias outras proteínas associadas. O flagelo procariótico realiza movimentos de rotação sobre a sua base, em vez de bater como o flagelo ou cílio eucariótico.

Os procariotos reproduzem-se assexuadamente, mas pode ocorrer recombinação genética

Os procariotos reproduzem-se por fissão binária, um processo assexuado. Lembre-se, no entanto, de que também há processos – transformação, conjugação, e transdução – que permitem o intercâmbio de informação genética entre alguns procariotos à parte da reprodução (ver Capítulo 13).

Alguns procariotos multiplicam-se muito rapidamente. Um dos mais rápidos é bactéria *Escherichia coli*, que apresenta, em condições ótimas, um tempo de geração de em torno de 20 minutos. O tempo das mais curtas gerações procarióticas conhecidas gira em torno de 10 minutos. Tempos de geração de 1 a 3 horas são comuns para outros, alguns se estendem por dias. As bactérias que vivem nas profundezas da crosta terrestre podem suspender seu crescimento por mais de um século sem se dividir e então multiplicar-se por alguns dias antes de suspender o crescimento novamente.

Alguns procariotos se comunicam

Os procariotos podem comunicar-se entre si e com outros organismos. Um canal de comunicação que empregam é químico, outro é físico, com a luz como meio.

Algumas bactérias liberam sinais químicos – substâncias percebidas por outras bactérias da mesma espécie. Elas podem anunciar sua disponibilidade para a conjugação, por exemplo, por meio desses sinais. Elas podem, também, monitorar o tamanho da sua população. Com o aumento do número de bactérias em uma região

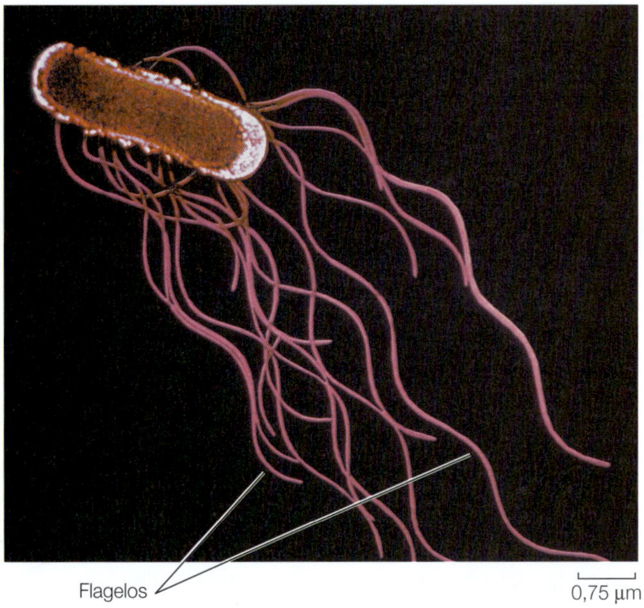
Flagelos
0,75 µm

Figura 26.7 Alguns procariotos utilizam flagelos para se locomover Múltiplos flagelos propulsionam este bacilo de *Salmonella*.

particular, a concentração de sinais químicos cresce. Quando as bactérias percebem que sua população tornou-se suficientemente grande, elas podem começar atividades que números menores não poderiam, tais como a formação de biofilme (ver Figura 26.3). Essa técnica de "contagem" chama-se **percepção de quorum**.

Assim como muitos outros organismos tais como o vagalume, algumas bactérias podem emitir luz por um processo chamado **bioluminescência**. Uma reação complexa catalisada por uma enzima que requer ATP causa a emissão de luz, mas não calor. Com freqüência, tais bactérias emitem luz apenas quando um *quorum* foi percebido.

Como a bioluminescência poderia ser útil para um procarioto? Um caso razoavelmente compreendido constitui aquele de algumas bactérias do gênero *Vibrio*. Essas bactérias podem viver livremente, mas se desenvolvem dentro do intestino de peixes. Dentro dos peixes, elas podem se fixar a partículas de comida e ser expelidas como resíduo juntamente com as partículas de matéria. Reproduzindo-se sobre as partículas, a sua população aumenta até que a partícula incandescente atraia outro peixe, o qual a ingere juntamente com as bactérias – dando-lhes novo lar e fonte de comida por um tempo.

Nesse caso, o *Vibrio* está comunicando-se com outra espécie e melhorando seu próprio status nutricional. O *Vibrio* no Oceano Índico, na costa leste da África, fornece o único caso no qual visualiza-se a bioluminescência do espaço. Estas bactérias se tornam concentradas em uma área de vários milhares de quilômetros quadrados (**Figura 26.8**).

Alguns peixes possuem "faróis" – colônias de bactérias bioluminescentes que brilham juntas. Outros peixes são atraídos pela luz e, então, são comidos pelo peixe hospedeiro. Esse arranjo proveitoso para o hospedeiro provavelmente também libera nutrientes para as bactérias quando o peixe se alimenta.

Algumas bactérias residentes no solo também emitem luz, produzindo misteriosas manchas brilhantes no solo, à noite. Qual é o valor adaptativo deste caso particular de bioluminescência bacteriana? Não estamos certos, mas uma hipótese liga esse fenômeno com o tempo na história evolutiva em que a maioria dos organismos extinguiu-se porque o seu metabolismo não era capaz de lidar com os níveis crescentes de oxigênio na atmosfera. Esse ancestral distante de bactérias bioluminescentes do solo pode ter evitado reações oxidativas (e subseqüente morte) dissipando o excesso de energia, emitindo-a na forma de luz.

Os procariotos possuem rotas metabólicas surpreendentemente diversas

Os membros dos dois domínios procarióticos ultrapassam todos os outros grupos em diversidade metabólica. Os eucariotos, ainda que muito mais diversos em tamanho e forma, contam com reduzidos mecanismos metabólicos para as suas necessidade de energia. De fato, a maior parte do metabolismo energético dos eucariotos realiza-se em organelas – mitocôndrias e cloroplastos – descendentes de bactérias, como vimos na Seção 4.5.

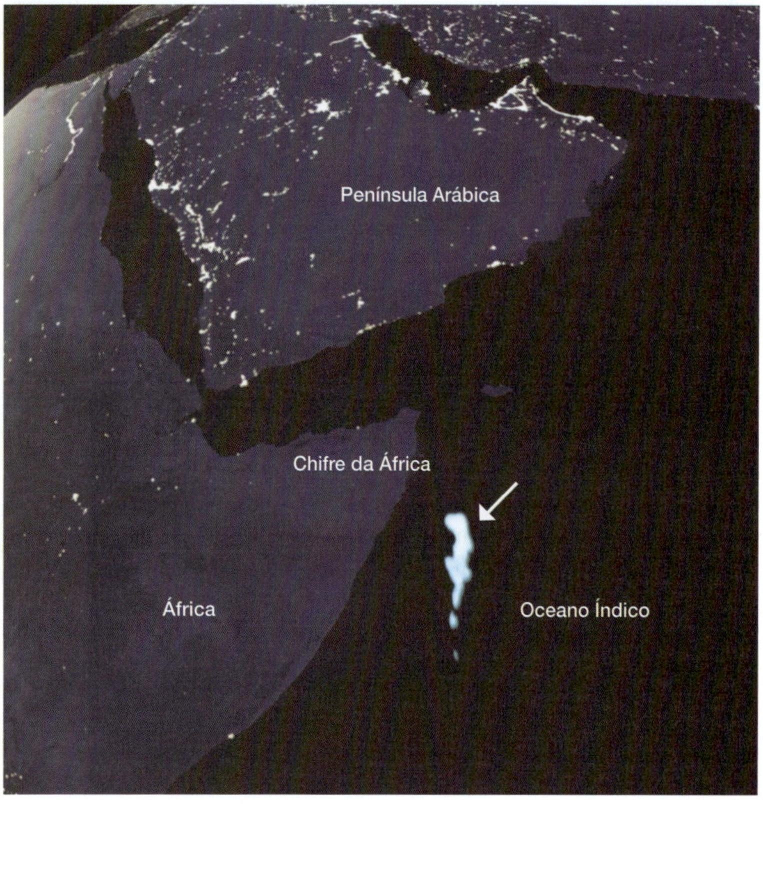
Península Arábica
Chifre da África
África
Oceano Índico

Figura 26.8 Bactérias bioluminescentes vistas do espaço Nesta foto de satélite, legiões de *Vibrio harveyi* formam um trecho incandescente (seta) de alguns milhares de quilômetros quadrados em uma área do Oceano Índico, próximo ao Chifre da África. Compare seu brilho azulado com a luz branca das cidades no leste da África e no Oriente Médio.

A longa história evolutiva de bactérias e arqueas, durante a qual ambas tiveram tempo de explorar ampla variedade de habitats, levou à extraordinária diversidade de seus "estilos de vida" metabólicos – o uso ou não de oxigênio, as suas fontes de energia, as suas fontes de átomos de carbono e os materiais que liberam como rejeitos.

O METABOLISMO ANAERÓBIO VERSUS O AERÓBIO Alguns procariotos podem viver apenas com seu metabolismo anaeróbio, uma vez que o oxigênio molecular os envenena. Esses organismos sensíveis ao oxigênio chamam-se **anaeróbios obrigatórios**.

Outros procariotos podem alternar seu metabolismo entre os modos anaeróbio e aeróbio (ver Capítulo 7) e, portanto, chamam-se **anaeróbios facultativos**. Muitos anaeróbios facultativos alternam entre o metabolismo anaeróbio (como a fermentação) e a respiração celular de acordo com as condições. Os anaeróbios aerotolerantes não podem conduzir a respiração celular, mas não danificam-se pelo oxigênio quando este está presente. Por definição, um anaeróbio não utiliza oxigênio como um aceptor de elétrons para a sua respiração.

No extremo oposto aos anaeróbios obrigatórios, alguns procariotos são **aeróbios obrigatórios**, incapazes de sobreviver por períodos extensos na *ausência* de oxigênio. Eles requerem oxigênio para a respiração celular.

AS CATEGORIAS NUTRICIONAIS Os biólogos reconhecem quatro amplas categorias nutricionais de organismos: fotoautotróficos, foto-heterotróficos, quimiolitotróficos e quimio-heterotróficos. Os procariotos encontram-se representados em todos os quatro grupos (**Tabela 26.2**).

Os **fotoautotróficos** realizam fotossíntese. Eles utilizam a luz como fonte de energia e dióxido de carbono como fonte de carbono. Assim como os eucariotos fotossintetizantes, as cianobactérias, um grupo de bactérias fotoautotróficas, utilizam a clorofila *a* como pigmento fotossintético chave e produzem oxigênio como subproduto do transporte de elétrons não-cíclico (ver Seção 8.1).

Por outro lado, as outras bactérias fotossintetizantes utilizam *bacterioclorofila* como pigmento fotossintético chave e não liberam gás oxigênio. Algumas dessas bactérias produzem partículas de enxofre puro, uma vez que o sulfeto de hidrogênio (H_2S) e não a água (H_2O) é o doador de elétrons para a fotofosforilação. A bacterioclorofila absorve luz de comprimentos de onda mais longos do que a clorofila utilizada por todos os outros organismos fotossintetizantes. Como resultado, as bactérias que utilizam esse pigmento podem multiplicar-se na água sob camadas de algas razoavelmente densas, utilizando a luz de comprimentos de onda não-absorvidas pelas algas (**Figura 26.9**).

Os **foto-heterotróficos** utilizam a luz como fonte de energia, mas precisam obter átomos de carbono de compostos orgânicos produzidos por outros organismos. Eles utilizam compostos como carboidratos, ácidos graxos e álcoois como "alimento" orgânico. Por exemplo, os compostos liberados pelas raízes das plantas (em arrozais, por exemplo) ou de cianobactérias em decomposição em fontes termais são absorvidos pelos foto-heterotróficos e metabolizados para formar blocos de construção para outros compostos; a luz do sol fornece o ATP necessário por meio da fotofosforilação (ver Seção 8.2). As bactérias púrpuras não-sulfurosas, entre outras, constituem-se foto-heterotróficas.

Os quimiolitotróficos (também chamados de quimioautotróficos) obtêm energia pela oxidação de substâncias inorgânicas e utilizam parte dessa energia para fixar dióxido de carbono. Alguns quimiolitotróficos utilizam reações idênticas àquelas do ciclo fotossintético típico (ver Capítulo 8), mas outros utilizam outras rotas para fixar dióxido de carbono. Algumas bactérias oxidam amônia ou íons nitrito para formar íons nitrato. Outras oxidam o gás hidrogênio, sulfeto de hidrogênio, enxofre e outros materiais. Muitas arqueas são quimiolitotróficas.

Os ecossistemas de fendas hidrotermais do fundo do mar são embasados em procariotos quimiolitotróficos que se incorporam em grandes comunidades de caranguejos, moluscos e vermes gigantes, todos vivendo a uma profundidade de 2.500 metros, abaixo de qualquer raio de luz do sol. Essas bactérias obtêm energia pela oxidação do sulfeto de hidrogênio e outras substâncias liberadas na água quase fervente, que flui das fendas vulcânicas no fundo do oceano.

TABELA 26.2 Como os organismos obtêm energia e carbono

CATEGORIA NUTRICIONAL	FONTE DE ENERGIA	FONTE DE CARBONO
Fotoautotróficos (presentes nos três domínios)	Luz	Dióxido de carbono
Foto-heterotróficos (algumas bactérias)	Luz	Compostos orgânicos
Quimiolitotróficos (algumas bactérias, muitas arqueas)	Substâncias inorgânicas	Dióxido de carbono
Quimio-heterotróficos (presentes nos três domínios)	Compostos orgânicos	Compostos orgânicos

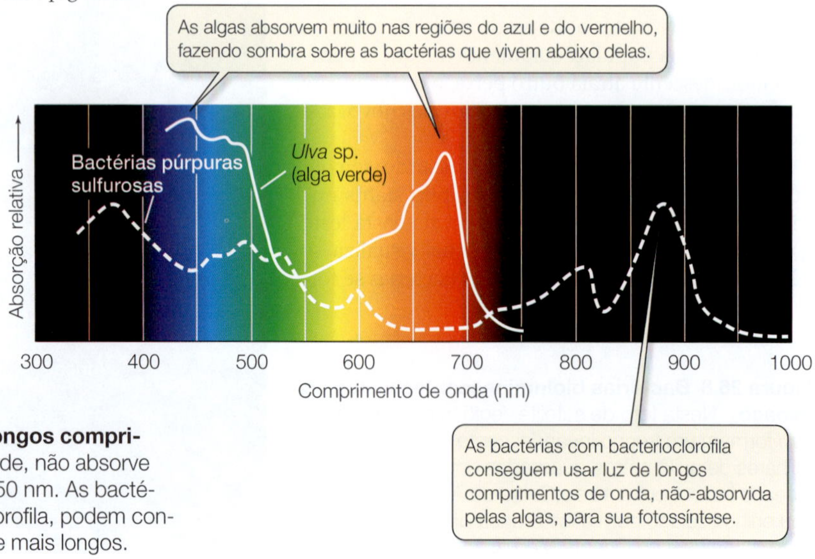
As algas absorvem muito nas regiões do azul e do vermelho, fazendo sombra sobre as bactérias que vivem abaixo delas.
Bactérias púrpuras sulfurosas
Ulva sp. (alga verde)
Absorção relativa
300
400
500
600
700
800
900
1000
Comprimento de onda (nm)
As bactérias com bacterioclorofila conseguem usar luz de longos comprimentos de onda, não-absorvida pelas algas, para sua fotossíntese.

Figura 26.9 A bacterioclorofila absorve luz de longos comprimentos de onda A clorofila em *Ulva*, uma alga verde, não absorve luz de comprimentos de onda mais longos do que 750 nm. As bactérias púrpuras sulfurosas, as quais contêm bacterioclorofila, podem conduzir a fotossíntese utilizando comprimentos de onde mais longos.

Finalmente, os **quimio-heterotróficos** obtêm tanto energia como átomos de carbono de um ou mais compostos orgânicos complexos. A maioria das bactérias e arqueas conhecidas é quimio-heterotrófica – assim como todos os animais, fungos e muitos protistas.

O METABOLISMO DO NITROGÊNIO E DO ENXOFRE As reações metabólicas-chave em muitos procariotos envolvem nitrogênio ou enxofre. Por exemplo, algumas bactérias conduzem o transporte de elétrons respiratório sem utilizar oxigênio como aceptor de elétrons. Esses organismos utilizam íons inorgânicos oxidados, tais como nitrito ou sulfato, enquanto receptores de elétrons. Exemplos incluem os **desnitrificantes**, bactérias que liberam nitrogênio na atmosfera na forma gasosa (N_2). Essas bactérias, normalmente aeróbias e, na sua maioria, de espécies do gênero *Bacillus* e *Pseudomonas*, utilizam o nitrato (NO_3^-) como aceptor de elétrons no lugar do oxigênio quando mantidas em condições anaeróbias:

$$2\ NO_3^- + 10\ e^- + 12\ H^+ \rightarrow N_2 + 6\ H_2O$$

Os **fixadores de nitrogênio** convertem o nitrogênio gasoso da atmosfera em uma forma química útil para os próprios fixadores de nitrogênio, assim como para outros organismos. Eles convertem o gás nitrogênio em amônia:

$$N_2 + 6\ H \rightarrow 2\ NH_3$$

Todos os organismos necessitam de nitrogênio para as suas proteínas, ácidos nucléicos e outros compostos importantes. A fixação do nitrogênio é, portanto, vital para a vida como a conhecemos, e este processo bioquímico tão importante realiza-se por uma ampla variedade de *Archaea* e *Bacteria* (incluindo as cianobactérias), mas por nenhum outro organismo. Discutiremos este processo vital em detalhe no Capítulo 42.

A amônia oxida-se a nitrato no solo e nas águas do oceano por bactérias quimiolitotróficas chamadas de **nitrificantes**. As bactérias de dois gêneros, *Nitrosomonas* e *Nitrosococcus*, convertem a amônia em íons nitrato (NO_2^-), e *Nitrobacter*, oxida nitrito a nitrato (NO_3^-).

O que os nitrificantes ganham com essas reações? O seu metabolismo impulsiona-se pela energia liberada pela oxidação da amônia ou do nitrito. Por exemplo, pela passagem de elétrons do nitrito através de uma cadeia transportadora de elétrons, *Nitrobacter* pode produzir ATP e, utilizando parte desse ATP, também pode produzir NADH. Com esse ATP e esse NADH, a bactéria pode converter CO_2 e H_2O em glicose.

26.3 RECAPITULAÇÃO

Os procariotos possuem paredes celulares, modos de locomoção, comunicação, reprodução e nutrição distintos.

- Você pode descrever a arquitetura da parede celular bacteriana? Ver p. 565 e Figura 26.5.
- Como são distinguidas as quatro categorias nutricionais dos procariotos?
- Você compreende por que o metabolismo do nitrogênio nos procariotos é vital para outros organismos? Ver p. 569.

Mencionamos inicialmente que apenas muito recentemente os cientistas estimaram as enormes distinções entre *Bacteria* e *Archaea*. Como os pesquisadores abordam a classificação de organismos que não podem nem mesmo ver?

26.4 Como podemos determinar a filogenia dos procariotos?

Conforme detalhado no Capítulo 25, existem três motivações primárias para os sistemas de classificação: identificar organismos não-conhecidos, revelar relações evolutivas e proporcionar nomes universais. A classificação de *Bacteria* e *Archaea* é de particular importância para os seres humanos, uma vez que os cientistas e tecnólogos médicos devem ser capazes de identificar bactérias de modo rápido e eficaz quando as bactérias são patogênicas, vidas podem depender disto. Além disso, muitas biotecnologias emergentes (ver Capítulo 16) dependem do completo conhecimento da bioquímica dos procariotos; e compreender a filogenia de um organismo pode contribuir para esse conhecimento.

O tamanho dificulta o estudo da filogenia dos procariotos

Até recentemente, os taxonomistas baseavam os sistemas de classificação para os procariotos em características fenotípicas prontamente observáveis, tais como cor, mobilidade, necessidades nutricionais, sensibilidade a antibióticos e reação à coloração de Gram. Apesar de tais sistemas terem facilitado a identificação de procariotos, eles não proporcionaram a compreensão de como esses organismos evoluíram – questão de grande interesse para os microbiologistas e para todos os estudiosos da evolução. Os procariotos e os eucariotos microbianos (protistas; ver Capítulo 27) apresentaram grandes desafios àqueles que empreenderam classificações filogenéticas.

Ninguém havia *visto* um indivíduo procarioto até em torno de 300 anos atrás. Os procariotos são tão pequenos que permaneceram invisíveis até a invenção do primeiro microscópio simples. Mesmo sob os melhores microscópios ópticos de hoje, ainda não aprendemos muito sobre eles.

Quando os biólogos aprenderam como crescer culturas puras de bactérias em meio nutritivo, algumas informações úteis começaram a afluir. Muito aprendeu-se sobre a genética, a nutrição e o metabolismo dos procariotos. No entanto, com apenas formato celular, tamanho e necessidade nutricionais como critérios, os microbiologistas foram incapazes de deduzir a classificação que faria sentido em termos evolutivos. Apenas recentemente, os estudiosos da sistemática obtiveram as ferramentas adequadas para realizar esta tarefa.

As seqüências nucleotídicas dos procariotos revelam suas relações evolutivas

A análise das seqüências nucleotídicas do RNA ribossômico proporcionou as primeiras medidas, aparentemente confiáveis, das distâncias evolutivas entre os grupos taxonômicos. O RNA ribossômico (rRNA) é particularmente útil para os estudos evolutivos de organismos vivos por várias razões:

- O rRNA é evolutivamente antigo.
- Nenhum organismo vivo carece de rRNA.
- O rRNA executa o mesmo papel na tradução em todos os organismos.
- O rRNA evoluiu de forma suficientemente lenta para permitir que as similaridades de seqüências entre os grupos de organismos sejam facilmente encontradas.

As comparações de extensões curtas de rRNA de muitos organismos revelaram seqüências de bases reconhecíveis que caracterizam grupos taxonômicos particulares. Mais recentemente, as investigações focaram-se em extensões mais longas de DNA, até mesmo a genes inteiros (especialmente genes de rRNA).

Esses dados são muito úteis, mas as coisas não são assim tão simples quanto gostaríamos. Quando os biólogos examinaram mais genes, contradições começaram a aparecer e novas questões surgiram. Em alguns grupos de procariotos, a análise de diferentes seqüências nucleotídicas sugeriu diferentes padrões filogenéticos. De que maneira tal situação poderia ter surgido?

A transferência gênica lateral pode complicar os estudos filogenéticos

Agora está claro que, desde cedo na evolução e até os dias de hoje, os genes têm se movido entre espécies procarióticas por **transferência gênica lateral** (ou transferência horizontal de genes). Conforme vimos, um gene de uma espécie pode ser incorporado ao genoma de outra. Por exemplo, os 1.869 genes de *Thermotoga maritima*, bactéria que pode sobreviver em temperaturas extremamente altas, foram todos seqüenciados. Comparando as seqüências de genes de *T. maritima* com seqüências de genes para as mesmas proteínas em outras espécies, constatou-se que quase 20% dos genes dessa bactéria apresentavam seus correlatos mais próximos não em outras espécies de bactérias, mas em espécies de *Archaea*.

Os mecanismos de transferência gênica lateral incluem transferências por plasmídeos e por vírus e a absorção de DNA por transformação. Tais transferências encontram-se bem documentadas, não apenas entre espécies nos domínios procarióticos, mas entre procariotos e eucariotos.

Um gene transferido será herdado pela progênie do receptor e, com o tempo, será reconhecido como parte do genoma normal de seus descendentes. Quando infere-se as filogenias utilizando-se árvores genéticas, a presença de genes transferidos lateralmente pode resultar em suposições errôneas a respeito das relações (**Figura 26.10A, B**). Os biólogos estão ainda avaliando a extensão da transferência gênica lateral entre procariotos e suas implicações para a filogenia, especialmente nos estágios iniciais da evolução.

Não está claro se a transferência gênica lateral complicou seriamente nossas tentativas de resolver a árvore procariótica da vida. Trabalhos recentes sugerem que não – enquanto isso complica estudos dentro de algumas espécies de indivíduos, não necessariamente apresenta problemas em níveis mais altos. Agora torna-se possível fazer comparações de seqüências nucleotídicas envolvendo genomas completos, e muitos cientistas acreditam que esse trabalho revelará um *cerne estável* de genes não complicados pela transferência gênica lateral. As árvores genéticas construídas utilizando esse cerne estável devem revelar relações filogenéticas mais exatas (**Figura 26.10C**). O problema permanece, uma vez que apenas uma proporção muito pequena do mundo procariótico foi descrita e estudada.

A grande maioria das espécies procarióticas nunca foi estudada

Alguns procariotos desafiaram todas as tentativas de multiplicá-los em cultura pura, levando os biólogos a indagar-se quantas espécies e, possivelmente, até mesmo importantes clados, estão nos faltando. Uma janela para esse problema abriu-se com a introdução de um novo modo de olhar para as seqüências de ácidos nucléicos. Incapazes de trabalhar com todo o genoma de uma única espécie, os biólogos examinam seqüências em genes individuais coletados de uma amostra aleatória do ambiente.

Norman Pace, da Universidade do Colorado, isolou seqüências de genes de rRNA individuais de extratos de amostras ambientais tais como solo ou água do mar. A comparação dessas seqüências com outras conhecidas previamente revelou um número extraordinário de seqüências novas, sugerindo que elas originam-se de espécies não identificadas. Os biólogos descreveram apenas cerca de 5 mil espécies de *Bacteria* e *Archaea*. Os resultados dos estudos de Pace sugerem fortemente que deve existir meio milhão de espécies. Essa descoberta apresenta um

Figura 26.10 a transferência gênica lateral complica as relações filogenéticas (A) A filogenia de quatro espécies hipotéticas é apresentada como uma árvore sombreada. (B) Na árvore baseada no gene x, as verdadeiras relações estão incertas. (C) Muitos sistematas, estudando a filogenia dos procariotos, acreditam que eventualmente estabeleceremos um "cerne estável" de genes procarióticos resistentes à transferência lateral. Tal árvore, no entanto, permanece no futuro, aguardando o seqüenciamento de muitos outros genomas procarióticos.

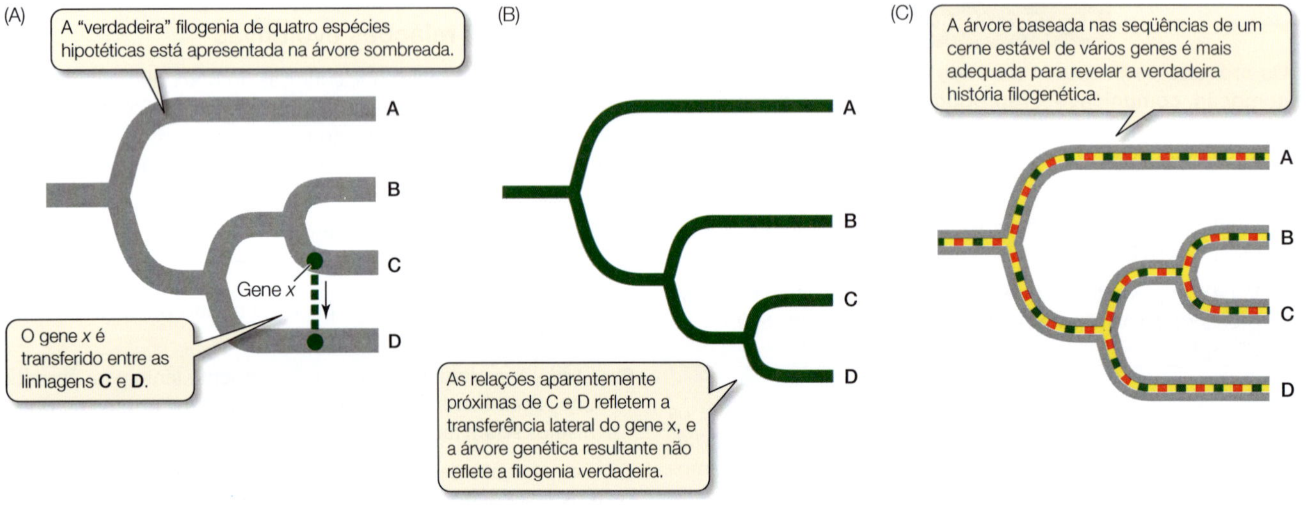
(A)
A "verdadeira" filogenia de quatro espécies hipotéticas está apresentada na árvore sombreada.
A
B
C
D
Gene x
O gene x é transferido entre as linhagens C e D.
(B)
A
B
C
D
As relações aparentemente próximas de C e D refletem a transferência lateral do gene x, e a árvore genética resultante não reflete a filogenia verdadeira.
(C)
A árvore baseada nas seqüências de um cerne estável de vários genes é mais adequada para revelar a verdadeira história filogenética.
A
B
C
D

grande desafio, mas também uma grande oportunidade de explorar a diversidade procariótica e compreender melhor a árvore filogenética da vida.

As mutações são a fonte mais importante da variação procariótica

Assumindo que os grupos de procariotos descritos representam, de fato, clados, estes grupos são surpreendentemente complexos. Um único clado de *Bacteria* ou *Archaea* pode conter espécies extraordinariamente diversas; por outro lado, uma espécie em um grupo pode ser fenotipicamente quase indistinguível de uma ou mais espécies de outro grupo. Quais são as fontes destes padrões filogenéticos?

Ainda que os procariotos possam adquirir novos alelos por transformação, transdução ou conjugação, as mais importantes fontes de variação genética em populações de procariotos são provavelmente as mutações e a deriva genética (descrita na Seção 22.2). As mutações, especialmente as mutações recessivas, demoram a fazer sua presença notada nas populações de humanos e de outros organismos diplóides. Ao contrário, uma mutação em um procarioto haplóide possui conseqüências imediatas para aquele organismo. Se não for letal, será transmitida e expressa nas células-filhas do organismo – e nas células-filhas destas, e assim por diante. Dessa forma, um alelo mutante benéfico espalha-se rapidamente.

A rápida multiplicação de muitos procariotos, combinada com a mutação, a seleção natural, a deriva genética e a transferência gênica lateral, permite rápidas mudanças fenotípicas em suas populações. Mudanças importantes, tais como a perda de sensibilidade a um antibiótico, podem ocorrer sobre amplas áreas geográficas em apenas alguns anos. Imagine quantas mudanças metabólicas importantes podem ter ocorrido em intervalos de tempo até modestos em relação à história da vida na Terra. Quando apresentarmos as proteobactérias, o maior grupo de bactérias, você verá que seus diferentes subgrupos adotaram e abandonaram, fácil e rapidamente, rotas metabólicas sob pressão seletiva do ambiente.

26.4 RECAPITULAÇÃO

O estudo da filogenia dos procariotos é complicado pelo pequeno tamanho dos organismos, pela nossa incapacidade de cultivar alguns deles em cultura pura e pela transferência gênica lateral. As seqüências nucleotídicas são especialmente úteis para distinguir clados filogenéticos.

- Como os biólogos classificavam as bactérias antes de se tornar possível determinar as seqüências nucleotídicas? Ver p. 569.
- Você pode explicar por que o rRNA é útil para os estudos evolutivos? Ver p.569.
- Você compreende como a transferência gênica lateral pode complicar os estudos evolutivos? Ver p. 570 e Figura 26.10.

Apesar das dificuldades descritas aqui, os biólogos identificaram muitos clados de procariotos. Iremos abordar as características de alguns deles na próxima seção.

26.5 Quais são os principais grupos de procariotos conhecidos?

As bactérias são o grupo mais bem estudado dos dois domínios procarióticos e, aqui, usaremos um esquema de classificação que possui considerável suporte de dados de seqüências nucleotídicas. Mais de doze clados foram propostos nesse esquema; descreveremos apenas alguns deles. Prestaremos mais atenção a seis grupos: espiroquetas, clamídias, gram-positivos com alto conteúdo de G-C, cianobactérias, gram-positivos com baixo conteúdo de G-C e proteobactérias (**Figura 26.11**). Primeiro, no entanto, mencionaremos uma propriedade compartilhada por membros de três outros grupos.

Três dos grupos bacterianos que se julgava terem ramificado mais cedo durante a evolução bacteriana são, todos, **termófilos** (amantes do calor), assim como o constituem os mais antigos das arqueas. Essa observação sustentou a hipótese de que os primeiros organismos vivos eram termófilos, pois apareceram em ambientes muito mais quentes do que aqueles que predominam hoje. Evidências recentes baseadas em ácidos nucléicos sugerem, no entanto, que aqueles clados podem ter surgido mais recentemente do que os espiroquetas e as clamídias.

Os espiroquetas locomovem-se por meio de filamentos axiais

Os **espiroquetas** são bactérias gram-negativas, móveis, quimioheterotróficas, caracterizadas por estruturas únicas chamadas de filamentos axiais (flagelos modificados localizados ao longo do

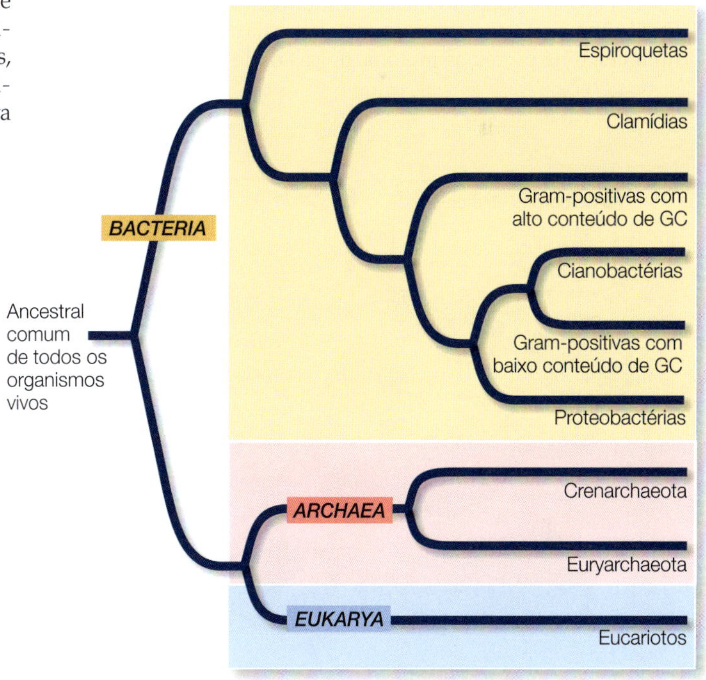
Espiroquetas
Clamídias
Gram-positivas com alto conteúdo de GC
Cianobactérias
Gram-positivas com baixo conteúdo de GC
Proteobactérias
BACTERIA
Ancestral comum de todos os organismos vivos
ARCHAEA
Crenarchaeota
Euryarchaeota
EUKARYA
Eucariotos

Figura 26.11 Dois domínios: uma breve visão geral Este resumo da classificação dos domínios *Bacteria* e *Archaea* apresenta os parentescos de um em relação ao outro e ambos em relação a *Eukarya*. As relações de parentesco entre os muitos clados de *Bacteria*, nem todos mostrados aqui, não estão completamente resolvidas até este momento.

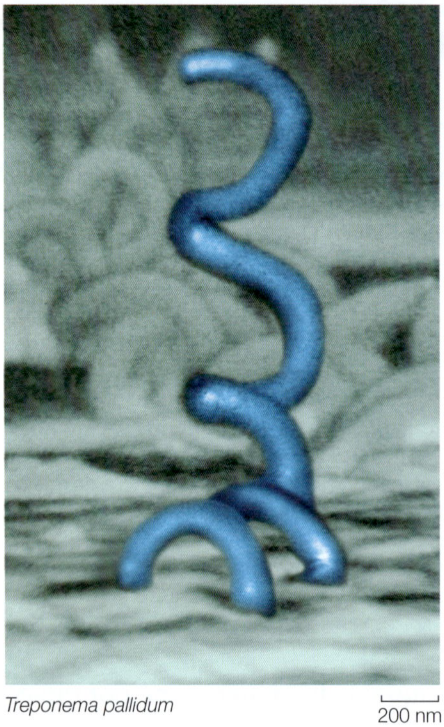
Treponema pallidum
200 nm

Figura 26.12 Um espiroqueta Esta bactéria em forma de saca-rolhas causa sífilis em humanos.

espaço periplasmático, ver Figura 26.6A). O corpo celular consiste em um longo cilindro espiralado em uma hélice (**Figura 26.12**). Os filamentos axiais iniciam dos dois lados da célula e se sobrepõe no meio, e há proteínas motoras típicas onde eles se ancoram à parede celular. Essas estruturas giram, como em outros flagelos procarióticos (ver Figura 4.5). Muitos espiroquetas vivem em humanos como parasitas; poucos são patógenos, incluindo aqueles que causam a sífilis e a doença de Lyme. Outros vivem livres em lama ou em água.

As clamídias são parasitas extremamente pequenos

As **clamídias** estão entre as menores bactérias (0,2 a 1,5 µm de diâmetro). Elas podem viver apenas como parasitas dentro das células de outros organismos. Acreditava-se que esse parasitismo obrigatório resultava de uma inabilidade das clamídias em produzir ATP – ou seja, as clamídias eram "parasitas energéticos". Resultados de seqüenciamentos genômicos do final do século XX indicaram, no entanto, que as clamídias possuem a capacidade genética de produzir ao menos um pouco de ATP. Elas podem aumentar essa capacidade utilizando uma enzima chamada translocase, que as permite tomar ATP do citoplasma dos hospedeiros em troca de ADP de suas próprias células.

Esses minúsculos *cocci* gram-negativos são procariotos especiais em função de seu ciclo de vida complexo, que envolve duas diferentes formas de células, os *corpos elementares* e os *corpos reticulados* (**Figura 26.13**). Em humanos, várias linhagens de clamídias causam infecções nos olhos (especialmente tracoma), doenças transmitidas sexualmente e algumas formas de pneumonia.

Algumas bactérias gram-positivas com alto conteúdo de GC são valiosas fontes de antibióticos

As **bactérias gram-positivas com alto conteúdo de GC**, também conhecidas como *actinobactérias*, têm seu nome derivado da taxa relativamente alta de G+C/A+T do seu DNA. Elas desenvolveram um sistema elaborado de ramificação de filamentos (**Figura 26.14**). As formas dessas bactérias assemelham-se ao hábito de crescimento filamentoso dos fungos, porém em escala reduzida.

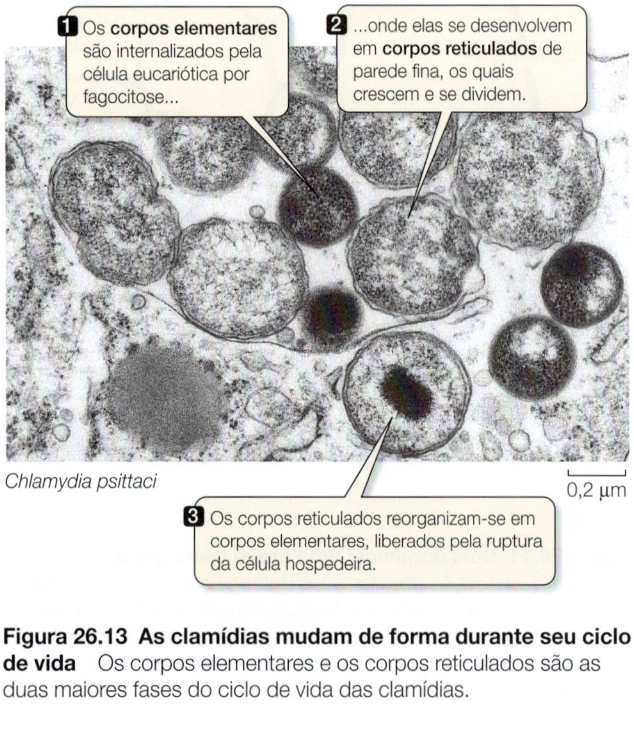
1 Os corpos elementares são internalizados pela célula eucariótica por fagocitose...
2 ...onde elas se desenvolvem em corpos reticulados de parede fina, os quais crescem e se dividem.
Chlamydia psittaci
0,2 µm
3 Os corpos reticulados reorganizam-se em corpos elementares, liberados pela ruptura da célula hospedeira.

Figura 26.13 As clamídias mudam de forma durante seu ciclo de vida Os corpos elementares e os corpos reticulados são as duas maiores fases do ciclo de vida das clamídias.

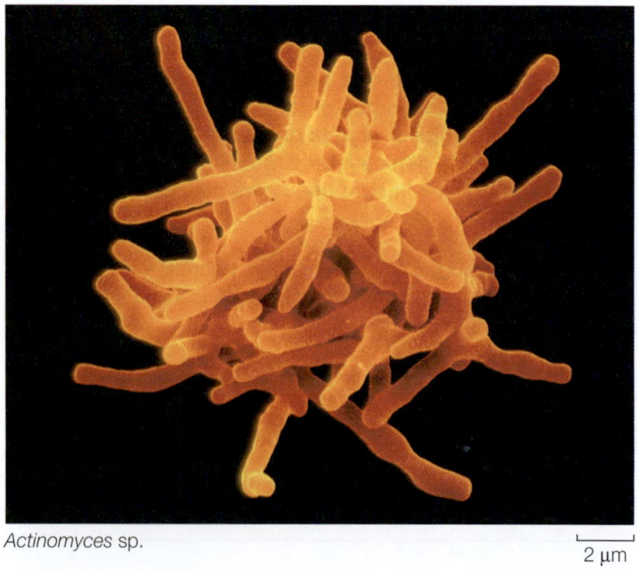
Actinomyces sp.
2 µm

Figura 26.14 Os filamentos de uma bactéria gram-positivas com alto conteúdo de GC Os filamentos ramificados observados nesta micrografia eletrônica de varredura são típicos deste grupo de bactérias de importância médica.

Algumas gram-positivas com alto conteúdo de GC reproduzem-se pela formação de cadeias de esporos nas pontas dos filamentos. Em espécies em que não se formam esporos, o crescimento ramificado dos filamentos cessa e a estrutura quebra-se em *cocci* ou *bacilli* típicos, que se reproduzem, então, por fissão binária.

As gram-positivas com alto conteúdo de GC incluem várias bactérias de importância médica. *Mycobacterium tuberculosis* causa a tuberculose, a qual mata 3 milhões de pessoas por ano. Dados genéticos sugerem que essa bactéria surgiu no leste da África há 3 milhões de anos atrás, tornando-a a mais antiga doença humana de origem bacteriana. *Streptomyces* produz estreptomicina, assim como centenas de outros antibióticos. Nós obtemos a maioria de nossos antibióticos de membros das gram-positivas com alto conteúdo de GC.

As cianobactérias são importantes fotoautotróficos

As cianobactérias, algumas vezes chamadas de bactérias azul-esverdeadas por causa da pigmentação, são fotoautotróficas que necessitam apenas de água, nitrogênio gasoso, oxigênio, poucos elementos minerais, luz e dióxido de carbono para sobreviver. Elas utilizam a clorofila *a* para a fotossíntese e liberam oxigênio gasoso; muitas espécies também fixam nitrogênio. A sua fotossíntese constituiu a base da "revolução do oxigênio" que transformou a atmosfera da Terra (ver Seção 21.2).

As cianobactérias realizam o mesmo tipo de fotossíntese característico dos eucariotos fotossintetizantes. Elas contêm sistemas internos de membranas elaborados e altamente organizados chamados de *lamelas fotossintéticas* ou *tilacóides*. Os cloroplastos dos eucariotos fotossintetizantes derivam de uma cianobactéria endossimbiótica.

As cianobactérias podem viver livremente como células únicas ou associadas em colônias. Dependendo da espécie e das condições de crescimento, as colônias de cianobactérias podem variar de lâminas achatadas de uma camada de células, a filamentos e, até, esferas de células.

Algumas colônias filamentosas de cianobactérias diferenciam-se em três tipos celulares: células vegetativas, esporos e heterocistos (**Figura 26.15**). As **células vegetativas** fotossintetizam, os **esporos** são estágios latentes que podem sobreviver sob condições ambientais severas e, eventualmente, desenvolver novos filamentos e **heterocistos** são células especializadas para a fixação de nitrogênio. Todas as cianobactérias com heterocistos fixam nitrogênio. Os heterocistos também possuem um papel na reprodução: quando os filamentos quebram-se para reproduzir, os heterocistos podem servir de ponto de quebra.

Nem todas as bactérias gram-positivas com baixo conteúdo de GC são gram-positivas

As bactérias gram-positivas com baixo conteúdo de GC, como seu nome sugere, possuem uma taxa G+C/A+T mais baixa em relação às gram-positivas com alto conteúdo de GC. Elas também, algumas vezes, chamam-se *firmicutes*. Algumas gram-positivas com baixo conteúdo de GC são, em verdade, gram-negativas, e algumas nem mesmo apresentam parede celular. Não obstante, este grupo é um clado.

Algumas gram-positivas com baixo conteúdo de GC produzem **endósporos** (**Figura 26.16**) – estruturas latentes resistentes ao calor – quando um nutriente-chave como o nitrogênio ou o carbono torna-se escasso. A bactéria replica seu DNA e encapsula

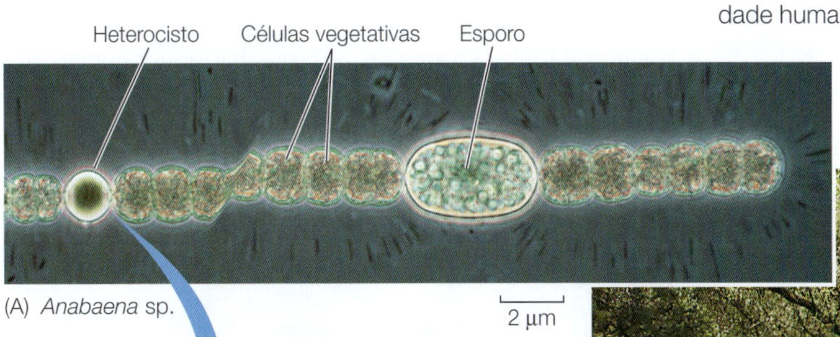
Heterocisto
Células vegetativas
Esporo
(A) *Anabaena* sp.
2 μm

Uma parede espessa separa o citoplasma dos heterocistos fixadores de nitrogênio do ambiente em volta.
(B)
Um fino pescoço liga um heterocisto a cada uma das células vegetativas em um filamento.
0,6 μm

(C)

Figura 26.15 As cianobactérias (A) *Anabaena* é um gênero de cianobactérias que forma colônias filamentosas contendo três tipos celulares. (B) Os heterocistos são especializados na fixação de nitrogênio e servem de ponto de quebra quando os filamentos reproduzem-se. (C) As cianobactérias estão presentes em grande número em alguns ambientes. Este açude californiano experimentou a eutrofização: fósforo e outros nutrientes gerados pela atividade humana acumularam-se no açude, alimentando um imenso emaranhado verde (comumente referido como a "espuma do açude") constituido de várias espécies de cianobactérias de vida livre.

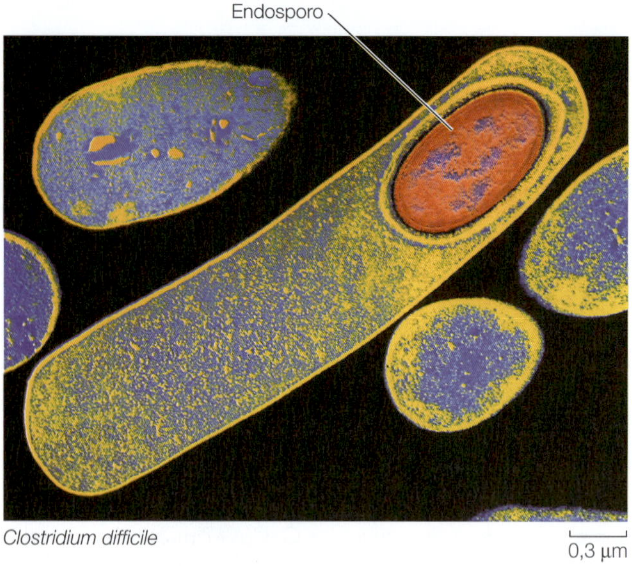
Endosporo
Clostridium difficile
0,3 μm

Figura 26.16 Uma estrutura para resistir a maus tempos Esta bactéria gram-positiva com baixo conteúdo de GC, a qual pode causar colite severa em humanos, produz endosporos como estruturas latentes de resistência.

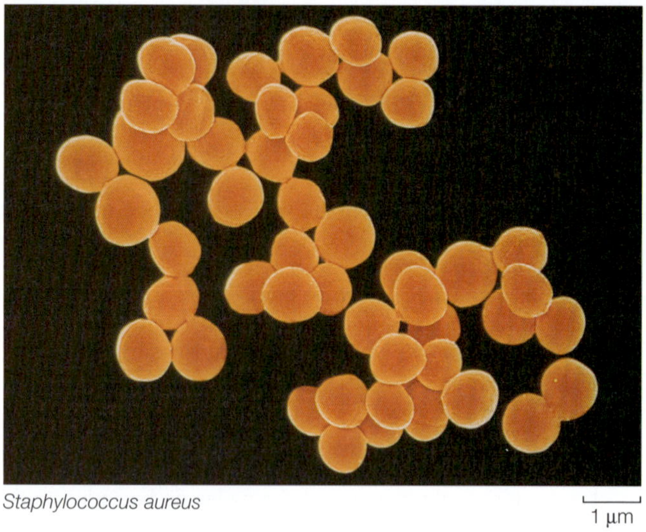
Staphylococcus aureus
1 μm

Figura 26.17 As bactérias gram-positivas com baixo conteúdo de GC Os "agrupamentos em cacho-de-uva" são os arranjos usuais dos estafilococos.

uma cópia, juntamente com parte do citoplasma, em uma parede celular resistente fortemente engrossada com peptideoglicano e envolvida por um revestimento (capa) de esporo. A célula-mãe, então, quebra-se, liberando o endósporo. A produção de endósporos não é um processo reprodutivo: o endósporo meramente substitui a célula parental. O endósporo, no entanto, pode sobreviver sob condições ambientais severas que matariam a célula parental, tais como alta ou baixa temperatura, ou seca, pois é dormente – sua atividade normal é suspensa. Mais tarde, caso encontre condições favoráveis, o endósporo torna-se metabolicamente ativo e se divide, formando novas células como a parental.

Endósporos dormentes de *Bacillus anthracis*, o agente causador de antrax, germina quando percebe moléculas específicas no citoplasma derivadas de células do sangue, chamadas de macrófagos. Os endósporos de espécies não-patogênicas de *Bacillus* não germinam neste ambiente. Alguns endósporos podem ser reativados após mais de mil anos de dormência. Existem alegações de fontes confiáveis de que a reativação de endósporos de *Bacillus* pode ocorrer após milhões de anos. Membros deste grupo de formadores de endósporos das bactérias gram-positivas com baixo conteúdo de GC incluem as muitas espécies de *Clostridium* e *Bacillus*. As toxinas produzidas por *C. botulinum* estão entre as mais venenosas já descobertas; a dose letal para humanos é de aproximadamente um milionésimo de grama (1 μg).

O gênero *Staphylococcus* – os estafilococos – incluem Gram-positivas com baixo conteúdo de GC, abundantes na superfície do corpo humano e responsáveis pelos furúnculos e muitos outros problemas de pele (**Figura 26.17**). *Staphylococcus aureus* é o patógeno humano mais bem conhecido deste gênero; ele encontra-se em 20 a 40% dos adultos normais (e em 50 a 70% dos adultos hospitalizados). Ele pode causar infecções respiratórias, intestinais e feridas, além de doenças de pele.

Outro grupo interessante de bactérias gram-positivas com baixo conteúdo de GC, os **micoplasmas**, não possuem parede celular, ainda que alguns apresentem um material de reforço no exterior da membrana plasmática. Alguns deles são as menores criaturas já descobertas – ainda menores que as clamídias (**Figura 26.18**). Os menores micoplasmas capazes de se reproduzir têm diâmetro em torno de 0,2 μm. Eles são pequenos também em outro sentido crucial: eles possuem menos da metade de DNA que a maioria dos outros procariotos – mas ainda podem multiplicar-se autonomamente. Tem sido especulado que a quantidade de DNA em um micoplasma pode ser o mínimo necessário para codificar as propriedades essenciais de uma célula viva.

As proteobactérias constituem um grupo grande e diverso

O maior grupo de bactérias, em termos de números de espécies é, de longe, o das **proteobactérias**, às vezes referidas como *bactérias púrpuras*. Entre as proteobactérias estão muitas espécies gram-negativas, fotoautotróficas que utilizam enxofre e que contêm bacterioclorofila. No entanto, as proteobactérias também incluem bactérias dramaticamente diversas que não apresentam qualquer semelhança fenotípica com aquelas bactérias. A mitocôndria de

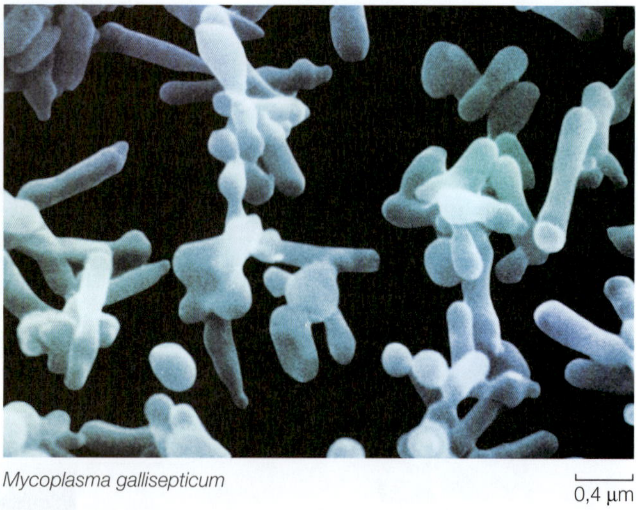
Mycoplasma gallisepticum
0,4 μm

Figura 26.18 A menor célula viva Contendo apenas um quinto de DNA em relação a *E. coli*, os micoplasmas são as menores bactérias conhecidas.

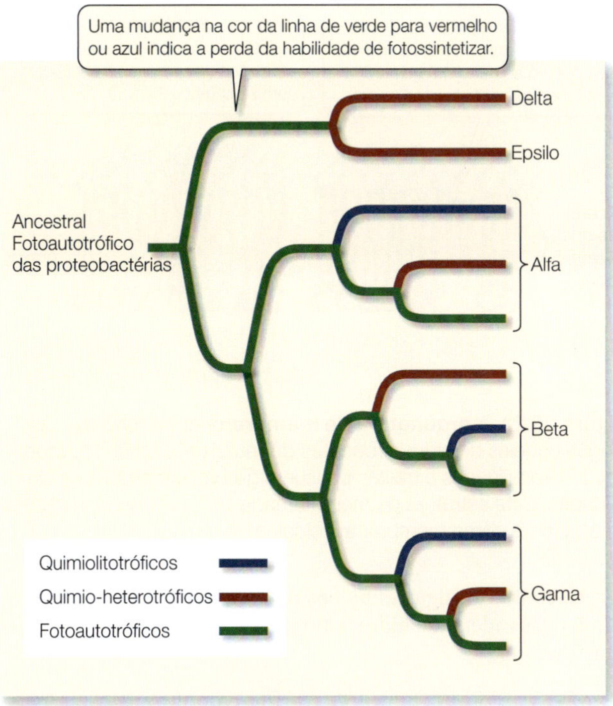
Uma mudança na cor da linha de verde para vermelho ou azul indica a perda da habilidade de fotossintetizar.
Delta
Epsilo
Ancestral Fotoautotrófico das proteobactérias
Alfa
Beta
Gama
Quimiolitotróficos
Quimio-heterotróficos
Fotoautotróficos

Figura 26.19 Os modos de nutrição das proteobactérias O ancestral comum de todas as proteobactérias foi provavelmente um fotoautotrófico. Como encontraram novos ambientes, as proteobactérias delta e epsilo perderam suas habilidades de fotossintetizar. Nos outros três grupos, algumas linhagens evolutivas tornaram-se quimiolitotróficas ou quimio-heterotróficas.

eucariotos derivou-se de uma proteobactéria por endossimbiose, conforme veremos na seção 27.2.

Nenhuma característica demonstra mais claramente a diversidade das proteobactérias do que suas rotas metabólicas (**Figura 26.19**). Há cinco grupos de proteobactérias: alfa, beta, gama, delta e epsilo. O ancestral comum de todas as proteobactérias foi um fotoautotrófico. Cedo na evolução, dois dos grupos de proteobactérias perderam sua habilidade de fotossintetizar e, desde então, elas têm sido quimio-heterotróficos. Os outros três grupos ainda possuem membros fotoautotróficos, porém, em cada grupo, algumas linhagens evolutivas abandonaram a fotoautotrofia e adquiriram outros modos de nutrição. Existem quimiolitotróficos e quimio-heterotróficos em todos os três grupos. Por quê? Uma possibilidade consiste em que cada uma das tendências apresentadas na Figura 26.19 tenha sido uma resposta evolutiva a pressões seletivas encontradas quando as bactérias colonizavam novos habitats que representavam novos desafios e oportunidades. A transferência gênica lateral pode ter desempenhado um papel importante nestas repostas.

Entre as proteobactérias encontram-se alguns gêneros fixadores de nitrogênio, tais como *Rhizobium* (ver Figura 42.7), e outras bactérias que contribuem para os ciclos globais de nitrogênio e enxofre. *Escherichia coli*, um dos organismos mais estudados da Terra, é uma proteobactéria. À semelhança, muitos dos mais famosos patógenos humanos também o são, tais como *Yersinia pestis* (peste), *Vibrio cholerae* (cólera) e *Salmonella typhimurium* (doença gastrointestinal).

Os fungos causam a maioria das doenças de plantas e os vírus causam outras, mas cerca de 200 doenças conhecidas de plantas são de origem bacteriana. A *galha-da-coroa*, com seus característicos tumores (**Figura 26.20**), é uma das mais intrigantes. O agente causador da galha-da-coroa é a *Agrobacterium tumefaciens*, proteobactéria que abriga um plasmídeo utilizado em estudos com recombinação de DNA como vetor para inserir genes em novas plantas hospedeiras.

Figura 26.20 Uma galha-da-coroa Este tumor colorido (a grande massa à esquerda) crescendo no caule de um gerânio é causado pela proteobactéria *Agrobacterium tumefaciens*.

Discutimos seis clados de bactérias com algum detalhe, mas outros clados bacterianos são bem conhecidos e há, provavelmente, dúzias mais aguardando para serem descobertas. Essa estimativa baseia-se no fato de que muitas bactérias nunca foram cultivadas em laboratório.

Archaea difere em vários aspectos importantes em relação a Bacteria

As arqueas são bem conhecidas por viverem em habitats extremos tais como aqueles com alta salinidade (conteúdo de sal), baixas concentrações de oxigênio, altas temperaturas ou alto ou baixo pH (**Figura 26.21**). No entanto, muitas arqueas vivem em ambientes não-extremos. Talvez o maior número delas viva nas profundezas do oceano.

Um esquema de classificação corrente divide o domínio *Archaea* em dois grupos principais, ***Euryarchaeota*** e ***Crenarchaeota***. Menos se sabe a respeito de dois grupos mais recentemente descobertos, ***Korarchaeota*** e ***Nanoarchaeota***. De fato, sabemos relativamente pouco sobre a filogenia das arqueas, em parte porque o estudo das arqueas encontra-se ainda em seus estágios iniciais. Duas características compartilhadas por todas as arqueas são: a ausência de peptideoglicanas em suas paredes celulares e a presença de lipídeos de composição distinta em suas membranas celulares (ver Tabela 26.1). A sua separação de *Bacteria* e *Eukarya* sustentou-se quando os biólogos seqüenciaram o primeiro genoma arqueano. Ele consistia em 1.738 genes, mais da metade dos quais eram diferentes de qualquer gene já encontrado nos outros dois domínios.

Os lipídeos não usuais de suas membranas encontram-se em todas as arqueas e em nenhuma bactéria ou eucarioto. A maioria dos lipídeos de membrana bacterianos e eucarióticos contém ácidos graxos de cadeia longa não-ramificada, conectados ao glicerol por ligações éster:

EXPERIMENTO

HIPÓTESE: Alguns procariotos podem crescer e se multiplicar a temperaturas acima de 120°C.

MÉTODO

1. Selar amostras com microrganismos não identificados coletadas nas proximidades de uma vazão termal em tubos com meio contendo Fe^{3+} como aceptor de elétrons. Os tubos-controle contêm o aceptor de elétrons, mas não as células.
2. Manter os tubos experimentais e controles por 10 horas em um esterilizador a 121°C. A redução do Fe^{3+} produz Fe^{2+} como magnetita, indicando a presença de células vivas (foto à esquerda).
3. Em um segundo experimento, isolar e testar o crescimento sob várias temperaturas.

RESULTADOS

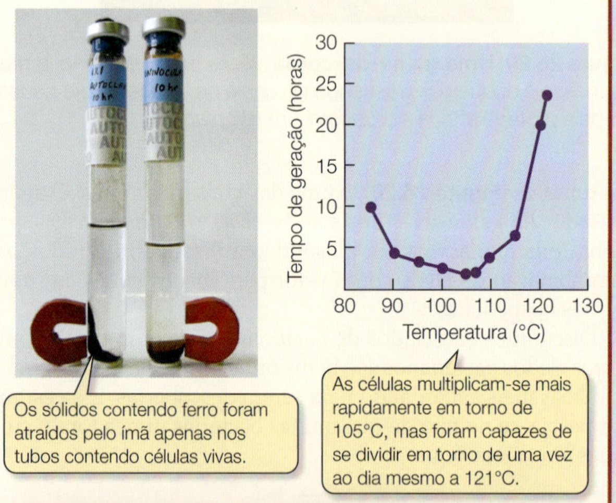
Tempo de geração (horas)
30
25
20
15
10
5
80 90 100 110 120 130
Temperatura (°C)
Os sólidos contendo ferro foram atraídos pelo ímã apenas nos tubos contendo células vivas.
As células multiplicam-se mais rapidamente em torno de 105°C, mas foram capazes de se dividir em torno de uma vez ao dia mesmo a 121°C.

CONCLUSÕES: Alguns organismos nas amostras multiplicaram-se a 121°C, a mais alta temperatura já conhecida que permite o crescimento de um organismo.

Figura 26.21 Quais são as mais altas temperaturas que um organismo pode tolerar? Kazem Kashefi e Derek Lovley isolaram um organismo procariótico não-identificado de amostras de águas próximas a uma vazão hidrotermal no noroeste do Oceano Pacífico. Testes para estabelecer a sobrevivência e o metabolismo foram feitos de 85 °C a 130 °C em tubos selados com Fe^{3+} como aceptor de elétrons (como Fe_2O_3, ou ferrugem comum).* O organismo continuou a se multiplicar a temperaturas tão altas quanto 121 °C – uma temperatura esterilizante, conhecida por destruir todos os microrganismos previamente descritos. Os genes do organismo sobrevivente (intitulado "Cepa 121") foram seqüenciados, e comparações destas seqüências com genes de espécies de *Archaea* conhecidas indicaram que a Cepa 121 constitui-se provavelmente também uma arquea. PESQUISA ADICIONAL: A Cepa 121 não se multiplicou durante um período de duas horas de exposição a uma temperatura de 130°C, mas também não morreu. Como você demonstraria que ela ainda está viva?

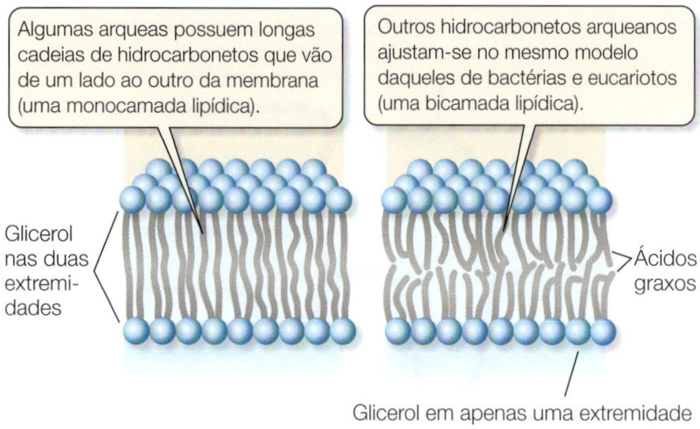
Algumas arqueas possuem longas cadeias de hidrocarbonetos que vão de um lado ao outro da membrana (uma monocamada lipídica).
Outros hidrocarbonetos arqueanos ajustam-se no mesmo modelo daqueles de bactérias e eucariotos (uma bicamada lipídica).
Glicerol nas duas extremidades
Ácidos graxos
Glicerol em apenas uma extremidade

Figura 26.22 A arquitetura de membrana em *Archaea* As longas cadeias de hidrocarbonetos de muitas membranas arqueanas são ramificadas e muitas possuem glicerol em ambas as extremidades. Esta estrutura de monocamada lipídica (à esquerda) ainda se enquadra como membrana biológica.

Ao contrário, alguns lipídeos de membranas arqueanas contêm longas cadeias de hidrocarbonetos conectados ao glicerol por ligações éster:

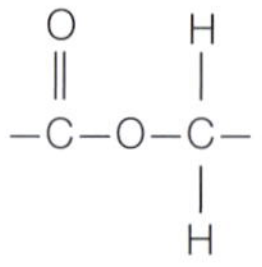

Em contraste, alguns lipídeos das membranas de arqueas contêm hidrocarbonetos de cadeias longas conectados ao glicerol por *ligações éter*:

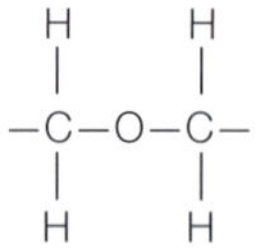

Além disso, as longas cadeias de hidrocarbonetos das arqueas são ramificadas. Uma classe destes lipídeos, com cadeias de 40 átomos de carbono de comprimento, contém glicerol nas duas extremidades dos hidrocarbonetos (**Figura 26.22**). Esta estrutura em *monocamada lipídica* constitui exclusividade de *Archaea*, e ainda se enquadra como membrana biológica, uma vez que os lipídeos são duas vezes mais longos que os lipídeos típicos das bicamadas de outras membranas. Ambas as monocamadas e as bicamadas lipídicas encontram-se entre as arqueas. Os efeitos destas características estruturais, se há algum, sobre o desempenho da membrana são desconhecidos. Apesar dessa intrigante diferença em seus lipídeos de membrana, as membranas observadas em todos os três domínios possuem estruturas gerais, dimensões e funções similares.

Muitos Crenarchaeota vivem em lugares quentes e ácidos

A maioria dos *Crenarchaeota* conhecidos são tanto termófilos (ou termofílicos, que gostam de calor) quanto **acidófilos** (ou acidofílicos, que gostam de ácido). Os membros do gênero *Sulfolobus* vivem em fontes termais sulfurosas sob temperaturas de 70 °C a 75 °C. Eles morrem de "frio" à 55 °C (131 °F). As fontes termais sulfurosas são também extremamente ácidas. Os *Sulfolobus* multiplicam-se melhor na faixa de pH 2 a pH 3, mas prontamente toleram valores de pH tão baixos quanto 0,9. Uma espécie do gênero *Ferroplasma* vive em pH próximo de 0. Alguns acidófilos mantêm

* Alguns procariotos transformam Fe^{3+} em Fe^{2+}, convertendo ferrugem em magnetita. As células vivas produzem, portanto, um material atraído pelos ímãs, enquanto células mortas não.

Figura 26.23 Alguns chamariam de inferno, estas arqueas chamam de lar Um grande número de arqueas que gostam de calor e ácido forma um emaranhado dentro de uma vazão vulcânica na Ilha de Kyushu, Japão. Visualiza-se o resíduo sulfuroso nas bordas do emaranhado.

Figura 26.24 Os halófilos extremos Tanques comerciais de evaporação da água do mar, tais como estes na Baía de São Francisco, são lares atraentes para arqueas que gostam de sal, facilmente visíveis aqui em função de seus pigmentos carotenóides.

pH interno próximo de 7 (neutro), apesar de seu ambiente ácido. Esses e outros hipertermófilos prosperam onde muito poucos organismos conseguem sequer sobreviver (**Figura 26.23**).

Euryarchaeota vivem em muitos lugares surpreendentes

Algumas espécies de *Euryarchaeota* compartilham a propriedade de produzir metano (CH_4) pela redução do dióxido de carbono. Todos esses **metanogênicos** são anaeróbios obrigatórios e a produção de metano constitui o passo-chave em seu metabolismo energético. Comparações de seqüências nucleotídicas de rRNA revelaram uma relação evolutiva estreita entre todos estes metanogênicos, os quais foram previamente designados a vários grupos bacterianos não-relacionados.

Os metanogênicos liberam aproximadamente 2 bilhões de toneladas de gás metano na atmosfera da Terra todo ano, contabilizando 80 a 90% do metano na atmosfera, incluindo aquele associado ao ato de arrotar dos mamíferos. Aproximadamente um terço desse metano vem de metanogênicos que vivem nas vísceras de herbívoros como gado bovino, ovelhas e veados. O metano aumenta na atmosfera da Terra em torno de 1% ao ano e é um contribuinte para o efeito estufa. Parte deste aumento deve-se a um aumento de fazendas de gado e de arroz e os metanogênicos associam-se a ambos.

Um metanogênico, *Methanopyrus*, vive no fundo do oceano, próximo a vazões hidrotermais ferventes. Os *Methanopyrus* pode sobreviver e se multiplicar a 110 °C. Seu melhor desenvolvimento é a 98 °C e em nenhuma hipótese temperaturas inferiores a 84 °C.

Outro grupo de *Euryarchaeota*, os **halófilos extremos** (que gostam de sal), vive exclusivamente em ambientes muito salgados. Uma vez que eles contêm pigmentos carotenóides cor-de-rosa, e podem ser facilmente vistos sob algumas circunstâncias (**Figura 26.24**). Os halófilos multiplicam-se no Mar Morto e em salmouras de todos os tipos: peixes em conserva podem, às vezes, apresentar manchas rosa-avermelhadas na verdade colônias de arqueas halófilas. Poucos organismos podem viver nos lares mais salgados que os halófilos extremos ocupam; a maioria"secaria"até a morte, perdendo muita água para o meio hipertônico. Os halófilos extremos foram encontrados em lagos com valores de pH tão altos quanto 11,5 – o ambiente mais alcalino habitado por organismos vivos, e quase tão alcalino quanto amônia doméstica.

Alguns dos halófilos extremos possuem sistemas únicos para aprisionar energia luminosa e a utilizar na forma de ATP – sem a utilização de qualquer forma de clorofila – quando há pouco suprimento de oxigênio. Eles usam o pigmento *retinal* (também encontrado no olho humano) combinado com uma proteína para formar a molécula que absorve luz chamada de bacteriorrodopsina, e formam ATP por um mecanismo quimiosmótico do tipo descrito na Figura 7.13.

Outro membro de Euryarchaeota, *Thermoplasma*, não apresenta parede celular. É termófilo e acidófilo, seu metabolismo é aeróbio e ele vive em depósitos de carvão. Ele possui o menor genoma entre as arqueas e talvez o menor genoma (juntamente com micoplasma) de qualquer organismo de vida livre – 1.100.000 pares de bases.

Korarchaeota e Nanoarchaeota não são tão bem conhecidos

Os *Korarchaeota* são conhecidos apenas por evidências derivadas de DNA isolado diretamente de fontes termais. Nenhum *Korarchaeota* foi cultivado em cultura pura com sucesso.

Outro arqueano foi descoberto em uma vazão hidrotermal do fundo do mar na costa da Islândia. É o primeiro representante de um grupo batizado de *Nanoarchaeota* por causa do tamanho diminuto. Estes organismos vivem ancorados a células de *Ignicoccus*, um *Crenarchaeota*. Por causa de sua associação, as duas espécies podem se multiplicar juntas em cultura (**Figura 26.25**).

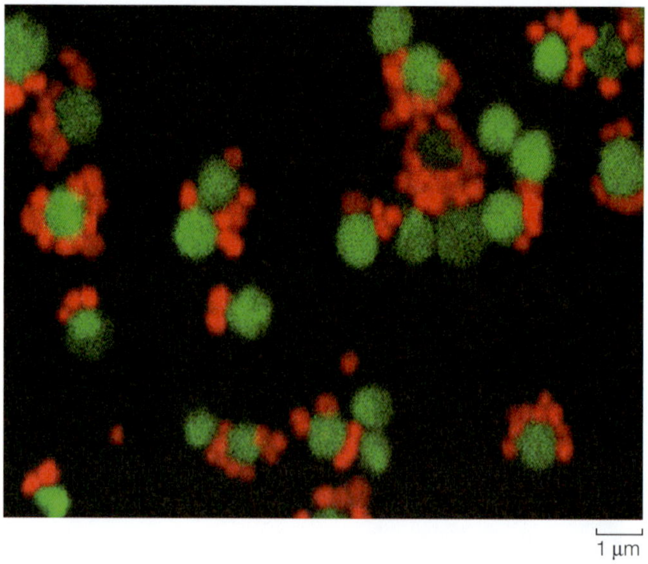
1 μm

Figura 26.25 Um *Nanoarchaeota* multiplicando-se em cultura mista com um *Crenarchaeota* *Nanoarchaeum equitans* (vermelho), vivendo próximo a correntes hidrotermais nas profundezas do oceano, é o único representante do grupo nanoarchaeota até agora descoberto. Este minúsculo organismo vive ancorado a células do *crenarchaeota ignicoccus* (verde). Para esta micrografia confocal, as duas espécies foram visualmente diferenciadas por "etiquetas" fluorescentes, específicas para suas seqüências gênicas.

26.5 RECAPITULAÇÃO

As relações entre os grupos *Bacteria* e *Archaea* são apenas parcialmente compreendidas. Cada grupo é diverso em forma e metabolismo.

- Você pode explicar como a diversidade metabólica poderia ter se tornado tão grande nas proteobactérias? Ver p. 575 e Figura 26.19.
- O que torna as membranas das arqueas únicas? Ver p. 576 e Figura 26.22.

Uma vez que os procariotos apresentam tantas capacidades metabólicas e nutricionais diferentes, e em virtude do fato de poderem viver em tantos ambientes, é razoável esperar que eles afetem seus ambientes de muitas formas. Segundo veremos a seguir, os procariotos afetam diretamente os humanos – tanto de forma benéfica quanto prejudicial.

26.6 Como os procariotos afetam seus ambientes?

Os procariotos vivem e exploram todos os tipos de ambientes e fazem parte de todos os ecossistemas. Nesta seção, examinaremos os papéis dos procariotos que vivem nos solos, na água e em outros organismos, onde podem existir em relações neutras, benéficas ou parasíticas com o tecido de seu hospedeiro. Os papéis de alguns procariotos que vivem em ambientes extremos ainda devem ser determinados.

Lembre-se que, apesar de freqüentemente mencionarmos os procariotos como patógenos humanos, apenas uma pequena minoria das espécies procarióticas conhecidas é patogênica. Muitos outros procariotos desempenham papéis positivos em nossas vidas e na biosfera. Nós fazemos uso direto de muitas bactérias e de algumas arqueas em aplicações tão diversas quanto a produção de queijo, o tratamento de esgotos e a produção de uma variedade surpreendente de antibióticos, vitaminas, solventes orgânicos e outros químicos.

Os procariotos são personagens importantes na ciclagem de elementos

Muitos procariotos são **decompositores**, organismos que metabolizam compostos orgânicos de organismos mortos e outros materiais orgânicos e retornam os produtos para o ambiente na forma de substâncias inorgânicas. Os procariotos, juntamente com os fungos, retornam grandes quantidades de carbono orgânico para a atmosfera na forma de dióxido de carbono, desta forma levando a cabo uma etapa-chave do ciclo do carbono. Os procariotos decompositores também retornam nitrogênio e enxofre ao ambiente.

Os animais dependem das plantas e de outros organismos fotossintetizantes para se alimentar, direta ou indiretamente. Contudo, as plantas dependem de outros organismos – os procariotos – para a sua própria nutrição. A extensão e a diversidade da vida na Terra não seria possível sem a fixação do nitrogênio pelos procariotos. Os nitrificantes são cruciais para a biosfera, já que convertem os produtos da fixação do nitrogênio em íons nitrato, a forma de nitrogênio mais facilmente usada por muitas plantas (ver Figura 44.8). As plantas, por sua vez, constituem a fonte de compostos nitrogenados para os animais e para os fungos. Os desnitrificantes também desempenham papel-chave na continuação do ciclo do nitrogênio. Sem os desnitrificantes, que convertem íons nitrato de volta a gás nitrogênio, todas as formas de nitrogênio seriam lixiviadas do solo e acabariam em lagos e oceanos, tornando impossível a vida na Terra. Outros procariotos – tanto bactérias quanto arqueas – contribuem de forma semelhante com o ciclo do enxofre.

No passado antigo, as cianobactérias exerceram um efeito igualmente significativo na vida: a sua fotossíntese gerou oxigênio, convertendo a atmosfera da Terra de um ambiente anaeróbico para um aeróbico. O resultado principal foi a perda indiscriminada de espécies anaeróbias que não podiam tolerar o O_2 gerado pelas cianobactérias. Apenas aqueles anaeróbios capazes de se adaptar a condições aeróbias, ou colonizar ambientes que permaneceram anaeróbios (como aqueles muito úmidos), sobreviveram. No entanto, essa transformação para ambientes aeróbios tornou possível a evolução da respiração celular e a subseqüente explosão de vida eucariótica.

Dez trilhões de toneladas de gás metano alojam-se profundamente, sob o fundo do oceano. É possível experimentarmos um "grande arroto", caso este gás escape para a atmosfera? Felizmente, legiões de arqueas também vivem sob o leito do oceano, onde metabolizam o metano quando este sobe. Praticamente, nada deste gás chega, sequer, ao fundo do oceano.

Os procariotos vivem na superfície e no interior de outros organismos

Os procariotos trabalham junto com os eucariotos de muitas maneiras. Conforme vimos, as mitocôndrias e os cloroplastos descendem do que foram uma vez, isto é, bactérias de vida livre. Muito mais tarde na história da evolução, algumas plantas tornaram-se associadas a bactérias para formar nódulos cooperativos de fixação de nitrogênio em suas raízes (ver Figura 42.9).

Muitos animais abrigam uma variedade de bactérias e arqueas no trato digestivo. O gado depende de procariotos para realizar etapas importantes de sua digestão. Assim como a maioria dos animais, o gado não pode produzir celulase, a enzima necessária para iniciar a digestão da celulose, maior parte do alimento vegetal. No entanto, bactérias que vivem em uma parte especial de estômago composto, chamada rúmen, produzem celulase suficiente para processar a dieta diária para o gado.

Os humanos utilizam alguns dos produtos metabólicos – especialmente vitaminas B_{12} e K – de bactérias que vivem em nosso intestino grosso. Essas e outras bactérias e arqueas revestem nossos intestinos na forma de um biofilme denso em contato íntimo com o forro dos intestinos. Esse biofilme facilita a transferência de nutrientes do intestino para o corpo e induz imunidade aos conteúdos do trato digestivo. O biofilme do intestino é parte fundamental do "órgão" que consiste em procariotos, essencial para nossa saúde. A sua composição varia de tempos em tempos, de região para região do trato intestinal, e possui ecologia complexa, que os cientistas estão apenas começando a explorar em detalhe.

Nós somos densamente povoados, por dentro e por fora, por bactérias. Apesar de poucas delas serem agentes de doenças, a noção popular de bactérias como "germes" gerou nossa curiosidade sobre esses poucos representantes.

Uma pequena minoria de bactérias é patogênica

O final do século XIX foi uma era produtiva na história da medicina – um tempo no qual bacteriologistas, químicos e médicos provaram que muitas doenças eram causadas por agentes microbianos. Nessa época, o médico alemão Robert Koch formulou um conjunto de quatro regras para estabelecer se um microrganismo em particular causava uma doença em particular:

- O microrganismo é sempre encontrado em indivíduos com a doença.
- O microrganismo pode ser isolado do hospedeiro e cultivado em cultura pura.
- Uma amostra da cultura produz a doença quando injetada em um hospedeiro novo e saudável.
- Os hospedeiros recém-infectados levam a novas culturas puras de microrganismos idênticas àquelas obtidas na segunda etapa.

Essas regras, chamadas de "**Os Postulados de Koch**", eram muito importantes em um tempo em que não se compreendia amplamente o fato de microrganismos causarem doenças. Ainda que a ciência médica possua ferramentas de diagnóstico mais poderosas hoje em dia, os postulados permanecem úteis em algumas ocasiões. Por exemplo, os médicos foram surpreendidos, na década de 1990, quando se provou, pelos postulados de Koch, que as úlceras de estômago – há muito aceitas e tratadas como o resultado da acidez excessiva no estômago – eram causadas pela bactéria *Helicobacter pylori* (ver Figura 56.14).

Apenas uma pequena porcentagem de todos os procariotos é **patogênica** (produtores de doença) e, dos conhecidos, todos estão no domínio *Bacteria*. Para um organismo ser um patógeno de sucesso, ele deve superar vários obstáculos:

- Ele deve alcançar a superfície corporal de um hospedeiro em potencial.
- Ele deve entrar no corpo do hospedeiro.
- Ele deve esquivar-se das defesas do hospedeiro.
- Ele deve multiplicar-se dentro do hospedeiro.
- Ele deve infectar um novo hospedeiro.

A falha em superar qualquer um desses obstáculos acaba com a carreira reprodutiva de um organismo patogênico. No entanto, apesar de muitas defesas disponíveis para os potenciais hospedeiros (ver o Capítulo 18), algumas bactérias são patógenos de muito sucesso.

Para o hospedeiro, as conseqüências de uma infecção bacteriana dependem de diversos fatores. Um deles consiste na **invasividade** do patógeno – sua habilidade de se multiplicar dentro do corpo do hospedeiro. Outra consiste na **toxigenicidade** – sua habilidade de produzir substâncias químicas (*toxinas*) que são prejudiciais aos tecidos do hospedeiro. *Corynebacterium diphteriae*, o agente causador de difteria, possui baixa invasividade e se multiplica apenas na garganta, mas sua toxigenicidade é tão alta que afeta o corpo inteiro. Ao contrário, *Bacillus anthracis*, o qual causa o antrax (uma doença primariamente de gado e ovelhas, mas também, às vezes, fatal para humanos), possui baixa toxigenicidade, mas invasividade tão alta que toda a corrente sangüínea eventualmente está cheia de bactérias. Ambas são bactérias gram-positivas com baixo conteúdo de GC.

Existem dois tipos gerais de toxinas bacterianas: exotoxinas e endotoxinas. A **endotoxinas** são liberadas quando certas bactérias gram-negativas multiplicam-se e se rompem (estouram). Essas toxinas são lipopolissacarídeos (complexos constituídos de componentes polissacarídicos e lipídicos) que formam parte da membrana bacteriana externa (ver Figura 26.5). As endotoxinas são raramente fatais: elas normalmente causam febre, vômitos e diarréia. Entre os produtores de endotoxinas estão algumas cepas de proteobactérias gama como *Salmonella* e *Escherichia*.

As **exotoxinas** são geralmente proteínas solúveis liberadas pelas bactérias vivas em multiplicação, e elas podem viajar por todo o corpo do hospedeiro. Elas apresentam toxicidade – com freqüência, fatais – para o hospedeiro, mas não causam febre. Entre as doenças humanas geradas por exotoxinas estão o tétano (de *Clostridium tetani*), o botulismo (de *Clostridium botulinum*), o cólera (de *Vibrio cholerae*) e a peste (de *Yersinia pestis*). O antrax resulta de três exotoxinas produzidas pelo *Bacillus anthracis*.

As bactérias patogênicas são, com freqüência, surpreendentemente difíceis de combater, mesmo com o arsenal de antibióticos de hoje em dia. Uma das fontes desta dificuldade consiste na habilidade dos procariotos de formar biofilmes.

26.6 RECAPITULAÇÃO

Os procariotos desempenham papéis-chave nos ciclos dos elementos da Terra. Enquanto muitos procariotos são benéficos e mesmo necessários para outras formas de vida, alguns são patógenos.

- Você pode descrever os papéis das bactérias no ciclo do nitrogênio? Ver p. 569 e 578.
- Você compreende os desafios que enfrentam os patógenos? Ver p. 579.

RESUMO DO CAPÍTULO

26.1 De que maneira o mundo vivo começou a se diversificar?

Dois dos três domínios da vida, ***Bacteria*** e ***Archaea***, são procarióticos.

Eles se distinguem de *Eukarya* em diversos aspectos, incluindo a falta de organelas envolvidas por membranas na célula. Rever Tabela 26.1.

Archaea e *Eukarya* compartilham um ancestral comum não-compartilhado com *Bacteria*. O ancestral comum de todos os três domínios provavelmente viveu há mais de 3 bilhões de anos e o ancestral comum de *Archaea* e *Eukarya* há pelo menos 2 bilhões de anos. Rever Figura 26.1.

26.2 Onde são encontrados os procariotos?

Os procariotos são os mais numerosos organismos da Terra. Eles ocupam uma enorme variedade de habitats, incluindo o interior de outros organismos e as profundezas da crosta da Terra.

As três formas mais comuns de corpos bacterianos são: ***cocci*** (esferas), ***bacilli*** (bastões) e ***helicoidais*** (espirais). As células de algumas bactérias agregam-se formando **filamentos** e outras estruturas.

Os procariotos formam comunidades complexas, algumas das quais se tornam filmes densos chamados de biofilmes. Rever Figura 26.3.

26.3 Quais são algumas das chaves para o sucesso dos procariotos?

A maioria dos procariotos possui paredes celulares. Quase todas as paredes celulares bacterianas contêm **peptideoglicano**. Rever Figura 26.5.

As bactérias podem ser classificadas em dois grupos de acordo com a **coloração de Gram**.

Os procariotos movem-se por uma variedade de meios, incluindo filamentos axiais, vesículas de gás e flagelos.

Os procariotos sofrem recombinação genética, mas se reproduzem assexuadamente.

O metabolismo dos procariotos diversifica-se muito. Alguns procariotos são anaeróbicos, outros aeróbicos e outros, ainda, podem alternar entre esses dois modos. Os procariotos classificam-se em **fotoautotróficos**, **foto-heterotróficos**, **quimiolitotróficos** ou **quimio-heterotróficos**. Rever Tabela 26.2.

As vias metabólicas de alguns procariotos envolvem enxofre e nitrogênio. Os fixadores de nitrogênio convertem o gás nitrogênio em uma forma na qual os organismos conseguem metabolizar.

26.4 Como podemos determinar a filogenia dos procariotos?

As primeiras tentativas de classificar os procariotos foram dificultadas por seu pequeno tamanho e por obstáculos em multiplicá-los em cultura pura. A classificação filogenética dos procariotos baseia-se agora em rRNA e outras seqüências nucleotídicas

A **transferência gênica lateral** tem ocorrido por toda a história evolutiva, mas pode complicar a elucidação da filogenia dos procariotos. Rever Figura 26.10.

Apenas uma pequena porcentagem de todas as espécies de procariotos já foi descrita.

26.5 Quais são os principais grupos de procariotos conhecidos?

Vários clados de procariotos foram reconhecidos. Os membros de um clado de procariotos, com freqüência, diferem profundamente uns dos outros. Rever Figuras 26.11 e 26.19.

Dos clados de *Bacteria*, as **proteobactérias** compreendem o maior número de espécies. Outros grupos importantes incluem as **cianobactérias**, as **espiroquetas**, as **clamídias** e as **gram-positivas com baixo conteúdo de GC**. Algumas **gram-positivas com alto conteúdo de GC** produzem antibióticos importantes.

A parede celular de arqueas não apresenta peptiodeoglicanas, e os lipídeos de membranas arqueanas diferem daqueles de bactérias e eucariotos.

Os mais bem estudados grupos de *Archaea* são os **Euryarchaeota** e os **Crenarchaeota**.

26.6 Como os procariotos afetam seus ambientes?

Os procariotos desempenham importantes papéis no ciclo de elementos como o nitrogênio, o oxigênio, o enxofre e o carbono. Um destes papéis é como **decompositor** de organismos mortos.

Bactérias fixadoras de nitrogênio fixam o nitrogênio necessário para todos os outros organismos. Os nitrificantes convertem este nitrogênio em formas que podem ser utilizadas pelas plantas, e os desnitrificantes asseguram que o nitrogênio seja devolvido à atmosfera.

A produção de oxigênio pelas primeiras cianobactérias fotossintetizantes reconfigurou a atmosfera da Terra, o que tornou possível as formas aeróbias de vida.

Os procariotos que habitam as vísceras de muitos animais os ajudam a digerir seu alimento.

Os postulados de Koch estabeleceram o critério pelo qual um organismo pode ser classificado como patógeno. Relativamente poucas bactérias – e nenhuma arquea – são patogênicas.

QUESTÕES

1. A maioria dos procariotos:
   a. são agentes de doenças.
   b. não possuem ribossomos.
   c. evoluíram do mais antigo eucarioto.
   d. carecem de parede celular.
   e. são quimio-heterotróficos.
2. A divisão do mundo vivo em três domínios:
   a. é estritamente arbitrária.
   b. é baseada nas diferenças morfológicas entre *Archaea* e *Bacteria*.
   c. enfatiza a grande importância dos eucariotos.
   d. foi proposta pelos primeiros microscopistas.
   e. é fortemente sustentada por dados de seqüências de rRNA.
3. Qual afirmação a respeito do genoma de *Archaea* é verdadeira?
   a. É muito mais semelhante ao genoma bacteriano do que aos genomas eucarióticos.
   b. Muitos de seus genes são genes que nunca foram observados em bactérias ou eucariotos.
   c. É muito menor que o genoma bacteriano.
   d. Está localizado no núcleo.
   e. Nenhum genoma arqueano já foi seqüenciado.

4. Qual afirmação a respeito do metabolismo do nitrogênio *não* é verdadeira?
   a. Alguns procariotos reduzem o N_2 atmosférico à amônia.
   b. Alguns nitrificantes são bactérias de solo.
   c. Os desnitrificantes são anaeróbios obrigatórios.
   d. Os nitrificantes obtêm energia pela oxidação da amônia e do nitrito.
   e. Sem os nitrificantes, os organismos terrestres careceriam de suprimento de nitrogênio.
5. Todas as bactérias fotossintetizantes:
   a. utilizam clorofila *a* como pigmento fotossintético.
   b. utilizam bacterioclorofila como pigmento fotossintético.
   c. liberam gás oxigênio.
   d. produzem partículas de enxofre.
   e. são fotoautotróficas.
6. As bactérias gram-negativas
   a. aparecem de azul a púrpura após a coloração de Gram.
   b. é o mais abundante dos grupos de bactérias.
   c. são *bacilli* ou *cocci*.
   d. não contêm peptideoglicano em suas paredes celulares.
   e. são todas fotossintetizantes.
7. Os endósporos:
   a. são produzidos por vírus.
   b. são estruturas reprodutivas.
   c. são muito delicados e facilmente mortos.
   d. são estruturas de latência.
   e. não possuem paredes celulares.
8. As clamídias:
   a. estão entre as menores arqueas.
   b. vivem na superfície da pele humana.
   c. nunca são patogênicas para humanos.
   d. são gram-negativas.
   e. possuem um ciclo de vida simples.
9. Qual afirmação a respeito dos micoplasmas *não* é verdadeira?
   a. Eles carecem de paredes celulares.
   b. Eles são os menores organismos celulares vivos conhecidos.
   c. Eles contêm a mesma quantidade de DNA que outros procariotos.
   d. Eles não podem ser mortos com penicilina.
   e. Alguns são patógenos.
10. As arqueas:
   a. possuem citoesqueleto.
   b. possuem lipídeos distintos na membrana plasmática.
   c. sobrevivem apenas a moderadas temperaturas e próximo à neutralidade.
   d. todas produzem metano.
   e. possuem quantidades substanciais de peptideoglicano nas paredes celulares.

PARA DISCUSSÃO

1. Por que os biólogos sistemáticos consideram os dados de seqüências de rRNA mais úteis que os dados sobre o metabolismo ou a estrutura celular para a classificação dos procariotos?
2. Por que a transferência gênica lateral torna tão difícil alcançar um acordo a respeito da filogenia procariótica?
3. Diferencie entre os membros dos conjuntos de temas a seguir:
   a. procariótico/eucariótico.
   b. anaeróbios obrigatórios/anaeróbios facultativos/aeróbios obrigatórios.
   c. fotoautotrófico/foto-heterotrófico/quimiolitotrófico/quimio-heterotrófico.
   d. gram-positiva/gram-negativa.
4. Por que os endósporos de bactéria gram-positivas com baixo conteúdo de GC não são considerados estruturas reprodutivas?
5. Originalmente, as cianobactérias eram chamadas de "algas azul-esverdeadas" e não eram agrupadas com as bactérias. Sugira várias razões para esta (abandonada) tendência em separar as cianobactérias das bactérias. Por que as cianobactérias são, hoje, agrupadas com outras bactérias?
6. As bactérias gram-positivas com alto conteúdo de GC são de grande interesse comercial. Por quê?
7. Os termófilos são de grande interesse para os biólogos moleculares e para os bioquímicos. Por quê? Que preocupações práticas podem motivar este interesse?
8. Como os biólogos podem discutir a *Korarchaeota* se eles nunca viram uma?

PARA INVESTIGAÇÃO

Kashefi e Lovley foram capazes de cultivar uma arquea desconhecida sob temperaturas acima de 120 °C apenas porque usaram Fe^{3+} como aceptor de elétrons – nenhum outro aceptor de elétrons que eles testaram permitiu o cultivo (ver Figura 26.21). De que maneira você poderia explorar o mesmo ambiente ou outros ambientes de alta temperatura na busca de outros organismos hipertermófilos não detectados por Kashefi e Lovley utilizando Fe^{3+}?

CAPÍTULO 27

A Origem e a Diversificação dos Eucariotos

O conto dos três tripanossomas

Entre os organismos mais mortais da Terra estão os tripanossomas, organismos unicelulares e microscópicos que causam várias doenças graves, principalmente em países em desenvolvimento. Na África central, moscas tsé-tsé portam *Trypanosoma brucei* e seus aparentados, os quais causam a doença do sono africana. Não há vacina para prevenir a infecção, e apenas uma droga é atualmente disponível para tratá-la. Essa droga – melarsoprol – mata em torno de 5 por cento dos pacientes que a tomam e não tem efeito em outros 30 por cento, mas é o único tratamento disponível. Há 300.000 a 500.000 casos de doença do sono e mais de 50.000 pessoas morrem devido a essa doença a cada ano.

Percevejos assassinos portam outro tripanossoma, *Trypanosoma cruzi*, causador da doença de Chagas. Essa doença afeta 16 a 18 milhões de pessoas, principalmente na América Central e do Sul. Novamente, não há vacina nem droga eficaz, e 20.000 a 50.000 pessoas morrem com a doença de Chagas a cada ano. Ainda outro tripanossoma, *Leishmania major*, causa uma família de outras doenças freqüentemente fatais, coletivamente chamadas de leishmaniose. Esse organismo é transmitido por "mosquitos" do grupo dos flebotomíneos ("*sand flies*"). Há em torno de dois milhões de casos e estimam-se 60.000 mortes por leishmaniose a cada ano, e – adivinhe – não há vacina nem tratamento efetivo.

A pesquisa e o desenvolvimento de uma nova medicação normalmente requerem em torno de um bilhão de dólares e uma dúzia de anos. A renda das vendas deve compensar os fomentadores e dar lucro suficiente para tornar a produção um empreendimento comercial viável. As doenças causadas por tripanossomas atingem principalmente as pessoas mais desfavorecidas dos países em desenvolvimento e, dessa forma, oferecem pouco incentivo financeiro àqueles que desenvolvem drogas e vacinas.

As organizações de saúde internacionais classificam as doenças causadas por tripanossomas entre as "doenças mais negligenciadas". Essas enormes perdas são pouco mencionadas na mídia ocidental, em total contraste com a cobertura abundante dada a qualquer nova proposta de tratamento de câncer ou à última vacina contra gripe.

Alguns países em desenvolvimento, como Índia, Cuba, Brasil e África do Sul possuem a capacidade técnica e industrial para a pesquisa e a produção farmacêutica. Porém, mesmo com essa capacidade, há uma série de obstáculos para a prevenção e o tratamento das doenças causadas por tripanossomas. Os tripanossomas podem escapar do reconhecimento e da destruição pelo sistema imunológico humano, de vacinas e de drogas pela mudança constante de moléculas de reconhecimento da superfície de suas próprias células ou das células infectadas do hospedeiro.

Além disso, diferente das bactérias procarióticas, esses micróbios unicelulares são eucariotos – suas células são semelhantes às nossas, e medicamentos que as combatem danificam com freqüência nossas próprias células. Os tripanossomas

Amontoado de assassinos Às vezes, tripanossomas como *Leishmania major* formam aglomerados unidos por um entrelaçado de mucilagem secretado ao redor dos flagelos; ninguém sabe ao certo ainda por que eles comportam-se desta forma.

Um gigante entre eucariotos microbianos O termo "microbiano" certamente não descreve *Macrocystis pyrifera*, a alga gigante, capaz de atingir 60 metros de comprimento. Apesar disso, elas são freqüentemente classificadas com os eucariotos microbianos em um grande grupo parafilético.

são um grupo dentre as legiões de *eucariotos microbianos*. Diversas linhagens de eucariotos microbianos foram ancestrais de toda a vida multicelular. De fato, alguns desses organismos são, eles próprios, multicelulares, e dificilmente podem ser considerados micróbios. Eles formam um grupo diverso e difícil de categorizar.

NESTE CAPÍTULO examinamos alguns dos muitos efeitos que os eucariotos microbianos têm em seu ambiente. Descrevemos, assim, a origem e a diversificação inicial dos eucariotos e a complexidade adquirida por algumas células isoladas. Exploramos, então, algumas das diversidades das formas corporais dos eucariotos microbianos e apresentamos a concepção atualmente em desenvolvimento das relações evolutivas entre alguns eucariotos microbianos.

DESTAQUES DO CAPÍTULO

27.1 Como os eucariotos microbianos afetam o mundo ao seu redor?

Muitos membros modernos dos *Eukarya* (tais como árvores, cogumelos e cães, sem mencionar os humanos) são familiares para nós. Não temos problemas para reconhecer os organismos citados como plantas terrestres, fungos e animais, respectivamente. No entanto, tripanossomas e um sortimento fascinante de outros eucariotos – na maioria organismos microscópicos – não se encaixam em quaisquer desses grupos. Os eucariotos que não são plantas terrestres, nem animais e tampouco fungos têm sido tradicionalmente agrupados em uma categoria chamada de **protistas** e, para o bem da clareza e da conveniência, esse termo foi utilizados nos demais capítulos deste livro. Neste capítulo, entretanto, vamos nos referir a eles como **eucariotos microbianos** (ainda que nem todos sejam, de fato, micróbios) para enfatizar que esses organismos não constituem um clado, mas são *parafiléticos* (ver Figura 25.12).

Os eucariotos microbianos são extremamente diversos e seus efeitos sobre outros organismos e sobre o ambiente físico são igualmente muito diversos. Alguns eucariotos microbianos servem de alimento para animais marinhos, enquanto outros envenenam o mar; alguns são empacotados como suprimentos alimentares, outros são patógenos; os restos de alguns formam a areia de muitas praias modernas, e outros são a principal fonte do cada vez mais caro petróleo.

Tanto a filogenia quanto a morfologia dos eucariotos microbianos ilustram a sua diversidade

A verdadeira filogenia desses organismos está ainda sujeita a pesquisas e debates, mas já sabemos que *os eucariotos microbianos não constituem um clado*. Alguns grupos de eucariotos microbianos são mais estritamente relacionados aos animais que a outros eucariotos microbianos, enquanto outros são mais intimamente relacionados às plantas terrestres (**Tabela 27.1**; ver também Figura 27.17). Alguns eucariotos microbianos são capazes de se mover enquanto outros não se movem; alguns são fotossintetizadores, outros são heterotróficos; a maioria é unicelular, mas alguns são multicelulares. A maioria é microscópica, mas uns poucos são enormes: algas gigantes, por exemplo, algumas vezes atingem comprimentos equivalentes à largura de um campo de futebol (ver acima, à esquerda). Muitos eucariotos unicelulares são constituintes do **plâncton** (organismos aquáticos microscópicos de flutuação livre). Os membros fotossintetizantes do plâncton são chamados de **fitoplâncton**.

TABELA 27.1 Principais clados eucarióticos

CLADO	ATRIBUTOS	EXEMPLO (GÊNERO)
Chromalveolata		
Haptophyta	Unicelulares, freqüentemente com escamas de carbonato de cálcio	Emiliania
Alveolata	Estruturas em forma de saco sob a membrana plasmática	
Apicomplexa	Complexo apical para penetrar o hospedeiro	Plasmodium
Dinoflagelados	Pigmentos dão cor marrom-dourado	Gonyaulax
Ciliados	Cílios; dois tipos de núcleos	Paramecium
Stramenopila	Peludos com flagelos lisos	
Algas marrons	Multicelulares; marinhos; fotossintetizantes	Macrocystis
Diatomáceas	Unicelulares; fotossintetizantes; paredes celulares de duas partes	Thalassiosira
Oomycetes	Maioria cenocíticos; heterotróficos	Saprolegnia
Plantae		
Glaucophyta	Peptideoglicano nos cloroplastos	Cyanophora
Algas vermelhas	Sem flagelos; clorofila *a* e *c*; phycoeritrina	Chondrus
Chlorophyta	Clorofila *a* e *b*	Ulva
*Plantas terrestres (Caps. 28-29)	Clorofila *a* e *b*; embrião protegido	Ginkgo
Charophyta	Clorofila *a* e *b*; fuso mitótico orientado como nas plantas terrestres	Chara
Excavata		
Diplomonada	Sem mitocôndrias; dois núcleos; flagelos	Giardia
Parabassalídeos	Sem mitocôndrias; flagelos; membrana ondulante	Trichomonas
Heterolobosea	Pode alterar entre estágios amebóide e flagelado	Naegleria
Euglenídeos	Flagelos; tiras espirais de proteínas suportam a superfície celular	Euglena
Cinetoplastídeos	Cinetoplasto sem mitocôndria	Trypanosoma
Rhizaria		
Cercozoários	Pseudópodos filiformes	Cercomonas
Foraminíferos	Pseudópodos longos e ramificados; carapaça de carbonato de cálcio	Globigerina
Radiolária	Endoesqueleto vítreo; pseudópodos delgados e rijos	Astrolithium
Uniconta		
Opistoconta	Flagelo único posterior	
*Fungos (Cap. 30)	Heterotróficos que se alimentam por absorção	Penicillium
Coanoflagelados	Assemelham-se a células de esponja; heterotróficos; com flagelos	Choanoeca
*Animais (Caps. 31-33)	Heterotróficos que se alimentam por ingestão	Drosophila
Amebozoários	Amebas com pseudópodos em forma de lóbulo	
Lobósea	Alimentam-se individualmente	Amoeba
Bolor mucoso	Formam corpos de alimentação cenocíticos plasmodial	Physarum
Bolor mucoso celular	Células conservam sua identidade no pseudoplasmódeo	Dictyostelium

* Clados marcados com asterisco são constituídos de organismos multicelulares e serão discutidos nos capítulos indicados. Todos os outros grupos listados estão aqui tratados como eucariotos microbianos (freqüentemente conhecidos como protistas).

O fitoplâncton é o produtor primário da cadeia alimentar marinha

Um único clado de eucariotos microbianos, as *diatomáceas*, é responsável por cerca de um quinto de toda a fixação fotossintética de carbono da Terra – aproximadamente a mesma quantidade de fotossíntese realizada por todas as florestas tropicais do mundo. Esses espetaculares organismos unicelulares (**Figura 27.1**) são membros predominantes do fitoplâncton, mas outros clados de eucariotos microbianos incluem importantes espécies fitoplanctônicas que contribuem intensamente para a fotossíntese global. Assim como as plantas verdes no solo, o fitoplâncton serve de passagem para a energia do sol para dentro do mundo vivo; em outras palavras, eles são *produtores primários*. Por sua vez, eles servem de alimento para heterótrofos, incluindo animais e outros eucariotos microbianos. Esses consumidores são, em seguida, ingeridos por

Thalassiosira sp. 0,5 μm

Figura 27.1 Arquitetura em miniatura: uma diatomácea fotossintetizante Esta micrografia eletrônica de varredura colorida artificialmente mostra o padrão intricado das paredes celulares de diatomáceas. Estes espetaculares eucariotos unicelulares são fotossintetizantes e dominam a comunidade de fitoplâncton aquática.

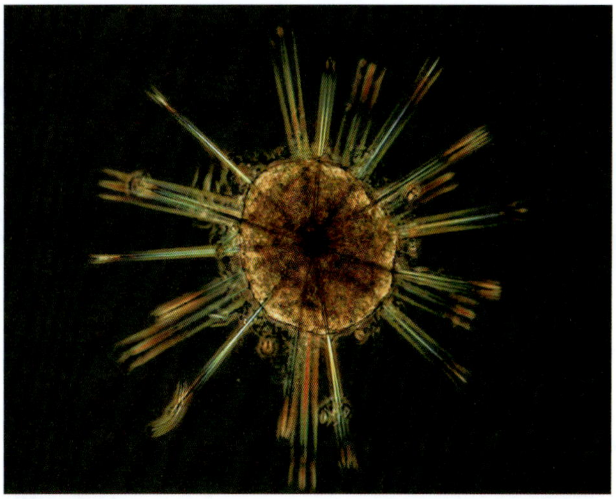

Astrolithium sp. 250 μm

Figura 27.2 Dois eucariotos microbianos em uma relação endossimbiótica Dinoflagelados fotossintetizantes (ver Figura 27.18) estão vivendo como endossimbiontes dentro desta radiolária, suprindo nutrientes orgânicos para a radiolária e gerando a pigmentação marrom-dourada vista no centro do esqueleto vítreo.

outros consumidores. A maioria dos heterótrofos aquáticos (com exceção de algumas espécies que existem no fundo do mar) depende da fotossíntese realizada pelo fitoplâncton.

Alguns eucariotos microbianos são endossimbiontes

A **endossimbiose** é a condição em que dois organismos vivem juntos, um dentro do outro (ver Figura 4.15C). A endossimbiose é muito comum entre os eucariotos microbianos, muitos dos quais vivem dentro das células de animais. Membros dos dinoflagelados são eucariotos microbianos simbiontes, comuns tanto em animais como em outros eucariotos microbianos. A maioria das espécies de dinoflagelados endossimbiontes, porém nem todas, é fotossintetizante. Muitas radiolárias, por exemplo, portam endossimbiontes fotossintetizantes (**Figura 27.2**). Como resultado, as radiolárias, não-fotossintetizantes por si só, aparecem verdes ou douradas, dependendo do tipo de endossimbiontes que contêm. Esse arranjo é, com freqüência, mutuamente benéfico: as radiolárias podem fazer uso dos nutrientes orgânicos produzidos por seu hóspede, e o hóspede pode, em troca, fazer uso dos metabólitos produzidos pelo hospedeiro ou receber proteção física. Em alguns casos, entretanto, o hóspede é explorado pelos seus produtos fotossintéticos enquanto ele próprio não recebe qualquer benefício.

> Alguns dinoflagelados vivem endossimbioticamente nas células de corais, contribuindo com produtos de sua fotossíntese para a parceria. A importância para os corais é demonstrada quando os dinoflagelados são atacados por certas bactérias; o coral é, enfim, prejudicado ou destruído quando seu suprimento de nutrientes é reduzido.

Alguns eucariotos microbianos são mortais

Os mais bem conhecidos eucariotos microbianos patogênicos são membros do gênero *Plasmodium*, grupo altamente especializado de apicomplexa que passa parte do seu ciclo vital como parasita dentro das células vermelhas do sangue humano, onde causam a malária (**Figura 27.3**). Em termos do número de pessoas afetadas, a malária é uma das três mais sérias doenças infecciosas do mundo, matando mais de um milhão de pessoas a cada ano. A cada 30 segundos, a malária mata alguém em algum lugar – normalmente na África, embora a malária ocorra em mais de 100 países. Aproximadamente 600 milhões de pessoas sofrem dessa doença.

Mosquitos fêmeas do gênero *Anopheles* transmitem o *Plasmodium* aos humanos. Em outras palavras, o *Anopheles* é o *vetor* da malária. O parasita entra no sistema circulatório humano quando um mosquito *Anopheles* penetra a pele humana na busca de sangue. Os parasitas instalam-se nas células do fígado e do sistema linfático, mudam sua forma, multiplicam-se e reentram na corrente sangüínea atacando as células vermelhas do sangue.

Os parasitas multiplicam-se dentro das células vermelhas do sangue, que, então, estouram, liberando uma nova população de parasitas. Se outro *Anopheles* picar a vítima, o mosquito ingere células de *Plasmodium* junto com o sangue. Algumas das células ingeridas são gametas formados nas células humanas. Os gametas unem-se no mosquito formando zigotos que se alojam nas suas vísceras, dividindo-se várias vezes e movendo-se para as glândulas salivares, das quais podem passar para outro hospedeiro humano. Dessa forma, o *Plasmodium* é um parasita extracelular no mosquito vetor e um parasita intracelular no hospedeiro humano.

O *Plasmodium* têm se demonstrado um patógeno singularmente difícil de atacar. O ciclo de vida complexo do *Plasmodium* é mais facilmente interrompido pela remoção de água parada na qual os mosquitos se acasalam. O uso de inseticidas para reduzir a população de *Anopheles* pode ser efetivo, mas seus benefícios devem ser ponderados em relação aos riscos ecológicos, econômicos e de saúde apresentados pelos próprios inseticidas.

O genoma de um dos parasitas da malária, o *Plasmodium falciparum*, e de um de seus vetores, o *Anopheles gambiae*, foram seqüenciados e publicados. Esses avanços devem levar a um

(A)

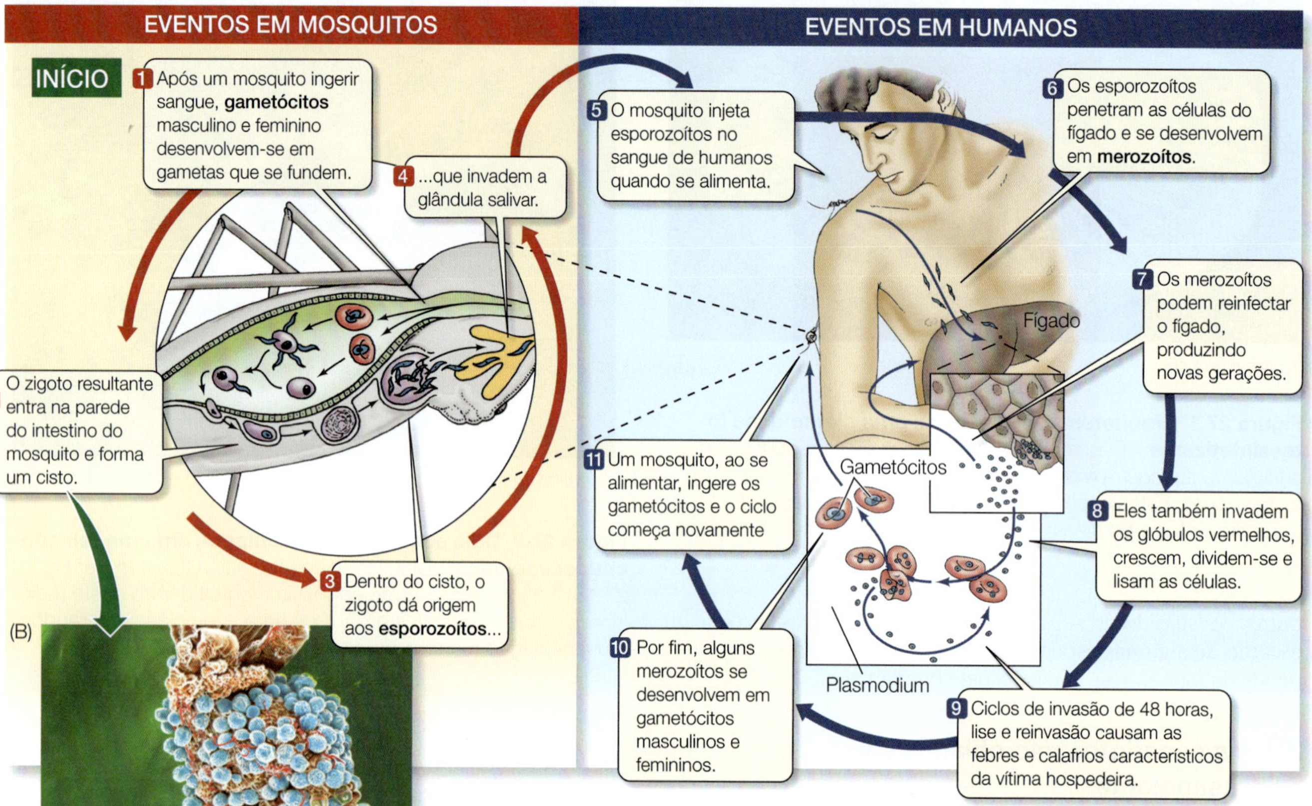
EVENTOS EM MOSQUITOS
EVENTOS EM HUMANOS
INÍCIO
1 Após um mosquito ingerir sangue, gametócitos masculino e feminino desenvolvem-se em gametas que se fundem.
2 O zigoto resultante entra na parede do intestino do mosquito e forma um cisto.
3 Dentro do cisto, o zigoto dá origem aos esporozoítos...
4 ...que invadem a glândula salivar.
5 O mosquito injeta esporozoítos no sangue de humanos quando se alimenta.
6 Os esporozoítos penetram as células do fígado e se desenvolvem em merozoítos.
7 Os merozoítos podem reinfectar o fígado, produzindo novas gerações.
Fígado
8 Eles também invadem os glóbulos vermelhos, crescem, dividem-se e lisam as células.
Gametócitos
Plasmodium
9 Ciclos de invasão de 48 horas, lise e reinvasão causam as febres e calafrios característicos da vítima hospedeira.
10 Por fim, alguns merozoítos se desenvolvem em gametócitos masculinos e femininos.
11 Um mosquito, ao se alimentar, ingere os gametócitos e o ciclo começa novamente

(B)

170 µm

Figura 27.3 O ciclo de vida do parasita da malária (A) Como muitas espécies parasitas, o apicomplexa *Plasmodium falciparum* possui um ciclo de vida complexo, parte do qual transcorre em mosquitos do gênero *Anopheles* e parte em humanos. A fase sexual (fusão de gametas) de seu ciclo de vida ocorre no inseto, e o zigoto é o único estágio diplóide. (B) Zigotos de *Plasmodium* em cistos (colorido artificialmente de azul) cobrem a parede do estômago de um mosquito. Esporozoítos invasivos serão liberados do cisto e transmitidos para um humano, no qual o parasita causa malária.

melhor entendimento da biologia da malária e a um possível desenvolvimento de drogas, vacinas ou outros meios de lidar com este patógeno ou seus insetos vetores. Na abertura do Capítulo 30, descrevemos um novo tratamento de mosquiteiros (telas) com fungos que atacam os mosquitos, relatado pela primeira vez em 2005.

Alguns *cinetoplastídeos* são patógenos humanos, como os tripanossomas discutidos na abertura deste capítulo. Lembre-se da abertura deste capítulo quando descrevemos que os tripanossomas causam a doença do sono, a leishmaniose e a doença de Chagas. Os genomas de todos os três tripanossomas foram seqüenciados em 2005.

Alguns *cromalveolados*, incluindo diatomáceas, dinoflagelados e haptófitas, reproduzem-se em enormes números em águas quentes e um pouco paradas. O resultado pode ser uma "maré vermelha", assim chamada por causa da cor avermelhada do mar que resulta dos pigmentos dos dinoflagelados (**Figura 27.4A**). Durante a maré vermelha de dinoflagelados, a concentração de células pode atingir 60 milhões por litro de água do oceano. Algumas espécies de maré vermelha produzem uma potente toxina neurológica que pode matar toneladas de peixes. O gênero *Gonyaulax* produz uma toxina que pode acumular-se em moluscos em quantidades que, embora não fatais para o molusco, podem matar a pessoa que o ingira.

A haptófita *Emiliania huxleyi* é um dos menores eucariotos unicelulares, mas pode formar enormes florescências nas águas oceânicas. Essa *cocolitófora* ("esfera de pedra") possui um tegumento reforçado que torna a água da superfície mais refletiva (**Figura 27.4B**). Essa refletividade esfria as camadas mais profundas de água abaixo da florescência pela redução da quantidade de luz solar que penetra. Ao mesmo tempo, é possível que *E. huxleyi* contribua para o aquecimento global, uma vez que seu metabolismo aumenta a quantidade de CO_2 dissolvido nas águas do oceano.

Nós continuamos a contar com produtos de antigos eucariotos microbianos marinhos

As diatomáceas são adoráveis de se olhar, como vimos na Figura 27.1, mas sua importância para nós vai muito além da estética. Elas armazenam óleo como reserva de energia e para ajudá-las a

(A)
As escamas de um cocolitóforo refletem a luz solar.

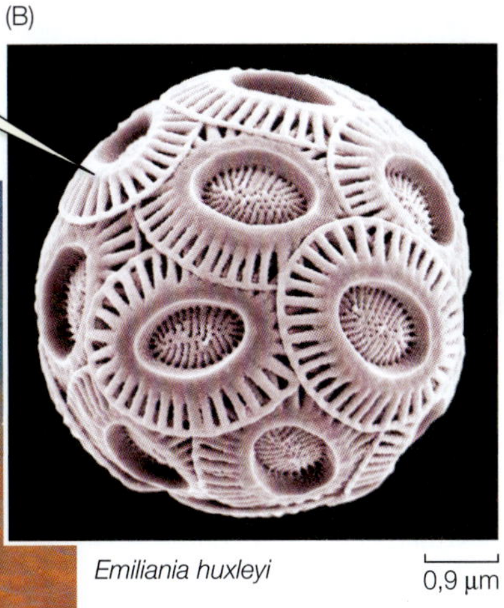
(B)
Emiliania huxleyi
0,9 μm

Figura 27.4 Os cromalveolados podem florescer nos oceanos (A) Reproduzindo-se em números astronômicos, o dinoflagelado *Gonyaulax tamarensis* pode causar marés vermelhas tóxicas, assim como esta ao longo da costa de Baja Califórnia. (B) Florescências massivas deste cocolitóforo, uma pequena haptófita, podem reduzir a quantidade de luz solar capaz de penetrar as águas profundas.

flutuar na profundidade correta do oceano. Por milhares de anos, as diatomáceas morreram e se depositaram no fundo do oceano, sofrendo, enfim, mudanças químicas e se tornando fonte principal de petróleo e gás natural, duas de nossas mais importantes fontes de energia e inquietações políticas.

Outros eucariotos microbianos marinhos têm também contribuído para o mundo de hoje. Alguns *foraminíferos*, por exemplo, secretam células de carbonato de cálcio. Após se reproduzirem (por mitose e citocinese), a célula-filha abandona a carapaça original e produz suas próprias novas carapaças. As carapaças descartadas de foraminíferos antigos compõem depósitos de calcário extensos em várias partes do mundo, formando uma camada de centenas a milhares de metros de profundidade sobre milhões de quilômetros quadrados de fundo de oceano. Carapaças de foraminíferos também compõem a areia de algumas praias. Um único grama de tal areia pode conter até 50.000 carapaças de foraminíferos e fragmentos de carapaças.

As carapaças de foraminíferos individuais são facilmente preservadas como fósseis no sedimento marinho. As carapaças de espécies de foraminíferos possuem diferentes formas (**Figura 27.5**), e cada período geológico possui uma diferente combinação de espécies de foraminíferos. Por essa razão, e por eles serem tão abundantes, os restos de foraminíferos são especialmente valiosos na classificação e datação de rochas sedimentares, assim como na prospecção de petróleo. Estudos de carapaças fósseis de foraminíferos também são utilizados na determinação das temperaturas globais predominantes na época de sua existência.

Figura 27.5 Carapaças de foraminíferos são blocos de construção As carapaças de foraminíferos são constituídas de proteínas endurecidas com carbonato de cálcio. Por milhares de anos, seus restos formaram depósitos de calcário e praias arenosas. Diversas espécies são mostradas nesta micrografia.

27.1 RECAPITULAÇÃO

Muitos diferentes grupos de espécies são tratados aqui como "eucariotos microbianos", também conhecidos como "protistas". A maioria, mas não todos esses organismos, são unicelulares. Esses organismos exercem muitos efeitos nos outros organismos e no ecossistema global, tanto positivos como negativos. Algumas espécies são produtoras primárias, muitas são endossimbiontes e, algumas, são patogênicas.

- Você compreende inteiramente o quanto esses organismos *não* são monofiléticos? Ver p. 583 e Tabela 27.1 e Figura 27.17.
- Descreva o papel de mosquitos fêmeas do gênero *Anopheles* como vetores da malária. Ver p. 585 e Figura 27.3.

Nesta seção foi apresentada uma breve visão geral dos muitos e diversos tipos de eucariotos microbianos. De fato, talvez a única coisa que todos esses organismos claramente têm em comum é o fato de serem todos eucariotos. Enquanto trabalhamos para avaliar suas origens e diversidade, estamos também trabalhando para compreender a origem da própria célula eucariótica.

27.2 Como surgiram as células eucarióticas?

As células eucarióticas diferem das células procarióticas em muitas maneiras. Dada a natureza dos processos evolutivos, essas muitas diferenças não podem ter surgido simultaneamente. Podemos fazer algumas inferências razoáveis sobre os eventos mais importantes que levaram a evolução de um novo tipo celular, tendo em mente que o ambiente global sofreu uma mudança enorme – de anaeróbio para aeróbio – durante o curso desses eventos (ver Seção 21.2). Mantenha em mente que essas inferências, ainda que razoáveis e fundamentadas, são ainda conjeturais; a hipótese que adotamos aqui é uma de algumas poucas sob consideração corrente. Nós a apresentamos como exemplo para pensarmos sobre este problema desafiador.

A célula eucariótica moderna surgiu em várias etapas

Diversos eventos precederam à origem da célula eucariótica moderna:

- a origem de uma superfície celular flexível;
- a origem de um citoesqueleto;
- a origem de um envelope nuclear;
- o aparecimento de vesículas digestivas, ou *vacúolos;*
- a aquisição endossimbiótica de certas organelas.

RAMIFICAÇÕES DE UMA SUPERFÍCIE CELULAR FLEXÍVEL Muitos procariotos fósseis antigos parecem bastões e presumimos que eles, como a maioria das células procarióticas, tiveram paredes celulares firmes. O primeiro passo em direção à condição eucariótica foi a perda da parede celular por uma célula procariótica ancestral. Essa condição de célula destituída de parede está presente em alguns procariotos de hoje em dia, ainda que muitos outros tenham desenvolvido novos tipos de paredes celulares. Vamos considerar as possibilidades abertas para uma célula flexível sem uma parede.

Primeiro, pense no tamanho celular. Conforme uma célula cresce, sua proporção entre área de superfície/volume decresce (ver Figura 4.2). A menos que a área superficial possa ser aumentada, o volume celular alcançará um limite. Se a superfície celular é flexível, ela pode dobrar-se para dentro (invaginar-se) e elaborar-se, criando mais área superficial para trocas de gás e nutrientes (**Figura 27.6**).

Com uma superfície suficientemente flexível para permitir invaginações, a célula pode trocar materiais com o ambiente de forma suficientemente rápida para sustentar um volume celular maior e um metabolismo mais veloz. Além disso, uma superfície flexível pode furtar pedaços do ambiente, trazendo-os para dentro da célula por endocitose (**Figura 27.7, etapas 1-3**).

MUDANÇAS NA ESTRUTURA E NA FUNÇÃO DA CÉLULA Outras etapas primordiais na evolução da célula eucariótica provavelmente incluíram três avanços: a aparência de um citoesqueleto; a formação de membranas guarnecidas de ribossomos, algumas das quais cercando o DNA; e a evolução de vesículas digestivas (**Figura 27.7, etapas 3-7**).

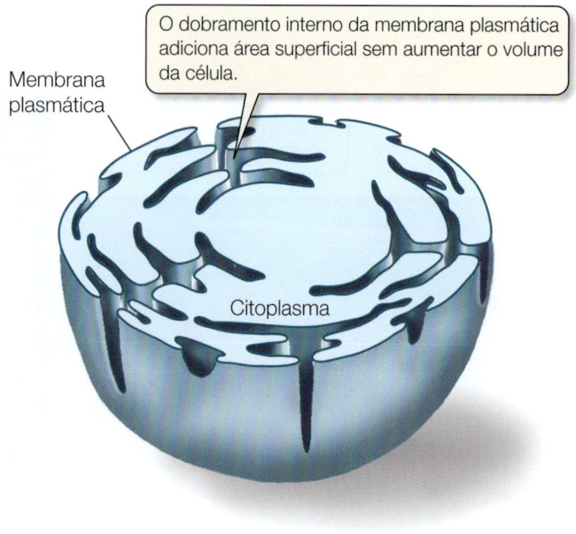
O dobramento interno da membrana plasmática adiciona área superficial sem aumentar o volume da célula.
Membrana plasmática
Citoplasma

Figura 27.6 Invaginações da membrana A perda da parede celular procariótica rígida pode ter permitido à membrana plasmática dobrar-se para dentro e criar maior área superficial.

Um citoesqueleto constituído de microfilamentos e microtúbulos sustentaria a célula e permitiria a condução de mudanças em seu formato, para distribuir cromossomos filhos e para mover materiais de uma parte para outras de uma célula, agora, muito maior. A presença de microtúbulos no citoesqueleto poderia ter evoluído em algumas células para originar o característico flagelo eucariótico. A origem do citoesqueleto está tornando-se mais clara, conforme homólogos dos genes que codificam muitas das proteínas do citoesqueleto têm sido encontrados em procariotos modernos.

O DNA de uma célula procariótica é preso a um local na sua membrana plasmática. Se essa região da membrana plasmática se dobrasse para dentro da célula, um primeiro passo teria sido tomado em direção à evolução de um núcleo, um aspecto primário da célula eucariótica.

A partir de um tipo intermediário de célula, o próximo passo seria provavelmente a fagocitose – a habilidade de consumir outras células engolfando-as e digerindo-as. O primeiro eucarioto verdadeiro possui citoesqueleto e envelope nuclear. Ele pode ter tido retículo endoplasmático e complexo de Golgi associados e, talvez, um ou mais flagelos do tipo eucariótico.

ENDOSSIMBIOSE E ORGANELAS Enquanto os processos já descritos estavam acontecendo, as cianobactérias estavam ocupadas gerando gás oxigênio como produto da fotossíntese. Os níveis de O_2 crescentes na atmosfera tiveram conseqüências desastrosas para a maioria dos outros seres vivos, uma vez que a maioria dos organismos da época (*Archaea* e *Bacteria*) era incapaz de tolerar o novo ambiente aeróbico e oxidante. Mas alguns procariotos conseguiram enfrentar essas mudanças e – afortunadamente para nós – também o fizeram alguns dos novos eucariotos fagocíticos.

Mais ou menos nessa época, a endossimbiose deve ter entrado em jogo (**Figura 27.7, etapas 8 e 9**). Lembre-se que a teoria da endossimbiose propõe que algumas organelas são descendentes de procariotos engolfados, mas não digeridos, por células eucarióticas ancestrais (ver Seção 4.5). Um evento endossimbiótico crucial na história de *Eukarya* foi a incorporação de uma protobactéria que evoluiu para se tornar a mitocôndria. Inicialmente, a função primária da nova organela foi provavelmente desintoxicar O_2 pela

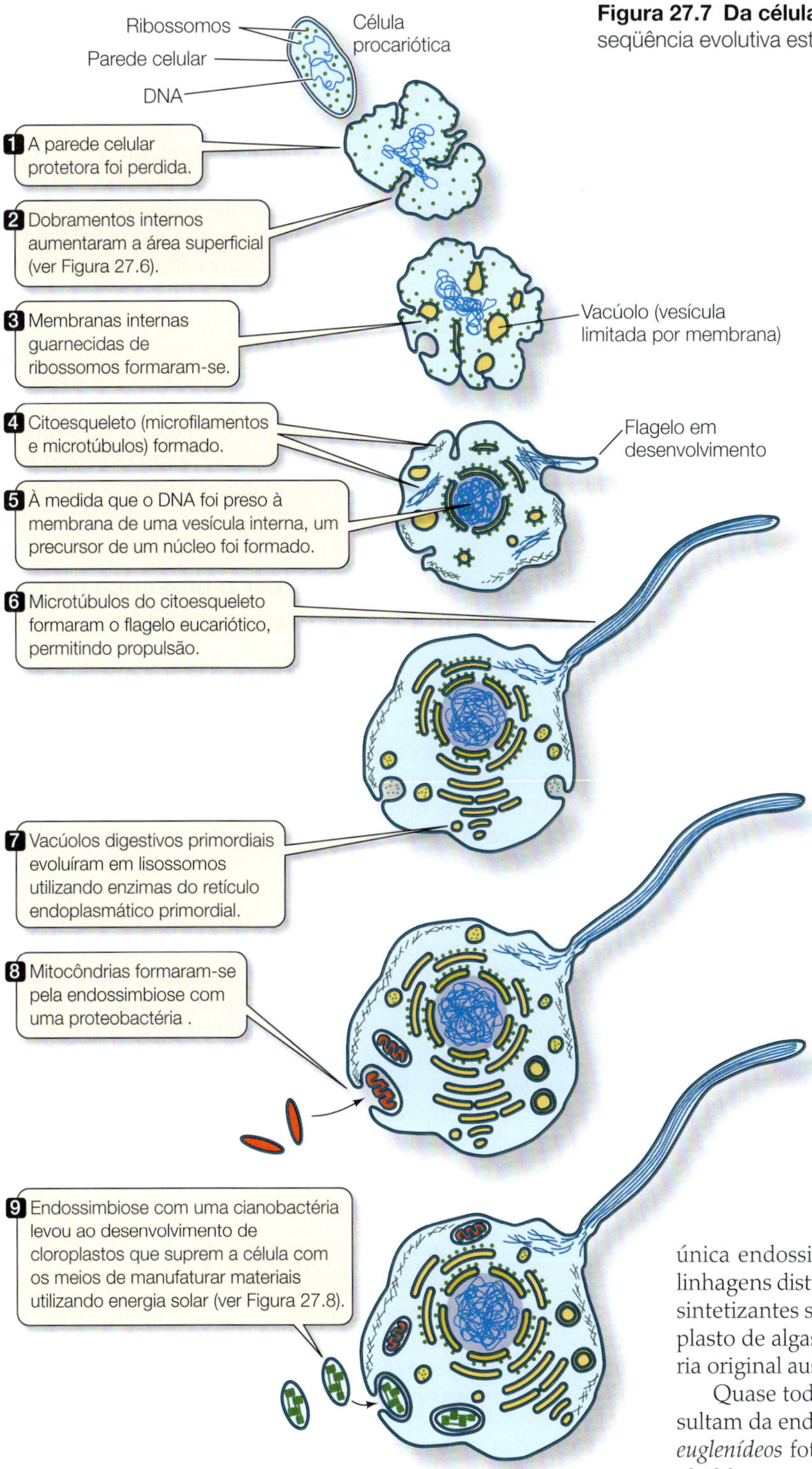
Ribossomos
Parede celular
DNA
Célula procariótica
1 A parede celular protetora foi perdida.
2 Dobramentos internos aumentaram a área superficial (ver Figura 27.6).
3 Membranas internas guarnecidas de ribossomos formaram-se.
Vacúolo (vesícula limitada por membrana)
4 Citoesqueleto (microfilamentos e microtúbulos) formado.
Flagelo em desenvolvimento
5 À medida que o DNA foi preso à membrana de uma vesícula interna, um precursor de um núcleo foi formado.
6 Microtúbulos do citoesqueleto formaram o flagelo eucariótico, permitindo propulsão.
7 Vacúolos digestivos primordiais evoluíram em lisossomos utilizando enzimas do retículo endoplasmático primordial.
8 Mitocôndrias formaram-se pela endossimbiose com uma proteobactéria .
9 Endossimbiose com uma cianobactéria levou ao desenvolvimento de cloroplastos que suprem a célula com os meios de manufaturar materiais utilizando energia solar (ver Figura 27.8).

Figura 27.7 Da célula procariótica à célula eucariótica Uma possível seqüência evolutiva está aqui representada.

sua redução à água. Mais tarde, essa redução tornou-se acoplada com a formação de ATP – respiração. Com essa etapa concluída, a célula básica eucariótica moderna estava completa.

Alguns eucariotos importantes são resultado de mais uma outra etapa de endossimbiose, a incorporação de um procarioto relacionado às cianobactérias de hoje, as quais tornaram-se cloroplastos.

Os cloroplastos são aprimoramentos da endossimbiose

Os eucariotos de vários grupos diferentes possuem cloroplastos, e grupos com cloroplastos aparecem em diversos clados distantemente relacionados. Alguns desses grupos diferem quanto ao pigmento fotossintético que seus cloroplastos contêm. Veremos que nem todos os cloroplastos possuem um par de membranas ao seu redor – em alguns eucariotos microbianos, eles são envolvidos por *três ou mais* membranas. Somente agora compreendemos essas observações em termos de uma série notável de endossimbioses, embasada por extensas evidências de microscopia eletrônica e seqüenciamento de ácidos nucléicos.

Todos os cloroplastos remetem sua ancestralidade ao engolfamento de uma cianobactéria por uma célula eucariótica maior (**Figura 27.8A**). Esse evento, o passo que deu origem a eucariotos fotossintetizantes, é conhecido como endossimbiose primária. A cianobactéria, uma bactéria gram-negativa, possuía tanto membrana interna como externa. Dessa forma, o cloroplasto original possuía duas membranas envoltórias – a membrana interna e a externa da cianobactéria. E a parede da bactéria contendo peptideoglicano? É ainda hoje representada por um pouco de peptideoglicano entre as membranas do cloroplasto de *glaucophyta*, o primeiro grupo de eucariotos microbianos a se ramificar após a endossimbiose primária.

A endossimbiose primária deu origem aos cloroplastos das "algas verdes" (incluindo clorofíceas e carofíceas) e as *algas vermelhas*. É quase certo que ambas se originam de uma única endossimbiose primária, e que a divergência dessas duas linhagens distintas ocorreu mais tarde. As plantas terrestres fotossintetizantes se originariam de uma alga verde ancestral. O cloroplasto de algas vermelhas retêm certos pigmentos da cianobactéria original ausentes nos cloroplastos das algas verdes.

Quase todos os eucariotos microbianos fotossintetizantes resultam da endossimbiose secundária ou terciária. Por exemplo, os *euglenídeos* fotossintetizantes obtiveram cloroplastos da **endossimbiose secundária** (**Figura 27.8B**). Seu ancestral tomou uma clorofícea unicelular, retendo o cloroplasto do endossimbionte e finalmente perdendo o resto dos seus constituintes. Essa história explica porque os euglenídeos fotossintetizantes possuem os mesmos pigmentos que as clorofíceas e as plantas terrestres. Ela também explica a terceira membrana do cloroplasto euglenóide, derivada da membrana plasmática do euglenídeo (como resultado da endocitose). Outras evidências da endossimbiose secundária vêm da observação de que certos cloroplastos, produtos da endossimbiose secundária, contêm traços do núcleo das células que foram engolfadas.

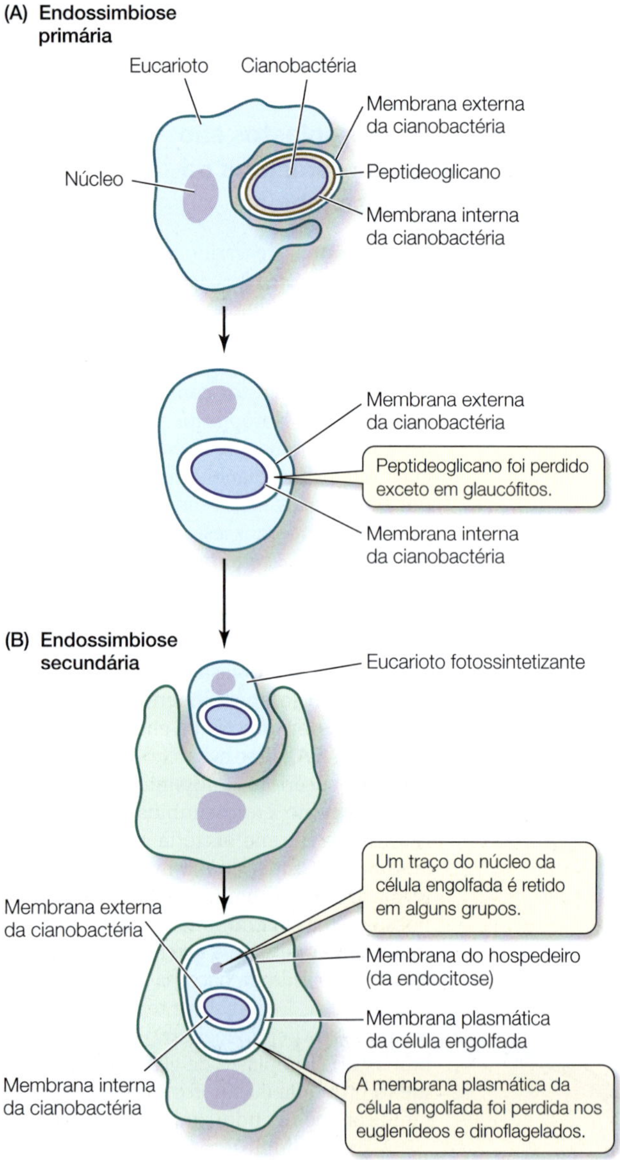
(A) Endossimbiose primária
Eucarioto
Cianobactéria
Membrana externa da cianobactéria
Núcleo
Peptideoglicano
Membrana interna da cianobactéria
Membrana externa da cianobactéria
Peptideoglicano foi perdido exceto em glaucófitos.
Membrana interna da cianobactéria
(B) Endossimbiose secundária
Eucarioto fotossintetizante
Um traço do núcleo da célula engolfada é retido em alguns grupos.
Membrana externa da cianobactéria
Membrana do hospedeiro (da endocitose)
Membrana plasmática da célula engolfada
Membrana interna da cianobactéria
A membrana plasmática da célula engolfada foi perdida nos euglenídeos e dinoflagelados.

Figura 27.8 Eventos endossimbióticos na árvore familiar dos cloroplastos (A) Um único caso de endossimbiose primária eventualmente deu origem a todos os cloroplastos de hoje. Uma célula eucariótica engolfou uma cianobactéria, mas não a digeriu. (B) Endossimbiose secundária – a inclusão e retenção de uma célula contendo cloroplasto por outra célula eucariótica – ocorreu algumas vezes. A endossimbiose terciária e endossimbioses secundárias seqüenciais também ocorreram.

Membros de um outro grupo de eucariotos microbianos fotossintetizantes possuem cloroplastos derivados da endossimbiose secundária com uma alga vermelha unicelular. Os cloroplastos de criptófitas (um dos clados de cromalveolados) contêm núcleos reduzidos de algas vermelhas e parecem ser irmãos de todos os outros cloroplastos de cromalveolados. O clado vermelho dos cloroplastos deve ter se originado de apenas uma endossimbiose secundária, mas o clado verde dos cloroplastos parece ter se originado de mais de uma endossimbiose secundária.

Alguns dinoflagelados tomaram outros parceiros por *endossimbiose terciária*. Por exemplo, um dinoflagelado perdeu seu cloroplasto e apanhou uma haptófita (por sua vez resultado de endossimbiose secundária). O resultado é o dinoflagelado *Karenia brevis*. Houve pelo menos um caso de *endossimbiose secundária seqüencial* – outro dinoflagelado perdeu seu cloroplasto de alga vermelha e engolfou uma clorofícea, dessa forma tornando-se uma nova espécie de dinoflagelado com cloroplasto de alga verde com duas membranas. O número efetivo de eventos endossimbióticos no curso da evolução foi pequeno, mas os resultados são diversos e profundos.

Ainda que os cloroplastos euglenóides sejam descendentes de uma clorofícea e os cloroplastos de haptófitas sejam descendentes de uma alga vermelha, isto não significa que os próprios euglenídeos sejam descendentes de clorofíceas, e nem são os haptófitas descendentes de uma alga vermelha. O ancestral que tomou a alga verde ou vermelha na endossimbiose secundária teve sua própria história evolutiva. Assim, os genomas nucleares e dos cloroplastos desses organismos possuem diferentes histórias.

Ainda não podemos esclarecer a presença de alguns genes procarióticos em eucariotos

Diversas incertezas permanecem sobre as origens das células eucarióticas. A transferência gênica lateral (ou horizontal) complica o estudo das origens dos eucariotos, da mesma forma que complica o estudo das relações entre os procariotos. Parece improvável que a transferência gênica lateral tenha sido extensa o suficiente para responder pelos números cada vez maiores de genes de origem bacteriana que estão sendo encontrados em eucariotos por análises genéticas em andamento.

Uma origem endossimbiótica de mitocôndrias e cloroplastos responde pela presença de genes bacterianos que codificam enzimas do metabolismo energético (respiração e fotossíntese) em eucariotos, mas não explica a presença de alguns outros genes bacterianos. O genoma eucariótico é claramente uma mistura de genes com diferentes origens. Uma recente sugestão é que *Eukarya* pode ter surgido de uma fusão mutualista de uma bactéria gram-negativa e uma *Archaea*.

Muitas idéias interessantes sobre as origens eucarióticas aguardam dados e análises adicionais. Podemos esperar que estas questões e outras ainda renderão, eventualmente, pesquisas adicionais.

27.2 RECAPITULAÇÃO

As células eucarióticas modernas surgiram de um ancestral procariótico em diversas etapas, uma das quais envolveu a endossimbiose. As origens exatas das células eucarióticas são incertas.

- Você pode explicar a importância de uma superfície celular flexível na origem dos eucariotos? Ver p. 588 e Figura 27.6.
- Você pode identificar alguns dos prováveis eventos envolvidos na evolução da célula eucariótica a partir de uma célula procariótica? Ver p. 588 e Figura 27.7.
- Você compreende a diferença entre a origem dos cloroplastos por endossimbiose primária e secundária? Ver p. 589 e Figura 27.8.

Tendo considerado algumas das etapas conhecidas e presumidas que levaram a condição procariótica para a condição eucariótica, agora vamos ver que uso os eucariotos microbianos fizeram de suas novas características.

27.3 Como os eucariotos microbianos diversificaram-se?

As células eucarióticas possuem algumas características muito úteis. O citoesqueleto permite várias maneiras de locomoção e também conduz o movimento controlado de constituintes celulares (particularmente os cromossomos mitóticos e meióticos). As organelas especializadas dos eucariotos auxiliam em uma variedade de atividades. Com tais ferramentas, os eucariotos microbianos têm sido capazes de explorar muitos ambientes e têm explorado uma variedade de fontes de nutrientes.

Os eucariotos microbianos apresentam diferentes estilos de vida

A maioria dos eucariotos microbianos é aquática. Alguns vivem no ambiente marinho, outros em água doce e outros, ainda, nos fluidos corporais de outros organismos. Muitos eucariotos unicelulares aquáticos fazem parte do plâncton, flutuando livremente na água. Os mixomicetos ou "fungos amebóides" (*slime mold*) habitam solos úmidos e as cascas caídas e úmidas de árvores podres. Outros eucariotos microbianos também vivem em águas do solo, e alguns deles contribuem para o ciclo global do nitrogênio seqüestrando bactérias do solo e reciclando seus compostos nitrogenados em nitratos.

Alguns eucariotos microbianos são autótrofos fotossintetizantes, alguns são heterótrofos e alguns podem variar facilmente entre os modos autotrófico e heterotrófico de nutrição. Alguns dos heterótrofos ingerem alimentos; outros, incluindo muitos parasitas, absorvem nutrientes do ambiente.

Certos eucariotos microbianos, outrora classificados como animais, são algumas vezes referidos como *protozoários*, ainda que os biólogos cada vez mais acreditem que esse termo reúna muitos grupos filogeneticamente distantes. Os protozoários, em sua maioria, são heterótrofos ingestivos. De forma semelhante, há vários tipos de eucariotos microbianos fotossintetizantes que alguns biólogos ainda se referem como *algae* (singular *alga*). Ainda que esses dois termos sejam úteis em alguns contextos, eles não correspondem à nossa compreensão atual de filogenia e geralmente os evitamos neste capítulo, exceto como parte dos nomes descritivos como "algas vermelhas".

Os eucariotos microbianos possuem diversos meios de locomoção

Embora uns poucos grupos de eucariotos microbianos consistam inteiramente em organismos incapazes de se mover, a maioria dos grupos incluem células que se movem, ou por movimentos amebóides, ou por ação de cílios, ou por meio de flagelos. Todos esses tipos de movimentos se baseiam nas atividades do citoesqueleto.

No movimento amebóide, a célula forma **pseudópodos** ("pés falsos"), extensões de sua forma celular em constante mutação. Células como as mostradas na **Figura 27.9** simplesmente estendem um pseudópodo e, então, fluem para dentro dele. Regiões do citoplasma alternam entre estado mais líquido e estado mais compacto, e uma rede de microfilamentos do citoesqueleto pressiona o citoplasma mais líquido para frente.

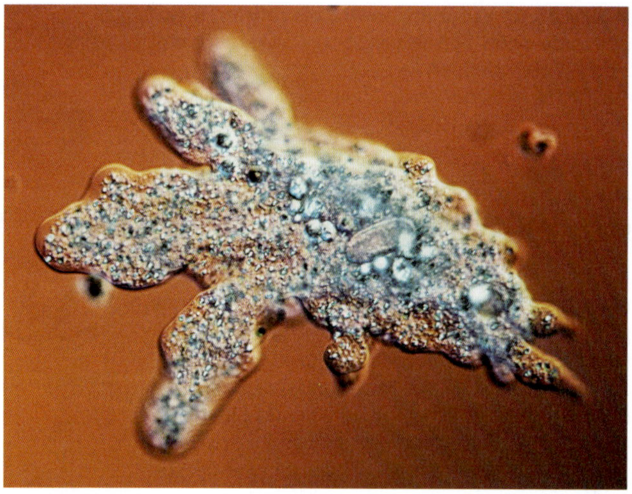

Amoeba proteus 50 μm

Figura 27.9 Uma ameba Os pseudópodos fluidos estão constantemente mudando de forma à medida que a ameba se move e alimenta-se.

Como demonstrado na Figura 27.7, as proteínas do citoesqueleto eucariótico formam microtúbulos que permitem a evolução de diferentes meios de locomoção. Os cílios são pequenas organelas em forma de cabelo que batem de modo coordenado para mover a célula para frente ou para trás. Alguns organismos ciliados podem mudar de direção rapidamente em resposta ao seu ambiente. Um flagelo eucariótico move-se como chicote; alguns flagelos *empurram* a célula para frente, outros *puxam* a célula para frente. Cílios e flagelos eucarióticos são idênticos em seção transversal com um arranjo "9 + 2" de microtúbulos (ver Figura 4.22); eles diferem apenas em tamanho.

Os eucariotos microbianos empregam vacúolos de diferentes maneiras

A maioria dos organismos unicelulares é microscópica. Como observado acima, uma razão importante para as células serem pequenas é que elas precisam de área superficial de membrana suficiente em relação ao seu volume para sustentar a troca de materiais necessária para a sua existência. Muitos eucariotos unicelulares relativamente grandes minimizam esse problema contendo *vacúolos* circundados por membrana de vários tipos, os quais aumentam suas áreas efetivas de superfície.

Os organismos de água doce são hipertônicos em relação ao ambiente (ver Seção 5.3). Muitos eucariotos microbianos de água doce, tais como o *Paramecium*, tratam esse problema por meio de vacúolos especializados que excretam o excesso de água que constantemente absorvem por osmose. Membros de diversos grupos possuem tais **vacúolos contráteis**. O excesso de água reúne-se no vacúolo contrátil, que, então, expele a água da célula (**Figura 27.10**).

Um segundo tipo importante de vacúolo encontrado em *Paramecium* e muitos outros eucariotos microbianos é o **vacúolo digestivo**. Esses organismos engolfam alimentos sólidos por endocitose, formando um vacúolo dentro do qual o alimento é digerido (**Figura 27.11**). Vesículas menores contendo alimento digerido destacam-se do vacúolo digestivo e entram no citoplasma. Essas pequenas vesículas proporcionam grande área superficial por meio da qual os produtos da digestão podem ser absorvidos pelo resto da célula.

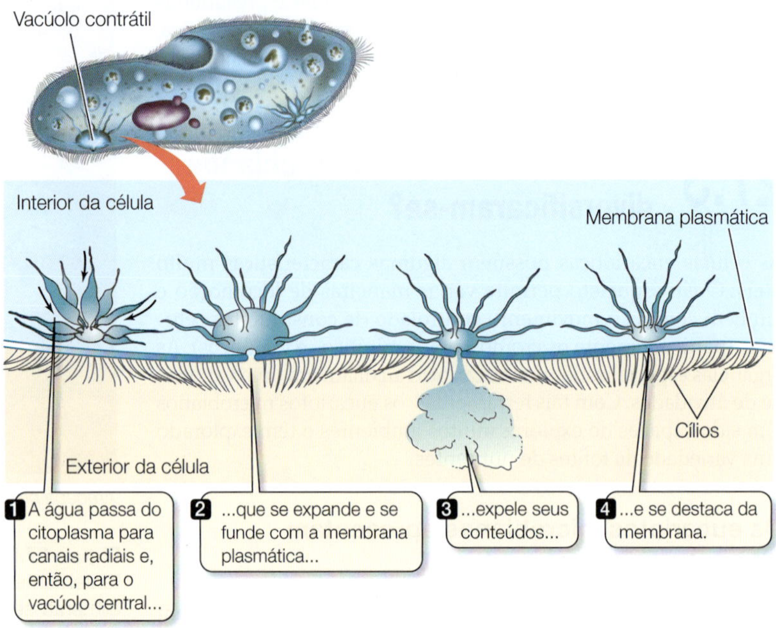

Vacúolo contrátil
Interior da célula
Membrana plasmática
Cílios
Exterior da célula
1 A água passa do citoplasma para canais radiais e, então, para o vacúolo central...
2 ...que se expande e se funde com a membrana plasmática...
3 ...expele seus conteúdos...
4 ...e se destaca da membrana.

Figura 27.10 Vacúolos contráteis retiram o excesso de água Os vacúolos contráteis removem a água que constantemente entra por osmose nos eucariotos microbianos de água doce.

As superfícies celulares dos eucariotos microbianos são diversas

Alguns eucariotos microbianos, como a ameba mostrada na Figura 27.9, são circundados apenas por membrana plasmática, mas a maioria possui superfícies mais firmes que mantêm a integridade estrutural da célula. Muitos possuem paredes celulares que, com freqüência, são complexas em estrutura e se localizam no exterior da membrana plasmática. Outros eucariotos microbianos destituídos de paredes celulares possuem uma variedade de maneiras de reforçar suas superfícies.

O *Paramecium* possui proteínas na sua superfície celular – conhecidas como *película* neste gênero – que a torna flexível, mas resiliente. Outros grupos apresentam "carapaças" externas, produzidas por eles próprios, como é o caso dos foraminíferos (ver Figura 27.5), ou são feitas de bocados de areia e outros materiais depositados imediatamente abaixo da membrana plasmática, como algumas amebas realizam (**Figura 27.12A**). As paredes celulares complexas das diatomáceas são vítreas, formadas de sílica (**Figura 27.12B**, ver também Figura 27.1). Os biólogos recentemente mediram em escala microscópica as forças necessárias para quebrar uma única diatomácea viva. Eles descobriram que as paredes celulares vítreas são excepcionalmente fortes. A evolução dessas paredes por seleção natural deve ter dotado as diatomáceas de uma defesa maior contra predadores e, portanto, de uma margem de superioridade em relação aos competidores.

EXPERIMENTO

HIPÓTESE: O *Paramecium* digere seu alimento por meio de vacúolos digestivos ácidos.

MÉTODO Os paramécios são alimentados de células de levedura coradas com vermelho Congo, um indicador de pH.

RESULTADOS

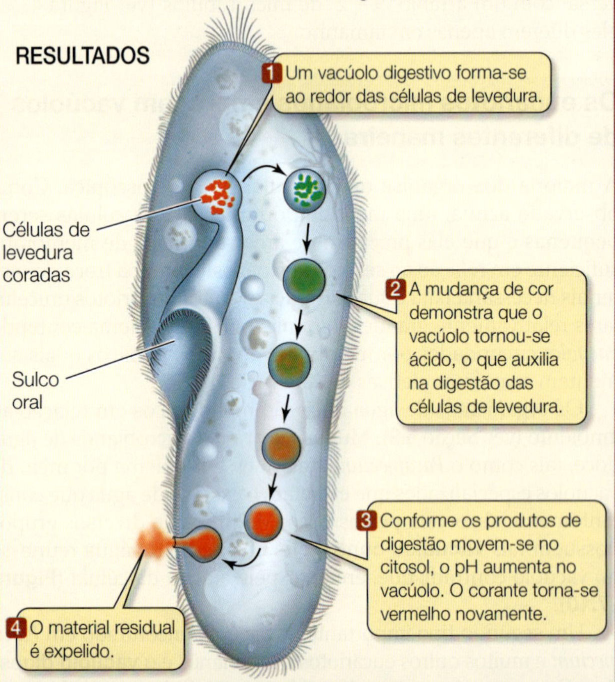

1 Um vacúolo digestivo forma-se ao redor das células de levedura.
Células de levedura coradas
2 A mudança de cor demonstra que o vacúolo tornou-se ácido, o que auxilia na digestão das células de levedura.
Sulco oral
3 Conforme os produtos de digestão movem-se no citosol, o pH aumenta no vacúolo. O corante torna-se vermelho novamente.
4 O material residual é expelido.

CONCLUSÃO: A acidificação dos vacúolos digestivos auxilia a digestão.

Figura 27.11 Vacúolos digestivos conduzem a digestão e a excreção Um experimento com *Paramecium* demonstra a função dos vacúolos digestivos. O *Paramecium* ingere o alimento por meio do sulco oral mostrado à esquerda. O corante vermelho Congo torna-se verde em pH ácido e vermelho em pH neutro ou básico. Ácidos têm função digestiva em outros organismos (como no estômago humano), de forma que sua presença nos vacúolos digestivos sugere que a digestão está ocorrendo lá. PESQUISA FUTURA: Como você poderia determinar se os vacúolos digestivos no *Paramecium* contêm enzimas digestivas?

27.3 RECAPITULAÇÃO

Os eucariotos microbianos são diversos em seus habitats, nutrição, locomoção e formas corporais.

- Você pode explicar os papéis do citoesqueleto na locomoção dos eucariotos microbianos? Ver p. 591.
- Você compreende as operações dos vacúolos contráteis e digestivos no Paramecium? Ver p.591 e Figuras 27.10 e 27.11.

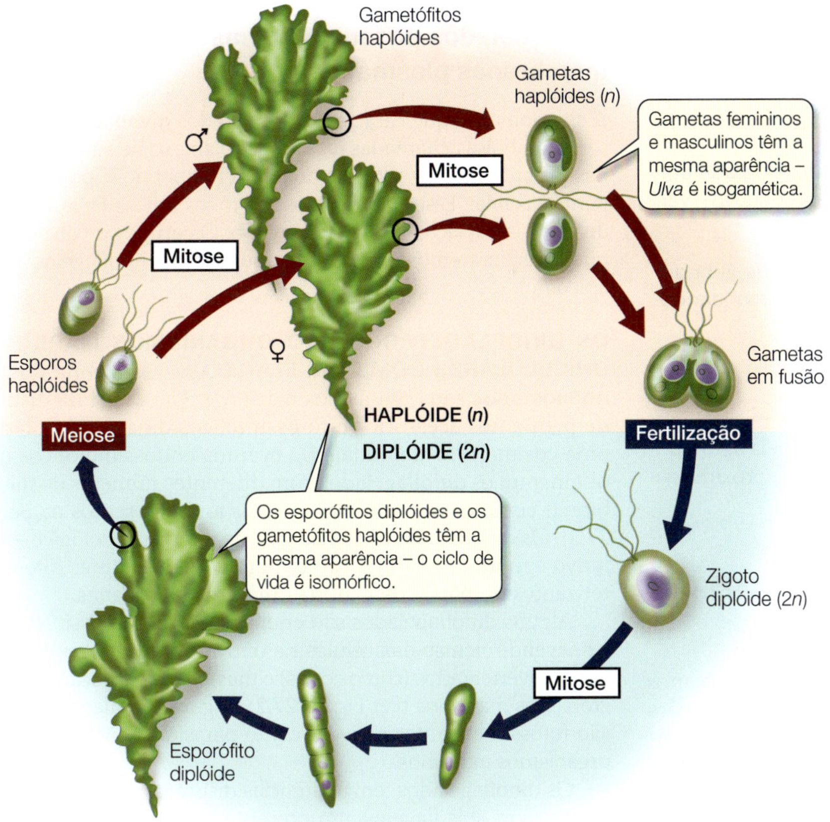
Gametófitos haplóides
Gametas haplóides (n)
Gametas femininos e masculinos têm a mesma aparência – Ulva é isogamética.
♂
Mitose
Mitose
♀
Esporos haplóides
Gametas em fusão
HAPLÓIDE (n)
Meiose
Fertilização
DIPLÓIDE (2n)
Os esporófitos diplóides e os gametófitos haplóides têm a mesma aparência – o ciclo de vida é isomórfico.
Zigoto diplóide (2n)
Mitose
Esporófito diplóide

Figura 27.15 Um ciclo de vida isomórfico O ciclo de vida sexuado de *Ulva lactuca* (alface-do-mar) é um exemplo de alternância isomórfica de gerações.

patógeno eucariótico completa apenas parte do ciclo de vida no hospedeiro humano, sendo a outra parte em um inseto (ver Figura 27.3). Muitos ciclos de vida de outros eucariotos microbianos requerem a participação de duas diferentes espécies hospedeiras.

Quais poderiam ser as vantagens de um ciclo de vida com dois hospedeiros? Essa permanece uma questão intrigante. Pode ser relevante que nos patógenos humanos descritos acima, a fase sexuada do ciclo de vida dos organismos – a fusão dos gametas em zigoto – ocorra no inseto-vetor. Poderia isso significar que o hospedeiro humano não é nada além de uma máquina copiadora para os produtos da reprodução sexuada que ocorre no vetor?

Os ciclos de vida de muitas outras clorofíceas não apresentam alternância de gerações. Algumas clorofíceas possuem ciclo de vida **haplôntico**, no qual um indivíduo haplóide multicelular produz gametas que se fusionam para formar um zigoto. O zigoto funciona diretamente como um esporócito sofrendo meiose para produzir esporos. Estes, por sua vez, produzem um novo indivíduo haplóide. Em todo ciclo de vida haplôntico, apenas uma célula – o zigoto – é diplóide. Os organismos filamentosos do gênero *Ulothrix* são exemplos de clorofíceas haplônticas (**Figura 27.16**).

Algumas outras clorofíceas apresentam ciclo de vida **diplôntico**, como o de muitos animais. Em um ciclo de vida diplôntico, a meiose de esporócitos diplóides produz diretamente gametas haplóides; os gametas fusionam-se e o zigoto diplóide resultante divide-se mitoticamente para formar um novo esporófito diplóide multicelular. Em tais organismos, todas as células, exceto os gametas, são diplóides. Entre esses dois extremos estão as clorofíceas cujas gerações de gametófitos e esporófitos são, ambas, multicelulares. Porém, uma geração (geralmente o esporófito) é muito maior e mais proeminente do que a outra.

Os ciclos de vida de alguns eucariotos microbianos requerem mais de uma espécie hospedeira

As três doenças causadas por tripanossomas discutidas na abertura deste capítulo compartilham uma característica notável com a malária: em todos os casos, o

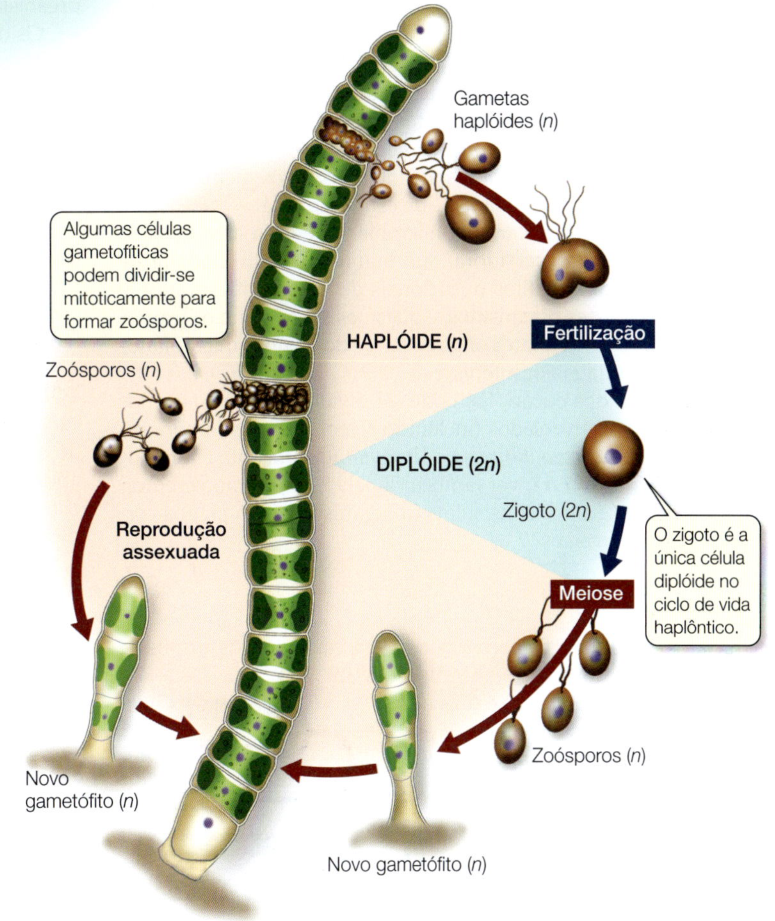
Gametas haplóides (n)
Algumas células gametofíticas podem dividir-se mitoticamente para formar zoósporos.
HAPLÓIDE (n)
Fertilização
Zoósporos (n)
DIPLÓIDE (2n)
Zigoto (2n)
Reprodução assexuada
O zigoto é a única célula diplóide no ciclo de vida haplôntico.
Meiose
Zoósporos (n)
Novo gametófito (n)
Novo gametófito (n)

Figura 27.16 Um ciclo de vida haplôntico No ciclo de vida de *Ulothrix*, uma geração gametofítica haplóide multicelular e filamentosa alterna-se com uma geração esporofítica diplóide consistindo em uma célula única (o zigoto). Os gametófitos de *Ulothrix* podem também reproduzir-se assexuadamente.

27.4 RECAPITULAÇÃO

Eucariotos microbianos reproduzem-se tanto assexuada como sexuadamente, e seus ciclos de vida são diversos.

- Por que a conjugação entre paramécios é considerada um processo sexuado, mas não um processo reprodutivo? Ver p. 593 e Figura 27.13.
- Você pode explicar as diferenças entre o ciclo de vida diplotônico humano e um ciclo de vida com alternância de gerações? Ver p. 595.

O sucesso das diversas adaptações dos eucariotos microbianos para nutrição, locomoção e reprodução é evidente pela abundância e diversidade dos eucariotos que hoje vivem. Na próxima seção, examinaremos essa diversidade.

27.5 Quais são os principais grupos de eucariotos?

Os biólogos costumavam classificar os eucariotos microbianos com base em características como as que examinamos nas seções 27.3 e 27.4. No entanto, cientistas utilizando tecnologias avançadas como a microscopia eletrônica e o seqüenciamento genético revelaram muitos padrões novos de relações evolutivas. Novas técnicas de biologia molecular, como o seqüenciamento de genes de rRNA (ver Seção 26.4), estão tornando possível explorar as relações evolutivas entre os eucariotos microbianos com maior detalhe e segurança. Hoje, reconhecemos grande diversidade dentro de muitos clados de eucariotos microbianos, cujos membros têm explorado uma grande variedade de estilos de vida.

A filogenia dos eucariotos microbianos é uma área de pesquisa excitante e desafiadora. Sua maravilhosa diversidade de formas corporais e estilos nutricionais de vida justificam, por si só, o estudo destes organismos, e questões sobre como os grupos eucarióticos multicelulares originaram-se dos grupos microbianos estimulam ainda maior interesse.

A maioria dos eucariotos pode ser dividida em cinco grupos principais: cromalveolados (incluindo alveolados e estramenópilas), *Plantae*, *Excavata*, *Rhizaria* e *Uniconta* (opistoconta e amebozoários) (**Figura 27.17**; ver também Tabela 27.1). Como veremos, alguns desses grupos consistem em organismos com planos corporais muito diversos.

Cromalveolados

Iniciaremos com os cromalveolados nossa viagem pelos grupos de eucariotos microbianos, um grupo que inclui haptófitas, criptófitas e dois outros grandes clados: os alveolados e os estramenópilas. As **haptófitas** são organismos unicelulares com flagelos, muitas são "armadas" com escamas elaboradas (ver Figura 27.4B). O papel das **criptófitas** na história da evolução dos cloroplastos foi descrito na Seção 27.2.

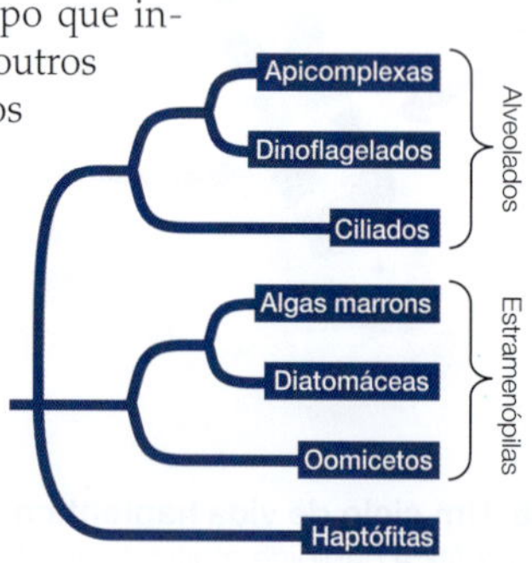

Apicomplexas
Dinoflagelados
Ciliados
Alveolados
Algas marrons
Diatomáceas
Oomicetos
Estramenópilas
Haptófitas

Os alveolados possuem bolsas sob suas membranas plasmáticas

A sinapomorfia que caracteriza o clado dos **alveolados** é a presença de bolsas chamadas *alvéolos* logo abaixo de suas membranas plasmáticas. Os alvéolos podem ter papel no suporte da superfície celular. Esses organismos são todos unicelulares, mas são diversos em relação à forma do corpo. Os grupos de alveolados que consideraremos em detalhe aqui são os dinoflagelados, os apicomplexas e os ciliados.

OS DINOFLAGELADOS SÃO ORGANISMOS MARINHOS UNICELULARES COM DOIS FLAGELOS A maioria dos **dinoflagelados** são organismos marinhos. Uma mistura distinta de pigmentos acessórios e fotossintéticos dá aos cloroplastos uma cor marrom-dourada. (Os eventos endossimbióticos que originaram os dinoflagelados com diferentes números de membranas circundando seus cloroplastos foram descritos na Seção 27.2). Os dinoflagelados são de grande interesse ecológico, evolutivo e morfológico. Eles são importantes produtores fotossintetizantes primários de matéria orgânica nos oceanos.

Alguns dinoflagelados são endossimbiontes fotossintetizantes vivendo dentro das células de outros organismos, incluindo vários invertebrados (como corais) e mesmo outros eucariotos microbianos marinhos (ver Figura 27.2). Alguns dinoflagelados não são fotossintetizantes e vivem como parasitas dentro de outros organismos marinhos.

Os dinoflagelados têm aparências distintas. Eles normalmente possuem dois flagelos, um presente em um sulco equatorial, ao redor da célula, e o outro iniciando no mesmo ponto que o primeiro, mas passando para um sulco longitudinal antes de se estender ao meio circundante (**Figura 27.18**). Alguns dinoflagelados, notavelmente *Pfiesteria piscicida*, podem adquirir diferentes formas, incluindo amebóides, dependendo das condições do ambiente. Alega-se que *P. piscicida* pode ocorrer em pelo menos duas dúzias de formas distintas, embora esta afirmação seja altamente controversa. De qualquer forma, esse notável dinoflagelado é nocivo para os peixes e pode, quando presente em grandes números, tanto atordoá-los como se alimentar deles.

TODOS OS APICOMPLEXAS SÃO PARASITAS Organismos exclusivamente parasitas, os **apicomplexas** têm o nome derivado de *complexo apical*, massa de organelas contida na extremidade apical (ou ponta) de uma célula. Essas organelas auxiliam o apicomplexa a invadir os tecidos do hospedeiro. Por exemplo, o complexo apical habilita os merozoítos e esporozoítos do *Plasmodium*, o agente causador da malária, a entrar em suas células-alvo no corpo humano (ver Figura 27.3).

Como muitos parasitas obrigatórios, os apicomplexas apresentam ciclos de vida elaborados apresentando reprodução assexuada e sexuada passando por uma série de estágios de vida muito diferentes. Com freqüência, estes estágios estão associados com dois tipos diferentes de organismos hospedeiros, como é o caso do *Plasmodium*.

> O apicomplexa *Toxoplasma* alterna entre gatos e camundongos para completar seu ciclo de vida. Um camundongo infectado com toxoplasma perde o medo de gato; assim, ele é mais provavelmente capturado e, desta forma, transfere o parasita para o gato.

Os apicomplexas não apresentam vacúolos contráteis. Eles contêm um cloroplasto muito reduzido e não funcional (derivado,

Figura 27.17 Principais grupos de eucariotos em um contexto evolutivo A maioria dos grupos aqui apresentados são clados. Os eucariotos microbianos não constituem um clado. As linhas tracejadas indicam clados para os quais a evidência é fraca ou contestada. A raiz da árvore é incerta.

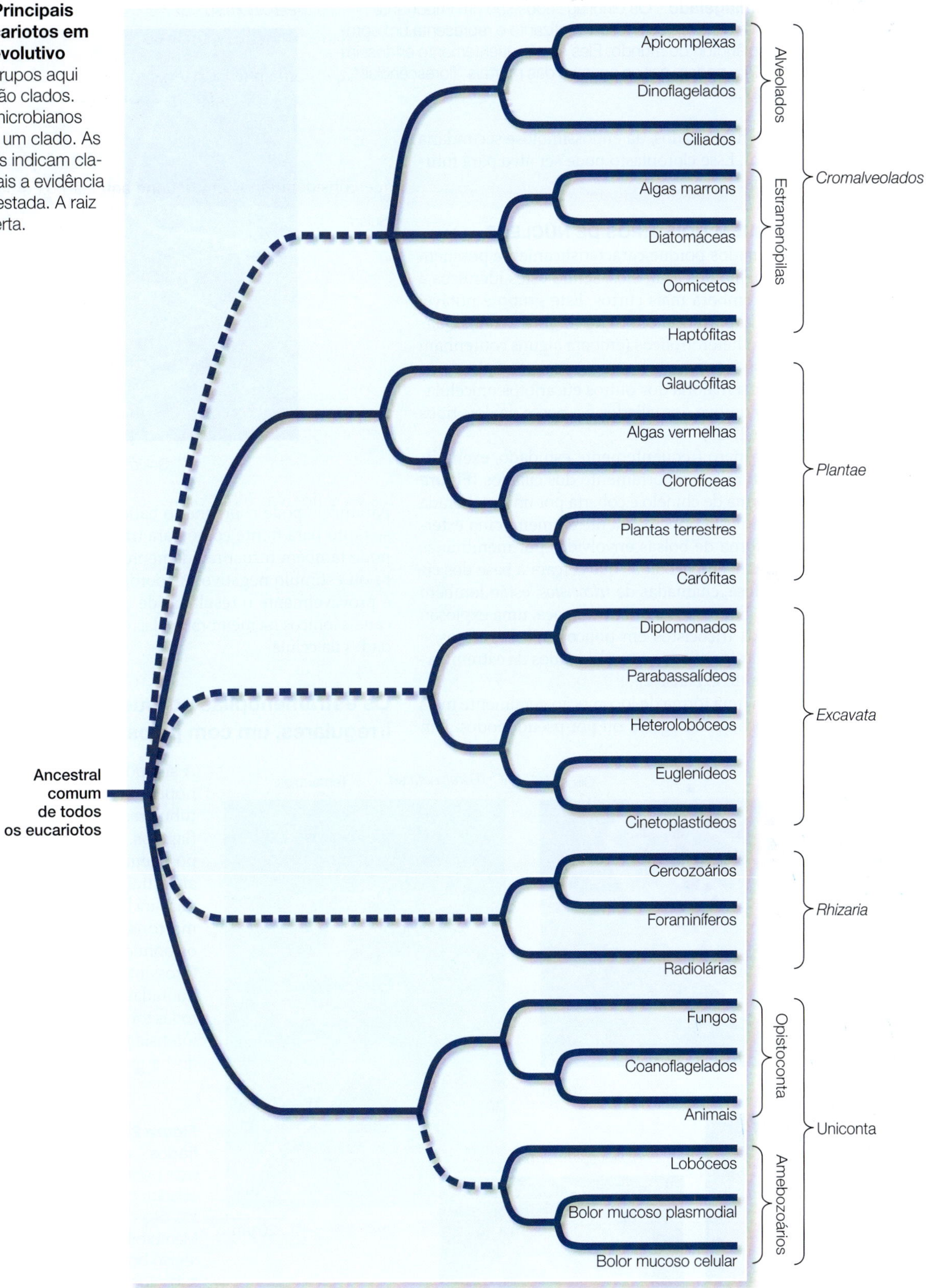
Apicomplexas
Dinoflagelados
Ciliados
Alveolados
Algas marrons
Diatomáceas
Oomicetos
Estramenópilas
Haptófitas
Cromalveolados
Glaucófitas
Algas vermelhas
Clorofíceas
Plantas terrestres
Carófitas
Plantae
Diplomonados
Parabassalídeos
Heterolobóceos
Euglenídeos
Cinetoplastídeos
Excavata
Cercozoários
Foraminíferos
Radiolárias
Rhizaria
Fungos
Coanoflagelados
Animais
Opistoconta
Lobóceos
Bolor mucoso plasmodial
Bolor mucoso celular
Amebozoários
Uniconta
Ancestral comum de todos os eucariotos

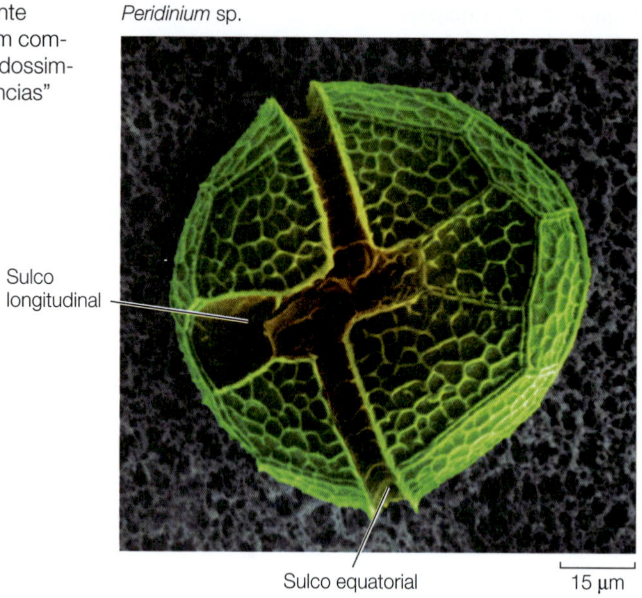
Peridinium sp.
Sulco longitudinal
Sulco equatorial
15 μm

Figura 27.18 Um dinoflagelado Os dinoflagelados são um importante grupo de alveolados. A maioria deles é fotossintetizante e representa um componente crucial do fitoplâncton do mundo. Eles são freqüentemente endossimbiontes (ver Figura 27.2) e podem ser os agentes das mortais "florescências" oceânicas (ver Figura 27.4A).

como em todos os cromalveolados, da endossimbiose secundária de uma alga vermelha). Esse cloroplasto pode ser alvo para futuras drogas anti-malária.

OS CILIADOS POSSUEM DOIS TIPOS DE NÚCLEOS Os ciliados são assim chamados porque caracteristicamente possuem numerosos cílios semelhantes a cabelos, sendo estes idênticos a flagelos eucarióticos, embora mais curtos. Este grupo é notável por sua diversidade e importância ecológica (**Figura 27.19**). Quase todos os ciliados são heterotróficos (embora alguns contenham endossimbiontes fotossintetizantes) e muito mais complexos na forma corporal do que a maioria dos outros eucariotos unicelulares. A característica definitiva dos ciliados é a posse de dois tipos de núcleos (ver Figura 27.13).

Paramecium, um gênero freqüentemente estudado, exemplifica a complexa estrutura e comportamento dos ciliados (**Figura 27.20**). A célula em forma de chinelo é coberta por uma elaborada película, estrutura composta principalmente de membrana externa e uma camada interna de bolsas envolvidas por membranas (os alvéolos) firmemente empacotadas que cercam a base dos cílios. Organelas de defesa, chamadas de *tricocistos*, estão também presentes na película. Em resposta a uma ameaça, uma explosão microscópica expele os tricocistos em poucos milissegundos, e eles emergem como dardos afiados, impulsionados da extremidade de um longo filamento expansível.

Os cílios fornecem uma forma de locomoção geralmente mais precisa que a locomoção por flagelos ou por pseudópodos. Um paramécio pode coordenar o batimento dos cílios para propelir-se tanto para frente como para trás, movendo-se em espiral. Ele pode também recuar rapidamente quando encontra uma barreira ou estímulo negativo. A coordenação dos batimentos ciliares é provavelmente o resultado de uma distribuição diferencial de canais iônicos na membrana plasmática próximo às duas extremidades da célula.

Os estramenópilas possuem dois flagelos irregulares, um com pelos

A sinapomorfia que define os estramenópilas é a posse de fileiras de pelos tubulares no mais longo de seus dois flagelos. Alguns estramenópilas não possuem flagelos, mas descendem de ancestrais com flagelos. Os estramenópilas incluem as diatomáceas e as algas marrons, ambas fotossintetizantes, e os oomicetos e as redes mucosas, não-fotossintetizantes. A maioria das algas douradas é fotossintetizante, mas quase todas tornam-se heterotróficas quando a intensidade de luz é limitante, ou quando há grande suprimento de alimento;

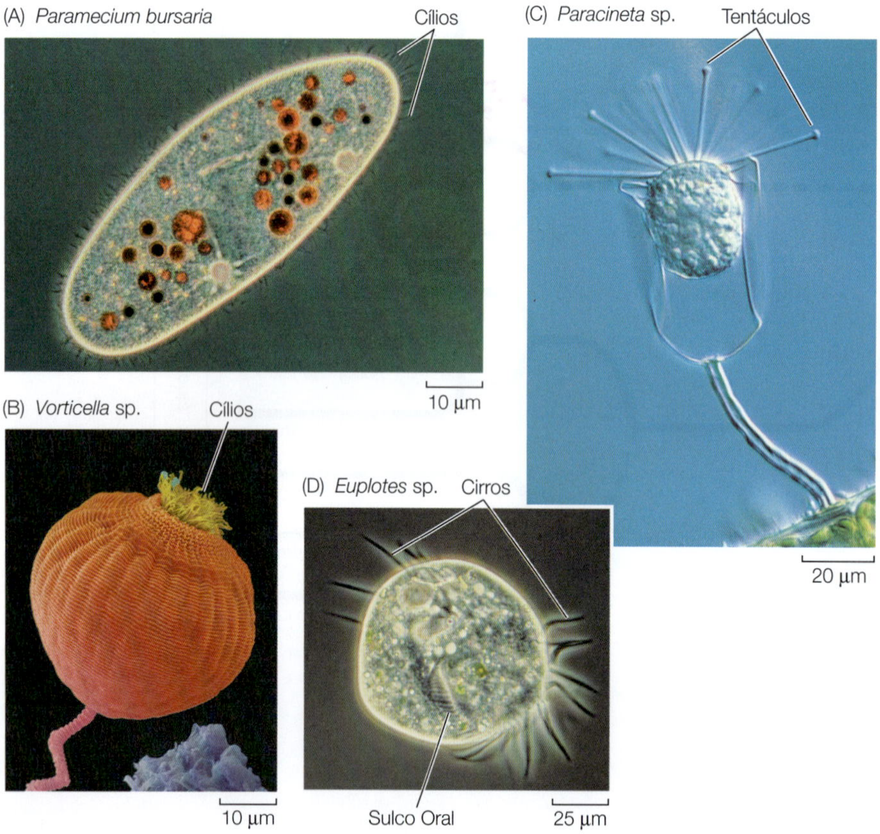
(A) Paramecium bursaria
Cílios
10 μm
(B) Vorticella sp.
Cílios
10 μm
(C) Paracineta sp.
Tentáculos
20 μm
(D) Euplotes sp.
Cirros
Sulco Oral
25 μm

Figura 27.19 Diversidade entre os ciliados (A) Um organismo de nado livre, este paramécio pertence a um grupo de ciliados cujos membros possuem muitos cílios de comprimento uniforme. (B) Membros deste grupo possuem cílios na região bocal. (C) Neste grupo, tentáculos substituem cílios ao longo do desenvolvimento. (D) Este ciliado "caminha" sobre feixes de cílios chamados de *cirros*, que se projetam do corpo. Outros cílios estão agrupados em lâminas que varrem as partículas de alimento para dentro de seu sulco oral; este indivíduo ingeriu algumas algas verdes.

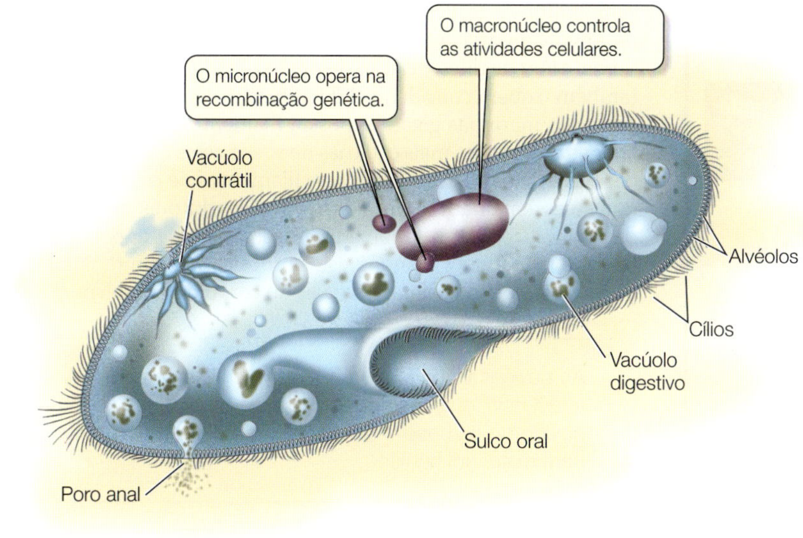
O macronúcleo controla as atividades celulares.
O micronúcleo opera na recombinação genética.
Vacúolo contrátil
Alvéolos
Cílios
Vacúolo digestivo
Sulco oral
Poro anal

Figura 27.20 A anatomia de um *Paramecium* Este diagrama mostra a estrutura complexa de um típico paramécio.

algumas alimentam-se até mesmo de diatomáceas e bactérias. As redes mucosas, outrora consideradas parentes próximas dos fungos amebóides, são organismos unicelulares que produzem redes de filamentos ao longo dos quais as células movem-se.

AS DIATOMÁCEAS SÃO ABUNDANTES NOS OCEANOS As diatomáceas são organismos unicelulares, embora algumas espécies associem-se em filamentos. Muitas possuem carotenóides suficientes nos cloroplastos, o que lhes confere cor amarela ou acastanhada. Todas produzem a *crisolaminarina* (um carboidrato) e óleos como produtos fotossintéticos de armazenagem. As diatomáceas não apresentam flagelos, exceto em gametas masculinos.

A suntuosidade arquitetônica em escala microscópica é a marca das diatomáceas. Como mencionado anteriormente, quase todas as diatomáceas depositam sílica nas paredes celulares. A parede celular é construída em duas partes, com a parte superior sobrepondo-se a parte inferior como em uma placa de petri (ver Figura 27.1). As paredes impregnadas de sílica apresentam padrões intrincados únicos de cada espécie (**Figura 27.21**). Apesar de sua diversidade morfológica notável, entretanto, todas as diatomáceas são simétricas – tanto bilateralmente (com metades direita e esquerda) ou radialmente (com o tipo de simetria de um círculo).

As diatomáceas reproduzem-se tanto sexuadamente como assexuadamente. A reprodução assexuada ocorre por fissão binária e é de certa forma forçada pela parede celular rígida que contém sílica. Tanto a parte superior quanto a parte inferior da "placa de petri" tornam-se partes superiores de novas placas sem mudança apreciável em tamanho; como resultado, a nova célula produzida a partir da parte inferior é menor que a célula parental. Se esse processo continuasse indefinidamente, uma linhagem celular simplesmente desapareceria, mas a reprodução sexuada resolve este problema. Gametas são formados, desprendem-se das paredes celulares e fusionam-se. O zigoto resultante aumenta, então, substancialmente em tamanho antes que uma nova parede celular seja depositada.

As diatomáceas são encontradas em todos os oceanos e estão freqüentemente presentes em grandes números, o que as torna os principais produtores fotossintetizantes em águas litorâneas. As diatomáceas são também comuns em água doce e ocorrem até mesmo em superfícies úmidas de musgos terrestres.

Trechos de oceanos são ocasionalmente povoados por densas florações de plâncton dominadas por diatomáceas. Surpreendentemente, estas florações de diatomáceas não são devoradas pelos copépodos (pequenos crustáceos planctônicos) que são seus predadores usuais. Dessa forma, a maior parte da população de diatomáceas morre e se deposita no fundo do oceano sem ter sido consumida. Posteriormente, conforme a floração dissipa-se, a população de copépodos aumenta.

Por que a população de copépodos não prospera usufruindo da aparente riqueza da floração de diatomáceas? Suspeita-se que essa "falha" possa resultar de uma resposta lenta pelo ciclo de vida dos copépodos. Dados experimentais recentes sugerem, entretanto, que a explicação encontra-se nos efeitos das diatomáceas no sucesso reprodutivo dos copépodos quando as diatomáceas constituem proporção muito grande da sua dieta (Figura 27.22). Enquanto as diatomáceas são uma boa fonte de alimento para os copépodos quando constituem uma proporção moderada da dieta, são tóxicas em grandes quantidades, uma vez que liberam um composto tóxico quando aglomeradas.

Uma vez que as paredes contendo sílica de diatomáceas mortas resistem à decomposição, certas rochas sedimentares são compostas quase inteiramente de esqueletos de diatomáceas que se depositaram no fundo do oceano ao longo do tempo. Poeira de diatomáceas, obtida de tais rochas, possui muitas utilidades industriais, tais como isolamento, filtração e polimento de metais. Ela foi também utilizada como inseticida ambientalmente amigável, que obstrui a traquéia (estruturas de respiração) dos insetos.

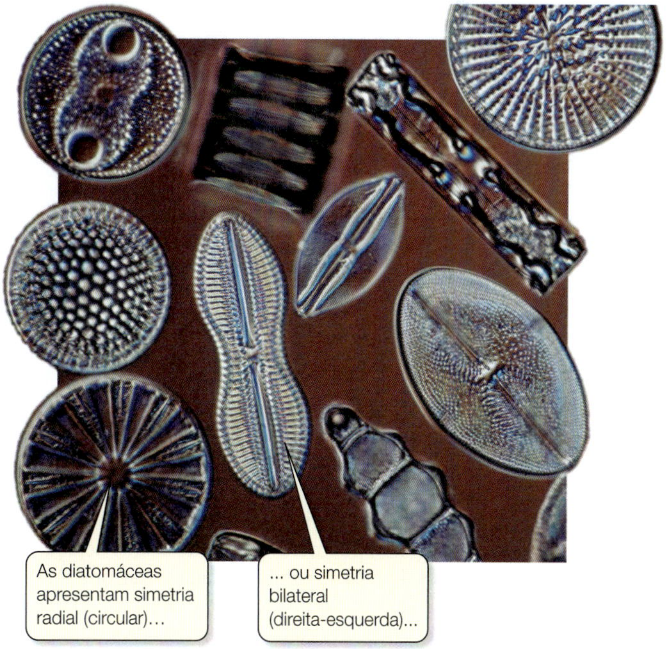
As diatomáceas apresentam simetria radial (circular)...
... ou simetria bilateral (direita-esquerda)...

Figuras 27.21 A diversidade das diatomáceas As diatomáceas exibem uma variedade esplêndida de formas espécie-específicas.

EXPERIMENTO

HIPÓTESE: Os copépodos falham em prosperar durante a floração de diatomáceas em virtude da toxicidade das diatomáceas.

MÉTODO

1. Copépodos fêmeas são alimentados por 10 dias com dieta de diatomáceas *Calanus helgolandicus* ou com dieta não tóxica de dinoflagelados (controle).
2. Ovos e larvas recém-chocadas são contados todos os dias.

RESULTADOS

Embora quase todos os ovos do grupo controle eclodam todos os dias, um número cada vez menor de ovos do grupo de fêmeas alimentadas com diatomáceas eclodem, conforme o experimento avança.

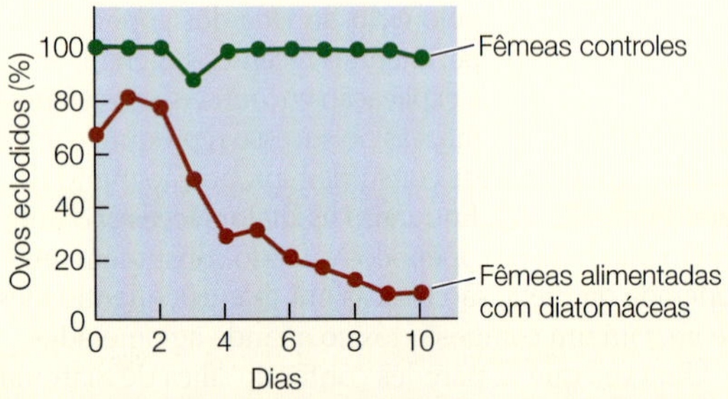
Ovos eclodidos (%)
100
80
60
40
20
0
0
2
4
6
8
10
Dias
Fêmeas controles
Fêmeas alimentadas com diatomáceas

CONCLUSÃO: A toxicidade é uma explicação plausível para a falha dos copépodos em prosperar durante a floração de diatomáceas.

Figura 27.22 Por que os copépodos não prosperam durante a floração de diatomáceas? Adrianna Ianora e seus colegas testaram a hipótese de que as diatomáceas prejudicam a reprodução dos copépodos quando constituem proporção muito grande da dieta. PESQUISA FUTURA: Como você testaria ainda mais esta hipótese?

AS ALGAS MARRONS SÃO MULTICELULARES Todas as algas marrons são multicelulares e algumas são grandes: algas marinhas gigantes, como as do gênero *Macrocystis*, podem alcançar até 60 metros de comprimento (ver p. 583). As algas marrons obtêm a cor que lhes dá nome do carotenóide *fucoxantina*, abundante em seus cloroplastos. A combinação desse pigmento amarelo-alaranjado com o verde das clorofilas *a* e *c* produz o tom de marrom.

As algas marrons são quase exclusivamente marinhas. Elas são compostas de filamentos ramificados (**Figura 27.23A,B**) ou de crescimento em forma de folha (**Figura 27.23C**). Algumas flutuam em mar aberto; o exemplo mais famoso é o gênero *Sargassum*, o qual forma densos emaranhados no Mar de Sargaço no meio do Atlântico. A maioria das algas marrons, entretanto, está fixada a rochas próximas à costa. Algumas prosperaram apenas quando expostas a fortes rebentações; um exemplo notável é a palma-do-mar *Postelsia palmaeformis* da costa do Pacífico. Todas as formas fixas desenvolvem uma estrutura especializada, chamada de *apreensório*, que literalmente cola essas formas às rochas (**Figura 27.23D**). A "cola" do apreensório é o *ácido algínico*, polímero viscoso de ácidos de açúcar encontrado nas paredes de muitas células de algas marrons. Além de sua função nos apreensórios, o ácido algínico firma as células e os filamentos da alga. Além disso, é extraído e utilizado pelos humanos como emulsificante em sorvetes, cosméticos e outros produtos.

Algumas algas marrons diferenciam extensivamente órgãos especializados. Algumas, como a palma-do-mar, possuem talos semelhantes a caules e lâminas semelhantes a folhas. Algumas desenvolvem cavidades preenchidas de ar que servem de flutuadores. Além da diferenciação de órgãos, as algas marrons maiores também exibem considerável diferenciação de tecidos. A maioria das algas marinhas gigantes possui filamentos fotossintetizantes apenas nas regiões mais externas de suas hastes e lâminas. Dentro das hastes e lâminas estendem-se filamentos de células tubulares que se assemelham muito aos tecidos condutores de nutrientes das plantas terrestres. Chamadas de *células trombeta* por apresentarem extremidades bojudas, estes tubos conduzem rapidamente os produtos da fotossíntese através do corpo do organismo.

As bexigas flutuadoras das algas marrons contêm, com freqüência, quantidades em torno de 5 por cento de monóxido de carbono – concentração suficientemente alta para matar um humano.

OS OOMICETOS INCLUEM BOLORES AQUÁTICOS E SEUS SEMELHANTES Um grupo de estramenópilas não-fotossintetizantes chamado de **oomicetos** consiste em grande parte de bolores aquáticos e seus semelhantes terrestres, como o míldio. Os bolores aquáticos são filamentosos, estacionários e heterotróficos absortivos – ou seja, secretam enzimas que digerem as moléculas de alimento em moléculas menores que o bolor aquático pode absorver. Se você já viu um bolor esbranquiçado e fofo crescendo sobre um peixe morto ou sobre insetos mortos na água, era provavelmente um bolor aquático do gênero comum *Saprolegnia* (**Figura 27.24**).

Não se confunda pelo *micetos* no nome deste grupo. Este termo significa "fungo" e está lá porque estes organismos já foram classificados como fungos. Entretanto, hoje sabemos que os oomicetos não estão relacionados aos fungos.

Alguns oomicetos são **cenocíticos**: isto é, possuem muitos núcleos envoltos por uma única membrana plasmática. Seus filamentos não possuem paredes transversais para separar os muitos núcleos em células distintas. Seu citoplasma é contínuo por todo o corpo do organismo, e não há uma unidade estrutural única com apenas um núcleo, exceto em certos estágios reprodutivos. Uma característica distintiva dos oomicetos são as células reprodutivas flageladas. Os oomicetos são diplóides por quase todo o ciclo de vida e possuem celulose nas paredes celulares.

Os bolores aquáticos, como a *Saprolegnia*, são todos aquáticos e saprófagos (alimentam-se de matéria orgânica morta). Alguns outros oomicetos são terrestres. Apesar de a maioria dos oomicetos terrestres ser inofensiva ou auxiliar na decomposição da matéria, alguns são sérios parasitas vegetais que atacam culturas como as de abacate, uvas e batatas.

Embora seus prováveis ancestrais cromalveolados possuíam cloroplastos e eram fotossintetizantes, os oomicetos não apresentam cloroplastos. O próximo grande grupo que consideraremos, as plantas, é predominantemente fotossintetizante.

PLANTAE

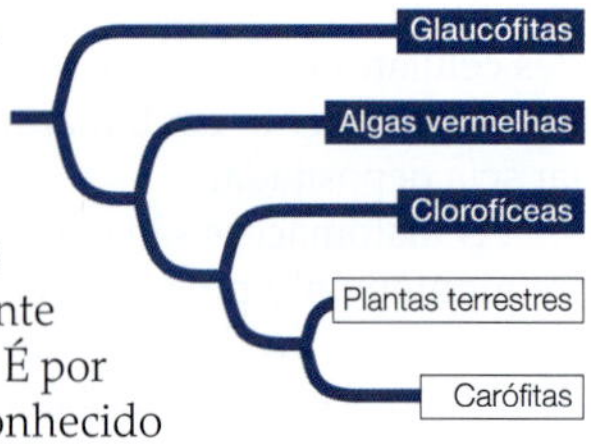
Glaucófitas
Algas vermelhas
Clorofíceas
Plantas terrestres
Carófitas

O **Plantae** consiste em vários clados principais, incluindo glaucófitas, algas vermelhas, clorofíceas, carófitas e as plantas terrestres, todos os quais provavelmente devem o seu cloroplasto a um único incidente de endossimbiose (ver Seção 27.2). É por essa razão que o pequeno clado conhecido

Figura 27.23 Algas marrons (A) As algas marinhas com canais ilustram a forma de crescimento filamentoso das algas marrons. (B) Filamentos da alga marrom microscópica *Ectocarpus* vistos por meio de um microscópio óptico. (C) As palmas marinhas exemplificam a forma de crescimento semelhante a folhas. As palmas marinhas crescem na zona intertidal, onde sofrem com as batidas fortes da rebentação. (D) As palmas marinhas e muitas outras espécies de algas marrons estão "coladas" ao substrato por estruturas fortes e ramificadas chamadas de apreensórios.

(A) *Pelvetia canaliculata* (B) *Ectocarpus* sp.

60 μm

(C) *Postelsia palmaeformis* (D) *Postelsia palmaeformis*

como as **glaucófitas**, organismos unicelulares que vivem em água doce, é de grande interesse para os estudos de evolução.

As glaucófitas foram, provavelmente, o primeiro grupo a divergir após o evento de endossimbiose primária. Seus cloroplastos são os únicos a conter uma pequena quantidade de peptideoglicanos entre as membranas interna e externa – o mesmo arranjo encontrado em cianobactérias (ver Figura 27.8A). A presença de peptideoglicano, componente característico da parede celular de bactérias, sugere que as glaucófitas assemelham-se ao ancestral comum de todas as plantas.

Saprolegnia sp.

Figura 27.24 Um oomiceto Os filamentos de um bolor aquático irradiam a partir da carcaça de um inseto.

As algas vermelhas possuem um pigmento fotossintetizante acessório distintivo

Quase todas as algas vermelhas são multicelulares (**Figura 27.25**). Sua cor característica é o resultado do pigmento fotossintetizante acessório *ficoeritrina*, encontrado em quantidades relativamente grandes nos cloroplastos de muitas espécies. Além da ficoeritrina, as algas vermelhas também possuem ficocianina, carotenóides e clorofila *a*.

As algas vermelhas incluem espécies que crescem nas mais rasas piscinas de maré, assim como as fotossintetizantes encontradas muito fundo no oceano (em profundidades de até 260 metros se as condições de nutrientes forem adequadas e a água for clara o suficiente para permitir que a luz penetre). Raras algas vermelhas habitam água doce. A maioria cresce fixada a um substrato por apreensório.

De certo modo, as algas vermelhas receberam o nome errado. Elas têm a capacidade de mudar as quantidades relativas de seus vários pigmentos fotossintetizantes dependendo das condições de luz onde estão crescendo. Assim, a alga semelhante à folha *Chondrus crispus*, uma alga vermelha comum do Atlântico

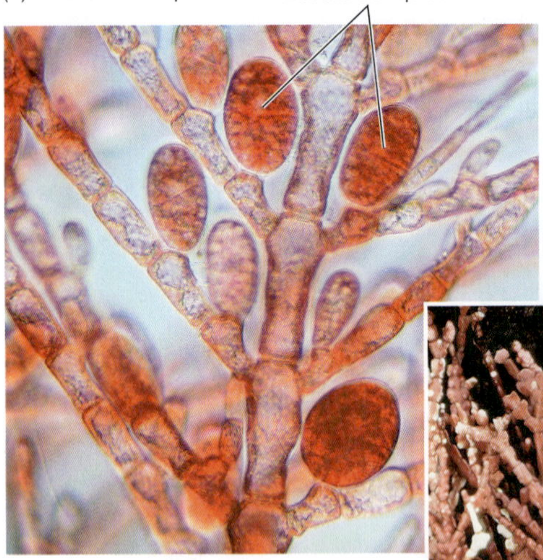
(A) *Antihamnion* sp.
Estruturas reprodutivas

(B) *Bossiella orbigniana*

Figura 27.25 As algas vermelhas (A) Sob o microscópio óptico, estruturas reprodutivas podem ser visualizadas nesta alga vermelha. (B) Uma alga vermelha coralínea cresce ao longo da costa de Oregon central.

Norte, pode parecer verde-clara quando está crescendo próxima à superfície da água, e vermelho-escura quando está crescendo em grandes profundidades. A proporção de pigmentos presentes depende em grande instância da intensidade da luz que alcança a alga. Em águas profundas, onde a luz é mais fraca, a alga acumula grandes quantidades de ficoeritrina. A alga contém tanta clorofila em águas profundas quanto as verdes próximas à superfície, mas devido à ficoeritrina acumulada, parecem vermelhas.

Além de serem os únicos eucariotos fotossintetizantes com ficoeritrina entre seus pigmentos, as algas vermelhas possuem duas outras características distintivas:

- Elas armazenam os produtos da fotossíntese na forma de *amido das florídeas*, composto de cadeias ramificadas muito pequenas de aproximadamente 15 monômeros de glicose.
- Elas não produzem células móveis flageladas em quaisquer dos estágios de seu ciclo de vida. Os gametas masculinos não apresentam paredes celulares e são ligeiramente amebóides; os gametas femininos são completamente imóveis.

Algumas espécies de algas vermelhas intensificam a formação de recifes de corais (ver Figura 27.25B). Como os corais, elas possuem a maquinaria bioquímica para secretar carbonato de cálcio, depositado tanto dentro como ao redor de suas paredes celulares. Após a morte dos corais e das algas, o carbonato de cálcio persiste, formando, algumas vezes, massas rochosas substanciais.

Algumas algas vermelhas produzem grandes quantidades de substâncias polissacarídicas mucilagenosas, que contêm o açúcar galactose ligado a um grupo sulfato. Esse material forma prontamente géis sólidos e é a fonte de ágar, substância amplamente utilizada no laboratório para preparar meios aquosos sólidos em que cultura de tecidos e muitos microrganismos podem multiplicar-se.

Uma alga vermelha tornou-se o ancestral dos cloroplastos distintivos dos cromalveolados fotossintetizantes por endossimbiose secundária, como vimos na Seção 27.2.

Clorofíceas, carófitas e plantas terrestres contêm clorofilas *a* e *b*

Um clado principal de "algas verdes" consiste nas **clorofíceas**. Um grupo irmão ao das clorofíceas contém outro clado de algas verdes (as carófitas, ou carales) juntamente com as *plantas terrestres* (ver Seção 28.1). As algas verdes compartilham diversas características que as distinguem de outros eucariotos microbianos: como as plantas terrestres, elas contêm clorofilas *a* e *b*, e suas reservas de produtos fotossintéticos é armazenada na forma de amido nos cloroplastos. Por intermédio da endossimbiose secundária, uma clorofícea tornou-se o cloroplasto dos euglenídeos.

Há mais de 17.000 espécies de clorofíceas. A maioria é aquática – algumas são marinhas, mas há mais formas de água doce – porém outras são terrestres, vivendo em ambientes úmidos. As clorofíceas variam em tamanho, de formas unicelulares microscópicas a formas multicelulares de muitos centímetros de comprimento.

AS CLOROFÍCEAS VARIAM EM FORMA E ORGANIZAÇÃO CELULAR Encontramos entre as clorofíceas uma inacreditável variedade de modelos e formas corporais. *Chlamydomonas* é um exemplo do tipo mais simples: unicelular e flagelado.

Surpreendentemente, colônias de células grandes e bem formadas são encontradas em tais grupos de água doce como o gênero *Volvox* (**Figura 27.26A**). As células nestas colônias não estão diferenciadas em tecidos e órgãos especializados como nas plantas terrestres e nos animais, mas as colônias demonstram vivamente como o passo preliminar desta grande inovação evolutiva pode ter sido tomado. Em *Volvox*, as origens da especialização celular pode ser vista em certas células dentro da colônia especializadas para a reprodução.

Enquanto *Volvox* é colonial e esférico, *Oedogonium* é multicelular e filamentoso, e cada uma de suas células possui apenas um núcleo. *Cladophora* é multicelular, mas cada célula é multinucleada. *Bryopsis* é tubular e cenocítico, formando paredes transversais apenas quando forma estruturas reprodutivas. *Acetabularia* é uma única célula gigante uninucleada de alguns centímetros de comprimento que se torna multinucleada apenas no final de seu estágio reprodutivo. *Ulva lactuca* é uma lâmina membranosa delgada de alguns centímetros de largura; sua aparência distintiva justifica seu nome comum: alface-do-mar (**Figura 27.26B**).

Como mencionado acima, as clorofíceas são o maior clado de algas verdes, mas há outros clados desses organismos. Esses clados são ramificações de um clado que também inclui as plantas terrestres, a serem descritas no próximo capítulo.

EXCAVATA

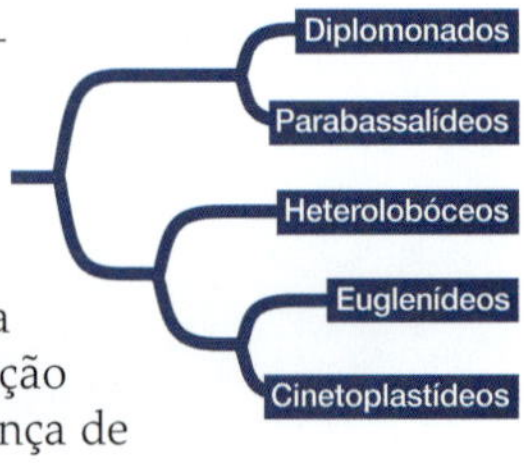
Diplomonados
Parabassalídeos
Heterolobóceos
Euglenídeos
Cinetoplastídeos

Os ***Excavata*** incluem vários clados diversos, vários dos quais não possuem mitocôndrias. Essa ausência de mitocôndrias já induziu à teoria de que este grupo poderia ser o clado basal dos eucariotos. Entretanto, esta peculiaridade parece ser uma condição derivada, julgado em parte pela presença de genes nucleares normalmente associados com mitocôndrias. Os ancestrais desses organismos provavelmente

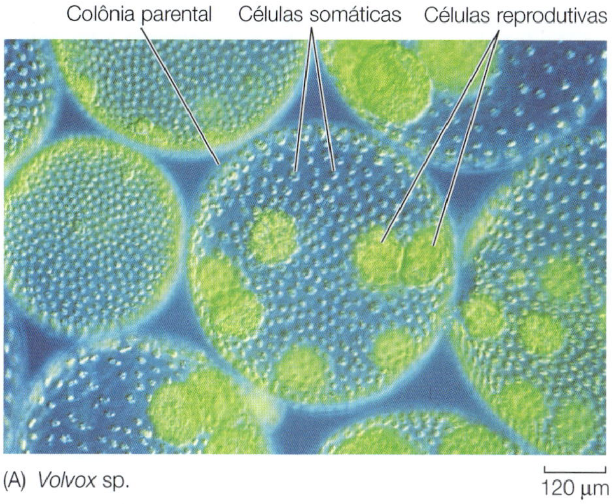
Colônia parental
Células somáticas
Células reprodutivas
120 µm

(A) *Volvox* sp.

(B) *Ulva lactuca*

Figura 27.26 As clorofíceas (A) As colônias de *Volvox* são arranjos de células precisamente espaçados. As células reprodutivas especializadas produzem colônias-filhas, as quais eventualmente liberam novos indivíduos. (B) Um grupo de alfaces-do-mar exposto pela maré baixa.

possuíam mitocôndrias perdidas ou reduzidas no curso da evolução. A existência de tais organismos no presente demonstra que a vida eucariótica é possível sem mitocôndrias e, por essa razão, esses grupos são foco de muita atenção.

Os diplomonados e os parabassalídeos são Excavata sem mitocôndrias

Os **diplomonados** e os **parabassalídeos**, todos unicelulares, não possuem mitocôndrias. *Giardia lamblia*, um diplomonado, é um parasita familiar que contamina suprimentos de água e causa a giardíase, uma doença intestinal (**Figura 27.27A**). Esse pequeno organismo contém dois núcleos limitados por envelopes nucleares e apresenta citoesqueleto e múltiplos flagelos.

Trichomonas vaginalis é um parabassalídeo responsável por uma doença sexualmente transmissível em humanos (**Figura 27.27B**). A infecção da uretra masculina, que pode ser assintomática, é menos comum do que a infecção da vagina. Além de flagelos e de um citoesqueleto, os parabassalídeos possuem membranas ondulantes que também contribuem para a locomoção celular.

Os heterolobóceos alternam entre formas amebóides e formas com flagelos

A forma corporal amebóide aparece em diversos grupos de eucariotos microbianos – incluindo os lobóceos e os heterolobóceos – apenas distantemente relacionados um ao outro. Esses grupos pertencem, respectivamente, a *Uniconta* e a *Excavata*. As amebas heterolobóceas de vida livre do gênero *Naegleria*, algumas das quais podem infectar humanos e causar uma doença fatal do sistema nervoso, geralmente possuem um ciclo de vida de dois estágios, no qual um estágio apresenta células amebóides e o outro células flageladas.

Os euglenídeos e os cinetoplastídeos possuem mitocôndrias e flagelos distintivos

Os euglenídeos e os cinetoplastídeos, ambos clados de *Excavata*, juntos constituem um clado de organismos unicelulares com flagelos. Suas mitocôndrias contêm cristas distintas em forma de disco e seus flagelos contêm um bastão cristalino não encon-

(A) *Giardia* sp.

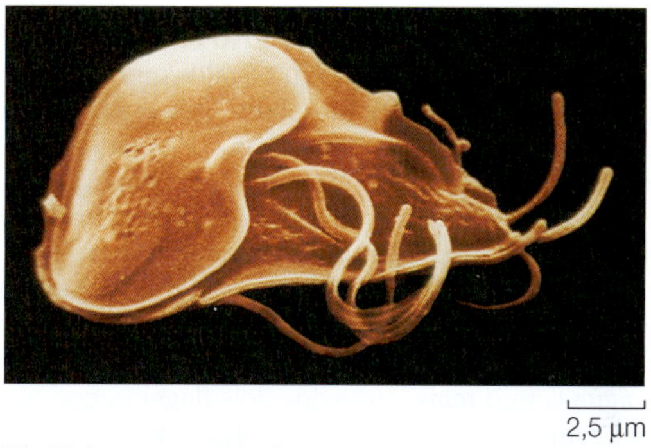
2,5 µm

(B) *Trichomonas vaginalis*

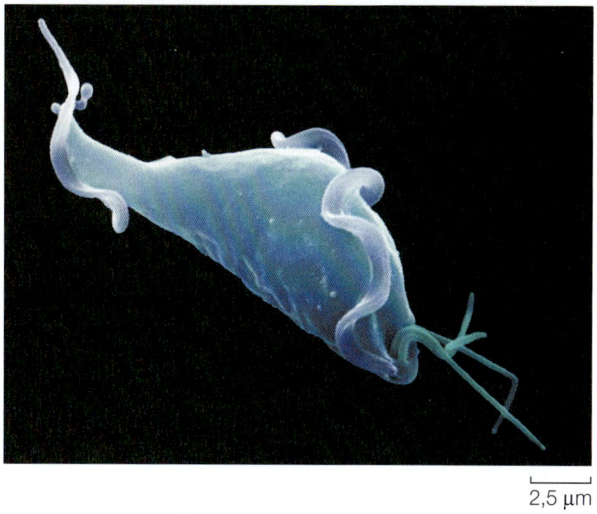
2,5 µm

Figura 27.27 Alguns grupos de *Excavata* não possuem mitocôndrias (A) *Giardia*, um diplomonado, possui flagelos e dois núcleos. (B) *Trichomonas*, um parabassalídeo, possui flagelos e membranas ondulantes. Nenhum destes organismos possui mitocôndrias.

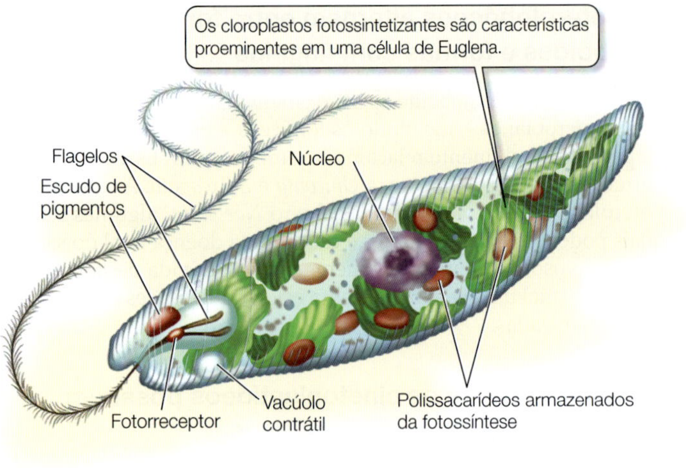
Os cloroplastos fotossintetizantes são características proeminentes em uma célula de Euglena.
Flagelos
Escudo de pigmentos
Núcleo
Fotorreceptor
Vacúolo contrátil
Polissacarídeos armazenados da fotossíntese

Figura 27.28 Um euglenídeo fotossintetizante Diversas espécies de *Euglena* possuem flagelos. Nesta espécie, o segundo flagelo é rudimentar.

trado em outros organismos. Reproduzem-se assexuadamente por fissão binária.

OS EUGLENÍDEOS POSSUEM FAIXAS PROTÉICAS DE SUSTENTAÇÃO Os **euglenídeos** possuem flagelos que surgem de um bolso da extremidade anterior da célula. Tiras espiraladas de proteínas sob suas membranas plasmáticas controlam a forma celular. Alguns membros do grupo são fotossintetizantes. Os euglenídeos costumavam ser classificados pelos zoólogos como animais e, pelos botânicos, como plantas.

Na **Figura 27.28** está representada uma célula do gênero *Euglena*. Como muitos outros euglenídeos, esse organismo comum de água doce possui uma complexa estrutura celular. Ele impulsiona-se na água com o mais longo dos dois flagelos, que pode também servir como âncora para manter o organismo no lugar. O segundo flagelo é quase sempre rudimentar.

Os euglenídeos apresentam necessidades nutricionais muito variadas. Muitas espécies são sempre heterotróficas. Outras espécies são completamente autotróficas sob luz solar, utilizando cloroplastos para sintetizar compostos orgânicos pela fotossíntese. Os cloroplastos dos euglenídeos são circundados por três membranas como resultado da endossimbiose secundária (ver Figura 27.8B). Quando mantidos no escuro, esses euglenídeos perdem o pigmento fotossintético e começam a se alimentar exclusivamente do material orgânico dissolvido na água ao redor deles. Essa *Euglena* "descorada" sintetiza outra vez seu pigmento fotossintético quando retorna à luz e se torna autotrófica novamente. No entanto, células de *Euglena* tratadas com certos antibióticos ou agentes mutagênicos perdem completamente o pigmento fotossintetizante; nem ela nem suas descendentes tornam-se autotróficas novamente. Entretanto, esses descendentes funcionam bem como heterótrofos.

OS CINETOPLASTÍDEOS POSSUEM MITOCÔNDRIAS QUE EDITAM SEU PRÓPRIO RNA Os **cinetoplastídeos** são parasitas unicelulares com dois flagelos e uma única mitocôndria grande. Essa mitocôndria contém um *cinetoplasto* – estrutura única que aloja múltiplas moléculas de DNA circular e as proteínas associadas. Algumas destas moléculas de DNA codificam "guias" que editam RNA mensageiro dentro da mitocôndria.

Os tripanossomas abordados na abertura deste capítulo são cinetoplastídeos. Lembre-se: eles são capazes de mudar freqüentemente suas moléculas de reconhecimento da superfície celular, o que lhes permite escapar de nossas melhores tentativas de matá-los e erradicar as doenças causadas por eles (**Tabela 27.2**).

Rhizaria

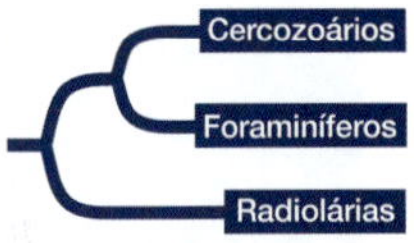
Cercozoários
Foraminíferos
Radiolárias

Três grupos muito relacionados de **Rhizaria** são eucariotos aquáticos unicelulares. Foraminíferos, radiolárias e cercozoários tipicamente possuem pseudópodos longos e delgados que contrastam com os pseudópodos mais largos e em forma de lóbulo das familiares amebas. Esses grupos têm contribuído para os sedimentos dos oceanos, alguns dos quais tornaram-se características terrestres ao longo do curso da história geológica.

Os **cercozoários** são um grupo diverso, com muitas formas e habitats. Alguns são amebóides, enquanto outros possuem flagelos. Alguns são aquáticos; outros vivem no solo. Um grupo de cercozoários possui cloroplastos derivados de uma alga verde por endossimbiose secundária – e o cloroplasto contém traços do núcleo da alga verde.

Os foraminíferos criaram vastos depósitos de calcário

Os **foraminíferos** secretam conchas externas de carbonato de cálcio (ver Figura 27.5). Alguns foraminíferos vivem como plâncton, e muitos outros vivem no fundo do mar. Os foraminíferos vivos foram

TABELA 27.2 Uma comparação entre os três cinetoplastídeos dos tripanossomas

	TRYPANOSSOMA BRUCEI	*TRYPANOSSOMA CRUZI*	*LEISHMANIA MAJOR*
Doença humana	Doença do sono	Doença de Chagas	Leishmaniose
Vetor	Mosca tsé-tsé	Barbeiro	Flebotomíneos
Vacina ou cura efetiva	Nenhuma	Nenhuma	Nenhuma
Estratégia para sobrevivência	Muda moléculas de reconhecimento da superfície freqüentemente	Causa mudanças nas moléculas de reconhecimento da superfície das células hospedeiras	Reduz a efetividade dos macrófagos do hospedeiro
Local no corpo humano	Corrente sangüínea; ataca tecido nervoso em estágios finais	Penetra células; especialmente musculares	Penetra células; primeiramente macrófagos
Mortes por ano	>50.000	43.000	60.000 (?)

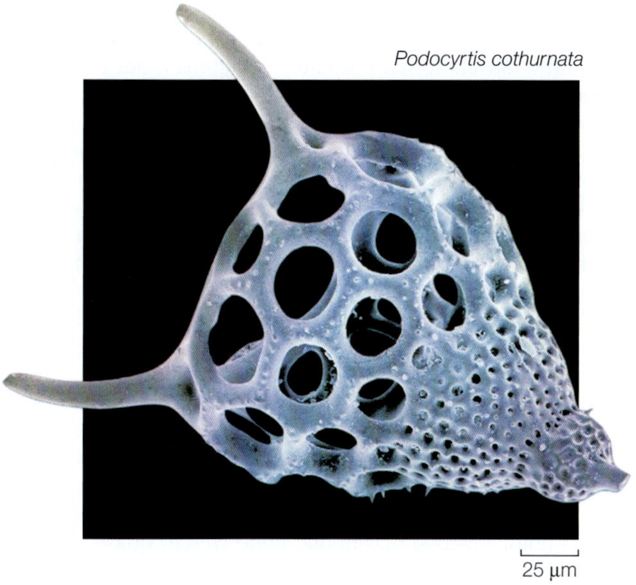
Podocyrtis cothurnata
25 μm

Figura 27.29 A casa de vidro de uma radiolária As radiolárias secretam esqueletos vítreos complexos tais como o aqui mostrado. Uma radiolária viva é mostrada na Figura 27.2.

achados no ponto mais profundo dos oceanos do mundo – 10.896 metros de profundidade na depressão Challenger, no oceano Pacífico. Nessa profundidade, eles não podem secretar uma concha normal porque a água circundante é pobre em carbonato de cálcio.

Pseudópodos longos, filiformes e ramificados estendem-se através de numerosos poros microscópicos da concha e interconectam-se para criar uma rede pegajosa, que foraminíferos planctônicos utilizam para capturar plânctons menores. Os pseudópodos proporcionam locomoção em algumas espécies.

As radiolárias possuem pseudópodos delgados e firmes

As **radiolárias** são reconhecíveis por seus pseudópodos delgados e firmes, reforçados por microtúbulos. Esses pseudópodos têm importantes papéis:

- Aumentam grandemente a área superficial da célula para trocas de materiais com o ambiente.
- Ajudam a célula a flutuar no ambiente marinho.

Encontradas exclusivamente em ambientes marinhos, as radiolárias podem ser os mais bonitos de todos os microrganismos (ver Figura 27.2). Quase todas as espécies de radiolárias secretam *endoesqueletos* (esqueletos internos) vítreos. Uma cápsula central aloja-se dentro do citoplasma. Os esqueletos das diferentes espécies são tão variados quanto flocos de neve e podem apresentar desenhos geométricos elaborados (**Figura 27.29**). Algumas radiolárias estão entre os maiores eucariotos unicelulares, medindo vários milímetros de diâmetro.

Unicontas

Consideraremos agora um grande clado que pode estar próximo da raiz da árvore dos eucariotos: os **unicontas**, eucariotos cujos flagelos, quando presentes, são únicos. (O nome uniconta deriva de"cone único".) Acredita-se que tanto os animais quanto os fungos tenham surgido de um ancestral comum do clado **opistoconta**. Trabalhos extensivos recentes com múltiplas filogenias gênicas (ver Seção 26.4) levaram muitos cientistas à conclusão de que os amebozoários são irmãos dos opistocontas.

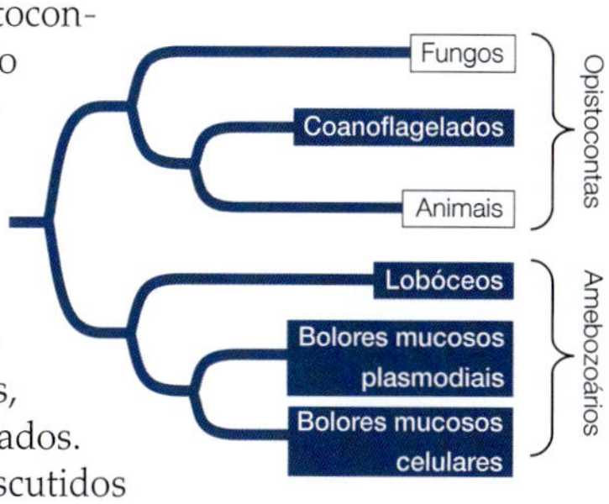
Fungos
Coanoflagelados
Animais
Opistocontas
Lobóceos
Bolores mucosos plasmodiais
Bolores mucosos celulares
Amebozoários

A sinapomorfia dos opistocontas é que seu flagelo, quando presente, é posterior, como no espermatozóide de animais. Os flagelos de todos os outros eucariotos são anteriores. Os principais grupos de opistoconta incluem os fungos, os animais e os coanoflagelados. Fungos e animais serão discutidos nos Capítulos 30-33. Os coanoflagelados, ou flagelados de colarinho, são irmãos dos animais, e o clado animais-coanoflagelados é irmão dos fungos.

Alguns coanoflagelados são coloniais (**Figura 27.30**). Eles exibem uma semelhança espantosa com o tipo mais característico de células encontradas em esponjas (compare a **Figura 27.30B** com a Figura 31.7).

Os amebozoários utilizam pseudópodos em forma de lóbulos para a locomoção

Os pseudópodos em forma de lóbulos utilizados pelos **amebozoários** são a marca do plano corporal amebóide. O pseudópodo dos amebozoários difere em forma e função dos esbeltos pseudópodos de *Rhizaria*. Consideraremos três grupos de amebozoários aqui: os lobóceos e dois clados de bolores mucosos (ou"fungos amebóides", como citados anteriormente).

AS CÉLULAS DOS LOBÓCEOS VIVEM INDEPENDENTEMENTE UMAS DAS OUTRAS Um lobóceo, como a *Amoeba proteus* mostrada na Figura 27.9, consiste em uma única célula. Diferentemente das células de bolores mucosos, os lobóceos não se

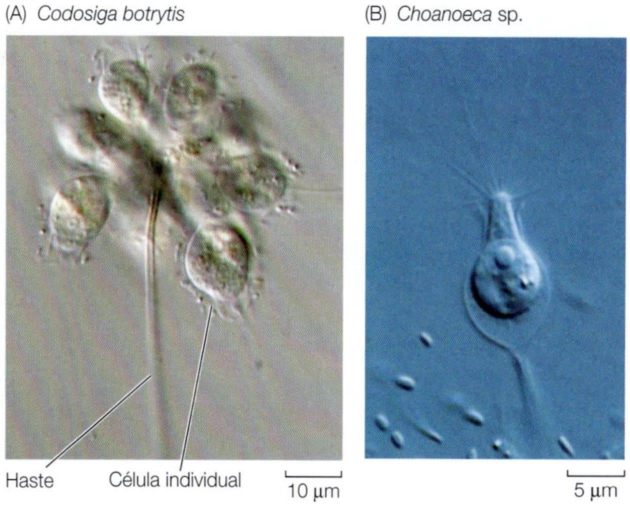
(A) Codosiga botrytis
(B) Choanoeca sp.
Haste
Célula individual
10 μm
5 μm

Figura 27.30 Uma conexão com os animais Os coanoflagelados são irmãos dos animais. (A) A formação de colônias por organismos unicelulares, como nestas espécies de coanoflagelados, é uma rota para a evolução da multicelularidade. (B) Um coanoflagelado solitário ilustra a semelhança deste grupo de eucariotos microbianos com um tipo celular presente nas esponjas multicelulares (ver Figura 31.7).

agregam. Um lobóceo alimenta-se de pequenos organismos e partículas de matéria orgânica por fagocitose, engolfando-as com seus pseudópodos. Muitos são adaptados para a vida no fundo de lagos, açudes e outros corpos de água. Sua locomoção rastejante e seu modo de engolfar partículas de comida são apropriados para uma vida próxima a suprimentos relativamente ricos de organismos sedentários ou partículas orgânicas. A maioria dos lobóceos existe como predadores, parasitas ou necrófagos.

Alguns lobóceos possuem carapaças, vivendo sob uma cobertura de grãos de areia colados (ver Figura 27.12A). Outros possuem carapaças secretadas pelo próprio organismo.

OS BOLORES MUCOSOS LIBERAM ESPOROS DE CORPOS DE FRUTIFICAÇÃO ERETOS Os dois principais grupos de *bolores mucosos* compartilham apenas características gerais. Todos são móveis, todos ingerem alimento particulado por endocitose e todos formam esporos em estruturas eretas chamadas de *corpos de frutificação*. Eles sofrem grandes mudanças em organização durante seus ciclos de vida, e um estágio consiste em células isoladas que capturam partículas de alimento por endocitose. Alguns bolores mucosos podem cobrir áreas de 1 metro ou mais de diâmetro quando estão em seu estágio menos agregado. Esse grande bolor mucoso pode pesar mais de 50 gramas. Bolores mucosos de ambos os tipos são favorecidos por habitats frescos e úmidos, principalmente florestas. Suas colorações variam de incolores a amarelo e laranja brilhantes.

OS BOLORES MUCOSOS PLASMODIAIS FORMAM MASSAS MULTINUCLEADAS Se o núcleo de uma ameba inicia uma rápida divisão mitótica, acompanhada por um tremendo aumento em citoplasma e organelas, mas sem citocinese, o organismo resultante pode assemelhar-se a um **bolor mucoso plasmodial**. Durante sua fase vegetativa (de alimentação), um bolor mucoso plasmodial é uma massa de citoplasma sem parede com numerosos núcleos diplóides. Esta massa flui muito vagarosamente sobre seu substrato em uma notável rede de filamentos chamada *plasmódio**. O plasmódio deste bolor mucoso é outro exemplo de um cenócito, com muitos núcleos envolvidos em uma única membrana plasmática. O citoplasma externo do plasmódio (mais perto do ambiente) é normalmente menos fluido que o citoplasma interno e desta forma proporciona alguma rigidez estrutural (**Figura 27.31A**).

Os bolores mucosos plasmodiais fornecem um exemplo dramático do movimento por **deslizamento citoplasmático**. A região de citoplasma externo do plasmódeo torna-se mais fluida em alguns lugares, e o citoplasma é impelido para estas áreas, estendendo o plasmódio. Essa fluidez de alguma forma reverte sua direção em poucos minutos conforme o citoplasma é impelido para uma nova área e escoa de uma antiga, movendo o plasmódio sobre o substrato. Algumas vezes uma onda inteira de plasmódio move-se ao longo do substrato, deixando filamentos para trás. Microfilamentos e uma proteína contráctil chamada *mixomiosina* interagem para produzir o movimento fluido. Conforme move-se, o plasmódio engolfa partículas de alimento por endocitose – predominantemente bactérias, leveduras, esporos de fungos e outros pequenos organismos, assim como resíduos de animais e plantas.

Um bolor mucoso plasmodial pode crescer quase indefinidamente em seu estágio plasmodial, desde que o suprimento alimentar seja adequado, e outras condições, tais como umidade e pH, sejam favoráveis. Entretanto, uma de duas coisas pode acontecer se as condições tornam-se desfavoráveis. Primeiro, o plasmódio pode formar uma massa irregular de componentes endurecidos, semelhante a uma célula, chamado de *esclerotium*. Essa estrutura de repouso rapidamente torna-se um plasmódio novamente quando condições favoráveis são restabelecidas.

Alternativamente, o plasmódio pode transformar-se em estruturas de frutificação portando esporos (**Figura 27.31B**). Estas estruturas em haste ou ramificadas erguem-se de massas de plasmódio empilhadas. Elas obtêm sua rigidez de paredes que se formam e engrossam entre seus núcleos. O núcleo diplóide do plasmódio divide-se por meiose conforme a estrutura de frutificação desenvolve-se. Uma ou mais saliências, chamadas *esporângios*, desenvolvem-se na extremidade da haste. Dentro de um esporângio, núcleos haplóides tornam-se envolvidos por paredes e formam esporos. eventualmente, conforme o corpo de frutificação seca, ele espalha seus esporos.

* Não confunda o plasmódio de um bolor mucoso plasmodial com o gênero *Plasmodium*, o apicomplexa causador da malária.

Figura 27.31 Bolores mucosos plasmodiais (A) Plasmódios do bolor mucoso amarelo *Physarum* cobrem uma rocha na Nova Escócia. (B) As estruturas de frutificação de *Physarum*.

(A) *Physarum polycephalum*

(B) *Physarum polycephalum*

0,25 mm

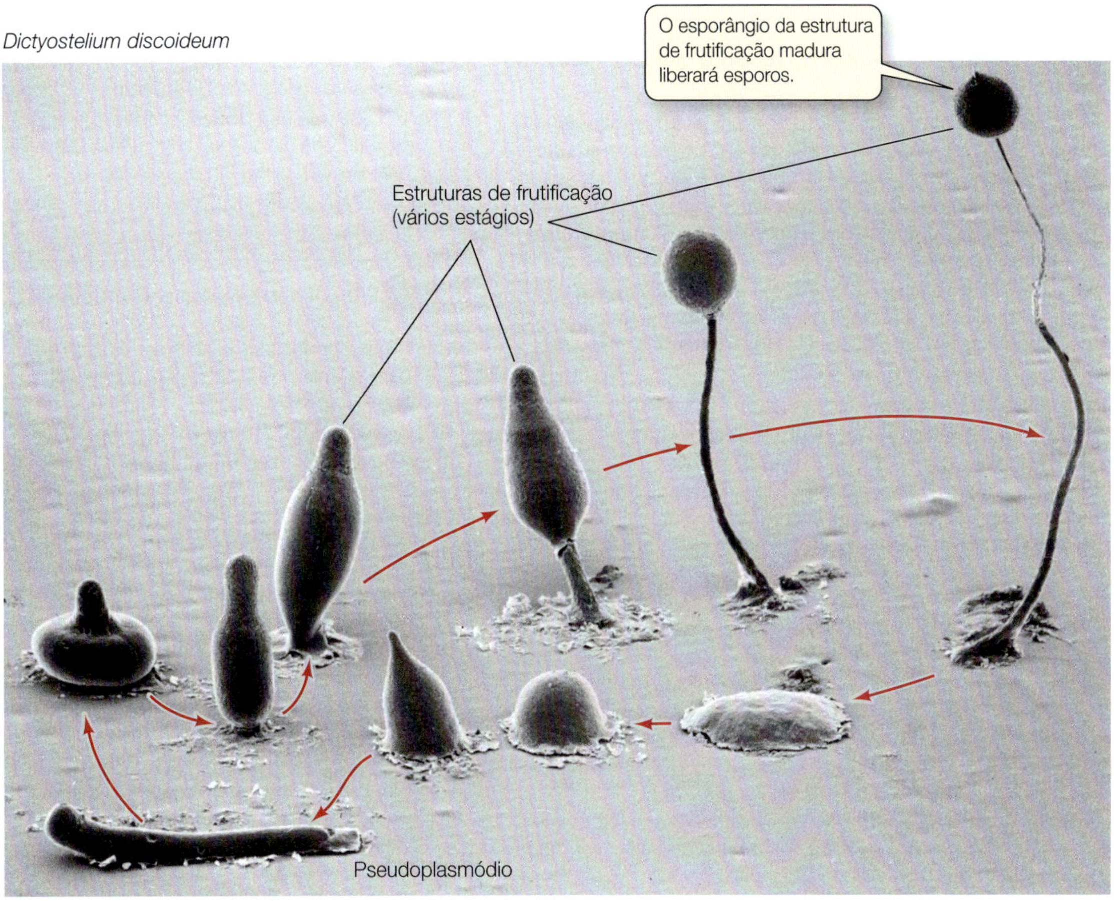
Dictyostelium discoideum
O esporângio da estrutura de frutificação madura liberará esporos.
Estruturas de frutificação (vários estágios)
Pseudoplasmódio
0,25 mm

Figura 27.32 Um bolor mucoso celular O ciclo de vida do bolor mucoso *Dictyostelium* é aqui mostrado em uma micrografia composta.

Os esporos germinam em células haplóides sem parede chamadas de *células-véu*, que podem dividir-se mitoticamente para formar mais células-véu, ou atuar como gametas. As células-véu podem viver como células individuais separadas, que se movem por meio de flagelos e pseudópodos, ou podem tornar-se cistos latentes resistentes com paredes quando as condições são desfavoráveis; quando as condições melhoram novamente, os cistos liberam células-véu. Duas células-véu podem também fusionar-se para formar um zigoto diplóide, o qual se divide por mitose (mas sem a formação de uma parede entre os núcleos) e, deste modo, forma um novo plasmódio cenocítico.

AS CÉLULAS RETÊM SUA IDENTIDADE NOS BOLORES MUCOSOS CELULARES Enquanto o plasmódio é a unidade vegetativa básica dos bolores mucosos plasmodiais (de alimentação e não reprodutivo), uma célula amebóide é a unidade vegetativa dos **bolores mucosos celulares**. Grandes números de células, chamadas *mixamebas*, as quais possuem um núcleo único haplóide engolfam bactérias e outras partículas de alimento por endocitose e reproduzem-se por mitose e fissão. Esse simples estágio do ciclo de vida, que consiste em grupos de células isoladas independentes, pode persistir indefinidamente desde que alimento e umidade estejam disponíveis.

Quando as condições tornam-se desfavoráveis, entretanto, os bolores mucosos celulares agregam-se e formam estruturas de frutificação, como o fazem seus correspondentes plasmodiais. As mixamebas individuais agregam-se em uma massa chamada *pseudoplasmódio* (**Figura 27.32**). Ao contrário do plasmódio verdadeiro dos bolores mucosos plasmodiais, essa estrutura não é simplesmente uma lâmina gigante de citoplasma com muitos núcleos; as mixamebas individuais retêm suas membranas plasmáticas e deste modo sua identidade.

Um pseudoplasmódio pode migrar sobre o substrato por diversas horas antes de tornar-se imóvel e reorganizar-se para construir uma delicada estrutura de frutificação pedunculada. As células no topo da estrutura de frutificação desenvolvem-se em esporos com paredes celulares espessas, eventualmente liberados. Posteriormente, sob condições favoráveis, os esporos germinam, liberando mixamebas.

O ciclo de mixamebas por meio de pseudoplasmódios e esporos até novas mixamebas é assexuado. Os bolores mucosos celulares também possuem ciclo sexuado, no qual duas mixamebas fusionam-se. O produto dessa fusão desenvolve-se em uma estrutura esférica que enfim germina, liberando novas mixamebas haplóides.

Nos capítulos subseqüentes, exploraremos os três grupos clássicos de eucariotos que surgiram dos opistocontas. Nos Capítulos 28 e 29 estão descritos o surgimento e a diversificação das plantas terrestres. No Capítulo 30 estão apresentados os fungos e nos Capítulos 31-33 estão descritos os animais. Todos esses três grupos surgiram de ancestrais eucariotos microbianos.

RESUMO DO CAPÍTULO

27.1 Como os eucariotos microbianos afetam o mundo ao seu redor?

Os **eucariotos microbianos** (também chamados de **protistas**) incluem diversos grupos de organismos eucarióticos, em sua maioria unicelulares. Eles constituem um grupo parafilético, não um clado.

As diatomáceas, parte do **plâncton**, são responsáveis por até um quinto de toda a fixação de carbono da Terra. O **fitoplâncton** representa produtores primários do ambiente marinho.

A endossimbiose é comum entre eucariotos microbianos e freqüentemente útil para ambos os parceiros. Eucariotos microbianos patogênicos incluem espécies de **Plasmodium** e tripanossomas. Rever Figura 27.3.

27.2 Como surgiram as células eucarióticas?

Diversos eventos levaram à evolução das células eucarióticas modernas a partir de um ancestral procarioto. Provavelmente eventos primitivos incluem a perda da parede celular e a invaginação da membrana plasmática. Rever Figura 27.6.

O desenvolvimento de um citoesqueleto deu a célula em evolução um maior controle sobre sua forma e distribuição de cromossomos filhos. Rever Figura 27.7.

Algumas organelas foram adquiridas por endossimbiose. As mitocôndrias evoluíram de uma proteobactéria. A **endossimbiose primária** de um eucarioto e uma cianobactéria deu origem aos cloroplastos, começando com aqueles de glaucófitas, algas vermelhas e algas verdes. Rever Figura 27.8A.

A **endossimbiose secundária** de eucariotos com outros eucariotos já equipados com cloroplastos deu origem aos cloroplastos de euglenídeos, estramenópilas e outros grupos. Rever Figura 27.8B.

27.3 Como os eucariotos microbianos se diversificaram?

Alguns eucariotos microbianos são autótrofos fotossintetizantes, alguns são heterótrofos, e alguns são ambos.

O citoesqueleto permite vários meios de locomoção. A maioria dos eucariotos microbianos são capazes de mover-se, movendo-se por impulsos amebóides com **pseudópodos** ou por meio de cílios ou flagelos.

Algumas células de eucariotos microbianos possuem **vacúolos contráteis** que bombeiam para fora o excesso de água ou **vacúolos digestivos** onde o alimento é digerido. Rever Figuras 27.10 e 27.11.

Muitos eucariotos microbianos possuem superfícies celulares protetoras como as paredes celulares, carapaças externas ou carapaças construídas a partir de areia.

27.4 Como os eucariotos microbianos se reproduzem?

A maioria dos eucariotos microbianos reproduz-se tanto assexuadamente quanto sexuadamente.

A **conjugação** em paramécios é um processo sexuado, mas não um processo reprodutivo. Rever Figura 27.13.

A **alternância de gerações** é uma característica de muitos ciclos de vida de eucariotos microbianos, a qual inclui uma fase diplóide multicelular e uma fase haplóide multicelular. Rever Figura 27.14.

A alternância de gerações pode ser **heteromórfica** ou **isomórfica**. As gerações alternadas são o **esporófito** (diplóide) e o **gametófito** (haplóide). Células especializadas do esporófito, chamadas **esporócitos**, dividem-se meioticamente para produzir esporos haplóides.

Dependendo se os gametas parecem idênticos ou diferentes, as espécies são designadas **isogâmicas** ou **anisogâmicas**.

No ciclo de vida **haplôntico**, o zigoto é a única célula diplóide. No ciclo de vida diplôntico, os gametas são as únicas células haplóides. Rever Figuras 27.15 e 27.16.

Alguns ciclos de vida de eucariotos microbianos envolvem mais de uma espécie hospedeira.

27.5 Quais são os principais grupos de eucariotos?

A maioria dos eucariotos pode ser dividida em cinco grupos principais: cromalveolados, *Plantae*, *Excavata*, *Rhizaria* e unicontas. Rever Figura 27.17.

Os **cromalveolados** incluem haptófitas, criptófitas, alveolados e estramenópilas. As **criptófitas** representam uma conexão central na história evolutiva dos cloroplastos.

Os **alveolados** são organismos unicelulares com bolsas (alvéolos) sob suas membranas plasmáticas. Os clados de alveolados incluem os **dinoflagelados** marinhos; os **apicomplexas** parasitas; e diversos **ciliados** altamente móveis.

Os estramenópilas tipicamente possuem dois flagelos de comprimento desiguais: o mais longo tem fileiras de pêlos tubulares. Incluídos entre os estramenópilas estão as unicelulares **diatomáceas**, a multicelular **alga marrom** e os não-fotossintetizantes **oomicetos** incluindo os bolores aquáticos e o míldio.

Plantae é um clado que contém diversos outros clados, incluindo **glaucófitas**, **algas vermelhas**, **clorofíceas**, **plantas terrestres** e **carófitas**. Todas são fotossintetizantes e contêm cloroplastos. Os cloroplastos de glaucófita contem peptideoglicano entre as membranas interna e externa.

Os ***Excavata*** incluem os diplomonados, os parabassalídeos, os heterolobóceos, os euglenídeos e os cinetoplastídeos. Os **diplomonados** e os parabassalídeos não possuem mitocôndrias, tendo aparentemente as perdido no curso da evolução. Os **heterolobóceos** são amebas com ciclo de vida de dois estágios. Os **euglenídeos** são freqüentemente fotossintetizantes e possuem flagelos anteriores e tiras de proteínas que dão suporte a superfície celular. Os **cinetoplastídeos** possuem uma única mitocôndria grande, na qual o RNA mensageiro mitocondrial é editado.

Os ***Rhizaria*** são unicelulares e aquáticos, a maioria é amebóide. Este grupo inclui os **foraminíferos** cujas carapaças contribuíram para os grandes depósitos de calcário; as **radiolárias** com pseudópodos firmes e delgados e endoesqueletos vítreos; e os **cercozoários**, que apresentam muitas formas e vivem em diversos habitats.

Os **unicontas** abrangem organismos com um único flagelo em suas células flageladas (quando o possuem). Podem ser divididos em dois subgrupos: os opistocontas e os amebozoários. Nos opistocontas, o flagelo (se presente) é posterior. Os subgrupos de opistoconta são os fungos, os coanoflagelados e os animais. Os **coanoflagelados** assemelham-se às células de esponja e são irmãos do clado animal.

Os **amebozoários** movem-se por meio de pseudópodos em forma de lóbulos. Eles compreendem os lobóceos, os bolores mucosos plasmodiais e os bolores mucosos celulares. Um **lobóceo** consiste em uma única célula; estas células não se agregam. **Bolores mucosos plasmodiais** são amebozoários cuja fase de alimentação é cenocítica. Na fase de alimentação o movimento é por **deslizamento citoplasmático**. Nos **bolores mucosos celulares**, a célula individual mantém sua identidade em todas as fases, mas agrega-se para formar corpos de frutificação.

QUESTÕES

1. Eucariotos microbianos com flagelos
   a. aparecem em diversos clados.
   b. são todos algas.
   c. todos possuem pseudópodos.
   d. são todos coloniais.
   e. nunca são patogênicos.
2. Qual frase a respeito do fitoplâncton eucariótico não é verdadeira?
   a. Alguns são importantes produtores primários.
   b. Alguns contribuem para a formação de petróleo.
   c. Alguns formam "marés vermelhas" tóxicas.
   d. Alguns são alimento de animais marinhos.
   e. Eles constituem um clado.
3. Apicomplexa
   a. possui flagelos.
   b. possui carapaça vítrea.
   c. são todos parasitas.
   d. são algas.
   e. incluem os tripanossomas que causam doença do sono.
4. Os ciliados
   a. movem-se por meio de flagelos.
   b. utilizam movimento amebóide.
   c. incluem o Plasmodium, o agente da malária.
   d. possuem macronúcleo e micronúcleo.
   e. são autótrofos
5. Os cloroplastos dos eucariotos fotossintetizantes
   a. são estruturalmente idênticos.
   b. deram origem às mitocôndrias.
   c. são todos descendentes de uma única cianobactéria de vida livre.
   d. todos possuem exatamente duas membranas circundantes.
   e. são todos descendentes de uma alga vermelha de vida livre.
6. Qual oração sobre algas marrons não é verdadeira?
   a. Elas são todas multicelulares.
   b. Elas utilizam o mesmo pigmento fotossintético que as plantas terrestres.
   c. Elas são quase exclusivamente marinhas.
   d. Algumas possuem alguns metros de comprimento.
   e. Elas são estramenópilas.
7. Qual frase sobre as clorofíceas não é verdadeira?
   a. Elas utilizam o mesmo pigmento fotossintético que as plantas terrestres.
   b. Algumas são unicelulares.
   c. Algumas são multicelulares.
   d. Todas são microscópicas em tamanho.
   e. Elas exibem uma grande diversidade de ciclos de vida.
8. As algas vermelhas
   a. são principalmente unicelulares.
   b. são principalmente marinhas.
   c. devem a sua coloração vermelha a uma forma especial de clorofila.
   d. possuem flagelos nos seus gametas.
   e. são todas heterotróficas.
9. Os bolores mucosos plasmodiais
   a. formam um plasmódio cenocítico.
   b. não apresentam corpos de frutificação.
   c. consistem em um grande número de mixamebas.
   d. consistem às vezes em uma massa chamada de pseudoplasmódio.
   e. possuem flagelos.
10. Os bolores mucosos celulares
    a. possuem complexos apicais.
    b. não apresentam corpos de frutificação.
    c. formam um plasmódio cenocítico.
    d. possuem mixamebas haplóides.
    e. possuem flagelos.

PARA DISCUSSÃO

1. Para cada tipo de organismos abaixo, dê uma única característica que possa ser utilizada para diferenciá-lo do organismo relacionado em parênteses
   a. Foraminíferos (radiolárias)
   b. *Euglena* (*Volvox*)
   c. *Trypanosoma* (*Giardia*)
   d. Bolores mucosos plasmodiais (bolores mucosos celulares)
2. Em que sentido o sexo e a reprodução são independentes um do outro nos ciliados? O que isso sugere a respeito do papel do sexo no biologia?
3. Por que os dinoflagelados e as apicomplexas estão em um grupo de eucariotos microbianos e as algas marrons e os oomicetos em outro?
4. Ao contrário de muitos eucariotos microbianos, apicomplexas não possuem vacúolos contráteis. Por que as apicomplexas não precisam de um vacúolo contrátil?
5. Plantas marinhas gigantes (principalmente algas marrons) possuem "flutuadores" que auxiliam a manter os ramos suspensos próximo a superfície da água. Por que é importante que os ramos sejam suspensos dessa forma?
6. Por que os pigmentos de algas são tão mais diversos que os das plantas terrestres?
7. Considere os cloroplastos de clorofíceas, euglenídeos e algas vermelhas. Para cada um destes grupos indique quantas membranas envolvem seus cloroplastos, e proponha uma explicação razoável em cada caso. Por que alguns dinoflagelados possuem mais membranas envolvendo seus cloroplastos que outros dinoflagelados?

PARA INVESTIGAÇÃO

Durante a floração de diatomáceas, seus predadores, os copépodos, não apresentam um aumento populacional correspondente. A população de copépodos aumenta apenas posteriormente, após a floração de diatomáceas ter declinado. Quando as diatomáceas estão em nível populacional normal (sem floração), que proporção da dieta dos copépodos elas constituem?

CAPÍTULO 28

Plantas sem Sementes: Do Mar para a Terra

Que surpresas escondem as rochas?

John William Dawson, posteriormente Sir William Dawson, foi um crítico declarado de Charles Darwin e da teoria evolutiva. Ironicamente, ele fez uma das primeiras contribuições para a nossa compreensão da evolução primitiva das plantas. Ao examinar a geologia da Nova Escócia, Dawson, um cientista canadense, encontrou um enigmático fragmento de fóssil na Península Gaspé. Era 1859 – o mesmo ano em que Darwin publicou *A Origem das Espécies*.

O que Dawson encontrou foram os resquícios de uma notável planta, que ele denominou *Psilophyton*, significando "planta nua". A planta fossilizada parecia não apresentar raízes nem folhas, e seu caule crescia abaixo e acima do solo. A parte acima do solo do caule, que se ramificava e terminava em cápsulas de esporos, tinha em torno de 50 centímetros de altura. Poderia essa planta fóssil representar um dos estágios na transição importante das plantas de uma existência aquática para as florestas que cobrem a terra hoje? Dawson apresentou a *Psilophyton* e outros achados em uma conferência em 1870, mas a platéia não foi receptiva, com os colegas cientistas caçoando que *Psilophyton* não crescia em outro lugar senão na imaginação de Dawson. Seu desenho publicado da planta fóssil foi considerado uma curiosidade divertida.

Décadas mais tarde, a interpretação de Dawson sobre a *Psilophyton* foi defendida pelo trabalho de dois botânicos britânicos que estudaram plantas fósseis. Em 1915, Robert Kidston e William Lang, nas colinas próximas a Rhynie, Escócia, descobriram evidências de que um pântano havia existido ali há 400 milhões de anos. Nas centenas de milhões de anos seguintes esse pântano Devoniano tornou-se uma rocha pedregosa carregada de fósseis chamada sílex. Embora a rocha agora esteja em uma colina distante aproximadamente 50 quilômetros do mar, sua localização original deve ter sido próxima à costa.

A característica mais surpreendente do sílex de Rhynie foi a abundância de fósseis de uma pequena planta com cápsulas de esporos mas sem raízes ou folhas – planta que, de fato, parecia-se muito com a *Psilophyton* "imaginária" de Dawson! Kidston e Lang descreveram seus achados em detalhe e deram ao gênero o nome de *Rhynia* em homenagem ao local da descoberta.

Rhynia representa apenas um de centenas de grupos antigos de plantas sem sementes e outras características das plantas mais modernas. Os dias gloriosos das plantas sem sementes são passado remoto, mas muitas delas – especialmente musgos e samambaias – continuam abundantes. Contamos com essas plantas sobreviventes e com os fósseis para auxiliar-nos a compreender a

O sucesso na terra Uma amostra de sílex de Rhynie mostra fragmentos de *Rhynia gwynnevaughani*, planta vascular abundante durante o Devoniano. Estas plantas terrestres primitivas apresentavam 30-60 centímetros de altura e não possuíam folhas nem raízes. Os objetos escuros em forma de fuso vistos contra a rocha mais clara são relances de cortes ao longo dos caules; os círculos e objetos ovais são seções transversais dos caules.

Mansões verdes Plantas sem sementes – musgos e samambaias – dominam o sub-bosque dessa floresta tropical prístina na ilha de Maui, Havaí. A única planta com semente que vemos é a árvore ramificada ao fundo.

evolução das plantas a partir das algas aquáticas crescendo às margens dos mares ou dos pântanos. Muito da história fossilizada e grande parte das plantas sem sementes foi preservada na forma de carvão, substância economicamente importante hoje em dia, como combustível e para produzir eletricidade. Que biblioteca de história botânica os fósseis dos depósitos de carvão do mundo proporcionam!

NESTE CAPÍTULO vemos como as plantas invadiram a terra, como as plantas terrestres evoluíram e como os clados de plantas diversificaram-se, resultando em plantas cada vez melhor equipadas para os desafios dos ambientes terrestres. Nossas descrições aqui se concentram naquelas plantas terrestres que não possuem sementes. O Capítulo 29 completa nosso exame das plantas com o estudo das plantas com sementes, que dominam o cenário terrestre no presente.

DESTAQUES DO CAPÍTULO

28.1 Como as plantas terrestres surgiram?

A pergunta "De onde vieram as plantas?" envolve duas questões: "Quem foram os ancestrais das plantas?" e "Onde esses ancestrais viviam?" Consideraremos essas duas questões nesta seção.

As **plantas terrestres** são monofiléticas: todas as plantas terrestres descendem de um único ancestral comum e formam uma ramificação da árvore evolutiva da vida. Uma das características básicas compartilhadas, ou sinapomorfias, das plantas terrestres é o desenvolvimento de um embrião protegido por tecidos da planta parental. Por essa razão, as plantas terrestres são algumas vezes chamadas de **embriófitas** (*phyton*, "planta"). As plantas terrestres conservam as características derivadas que compartilham com as "algas verdes" descritas no Capítulo 27: o uso de clorofilas *a* e *b* na fotossíntese e o uso de amido como produto fotossintético de armazenamento. Tanto as plantas terrestres como as algas verdes possuem celulose nas paredes celulares.

Há várias maneiras de definir "plantas" e ainda referir-se a um clado (**Figura 28.1**). Por exemplo, se as plantas terrestres são incluídas com certo grupo parafilético de algas verdes, definimos um grupo monofilético (as **estreptófitas**) com diversas sinapomorfias, incluindo a retenção da oosfera no corpo parental. A adição do resto das algas verdes às estreptófitas resulta em outro clado, comumente chamado de **plantas verdes**, com sinapomorfias incluindo a posse de clorofila *b*. Outros grupos, como as estramenópilas e algas vermelhas são também chamados "plantas" por algumas pessoas. Plantas verdes, estreptófitas e plantas terrestres foram todas chamadas de "reino vegetal" por diferentes autoridades. Não há um critério objetivo para definir um reino (ou qualquer outro grau taxonômico); definições de grupos de plantas são, portanto, subjetivas. Neste livro utilizamos o nome comum não-modificado "plantas" para referirmo-nos às embriófitas, ou plantas terrestres monofiléticas.

Há dez grupos principais de plantas terrestres

As plantas terrestres de hoje caem naturalmente em dez clados principais (**Tabela 28.1**). Membros de sete desses clados possuem sistemas vasculares bem desenvolvidos que transportam materiais através do corpo da planta. Chamamos esses sete grupos, coletivamente, de **plantas vasculares** ou *traqueófitas*, uma vez que todas possuem células condutoras chamadas de **traqueídeos**. Juntos, os sete grupos de plantas vasculares constituem um clado.

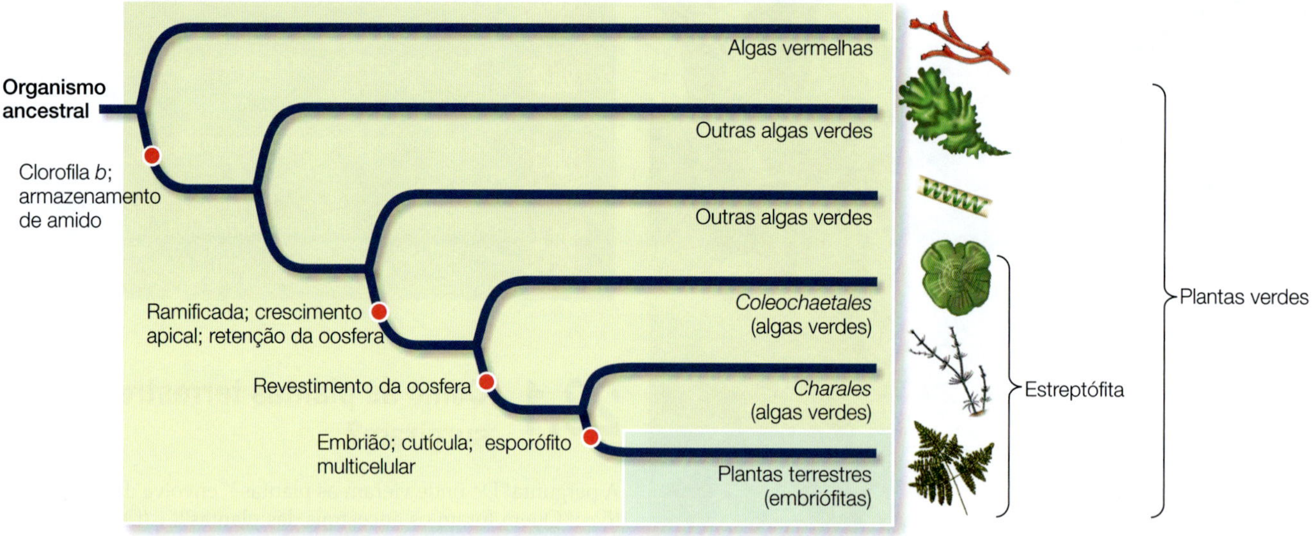
Organismo ancestral
Clorofila *b*; armazenamento de amido
Ramificada; crescimento apical; retenção da oosfera
Revestimento da oosfera
Embrião; cutícula; esporófito multicelular
Algas vermelhas
Outras algas verdes
Outras algas verdes
Coleochaetales (algas verdes)
Charales (algas verdes)
Plantas terrestres (embriófitas)
Estreptófita
Plantas verdes

Figura 28.1 O que é uma planta? Há várias definições do termo "planta". Neste livro, utilizamos a definição mais restritiva: plantas como embriófitas. Para incluir as algas verdes, utilizamos o termo mais amplo "plantas verdes".

Os três clados remanescentes (hepáticas, antocerófilas e musgos) não possuem traqueídeos. Esses três grupos são algumas vezes coletivamente chamados de *briófitas*, mas neste texto reservamos esse termo para os membros mais familiares, os musgos. Ao contrário, nos referimos a eles como **plantas avasculares**, mas observe que coletivamente *esses três grupos não são um clado*. Algumas plantas avasculares possuem células condutoras, mas nenhuma possui traqueídeos.

De onde as plantas surgiram? Para determinar quais organismos vivos são mais proximamente relacionados às plantas, os biólogos consideraram diversas sinapomorfias de plantas terrestres e procuraram por suas origens em vários outros grupos.

As plantas terrestres surgiram de um clado de algas verdes

Diversas sinapomorfias, endossadas por evidências claras de estudos moleculares, indicam que o clado irmão das plantas é o grupo de algas verdes aquáticas chamado ***Charales*** (ver Figura 28.1):

- plasmodesmos juntando o citoplasma de células adjacentes (ver Figura 15.20);
- crescimento ramificado apical;
- retenção da oosfera no organismo parental.

TABELA 28.1 Classificação das plantas terrestres

GRUPO	NOME COMUM	CARACTERÍSTICAS
PLANTAS AVASCULARES		
Hepatófita	Hepáticas	Sem estágio filamentoso; gametófitos planos
Antocerófita	Antocerófilas	Arquegônios embebidos; esporófito cresce basalmente (a partir do solo)
Briófita	Musgos	Estágio filamentoso; esporófito cresce apicalmente (a partir da extremidade)
PLANTAS VASCULARES		
Licófita	Licopódeos	Folhas simples em espiral; esporângios nas axilas foliares
Pteridófita	Samambaias	Diferenciação entre caule principal e ramificações laterais (crescimento acima do topo)
PLANTAS COM SEMENTES		
Gimnospermas		
Cicadófita	Cícadas	Folhas compostas; anterozóide natante; sementes em folhas modificadas
Ginkgófita	Ginkgo	Decíduas; folhas em forma de leque; anterozóide natante
Gnetófita	Gnetófitas	Vasos no tecido vascular; folhas simples opostas
Coniferófita	Coníferas	Sementes em cones; folhas em forma de agulha ou escamas
Angiospermas	Plantas com flores	Endosperma; carpelos; gametófitos muito reduzidos; sementes dentro do fruto

Nota: Esta classificação não inclui grupos extintos.

(A) *Chara* sp. (stonewort)

(B) *Coleochaete* sp.

Figura 28.2 Os parentes mais próximos das plantas terrestres As plantas terrestres provavelmente evoluíram de um ancestral comum compartilhado com as *Charales*, um grupo de algas verdes. (A) Evidências moleculares parecem favorecer espécies do gênero *Chara*, grupo irmão das plantas. (B) Evidências morfológicas indicam que o clado incluindo estas algas *Coleochaete* é proximamente relacionado às plantas terrestres.

Espécies do gênero *Chara* são membros das *Charales* que se assemelham a plantas em termos de seqüências de rRNA e DNA, conteúdos de peroxissomos, mecanismos de mitose e citocinese e estrutura do cloroplasto (**Figura 28.2A**). Fortes evidências de análises cladísticas baseadas em morfologia sugerem que os *Coleochaetales*, um grupo de algas verdes que incluem o gênero *Coleochaete*, (**Figura 28.2B**) são também razoavelmente próximos das plantas terrestres. Algas *Coleochaete* possuem diversas características encontradas em plantas, como forma achatada em contraste à forma filamentosa ramificada de *Chara*.

28.1 RECAPITULAÇÃO

Plantas terrestres são organismos fotossintetizantes que se desenvolvem a partir de embriões protegidos por tecido vegetal parental.

- Você pode explicar os diferentes possíveis usos do termo "planta"? Ver p. 611 e Figura 28.1.
- Você reconhece a diferença chave entre plantas vasculares e os outros três clados de plantas terrestres? Ver p. 611-612 e Tabela 28.1.
- Que evidência sustenta a relação filogenética entre plantas terrestres e Charales? Ver p. 612-613.

As algas verdes ancestrais das plantas viveram às margens de poços ou charcos, circulando-os com uma esteira verde. Foi a partir desse habitat marginal, algumas vezes úmido e algumas vezes seco, que as plantas primitivas fizeram a transição para a terra.

28.2 Como as plantas colonizaram e conquistaram a superfície terrestre?

As plantas terrestres, ou seus ancestrais imediatos naquelas esteiras verdes anciãs, apareceram pela primeira vez no ambiente terrestre entre 400 e 500 milhões de anos atrás. Como elas sobreviveram em um ambiente que diferia tão dramaticamente do ambiente aquático de seus ancestrais? Enquanto a água, essencial à vida, está por toda parte no ambiente aquático, é difícil obter e reter água no ambiente terrestre.

Adaptações para viver na terra distinguem plantas terrestres de algas verdes

Não mais banhados em fluidos, os organismos na terra enfrentaram perdas hídricas potencialmente letais. Grandes organismos terrestres tiveram de desenvolver maneiras para transportar água para as partes do corpo distantes da fonte. Enquanto a água propicia aos organismos aquáticos suporte contra a gravidade, uma planta, vivendo na terra, deve possuir algum outro sistema de suporte ou esparramar-se, sem suporte, sobre o solo. Uma planta terrestre também deve usar diferentes mecanismos para dispersar gametas e progênie em relação aos parentes aquáticos, os quais podem simplesmente liberá-los na água. A sobrevivência na terra exigiu numerosas adaptações. Os primeiros colonizadores – *as plantas avasculares* – encontraram esses desafios.

A maioria das características que distingue as plantas terrestres das algas verdes são adaptações evolutivas para a vida na terra:

- a *cutícula*, um revestimento de cera que retarda a perda de água (dessecamento);
- *gametângios*, invólucros que contêm os gametas vegetais e previnem que se sequem;
- *embriões*, os quais são plantas jovens contidas em uma estrutura protetora;
- alguns *pigmentos* que fornecem proteção contra radiação mutagênica ultravioleta que banha o ambiente terrestre;
- *paredes de esporos* grossas, contendo *esporopolenina*, um polímero que protege os esporos do dessecamento e resiste ao apodrecimento;
- *uma associação mutuamente benéfica com um fungo* que promove a captação de nutrientes do solo.

A **cutícula** pode ter sido a mais importante – e a mais antiga – dessas características. Composta de diversos lipídeos cerosos únicos (ver Seção 3.4) que revestem as folhas e caules das plantas terrestres, a cutícula possui várias funções, a mais óbvia e importante das quais é prevenir que a água (que os ancestrais das plantas obtinham de seu ambiente) seja perdida do corpo da planta por evaporação.

O lótus é venerado como símbolo de pureza. Suas folhas nunca estão sujas, mesmo quando emergem de águas turvas. Os padrões específicos de deposição de cera na cutícula de lótus permitem que a água deslize da superfície da folha, empurrando partículas de sujeira. Esse "efeito de lótus" mantém a planta limpa (e desta forma mais hábil para capturar luz para a fotossíntese).

As plantas anciãs também ajudaram a si próprias e as suas descendentes contribuindo para a formação do solo. Ácidos secretados pelas plantas ajudam a quebrar as rochas, e os compostos orgânicos produzidos pela decomposição de plantas mortas contribuem para a estrutura do solo. Tais efeitos são repetidos hoje quando as plantas crescem em novas áreas.

As plantas avasculares geralmente vivem onde há disponibilidade de água

As plantas avasculares – as hepáticas, as antocerófilas e os musgos de hoje – são consideradas semelhantes às primeiras plantas terrestres. Muitas dessas plantas vivem crescem em densos emaranhados, geralmente em ambientes úmidos (**Figura 28.3**). Mesmo as maiores plantas avasculares possuem apenas meio metro de altura, e a maioria têm apenas poucos centímetros de altura ou comprimento. Por que elas não evoluíram para serem mais altas? A provável resposta é que elas não apresentam sistema vascular eficiente para conduzir água e minerais do solo para partes distantes do corpo da planta.

As plantas avasculares não apresentam folhas, caules e raízes que caracterizam as plantas vasculares, embora possuam estruturas análogas. Seu padrão de crescimento permite que a água mova-se através do emaranhado de plantas por ação capilar. Elas possuem estruturas semelhantes a folhas que prontamente capturam e retêm qualquer água que espirrar nelas. Elas são pequenas o suficiente para que os minerais sejam distribuídos através de seus corpos por difusão. Como em todas as plantas terrestres, camadas de tecido maternal protegem seus embriões do dessecamento. Elas também possuem cutícula, embora ela seja com freqüência muito delgada (ou mesmo ausente em algumas espécies) e, dessa forma, não altamente eficiente no retardamento da perda de água.

Figura 28.3 Musgos formam densos emaranhados Densos musgos formam elevações em um vale em South Island, na Nova Zelândia.

A maioria das plantas avasculares vive no solo ou sobre outras plantas, mas algumas crescem sobre rochas nuas, troncos mortos de árvores ou caídos e mesmo sobre construções. A habilidade de crescer em tais superfícies marginais resulta de uma associação mutualística com os glomeromicetos, um clado de fungos. As mais primitivas plantas terrestres já eram colonizadas por esses fungos; a associação data de pelo menos 460 milhões de anos atrás. A associação com o fungo provavelmente promoveu a absorção de água e minerais, especialmente fósforo, dos primeiros"solos".

As plantas avasculares estão amplamente distribuídas por todos os seis continentes e existem até mesmo (ainda que muito localmente) na costa do sétimo, a Antártica. Elas são bem sucedidas e bem adaptadas aos seus ambientes. A maioria é terrestre. Algumas vivem em banhados. Embora algumas espécies de plantas avasculares vivam em água doce, estas formas aquáticas são descendentes de espécies terrestres. Não há plantas avasculares marinhas.

Plantas terrestres e algas verdes não diferem apenas em estrutura, mas também nos ciclos de vida. Diferenças nos ciclos de vida de plantas terrestres e aqueles de seus ancestrais são também uma função da dependência relativa das plantas em suprimento de água.

Os ciclos de vida das plantas terrestres caracterizam-se por alternância de gerações

Uma característica universal dos ciclos de vida das plantas terrestres é a alternância de gerações (**Figura 28.4**). Lembre-se, da Seção 27.4, as duas marcas da alternância de gerações:

- O ciclo de vida inclui tanto indivíduos diplóides multicelulares quanto indivíduos haplóides multicelulares.
- Os gametas são produzidos por mitose, não por meiose. A meiose produz esporos que se desenvolvem em indivíduos haplóides multicelulares.

Se começarmos a analisar o ciclo de vida da planta no estágio de célula única – o zigoto diplóide – então a primeira fase do ciclo de vida é a formação, por mitose e citocinese, de um embrião multicelular, o qual eventualmente cresce em uma planta diplóide madura. Essa planta multicelular diplóide é o **esporófito** ("planta-esporo").

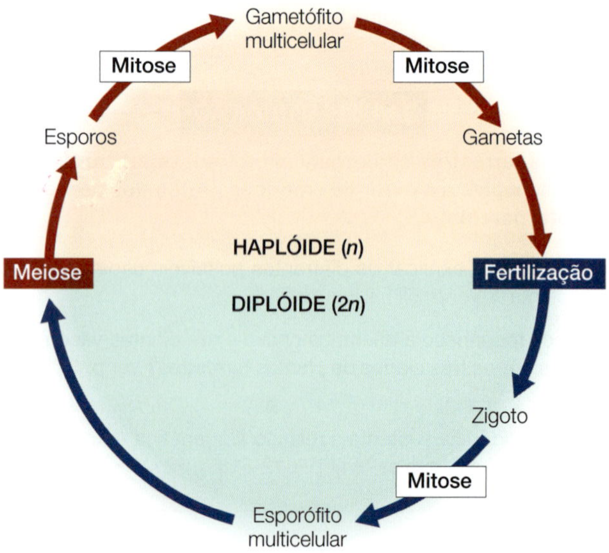
Gametófito multicelular
Mitose
Mitose
Esporos
Gametas
HAPLÓIDE (n)
Meiose
Fertilização
DIPLÓIDE (2n)
Zigoto
Mitose
Esporófito multicelular

Figura 28.4 Alternância de gerações em plantas Uma geração esporofítica diplóide que produz esporos por meiose alterna-se com uma geração gametofítica haplóide que produz gametas por mitose.

As células contidas nos esporângios do esporófito sofrem meiose para produzir esporos unicelulares haplóides. Por mitose e citocinese, um esporo forma uma planta haplóide. Essa planta haplóide multicelular, chamada de **gametófito** ("planta-gameta"), produz gametas haplóides por mitose. A fusão de dois gametas (*singamia* ou *fertilização*) forma uma única célula diplóide – o zigoto – e o ciclo é repetido (**Figura 28.5**).

A *geração esporofítica* estende-se do zigoto até a planta diplóide multicelular adulta; a *geração gametofítica* estende-se dos esporos pela planta haplóide multicelular adulta até os gametas. As transições entre as gerações são acompanhadas por fertilização e meiose. Em todas as plantas os esporófitos e os gametófitos diferem geneticamente: o esporófito possui células diplóides e o gametófito possui células haplóides.

A redução da geração gametofítica é um tema principal na evolução das plantas. Nas plantas avasculares, o gametófito é maior, de vida mais longa e mais auto-suficiente que o esporófito. Entretanto, naqueles grupos que apareceram mais tarde na evolução das plantas, a geração esporofítica é a maior, de vida mais longa e mais auto-suficiente. Nas plantas com sementes, essa tendência evolutiva levou a uma condição na qual água não é mais necessária para que o anterozóide alcance a oosfera.

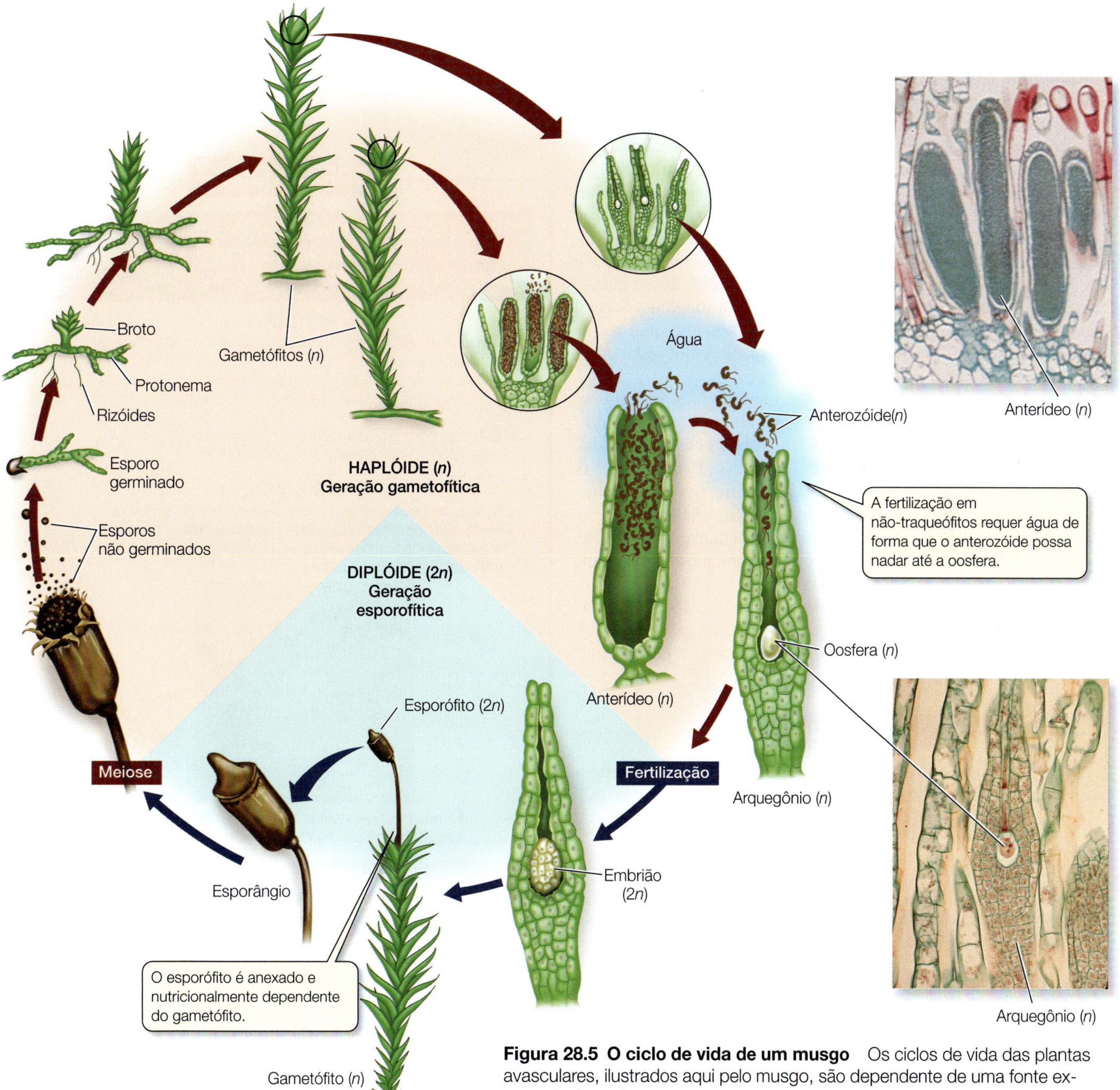
Broto
Protonema
Rizóides
Esporo germinado
Esporos não germinados
Gametófitos (n)
HAPLÓIDE (n)
Geração gametofítica
DIPLÓIDE (2n)
Geração esporofítica
Água
Anterozóide(n)
Anterídeo (n)
A fertilização em não-traqueófitos requer água de forma que o anterozóide possa nadar até a oosfera.
Oosfera (n)
Anterídeo (n)
Esporófito (2n)
Meiose
Fertilização
Arquegônio (n)
Esporângio
Embrião (2n)
O esporófito é anexado e nutricionalmente dependente do gametófito.
Gametófito (n)
Arquegônio (n)

Figura 28.5 O ciclo de vida de um musgo Os ciclos de vida das plantas avasculares, ilustrados aqui pelo musgo, são dependente de uma fonte externa de água líquida para que a fertilização ocorra. A estrutura verde visível destas plantas é o gametófito.

Os esporófitos de plantas avasculares são dependentes dos gametófitos

Em plantas avasculares, a estrutura verde conspícua visível a olho nu é o gametófito (ver Figura 28.5), ao contrário das formas familiares de plantas vasculares, como samambaias e plantas com sementes, em que essas estruturas são os esporófitos. Enquanto o gametófito de hepáticas, antocerófilas e musgos é fotossintetizante e, portanto, nutricionalmente independente, o esporófito pode ser ou não fotossintetizante. Em ambos os casos, o esporófito é sempre nutricionalmente dependente do gametófito e permanece permanentemente anexado a ele.

Um esporófito de plantas avasculares produz esporos haplóides unicelulares como produto da meiose dentro de um esporângio. Cada esporo pode germinar, dando origem a um gametófito haplóide multicelular cujas células contêm cloroplastos e são, portanto, fotossintetizantes. Eventualmente, gametas formam-se dentro de órgãos sexuais especializados, os **gametângios**. O **arquegônio** é um órgão sexual feminino multicelular em forma de frasco com longo pescoço e base alargada, que produz uma única oosfera. O **anterídeo** é o órgão sexual masculino nos quais os anterozóides, cada um com dois flagelos, são produzidos em grandes números (ver os quadros de detalhes da Figura 28.5).

Uma vez liberados do anterídeo, os anterozóides devem nadar ou ser atirados por gotas de chuva ao mais próximo arquegônio da mesma planta ou da planta vizinha. Os anterozóides são auxiliados nessa tarefa por substâncias químicas atraentes liberadas pela oosfera ou pelo arquegônio. Para que o anterozóide possa entrar no arquegônio, certas células do pescoço do arquegônio devem colapsar, deixando um canal preenchido por água no qual o anterozóide nada para completar sua jornada. Note que *todos esses eventos requerem água em forma líquida*.

Na chegada à oosfera, o núcleo do anterozóide fusiona-se com o núcleo da oosfera para formar um zigoto diplóide. Divisões mitóticas do zigoto produzem um embrião esporofítico diplóide multicelular. A base do arquegônio cresce para proteger o embrião durante seu desenvolvimento primário. Eventualmente, o esporófito em desenvolvimento alonga-se o suficiente para se destacar do arquegônio, mas permanece conectado ao gametófito por um "pé" que está embebido no tecido parental e absorve água e nutrientes dele. Nas hepáticas, nas antocerófilas e nos musgos o esporófito permanece anexado ao gametófito por toda sua vida. O esporófito produz um esporângio, dentro do qual as divisões meióticas produzem esporos e desta forma a próxima geração gametofítica.

28.2 RECAPITULAÇÃO

Organismos terrestres devem obter e reter água para seus processos vitais, para o suporte contra a gravidade e para a reprodução.

- Descreva diversas adaptações das plantas ao ambiente terrestre. Ver p. 613.
- Você pode explicar o ciclo de alternância de gerações? Ver p. 614-615 e Figura 28.5.
- Por que algumas plantas precisam de água líquida para a fertilização? Ver p. 616.
- Nas plantas avasculares, como o esporófito é dependente do gametófito? Ver p. 616.

Mais adaptações ao ambiente terrestre apareceram conforme as plantas continuaram a evoluir. Uma das mais importantes destas adaptações tardias foi o surgimento dos tecidos vasculares.

28.3 Que características distinguem as plantas vasculares?

Sabemos agora que as plantas avasculares evoluíram dezenas de milhões de anos antes da primeira planta vascular, ainda que plantas vasculares – que fossilizam mais prontamente em função da composição química dos tecidos vasculares – aparecem mais cedo nos registros fósseis. Evidências persuasivas baseadas em DNA e em estrutura para o aparecimento anterior de plantas avasculares foram sustentados por recentes evidências experimentais, sugerindo que microfósseis antigos anteriores à primeira aparição de plantas avasculares são de fato fragmentos de hepáticas anciãs (**Figura 28.6**).

EXPERIMENTO

HIPÓTESE: Microfósseis antigos, anteriores aos primeiros fósseis conhecidos de plantas avasculares, poderiam ser fragmentos de hepáticas anciãs.

MÉTODO

1. Investigadores deixaram hepáticas apodrecer no solo ou as sujeitaram a tratamentos com ácido sob altas temperaturas e, então, examinaram o material degradado por microscopia óptica e por microscopia eletrônica de varredura.
2. Eles compararam as imagens do material degradado com aquelas dos microfósseis de rochas antigas.

RESULTADOS

Lâminas de células resistentes à deterioração da superfície inferior das hepáticas degradadas se assemelham a alguns microfósseis de lâminas celulares, mostrando agrupamentos de células em forma de roseta ao redor de "poros".

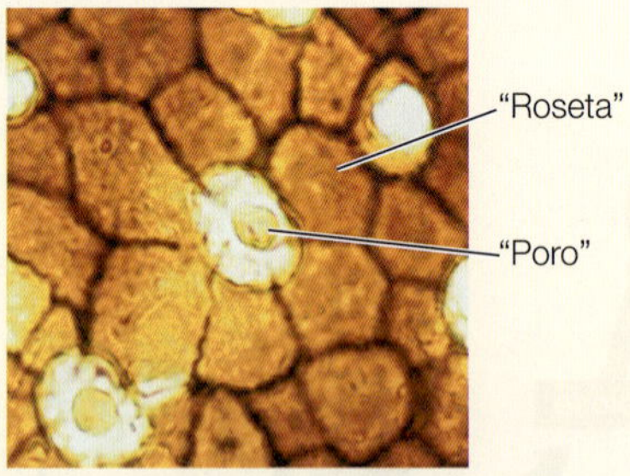
"Roseta"
"Poro"

Fragmentos resistentes de rizóides de hepáticas assemelham-se a alguns microfósseis tubulares.

CONCLUSÃO: Os microfósseis antigos podem representar fragmentos de hepáticas.

Figura 28.6 Mimetizando um microfóssil? Linda Graham e seus colaboradores estudaram duas espécies de hepáticas resistentes à degradação. Estas plantas geraram fragmentos degradados muito semelhantes em aparência a microfósseis característicos de rochas do Cambriano até o Devoniano, sugerindo que aqueles microfósseis são também de hepáticas.

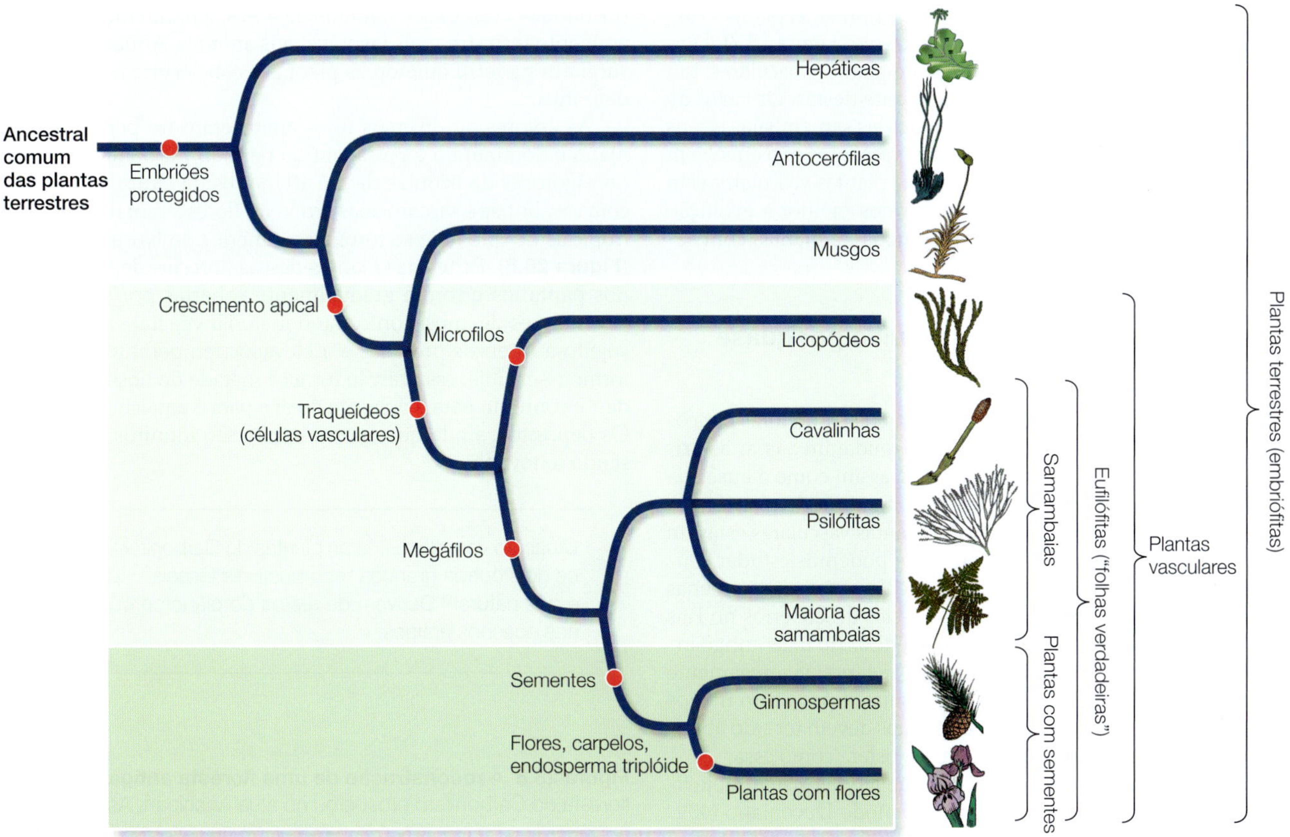

Ancestral comum das plantas terrestres
Embriões protegidos
Hepáticas
Antocerófilas
Musgos
Crescimento apical
Microfilos
Licopódeos
Traqueídeos (células vasculares)
Cavalinhas
Psilófitas
Megáfilos
Maioria das samambaias
Sementes
Gimnospermas
Flores, carpelos, endosperma triplóide
Plantas com flores
Samambaias
Plantas com sementes
Eufilófitas ("folhas verdadeiras")
Plantas vasculares
Plantas terrestres (embriófitas)

Figura 28.7 A evolução das plantas de hoje Três características básicas que emergiram durante a evolução das plantas – embriões protegidos, tecido vascular e sementes – representam adaptações para a vida no ambiente terrestre.

As primeiras plantas terrestres foram avasculares, não apresentando tecidos condutores de água ou alimento. As primeiras plantas vasculares verdadeiras, possuindo traqueídeos especializados, surgiram mais tarde (**Figura 28.7**).

Tecidos vasculares transportam água e materiais dissolvidos

Plantas vasculares diferem de outras plantas terrestres de maneiras cruciais, entre as quais, a posse de um sistema vascular bem desenvolvido, consistindo em tecidos especializados para o transporte de materiais de uma parte a outra da planta. Um dos tipos de tecido vascular, o **xilema**, conduz água e sais minerais do solo para as partes aéreas da planta, uma vez que algumas de suas células foram enrijecidas por uma substância chamada *lignina*. O xilema também propicia suporte no ambiente terrestre. O outro tipo de tecido vascular, o **floema**, conduz os produtos da fotossíntese dos sítios onde são produzidos ou liberados para locais onde são utilizados ou armazenados.

As plantas vasculares mais familiares incluem os licopódeos, as samambaias, as coníferas e as angiospermas (plantas com flores). Embora componham um grupo extraordinariamente grande e diverso, pode-se dizer que as plantas vasculares"lançaram-se"a partir de um único evento evolutivo. Em algum momento durante a era Paleozóica, provavelmente antes do período Siluriano (400 milhões de anos atrás), a geração esporofítica de uma planta, hoje há muito extinta, produziu um novo tipo celular, o traqueídeo. O traqueídeo é o principal elemento condutor de água do xilema em todas as plantas vasculares, com exceção das angiospermas. Porém, mesmo em angiospermas, os traqueídeos persistem junto a um sistema de vasos e fibras muito mais especializado e eficiente que deles derivou.

A evolução dos traqueídeos teve duas conseqüências importantes. Primeiro, proporcionou uma via para o transporte de água e nutrientes minerais de uma fonte de suprimento para regiões de necessidade no corpo da planta. Segundo, a parede celular rígida dos traqueídeos fornece algo completamente ausente – e desnecessário – nas algas verdes aquáticas: o suporte estrutural rígido. O suporte é importante em ambiente terrestre porque permite que a planta cresça para cima à medida que competem entre si pela luz do sol para realizar a fotossíntese. Uma planta mais alta pode receber luz do sol direta e fotossintetizar mais prontamente que uma planta mais baixa, cujas folhas podem ser sombreadas pela mais alta. O aumento de estatura também melhora a dispersão de esporos. Desta forma, os traqueídeos estabeleceram as condições para a completa e permanente invasão da terra pelas plantas.

As plantas vasculares apresentam outra novidade evolutiva: um esporófito independente e ramificado. Um esporófito ramificado pode produzir mais esporos que um corpo não ramificado e pode se desenvolver de maneiras mais complexas. O esporófito de uma planta vascular é nutricionalmente independente do gametófito em sua maturidade. Nas plantas vasculares, o esporófito é a planta grande e óbvia que normalmente observamos na natureza, ao contrário do esporófito de plantas avasculares, anexado, ao dependente do, e geralmente muito menor que o gametófito.

Os descendentes evolutivos atuais das primeiras plantas vasculares pertencem a seis grupos principais (ver Figura 28.7). Dois tipos de ciclos de vida são observados em plantas vasculares: um que envolve sementes e outro independente destas. Os ciclos de vida dos clados que incluem os licopódeos, as samambaias e seus parentes, as cavalinhas e as samambaias-vassouras não envolvem sementes. Descreveremos esses grupos de plantas vasculares sem sementes em detalhe depois de estudarmos melhor a evolução das plantas vasculares. Os principais grupos de plantas com sementes serão descritos no Capítulo 29.

As plantas vasculares têm evoluído por quase meio bilhão de anos

A evolução de uma cutícula eficiente e camadas protetoras para os gametângios (arquegônios e anterídeos) ajudaram a criar as primeiras plantas vasculares bem sucedidas, assim como a ausência inicial de herbívoros (animais que se alimentam de plantas) na terra. No final do período Siluriano, as plantas vasculares estavam sendo preservadas como fósseis que hoje podemos estudar. Durante o Siluriano, as maiores plantas vasculares possuíam apenas alguns poucos centímetros de altura. Fósseis descobertos no País de Gales em 2004 forneceram claras evidências do mais antigo incêndio que se tem conhecimento, o qual queimou vigorosamente mesmo na atmosfera Siluriana que possuía 14 por cento menos oxigênio que a de hoje. As pequenas plantas devem ter sido abundantes para sustentar o fogo em uma atmosfera como essa.

Dois grupos de plantas vasculares que ainda existem hoje fizeram sua primeira aparição durante o período Devoniano (409-354 milhões de anos): as licófitas (licopódeos) e as pteridófitas (incluindo cavalinhas e samambaias). A sua proliferação tornou o ambiente terrestre mais favorável aos animais. Anfíbios e insetos surgiram na terra quando as plantas estabeleceram-se de forma definitiva.

As árvores de diversos tipos apareceram no período Devoniano e dominaram a paisagem do período Carbonífero. Florestas vigorosas de licófitas de até 40 metros de altura, juntamente com cavalinhas e samambaias arbóreas, floresceram nos pântanos tropicais do que hoje se tornaria a América do Norte e a Europa (**Figura 28.8**). Partes das plantas dessas florestas depositaram-se nos pântanos e foram gradualmente cobertas por sedimentos. Por milhões de anos, conforme o material vegetal enterrado era sujeito a intensas pressões e a elevadas temperaturas, o carvão formou-se. Hoje, esse carvão fornece metade de nossa eletricidade – e contribui para a poluição do ar e para o aquecimento global. Os depósitos, ainda que enormes, não são infinitos e não estão sendo renovados.

O carvão vem de restos de plantas do Carbonífero, mas e os dois outros grandes "combustíveis fósseis" – petróleo e gás natural? Derivam de restos do plâncton que viveu nos oceanos antigos.

Figura 28.8 A reconstrução de uma floresta antiga Esta floresta do Carbonífero prosperou no atual Michigan. As "árvores" à esquerda e no fundo são licopódeos do gênero *Lepidodendron*; samambaias abundantes são visíveis à direita. A planta no primeiro plano é parente das cavalinhas.

No período Permiano subseqüente, os continentes juntaram-se para formar uma única gigante massa terrestre chamada de *Pangéia*. O interior do continente tornou-se mais quente e mais seco mas, no final do período, a glaciação foi extensiva. O reinado de 200 milhões de anos das florestas de licopódeos e samambaias chegou ao fim com a substituição por florestas de plantas com sementes (gimnospermas). Que, por sua vez, foram prevalecentes até um grupo diferente de plantas com sementes (angiospermas) dominar a paisagem há menos de 80 milhões de anos.

As primeiras plantas vasculares não apresentavam raízes ou folhas

As mais primitivas plantas vasculares conhecidas pertenciam a um grupo hoje extinto chamado ***Rhyniophyta***. As riniófitas representavam apenas um de alguns poucos tipos de plantas vasculares no período Siluriano. A paisagem da época provavelmente consistia de terrenos descobertos, com grupos de riniófitas em áreas baixas e úmidas. Versões primitivas das características estruturais de todos os outros grupos de plantas vasculares apareceram nas riniófitas daquele tempo. Essas características compartilhadas fortalecem a hipótese da origem de todas as plantas vasculares a partir de um único ancestral de planta avascular.

No início deste capítulo, descrevemos a descoberta de alguns fósseis importantes em rochas Devonianas perto de Rhynie, na Escócia. A preservação dessas plantas foi notável, considerando que as rochas datavam de 395 milhões de anos atrás. Essas plantas fósseis possuíam sistema vascular simples de floema e xilema, mas nem todas possuíam os traqueídeos característicos das plantas vasculares de hoje.

Essas plantas também não apresentam raízes. Como a maioria das samambaias e dos licopódeos modernos, elas eram aparentemente ancoradas no solo por porções horizontais de caule, chamados de **rizomas**, que portavam filamentos unicelulares de absorção de água chamados de **rizóides**. Esses rizomas também apresentavam ramificações aéreas, e esporângios – homólogos aos esporângios de musgos – foram encontrados nas extremidades dessas ramificações. Seu padrão de ramificação era *dicotômico*; ou seja, o ápice em crescimento dividia-se para produzir duas novas ramificações equivalentes, cada par divergindo aproximadamente no mesmo ângulo do talo original (**Figura 28.9**). Fragmentos dispersos de tais plantas foram encontrados antes, mas nunca em tal abundância e nem tão bem preservados como aqueles descobertos por Kindston e Lang.

Embora elas fossem aparentemente ancestrais dos outros grupos de plantas vasculares, as próprias riniófitas há muito já não existem. Nenhum de seus fósseis apareceu em qualquer lugar após o período Devoniano.

As plantas vasculares ramificaram-se

Um novo grupo de plantas vasculares – as **licófitas** (licopódeos e seus parentes) – também apareceram no período Siluriano. Outro – as **pteridófitas** (samambaias e relacionadas) – apareceram durante o período Devoniano. Esses dois grupos, ambos ainda conosco hoje, surgiram de ancestrais semelhantes às riniófitas. Esses novos grupos apresentam especializações não encontradas nas riniófitas, incluindo raízes verdadeiras, folhas verdadeiras e uma diferenciação entre os dois tipos de esporos. As pteridófitas e as plantas com sementes constituem o clado chamado de **eufilófitas**.

Uma importante sinapomorfia das eufilófitas é o **crescimento acima do topo**, um padrão no qual uma ramificação diferencia-se de outras e cresce acima delas. O crescimento acima do topo teria

Esporângios
Ramificação dicotômica
Rizóides
Rizoma

Figura 28.9 Um parente antigo das plantas vasculares Esta planta extinta, *Aglaophyton major* (uma riniófita), não apresenta raízes nem folhas. Ela possuía uma coluna central de xilema correndo através de seus caules, mas não traqueídeos verdadeiros. O rizoma é um caule de crescimento horizontal, não uma raiz. Os caules aéreos de ramificação dicotômica possuíam menos de 50 centímetros de altura, e alguns possuíam esporângios na extremidade. Outras riniófitas muito semelhantes, como as *Rhynia*, possuíam traqueídeos.

dado a estas plantas uma vantagem na competição por luz para a fotossíntese, capacitando-as a fazer sombra sobre seus competidores de crescimento dicotômico. Como veremos, o crescimento acima do topo das eufilófitas permitiu que um novo tipo de folha evoluísse.

As raízes podem ter evoluído de ramos aéreos (galhos)

As riniófitas possuíam apenas os rizóides que emergiam do rizoma para capturar água e sais minerais. Como, então, os grupos subseqüentes de plantas vasculares vieram a possuir as raízes complexas que vemos hoje? As raízes provavelmente surgiram separadamente em licófitas e eufilófitas.

É provável que as raízes tenham sua origem evolutiva como uma ramificação, ou de um rizoma ou de uma porção sobre a terra de um caule. Essa ramificação presumivelmente penetrou o solo e se ramificou ainda mais. A porção subterrânea poderia ancorar a planta firmemente e mesmo na condição primitiva, poderia absorver água e minerais. A descoberta de diversas plantas fósseis do período Devoniano, todas apresentando caules horizontais (rizomas) com ramificações aéreas e subterrâneas, sustenta essa hipótese.

As ramificações aéreas (galhos) e subterrâneas, crescendo em ambientes tão diferentes, foram sujeitas a pressões seletivas muito diferentes durante os milhões de anos que se sucederam. Dessa forma, as duas partes do corpo da planta – o sistema aéreo de caules e o sistema subterrâneo de raízes – divergiram em estrutura e evoluíram anatomias internas e externas distintas. Apesar dessas diferenças, os cientistas acreditam que os sistemas de raízes e caules das plantas vasculares são homólogos – e que um dia eles foram parte do mesmo órgão.

As pteridófitas e as plantas com sementes possuem folhas verdadeiras

Até este ponto, utilizamos o termo "folha" de forma ampla. No sentido mais estrito, uma folha é uma estrutura fotossintetizante achatada que emerge lateralmente de um caule ou ramificação e possui tecido vascular verdadeiro. Usando essa definição precisa, quando estudamos mais de perto as folhas verdadeiras de plantas vasculares, vemos que há dois tipos diferentes de folhas, muito provavelmente de diferentes origens evolutivas.

O primeiro tipo de folha, o **micrófilo**, é normalmente menor e apenas raramente possui mais de um feixe vascular, pelo menos nas plantas vivas de hoje. Os licopódeos (licófitas), das quais apenas poucos gêneros sobreviveram, possuem essas folhas simples. Alguns biólogos acreditam que as micrófilas tiveram sua origem evolutiva como esporângios estéreis (**Figura 28.10A**). A característica principal desse tipo de folha é um feixe vascular que parte do sistema vascular do caule de forma que a estrutura desse mesmo sistema vascular é muito pouco perturbada. Isso era verdadeiro mesmo nas árvores licófitas do período Carbonífero, muitas das quais possuíam folhas de muitos centímetros de comprimento.

O outro tipo de folhas é encontrado em pteridófitas e plantas com sementes. Esta folha maior e mais complexa é chamada de **megáfilo**. Acredita-se que o megáfilo tenha surgido do achatamento de um sistema de ramificação de caule dicotômico com crescimento acima do topo. Essa mudança foi acompanhada pelo desenvolvimento de tecido fotossintetizante entre os membros de grupos de ramificações (**Figura 28.10B**), os quais tiveram a vantagem de aumentar a área superficial fotossintetizante daquelas ramificações. Os megáfilos evoluíram mais de uma vez em diferentes clados de eufilófitas com crescimento acima do topo.

Os primeiros megáfilos, que eram muito pequenos, apareceram no período Devoniano. Poderíamos esperar que a evolução levasse prontamente à aparição de mais e maiores megáfilos por causa de sua maior capacidade fotossintética. No entanto, levou 50 milhões de anos, até o período Carbonífero, para que grandes megáfilos se tornassem comuns. Por que deve ter sido assim, especialmente levando em conta que outros avanços na estrutura da planta estavam ocorrendo naquele tempo?

De acordo com uma teoria, a alta concentração de CO_2 na atmosfera durante o período Devoniano restringiu o desenvolvimento de pequenos poros, chamados de *estômatos*, que permitem à folha captar CO_2 para uso na fotossíntese. Com mais CO_2 disponível, menos estômatos eram necessários. Hoje, quando os estômatos abrem-se, eles permitem que vapor de água escape da folha e que CO_2 entre. No Devoniano, folhas maiores

(A)
Tecido vascular
Esporângios
Esporângio
Micrófilo
Um esporângio evoluiu em uma folha simples.
Tempo
Lycopodium (club moss)

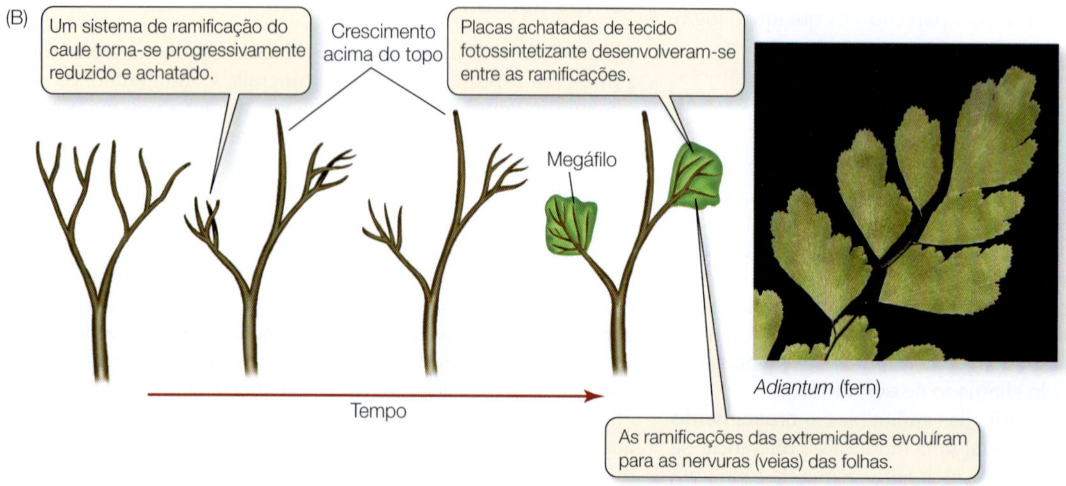
(B)
Um sistema de ramificação do caule torna-se progressivamente reduzido e achatado.
Crescimento acima do topo
Placas achatadas de tecido fotossintetizante desenvolveram-se entre as ramificações.
Megáfilo
Tempo
Adiantum (fern)
As ramificações das extremidades evoluíram para as nervuras (veias) das folhas.

Figura 28.10 A evolução das folhas (A) Acredita-se que os micrófilos tenham evoluído de esporângios estéreis. (B) Os megáfilos das pteridófitas e plantas com sementes podem ter surgido como tecido fotossintético desenvolvido entre os pares de ramificações que eram "deixados para trás" conforme as ramificações dominantes as superavam.

EXPERIMENTO

HIPÓTESE: As altas concentrações de CO_2 na atmosfera do Devoniano atrasaram os aumentos nos tamanhos das folhas.

MÉTODO

1. Cientistas analisaram 300 plantas fósseis dos períodos Devoniano e Carbonífero e calcularam o tamanho das folhas.
2. Eles compararam o padrão da mudança em tamanho de folhas ao longo do tempo com o da mudança nas concentrações de CO_2 na atmosfera.

RESULTADOS

Entre esses fósseis, um aumento em tamanho de folha correspondeu em tempo com um declínio na concentração estimada de CO_2 na atmosfera.

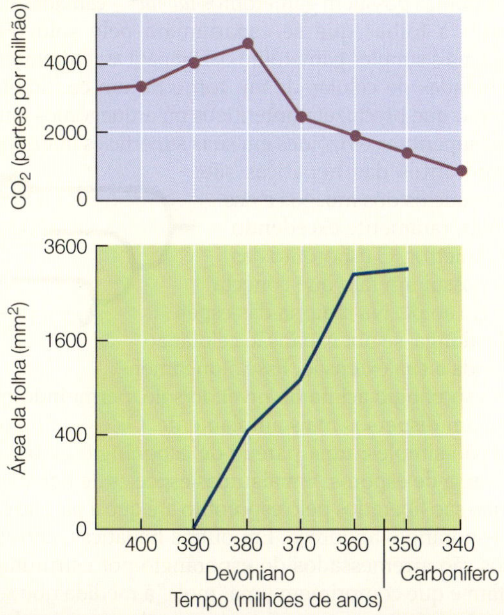

CO2 (partes por milhão)
4000
2000
0
3600
1600
400
0
Área da folha (mm²)
400 390 380 370 360 350 340
Devoniano
Carbonífero
Tempo (milhões de anos)

CONCLUSÃO: O tamanho das folhas aumentou à medida que as concentrações de CO_2 diminuíram.

Figura 28.11 Diminuição nos níveis de CO_2 e a evolução dos megáfilos Como os biólogos podem testar as hipóteses relativas a eventos que aconteceram centenas de milhões de anos atrás? C.P. Osborne e colegas reuniram e mediram as folhas de plantas fósseis dos períodos Devoniano e Carbonífero. Então, compararam os tamanhos das folhas com estimativas de concentrações atmosféricas de CO_2 sob as quais as plantas viveram. PESQUISAS ADICIONAIS: Que tipo de experimento você faria para determinar os efeitos dos estômatos no superaquecimento de folhas das samambaias de hoje?

absorveriam calor da luz do sol, mas seriam incapazes de perder calor por evaporação da água de forma rápida o suficiente em virtude de seu número limitado de estômatos. O superaquecimento resultante teria sido letal. Pesquisas recentes fortalecem essa teoria, indicando que megáfilos maiores evoluíram apenas quando as concentrações de CO_2 caíram após milhões de anos (**Figura 28.11**).

A heterosporia surgiu entre as plantas vasculares

Na mais antiga das plantas vasculares de hoje em dia, o gametófito e o esporófito são independentes e ambos são normalmente fotossintetizantes. Os esporos produzidos pelo esporófito são de um único tipo e se desenvolvem em um único tipo de gametófito que porta tanto o órgão reprodutivo feminino quanto o masculino. O órgão feminino é um arquegônio multicelular contendo uma única oosfera (gameta feminino). O órgão masculino é um anterídeo, que produz muitos anterozóides (gametas masculinos). Tais plantas, que portam um único tipo de esporo, são ditas **homósporas** (**Figura 28.12A**).

Um sistema com dois tipos distintos de esporos evoluiu um pouco depois. Plantas desse tipo são ditas **heterósporas** (**Figura 28.12B**). Na heterosporia, um tipo de esporo – o **megásporo** – desenvolve-se em um gametófito feminino específico (um **megagametófito**) que produz apenas oosferas. O outro tipo, o **micrósporo**, é menor e desenvolve-se em um gametófito masculino (um **microgametófito**) que produz apenas anterozóides. O esporófito produz megásporos em pequenos números nos megaesporângios, e micrósporos em grandes números nos microesporângios. A heterosporia afeta não apenas os esporos e o gametófito, mas também o próprio esporófito, que deve desenvolver dois tipos de esporângios. As mais antigas das plantas vasculares eram todas homósporas, mas a heterosporia evidentemente evoluiu diversas vezes nos primeiros descendentes das riniófitas. O fato de a heterosporia ter evoluído repetidas vezes sugere que ela proporciona vantagens seletivas. A evolução subseqüente nas plantas terrestres caracterizou-se por especializações ainda maiores da condição de heterosporia. Todas as plantas com sementes são heterósporas.

As plantas vasculares sem sementes, assim como as plantas avasculares, necessitam de água na forma líquida em um estágio-chave de seus ciclos de vida: os anterozóides só alcançam o oosfera através de meio líquido. Como veremos no próximo capítulo, as plantas com sementes sofreram o próximo passo evolutivo e adquiriram a capacidade de unir anterozóide e oosfera sem depender da água.

28.3 RECAPITULAÇÃO

Um novo tipo de célula, o traqueídeo, marcou a origem das plantas vasculares. Novos eventos evolutivos incluíram o surgimento de raízes e folhas.

- Como os tecidos vasculares xilema e floema servem as plantas vasculares? Ver p. 617.
- Você compreende a diferença entre os dois tipos de folhas, micrófilos e megáfilos? Ver p. 620 e Figura 28.10.
- Você pode explicar o conceito de heterosporia? Ver p.621 e Figura 28.12.

As hepáticas, as antocerófilas, os musgos, as licófitas e as pteridófitas percorreram um longo caminho do ambiente aquático para corresponder aos desafios da vida na terra seca. Vamos estudar a diversidade desses grupos.

Figura 28.12 Homosporia e heterosporia (A) As plantas homósporas portam um único tipo de esporo. Cada gametófito possui dois tipos de órgãos sexuais, o anterídeo (masculino) e o arquegônio (feminino). (B) As plantas heterósporas portam dois tipos de esporos que se desenvolvem em gametófitos masculinos e femininos distintos.

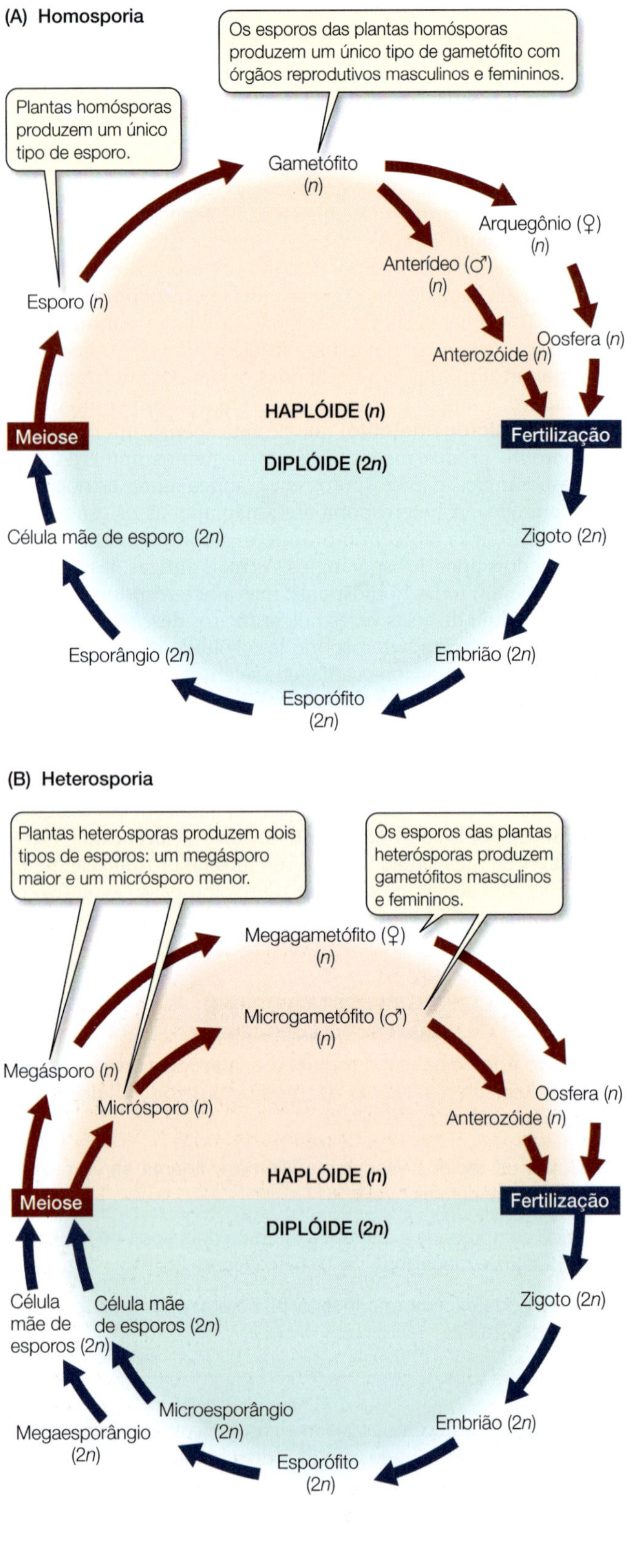

(A) Homosporia
Os esporos das plantas homósporas produzem um único tipo de gametófito com órgãos reprodutivos masculinos e femininos.
Plantas homósporas produzem um único tipo de esporo.
Gametófito (n)
Arquegônio (♀) (n)
Anterídeo (♂) (n)
Esporo (n)
Oosfera (n)
Anterozóide (n)
HAPLÓIDE (n)
Meiose
Fertilização
DIPLÓIDE (2n)
Célula mãe de esporo (2n)
Zigoto (2n)
Esporângio (2n)
Embrião (2n)
Esporófito (2n)
(B) Heterosporia
Plantas heterósporas produzem dois tipos de esporos: um megásporo maior e um micrósporo menor.
Os esporos das plantas heterósporas produzem gametófitos masculinos e femininos.
Megagametófito (♀) (n)
Microgametófito (♂) (n)
Megásporo (n)
Micrósporo (n)
Oosfera (n)
Anterozóide (n)
HAPLÓIDE (n)
Meiose
Fertilização
DIPLÓIDE (2n)
Célula mãe de esporos (2n)
Célula mãe de esporos (2n)
Zigoto (2n)
Microesporângio (2n)
Megaesporângio (2n)
Embrião (2n)
Esporófito (2n)

28.4 Quais são os clados principais de plantas sem sementes?

Três clados de plantas terrestres não apresentam traqueídeos; essas plantas avasculares são as hepáticas, as antocerófilas e os musgos. As plantas vasculares sem sementes incluem três clados – licopódeos, cavalinhas e psilófitas – e as samambaias, que não são um clado. O padrão de estrutura e crescimento do esporófito difere entre os três grupos de plantas terrestres avasculares.

As hepáticas podem representar o mais antigo clado sobrevivente de plantas

Há em torno de 9.000 espécies de **hepáticas** (***Hepatophyta***). A maioria das hepáticas possui gametófitos folhosos (**Figura 28.13A**). Algumas possuem gametófitos *talóides* – camadas verdes, semelhantes a folhas que se esparramam pelo solo (**Figura 28.13B**). O mais simples gametófito das hepáticas, entretanto, são placas achatadas de células de em torno de um centímetro de comprimento que produzem anterídeos ou arquegônios em suas superfícies superiores e rizóides em suas superfícies inferiores.

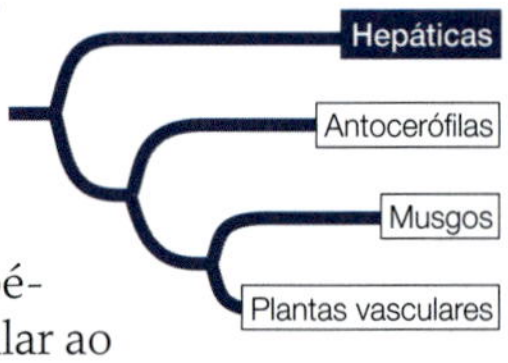

Hepáticas
Antocerófilas
Musgos
Plantas vasculares

Os esporófitos das hepáticas são mais curtos que os dos musgos e das antocerófilas, raramente excedendo poucos milímetros. O esporófito das hepáticas possui um talo que conecta o esporângio ao pé. Na maioria das espécies, o talo alonga-se por expansão celular ao longo de toda a sua extensão. Esse alongamento eleva o esporângio acima do nível do solo, permitindo que os esporos sejam dispersos mais amplamente. Os esporângios das hepáticas são simples: uma parede de esporângio globular circunda a massa de esporos. Em algumas espécies de hepáticas, os esporos não são liberados pelo esporófito até que a parede envolvendo o esporângio apodreça. Em outras hepáticas, entretanto, os esporos são arremessados do esporângio por estruturas que se encurtam e que comprimem uma "mola" à medida que secam. Quando o estresse torna-se suficiente, a mola comprimida volta rapidamente para a posição de repouso, atirando os esporos em todas as direções.

Entre as mais familiares hepáticas talóides estão espécies do gênero *Marchantia*. As *Marchantia* são facilmente reconhecíveis pelas estruturas características em que os gametófitos masculinos e femininos portam seus anterídeos e arquegônios (**Figura 28.13C**). Como a maioria das hepáticas, as *Marchantia* também se reproduzem assexuadamente por simples fragmentação do gametófito. As *Marchantia* e algumas outras hepáticas e musgos também se reproduzem assexuadamente por meio de *gemas*, ou grumos de células em forma de lentes. Em algumas hepáticas, a gema está frouxamente presa em estruturas chamadas *cálice da gema*, que promove a dispersão das gemas por gotas de chuva (ver Figura 28.13C).

As antocerófilas possuem estômatos, cloroplastos distintivos e esporófitos sem talos

O grupo ***Anthocerophyta*** compreende aproximadamente 100 espécies de "ervas-de-chifre" (do inglês, *hornwort*, ou antocerófilas), assim chamadas porque seus esporófitos parecem pequenos chifres (**Figura 28.14**). As antocerófilas parecem, à primeira vista, hepáticas com gametófitos muito simples. Seus gametófitos são placas achatadas de poucas células de espessura.

Estes cálices contêm gemas – pequenas protuberâncias em forma de lentes que crescem do corpo da planta, cada uma capaz de se desenvolver em uma nova planta.
As estruturas que se assemelham a bananas portam arquegônios.

(A) *Bazzania trilobata* (B) *Marchantia* sp. (C) *Marchantia* sp.

Figura 28.13 As estruturas das hepáticas As hepáticas apresentam várias estruturas características. (A) O gametófito de uma hepática folhosa. (B) O gametófito de uma hepática talóide. (C) Esta hepática talóide porta arquegônios em estruturas que parecem cachos de bananas. Ela também ostenta cálices de gemas contendo gemas.

As antocerófilas, juntamente com os musgos e as plantas vasculares, compartilham um avanço em relação ao clado das hepáticas na adaptação à vida na terra: elas possuem estômatos. Os estômatos podem ser uma característica derivada compartilhada de antocerófilas e de todas as outras plantas terrestres com exceção das hepáticas, embora os estômatos das antocerófilas não se fechem, como o fazem aqueles de musgos e plantas vasculares, e possam ter evoluído independentemente.

As antocerófilas possuem duas características que as distinguem tanto das hepáticas como dos musgos. Primeiro, cada uma das células das antocerófilas contém um único cloroplasto grande em forma de prato, enquanto as células dos outros dois grupos possuem numerosos cloroplastos pequenos em forma de lentes. Segundo, entre os esporófitos de todos os três grupos, aqueles

Os esporófitos de antocerófilas podem atingir 20 centímetros de altura.
Os gametófitos são placas achatadas de poucas células de espessura.

Anthoceros sp.

Figura 28.14 Uma antocerófila Os esporófitos de muitas antocerófilas assemelham-se a pequenos chifres.

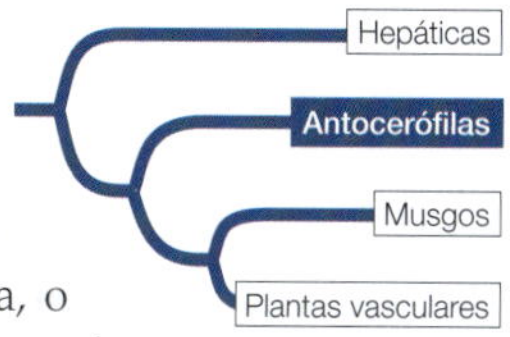
Hepáticas
Antocerófilas
Musgos
Plantas vasculares

das antocerófilas estão mais próximos da capacidade de crescer sem limite estabelecido. Os esporófitos das hepáticas e dos musgos possuem um talo que cessa o crescimento conforme o esporângio amadurece. Dessa forma, o alongamento do esporófito é estritamente limitado. O esporófito das antocerófilas, entretanto, não possui talo. Em seu lugar, uma região basal do esporângio permanece capaz de indefinidas divisões celulares, continuamente produzindo novo tecido portador de esporos acima. Os esporófitos de algumas antocerófilas crescendo em condições amenas e continuamente úmidas podem ter até 20 centímetros de altura. Eventualmente, o crescimento do esporófito fica limitado pela ausência de um sistema de transporte.

Para sustentar o metabolismo, as antocerófilas precisam de acesso a nitrogênio. As antocerófilas possuem cavidades internas preenchidas de mucilagem; essas cavidades são, com freqüência, povoadas por cianobactérias que convertem o nitrogênio gasoso atmosférico em forma utilizável pela planta.

Apresentamos as antocerófilas como irmãs do clado que consiste em musgos e plantas vasculares, mas essa é apenas uma das possíveis interpretações dos dados atuais. O *status* evolutivo exato das antocerófilas é ainda incerto e, em algumas análises, elas são classificadas como grupo irmão das outras plantas terrestres.

Os mecanismos de transporte de água e açúcar surgiram nos musgos

A mais familiar das plantas terrestres sem traqueídeos são os **musgos** (***Bryophyta***). Há em torno de 15.000 espécies de musgos – mais que hepáticas e antocerófilas combinadas – e essas pequenas e resistentes plantas são encontradas em quase todos os ambientes terrestres. São, com freqüência, encontradas em solo úmido e frio onde formam grossos emaranhados (ver Figura 28.3). Os musgos são provavelmente irmãos das plantas vasculares (ver Figura 28.7).

Nos musgos, o gametófito inicia seu desenvolvimento após a germinação do esporo em uma estrutura filamentosa ramificada chamada de *protonema* (ver Figura 28.5). Embora o protonema assemelhe-se um pouco com uma alga verde filamentosa, ele ocorre apenas nos musgos. Alguns dos filamentos contêm cloroplastos e são fotossintetizantes; outros, chamados de rizóides, não são fotossintetizantes e ancoram o protonema ao substrato. Após um período de crescimento linear, as células próximas às extremidades dos filamentos fotossintetizantes dividem-se rapidamente em três dimensões para formar os *botões*. Os botões então desenvolvem uma extremidade distinta, ou ápice, e produzem o familiar musgo folhoso com estruturas em forma de folhas arranjadas em espiral. Estes brotos folhosos produzem anterídeos ou arquegônios (ver Figura 28.5).

O desenvolvimento do esporófito na maioria dos musgos segue um padrão preciso, resultando, em última instância, na formação de um pé de absorção ancorado ao gametófito, um talo e, na extremidade, um esporângio intumescido. Em contraste com hepáticas e antocerófilas, os esporófitos dos musgos e das plantas vasculares cresce por **divisão celular apical**, na qual uma região na extremidade em crescimento propicia um padrão organizado de divisão celular, alongamento e diferenciação. Esse padrão de crescimento permite um crescimento vertical extensivo e firme dos esporófitos. A divisão celular apical é uma sinapomorfia de musgos e plantas vasculares.

Alguns gametófitos de musgos são tão grandes que não poderiam transportar água suficiente somente por difusão. Os gametófitos e os esporófitos de muitos musgos contêm um tipo de célula chamada de *hidróide*, que morre e deixa um estreito canal através do qual a água pode viajar. O hidróide pode ter sido o progenitor do traqueídeo, a célula condutora de água característica das plantas vasculares, mas não possui lignina nem a estrutura de parede celular encontrada nos traqueídeos. A posse de hidróides e de um sistema limitado para o transporte de açúcar por alguns musgos (por intermédio de células chamadas de *leptóides*) demonstra que o antigo termo "avascular" é, de certa forma, enganoso quando aplicado aos musgos. Apesar de seu sistema simples de transporte interno, entretanto, os musgos não são plantas vasculares porque não apresentam verdadeiros xilema e floema.

Os musgos do gênero *Sphagum*, com freqüência, crescem em lugares pantanosos, onde as plantas começam a se decompor na água após sua morte. Camadas superiores de musgos de crescimento rápido comprimem as camadas mais profundas de decomposição. O material vegetal parcialmente decomposto é chamado de *turfa*. Em algumas partes do mundo, as pessoas obtêm a maior parte do seu combustível de brejos de turfas (**Figura 28.15**). As terras de turfas dominadas por *Sphagum* cobrem uma área equivalente à metade dos Estados Unidos – mais de um por cento da superfície da Terra. Há muito tempo, a compressão continuada de turfas compostas principalmente de outras plantas sem sementes deu origem ao carvão.

Figura 28.15 A coleta de turfa de um brejo Um fazendeiro extrai a turfa, formada por musgos *Sphagum* em decomposição. Os brejos de turfas são importantes fontes de combustível em algumas áreas do mundo, como este local no sul da Irlanda, aqui mostrado.

Algumas plantas vasculares possuem tecido vascular, mas não sementes

Os primeiros clados de plantas vasculares que sobreviveram até o presente não apresentam sementes. Essas plantas possuem um esporófito grande e independente e um gametófito pequeno que é independente do esporófito. Os gametófitos das plantas vasculares sem sementes sobreviventes são raramente maiores do que 1 ou 2 centímetros de comprimento e têm vida curta, enquanto os esporófitos são, com freqüência, muito visíveis e de vida longa; o esporófito de uma samambaia arbustiva, por exemplo, pode ter de 15 a 20 metros de altura, e pode viver por muitos anos.

O mais proeminente estágio latente no ciclo de vida das plantas vasculares sem sementes é o esporo unicelular. Um esporo pode "repousar" por algum tempo antes de se desenvolver mais. Essa característica torna seus ciclos de vida semelhantes àqueles de fungos, de algas verdes e de plantas avasculares, mas não, como veremos no próximo capítulo, aos de plantas com sementes. As plantas vasculares sem sementes necessitam de ambiente aquoso em pelo menos um estágio de seus ciclos de vida, uma vez que a fertilização é atingida por anterozóides flagelados e natantes.

As samambaias são o grupo mais abundante e diverso de plantas vasculares sem sementes hoje, mas os licopódeos e as cavalinhas foram um dia os elementos dominantes da vegetação da Terra. Um quarto grupo, as psilófitas, contém apenas dois gêneros. Vamos analisar as características desses quatro grupos e alguns dos avanços evolutivos que apareceram neles.

Os licopódeos são irmãos das outras plantas vasculares

Os **licopódeos** (em inglês, "club mosses") e seus parentes, as selaginelopsidas (em inglês, "spike mosses") e as isoetopsidas (em inglês, "quillworts"), juntas chamadas de licófitas, divergiram mais cedo do que todas as outras plantas vasculares vivas; ou seja, as plantas vasculares remanescentes compartilham um ancestral que não foi o mesmo das licófitas. Há relativamente poucas espécies sobreviventes de licófitas – pouco mais de 1.200.

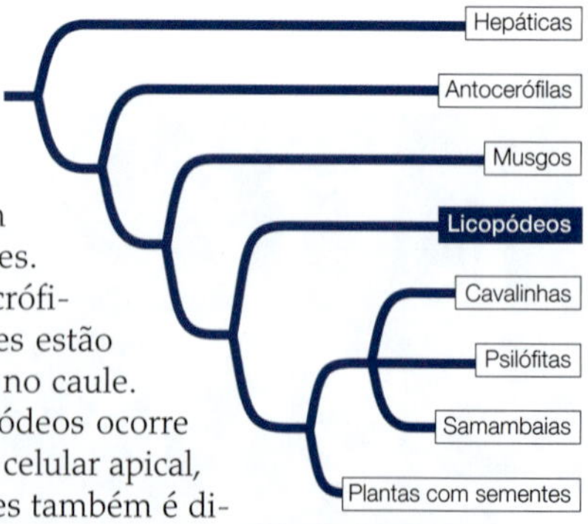
Hepáticas
Antocerófilas
Musgos
Licopódeos
Cavalinhas
Psilófitas
Samambaias
Plantas com sementes

As licófitas possuem raízes que se ramificam dicotomicamente. O arranjo de tecido vascular em seus caules é mais simples do que em outras plantas vasculares. Elas portam apenas micrófilos, e estas folhas simples estão arranjadas espiralmente no caule. O crescimento em licopódeos ocorre inteiramente por divisão celular apical, e a ramificação nos caules também é dicotômica pela divisão do grupo apical de células em divisão.

Os esporângios de muitos licopódeos são estruturas agregadas em forma de cone chamadas de *strobili* (no singular, *strobilus*; **Figura 28.16**). Um estróbilo é um agrupamento de folhas que portam esporos inseridas em um eixo (estrutura linear de suporte). Outros licopódeos não apresentam estróbilos e portam seus esporângios sobre (ou adjacente) as superfícies superiores das folhas chamadas de *esporófilos*. Essa localização contrasta com os

(A)
Estróbilo
(B)
Microesporângio
Lycopodium obscurum

Figura 28.16 Os licopódeos (A) Os estróbilos são visíveis nas extremidades destes licopódeos. Os licopódeos possuem micrófilos arranjados espiralmente nos seus caules. (B) Uma fina seção através de um estróbilo de um licopódeo, mostrando os microesporângios.

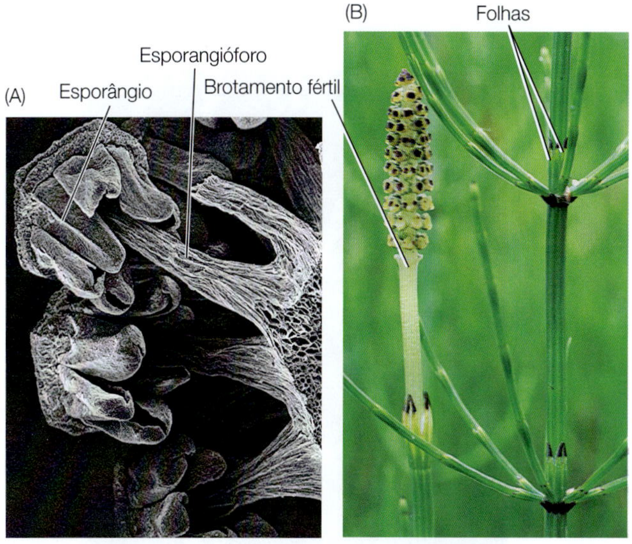
(A)
Esporângio
Esporangióforo
Brotamento fértil
(B)
Folhas
Equisetum arvense
Equisetum palustre

Figura 28.17 As cavalinhas (A) Os esporângios e os esporangióforos de uma cavalinha. (B) Os brotamentos vegetativos e férteis da cavalinha-do-pântano. Os megáfilos reduzidos podem ser visualizados em verticilos no caule do brotamento vegetativo à direita. Os esporângios no brotamento fértil (esquerda) estão prontos para dispersar os esporos.

esporângios terminais das riniófitas. Há tanto espécies homósporas como heterósporas de licopódeos.

Embora representem um elemento minoritário da vegetação de hoje, as licófitas foram um dos dois grupos que parecem ter sido a vegetação dominante durante o período Carbonífero. Um tipo de carvão (o "carvão de chama comprida") é formado quase inteiramente de esporos fossilizados da licófita arbustiva *Lepidodendron* – o que nos dá uma idéia da abundância deste gênero nas florestas daquele tempo (ver Figura 28.8). Outros elementos principais da vegetação do Carbonífero incluem cavalinhas e samambaiais.

As cavalinhas, as psilófitas e as samambaias constituem um clado

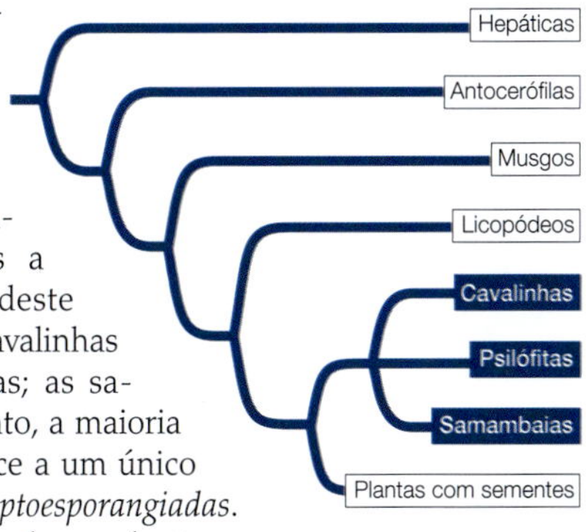
Hepáticas
Antocerófilas
Musgos
Licopódeos
Cavalinhas
Psilófitas
Samambaias
Plantas com sementes

As cavalinhas, as psilófitas e as samambaias, já consideradas distantemente relacionadas, formam um clado, as pteridófitas, ou "samambaias" e "semelhantes a samambaias". Dentro deste clado, as psilófitas e as cavalinhas são ambas monofiléticas; as samambaias não. Entretanto, a maioria das samambaias pertence a um único clado, as *samambaias leptoesporangiadas*. Nas pteridófitas – e em todas as plantas com sementes – há diferenciação entre o caule principal e as ramificações laterais. Esse padrão contrasta com a ramificação dicotômica característica das licófitas e das riniófitas (ver Figura 28.9).

CAVALINHAS As **cavalinhas** são representadas por apenas 15 espécies atuais, aproximadamente. Todas estão em um único gênero, *Equisetum*. Essas plantas são algumas vezes chamadas de "juncos-de-limpeza" (do inglês, "scouring rushes"), já que os depósitos de sílica encontrados em suas paredes celulares as tornavam úteis para a limpeza. Elas possuem raízes verdadeiras que se ramificam irregularmente. Seus esporângios curvam-se em direção ao caule nas extremidades de pequenos talos chamados de esporangióforos (**Figura 28.17A**). As cavalinhas apresentam um grande esporófito e um pequeno gametófito, ambos independentes.

As pequenas folhas das cavalinhas são megáfilos reduzidos que se formam em distintos verticilos (círculos) ao redor do caule (**Figura 28.17B**). O crescimento nas cavalinhas origina-se em grande parte de discos de células em divisão logo acima de cada verticilo de folhas. Dessa forma, cada segmento do caule cresce a partir da sua base. Esse crescimento basal é incomum nas plantas, embora seja encontrado em gramíneas, um grupo importante de plantas com flores, assim como em antocerófilas.

PSILÓFITAS Certa vez houve discordâncias sobre o fato de as riniófitas estarem totalmente extintas. A confusão surgiu devido à existência atual de em torno de 15 espécies em dois gêneros de plantas sem raízes e que contêm esporos, *Psilotum* e *Tmesipteris*, coletivamente chamadas de **psilófitas**. A espécie *Psilotum flaccidum* (**Figura 28.18**) possui apenas escamas diminutas no lugar de folhas verdadeiras, mas as plantas do gênero *Tmesipteris* possuem órgãos fotossintetizantes achatados – megáfilos reduzidos – com tecido vascular bem desenvolvido. Esses dois gêneros são relíquias vivas das riniófitas ou possuiriam eles origens mais recentes?

Acreditou-se, uma vez, que *Psilotum* e *Tmesipteris* fossem descendentes primitivos de ancestrais anatomicamente simples. Essa hipótese foi enfraquecida por um enorme buraco de registros fósseis entre as riniófitas que aparentemente tornaram-se extintas há mais de 300 milhões de anos, e *Psilotum* e *Tmesipteris*, plantas modernas. Dados de seqüências de DNA finalmente puseram um fim à questão em favor de uma origem mais moderna das psilófitas a partir de ancestrais semelhantes às samambaias. As psilófitas são um clado de plantas altamente especializado que evoluiu mais recentemente, a partir de ancestrais anatomicamente mais complexos, pela perda ou redução de megáfilos e raízes verdadeiras. Os gametófitos das psilófitas vivem abaixo da superfície do solo e não apresentam clorofila. Eles dependem de fungos parceiros para a sua nutrição.

Psilotum flaccidum

Figura 28.18 Uma psilófita Os *Psilotum* já foram considerados por alguns riniófitas sobreviventes e, por outros, samambaias. Hoje, este gênero está incluído nas pteridófitas, e está espalhado nos trópicos e subtrópicos.

SAMAMBAIAS O grupo das samambaias surgiu durante o período Devoniano e hoje tem mais de 12.000 espécies. As samambaias não são monofiléticas, embora o clado das samambaias leptoesporangiadas incluam cerca de 97 por cento das espécies de samambaias. As samambaias leptoesporangiadas diferem das outras samambaias por possuírem esporângios com paredes de uma célula de espessura, nascidos em um talo.

Os esporófitos das samambaias, como os de plantas com sementes, possuem raízes verdadeiras, caules e folhas. As samambaias são caracterizadas por grandes folhas com feixes vasculares ramificados (**Figura 28.19A**). Durante o desenvolvimento, a folha da samambaia se desenrola a partir de uma"cabeça de violino"firmemente enrolada (**Figura 28.19B**). Algumas folhas de samambaias tornam-se órgãos ascendentes e podem crescer até 30 metros de comprimento. Algumas espécies possuem folhas pequenas como resultado de redução evolutiva, mas mesmo estas pequenas folhas possuem mais de um feixe vascular e são, portanto, megáfilos (**Figura 28.19C**).

O CICLO DE VIDA DAS SAMAMBAIAS Em todas as samambaias, as *células-mãe de esporos* dentro do esporângio sofrem meiose para formar esporos haplóides. Quando disseminados, os esporos podem ser impelidos por grandes distâncias pelo vento e, eventualmente, germinar para formar gametófitos independentes longe do esporófito parental. A samambaia-trepadeira-do-Velho-Mundo, *Lygodium microphyllum*, está atualmente espalhando-se desastrosamente pelos *Everglades* na Flórida, impedindo o crescimento de outras plantas. Essa rápida dispersão prova a eficiência dos esporos levados pelo vento. Outro exemplo é a marcante diversidade de samambaias que se espalharam pelas isoladas Ilhas Havaianas.

Os gametófitos das samambaias têm o potencial de produzir tanto anterídeos quanto arquegônios, embora não necessariamente ao mesmo tempo ou no mesmo gametófito. Os anterozóides nadam na água até os arquegônios – com freqüência para aqueles em outros gametófitos – onde se unem com uma oosfera. O zigoto resultante desenvolve-se em um novo embrião esporofítico. O jovem esporófito desenvolve uma raiz e pode então crescer independentemente do gametófito. Na alternância de gerações de uma samambaia, o gametófito é pequeno, delicado e de vida curta, mas o esporófito pode ser muito grande e pode algumas vezes sobreviver por centenas de anos (**Figura 28.20**).

Uma vez que requerem água para o transporte dos gametas masculinos, a maioria das samambaias habita florestas sombrias

Figura 28.19 As folhas das samambaias apresentam muitas formas (A) As folhas da avenca-cabelo-de-vênus do hemisfério norte forma um padrão nesta fotografia. (B) A "cabeça de violino" (folha em desenvolvimento) de uma samambaia comum das floresta desenrolar-se-á e expandir-se-á para originar uma folha adulta complexa como aquelas em (A). (C) As folhas de duas espécies de samambaias da água.

(A)
Adiantum pedatum
(B)
(C)
Marsilea sp.
Salvinia sp.

e úmidas e pântanos. As samambaias arbustivas podem alcançar alturas de 20 metros. As samambaias arbustivas não são tão rígidas quanto as plantas lenhosas e elas desenvolveram mal os seus sistemas de raízes. Dessa forma, elas não crescem em locais expostos diretamente a ventos fortes, mas preferencialmente em ravinas ou abaixo de árvores em florestas. Os esporângios das samambaias são encontrados nas faces inferiores das folhas, algumas vezes cobrindo toda a superfície e outras cobrindo apenas as extremidades. Na maioria das espécies, os esporângios são encontrados em agrupamentos chamados *sori* (*sorus* no singular; veja a inserção na Figura 28.20).

A maioria das samambaias é homóspora. Entretanto, dois grupos de samambaias aquáticas, Marsileaceae e Salviniaceae (ver Figura 28.19C), são derivadas de um ancestral comum que evoluiu a heterosporia. Os megásporos e os micrósporos dessas plantas (que germinam produzindo gametófitos femininos e masculinos, respectivamente) são produzidos em diferentes esporângios (megaesporângios e microesporângios), e os micrósporos são sempre muito menores e em maior número que os megásporos.

Alguns gêneros de samambaias produzem um gametófito tuberoso e carnudo no lugar daquele de estrutura achata e fotossintetizante, característica produzida pela maioria das samambaias. Esses gametófitos tuberosos dependem de um fungo mutualístico para sua nutrição; em alguns gêneros, o embrião esporofítico já deve tornar-se associado ao fungo antes que seu desenvolvimento possa ocorrer. Na Seção 30.2, veremos que há muitos outros mutualismos importantes entre plantas e fungos.

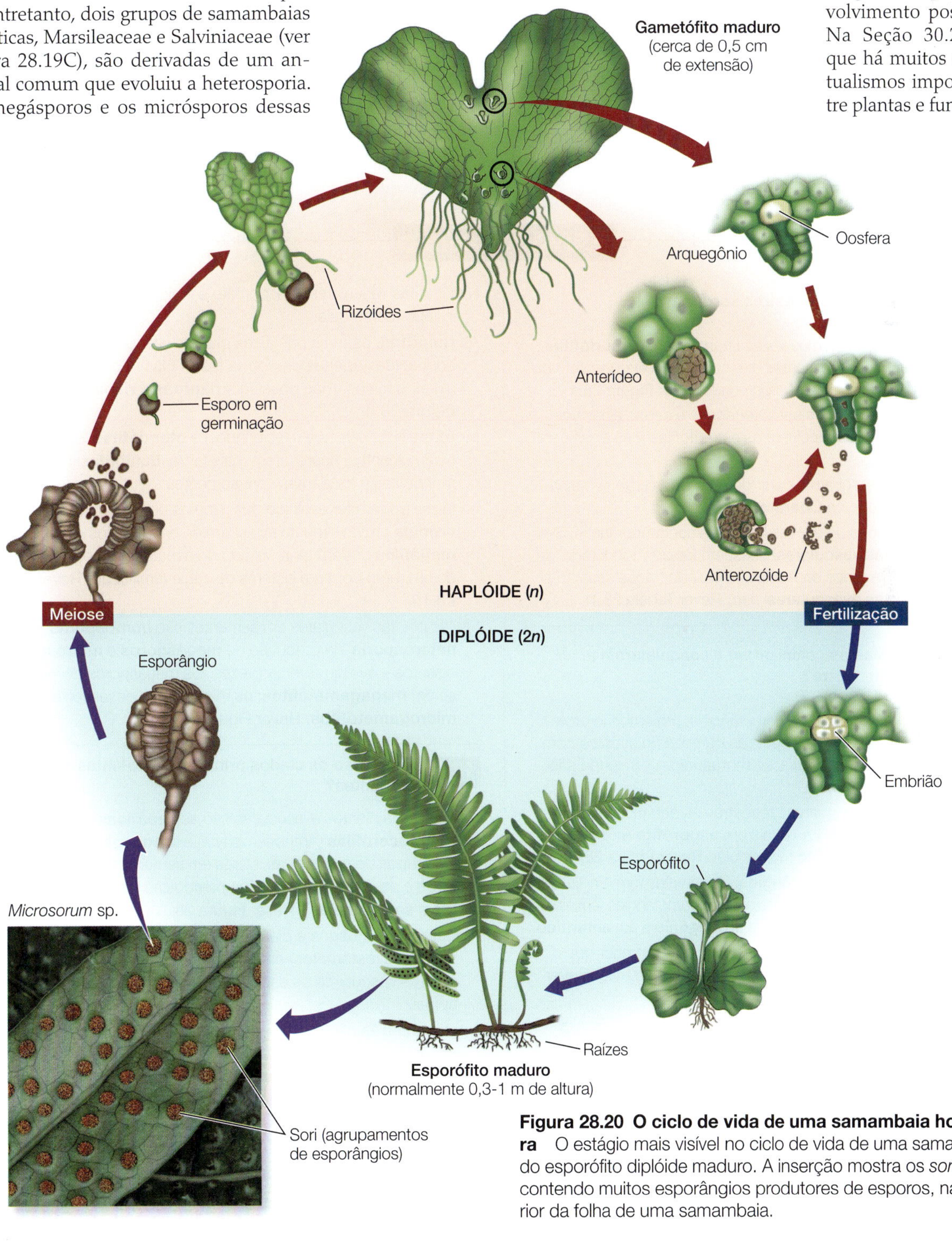
Gametófito maduro
(cerca de 0,5 cm de extensão)
Oosfera
Arquegônio
Rizóides
Anterídeo
Esporo em germinação
Anterozóide
HAPLÓIDE (*n*)
Meiose
Fertilização
DIPLÓIDE (2*n*)
Esporângio
Embrião
Esporófito
Microsorum sp.
Raízes
Esporófito maduro
(normalmente 0,3-1 m de altura)
Sori (agrupamentos de esporângios)

Figura 28.20 O ciclo de vida de uma samambaia homóspora O estágio mais visível no ciclo de vida de uma samambaia é o do esporófito diplóide maduro. A inserção mostra os *sori*, cada um contendo muitos esporângios produtores de esporos, na face inferior da folha de uma samambaia.

28.4 RECAPITULAÇÃO

Três clados de plantas terrestres não apresentam sistema vascular verdadeiro (hepáticas, antocerófilas e musgos). As plantas vasculares sem sementes são os licopódeos, as cavalinhas, as psilófitas e as samambaias. As samambaias não são um clado.

- Qual é a diferença entre os padrões de ramificação das licófitas e das pteridófitas? Ver p. 625.
- Por que se acreditou uma vez que as psilófitas eram parentes próximos das riniófitas? Ver p. 625.
- Por que a maioria das samambaias vive em áreas úmidas e sombreadas? Ver p. 626.

As plantas vasculares sem sementes e, especialmente, as samambaias, eram há muito tempo consideradas um *beco sem saída* evolutivo – isto é, um grupo com grande diversidade nos registros fósseis mas com pouca diversidade no presente. Entretanto, recentes pesquisas baseadas em DNA sugeriram que a diversificação das samambaias ocorreu muito mais recentemente do que se pensava. A expansão das plantas com flores e seu domínio nas florestas, em verdade, ocorreu antes da diversificação das samambaias existentes hoje, que presumivelmente tiraram proveito dos novos ambientes criados por essas florestas.

Todas as plantas vasculares que discutimos até aqui dispersam-se por esporos. No próximo capítulo, discutiremos as plantas que dominam a maior parte da vegetação da Terra hoje – as plantas com sementes, cujas sementes propiciam uma nova proteção ao esporófito indisponível àqueles de outras plantas vasculares. Mesmo sem essa proteção, as antigas plantas vasculares foram tão bem sucedidas e abundantes que formaram vastas florestas, algumas hoje remanescentes na forma de carvão. Seus representantes modernos são o resultado de um longo caminho evolutivo a partir das plantas descobertas por Dawson e por Kidston e Lang.

RESUMO DO CAPÍTULO

28.1 Como as plantas terrestres surgiram?

As **plantas terrestres,** algumas vezes chamadas de **embriófitas**, são eucariotos fotossintetizantes que se desenvolvem a partir de embriões protegidos por tecido parental. Rever Figura 28.1.

As **estreptófitas** incluem as plantas terrestres e certas algas verdes. As **plantas verdes** incluem as estreptófitas e as algas verdes remanescentes.

As plantas terrestres surgiram a partir de uma alga verde aquática ancestral relacionado às ***Charales*** atuais.

Há dez principais grupos de plantas terrestres contemporâneas. Sete grupos (as **plantas vasculares**) possuem tecidos condutores de água bem desenvolvidos com células incluindo traqueídeos; três grupos (as **plantas avasculares**) não. Rever Tabela 28.1.

28.2 Como as plantas colonizaram e conquistaram a superfície terrestre?

A aquisição de uma **cutícula**, os gametângios, um embrião protegido, pigmentos protetores, espessas paredes de esporos com polímeros protetores e associação mutualística com fungo são adaptações à vida terrestre.

Todos os ciclos de vida de plantas terrestres caracterizam-se por alternância de gerações, nas quais um **esporófito** multicelular alterna com um **gametófito** multicelular. Rever Figura 28.4.

Os esporos formam-se em **esporângios**; os gametas formam-se em **gametângios**. Nas plantas avasculares os gametângios feminino e masculino são, respectivamente, um **arquegônio** e um **anterídeo**.

O esporófito de hepáticas, antocerófilas e musgos é menor que o gametófito e depende dele para obter água e nutrientes. Rever Figura 28.5.

28.3 Que características distinguem as plantas vasculares?

Um **sistema vascular**, consistindo de **xilema** e **floema**, conduz água, minerais e produtos da fotossíntese através dos corpos das plantas vasculares. Rever Figura 28.7.

Nas plantas vasculares, o esporófito é maior que o gametófito e independente dele.

As **riniófitas**, as mais primitivas plantas vasculares, são conhecidas apenas em forma fóssil. Elas não apresentavam raízes e folhas, mas possuíam **rizomas** e **rizóides**. Rever Figura 28.9.

Licófitas (licopódeos e relacionados) e **pteridófitas** (samambaias e semelhantes) apareceram mais tarde. **Eufilófitas** incluem as pteridófitas e as plantas com sementes.

As raízes podem ter evoluído dos rizomas ou dos ramos. Os **micrófilos** provavelmente evoluíram de esporângios estéreis, e os **megáfilos** podem ter resultado do achatamento e da redução de um ramo com um sistema de caule ramificado. Rever Figura 28.10.

Muitas plantas vasculares em sementes são **homósporas**, mas a **heterosporia** – a produção de **megásporos** e **micrósporos** distintos – evoluiu diversas vezes. Os megásporos desenvolvem-se em **megagametófitos**; os micrósporos desenvolvem-se em **microgametófitos**. Rever Figura 28.12.

28.4 Quais são os clados principais de plantas sem sementes?

Os clados de plantas avasculares são as **hepáticas** (Hepatophyta), as **antocerófilas** (Anthocerophyta) e os **musgos** (Bryophyta). Os grupos de plantas vasculares em sementes são os **licopódeos** e seus relacionados e as pteridófitas (**cavalinhas**, **psilófitas** e **samambaias**). Rever Figura 28.7.

Antocerófilas, musgos e plantas vasculares possuem poros de superfície (estômatos) em suas folhas. Nos musgos e nas plantas vasculares os esporófitos crescem por divisão celular apical.

As samambaias não são um clado, embora 97 por cento das espécies de samambaias constituam um clado chamado de samambaias leptoesporangiadas. As samambaias possuem megáfilos com feixes vasculares ramificados.

QUESTÕES

1 As plantas terrestres diferem dos protistas fotossintetizantes já que apenas as plantas
a são fotossintetizantes.
b são multicelulares.
c possuem cloroplastos.
d possuem embriões multicelulares protegidos por tecido parental.
e são eucarióticas.

2 Qual afirmação sobre alternância de gerações em plantas terrestres não é verdadeira?
a O gametófito e o esporófito diferem em aparência.
b A meiose ocorre nos esporângios.
c Os gametas são sempre produzidos por meiose.
d O zigoto é a primeira célula da geração esporofítica.
e O gametófito e o esporófito diferem em número de cromossomos.

3 Qual afirmação não é uma evidência da origem das plantas a partir de algas verdes?
a Algumas algas possuem esporófitos e gametófitos multicelulares.
b Tanto plantas como algas verdes possuem celulose nas paredes celulares.
c Os dois grupos possuem os mesmos pigmentos fotossintéticos.
d Tanto plantas como algas verdes produzem amido como principal carboidrato de reserva.
e Todas as algas verdes produzem oosferas grandes estacionárias.

4 Hepáticas, antocerófilas e musgos
a não apresentam uma geração esporofítica.
b crescem em emaranhados densos, permitindo o movimento da água por capilaridade.
c possuem xilema e floema.
d possuem folhas verdadeiras.
e possuem raízes verdadeiras.

5 Qual afirmação sobre os musgos não é verdadeira?
a O esporófito é dependente do gametófito.
b Anterozóides são produzidos em arquegônios.
c Há mais espécies de musgos que de hepáticas e antocerófilas combinadas.
d O esporófito cresce por divisão celular apical.
e Os musgos são provavelmente irmãos das plantas vasculares

6 Megáfilos
a provavelmente evoluíram apenas uma vez.
b são encontrados em todos os grupos de plantas vasculares.
c provavelmente surgiram de esporângios estéreis.
d são as folhas características dos licopódeos.
e são as folhas características das cavalinhas e das samambaias.

7 As riniófitas
a não possuem traqueídeos.
b possuem raízes verdadeiras.
c possuem esporângios nas extremidades dos caules.
d possuem folhas.
e não apresentam caules ramificados.

8 Licopódeos e cavalinhas
a possuem gametófitos maiores que os esporófitos.
b possuem folhas pequenas.
c são representadas hoje principalmente por árvores.
d nunca foram uma parte dominante da vegetação.
e produzem frutos.

9 Qual a afirmação a respeito das samambaias que *não é* verdadeira?
a O esporófito é maior que o gametófito.
b A maioria é heteróspora.
c O esporófito jovem pode crescer independentemente do gametófito.
d A folha é um megáfilo.
e Os gametófitos produzem arquegônios e anterídeos.

10 As samambaias leptoesporangiadas
a não são um grupo monofilético.
b possuem esporângios com paredes de mais de uma célula de espessura.
c constituem uma minoria de todas as samambaias.
d são pteridófitas.
e produzem sementes.

PARA DISCUSSÃO

1. Musgos e samambaias compartilham uma característica comum que torna as gotas de água uma necessidade para a reprodução sexual. Que característica é essa?
2. Os musgos são bem adaptados para a vida terrestre? Justifique sua resposta.
3. As samambaias apresentam uma geração esporofítica dominante (com grandes folhas). Descreva o maior avanço na anatomia que permitiu a maioria das samambaias crescer muito maiores que os musgos.
4. Que características distinguem os licopódeos das cavalinhas? Que características distinguem estes grupos das riniófitas? E das samambaias?
5. Por que alguns botânicos uma vez acreditavam que as psilófitas poderiam ser classificadas juntamente com as riniófitas?
6. Compare micrófilos e megáfilos em termos de estrutura, origem evolutiva e ocorrência entre as plantas.

PARA INVESTIGAÇÃO

As descobertas de Osborne a respeito da evolução dos megáfilos (ver Figura 28.11) sustentam o conceito de que megáfilos grandes só tornaram-se comuns após o nível de CO_2 da atmosfera ter caído, de forma que mais estômatos eram produzidos, permitindo que a água evaporasse resfriando as folhas maiores. Como você poderia ampliar este trabalho para confirmar o envolvimento da temperatura como fator limitante do tamanho da folha?

CAPÍTULO 29 A Evolução das Plantas com Sementes

Uma semente dos tempos bíblicos germina em 2005

A tâmara da Judéia já foi muito apreciada. O Profeta Maomé admirou suas propriedades nutricionais e medicinais. No Alcorão, ela é associada com o paraíso e descrita como símbolo de bondade. Essa tâmara foi a fonte do "mel" na passagem bíblica "terra de leite e mel". Hoje, essa linhagem ancestral de tâmara não mais existe. Ou existe?

Há aproximadamente 2.000 anos, no início da era cristã, uma semente desenvolveu-se no fruto de uma tamareira da Judéia. O fruto que continha essa semente foi guardado numa despensa na fortaleza de Masada, Judéia. Em 73 d.C., um grupo de 960 judeus zelotes, envolvido em uma revolta religiosa contra Roma, fugiu para esse refúgio com suas famílias. Legiões romanas os seguiram, e a fortaleza os protegeu por mais de dois anos. Por fim, antes de serem mortos ou escravizados pelos soldados romanos, os fanáticos mataram suas famílias e a si próprios em um dramático suicídio em massa.

Vinte séculos após, arqueólogos que trabalhavam em Masada acabaram descobrindo a semente daquela tamareira e confirmaram sua idade. O recorde anterior para a sobrevivência e germinação de sementes era de 1.200 anos, mantido por sementes de lótus recentemente germinadas sob a atenção de cientistas na China. Porém, a botânica Elaine Solowey obteve êxito na germinação da semente de 2.000 anos de idade! A semente germinada resultante continuou a crescer. Talvez os egípcios ancestrais estivessem certos em colocar sementes de tâmaras nas tumbas dos faraós como símbolo da imortalidade.

As sementes são estruturas importantes para a sobrevivência das plantas. Elas protegem o embrião da planta, contido dentro delas, de extremos ambientais por um tempo que pode chegar a ser um longo período de latência – no caso da tâmara da Judéia, muitos séculos em deserto árido. Sementes de coqueiros permanecem dormentes por anos enquanto flutuam por extensas áreas do oceano, quando finalmente encontram uma praia distante, onde germinam e crescem. Tal resistência é uma das propriedades que contribuem para tornar as plantas com sementes o tipo predominante na Terra. Todas as florestas atuais são dominadas por plantas com sementes.

Um refúgio Como precaução, o rei Herodes da Judéia construiu uma fortaleza em Masada e estocou água e comida (incluindo tâmaras).

A semente forte Esta semente de coco chegou a uma praia, onde ela conseguiu germinar. A evolução das sementes foi o principal fator da dominância das plantas com sementes.

Sendo assim, a semente germinada sob os cuidados da Dra. Solowey poderá servir como precursora de uma nova população de tâmaras da Judéia, ressuscitando aquele genótipo da extinção? Infelizmente, isso não poderá acontecer, pois as tamareiras são de sexos diferentes. Passarão muitos anos antes de aprendermos o sexo desta planta (caso ela sobreviva). E em virtude do sexo, ela não poderá reproduzir sozinha.

Em verdade, muitas espécies de plantas com sementes não necessitam de outra planta para se reproduzirem sexualmente, porém a sexualidade das tamareiras e outras plantas é conhecida desde os primórdios da agricultura. Os atributos que dão a vida às plantas com semente são indispensáveis, e os humanos têm tentado entender e acrescentar aos ciclos reprodutivos das plantas.

NESTE CAPÍTULO descrevemos e definimos as características das plantas com sementes como um grupo. Descrevemos as flores e as frutas características do seu grupo dominante, as plantas com flores ou angiospermas. Finalmente, consideramos alguns dos problemas não-resolvidos sobre a evolução das plantas com sementes e concluímos com uma visão geral sobre a diversidade destas.

DESTAQUES DO CAPÍTULO

29.1 **Como** as plantas com sementes tornaram-se a vegetação dominante de hoje?

29.2 **Quais** são os principais grupos de gimnospermas?

29.3 **Quais** aspectos distinguem as angiospermas?

29.4 **Como** as angiospermas foram originadas e se diversificaram?

29.5 **Como** as plantas sustentam o nosso mundo?

29.1 Como as plantas com sementes tornaram-se a vegetação dominante de hoje?

No fim do período Devoniano, há mais de 300 milhões de anos, a terra foi o lar de uma grande variedade de plantas terrestres, muitas das quais discutimos no capítulo anterior. Essas plantas compartilham o ambiente terrestre quente e úmido com insetos, aranhas, centopéias, anfíbios. As plantas e os animais afetam uns aos outros, atuando como agentes de seleção natural.

No fim desse período, uma inovação apareceu: algumas plantas desenvolveram caules lenhosos bastante espessos, que resultaram da proliferação do xilema. Esse tipo de crescimento no diâmetro de caules e raízes é chamado de **crescimento secundário**. As primeiras plantas com essa adaptação foram plantas vasculares sem sementes chamadas *progimnospermas*, atualmente extintas.

As plantas com sementes são o grupo mais recente de plantas vasculares a surgir. A evidência fóssil mais primitiva de plantas com sementes é encontrada em rochas do Devoniano. Assim como as progimnospermas, essas *samambaias com sementes* são lenhosas. Elas possuem folhagem semelhante à samambaia, porém apresentam sementes presas às folhas. Até o período Carbonífero, novas linhagens de plantas com sementes surgiram (**Figura 29.1**).

As diversas linhagens de samambaias com sementes são conhecidas somente como fósseis. Duas dessas linhagens são básicas para a sobrevivência de plantas com sementes e são classificadas em dois filos: as **gimnospermas** (como pinheiros e cícadas) e as **angiospermas** (plantas com flores). Atualmente existem quatro filos de gimnospermas e um de angiospermas (**Figura 29.2**). As relações filogenéticas entre essas cinco linhagens ainda não foram esclarecidas; discutiremos algumas destas questões no decorrer deste capítulo. Todas as gimnospermas e muitas das angiospermas apresentam crescimento secundário. Os ciclos de vida de todas as plantas com semente também compartilham aspectos principais, como poderemos verificar a seguir.

Características do ciclo de vida das plantas com sementes protegem gametas e embriões

Na Seção 28.2, verificamos um aspecto na evolução de plantas: o esporófito torna-se menos dependente do gametófito, que se torna menor em relação ao esporófito. Essa característica continuou com o aparecimento de plantas com semen-

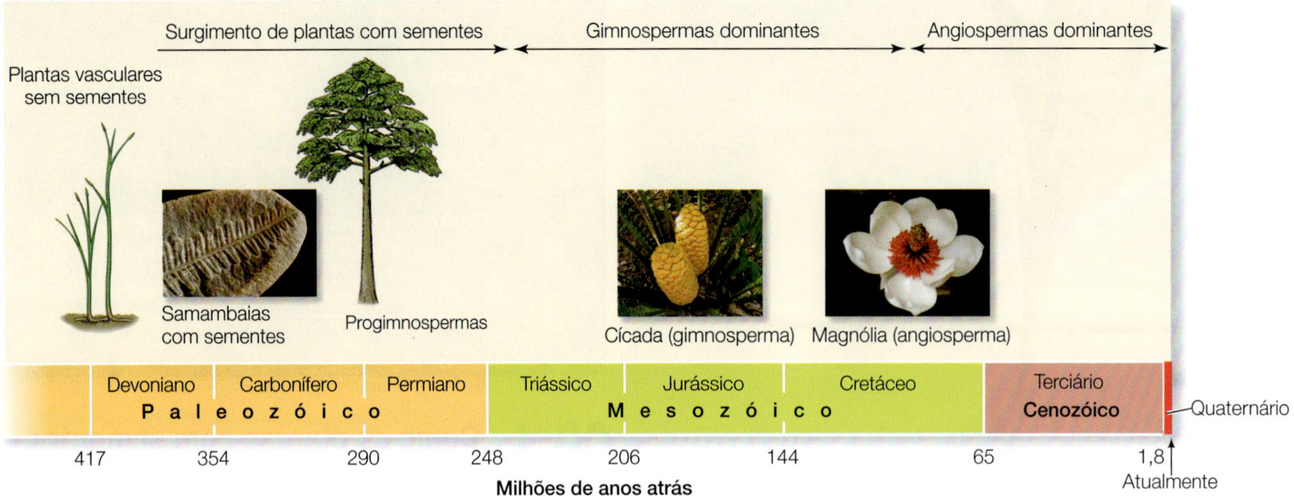
Surgimento de plantas com sementes
Gimnospermas dominantes
Angiospermas dominantes
Plantas vasculares sem sementes
Samambaias com sementes
Progimnospermas
Cícada (gimnosperma)
Magnólia (angiosperma)
Devoniano
Carbonífero
Permiano
Paleozóico
Triássico
Jurássico
Cretáceo
Mesozóico
Terciário
Cenozóico
Quaternário
417
354
290
248
206
144
65
1,8
Atualmente
Milhões de anos atrás

Figura 29.1 História das plantas com sementes O crescimento de lenhosas evoluiu nas progimnospermas sem sementes. As samambaias com sementes, atualmente extintas, apresentavam crescimento lenhoso, folhagem semelhante a das samambaias atuais e sementes presas às folhas. Novas linhagens de plantas com sementes surgiram durante o período Carbonífero.

tes, cuja geração gametofítica é ainda mais reduzida do que nas samambaias (**Figura 29.3**). O gametófito haplóide se desenvolve parcial ou inteiramente enquanto está ligado ao esporófito diplóide e depende nutricionalmente deste.

Dentre as plantas com sementes, apenas os primeiros tipos de gimnospermas (e seus poucos sobreviventes) possuíam gameta masculino natante. Os últimos tipos de gimnospermas e as angiospermas desenvolveram outros meios de unir os gametas feminino e masculino. O que culminou nesse extraordinário aspecto evolutivo nas plantas com sementes foi a independência da água, da qual as primeiras plantas precisavam para a reprodução sexual. Isso deu a essas plantas a vantagem de disseminação no ambiente terrestre.

As plantas com sementes são heterósporas (ver Figura 28.12B); ou seja, produzem dois tipos de esporos, um que se torna o gametófito masculino e outro que se torna o gametófito feminino. Elas formam megaesporângios e microesporângios separados em estruturas agrupadas em curtos eixos, como os cones e estróbilos das coníferas e as flores das angiospermas.

Assim como nas outras plantas, os esporos das plantas com sementes são produzidos por meiose dentro dos esporângios, mas nas plantas com sementes os megásporos não se soltam. Em vez disso, eles se desenvolvem em gametófitos femininos dentro dos megaesporângios. Esses megagametófitos dependem do esporófito para obter alimento e água.

Na maioria das espécies de plantas com sementes, apenas um dos produtos meióticos sobrevive no megaesporângio. O núcleo haplóide sobrevivente divide-se mitoticamente, e as células resultantes dividem-se novamente para produzir um gametófito multicelular feminino. Este megagametófito fica retido dentro do megaesporângio, onde amadurece e produz a oosfera por mitose. O megagametófito, por sua vez, abriga o desenvolvimento primário da geração esporofítica seguinte, que ocorre após a fertilização da oosfera. O megaesporângio é cercado por estruturas esporofíticas estéreis, que formam um **tegumento** protetor do megaesporângio e de seu conteúdo. Juntos, o megaesporângio e o tegumento constituem o **óvulo**, que se desenvolve na semente.

Dentro do microesporângio, os produtos da meiose são os micrósporos, que se dividem mitoticamente dentro da parede do esporo uma ou algumas vezes para formar o gametófito mascu-

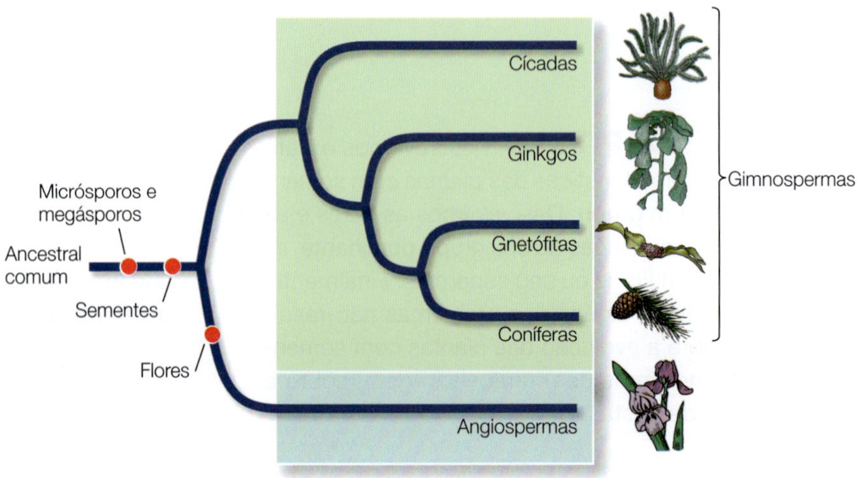
Micrósporos e megásporos
Ancestral comum
Sementes
Flores
Cícadas
Ginkgos
Gnetófitas
Coníferas
Angiospermas
Gimnospermas

Figura 29.2 Os principais filos das plantas com sementes Existem quatro filos de gimnospermas e um de angiospermas. Suas relações evolutivas exatas ainda são incertas, porém esta figura representa a atual interpretação.

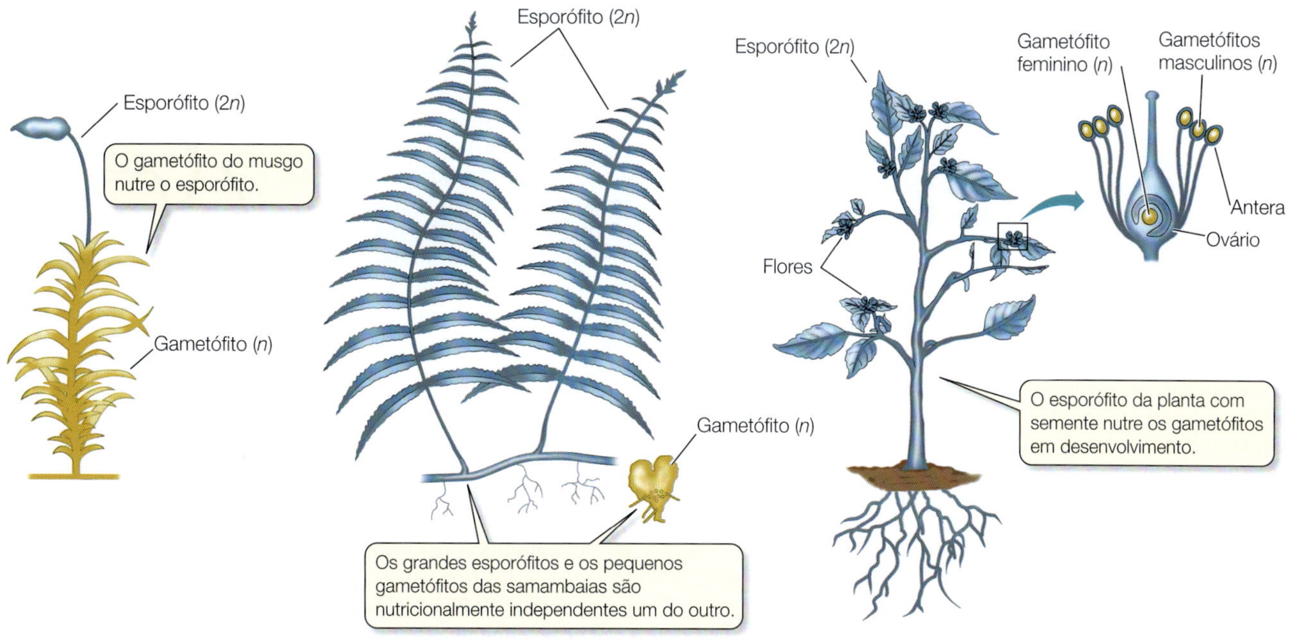
Esporófito (2n)
O gametófito do musgo nutre o esporófito.
Gametófito (n)
Esporófito (2n)
Gametófito (n)
Os grandes esporófitos e os pequenos gametófitos das samambaias são nutricionalmente independentes um do outro.
Esporófito (2n)
Flores
Gametófito feminino (n)
Gametófitos masculinos (n)
Antera
Ovário
O esporófito da planta com semente nutre os gametófitos em desenvolvimento.

Figura 29.3 A relação entre esporófito e gametófito evoluiu No curso da evolução das plantas, o gametófito foi reduzido e o esporófito tornou-se mais proeminente.

lino chamado de **grão de pólen**. Os grãos de pólen são liberados do microesporângio para serem distribuídos por vento, inseto, ave ou agricultor (**Figura 29.4**). A parede do grão de pólen contém *esporopolenina*, o composto biológico mais resistente quimicamente conhecido, que protege o grão de pólen contra a desidratação e dano químico – outra vantagem em termos de sobrevivência no ambiente terrestre. Lembre que a esporopolenina das paredes dos esporos também contribuiu para a colonização do ambiente terrestre pelas primeiras plantas.

A chegada do grão de pólen em uma superfície terrestre apropriada, próxima ao gametófito feminino no esporófito das mesmas espécies, é chamada de **polinização**. Um grão de pólen que alcança esse ponto continua a se desenvolver. Ele produz um delgado **tubo polínico** que se alonga e segue seu caminho pelo tecido esporofítico em direção ao megagametófito. Quando a extremidade do tubo polínico alcança o megagametófito, duas células espermáticas são liberadas do tubo e então ocorre a fertilização.

O zigoto diplóide resultante se divide repetidas vezes, formando um esporófito embrionário. Após um período de desenvolvimento embrionário, o crescimento fica temporariamente suspenso (o embrião entra em estágio *latente*). O produto final deste estágio é a **semente** multicelular.

A semente é um pacote complexo e bem protegido

Uma semente pode conter tecidos das três gerações. O envoltório da semente desenvolve-se a partir de tecidos do esporófito diplóide parental que circunda o megaesporângio (o tegumento). Dentro do megaesporângio está o tecido gametofítico feminino haplóide da geração seguinte, que contém um suprimento de nutrientes para o desenvolvimento do embrião. (Esse tecido é relativamente extenso na maioria das sementes de gimnospermas. Nas sementes de angiospermas, o seu lugar é tomado por um tecido chamado endosperma, discutido a seguir.) No centro da semente está a terceira geração, o embrião do novo esporófito diplóide.

Betula pendula

Figura 29.4 Grãos de pólen Os grãos de pólen são os gametófitos masculinos das plantas com sementes. O pólen desta bétula ou vidoeiro-branco é dispersado pelo vento, e os grãos podem chegar aos gametófitos femininos da mesma ou de outras árvores de bétula.

A semente de uma gimnosperma ou de uma angiosperma é um estágio latente bem-protegido. As sementes de algumas espécies podem permanecer *viáveis* (capazes de crescimento e desenvolvimento) por muitos anos, germinando quando as condições forem favoráveis para o crescimento do esporófito, como no caso das sementes de tamareira mencionadas no início deste capítulo. Ao contrário, os embriões das plantas sem sementes desenvolvem-se diretamente em esporófitos, que ou sobrevivem ou morrem, dependendo das condições ambientais; não há estágio latente no ciclo de vida.

Durante o estágio dormente, o envoltório da semente protege o embrião de secagem excessiva e pode também protegê-lo de predadores em potencial que, caso contrário, comeriam o embrião e suas reservas de alimento. Muitas sementes possuem adaptações estruturais que promovem a dispersão pelo vento ou, mais freqüentemente, por animais. Quando o esporófito jovem retoma o crescimento, recorre às reservas de alimento da semente. A presença das sementes é uma das principais razões para o enorme sucesso evolutivo das plantas com sementes, atualmente as formas de vida dominantes nas floras terrestres da maioria das áreas da Terra. Entretanto, existe uma outra razão para a sua dominância: o crescimento secundário.

Uma mudança na anatomia possibilita o crescimento de plantas com sementes a grandes estaturas

A maioria das plantas com sementes ancestrais produzia **lenho** – xilema extensivamente proliferado – que lhes fornecia suporte para crescer mais do que as outras plantas a sua volta, capturando mais luz para a fotossíntese. A porção mais jovem do lenho é bem adaptada para o transporte de água, enquanto a porção mais velha fica obstruída com resinas ou outros materiais. Apesar da pouca funcionalidade no transporte, o lenho mais velho continua a fornecer suporte para a planta.

Nem todas as plantas com sementes são lenhosas. No curso da evolução dessas plantas, muitas perderam o hábito de crescimento lenhoso; entretanto, outros atributos vantajosos as auxiliam no estabelecimento em uma extraordinária variedade de locais.

29.1 RECAPITULAÇÃO

O pólen, as sementes e o lenho são as principais inovações evolutivas das plantas com sementes. A proteção dos gametas e dos embriões é uma importante característica das plantas com sementes.

- Você pode distinguir entre o papel do megagametófito e do grão de pólen? Ver p. 632.
- Você entende a importância do pólen em libertar as plantas com sementes da dependência da água? Ver p. 633.
- Quais são algumas das vantagens disponibilizadas por essas sementes? E pelo lenho? Ver p. 633-634.

As samambaias com sementes e as progimnospermas foram extintas há bastante tempo, porém as plantas com sementes sobreviventes tiveram notável sucesso. Vamos dar uma olhada nas plantas com sementes mais antigas que sobreviveram: as gimnospermas.

29.2 Quais são os principais grupos de gimnospermas?

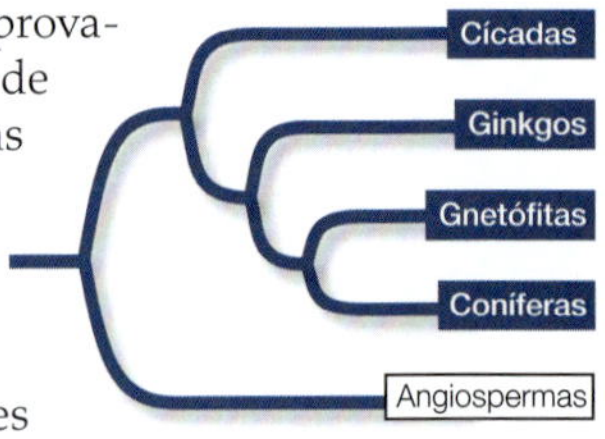
Cícadas
Ginkgos
Gnetófitas
Coníferas
Angiospermas

As gimnospermas existentes são provavelmente uma linhagem, apesar de ainda não terem sido estabelecidas como tal. As gimnospermas são plantas com sementes que não formam flores. Seu nome (que significa "sementes nuas") deriva do fato de seus óvulos e sementes não serem protegidos por ovário ou tecido do fruto. Apesar de existirem atualmente menos do que 850 espécies de gimnospermas, essas plantas estão em segundo lugar em dominância no ambiente terrestre, atrás apenas das angiospermas.

Os quatro principais filos de gimnospermas possuem semelhança entre si:

- As **cícadas** (*Cycadophyta*) são plantas parecidas com as palmeiras dos trópicos e subtrópicos, crescendo até 20 m de altura (**Figura 29.5A**). Das gimnospermas atuais, as cícadas são, provavelmente, a linhagem que divergiu por primeiro. Existem cerca de 140 espécies de cícadas. Seus tecidos são altamente tóxicos a humanos.
- Os **ginkgos** (*Ginkgophyta*), comuns durante a era Mesozóica, são hoje representados por um único gênero e uma única espécie, *Ginkgo biloba*, a "árvore avenca" (**Figura 29.5B**). Essas árvores podem ser tanto masculinas (microsporangiadas) como femininas (megasporangiadas). As diferenças são determinadas pelos cromossomos sexuais X e Y, como em humanos; poucas outras plantas possuem cromossomos sexuais.
- As **gnetófitas** (*Gnetophyta*) consistem em aproximadamente 90 espécies em três gêneros diferentes, que compartilham algumas características encontradas nas angiospermas, como veremos a seguir. Uma das gnetófitas é a *Welwitschia* (**Figura 29.5C**), duradoura planta do deserto, com apenas duas folhas em forma de fita que se esparramam na areia e podem chegar a 3 m de comprimento.
- As **coníferas** (*Coniferophyta*) são, de longe, as gimnospermas mais abundantes. Existem aproximadamente 600 espécies dessas plantas, incluindo os pinheiros e as sequóias (**Figura 29.5D**).

Todas as gimnospermas, exceto as gnetófitas, apresentam apenas traqueídeos como células condutoras de água e de sustentação dentro do xilema. Nas angiospermas, as células chamadas elementos de vasos e fibras, especializadas na condução de água e na sustentação, respectivamente, são encontradas além dos traqueídeos. Apesar do sistema de sustentação e de condução de água das gimnospermas parecer menos eficaz do que aquele das angiospermas, ele funciona em algumas das maiores árvores conhecidas. As sequóias da costa da Califórnia são as gimnospermas mais altas; a maior tem mais de 100 m de altura.

Durante o período Permiano, o ambiente tornou-se mais quente e seco e as coníferas e cícadas prosperaram. As florestas de gimnospermas mudaram ao longo do tempo, à medida que os grupos de gimnospermas evoluíam. As gimnospermas dominavam a era Mesozóica, durante a separação dos continentes e a presença dos dinossauros na Terra. Elas eram as principais árvores em todas as florestas até menos de cem milhões de anos atrás; e ainda dominam mesmo nos dias de hoje, as coníferas são as árvores dominantes em muitas florestas.

(A) *Encephalartos villosus*

(B) *Ginkgo biloba*

(C) *Welwitschia mirabilis*

(D) *Sequoiadendron giganteum*

Figura 29.5 Diversidade entre as gimnospermas (A) Muitas cícadas têm uma forma de crescimento que lembra tanto as samambaias como as palmeiras, porém não estão relacionadas a nenhuma dessas. (B) O envoltório de semente polposo e as folhas largas característicos da samambaia. (C) Uma gnetófita crescendo no Deserto da Namíbia na África. Duas folhas imensas, em forma de fita, crescem ao longo da vida da planta, quebrando e se dividindo à medida que crescem. (D) Coníferas, como esta sequóia gigantesca que cresce no Parque Nacional da Sequóia, Califórnia, dominam muitas das florestas modernas.

O ser vivo mais antigo na Terra é uma gimnosperma da Califórnia – um pinheiro chamado "Matusalém" – que começou a viver há aproximadamente 4.800 anos, quando os Egípcios estavam começando a desenvolver a escrita.

A relação entre gnetófitas e coníferas é tema de pesquisa contínua

Apesar das cícadas, ginkgo e gnetófitas serem todas linhagens, a classificação das coníferas ainda não está definida. Existem evidências que favorecem uma hipótese – a hipótese "gnetifer" – na qual as gnetófitas e as coníferas são linhagens irmãs (**Figura 29.6A**). Entretanto, também existem evidências que favorecem uma hipótese alternativa – a hipótese "gnepine" – na qual as gnetófitas são colocadas dentro de um parafilo de coníferas (**Figura 29.6B**). Por que existe essa confusão e como ela pode ser resolvida?

Os dados obtidos a partir de DNA deixaram claro que as gnetófitas e as coníferas estão bastante relacionadas – mas como? A maioria dos estudos baseados em genes de cloroplasto e mitocôndria tem sustentado a hipótese "gnepine". Entretanto, outros estudos baseados em rDNA (DNA que codifica rRNA) têm favorecido a hipótese "gnetifer", como alguns estudos de genes de cloroplastos. Uma importante causa de confusão pode ser a utilização de diferentes conjuntos (geralmente pequenos) de espécies para comparação; outra causa seria o uso de diferentes fontes de DNA.

Existe uma concordância sobre a necessidade de estudos que incluam mais espécies e mais genes. O uso de novos grupos também auxiliaria em análises futuras (ver Seção 25.2). A expectativa de que esses estudos esclareçam a situação é razoável.

Sendo as coníferas, ou não, uma linhagem, elas são as gimnospermas mais abundantes. Vamos estudá-las em maior detalhe.

(A) Hipótese "gnetifer"

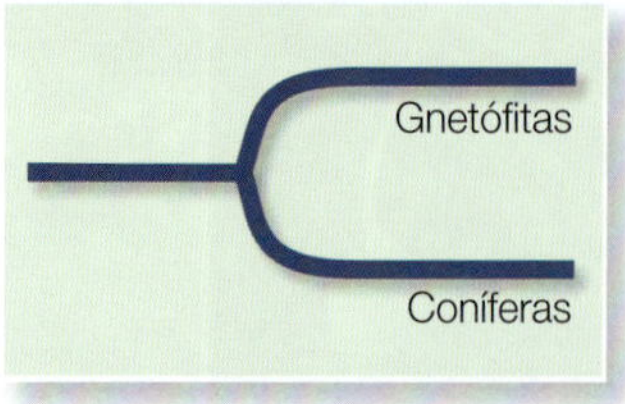
Gnetófitas
Coníferas

(B) Hipótese "gnepine"

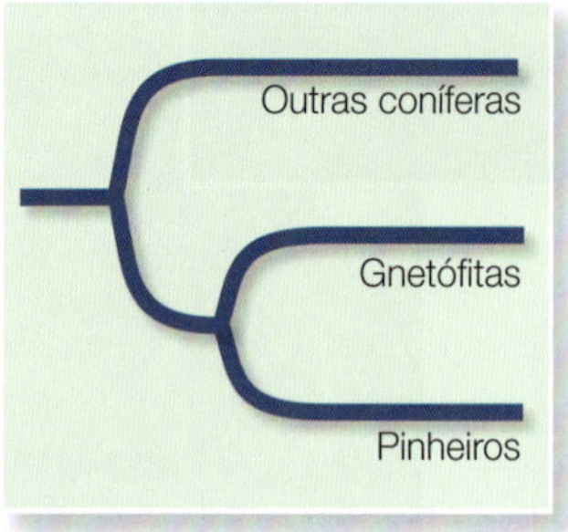
Outras coníferas
Gnetófitas
Pinheiros

Figura 29.6 Duas interpretações da filogenia de coníferas (A) De acordo com a hipótese "gnetifer", as coníferas são uma linhagem. (B) De acordo com a hipótese "gnepine", as coníferas são um parafilo.

As coníferas possuem cones, mas nenhum gameta móvel

As grandes florestas de cedro e coníferas do noroeste dos Estados Unidos e as massivas florestas boreais de pinheiros, coníferas e abetos que cobrem as regiões continentais norte da Eurásia e América do Norte, e as encostas mais altas das cadeias de montanhas, estão entre as maiores formações de vegetação do mundo. Todas essas árvores pertencem a um filo de gimnospermas, o Coniferophyta – as coníferas, ou árvores com cones. Um **cone** apresenta um curto eixo central (caule modificado) que contém um feixe apertado de escamas ou *ramos* reduzidos especializados para a reprodução (**Figura 29.7A**). Um estróbilo é um conjunto de escamas em forma de cone, ou seja, folhas modificadas inseridas em um eixo (**Figura 29.7B**). Os megásporos e as sementes são produzidos em cones, e os micrósporos são produzidos em estróbilos. Os cones são geralmente maiores do que os estróbilos.

Utilizaremos o ciclo de vida de um pinheiro para ilustrar a reprodução nas gimnospermas (**Figura 29.8**). A produção de gametófitos masculinos na forma de grãos de pólen deixa a planta livre da dependência de água para a fertilização. Em vez da água, é o vento que auxilia os grãos de pólen das coníferas em seu primeiro estágio de transporte do estróbilo até o gametófito feminino, dentro do cone (ver Figura 29.4). O tubo polínico fornece a célula espermática e os meios para a última etapa do transporte, alongando-se e seguindo o caminho através do tecido esporofítico materno. Quando alcança o gametófito feminino, ele libera duas células espermáticas, uma das quais degenera depois que a outra se une com a oosfera. A união da célula espermática e da oosfera resulta no zigoto; divisões mitóticas e o desenvolvimento do zigoto resultam no embrião.

O megaesporângio, que formará o gametófito feminino, está envolvido por uma camada de tecido esporofítico – o tegumento – que finalmente se desenvolverá formando a capa da semente que protege o embrião. O tegumento, o megaesporângio dentro dele, e o tecido que o prende ao esporófito materno, constituem o óvulo. O grão de pólen entra por uma pequena abertura do tegumento na extremidade do óvulo, a **micrópila.**

A maioria dos óvulos de coníferas fica exposta nas superfícies superiores de ramos modificados que formam as escamas do cone. A única proteção que eles têm do ambiente externo deve-se ao fato de as escamas serem apertadas e pressionadas umas contra as outras. Como vimos, alguns pinheiros, como aqueles utilizados em construções, possuem cones tão fechados que apenas o fogo é capaz de partir as pinhas, liberando as sementes.

Cerca de metade das espécies de coníferas possui tecidos macios e carnosos, semelhantes a frutos, associados com as sementes; como exemplos existem os "frutos" dos zimbros e dos teixos. Os animais comem esses tecidos e depois dispersam as sementes nas fezes, geralmente carregando-as por distâncias consideráveis a partir da planta parental.

(A) *Pinus resinosa*
Cones
(B) *Pinus resinosa*
Estróbilos

Figura 29.7 Cones e estróbilos (A) As escamas de cones são ramos modificados. (B) As estruturas que contêm os esporos nos estróbilos são folhas modificadas.

Figura 29.8 O ciclo de vida de um pinheiro Em coníferas e outras gimnospermas, os gametófitos são microscopicamente pequenos e nutricionalmente dependentes da geração esporofítica.

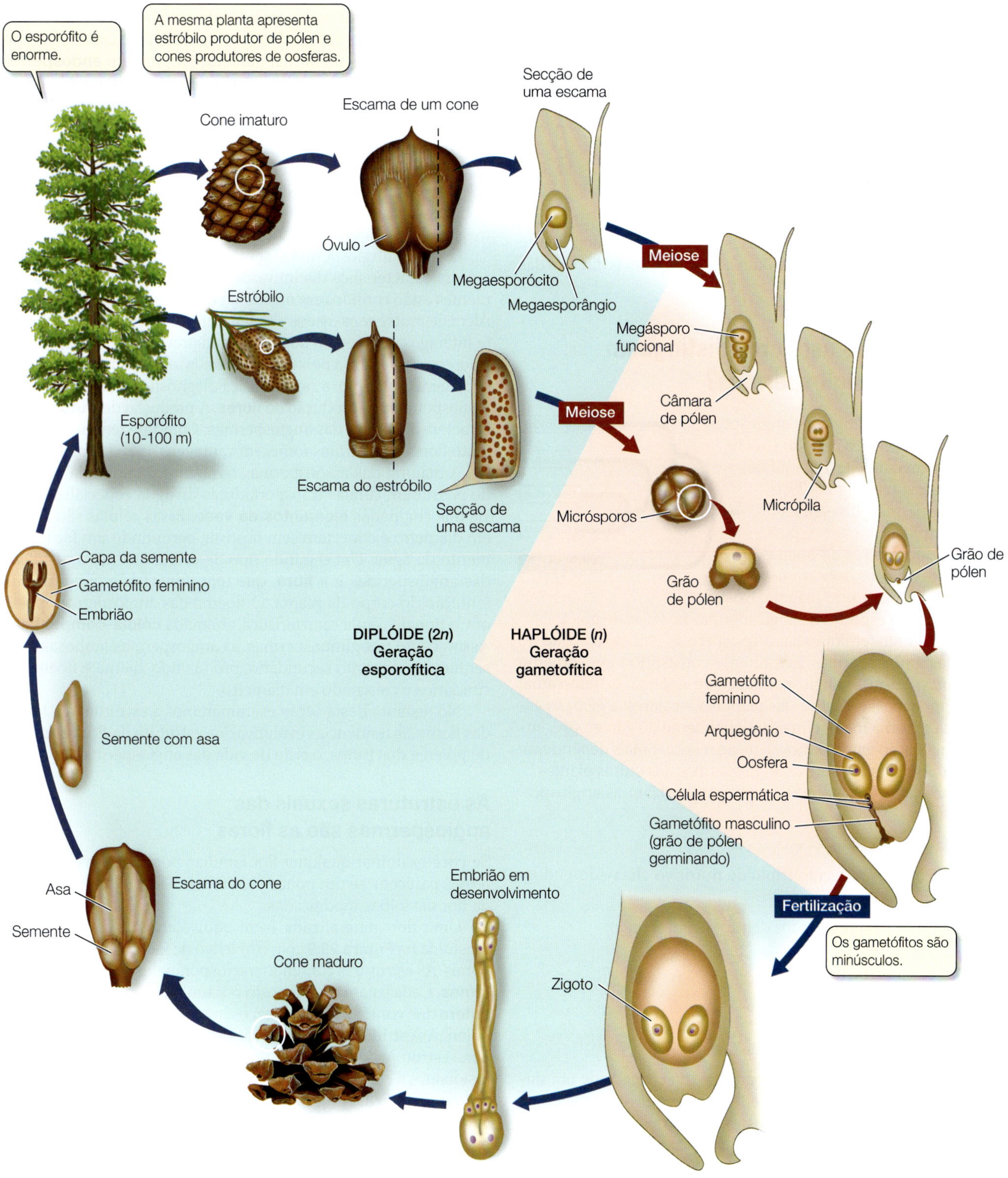

O esporófito é enorme.
A mesma planta apresenta estróbilo produtor de pólen e cones produtores de oosferas.
Cone imaturo
Escama de um cone
Secção de uma escama
Óvulo
Megaesporócito
Megaesporângio
Meiose
Estróbilo
Megásporo funcional
Câmara de pólen
Meiose
Esporófito (10-100 m)
Escama do estróbilo
Secção de uma escama
Micrósporos
Micrópila
Grão de pólen
Grão de pólen
Capa da semente
Gametófito feminino
Embrião
DIPLÓIDE (2n) Geração esporofítica
HAPLÓIDE (n) Geração gametofítica
Gametófito feminino
Arquegônio
Oosfera
Semente com asa
Célula espermática
Gametófito masculino (grão de pólen germinando)
Asa
Escama do cone
Embrião em desenvolvimento
Fertilização
Semente
Os gametófitos são minúsculos.
Cone maduro
Zigoto

29.2 RECAPITULAÇÃO

Os quatro filos de gimnospermas são lenhosos e apresentam sementes nuas. Suas relações filogenéticas ainda não foram determinadas.

- O que distingue a hipótese "gnetifer" da "gnepine"? Ver p. 635 e Figura 29.6.
- Você pode explicar a diferença entre um cone e um estróbilo? Ver p. 636 e Figura 29.8.
- Qual é o papel do tegumento? Ver p. 632 e 636.

Os "frutos" dos zimbros e teixos na verdade não são frutos. Os frutos verdadeiros são característicos do filo vegetal dominante atualmente: as angiospermas. Como as angiospermas diferem das gimnospermas?

29.3 Quais aspectos distinguem as angiospermas?

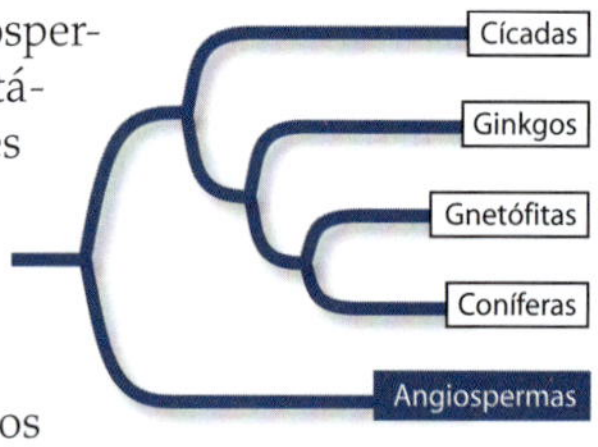
Cícadas
Ginkgos
Gnetófitas
Coníferas
Angiospermas

A evidência mais antiga das angiospermas data do início do período Cretáceo, aproximadamente 140 milhões de anos atrás (ver Figura 29.1). As angiospermas diversificaram-se explosivamente e, por um período de cerca de apenas 60 milhões de anos, tornaram-se os vegetais dominantes do planeta. Existem mais de 250 mil espécies de angiospermas nos dias de hoje.

O gametófito feminino das angiospermas é mais reduzido do que o das gimnospermas, geralmente consistindo em somente sete células. Assim, as angiospermas representam o extremo atual de uma tendência evolutiva das plantas vasculares: a geração esporofítica se torna maior e mais independente do gametófito, enquanto a geração gametofítica se torna menor e mais dependente do esporófito. O que difere as angiospermas das outras plantas?

As principais sinapomorfias que caracterizam as angiospermas incluem:

- dupla fertilização;
- produção de um tecido triplóide nutritivo chamado endosperma;
- óvulos e sementes contidos dentro de um carpelo;
- flores;
- frutos;
- xilemas com elementos de vasos e fibras;
- floemas com células-companheiras.

Nas angiospermas, a polinização consiste na chegada de um microgametófito – um grão de pólen – na superfície receptora de uma flor. Assim como nas gimnospermas, a polinização é o primeiro de uma série de eventos que resultam na formação da semente. A próxima etapa é o crescimento do tubo polínico até o megagametófito. A terceira etapa é o processo de fertilização, que, em detalhe, é único para as angiospermas.

A dupla fertilização foi, por muito tempo, considerada a característica distintiva mais confiável das angiospermas. *Dois* gametas masculinos contidos dentro de um único microgametófito participam dos eventos de fertilização dentro do megagametófito de uma angiosperma. O núcleo de uma célula espermática (gameta masculino) se combina com a oosfera para produzir um zigoto diplóide, a primeira célula da geração esporofítica. Na maioria das angiospermas, o núcleo da outra célula espermática combina-se com dois outros núcleos haplóides do gametófito feminino para formar um núcleo *triplóide* ($3n$) (ver Figura 29.14). Esse núcleo, por sua vez, se divide para formar um tecido triplóide, o **endosperma,** que nutre o esporófito embrionário durante o desenvolvimento inicial. Esse processo, no qual dois eventos de fertilização ocorrem, é conhecido como **dupla fertilização**.

A dupla fertilização ocorre em todas as angiospermas atuais. Não sabemos ao certo quando e como ela evoluiu porque não existem evidências fósseis dessa característica. No começo a dupla fertilização provavelmente resultava em dois embriões, como nos três gêneros existentes de gnetófitas.

O nome angiosperma ("semente coberta, envolta") deve-se a outra característica distintiva destas plantas: os óvulos e as sementes estão contidos em uma folha modificada chamada **carpelo.** Além de proteger os óvulos e as sementes, o carpelo freqüentemente interage com o pólen que entra para prevenir a autopolinização, favorecendo, assim, a polinização cruzada, o que aumenta a diversidade genética. Claro, a característica diagnóstica mais evidente das angiospermas é a produção de **flores**. A produção de **frutos** é outra característica única das angiospermas. Como poderemos verificar, tanto flores como frutos fornecem vantagens às angiospermas.

A maioria das angiospermas também é distinguida pelo fato de possuírem células transportadoras de água especializadas no xilema, chamadas **elementos de vaso**. Essas células são amplas em diâmetro e conectam sem obstruir, permitindo um fácil movimento da água. Um segundo tipo de célula distintivo no xilema das angiospermas é a **fibra,** que tem importante papel na sustentação do corpo da planta. O floema das angiospermas possui outro tipo de célula característica, chamada **célula-companheira**. Assim como nas gimnospermas, as angiospermas lenhosas apresentam crescimento secundário, produzindo xilema e floema secundários e crescendo em diâmetro.

No restante desta seção examinaremos a estrutura e a função das flores, as tendências evolutivas na estrutura da flor, as funções do pólen e dos frutos, o ciclo de vida das angiospermas.

As estruturas sexuais das angiospermas são as flores

Se você examinar qualquer flor familiar, notará que as partes externas parecem-se um pouco com folhas. De fato, todas as partes da flor *são* folhas modificadas.

Uma flor generalizada (sem equivalente na natureza) está mostrada na **Figura 29.9** com o objetivo de identificação das partes florais. As estruturas contendo microsporângios são chamadas **estames.** Cada estame é composto por um **filamento** contendo uma **antera** que contém, por sua vez, os microsporângios produtores de pólen. As estruturas contendo megaesporângios são os **carpelos.** Uma estrutura composta por um carpelo ou dois ou mais carpelos fusionados é chamada **pistilo.** A base alargada do pistilo, contendo um ou mais óvulos (cada um contendo um megaesporângio circundado por seu tegumento protetor), é chamada **ovário.** O caule apical do pistilo é o **estilete,** e a superfície terminal que recebe os grãos de pólen é chamada **estigma.**

Além disso, uma flor geralmente possui diversas folhas estéreis (que não contêm esporos) especializadas. As folhas internas são chamadas **pétalas** (coletivamente, a **corola)** e as externas são as **sépalas** (coletivamente, o **cálice).** A corola e o cálice, que podem ser bem vistosos, freqüentemente têm papéis importantes

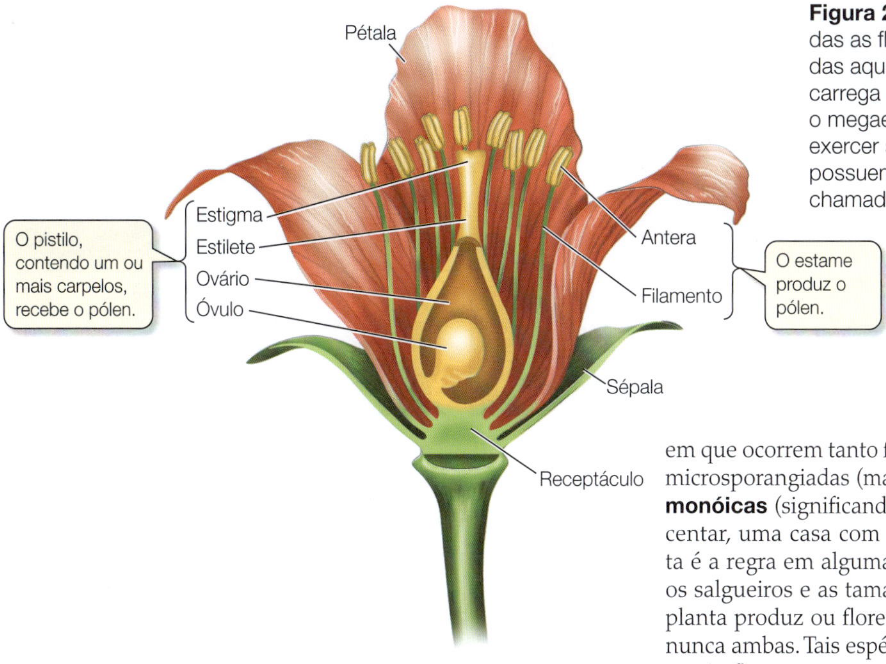
Pétala
O pistilo, contendo um ou mais carpelos, recebe o pólen.
Estigma
Estilete
Ovário
Óvulo
Antera
Filamento
O estame produz o pólen.
Sépala
Receptáculo

Figura 29.9 Uma flor generalizada Nem todas as flores possuem todas as estruturas mostradas aqui, mas elas devem possuir um estame (que carrega microsporângio), um pistilo (que contém o megaesporângio), ou ambos, para que possam exercer seu papel na reprodução. As flores que possuem ambas as estruturas, como esta, são chamadas de perfeitas.

atraindo animais polinizadores para as flores. O cálice geralmente protege a flor imatura no botão. Da base para o ápice, as sépalas, as pétalas, os estames e os carpelos (chamados de *órgãos florais;* ver Figura 19.15) estão geralmente posicionados em arranjos circulares chamados verticilos florais e presos a uma haste central chamada **receptáculo.**

A flor generalizada mostrada na Figura 29.9 possui tanto megaesporângios como microsporângios; flores como esta são chamadas perfeitas. Muitas angiospermas produzem dois tipos de flores, uma apenas com megaesporângios e a outra apenas com microsporângios. Conseqüentemente, ou os estames ou os carpelos não são funcionais, ou então estão ausentes em uma das flores, e essa flor é chamada **imperfeita.**

Espécies como o milho ou a bétula, em que ocorrem tanto flores megasporangiadas (femininas) como microsporangiadas (masculinas) na mesma planta, são chamadas **monóicas** (significando "uma única casa" – mas, devemos acrescentar, uma casa com quartos separados). A separação completa é a regra em algumas outras espécies de angiospermas, como os salgueiros e as tamareiras; nessas espécies, uma determinada planta produz ou flores com estames ou flores com pistilos, mas nunca ambas. Tais espécies são chamadas **dióicas** ("duas casas").

As flores ocorrem em uma incrível variedade de formas, como você pode perceber ao lembrar de algumas flores que conhece. A flor generalizada mostrada na Figura 29.9 possui pétalas e sépalas distintas arranjadas em verticilos distintos. Na natureza, entretanto, as pétalas e as sépalas são, às vezes, indistinguíveis. Tais apêndices são chamados **tépalas** (ver Figura 29.11A). Em outras flores, as pétalas, as sépalas ou as tépalas estão completamente ausentes.

As flores podem estar sozinhas ou agrupadas formando uma **inflorescência.** Diferentes famílias de plantas florescentes possuem seus próprios tipos de inflorescências, tais como umbelas da família da cenoura, os capítulos da família das compostas (áster) e as espigas de muitas gramíneas (**Figura 29.10**).

(A) *Aegopodium podagraria*

Umbelas
Umbela composta

(B) *Helianthus annuus*

Flores liguladas
Flores discóides (muitas)

(C) *Pennisetum setaceum*

Espigas

Figura 29.10 Inflorescências (A) A inflorescência da cenoura silvestre é uma umbela. Cada umbela contém flores em hastes que saem de um mesmo eixo. (B) Os girassóis são membros da família áster; a sua inflorescência é um capítulo. Em um capítulo, cada uma das estruturas longas semelhantes a pétalas é uma flor ligulada; a porção central do capítulo consiste de dúzias a centenas de flores discóides. (C) Gramíneas como essa possuem inflorescências chamadas de espigas.

(A) Magnolia watsonii
(B) Paphiopedilum maudiae

Figura 29.11 A forma e a evolução de uma flor (A) Uma flor de magnólia mostrando as principais características das flores primitivas: é radialmente simétrica e as tépalas, os carpelos e os estames individuais são separados, numerosos e presos nas suas bases. (B) As orquídeas possuem uma estrutura bilateralmente simétrica que evoluiu bem mais tarde do que a forma da flor de magnólia.

A estrutura da flor evoluiu ao longo do tempo

As flores evolutivamente mais primitivas possuem grande e variável número de tépalas (ou sépalas e pétalas), carpelos e estames (**Figura 29.11A**). Mudanças evolutivas dentro das angiospermas incluíram algumas modificações notáveis dessa condição primitiva: redução do número de cada tipo de órgão para um número fixo, diferenciação das pétalas e sépalas, mudança na simetria radial (como em liliáceas ou em magnólias) para bilateral (como em ervilhas-de-cheiro ou em orquídeas), geralmente acompanhada por uma extensiva fusão de partes (**Figura 29.11B**).

De acordo com uma das teorias, os primeiros carpelos a evoluírem eram folhas modificadas, dobradas, porém fechadas incompletamente, diferindo, portanto, das escamas das gimnospermas. Nos grupos das angiospermas que evoluíram mais tarde, os carpelos fusionaram e se tornaram progressivamente mais enterrados no tecido do receptáculo (**Figura 29.12A**). Nas flores dos últimos grupos a evoluírem, os outros órgãos da flor estão presos na extremidade superior do ovário ao invés de estarem na base, como na Figura 29.9. Os estames das flores mais primitivas devem ter sido folhosos (**Figura 29.12B**), lembrando pouco aqueles da flor generalizada da Figura 29.9.

Por que tantas flores possuem pistilos com longos estames e outras com longos filamentos? A seleção natural favoreceu o comprimento em ambas as estruturas, provavelmente porque o comprimento aumenta a chance de polinização bem-sucedida. Filamentos longos podem colocar as anteras em contato com o corpo dos insetos ou em uma posição melhor para receber o vento. Argumentos similares se aplicam aos estiletes.

Uma flor perfeita tem vantagens e desvantagens. Quando atrai um inseto ou ave polinizadora, a planta está executando ambas as suas funções feminina e masculina com um único tipo de flor, enquanto plantas com flores imperfeitas devem criar uma situação de atração por duas vezes – uma para cada tipo de flor. Por outro lado, a flor perfeita pode favorecer a autopolinização, que, geralmente, é desvantajosa. Outro problema importante é que as funções feminina e masculina podem interferir uma com a outra – por exemplo, o estigma pode ser deslocado e dificultar

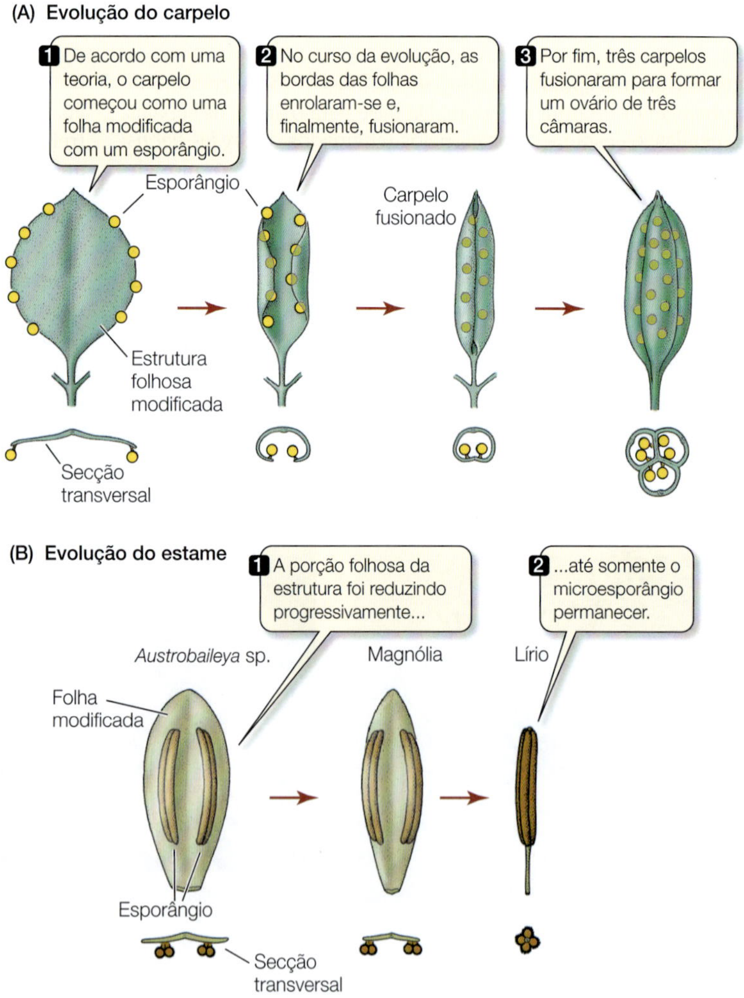
(A) Evolução do carpelo
1 De acordo com uma teoria, o carpelo começou como uma folha modificada com um esporângio.
2 No curso da evolução, as bordas das folhas enrolaram-se e, finalmente, fusionaram.
3 Por fim, três carpelos fusionaram para formar um ovário de três câmaras.
Esporângio
Carpelo fusionado
Estrutura folhosa modificada
Secção transversal
(B) Evolução do estame
1 A porção folhosa da estrutura foi reduzindo progressivamente...
2 ...até somente o microesporângio permanecer.
Austrobaileya sp.
Magnólia
Lírio
Folha modificada
Esporângio
Secção transversal

Figura 29.12 Carpelos e estames evoluíram a partir de estruturas folhosas (A) Possíveis etapas da evolução de um carpelo a partir de uma estrutura mais folhosa. (B) Os estames de três plantas atuais mostram as várias etapas na evolução desse órgão. Isso *não* quer dizer que essas espécies evoluíram uma da outra, elas simplesmente ilustram as estruturas.

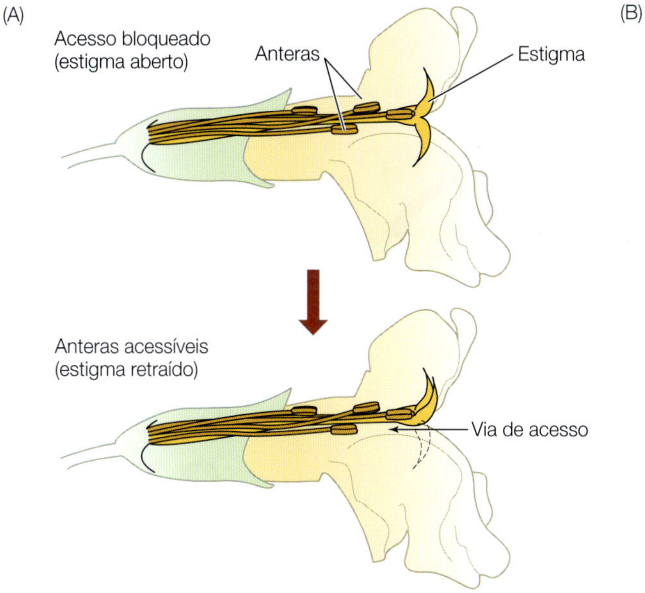
(A)
Acesso bloqueado
(estigma aberto)
Anteras
Estigma
Anteras acessíveis
(estigma retraído)
Via de acesso

(B)

EXPERIMENTO

HIPÓTESE: As respostas do estigma em mímulos favorecem a exportação do pólen.

MÉTODO

1. Padronizar os arranjos experimentais de mímulos para que somente uma flor de cada arranjo possa doar pólen.
2. Em alguns arranjos os doadores de pólen são controles normais (estigmas abertos não tocados); estigmas de outros doadores são fechados artificialmente; um terceiro grupo de estigmas doadores é mantido aberto.
3. Após a visita do beija-flor aos arranjos, contar os grãos de pólen de cada doador no estigma da próxima flor visitada.

RESULTADOS

Quase duas vezes mais pólen foi exportado das flores controles do que daquelas cujos estigmas foram propositalmente abertos. O fechamento experimental dos estigmas resultou em uma maior dispersão de pólen.

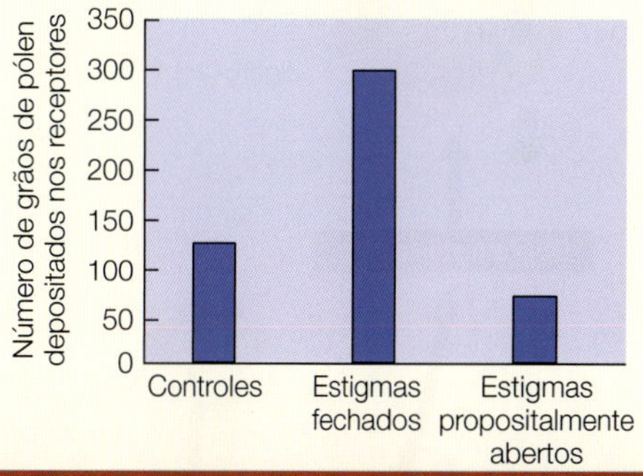
Número de grãos de pólen depositados nos receptores
350
300
250
200
150
100
50
0
Controles
Estigmas fechados
Estigmas propositalmente abertos

CONCLUSÃO: As respostas dos estigmas favorecem a função masculina da flor (dispersão de pólen) uma vez que sua função feminina (deposição de pólen) foi realizada.

Figura 29.13 O comportamento do estigma aumenta a exportação de pólen em mímulos (A) Inicialmente, os estigmas dos mímulos são abertos, bloqueando o acesso às anteras. O toque de um beija-flor, quando este deposita o pólen no estigma, faz com que um lóbulo do estigma seja retraído, criando uma passagem até as anteras. (B) Elizabeth Fetscher explorou as conseqüências reprodutivas da retração do estigma em uma flor incomum. PESQUISA ADICIONAL: Como você pode testar como este mecanismo afeta a auto-polinização da flor?

o acesso dos polinizadores às anteras, reduzindo a exportação de pólen a outras flores.

Pode existir uma maneira de resolver esses problemas? Uma solução é verificada no arbusto mímulo (*Mimulus aurantiacus*), polinizado por beija-flores, com um estigma que serve inicialmente como teste, escondendo as anteras. Quando um beija-flor toca o estigma, um dos dois lóbulos do estigma se dobra, fornecendo acesso a polinizadores subseqüentes para as anteras previamente testadas (**Figura 29.13A**). A primeira ave pode transferir pólen ao estigma, levando à fertilização. Visitantes posteriores podem captar o pólen das anteras, completando a função masculina da flor. O experimento que revelou a função desse mecanismo é descrito na **Figura 29.13B**.

As angiospermas co-evoluíram com os animais

Enquanto muitas gimnospermas são polinizadas pelo vento, a maioria das angiospermas é polinizada por animais. Muitas flores estimulam os animais a visitá-las em troca do fornecimento de alimento. Algumas flores produzem um fluido açucarado chamado néctar e grãos de pólen que podem servir como alimento para os animais. Nesse processo de visita, os animais muitas vezes carregam o pólen de uma flor para outra ou de uma planta para outra. Assim, na sua busca por alimento, o animal contribui para a diversidade genética da população da planta. Os insetos, principalmente as abelhas, estão entre os mais importantes polinizadores; as aves e algumas espécies de morcegos também têm papéis importantes.

Por mais de 130 milhões de anos, as angiospermas e os animais polinizadores co-evoluíram no ambiente terrestre. Os animais afetaram a evolução das plantas, e as plantas afetaram a evolução dos animais. As estruturas florais tornaram-se incrivelmente diversificadas devido a essas pressões evolutivas. Alguns dos produtos da co-evolução são altamente específicos; por exemplo, algumas espécies de iúca são polinizadas por apenas uma espécie de mariposa. A polinização por apenas uma ou poucas espécies animais fornece à espécie de planta um mecanismo confiável de transferência de pólen de um membro para outro da sua espécie.

A maioria das interações planta-polinizador é menos específica, ou seja, muitas espécies diferentes de animais polinizam a mesma espécie de planta, e a mesma espécie animal poliniza muitas espécies de plantas. Entretanto, mesmo essas interações menos específicas desenvolveram algumas especializações. As flores polinizadas por aves são geralmente vermelhas e inodoras. As flores polinizadas por insetos geralmente têm odores característicos, e as flores polinizadas por abelhas devem ter sinais atrativos, ou *guias de néctar*, evidentes apenas na região do ultravioleta do espectro, na qual as abelhas possuem melhor visão do que na região do vermelho.

Figura 29.14 O ciclo de vida de uma angiosperma A formação de um endosperma triplóide diferencia as angiospermas das gimnospermas. Um dos núcleos espermáticos fertiliza a oosfera para formar o zigoto. Enquanto isso, o outro núcleo combina com os dois núcleos polares para formar o endosperma.

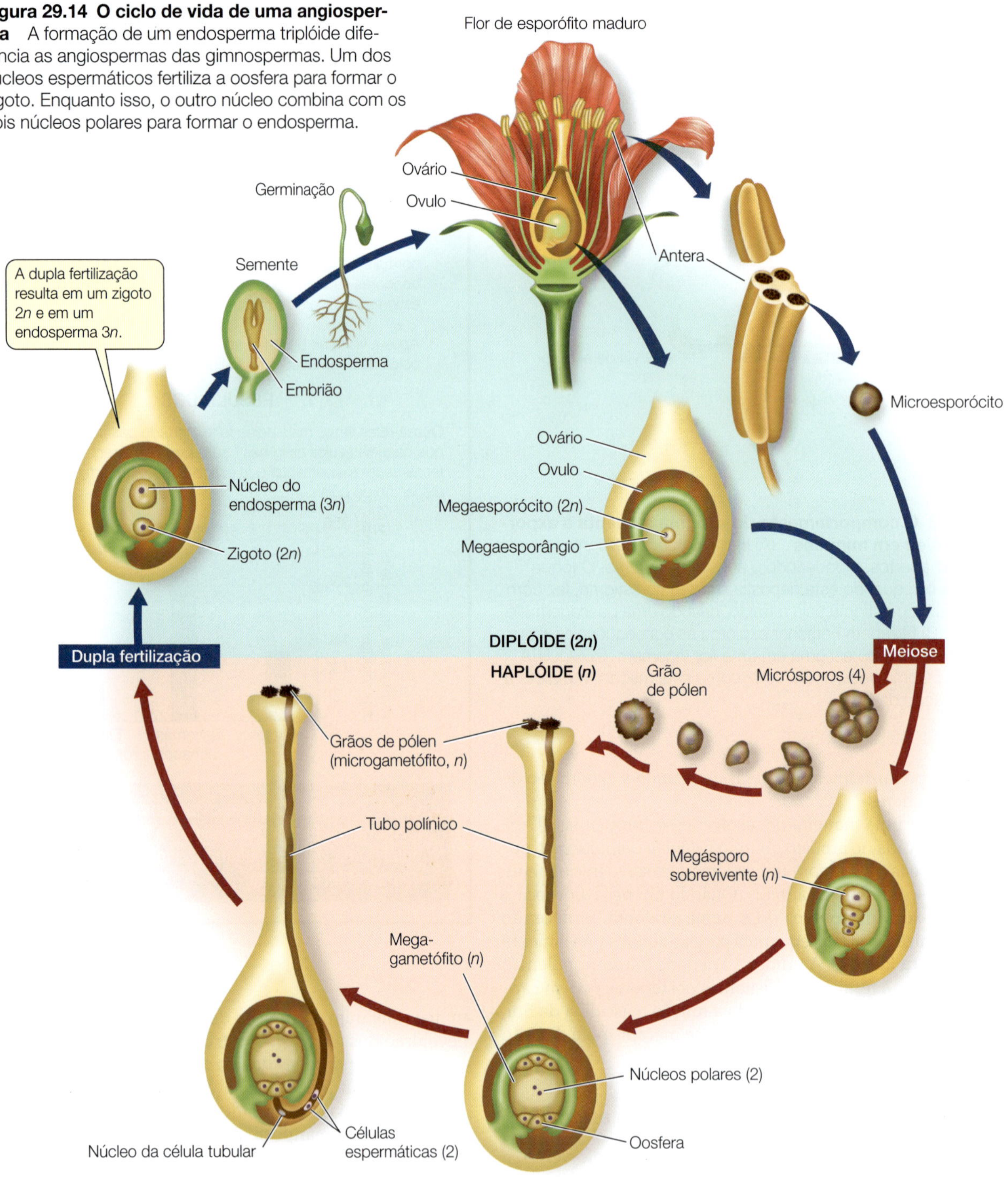

Flor de esporófito maduro
Ovário
Ovulo
Antera
Germinação
Semente
Endosperma
Embrião
A dupla fertilização resulta em um zigoto 2n e em um endosperma 3n.
Núcleo do endosperma (3n)
Zigoto (2n)
Microesporócito
Ovário
Ovulo
Megaesporócito (2n)
Megaesporângio
DIPLÓIDE (2n)
HAPLÓIDE (n)
Dupla fertilização
Meiose
Grão de pólen
Micrósporos (4)
Grãos de pólen (microgametófito, n)
Tubo polínico
Megásporo sobrevivente (n)
Mega-gametófito (n)
Núcleos polares (2)
Oosfera
Núcleo da célula tubular
Células espermáticas (2)

O ciclo de vida das angiospermas apresenta dupla fertilização

O ciclo de vida das angiospermas está resumido na **Figura 29.14**. O ciclo de vida das angiospermas será considerado em detalhe no Capítulo 44, mas vamos examiná-lo brevemente e compará-lo com o ciclo de vida das coníferas da Figura 29.8.

Como todas as plantas com sementes, as angiospermas são heterósporas. Como temos visto, os óvulos encontram-se dentro de carpelos, em vez de estarem expostos nas superfícies das escamas, como na maioria das gimnospermas. Os gametófitos masculinos são, novamente, os grãos de pólen.

O óvulo desenvolve-se formando uma semente, contendo produtos da dupla fertilização, que caracteriza as angiospermas. O

(A)
(B)
(C)
(D)

Figura 29.15 Frutos carnosos têm muitas formas e sabores (A) Um fruto simples (cereja). (B) Um fruto composto (framboesa). (C) Um fruto múltiplo (abacaxi). (D) Um fruto acessório (morango).

endosperma serve de tecido de armazenamento de amido ou lipídeos, proteínas e outras substâncias necessárias para o embrião em desenvolvimento.

O zigoto se desenvolve formando um embrião, que consiste em um eixo embrionário (o "cerne" que se tornará um caule ou uma raiz) e um ou dois **cotilédones**, ou folhas de semente. Os cotilédones possuem diferentes destinos em diferentes plantas. Em muitas, eles servem como órgãos de absorção que absorvem e digerem o endosperma. Em outras, eles se alargam e se tornam fotossintetizantes quando a semente germina. Freqüentemente eles têm as duas funções.

As angiospermas produzem frutos

O ovário de uma flor (junto com suas sementes) desenvolve-se em fruto após a fertilização. O fruto protege as sementes e também pode promover a dispersão destas ao ficar aderido a um animal ou ser ingerido por este. Um fruto pode consistir somente no ovário maduro e suas sementes, ou também pode incluir outras partes da flor ou estruturas associadas à flor. Um *fruto simples* como a cereja (**Figura 29.15A**) desenvolve-se a partir de um único carpelo ou de diversos carpelos unidos. A framboesa é um exemplo de *fruto composto* (**Figura 29.15B**) – que se desenvolve a partir de carpelos separados de uma única flor. Abacaxis e figos são exemplos de *frutos múltiplos* (**Figura 29.15C**), formados a partir de um conjunto de flores (uma inflorescência). Os frutos derivados de partes além do carpelo e das sementes são chamados frutos acessórios (**Figura 29.15D**); exemplos desses são as maçãs, peras e morangos. O desenvolvimento, o amadurecimento e a dispersão dos frutos serão considerados nos Capítulos 43 e 44.

29.3 RECAPITULAÇÃO

As sinapomorfias das angiospermas incluem a dupla fertilização, endosperma triplóide, flores, frutos e células distintivas em seu xilema e floema.

- Você pode distinguir entre polinização e fertilização?
- Você pode dar exemplos de como os animais afetaram a evolução das angiospermas? Ver p. 641.
- Você entende os papéis das duas células espermáticas na dupla fertilização? Ver p. 642 e Figura 29.14.
- Você entende a diferença entre sementes e frutos, e a diferença de seus papéis? Ver p. 643.

Consideramos as características compartilhadas pelas angiospermas. Quais são as diferenças que separam as diversas linhagens de angiospermas, e de onde vêm as angiospermas?

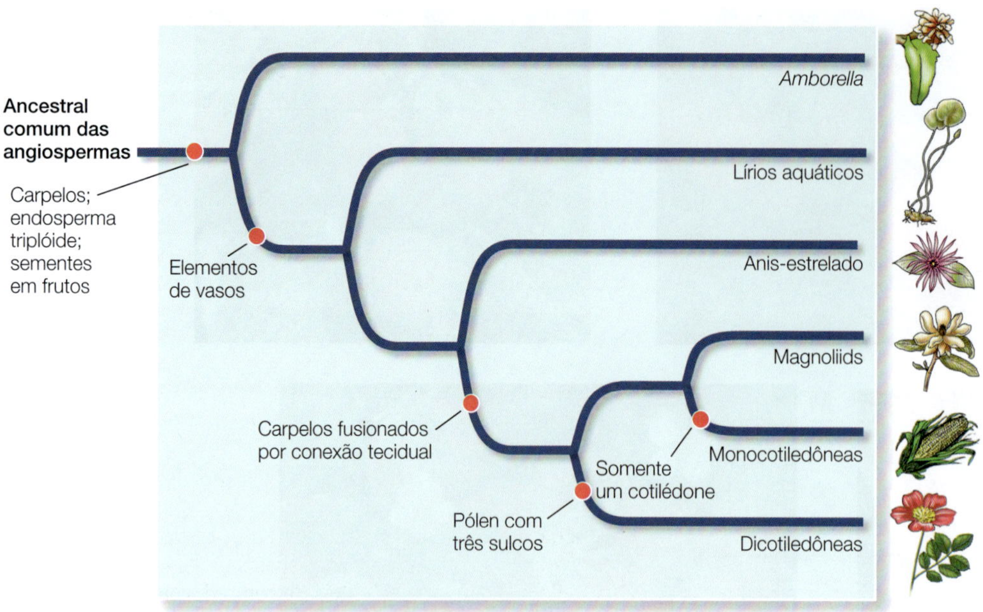
Ancestral comum das angiospermas
Carpelos; endosperma triplóide; sementes em frutos
Elementos de vasos
Amborella
Lírios aquáticos
Anis-estrelado
Magnoliids
Monocotiledôneas
Dicotiledôneas
Carpelos fusionados por conexão tecidual
Somente um cotilédone
Pólen com três sulcos

Figura 29.16 Relações evolutivas entre as angiospermas O diagrama é uma interpretação conservadora dos dados atuais sobre a relação entre as linhagens.

(A) *Amborella trichopoda* (B) *Nymphaea* sp. (C) *Illicium floridanum*

(D) *Piper nigrum* (E) *Aristolochia grandiflora* (F) *Persea* sp.

Figura 29.17 Monocotiledôneas e dicotiledôneas não são as únicas angiospermas sobreviventes (A) O arbusto *Amborella* é o parente vivo mais próximo das primeiras angiospermas; sua linhagem é irmã das angiospermas existentes remanescentes. (B) A linhagem de lírios aquáticos é a próxima linhagem mais primitiva após a *Amborella*. (C) O anis-estrelado e seus parentes pertencem à outra linhagem primitiva. (D-F) Outra grande linhagem, além das monocotiledôneas e dicotiledôneas, é o complexo *Magnoliid*, representado aqui por (D) uma pimenteira, (E) um *Dutchman's Pipe*, e (F) um abacateiro. A magnólia da Figura 29.11A é outra *Magnoliid*.

29.4 Como as angiospermas foram originadas e se diversificaram?

As relações entre determinadas linhagens de angiospermas são controversas, porém uma interpretação conservadora dessas relações é mostrada na **Figura 29.16**. Duas grandes linhagens incluem a grande maioria das espécies de angiospermas: as **monocotiledôneas** e as **dicotiledôneas**. As monocotiledôneas são assim chamadas em virtude de apresentarem um único cotilédone embrionário; as dicotiledôneas possuem dois. (Descreveremos outras diferenças entre esses dois grupos no capítulo 40).

Algumas angiospermas da mesma família pertencem a linhagens diferentes de monocotiledôneas e dicotiledôneas (**Figura 29.17**). Essas linhagens incluem os lírios aquáticos, anis-estrelado e seus parentes e o complexo *Magnoliid*. As *Magnoliids* são menos numerosas do que as monocotiledôneas e dicotiledôneas, porém incluem muitas plantas conhecidas como as magnólias, abacateiros, cinamomos e pimenteira.

Apesar da estrutura das gramíneas não ser favorável à fossilização, recentemente, na Índia, a descoberta de fósseis desenterrados estabeleceu que diversas linhagens de gramíneas foram abundantes há no mínimo 66 milhões de anos – muito antes do que se pensava. Essas gramíneas foram preservadas no estrume fossilizado de titanossauros, entre os mais pesados dos dinossauros.

As monocotiledôneas (**Figura 29.18**) incluem gramíneas, tabúas, liliáceas, orquídeas e palmeiras. As dicotiledôneas (**Figura 29.19**) incluem a grande maioria das plantas com sementes conhecidas, incluindo a maioria das ervas, parreiras, árvores e arbustos. Dentre essas estão os carvalhos, os salgueiros, as violetas, as bocas-de-leão e os girassóis.

O clado basal das angiospermas é uma questão controversa

Quais angiospermas constituem o clado primitivo das plantas com flores é uma questão de grande controvérsia. As duas primeiras candidatas foram a família das magnólias (ver Figuras 29.17D-F) e outra família, a Chloranthaceae, cujas flores são bem mais simples que as das magnólias. Quase no século XX, entretanto, uma convergência impressionante de evidências levou à conclusão de que a base da árvore filogenética das angiospermas não pertence a nenhuma dessas duas famílias, mas sim a uma linhagem que hoje consiste em uma única espécie do gênero *Amborella* (ver Figura 29.17A). Esse arbusto lenhoso, com flores cor de creme, vive apenas na Nova Caledônia, uma ilha no Pacífico Sul. Os seus 5 a 8 carpelos estão dispostos em espiral e possuem de 30 a 100 estames. O xilema da *Amborella* não possui elementos de vaso, que surgiram mais tarde na evolução das angiospermas. As características da *Amborella* nos dão uma boa idéia de como devem ter sido as primeiras angiospermas. Porém, existem angiospermas que possam representar linhagens ainda mais antigas?

No ano de 2002, botânicos chineses e americanos examinaram fósseis de duas espécies de um gênero aquático de 125 milhões de anos, *Archaefructus* (ver Figura 21.18). Seus estudos demonstraram um grupo extinto, Archaefructaceae, incluído como táxon irmão de todas as outras angiospermas. A flor dessas plantas possui seus óvulos contidos em carpelos, como em todas as angiospermas. Entretanto, a flor não possui pétalas ou sépalas, e seus carpelos e estames são arranjados em espiral em torno dos ramos alongados. Esse arranjo de carpelos e estames pode ser verificado, atualmente, nas magnólias.

(A) *Phoenix dactylifera*

Figura 29.18 Monocotiledôneas (A) As palmeiras estão entre as poucas monocotiledôneas arbóreas. As tamareiras são uma importante fonte de alimento em algumas áreas do mundo. (B) Gramíneas como este trigo cultivado e a gramínea da Figura 29.10C são monocotiledôneas. (C) As monocotiledôneas incluem as flores populares de jardim, como estes lírios. As orquídeas (Figura 29.11B) são flores monocotiledôneas muito procuradas.

(B) *Triticum* sp.

(C) *Lilium* sp.

(A) *Opuntia* sp.

(B) *Cornus florida*

(C) *Rosa rugosa*

Figura 29.19 Dicotiledôneas (A) A família dos cactus é um grande grupo de dicotiledôneas, com cerca de 1.500 espécies nas Américas. Este cactus possui flores amarelas durante um breve período do ano. (B) Os cornisos florescentes são pequenas dicotiledôneas arbóreas. (C) As roseiras trepadeiras são membros da família Rosaceae, como as rosas que você conhece das floriculturas.

A origem das angiospermas permanece um mistério

Aprendemos bastante sobre a evolução dentro do clado das angiospermas. Mas como as angiospermas surgiram? As angiospermas são irmãs de que filo de gimnospermas? O próprio Charles Darwin ponderou bastante sobre a origem das angiospermas. O problema o atormentou tão profundamente que ele o referiu como "um mistério abominável". Há alguns anos parecia que estávamos prestes a resolver esse mistério. Entretanto, ainda não temos a resposta.

Os botânicos intrigam-se por determinadas similaridades entre as gnetófitas e as angiospermas. Uma dessas semelhanças é a presença de elementos de vasos no xilema de ambos os grupos. Outra é a ocorrência de dois eventos de fertilização em ambas. Outras similaridades que as gnetófitas e as plantas florescentes compartilham com outros filos conhecidos somente como fósseis levaram à "hipótese Anthophyta", que agrupa essas plantas em uma única linhagem (chamada Anthophyta) e deixa as gimnospermas restantes em um parafilo. A sustentação para essa hipótese vem de evidências morfológicas e moleculares.

Outra evidência molecular, entretanto, coloca as gnetófitas dentro das gimnospermas. Essa hipótese alternativa coloca as gimnospermas existentes como clado irmão das angiospermas. Existe a possibilidade de que os elementos de vasos e a "dupla fertilização" das gnetófitas sejam somente análogos, e não homólogos, àqueles das angiospermas. A reavaliação de determinados fósseis tem levado alguns botânicos a duvidarem de sua relação filogenética com as angiospermas, eliminando a hipótese "Anthophyta". A Figura 29.2 assume que a hipótese "Anthophyta" é inválida, e que a hipótese "gnetifer" é a verdadeira (ver Figura 29.6A). Entretanto, as duas hipóteses ainda são tema de intensas pesquisas.

Como resolveremos essas questões? Quais características morfológicas deveriam ser selecionadas como importantes, ou deveriam ser todas tratadas como importantes? Que algoritmos deveriam ser aplicados às análises computacionais de dados? Todas as diferenças e semelhanças moleculares são significantes ou algumas são incidentais? Que fósseis deveriam ser escolhidos para as comparações? Biólogos moleculares e paleontólogos botânicos estão focando seus esforços na obtenção de novos dados e na determinação de como interpretá-los de uma maneira mais eficiente. Estamos ansiosos por suas descobertas.

29.4 RECAPITULAÇÃO

As maiores linhagens de angiospermas são as monocotiledôneas e as dicotiledôneas. Ainda temos algumas questões a respeito de determinados aspectos da filogenia de angiospermas.

- Você pode descrever a relação entre *Amborella* e as outras angiospermas? Ver p. 645 e Figura 29.16.
- Por que considera-se que o gênero *Archaefructus* foi uma angiosperma? Ver p. 645.

A incrível diversidade das plantas com sementes tem sido formada, em parte, pelos diferentes ambientes em que essas e outras plantas têm evoluído. Por sua vez, as plantas terrestres – e, em particular, as plantas com sementes – afetam seus ambientes.

29.5 Como as plantas sustentam o nosso mundo?

As plantas contribuem imensamente para os **serviços do ecossistema** – processos pelos quais o ambiente mantém os recursos que beneficiam a humanidade. Esses benefícios incluem os efeitos das plantas no solo, água, atmosfera e no clima. Como poderemos verificar na Seção 42.3, as plantas exercem importantes papéis na formação do solo e na renovação da fertilidade deste. As raízes das plantas ajudam a manter o solo no lugar, resistindo à erosão pelo vento ou água. As plantas estocam água no corpo. Elas também amenizam o clima local de diversas maneiras, aumentando a umidade, promovendo sombra e bloqueando o vento.

As plantas são os **produtores primários**; ou seja, sua fotossíntese capta energia e carbono, disponibilizando esses recursos não-somente para sua própria necessidade, mas também para animais herbívoros e onívoros que se alimentam dessas plantas, para carnívoros e onívoros que consomem os herbívoros, e para procariotos e fungos que completam a cadeia alimentar.

As plantas com sementes são a nossa primeira fonte de alimento

Doze espécies de plantas com sementes estão entre as mais importantes para nossa espécie: arroz, coco, trigo, milho, batata, batata-doce, mandioca (também chamada de tapioca ou aipim), cana-de-açúcar, beterraba, soja, feijão e banana. Outras plantas com sementes são cultivadas para alimentação, porém nenhuma de tal importância como as doze citadas anteriormente.

Além disso, mais da metade da população humana deriva o grosso de sua energia alimentar a partir das sementes de uma única planta: o arroz, *Oryza sativa*. O arroz é particularmente importante nas dietas de pessoas do Extremo Oriente, onde é cultivado há 5.000 anos. As pessoas também utilizam a palha do arroz de muitas maneiras, como cobertura para abrigos, alimento e cama para animais e vestimentas. As cascas do arroz também têm diversas utilidades, desde fertilizantes até combustíveis.

Vamos dar uma olhada a que outras utilidades essas doze plantas podem contribuir. Em algumas culturas, o coqueiro (*Cocos nucifera*, **Figura 29.20**) é chamado a Árvore da Vida, pois toda sua porção acima do solo tem valor para humanidade. As pessoas utilizam o caule (tronco) dessa árvore monocotiledônea da costa tropical como madeira. Eles secam o fluido do tronco para utilizá-lo como açúcar, ou o fermentam para beber. Utilizam as folhas para cobrir suas casas e para fazer chapéus e cestas. E comem o botão apical da ponta do tronco na forma de saladas.

O coco tem muitas utilidades. A casca pode ser utilizada como reservatório ou queimada como combustível. A camada fibrosa do meio da parede do fruto pode servir para colchões e cordas. As sementes do coqueiro contêm "leite" e "carne" (polpa). Em virtude do delicioso e refrescante leite de coco não conter bactérias ou outros patógenos, ele é de particular importância nos locais onde não existe água potável. Milhões de pessoas adquirem a maior parte de sua massa protéica por meio da porção carnosa do coco. Muita dessa porção é seca e vendida como *copra* (polpa desidratada), de onde o óleo de coco é retirado. O óleo de coco é o óleo vegetal mais utilizado no mundo; ele é utilizado na produção de diversos produtos, desde fluido de freio hidráulico até borracha sintética, e, apesar de nutricionalmente pobre, também como alimento. A polpa desidratada e pulverizada serve como fertilizante e alimento para animais.

As plantas com sementes são fontes de medicamentos desde os tempos antigos

Uma provável candidata para ser a profissão mais antiga do homem é curandeiro ou xamã – pessoa que cura outras por meio de medicamentos derivados de plantas. Dizem que um imperador chinês de aproximadamente 2.700 a.C. conhecia em torno de 365 plantas medicinais. Nós utilizamos muitos medicamentos derivados de fungos, liquens e actinobactérias, assim como medicamentos sintéticos. Entretanto, ainda utilizamos as plantas com sementes para muitos de nossos medicamentos, dos quais podemos verificar alguns na **Tabela 29.1**.

Como os medicamentos baseados em plantas são descobertos? Atualmente, muitos são encontrados por testes sistemáticos de um grande número de plantas do mundo, um processo que iniciou nos anos sessenta. Um desses exemplos é o taxol, uma importante droga anti-câncer. Dentre a miríade de amostras de plantas que têm sido testadas desde 1962, os extratos da casca do teixo-do-Pacífico (*Taxus brevifolia*) apresentaram atividade antitumoral em testes contra tumores de roedores. O composto ativo, taxol, foi isolado em 1971 e finalmente testado contra cânceres humanos em 1977. Após 16 anos, o FDA (*U.S. Food and Drug Administration*) aprovou seu uso em humanos, e, atualmente, o taxol é utilizado no tratamento de cânceres ovarianos e de mama assim como em diversos outros tipos de câncer.

Esse tipo de prospecção de plantas perdeu sua ênfase em favor do desenvolvimento puramente químico. Por meio da automação e miniaturização, os laboratórios farmacêuticos geraram um grande número de compostos, testados da mesma maneira que fo-

Figura 29.20 A árvore da vida Os frutos do coqueiro que serão colhidos em uma plantação no Pacífico Sul.

TABELA 29.1 Algumas plantas medicinais e seus produtos

PRODUTO	PLANTA	APLICAÇÃO MÉDICA
Atropina	Belladonna	Dilatação de pupilas para exames
Bromelaína	Abacaxi	Controle da inflamação tecidual
Digitalina	Dedaleira	Contração do músculo cardíaco
Efedrina	*Ephedra*	Congestão nasal
Mentol	Menta japonesa	Antitussígeno
Morfina	Ópio	Analgésico
Quinina	Cinchona	Malária
Taxol	Teixo-do-Pacífico	Cânceres ovarianos e de mama
Tubocurarina	Curare	Relaxante muscular em cirurgias
Vincristina	Vinca rósea	Leucemias e linfomas

ram testados os materiais das plantas à procura de taxol e outros medicamentos. Agora, entretanto, o interesse no *screening* de plantas está sendo renovado. Os dois tipos de busca por novos medicamentos são baseados em tentativa e erro.

Outras fontes de plantas medicinais são estudadas por *etnobotânicos*, que estudam como e porque as pessoas utilizam as plantas em seus ambientes locais. Esse trabalho é realizado constantemente em todo o mundo. Um exemplo mais antigo é a descoberta da quinina para o tratamento da malária. No ano de 1630, padres espanhóis, no Peru, utilizaram com sucesso a casca da árvore de cinchona local para a cura da malária. Eles perceberam que os peruanos utilizavam a casca da árvore para tratar febre. A notícia do sucesso do tratamento chegou à Europa, e a casca da cinchona se tornou o tratamento padrão para a malária. O princípio ativo, a quinina, foi finalmente identificado em 1820.

RESUMO DO CAPÍTULO

29.1 Como as plantas com sementes tornaram-se a vegetação dominante de hoje?

Somente as plantas com sementes apresentam **crescimento secundário**, produzindo lenho.

Os grupos sobreviventes de plantas com sementes são as **gimnospermas** e as **angiospermas**.

Todas as plantas com sementes são heterósporas e seus gametófitos muito menores e dependentes de seus esporófitos. Rever Figura 29.3.

Um **óvulo** consiste no megagametófito da planta com semente e no **tegumento** que o protege. O óvulo desenvolve-se em semente.

Os **grãos de pólen**, microgametófitos, não necessitam de água para realizar suas funções. Após a **polinização**, um **tubo polínico** surge do grão de pólen e se alonga para liberar os gametas ao megagametófito. Os grãos de pólen são mantidos dentro de paredes de esporopolenina altamente resistentes.

As sementes são bem protegidas e capazes de longos períodos de latência, germinando quando as condições forem favoráveis.

29.2 Quais são os principais grupos de gimnospermas?

As gimnospermas existentes podem ser de uma linhagem, como são três dos quatro filos de gimnosperma. Rever Figuras 29.5 e 29.6.

As linhagens das gimnospermas são as **cícadas**, os **ginkgos**, e as **gnetófitas**. As **coníferas** são as gimnospermas mais abundantes.

Os megásporos de pinheiros são produzidos em **cones**, e os micrósporos são produzidos em estróbilos. O pólen alcança o megaesporângio por meio da **micrópila**, uma abertura no tegumento do óvulo. Rever Figuras 29.7 e 29.8.

29.3 Quais aspectos distinguem as angiospermas?

Somente as angiospermas possuem **flores** e **frutos**. Rever Figura 29.9.

Os óvulos e as sementes das angiospermas são envoltos e protegidos por **carpelos**. Rever Figura 29.12.

As angiospermas apresentam **dupla fertilização**, resultando na produção de um zigoto e um **endosperma** triplóide. Rever Figura 29.14.

O xilema e o floema das angiospermas são mais complexos e eficientes do que aqueles das gimnospermas. Os **elementos de vasos**, as **fibras** e as **células companheiras** contribuem para essa eficiência.

Os órgãos florais, do ápice até a base da flor, são o **pistilo**, **estames**, **pétalas** e **sépalas**. Os estames apresentam o microesporângio em **anteras**. O pistilo (que consiste de um ou mais carpelos) inclui um **ovário** que contém os óvulos. O **estigma** é a superfície receptora do pistilo. Os órgãos florais nascem no **receptáculo**.

Uma flor com megaesporângio e microesporângio é dita **perfeita**; todas as outras flores são **imperfeitas**. As flores podem ser agrupadas para formarem uma **inflorescência**. A maioria das flores é polinizada por animais.

A espécie **monóica** possui megaesporângio e microesporângio na mesma planta. A espécie **dióica** é aquela na qual as flores megaesporangiadas e microesporangiadas nunca ocorrem na mesma planta.

29.4 Como as angiospermas foram originadas e se diversificaram?

As linhagens mais abundantes de angiospermas são as **monocotiledôneas** e as **dicotiledôneas**. As relações destas e de outras linhagens de angiospermas existentes ainda não estão esclarecidas. Rever Figura 29.16.

A angiosperma viva mais primitiva parece ser uma única espécie do gênero *Amborella*. A primeira linhagem de angiosperma parece ser a extinta Archaefructaceae. Ainda não sabemos qual é o grupo irmão das angiospermas.

29.5 Como as plantas sustentam o nosso mundo?

As plantas prestam **serviços ao ecossistema** que afetam o solo, a água, o ar, e o clima.

As plantas são os **produtores primários**, fornecendo comida para toda a cadeia alimentar terrestre.

As plantas fornecem muitos medicamentos importantes. Rever Tabela 29.1.

QUESTÕES

1. Qual das seguintes sentenças sobre plantas com sementes é verdadeira?
   a. As relações filogenéticas entre os principais filos têm sido bem estabelecidas.
   b. A geração esporofítica é menor do que nas samambaias.
   c. Os gametófitos são independentes dos esporófitos.
   d. Todas as espécies de plantas com sementes são heterósporas.
   e. O zigoto divide-se repetidamente para formar o gametófito.
2. As gimnospermas
   a. dominam toda a massa terrestre atual.
   b. nunca dominaram a massa terrestre.
   c. apresentam crescimento secundário ativo.
   d. todas possuem elementos de vasos.
   e. não possuem esporângio.
3. As coníferas
   a. produzem óvulos no estróbilo e pólen nos cones.
   b. dependem de água para fertilização.
   c. possuem endosperma triplóide.
   d. possuem tubos polínicos que liberam duas células espermáticas.
   e. possuem elementos de vasos.
4. As angiospermas
   a. possuem óvulos e sementes dentro de um carpelo.
   b. produzem endosperma triplóide pela união de duas oosferas e uma célula espermática.
   c. não apresentam crescimento secundário.
   d. apresentam dois tipo de cones.
   e. todas possuem flores perfeitas.
5. Qual sentença sobre flores não é verdadeira?
   a. O pólen é produzido nas anteras.
   b. O pólen é recebido no estigma.
   c. Uma inflorescência é um conjunto de flores.
   d. Uma espécie que tem flores femininas e masculinas na mesma planta é dióica.
   e. Uma flor com megaesporângio e microesporângio é dita ser perfeita.
6. Qual sentença sobre frutos não é verdadeira?
   a. Eles desenvolvem-se a partir de ovários.
   b. Eles podem incluir outras partes da flor.
   c. Um fruto múltiplo desenvolve-se a partir de diversos carpelos de uma única flor.
   d. Eles são produzidos somente por angiospermas.
   e. Uma cereja é um fruto simples.
7. Qual sentença não é verdadeira sobre o pólen das angiospermas?
   a. Ele é o gameta masculino.
   b. Ele é haplóide.
   c. Ele produz um longo tubo.
   d. Ele interage com o carpelo.
   e. Ele é produzido no microesporângio.
8. Qual sentença não é verdadeira sobre os carpelos?
   a. Acredita-se que eles evoluíram de folhas.
   b. Eles possuem megaesporângio.
   c. Eles podem fusionar para formar um pistilo.
   d. Eles são órgãos florais.
   e. Eles estavam ausentes em *Archaefructus*.
9. A *Amborella*
   a. foi a primeira planta florescente.
   b. pertence à primeira linhagem de gimnosperma.
   c. pertence à linhagem mais antiga de angiosperma ainda existente.
   d. é uma dicotiledônea.
   e. possui elementos de vaso em seu xilema.
10. As dicotiledôneas
    a. incluem muitas ervas, videiras, arbustos e árvores.
    b. e as monocotiledôneas são as únicas linhagens de angiosperma existente.
    c. não são uma linhagem.
    d. incluem as magnólias.
    e. incluem orquídeas e palmeiras.

PARA DISCUSSÃO

1. Na maioria das espécies de plantas com sementes, apenas um dos produtos da meiose no megaesporângio sobrevive. Como isso pode ser vantajoso?
2. Sugira uma explicação para o grande sucesso das angiospermas na ocupação dos habitats terrestres.
3. Em muitas localidades, grandes gimnospermas predominam sobre grandes angiospermas. Sob quais condições as gimnospermas devem ter vantagem e por quê?
4. Nem todas as flores possuem todas as seguintes partes: sépalas, pétalas, estames e carpelos. Que tipo ou tipos de partes florais você acha que deve(m) ser encontrado(s) nas flores que possuem o menor número desses tipos florais? Discuta as possibilidades tanto para uma única flor como para uma espécie.
5. O problema sobre a origem das angiospermas tem sido um "mistério abominável", como Charles Darwin assim o colocou. Os cientistas ainda não conhecem os parentes mais próximos das angiospermas. Muitas vezes foi sugerido (correta ou incorretamente) que as gnetófitas são irmãs das angiospermas. Que evidências sugeriram essa conexão?

PARA INVESTIGAÇÃO

A flor de uma determinada espécie de orquídea possui um longo tubo dentado, onde o inseto polinizador pode inserir sua probóscide para sugar o néctar. As "trombas" são de diferentes tamanhos em diferentes ambientes, aparentemente correlacionados com o tamanho da probóscide dos polinizadores locais. Como você poderia testar a hipótese de que esta correlação aumenta o sucesso reprodutivo em termos de transferência de pólen para a flor?

CAPÍTULO **30**

Fungos: Recicladores, Patógenos, Parasitas e Parceiros de Plantas

Um fungo luta contra a erva-de-bruxa

Aproximadamente 300 milhões de africanos em 25 países estão sofrendo devido à invasão das lavouras pela planta invasora (erva-daninha) *Striga* ou "erva-de-bruxa", uma angiosperma parasítica. Esse parasita tem atacado mais do que dois terços das lavouras de sorgo, milho e painço na África sub-Saara, causando prejuízos estimados em 7 bilhões de dólares americanos ao ano.

Uma equipe de cientistas canadenses começou a procurar uma solução biológica para o problema da *Striga*. Sua estratégia foi procurar um organismo que pudesse destruir a erva-de-bruxa nos campos. Eles tiveram sucesso no isolamento da linhagem de um fungo – o bolor *Fusarium oxysporum* – que possui várias propriedades fantásticas. Primeiro, ele cresce na *Striga*, matando uma alta percentagem dessas plantas parasíticas. Segundo, ele não é tóxico para o homem, nem ataca as cultivares sobre as quais a *Striga* está crescendo. Em trabalhos subseqüentes de campo em Mali, os cientistas estabeleceram técnicas para a correta aplicação do *F. oxysporum* na erva-de-bruxa. Agora, os agricultores aplicam o fungo nas lavouras e são recompensados pelo aumento considerável no rendimento das colheitas, enquanto a *Striga* é mantida sob controle.

É possível que se repita a história da *Striga* – o uso de um fungo para eliminar um tipo particular de angiosperma – em contexto muito diferente. Outra linhagem de *F. oxysporum* ataca preferencialmente plantas de coca (a fonte da cocaína). Uma proposta controversa para o uso de *F. oxysporum*, a fim de eliminar as plantações de coca da América do Sul andina e em outras partes do mundo, tem sido sugerida. Algumas linhagens de *F. oxysporum* que ocorrem naturalmente atacam vegetais importantes em várias partes do mundo. O que podemos fazer a respeito? Um trabalho recente na Índia identificou duas outras espécies de fungos que inibem o crescimento de *F. oxysporum* sobre o cártamo, quando seus esporos são espalhados sobre as plantas, permitindo um crescimento melhor desta iguaria. Logo, estamos usando fungos para combater fungos! Felizmente, estes outros fungos não são prejudiciais ao cártamo, ou a quaisquer das plantas as quais têm sido testados.

Em outro desenvolvimento promissor, em 2005, grupos de pesquisa relataram que dois fungos, *Beauveria bassiana* e *Metarhizium anisopliae*, foram capazes de matar mosquitos portadores de malária, quando aplicados a mosquiteiros. Certos fungos já são utilizados contra insetos-praga, notavelmente cupins e pulgões. E em pesquisas conduzidas até o momento, os insetos-praga não têm desenvolvido resistência aos fungos, como o fazem para DDT e outros pesticidas.

Naturalmente, os fungos não precisam da nossa ajuda para

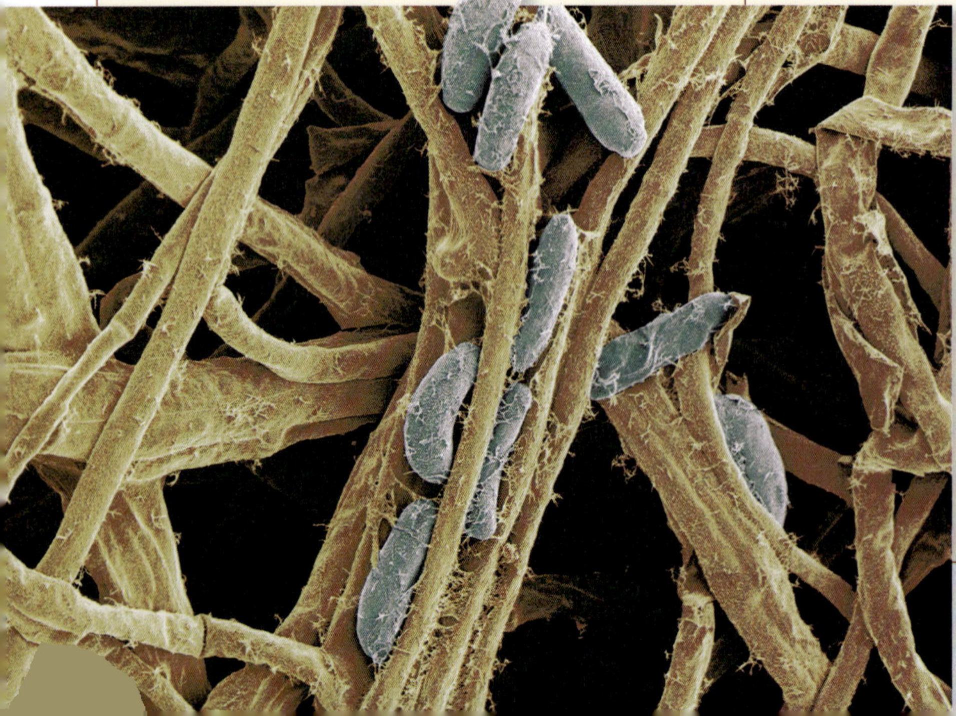

Fungo patogênico, planta parasítica O fungo *Fusarium oxysporum* é um potente patógeno da erva-de-bruxa *Striga*, uma planta parasítica que ataca lavouras. Os esporos do fungo estão mostrados em azul; os filamentos, em cor alaranjada. Ambas as cores foram adicionadas para intensificar esta micrografia eletrônica.

Uma refeição alienígena O fungo tropical, cujo corpo de frutificação está projetando-se ao crescer dentro da carcaça desta formiga, desenvolveu-se internamente no hospedeiro, a partir de um esporo ingerido pela formiga.

encontrar um organismo sobre o qual irá crescer. Os esporos de fungos ingeridos por animais, como as formigas, podem germinar no trato digestivo de seu novo hospedeiro. Eles desenvolvem-se em indivíduos multicelulares, que absorvem nutrientes de seus hospedeiros involuntários. Por fim, eles matam seus hospedeiros, produzindo novos esporos para infectar outros organismos, como de fato o fazem.

Os fungos interagem com outros organismos de diversas maneiras, algumas das quais são benéficas e outras prejudiciais ao outro organismo. Ao começarmos nosso estudo, lembre-se de que os fungos e os animais descendem de um ancestral comum e, portanto, bolores e cogumelos são mais intimamente relacionados a você do que às flores que admiramos no Capítulo 29.

NESTE CAPÍTULO vemos como os fungos diferem-se dos outros eucariotos em alguns aspectos muito interessantes. Exploramos a diversidade de formas corporais, de estruturas reprodutivas e de ciclos de vida que têm evoluído entre os cinco grupos de fungos, bem como examinamos as associações mutuamente benéficas de alguns fungos com outros organismos.

DESTAQUES DO CAPÍTULO

30.1 Como os fungos prosperam em praticamente todos os ambientes?

Acredita-se que os fungos modernos tenham evoluído a partir de um ancestral protista unicelular que possuía um flagelo. O provável ancestral comum dos animais também foi um eucarioto microbiano flagelado, que deve ter sido similar aos coanoflagelados existentes (ver a Figura 27.30). Evidências atuais sugerem que os coanoflagelados de hoje, os fungos e os animais compartilham um único ancestral comum e, desse modo, as três linhagens são freqüentemente agrupadas como os *opistocontes*. As sinapomorfias que distinguem os fungos dos demais opistocontes são a heterotrofia absortiva e a presença de quitina nas paredes celulares (**Figura 30.1**).

Os fungos vivem por meio de **nutrição absortiva**: eles secretam enzimas digestivas que degradam moléculas grandes de alimento no ambiente e então absorvem os produtos de degradação através das membranas plasmáticas de suas células. A heterotrofia absortiva é bem-sucedida, praticamente em qualquer ambiente concebível. Muitos fungos são **sapróbios**, absorvendo nutrientes de matéria orgânica morta. Outros são **parasitas** e absorvem nutrientes de hospedeiros vivos, tais como a formiga mostrada na abertura deste capítulo. Outros, ainda, são **mutualistas** e vivem em associações íntimas com outros organismos que beneficiam ambos os parceiros.

Iremos discutir cinco grupos principais de fungos: quitrídeos, zigomicetos, ascomicetos, basidiomicetos e glomeromicetos. Os primeiros quatro desses grupos foram originalmente definidos pelos seus métodos e estruturas para reprodução sexuada e também, com menor importância, por outras diferenças morfológicas. Mais recentemente, os biólogos têm se voltado para evidências obtidas de análises de DNA, que estabeleceram os glomeromicetos como um grupo independente dos zigomicetos. Os quitrídeos e zigomicetos parecem ser parafiléticos, embora suas relações filogenéticas não sejam ainda bem entendidas. Os outros três grupos são clados (**Figura 30.2**). Os quitrídeos são aquáticos, mas os outros grupos são terrestres.

O corpo de um fungo multicelular é composto por hifas

A maioria dos fungos é multicelular, mas espécies unicelulares são encontradas na maioria dos grupos de fungos. Os membros unicelulares de todos os grupos de fungos, à exceção do grupo basal (os quitrídeos) são chamados de **levedu-**

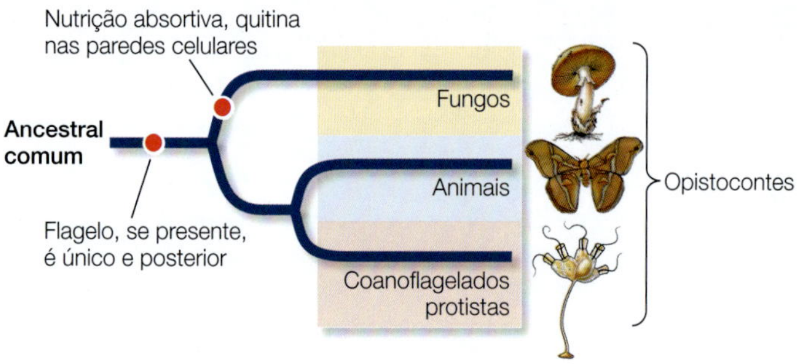
Nutrição absortiva, quitina nas paredes celulares
Ancestral comum
Flagelo, se presente, é único e posterior
Fungos
Animais
Coanoflagelados protistas
Opistocontes

Figura 30.1 Os fungos no contexto evolutivo As características derivadas compartilhadas (sinapomorfias) distinguem os fungos e os opistocontes uns dos outros e do restante da árvore filogenética.

ras (**Figura 30.3**). Não existem glomeromicetos unicelulares. As leveduras vivem em ambientes líquidos ou úmidos e absorvem nutrientes diretamente através da superfície de suas células.

O corpo de um fungo multicelular é chamado de **micélio**. Ele é composto de filamentos tubulares individuais de crescimento rápido, chamados de **hifas**. A parede celular das hifas é altamente reforçada por fibrilas microscópicas de *quitina*, um polissacarídeo rico em nitrogênio. As hifas podem ser subdivididas em unidades semelhantes a células por paredes transversais *incompletas* chamadas de **septos**. Os septos não isolam completamente os compartimentos das hifas; aberturas nos septos, conhecidas como *poros*, possibilitam às organelas – algumas vezes até o núcleo – moverem-se de forma controlada entre as células (**Figura 30.4**). As hifas que contêm septos são referidas como **septadas**; hifas sem septos – mas podem conter centenas de núcleos – são referidas como **cenocíticas**. A condição cenocítica resulta de repetidas divisões nucleares desacompanhadas de citocinese.

Determinadas hifas modificadas, chamadas de *rizóides*, fixam alguns fungos aos seus substratos (o organismo morto ou outra matéria sobre a qual eles alimentam-se). Esses rizóides não são homólogos aos rizóides de plantas, pois não são especializados para absorver nutrientes e água. Os fungos parasíticos podem possuir hifas modificadas que extraem nutrientes do seu hospedeiro.

O crescimento total das hifas de um micélio (não o crescimento de uma hifa individual) pode exceder um quilômetro por dia. As hifas podem dispersar-se amplamente em busca de nutrientes por uma extensa área, ou podem agregar-se em uma massa lanuginosa para explorar uma fonte rica em nutrientes. Em alguns membros de alguns grupos de fungos, quando esporos sexuais são produzidos, o micélio reorganiza-se em um corpo de frutificação reprodutivo, tal como um cogumelo.

Os fungos estão em contato íntimo com o ambiente

As hifas filamentosas de um fungo propiciam um relacionamento único com o ambiente físico. O micélio fúngico possui uma enorme razão área superficial – volume, comparada àquelas da maioria dos organismos multicelulares grandes. Essa elevada razão representa uma adaptação incrível para a nutrição absortiva. Em toda parte do micélio (exceto nas estruturas de frutificação), as hifas estão muito próximas à sua fonte ambiental de alimento.

No entanto, existe um aspecto adverso com relação à excelente razão área-volume do micélio: isso resulta na tendência de perder água rapidamente em ambiente seco. Desse modo, os fungos são mais comuns em ambientes úmidos. Você provavelmente já deve ter observado a tendência de bolores, cogumelos e outros fungos aparecerem em lugares úmidos.

Outra característica de alguns fungos é tolerância a ambientes altamente hipertônicos (aqueles com concentração de soluto mais alta do que a do próprio organismo; ver a Figura 5.9). Muitos fungos são mais resistentes do que bactérias, com relação aos danos causados em ambientes hipertônicos. Uma geléia no refrigerador, por exemplo, não irá se tornar um meio de cultivo para bactérias, pois é muito hipertônico para esses organismos, mas pode eventualmente abrigar colônias de bolor. Sua presença no refrigerador ilustra outra característica de muitos fungos: tolerância a temperaturas extremas. Muitos fungos toleram temperaturas baixas como -6°C e alguns toleram temperaturas acima de 50°C.

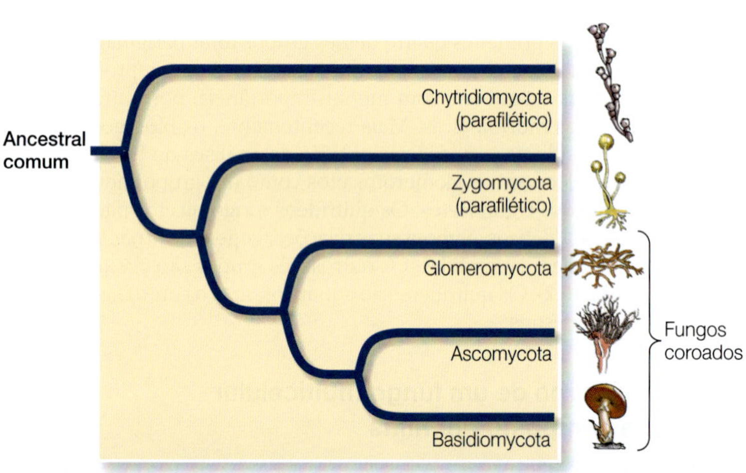
Ancestral comum
Chytridiomycota (parafilético)
Zygomycota (parafilético)
Glomeromycota
Ascomycota
Basidiomycota
Fungos coroados

Figura 30.2 Filogenia dos fungos Cinco grupos são reconhecidos entre os fungos. Os quitrídeos e os zigomicetos são parafiléticos. Cada um dos outros grupos é um clado e, juntos, os três grupos compreendem os fungos coroados, que também é um clado.

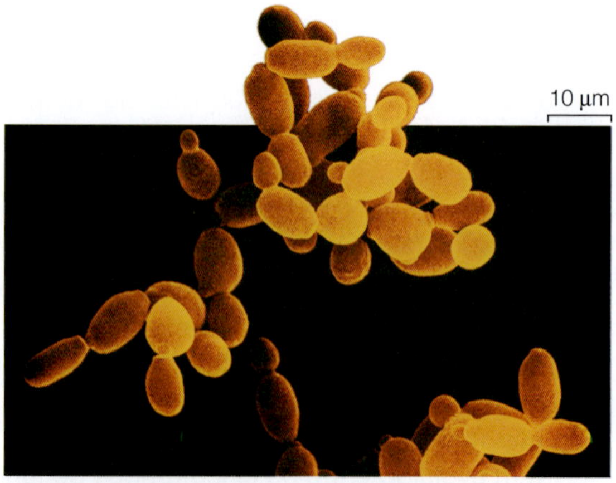
10 μm

Saccharomyces sp.

Figura 30.3 As leveduras são fungos unicelulares Os zigomicetos, ascomicetos e basidiomicetos unicelulares são conhecidos como leveduras. Muitas leveduras reproduzem-se por brotamento – mitose seguida de divisão celular assimétrica – como estão fazendo as mostradas acima.

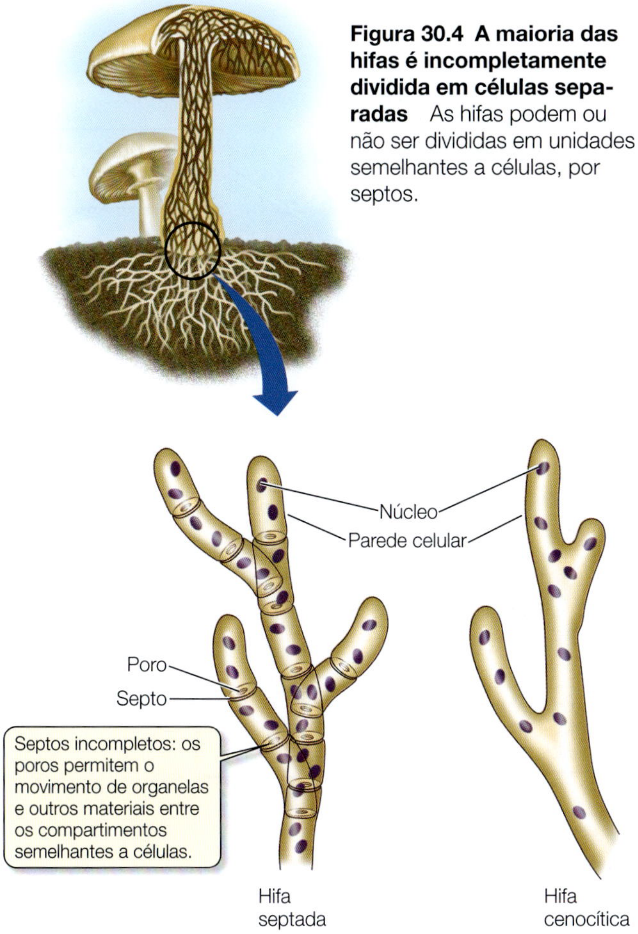

Núcleo
Parede celular
Poro
Septo
Septos incompletos: os poros permitem o movimento de organelas e outros materiais entre os compartimentos semelhantes a células.
Hifa septada
Hifa cenocítica

Figura 30.4 A maioria das hifas é incompletamente dividida em células separadas As hifas podem ou não ser divididas em unidades semelhantes a células, por septos.

Quão grande um fungo pode ficar? Um fungo no Michigan cobre 15 hectares (37 acres). Na superfície, apenas agregados isolados de cogumelos são visíveis. Porém, crescendo no subterrâneo, o vasto micélio do fungo pesa mais do que uma baleia azul. A partir de exaustivas análises de seu DNA, sabe-se que este fungo gigante é um único indivíduo.

Os fungos exploram muitas fontes de nutrientes

Diferentes tipos de fungos encontram diferentes fontes de nutrientes. Enquanto a maioria é sapróbia, obtendo energia, carbono e nitrogênio diretamente de matéria orgânica morta, muitos formam associações com outros organismos. Outros são parasíticos – e até predatórios.

Como muitos fungos sapróbicos são capazes de crescer em meios artificiais, podemos executar experimentos a fim de determinar suas exatas necessidades nutricionais. Os açúcares são sua fonte favorita de carbono. A maioria dos fungos obtém nitrogênio de proteínas ou de produtos da degradação das mesmas. Muitos fungos podem usar íons de nitrato (NO_3^-) ou amônia (NH_4^+) como sua única fonte de nitrogênio. Nenhum fungo conhecido pode retirar nitrogênio diretamente do gás nitrogênio, como fazem algumas bactérias e associações planta-bactéria (ver Seção 42.4). Estudos nutricionais também revelam que a maioria dos fungos é incapaz de sintetizar certas vitaminas e devem absorvê-las de seu ambiente. Por outro lado, os fungos podem sintetizar algumas vitaminas que os animais não podem. Como todos os organismos, os fungos precisam de alguns elementos minerais.

FUNGOS PARASÍTICOS A nutrição nos fungos parasíticos é particularmente interessante para os biólogos. Parasitas *facultativos* podem atacar organismos vivos, mas também podem crescer independentemente, em meio artificial. Parasitas *obrigatórios* não podem ser cultivados em qualquer meio disponível; eles podem crescer somente em hospedeiros vivos específicos, normalmente espécies de plantas. Devido ao crescimento limitado ao hospedeiro vivo, esses fungos devem possuir condições nutricionais especializadas.

A estrutura filamentosa das hifas dos fungos é particularmente bem adequada à vida de absorver nutrientes das plantas. As delgadas hifas de um fungo parasítico podem invadir uma planta através dos estômatos, de ferimentos ou, em alguns casos, pela penetração direta das células epidérmicas (**Figura 30.5A**). Uma vez dentro da planta, as hifas formam um micélio. Algumas hifas produzem **haustórios**, projeções ramificadas que invadem as células da planta viva, absorvendo os nutrientes dessas células. Os haustórios não rompem a membrana plasmática das células; eles simplesmente comprimem as células, com a membrana ajustando-se a eles como uma luva (**Figura 30.5B**). Estruturas frutificantes podem formar-se, tanto dentro do corpo da planta como na sua superfície. Este tipo de simbiose não costuma ser letal à planta.

Alguns fungos parasíticos não só obtêm nutrientes dos corpos de outros organismos, mas também debilitam e matam esses hospedeiros. Um fungo como esse é chamado de *patogênico*.

ALGUNS FUNGOS PARASÍTICOS SÃO PATOGÊNICOS Embora a maioria das doenças humanas seja causada por bactérias ou vírus, os fungos patogênicos são a maior causa de morte entre pessoas com sistema imune comprometido. A maioria das pessoas com AIDS morre de doenças ocasionadas por fungos, como a pneumonia causada por *Pneumocystis carinii* ou uma incurável diarréia causada por outros fungos. *Candida albicans* e outras determinadas leveduras também causam doenças graves, como a esofagite (que prejudica a deglutição), em indivíduos com AIDS e em indivíduos tratados com drogas imunossupressoras. As doenças fúngicas são um crescente problema de saúde internacional, demandando pesquisas vigorosas. Nosso conhecimento limitado da biologia básica desses fungos ainda dificulta nossa capacidade de tratar as doenças que eles causam. Vários fungos causam outras doenças ao homem, menos ameaçadoras, tais como a tinha e o pé-de-atleta.

Os fungos são, de longe, os mais importantes patógenos das plantas, causando perdas nas lavouras que chegam a bilhões de dólares. As bactérias e os vírus são menos importantes como patógenos de plantas. As principais doenças fúngicas de plantas de lavoura incluem a ferrugem-do-colmo do trigo e outras doenças também do trigo, do milho e da aveia. O agente da ferrugem é a *Puccinia graminis*, cujo complicado ciclo de vida iremos discutir mais adiante neste capítulo. Em uma epidemia em 1935, *P. graminis* foi responsável pela perda de aproximadamente um quarto de toda a produção de trigo do Canadá e dos Estados Unidos. No entanto, como vimos no início deste capítulo, fungos patogênicos que matam determinadas espécies de erva daninha podem ser benéficos à agricultura.

FUNGOS PREDATÓRIOS Alguns fungos possuem adaptações que os permitem atuar como predadores ativos, aprisionando protistas microscópicos ou animais próximos. A estratégia preda-

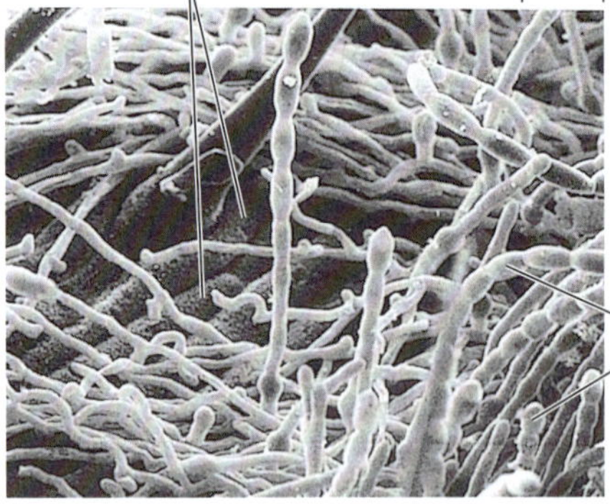
(A) Células da gramínea
2 μm
Hifas do fungo

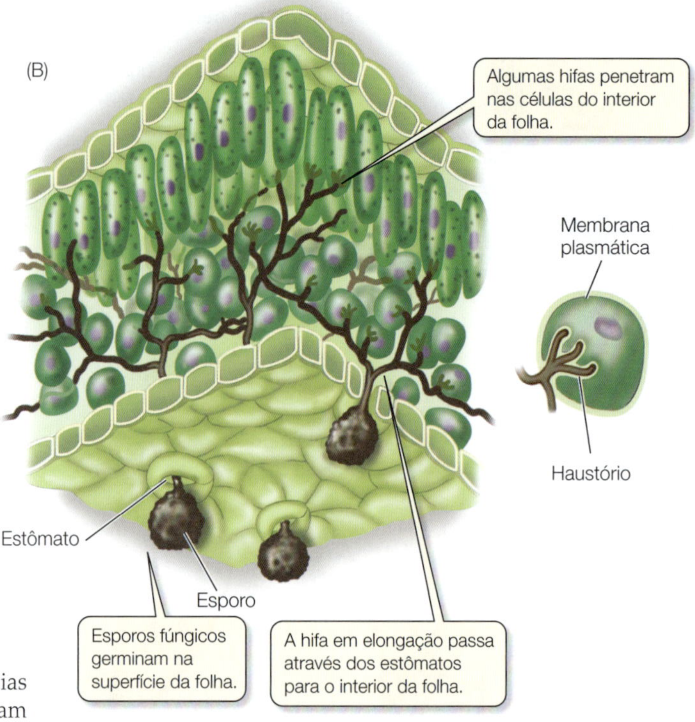
(B)
Algumas hifas penetram nas células do interior da folha.
Membrana plasmática
Haustório
Estômato
Esporo
Esporos fúngicos germinam na superfície da folha.
A hifa em elongação passa através dos estômatos para o interior da folha.

Figura 30.5 Ataques em uma folha (A) As estruturas brancas na micrografia são hifas do fungo parasítico *Blumeria graminis* crescendo sobre a superfície escura da folha de uma gramínea. (B) Os haustórios são hifas fúngicas que penetram nas células vivas das plantas, das quais absorvem seus nutrientes.

tória mais comum vista em fungos é a secreção de substâncias pegajosas pelas hifas, de modo que os organismos que passam ficam firmemente grudados a elas. As hifas, então, rapidamente invadem a presa, crescendo e ramificando-se dentro dela, propagando-se pelo seu corpo, absorvendo nutrientes e, conseqüentemente, matando-a.

Uma adaptação ainda mais dramática para a predação é o anel constritor formado por algumas espécies de *Arthrobotrys*, *Dactylaria* e *Dactylella* (**Figura 30.6**). Todos esses fungos multiplicam-se no solo. Quando nematóides (pequenos vermes circulares) estão presentes no solo, esses fungos formam anéis de três células, com um diâmetro que encaixa apenas um nematóide. Um nematóide, rastejando através de um destes anéis, estimula o fungo, levando as células do anel a intumescerem e prenderem o verme. As hifas do fungo rapidamente invadem e digerem a desventurada vítima.

Nematóide
Anel do fungo
20 μm

Figura 30.6 Alguns fungos são predadores Um nematóide é capturado em um anel constritor do fungo *Arthrobotrys anchoria*, que habita o solo.

O balanço nutricional e a reprodução dos fungos

O que acontece se um fungo defronta-se com escassez no suprimento de alimento? Uma estratégia comum é reproduzir-se rapidamente e abundantemente. Mesmo quando as condições estão boas, os fungos produzem altas quantidades de esporos. Mas a taxa de produção de esporos geralmente aumenta quando o suprimento nutricional diminui.

Os esporos dos fungos não são só abundantes em número, mas também extremamente pequenos e facilmente propagados por vento ou água (**Figura 30.7**). Isso virtualmente assegura que o indivíduo que os produziu terá uma grande progênie, algumas vezes espalhada por grandes distâncias. Não é de se admirar que possamos encontrar fungos em quase todos os lugares.

30.1 RECAPITULAÇÃO

O rápido crescimento e a grande razão área-volume da superfície das hifas permite aos fungos praticar uma eficiente nutrição absortiva, em ambientes úmidos.

- Você é capaz de explicar a relação entre a estrutura do fungo e a nutrição absortiva? Ver p. 652.
- Você é capaz de distinguir os modos nutricionais dos sapróbios, parasitas e mutualistas? Ver p. 653.

A idéia de existirem todos esses esporos de fungos por toda a parte pode ser alarmante. Mas os fungos não são apenas uma ameaça para os organismos ao seu redor. Há maneiras pelas quais eles podem ser benéficos para outros organismos e, até mesmo, para a biosfera como um todo.

Lycoperdon sp.

Figura 30.7 Esporos em abundância Os *Puffballs* dispersam trilhões de esporos em grandes erupções. Muito poucos dos esporos, no entanto, viajam grandes distâncias; aproximadamente 99% dos esporos irão cair até 100 m do fungo parental.

30.2 Como os fungos são benéficos para outros organismos?

Sem os fungos, nosso planeta seria muito diferente. Imagine a Terra com algumas poucas plantas raquíticas (atrofiadas) e com ambientes aquáticos asfixiados com os restos de organismos mortos. A colonização do ambiente terrestre foi possível em grande parte pelas associações que os fungos estabeleceram com outros organismos. Os fungos também se encarregam da remoção de lixo da Terra. Os fungos que absorvem nutrientes de organismos mortos não só ajudam a limpar a paisagem e formar o solo, como também possuem papel fundamental na reciclagem de elementos minerais.

Os fungos sapróbicos removem o lixo da Terra e contribuem para o ciclo do carbono do planeta

Os fungos sapróbicos, juntamente com as bactérias, são os principais decompositores na Terra, contribuindo para a decomposição e, logo, para a reciclagem dos elementos utilizados pelos seres vivos. Nas florestas, por exemplo, os micélios de fungos absorvem nutrientes das árvores que caem, conseqüentemente decompondo suas madeiras. Os fungos são os principais decompositores de celulose e lignina, os componentes principais das paredes celulares das plantas (a maioria das bactérias não pode degradar esses materiais). Outros fungos produzem enzimas que decompõem queratina e, desse modo, degradam estruturas animais como cabelos e unhas.

Não fossem os fungos, altas quantidades de átomos de carbono poderiam ter permanecido aprisionadas aos solos das florestas e outros lugares quase que indefinidamente – o ciclo do carbono poderia ter falhado. Ao invés disso, o carbono é devolvido à atmosfera como CO_2 respiratório, disponível para a fotossíntese pelas plantas. Houve, na verdade, um período em que a população de fungos sapróbicos declinou. Durante o período Carbonífero, as plantas dos pântanos tropicais morreram a começaram a formar turfas (ver a Seção 28.4). A formação de turfas levou a uma acidificação dos pântanos; em compensação, a acidez reduziu drasticamente a população de fungos. O resultado? Com a significante ausência de decompositores, o material das plantas mortas permaneceu no solo do pântano e, ao longo do tempo, foi convertido em turfas e, finalmente, em carvão.

Os fungos surgiram ao acaso, durante o Permiano, há 250 milhões de anos, quando um meteorito colidiu com a Terra, desencadeando um evento de extinção em massa (ver a Seção 21.3). Os registros fósseis mostram que embora 96% de todas as espécies tenham tornado-se extintas, os fungos prosperaram, demonstrando tanto sua robustez, quanto seu papel na reciclagem dos elementos dos corpos de plantas e animais mortos.

Como decompositores, os sapróbios são essenciais à vida como um todo. Existem também muitos fungos que interagem mais especificamente com outros organismos para executar papéis-chave como mutualistas.

As relações mutualísticas são benéficas para ambos os parceiros

Determinados tipos de relações entre fungos e outros organismos têm conseqüências nutricionais para os parceiros do fungos. Duas dessas relações são altamente específicas: as **simbióticas** (os parceiros vivem em íntimo e permanente contato um com o outro) e as **mutualísticas** (quando as relações beneficiam ambos os parceiros).

Os **liquens** são associações de um fungo com uma cianobactéria, uma alga multicelular fotossintética, ou ambos. As **micorrizas** são associações entre fungos e as raízes das plantas. Nessas associações, o fungo obtém compostos orgânicos de seu parceiro fotossintético, mas provê minerais e água em troca, de modo que a nutrição do seu parceiro também é promovida. Na realidade, muitas plantas não poderiam crescer de forma alguma sem seus parceiros fúngicos.

Os liquens podem crescer onde as plantas não podem

Um líquen não é um único organismo mas, sim, um emaranhado de dois organismos radicalmente diferentes: um fungo e um microrganismo fotossintético. Juntos, os organismos que constituem um líquen podem sobreviver a alguns dos mais severos ambientes na Terra. A biota da Antártica, por exemplo, apresenta uma quantidade de espécies de liquens mais de cem vezes maior do que a de plantas.

Apesar de sua resistência, os liquens são muito sensíveis à poluição do ar, pois são incapazes de excretar as substâncias tóxicas que absorvem. Por isso, eles não são comuns em cidades industrializadas. Devido à sua sensibilidade, os liquens são bons indicadores biológicos da poluição do ar.

Os fungos que compõem a maioria dos líquens pertencem ao clado chamado de ascomicetos (do grego "ascon"= saco) ou fungos-saco, que incluem também vários fungos-taça, leveduras e bolores como o *Fusarium*, mencionado no início do capítulo. O componente fotossintético mais freqüente de um líquen é uma alga verde unicelular, mas pode ser uma cianobactéria ou, ainda, incluir ambas. Relativamente poucos trabalhos experimentais deram enfoque aos liquens, talvez por eles crescerem muito devagar – geralmente menos de 1 cm por ano.

(A)

Caloplaca flavescens

(B)

Xanthoria sp.

(C)

Figura 30.8 As formas corporais dos liquens Os liquens são classificados em três classes principais baseadas nas suas formais corporais. (A) Estes liquens crostosos estão crescendo em pedras nuas. (B) Os liquens folhosos possuem uma aparência folhosa. (C) Uma floresta miniatura de liquens fruticosos "arbustivos".

Existe mais de 15.000"espécies"de liquens, e cada uma recebe o nome de seu componente fúngico. Esses componentes fúngicos podem constituir até 20 por cento de todas as espécies de fungos. Alguns desses fungos são capazes de crescer independentemente do parceiro fotossintético, mas outros não têm sido observados na natureza a não ser na associação de líquen. Os liquens são encontrados em todos os tipos de ambientes expostos: em cascas de árvores, no solo aberto ou em pedras descobertas. O"musgo"dos rangíferos (na verdade não é um musgo mas, sim, o líquen *Cladonia subtenuis*) cobre vastas áreas nas regiões do Ártico, sub-Ártico e boreal, onde é parte importante das dietas de rangíferos e outros grandes mamíferos. Os liquens são de várias formas e cores. Os liquens crostosos (semelhantes a crostas) parecem pó colorido pulverizado sobre seu substrato (**Figura 30.8A**); os liquens foliosos (folhosos) e fruticosos (arbustivos) podem ter formas complexas (**Figura 30.8B,C**).

A interpretação mais amplamente aceita sobre a relação dos liquens é que se trata de uma simbiose mutuamente benéfica. As hifas do micélio do fungo são fortemente pressionadas contra a alga ou cianobactéria e, por vezes, até mesmo as invadem. As células das bactérias e algas não apenas sobrevivem a essas injúrias, como também seguem seu crescimento e fotossíntese. De fato, as células das algas em um líquen liberam produtos fotossintéticos a uma taxa mais alta do que células similares crescendo por si. Por outro lado, as células fotossintéticas de um líquen crescem mais rapidamente sozinhas do que quando associadas a um fungo. Nesse sentido, poderíamos considerar os fungos dos liquens como parasitas de seus parceiros fotossintéticos. No entanto, em muitos lugares onde os liquens crescem, as células fotossintéticas não poderiam, de forma alguma, crescer sozinhas.

Os liquens podem reproduzir-se simplesmente por fragmentação do corpo vegetativo, chamado de *talo*, ou por meio de estruturas especializadas denominadas *sorédios*. Os sorédios consistem em uma ou algumas células envolvidas por hifas fúngicas. O sorédio separa-se do líquen, é disperso pelas correntes de ar e, chegando a um local favorável, desenvolve-se formando um novo líquen. Alternativamente, o parceiro fúngico pode passar pelo seu ciclo sexual, produzindo esporos haplóides. Quando esses esporos são liberados, entretanto, dispersam-se sozinhos, desacompanhados do parceiro fotossintético, e, portanto, podem não ser capazes de restabelecer a associação de líquen, ou mesmo sobreviverem sozinhos.

Em uma seção transversal de um líquen folioso típico são visíveis uma região superior de hifas fúngicas comprimidas, uma camada de cianobactérias ou algas, uma camada mais frouxa de hifas e, finalmente, rizóides de hifas que fixam toda a estrutura ao seu substrato (**Figura 30.9**). O emaranhado de hifas fúngicas absorve alguns nutrientes necessários para as células fotossintéticas e provê um ambiente adequadamente úmido às mesmas, retendo água obstinadamente. Os fungos obtêm o carbono fixado dos produtos fotossintéticos das células das algas ou cianobactérias.

Os liquens são normalmente os primeiros colonizadores em novas áreas de rochas expostas. Eles conseguem a maior parte dos nutrientes que precisam do ar e da água da chuva, complementado por minerais absorvidos da poeira. Um líquen começa a crescer logo após uma chuva e, em seguida, começa a secar. À medida que cresce, o líquen acidifica seu ambiente suavemente e esta acidez contribui para a lenta degradação das rochas, uma etapa inicial na formação dos solos. Depois que o líquen seca completamente, sua fotossíntese cessa. O conteúdo de água do líquen pode cair para menos de 10 por cento de seu peso seco, ponto no qual se torna altamente insensível aos extremos de temperatura.

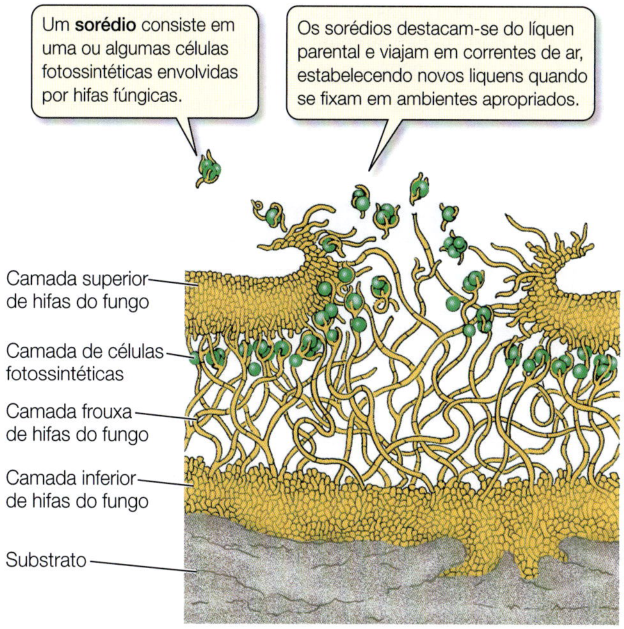
Um **sorédio** consiste em uma ou algumas células fotossintéticas envolvidas por hifas fúngicas.
Os sorédios destacam-se do líquen parental e viajam em correntes de ar, estabelecendo novos liquens quando se fixam em ambientes apropriados.
Camada superior de hifas do fungo
Camada de células fotossintéticas
Camada frouxa de hifas do fungo
Camada inferior de hifas do fungo
Substrato

Figura 30.9 Anatomia do líquen Uma seção transversal mostrando as camadas de um líquen folioso e a liberação de sorédios.

As micorrizas são essenciais para a maioria das plantas

Quase todas as plantas vasculares necessitam de uma associação simbiótica com fungos. Sem auxílio, os pêlos radiculares dessas plantas não absorvem água ou minerais o suficiente para manter o crescimento. Entretanto, essas raízes geralmente são infectadas por fungos, formando uma associação chamada de micorriza. As micorrizas são de dois tipos, considerando o fato das hifas do fungo penetrarem ou não as células da planta.

Nas *ectomicorrizas*, o fungo enrola-se à raiz e sua massa é geralmente tão grande quanto a da própria raiz (**Figura 30.10A**). As hifas dos fungos enrolam-se individualmente às células da raiz, mas não as penetram. A extensa rede de hifas penetra o solo na área em torno da raiz, de tal modo que até 25 por cento do volume de solo próximo à raiz pode ser de hifas do fungo. As hifas presas à raiz aumentam a área superficial para a absorção de água e minerais, e a massa de micorriza no solo, como uma esponja, retém água ao redor da raiz, eficientemente. As raízes infectadas caracteristicamente ramificam-se muito, ficam inchadas e com forma de bastão, e os pêlos radiculares estão ausentes.

Nas *micorrizas arbusculares*, as hifas do fungo entram na raiz e penetram a parede celular das células radiculares, formando estruturas arbusculares (semelhantes às arvores), dentro da parede celular, mas fora da membrana plasmática. Essas estruturas, como os haustórios dos fungos parasíticos, passam a ser o primeiro local de troca entre a planta e o fungo (**Figura 30.10B**). Como na ectomicorriza, o fungo forma uma vasta rede de hifas, partindo da superfície da raiz, em direção ao solo circundante.

A associação micorrízica é importante para ambos os parceiros. O fungo obtém da planta os compostos orgânicos necessários, tais como açúcares e aminoácidos. Em troca, o fungo, devido à sua altíssima razão área-volume e à sua capacidade de penetrar a fina estrutura do solo, aumenta consideravelmente a eficiência de absorção de água e minerais (principalmente fósforo) pela planta. O fungo pode também fornecer alguns hormônios de crescimento e proteger a planta contra o ataque de microrganismos fitopatogênicos. As plantas que possuem micorrizas arbusculares ativas apresentam coloração de verde mais escuro e podem resistir melhor a extremos de seca e temperatura do que as plantas da mesma espécie com micorrizas pouco desenvolvidas. Tentativas de introduzir algumas espécies de plantas em áreas novas falharam até que fosse fornecida uma porção de solo da área nativa (presumivelmente contendo o fungo necessário para estabelecer a micorriza). Árvores sem ectomicorrizas não crescerão bem na ausência de água e nutrientes em abundância e, logo, a saúde de nossas florestas depende da presença de fungos ectomicorrízicos.

A parceria entre planta e fungo resulta em uma planta mais bem adaptada à vida na terra. Já foi sugerido que a evolução das micorrizas tenha sido o evento isolado mais importante na colonização do ambiente terrestre pelos seres vivos. Fósseis de estruturas micorrízicas de 460 milhões de anos já foram encontrados. Algumas hepáticas, um dos mais antigos grupos de plantas terrestres (ver a Seção 28.4), formam micorrizas.

(A)

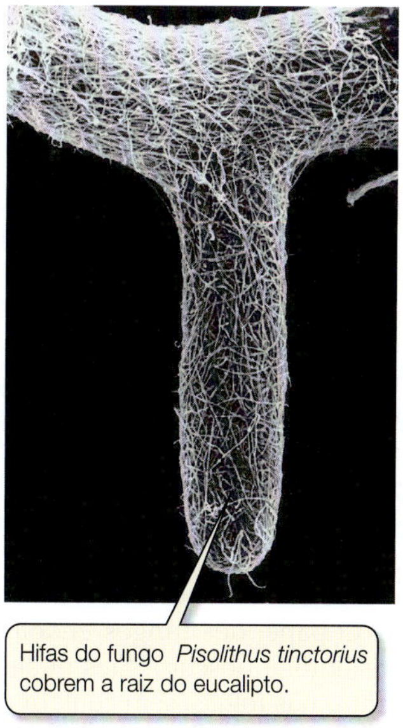
Hifas do fungo *Pisolithus tinctorius* cobrem a raiz do eucalipto.

(B)

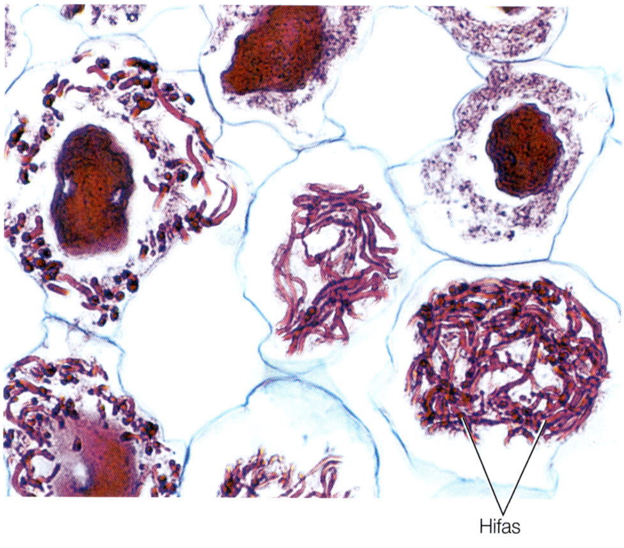
Hifas

Figura 30.10 Associações micorrízicas (A) Os fungos ectomicorrízicos enrolam-se na raiz da planta, aumentando a área disponível para absorção de água e minerais. (B) As hifas fúngicas da micorriza arbuscular infectam a raiz internamente e penetram nas células radiculares, ramificando-se dentro das células e formando estruturas semelhantes a árvores, que provêm nutrientes às plantas. As hifas preenchem boa parte da célula mas não o núcleo.

Determinadas plantas que vivem em habitats pobres em nitrogênio, tais como os arbustos de oxicoco (do inglês, *cranberry*) e as orquídeas, invariavelmente possuem micorrizas. As sementes de orquídeas não germinam na natureza, a menos que já estejam infectadas pelo fungo que formará suas micorrizas. As plantas que não possuem clorofila sempre possuem micorrizas, as quais elas geralmente compartilham com as raízes de outras plantas verdes e fotossintetizantes. De fato, estas plantas sem clorofila são alimentadas por plantas verdes vizinhas, utilizando o fungo como ponte.

Os biólogos há muito suspeitavam que as raízes secretam um sinal químico que capacita os fungos a encontrarem-nas e invadirem-nas para formar micorrizas arbusculares. Isto ficou comprovado em 2005, quando pesquisadores tiveram sucesso no isolamento do composto sinalizador. Poderia o composto também ser usado por plantas parasíticas para atacar suas plantas hospedeiras? Realmente, é isso que acontece. A *Striga*, discutida no início deste capítulo, é uma das plantas parasíticas que usa exatamente esse sinal. Conseqüentemente, ao atrair seu fungo auxiliar, uma planta pode também atrair um perigoso parasita.

Os fungos endofíticos protegem algumas plantas contra patógenos, herbívoros e estresse

Em uma floresta tropical, 10.000 ou mais esporos de fungos aterrissam em uma única folha a cada dia. Alguns são patógenos de plantas, outros não atacam a planta de forma alguma e, ainda, alguns invadem a planta de uma maneira benéfica. Os fungos que vivem dentro de partes da planta acima do solo são chamados de **fungos endofíticos**. Pesquisas recentes têm mostrado que os fungos endofíticos são abundantes em plantas de todos os ambientes terrestres.

Gramíneas com fungos endofíticos são mais resistentes a patógenos, insetos herbívoros e mamíferos herbívoros do que gramíneas que não os possuem. Os fungos produzem alcalóides (compostos nitrogenados) tóxicos aos animais. Os alcalóides não prejudicam a planta hospedeira; na realidade, algumas plantas produzem alcalóides (tais como a nicotina) elas próprias. Os alcalóides dos fungos também aumentam a capacidade das plantas de resistir a estresses de vários tipos, incluindo seca (escassez de água) e solos salinos. Tais resistências são úteis na agricultura.

O papel dos fungos endofíticos na maioria das árvores, se existente, é obscuro. Eles podem simplesmente ocupar espaço dentro das folhas, sem conferir qualquer benefício, mas também sem prejudicá-las.

Alguns fungos servem de alimento para as formigas que os cultivam

Em outro tipo de associação, algumas formigas cortadeiras "cultivam" fungos, alimentando-os e, posteriormente, comendo seus corpos de frutificação especializados (chamados de *gongilídeos*) que os fungos produzem. As formigas coletam folhas e pétalas de flores, trituram em pequenos pedaços e "plantam" pedaços de micélio de fungo nas suas superfícies. Os fungos, nessa "horta", secretam enzimas que digerem o material vegetal, degradando-o em produtos assimiláveis para a sua própria nutrição. Os fungos, então, produzem os gongilídeos, então colhidos e comidos pelas formigas.

Uma horta estabelecida não contém uma mistura de fungos; ao contrário, contém um único clone de fungo. Quando as formigas trazem outros fungos à horta, os recém-chegados são mortos por substâncias contidas nas fezes das formigas. Estas substâncias são provenientes das formigas ou da própria horta de fungos? O que então impede as formigas de usufruírem o possível benefício de cultivar uma horta geneticamente mais diversa? Um simples experimento realizado em 2005 mostrou que, de fato, o fungo produz as substâncias que mantêm os potenciais competidores afastados da horta e do alimento fornecido pelas formigas (**Figura 30.11**).

EXPERIMENTO

HIPÓTESE: Os fungos, não as formigas, produzem as substâncias que impedem os fungos "estrangeiros" de crescerem na horta.

MÉTODO

1. Coletar amostras de diferentes hortas de fungos e formigas do solo e estabeleça colônias no laboratório.
2. Algumas formigas de cada uma das duas colônias (1 e 2) são forçadas a se alimentarem dos fungos obtidos pela outra colônia, por 10 dias. As outras formigas continuam a se alimentar de suas próprias hortas.
3. No início e no final do período de 10 dias, coloque gotículas de fezes das formigas em fungos de sua própria horta ou de hortas "estrangeiras".
4. Testar reações de incompatibilidade (recusa da gotícula pelo fungo, toxicidade ao fungo).

RESULTADOS

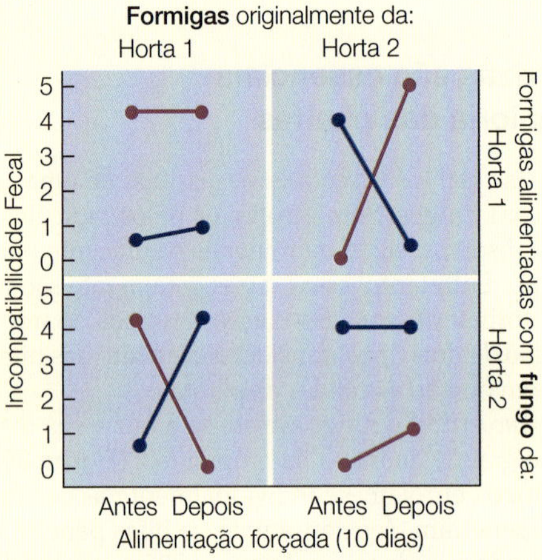

Formigas originalmente da:
Horta 1
Horta 2
Incompatibilidade Fecal
0
1
2
3
4
5
Formigas alimentadas com fungo da:
Horta 1
Horta 2
Antes
Depois
Alimentação forçada (10 dias)

Fungos testados:	Incompatibilidade:
Fungo 1	0 = Compatibilidade completa
Fungo 2	5 = Incompatibilidade completa

CONCLUSÃO: Os fungos estrangeiros são inibidos por substâncias produzidas pelo fungo que uma formiga come, não pelas próprias formigas.

Figura 30.11 Mantendo fungos intrusos afastados Apenas um único clone de uma única espécie de fungo é mantido na horta das formigas cortadeiras. O que impede que essas hortas venham a ser contaminadas por outros fungos? Um experimento realizado por Michael Poulsen e Jacobus Boomsma explorou esta questão. PESQUISA ADICIONAL: Alguns cupins cultivam hortas de fungos, mas os fungos alimentam-se mais das fezes do que da matéria vegetal. Como você determinaria se um sistema similar para evitar a contaminação por espécies de fungos incompatíveis é mantido na simbiose cupim-fungo?

30.2 RECAPITULAÇÃO

Os fungos formam muitas associações benéficas com outros organismos. Fungos micorrízicos são essenciais para a sobrevivência da maioria das espécies de plantas.

- Qual é o papel dos fungos no ciclo do carbono do planeta? Ver p. 655.
- Você pode explicar a natureza e os benefícios da associação dos liquens? Ver p. 655-656.
- Você entende por que as plantas crescem melhor na presença de fungos micorrízicos? Ver p. 657.

A maioria dos fungos micorrízicos pertence a um clado particular de fungos e os fungos micorrízicos arbusculares são membros de outro. Um dos mais importantes critérios para classificar os fungos em grupos taxonômicos, antes que técnicas moleculares tornassem as coisas mais simples e mais exatas, era a natureza dos seus ciclos de vida.

30.3 Como os ciclos de vida dos fungos diferem uns dos outros?

Diferentes grupos de fungos possuem diferentes ciclos de vida. Um grupo mostra alternância de gerações, tipo de ciclo de vida encontrado em todas as plantas e alguns protistas. Outros grupos possuem ciclo de vida atípico, exclusivo dos fungos, apresentando um estágio chamado de *dicarionte*. Iremos comparar esses ciclos depois de examinar os modos reprodutivos dos vários grupos de fungos. Vamos começar revisando brevemente as reproduções assexuada e sexuada em termos gerais.

Os fungos reproduzem-se tanto sexuada quanto assexuadamente

Ambas as reproduções sexuada e assexuada são comuns entre os fungos (**Figura 30.12**). A reprodução assexuada assume várias formas:

- produção de esporos (usualmente) haplóides dentro de estruturas denominadas *esporângios;*
- produção de esporos nus (não envoltos no esporângio) nos ápices das hifas; tais esporos são chamados de *conídios* (do grego *konis*, "poeira");
- divisão celular por fungos unicelulares – tanto uma divisão relativamente eqüitativa (chamada de *fissão*), como uma divisão assimétrica, na qual uma pequena célula filha é produzida (chamada de *brotamento*);
- simples ruptura do micélio.

A reprodução assexuada dos fungos pode ser espetacular em termos de quantidade. Uma colônia de 2,5 cm de *Penicillium*, o bolor que produz o antibiótico penicilina, pode produzir mais de 400 milhões de conídios. O ar que respiramos contém mais de 10.000 esporos de fungos por metro cúbico.

A reprodução sexuada de muitos fungos representa uma excentricidade interessante. Geralmente, não há distinção morfológica entre estruturas femininas e masculinas, ou indivíduos machos e fêmeas. Mais propriamente, há uma distinção entre dois *ou mais* **tipos de acasalamento**, determinada geneticamente. Indivíduos de um mesmo tipo de acasalamento não podem acasalar entre si, mas podem acasalar com indivíduos de outro tipo de acasalamento, dentro da mesma espécie. Essa distinção previne a autofertilização. Indivíduos de diferentes tipos de acasalamento diferem geneticamente uns dos outros, mas geralmente são indistinguíveis na aparência e no comportamento. Muitos protistas também possuem sistemas de tipos de acasalamento.

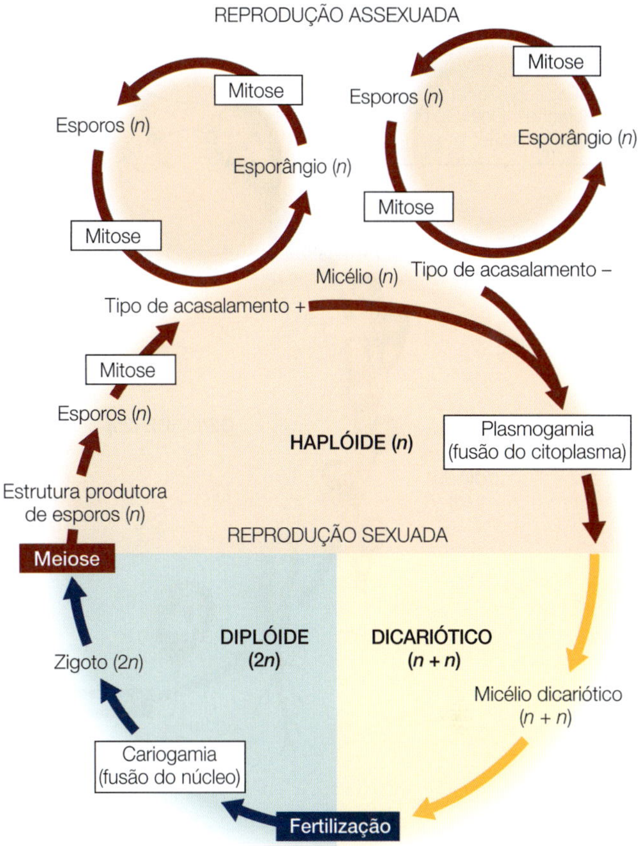

REPRODUÇÃO ASSEXUADA
Mitose
Esporos (n)
Esporângio (n)
Mitose
Mitose
Esporos (n)
Esporângio (n)
Mitose
Micélio (n)
Tipo de acasalamento –
Tipo de acasalamento +
Mitose
Esporos (n)
HAPLÓIDE (n)
Plasmogamia (fusão do citoplasma)
Estrutura produtora de esporos (n)
REPRODUÇÃO SEXUADA
Meiose
DIPLÓIDE (2n)
DICARIÓTICO (n + n)
Zigoto (2n)
Micélio dicariótico (n + n)
Cariogamia (fusão do núcleo)
Fertilização

Figura 30.12 Reprodução assexuada e sexuada no ciclo de vida de um fungo As condições ambientais podem determinar qual modo de reprodução é realizado em determinado momento.

Os fungos reproduzem-se sexuadamente quando hifas (ou, em um grupo, células móveis) de tipos de acasalamento diferentes encontram-se e fusionam-se (**Figura 30.13**). Em muitos fungos, os núcleos zigóticos formados por reprodução sexuada são os únicos núcleos diplóides do ciclo de vida. Esses núcleos sofrem meiose, produzindo núcleos haplóides que são incorporados em esporos. Os esporos haplóides dos fungos sejam produzidos sexuadamente dessa forma, ou assexuadamente, germinam e seus núcleos dividem-se mitoticamente para produzir hifas. Esse tipo de ciclo de vida, chamado de *haplôntico*, é também característico de muitos eucariotos microbianos.

A alternância entre gerações multicelulares haplóides (n) e diplóides ($2n$) que evoluiu nas plantas e, certamente, nos grupos protistas (ver Seção 28.2) é encontrada nos quitrídeos e em algumas leveduras (**Figura 30.13A**). A alternância de gerações não aparece nos outros grupos. Como esperado, essas linhagens basais de fungos, aquáticos, possuem gametas flagelados; eles também têm esporos flagelados. Os flagelos foram sendo perdidos nos fungos terrestres.

Quais as conseqüências da alternância entre gerações nos quitrídeos? É possível que os organismos haplóides multicelulares sirvam de "filtro" para mutações danosas. Um indivíduo haplóide

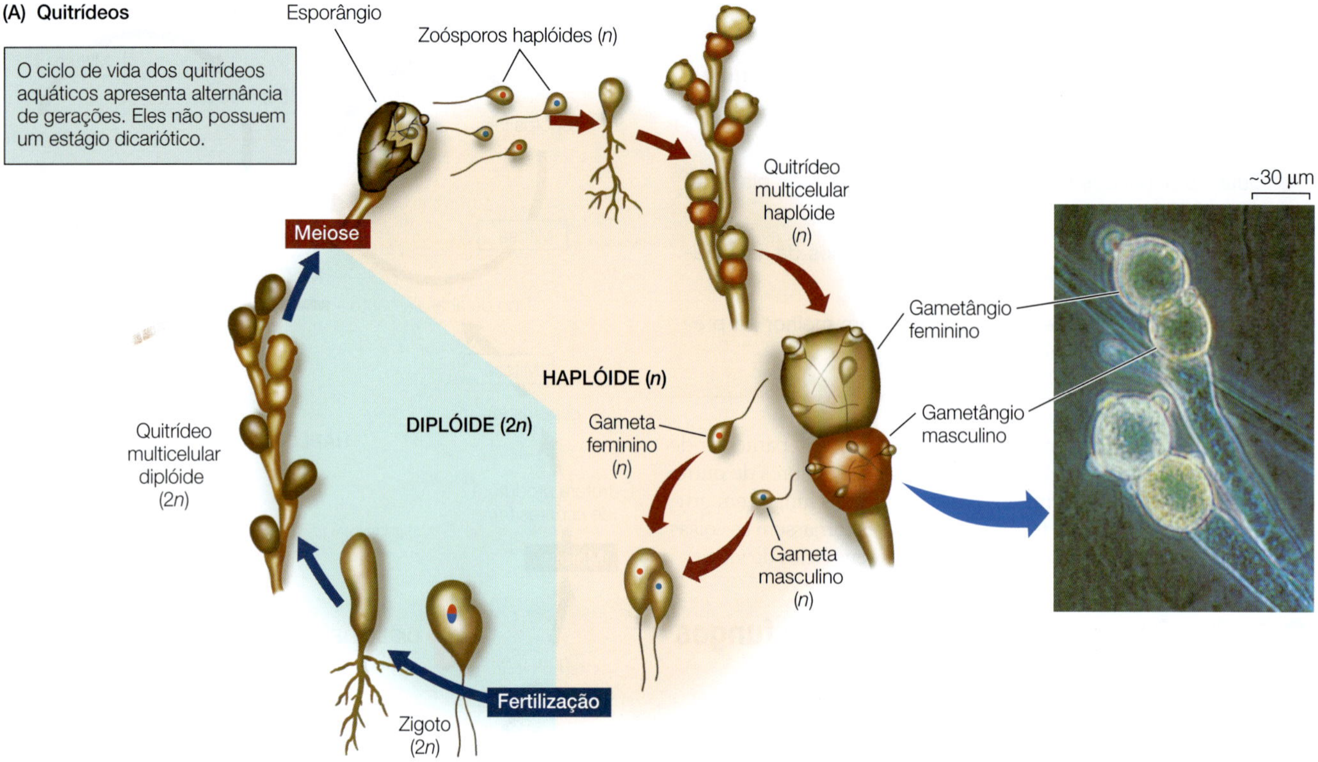
(A) Quitrídeos
O ciclo de vida dos quitrídeos aquáticos apresenta alternância de gerações. Eles não possuem um estágio dicariótico.
Esporângio
Zoósporos haplóides (n)
Quitrídeo multicelular haplóide (n)
~30 µm
Gametângio feminino
Gametângio masculino
HAPLÓIDE (n)
DIPLÓIDE (2n)
Gameta feminino (n)
Gameta masculino (n)
Meiose
Quitrídeo multicelular diplóide (2n)
Fertilização
Zigoto (2n)

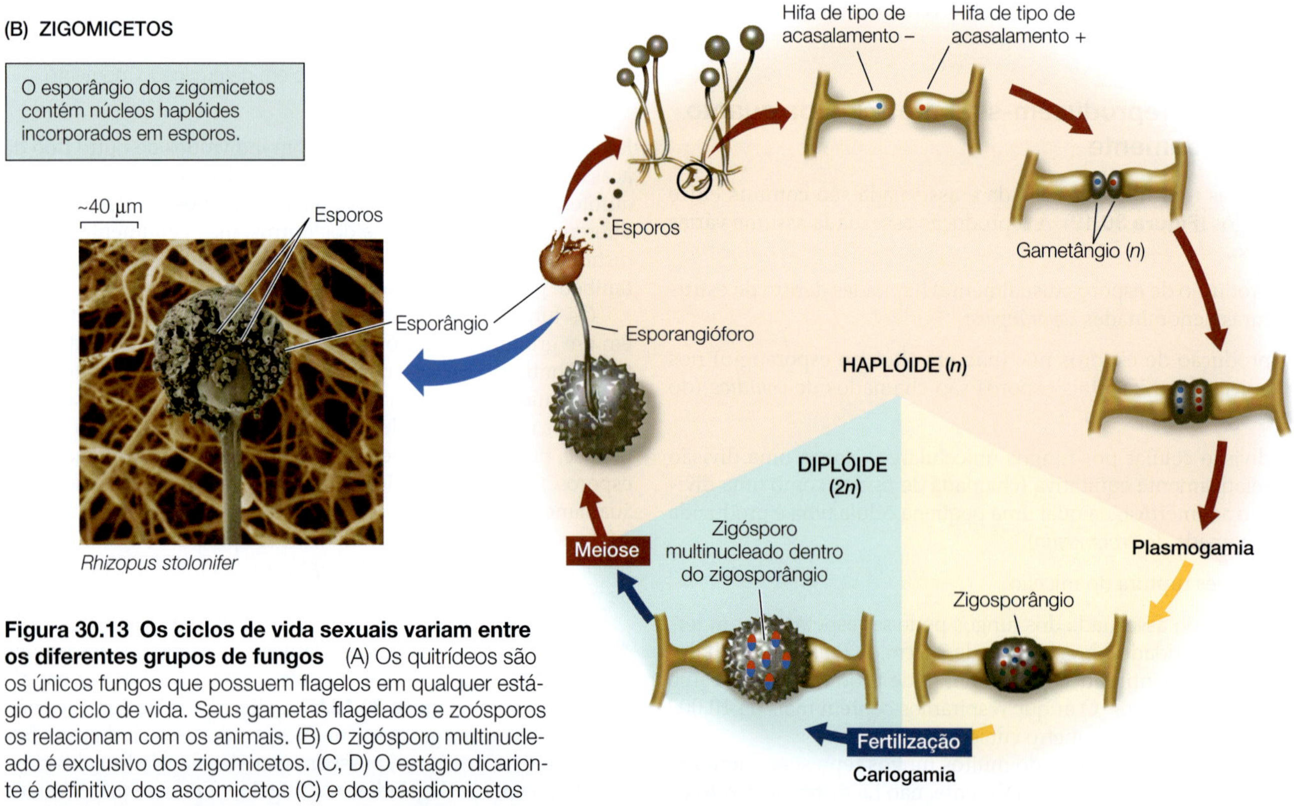
(B) ZIGOMICETOS
O esporângio dos zigomicetos contém núcleos haplóides incorporados em esporos.
~40 µm
Esporos
Esporângio
Rhizopus stolonifer
Hifa de tipo de acasalamento –
Hifa de tipo de acasalamento +
Esporos
Gametângio (n)
Esporangióforo
HAPLÓIDE (n)
DIPLÓIDE (2n)
Zigósporo multinucleado dentro do zigosporângio
Meiose
Plasmogamia
Zigosporângio
Fertilização
Cariogamia

Figura 30.13 Os ciclos de vida sexuais variam entre os diferentes grupos de fungos (A) Os quitrídeos são os únicos fungos que possuem flagelos em qualquer estágio do ciclo de vida. Seus gametas flagelados e zoósporos os relacionam com os animais. (B) O zigósporo multinucleado é exclusivo dos zigomicetos. (C, D) O estágio dicarionte é definitivo dos ascomicetos (C) e dos basidiomicetos (D). Os glomeromicetos (fungos micorrízicos) reproduzem-se somente assexuadamente e não estão retratados aqui.

(C) Ascomicetos

Os produtos da meiose nos ascomicetos são carregados em um saco microscópico chamado de asco. Os suculentos corpos de frutificação consistem em ambas as hifas dicarióticas e haplóides.

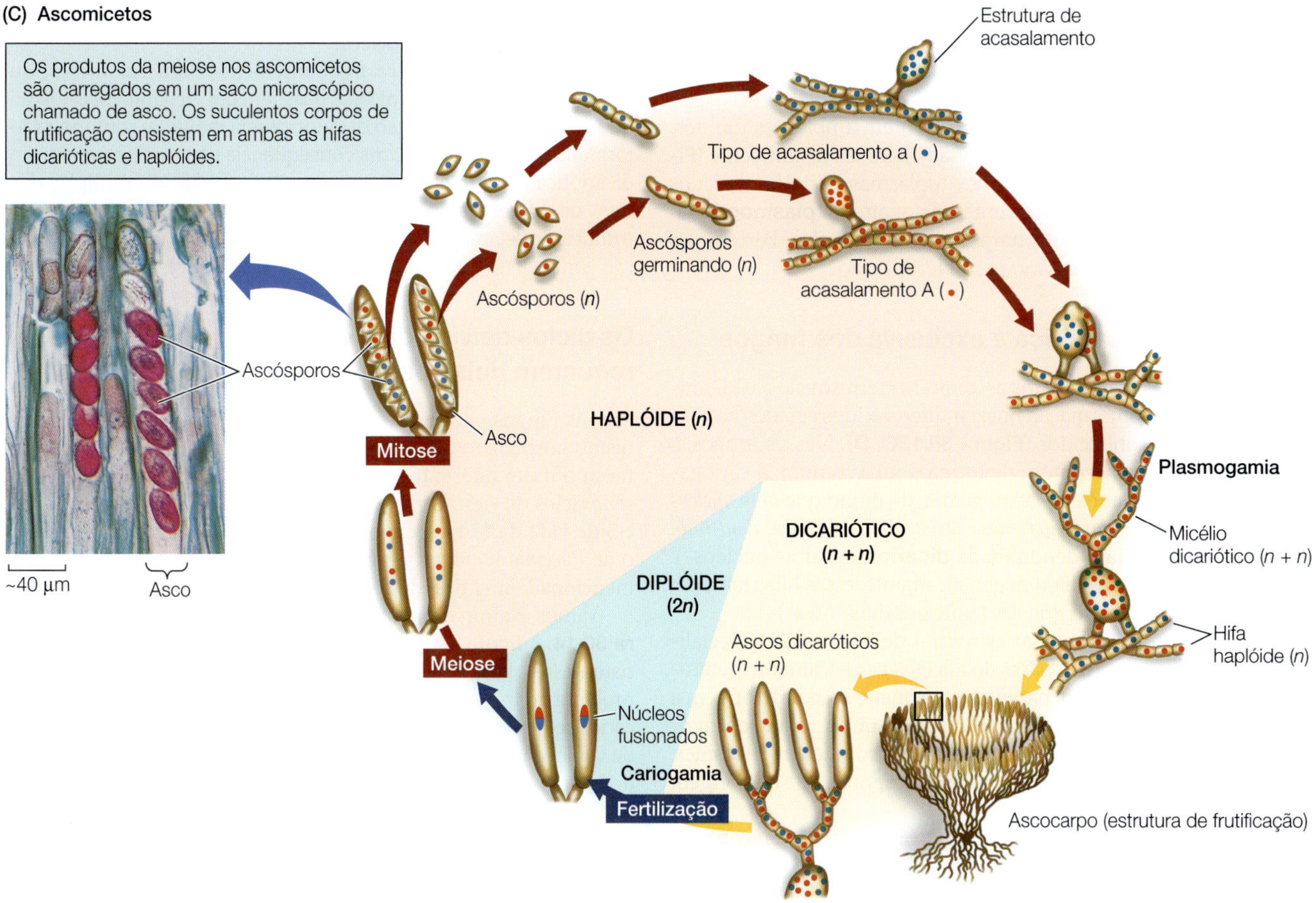

Estrutura de acasalamento
Tipo de acasalamento a (•)
Ascósporos germinando (n)
Tipo de acasalamento A (•)
Ascósporos (n)
Ascósporos
Asco
HAPLÓIDE (n)
Mitose
Plasmogamia
Micélio dicariótico (n + n)
DICARIÓTICO (n + n)
DIPLÓIDE (2n)
Hifa haplóide (n)
Ascos dicarióticos (n + n)
Meiose
Núcleos fusionados
Cariogamia
Fertilização
Ascocarpo (estrutura de frutificação)
~40 µm
Asco

(D) Basidiomicetos

Nos basidiomicetos, os produtos da meiose são expostos em pedúnculos chamados de basídios. Os corpos de frutificação consistem exclusivamente em hifas dicarióticas, e a fase dicariótica pode durar um longo período.

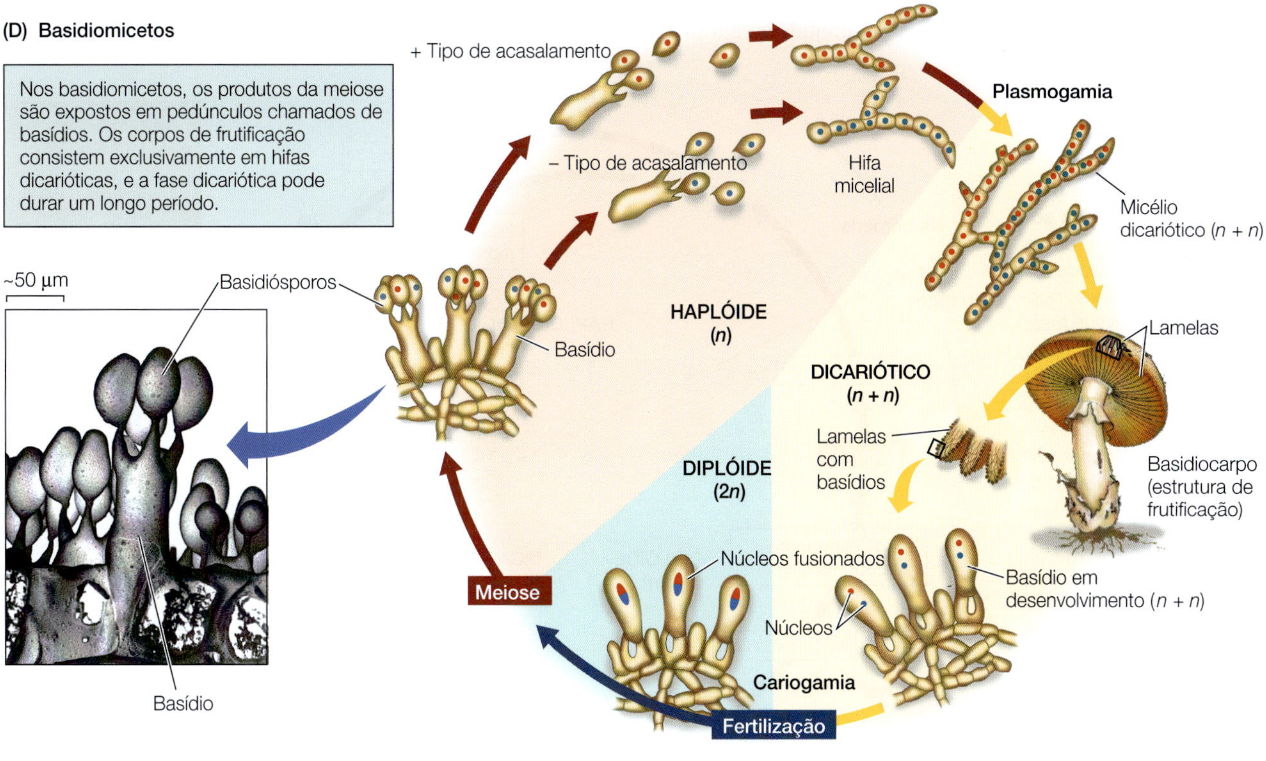

+ Tipo de acasalamento
Plasmogamia
– Tipo de acasalamento
Hifa micelial
Micélio dicariótico (n + n)
~50 µm
Basidiósporos
Basídio
HAPLÓIDE (n)
Lamelas
DICARIÓTICO (n + n)
Lamelas com basídios
DIPLÓIDE (2n)
Basidiocarpo (estrutura de frutificação)
Núcleos fusionados
Meiose
Basídio em desenvolvimento (n + n)
Núcleos
Cariogamia
Fertilização
Basídio

com tal mutação morreria e o alelo mutante não seria passado à progênie. Nessas linhagens basais, o estágio multicelular diplóide inclui uma estrutura resistente capaz de resistir ao congelamento ou dessecamento.

Embora os fungos terrestres cresçam em ambientes úmidos, seus gametas não são móveis e não são liberados no ambiente (**Figura 30.13B-D**). Ao invés disso, os citoplasmas de dois indivíduos de tipos de acasalamento diferentes fusionam-se (**plasmogamia**) antes de seus núcleos fusionarem-se (**cariogamia**). Portanto, o meio líquido não é necessário para a fertilização.

A condição dicariótica é exclusiva dos fungos

Determinadas hifas de alguns ascomicetos terrestres e basidiomicetos possuem conformação nuclear diferente dos estados haplóide ou diplóide conhecidos (**Figura 30.13C, D**). Nesses fungos, a reprodução sexuada começa de forma pouco comum: a cariogamia ocorre muito após a plasmogamia, de modo que *dois núcleos haplóides geneticamente diferentes coexistem e se dividem dentro da mesma hifa*. Tal hifa é denominada **dicarionte** ("dois núcleos"). Como os dois núcleos diferem geneticamente, essas hifas também são chamadas de *heterocariontes* ("núcleos diferentes").

Finalmente, são formadas estruturas de frutificação especializadas, onde cada um dos pares de núcleos geneticamente heterogêneos – um de cada hifa parental – fusionam-se, dando origem a zigotos do "cruzamento" inicial muito mais tarde. O núcleo zigótico diplóide sofre meiose, produzindo quatro núcleos haplóides. Esses descendentes mitóticos tornam-se esporos, que dão origem à próxima geração de hifas.

Esse tipo de ciclo de vida apresenta vários aspectos incomuns. Primeiramente, não há *células* gaméticas, apenas *núcleos* gaméticos. Segundo, nunca há um tecido diplóide verdadeiro, embora por um longo período os genes de ambos os progenitores estejam presentes no dicarionte e possam ser expressos. Na realidade, a hifa não é diplóide ($2n$) nem haplóide (n); mais propriamente, ela é *dicariótica* ($n + n$). Uma mutação recessiva prejudicial em um dos núcleos pode ser compensada pelo alelo normal no mesmo cromossomo, do outro núcleo.

A condição dicariótica freqüentemente dura por meses, ou mesmo anos. Os basidiomicetos possuem um elegante mecanismo que garante que a condição dicariótica seja mantida, conforme são formadas novas células. Uma conseqüência por manter a condição dicariótica é o aumento na oportunidade de fusões múltiplas das hifas de diferentes tipos de acasalamento, antes que os corpos de frutificação sejam formados. Isto permitiria uma maior recombinação genética do que com apenas dois tipos de acasalamento.

Os ciclos de vida de alguns fungos parasíticos requerem dois hospedeiros

Alguns fungos parasíticos são muito específicos quanto ao organismo hospedeiro que usam como fonte de nutrição, e alguns até mesmo usam diferentes hospedeiros para diferentes estágios de seus ciclos de vida. Um dos mais surpreendentes exemplos de ciclo de vida de fungos envolvendo dois hospedeiros diferentes é o de *Puccinia graminis*, o agente da ferrugem do colmo do trigo, mencionada no início do capítulo (ver p. 653).

Vamos examinar um ano no ciclo de vida de *P. graminis* (**Figura 30.14**; a figura está relacionada ao texto pelos números entre parênteses). De junho a setembro, a hifa dicariótica de *P. graminis* prolifera no tronco e nas folhas das plantas de trigo. Essas hifas dicarióticas produzem grandes quantidades de esporos dicarióticos de verão, chamados de *uredosporos* **(1)**. Os esporos unicelulares cor de laranja são dispersos pelo vento e infectam outras plantas de trigo, sobre as quais as hifas então proliferam.

Esporos de cor parda escura – *teliósporos* – começam a aparecer nas hifas especiais, no final de setembro. Cada teliósporo consiste inicialmente em duas células dicarióticas. Os dois núcleos haplóides em cada célula fusionam-se para formar um único núcleo diplóide ($2n$). Essas são as únicas células diplóides do ciclo de vida inteiro **(2)**. Ambas as células possuem paredes espessas e normalmente sobrevivem ao congelamento. Os teliósporos per-

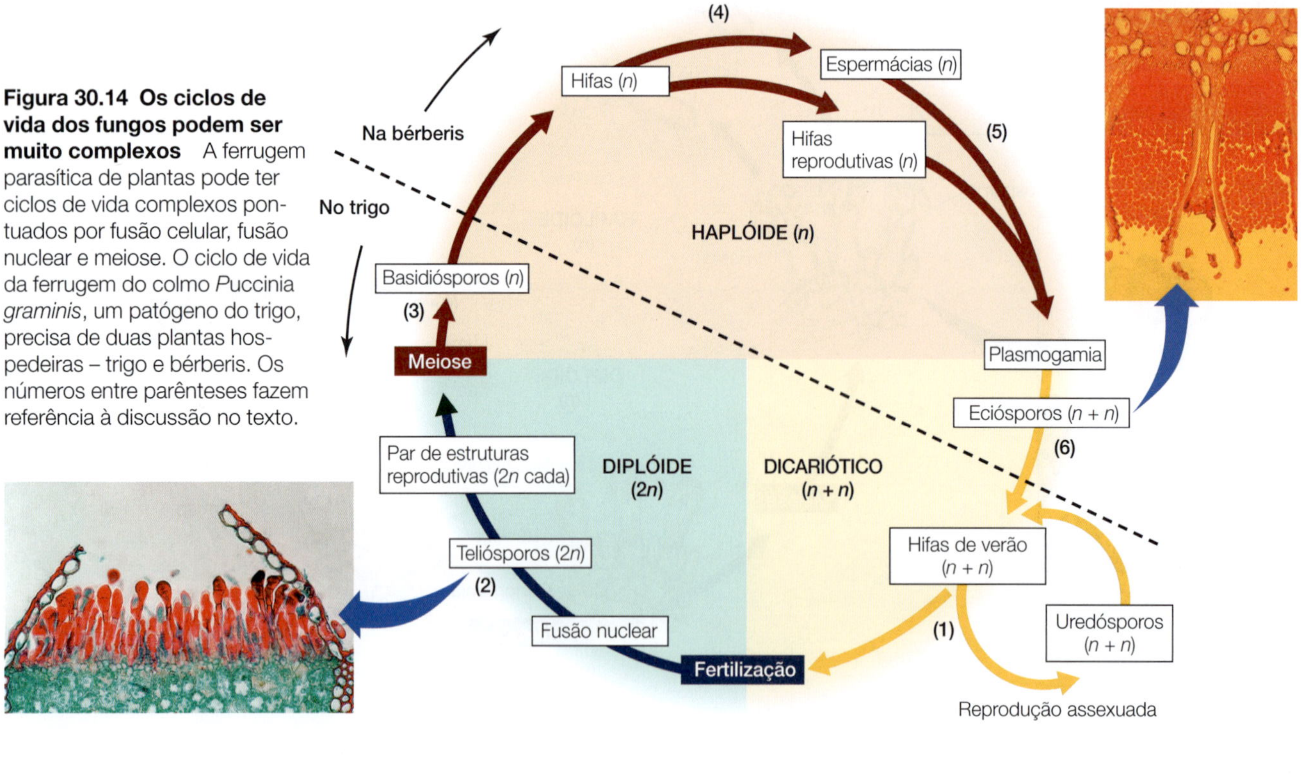

(4)
Hifas (n)
Espermácias (n)
Hifas reprodutivas (n)
(5)
Na bérberis
No trigo
HAPLÓIDE (n)
Basidiósporos (n)
(3)
Meiose
Plasmogamia
Eciósporos (n + n)
(6)
Par de estruturas reprodutivas (2n cada)
DIPLÓIDE (2n)
DICARIÓTICO (n + n)
Teliósporos (2n)
(2)
Hifas de verão (n + n)
Fusão nuclear
(1)
Uredósporos (n + n)
Fertilização
Reprodução assexuada

Figura 30.14 Os ciclos de vida dos fungos podem ser muito complexos A ferrugem parasítica de plantas pode ter ciclos de vida complexos pontuados por fusão celular, fusão nuclear e meiose. O ciclo de vida da ferrugem do colmo *Puccinia graminis*, um patógeno do trigo, precisa de duas plantas hospedeiras – trigo e bérberis. Os números entre parênteses fazem referência à discussão no texto.

manecem dormentes até a primavera, quando germinam. Cada uma das duas células desenvolve uma estrutura reprodutiva, dentro da qual o núcleo divide-se meioticamente para produzir quatro *basidiósporos* haplóides **(3)**.

Os basidiósporos podem ser de um dos dois tipos de acasalamento: mais (+) ou menos (-). Eles são carregados pelo vento e se pousam sobre uma folha de bérberis, germinam e produzem hifas (+ ou -, dependendo do tipo de acasalamento do basidiósporo que germinou). Essas hifas invadem a folha da bérberis, formando estruturas em forma de frasco na superfície superior da folha, dentro da qual algumas das hifas liberam pequenas e incolores *espermácias* haplóides de suas extremidades **(4)**.

As hifas também formam outro tipo de estrutura, chamada de *primórdio ecial*, próximo à superfície inferior da folha. Logo, a folha possui "frascos" na superfície superior e o primórdio ecial próximo a inferior, sendo estas estruturas conectadas por hifas. Os insetos, atraídos pelo líquido adocicado produzido nos frascos, carregam espermácias de um frasco para outro, iniciando a próxima etapa do ciclo.

Uma espermácia de um tipo de acasalamento fusiona com uma hifa receptiva do outro tipo, dentro de um frasco. O núcleo da espermácia divide-se mitoticamente repetidas vezes e os produtos movem-se através da hifa para dentro do primórdio ecial imaturo, onde produzem células dicarióticas com dois núcleos haplóides, um de cada tipo de acasalamento. Essas células desenvolvem eciósporos, cada uma contendo dois núcleos distintos **(5)**. Os eciósporos são dispersos pelo vento e alguns pousam em plantas de trigo, onde continuam o ciclo de vida **(6)**. Quando os eciósporos dicarióticos germinam no trigo, eles produzem as hifas da estação de crescimento com dois núcleos em cada célula **(1)**.

Os diferentes tipos de esporos produzidos durante o ciclo de vida de *P. graminis* cumprem papéis muito diferentes. Considere, primeiro, os estágios que têm o trigo como hospedeiro. Os uredósporos transportados pelo vento são os agentes primários para a dispersão da ferrugem de uma planta de trigo para outra, ou para outros campos. Os teliósporos resistentes permitem que a ferrugem sobreviva ao inverno rigoroso, mas pouco contribui para a dispersão da ferrugem. Os basidiósporos disseminam a ferrugem das plantas de trigo para as plantas de bérberis. Na planta hospedeira de bérberis, a espermácias e a hifa receptiva iniciam o ciclo sexual da ferrugem. Finalmente, os eciósporos dispersam a ferrugem da bérberis para as plantas de trigo. O valor adaptativo desta divisão do ciclo de vida entre duas plantas hospedeiras ainda é assunto em especulação. Os ciclos de vida que incluem dois hospedeiros evoluíram muitas vezes e em muitos grupos de organismos – lembre-se, por exemplo, do protista parasita que causa a malária (ver Figura 27.3)

Os "fungos imperfeitos" não possuem uma fase sexuada

Como acabamos de ver, os mecanismos de reprodução sexuada ajudam a distinguir os membros dos grupos de fungos uns dos outros. Mas muitos fungos, incluindo tanto sapróbios como parasitas, parecem ser totalmente desprovidos de estágios sexuados; presumivelmente, esses estágios devem ter sido perdidos ao longo da evolução dessas espécies, ou ainda não foram observados. Classificar estes fungos costuma ser difícil, mas os biólogos agora podem classificar a maioria desses fungos em um dos cinco grupos, baseando-se nas suas seqüências de DNA.

Os fungos que ainda não foram alocados em nenhum dos grupos existentes são agrupados, juntos, em um grupo polifilético denominado **deuteromicetos**, informalmente conhecidos como "fungos imperfeitos". Assim, o grupo dos deuteromicetos é uma área de espera para as espécies cuja posição ainda está por ser resolvida. Atualmente, cerca de 25.000 espécies estão classificadas como fungos imperfeitos.

Se estruturas sexuais são encontradas em um fungo classificado como um deuteromiceto, este é reclassificado no grupo apropriado. Isso aconteceu, por exemplo, com um fungo que produz hormônios de crescimento vegetal, chamados giberelinas (ver Seção 43.1). Originalmente classificado como deuteromiceto, o fungo *Fusarium moniliforme* foi renomeado e transferido de grupo, em conseqüência do descobrimento de suas estruturas reprodutivas, típicas de um ascomiceto.

30.3 RECAPITULAÇÃO

Os fungos possuem uma variedade de ciclos de vida, incluindo um que requer múltiplos hospedeiros.

- Você entende o conceito de tipos de acasalamento? Ver p. 659.
- Você é capaz de explicar o fenômeno da dicariose em termos de plasmogamia e cariogamia? Ver p. 662.

Ao examinarmos as propriedades mais importantes dos fungos como um clado, seguidamente esboçamos exemplos de grupos específicos. Agora, vamos abordar brevemente a diversidade dos fungos.

30.4 Como distinguimos os grupos de fungos?

Nesta seção, iremos examinar espécies representativas de cada um dos cinco maiores grupos de fungos – quitrídeos, zigomicetos, glomeromicetos, ascomicetos e basidiomicetos (**Tabela 30.1**). Os quitrídeos e os zigomicetos não são monofiléticos, mas os últimos três grupos são todos clados; além disso, juntos eles formam um clado chamado de **fungos coroados** (*crown fungi*).

Os quitrídeos são os únicos fungos com flagelos

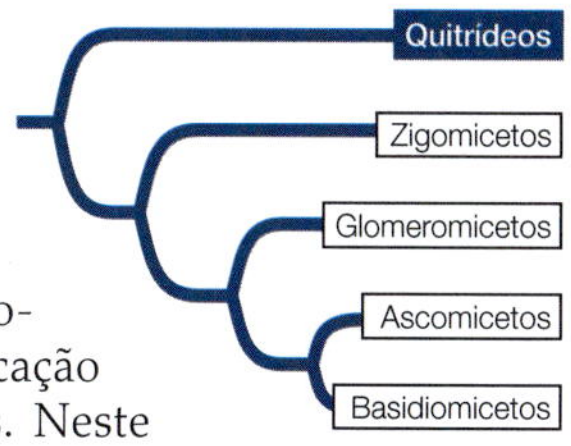

Quitrídeos
Zigomicetos
Glomeromicetos
Ascomicetos
Basidiomicetos

Os **quitrídeos** são microrganismos aquáticos, uma vez já classificados com os protistas. No entanto, evidências morfológicas (paredes celulares constituídas principalmente de quitina) e evidências moleculares sustentaram sua classificação como linhagens basais de fungos. Neste livro, usaremos o termo quitrídeo para fazer referência a todos as linhagens basais de fungos, mas alguns micólogos reservam o termo para aplicar a um clado particular dentro daquele grupo. Existem menos de 1.000 espécies de quitrídeos descritas.

Como os animais, os quitrídeos possuem gametas flagelados. A conservação dessa característica reflete o ambiente aquático no qual a evolução dos fungos iniciou. Os quitrídeos são os únicos fungos que possuem flagelo em qualquer estágio do ciclo de vida.

Os quitrídeos são parasíticos (sobre organismos como algas, larvas de mosquitos e nematódeos) ou sapróbicos. Quitrídeos nos estômagos compostos dos animais ruminantes podem ser uma exceção, vivendo uma associação mutualística com seus hospedeiros. A maioria dos quitrídeos vive em habitats de água doce ou em solos úmidos, mas alguns são marinhos. Alguns quitrídeos são unicelulares, outros possuem rizóides e ainda outros possuem hifas cenocíticas (**Figura 30.15**). Os quitrídeos reproduzem-se tanto sexuadamente, quanto assexuadamente, mas não possuem estágio dicarionte.

O *Allomyces*, um gênero bem estudado dos quitrídeos, apresenta alternância de gerações. Um *zoósporo* (esporo com flagelo) haplóide permanece dormente na matéria morta de vegetais ou animais na água e germina para formar um pequeno micélio haplóide multicelular. O micélio produz *gametângios* femininos e masculinos (bolsas ou sacos de gametas; ver Figura 30.13A). A *mitose* nos gametângios resulta na formação de gametas haplóides, cada um com um único núcleo.

Tanto os gametas femininos como os masculinos possuem flagelos. O gameta móvel feminino produz um *feromônio*, um sinal químico que atrai o gameta natante masculino. Os dois gametas fundem-se e, então, seus núcleos fusionam-se para formar um zigoto diplóide. A mitose e a citocinese no zigoto dão origem a um pequeno organismo diplóide, o qual produz numerosos zoósporos flagelados diplóides. Esses zoósporos diplóides dispersam-se e germinam para formar mais organismos diplóides. Então, o organismo diplóide produz esporângios latentes com paredes espessas, que podem sobreviver a condições desfavoráveis como clima seco ou congelamento. Finalmente, os núcleos dos esporângios latentes sofrem meiose, dando origem a zoósporos haplóides liberados na água e começando o ciclo outra vez.

TABELA 30.1 Uma classificação dos fungos

GRUPO	NOME COMUM	CARACTERÍSTICAS	EXEMPLOS
Chytridiomycota	Quitrídeos	Aquáticos; zoósporos flagelados	*Allomyces*
Zygomycota	Zigomicetos	Zigosporângio; septos não ocorrendo regularmente; geralmente sem corpo de frutificação carnoso	*Rhizopus*
Glomeromycota	Glomeromicetos	Formam micorrizas arbusculares em raízes de plantas	*Glomus*
Ascomycota	Ascomicetos	Asco; septos perfurados	*Neurospora*
Basidiomycota	Basidiomicetos	Basídio; septos perfurados	*Armillariella*

Os zigomicetos reproduzem-se sexuadamente pela fusão de dois gametângios

A maioria dos zigomicetos é terrestre, vivendo no solo como sapróbios, ou como parasitas de insetos, aranhas e outros animais. Eles não produzem células com flagelos e somente uma célula diplóide – o zigoto – ocorre no ciclo de vida inteiro. Suas hifas são cenocíticas. O micélio de um zigomiceto espalha-se sobre o substrato, crescendo por meio de hifas vegetativas. A maioria dos zigomicetos não forma uma estrutura de frutificação carnosa; ao invés disso, as hifas espalham-se de maneira aparentemente aleatória, com ocasionais **esporangióforos** pedunculados emergindo para o ar (**Figura 30.16**). Essas estruturas reprodutivas podem carregar um ou vários esporângios.

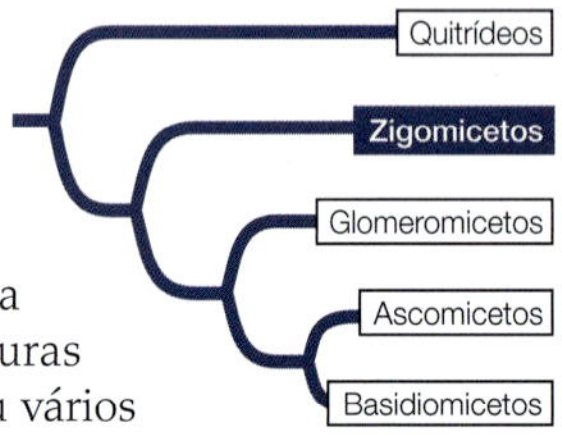
Quitrídeos
Zigomicetos
Glomeromicetos
Ascomicetos
Basidiomicetos

Mais de 700 espécies de zigomicetos já foram descritas. Um zigomiceto que você já deve ter visto é o *Rhizopus stolonifer*, o bolor negro do pão. O *Rhizopus* reproduz-se assexuadamente por meio da produção de muitos esporangióforos pedunculados, cada

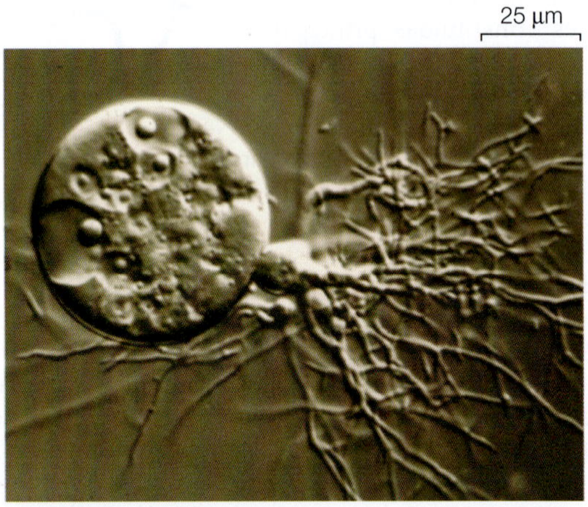
25 µm

Chytriomyces hyalinus

Figura 30.15 Um quitrídeo Rizóides ramificados emergem do corpo de frutificação de um quitrídeo maduro.

250 µm
Esporângios
Esporangióforos

Pilobolus sp.

Figura 30.16 Os zigomicetos produzem esporangióforos Estas estruturas transparentes são esporangióforos (hifas portadoras dos esporos) crescendo sobre excrementos de animais em decomposição. Os esporangióforos crescem em direção à luz e terminam em minúsculos esporângios, que podem ser lançados a até 2 metros de distância pelas estruturas filamentosas. Os animais ingerem os esporângios que pousam na grama e, então, disseminam os esporos pelas fezes.

um carregando um único esporângio, que contém centenas de esporos minúsculos (ver Figura 30.13B). Como nos outros fungos filamentosos, a estrutura formadora de esporos é separada do restante da hifa por uma parede.

O zigomiceto *Rhizopus microsporus* é conhecido como um patógeno de arroz. No entanto, não é o fungo que mata o arroz, mas uma bactéria simbionte que vive dentro das células do fungo. A bactéria produz rizoxina, toxina que mata o arroz e que também se revelou um potente agente antitumoral.

Os zigomicetos reproduzem-se sexuadamente quando hifas adjacentes de dois tipos de acasalamento diferentes liberam feromônios, o que faz elas crescerem em direção uma da outra. Essas hifas produzem gametângios, que se fundem para formar **zigosporângios** (ver Figura 30.13B). Algum tempo depois, os núcleos gaméticos, agora contidos no zigosporângio, fusionam-se para formar um único *zigósporo* multinucleado. Os zigosporângios desenvolvem paredes espessas, compostas de várias camadas, que protegem o zigósporo. O zigósporo altamente resistente pode permanecer dormente por meses, até que seu núcleo sofra meiose e o esporângio germine. O esporângio contém os produtos da meiose: núcleos haplóides que são incorporados em esporos. Esses esporos dispersam-se e germinam para formar uma nova geração de hifas haplóides.

Os glomeromicetos formam micorrizas arbusculares

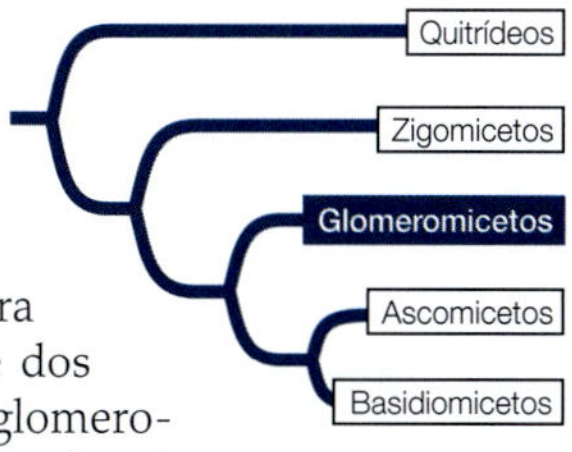
Quitrídeos
Zigomicetos
Glomeromicetos
Ascomicetos
Basidiomicetos

Os **glomeromicetos** são estritamente terrestres. Eles associam-se com as raízes das plantas para formar micorrizas arbusculares; por isso, são cruciais para o mundo vegetal e, logo, para nós (ver Figura 30.10B). Aproximadamente metade dos fungos encontrados nos solos são glomeromicetos. Menos de 200 espécies foram descritas, mas de 80 a 90 por cento de todas as plantas são associadas a eles. Esses fungos foram originalmente classificados entre os zigomicetos, mas estudos de sistemática molecular têm mostrado que eles são um clado distinto, irmão dos ascomicetos e basidiomicetos. Os glomeromicetos, ascomicetos e basidiomicetos constituem um grupo conhecido como *fungos coroados*.

As hifas dos glomeromicetos são cenocíticas e não formam micélios interconectados. Esses fungos utilizam a glicose de suas plantas parceiras como fonte primária de energia. Então, eles convertem a glicose em outros açúcares específicos dos fungos que não podem retornar à planta. Os glomeromicetos reproduzem-se assexuadamente; não há evidências de que o façam de forma sexuada.

Os dois clados seguintes que iremos discutir são grupos relacionados com muitas similaridades, incluindo o estágio dicarionte e as hifas septadas. Um aspecto chave para distinguir entre eles é se os esporos sexuais são carregados em saco (nos ascomicetos) ou sobre um pedestal (nos basidiomicetos).

A estrutura reprodutiva dos ascomicetos é o asco

Os **ascomicetos** são um grande e diverso grupo de fungos encontrados nos habitat marinho, de água doce e terrestre. Existem aproximadamente 60.000 espécies conhecidas de ascomicetos; cerca da metade dessas são os fungos parceiros dos liquens. As hifas dos ascomicetos são segmentadas por septos espaçados de forma mais ou menos regular. Um poro em cada septo permite movimento extensivo do citoplasma e das organelas (incluindo núcleos) de um segmento para o seguinte.

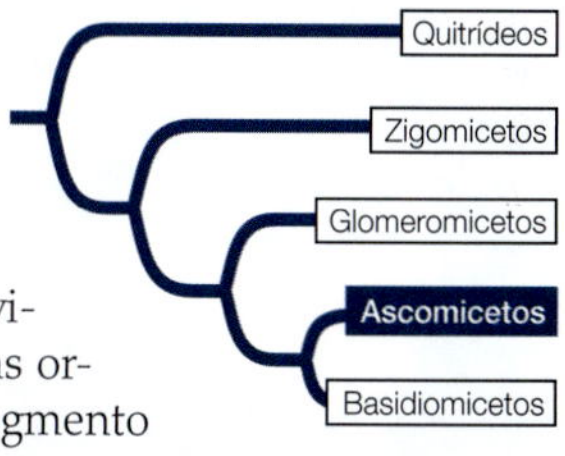
Quitrídeos
Zigomicetos
Glomeromicetos
Ascomicetos
Basidiomicetos

Os ascomicetos são diferenciados pela produção de sacos chamados de **ascos**, que contêm *ascósporos* produzidos sexuadamente (ver Figura 30.13C). O asco é a estrutura reprodutiva sexual característica dos ascomicetos.

Os ascomicetos podem ser divididos em dois grupos abrangentes, dependendo se os ascos estarem contidos dentro de estruturas de frutificação especializadas. As espécies que possuem essa estrutura de frutificação, o **ascocarpo**, são chamadas coletivamente de **euascomicetos** ("ascomicetos verdadeiros"); aquelas sem ascocarpos são chamadas de **hemiascomicetos** ("semi-ascomicetos").

A maioria dos hemiascomicetos é microscópica e muitas espécies são unicelulares. Talvez os ascomicetos mais bem conhecidos sejam as leveduras, especialmente o fermento do pão e da cerveja (*Saccharomyces cerevisiae*; ver Figura 30.3). Essas leveduras estão entre os mais importantes fungos domesticados. A *S. cerevisiae* metaboliza a glicose obtida do ambiente, produzindo etanol e dióxido de carbono, por meio de fermentação. Ela forma bolhas de dióxido de carbono na massa do pão e dá ao pão assado sua textura suave. Embora morram assadas quando se faz o pão, o etanol e o dióxido de carbono são mantidos quando as leveduras fermentam cereais em cerveja. Outras leveduras vivem em frutas como figos e uvas e exercem importante papel na fabricação do vinho.

Os hemiascomicetos do tipo levedura reproduzem-se assexuadamente, tanto por fissão (dividindo-se na metade após mitose) como por brotamento. A reprodução sexual ocorre quando duas células haplóides, adjacentes e de tipos de acasalamento opostos se fundem. Em algumas espécies, o zigoto resultante brota para formar uma população de células diplóides. Em outras, o núcleo zigótico sofre meiose imediatamente; quando isto acontece, a célula inteira torna-se um asco. Dependendo da ocorrência de mitose nos produtos da meiose, um asco de levedura contém oito ou quatro ascósporos. Os ascósporos germinam para se tornarem células haplóides. Os hemiascomicetos não possuem estágio dicarionte.

Os euascomicetos incluem os fungos-taça (**Figura 30.17**). Na maioria desses organismos, os ascocarpos têm forma de taça e podem ser tão grandes que chegam a ter vários centímetros de lado a lado. As superfícies internas das taças, as quais são cobertas com uma mistura de hifas vegetativas e ascos, produzem números enormes de esporos. Os ascocarpos comestíveis de algumas espécies, incluindo cogumelos do gênero *Morchella* e trufas, são considerados como iguarias pelo homem.

As trufas crescem debaixo do solo, em uma associação mutualística com as raízes de árvores de carvalho. Tradicionalmente, os europeus usavam porcos para encontrar trufas, pois algumas trufas secretam uma substância que possui um odor similar a um feromônio atrativo sexual dos porcos.

Os euascomicetos também incluem muitos dos fungos filamentosos, conhecidos como bolores. Muitos euascomicetos são parasitas

(A) *Morchella esculenta*

(B) *Sarcoscypha coccínea*

Figura 30.17 Dois fungos taça (A) Cogumelos do gênero *Morchella*, de ascocarpo esponjoso e sabor delicado, são considerados uma iguaria gastronômica pelo homem. (B) Estas brilhantes taças vermelhas são os ascocarpos de outro fungo taça.

de angiospermas. A doença da castanheira e a do olmo holandês são causadas por euascomicetos. Desde sua introdução nos Estados Unidos, no início dos anos 1890, até 1940, o fungo da doença destruiu a castanheira americana como espécie comercial. Antes da doença, essa espécie somava mais da metade das árvores das grandes florestas do leste dos Estados Unidos. Outra história familiar é a do olmo americano, uma vez considerado a árvore ideal para as ruas. Algum tempo antes de 1930, o fungo da doença do olmo holandês (primeiramente descoberto na Holanda), foi introduzido nos Estados Unidos em toras de olmo infectadas vindas da Europa. Disseminando-se rapidamente – algumas vezes via sistema radicular – o fungo destruiu um vasto número das árvores de elmo americanas.

Outros euascomicetos fitopatogênicos incluem os míldios pulverulentos que infectam grãos de cereais, lilases e rosas, dentre muitas outras plantas. Os míldios podem ser um sério problema para agricultores e jardineiros, e uma boa parte das pesquisas procura meios de controlar essas pestes agrícolas.

Os fungos marrons do gênero *Aspergillus* são importantes em algumas dietas humanas. O *A. tamarii* age sobre a soja para a produção do molho de soja e o *A. oryzae* é utilizado para a fabricação da bebida japonesa saquê. Algumas espécies de *Aspergillus* que crescem em cereais, em amendoins e noz-pecã, produzem compostos extremamente carcinogênicos (indutores de câncer) denominados *aflatoxinas*. Nos Estados Unidos, cereais contaminados por *Aspergillus* são descartados; na África, onde a comida é escassa, esses cereais são ingeridos, contaminados ou não, e causam severos problemas de saúde.

A caça às bruxas que ocorreu em Salem, Massachusetts, em 1962, tem sido relacionada ao bolor *Claviceps purpurea* (cujo nome popular é cravagem-do-centeio), um parasita do centeio. O comportamento bizarro de jovens mulheres "possuídas" que acusaram suas vizinhas de bruxaria pode ter sido um caso de "ergotismo" – os efeitos alucinógenos poderosos das toxinas produzidas por *C. purpurea* que podem decorrer quando uma pessoa ingere pão feito com farinha de centeio contaminado.

O *Penicillium* é um gênero dos fungos verdes, dentre os quais algumas espécies produzem o antibiótico penicilina, presumivelmente para a defesa contra certas bactérias com as quais competem. Duas espécies, *P. camembertii* e *P. roquefortii* são os organismos responsáveis pelos fortes sabores característicos dos queijos Camembert e Roquefort, respectivamente.

Os euascomicetos reproduzem-se assexuadamente por meio de conídios que se formam nos ápices das hifas especializadas (**Figura 30.18**). Pequenas cadeias de conídios são produzidas ao milhões e podem sobreviver por semanas na natureza. Os conídios são os responsáveis pelas cores características dos bolores. O *Fusarium oxysporum*, o fitopatógeno mencionado no início deste capítulo, é um ascomiceto sem estágio sexual conhecido. Ele produz conídios em abundância.

O ciclo reprodutivo sexual dos euascomicetos inclui a formação de um dicarionte, embora este estágio seja relativamente breve. A maioria dos euascomicetos forma estruturas de acasalamento, algumas "femininas", outras "masculinas" (ver Figura 30.13C). Os núcleos de uma estrutura masculina de uma hifa entram em uma estrutura sexual feminina de outra hifa de um tipo de acasalamento compatível. A hifa dicariótica *ascógena* (formadora de ascos) desenvolve-se a partir da estrutura sexual feminina que agora é dicariótica. Os núcleos introduzidos dividem-se simultaneamente aos núcleos hospedeiros. Eventualmente, os ascos se formam nos ápices das hifas *ascógenas*. Somente com a formação dos ascos, os núcleos finalmente fusionam-se. Tanto a fusão nuclear quanto a meiose subseqüente do núcleo diplóide ocorrem individualmente em cada asco. Os produtos meióticos são incorporados em ascósporos que no final são espalhados pelo asco para dar início à nova geração haplóide.

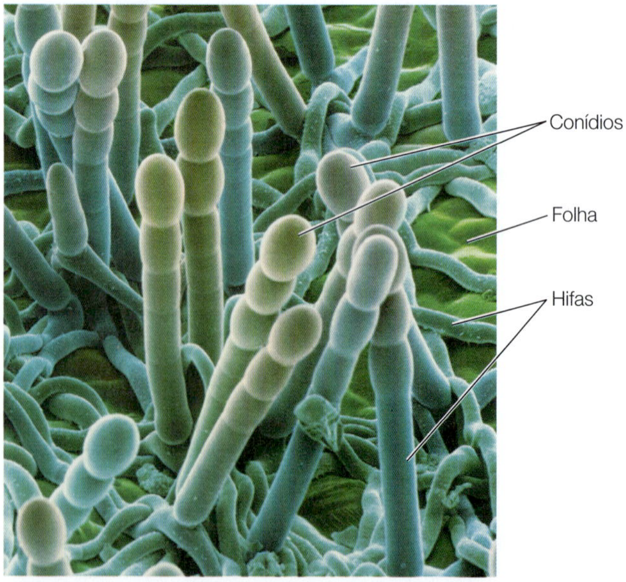
Conídios
Folha
Hifas

Erysiphe sp.

Figura 30.18 Conídios Cadeias de conídios estão desenvolvendo-se nos ápices de hifas especializadas que se erguem desse míldio pulverulento em crescimento sobre uma folha.

(A) *Amanita muscaria*

(B) *Laetiporus sulphureus*

Figura 30.19 Estruturas de frutificação dos basidiomicetos Os basidiocarpos dos basidiomicetos são provavelmente as estruturas mais familiares produzidas pelos fungos. (A) Estes cogumelos são produzidos por um membro de um gênero de cogumelos altamente venenosos, *Amanita*, que forma relações micorrízicas com árvores. (B) Esta orelha-de-pau comestível está parasitando uma árvore.

A estrutura reprodutiva dos basidiomicetos é o basídio

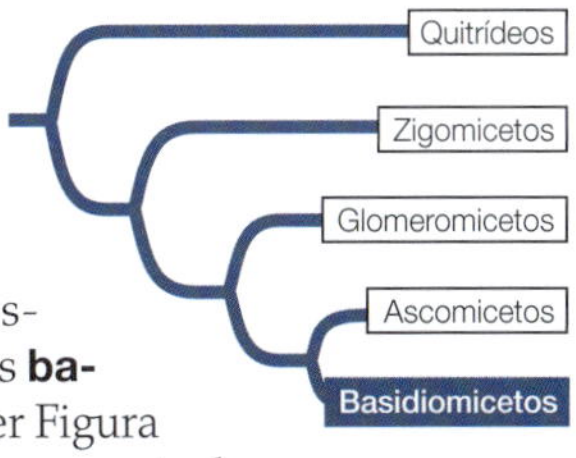
Quitrídeos
Zigomicetos
Glomeromicetos
Ascomicetos
Basidiomicetos

Aproximadamente 25.000 espécies de **basidiomicetos** já foram descritas. Os basidiomicetos produzem algumas das mais espetaculares estruturas de frutificação encontradas entre os fungos. Essas estruturas de frutificação, denominadas **basidiocarpos**, incluem os *Puffballs* (ver Figura 30.7), alguns dos quais podem chegar a mais de meio metro de diâmetro, cogumelos de todos os tipos e orelhas-de-pau, freqüentemente encontrados em árvores e troncos caídos de florestas úmidas. Existem mais de 3.250 espécies de cogumelos, incluindo o familiar *Agaricus bisporus* que você pode degustar em pizzas, bem como espécies venenosas, como os membros do gênero *Amanita* (**Figura 30.19A**). As orelhas-de-pau (**Figura 30.19A**) causam grandes danos à madeira serrada e a bancos, palanques e estandes de madeira. Alguns dos mais danosos fitopatógenos são basidiomicetos, incluindo os fungos da ferrugem e os fungos do carvão que parasitam grãos de cereais. Por outro lado, outros basidiomicetos contribuem para a sobrevivência das plantas como parceiros fúngicos nas ectomicorrizas.

Caracteristicamente, as hifas dos basidiomicetos possuem septos com pequenos e distintivos poros. O **basídio**, uma célula intumescida na extremidade da hifa, é a estrutura reprodutiva sexual dos basidiomicetos. Esse é o local da fusão nuclear e da meiose. Portanto, o basídio possui o mesmo papel, nos basidiomicetos, que o asco exerce nos ascomicetos e o zigosporângio, nos zigomicetos.

Como visto na figura 30.13D, após a fusão dos núcleos no basídio, o núcleo diplóide resultante sofre meiose e os quatro esporos haplóides são incorporados em *basidiósporos* haplóides, que se formam em finos pedúnculos fora do basídio. Um único basidiocarpo do popular orelha-de-pau *Ganoderma applanatum* pode produzir até 4,5 trilhões de basidiósporos em uma estação de crescimento. Tipicamente, esses basidiósporos são descarregados de forma violenta dos basídios e então, germinam, dando origem a hifas haplóides. Conforme estas hifas crescem, hifas haplóides de diferentes tipos de acasalamento encontram-se e fundem-se, formando hifas dicarióticas; cada célula de cada hifa contém dois núcleos, um de cada hifa parental. O micélio dicariótico cresce e eventualmente, desencadeado pela chuva ou outro fator ambiental, produz estruturas de frutificação. O estágio dicariótico pode persistir por anos – alguns basidiomicetos vivem décadas, ou mesmo séculos. Esse padrão contrasta com o ciclo de vida dos ascomicetos, em que a forma dicarionte é encontrada somente nos estágios que conduzem à formação dos ascos.

30.4 RECAPITULAÇÃO

Os cinco grupos taxonômicos principais dos fungos podem ser diferenciados baseando-se nas diferenças em seus ciclos de vida e estruturas reprodutivas

- Qual característica dos quitrídeos sugere um ancestral aquático para os fungos? Ver p. 663 e Figura 30.13A.
- O que acontece dentro de um zigosporângio? Ver p. 665 e Figura 30.13B.
- O que distingue os corpos de frutificação dos ascomicetos daqueles dos basidiomicetos? Ver p. 667 e Figura 30.13C e D.

Seja vivendo por si, ou em associações simbióticas, os fungos disseminaram-se com sucesso sobre boa parte da Terra, desde sua origem a partir de um ancestral protista. Esse ancestral também deu origem aos coanoflagelados e aos animais, como iremos descrever no Capítulo 31.

RESUMO DO CAPÍTULO

30.1 Como os fungos prosperam em praticamente todos os ambientes?

Os fungos são organismos heterotróficos com **nutrição absortiva** e com quitina nas paredes celulares. Os fungos possuem vários modos nutricionais: alguns são **sapróbios**, outros são **parasitas** e alguns são **mutualistas**. As **leveduras** são fungos unicelulares.

O corpo de um fungo multicelular é um **micélio** – um emaranhado de **hifas** que podem ser **septadas** (possuem **septos**) ou **cenocíticas**. Rever Figura 30.4.

As células dos fungos vivem em íntima associação com seus arredores e são bem adaptadas para nutrição absortiva em muitos ambientes. Muitos são fitopatógenos parasíticos, coletando nutrientes das células das plantas, através dos **haustórios**. Rever Figura 30.5.

Os fungos são tolerantes a ambientes hipertônicos e podem ser tolerantes a baixas ou altas temperaturas.

30.2 Como os fungos são benéficos para outros organismos?

Os fungos sapróbicos, como decompositores, fazem contribuições cruciais à reciclagem dos alimentos. Alguns fungos têm relações com outros organismos, as quais podem ser **simbióticas** ou **mutualísticas**.

Alguns fungos associam-se a cianobactérias ou a algas verdes para formar **liquens**, os quais contribuem para a formação do solo. Rever Figura 30.9.

As **micorrizas** são associações mutualísticas de fungos com raízes de plantas. Elas otimizam a captação de nutrientes pelas plantas. Rever Figura 30.10.

Os fungos endofíticos protegem suas plantas hospedeiras.

30.3 Como os ciclos de vida dos fungos diferem uns dos outros?

A maioria dos fungos reproduz-se sexuadamente, embora vários modos de reprodução assexuada sejam utilizados pelos fungos. Em muitos fungos, o pareamento reprodutivo é determinado por dois ou mais **tipos de acasalamento** indistinguíveis, ao invés de dois sexos.

Os quitrídeos e algumas leveduras são os únicos fungos cujo ciclo de vida inclui alternância de gerações.

Na reprodução sexuada de todos os grupos de fungos, as hifas fundem-se, permitindo que o núcleo gamético seja transferido. Nos ascomicetos e nos basidiomicetos, a **plasmogamia** precede a **cariogamia**, com o resultado da formação do **dicarionte**. Esta condição dicariótica ($n + n$) é exclusiva dos fungos. Rever Figuras 30.13C e D.

Os **deuteromicetos** são um grupo polifilético de fungos para os quais não foi observado estágio sexual e ainda não foram classificados em um dos cinco grupos de fungos.

30.4 Como distinguimos os grupos de fungos?

Existem cinco grupos principais de fungos, dos quais os quitrídeos e os zigomicetos são parafiléticos. Os glomeromicetos, os ascomicetos e os basidiomicetos são um clado cada um e, juntos, eles formam o clado dos fungos coroados (*crown fungi*). Rever Figura 30.2 e Tabela 30.1.

Os **quitrídeos**, um grupo parafilético de fungos aquáticos, possuem gametas flagelados. Seu ciclo de vida apresenta alternância de gerações. Rever Figura 30.13A.

Os **zigomicetos** são um grupo parafilético com hifas cenocíticas. Os gametângios fundem-se para formar o **zigosporângio**, dentro do qual o zigósporo (uma única célula contendo vários núcleos diplóides) desenvolve-se. Rever Figura 30.13B.

Os **glomeromicetos** formam micorrizas arbusculares com raízes de plantas. Eles reproduzem-se somente assexuadamente. Suas hifas são cenocíticas.

Os **ascomicetos** possuem hifas septadas; suas estruturas reprodutivas sexuais são chamadas de **ascos**. Muitos ascomicetos são parceiros em associações de liquens. A maioria dos **hemiascomicetos** é de leveduras. Os **euascomicetos** produzem corpos de frutificação carnosos chamados de **ascocarpos**. O estágio dicariótico no ciclo de vida dos ascomicetos é relativamente breve. Rever Figura 30.13C.

Os **basidiomicetos** possuem hifas septadas. Seus corpos de frutificação são chamados de **basidiocarpos** e suas estruturas reprodutivas sexuais são os **basídios**. O estágio dicariótico pode durar por anos. Rever Figura 30.13D.

QUESTÕES

1. Qual das afirmações sobre fungos não está correta?
   a. Um fungo multicelular possui um corpo denominado micélio.
   b. As hifas são compostas por micélios individuais.
   c. Muitos fungos toleram ambientes altamente hipertônicos.
   d. Muitos fungos toleram baixas temperaturas.
   e. Alguns fungos fixam-se ao seu substrato por rizóides.
2. A nutrição absortiva dos fungos é auxiliada por
   a. formação do dicarionte.
   b. formação dos esporos.
   c. o fato de que são todos parasitas.
   d. sua grande razão área-volume.
   e. possuírem cloroplastos.
3. Qual das afirmações sobre a nutrição dos fungos não está correta?
   a. Alguns fungos são predadores ativos.
   b. Alguns fungos formam associações mutualísticas com outros organismos.
   c. Todos os fungos precisam de nutrientes minerais.
   d. Os fungos podem sintetizar alguns dos componentes que são vitaminas para os animais.
   e. Os parasitas facultativos somente podem crescer em seus hospedeiros específicos.
4. Qual das afirmações sobre dicariose não está correta?
   a. O citoplasma de duas células fusionam-se, antes da fusão do núcleo.
   b. Os dois núcleos haplóides são geneticamente diferentes.
   c. Os dois núcleos são do mesmo tipo de acasalamento.
   d. O estágio dicariótico termina quando os dois núcleos fusionam-se.
   e. Nem todos os fungos possuem um estágio dicariótico.
5. As estruturas reprodutivas que consistem em uma ou mais células fotossintéticas circundadas por hifas de fungos são chamadas de
   a. ascósporos.
   b. basidiósporos.
   c. conídios.
   d. sorédios.
   e. gametas.

6. Os zigomicetos
   a. possuem hifas sem septos ocorrendo regularmente.
   b. produzem gametas móveis.
   c. formam corpos de frutificação carnosos.
   d. são haplóides do começo ao fim do ciclo de vida.
   e. possuem estruturas reprodutivas sexuais similares àquelas dos ascomicetos.
7. Qual das afirmações sobre os ascomicetos não está correta?
   a. Eles incluem as leveduras.
   b. Eles formam estruturas reprodutivas chamadas de ascos.
   c. Suas hifas são segmentadas por septos.
   d. Muitas de suas espécies possuem um estágio dicariótico.
   e. Todos possuem corpos de frutificação chamados de ascocarpos.
8. Os basidiomicetos
   a. freqüentemente produzem corpos de frutificação carnosos.
   b. possuem hifas sem septos.
   c. não possuem estágio sexual.
   d. produzem basídios com basidiósporos.
   e. formam basidiósporos diplóides.
9. Os deuteromicetos
   a. possuem estágios sexuais distintos.
   b. são todos parasíticos.
   c. "perderam" alguns membros para outros grupos de fungos.
   d. incluem os ascomicetos.
   e. nunca são componentes de liquens.
10. Qual das afirmações sobre os liquens não está correta?
   a. Podem se reproduzir pela fragmentação do corpo vegetativo.
   b. São, freqüentemente, os primeiros colonizadores em novas áreas.
   c. Tornam seu ambiente mais básico (alcalino).
   d. Contribuem para a formação do solo.
   e. Podem conter menos de 10 por cento do peso de água.

PARA DISCUSSÃO

1. É mostrado a você um objeto que se parece, superficialmente, com um cogumelo verde pálido. Descreva pelo menos três critérios (incluindo aspectos anatômicos e químicos) que possibilitariam que você dissesse se este objeto é um pedaço de planta ou um pedaço de fungo.
2. Diferencie os membros dos seguintes pares de termos relacionados:
   a. hifa/micélio
   b. euascomiceto/hemiascomiceto
   c. asco/basídio
   d. ectomicorriza/micorriza arbuscular
3. Para cada tipo de organismo listado abaixo, dê uma única característica que possa ser usada para diferenciá-lo do outro organismo relacionado entre parênteses.
   a. zigomiceto (ascomiceto)
   b. basidiomiceto (deuteromiceto)
   c. ascomiceto (basidiomiceto)
   d. fermento do pão (*Penicillium*)
4. Muitos fungos são dicarióticos durante parte de seu ciclo de vida. Por que os dicariontes são descritos como $n + n$, ao invés de $2n$?
5. Se todos os fungos da Terra morressem de repente, de que forma os organismos sobreviventes seriam afetados? Seja completo e específico na sua resposta.
6. Como devem ter surgido as primeiras micorrizas?
7. Quais atributos devem contribuir para a capacidade dos líquens de resistir ao ambiente intensamente frio da Antártica? Seja específico na sua resposta.
8. Quais fatores devem ser levados em consideração ao utilizar fungos para combater pestes agrícolas?

PARA INVESTIGAÇÃO

Recorde os estudos de Poulsen e Boomsma sobre como os fungos previnem o crescimento de fungos competidores nas "hortas" (ver Figura 30.11). Como você testaria a hipótese de que o bolor verde que você encontrou em uma laranja inibiu o crescimento de outros bolores?

CAPÍTULO 31

As Origens dos Animais e a Evolução dos Planos Corporais

Os embriões de dinossauros permitem elucidar a evolução

As imagens dos dinossauros vividamente gravadas na mente da maioria das pessoas incluem carnívoros bípedes assustadores como o *Tyrannosaurus rex* por um lado e, por outro, os colossais quadrúpedes herbívoros – os maiores animais terrestres a caminharem no planeta. De fato, os registros de fósseis indicam que as primeiras espécies de dinossauros eram, provavelmente, todas bípedes.

Os dinossauros quadrúpedes atingiram tamanhos muito além de serem suportados somente pelos membros posteriores, mas os paleontologistas há muito acreditam que esses gigantes de quatro patas evoluíram a partir de pequenas espécies bípedes. A recente descoberta de ovos fossilizados de uma das primeiras espécies de dinossauros conhecidas tem conduzido a novas elucidações sobre esta hipótese.

O *Massospondylus* era um dinossauro bípede e herbívoro que vivia na África há aproximadamente 190 milhões de anos. Adultos plenamente desenvolvidos desse gênero mediam aproximadamente 28 metros da cabeça à cauda. Nos ovos fossilizados de *Massospondylus carinatus*, os pesquisadores descobriram embriões, notavelmente bem preservados, quase totalmente desenvolvidos de aproximadamente 10 centímetros de comprimento.

Os embriões revelam a forma de um animal quando este nasce ou é chocado – e sua forma pode ser muito diferente daquela do adulto. Os embriões de *M. carinatus* revelaram um animal que nascia com cauda curta, pescoço posicionado horizontalmente, longos membros anteriores, cabeça grande e sem dentes. Os recém-chocados devem ter sido pequenos animais desajeitados que se moviam utilizando as quatro patas. Para alcançar a forma bípede adulta, os pescoços e as patas traseiras dos animais jovens precisavam crescer mais rapidamente que suas patas dianteiras e cabeças.

Ao medir fósseis de *Massospondylus* de vários tamanhos, os pesquisadores determinaram que esses dinossauros caminharam sobre suas quatro patas quando jovens, mas caminharam e correram sobre os membros posteriores quando adultos. Essas descobertas permitiram sugerir que os gigantes dinossauros quadrúpedes poderiam ter evoluído a partir de ancestrais bípedes, provavelmente por meio de mudanças contínuas no padrão de crescimento: se a taxa de crescimento dos membros posteriores mudasse ligeiramente, de forma que os membros anteriores continuassem a crescer tão rapidamente quanto os membros posteriores, indivíduo conservaria a forma corporal juvenil quadrúpede até a idade adulta.

O descobrimento de embriões maduros de dinossauros consiste somente em um exemplo mostrando como o registro fóssil, em rápida expansão, está produzindo informações valiosas sobre as formas dos animais ancestrais e de que modo podem ter mudado durante seu ciclo de vida. Mutações nos genes que controlam o desenvolvimento podem resultar em grandes mudanças nas formas dos animais adul-

Embriões fossilizados ajudam a explicar a evolução Este embrião notavelmente preservado de *Massospondylus carinatus* revelou aos paleontologistas que a forma jovem deste dinossauro bípede caminhava sobre quatro patas.

Um quadrúpede gigante Os braquiossauros viveram há cerca de 130 milhões de anos, durante a fase final do Jurássico. Este indivíduo poderia ter pesado até 80 toneladas. As suas pernas dianteiras eram marcadamente mais longas do que as traseiras – situação inversa à condição bípede, mas que pode ter evoluído de ancestrais bípedes, cujas formas jovens eram quadrúpedes.

tos. O conhecimento relativo ao desenvolvimento e à genética, combinado a evidências fósseis, pode ajudar a explicar como alguns poucos planos corporais fundamentais foram modificados para produzir a variedade notável de formas dos animais que iremos descrever neste e nos dois capítulos seguintes.

NESTE CAPÍTULO primeiramente enumeramos as evidências que têm levado os biólogos a concluir que os animais são monofiléticos e apresentamos a atual árvore filogenética dos animais. Em seguida, descrevemos como as diversas formas animais baseiam-se em modificações de algumas poucas características-chave, dentro de um pequeno arranjo de planos corporais. Discutimos como os animais obtêm alimentos e descrevemos seus variados ciclos de vida – de que maneira nascem, crescem, dispersam-se e se reproduzem. Finalmente, descrevemos os membros de diversos clados de animais estruturalmente "mais simples".

DESTAQUES DO CAPÍTULO

31.1 Que evidências indicam que os animais são monofiléticos?

Não temos problema algum em identificar rãs, lagartos, pássaros e cães como animais, mas nem sempre as coisas são assim tão simples. Por exemplo, muitos animais aquáticos, como as anêmonas-do-mar, parecem plantas. De fato, muitas dessas espécies foram consideradas plantas quando descritas pela primeira vez. As esponjas, por exemplo, não foram reconhecidas como animais até 1765.

Que traços distinguem os animais dos outros grupos de organismos?

- Diferente dos grupos *Bacteria*, *Archaea* e da maioria dos microrganismos eucarióticos (ver Capítulos 26 e 27), todos os animais são *multicelulares*. Os ciclos de vida dos animais retratam padrões complexos de *desenvolvimento* de um zigoto unicelular a um adulto multicelular.
- Diferente da maioria das plantas (ver Capítulos 28 e 29), todos os animais são *heterótrofos*. Os animais apresentam a capacidade de sintetizar algumas poucas moléculas orgânicas a partir de substâncias químicas inorgânicas, logo eles devem retirar nutrientes do seu ambiente.
- Os fungos (ver Capítulo 30) também são heterótrofos. Diferente dos fungos, no entanto, os animais usam processos *internos* para converter materiais do seu ambiente em moléculas orgânicas de sua maior necessidade. A maioria dos animais *ingere* o alimento em um *trato digestivo* contínuo ao ambiente externo e no qual ocorre a digestão.
- Diferente das plantas, a maioria dos animais pode *mover-se*. Os animais devem mover-se para encontrar alimento ou trazê-lo até eles. Os animais possuem tecidos *musculares* especializados que os permitem moverem-se e muitos planos corporais animais são especializados para o movimento.

A monofilia dos animais sustenta-se por seqüências gênicas e morfologia

A evidência mais convincente de que todos os organismos considerados animais compartilham um ancestral comum vem de suas numerosas e compartilhadas características moleculares e morfológicas derivadas, a maioria já descrita em capítulos anteriores:

- Muitas seqüências gênicas, como os genes de RNA ribossômico (ver Seção 26.4), sustentam a monofilia dos animais.

- Os animais exibem similaridades na organização e na função de seus genes Hox (ver Capítulo 20).
- Os animais possuem tipos únicos de junções entre suas células (junções aderentes, desmossomos e junções gap, ou comunicantes; ver Figura 5.7).
- Os animais possuem um conjunto comum de moléculas de *matriz extracelular*, incluindo colágeno e proteoglicanos (ver Figura 4.25).

Embora existam animais em alguns clados onde falta uma ou outra destas *sinapomorfias*, essas espécies aparentemente chegaram a possuir tais características e as perderam durante sua evolução posterior.

O ancestral do clado animal foi, provavelmente, um protista flagelado colonial, similar aos coanoflagelados coloniais existentes (ver Figura 27.30A). O cenário atual mais razoável pressupõe uma linhagem de coanoflagelados, em que algumas células da colônia começaram a se especializar – algumas para movimento, outras para nutrição, outras para reprodução e assim por diante. Uma vez iniciada essa *especialização funcional*, as células teriam continuado a se diferenciar. A coordenação entre os grupos de células poderia ter se aperfeiçoado por meio de moléculas reguladoras específicas que guiavam a diferenciação e a migração das células no embrião em desenvolvimento. Tais grupos coordenados de células eventualmente evoluíram para os maiores e mais complexos organismos os quais chamamos de animais.

Mais de um milhão de espécies animais têm sido denominadas e descritas, e há, sem dúvida, milhares de outras espécies ainda por identificar. As sinapomorfias que indicam a monofilia dos animais não podem ser usadas para inferir relações evolutivas entre os animais, porque quase todos os animais as possuem. Pistas sobre as relações evolutivas entre os grupos de animais devem, então, ser procuradas em *características derivadas* que se encontram em alguns grupos, mas não nos outros. Tais características acham-se em fósseis, em padrões de desenvolvimento embrionário, na estrutura das moléculas dos animais e nos genomas dos animais (por exemplo, genes mitocondriais e de RNA ribossômicos).

Os padrões de desenvolvimento mostram relações evolutivas entre os animais

Diferenças nos padrões de desenvolvimento embrionário tradicionalmente fornecem algumas das mais importantes pistas à filogenia animal, embora as análises de seqüências gênicas estejam agora mostrando que alguns padrões de desenvolvimento constituem-se mais lábeis evolutivamente do que se pensava previamente. Iremos discutir os detalhes do desenvolvimento animal no Capítulo 49; aqui, descreveremos os padrões básicos de desenvolvimento que variam entre os grupos de animais exibidos na **Figura 31.1**.

As primeiras poucas divisões celulares de um zigoto denominam-se *clivagem*. Em geral, o número de células em um embrião dobra a cada clivagem. Vários **padrões de clivagem** diferentes existem entre os animais.

Conforme descreveremos na Seção 49.1, os padrões de clivagem são influenciados pela configuração da *gema*, o material

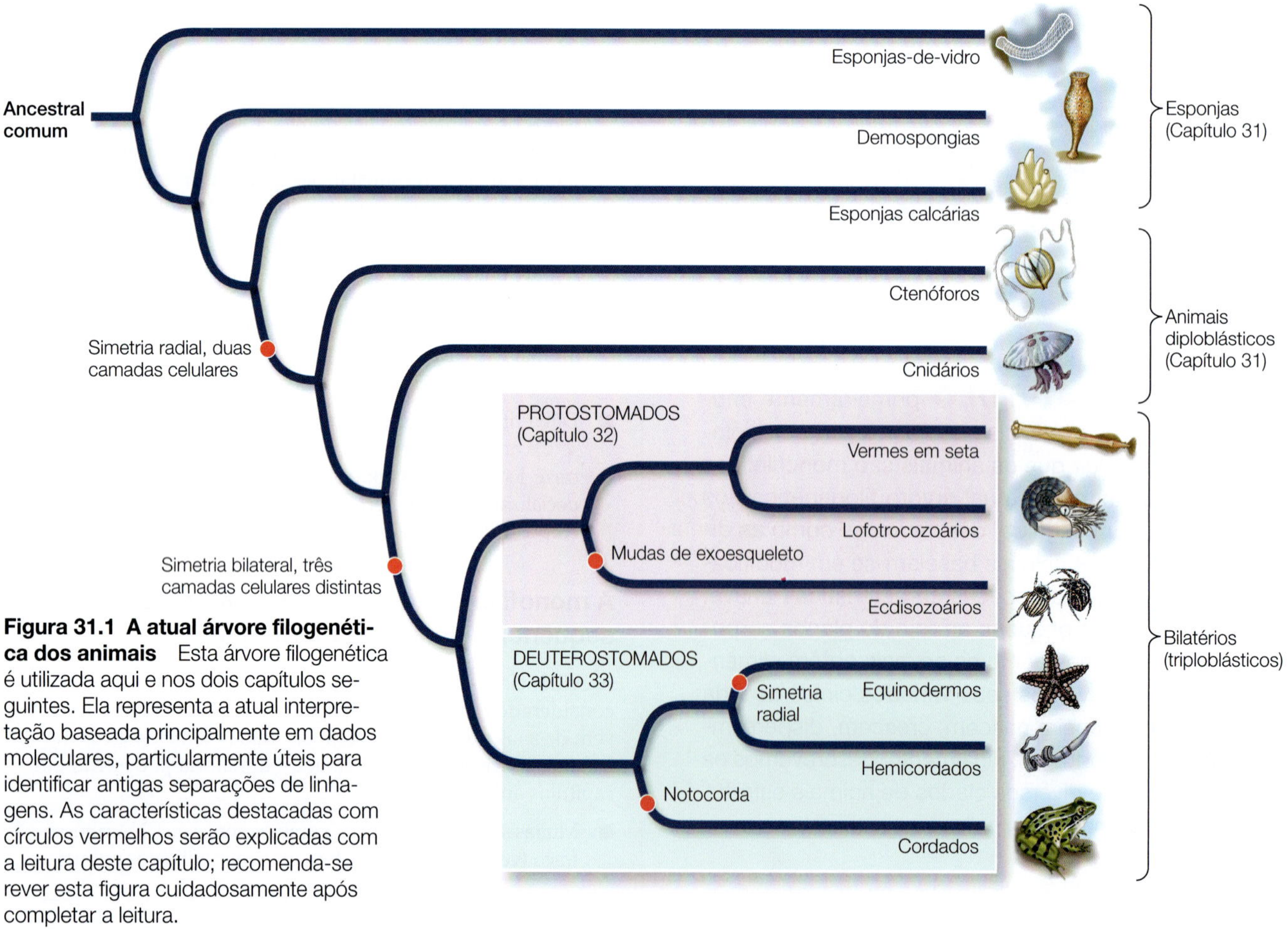

Ancestral comum
Esponjas-de-vidro
Demospongias
Esponjas calcárias
Esponjas (Capítulo 31)
Ctenóforos
Cnidários
Simetria radial, duas camadas celulares
Animais diploblásticos (Capítulo 31)
PROTOSTOMADOS (Capítulo 32)
Vermes em seta
Lofotrocozoários
Mudas de exoesqueleto
Ecdisozoários
Simetria bilateral, três camadas celulares distintas
DEUTEROSTOMADOS (Capítulo 33)
Simetria radial
Equinodermos
Hemicordados
Notocorda
Cordados
Bilatérios (triploblásticos)

Figura 31.1 A atual árvore filogenética dos animais Esta árvore filogenética é utilizada aqui e nos dois capítulos seguintes. Ela representa a atual interpretação baseada principalmente em dados moleculares, particularmente úteis para identificar antigas separações de linhagens. As características destacadas com círculos vermelhos serão explicadas com a leitura deste capítulo; recomenda-se rever esta figura cuidadosamente após completar a leitura.

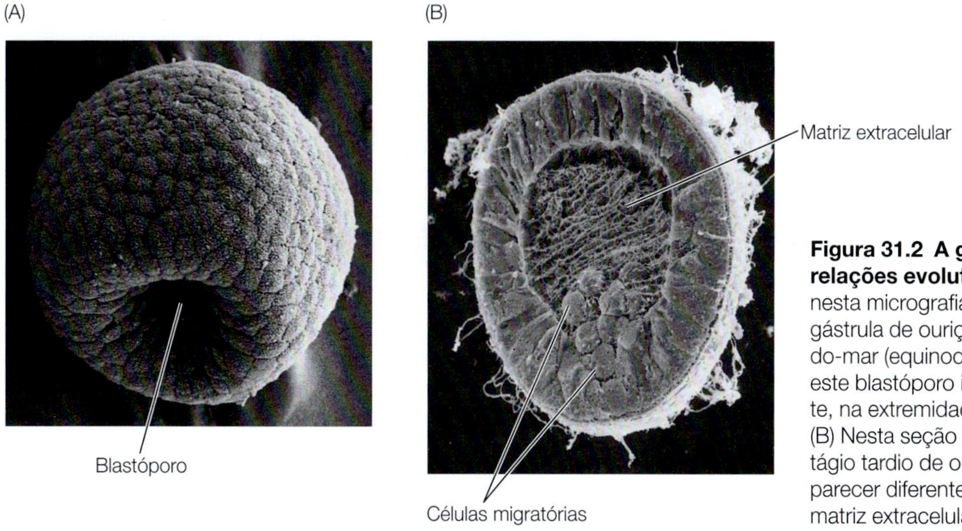
(A)
(B)
Matriz extracelular
Blastóporo
Células migratórias

Figura 31.2 A gastrulação permite esclarecer relações evolutivas (A) O blastóporo está evidente nesta micrografia eletrônica de varredura de uma gástrula de ouriço-do-mar. Pelo fato de os ouriços-do-mar (equinodermos) serem deuterostomados, este blastóporo irá transformar-se, conseqüentemente, na extremidade anal do trato digestivo do animal. (B) Nesta seção transversal de uma gástrula em estágio tardio de ouriço-do-mar, as células começam a parecer diferentes umas das outras. As moléculas da matriz extracelular guiam o movimento celular.

nutritivo que nutre o embrião em crescimento. Nos répteis, por exemplo, a presença de um grande corpo de gema celular no ovo fertilizado cria um padrão *incompleto* de clivagem, no qual as células em divisão formam um embrião no topo da massa da gema (ver Figura 49.3C). Nos equinodermos, tais como o ouriço-do-mar, pequenas partículas da gema distribuem-se igualmente por todo o citoplasma do ovo e, assim, a clivagem é *completa*, com a célula do ovo fertilizado dividindo-se em um padrão uniforme conhecido como *clivagem radial* (ver Figura 49.3A). A clivagem radial constitui a condição ancestral para os metazoários e, então, encontra-se entre vários protostomados e animais diploblásticos, como também em deuterostomados. A *clivagem espiral*, uma complicada permutação derivada da clivagem radial, encontra-se entre muitos lofotrocozoários, como as minhocas e os mariscos, por exemplo. Os lofotrocozoários com simetria espiral são, portanto, algumas vezes conhecidos como *espiralianos*. Os ramos primitivos do grupo dos ecdisozoários possuem clivagem radial, embora a maioria deles possua um padrão idiossincrático de clivagem em sua organização, a qual não é radial nem espiral.

Durante o desenvolvimento inicial de quase todos os animais, camadas distintas de células se formam. Estas camadas de células diferenciam-se em órgãos específicos e em sistemas de órgãos conforme o desenvolvimento continua. Os embriões de animais **diploblásticos** possuem somente duas destas camadas de células: a *ectoderme*, mais externa, e a *endoderme*, mais interna. Os embriões de animais **triploblásticos** possuem, além da ectoderme e da endoderme, uma terceira camada distinta de células, a *mesoderme*, a qual encontra-se entre a ectoderme e a endoderme. A existência de três camadas de células consiste em uma sinapomorfia dos animais triploblásticos, enquanto os parafiléticos animais diploblásticos (ctenóforos e cnidários) exibem a condição ancestral.

Durante o desenvolvimento inicial de muitos animais, uma esfera oca com a espessura de uma célula invagina-se para formar uma estrutura em forma de xícara. Este processo chama-se *gastrulação*. A abertura da cavidade formada por esta invaginação chama-se *blastóporo* (**Figura 31.2**). O padrão de desenvolvimento após a formação do blastóporo tem sido utilizado para dividir os animais triploblásticos em dois grupos principais. Entre os membros do primeiro grupo, os **protostomados** (do grego,"boca primeiro"), a boca surge do blastóporo; o ânus forma-se posteriormente. Esta parece constituir a condição derivada. Entre os **deuterostomados** ("boca em segundo"), o blastóporo torna-se o ânus; a boca forma-se posteriormente. Considera-se esta a condição ancestral. Agora se sabe que os padrões de desenvolvimento dos animais são mais variáveis do que sugerido por esta simples dicotomia, mas os protostomados e os deuterostomados são ainda reconhecidos como clados distintos de animais, baseando-se em similaridades entre as seqüências de seus genes.

O embriologista Lewis Wolpert uma vez afirmou que "Não é o nascimento, o casamento ou a morte, mas a gastrulação o momento realmente mais importante da sua vida". À parte de sua significância para o organismo individual, o processo de gastrulação é crucial para o nosso entendimento das relações evolutivas entre os animais.

31.1 RECAPITULAÇÃO

Os animais são considerados monofiléticos porque compartilham muitas características derivadas, incluindo multicelularidade, mobilidade e um estilo de vida heterotrófico baseado na ingestão de nutrientes externos. Infere-se relações evolutivas entre animais a partir de fósseis e características moleculares e de desenvolvimento que são compartilhadas por diferentes grupos de animais.

- Você entende por que as características que os biólogos usam para determinar relações evolutivas entre os animais devem diferir daquelas que eles usam para inferir que todos os animais possuem um ancestral comum? Ver p. 672.
- Você pode descrever as diferenças entre embriões diploblásticos e triploblásticos, e entre protostomados e deuterostomados? Ver p. 673.

Dedicaremos o Capítulo 32 aos protostomados e o Capítulo 33 aos deuterostomados. Adiante, neste capítulo, descreveremos vários grupos de animais com organização estrutural relativamente simples. Milhares de espécies de animais triploblásticos com estruturas complexas acabaram evoluindo a partir destas condições ancestrais.

31.2 Quais são as características dos planos corporais dos animais?

As características gerais de um animal, a organização de seus órgãos e a funcionalidade integrada de suas partes referem-se ao que se chama de **plano corporal**. Embora os planos corporais dos animais sejam extremamente variados, eles podem ser vistos como variações sobre quatro características-chave:

- a *simetria* do corpo;
- a estrutura da *cavidade corporal;*
- a *segmentação* do corpo;
- os *apêndices* ou *membros externos* que movimentam o corpo.

Todas essas características afetam a forma na qual um animal move-se e interage com seu ambiente. Esses quatro atributos básicos variam de acordo com um número de planos corporais básicos dos animais.

Conforme instruído no Capítulo 20, os *genes reguladores* que controlam o desenvolvimento da simetria corporal, das cavidades corporais, da segmentação e dos apêndices são amplamente compartilhados entre os diferentes grupos de animais. Logo, devemos esperar que os animais compartilhem planos corporais.

A maioria dos animais apresenta simetria

A forma de um animal, na sua totalidade, pode ser descrita pela sua **simetria**. Um animal é dito *simétrico* quando pode ser dividido longitudinalmente, em pelo menos um plano, em metades iguais. Animais que não possuem plano de simetria algum são ditos *assimétricos*. Muitas esponjas possuem assimetria, mas a maioria dos outros animais possui algum tipo de simetria, a qual controla-se pela expressão de genes reguladores.

A forma mais simples de simetria é a **simetria esférica**, pela qual as partes do corpo irradiam-se de um ponto central. Um número infinito de planos que passam através do ponto central pode dividir um organismo simetricamente esférico em metades similares. A simetria esférica ocorre muito comumente entre protistas unicelulares, mas a maioria dos animais possui outras formas de simetria.

Em organismos com **simetria radial**, há um eixo principal ao redor do qual os planos corporais se arranjam. Dois grupos de animais – ctenóforos e cnidários – compõem-se principalmente por animais de simetria radial (**Figura 31.3A**). Um animal perfeitamente simétrico radialmente pode ser dividido em metades similares por qualquer plano que contenha o eixo principal. No entanto, a maioria dos animais de simetria radial – incluindo os adultos dos equinodermos como estrelas-do-mar e ouriços-do-mar – são levemente modificados, de forma que poucos planos podem dividi-los em metades idênticas. Muitos animais de simetria radial são sésseis (sedentários). Outros se movem lentamente, mas podem mover-se igualmente bem em qualquer direção.

A **simetria bilateral** caracteriza os animais que se movem em uma direção. Um animal de simetria bilateral pode ser dividido em metades espelhadas (esquerda e direita) por um único plano que passa através da linha central de seu corpo (**Figura 31.3B**). Esse plano vai da ponta, ou **anterior** do corpo, até sua cauda, ou **posterior**.

Um plano em ângulo reto com referência à linha central divide o corpo em dois lados não-assemelhados. As costas de um animal bilateralmente simétrico é sua face **dorsal**; a barriga, a qual contém a boca, é sua face **ventral**.

A simetria bilateral está fortemente correlacionada com a cefalização, que consiste na concentração de órgãos sensoriais e tecidos nervosos em uma cabeça na extremidade anterior do animal. A cefalização tem sido evolutivamente favorecida porque é a extremidade anterior de um animal de simetria bilateral que normalmente confronta-se primeiro com os novos ambientes.

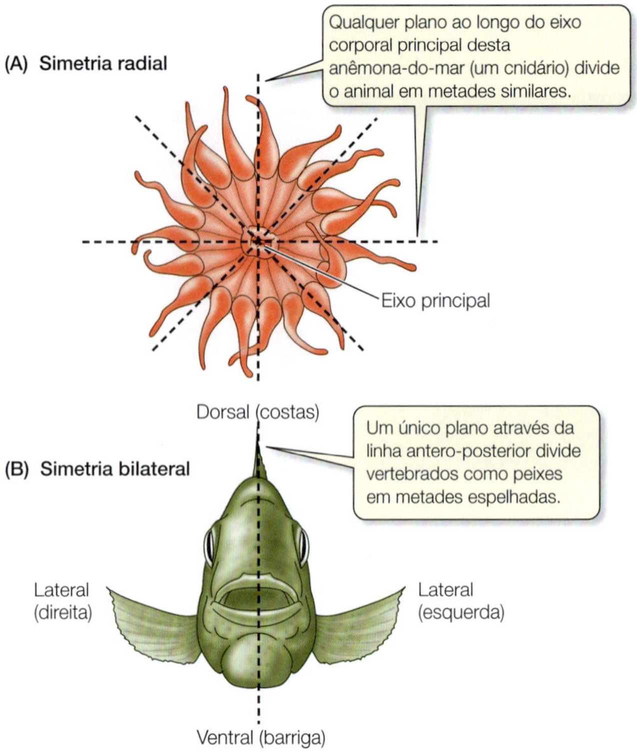
(A) Simetria radial
Qualquer plano ao longo do eixo corporal principal desta anêmona-do-mar (um cnidário) divide o animal em metades similares.
Eixo principal
(B) Simetria bilateral
Dorsal (costas)
Um único plano através da linha antero-posterior divide vertebrados como peixes em metades espelhadas.
Lateral (direita)
Lateral (esquerda)
Ventral (barriga)

Figura 31.3 Simetria corporal A maioria dos animais constitui-se radialmente ou bilateralmente simétrica.

A estrutura da cavidade corporal influencia o movimento

Os animais podem ser divididos em três tipos – *acelomados, pseudocelomados* e *celomados* – baseando-se na presença e estrutura de uma **cavidade corporal** interna preenchida por fluidos. A estrutura da cavidade corporal de um animal influencia fortemente as maneiras pelas quais ele pode mover-se.

Animais **acelomados**, tais como os vermes chatos, não possuem uma cavidade corporal fechada, preenchida por fluidos. Ao invés disto, o espaço entre o trato digestivo (derivado da endoderme) e a parede corporal muscular (derivada da mesoderme) preenche-se com uma massa de células chamada de *mesênquima* (**Figura 31.4A**). Esses animais tipicamente movem-se por movimento ciliar.

As cavidades corporais aparecem em dois tipos. Ambos os tipos localizam-se entre a ectoderme e a endoderme; eles diferenciam-se pelas suas relações com a mesoderme.

- Animais **pseudocelomados** possuem uma cavidade corporal chamada *pseudoceloma*, um espaço preenchido por fluido no qual muitos dos órgãos internos estão suspensos. Um pseudoceloma é envolto por músculos (mesoderme) somente no seu exterior, não existe camada interna de mesoderme circundando os órgãos internos (**Figura 31.4B**).
- Animais **celomados** possuem um *celoma*, uma cavidade corporal que se desenvolve dentro da mesoderme. Ela reveste-se com uma camada de tecido muscular chamada de *peritônio*, o qual também envolve os órgãos internos. O celoma é, portanto, circundado em ambas as superfícies, interna e externa, pela

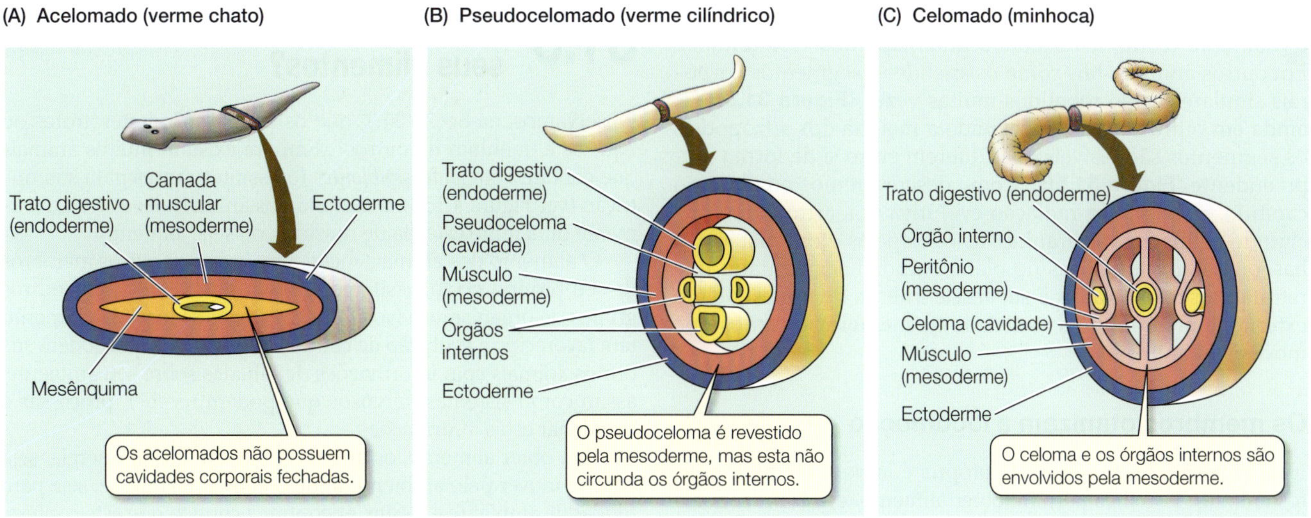
(A) Acelomado (verme chato)
(B) Pseudocelomado (verme cilíndrico)
(C) Celomado (minhoca)
Trato digestivo (endoderme)
Camada muscular (mesoderme)
Ectoderme
Mesênquima
Os acelomados não possuem cavidades corporais fechadas.
Trato digestivo (endoderme)
Pseudoceloma (cavidade)
Músculo (mesoderme)
Órgãos internos
Ectoderme
O pseudoceloma é revestido pela mesoderme, mas esta não circunda os órgãos internos.
Trato digestivo (endoderme)
Órgão interno
Peritônio (mesoderme)
Celoma (cavidade)
Músculo (mesoderme)
Ectoderme
O celoma e os órgãos internos são envolvidos pela mesoderme.

Figura 31.4 Cavidades corporais animais (A) Os acelomados não possuem cavidades corporais fechadas. (B) Os pseudocelomados possuem uma cavidade corporal envolta por apenas uma camada de mesoderme, a qual encontra-se externa à cavidade. (C) Os celomados possuem um peritônio envolvendo os órgãos internos.

mesoderme (**Figura 31.4C**). Um animal celomado tem melhor controle sobre o movimento dos fluidos em sua cavidade corporal do que um animal pseudocelomado.

As cavidades corporais de muitos animais funcionam como esqueletos hidrostáticos. Os fluidos apresentam-se relativamente pouco comprimidos, de modo que quando os músculos circundantes contraem-se, eles movem-se de uma parte para outra da cavidade. Se os tecidos do corpo ao redor da cavidade são flexíveis, fluidos espremidos de uma região podem ocasionar a dilatação de outra região. O movimento dos fluidos pode, então, mover partes específicas do corpo. (Você pode ver como um esqueleto hidrostático funciona ao observar uma lesma emergir de sua concha). Um animal que possui tanto *músculos circulares* (circundando a cavidade corporal) quanto *músculos longitudinais* (percorrendo o comprimento do corpo) apresenta um controle ainda melhor sobre seu movimento.

Embora a função hidrostática da cavidade corporal preenchida por fluidos seja importante, a maioria dos animais também possui esqueletos rígidos que fornecem proteção e facilitam o movimento. Os músculos fixam-se a estas firmes estruturas, que podem estar dentro do animal ou na sua face externa (sob a forma de concha ou cutícula).

A segmentação aperfeiçoa o controle do movimento

Muitos animais possuem corpos que se dividem em segmentos. A **segmentação** facilita a especialização de diferentes regiões do corpo. A segmentação também permite a um animal alterar a forma do seu corpo de maneiras complexas e controlar seus movimentos precisamente. Se o corpo de um animal apresenta segmentação, os músculos em cada segmento individual podem mudar a forma daquele segmento independentemente dos outros. Apenas em alguns desses animais, a cavidade corporal separa-se em compartimentos distintos, mas mesmo compartimentos parcialmente separados possibilitam um melhor controle do movimento. Conforme veremos, a segmentação evoluiu independentemente e por diversas e diferentes vezes, tanto em protostomados como em deuterostomados.

(A) *Hermodice carunculata*
O verme-de-fogo é um verme marinho que mostra um plano corporal uniformemente segmentado.
Cerdas protetoras
Apêndices articulados
Os diferentes segmentos deste lagostim carregam diferentes modificações.
(B) *Orconectes williamsii*

Figura 31.5 Segmentação As cavidades corporais de muitos animais são segmentadas. (A) Todos os segmentos deste verme-de-fogo marinho, um anelídeo, assemelham-se. Seus apêndices são cerdas simples (*setas*) que, neste animal, servem principalmente para proteção – as setas contêm uma toxina nociva. (B) A segmentação possibilita a evolução da diferenciação entre os segmentos. Os segmentos deste lagostim, um artrópode, diferem em forma, função e nos apêndices que carregam.

Em alguns animais, os segmentos não são aparentes externamente (como a vértebra segmentada dos vertebrados). Em outros animais, tais como os anelídeos, segmentos corporais similares estão repetidos muitas vezes (**Figura 31.5A**) e, ainda em outros animais, incluindo a maioria dos artrópodes, os segmentos são visíveis, mas diferem entre si de forma surpreendente (**Figura 31.5B**). Como descreveremos no próximo capítulo, a dramática radiação evolutiva dos artrópodes (incluindo os insetos, as aranhas, as centopéias e os crustáceos) baseou-se em mudanças no plano corporal segmentado que retrata músculos fixados à superfície interna de um esqueleto externo, junto com uma variedade de membros externos que move estes animais.

Os membros otimizam a locomoção

Ir de lugar em lugar por conta própria é importante para muitos animais. Isso lhes permite obter alimento, evitar predadores e encontrar parceiros. Mesmo algumas espécies sésseis, como as anêmonas-do-mar, possuem estágios larvais que usam cílios para nadar, aumentando, assim, as chances de o animal encontrar um habitat adequado para se estabelecer.

Os apêndices que se projetam externamente ao corpo otimizam em muito a capacidade de um animal mover-se continuamente. Muitos equinodermos, incluindo ouriços-do-mar e estrelas-do-mar, possuem inumeráveis pés ambulacrais que os permitem mover-se vagarosamente pelo substrato. Altamente controlado, o movimento rápido é extremamente aperfeiçoado em animais cujos apêndices vieram a modificar-se em *membros* especializados. Em dois grupos de animais, os artrópodes e os vertebrados, a presença de *membros articulados* tem sido um fator proeminente no seu sucesso evolutivo (ver Figura 31.5B).

Em muitos casos independentes – entre os artrópodes insetos, os pterossauros, os pássaros e os morcegos – os planos corporais que surgiram possuíam membros modificados em asas, possibilitando aos animais a ocupação do ar.

31.2 RECAPITULAÇÃO

Todos os planos corporais dos animais constituem variações dos padrões de simetria, cavidades corporais, segmentações e apêndices. Essas quatro condições podem ter ligação com movimento e locomoção, aspectos importantes do modo de vida de um animal.

- Você pode descrever os principais tipos de simetria encontrados nos animais? Você percebe como a simetria de um animal pode influenciar a forma como ele move-se? Ver p. 674 e Figura 31.3.
- Você pode explicar as várias formas pelas quais as cavidades corporais e a segmentação otimizam o controle sobre o movimento? Ver p. 674-676.

Muitas das modificações dos planos corporais dos animais envolvem maneiras de encontrar, capturar e processar alimento. Mudanças evolutivas de simetria, cavidade corporal, apêndices e segmentação dos animais desempenham papel-chave, capacitando-os para obter alimento dos seus ambientes, assim como os auxiliando a evitar que se tornem, eles próprios, alimento para outros animais.

31.3 Como os animais obtêm seus alimentos?

Observamos, na Seção 31.1, que os animais são heterótrofos ou "que se alimentam de outros". Embora existam muitos animais que contam com *endossimbiontes* fotossintetizantes para sua nutrição (ver Figura 4.15B), a maioria dos animais deve obter ativamente uma fonte externa de nutrição, ou seja, alimento.

O alimento dos animais inclui a maioria dos outros membros de seu próprio clado, assim como membros de todos os outros grupos de organismos vivos. A necessidade de localizar alimento tem favorecido a evolução de estruturas sensoriais que podem suprir os animais com informações detalhadas sobre seu ambiente, assim como sistemas nervosos que podem receber, processar e coordenar estas informações.

Para obter alimento, os animais precisam gastar energia, seja para se mover pelo ambiente onde o alimento situa-se, seja para mudar de ambiente e, assim, encontrar a comida que este contém. Os animais que podem mover-se de um lugar para outro denominam-se **móveis**; os animais que permanecem em um único lugar denominam-se **sésseis**.

As estratégias alimentares que os animais usam agrupam-se em algumas categorias gerais:

- Os *filtradores* capturam pequenos organismos entregues pelo ambiente.
- Os *herbívoros* comem plantas ou partes de plantas.
- Os *predadores* capturam e comem outros animais em geral relativamente grandes em relação a eles próprios.
- Os *parasitas* vivem dentro ou sobre outros organismos, a partir dos quais eles obtêm energia e nutrientes.
- Os *detritívoros* alimentam-se ativamente de matéria orgânica morta.

Cada um desses modos alimentares pode ser encontrado em muitos grupos diferentes de animais e nenhum deles limita-se a um único grupo. Além disso, indivíduos de algumas espécies podem empregar mais de uma estratégia alimentar, e alguns animais empregam estratégias completamente diversas em diferentes estágios do seu ciclo de vida. A contínua necessidade de obter alimento, a variedade de disponível de fontes de nutrientes em qualquer dado ambiente e a necessidade de competir com outros animais para obter comida significam que uma variedade de estratégias alimentares pode ser encontrada entre todos os principais grupos de animais.

Os filtradores capturam presas pequenas

O ar e a água freqüentemente contêm pequenos organismos e moléculas que são potenciais alimentos para animais. Ar e água em movimento podem transportar esses itens até um animal que se posiciona em local favorável. Esses animais *filtradores* usam, então, algum tipo de aparelho peneirador para filtrar o alimento do ambiente. Muitos animais aquáticos sésseis contam com correntes aquáticas para trazer as presas até eles (**Figura 31.6A**).

As baleias sem dentes – incluindo a baleia azul, o maior animal da Terra – contam com alguns dos menores organismos para sua nutrição. Essas baleias filtram toneladas de minúsculos, muitas vezes microscópicos, organismos do zooplâncton da água do oceano que passa por placas de longos pêlos semelhantes a pentes, presos às mandíbulas superiores.

(A)

Spirobranchus sp.

(B)

Phoenicopterus ruber

Figura 31.6 Estratégias de alimentação por filtração (A) Animais marinhos sésseis filtradores, como este verme "árvore-de-natal", um poliqueta, possibilitam que as correntes oceânicas tragam seu alimento – plâncton – até eles. (B) O notável flamingo da América do Sul é um filtrador móvel, usando seus membros (pernas) para levantar a lama enquanto percorre lagoas oceânicas e lagos salgados. Os pássaros, então, usam seus bicos para puxar pequenos organismos da mistura lamacenta.

Animais filtradores móveis trazem o meio que contém nutrientes até eles. O bico serrado do flamingo, por exemplo, filtra pequenos organismos da mistura lamacenta e os apanha à medida que circula pela água rasa (**Figura 31.6B**).

Alguns filtradores sésseis gastam energia para mover a água através de seus aparelhos que capturam alimento. As esponjas, por exemplo, trazem a água para dentro de seus corpos pelo batimento dos flagelos de suas células especializadas de alimentação, chamadas de **coanócitos** (**Figura 31.7**). São essas células de alimentação das esponjas que ligam os animais aos protistas coanoflagelados e aos fungos. Os coanoflagelados e os animais são mais intimamente relacionados aos fungos, e esses três grupos formam um clado conhecido como *opistocontos* (ver p. 605).

Os herbívoros alimentam-se de plantas

Os animais que comem plantas denominam-se **herbívoros**. Uma planta possui muitas estruturas diferentes – folhas, madeira, seiva, flores, frutos, néctar e sementes – que os animais podem consumir. Assim, não surpreendentemente, muitos tipos diferentes de herbívoros podem alimentar-se de um único tipo de planta, consumindo diferentes partes da planta ou comendo a mesma parte de maneiras distintas (**Figura 31.8**). Um animal capturado por um predador provavelmente morrerá, porém, os herbívoros freqüentemente alimentam-se das plantas sem matá-las.

Os animais não precisam despender energia dominando e matando plantas. No entanto, eles precisam digeri-las. Isso pode ser difícil para herbívoros terrestres, porque as plantas terrestres dominantes tendem a possuir muitos tipos diferentes de tecidos, muitos dos quais constituem-se duros ou fibrosos. Os tecidos das plantas também podem conter compostos químicos que devem ser desintoxicados antes que possam ser ingeridos. Tipicamente, animais herbívoros possuem um longo e complexo trato digestivo para completar as tarefas envolvidas na digestão de plantas (ver Seção 56.2).

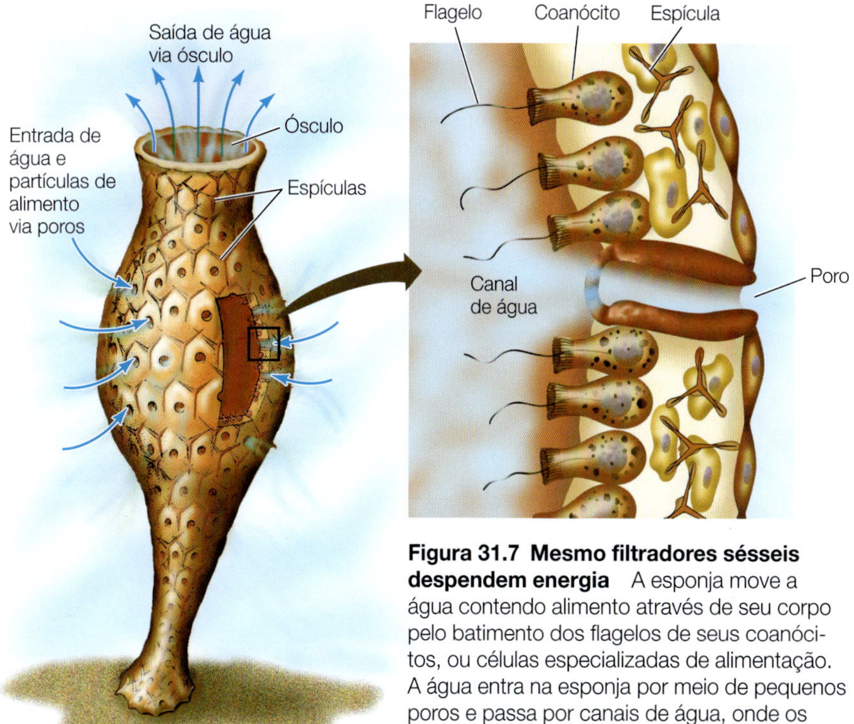
Saída de água via ósculo
Ósculo
Entrada de água e partículas de alimento via poros
Espículas
Flagelo
Coanócito
Espícula
Canal de água
Poro

Figura 31.7 Mesmo filtradores sésseis despendem energia A esponja move a água contendo alimento através de seu corpo pelo batimento dos flagelos de seus coanócitos, ou células especializadas de alimentação. A água entra na esponja por meio de pequenos poros e passa por canais de água, onde os coanócitos capturam partículas de alimento da água. As espículas são estruturas esqueléticas sustentadoras.

Figura 31.8 Uma única planta pode alimentar muitos herbívoros diferentes Muitas espécies de insetos alimentam-se de uma única espécie de salgueiro, cada uma consumindo diferentes tecidos de diferentes maneiras.

Chrysomela knabi (besouro-da-folha, adulto)

Nematus sp. (vespa-do-salgueiro, larvas)

Papilio sp. (borboleta-das-asas-tigradas, larva)

Salix sericea (salgueiro sedoso)

Plagiodera versicolora (besouro-da-folha, larva)

Os predadores capturam e dominam presas grandes

Os **predadores** possuem características que os permitem capturar e dominar animais relativamente grandes (referidos como **presas**). Muitos predadores vertebrados possuem órgãos sensoriais sensitivos que os possibilitam localizar as presas, assim como dentes afiados ou garras que os permitem capturar e dominar presas grandes (**Figura 31.9**). Os predadores podem perseguir e dominar seu alimento, ou esperar (freqüentemente camuflados) para que ele venha até eles.

Outra arma dos predadores (assim como das presas; ver p. 486) são as toxinas. Todos sabemos dos perigos de nos defrontarmos com as toxinas de uma serpente venenosa. Os cnidários (águas-viva e seus parentes), animais dos mais simples, usam toxinas para capturar e dominar presas muito maiores e mais complexas que eles próprios. Seus tentáculos são cobertos por células especializadas que contêm organelas pungentes chamadas de **nematocistos**, que injetam toxinas nas presas (**Figura 31.10**).

As lesmas-do-mar de concha cônica capturam presas grandes ao injetar toxinas com um dente altamente modificado. Atualmente, mais de 80 patentes americanas têm sido premiadas por várias aplicações médicas destas toxinas.

Figura 31.9 Dentes e garras (A) Os dentes deste urso pardo Kodiak são adaptados a uma dieta onívora que inclui peixe. (B) Os membros (patas e asas) desta águia americana (águia careca), em conjunto com seu forte bico, são adaptados à vida de um caçador predatório.

(A) *Ursus arctos*

(B) *Haliaeetus leucocephalus*

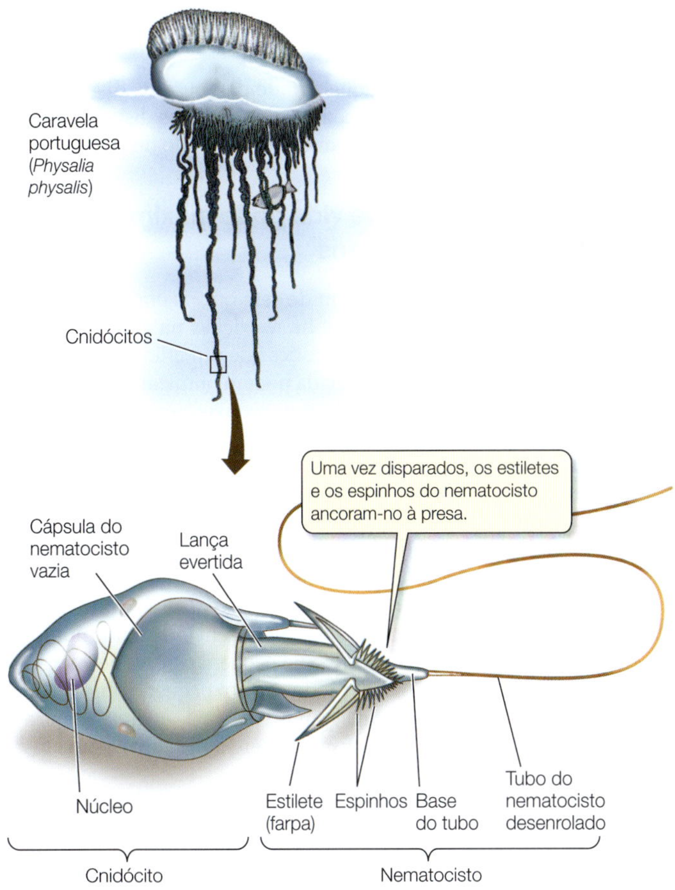
Caravela portuguesa (*Physalia physalis*)
Cnidócitos
Uma vez disparados, os estiletes e os espinhos do nematocisto ancoram-no à presa.
Cápsula do nematocisto vazia
Lança evertida
Núcleo
Estilete (farpa)
Espinhos
Base do tubo
Tubo do nematocisto desenrolado
Cnidócito
Nematocisto

Figura 31.10 Os nematocistos são poderosas armas Os tentáculos da caravela, um cnidário, são providos de células especializadas que contêm organelas pungentes chamadas de nematocistos, que injetam toxinas nas suas presas.

Muitos animais, como os guaxinins e os humanos, alimentam-se tanto de plantas como de outros animais. Esses animais chamam-se **onívoros**. Existem também muitos animais cuja dieta difere nos diferentes estágios de vida, tais como os numerosos pássaros canoros que comem frutas ou sementes quando adultos, mas que alimentam seus filhotes com insetos.

Os parasitas vivem dentro ou sobre outros organismos

Os animais que vivem dentro ou sobre outro organismo – chamado de *hospedeiro* – e obtêm nutrientes consumindo partes daquele organismo denominam-se **parasitas**. A maioria dos animais parasitas é muito menor que seus hospedeiros e muitos parasitas podem consumir partes dos hospedeiros sem matá-los. No entanto, eles primeiramente devem superar as defesas do hospedeiro. Freqüentemente, os parasitas possuem ciclos de vida complexos que contam com múltiplos hospedeiros, como detalharemos na próxima seção.

Os parasitas que vivem dentro dos hospedeiros chamam-se *endoparasitas* e são, com freqüência, morfologicamente muito simples. Geralmente, eles podem funcionar sem sistema digestivo, pois absorvem alimento diretamente do trato digestivo do hospedeiro ou de seus tecidos corporais. Muitos vermes chatos são endoparasitas de humanos e de outros mamíferos, como será descrito no Capítulo 32.

Os parasitas que vivem fora de seus hospedeiros – *ectoparasitas* – geralmente são mais complexos morfologicamente do que os endoparasitas. Eles possuem tratos digestivos e apêndices bucais que os permitem perfurar os tecidos do hospedeiro ou sugar seus fluidos corporais. As pulgas e os carrapatos são artrópodes ectoparasitas amplamente conhecidos, com os quais muitos humanos infelizmente já se familiarizaram.

31.3 RECAPITULAÇÃO

Os animais possuem muitas formas de adquirir alimentos. Os animais filtradores peneiram partículas de alimento da água ou do ar. Os herbívoros possuem adaptações digestivas que os permitem comer plantas, enquanto os predadores são fisicamente adaptados para capturar e dominar outros animais (presas) e consumi-los. Os parasitas obtêm sua nutrição a partir de um organismo hospedeiro.

- Você pode descrever os diferentes tipos de adaptações necessárias aos animais que comem plantas, em oposição às adaptações indispensáveis para um estilo de vida predatório? Ver p. 677-678.
- Observando o breve resumo de alguns dos diversos modos de alimentação dos animais apresentados aqui e com base nas informações que você tem sobre diferentes animais, quão útil você julga ser o comportamento alimentar como critério para agrupar animais em categorias mais abrangentes?

Conforme um animal desenvolve-se a partir de uma única célula em um adulto maior e mais complexo, sua estrutura corporal, sua dieta e o ambiente em que vive podem todos mudar. Na próxima seção, descreveremos os ciclos de vida de alguns animais e discutiremos por que eles são tão variados.

31.4 Como se diferem os ciclos de vida dos animais?

O **ciclo de vida** de um animal compreende seu desenvolvimento embrionário, nascimento, crescimento até a maturidade, reprodução e morte. Durante sua vida, um animal ingere alimento, cresce, interage com outros animais da mesma ou de outras espécies e se reproduz.

Em alguns grupos de animais, os recém-nascidos assemelham-se aos adultos em muitos aspectos (um padrão chamado de *desenvolvimento direto*). Recém-nascidos da maioria das espécies, no entanto, diferem drasticamente dos adultos. Um estágio imaturo do ciclo de vida que possui forma diferente da adulta chama-se **larva**. Algumas das mais notáveis mudanças no ciclo de vida encontram-se entre os insetos como besouros, moscas, mariposas, borboletas e abelhas, que sofrem mudanças radicais (chamadas de *metamorfose*) entre seus estágios larval e adulto (**Figura 31.11**). Nesses animais, um estágio pode ser especializado para alimentação e outro para reprodução. Os adultos da maioria das espécies de mariposa, por exemplo, não se alimentam. Alternativamente, indivíduos de todos os estágios do ciclo de vida podem alimentar-se, mas o tipo de alimento pode variar. As larvas de borboletas, conhecidas por *lagartas*, comem folhas e flores, já a maioria das borboletas adultas alimenta-se apenas de néctar. Possuir diferentes estágios de ciclo de vida especializados para diferentes atividades pode aumentar a eficiência com a qual um animal executa determinadas tarefas.

(A)
(B)
(C)

Figura 31.11 Um ciclo de vida com metamorfose (A) O estágio larval (lagarta) da borboleta monarca, *Danaus plexippus*, é especializado para alimentação. (B) A pupa é o estágio durante o qual ocorre a transformação para a forma adulta. (C) A borboleta adulta é especializada na dispersão e na reprodução.

Todos os ciclos de vida possuem pelo menos um estágio de dispersão

Em algum momento de sua vida, um animal move-se ou é movido, de modo que ele não morra exatamente onde nasceu. Tal movimento denomina-se **dispersão**.

Os animais sésseis, quando adultos, tipicamente dispersam-se na forma de ovos ou larvas. Esse padrão é comum entre animais marinhos sésseis, a maioria dos quais descarrega seus pequenos ovos e espermatozóides na água, onde a fertilização ocorre. Uma larva logo eclode e flutua livremente pelo plâncton, enquanto filtra pequenas presas da água.

Muitos animais que vivem no fundo do mar, incluindo vermes poliquetas e moluscos, têm forma larval em comum, o **trocóforo** (**Figura 31.12A**). Alguns outros animais marinhos, como os crustáceos, possuem uma diferente forma larval bilateralmente simétrica, chamada **náuplio** (**Figura 31.12B**). Ambos os tipos de larva alimentam-se por algum tempo no plâncton antes de se estabelecerem em um substrato e se transformarem em adultos. Larvas que se alimentam no meio hídrico e se dispersam pelo movimento da água, provavelmente evoluíram nestes diversos grupos de animais porque são todos animais filtradores de pequenos organismos, os quais distribuem-se amplamente na coluna d'água.

A maioria dos animais capazes de se mover quando adultos, dispersa-se quando está na fase madura. A lagarta, por exemplo, pode passar todo o seu estágio larval alimentando-se de uma única planta, mas após sua metamorfose para um adulto voador – uma borboleta – ela pode voar e deixar ovos em outras plantas localizadas longe daquela onde passou seus dias de lagarta. Em algumas espécies, os indivíduos dispersam-se durante vários estágios diferentes do ciclo de vida.

Nenhum ciclo de vida pode maximizar todas as vantagens

O dito popular "Homem de sete ofícios em todos é remendão" sugere por que há restrições na evolução dos ciclos de vida. As características de um animal em qualquer estágio do ciclo de vida podem otimizar seu desempenho em uma atividade, mas reduzi-lo em outra – uma situação conhecida como **compensação** (do inglês, *trade-off*). Um animal bom em filtrar pequenas partículas de alimento da água, por exemplo, provavelmente não pode capturar presas grandes. Similarmente, a energia empregada para construir estruturas protetoras, como conchas, não pode ser usada para crescimento.

Algumas das mais importantes compensações podem ser vistas na reprodução animal. Alguns animais produzem um grande número de pequenos ovos, cada um com uma pequena reserva de energia (**Figura 31.13A**). Outros animais produzem um pequeno número de ovos grandes, cada um com uma grande reserva de energia (**Figura 31.13B**). Com uma quantidade fixa de energia disponível, uma fê-

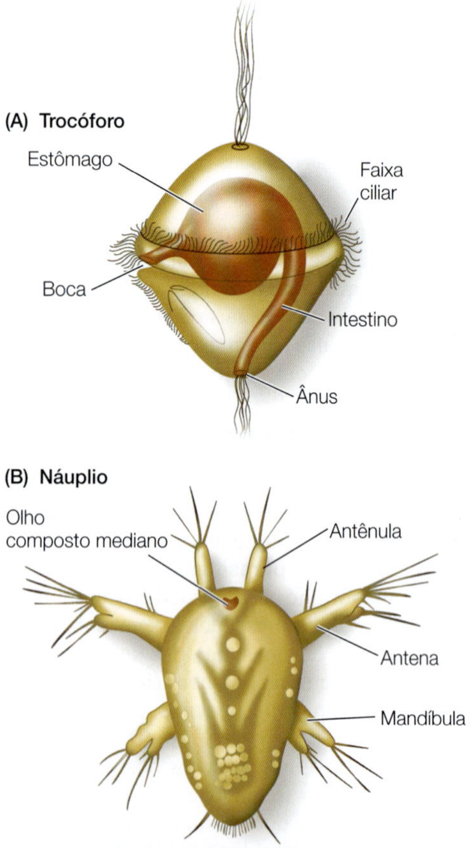
(A) Trocóforo
Estômago
Faixa ciliar
Boca
Intestino
Ânus
(B) Náuplio
Olho composto mediano
Antênula
Antena
Mandíbula

Figura 31.12 Formas larvais planctônicas de animais marinhos (A) O trocóforo é uma forma larval distinta encontrada em vários clados de animais marinhos de clivagem espiral, particularmente de vermes poliquetas e de moluscos. (B) Esta larva naupliana amadurecerá em um crustáceo com corpo segmentado e apêndices articulados.

Figura 31.13 Muitos pequenos ou poucos grandes A alocação de energia para os ovos requer compensações. (A) Esta rã divide sua energia reprodutiva entre um grande número de pequenos ovos. (B) Este pingüim investe toda sua energia reprodutiva em um único e grande ovo.

(A) *Rana temporaria*

(B) *Pygoscelis antarctica*

mea pode produzir muitos ovos pequenos ou poucos ovos grandes, mas ela não pode fazer ambos.

Quanto maior a energia estocada em um ovo, mais tempo a prole pode desenvolver-se antes de ter de encontrar seu próprio alimento ou ser alimentada por seus pais. Pássaros de todas as espécies colocam números proporcionalmente pequenos de ovos relativamente grandes, mas os períodos de incubação variam. Em algumas espécies, os ovos eclodem quando os filhotes encontram-se ainda indefesos (**Figura 31.14A**). Tais filhotes altriciais devem ser alimentados e cuidados até que possam alimentar-se sozinhos; os pais podem prover estes cuidados apenas para uma pequena prole altricial. Por outro lado, algumas espécies de pássaros incubam seus ovos por mais tempo, e os recém-eclodidos desenvolvem-se até serem capazes de suprir a si mesmos quase que imediatamente (**Figura 31.14B**). Os filhotes de tais espécies denominam-se *precoces*.

Os ciclos de vida dos parasitas evoluem para facilitar a dispersão e superar as defesas do hospedeiro

Os animais que vivem como parasitas internos são imersos nos tecidos nutritivos dos hospedeiros ou no alimento digerido que preenche o trato digestivo do hospedeiro. Portanto, eles podem não ter de despender muita energia para obter alimento mas, para sobreviver, precisam superar as defesas do hospedeiro. Além disso, ou eles ou sua prole devem dispersar-se para novos hospedeiros enquanto os antigos estão ainda vivos, pois morrem quando seus hospedeiros morrem.

(A) *Parus caeruleus*

Figura 31.14 Indefeso ou independente (A) Os filhotes altriciais do chapim-azul são essencialmente indefesos quando recém-eclodidos. Seus pais os alimentam e os cuidam por várias semanas. (B) As crias de gansos canadenses são precoces. Eles estão prontos para nadar e se alimentar independentemente, quase imediatamente depois eclodirem de seus ovos.

(B) *Branta canadensis*

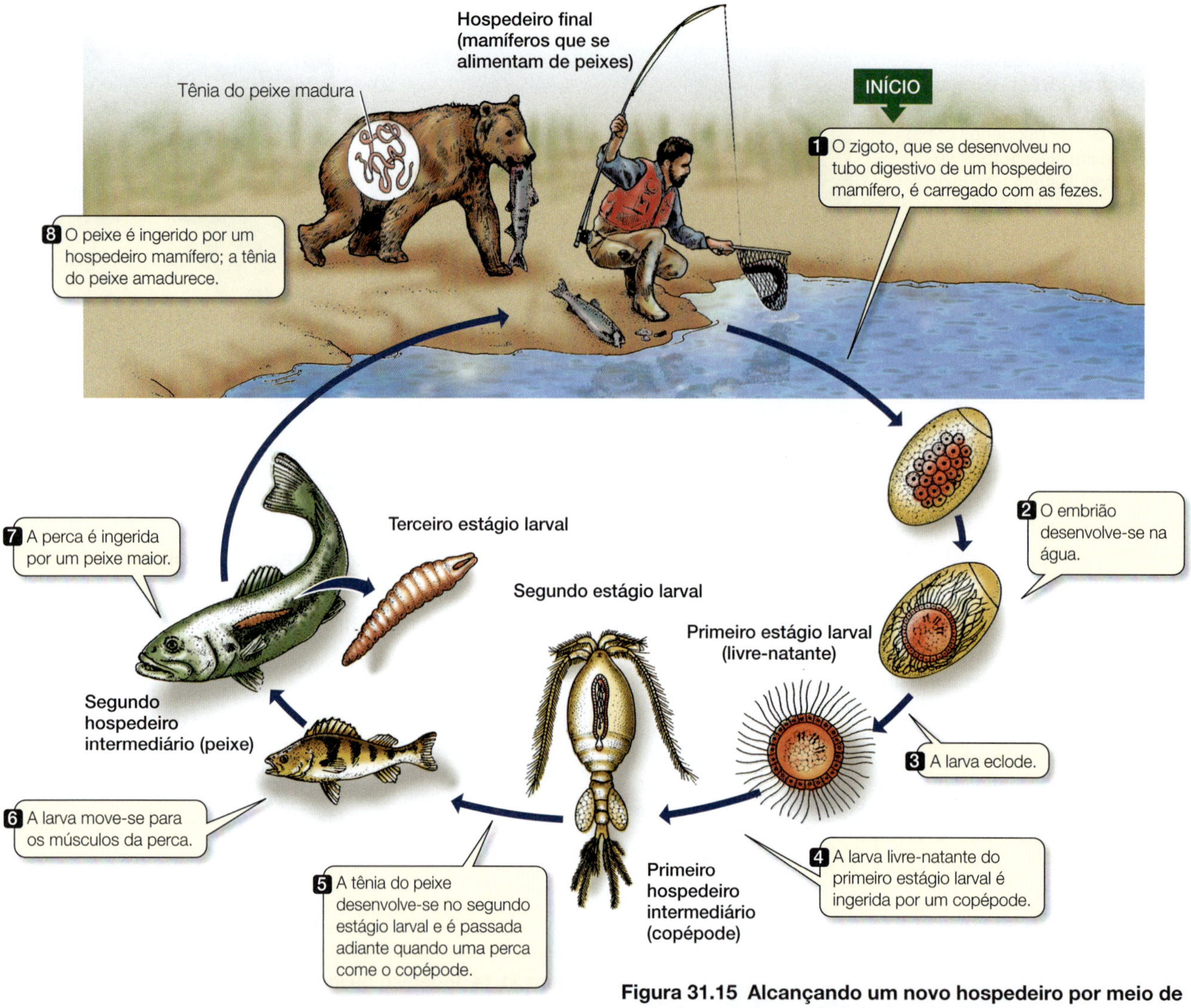
Hospedeiro final
(mamíferos que se
alimentam de peixes)
Tênia do peixe madura
INÍCIO
1 O zigoto, que se desenvolveu no tubo digestivo de um hospedeiro mamífero, é carregado com as fezes.
8 O peixe é ingerido por um hospedeiro mamífero; a tênia do peixe amadurece.
2 O embrião desenvolve-se na água.
7 A perca é ingerida por um peixe maior.
Terceiro estágio larval
Segundo estágio larval
Primeiro estágio larval
(livre-natante)
Segundo
hospedeiro
intermediário (peixe)
3 A larva eclode.
6 A larva move-se para os músculos da perca.
4 A larva livre-natante do primeiro estágio larval é ingerida por um copépode.
5 A tênia do peixe desenvolve-se no segundo estágio larval e é passada adiante quando uma perca come o copépode.
Primeiro
hospedeiro
intermediário
(copépode)

Figura 31.15 Alcançando um novo hospedeiro por meio de uma via complexa A tênia do peixe *Diphyllobothrium latum* deve passar pelos corpos de um copépode (um tipo de crustáceo) e de um peixe antes que possa re-infectar seu hospedeiro primário, um mamífero. Tais ciclos de vida complexos auxiliam a colonização dos parasitas em novos hospedeiros, mas podem também possibilitar oportunidades para que o homem interrompa o ciclo com medidas higiênicas.

Os ovos fertilizados de alguns parasitas são expelidos com as fezes do hospedeiro e posteriormente ingeridos por outros hospedeiros. A maioria das espécies de parasitas, no entanto, possui ciclos de vida complexos, envolvendo um ou mais hospedeiros intermediários e vários estágios larvais (**Figura 31.15**). Alguns hospedeiros intermediários transportam parasitas diretamente para outros. Outros abrigam e sustêm o parasita até que outro hospedeiro o ingira. Logo, ciclos de vida complexos podem facilitar a transferência de parasitas entre hospedeiros.

31.4 RECAPITULAÇÃO

Os diferentes estágios de ciclos de vida dos animais podem diferir em forma e ser especializados para atividades distintas.

- Como as compensações restringem a evolução dos ciclos de vida? Ver p. 680.
- Você pode explicar por que os parasitas freqüentemente possuem complicados ciclos de vida? Ver p. 681-682 e Figura 31.15.

31.5 Quais são os principais grupos de animais?

Os milhares de espécies de animais mostram variações na simetria corporal e na estrutura da cavidade corporal e possuem inúmeros ciclos de vida diferentes, padrões de desenvolvimento e estratégias de desenvolvimento. No restante deste capítulo e nos dois outros seguintes, iremos conhecer os principais grupos de animais e aprender como as características gerais descritas neste capítulo aplicam-se a cada um deles.

Na **Tabela 31.1** fornecemos um resumo dos membros dos principais grupos de animais. O ***Bilateria*** constitui um grande grupo monofilético, englobando todos os animais que não esponjas, ctenóforos e cnidários. As características que sustentam a mo-

TABELA 31.1 Resumo dos membros existentes dos principais grupos de animais

	NÚMERO APROXIMADO DE ESPÉCIES EXISTENTES DESCRITAS	GRUPOS PRINCIPAIS
Esponjas-de-vidro	500	
Demospongias	7.000	
Esponjas calcárias	500	
Ctenóforos	100	
Cnidários	11.000	Antozoários: Corais, anêmonas-do-mar Hidrozoários: Hidras e hidróides Cifozoários: águas-vivas
PROTOSTOMADOS		
Vermes-em-seta	100	
Lofotrocozoários		
Ectoproctos	4.500	
Vermes-chatos	25.000	Vermes-chatos de vida livre; trematódeos e cestódeos (todos parasitas); monogêneos (ectoparasitas de peixes)
Rotíferos	1.800	
Vermes-fita	1.000	
Foronídeos	20	
Braquiópodes	335	
Anelídeos	16.500	Poliquetas (todos marinhos) Clitelados: minhocas, vermes de água doce, sanguessugas
Moluscos	95.000	Monoplacóforos Quítons Bivalves: mariscos, ostras, mexilhões Gastrópodes: caracóis, lesmas, lapas Cefalópodes: lulas, polvos, nautilóides

	NÚMERO APROXIMADO DE ESPÉCIES EXISTENTES DESCRITAS	GRUPOS PRINCIPAIS
Ecdisozoários		
Quinorrincos	150	
Loricíferos	100	
Priapúlidas	16	
Vermes crina-de-cavalo	320	
Nematóides	25.000	
Onicóforos	150	
Tardígrados	800	
Artrópodes:		
Crustáceos	50.000	Caranguejos, camarões, lagostas, cracas, copépodes
Hexápodes	1.000.000	Insetos e parentes
Miriápodes	14.000	Milípedes e centípedes
Quelicerados	89.000	Límulos, aracnídeos (escorpiões, opiliões, aranhas, ácaros, carrapatos)
DEUTEROSTOMADOS		
Equinodermos	7.000	Crinóides (Lírios do mar e pepinos do mar); estrelas quebradiças, estrelas-do-mar, margaridas do mar, ouriços-do-mar, pepinos-do-mar
Hemicordados	95	Vermes-bolota e pterobrânquios
Urocordados	3.000	Ascídios (seringas-do-mar)
Cefalocordados	30	Anfioxos
Vertebrados	52.000	Peixes-bruxa; lampreias Peixes cartilaginosos Teleósteos Celacantos Anfíbios Répteis (incluindo aves) Mamíferos

nofilia dos *Bilateria* são: simetria bilateral, três camadas celulares e a presença de pelo menos sete genes Hox (ver Capítulos 19 e 20).

Os animais bilaterais abrangem as duas maiores categorias mencionadas no início deste capítulo e classificam-se como **protostomados** ou **deuterostomados** (ver a Figura 31.1). Estes dois grupos evoluíram separadamente por mais de 500 milhões de anos, desde o Cambriano inicial ou o Pré-Cambriano tardio. Iremos descrever os protostomados no Capítulo 32 e os deuterostomados no Capítulo 33.

No restante deste capítulo descrevemos aqueles animais que não são bilaterais. Os animais mais simples, as esponjas, não possuem camadas celulares, tampouco órgãos. As esponjas não constituem um clado, mas usa-se o nome para três grupos que exibem a organização corporal ancestral dos animais. Todos os outros animais, incluindo os bilaterais, denominam-se **eumetazoários**. Eles possuem uma simetria corporal evidente, um tubo digestivo, um sistema nervoso, tipos especiais de junções celulares e tecidos bem organizados em camadas celulares distintas (embora tenham ocorrido perdas secundárias de algumas destas estruturas em alguns eumetazoários). Nas esponjas, essas características não existem.

As esponjas são animais pouco organizados

As **esponjas** são os mais simples dos animais. Elas possuem algumas células especializadas, mas não camadas de células distintas, nem órgãos verdadeiros. Os primeiros naturalistas pensavam que elas fossem plantas, pois não apresentam simetria corporal.

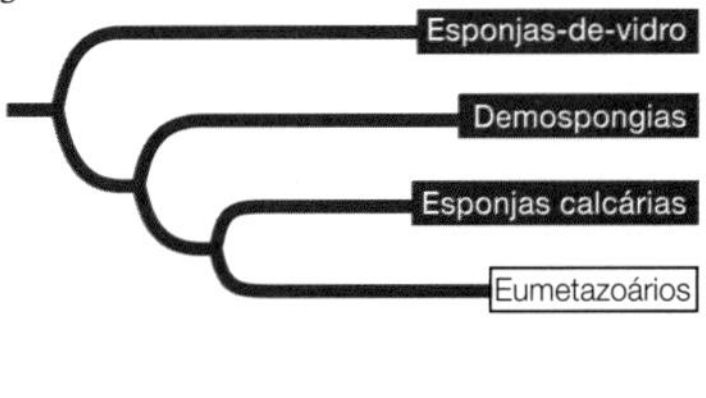

Esponjas-de-vidro
Demospongias
Esponjas calcárias
Eumetazoários

As esponjas possuem elementos de esqueleto rígidos chamados de **espículas**, que podem ser pequenas e simples ou grandes e complexas. As análises recentes de genes de RNA ribossômico sugerem que há três grupos principais de esponjas, parafiléticas em relação ao restante dos animais. Os membros de dois grupos (*esponjas-de-vidro* e *demospongias*) possuem o esqueleto composto por espículas de sílica, feitas de dióxido de sílica hidratada (**Figura 31.16A, B**). Essas espículas são notáveis por sua excelente flexibilidade e por apresentarem maior resistência do que hastes de vidro sintéticas de comprimento similar. Os membros do terceiro grupo, as *esponjas calcárias*, possuem este nome devido a seus esqueletos de carbonato de cálcio (**Figura 31.16**). Esse último grupo consiste no mais intimamente relacionado aos eumetazoários.

O plano corporal das esponjas de todos os três grupos – mesmo as maiores, que podem atingir um metro ou mais de comprimento – é uma agregação de células construída em torno de um canal de água. A água, junto com quaisquer partículas de alimento que contenha, entra na esponja através de pequenos poros e passa por canais de água, onde os coanócitos capturam partículas de alimento (ver Figuras 31.7 e 31.16A).

As esponjas têm sido coletadas por centenas de anos. A indústria das esponjas teve seu pico em 1938, quando mais de 3,6 milhões de quilogramas foram colhidos e comercializados. Atualmente, a maioria das "esponjas" comerciais é feita de materiais sintéticos criados em laboratório.

Um esqueleto de espículas simples ou ramificadas e freqüentemente uma complexa rede de fibras elásticas sustentam os corpos da maioria das esponjas. As esponjas também possuem uma matriz extracelular, composta de colágeno, glicoproteínas aderentes e outras moléculas que mantêm as células unidas. A maioria das espécies é filtradora, poucas espécies são carnívoras e capturam a presa com espículas em forma de gancho que se projetam da superfície do corpo.

A maioria das 8 mil espécies de esponjas consiste em animais marinhos; apenas aproximadamente 50 espécies vivem em água doce. As esponjas têm uma ampla variedade de tamanhos e formas que se adaptam a diferentes padrões de movimento da água. As esponjas que vivem nos ambientes intertidal ou subtidal superficial, com forte ação das ondas, são firmemente fixadas ao substrato. A maioria das esponjas de águas com correntes brandas é achatada e orientada em determinados ângulos que seguem a direção da corrente atual. Elas interceptam a água e as presas que a água contém, conforme a corrente passa por elas.

As esponjas reproduzem-se tanto sexuadamente, quanto assexuadamente. Na maioria das espécies, um único indivíduo produz tanto óvulos quanto espermatozóides, mas os indivíduos não se autofecundam. As correntes de água carregam os espermatozóides de um indivíduo para outro. A reprodução assexuada dá-se por brotamento e fragmentação.

Os ctenóforos são diploblásticos e radialmente simétricos

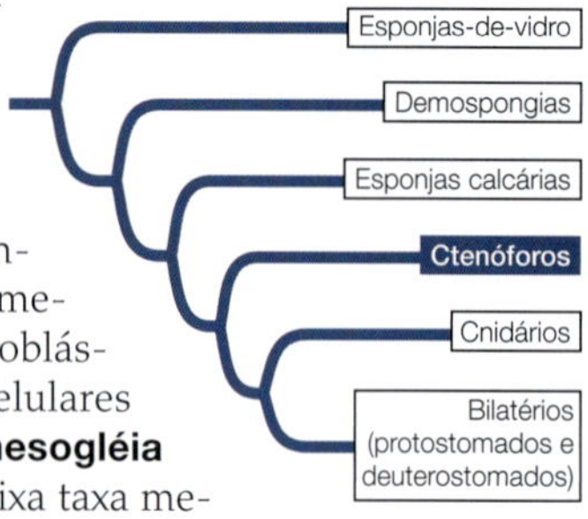
Esponjas-de-vidro
Demospongias
Esponjas calcárias
Ctenóforos
Cnidários
Bilatérios (protostomados e deuterostomados)

Os **ctenóforos**, também conhecidos como "águas-vivas-de-pente" ou "carambolas-do-mar", não possuem a maioria dos genes Hox que os outros eumetazoários apresentam. Os ctenóforos possuem simetria radial, plano corporal diploblástico, com as duas camadas celulares separadas por uma espessa **mesogléia** gelatinosa. Eles apresentam baixa taxa metabólica, pois a mesogléia constitui uma matriz extracelular inerte. Os ctenóforos possuem *trato digestivo completo*, com entrada e saída. O alimento entra por uma boca e os resíduos são eliminados através de dois poros anais.

Os ctenóforos possuem oito fileiras semelhantes a pentes fusionadas a placas de cílios, chamadas de **ctenos** (**Figura 31.17**). Um ctenóforo move-se através da água por meio do batimento desses cílios, preferencialmente sob contrações musculares. Seus tentáculos alimentares são cobertos por células que disparam materiais adesivos quando em contato com a presa. Após capturar sua presa, o ctenóforo retrai os tentáculos para trazer o alimento até sua boca. Em algumas espécies, toda a superfície do corpo cobre-se por um muco pegajoso que captura as presas. Todas as 100 espécies conhecidas de ctenóforos comem pequenos organismos planctônicos. Elas ocorrem comumente em mares abertos.

(A) *Xestospongia testudinaria*

(B) *Euplectella aspergillum*

(C) *Leucilla nuttingi*

Figura 31.16 Existem três grupos de esponjas (A) A grande maioria das espécies de esponjas são demospongias, como estas esponjas em recifes do Pacífico. O sistema de poros e canais de água típicos do plano corporal das esponjas é aparente. (B) As estruturas de sustentação das demospongias e das esponjas-de-vidro são espículas de sílica, vistas aqui no esqueleto de uma esponja-de-vidro. (C) Os esqueletos das esponjas calcárias encontram-se feitos de carbonato de cálcio. As esponjas calcárias encontram-se mais intimamente relacionadas aos eumetazoários do que os outros dois grupos de esponjas.

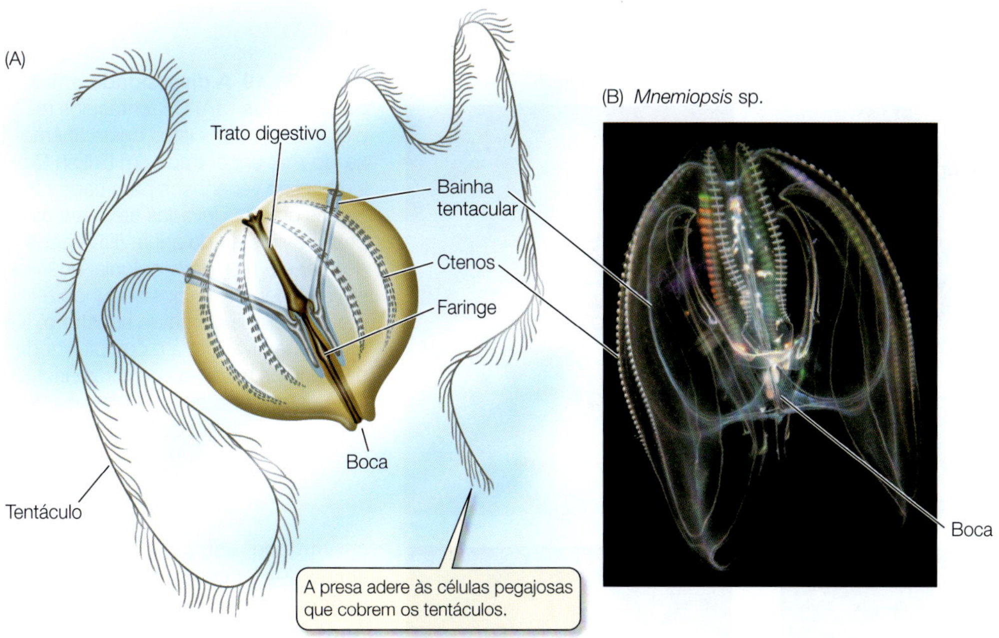
(A)
Trato digestivo
Bainha tentacular
Ctenos
Faringe
Boca
Tentáculo
A presa adere às células pegajosas que cobrem os tentáculos.
(B) *Mnemiopsis* sp.
Boca

Figura 31.17 Os ctenóforos alimentam-se com tentáculos (A) O plano corporal de um ctenóforo típico. Os longos e pegajosos tentáculos varrem a água, coletando eficientemente pequenas presas. (B) Este ctenóforo fotografado no Porto de Sydney, Austrália, possui tentáculos curtos.

Os ciclos de vida dos ctenóforos são simples. Os gametas liberam-se dentro da cavidade corporal e então descarregados através da boca ou dos poros anais. A fertilização ocorre na água do mar. Em quase todas as espécies, o óvulo fertilizado desenvolve-se diretamente em um ctenóforo miniatura que gradativamente cresce formando um adulto.

Os cnidários são carnívoros especializados

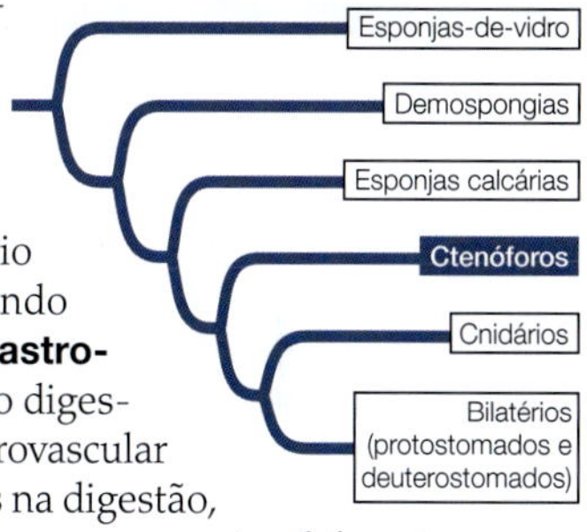
Esponjas-de-vidro
Demospongias
Esponjas calcárias
Ctenóforos
Cnidários
Bilatérios (protostomados e deuterostomados)

Um ramo das separações seguintes na linhagem dos animais resultou nos **cnidários** (águas-vivas, anêmonas-do-mar, corais e hidrozoários). A boca de um cnidário conecta-se a uma bolsa de fundo cego chamada de **cavidade gastrovascular** (logo, não possui tubo digestivo completo). A cavidade gastrovascular possui funções na digestão, circulação, trocas gasosas e, também, atua como esqueleto hidrostático. A única abertura serve como boca e ânus.

O ciclo de vida da maioria dos cnidários possui dois estágios distintos, um séssil e outro móvel (**Figura 31.18**). No estágio séssil de **pólipo**, um pedúnculo cilíndrico fixa-se ao substrato. Pólipos individuais podem reproduzir-se assexuadamente, por brotamento, formando assim uma colônia. A forma móvel de **medusa** consiste em um estágio livre-natante, com a forma de um sino ou um guarda-chuva. Tipicamente, ela flutua com sua boca e tentáculos voltados para baixo. Medusas de muitas espécies produzem ovos e espermatozóides e os liberam na água. Um ovo fertilizado desenvolve e se torna uma larva ciliada livre-natante, chamada **plânula**, que eventualmente irá fixar-se no fundo e desenvolver-se em um pólipo.

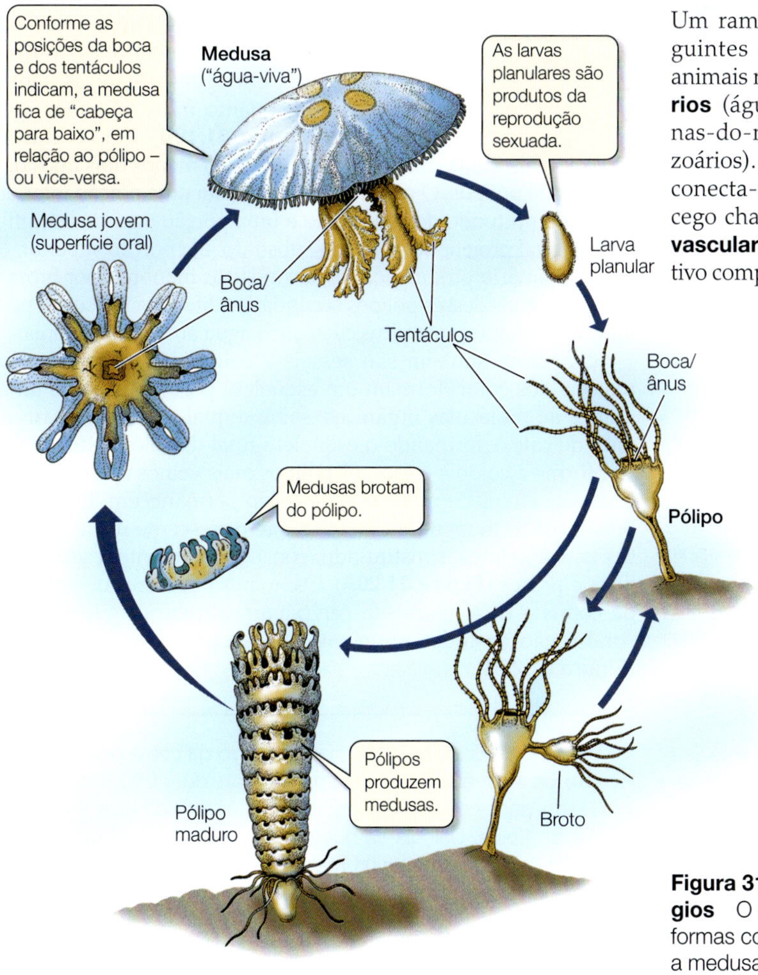
Conforme as posições da boca e dos tentáculos indicam, a medusa fica de "cabeça para baixo", em relação ao pólipo – ou vice-versa.
Medusa
("água-viva")
As larvas planulares são produtos da reprodução sexuada.
Medusa jovem (superfície oral)
Boca/ ânus
Larva planular
Tentáculos
Boca/ ânus
Medusas brotam do pólipo.
Pólipo
Pólipos produzem medusas.
Pólipo maduro
Broto

Figura 31.18 O ciclo de vida dos cnidários possui dois estágios O ciclo de vida de um cifozoário (água-viva) exemplifica as formas corporais típicas dos cnidários: o pólipo séssil, assexuado; e a medusa móvel, sexuada.

(A) *Anthopleura elegantissima*
(B) *Ptilosarcus gurneyi*
(C) *Phyllorhyza punctata*
(D) *Polyorchis penicillatus*

Figura 31.19 A diversidade entre os cnidários (A) Os tentáculos repletos de nematocistos desta anêmona-do-mar encontrada em British Columbia são venenosos para capturar presas grandes levadas até o animal pelo movimento da água. (B) A pena-do-mar é um cnidário colonial que vive em sedimentos macios do fundo e projeta pólipos acima do substrato. (C) Esta água-viva ilustra a complexidade de algumas medusas de cifozoários. (D) A estrutura interna da medusa de uma colônia de hidrozoários do Atlântico Norte é visível aqui.

Os cnidários possuem células epiteliais com fibras musculares cujas contrações possibilitam que os animais movam-se, assim como *redes nervosas* simples que integram suas atividades corporais. Eles também apresentam moléculas estruturais especializadas (colágeno, actina e miosina) e genes Hox. São carnívoros especializados, usando a toxina de seus nematocistos para capturar presas relativamente grandes e complexas (ver Figura 31.10). Alguns cnidários, incluindo corais e anêmonas, obtêm nutrição adicional de protistas fotossintéticos que vivem em seus tecidos. Os cnidários, como os ctenóforos, compõem-se principalmente por mesogléia inerte. Eles possuem baixas taxas metabólicas e podem sobreviver em ambientes onde encontram presas raras vezes apenas.

Dentre aproximadamente 11 mil espécies de cnidários que existem atualmente, algumas poucas não vivem nos oceanos (**Figura 31.19**). Os menores cnidários dificilmente podem ser vistos sem um microscópio; a maior água-viva conhecida possui 2,5 metros de diâmetro. Descreveremos três clados de cnidários que possuem muitas espécies: os cifozoários, os antozoários e os hidrozoários.

CIFOZOÁRIOS As várias centenas de espécies de cifozoários são todas marinhas. A mesogléia de suas medusas é espessa e firme, tanto que, em inglês, são chamadas de *jellyfish*, literalmente "peixe gelatinoso". É a medusa que domina o ciclo de vida dos cifozoários, em detrimento do pólipo. Ela pode ser macho ou fêmea, liberando óvulos ou espermatozóides no mar aberto. Os óvulos fertilizados desenvolvem-se formando uma pequena larva planular que rapidamente fixa-se a um substrato e desenvolve-se em um pequeno pólipo. Este pólipo alimenta-se e cresce, e pode produzir pólipos adicionais por brotamento. Após um período de crescimento, o pólipo começa a dar origem a pequenas medusas, por brotamento, que se alimentam, crescem e se transformam em medusas adultas (ver Figuras 31.18 e 31.19C).

ANTOZOÁRIOS Os membros do clado dos antozoários incluem anêmonas-do-mar, penas-do-mar e corais. As anêmonas-do-mar, todas de comportamento solitário, estão distribuídas em águas oceânicas, tanto quentes quanto frias. As penas-do-mar (**Figura 31.19B**), em contraste, são coloniais. Cada colônia consiste em pelo menos dois tipos diferentes de pólipos. O pólipo primário possui uma porção inferior ancorada no fundo do sedimento e uma porção superior ramificada, a qual projeta-se acima do substrato. Na porção superior, o pólipo primário produz pólipos secundários menores, por brotamento. Alguns desses pólipos secundários diferenciam-se em pólipos de alimentação; outros circulam a água através da colônia.

Os corais também são sésseis e coloniais. Os pólipos da maioria dos corais formam um esqueleto pela secreção de uma matriz de moléculas orgânicas, sobre a qual depositam carbonato de cálcio, formando o esqueleto final da colônia de corais. Conforme a colônia cresce, os pólipos mais velhos morrem, mas seus esqueletos de carbonato de cálcio permanecem. Os membros vivos formam uma camada sobre o crescente recife de restos de esqueletos, constituindo, conseqüentemente, cadeias de ilhas e recifes (**Figura 31.20A**). Os nomes populares dos grupos de corais – coral-chifre-de-cervo, coral-cérebro, coral-chicote, coral-órgão-de-tubos, entre outros – descrevem suas aparências (**Figura 31.20B**).

A Grande Barreira de Recifes ao longo da costa nordeste da Austrália é um sistema de mais de 2.000 km de extensão – aproximadamente a distância de Nova York a St. Louis. Calcula-se que um único recife de coral no Mar Vermelho contenha mais material do que todos os edifícios das principais cidades da América do Norte combinados.

(A)

(B) *Diploria labyrinthiformis*

Figura 31.20 Os corais (A) Muitas espécies diferentes de corais formam um recife do Oceano Índico em um parque de preservação de corais da costa de Zanzibar. (B) O nome popular muito descritivo deste coral caribenho é "coral-cérebro". O nome científico da espécie reflete sua aparência labiríntica.

Os corais prosperam em águas tropicais claras e pobres em nutrientes. Eles podem crescer rapidamente em tais ambientes porque dentro de suas células vivem protistas fotossintéticos endossimbiontes. Esses protistas fornecem produtos da fotossíntese ao coral e, este, em troca, fornece aos protistas outros nutrientes e um lugar para viver. Essa relação endossimbiótica explica por que corais formadores de recifes restringem-se a águas superficiais claras, onde os níveis de luz são altos o suficiente para sustentar a fotossíntese.

Os recifes de corais pelo mundo encontram-se ameaçados tanto pelo aquecimento global, o qual aumenta a temperatura das águas oceânicas tropicais rasas (ver Figura 39.10), quanto pelo escoamento de efluentes contaminados provenientes do desenvolvimento das costas litorâneas adjacentes. Uma superabundância de nitrogênio nesses efluentes reflete em uma vantagem para as algas, as quais crescem demais e acabam asfixiando os corais.

31.5 RECAPITULAÇÃO

Os animais bilaterais agrupam-se em dois clados principais, os protostomados e os deuterostomados. Os animais não-bilaterais – as esponjas, os ctenóforos e os cnidários – possuem estruturas relativamente simples e estratégias alimentares de igual simplicidade.

- Você entende por que as esponjas são consideradas animais, mesmo não possuindo as estruturas corporais complexas encontradas entre os outros grupos de animais? Ver p. 683 e Figura 31.7.
- Quais são algumas das principais características do clado dos cnidários? Ver p. 685-686 e Figura 31.18.

HIDROZOÁRIOS Os hidrozoários possuem diversos ciclos de vida. Caracteristicamente, o pólipo domina o ciclo de vida, mas algumas espécies apresentam apenas medusas; outras, apenas pólipos. A maioria dos hidrozoários constitui-se colonial. Uma única plânula origina uma colônia de muitos pólipos, todos interconectados e compartilhando uma cavidade gastrovascular contínua (**Figura 31.21**). Dentro de tal colônia, alguns pólipos possuem tentáculos com muitos nematocistos; eles capturam as presas para a colônia. Outros não possuem tentáculos e são incapazes de alimentar, mas especializam-se para a produção de medusas. Outros, ainda, são digitiformes e defendem a colônia com seus nematocistos.

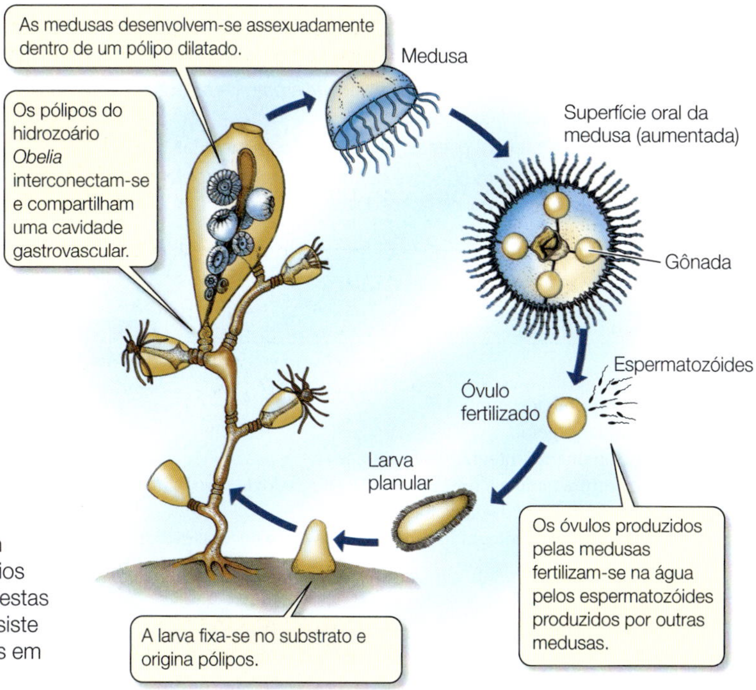
As medusas desenvolvem-se assexuadamente dentro de um pólipo dilatado.
Medusa
Os pólipos do hidrozoário *Obelia* interconectam-se e compartilham uma cavidade gastrovascular.
Superfície oral da medusa (aumentada)
Gônada
Espermatozóides
Óvulo fertilizado
Larva planular
Os óvulos produzidos pelas medusas fertilizam-se na água pelos espermatozóides produzidos por outras medusas.
A larva fixa-se no substrato e origina pólipos.

Figura 31.21 Os hidrozoários freqüentemente possuem pólipos coloniais Os pólipos de uma colônia de hidrozoários podem diferenciar-se para executar tarefas especializadas. Nestas espécies, cujo ciclo de vida esquematizamos, a medusa consiste no estágio reprodutivo, produzindo óvulos e espermatozóides em órgãos chamados gônadas.

RESUMO DO CAPÍTULO

31.1 Que evidências indicam que os animais são monofiléticos?

A maioria dos **animais** compartilha um conjunto de traços derivados não encontrados em outros grupos de organismos. Esses traços incluem similaridades em seus genes de RNA ribossômico e Hox, junções celulares e uma matriz extracelular.

Os padrões de desenvolvimento embrionário fornecem pistas importantes a respeito das relações evolutivas entre os animais. Os animais **diploblásticos** desenvolvem duas camadas de células embrionárias; os animais **triploblásticos** desenvolvem três.

As diferenças no padrão de desenvolvimento inicial também caracterizam dois clados principais de animais triploblásticos, os **protostomados** e os **deuterostomados**.

31.2 Quais são as características dos planos corporais dos animais?

Os **planos corporais** podem ser descritos em termos de **simetria**, estrutura da **cavidade corporal**, **segmentação** e **apêndices**.

Poucos animais possuem simetria **esférica**, mas a maioria dos animais possui ou simetria **radial** ou **bilateral**. Rever Figura 31.3.

A maioria dos animais com simetria radial move-se lentamente ou não se move, enquanto animais com simetria bilateral apresentam capacidade de se mover rapidamente. Muitos animais bilateralmente simétricos são **cefalizados**, com tecidos sensoriais e nervosos em uma cabeça anterior.

Baseando-se nas estruturas de suas cavidades corporais, os animais podem ser descritos como **acelomados**, **pseudocelomados**, ou **celomados**. Rever Figura 31.4.

A segmentação, que assume várias formas, aperfeiçoa o controle do movimento, especialmente se o animal também possui apêndices.

31.3 Como os animais obtêm seus alimentos?

Animais **móveis** podem deslocar-se para encontrar alimento; animais **sésseis** permanecem em um único lugar e capturam o alimento que vem até eles.

Os animais **filtradores** peneiram pequenos organismos e moléculas orgânicas de seu ambiente.

Os **predadores** possuem características que os permitem capturar e dominar presas animais grandes.

Os **herbívoros** consomem plantas, usualmente sem matá-las.

Os **parasitas** vivem dentro ou sobre outros organismos e obtêm nutrientes desses indivíduos hospedeiros.

31.4 Como se diferem os ciclos de vida dos animais?

Os estágios do **ciclo de vida** de um animal podem ser especializados para diferentes atividades.

Um estágio imaturo dramaticamente diferente do estágio adulto denomina-se **larva**.

Todos os ciclos de vida possuem pelo menos um estágio de **dispersão**, de forma que o animal não morre no mesmo lugar onde nasceu. Muitos animais marinhos sésseis podem ser agrupados pela presença de um ou dois estágios de dispersão distintos, a larva **trocóforo** e a larva **náuplio**.

Os parasitas possuem ciclos de vida complexos, os quais podem envolver um ou mais hospedeiros e vários estágios larvais. Rever Figura 31.15.

A característica de um animal ou de um estágio de ciclo de vida pode otimizar seu desempenho em uma atividade, mas reduzi-lo em outra, situação conhecida como compensação.

31.5 Quais são os principais grupos de animais?

Todos os animais, à exceção das esponjas, ctenóforos e cnidários, pertencem a um grande grupo monofilético chamado ***Bilateria***. O clado ***Eumetazoa*** compreende todos os animais, fora as esponjas.

As **esponjas** são animais simples que não possuem camadas celulares e órgãos verdadeiros. Elas apresentam esqueletos feitos de **espículas** de sílica ou calcárias.

Elas criam correntes de água e capturam alimento com células de alimentação flageladas, chamadas de **coanócitos**. Os coanócitos constituem a ligação evolutiva entre os animais e os protistas coanoflagelados. Rever Figura 31.7.

Os **ctenóforos** e os **cnidários** são animais diploblásticos e radialmente simétricos.

As duas camadas de células dos ctenóforos separam-se por uma matriz extracelular inerte chamada **mesogléia**. Eles movem-se por meio do batimento de lâminas fusionadas de cílios, chamadas **ctenos**. Rever Figura 31.17.

O ciclo de vida dos cnidários possui dois estágios distintos: um estágio de **pólipo** séssil e um de **medusa** móvel. Um óvulo fertilizado origina uma larva livre-natante chamada **plânula**, a qual se fixa ao fundo e desenvolve-se em um **pólipo**. Rever Figuras 31.18 e 31.21.

QUESTÕES

1. O plano corporal dos animais é
   a. sua estrutura geral.
   b. o funcionamento integrado de suas partes.
   c. sua estrutura geral e o funcionamento integrado de suas partes.
   d. sua estrutura geral e sua história evolutiva.
   e. o funcionamento integrado de suas partes e sua história evolutiva.
2. Um animal bilateralmente simétrico pode ser dividido em imagens espelhadas por:
   a. qualquer plano a partir da linha central de seu corpo.
   b. qualquer plano de sua parte anterior até seu final posterior.
   c. qualquer plano de sua superfície dorsal até a ventral.
   d. qualquer plano a partir da linha central de seu corpo, de sua parte anterior até seu final posterior.
   e. um único plano a partir da linha central de seu corpo, de sua superfície dorsal até a ventral.
3. Entre os protostomados, a clivagem de um óvulo fertilizado é
   a. retardada enquanto o ovo continua a maturar.
   b. sempre radial.
   c. espiral em algumas espécies e radial em outras.
   d. triploblástica.
   e. diploblástica.

4. Muitos parasitas evoluíram complexos ciclos de vida por que:
   a. eles são muito simples e dispersam facilmente.
   b. eles são deficientes no reconhecimento de novos hospedeiros.
   c. eles foram levados a isto pelas defesas do hospedeiro.
   d. ciclos de vida complexos aumentam a probabilidade de um parasita transferir-se para um novo hospedeiro.
   e. seus ancestrais possuíam ciclos de vida complexos e eles simplesmente os mantiveram.
5. Acredita-se que os animais sejam monofiléticos por que:
   a. seu suposto ancestral foi encontrado em registros fósseis.
   b. todos eles possuem o mesmo número de genes Hox.
   c. todos eles compartilham um conjunto de traços derivados não encontrados em outros clados.
   d. todos eles não possuem RNA ribossômicos.
   e. todos eles não possuem moléculas de matriz extracelular.
6. No ancestral comum dos protostomados e deuterostomados, o padrão de clivagem inicial era
   a. espiral.
   b. radial.
   c. birradial.
   d. determinístico.
   e. ao acaso.
7. Uma cavidade corporal preenchida por líquido pode funcionar como um esqueleto hidrostático por que:
   a. os fluidos são moderadamente compressíveis.
   b. os fluidos são altamente compressíveis.
   c. os fluidos são relativamente compressíveis.
   d. os fluidos possuem a mesma densidade dos tecidos corporais.
   e. os fluidos podem ser movidos por ação ciliar.
8. Qual dos seguintes itens *não* é uma característica que habilita alguns animais a capturarem presas grandes?
   a. Dentes afiados.
   b. Garras.
   c. Toxinas.
   d. Um aparelho filtrador.
   e. Tentáculos com células pungentes.
9. O plano corporal das esponjas caracteriza-se por
   a. boca e cavidade digestiva, mas não músculos ou nervos.
   b. músculos e nervos, mas não boca ou cavidade digestiva.
   c. boca, cavidade digestiva e espículas.
   d. músculos e espículas, mas não cavidade digestiva ou nervos.
   e. ausência de boca, cavidade digestiva, músculos e nervos.
10. Os cnidários possuem a capacidade de:
   a. viver tanto em água salgada quanto doce.
   b. mover-se rapidamente na coluna d'água.
   c. capturar e consumir grande número de pequenas presas.
   d. sobreviver onde a comida é escassa devido à sua baixa taxa metabólica.
   e. capturar presas grandes e se mover rapidamente.

PARA DISCUSSÃO

1. Diferencie entre si os membros de cada um dos seguintes conjuntos de termos relacionados:
   a. simetria radial/simetria bilateral.
   b. protostomados/deuterostomados.
   c. diploblásticos/triploblásticos.
   d. celomados/pseudocelomados/acelomados.
2. Neste capítulo, listamos alguns dos traços compartilhados por todos os animais que convencem a maioria dos biólogos de que todos os animais descendem de uma única linhagem ancestral comum. Na sua opinião, qual desses traços fornece a evidência mais significativa de que os animais são monofiléticos? Se dados morfológicos e moleculares discordam, poder-se-ia atribuir maior importância a um tipo de evidência? Se sim, qual delas?
3. Descreva algumas características que permitem aos animais capturarem presas maiores e mais complexas do que eles próprios.
4. Por que a simetria bilateral é fortemente associada com a cefalização – a concentração dos órgãos sensoriais em uma cabeça anterior?
5. Como uma baixa taxa metabólica torna um animal apto a viver em um ambiente improdutivo?

PARA INVESTIGAÇÃO

O descobrimento de fósseis de embriões maduros de dinossauros gerou informações valiosas sobre o modo que esses animais modificaram-se ao longo de suas vidas. Quais investigações adicionais poderiam ser conduzidas, utilizando informações de fósseis, para nos relatar o que as teorias modernas de biologia do desenvolvimento devem explicar?

CAPÍTULO 32 Os Animais Protostomados

Parasitas minúsculos exercem controle de mentes

A maioria das pessoas nunca deve ter ouvido falar em estrepsípteros, e mesmo aquelas que *ouviram* falar em estrepsípteros, provavelmente nunca viram um. Elas não sabem o que estão perdendo! Esses minúsculos insetos – existem em torno de 600 espécies diferentes deles – parasitam centenas de outras espécies de insetos incluindo abelhas, vespas, formigas, gafanhotos e baratas. Machos e fêmeas da maioria das espécies de estrepsípteros parasitam as mesmas espécies hospedeiras, embora em um clado os machos parasitem formigas, enquanto as fêmeas parasitam gafanhotos.

Freqüentemente, os machos e as fêmeas de estrepsípteros são tão diferentes que mesmo para determinar que eles pertencem à mesma espécie são necessárias análises de DNA. Além disso, eles possuem alguns dos mais estranhos ciclos de vida animais. Uma vez atingida a maturidade dentro dos hospedeiros (cujos órgãos internos eles consomem), os machos da maioria das espécies emergem parecendo um inseto típico. As fêmeas também consomem o interior do hospedeiro mas, usualmente, permanecem dentro dele. Uma fêmea madura expõe a cabeça e partes do corpo para fora do corpo do hospedeiro. A parte exposta do corpo contém uma abertura que recebe esperma de um macho. Muito mais tarde, essa abertura torna-se a saída para as larvas de estrepsípteros. Os insetos hospedeiros são deixados mortos ou severamente lesionados e não produzem prole própria.

Os estrepsípteros mudam drasticamente o comportamento dos hospedeiros com o objetivo de completar seu ciclo de vida, à custa da reprodução do hospedeiro. Por exemplo, quando vespas – um hospedeiro típico – são parasitadas pelos estrepsípteros, os parasitas geram sinais que induzem as vespas a deixar o ninho e formar uma união de acasalamento. Essa união, no entanto, serve aos estrepsípteros e não às vespas. Tão logo as vespas unem-se, os machos de estrepsípteros emergem dos hospedeiros para procurar e acasalar com as fêmeas cujas cabeças estão agora saltando dos corpos das outras vespas.

Os machos adultos de estrepsípteros vivem apenas algumas horas, nas quais eles devem encontrar uma fêmea e acasalar. Como as partes projetadas dos corpos das fêmeas mal podem ser enxergadas, os machos possuem olhos enormes e aproximadamente 75 por cento de suas células cerebrais são alocadas para visão. Esse sistema sensorial tem um único propósito: ajudar o macho a encontrar a fêmea.

Os estrepsípteros e seus hospedeiros são todos insetos e estes somam mais da metade das espécies de protostomados

♂
♀

Mesmos parasitas, diferentes estilos de vida Os estrepsípteros são insetos parasíticos que crescem até a maturidade dentro de insetos hospedeiros. A maioria dos machos de estrepsípteros se parece com insetos quando atingem a maturidade e deixam o hospedeiro para encontrar e acasalar com uma fêmea estrepsípteros de aparência bem diferente, a qual permanece dentro de seu hospedeiro.

Um inseto hospedeiro Os estrepsípteros parasitam muitas espécies diferentes de insetos; as vespas do gênero *Polistes* (vespas-do-papel) são hospedeiros comuns. Os sinais moleculares gerados pelos parasitas podem afetar dramaticamente o comportamento das vespas.

descritos. Outros grupos de protostomados, como os moluscos, os nematóides, os crustáceos, as aranhas e carrapatos também são ricos em espécies. Muitas das espécies de protostomados são parasitas. Os parasitas freqüentemente vivem dentro de seus hospedeiros e absorvem nutrientes através das paredes de seu corpo. Alguns parasitas, incluindo os estrepsípteros, podem ser descritos mais tecnicamente como *parasitóides*, que consomem os tecidos do hospedeiro à medida que se desenvolvem a partir de ovos postos sobre ou dentro do corpo do hospedeiro e freqüentemente alcançam quase o mesmo tamanho de seus hospedeiros.

NESTE CAPÍTULO descrevemos as características dos animais protostomados e descrevemos os membros dos dois clados principais de protostomados, os lofotrocozoários e os ecdisozoários. Damos atenção especial aos artrópodes, um grupo de ecdisozoários incrivelmente rico em espécies, com exoesqueletos rígidos e apêndices articulados.

DESTAQUES DO CAPÍTULO

32.1 O que é um protostomado?

Algum tempo depois da origem dos animais dipoblásticos radiais (os cnidários e os ctenóforos), uma terceira camada celular – a mesoderme – surgiu. Essa característica é encontrada em dois grandes clados de animais triploblásticos, os protostomados e os deuterostomados. Se fôssemos julgar somente com base em números, tanto de espécies quanto de indivíduos, os protostomados iriam emergir como o mais bem-sucedido dos dois grupos.

Como descrito no Capítulo 31, o nome protostomados significa "boca primeiro" e foi aplicado porque, na maioria destas espécies, o blastóporo embrionário torna-se a boca; isto contrasta com os animais deuterostomados, nos quais o blastóporo torna-se a abertura anal do trato digestivo (ver Figura 31.2). No entanto, esse traço não é compartilhado universalmente; por exemplo, não há formação de blastóporo durante o desenvolvimento inicial dos insetos.

Os protostomados são extremamente variados, mas são todos animais bilateralmente simétricos, cujos corpos exibem dois principais traços derivados:

- Um *cérebro* anterior que circunda a entrada do trato digestivo.
- Um *sistema nervoso* ventral, consistindo em cordões nervosos longitudinais, pareados ou fusionados.

Outros aspectos da organização corporal de um protostomado podem ser bem diferentes de um grupo para outro (**Tabela 32.1**). Existem vários grupos celomados, assim como vários grupos de pseudocelomados; um clado importante, os vermes chatos, são acelomados (ver Figura 31.4). Em dois dos clados mais proeminentes, o celoma foi secundariamente modificado:

- Os *artrópodes* (ou artrópodos) perderam o celoma ancestral ao longo da evolução. Sua cavidade corporal interna tornou-se uma *hemocele*, ou "câmara sanguínea", na qual o fluido de um sistema circulatório aberto (i.e., vasos sanguíneos ausentes) banha os órgãos internos.
- Os *moluscos* também são geralmente caracterizados por um sistema circulatório aberto e possuem alguns dos atributos da hemocele, mas retêm vestígios de um celoma fechado ao redor de seus órgãos principais.

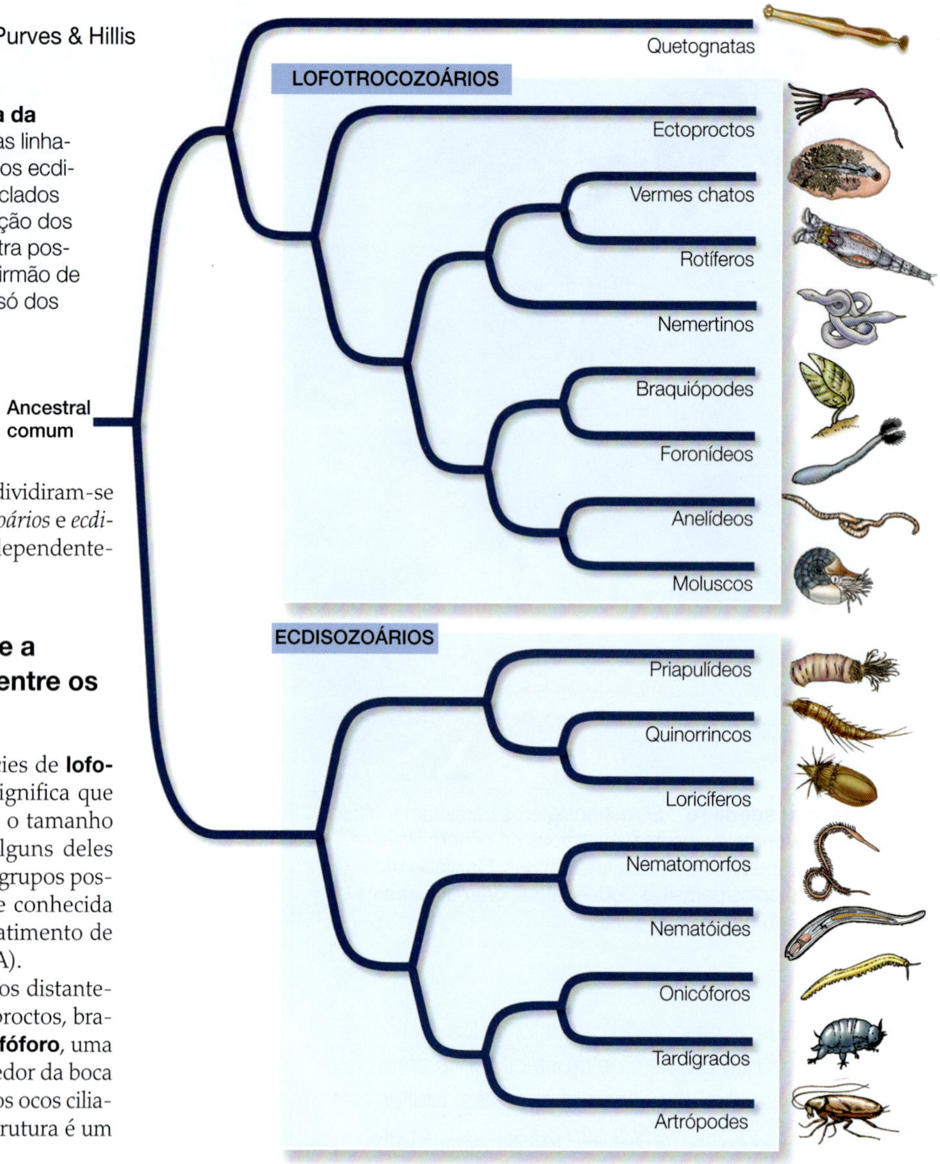
Quetognatas
LOFOTROCOZOÁRIOS
Ectoproctos
Vermes chatos
Rotíferos
Nemertinos
Braquiópodes
Foronídeos
Anelídeos
Moluscos
ECDISOZOÁRIOS
Priapulídeos
Quinorrincos
Loricíferos
Nematomorfos
Nematóides
Onicóforos
Tardígrados
Artrópodes
Ancestral comum

Figura 32.1 Uma árvore atualizada da filogenia dos protostomados Duas linhagens principais, os lofotrocozoários e os ecdisozoários, dominam a árvore. Muitos clados pequenos não estão incluídos. A posição dos quetognatas é um tanto duvidosa; outra possibilidade é que eles sejam um grupo irmão de todos os outros protostomados, não só dos lofotrocozoários.

Inicialmente, os protostomados dividiram-se em dois clados principais – *lofotrocozoários* e *ecdisozoários* – os quais têm evoluído independentemente, desde então (**Figura 32.1**).

Os trocóforos, os lofóforos e a clivagem espiral evoluíram entre os lofotrocozoários

Os esqueletos da maioria das espécies de **lofotrocozoários** são internos, o que significa que estes animais crescem aumentando o tamanho de seus elementos esqueléticos. Alguns deles usam cílios para locomoção; muitos grupos possuem um tipo de larva de vida livre conhecida como *trocófora*, que se move pelo batimento de uma faixa de cílios (ver Figura 31.12A).

Muitos grupos de lofotrocozoários distantemente relacionados (incluindo ectoproctos, braquiópodes e foronídeos) possuem **lofóforo**, uma crista circular ou em forma de U ao redor da boca com uma ou duas fileiras de tentáculos ocos ciliados (**Figura 32.2**). Essa complexa estrutura é um órgão que serve tanto para coleta de alimento, como para troca gasosa. Os biólogos chegaram a agrupar esses taxa junto aos *lofoforados*, mas atualmente está claro que eles não são intimamente relacionados. O lofóforo parece ter evoluído independentemente pelo menos duas vezes, ou então se trata de uma característica ancestral dos lofotrocozoários que tem sido perdida em muitos grupos. Quase todos os animais com lofóforo são sésseis quando adultos. Eles usam os tentáculos e os cílios do lofóforo para capturar pequenos organismos flutuadores da água. Outros lofotrocozoários sésseis utilizam tentáculos menos adaptados com o mesmo propósito.

Como discutido no capítulo anterior, alguns lofotrocozoários (incluindo vermes chatos, nemertinos, anelídeos e moluscos) exibem uma forma derivada de clivagem no desenvolvimento inicial, conhecida como *clivagem espiral*. Alguns biólogos agruparam esses taxa junto aos *spiralians*, embora análises filogenéticas de seqüências gênicas não sustentem a monofilia dos *spiralians*.

TABELA 32.1 Características anatômicas de alguns dos principais grupos de protostomados[a]

GRUPO	CAVIDADE CORPORAL	TRATO DIGESTIVO	SISTEMA CIRCULATÓRIO
Quetognatas	Celoma	Completo	Não há
LOFOTROCOZOÁRIOS			
Vermes chatos	Não há	Saco em fundo cego	Não há
Rotíferos	Pseudoceloma	Completo	Não há
Ectoproctos	Celoma	Completo	Não há
Braquiópodes	Celoma	Completo na maioria	Aberto
Foronídeos	Celoma	Completo	Fechado
Nemertinos	Celoma	Completo	Fechado
Anelídeos	Celoma	Completo	Fechado ou aberto
Moluscos	Celoma reduzido	Completo	Aberto, exceto nos cefalópodes
ECDISOZOÁRIOS			
Nematomorfos	Pseudoceloma	Consideravelmente reduzido	Não há
Nematódeos	Pseudoceloma	Completo	Não há
Artrópodes	Hemocele	Completo	Aberto

[a] Observe que todos os protostomados possuem simetria bilateral.

Os ectoproctos podem oscilar, girar e retrair os tentáculos de seus lofóforos.
Lophopus crystallinus

Figura 32.2 Os ectoprotistas usam seus lofóforos para se alimentar Os lofóforos estendidos dominam a anatomia dos ectoproctos coloniais. Estas espécies habitam água doce, embora a maioria dos ectoproctos seja marinha. As colônias de ectoproctos podem crescer até conter mais de um milhão de indivíduos, todos originários da reprodução assexuada da colônia fundadora.

Membros de vários dos grupos com clivagem espiral são vermiformes, ou seja, são bilateralmente simétricos, sem patas, de corpo mole e pelo menos várias vezes mais longos do que largos. Um corpo vermiforme possibilita ao animal deslocar-se eficientemente através de lama, sedimento arenoso marinho, ou solo. No entanto, como iremos descrever mais adiante neste capítulo, os *moluscos* – o grupo com clivagem espiral mais rico em espécies – possuem um plano corporal muito diferente.

Os ecdisozoários precisam trocar seus exoesqueletos

Os **ecdisozoários** possuem esqueleto externo, ou **exoesqueleto**, que é uma cobertura sem vida secretada pela *epiderme* (a camada celular mais externa) subjacente. O exoesqueleto provê a estes animais tanto proteção, como suporte. Uma vez formado, no entanto, um exoesqueleto não pode crescer. Como, então, os ecdisozoários podem aumentar em tamanho? Eles o fazem ao soltar, ou **mudar** o exoesqueleto e o substituindo por um novo e maior. Esse processo de muda dá nome ao clado (da palavra grega, *ecdysis*, "sair fora").

Um fóssil de um artrópode de corpo mole do Cambriano, recentemente descoberto e preservado no processo de muda, mostra que a muda evoluiu há mais de 500 milhões de anos (**Figura 32.3A**). Uma cada vez mais rica gama de evidências moleculares e genéticas, incluindo um conjunto de genes Hox, compartilhado por todos os ecdisozoários, sugere que eles possuem um único ancestral comum. Logo, a muda de exoesqueleto é um traço que pode ter evoluído somente uma vez durante a evolução animal.

Antes que o ecdisozoário mude, um novo exoesqueleto já esta se formando por baixo do antigo. Uma vez que o antigo exoesqueleto se solta, o novo expande e enrijece. Mas até que este tenha enrijecido, o animal está vulnerável a seus inimigos, pois sua superfície externa está fácil de ser penetrada e um animal com exoesqueleto mole pode se movimentar muito lentamente, ou não se movimentar de forma alguma (**Figura 32.3B**).

(A)
Animal emergente
Exoesqueleto mudado
(B) *Phrynus parvulus*
Exoesqueleto mudado
O corpo recém-emergido do escorpião ainda está mole e vulnerável.

Figura 32.3 Muda: passado e presente (A) Este fóssil do Cambriano, de 500 milhões de anos de idade, capturou um indivíduo de uma espécie de artrópode extinta há muito tempo, durante seu processo de muda e mostra que a muda é um traço evolutivo antigo. (B) Este escorpião-vinagre recém emergiu de seu exoesqueleto descartado e permanecerá altamente vulnerável até que sua nova cutícula tenha enrijecido.

Alguns ecdisozoários possuem corpos vermiformes, cobertos por exoesqueletos relativamente finos e flexíveis. Esse tipo de exoesqueleto, chamado de **cutícula**, oferece ao animal alguma proteção, mas fornece apenas um suporte modesto ao corpo. Uma cutícula delgada permite a troca de gases, minerais e água através da superfície do corpo, mas restringe o animal a ambientes úmidos. Muitas espécies de ecdisozoários com cutículas delgadas vivem em sedimentos marinhos, dos quais obtêm suas presas, seja pela ingestão de sedimentos com posterior extração de material orgânico, ou pela captura de presas maiores, utilizando uma *faringe* com dentes (órgão muscular na extremidade anterior do trato digestivo). Algumas espécies de água doce absorvem nutrientes diretamente por meio de suas delgadas cutículas, como fazem as espécies parasíticas que vivem dentro de seus hospedeiros. Muitos ecdisozoários vermiformes são predadores, comendo protistas e pequenos animais.

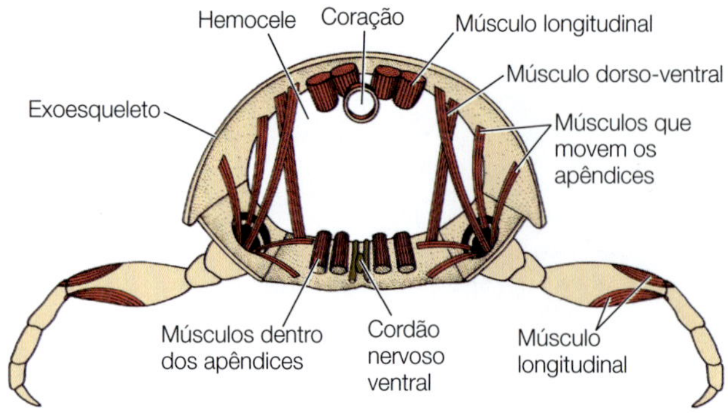
Hemocele
Coração
Músculo longitudinal
Músculo dorso-ventral
Exoesqueleto
Músculos que movem os apêndices
Músculos dentro dos apêndices
Cordão nervoso ventral
Músculo longitudinal

Figura 32.4 Os esqueletos dos artrópodes são rígidos e articulados Esta seção transversal do segmento torácico de um artrópode generalizado ilustra o plano corporal dos artrópodes, caracterizado por um exoesqueleto rígido com apêndices articulados.

Os exoesqueletos de outros ecdisozoários são espessados pela incorporação de camadas de proteína e de um polissacarídeo resistente e impermeável, chamado de **quitina**. Um animal com revestimento rígido e reforçado com quitina não pode se mover de maneira vermiforme, nem usar cílios para locomoção. Um exoesqueleto rígido também impede a passagem de oxigênio e nutrientes para dentro do animal, representando novos desafios, em outras áreas além do crescimento. Por essas razões, os ecdisozoários com exoesqueletos rígidos evoluíram novos mecanismos de locomoção e troca gasosa.

Para se mover rapidamente, um animal com exoesqueleto rígido deve possuir extensões do corpo que possam ser manipuladas por músculos. Esses *apêndices* evoluíram no final do Pré-Cambriano, levando ao clado dos **artrópodes** ("pés articulados"). Os apêndices dos artrópodes existem em uma variedade de formas surpreendente. Eles cumprem muitas funções, incluindo caminhar e nadar, fazer trocas gasosas, capturar o alimento e manipulá-lo, copular e para percepção sensorial. Os artrópodes seguram o alimento com suas bocas e apêndices associados e digerem-no internamente. Seus músculos são ancorados no interior do exoesqueleto. Cada segmento possui músculos que operam aquele segmento e os apêndices nele fixados (**Figura 32.4**).

O exoesqueleto dos artrópodes teve uma profunda influência na evolução desses animais. O encaixotamento dentro de uma capa rígida fornece suporte para caminhar em solo seco e a impermeabilidade provida pela quitina evita a desidratação em atmosfera seca. Os artrópodes aquáticos foram, em resumo, excelentes candidatos a invadir ambientes terrestres. Como veremos, eles o fizeram várias vezes.

Os quetognatas mantiveram algumas características ancestrais de desenvolvimento

Quase todos os grupos de animais triploblásticos podem ser rapidamente classificados como protostomados ou deuterostomados, mas as relações evolutivas de um pequeno grupo, os **quetognatas**, foram debatidas por muitos anos. O desenvolvimento inicial de um quetognata parece similar aos dos deuterostomados, embora hoje se saiba que eles simplesmente mantiveram características de desenvolvimento que são ancestrais aos animais triploblásticos em geral. Estudos recentes de seqüências gênicas os identificaram claramente como protostomados. Ainda há algumas questões como se eles são intimamente relacionados aos lofotrocozoários (como representado na Figura 32.1), ou possivelmente um grupo-irmão de todos os outros protostomados.

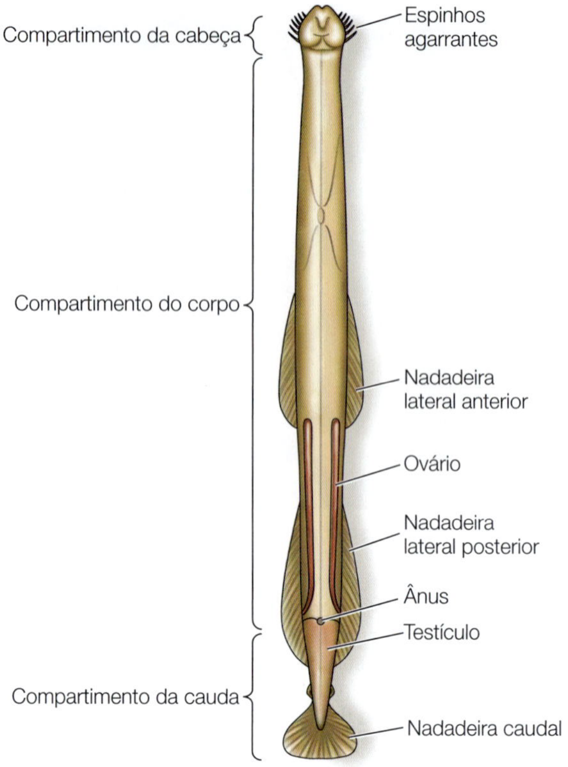
Compartimento da cabeça
Espinhos agarrantes
Compartimento do corpo
Nadadeira lateral anterior
Ovário
Nadadeira lateral posterior
Ânus
Testículo
Compartimento da cauda
Nadadeira caudal

Figura 32.5 Um quetognata Os quetognatas possuem um plano corporal de três partes. Suas nadadeiras e espinhos são adaptações para um estilo de vida predatório. Os indivíduos são hermafroditas, produzindo tanto ovos, como espermatozóides (ovário e testículo).

O plano corporal de um quetognata é baseado em um celoma dividido em três compartimentos: cabeça, tronco e cauda (**Figura 32.5**). Seus corpos são transparentes ou translúcidos. A maioria dos quetognatas nada em mar aberto. Poucas espécies vivem no fundo do mar. Sua abundância como fósseis indica que eles eram comuns há mais de 500 milhões de anos. As cem espécies vivas de quetognatas são tão pequenas – variando de 3 mm a menos de 12 cm em comprimento – que suas necessidades de trocas gasosas e excreção são realizadas por difusão através da superfície corporal. Eles não possuem sistema circulatório; os detritos e nutrientes são transportados por toda parte do corpo no fluido celômico, impulsionados pelos cílios que revestem o celoma. Não há estágio larval distinto. Miniaturas de adultos eclodem diretamente dos ovos, fertilizados internamente após uma corte elaborada entre dois indivíduos hermafroditas.

Os quetognatas são estabilizados na água por meio de um ou dois pares de barbatanas laterais e uma barbatana caudal. Eles são importantes predadores de organismos planctônicos no mar aberto, os quais variam em tamanho de pequenos protistas até peixes jovens do tamanho deles próprios. Tipicamente, um quetognata fica imóvel na água até que um movimento da água sinalize a aproximação da presa. O quetognata, então, lança-se para frente e agarra as presas com seus espinhos adjacentes à boca.

32.1 RECAPITULAÇÃO

As características derivadas compartilhadas dos protostomados incluem um cérebro anterior e um sistema nervoso ventral. Muitos lofotrocozoários crescem pelo aumento do tamanho de seus elementos esqueléticos, enquanto os ecdisozoários, que possuem exoesqueleto, devem sofrer mudas periodicamente, a fim de crescerem.

- Como o revestimento do corpo de um animal pode influenciar o modo como ele respira, alimenta-se e move-se? Ver p. 693-694.
- Quais características tornaram os artrópodes bem adaptados para colonizar ambientes terrestres? Ver p. 694.

32.2 Quais são os principais grupos de lofotrocozoários?

Os lofotrocozoários aparecem em uma diversidade de tamanhos e formas, variando de animais relativamente simples com trato digestivo cego (ou seja, trato digestivo com apenas uma abertura) e sem transporte interno, até animais com trato digestivo completo (possuindo aberturas de entrada e saída separadas) e um complexo sistema de transporte interno. Eles incluem alguns grupos altamente ricos em espécies, como os vermes chatos, os anelídeos e os moluscos. Diversos destes grupos exibem corpos vermiformes, mas os lofotrocozoários compreendem uma ampla diversidade de morfologias, incluindo vários grupos com conchas externas. Alguns grupos de lofotrocozoários foram descobertos apenas recentemente pelos biólogos.

Os ectoproctos vivem em colônias

As 4.500 espécies de **ectoproctos** (também chamados de briozoários ou "animais-musgo") são animais coloniais que vivem em uma "casa" feita de material secretado pela parede externa do corpo. Quase todos os ectoproctos são marinhos, embora algumas espécies ocorram em água doce ou salobra. Uma colônia de ectoproctos consiste em muitos indivíduos pequenos (1-2 mm) conectados por fitas de tecidos, ao longo das quais os nutrientes podem ser transportados (**Figura 32.6**). A colônia é criada pela reprodução assexuada do seu membro fundador e uma única colônia pode conter até 2 milhões de indivíduos. As rochas em regiões costeiras de muitas partes do mundo são cobertas com crescimento exuberante de ectoproctos. Alguns ectoproctos criam miniaturas de recifes em águas rasas. Em algumas espécies, os membros individuais de uma colônia são diferentemente especializados para alimentação, reprodução, defesa ou suporte.

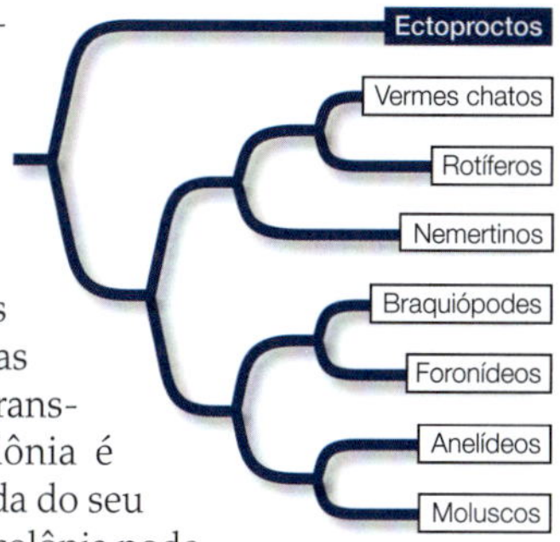
Ectoproctos
Vermes chatos
Rotíferos
Nemertinos
Braquiópodes
Foronídeos
Anelídeos
Moluscos

Os ectoproctos são capazes de oscilar e girar seus lofóforos para aumentar o contato com as presas. Eles igualmente podem retraí-los para dentro de suas "casas" (ver Figura 32.2). Os ectoproctos também podem reproduzir-se sexuadamente, liberando espermatozóides na água, que os carrega até outros indivíduos. Os óvulos são fertilizados internamente; os embriões em desenvolvimento são incubados antes de saírem como larvas para procurar locais apropriados para fixação ao substrato.

Sertella septentrionalis

Figura 32.6 Uma colônia de ectoproctos O tecido membranoso laranja desta colônia de ectoproctos conecta e fornece nutrientes a milhares de indivíduos (ver Figura 32.2).

Os vermes chatos, os rotíferos e os nemertinos são parentes estruturalmente diversos

Os vermes chatos, os rotíferos e os nemertinos são um grupo diverso estruturalmente e apenas recentemente tiveram suas relações elucidadas. Antes da disponibilidade das seqüências gênicas para análises filogenéticas, os biólogos consideravam a estrutura da cavidade corporal um importante aspecto na classificação animal. No entanto, este grupo monofilético de animais inclui subgrupos acelomados (vermes chatos), pseudocelomados (rotíferos) e celomados (nemertinos). Logo, os taxonomistas atualmente entendem que as formas das cavidades corporais tenham sofrido considerável convergência, ao longo da evolução animal (ver Tabela 32.1).

Os **vermes chatos** não possuem órgãos especializados para transportar oxigênio aos tecidos internos. Sua falta de sistema de transporte gasoso impõe que cada célula deva estar perto da superfície do corpo, uma exigência atendida pela forma corporal achatada dorsoventralmente. O trato digestivo de um verme chato consiste em uma abertura bucal em uma bolsa de fundo cego. No entanto, o saco é freqüentemente muito ramificado, formando padrões intricados que aumentam a área de superfície disponível para a absorção de nutrientes. Alguns vermes chatos pequenos de vida livre são cefalizados, com uma cabeça portando órgãos quimiorreceptores, dois olhos simples e um minúsculo cérebro composto por um espessamento anterior dos cordões nervosos longitudinais. Os vermes chatos de vida livre deslizam sobre as superfícies, por meio de extensas faixas de cílios (**Figura 32.7A**).

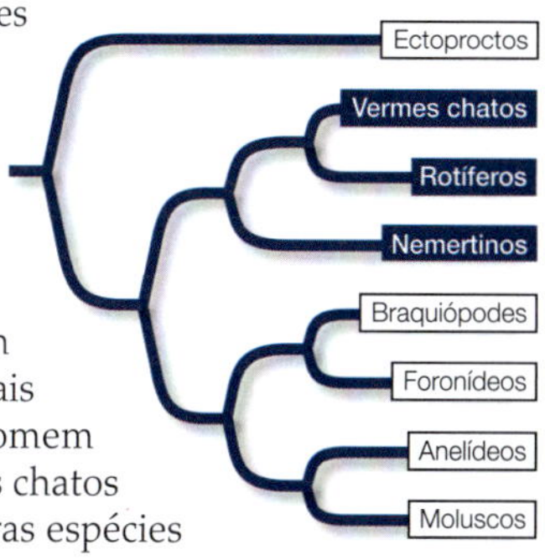
Ectoproctos
Vermes chatos
Rotíferos
Nemertinos
Braquiópodes
Foronídeos
Anelídeos
Moluscos

Os vermes chatos são, em sua maioria, parasitas internos; outros se alimentam externamente de tecidos animais (vivos ou mortos) e alguns comem plantas. Embora muitos vermes chatos sejam de vida livre, muitas outras espécies

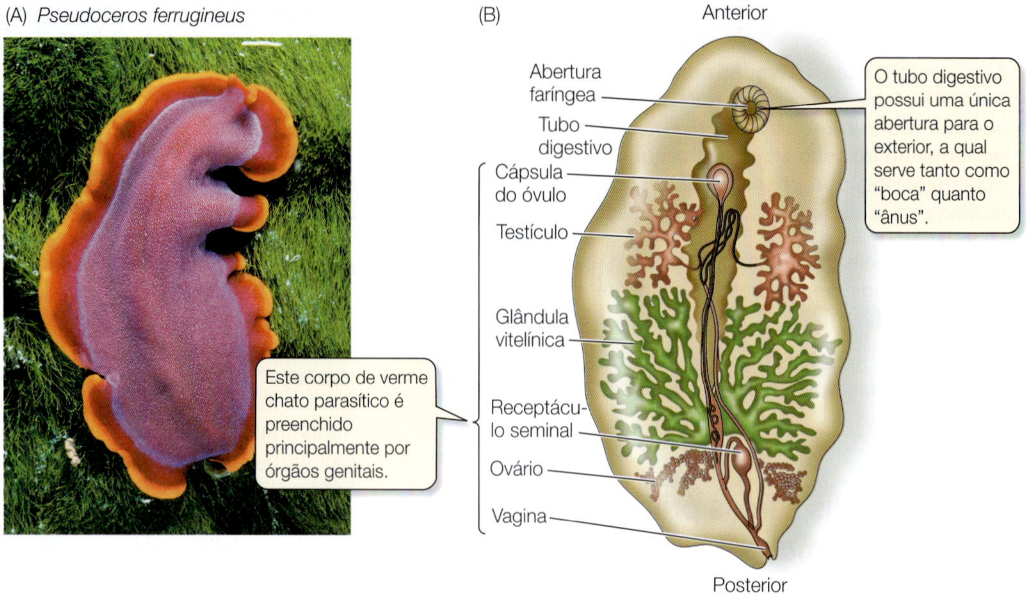

(A) Pseudoceros ferrugineus
(B)
Anterior
Abertura faríngea
Tubo digestivo
Cápsula do óvulo
Testículo
Glândula vitelínica
Receptáculo seminal
Ovário
Vagina
Posterior
O tubo digestivo possui uma única abertura para o exterior, a qual serve tanto como "boca" quanto "ânus".
Este corpo de verme chato parasítico é preenchido principalmente por órgãos genitais.

Figura 32.7 Os vermes chatos podem viver de forma livre ou parasítica (A) Algumas espécies de vermes chatos, como este verme chato marinho do Pacífico Sul, são de vida livre. (B) A fascíola esquematizada aqui vive de modo parasítico no intestino de ouriços-do-mar e é representante dos vermes chatos parasíticos. Como seus hospedeiros fornecem todos os nutrientes dos quais precisam, esses parasitas internos não requerem órgãos elaborados para alimentação ou digestão e podem empregar a maior parte de seu corpo para reprodução.

evoluíram para se tornarem parasitas. Uma provável transição evolutiva teria sido da alimentação baseada em organismos mortos para a alimentação sobre as superfícies dos corpos de hospedeiros moribundos e desta para a invasão e consumo de partes de hospedeiros saudáveis. A maioria das 25.000 espécies de vermes chatos existentes pertence ao grupo das tênias e fascíolas; os membros destes dois grupos são parasitas internos, particularmente de vertebrados (**Figura 32.7B**). Eles absorvem alimento digerido do trato digestivo de seus hospedeiros; muitos deles nem possuem trato digestivo próprio. Alguns causam sérias doenças humanas, como a esquistossomose. Membros de outro grupo de vermes chatos, os *monogêneos*, são parasitas externos de peixes e outros vertebrados aquáticos. Os *turbelários* incluem a maior parte das espécies de vida livre.

A maioria dos **rotíferos** é minúscula (50-500 μm de comprimento) – menores do que alguns protistas ciliados – mas possuem órgãos internos especializados (**Figura 32.8**). Um tubo digestivo completo vai de uma boca anterior até um ânus posterior; a cavidade corporal é um pseudoceloma que funciona como esqueleto hidrostático. A maioria dos rotíferos se propulsiona pela água por meio de rápidos batimentos dos cílios, ao invés de contrações musculares.

O órgão mais distintivo dos rotíferos é um conspícuo órgão ciliado denominado *corona*. O batimento coordenado dos cílios varre partículas de matéria orgânica da água para dentro da boca do animal, descendo até uma estrutura complexa chamada de *mástax*, onde o alimento é triturado em pequenos pedaços. Ao contrair os músculos em torno do pseudoceloma, algumas espécies de rotíferos que predam protistas e animais pequenos conseguem protrair o mástax pela boca e pegar pequenos objetos com ele. Machos e fêmeas são encontrados em algumas espécies, mas os rotíferos bdelóides somente possuem fêmeas, as quais produzem óvulos que se desenvolvem sem serem fertilizados por um macho. Este grupo é o único caso conhecido de um grupo de animais que parece ter existido por milhões de anos sem os benefícios da reprodução sexuada.

A maior parte das 1.800 espécies conhecidas de rotíferos vive em água doce. Membros de algumas espécies ficam na superfície de musgos e liquens, em um estado dissecado e inativo, até que chova. Quando chove, eles absorvem água e tornam-se móveis, alimentando-se nas lâminas de água que cobrem temporariamente as plantas. A maioria dos rotíferos não vive mais do que uma ou duas semanas.

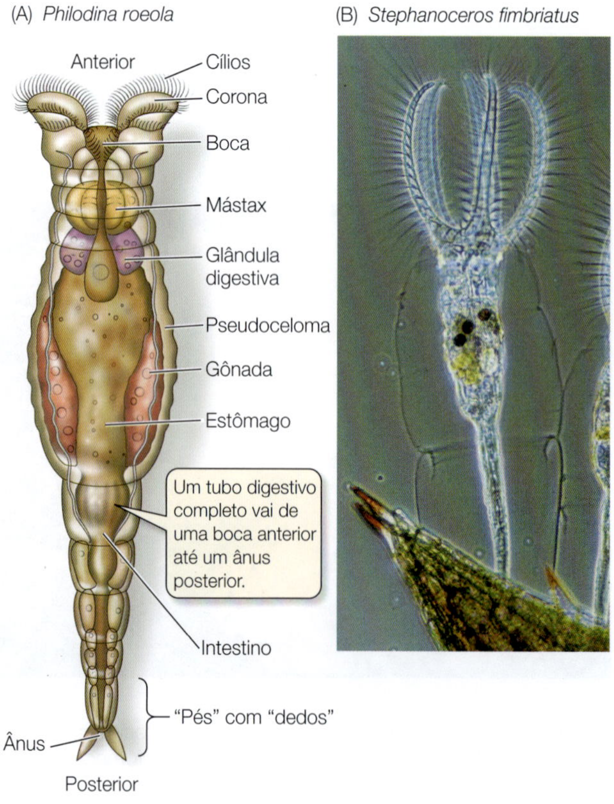

(A) Philodina roeola
(B) Stephanoceros fimbriatus
Anterior
Cílios
Corona
Boca
Mástax
Glândula digestiva
Pseudoceloma
Gônada
Estômago
Um tubo digestivo completo vai de uma boca anterior até um ânus posterior.
Intestino
"Pés" com "dedos"
Ânus
Posterior

Figura 32.8 Rotíferos (A) O rotífero esquematizado aqui reflete a estrutura geral de muitos rotíferos. (B) uma micrografia revela a complexidade interna de um rotífero que ingeriu protistas fotossintéticos.

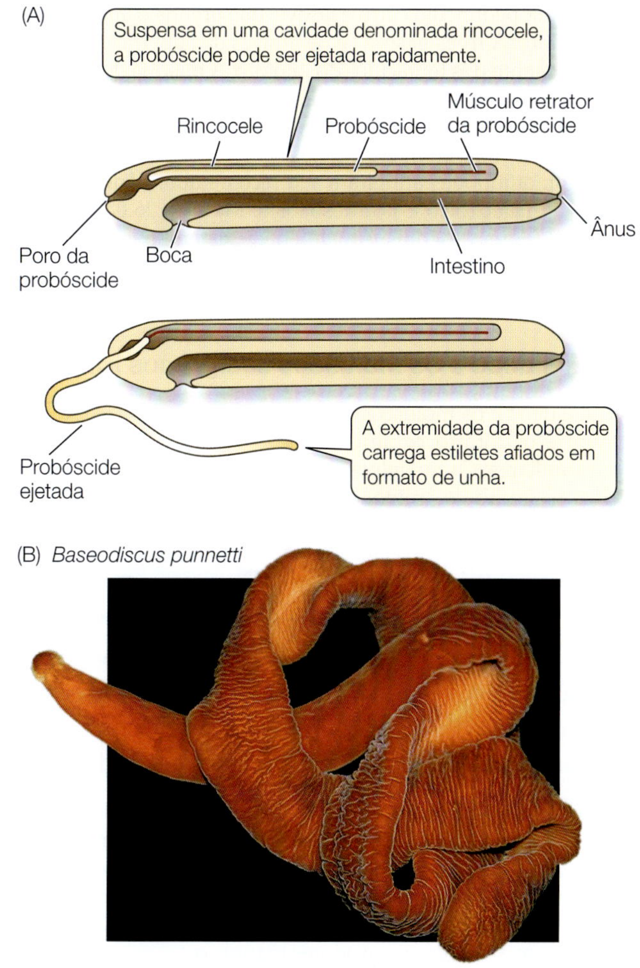
(A)
Suspensa em uma cavidade denominada rincocele, a probóscide pode ser ejetada rapidamente.
Rincocele
Probóscide
Músculo retrator da probóscide
Ânus
Poro da probóscide
Boca
Intestino
Probóscide ejetada
A extremidade da probóscide carrega estiletes afiados em formato de unha.
(B) Baseodiscus punnetti

Figura 32.9 Nemertinos (A) A probóscide é o órgão de alimentação do nemertino. (B) Este nemertino de águas profundas é de um comprimento impressionante, apesar de não estar com a probóscide visível.

Os **nemertinos** possuem sistema nervoso e excretor simples, similares àqueles dos vermes chatos. Ao contrário dos vermes chatos, no entanto, eles possuem um trato digestivo completo, com boca em uma extremidade e ânus na outra. Os nemertinos pequenos movem-se vagarosamente, pelo batimento de seus cílios. Os maiores empregam ondas de contração muscular para se locomoverem sobre a superfície de sedimentos ou para se entocar nos mesmos.

Dentro do corpo de quase todas as 1.000 espécies de nemertinos existe uma cavidade cheia de fluido chamada *rincocele*, dentro da qual se encontra uma *probóscide* muscular oca. A probóscide, a qual é o órgão de alimentação do verme, pode se estender chegando até o tamanho do corpo. A contração dos músculos que circundam a rincocele faz com que a probóscide seja ejetada explosivamente por um poro anterior (**Figura 32.9A**). A probóscide pode ser armada com estiletes afiados que agarram a presa e liberam toxinas paralisantes dentro do ferimento.

Os nemertinos são basicamente marinhos, embora existam espécies que vivem na água doce ou no solo. A maioria das espécies tem menos de 20 cm de comprimento, mas indivíduos de algumas espécies alcançam 20 *metros* ou mais. Alguns gêneros mostram espécies atrativas e brilhantemente coloridas (**Figura 32.9B**).

Os foronídeos e os braquiópodes usam lofóforos para extrair comida da água

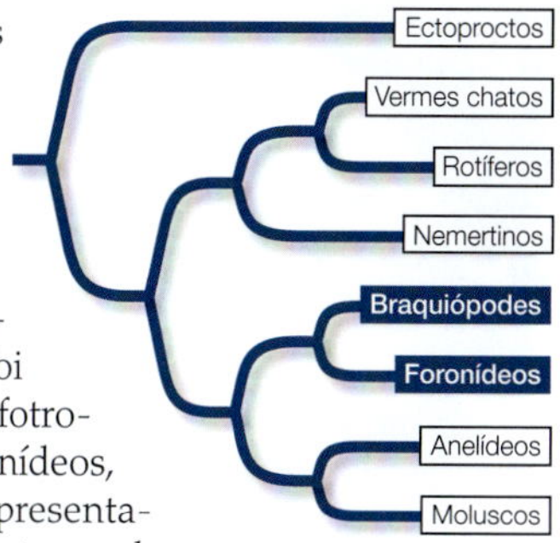
Ectoproctos
Vermes chatos
Rotíferos
Nemertinos
Braquiópodes
Foronídeos
Anelídeos
Moluscos

Anteriormente, discutimos os ectoproctos, os quais utilizam um lofóforo para se alimentar. Os foronídeos e os braquiópodes também se alimentam usando um lofóforo, mas esta estrutura parece ter evoluído independentemente (ou então foi perdida em outros grupos de lofotrocozoários). Embora nem os foronídeos, nem os braquiópodes sejam representados por muitas espécies existentes, os braquiópodes (que possuem conchas e, logo, deixam excelentes registros fósseis), são conhecidos por terem sido muito mais abundantes durante as eras Paleozóica e Mesozóica.

As 20 espécies conhecidas de **foronídeos** são pequenos (5-25 cm de comprimento) vermes sésseis que vivem em sedimentos lodosos e arenosos, ou fixados em substratos rochosos. Os foronídeos são encontrados águas marinhas, da zona intertidal até 400 metros de profundidade. Eles secretam tubos feitos de quitina, dentro dos quais eles vivem (**Figura 32.10**). Seus cílios direcionam a água para dentro do ápice do lofóforo e a água sai através de espaços estreitos entre os tentáculos. As partículas de alimento em suspensão são apanhadas e transportadas até a boca por ação ciliar. Na maioria das espécies, os óvulos são liberados na água, onde são fertilizados, mas algumas espécies produzem óvulos grandes, fertilizados internamente e mantidos no corpo do genitor, onde são incubados até eclodirem.

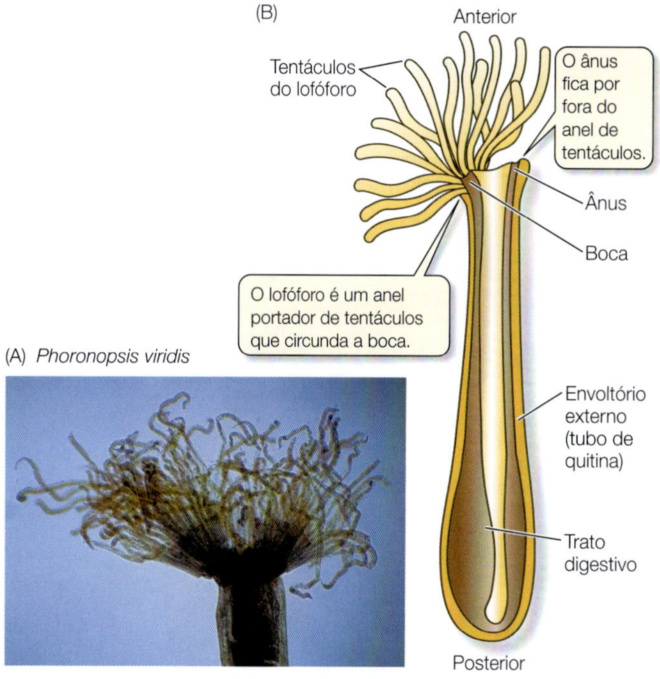
(B)
Anterior
Tentáculos do lofóforo
O ânus fica por fora do anel de tentáculos.
Ânus
Boca
O lofóforo é um anel portador de tentáculos que circunda a boca.
(A) Phoronopsis viridis
Envoltório externo (tubo de quitina)
Trato digestivo
Posterior

Figura 32.10 Os foronídeos possuem iofóforos impressionantes (A) A fotografia mostra os tentáculos do lofóforo de um foronídeo. (B) O trato digestivo de um foronídeo possui formato de U, como visto em marrom, neste diagrama generalizado.

Laqueus sp.
Lofóforo

Figura 32.11 Um braquiópode O lofóforo deste braquiópode do Pacífico Norte pode ser visto entre as valvas da sua concha.

Os **braquiópodes** são animais marinhos solitários. Eles possuem conchas rígidas divididas em duas partes conectadas por um ligamento (**Figura 32.11**). As duas metades podem ser fechadas para proteger o corpo mole. Os braquiópodes lembram os moluscos bivalves externamente, mas as conchas evoluíram independentemente nestes dois grupos. As duas metades da concha de um braquiópode são a dorsal e a ventral, ao invés de laterais, como nos bivalves. O lofóforo está localizado dentro da concha. O batimento ciliar do lofóforo leva a água para dentro da concha parcialmente aberta. O alimento é apreendido no lofóforo e direcionado para uma fenda, ao longo da qual é transferido até a boca. A maior parte dos braquiópodes tem entre 4 e 6 centímetros de comprimento, mas alguns podem chegar a 9 centímetros.

Os braquiópodes vivem fixados a um substrato sólido ou enterrados em sedimentos moles. A maioria das espécies se fixa por meio de um pedúnculo curto e flexível que prende o animal acima do substrato. A troca gasosa se dá através da superfície do corpo, principalmente dos tentáculos do lofóforo. A maioria dos braquiópodes libera seus gametas na água, onde são fertilizados. As larvas permanecem no plâncton por poucos dias antes de se estabelecerem e se desenvolverem até adultos.

Os braquiópodes atingiram seu pico de abundância e diversidade no Paleozóico e no Mesozóico. Mais de 26.000 espécies fósseis já foram descritas. Atualmente, existem apenas cerca de 335 espécies, mas elas são muito comuns em alguns ambientes marinhos.

Os anelídeos e os moluscos são grupos irmãos

Os anelídeos e os moluscos estão entre os lofotrocozoários mais familiares. Os anelídeos são outro grupo de animais vermiformes, mas ao contrário dos vermes, eles são claramente segmentados. As muitas espécies de moluscos, contrariamente, não são vermiformes, mas mostram modificações de um plano corporal tripartido exclusivo.

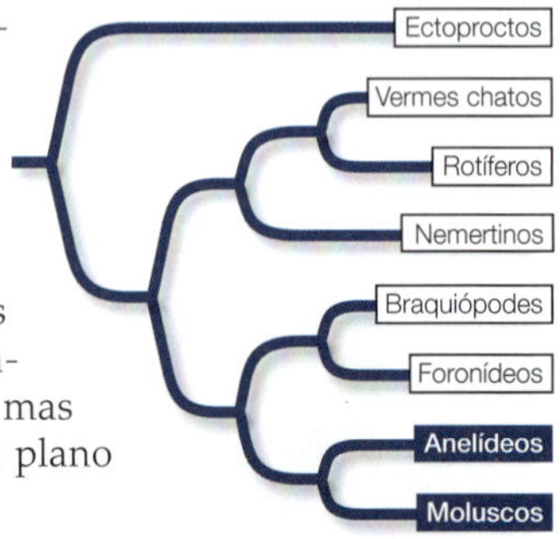
Ectoproctos
Vermes chatos
Rotíferos
Nemertinos
Braquiópodes
Foronídeos
Anelídeos
Moluscos

Os anelídeos possuem corpos segmentados

Os corpos dos **anelídeos** são claramente segmentados. A segmentação, como vimos na Seção 31.2, permite ao animal mover diferentes partes do corpo, independentemente umas das outras, dando a ele melhor controle de seu movimento. Os vermes segmentados mais antigos, preservados como fósseis no Cambriano médio, eram anelídeos escavadores marinhos.

Na maioria dos anelídeos, o celoma de cada segmento é isolado daqueles dos outros segmentos (**Figura 32.12**). Um centro nervoso separado, denominado *gânglio*, controla cada segmento; cordões nervosos que conectam os gânglios coordenam seu funcionamento. A maioria dos anelídeos não possui um envoltório protetor rígido; ao invés disso, eles têm uma parede corporal delgada e permeável, a qual serve como superfície para troca gasosa. Portanto, a maioria dos anelídeos está restrita a ambientes úmidos, pois, no ar seco, seus corpos perdem água rapidamente. As aproximadamente 16.500 espécies descritas vivem em ambientes marinhos, de água doce e terrestres úmidos.

POLIQUETAS Mais da metade de todas as espécies de anelídeos são *poliquetas* (muitas cerdas), maior parte das quais é de animais marinhos. Muitos poliquetas vivem em tocas nos sedimentos moles. A maioria tem um ou mais pares de olhos e um ou mais pares de tentáculos na extremidade anterior

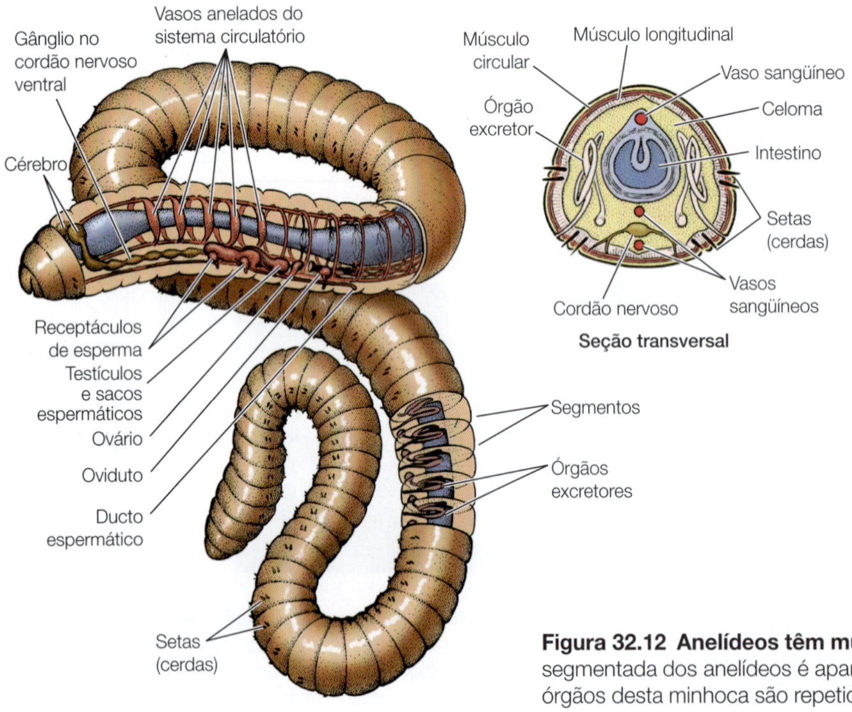
Vasos anelados do sistema circulatório
Gânglio no cordão nervoso ventral
Cérebro
Receptáculos de esperma
Testículos e sacos espermáticos
Ovário
Oviduto
Ducto espermático
Setas (cerdas)
Músculo circular
Músculo longitudinal
Vaso sangüíneo
Órgão excretor
Celoma
Intestino
Setas (cerdas)
Vasos sangüíneos
Cordão nervoso
Seção transversal
Segmentos
Órgãos excretores

Figura 32.12 Anelídeos têm muitos segmentos corporais A estrutura segmentada dos anelídeos é aparente tanto externa quanto internamente. Muitos órgãos desta minhoca são repetidos em série.

Figura 32.13 Diversidade entre os anelídeos (A) Os "espanadores" são poliquetas marinhos sésseis que crescem em massa. Eles filtram alimento da água com seus tentáculos elegantes. (B) Estes pogonóforos vivem ao redor de fendas termais nas profundezas oceânicas. Seus tentáculos podem ser vistos protraindo de seus tubos quitinosos. (C) As minhocas são hermafroditas; quando copulam, cada indivíduo doa e recebe espermatozóides. (D) Esta sanguessuga medicinal tem sido uma ferramenta para médicos e curandeiros por muitos séculos. Mesmo hoje as sanguessugas possuem aplicações na prática clínica moderna.

(A) *Bispira brunnea*

(B) *Riftia* sp.

(C) *Lumbricus terrestris*

(D) *Hirudo medicinalis*

do corpo, com os quais eles filtram presas da água circundante (**Figura 32.13A**; ver também Figura 31.6A). Nas espécies marinhas, a parede do corpo da maior parte dos segmentos estende-se lateralmente, formando uma série de protuberâncias chamadas de *parapódios*. Os parapódios atuam na troca gasosa e algumas espécies os utilizam para locomoção. Cerdas rígidas chamadas de *setas* protraem de cada parapódio, formando conexões temporárias ao substrato, as quais previnem que o animal escorregue para trás quando seus músculos contraem. Recentes estudos moleculares sugerem que os poliquetas são provavelmente parafiléticos em relação ao restante dos anelídeos.

Os membros de um clado de poliquetas, os *pogonóforos*, perderam seu trato digestivo (eles não têm boca, nem intestino). Eles são animais escavadores com uma coroa de tentáculos, através dos quais ocorrem as trocas gasosas. Os pogonóforos secretam tubos de quitina e outras substâncias, nos quais eles vivem (**Figura 32.13B**). O celoma dos pogonóforos consiste em um compartimento anterior, para dentro do qual os tentáculos podem ser retraídos, e em uma cavidade longa e subdividida que estende por maior parte do comprimento do corpo. O final posterior do corpo é segmentado. Os pogonóforos absorvem matéria orgânica dissolvida, a altas taxas, dos sedimentos nos quais vivem ou da água circundante. Essa absorção é facilitada por uma bactéria endossimbionte, a qual vive em um órgão especializado, conhecido como *trofóssomo*. Em termos de desenvolvimento, o trofóssomo desenvolve-se a partir do tubo digestivo embrionário, logo, o órgão manteve sua função nutricional, embora o processo de alimentação tenha mudado consideravelmente.

Os pogonóforos não foram descobertos até o século XX, quando exploradores de regiões profundas dos oceanos os encontraram vivendo a muitos milhares de metros abaixo da superfície do oceano. Nestes sedimentos oceânicos profundos, eles podem alcançar densidades de vários milhares por metro quadrado. Aproximadamente 160 espécies já foram descritas. Os maiores e mais notáveis pogonóforos possuem 2 metros ou mais de comprimento e vivem próximos às fendas hidrotermais – aberturas vulcânicas no fundo do mar, pelas quais é jorrada água quente rica em enxofre – de zonas oceânicas profundas. Os tecidos dessas espécies contêm procariotos endossimbióticos que fixam o carbono utilizando a energia obtida da oxidação do sulfeto de hidrogênio (H_2S).

CLITELADOS A maior parte das aproximadamente 3.000 espécies descritas de outro grupo importante de anelídeos, os *clitelados*, vivem em ambientes de água doce ou terrestres. Provavelmente, os clitelados estão filogeneticamente incluídos junto aos poliquetas, embora as relações exatas ainda não estejam claras. Existem dois grupos principais de clitelados: os oligoquetas e as sanguessugas.

Os oligoquetas ("poucas cerdas") não possuem parapódios, olhos, ou tentáculos anteriores e eles possuem relativamente poucas cerdas. As minhocas – os oligoquetas mais familiares – enterram-se e ingerem solo, do qual extraem partículas de alimento. Todos os oligoquetas são *hermafroditas*, isto é, cada indivíduo é tanto macho como fêmea. Os espermatozóides são trocados simultaneamente entre dois indivíduos durante a cópula (**Figura 32.13C**). Os ovos são depositados em um casulo fora do corpo do adulto. O casulo é liberado e quando o desenvolvimento está completo, vermes miniaturas emergem e começam imediatamente uma vida independente.

As sanguessugas, como os oligoquetas, são desprovidas de parapódios e tentáculos. O celoma das sanguessugas não é dividido em compartimentos; o espaço celômico é amplamente preenchido com tecido não-diferenciado. Grupos de segmentos de cada extremidade do corpo são modificados para formarem ventosas, que servem de âncoras temporárias que auxiliam a sanguessuga a se movimentar. Com a ventosa posterior presa ao substrato, a sanguessuga estende o corpo pela contração de seus músculos circulares. Então, a ventosa anterior se fixa, a posterior desprende-se e a sanguessuga se encolhe, contraindo seus músculos longitudinais. As sanguessugas vivem em ambientes de água doce ou terrestres.

Uma sanguessuga faz uma incisão no hospedeiro, pela qual sai sangue. É tanto o sangue que a sanguessuga consegue ingerir em um único ato de alimentação que seu corpo pode aumentar várias vezes em tamanho. A sanguessuga secreta um anticoagulante no ferimento que mantém o sangue do hospedeiro fluindo. Por séculos, as sanguessugas foram empregadas na prática clínica para sangrias ou para tratar doenças que se acreditava serem causadas por excesso de sangue ou por"sangue ruim". Embora a maioria das práticas com sanguessugas (como inserir a sanguessuga na garganta de uma pessoa para aliviar as amígdalas inchadas) tenham sido abandonadas, *Hirudo medicinalis* (a sanguessuga medicinal; **Figura 32.13D**) é utilizada atualmente para reduzir a pressão dos fluidos e prevenir coagulação em tecidos danificados, para eliminar porções de sangue coagulado e para prevenir cicatrização. Os anticoagulantes de algumas outras espécies de sanguessugas que também contêm anestésicos e dilatadores de vasos sanguíneos estão sendo estudados para uma possível aplicação medicinal.

Os moluscos passaram por dramática radiação evolutiva

Os ancestrais dos **moluscos** modernos eram, provavelmente, animais não-segmentados e vermiformes. No entanto, a origem de uma organização corporal tripartida nesta linhagem preparou o cenário para uma das mais dramáticas radiações evolutivas dos animais.

O "plano corporal" dos moluscos possui três componentes principais: pé, massa visceral e manto (**Figura 32.14**).

- O *pé* é uma estrutura muscular grande, originalmente um órgão de locomoção e sustentação dos órgãos internos. Nas lulas e nos polvos, o pé foi modificado para formar braços e tentáculos partindo de uma cabeça com órgãos sensoriais complexos. Em outros grupos, tais como os bivalves, o pé foi transformado em órgão escavador. Em alguns grupos o pé é bem reduzido.
- O coração e os órgãos digestivos, excretores e reprodutivos estão concentrados em uma *massa visceral* interna.
- O *manto* é uma dobra de tecido que cobre os órgãos da massa visceral. O manto secreta a concha calcária rígida típica de muitos moluscos.

Na maior parte dos moluscos, o manto se estende além da massa visceral para formar a *cavidade do manto*. Dentro desta cavidade ficam as brânquias, utilizadas para trocas gasosas. Quando os cílios das brânquias batem, eles criam uma corrente de água. O tecido das brânquias, altamente *vascularizado* (contém muitos vasos sanguíneos), absorve oxigênio da água e libera dióxido de carbono. Muitas espécies de moluscos utilizam as brânquias como aparelho de filtração para alimentação, enquanto outros usam uma estrutura raspadora, conhecida como *rádula*, para raspar algas das rochas. Em alguns moluscos, como os caracóis marinhos, a rádula foi modificada em um órgão perfurador ou um dardo venenoso.

Os vasos sanguíneos dos moluscos não formam um sistema fechado. O sangue e outros fluidos desembocam em uma grande *hemocele* preenchida por fluidos, através da qual os fluidos movem-se pelo corpo do animal e levam oxigênio aos órgãos internos. Finalmente, os fluidos entram novamente nos vasos sanguíneos e são movidos pelo coração.

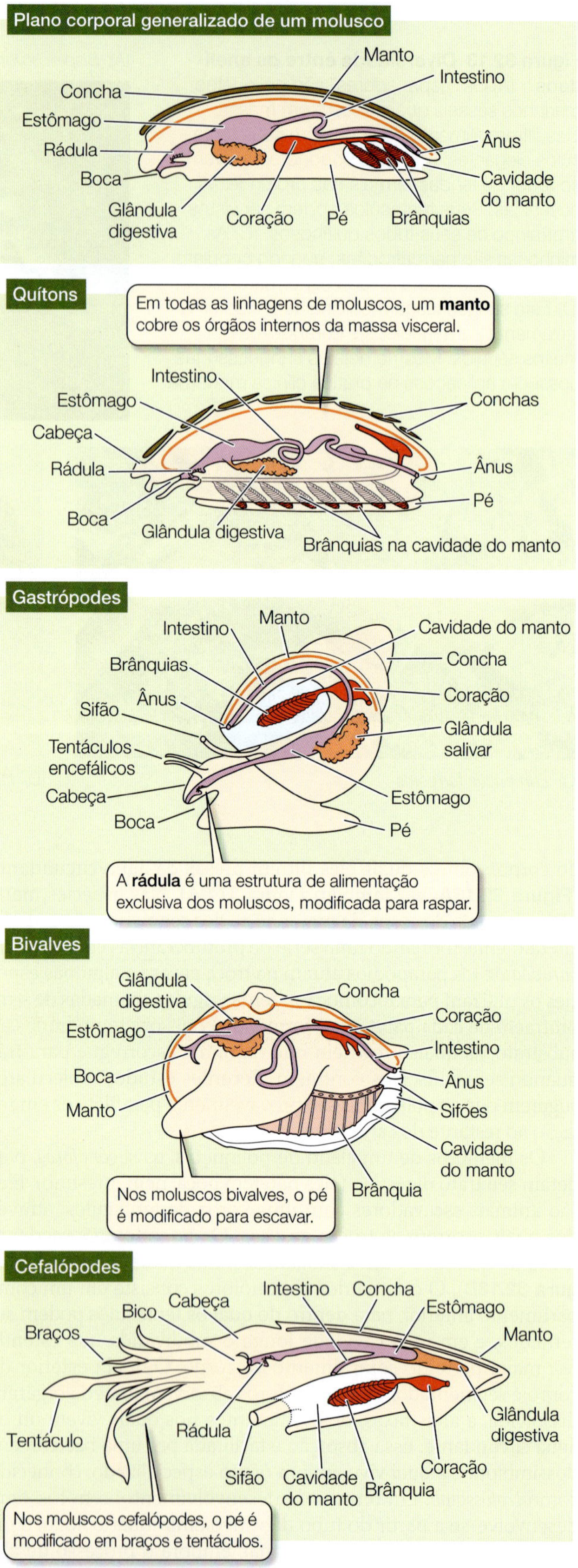
Plano corporal generalizado de um molusco
Manto
Intestino
Concha
Estômago
Rádula
Boca
Glândula digestiva
Coração
Pé
Brânquias
Ânus
Cavidade do manto
Quítons
Em todas as linhagens de moluscos, um **manto** cobre os órgãos internos da massa visceral.
Intestino
Estômago
Cabeça
Rádula
Boca
Glândula digestiva
Brânquias na cavidade do manto
Conchas
Ânus
Pé
Gastrópodes
Intestino
Manto
Cavidade do manto
Brânquias
Concha
Ânus
Sifão
Coração
Tentáculos encefálicos
Glândula salivar
Cabeça
Estômago
Boca
Pé
A **rádula** é uma estrutura de alimentação exclusiva dos moluscos, modificada para raspar.
Bivalves
Glândula digestiva
Concha
Coração
Estômago
Intestino
Boca
Ânus
Manto
Sifões
Cavidade do manto
Brânquia
Nos moluscos bivalves, o pé é modificado para escavar.
Cefalópodes
Intestino
Concha
Cabeça
Estômago
Bico
Braços
Manto
Glândula digestiva
Rádula
Tentáculo
Coração
Sifão
Cavidade do manto
Brânquia
Nos moluscos cefalópodes, o pé é modificado em braços e tentáculos.

Figura 32.14 Os planos corporais dos moluscos Os moluscos são todos variações de um plano corporal geral, que inclui três componentes principais: pé, massa visceral de órgãos internos e manto. O manto pode secretar uma concha calcária, como nos gastrópodes e nos bivalves.

(A) *Tonicella* sp.
(B) *Tridacna gigas*
(C) *Phidiana hiltoni*
(D) *Helminthoglypta walkeriana*
(E) *Octopus bimaculoides*
(F) *Nautilus pompilius*

Figura 32.15 A diversidade entre os moluscos (A) os quítons são comuns nas zonas intertidais de costas de regiões temperadas. (B) Esta ostra gigante da Indonésia está entre os maiores moluscos bivalves. (C) Este nudibrânquio ("brânquias nuas") sem concha, ou lesma-do-mar, é colorido para anunciar sua toxicidade. (D) Os caracóis são gastrópodes terrestres com concha. (E) Os cefalópodes, como o polvo, são predadores ativos. (F) As demarcações das câmaras são bem visíveis na superfície externa destes cefalópodes com concha, conhecidos como nautilóides.

Os **monoplacóforos** eram os moluscos mais abundantes durante o período Cambriano, há 500 milhões de anos, mas hoje existem apenas algumas espécies. Eles se parecem com os gastrópodes, mas ao contrário de todos os moluscos existentes, os órgãos de trocas gasosas, os músculos e os poros excretores dos monoplacóforos estão repetidos ao longo do corpo.

Os quatro clados principais de moluscos existentes atualmente – quítons, bivalves, gastrópodes e cefalópodes – estão ilustrados na figura 32.15. As espécies mostradas aqui são um minúsculo exemplo das 95.000 espécies existentes de moluscos.

QUÍTONS Múltiplas brânquias e conchas segmentadas caracterizam os **quítons**, mas a maior parte de seus órgãos não é repetida. O corpo de um quíton é bilateralmente simétrico e os órgãos internos, particularmente os sistemas digestivo e nervoso, são relativamente simples. Na sua maioria, os quítons são herbívoros marinhos que raspam algas das rochas, com suas rádulas afiadas. Um quíton adulto passa a maior parte de sua vida agarrando-se firmemente às superfícies de rochas, com seu grande pé muscular coberto de muco. Os quítons movem-se lentamente por ondas de contrações da musculatura do pé. Na maioria deles, a fertilização ocorre na água, mas em algumas espécies, a fertilização é interna e os embriões são incubados dentro do corpo.

BIVALVES Mariscos, ostras, vieiras e mexilhões são todos bivalves bem conhecidos. Eles são encontrados em ambientes marinhos e de água doce. Os bivalves possuem pequenas cabeças e conchas articuladas compostas de duas partes, as quais se estendem sobre os lados do corpo, bem como para cima deste (**Figura 32.15B**). Muitos mariscos utilizam o pé para escavar na lama e na areia. Os bivalves alimentam-se trazendo água para dentro de si por uma abertura denominada *sifão incorrente* (ou inalante) e filtrando alimento da água com suas grandes brânquias que também são os locais principais de trocas gasosas. A água e os gametas saem através do *sifão excorrente* (ou exalante). A fertilização ocorre na água, na maioria das espécies.

GASTRÓPODES Os **gastrópodes** são os moluscos mais ricos em espécies e mais amplamente distribuídos. Os caracóis, os búzios, as lapas, as lesmas, os nudibrânquios (lesmas-do-mar) e os abalones são todos gastrópodes. A maioria das espécies se move pelo deslizamento de seu pé musculoso, mas em algumas espécies – as borboletas do mar e os heterópodes – o pé é um órgão nadador, com o qual o animal se move pelas águas oceânicas. Os nudibrânquios, ou lesmas do mar, perderam suas conchas protetoras ao longo da evolução; sua coloração, por vezes brilhante, é *aposemática*; ou seja, cores vibrantes freqüentemente servem para alertar aos potenciais predadores sobre sua toxicidade (**Figura 32.15C**). Outras espécies de nudibrânquios exibem coloração camuflada.

Os gastrópodes com concha possuem conchas de uma peça apenas. Os únicos moluscos que vivem em ambientes terrestres – lesmas terrestres e caracóis – são gastrópodes (**Figura 32.15D**). Nessas espécies terrestres, o tecido do manto é modificado em um pulmão altamente vascularizado.

CEFALÓPODES Os **cefalópodes** – lulas, polvos e náutilos – apareceram pela primeira vez por volta do início do período Cambriano; pelo Ordoviciano, uma grande variedade de tipos já estava presente.

Nos cefalópodes, o sifão de saída é modificado para permitir ao animal o controle do conteúdo de água na cavidade do manto. A modificação do manto em um aparelho para ejetar água violentamente, da cavidade pelo sifão, permite a esses animais moverem-se rapidamente por "jato-propulsão" pela água. Com mobilidade altamente otimizada, os cefalópodes tornaram-se os predadores mais importantes nos oceanos do Devoniano. Eles continuam sendo respeitáveis predadores marinhos atualmente.

Os cefalópodes capturam e dominam suas presas com seus tentáculos; os polvos também utilizam os tentáculos para se moverem sobre o substrato (**Figura 32.15E**). Como é típico de predadores ativos e rápidos, os cefalópodes possuem cabeça com órgãos sensoriais complexos, principalmente olhos comparáveis àqueles dos vertebrados quanto à capacidade de formar imagens. A cabeça é intimamente associada ao grande e ramificado pé, o qual porta os tentáculos e um sifão. O grande manto muscular fornece uma sólida estrutura externa para sustentação. As brânquias ficam suspensas na cavidade do manto. Muitos cefalópodes mostram rituais de acasalamento, capazes de envolver surpreendentes mudanças de coloração.

Muitos dos primeiros cefalópodes possuíam conchas divididas em compartimentos penetrados por tubos, através dos quais gases e líquidos podiam ser movidos para controlar sua flutuabilidade. Os nautilóides (gênero *Nautilus*) são os únicos cefalópodes com tais conchas compartimentalizadas que existem atualmente (**Figura 32.15F**).

32.2 RECAPITULAÇÃO

Os lofotrocozoários compreendem animais com diversos tipos corporais. As formas vermiformes incluem alguns vermes chatos, nemertinos, foronídeos e anelídeos. Houve evolução convergente dos lofóforos (nos ectoproctos em relação aos braquiópodes e foronídeos) e nos envoltórios de concha externa bipartida (nos braquiópodes em relação aos moluscos bivalves).

- Como os vermes chatos podem sobreviver sem um sistema de transporte gasoso? Ver p. 695 e Figura 32.7.
- Você entende por que a maior parte dos anelídeos seja restrita a ambientes úmidos? Ver p. 698.
- Descreva como o plano corporal básico dos moluscos foi modificado para gerar uma ampla variedade de animais. Ver p. 700 e Figura 32.14.

O segundo dos dois clados principais de protostomados, os ecdisozoários, contém a grande maioria das espécies animais da Terra. Vamos ver quais aspectos de seus planos corporais levaram a esta quantidade massiva de diversidade.

32.3 Quais são os principais grupos de ecdisozoários?

Muitos ecdisozoários são vermiformes na aparência, embora os *artrópodes* possuam apêndices semelhantes a braços e pernas. Nesta seção, iremos analisar os dois clados vermiformes de ecdisozoários: os priaptulídeos, quinorrincos e loricíferos, em um grupo; e os nematomorfos e nematóides, em outro. A seção 32.4 irá descrever os ecdisozoários mais familiares e diversos – os artrópodes e seus aparentados – e as muitas formas que seus apêndices assumem nos diferentes grupos de artrópodes.

Vários grupos marinhos possuem relativamente poucas espécies

Os membros de vários clados pobres em espécies de ecdisozoários marinhos vermiformes – priapulídeos, quinorrincos e loricíferos – possuem cutículas relativamente delgadas, as quais são mudadas periodicamente, conforme o animal vai crescendo até atingir seu tamanho máximo. Em 2004, foram descobertos embriões de uma espécie fóssil deste grupo, em sedimentos depositados na China há cerca de 500 milhões de anos. Essas extraordinárias descobertas mostraram que os ancestrais desses animais desenvolveram-se diretamente de um ovo até sua forma adulta, como seus descendentes modernos fazem.

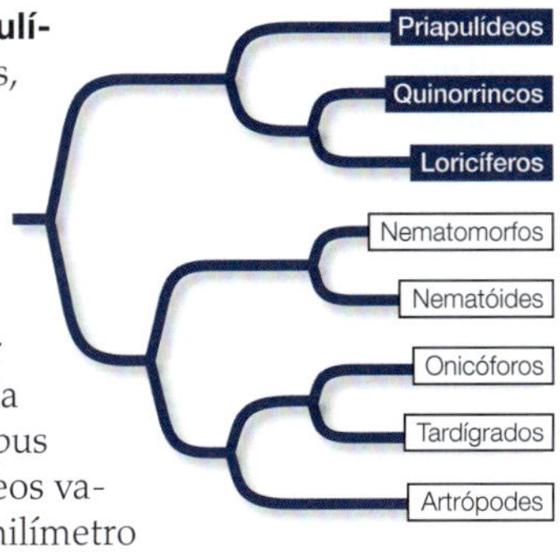
Priapulídeos
Quinorrincos
Loricíferos
Nematomorfos
Nematóides
Onicóforos
Tardígrados
Artrópodes

As 16 espécies de **priapulídeos** são animais cilíndricos, não-segmentados e vermiformes, com plano corporal tripartido, consistindo em probóscide, tronco e apêndice caudal ("rabo"). Sua aparência deixa claro por que eles receberam o nome da deusa grega da fertilidade Priapus (**Figura 32.16A**). Os priapulídeos variam em tamanho de meio milímetro até 20 centímetros de comprimento. Eles se enterram em sedimentos marinhos finos e alimentam-se de invertebrados de corpo mole, como os poliquetas. Eles capturam as presas com uma faringe muscular e dentada, a qual eles projetam através da boca e então recolhem para o interior do corpo com a presa. A fertilização é externa e a maioria das espécies possui uma forma larval que também vive no lodo.

Aproximadamente 150 espécies de **quinorrincos** já foram descritas. Eles vivem em sedimentos marinhos e lodos e são praticamente microscópicos; nenhuma espécie de quinorrinco tem mais do que 1 milímetro de comprimento. Seus corpos são divididos em 13 segmentos, cada um com uma capa cuticular separada (**Figura 32.16B**). Essas placas são trocadas periodicamente, durante o crescimento. Os quinorrincos alimentam-se ingerindo sedimentos pela probóscide retrátil (*kynorhynch* significa "tromba móvel"). Então, eles digerem o material orgânico encontrado no sedimento, o qual pode incluir algas vivas, bem como matéria morta. Os quinorrincos não possuem estágio larval distinto; os ovos fertilizados evoluem diretamente para a fase jovem, emergindo de seus ovos com 11 dos 13 segmentos corporais já formados.

Figura 32.16 Ecdisozoários vermiformes marinhos (A) Um priapulídeo. Os priapulídeos são vermes marinhos que normalmente vivem em buracos no fundo do oceano. (B) Os quinorrincos são praticamente microscópicos. As placas de cutícula que cobrem seus corpos são mudadas periodicamente. (C) Seis placas de cutícula formam um "espartilho" ao redor do corpo do loricífero.

(A) *Priapulus caudatus*
Probóscide
Tronco
Apêndice caudal ("rabo")
(B) *Pycnophyes kielensis*
Placas de cutícula
(C) *Nanaloricus mysticus*
Probóscide
Espinhos
Placas de cutícula

Os **loricíferos** são também animais minúsculos, com menos de 1 milímetro de comprimento. Eles não haviam sido descobertos até 1983. Aproximadamente 100 espécies existentes são conhecidas, embora muitas destas estejam ainda sendo descritas. O corpo é divido em cabeça, pescoço, tórax e abdômen e é coberto por seis placas, de onde os loricíferos obtiveram seu nome (do latim *lorica*, "espartilho"). As placas ao redor da base do pescoço portam espinhos direcionados anteriormente de função desconhecida (**Figura 32.16C**). Os loricíferos vivem em sedimentos marinhos grossos. Pouco se sabe a respeito do que comem, mas algumas espécies aparentemente alimentam-se de bactérias.

Os nematóides e seus parentes são abundantes e diversos

Aproximadamente 320 espécies de nematomorfos não-segmentados já foram descritas. Como sugere seu nome popular em inglês, *horsehair worms ou* "vermes crina-de-cavalo", esses animais são extremamente finos em diâmetro, variando de poucos milímetros até um metro de comprimento (**Figura 32.17**). A maioria dos vermes adultos vive em água doce, no meio de resíduos de folhas e tapetes de algas, próximos a margens de riachos e lagoas. Poucas espécies vivem em solo úmido. As larvas são parasitas internos de insetos aquáticos e terrestres e de camarões de água doce.

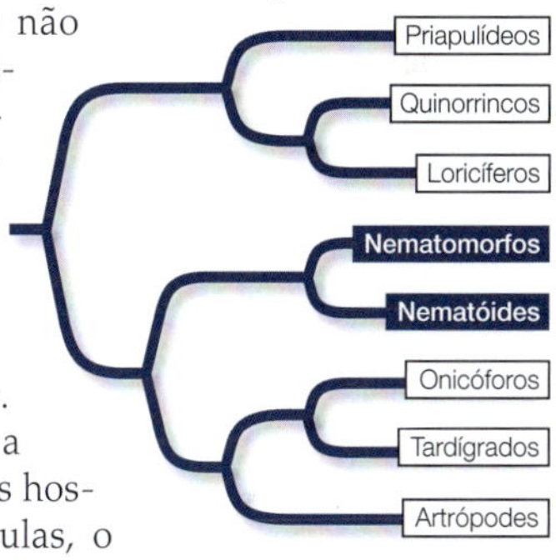
Priapulídeos
Quinorrincos
Loricíferos
Nematomorfos
Nematóides
Onicóforos
Tardígrados
Artrópodes

Um nematomorfo adulto não possui abertura bucal e seu intestino é consideravelmente reduzido e provavelmente não-funcional. Alguns desses vermes podem alimentar-se apenas quando larvas, absorvendo nutrientes de seus hospedeiros, através da parede do corpo. Outros, no entanto, continuam a crescer após terem deixado seus hospedeiros, trocando suas cutículas, o que sugere que os vermes adultos possam também absorver nutrientes do ambiente.

Paragordius sp.

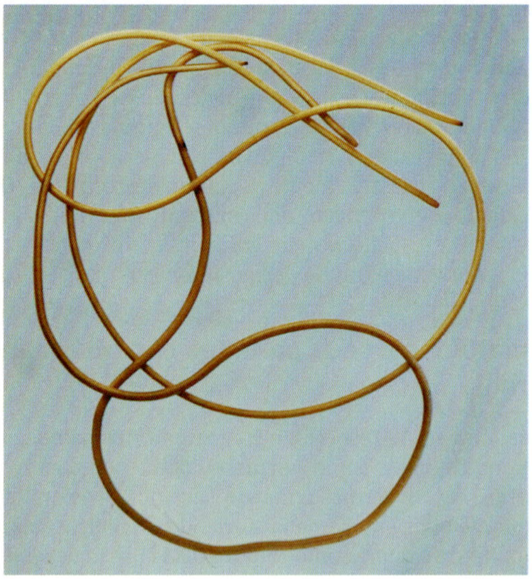

Figura 32.17 Um verme nematomorfo chamado "crina-de-cavalo" Estes vermes tiveram seu nome originado da sua forma fina. Eles podem atingir até um metro de comprimento.

Os **Nematóides** (vermes cilíndricos) possuem cutícula espessa de múltiplas camadas, as quais dão forma ao seu corpo segmentado (**Figura 32.18**). Conforme um nematóide cresce, ele troca sua cutícula quatro vezes. Os nematóides fazem trocas gasosas e de nutrientes com seu ambiente através da cutícula e do intestino, o qual possui apenas uma camada celular de espessura. Os materiais são transportados através do tubo digestivo pela contração rítmica de um órgão altamente musculoso, a *faringe*, no final anterior do verme. Os nematóides locomovem-se pela contração de seus músculos longitudinais.

Os nematóides são um dos grupos animais mais abundantes e universalmente distribuídos. Muitos são microscópicos; o maior nematóide conhecido, que alcança comprimento de 9 metros, parasita placentas de baleias cachalotes fêmeas. Aproximadamente 25.000 espécies já foram descritas, mas o número atual de espécies existentes pode ser de mais de um milhão. Inúmeros nematóides vivem como catadores nas camadas superficiais do solo, no fundo de lagos e córregos e em sedimentos marinhos. O solo arável de terras cultivadas ricas pode conter de 3 a 9 bilhões de nematóides por acre. Uma única maçã apodrecida pode conter até 90.000 indivíduos.

O zoólogo Ralph Buchsbaum escreveu que "se toda a matéria do universo, exceto os nematóides, fosse varrida, nosso mundo ainda seria vagamente reconhecível... nós encontraríamos suas montanhas, colinas, vales, rios, lagos e oceanos representados por um filme de nematódeos... A localização de várias plantas e animais ainda seria decifrável".

Um nematóide que vive no solo, *Caenorhabditis elegans*, é utilizado como"organismo-modelo"nos laboratórios de geneticistas e biólogos do desenvolvimento. Ele é ideal para tais pesquisas porque é fácil de ser cultivado, amadurece em três dias e possui um número fixo de células corporais. Seu genoma já foi mapeado por completo.

Muitos nematóides são predadores, alimentando-se de protistas e pequenos animais (incluindo outros vermes cilíndricos). Os mais importantes para o homem, no entanto, são as varias espécies que parasitam plantas e animais. Os nematóides parasitas do homem (causando sérias doenças tropicais como a triquinose, a filariose e a elefantíase), de animais domésticos e de plantas economicamente importantes têm sido estudados intensivamente na tentativa de encontrar maneiras de controlá-los.

A estrutura dos nematóides parasíticos é similar àquela das espécies de vida livre, mas os ciclos de vida de muitas espécies parasíticas possuem estágios especiais que facilitam a transferência de indivíduos entre hospedeiros. A *Trichinella spiralis*, a espécie que causa a triquinose humana, possui um ciclo de vida relativamente simples. Uma pessoa pode infectar-se comendo a carne de um animal (nor-

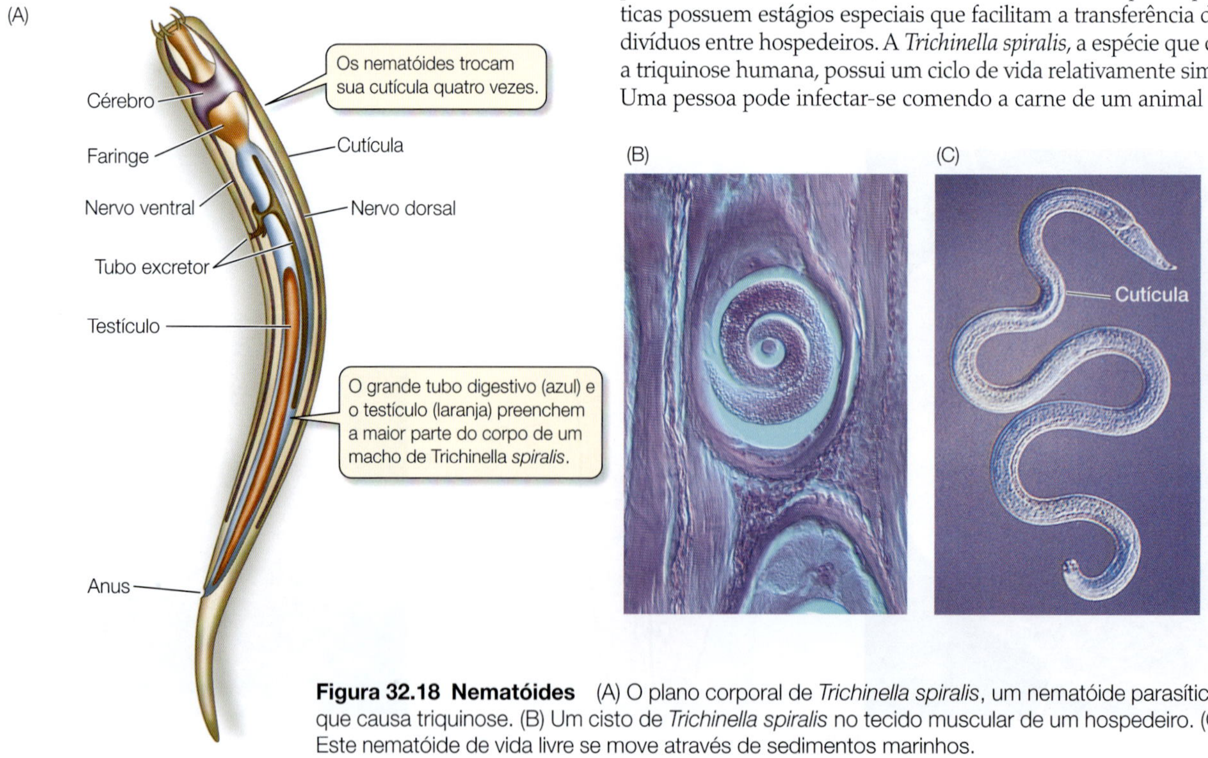
(A)
Os nematóides trocam sua cutícula quatro vezes.
Cérebro
Faringe
Cutícula
Nervo ventral
Nervo dorsal
Tubo excretor
Testículo
O grande tubo digestivo (azul) e o testículo (laranja) preenchem a maior parte do corpo de um macho de Trichinella *spiralis*.
Anus
(B)
(C)
Cutícula

Figura 32.18 Nematóides (A) O plano corporal de *Trichinella spiralis*, um nematóide parasítico que causa triquinose. (B) Um cisto de *Trichinella spiralis* no tecido muscular de um hospedeiro. (C) Este nematóide de vida livre se move através de sedimentos marinhos.

malmente um porco) contendo larvas de *Trichinella* encistadas em seus músculos (ver Figura 32.18B). As larvas são ativadas no trato digestivo do indivíduo, emergem de seus cistos e fixam-se à parede intestinal, onde eles se alimentam. Mais tarde, elas penetram através da parede intestinal e são carregadas na corrente sanguínea até os músculos, onde formam novos cistos. Se estiverem em grande número, estes cistos podem causar muita dor ou até mesmo morte.

32.3 RECAPITULAÇÃO

Os priapulídeos, os quinorrincos e os loricíferos são grupos relativamente pequenos e pouco conhecidos de ecdisozoários marinhos vermiformes. Os nematomorfos e os nematóides também são vermiformes, mas a biologia de algumas espécies tem sido estudada extensivamente. Os nematóides estão entre os grupos mais abundantes e ricos em espécies da Terra.

- Você pode descrever pelo menos três maneiras diferentes pelas quais os nematódeos exercem impacto significante sobre o homem? Ver p. 704-705.

Agora voltaremos para os animais que não só dominam o clado dos ecdisozoários, como também são os animais mais numerosos da Terra.

32.4 Por que os artrópodes dominam a fauna da Terra?

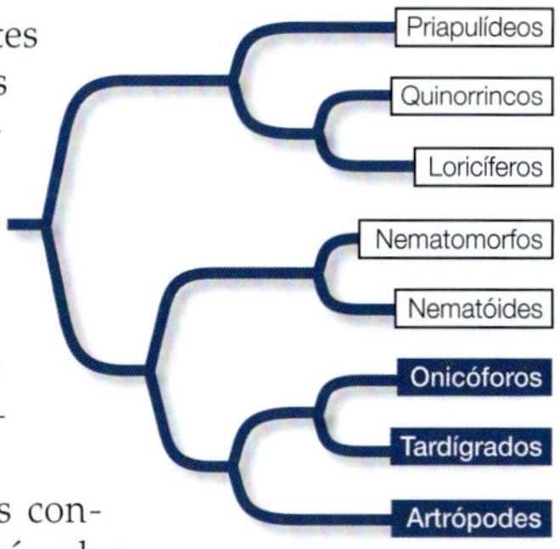

Priapulídeos
Quinorrincos
Loricíferos
Nematomorfos
Nematóides
Onicóforos
Tardígrados
Artrópodes

Os artrópodes e seus semelhantes são ecdisozoários com apêndices semelhantes a membros. Coletivamente, os artrópodes são os animais dominantes na Terra, tanto em número de espécies (mais de um milhão descritas), quanto em números de indivíduos (estimado em 10^{18} indivíduos, ou um bilhão de bilhões).

Várias características básicas contribuíram para o sucesso dos artrópodes. Seus corpos são segmentados e seus músculos são fixados no interior de seus rígidos exoesqueletos. Cada segmento possui músculos que operam o segmento e os apêndices articulados fixados a ele (ver Figura 32.4). Os apêndices articulados permitem padrões de movimentos complexos e diferentes apêndices são especializados para diferentes funções. O envolvimento do corpo dentro de um exoesqueleto rígido fornece ao animal suporte para andar na água e em solo seco e proporciona certa proteção contra predadores. A impermeabilidade provida pela quitina evita que o animal desidrate em ar seco.

Os representantes dos quatro grupos principais de artrópodes existentes são todos ricos em espécies: os crustáceos (incluindo camarões, caranguejos e cracas), os hexápodes (insetos e seus aparentados), os miriápodes (diplópodes e quilópodes) e os quelicerados (incluindo os aracnídeos – aranhas, escorpiões, ácaros e seus aparentados). As relações filogenéticas entre os grupos de artrópodes estão sendo re-examinadas atualmente, à luz de uma abundância de novas informações, muitas das quais baseadas em seqüências gênicas (ver Capítulo 24). Como mostrado na **Figura 32.19**, a maioria das incertezas atuais diz respeito às relações dos miriápodes com os outros três grupos. No entanto, parece claro que os artrópodes constituem um grupo monofilético. Além disso, a maioria das análises sustenta a íntima relação entre os hexápodes e os crustáceos (as duas últimas árvores da Figura 32.19).

Os artrópodes evoluíram a partir de ancestrais com apêndices simples e não articulados. As formas exatas desses ancestrais são desconhecidas, mas alguns artrópodes relacionados com corpos segmentados e apêndices não articulados permanecem vivos atualmente. Antes de descrevermos os artrópodes modernos, iremos discutir aqueles parentes dos artrópodes, bem como um antigo clado de artrópodes que se extinguiu, mas deixou importantes registros fósseis.

As linhagens relacionadas aos artrópodes possuem apêndices carnosos e não articulados

Até pouco tempo, os biólogos debatiam se os **onicóforos** (vermes aveludados) eram mais intimamente relacionados aos anelídeos ou aos artrópodes, mas as evidências moleculares claramente

Figura 32.19 A posição dos miriápodes entre os artrópodes está sob estudo Embora muitos aspectos da filogenia dos artrópodes sejam bem-entendidos, a posição dos miriápodes ainda é debatida entre os taxonomistas. Estas três árvores mostram três possíveis posições dos miriápodes; a maioria das análises indica que uma das duas últimas árvores é a correta.

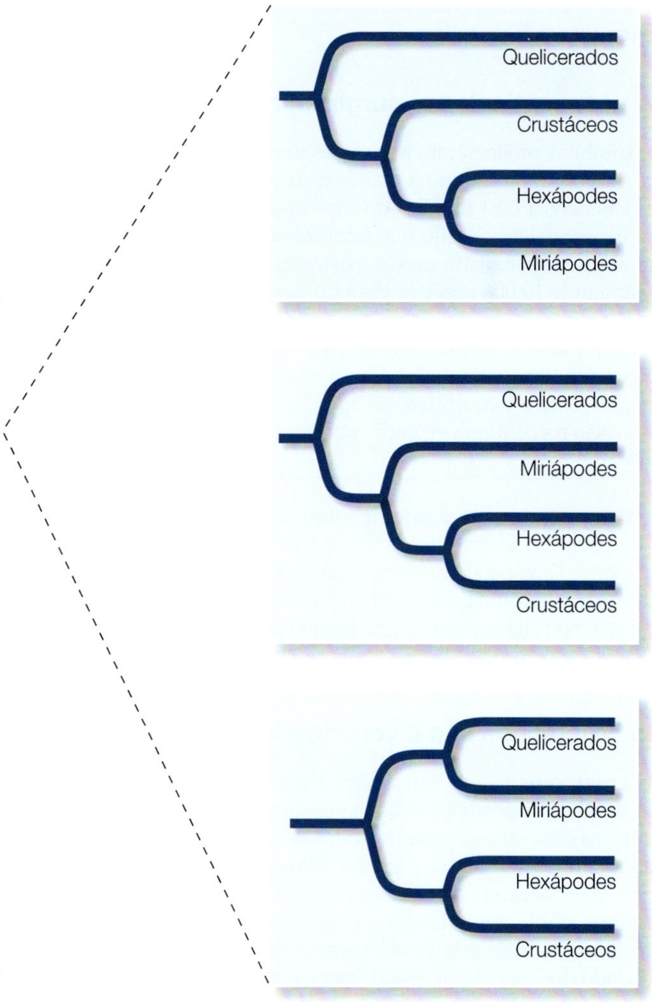

Quelicerados
Crustáceos
Hexápodes
Miriápodes
Quelicerados
Miriápodes
Hexápodes
Crustáceos
Quelicerados
Miriápodes
Hexápodes
Crustáceos

(A) *Peripatus* sp.

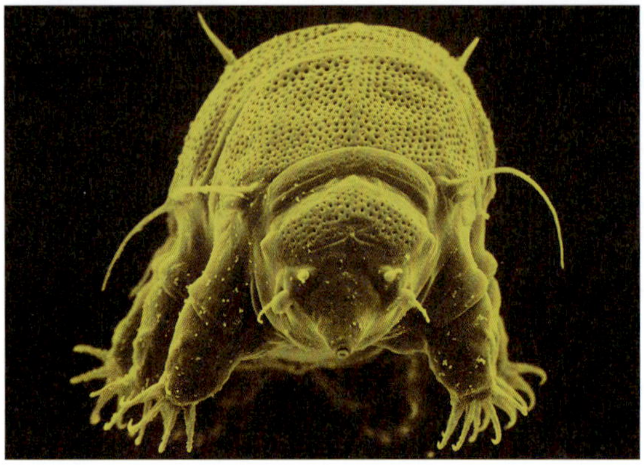
50 µm

(B) *Echiniscus springer*

Figura 32.20 As linhagens relacionadas aos artrópodes possuem apêndices não-articulados (A) Os onicóforos, também chamados de vermes aveludados, possuem patas não articuladas e utilizam a cavidade corporal preenchida por fluido como esqueleto hidrostático. (B) Os apêndices e a anatomia geral dos tardígrados assemelham-se superficialmente aos dos onicóforos.

ligam-nos aos últimos. De fato, com patas moles, carnudas, não-articuladas e portadoras de pinças, os onicóforos podem ser bem similares, em aparência, aos ancestrais dos artrópodes (**Figura 32.20A**). As 150 espécies de onicóforos vivem na camada humífera de ambientes tropicais úmidos. Eles possuem corpos moles e segmentados, cobertos por uma fina cutícula flexível que contém quitina. Eles utilizam suas cavidades corporais preenchidas por fluido como esqueletos hidrostáticos. A fertilização é interna, mas os grandes ovos são incubados dentro do corpo da fêmea.

Os **tardígrados** também possuem patas carnosas e não articuladas e utilizam as cavidades corporais preenchidas por fluido como esqueletos hidrostáticos (**Figura 32.20B**). Os tardígrados são extremamente pequenos (0,1-0,5 mm de comprimento) e não possuem sistemas circulatórios, nem órgãos para trocas gasosas. As 800 espécies existentes vivem na areia do mar e em filmes de água temporários que se formam sobre as plantas. Quando esses filmes secam, os animais também perdem água e encolhem, ficando com a forma de um pequeno barril, podendo sobreviver por pelo menos uma década neste estado dormente. Os tardígrados podem ocorrer em densidades de até 2 milhões de indivíduos por metro quadrado de musgo.

As patas articuladas surgiram nos trilobitas

Os trilobitas prosperaram nos mares do Cambriano e Ordoviciano, mas desapareceram na grande extinção Permiana, no final da era Paleozóica (251 milhões de anos atrás). Como eles possuíam um exoesqueleto pesado que fossilizava rapidamente, deixaram um abundante registro de sua existência (**Figura 32.21**). Aproximadamente 10.000 espécies já foram descritas.

A segmentação do corpo e os apêndices dos trilobitas seguiram um plano relativamente simples e repetitivo, mas alguns de seus apêndices articulados foram modificados para diferentes funções. Essa especialização de apêndices é um tema principal de discussão na contínua evolução nos artrópodes.

Os apêndices articulados dos artrópodes deram nome ao clado, do grego *arthron*, "junta" e *podos*, "pé" ou "membro". Uma dedução relacionada pode ser feita a partir do termo utilizado para definir uma desgraça difundida entre os mamíferos, a *artrite* (juntas inflamadas).

Os crustáceos são diversificados e abundantes

Os **crustáceos** são os artrópodes marinhos dominantes atualmente. Os crustáceos mais familiares são os camarões, as lagostas, os lagostins e os caranguejos (todos *decápodes*; **Figura 32.22A**) e os tatuzinhos-de-jardim (*isópodes*; **Figura 32.22B**). Os *eufasídeos*, crustáceos oceânicos pequenos, porém muito abundantes, são um importante item alimentar para uma variedade de vertebrados grandes, incluindo as baleias sem dentes. Também incluídos no clado dos crustáceos, estão uma variedade de espécies de pequenos *copépodes*, muitas das quais se parecem superficialmente com camarões (**Figura 32.22C**). Os copépodes também são abundantes em mares abertos. Outros grupos de crustáceos ricos em espécies incluem os *anfípodes* e os *ostracodos* (ambos encontrados em ambientes de água doce e marinho).

As *cracas* são crustáceos incomuns e sésseis quando adultos (**Figura 32.22D**). As cracas adultas parecem-se mais com moluscos do que com outros crustáceos, mas, como o zoólogo Louis Agassiz comentou há mais de um século, a craca é "nada mais do que um animal semelhante a um camarão que se mantém de pé sobre sua própria cabeça, dentro de uma casa calcária, chutando comida para dentro de sua boca".

Odontochile rugosa

Figura 32.21 Um trilobita Os segmentos relativamente simples e repetitivos dos trilobitas, hoje extintos, estão ilustrados por um fóssil de trilobita dos mares rasos do período Devoniano, de aproximadamente 400 milhões de anos.

(A) *Grapsus grapsus*

(C) *Cyclops* sp.

(B) *Ligia occidentalis*

(D) *Lepas pectinata*

Figura 32.22 A diversidade dos crustáceos (A) Este crustáceo decápode é uma das muitas espécies de caranguejos referida como "bailarina" (em inglês, *Sally Lightfoots*), devido ao seu caminhar "na ponta dos dedos". Charles Darwin descreveu este gênero, encontrado por ele nas ilhas Galápagos. (B) Este isópode, comumente chamado de "piolho-da-pedra" é encontrado nas praias rochosas da costa da Califórnia. (C) Este copépode microscópico de água doce tem apenas cerca de 30 μm de comprimento. (D) As percebes fixam-se ao substrato através de pedúnculos musculosos e alimentam-se protraindo e retraindo seus apêndices de alimentação.

A maioria das 50.000 espécies descritas de crustáceos possui o corpo dividido em três regiões: *cabeça*, *tórax* e *abdômen* (**Figura 32.23**). Os segmentos da cabeça são fusionados e a cabeça porta cinco pares de apêndices. Cada um dos múltiplos segmentos torácicos e abdominais normalmente carrega possui um par de apêndices. Os apêndices de diferentes partes do corpo são especializados para diferentes funções, como trocas gasosas, mastigação, sensoriamento, bem como para caminhar e nadar. Em alguns casos, os apêndices são ramificados, com diferentes partes servindo a diferentes funções. Em muitas espécies, uma dobra do exoesqueleto, a *carapaça*, estende-se dorsalmente e lateralmente, a partir da cabeça para trás, para cobrir e proteger alguns dos outros segmentos.

Os ovos fertilizados da maioria das espécies de crustáceos são fixados no lado de fora do corpo da fêmea, onde permanecem durante o desenvolvimento inicial. Na eclosão, os jovens de algumas espécies são liberados como larvas; aqueles de outras espécies são liberados como juvenóides, os quais possuem formas similares a dos adultos. Ainda outras espécies liberam os ovos na água ou os fixam a um substrato no ambiente. A típica larva dos crustáceos, denominada *náuplio*, possui três pares de apêndices e um olho central (ver Figura 31.12B). Em muitos crustáceos, a larva náuplio desenvolve-se dentro do ovo, antes da eclosão.

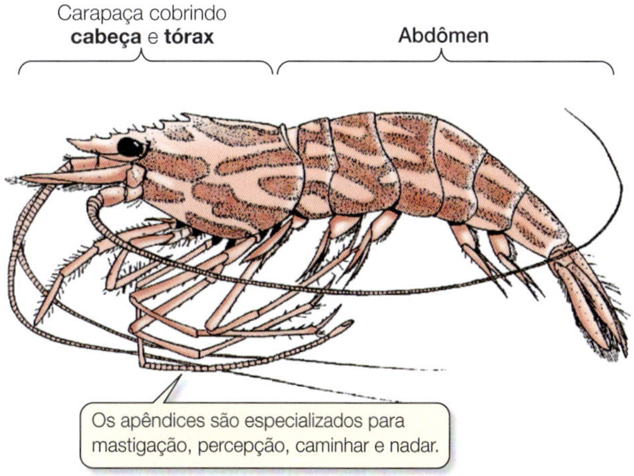
Carapaça cobrindo
cabeça e **tórax**
Abdômen
Os apêndices são especializados para mastigação, percepção, caminhar e nadar.

Figura 32.23 Estrutura dos crustáceos Os corpos dos crustáceos são divididos em três regiões – cabeça, tórax e abdômen. Cada região porta apêndices especializados, e uma delgada carapaça semelhante a conchas cobre a cabeça e o tórax.

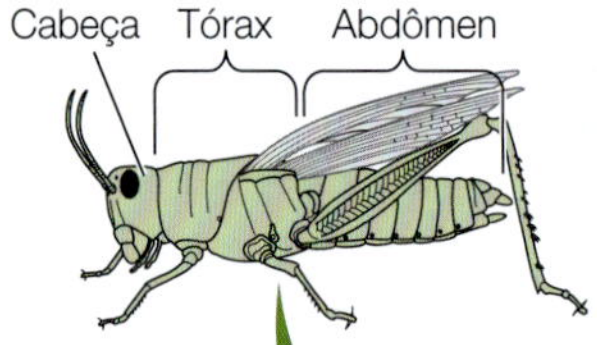
Cabeça
Tórax
Abdômen

Figura 32.24 Estrutura de um inseto Como os crustáceos, o plano corporal tripartido dos insetos possui cabeça, tórax e abdômen. A região central, o tórax, carrega três pares de patas e, na maioria dos grupos, dois pares de asas. Diferentemente de outros artrópodes, o abdômen dos insetos não carrega apêndices (ver Figura 20.7).

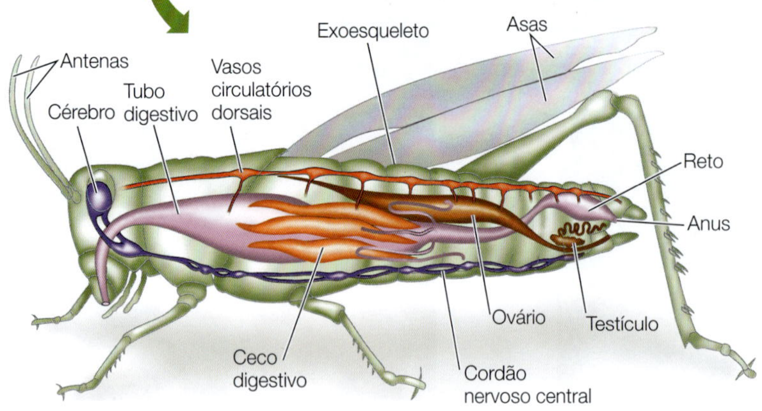
Exoesqueleto
Asas
Antenas
Vasos circulatórios dorsais
Tubo digestivo
Cérebro
Reto
Anus
Ovário
Testículo
Ceco digestivo
Cordão nervoso central

Os insetos são os artrópodes dominantes nas áreas terrestres

Durante o período Devoniano, há mais de 400 milhões de anos, alguns artrópodes colonizaram ambientes terrestres. Dos vários grupos que colonizaram a terra com sucesso, nenhum é mais proeminente hoje do que os *hexápodes* (de seis patas): os **insetos** e seus relacionados. Os insetos são abundantes e diversificados nos ambientes terrestre e de água doce; apenas alguns poucos vivem nos oceanos.

Os insetos, como os crustáceos, possuem corpos com três regiões – cabeça, tórax e abdômen. Além disso, os insetos possuem um mecanismo único para trocas gasosas no ar: um sistema de sacos aéreos e canais tubulares chamados de *traquéias*, que se estendem de aberturas externas, denominadas *espiráculos*, para o interior dos tecidos em toda a parte do corpo. Eles possuem um único par de antenas na cabeça e três pares de patas fixados ao tórax (**Figura 32.24**). Diferentemente dos outros artrópodes, os insetos não possuem apêndices nos segmentos abdominais.

Os insetos utilizam praticamente todas as espécies de plantas e muitas espécies de animais como alimento. Os insetos herbívoros podem consumir quantidades massivas de matéria vegetal. As lagartas das mariposas, por exemplo, são conhecidas por desnudar florestas inteiras e as cíclicas depredações executadas por nuvens de gafanhotos podem ter proporções bíblicas. Muitos insetos são predadores, alimentando-se de pequenos animais ou de outros insetos. Os insetos *detritívoros*, como os besouros estercorários, são importantes na reciclagem de químicos dos ecossistemas (ver Seção 38.1). Alguns insetos são parasitas internos de plantas ou animais; outros sugam o sangue do seu hospedeiro ou consomem tecidos superficiais de seu corpo.

Em 1982, a maioria dos biólogos pensava que aproximadamente metade das espécies de insetos existentes já haviam sido descritas, mas atualmente eles acreditam que aproximadamente 1.000.000 de espécies de insetos descritas sejam uma pequena fração do número total de espécies existentes. Por que eles mudaram de opinião?

Um simples mas importante campo de estudo forneceu o estímulo. Um entomologista, Terry Erwin do "Smithsonian Institution", em Washington D.C., sabia que os insetos das florestas tropicais (os habitat mais ricos em espécies da Terra) eram pouco conhecidos. Para determinar quão pouco conhecíamos, ele decidiu amostrar os besouros nas copas de uma única espécie de árvore, *Luehea seemannii*. Erwin borrifou pesticida nas copas de vários indivíduos grandes de *L. seemannii* e coletou os insetos que caíram das árvores em redes (**Figura 32.25**). Sua amostra continha um número surpreendente de espécies, muitas delas não descritas. Ele então estabeleceu um conjunto de hipóteses para estimar o número total de espécies de insetos em floretas tropicais perenes.

As hipóteses que Erwin utilizou para fazer seus cálculos eram duvidosas. Se ele baseou seus cálculos a partir de diferentes suposições, suas estimativas de

Figura 32.25 O projeto de pesquisa do Erwin Em um importante estudo, o entomologista Terry Erwin borrifou copas de árvores da floresta tropical da América Central com inseticida. Utilizando como base o número de diferentes espécies representadas entre os insetos caídos, ele aplicou equações matemáticas de extrapolação para estimar o número total de espécies de insetos na Terra. PESQUISAS FUTURAS: Que tipos de experimentos você executaria para refinar as estimativas de Erwin sobre o número de espécies de insetos da Terra?

números de espécies de insetos poderiam ter mudado drasticamente. Por exemplo, se ele superestimasse a proporção de espécies especialistas, seus cálculos teriam superestimado o número total de espécies; mas, se ele subestimasse a proporção de especialistas, o oposto seria verdadeiro. Erwin assumiu que amostrou adequadamente a fauna de insetos das árvores de *Luehea seemannii*, mas se ele tivesse borrifado as copas de mais indivíduos, principalmente de diferentes áreas, ele teria encontrado muito mais espécies, o que significaria que sua estimativa teria sido baixa. Incertezas à parte, o estudo pioneiro de Erwin alertou os biólogos sobre fato de que vivemos em um planeta muito pouco conhecido, cuja maioria de espécies ainda está por ser descrita e designada.

TABELA 32.2 Os principais grupos de insetos[a]

GRUPO	NÚMERO APROXIMADO DE ESPÉCIES EXISTENTES DESCRITAS
Traças saltadoras (*Archaeognatha*)	300
Traças-de-livro (*Thysanura*)	370
INSETOS PTERIGOTOS (COM ASAS, PTERYGOTA)	
Efeméridas (*Ephemeroptera*)	2.000
Libélulas e donzelinhas (*Odonata*)	5.000
Neópteros (*Neoptera*)[b]	
Ice-crawlers ou grilos e baratas-do-gelo (*Grylloblattodea*)	25
Gladiadores (*Mantophasmatodea*)	15
Moscas-de-pedra (*Plecoptera*)	1.700
Embiídeos (*Embioptera*)	300
Zorápteros (*Zoraptera*)	30
Tesourinhas (*Dermaptera*)	1.800
Gafanhotos e Grilos (*Orthoptera*)	20.000
Bichos-pau (*Phasmida*)	3.000
Baratas (*Blattodea*)	3.500
Cupins (*Isoptera*)	2.750
Louva-a-deus (*Mantodea*)	2.300
Piolhos-de-livro (*Psocoptera*)	3.000
Tripes (*Thysanoptera*)	5.000
Piolhos (*Phthiraptera*)	3.100
Insetos verdadeiros, cigarras, afídios, cigarrinhas (*Hemiptera*)	80.000
Neópteros holometábolos (*Holometabola*)[c]	
Formigas, abelhas, vespas (*Hymenoptera*)	125.000
Besouros (*Coleoptera*)	375.000
Estrepsípteros (*Strepsiptera*)	600
Planípenes, formigas-leão, crisopas (*Neuropterida*)	4.700
Moscas-escorpião (*Mecoptera*)	600
Pulgas (*Siphonaptera*)	2.400
Moscas verdadeiras (*Diptera*)	120.000
Moscas d'água (*Trichoptera*)	5.000
Borboletas e mariposas (*Lepidoptera*)	250.000

[a] Os parentes hexápodes dos insetos incluem os colêmbolos (*Collembola*; 3.000 spp.), os dipluros (*Diplura*; 600 spp.) e os protúrios (*Protura*; 10 spp.). Todos são desprovidos de asas e possuem peças bucais internas.
[b] Os insetos neópteros podem guardar asas junto ao corpo.
[c] Os insetos holometábolos são neópteros que sofreram metamorfose completa.

A área de Terry Erwin na entomologia (estudo dos insetos) é a *coleoptologia* – o estudo dos besouros. Essa especialidade não é tão esotérica quanto pode parecer; os besouros somam quase 40 por cento das espécies conhecidas de insetos. O notável biólogo evolucionário escocês J. B. S. Haldane, quando indagado, em 1951, sobre o que seus estudos teriam revelado sobre o Criador, respondeu: "Uma excessiva afeição por besouros".

Livros-texto inteiros – e obras de referência no assunto – sobre os grupos descritos de insetos têm sido escritos. Aqui e na **Tabela 32.2**, apresentamos um breve resumo dos grupos principais abordados por estes textos detalhados de entomologia.

Os parentes sem asas dos insetos – os colêmbolos (**Figura 32.26**), os dipluros e os protúrios – são provavelmente as formas de vida mais similares aos ancestrais dos insetos. Esses parentes dos insetos possuem ciclo de vida simples; eles eclodem dos ovos como miniaturas de adulto. Eles diferem dos insetos por possuírem peças bucais internas. Os colêmbolos podem ser extremamente abundantes (até 200.000 por metro quadrado) no solo, no meio de resíduos de folhas e na vegetação, sendo os hexápodes mais abundantes do mundo.

Os insetos podem ser distinguidos dos outros hexápodes por suas peças bucais externas e pelas antenas pareadas, que contém um receptor sensorial denominado órgão de Johnston. Dois grupos de insetos – as traças saltadoras e as traças-de-livro – são desprovidos de asas e possuem ciclos de vida simples, à semelhança dos colêmbolos e outros insetos intimamente relacionados. O restante dos insetos são os pterigotos. Os pterigotos possuem dois pares de asas, exceto em alguns grupos onde as asas foram secundariamente perdidas.

Sminthurides aquaticus

Figura 32.26 Hexápodes sem asas Os hexápodes sem asas, como este colêmbolo, possuem ciclo de vida simples. Eles eclodem parecendo adultos em miniatura e, então, crescem por sucessivas mudas da cutícula.

Os pterigotos recém-chocados não se parecem com os adultos e sofrem mudanças substanciais a cada muda. Os estágios imaturos dos insetos entre as mudas são chamados de **ínstares**. Como vimos na Seção 31.4, uma modificação significativa entre um estágio e outro de desenvolvimento é chamada de **metamorfose**. Se as mudanças entre seus ínstares são graduais, diz-se que o inseto possui **metamorfose incompleta**. Se a mudança entre pelo menos alguns instares for dramática, diz-se que o inseto possui **metamorfose completa**.

Os exemplos mais familiares de espécies com metamorfose completa são as borboletas (ver Figura 31.11). A larva vermiforme da borboleta, chamada de *lagarta*, transforma a si mesma, durante uma fase especializada denominada **pupa**, em que muitos tecidos larvais são degradados e a forma adulta desenvolve-se. Em muitos insetos com metamorfose completa, os diferentes estágios do ciclo de vida são especializados para viver em diferentes ambientes e utilizar diferentes fontes de alimento. Em muitas espécies, as larvas são adaptadas para alimentação e crescimento; os adultos são especializados para reprodução e dispersão.

Os insetos pterigotos foram os primeiros animais a alcançar a capacidade de voar, na história evolutiva (embora membros de diversos grupos de insetos com asas – incluindo piolhos parasíticos e pulgas, assim como alguns besouros e os indivíduos operários de diversos grupos de formigas – subseqüentemente perderam suas asas e a capacidade de voar). O vôo possibilitou muitos novos estilos de vida e oportunidades de alimentação que somente os insetos poderiam explorar e certamente essa foi uma das razões para os extraordinários números de espécies de insetos e indivíduos, bem como para seu incomparável sucesso evolutivo.

Os adultos da maioria dos insetos voadores possuem dois pares de asas membranosas e firmes, fixadas ao tórax. As moscas verdadeiras, no entanto, possuem apenas um par de asas. Nos besouros, um par de asas – as anteriores – forma capas pesadas e rígidas para as asas. Os insetos voadores são importantes polinizadores das plantas com flores.

Dois grupos de insetos pterigotos, os efeméridas e as libélulas (**Figura 32.27A**), não conseguem dobrar as asas contra seu corpo. Essa é a condição ancestral para os insetos pterigotos e esses dois grupos não são intimamente relacionados entre si. Todos os membros desses grupos possuem larvas aquáticas predadoras, as quais se transformam em adultos voadores, depois de saírem rastejando da água. Muitos deles são excelentes voadores. As libélulas (e seus parentes donzelinhas) são predadores ativos quando adultos, mas os adultos das efeméridas não possuem trato digestivo; efeméridas adultas vivem aproximadamente um dia, apenas o suficiente para acasalar e depositar ovos.

Todos os outros insetos pterigotos – os neópteros ou *neopteróides* – podem esconder suas asas quando pousam ou rastejam em frestas ou outros locais apertados. Muitos grupos de neópteros possuem uma metamorfose incompleta, logo, os recém-chocados destes insetos possuem forma suficientemente similar aos adultos para serem reconhecíveis. Exemplos incluem gafanhotos (**Figura 32.27B**), baratas, louva-a-deus, bichos-pau, cupins, moscas-de-pedra, tesourinhas, tripes, insetos verdadeiros (hemípteros) (**Figura 32.27C**), afídios, cigarras e cigarrinhas. Eles adquirem os sistemas de órgãos adultos, como as asas e olhos compostos, gradualmente, através de vários ínstares juvenis. Notavelmente, um novo grupo principal, os mantofasmatódeos, foi descrito apenas recentemente, em 2002 (**Figura 32.27D**). Esses pequenos insetos são comuns na região do Cabo da África do Sul, uma área de excepcional riqueza de espécies e endemismo de muitos grupos animais e vegetais.

Figura 32.27 A diversidade dos insetos com asas (A) Ao contrário da maioria dos insetos, esta libélula não pode dobrar suas asas sobre seu dorso. (B) O grande gafanhoto verde mexicano representa um ortóptero. (C) Os percevejos são insetos "verdadeiros" (hemípteros) especializados para se alimentar de plantas do gênero *Rumex*. (D) Este mantofasmatódeo representa um grupo de insetos descoberto recentemente, encontrado somente no sul da África. (E) Um besouro predador mergulhador (coleóptero). (F) Esta borboleta californiana é um lepidóptero. (G) Moscas como esta verde-garrafa são dípteras. (H) Muitos gêneros de himenópteros, como as abelhas melíferas vistas aqui na sua colméia, são insetos sociais.

Mais de 80% de todos os insetos fazem parte de um subgrupo dos neopteróides chamados de *insetos holometábolos* (ver Tabela 32.2), que possuem metamorfose completa. As várias espécies de besouros somam metade desse grupo (**Figura 32.27E**). Também estão incluídos os planípenes e aparentados; as moscas d'água, borboletas e mariposas (**Figura 32.27F**); os vespões e moscas verdadeiras (**Figura 32.27G**); e as abelhas, vespas e formigas, das quais algumas espécies apresentam comportamentos únicos e altamente especializados (**Figura 32.27H**).

Dados moleculares sugerem que a linhagem que originou os insetos separou-se da linhagem que deu origem aos crustáceos modernos há aproximadamente 450 milhões de anos, aproximadamente o período no qual apareceram as primeiras plantas terrestres. Esses hexápodes ancestrais adentraram um ambiente terrestre que não possuía quaisquer organismos similares, o que contribuiu, em parte, para o seu extraordinário sucesso. Mas o sucesso dos insetos também se deve a suas asas. Genes homólogos controlam o desenvolvimento das asas dos insetos e os apêndices dos crustáceos, sugerindo que a asa dos insetos evoluiu de uma ramificação dorsal de um membro semelhante aos dos crustáceos (**Figura 32.28**). A ramificação dorsal dos crustáceos é utilizada para trocas gasosas. Logo, as asas dos insetos provavelmente evoluíram a partir de uma estrutura semelhante a uma brânquia que possuía função de troca gasosa.

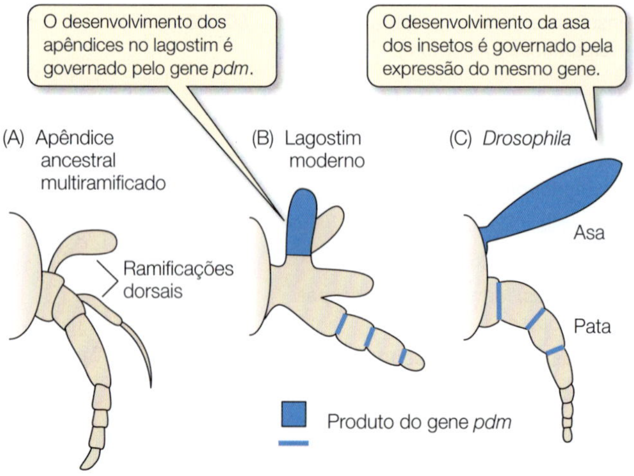

O desenvolvimento dos apêndices no lagostim é governado pelo gene *pdm*.
O desenvolvimento da asa dos insetos é governado pela expressão do mesmo gene.
(A) Apêndice ancestral multiramificado
(B) Lagostim moderno
(C) *Drosophila*
Ramificações dorsais
Asa
Pata
Produto do gene *pdm*

Figura 32.28 Qual a origem das asas dos insetos? As asas dos insetos podem ter evoluído a partir de um apêndice similar àquele dos crustáceos modernos. (A) Um diagrama do membro ancestral multiramificado dos artrópodes. (B, C) O gene *pdm*, um gene Hox, é expresso ao longo da ramificação dorsal e da pata do membro torácico de um lagostim (B) e nas asas e patas da *Drosophila* (C).

(A) *Libellula luctuosa*

(B) *Scudderia mexicana*

(C) *Coreus marginatus*

(D) *Mantophasma zephyra*

(E) *Dytiscus marginalis*

(F) *Colias eurydice*

(G) *Phaenicia sericata*

(H) *Apis mellifera*

Os miriápodes possuem muitas patas

Como vimos, os insetos e a maioria dos crustáceos possuem plano corporal tripartido, com cabeça, tórax e abdômen. Os membros dos dois outros grupos de artrópodes, os miriápodes e os quelicerados, possuem plano corporal com apenas duas regiões: a cabeça e o tronco.

Os **miriápodes** incluem os quilópodes, os diplópodes e dois outros grupos. Os quilópodes e os diplópodes possuem cabeça bem formada e tronco segmentado longo e flexível com muitos pares de patas (**Figura 32.29**). Os quilópodes, que possuem um par de patas por segmento, alimentam-se de insetos e outros pequenos animais. Nos diplópodes, dois segmentos adjacentes são fusionados de modo que cada segmento fusionado possui dois pares de patas. Os diplópodes catam resíduos e comem plantas. Mais de 3.000 espécies de quilópodes e 11.000 espécies de diplópodes já foram descritas; muitas espécies provavelmente permanecem desconhecidas. Embora a maior parte dos miriápodes tenha menos do que poucos centímetros de comprimento, algumas espécies tropicais têm dez vezes este tamanho.

A maioria dos quelicerados possui quatro pares de patas

No plano corporal bipartido dos **quelicerados**, a cabeça carrega dois pares de apêndices modificados para formar peças bucais. Além disso, muitos quelicerados possuem quatro pares de patas para locomoção. As 89.000 espécies descritas são geralmente classificadas em três clados: os picnogonídeos, os límulos e os aracnídeos.

Os picnogonídeos ou aranhas-do-mar são um grupo muito pouco conhecido de aproximadamente 1.000 espécies marinhas (**Figura 32.30A**). A maioria é pequena, com patas que alcançam até 1 centímetro, mas algumas espécies de mares profundos possuem patas de até 60 centímetros. Alguns picnogonídeos comem algas, mas a maior parte é carnívora, comendo uma variedade de pequenos invertebrados.

Existem quatro espécies de límulos, mas muitos aparentados são conhecidos apenas por fósseis. Os límulos, que mudaram muito pouco morfologicamente durante sua longa história fóssil, possuem uma grande carapaça em forma de ferradura sobre quase todo o corpo. Eles são comuns em águas superficiais, ao longo da costa leste da América do Norte e das costas sul e leste da Ásia,

(A) *Scolopendra gigantea*

(B) *Sigmoria trimaculata*

Figura 32.29 Miriápodes (A) Os quilópodes possuem mandíbulas poderosas para capturar presas e um par de patas por segmento. (B) Os diplópodes, catadores e comedores de plantas, possuem mandíbulas e patas menores. Eles possuem dois pares de patas por segmento.

(A) *Colossendeis megalonyx*

(B) *Limulus polyphemus*

Figura 32.30 Alguns pequenos grupos de quelicerados (A) Embora não sejam aranhas, é fácil de perceber por que as aranhas-do-mar receberam esse nome popular. (B) Esta agregação de límulos para desova foi fotografada em uma praia arenosa da baía de Delaware. Os límulos pertencem a grupo antigo que mudou muito pouco em morfologia, ao longo do tempo; tais espécies são algumas vezes referidas como "fósseis vivos".

(A) *Poecilotheria metallica*

(B) *Pseudouroctonus minimus*

(C) *Hadrobunus maculosus*

(D) *Brevipalpus phoenicis*

Figura 32.31 A diversidade dos aracnídeos (A) O nome "tarântula" compreende várias centenas de espécies de aranhas peludas e habitantes do solo, algumas das quais podem crescer até o tamanho de um prato de refeição. A mordida venenosa, embora dolorosa, normalmente não é mortal para os humanos. (B) Os escorpiões são predadores noturnos. (C) Os opiliões, também conhecidos como "aranhas-de-longas-pernas", são decompositores. (D) Os ácaros são parasitas externos que sugam sangue.

onde catam e alimentam-se de animais do fundo do mar. Periodicamente, eles rastejam até a zona intertidal em grandes números para acasalar e pôr ovos (**Figura 32.30B**).

Os *aracnídeos* são abundantes nos ambientes terrestres. A maior parte dos aracnídeos possui ciclo de vida simples, no qual adultos miniaturas eclodem dos ovos fertilizados internamente e começam vidas independentes quase imediatamente. Alguns aracnídeos retêm seus ovos durante o desenvolvimento e dão luz a jovens.

Os aracnídeos mais abundantes e ricos em espécies são as aranhas, os escorpiões, os opiliões, os ácaros e os carrapatos (**Figura 32.31**). As 50.000 espécies descritas de ácaros e carrapatos vivem no solo, sobre folhas em decomposição, musgos e liquens, sob cascas de árvores e como parasitas de plantas e animais. Os ácaros são vetores para os vírus do mosaico do trigo e do centeio; causam sarna em animais domésticos e irritação cutânea nos humanos.

As aranhas (das quais 38.000 espécies já foram descritas) são importantes predadores terrestres. Algumas possuem excelente visão que as possibilita perseguir e apanhar suas presas. Outras tecem teias elaboradas feitas de filamentos protéicos, nas quais capturam suas presas. Os filamentos são produzidos por apêndices abdominais modificados, conectados a glândulas internas que secretam proteínas, as quais secam em contato com o ar. As teias dos diferentes grupos de aranhas são notavelmente variadas; essa variação permite às aranhas posicionarem suas armadilhas em ambientes muito diferentes.

32.4 RECAPITULAÇÃO

Todos os artrópodes possuem corpo segmentado. Os músculos de cada segmento operam aquele segmento e os apêndices fixados a ele. Seus especializados apêndices articulados permitem complexos padrões de locomoção, incluindo a capacidade de voar dos insetos.

- Quais características contribuíram para fazer dos artrópodes os animais dominantes na Terra, tanto em número de espécies, quanto em número de indivíduos? Você é capaz de sugerir algumas possíveis razões pelas quais existem tantas espécies de insetos?
- Você entende a diferença entre metamorfose completa e incompleta? Ver p. 710.

Os protostomados abrangem a vasta maioria das espécies animais da Terra, logo, não é surpreendente que os diferentes grupos de protostomados apresentem uma enorme variedade de características diferentes.

Uma visão geral da evolução dos protostomados

A grande quantidade de espécies de protostomados inclui um número surpreendente de formas de vida diferentes. Considere como os seguintes aspectos da evolução dos protostomados contribuíram para sua enorme diversidade:

- A evolução da *segmentação* permitiu a alguns grupos de protostomados moverem diferentes partes do corpo, independentemente umas das outras. As espécies de alguns grupos gradualmente evoluíram a capacidade de se locomoverem rapidamente sobre e através de um substrato, através da água e através do ar.
- Os *complexos ciclos de vida* com mudanças dramáticas entre um estágio e outro permitiram que indivíduos de diferentes estágios se especializassem conforme com os recursos.
- O *parasitismo* evoluiu repetidamente e muitos grupos de protostomados parasitam animais e plantas multicelulares.
- A evolução de *estruturas de alimentação distintas* permitiu aos protostomados especializarem-se para utilizar diferentes fontes de alimento. Os primeiros protostomados eram principalmente filtradores, pois a matéria orgânica dissolvida e os pequenos animais eram as fontes de alimento mais prontamente disponíveis nos oceanos. Embora a alimentação por filtração ainda seja comum, a capacidade de locomover-se rapidamente sobre o solo e através da água e do ar possibilitou a evolução dos predadores e dos herbívoros.
- A predação foi a pressão seletiva mais importante para o desenvolvimento de *envoltórios corporais rígidos* (exoesqueletos). Tais envoltórios evoluíram independentemente em muitos grupos de lofotrocozoários e ecdisozoários. Além de oferecerem proteção, eles tornaram-se elementos chave no desenvolvimento de novos sistemas de locomoção.
- Uma *melhor locomoção* permitiu às presas escaparem dos predadores, mas também possibilitou que os predadores perseguissem suas presas mais efetivamente. Logo, a evolução dos animais tem sido, e continua a ser uma complexa"corrida armamentista"entre predadores e presas.

Muitas das principais tendências evolutivas entre os protostomados são compartilhadas pelos deuterostomados, os quais incluem os cordados, grupo ao qual os humanos pertencem.

RESUMO DO CAPÍTULO

32.1 O que é um protostomado?

Os protostomados ("boca primeiro") possuem um cérebro anterior que circunda a entrada para o trato digestivo e o sistema nervoso ventral. Os principais clados de protostomados estão agrupados em **lofotrocozoários** e **ecdisozoários**. Rever Figura 32.1.

Os **lofotrocozoários** incluem uma ampla diversidade de animais. Dentro deste grupo evoluíram os **lofóforos**, a larva de vida-livre **trocófora** e a **clivagem espiral**.

Os **ecdisozoários** possuem um **exoesqueleto**, o qual eles devem **mudar**, a fim de crescer. Alguns ecdisozoários possuem um exoesqueleto relativamente delgado chamado de **cutícula**. Outros, especialmente os **artrópodes**, possuem um rígido exoesqueleto reforçado com **quitina**. Novos mecanismos de locomoção e trocas gasosas evoluíram nestes animais. Rever Figura 32.4.

32.2 Quais são os principais grupos de lofotrocozoários?

Os lofotrocozoários variam de animais relativamente simples, possuindo apenas uma entrada para o trato digestivo e sem sistema de transporte de oxigênio, até animais com tratos digestivos completos e complexos sistemas de transporte internos.

Os lofóforos, as formas corporais vermiformes e as conchas externas são encontrados em múltiplos grupos não-relacionados de lofotrocozoários.

Os grupos de lofotrocozoários mais ricos em espécies são os **vermes chatos**, os **anelídeos** e os **moluscos**.

A segmentação do corpo evoluiu primeiramente entre os anelídeos. Rever Figura 32.12.

Os moluscos sofreram uma dramática radiação evolutiva, baseados em um plano corporal consistindo em três componentes principais: **pé**, **manto** e **massa visceral**. Os cinco clados principais de moluscos – **monoplacóforos**, **quítons**, **bivalves**, **gastrópodes** e **cefalópodes** – demonstram a diversidade que evoluiu de seu plano corporal tripartido. Rever Figura 32.14.

32.3 Quais são os principais grupos de ecdisozoários?

Muitos grupos de ecdisozoários são vermiformes. Membros de vários clados de ecdisozoários vermiformes marinhos pobres em espécies (**priapulídeos**, **quinorrincos** e **loricíferos**) possuem cutículas delgadas.

Os vermes **crina-de-cavalo** são extremamente finos; muitos são parasitas internos, enquanto larvas.

Os **nematóides**, ou vermes cilíndricos, possuem cutículas espessas e com múltiplas camadas. Os nematóides são um dos mais abundantes e universalmente distribuídos grupos de animais. Rever Figura 32.17.

Um clado principal de ecdisozoários, os **artrópodes** e seus parentes, evoluíram apêndices semelhantes a membros. Coletivamente, os artrópodes são animais dominantes na Terra, tanto em número de espécies, quanto em número de indivíduos.

32.4 Por que os artrópodes dominam a fauna da Terra?

O encaixotamento dentro de um rígido exoesqueleto proporciona suporte aos artrópodes para se locomoverem na água e em solo seco, bem como certa proteção contra predadores. A impermeabilidade provida pela quitina evita que os artrópodes desidratem em clima seco.

Os apêndices articulados permitiram padrões de movimento complexos. Cada segmento do artrópode possui músculos ancorados no interior do exoesqueleto, os quais operam cada segmento e os apêndices nele fixados.

Dois grupos parentes dos artrópodes, os **onicóforos** e os **tardígrados**, possuem apêndices simples não-articulados. Os **trilobitas** eram antigos artrópodes marinhos que desapareceram na extinção do Permiano.

Os **crustáceos** são os artrópodes marinhos dominantes. Seus corpos segmentados são divididos em três regiões (cabeça, tórax e abdômen), com diferentes apêndices especializados em cada região. Rever Figura 32.23.

Os **hexápodes** – insetos e seus parentes – são os artrópodes terrestres dominantes. Eles possuem as mesmas três regiões corporais como os crustáceos, mas não formam apêndices em seus segmentos abdominais. As asas e a capacidade de voar evoluiu primeiramente entre os insetos, permitindo-os explorar novos estilos de vida. Rever Figura 32.24.

Os corpos dos **miriápodes** possuem apenas duas regiões: uma cabeça e um longo tronco com muitos segmentos, os quais portam apêndices.

Os **quelicerados** também possuem um plano corporal bipartido; a maior parte dos quelicerados possui quatro pares de patas para locomoção.

QUESTÕES

1. Os membros de quais grupos possuem lofóforos?
   a. Foronídeos, braquiópodes e nematóides
   b. Foronídeos, braquiópodes e ectoproctos
   c. Braquiópodes, ectoproctos e vermes chatos
   d. Foronídeos, rotíferos e ectoproctos
   e. Rotíferos, ectoproctos e braquiópodes
2. Quais das seguintes *não é* parte do plano corporal dos moluscos?
   a. Manto
   b. Pé
   c. Rádula
   d. Massa visceral
   e. Esqueleto articulado
3. Os nautilóides controlam sua flutuabilidade
   a. ajustando a concentração de sais em seu sangue.
   b. expelindo água forçosamente do manto.
   c. bombeando água e gases para dentro e para fora das câmeras.
   d. usando os complexos órgãos sensoriais de suas cabeças.
   e. nadando rapidamente.
4. A cobertura externa dos ecdisozoários
   a. é sempre sólida e rígida.
   b. é sempre delgada e flexível.
   c. está presente em alguns estágios do ciclo de vida, mas nem sempre entre adultos.
   d. varia de muito fina à dura e rígida.
   e. evita que os animais mudem suas formas.
5. Os nematóides são abundantes e diversos porque
   a. são tanto parasíticos quanto de vida-livre e comem uma grande variedade de alimentos.
   b. são capazes de mudar seus exoesqueletos.
   c. sua espessa cutícula permite locomoverem-se de maneiras complexas.
   d. sua cavidade corporal é o pseudoceloma.
   e. seus corpos segmentados os permitem viver em muitos locais diferentes.
6. O exoesqueleto dos artrópodes é composto por
   a. uma mistura de vários tipos de polissacarídeos.
   b. uma mistura de vários tipos de proteínas.
   c. um único polissacarídeo complexo chamado de quitina.
   d. uma única proteína complexa chamada de artropodina.
   e. uma mistura de camadas de proteínas e um polissacarídeo denominado quitina.
7. Quais grupos são parentes dos artrópodes com patas não-articuladas?
   a. Trilobitas e onicóforos
   b. Onicóforos e tardígrados
   c. Trilobitas e tardígrados
   d. Onicóforos e quelicerados
   e. Tardígrados e quelicerados
8. O plano corporal dos insetos é composto por quais das três regiões seguintes?
   a. Cabeça, abdômen e traquéia.
   b. Cabeça, abdômen e cefalotórax.
   c. Cefalotórax, abdômen e traquéia.
   d. Cabeça, tórax e abdômen.
   e. Abdômen, traquéia e manto.
9. Os insetos cujos recém-eclodidos são suficientemente semelhantes aos adultos, em forma, para serem reconhecíveis são ditos possuir
   a. ínstares.
   b. desenvolvimento neopteral.
   c. desenvolvimento acelerado.
   d. metamorfose incompleta.
   e. metamorfose completa.
10. Os fatores que podem ter contribuído para a extraordinária diversificação evolutiva dos insetos incluem
   a. os ambientes terrestres adentrados pelos insetos não possuíam qualquer outro organismo similar.
   b. a capacidade de voar.
   c. metamorfose completa.
   d. um novo mecanismo para levar oxigênio aos tecidos internos.
   e. todas acima.

PARA DISCUSSÃO

1. A segmentação surgiu várias vezes durante a evolução animal. Quais vantagens a segmentação proporciona? Dadas estas vantagens, por que tantos grupos de animais não-segmentados sobrevivem? Por que tantos grupos de animais perderam a segmentação?
2. As principais novidades estruturais surgiram apenas raras vezes durante a evolução. Quais das características dos protostomados você julga serem novidades estruturais significativas? Quais critérios você utiliza para julgar se uma característica representa uma novidade mais ou menos significativa?
3. Existem mais espécies de insetos descritas e denominadas do que todos os outros grupos de animais juntos. No entanto, somente algumas poucas espécies de insetos vivem em ambientes marinhos e estas espécies estão restritas à zona intertidal ou à superfície do oceano. Quais fatores podem ter contribuído para esta falta de sucesso nos oceanos?

PARA INVESTIGAÇÃO

Se você recebesse financiamento para conduzir estudos a fim de melhorar as estimativas de número de espécies de insetos na Terra, como você o gastaria? Você faria as mesmas coisas se seu objetivo fosse determinar o número de espécies de nematóides ou ácaros?

CAPÍTULO 33

Os Animais Deuterostomados

Pequenos homens da ilha Flores

No ano de 2004, arqueólogos trabalhando na ilha Flores, Indonésia, desenterraram o esqueleto de uma hominídea adulta que media menos de um metro, pesava em torno de 20 quilos e possuía um cérebro do mesmo tamanho que de um chipanzé. Mais fósseis desses pequenos hominídeos foram posteriormente descobertos em Flores, e os exames de datação radioativa indicaram que alguns dos fósseis eram incrivelmente recentes – somente 18.000 anos.

Mesmo não havendo consenso entre os arqueólogos, muitos especialistas acreditam que os esqueletos pertencem a uma nova espécie, *Homo floresiensis*, e que esta espécie está mais relacionada ao *H. erectus*, uma espécie extinta de hominídeos, do que ao *H. sapiens*. Acredita-se que *H. floresiensis* tenha evoluído a partir de ancestrais de *H. erectus* que chegaram na ilha Flores há pelo menos 840.000 anos, quando na ilha não havia outros mamíferos não-voadores além de roedores e elefantes pigmeus. Os fósseis nos dizem que estes "pequenos homens" caçavam elefantes pigmeus, que podem ter sido sua principal fonte de alimento.

Assumindo que a opinião da maioria está correta, a descoberta de uma espécie de pequenos hominídeos que sobreviveram até tempos recentes estimula diversas questões. Como seus ancestrais chegaram até Flores? Por que eram tão pequenos? Como fizeram para evitar seu extermínio por humanos modernos muito maiores que se espalharam pela Indonésia e chegaram até a Austrália há pelo menos 46.000 anos?

Um cenário provável é que o *H. erectus* ancestral colonizou Flores durante um período de expansão glacial, quando os níveis do mar estavam aproximadamente 150 metros abaixo dos atuais. Naquele tempo, Java e Bali teriam feito parte da massa continental asiática. Mesmo assim, para chegar até Flores, os colonizadores tiveram que cruzar três braços de mar. Essas aberturas eram estreitas o suficiente para que uma ilha do outro lado fosse visível e atingível em uma simples canoa.

O fato de os "pequenos homens" serem tão pequenos não é surpresa; biogeógrafos têm observado que quando grandes mamíferos colonizam pequenas ilhas, eles tipicamente evoluem em um tamanho menor. Hipopótamos, búfalos, preguiças, elefantes, cervos e outros mamíferos pigmeus têm evoluído em ilhas. Isso pode ocorrer, em parte, em virtude das ilhas não possuírem os recursos necessários para sustentar grandes animais e os tipos de predadores que se alimentam de animais menores. Os indivíduos da espécie *Homo floresiensis* e os elefantes pigmeus

Os hominídeos são deuterostomados Nesta reconstituição gráfica, o extinto hominídeo *Homo florensiensis*, com menos de um metro de altura, é delineada pela silhueta de um homem atual, *Homo sapiens*. As espécies hominídeas atuais e extintas são vertebradas e membros do clado dos deuterostomados.

Deuterostomados diferentes Uma estrela-do-mar descansa em uma colônia de tunicados ("seringas-do-mar"); ambas as espécies são deuterostomados. Apesar de sua morfologia não parecer com a de qualquer vertebrado, esses animais compartilham diversas sinapomorfias com os vertebrados.

DESTAQUES DO CAPÍTULO

33.1 **O que** é um deuterostomado?

33.2 **Quais** são os principais grupos de equinodermos e hemicordados?

33.3 **Que** novas características evoluíram nos cordados?

33.4 **Como** os vertebrados colonizaram a Terra?

33.5 **Quais** caracteres caracterizam os primatas?

que eles caçavam seriam exemplos desse fenômeno bem conhecido.

O fato da linhagem *H. floresiensis* ter sobrevivido provavelmente deveu-se, em grande parte, aos três braços de mar, que teriam mudado de tamanho de acordo com as flutuações glaciais. A expansão hominídea posterior da Indonésia para Nova Guiné teria ocorrido por uma rota mais fácil ao norte, deixando os "pequenos homens" isolados e intocados por muitos milênios.

O estudo de nossa história – a evolução do *Homo sapiens* – tem o seu próprio campo, a antropologia. Entretanto, esse estudo também é de competência legítima dos biólogos, como poderemos verificar quando estudarmos os humanos em sua posição no domínio dos animais deuterostomados.

NESTE CAPÍTULO nós apresentamos os animais deuterostomados e descrevemos os seus principais grupos – equinodermos, hemicordados e cordados. Então, discutimos os aspectos que permitiram que alguns cordados colonizassem a terra e seguimos a evolução dos vertebrados terrestres, dando maior atenção à linhagem primata que inclui nossa própria espécie.

33.1 O que é um deuterostomado?

Você pode se surpreender ao saber que tanto você como um ouriço-do-mar são animais deuterostomados. Estrelas-do-mar adultas, ouriços-do-mar e pepinos-do-mar – os equinodermos mais conhecidos – são tão diferentes dos vertebrados adultos (peixes, sapos, lagartos, aves e mamíferos) que pode ser difícil de acreditar que todos esses animais são tão relacionados. A evidência de que todos os deuterostomados compartilham um ancestral comum que é diferente do ancestral comum dos protostomados é demonstrada por seus padrões de desenvolvimento inicial e por análises filogenéticas de seqüências gênicas, nenhum destes sendo aparente nas formas adultas dos animais.

Os três padrões de desenvolvimento inicial que caracterizam os deuterostomados são:

- clivagem radial
- formação da boca na extremidade oposta ao blastóporo do embrião (o padrão que dá aos deuterostomados o seu nome; ver Figura 31.2)
- desenvolvimento de um celoma a partir de bolsas mesodérmicas que saem da cavidade da gástrula ao invés da divisão do mesoderma, como ocorre nos protostomados

As duas primeiras características representam a condição ancestral para os animais bilaterais em geral, e, como nós estudamos no capítulo anterior, alguns protostomados também apresentam clivagem radial e outras similaridades de desenvolvimento aos deuterostomados. (De fato, alguns dos grupos que consideraremos como protostomados já foram anteriormente chamados de deuterostomados em virtude de suas similaridades de desenvolvimento ancestral mantidas com os equinodermos e cordados). Além disso, apesar do pensamento de que os padrões de desenvolvimento eram unicamente derivados em deuterostomados ter sido importante para a hipótese da monofilia dos grupos, esses padrões agora são conhecidos serem ancestrais e não indicativos de monofilia. Todavia, ainda reconhecemos as relações evolucionárias de equinodermos, hemicordados e cordados (os grupos que agora compõem os deuterostomados), pois análises filogenéticas de seqüências de DNA de muitos genes que evoluíram vagarosamente suportam a ancestralidade comum.

Existem muito menos espécies de deuterostomados do que protostomados (ver Tabela 31.1), mas temos um interesse es-

Figura 33.1 A atual árvore filogenética dos deuterostomados Existem bem menos espécies de deuterostomados do que de protostomados.

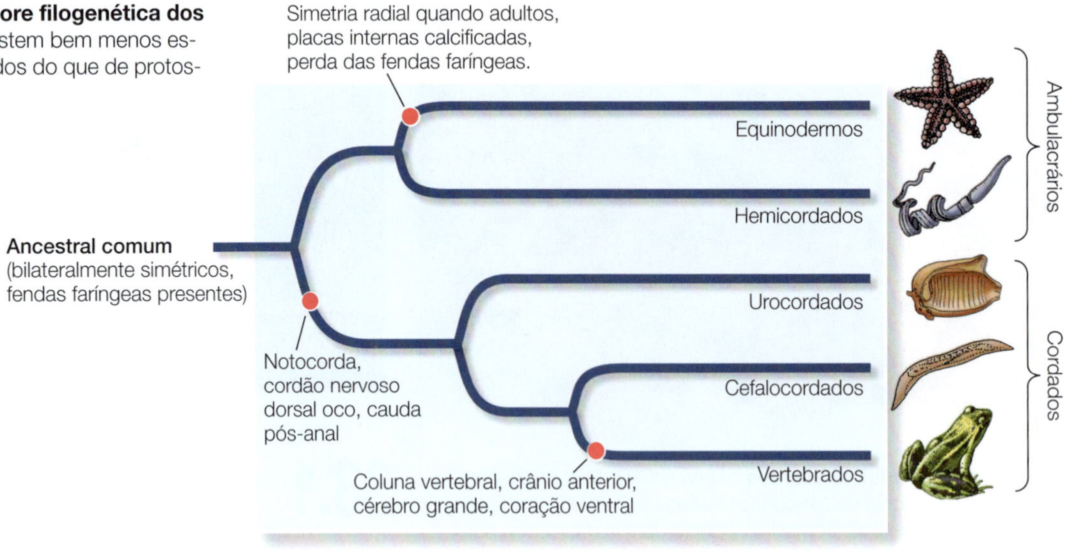
Simetria radial quando adultos, placas internas calcificadas, perda das fendas faríngeas.
Ancestral comum
(bilateralmente simétricos, fendas faríngeas presentes)
Equinodermos
Hemicordados
Urocordados
Cefalocordados
Vertebrados
Notocorda, cordão nervoso dorsal oco, cauda pós-anal
Coluna vertebral, crânio anterior, cérebro grande, coração ventral
Ambulacrários
Cordados

pecial nos deuterostomados porque somos membros dessa linhagem. Também estamos interessados neles em virtude dos mesmos incluírem os maiores animais vivos; esses grandes deuterostomados influenciam fortemente as características dos ecossistemas.

Os deuterostomados viventes incluem três linhagens principais (**Figura 33.1**):

- Equinodermos: estrelas-do-mar, ouriços-do-mar, e seus parentes
- Hemicordados: balanoglossos e pterobrânquios
- Cordados: seringas-do-mar, anfioxos e vertebrados

Todos os deuterostomados são animais triploblásticos e celomados (ver Figura 31.4) com esqueletos internos. Algumas espécies possuem corpos segmentados, porém os segmentos são menos óbvios do que aqueles de anelídeos e artrópodes.

Os cientistas estão aprendendo bastante sobre os ancestrais dos deuterostomados modernos a partir de fósseis recentemente descobertos de diversas formas primitivas. As descobertas mais importantes vêm de camadas de fósseis de 520 milhões de anos na China. Os *homalozoos* têm um esqueleto similar àquele de um equinodermo moderno, porém apresentam fendas faríngeas e simetria bilateral. Os *vetulicosistídeos*, que foram os primeiros descobertos no ano de 2002, também apresentam fendas faríngeas. Muitos fósseis de um terceiro tipo, os *yunnanozoos*, foram descobertos na província chinesa de Yunnan. Esses animais bem preservados possuem uma grande boca, seis pares de brânquias externas e uma seção posterior do corpo segmentada que contém uma fina cutícula (**Figura 33.2**).

As características desses animais fossilizados corroboram as descobertas a partir de análises filogenéticas de espécies vivas, demonstrando que os primeiros deuterostomados eram animais bilateralmente simétricos, segmentados, com uma faringe que apresentava fendas pelas quais a água fluía (ver Figura 33.1). Os equinodermos evoluíram suas formas adultas com uma rara simetria pentaradial muito depois, enquanto outros deuterostomados mantiveram a simetria bilateral ancestral.

Yunnanozoon lividum

Boca
Esôfago
Brânquias externas
Segmentos

Figura 33.2 Deuterostomados ancestrais tinham brânquias externas Os yunnanozoas extintos podem ser os ancestrais de todos os deuterostomados. Este fóssil, que data do período Cambriano, mostra os seis pares de brânquias externas e o corpo posterior segmentado que caracterizam esses animais.

33.2 Quais são os principais grupos de equinodermos e hemicordados?

Aproximadamente 13 mil espécies de equinodermos em 23 classes foram descritas a partir dos restos fósseis. Isso, provavelmente, representa apenas uma pequena fração das espécies que realmente existiram. Somente 6 das 23 classes conhecidas a partir dos fósseis são representadas por espécies que vivem atualmente; muitas linhagens tornaram-se extinções durante as extinções em massa periódicas que ocorreram na história do planeta Terra. Quase todas as 7.000 espécies vivas de equinodermos vivem somente em ambientes marinhos. Existem somente 95 espécies vivas conhecidas de hemicordados.

Os equinodermos e os hemicordados (conhecidos, juntos, como *ambulacrários*) possuem uma larva ciliada de simetria bilateral (**Figura 33.3**). Os hemicordados adultos também são bilateralmente simétricos. Os equinodermos, entretanto, sofrem uma mudança radical em sua forma quando se desenvolvem em adultos, passando de larva com simetria bilateral para adulto com **simetria pentaradial** (simetria em cinco ou múltiplos de cinco). Como é típico em animais de simetria radial, os equinodermos não possuem cabeça e se movem vagarosamente e igualmente bem em muitas direções. Ao invés de possuírem organização corporal anterior-posterior (cabeça-cauda) e dorsal-ventral (costas-frente),

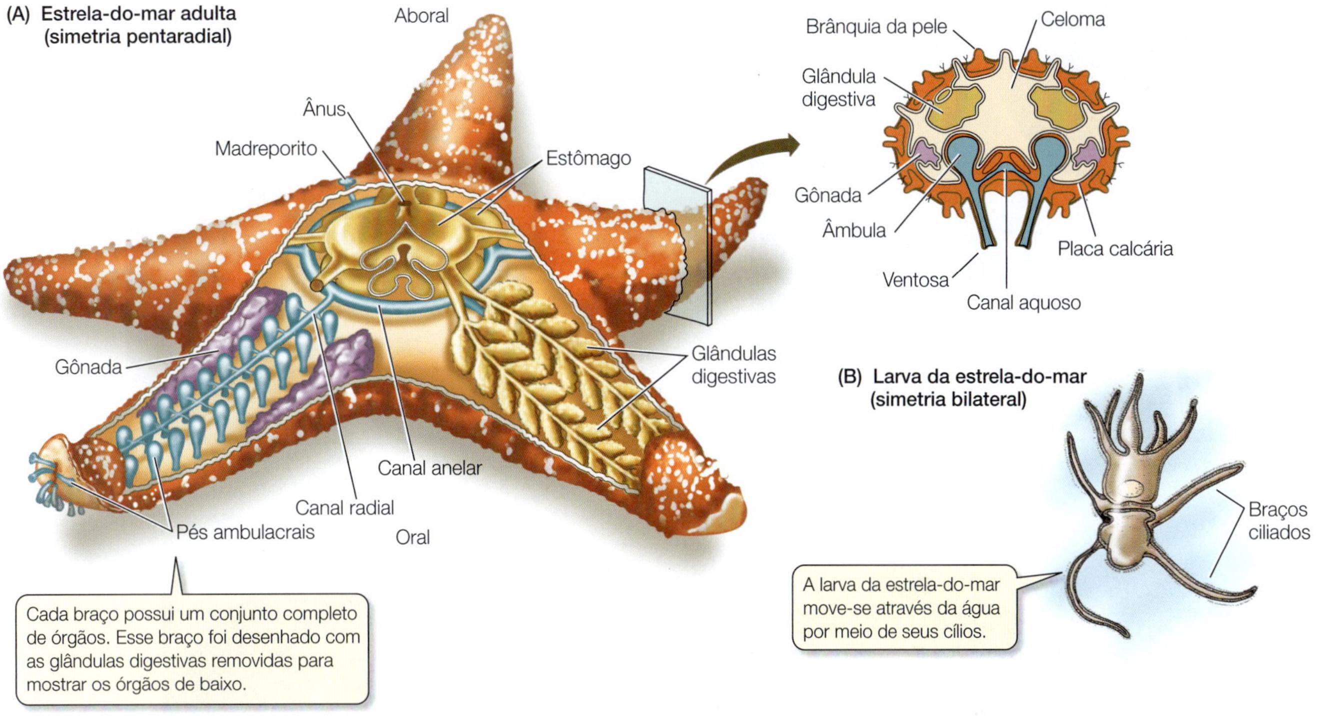
(A) Estrela-do-mar adulta
(simetria pentaradial)
Aboral
Ânus
Madreporito
Estômago
Gônada
Glândulas
digestivas
Canal anelar
Canal radial
Pés ambulacrais
Oral
Cada braço possui um conjunto completo de órgãos. Esse braço foi desenhado com as glândulas digestivas removidas para mostrar os órgãos de baixo.
Brânquia da pele
Celoma
Glândula
digestiva
Gônada
Âmbula
Placa calcária
Ventosa
Canal aquoso
(B) Larva da estrela-do-mar
(simetria bilateral)
Braços
ciliados
A larva da estrela-do-mar move-se através da água por meio de seus cílios.

Figura 33.3 As inovações evolutivas dos equinodermos (A) Uma vista dorsal de uma estrela-do-mar apresenta os canais e os pés ambulacrais do sistema vascular de água dos equinodermos, assim como o esqueleto interno calcificado. (B) A larva ciliada de uma estrela-do-mar tem simetria bilateral.

os equinodermos apresentam um lado *oral* (que contém a boca) e um lado *aboral* (que contém o ânus).

Os equinodermos apresentam um sistema vascular de água

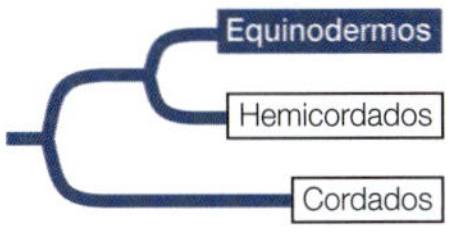
Equinodermos
Hemicordados
Cordados

Além da simetria pentaradial, os equinodermos adultos apresentam duas características estruturais únicas. Uma delas é o sistema de placas internas calcificadas cobertas por finas camadas de pele e alguns músculos. As placas calcificadas da maioria dos equinodermos são espessas e se fundem dentro de todo o corpo, dando origem a um *esqueleto interno*. A outra importante característica é o **sistema vascular de água**, uma rede de canais hidráulicos calcificados que terminam em extensões chamadas **pés ambulacrais**. Esse sistema atua nas trocas gasosas, na locomoção e na alimentação (**Figura 33.3**). A água do mar entra no sistema vascular de água por uma placa perfurada, o *madreporito*. Um canal calcificado vai do madreporito até outro canal que circunda o *esôfago*. Existem outros canais que irradiam desse canal circular, estendem-se pelos braços (nas espécies que possuem braços) e conectam-se com os pés ambulacrais. Os equinodermos utilizam seus pés ambulacrais de diversas maneiras para se movimentarem e capturarem a presa. Essas duas inovações estruturais têm sido modificadas de muitas formas para resultarem em um dos mais impressionantes arranjos de vários animais diferentes.

Membros de um dos principais clados vivos de equinodermos, os crinóides, (lírios-do-mar e estrelas-pena), já foram mais abundantes e diversas há 300-500 milhões de anos do que são hoje. A maioria das 80 espécies de lírios-do-mar adere-se ao substrato por meio de um pedúnculo flexível que consiste em uma pilha de discos calcários. O corpo principal do animal é uma estrutura caliciforme que possui um sistema digestivo tubular. Os braços, em número geralmente múltiplo de cinco, que pode variar de cinco a centenas, se estendem para fora a partir do cálice. As placas calcárias articuladas dos braços permitem que eles se dobrem (**Figura 33.4A**).

As estrelas-pena são parecidas com os lírios-do-mar, porém possuem apêndices flexíveis com os quais se agarram ao substrato (**Figura 33.4B**). Elas podem caminhar sobre a extremidade dos braços ou nadar batendo ritmicamente os braços. As estrelas-pena alimentam-se de maneira muito similar àquela dos lírios-do-mar. Aproximadamente 600 espécies atuais de estrelas-pena já foram descritas.

A maioria dos equinodermos existentes – incluindo ouriços-do-mar, pepinos-do-mar, estrelas-do-mar, estrelas-serpentes – não são crinóides. Os ouriços-do-mar são animais hemisféricos e sem braços (**Figura 33.4C**). São cobertos por espinhos que se prendem ao esqueleto subjacente por meio de articulações rotulares. Essas articulações permitem que os espinhos se movimentem, convergindo ao ponto em que foram tocados. Os espinhos dos ouriços-do-mar são de diversos tamanhos e formas; alguns produzem substâncias tóxicas. Eles fornecem uma proteção eficiente para os ouriços-do-mar, como muitas vezes é comprovado da pior maneira possível por mergulhadores. Bolachas-do-mar são parentes achatados e em forma de disco dos ouriços-do-mar.

Os pepinos-do-mar também não possuem braços, e seus corpos são orientados de uma maneira atípica para um equinodermo (**Figura 33.4D**). A boca é anterior e o ânus é posterior, e não oral e aboral como em outros equinodermos. Os pés ambulacrais dos pepinos-do-mar são utilizados primordialmente para a adesão ao substrato e não para a locomoção.

As estrelas-do-mar são os equinodermos mais conhecidos (**Figura 33.4E**). Suas gônadas e órgãos digestivos estão localizados nos braços, como podemos verificar na Figura 33.3. Os seus pés ambulacrais servem como órgãos para a locomoção, trocas gasosas e aderência. Cada pé ambulacral de uma estrela-do-mar consiste em uma *âmbula* interna conectada por um tubo muscular a uma

(A) *Nominus novus*

(B) *Oxycomanthus bennetti*

(C) *Strongylocentrotus purpuratus*

(D) *Bohadschia argus*

(E) *Henricia leviuscula*

(F) *Ophiothrix spiculata*

Figura 33.4 Diversidades entre os equinodermos (A) Lírios-do-mar podem ter centenas de braços, geralmente em múltiplos de cinco. (B) Os braços flexíveis da estrela-pena-dourada são claramente visíveis. (C) Os ouriços-do-mar de cor lilás são importantes pastadores de algas na Costa do Pacífico na América do Norte. (D) Esse pepino-do-mar vive em substratos rochosos nos mares em torno da Papua Nova Guiné. (E) As estrelas-do-mar são importantes predadores de moluscos bivalves como mexilhões e mariscos. As extremidades de sucção de seus pés ambulacrais permitem que este animal agarre as conchas do bivalve e as separem. (F) Os braços de uma estrela-serpente são compostos de placas duras, porém flexíveis.

ventosa externa que pode aderir ao substrato. Um pé ambulacral é movido devido à expansão e à contração dos músculos circulares e longitudinais do tubo. As estrelas-serpentes são semelhantes, em estrutura, às estrelas-do-mar, mas seus braços flexíveis são compostos de placas rígidas articuladas (**Figura 33.4F**).

As margaridas-do-mar foram descobertas em 1986; pouco se sabe sobre elas. As margaridas-do-mar possuem pequenos corpos discóides com um anel de espículas periféricas e dois canais circulares, mas não possuem braços. Elas são encontradas em pedaços de madeira podres presentes na água do mar. Aparentemente alimentam-se de procariotos, os quais digerem fora do corpo e absorvem por meio de uma membrana que cobre a superfície oral ou de um estômago curto em forma de saco. Recentes dados moleculares sugerem que elas são estrelas-do-mar bastante modificadas.

Os equinodermos utilizam seus pés ambulacrais em uma grande variedade de maneiras para capturar a presa. Os lírios-do-mar, por exemplo, alimentam-se por meio da orientação de seus braços na correnteza de água. As partículas alimentares são, então, coletadas e aderidas aos pés ambulacrais, por sua vez, cobertos de glândulas secretoras de muco. Os pés ambulacrais transferem essas partículas às fendas dos braços, onde a ação ciliar leva a comida até a boca. Os pepinos-do-mar capturam alimento por meio dos pés ambulacrais anteriores, modificados em tentáculos grandes, emplumados e pegajosos, que podem ser protraídos ao redor da boca (ver Figura 33.4D). Periodicamente, o pepino-do-mar coloca os tentáculos para dentro da boca, retirando o material que estiver aderido neles e o digerindo.

Muitas estrelas-do-mar utilizam os pés ambulacrais para a captura de grandes presas como poliquetas, gastrópodes e moluscos bivalves, pequenos crustáceos como os caranguejos, e peixes. Com centenas de pés ambulacrais atuando simultaneamente, uma estrela-do-mar pode agarrar uma concha com os braços, ancorar os braços com os pés ambulacrais e, pela contração contínua dos músculos dos braços, levar à exaustão, gradualmente, os músculos com os quais a concha se mantém fechada (ver Figura 33.4 E). As estrelas-do-mar que se alimentam de bivalves fazem isso empurrando o estômago para fora pela boca e então, pelo espaço estreito entre as duas metades da concha, envolvem a presa; a seguir, seu estômago secreta enzimas digestivas que a digerem.

Membros de outras classes de equinodermos não utilizam seus pés ambulacrais para a captura de alimento. A maioria dos ouriços-do-mar consome algas, que eles raspam das rochas com uma estrutura raspadora complexa. A maioria das 2 mil espécies de estrelas-serpentes ingere partículas presentes na superfície de sedimentos e assimila a matéria orgânica contida nelas, mas algumas espécies filtram partículas de alimento suspensas na água e outras capturam pequenos animais.

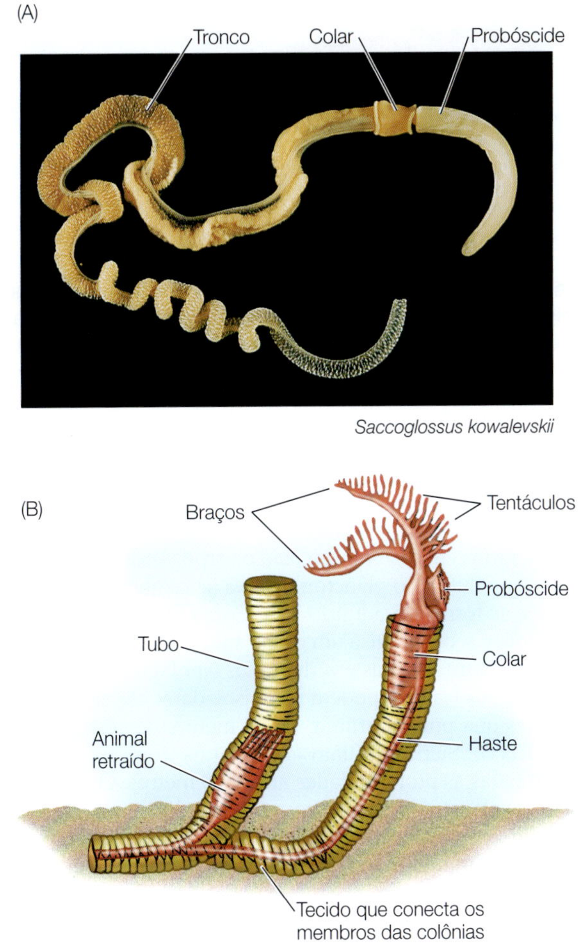
(A)
Tronco
Colar
Probóscide
Saccoglossus kowalevskii
(B)
Braços
Tentáculos
Probóscide
Tubo
Colar
Animal retraído
Haste
Tecido que conecta os membros das colônias

Figura 33.5 Hemicordados (A) A probóscide de um balanoglosso é modificada para a escavação. (B) A estrutura de um pterobrânquio colonial.

Os hemicordados apresentam um plano corporal composto de três partes

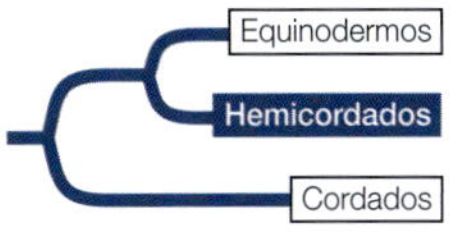
Equinodermos
Hemicordados
Cordados

Os hemicordados – balanoglossos e pterobrânquios – apresentam um plano corporal composto de três partes, consistindo de uma *probóscide*, um *colar* (contendo a boca) e um *tronco* (que contém as outras partes do corpo). As 75 espécies conhecidas de balanoglossos chegam até 2 metros de comprimento (**Figura 33.5A**). Eles vivem em galerias em sedimentos lodosos e arenosos. O trato digestivo dos balanoglossos consiste em uma boca, atrás da qual se localiza uma *faringe* muscular e um *intestino*. A faringe abre para o meio externo por várias *fendas faríngeas*, pelas quais a água pode sair. Um tecido altamente vascularizado circunda essas fendas, servindo como um aparelho para as trocas gasosas. Os balanoglossos respiram bombeando água para dentro da boca e para fora das fendas faríngeas. Eles capturam a presa com a grande probóscide, que é coberta por um muco pegajoso que apanha pequenos organismos do sedimento. O muco e a presa nele aderida são transportados para a boca pelos cílios. No esôfago, o muco carregado junto com o alimento é compactado em uma massa em forma de corda que é transportada, ao longo do trato digestivo, pela ação ciliar.

As 20 espécies existentes de *pterobrânquios* são animais marinhos sedentários de até 12 milímetros que vivem em tubo secretado pela probóscide. Algumas espécies são solitárias; outras formam colônias de indivíduos (**Figura 33.5B**). Atrás da probóscide existe um colar composto de um a nove pares de braços. Os braços possuem longos tentáculos que capturam as presas e atuam nas trocas gasosas.

33.2 RECAPITULAÇÃO

Os equinodermos possuem um esqueleto interno de placas calcificadas e um exclusivo sistema vascular de água. Os hemicordados possuem um corpo bilateralmente simétrico dividido em três partes: probóscide, colar e tronco.

- Quais são os dois aspectos estruturais únicos que caracterizam os equinodermos? Ver p. 719.
- Descreva algumas das maneiras pelas quais os equinodermos utilizam seus pés ambulacrais para obter alimento. Ver p. 721.
- Como os hemicordados obtêm seu alimento? Ver p. 721.

Nós descrevemos os grupos de deuterostomados que são mais distantes em relação à nossa espécie. Agora, voltaremos nossa atenção para os cordados, o grupo ao qual os humanos pertencem.

33.3 Que novas características evoluíram nos cordados?

O exame de animais adultos não deixa óbvio que os equinodermos e os cordados compartilham um ancestral comum. Por essa mesma razão, as relações evolutivas entre alguns grupos de cordados não são imediatamente aparentes. Os aspectos que revelam as relações evolutivas dentre os cordados e entre cordados e equinodermos são primeiramente verificados na larva – ou seja, é durante os estágios iniciais de desenvolvimento que suas relações evolutivas são evidentes.

Existem três filos de cordados: os **urocordados** (Urochordata), os **cefalocordados** (Cephalochordata) e os **vertebrados** (Vertebrata). Existem aproximadamente 3.000 espécies de urocordados e 50.000 espécies de vertebrados, mas somente 30 espécies de cefalocordados.

Os cordados adultos variam bastante em forma, porém todos apresentam as seguintes estruturas derivadas em algum estágio de seu desenvolvimento (**Figura 33.6**):

- um cordão nervoso dorsal oco
- uma cauda que se estende para trás além do ânus
- uma haste de sustentação dorsal chamada de *notocorda*

A **notocorda** é a característica derivada mais importante dos cordados. Ela é composta por um centro de grandes células com vacúolos túrgidos cheios de líquido, o que a torna rígida, mas flexível. Nos urocordados, a notocorda é perdida durante a metamorfose para o estágio adulto. Na maioria dos vertebrados, ela é substituída por estruturas esqueléticas que dão sustentação ao corpo.

As fendas faríngeas ancestrais (uma característica não derivada desse grupo) estão presentes em alguns estágios do desenvolvimento de cordados, mas freqüentemente são perdidas nos adultos. A *faringe*, que se desenvolve em volta das fendas faríngeas, funcionava nos cordados ancestrais como o local de captação de oxigênio e eliminação de dióxido de carbono e água (como nos balanoglossos). A faringe de algumas espécies de cordados é aumentada (como a *cesta faríngea* do anfioxo na **Figura 33.6**), porém em outras espécies ela foi perdida.

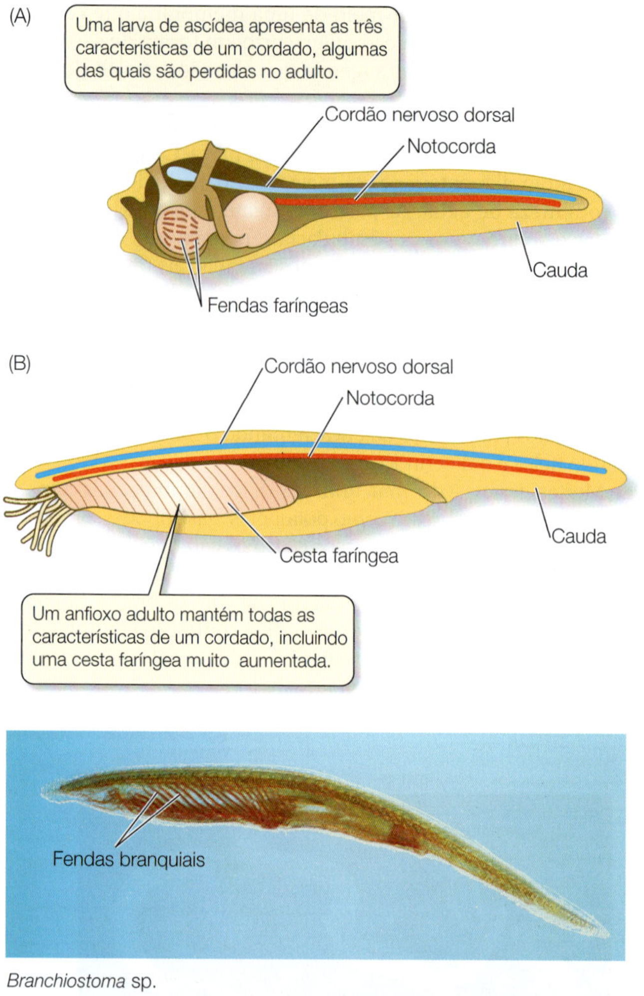
(A)
Uma larva de ascídea apresenta as três características de um cordado, algumas das quais são perdidas no adulto.
Cordão nervoso dorsal
Notocorda
Cauda
Fendas faríngeas
(B)
Cordão nervoso dorsal
Notocorda
Cesta faríngea
Cauda
Um anfioxo adulto mantém todas as características de um cordado, incluindo uma cesta faríngea muito aumentada.
Fendas branquiais
Branchiostoma sp.

Figura 33.6 As características-chave dos cordados são mais visíveis nos estágios iniciais de desenvolvimento As fendas faríngeas do urocordado ascídea e do cefalocordado um anfioxo desenvolvem-se em cestas faríngeas. (A) A larva de ascídea (não o adulto) apresenta os três aspectos de um cordado. (B) A cesta faríngea do anfioxo adulto é caracterizada por fendas branquiais externas.

Os adultos da maioria dos urocordados e cefalocordados são sésseis

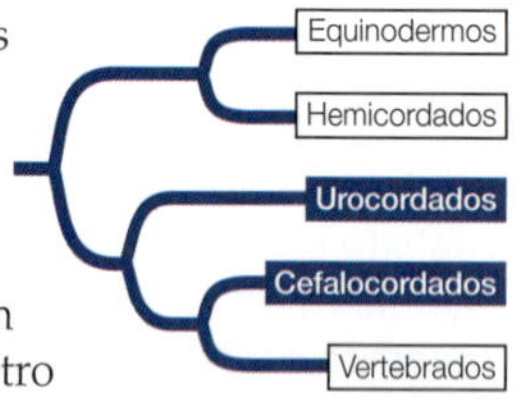
Equinodermos
Hemicordados
Urocordados
Cefalocordados
Vertebrados

Todos os membros das três principais classes de urocordados – ascídeas, taliáceos e larváceos – são animais marinhos. Mais de 90% das espécies conhecidas de urocordados são ascídeas. As ascídeas individuais variam em tamanho desde menos de 1 milímetro até 60 centímetros de comprimento, porém algumas formam colônias por brotamento assexual a partir de um único indivíduo fundador, podendo chegar a vários metros de diâmetro. O corpo do adulto, em forma de saco, é coberto por uma túnica resistente, de onde vem o nome alternativo "tunicados" (**Figura 33.7A**). A túnica é composta de proteínas e de um polissacarídeo complexo, secretado pelas células epidérmicas. A faringe das ascídeas é alargada em uma *cesta faríngea* que filtra a presa a partir da água que passa através dela.

Além de suas fendas faríngeas, uma larva de ascídea possui um cordão nervoso dorsal oco e uma notocorda restrita à região caudal (ver Figura 33.6). Camadas de músculo que circundam a notocorda fornecem sustentação para o corpo. Após um curto período em que flutua no plâncton, a larva se estabelece no fundo oceânico e se torna um adulto séssil. Como Darwin percebeu, a larva natante e semelhante a um girino sugere uma relação evolutiva próxima entre ascídeas e vertebrados (ver Figura 25.4).

Os taliáceos (salpas) podem viver isoladamente ou na forma de colônias que podem atingir vários metros de comprimento (**Figura 33.7B**). Salpas flutuam em oceanos tropicais e subtropicais em todas as profundidades até 1.500 metros. Os larváceos são animais planctônicos solitários que mantêm suas notocordas e cordões nervosos durante sua vida. A maioria dos larváceos são menores de 5 milímetros, porém algumas espécies que vivem nas maiores profundezas oceânicas constroem delicadas capas gelatinosas que podem medir mais de um metro. Elas capturam partículas orgânicas que afundam (sua fonte de alimento primária) com essas capas. Quando uma capa velha é obstruída, eles constroem uma nova.

(A) *Rhopalaea* sp.

(B) *Pegea socia*

Figura 33.7 Urocordados adultos (A) A túnica iridescente está claramente visível nestas ascídeas transparentes também conhecidas como tunicados. Duas espécies diferentes do mesmo gênero aparecem nessa fotografia. (B) Uma colônia em forma de corrente de salpas flutua em águas tropicais.

As 30 espécies de cefalocordados, ou anfioxos, são pequenos animais que raramente excedem 5 cm em comprimento. A notocorda, utilizada em escavação, se estende ao longo de todo o comprimento do corpo durante toda a vida (ver Figura 33.6B). Os anfioxos são encontrados em águas marinhas e salobres rasas em todo o mundo. A maior parte do tempo passam enterrados na areia com as cabeças acima do sedimento, porém eles também podem nadar. Eles retiram presas da água com suas cestas faríngeas. Durante a temporada de reprodução, as gônadas dos machos e das fêmeas crescem bastante. Durante a desova, as paredes das gônadas rompem, liberando os óvulos e os espermatozóides na coluna de água, onde acontece a fertilização.

Uma nova estrutura dorsal de sustentação substitui a notocorda nos vertebrados

Em uma das linhagens de cordados, uma nova estrutura dorsal de sustentação surgiu. Os **vertebrados** foram assim denominados devido à sua **coluna vertebral** dorsal que substitui a notocorda durante o desenvolvimento inicial como sua estrutura primária de sustentação.

Acredita-se que a linhagem que levou aos vertebrados tenha evoluído em um ambiente de estuário (onde a água doce encontra com a água salgada). Desde então, os vertebrados modernos têm evoluído em ambientes marinhos, de água doce e terrestres em todo o mundo (**Figura 33.8**).

Figura 33.8 Os vertebrados colonizaram uma ampla diversidade de ambientes Essa hipótese filogenética atual mostra a distribuição dos principais grupos de vertebrados nos ambientes marinhos, de água doce, terrestres e de estuário (onde a água doce e a água salgada se encontram). Representantes dos vertebrados amniotas podem ser encontrados em todos os quatro ambientes, assim como no ar (aves e morcegos).

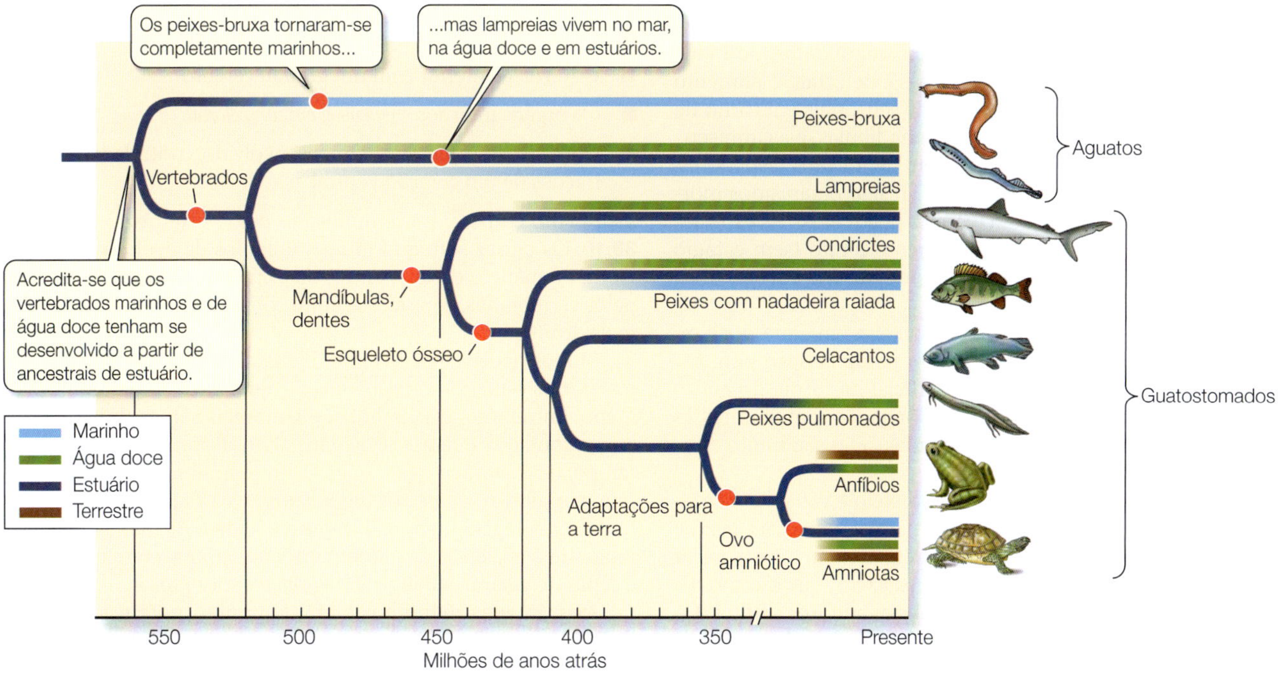
Os peixes-bruxa tornaram-se completamente marinhos...
...mas lampreias vivem no mar, na água doce e em estuários.
Peixes-bruxa
Lampreias
Aguatos
Vertebrados
Condrictes
Mandíbulas, dentes
Peixes com nadadeira raiada
Esqueleto ósseo
Celacantos
Guatostomados
Peixes pulmonados
Anfíbios
Adaptações para a terra
Ovo amniótico
Amniotas
Acredita-se que os vertebrados marinhos e de água doce tenham se desenvolvido a partir de ancestrais de estuário.
Marinho
Água doce
Estuário
Terrestre
550
500
450
400
350
Presente
Milhões de anos atrás

(A) *Eptatretus stouti*

(B) *Petromyzon marinus*

Figura 33.9 Peixes amandibulados existentes (A) Os peixes-bruxa enterram-se no lodo oceânico, de onde extraem suas pequenas presas. Eles também comem peixes mortos ou que estão morrendo. O peixe-bruxa tem olhos degenerados, o que os têm levado ao errado nome de "enguias cegas". (B) Algumas lampreias podem viver na água doce ou água salgada, apesar de todas procriarem em água doce. Muitas espécies são ectoparasitas que se ligam aos corpos de peixes e utilizam suas grandes bocas amandibuladas para sugar sangue e carne.

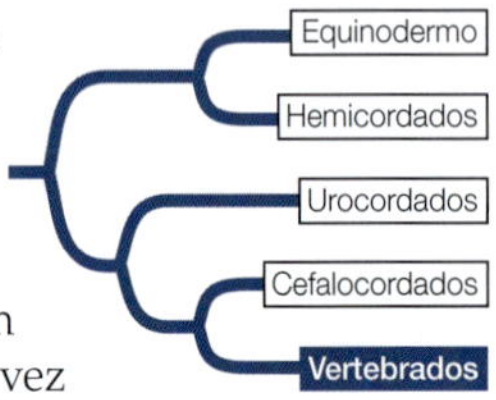
Equinodermo
Hemicordados
Urocordados
Cefalocordados
Vertebrados

Muitos biólogos acreditam que os *peixes-bruxa* sejam o grupo-irmão dos demais vertebrados existentes (como mostrado na Figura 33.8). Os peixes-bruxa (**Figura 33.9A**) possuem um fraco sistema circulatório, com três corações acessórios pequenos (em vez de um só, maior), um *crânio* parcial (sem *cérebro* ou *cerebelo*, duas regiões principais do encéfalo de outros vertebrados), e nenhuma mandíbula ou estômago. Eles também não possuem vértebras, tendo um esqueleto composto de cartilagem. Assim, alguns biólogos não consideram os peixes-bruxa como vertebrados, mas ao invés disso os chamam junto com os vertebrados de *craniados*. Por outro lado, recentes análises de algumas seqüências gênicas sugerem que os peixes-bruxa podem estar mais relacionados às lampreias (**Figura 33.9B**). Essas duas classes são colocadas como *ciclóstomos* ("bocas circulares") nos vertebrados. Se esta última hipótese estiver correta, então os peixes-bruxa devem ter perdido muitas de suas características morfológicas de vertebrados durante sua evolução.

As 58 espécies conhecidas de peixes-bruxa são animais marinhos incomuns que produzem grandes quantidades de muco como defesa. Elas são praticamente cegas e detectam o alimento por meio dos quatro pares de tentáculos sensoriais em torno de suas bocas. Apesar de não possuírem mandíbulas, elas apresentam uma estrutura lingual equipada com dentáculos raspadores, que os peixes-bruxa podem utilizar para rasgar organismos mortos e capturar sua principal presa (vermes poliquetos). As espécies de peixes-bruxa possuem desenvolvimento direto (sem estágio larval), e os indivíduos podem trocar de sexo de ano em ano (macho para fêmea e vice-versa).

As quase 50 espécies de lampreias vivem em água doce ou em águas marinhas costeiras, e entram na água doce para reproduzir. Apesar da semelhança superficial na forma do corpo de lampreias e peixes-bruxa (corpos alongados semelhantes às enguias e ausência de nadadeiras pareadas), eles são muito diferentes em sua biologia.

As lampreias possuem um crânio completo e vértebras verdadeiras (apesar de rudimentares), todos cartilaginosos em vez de ósseos. As lampreias sofrem uma completa metamorfose a partir de larvas filtradoras conhecidas como *ammocoetes*, que são morfologicamente similares, em estrutura geral, aos anfioxos adultos. Os adultos de muitas espécies de lampreias são parasitas, apesar de diversas linhagens terem evoluído em adultos que não se alimentam. Estas lampreias que não se alimentam adultas sobrevivem apenas poucas semanas após a metamorfose para reproduzir. Nas espécies em que os adultos são parasitas, a boca arredondada é um órgão de raspagem e sucção (ver Figura 33.9B) utilizado para a aderência à presa e raspagem da carne. Uma espécie predatória, a lampreia-do-mar, começou a dispersar por meio dos canais construídos pelo homem para dentro dos Grandes Lagos em 1835 e contribuiu para uma enorme perda de áreas de pesca comerciais até que medidas de controle foram introduzidas na metade do século 20.

O plano corporal dos vertebrados pode sustentar grandes animais

Os vertebrados são caracterizados por diversos aspectos:

- Um *esqueleto* interno rígido sustentado pela coluna vertebral
- Um *crânio* anterior com um grande cérebro
- Os órgãos internos *suspensos em um celoma*
- Um *sistema circulatório* bem desenvolvido, controlado por contrações de um coração ventral

Este plano corporal é exemplificado pelo peixe ósseo na **Figura 33.10**. Os peixes sofreram muitos milênios de evolução nos ambientes aquáticos da Terra, antes da primeira colonização terrestre pelos vertebrados, e permaneceram como o grupo de vertebrados mais diverso.

Muitos tipos de peixes amandibulados foram encontrados nos mares, nos estuários e nos corpos de água doce do período Devoniano. Entretanto, peixes-bruxa e lampreias são os únicos peixes amandibulados que sobreviveram além deste período. Naquele tempo, os *gnatostomados* ("bocas com mandíbulas") desenvolveram mandíbulas a partir de alguns dos arcos esqueléticos que sustentavam a região branquial (**Figura 33.11A**). As mandíbulas melhoraram a eficiência da alimentação; um animal com mandíbulas é capaz de agarrar, subjugar e engolir grandes presas.

As primeiras mandíbulas eram simples, porém a evolução de dentes tornou os predadores mais eficientes **(Figura 33.11B)**. Nos predadores, os dentes funcionavam de maneira crucial para a

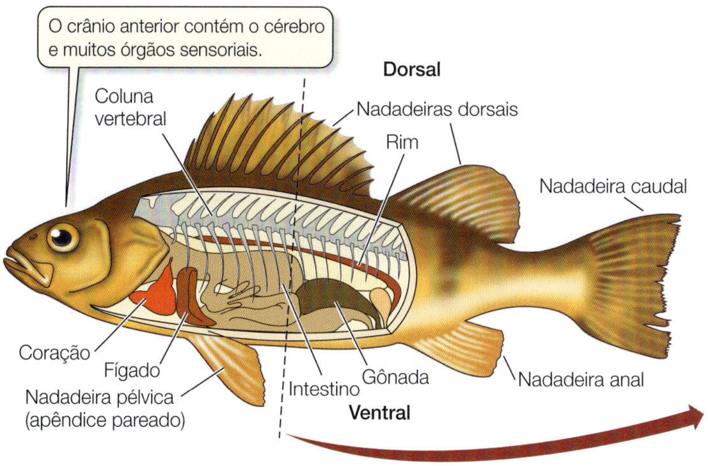
O crânio anterior contém o cérebro e muitos órgãos sensoriais.
Dorsal
Coluna vertebral
Nadadeiras dorsais
Rim
Nadadeira caudal
Coração
Fígado
Nadadeira pélvica (apêndice pareado)
Intestino
Gônada
Ventral
Nadadeira anal

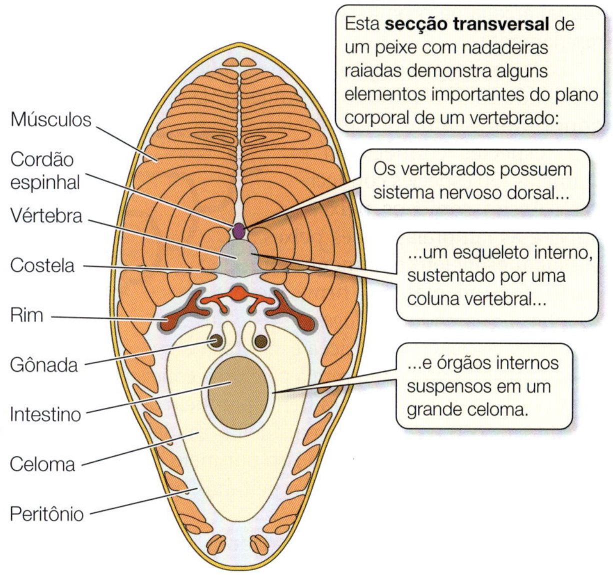
Esta **secção transversal** de um peixe com nadadeiras raiadas demonstra alguns elementos importantes do plano corporal de um vertebrado:
Músculos
Cordão espinhal
Vértebra
Costela
Rim
Gônada
Intestino
Celoma
Peritônio
Os vertebrados possuem sistema nervoso dorsal...
...um esqueleto interno, sustentado por uma coluna vertebral...
...e órgãos internos suspensos em um grande celoma.

Figura 33.10 O plano corporal de um vertebrado Um peixe com nadadeiras raiadas é utilizado aqui para ilustrar os elementos estruturais comuns a todos os vertebrados. Além das nadadeiras pélvicas pareadas ("membros posteriores"), esses peixes possuem nadadeiras peitorais pareadas ("membros anteriores") nos lados de seus corpos (não representadas nesta ilustração).

mastigação das presas. Os dentes possibilitaram a mastigação das partes moles e das partes duras dos alimentos, tanto para os predadores como para os herbívoros (ver Figura 56.7). A mastigação também auxilia na digestão química e aumenta a habilidade dos animais em extrair os nutrientes das presas, como será descrito no Capítulo 56. Os vertebrados são notáveis na diversidade de suas mandíbulas e dentes.

Nadadeiras e bexigas natatórias melhoraram a estabilidade e o controle da locomoção

Peixes mandibulados estabilizam sua posição e se impulsionam através da água usando as nadadeiras. A maioria dos peixes possui um par de nadadeiras peitorais logo atrás das fendas branquiais e um par de nadadeiras pélvicas logo à frente da região anal (ver Figura 33.10). Nadadeiras médias dorsal e anal estabilizam o peixe durante seu movimento, ou podem ser utilizadas para propulsão em algumas espécies. Em muitas espécies, a nadadeira

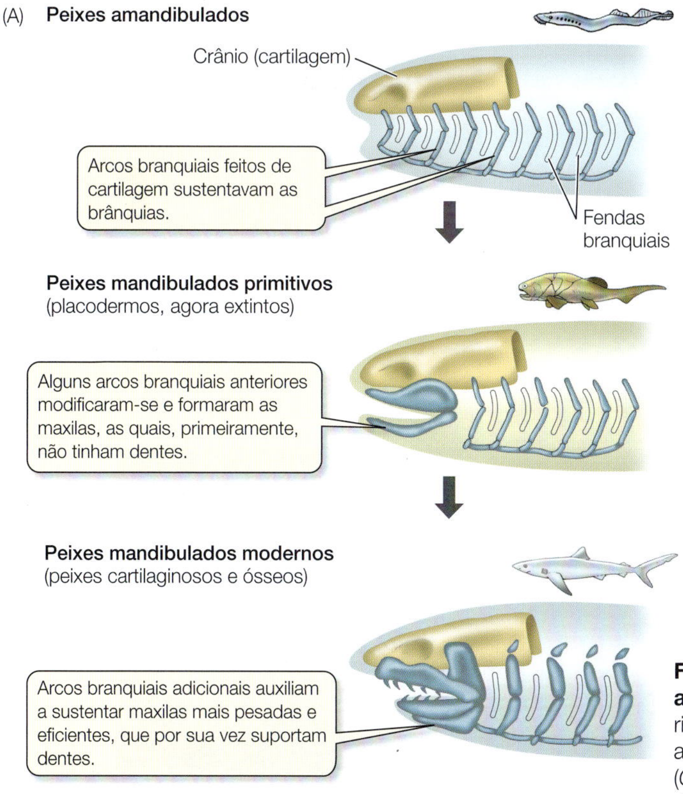
(A) Peixes amandibulados
Crânio (cartilagem)
Arcos branquiais feitos de cartilagem sustentavam as brânquias.
Fendas branquiais
Peixes mandibulados primitivos
(placodermos, agora extintos)
Alguns arcos branquiais anteriores modificaram-se e formaram as maxilas, as quais, primeiramente, não tinham dentes.
Peixes mandibulados modernos
(peixes cartilaginosos e ósseos)
Arcos branquiais adicionais auxiliam a sustentar maxilas mais pesadas e eficientes, que por sua vez suportam dentes.

(B)

Figura 33.11 Mandíbulas e dentes aumentaram a eficiência alimentar (A) Esta série de diagramas ilustra um provável cenário para a evolução de mandíbulas a partir dos arcos branquiais anteriores dos peixes. (B) Mandíbulas do extinto tubarão gigante (*Carcharodon megalodon*) mostram dentes que indicam um estilo de vida extremamente predatório.

caudal auxilia na propulsão e possibilita ao peixe dar meia-volta rapidamente.

Diversos grupos de peixes com nadadeiras tornaram-se abundantes durante o período Devoniano. Dentre eles estavam os **condrictes** – tubarões e arraias (820 espécies conhecidas) e quimeras (30 espécies conhecidas). Assim como os peixes-bruxa e as lampreias, esses peixes possuem esqueleto totalmente composto por um material firme, porém adaptável, chamado *cartilagem*. A pele desses peixes é flexível e coriácea e, muitas vezes, possui escamas que conferem à pele uma consistência de lixa. Os tubarões locomovem-se para frente por meio de ondulações laterais de seus corpos e de suas nadadeiras caudais (**Figura 33.12A**). Arraias, por outro lado, fazem isso por meio de movimentos ondulantes verticais das nadadeiras peitorais, as quais são muito aumentadas (**Figura 33.12B**).

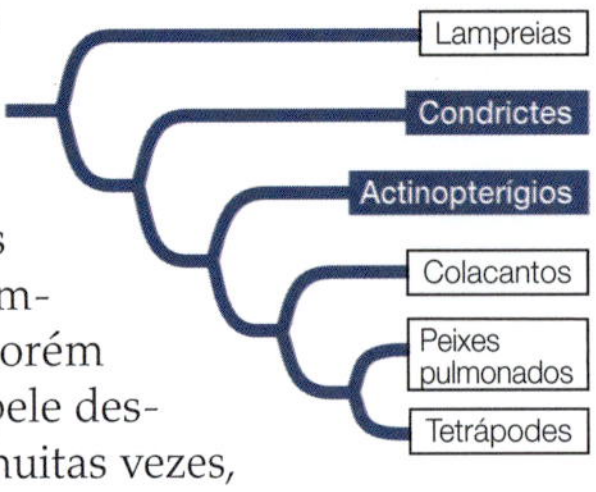
Lampreias
Condrictes
Actinopterígios
Colacantos
Peixes pulmonados
Tetrápodes

A maioria dos tubarões é predadora, mas alguns se alimentam filtrando o plâncton da água. A maioria das arraias vive no fundo do oceano onde se alimenta de moluscos e outros invertebrados enterrados nos sedimentos. Praticamente todos os peixes cartilaginosos vivem nos oceano, mas alguns vivem em estuários ou migram para lagos e rios. Um grupo de raias é encontrado em sistemas de rios da América do Sul. As quimeras, menos conhecidas (**Figura 33.12C**), vivem no fundo do oceano e em águas geladas.

Em alguns peixes primitivos, bolsas preenchidas por gás complementaram as funções de trocas gasosas das brânquias por meio do acesso ao oxigênio atmosférico. Essas características possibilitaram que aqueles peixes vivessem onde o oxigênio era pouco, como ocorre freqüentemente em ambientes de água doce. Essas bolsas semelhantes a pulmões evoluíram em *bexigas natatórias*, que servem como órgãos de flutuação. Ajustando a quantidade de gás na bexiga natatória, o peixe pode controlar a profundidade em que fica suspenso na água enquanto gasta muito pouca energia para se manter nessa posição.

Os **peixes com nadadeiras raiadas**, e a maioria dos grupos restantes de vertebrados, possuem esqueletos internos de *ossos* rígidos, calcificados, ao invés de cartilagem flexível. Na maioria das espécies, a superfície externa é coberta por escamas leves, achatadas, lisas e finas, que fornecem uma certa proteção ou auxiliam na locomoção na água. As brânquias dos peixes com nadadeiras raiadas abrem-se para uma câmara única coberta por uma aba rígida, chamada *opérculo*. O movimento do opérculo aumenta o fluxo de água sobre as brânquias, nas quais ocorrem as trocas gasosas.

Os peixes com nadadeiras raiadas diversificaram-se durante o período Terciário em aproximadamente 24.000 espécies, resultando em uma notável variedade de tamanhos, formas e modos de vida (**Figura 33.13**). Os menores têm menos de 1 cm de comprimento quando adultos; os maiores pesam cerca de 900 kg. Os peixes com nadadeiras raiadas exploram quase todos os tipos de fontes de alimento aquáticas. Nos oceanos, eles filtram o plâncton da água, raspam algas das rochas, comem corais e outros invertebrados coloniais de corpo mole, desenterram invertebrados dos sedimentos e são predadores de quase todos os outros tipos de peixes. Na água doce, eles comem plâncton, devoram insetos, comem frutas que caem na água e na floresta inundada e são predadores de outros vertebrados aquáticos e, ocasionalmente, vertebrados terrestres. Muitos peixes são solitários, mas outros, em águas abertas, formam grandes agregações chamadas de *cardumes*. Muitos peixes apresentam comportamentos complicados para a manutenção dos cardumes, construção de ninhos, corte e escolha de parceiros e cuidados com os mais jovens.

Apesar dos peixes com nadadeiras raiadas conseguirem controlar rapidamente a posição na água utilizando suas nadadeiras e bexigas natatórias, os seus ovos tendem a afundar. Algumas espécies produzem pequenos ovos que flutuam o suficiente para com-

(A) *Triaenodon obesus*

Nadadeira dorsal
Nadadeira pélvica
Nadadeira peitoral

(B) *Myliobatis australis*

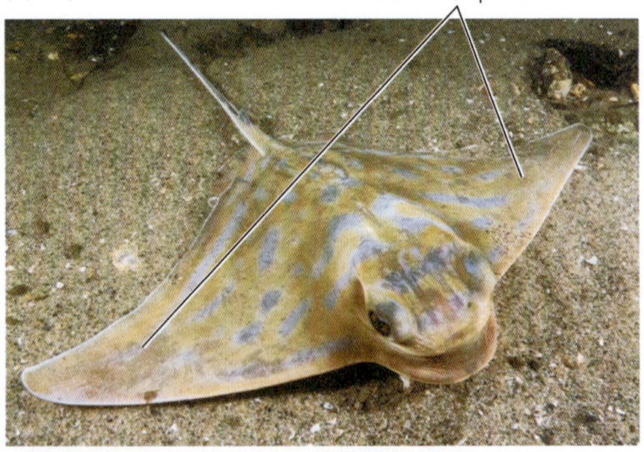
Nadadeiras peitorais

Nadadeira dorsal
Nadadeira peitoral

(C) *Chimaera* sp.

Figura 33.12 Condrictes (A) A maioria dos tubarões, como esse tubarão galha-branca-de-arrecifes, são predadores marinhos ativos. (B) As arraias, representadas aqui por uma raia-sapo australiana, alimentam-se no fundo do oceano. Suas nadadeiras peitorais modificadas são utilizadas para propulsão, sendo que as demais nadadeiras tornaram-se vestigiais. (C) Uma quimera, ou peixe-rato. Esse peixe das profundezas oceânicas muitas vezes possui nadadeiras dorsais modificadas que contêm toxinas.

(A) *Sphyraena barracuda*

(B) *Chromis punctipinnis*

(C) *Antennarius commersonii*

(D) *Phycodurus eques*

Figura 33.13 Diversidade dos peixes com nadadeiras raiadas (A) A barracuda possui grandes dentes e poderosas mandíbulas de predador. (B) O peixe-ferreiro das águas costeiras do Pacífico na América do Norte apresenta forma corporal "típica" de peixes que formam cardumes no oceano aberto. (C) O peixe-sapo pode mudar sua cor de amarelo pálido para marrom-laranja, ou até para um vermelho escuro, reforçando sua capacidade de camuflagem. (D) Esse dragão-do-mar é difícil de ser visto quando se esconde na vegetação. Ele é um parente maior do bem conhecido cavalo-marinho.

pletar o desenvolvimento em águas abertas, porém a maioria dos peixes marinhos se locomove para águas rasas ricas em alimento para depositar seus ovos. Esse é o motivo pelo qual as águas costeiras e os estuários são tão importantes no ciclo de vida de muitas espécies marinhas. Algumas, como o salmão, deixam a água salgada quando se reproduzem, indo para os rios para desovar nos riachos e lagos de água doce.

Como a larva do peixe do recife de coral liberada no oceano aberto encontra o caminho de volta aos recifes? Talvez os seus parentes a chamem para casa. Biólogos construíram recifes artificiais na costa da Austrália e reproduziram gravações de chamados de peixes do recife em metade destes. Muito mais peixes jovens foram atraídos pelos recifes com ruídos do que pelos silenciosos.

33.3 RECAPITULAÇÃO

Os cordados são caracterizados por um cordão nervoso dorsal oco, uma cauda pós-anal, e um bastão de sustentação dorsal chamado notocorda (apesar de todas essas características não serem encontradas em todos os estágios de vida). Estruturas especializadas de sustentação (vértebras), locomoção (nadadeiras) e alimentação (mandíbulas e dentes) desenvolveram-se entre os vertebrados, tendo permitido a estes a colonização e adaptação à maioria dos ambientes da Terra.

- Quais as sinapomorfias que caracterizam os cordados e quais caracterizam os vertebrados? Ver p. 722-724 e Figuras 33.6 e 33.10.
- Descreva as maneiras pelas quais os peixes-bruxa diferem das lampreias em morfologia e história de vida. Por que alguns biólogos não consideram os peixes-bruxa como vertebrados? Ver p. 724.
- Existem mais espécies de peixes do que de qualquer outro grupo de vertebrado. Por que isso acontece? Descreva as adaptações que diferenciam os principais grupos de peixes. Ver p. 724-726.

Em alguns peixes, as bolsas semelhantes a pulmões que evoluíram em bexigas natatórias tornaram-se especializadas para um outro objetivo: respirar. Essa adaptação marcou o estágio da transição dos vertebrados para a terra.

33.4 Como os vertebrados colonizaram a terra?

A evolução de bolsas semelhantes a pulmões marcou o estágio para a invasão da terra. Alguns peixes com nadadeiras raiadas primitivos provavelmente usavam essas estruturas para suplementar as brânquias quando os níveis de oxigênio na água eram baixos, como os peixes pulmonados e muitos outros peixes com nadadeiras raiadas fazem atualmente. Mas com suas nadadeiras não-articuladas, esses peixes podiam, somente, se agitar na terra, como a maioria dos peixes modernos. Mudanças na estrutura das nadadeiras ajudaram esses peixes a se sustentarem melhor em águas rasas e, mais tarde, a se locomoverem pela terra.

Nadadeiras articuladas deram mais sustentação aos peixes

As nadadeiras articuladas desenvolveram-se no ancestral dos **sarcopterígios**, que inclui os celacantos, peixes pulmonados e tetrápodos. Os celacantos prosperaram do período Devoniano até cerca de 65 milhões de anos atrás, quando se pensava que já estavam extintos. Entretanto, em 1938, um celacanto foi pescado na África do Sul. Desde então, centenas de indivíduos desse peixe extraordinário, *Latimeria chalumnae*, têm sido coletados. Uma segunda espécie, *L. menadoeusis*, foi descoberta em 1998 na ilha Indonésia de Sulawesi. *Latimeria*, um predador de outros peixes, atinge um comprimento aproximado de 1,8 metros e pesa até 82 kg (**Figura 33.14A**). A maior parte do seu esqueleto é composta de cartilagem e não de osso. Um esqueleto cartilaginoso é uma característica derivada neste clado em virtude desses peixes possuírem ancestrais ósseos.

Os **peixes pulmonados**, que também possuem nadadeiras articuladas, foram importantes predadores em habitats de águas rasas no período Devoniano, porém a maioria das linhagens não sobreviveu. As seis espécies sobreviventes vivem em águas estagnadas e lodosas na América do Sul, África, e Austrália (**Figura 33.14B**). Os peixes pulmonados possuem pulmões derivados das bolsas semelhantes a pulmões de seus ancestrais, assim como as brânquias. Quando as lagoas secam, os indivíduos da maioria das espécies podem se enterrar no fundo do lodo e sobreviver por muitos meses em um estado inativo enquanto respiram.

Acredita-se que alguns sarcopterígios aquáticos primitivos começaram a utilizar fontes de alimento terrestres, tornando-se mais adaptados à vida na terra, finalmente evoluindo para os **tetrápodos** ancestrais (vertebrados de quatro membros).

Como ocorreu a transição de um animal que nadava na água para outro que caminhava na terra? No início do ano de 2006, cientistas relataram a descoberta de um fóssil do período Devoniano que eles acreditaram se tratar de um intermediário entre as nadadeiras de peixes e os membros de tetrápodes terrestres (**Figura 33.14C**). Aparentemente, os membros capazes de impulsionar um grande peixe com o movimento de frente para trás necessário para caminhar possam ter se desenvolvido enquanto os animais ainda viviam na água.

Os anfíbios adaptaram-se à vida na Terra

Durante o período Devoniano, os primeiros tetrápodos surgiram a partir de um ancestral aquático. Nessa linhagem, as nadadeiras articuladas, curtas e grossas, desenvolveram-se originando pernas locomotoras. Os elementos básicos dessas pernas têm permanecido ao longo da evolução dos vertebrados terrestres, apesar destes terem mudado consideravelmente a sua forma.

A maioria dos **anfíbios** modernos está confinada a ambientes úmidos porque perdem água rapidamente pela pele quando expostos ao ar seco. Além disso, seus ovos são envoltos por delicados envelopes membranosos que não conseguem evitar a perda de água nas condições de seca. Em muitas espécies de anfíbios de

(A) *Latimeria chalumnae*

(B) *Neoceratodus forsteri*

Nadadeiras peitorais do *Tiktaalik* mostram algumas das estruturas esqueletais dos membros dos tetrápodos.

(C) *Tiktaalik roseae*

Figura 33.14 Os parentes mais próximos dos tetrápodos (A) Esse celacanto, encontrado em águas profundas do Oceano Índico, representa uma das duas espécies sobreviventes de um grupo que se pensava estar extinto. (B) Todas as espécies de peixes pulmonados vivem no Hemisfério Sul. (C) Um fóssil recentemente descoberto forneceu importantes novidades sobre a evolução de membros a partir de nadadeiras peitorais.

7 O sapo adulto respira com pulmões; sua cauda é reabsorvida.
Adulto
1 Os adultos desovam na água.
6 Aparecem pernas anteriores.
♀
♂
Esperma-tozóides
5 As brânquias tornam-se internas; aparecem pernas posteriores.
Óvulos
2 O ovo fertilizado se desenvolve na água.
4 O ovo eclode. A larva (girino) respira com brânquias externas.
3 O embrião se desenvolve e um botão de cauda se forma.

Figura 33.15 Dentro e fora da água A maioria dos estágios do ciclo de vida de anfíbios de zona temperada ocorre na água. O girino aquático é transformado em adulto terrestre por meio da metamorfose.

zona temperada, os adultos vivem na terra, mas retornam para a água para colocar seus ovos, os quais são geralmente fertilizados fora do corpo (**Figura 33.15**). Os ovos fertilizados dão origem a larvas que vivem na água até sofrerem metamorfose para se tornarem adultos terrestres. Entretanto, muitos anfíbios (especialmente aqueles em áreas tropicais e subtropicais) desenvolveram uma grande diversidade de modos reprodutivos e tipos de cuidados parentais. A fertilização interna evoluiu diversas vezes dentre os anfíbios. Muitas espécies desenvolveram-se diretamente em formas semelhantes a adultos a partir de ovos fertilizados colocados na terra ou carregados pelos pais. Outras espécies de anfíbios são inteiramente aquáticas, nunca deixando a água em quaisquer estágios de sua vida, e muitas dessas espécies mantém a morfologia larval.

As mais de 6.000 espécies conhecidas de anfíbios, que vivem na Terra atualmente, pertencem a três grupos principais: as cecílias, sem patas, tropicais, escavadoras ou aquáticas (**Figura 33.16A**); os sapos e rãs sem cauda (coletivamente chamados *anuros*; **Figura 33.16B**); e as *salamandras* com cauda (**Figura 33.16C,D**).

Os anuros são os mais diversos em regiões tropicais e temperadas quentes, apesar de alguns serem encontrados em grandes latitudes. Existem muito mais anuros que qualquer outro anfíbio, com mais de 5.300 espécies descritas e muitas mais sendo descobertas a cada ano. Alguns anuros possuem pele forte e outras adaptações que possibilitam sua vida em desertos muito secos por longos períodos, enquanto outros vivem em ambientes terrestres úmidos e arbóreos. Algumas espécies são completamente aquáticas na fase adulta. Todos os anuros apresentam coluna vertebral muito pequena, com uma região pélvica bastante modificada para pular, saltar, ou propulsar seus corpos através da água por meio de chutes das suas pernas traseiras.

As salamandras são mais diversas em regiões temperadas do Hemisfério Norte, mas muitas espécies são encontradas em ambientes frescos e úmidos nas montanhas da América Central. Muitas salamandras vivem em madeira podre ou em solo úmido. Um dos principais grupos de salamandra perdeu os pulmões; estas espécies realizam a troca de gases através da pele e do revestimento interno da boca – partes do corpo que todos os anfíbios utilizam além de seus pulmões. Através da *pedomorfose* (retenção do estado jovem; ver o Capítulo 20) um estilo de vida completamente aquático evoluiu várias vezes entre as salamandras (ver Figura 33.16D). A maioria das espécies apresenta fertilização interna, geralmente alcançada por meio da transferência de uma pequena cápsula gelatinosa com esperma em sua superfície (chamada *espermatóforo*).

Muitos anfíbios apresentam comportamentos sociais complexos. A maioria dos machos anuros emitem chamados espécie-específicos para atrair fêmeas de sua própria espécie (e algumas vezes para defender territórios de acasalamento), e eles competem pelas fêmeas que chegam nos locais de reprodução. Muitos anfíbios colocam um grande número de ovos, que abandonam após os terem depositado e fertilizado. Algumas espécies, entretanto, colocam poucos ovos, que são fertilizados e guardados em um ninho, ou então carregados nas costas, nos sacos vocais, ou até mesmo no estômago de um dos pais. Poucas espécies de sapos, salamandras e cecílias são *vivíparas*, ou seja, sua prole são jovens bem desenvolvidos que receberam nutrição da mãe durante a gestação.

Os anfíbios são o foco de muita atenção hoje em dia, pois as populações de muitas espécies estão diminuindo rapidamente, em especial, em regiões montanhosas no oeste da América do Norte, América Central e América do Sul, e nordeste da Austrália. Cientistas estão investigando diversas hipóteses que possam explicar a diminuição nas populações de anfíbios, incluindo os efeitos adversos da alteração do habitat por humanos, o aumento da radiação solar causada pela destruição da camada de ozônio, a poluição de áreas urbanas e industriais e pesticidas e herbicidas

(A) *Dermophis mexicanus*

(B) *Bufo periglenes*

(C) *Gyrinophilus porphyriticus*

(D) *Necturus* sp.

Figura 33.16 Diversidades entre os anfíbios (A) Cecílias escavadoras parecem mais vermes do que anfíbios. (B) Machos de sapo dourado no floresta de Monteverde na Costa Rica. Essa espécie tornou-se recentemente extinta, uma das muitas espécies de anfíbios que se extinguiram a poucas décadas. (C) Uma salamandra adulta. (D) Necturus é uma salamandra que desenvolveu uma vida aquática plena; não há porção terrestre em seu ciclo de vida.

agrícolas, além da proliferação de um fungo quitrídeo patogênico que ataca anfíbios. Cientistas têm documentado a proliferação de fungos quitrídeos na América Central, onde muitas espécies de anfíbios têm sido extintas, incluindo o sapo dourado da Costa Rica (ver Figura 33.16B).

Os amniotas colonizaram ambientes secos

Diversas inovações contribuíram para a capacidade de uma linhagem de tetrápodos explorar uma ampla gama de habitats terrestres. Os animais que desenvolveram essas características de conservação de água são chamados **amniotas**.

O **ovo amniótico** (que dá o nome ao grupo) é relativamente impermeável à água e permite que o embrião se desenvolva em ambiente aquoso (**Figura 33.17**). A casca calcificada do ovo amniótico, que pode ser coriácea, ou frágil e quebradiça, retarda a evaporação dos fluidos internos, mas permite a passagem de O_2 e de CO_2. O ovo também armazena grandes quantidades de alimento na forma de *gema*, permitindo que o embrião atinja um estágio de desenvolvimento relativamente avançado antes de eclodir. Dentro da casca existem *membranas extra-embrionárias* que protegem o embrião da dissecação e auxiliam na respiração e na excreção de restos nitrogenados.

Em diversos grupos diferentes de amniotas o ovo amniótico tornou-se modificado, permitindo que o embrião crescesse dentro da mãe (e recebesse nutrição desta). O ovo mamífero perdeu sua casca e gema enquanto as funções das membranas extra-embrionárias foram mantidas e expandidas; estudaremos as funções dessas membranas em detalhe no Capítulo 49.

Outras inovações foram encontradas nos órgãos de adultos terrestres. Uma pele forte, impermeável, coberta com escamas ou modificações de escamas como pêlos e penas reduzem a perda de água. Além disso, e talvez mais importante, as adaptações dos

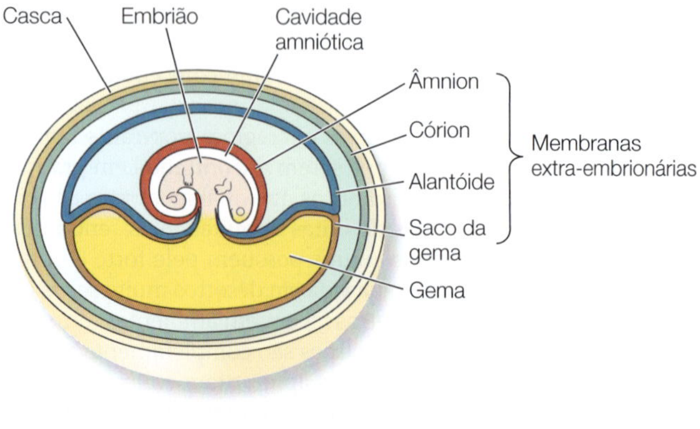
Casca
Embrião
Cavidade amniótica
Âmnion
Córion
Alantóide
Saco da gema
Gema
Membranas extra-embrionárias

Figura 33.17 Um ovo para locais secos A evolução do ovo amniótico, com sua casca retentora de água, quatro membranas extra-embrionárias, e gema embrionária, foi um importante passo na colonização do ambiente terrestre.

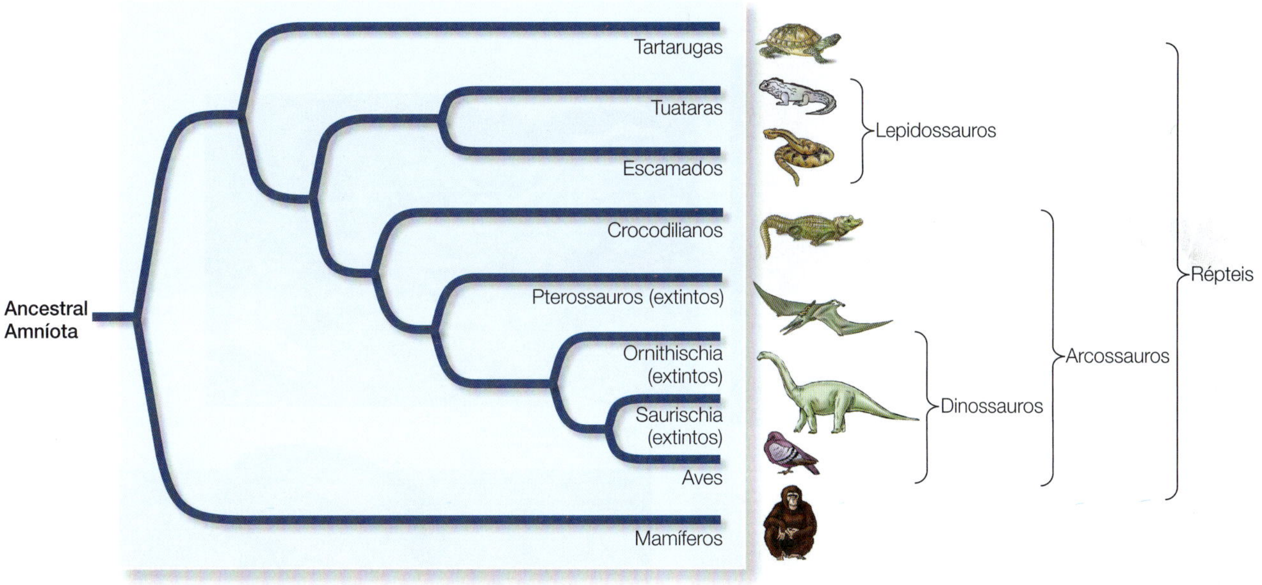
Tartarugas
Tuataras
Escamados
Crocodilianos
Pterossauros (extintos)
Ornithischia (extintos)
Saurischia (extintos)
Aves
Mamíferos
Ancestral Amníota
Lepidossauros
Dinossauros
Arcossauros
Répteis

Figura 33.18 Uma árvore filogenética atual de amniotas Essa árvore de relações de amniotas mostra a primeira divisão entre os mamíferos e os répteis. A parte réptil da árvore mostra uma linhagem que levou às tartarugas, outra aos lepidosaurs (cobras, lagartos, e tuataras), e um terceiro ramo que inclui todos os archosauros (crocodilos, diversos grupos extintos, e as aves).

órgãos excretores de vertebrados, os rins, permitiram que os amniotas excretassem uma urina concentrada, livrando o corpo dos restos nitrogenados sem perder uma grande quantidade de água nesse processo (ver o Capítulo 57).

Durante o período Carbonífero, os amniotas dividiram-se em dois grupos principais, os mamíferos e os répteis (**Figura 33.18**). Atualmente existem mais de 17.200 espécies de **répteis**, mais da metade representada pelas *aves*. As aves são os únicos membros vivos do grupo dos *dinossauros*, os predadores terrestres dominantes do período Mesozóico.

Os répteis adaptaram-se à vida em muitos habitats

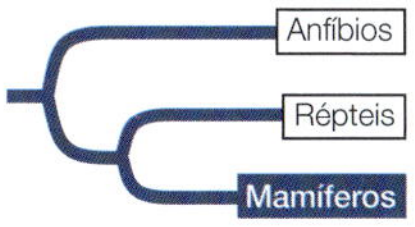
Anfíbios
Répteis
Mamíferos

A linhagem que levou aos répteis modernos começou a divergir a partir de outros amniotas há aproximadamente 250 milhões de anos atrás. Uma linhagem de répteis que mudou muito pouco durante todo esse tempo foi a das *tartarugas*. As placas ósseas dorsais e ventrais das tartarugas formam um casco para dentro do qual a cabeça e os membros podem ser recolhidos em muitas espécies (**Figura 33.19A**). O casco dorsal é uma expansão das costelas, e é um mistério como as cinturas peitorais desenvolveram-se para dentro das costelas das tartarugas, diferente de qualquer outro vertebrado. A maioria das tartarugas vive em ambientes aquáticos, porém diversas linhagens, como os jabutis, são terrestres. As tartarugas marinhas passam sua vida inteira no mar, exceto quando elas vêm à praia para colocarem seus ovos. A exploração humana de tartarugas marinhas e seus ovos tem resultado no declíneo dessas espécies, todas agora ameaçadas de extinção. Algumas espécies de tartarugas são herbívoras ou carnívoras estritas, mas a maioria das espécies são omnívoras, e se alimentam de uma variedade de plantas terrestres e aquáticas e de animais.

Os *lepidossauros* constituem o segundo grupo mais rico em espécies dos répteis vivos. Este grupo é composto pelos *escamados* (lagartos, cobras, e anfisbenas – este último sendo um grupo de répteis sem pernas, vermiformes e escavadores com olhos bem pequenos) e pelas *tuataras*, que lembram superficialmente os lagartos, porém diferem destes na implantação dos dentes e em diversas características anatômicas internas. Muitas espécies relacionadas às tuataras viveram durante a Era Mesozóica, porém, atualmente, existem somente duas espécies, restritas a poucas ilhas da costa da Nova Zelândia (**Figura 33.19B**).

A pele de um lepidossauro é coberta com escamas córneas que reduzem bastante a perda de água pela superfície do corpo. Essas escamas, entretanto, impedem a pele de realizar as trocas gasosas. As trocas gasosas ocorrem basicamente nos pulmões, que são proporcionalmente muito maiores em área superficial do que aqueles dos anfíbios. Um lepidossauro força o ar para dentro e para fora dos pulmões por meio de movimentos das costelas. O coração dos lepidossauros é dividido em *câmaras* que separam parcialmente o sangue oxigenado vindo dos pulmões do sangue não-oxigenado que retorna do corpo. Com esse tipo de coração, os lepidossauros são capazes de gerar altas pressões sangüíneas e podem manter níveis mais altos de metabolismo.

A maioria dos lagartos é insetívora, mas alguns são herbívoros; outros são predadores de outros vertebrados. O maior lagarto, que pode chegar a 3 metros de comprimento, é o dragão de Komodo das Índias Orientais. A maioria dos lagartos caminha sobre os quatro membros (**Figura 33.19C**), apesar de que a perda das patas evoluiu repetidamente neste grupo, especialmente em espécies escavadoras e de pastagem. Um dos principais grupos de escamados sem membros são as serpentes (**Figura 33.19D**). Todas as serpentes são carnívoras; muitas conseguem engolir corpos bem maiores do que elas próprias. Diversas linhagens de serpentes desenvolveram glândulas de veneno e a capacidade de injetar rapidamente esse veneno na presa.

Os crocodilianos e as aves compartilham a sua ancestralidade com os dinossauros

Outro grupo de répteis, os *arcossauros*, incluem os crocodilianos, os dinossauros e as aves. Os *dinossauros* destacaram-se há cerca de 250 milhões de anos atrás e dominaram os ambientes terrestres por aproximadamente 150 milhões de anos; somente uma linhagem de dinossauros, as *aves*, sobreviveu ao evento de extinção em massa da fronteira Cretáceo-Terciário. Durante a Era Mesozóica, a maioria dos

(A) *Chelonia mydas*

(B) *Sphenodon punctatus*

(C) *Chlamydosaurus kingii*

(D) *Diadophis punctatus*

Figura 33.19 A diversidade dos répteis (A) Tartarugas verdes marinhas são amplamente distribuídas nos oceanos tropicais. (B) Esta tuatara representa somente uma de duas espécies sobreviventes de uma linhagem que se separou dos lagartos há um longo tempo. (C) Um lagarto australiano mostra perigo. (D) A cobra coleira da América do Norte não é venenosa. Ela possui parte de seu revestimento em tom laranja luminoso e se enrola de um modo diferente, característica essa que desencoraja os predadores.

animais terrestres com mais de 1 m de comprimento eram dinossauros. Muitos eram ágeis e podiam correr rapidamente; eles tinham músculos especiais que permitiam que os pulmões fossem enchidos e esvaziados enquanto os membros se moviam. Podemos inferir a existência desses músculos nos dinossauros a partir da estrutura da coluna vertebral dos fósseis. Alguns dos maiores dinossauros pesavam mais de 80 toneladas (ver a abertura do Capítulo 31).

> Até recentemente, cientistas assumiram que os dinossauros não-aves cresciam lentamente. Entretanto, análises de linhas de crescimento em ossos fossilizados indicaram que o *Tyrannosaurus rex* alcançava seu tamanho máximo em 15-18 anos – muito mais rápido do que os 25-35 anos que o elefante africano leva para alcançar o seu tamanho máximo.

Os crocodilianos modernos – crocodilos, jacarés e gaviais – estão confinados a ambientes tropicais e temperados quentes (**Figura 33.20A**). Os crocodilianos passam a maior parte do tempo na água, mas constroem ninhos na terra ou em montes de vegetação flutuante. Seus ovos são aquecidos pelo calor gerado a partir da degradação da matéria orgânica que as fêmeas colocam no ninho. Tipicamente, a fêmea cuida dos ovos e até facilita a eclosão destes. Em algumas espécies, a fêmea continua a cuidar e a se comunicar com os filhotes após a eclosão dos ovos. Todos os crocodilianos são carnívoros. Eles se alimentam de vertebrados de todas as classes, incluindo grandes mamíferos.

Os biólogos há muito aceitaram a posição filogenética das aves entre os répteis, apesar deles claramente apresentarem muitas características morfológicas derivadas únicas. Além da forte evidência morfológica que coloca as aves entre os répteis, dados moleculares e de fósseis que surgiram nas últimas décadas têm fornecido as evidências definitivas. Acredita-se que as aves tenham surgido entre os terópodes, uma linhagem de dinossauros predadores que compartilhavam características como postura bípede, ossos ocos, uma *fúrcula* ("osso jogador"), metatarsos alongados com três dedos nos pés, braços alongados com três dedos nas mãos, e uma pélvis voltada para trás.

As espécies vivas de aves estão em dois grupos principais que divergiram durante o final do período Cretáceo, há aproximadamente 80-90 milhões de anos atrás, a partir de um ancestral voador. Os poucos descendentes de uma das linhagens incluem aves que não voam ou voam muito pouco, algumas das quais são muito grandes. Essa linhagem, chamada *palaeognatos*, inclui os tinamídeos da América do Sul e América Central e diversas aves grandes dos continentes do sul – emas, kiwi, casuar e a maior ave do mundo, o avestruz (**Figura 33.20B**). A segunda linhagem (*neognatos*) deixou um número muito maior de descendentes, a maioria dos quais manteve a capacidade de voar.

(A) *Crocodylus niloticus*

(B) *Struthio camelus*

Figura 33.20 Arcossauros (A) O crocodilo do Nilo. Crocodilos, jacarés e seus parentes vivem em climas tropicais e temperados quentes. (B) As aves são o outro grupo vivo de arcossauros, representado aqui pela ave com asas, porém não voadora, avestruz.

A evolução de penas permitiu que as aves voassem

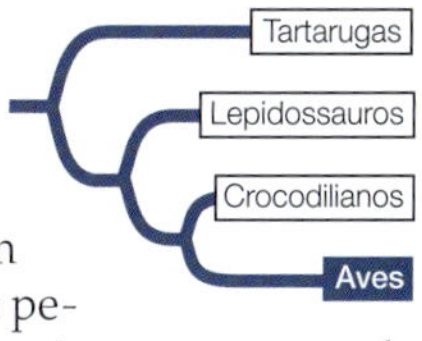
Tartarugas
Lepidossauros
Crocodilianos
Aves

Fósseis de dinossauros do início do período Cretáceo descobertos recentemente na Província de Liaoning, no nordeste da China, mostraram que as escamas de alguns pequenos dinossauros predadores eram altamente modificadas e formaram *penas*. As penas de um desses dinossauros, *Microraptor gui*, eram estruturalmente similares àquelas de aves modernas (**Figura 33.21A**).

Durante a era Mesozóica, há cerca de 175 milhões de anos atrás, uma linhagem de terópodes deu origem às aves. A ave fossilizada mais antiga que se conhece, *Archaeopteryx*, que viveu há cerca de 150 milhões de anos, possuía dentes, mas era coberta com penas praticamente idênticas às das aves atuais (**Figura 33.21B**). Ela também possuía asas bem desenvolvidas, um rabo comprido e uma fúrcula, ou"osso jogador", onde alguns dos músculos do vôo provavelmente se fixavam. O *Archaeopteryx* possuía garras em seus membros anteriores, mas também apresentava garras nos membros posteriores típicas das aves de poleiro. Ele provavelmente vivia em árvores e arbustos e utilizava as garras para escalar sobre os galhos.

A evolução das penas foi uma força fundamental para a diversificação. As penas são leves, porém fortes e estruturalmente complexas (**Figura 33.22**). A superfície voadora das asas é gerada por penas grandes que partem dos membros anteriores. Outras penas fortes partem da cauda como um leque e servem para a estabilização durante o vôo. As penas de contorno que cobrem o corpo e as penas inferiores fornecem isolamento térmico que auxiliam as aves na sobrevivência em todos os climas do planeta.

Os ossos dos dinossauros terópodes, incluindo as aves, são ocos e possuem escoras internas que aumentam sua força. Os ossos ocos fizeram dos primeiros terópodes animais mais leves e ágeis; posteriormente eles facilitaram a evolução do vôo. O esterno (osso do peito) das aves voadoras forma uma grande quilha vertical à qual se prendem os músculos de vôo.

O vôo é metabolicamente caro. Uma ave voadora gasta energia em uma velocidade 15 a 20 vezes maior do que um lagarto corredor do mesmo peso. Devido ao fato de as aves possuírem taxas metabólicas tão altas, elas geram uma grande quantidade de calor. Elas controlam a taxa de perda de calor utilizando as penas, que podem ser mantidas próximas ao corpo ou elevadas para alterar a quantidade de isolamento que elas fornecem. Uma outra adaptação à necessidade de voar é encontrada nos pulmões das aves, que permitem que o ar possa fluir unidirecionalmente e não para dentro e para fora (ver a Seção 54.2).

Atualmente existem cerca de 9.600 espécies de aves, os quais variam em tamanho de um avestruz de 150 kg até um pequeno

(A)

(B)

Figura 33.21 Fósseis de aves do período Mesozóico Os fósseis demonstram a evolução de aves a partir de outros dinossauros. (A) *Microraptor gui*, um dinossauro com penas do início do período Cretáceo (em torno de 140 milhões de anos). (B) *Archaeopterix* é o fóssil semelhante às aves mais antigo até agora conhecido.

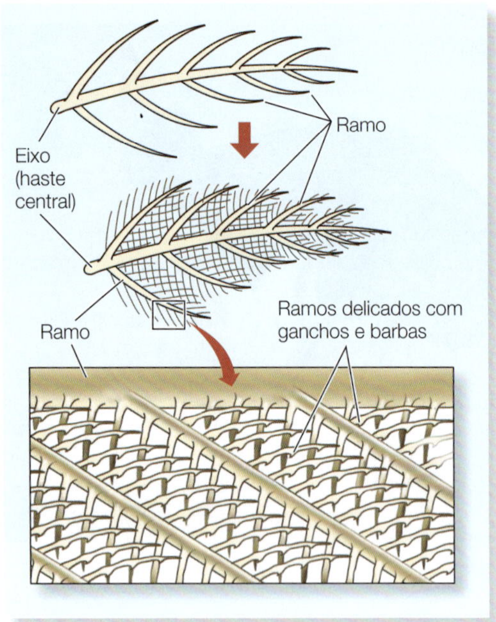
Ramo
Eixo
(haste
central)
Ramo
Ramos delicados com
ganchos e barbas

Figura 33.22 O principal passo evolutivo As primeiras penas devem ter tido uma haste central simples, com ramos laterais. Um padrão de ramos delicados com ganchos e barbas intercalantes criou uma superfície leve, forte e que permite voar.

beija-flor que pesa 2 g. Os dentes, tão proeminentes entre os dinossauros, foram perdidos nas aves ancestrais, porém, assim mesmo, as aves alimentam-se de quase todos os tipos de animais e plantas. Os insetos e as frutas constituem os itens mais importantes da dieta das aves terrestres. Além disso, elas comem sementes, néctar e pólen, folhas e brotos, carniça e outros vertebrados. Comendo as frutas e as sementes das plantas, as aves atuam como importantes agentes na dispersão das sementes. Representantes de algumas das principais linhagens de aves são mostrados na **Figura 33.23**.

Os mamíferos radiaram após a extinção dos dinossauros

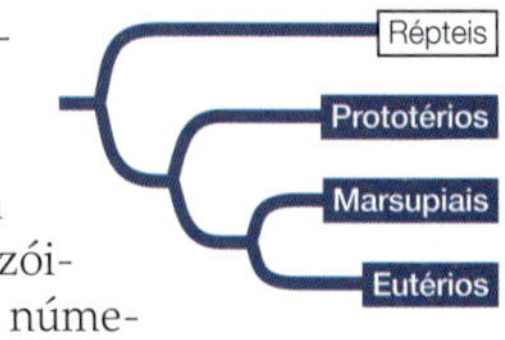
Répteis
Prototérios
Marsupiais
Eutérios

Pequenos e médios **mamíferos** coexistiram com os dinossauros por milhões de anos. Depois que os dinossauros não-aviários desapareceram durante a extinção em massa no final da era Mesozóica, os mamíferos aumentaram muito em número, diversidade e tamanho. Atualmente, os mamíferos variam de

(A) *Aix galericulata*

(B) *Frigata minor*

(C) *Tyto alba*

Figura 33.23 Diversidades entre as aves (A) Este pato Mandarine macho com plumagem brilhante é um membro do grupo que inclui os patos, gansos e cisnes. (B) Fragatas estão entre as aves oceânicas encontradas a milhas da costa. Este macho infla o peito para indicar sua força para as fêmeas. (C) Esta coruja das torres é um predador noturno que pode encontrar presas por meio do sensível sistema auditivo de "sonar". (D) Aves de poleiro, ou pássaros, como este cardeal macho, é o grupo com maior número de espécies de todas as aves.

(D) *Cardinalis cardinalis*

tamanho, desde pequeníssimos musaranhos e morcegos pesando apenas cerca de 2 g até a baleia azul, o maior animal da Terra, que mede mais de 33 metros de comprimento e pesa até 160.000 kg. Os mamíferos possuem bem menos dentes, porém muito mais diferenciados, do que os peixes, anfíbios, e répteis. Diferenças entre os mamíferos no número, tipo e arranjo dos dentes refletem suas variadas dietas (ver Figura 56.7).

Quatro aspectos-chave distinguem os mamíferos:

- *glândulas sudoríparas*, cujas secreções resfriam os animais quando evaporam.
- *glândulas mamárias* nas fêmeas secretam um fluido nutritivo (leite) do qual os indivíduos recém-nascidos se alimentam.
- *pêlos*, que protegem e fazem isolamento térmico.
- um *coração com quatro cavidades* que separa completamente o sangue oxigenado vindo dos pulmões do sangue desoxigenado que retorna do corpo (esta última característica é convergente com os arcossauros, incluindo as aves atuais e os crocodilos).

Os óvulos dos mamíferos são fertilizados dentro do corpo da fêmea, e os embriões desenvolvem-se no *útero* antes de nascerem. A maioria dos mamíferos possui uma cobertura de pêlos, a qual é luxuosa em algumas espécies, mas foi bastante reduzida em outros, como nos cetáceos (baleias, golfinhos) e nos humanos. Camadas grossas de gordura substituem os pêlos, como mecanismo de retenção de calor nos cetáceos; os humanos aprenderam a utilizar roupas quando dispersaram de áreas tropicais aquecidas.

As cerca de 5.000 espécies de mamíferos existentes estão divididas em dois grandes grupos. As três espécies de *prototérios* são encontradas somente na Austrália e na Nova Guiné. Esses mamíferos, o ornitorrinco e duas espécies de equidnas, diferem dos outros mamíferos pelo fato de não possuírem placenta, colocarem ovos e terem pernas que se projetam para os lados (**Figura 33.24**). Os prototérios alimentam seus filhotes com leite, mas não possuem mamilos nas suas glândulas mamárias; o leite simplesmente escoa para fora e é lambido do pêlo pelos filhotes.

A maioria dos mamíferos pertence ao grupo dos térios

Membros do grupo dos *térios* são subdivididos em mais duas linhagens: os marsupiais e os eutérios. As fêmeas da maioria das espécies de *marsupiais* possuem uma bolsa ventral na qual elas carregam e alimentam seus filhotes (**Figura 33.25A**). A gestação (gravidez) nos marsupiais é curta; os filhotes nascem com tamanho pequeno, mas com os membros anteriores bem desenvolvidos, com os quais eles sobem até a bolsa. Eles se grudam a um mamilo, mas não conseguem sugar o leite. A mãe ejeta o leite na boca dos filhotes até que eles atinjam tamanho suficiente para sugarem o leite. Assim que a prole deixa o útero, a mãe pode se tornar sexualmente receptiva de novo. Ela pode então carregar ovos fertilizados capazes de iniciar o desenvolvimento e substituir os filhotes da bolsa marsupial caso algo aconteça a eles.

No passado os marsupiais eram encontrados em todos os continentes, porém as 330 espécies existentes estão hoje restritas a regiões da Austrália (**Figura 33.25A,B**) e das Américas (especialmente na América do Sul; **Figura 33.25C**). Apenas uma espécie, o gambá, da Virgínia, é amplamente distribuída na América do Norte. Os marsupiais evoluíram se tornando herbívoros, insetívoros e carnívoros, mas nenhuma espécie vive nos oceanos. Nenhum marsupial consegue voar, apesar de alguns marsupiais *arbóreos* (moradores de árvores) serem planadores. Os maiores marsupiais são os cangurus da Austrália, que podem chegar a 90 kg. Marsupiais bem maiores existiram na Austrália até serem exterminados pelos humanos que lá chegaram há cerca de 40 mil anos (ver Figura 39.1).

A maioria das espécies de morcego é predadora, principalmente de insetos. Entretanto, um número de morcegos alimenta-se de frutas e algumas dessas espécies que comem frutas tornaram-se especializadas em sugar líquido, capazes de furar a pele das frutas e se alimentar do suco. A partir de ancestrais bebedores de suco surgiram, provavelmente, as três espécies dos notórios morcegos "vampiros", capazes de furar a pele e de se alimentar do sangue de outros mamíferos.

(A) *Tachyglossus aculeata*

(B) *Ornithorhynchus anatinus*

Figura 33.24 Prototérios (A) A equidna de bico curto é uma das duas espécies sobreviventes de equidnas. (B) O ornitorrinco é de uma outra espécie prototério sobrevivente.

A maior linhagem dos térios são os *eutérios*. Os eutérios são, algumas vezes, chamados de *mamíferos placentários*, mas esse nome é inapropriado, pois alguns marsupiais também possuem placentas. Os eutérios são mais desenvolvidos ao nascerem do que os marsupiais; não existe uma bolsa externa para abrigá-los após o nascimento.

As mais de 4.500 espécies de eutérios pertencem a um dos 20 grupos principais (**Tabela 33.1**). O maior grupo é o dos roedores, com mais de 2.000 espécies. Os roedores são tradicionalmente definidos pela exclusiva morfologia de seus dentes, adaptados para roer substâncias como madeira. O segundo maior grupo compreende as quase 1.000 espécies de morcegos – os mamíferos voadores. Os morcegos são seguidos pelas toupeiras e musaranhos, com pouco mais de 400 espé-

Figura 33.25 Marsupiais (A) Os cangurus cinza do leste australiano estão entre os maiores marsupiais vivos. Essa fêmea carrega seu filhote na característica bolsa marsupial. (B) O carnívoro demônio da Tasmânia é encontrado somente na Tasmânia, uma ilha da costa sul da Austrália. (C) Esse gambá arborícola é uma espécie marsupial da América do Sul.

(A) *Macropus giganteus* (B) *Sarcophilus harrisii* (C) *Caluromys philander*

cies. As relações entre os principais grupos de mamíferos têm sido difíceis de descobrir, em virtude da maioria dos grupos terem divergido em um curto período de tempo durante uma radiação adaptativa explosiva.

Os eutérios são extremamente variados em sua forma e ecologia **(Figura 33.26)**. A extinção de dinossauros não-aviários no final do período Cretáceo pode ter possibilitado a diversificação e a radiação dos mamíferos em um grande número de *nichos* ecológicos. Muitas espécies de eutérios cresceram para se tornar grandes em tamanhos e alguns assumiram o papel de predadores terrestres dominantes, anteriormente realizado pelos grandes dinossauros. Um comportamento de caça social evoluiu em várias espécies desses predadores, incluindo membros das linhagens canídea (lobos/cachorros), felídea (gatos) e primata.

Pastejo e folivoria por membros de diversos grupos eutérios ajudaram na transformação da paisagem terrestre. Rebanhos de herbívoros pastadores alimentavam-se em pastagens abertas, enquanto outros herbívoros alimentavam-se de arbustos e árvores. Os efeitos dos herbívoros na vida das plantas favoreceram a evolução de espinhos, folhas

TABELA 33.1 Principais grupos de mamíferos eutérios existentes

GRUPO	NÚMERO APROXIMADO DE ESPÉCIES VIVAS	EXEMPLOS
Mamíferos roedores (*Rodentia*)	≥ 2.000	Ratos, camundongos, esquilos, castores, capivara
Mamíferos voadores (*Chiroptera*)	1.000	Morcegos
Insetívoros (*Soricomorpha*)	430	Musaranhos, toupeiras
Mamíferos de casco duplo e cetáceos (*Cetartiodactyla*)	300	Cervo, ovelha, cabra, gado, antílope, girafa, camelo, porco, hipopótamo, cetáceos (baleias, golfinhos)
Carnívoros (*Carnivora*)	280	Lobos, cães, ursos, gatos, furões, pinipédios (focas, leões marinhos, morsas)
Primatas (*Primates*)	235	Lêmures, macacos, humanos
Lagomorfos (*Lagomorpha*)	80	Coelhos, lebre, pikas
Insetívoros africanos (*Afrosoricida*)	30	Tenrecs e toupeiras-douradas
Insetívoros espinhosos (*Erinaceomorpha*)	24	Porco-espinho
Mamíferos com armadura (*Cingulata*)	21	Tatus
Tupaias (*Scandentia*)	20	Tupaia
Mamíferos de casco ímpar (*Perissodactyla*)	20	Cavalos, zebras, antas, rinocerontes
Insetívoros de nariz longo (*Macroscelidea*)	15	Mussaranho-elefante
Pilosos (*Pilosa*)	10	Tamanduás e preguiças
Folidotos (*Pholidota*)	8	Pangolins
Sirênios (*Sirenia*)	5	Peixe-boi, manatis
Hiracóides (*Hyracoidea*)	4	Hiraxes
Proboscídeos (*Proboscidea*)	3	Elefantes africanos e indianos
Dermópteros (*Dermoptera*)	2	Lêmures voadores
Tubulidentados (*Tubulidentata*)	1	Oricterope

(A) *Xerus inauris*

(B) *Myotis* sp.

(C) *Stenella longirostris*

(D) *Rangifer tarandus*

Figura 33.26 Diversidades entre os eutérios (A) O esquilo da África do Sul é uma das muitas espécies de roedores diurnos e pequenos. (B) Quase todas as espécies de morcego são noturnas. Muitas espécies predadoras de morcegos encontram sua presa por um sistema de onda sonora semelhante a um sonar. (C) Esses golfinhos rotadores do Havaí são um tipo de cetáceos, um grupo dos cetartiodáctilos que retornou ao ambiente marinho. (D) Grandes mamíferos com cascos são importantes herbívoros de ambientes terrestres. Apesar de este macho estar pastando sozinho, caribus são usualmente encontrados em grandes rebanhos.

rígidas e formas difíceis de comer em muitas plantas. Por sua vez, as adaptações nos dentes e sistemas digestivos de muitas linhagens herbívoras permitiram que essas espécies consumissem muitas plantas mesmo que essas tivessem tais defesas – um impressionante exemplo de co-evolução. Um grande animal pode sobreviver melhor com alimento de menor qualidade do que um animal de pequeno porte, e assim, o tamanho maior evoluiu em diversos animais pastadores e folhívoros (ver Figura 33.26D). Os exemplos mais incríveis do tamanho maior de corpo, claro, foram encontrados entre os gigantescos dinossauros herbívoros (ver as páginas 670-671). A evolução de grandes herbívoros, por sua vez, favoreceu a evolução de grandes carnívoros capazes de atacá-los e dominá-los.

Várias linhagens de eutérios terrestres subseqüentemente retornaram aos ambientes marinhos que seus ancestrais tinham deixado para trás. Os cetáceos marinhos, completamente aquáticos, – baleias e golfinhos – evoluíram a partir de ancestrais artiodáctilos (as baleias são bastante relacionadas aos hipopótamos). As focas, os leões marinhos, e as morsas também retornaram ao ambiente marinho e seus membros tornaram-se modificados em nadadeiras. Lontras mantiveram seus membros, mas também retornaram a ambientes aquáticos, e colonizaram tanto água doce como água salgada. Os peixes-boi colonizaram estuários e águas marinhas rasas.

33.4 RECAPITULAÇÃO

A colonização da terra pelos vertebrados foi facilitada pela evolução de uma cobertura corporal impermeável, rins eficientes e o ovo amniótico – uma estrutura que resiste à dessecação e fornece um ambiente interno aquoso no qual o embrião cresce. Os principais grupos de amniotas incluem as tartarugas, os lepidossauros, os arcossauros (crocodilianos e aves), e os mamíferos.

- No passado não tão distante, a idéia de que aves eram répteis era vista com grande ceticismo. Você entende como os fósseis, a morfologia, e as evidências moleculares sustentam a posição de que as aves evoluíram dos répteis? Ver p. 732-733.
- Revisando a discussão das diversas classes de vertebrados, você pode identificar algumas razões pelas quais a estrutura do dente é uma área de estudo tão importante?

A história evolutiva de uma das linhagens de eutérios – os primatas – é de especial interesse para nós, pois inclui a espécie humana. Os primatas têm sido o tema de extensa pesquisa, tanto física quanto molecular. Vamos dar uma olhada nas características e na história evolutiva dos primatas.

33.5 Quais traços caracterizam os primatas?

Os **primatas** sofreram uma grande radiação evolutiva a partir de um ancestral mamífero insetívoro, pequeno e arborícola. Um fóssil quase completo de um primata primitivo, *Carpolestes*, foi encontrado em Wyoming e datado de 56 milhões de anos atrás; ele tinha pés preênseis com um grande polegar opositor, que tinha

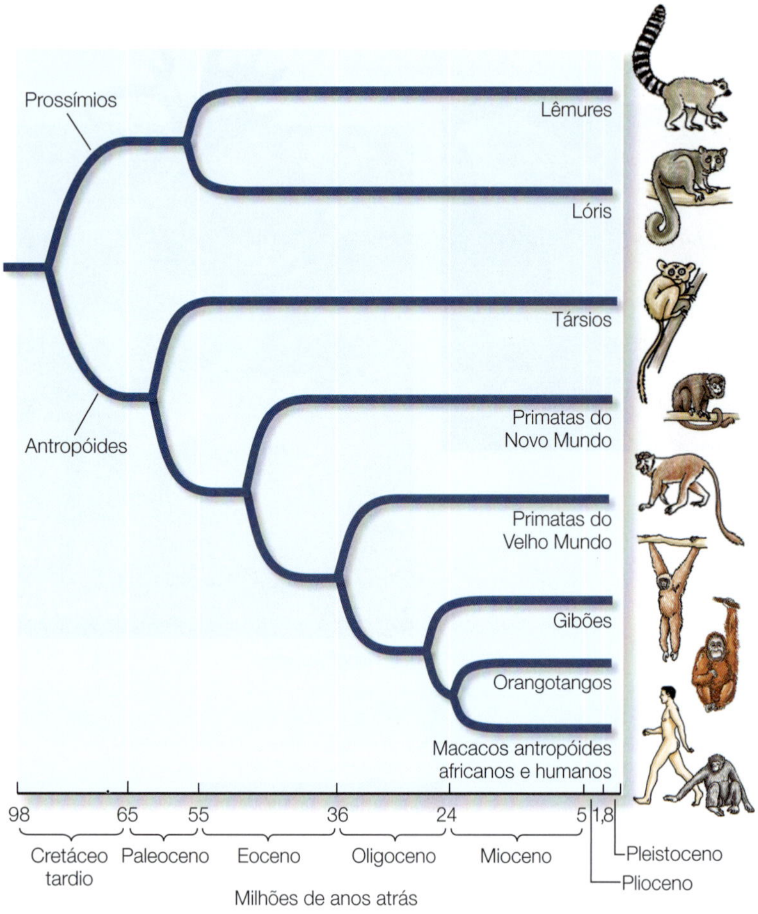
Prossímios
Antropóides
Lêmures
Lóris
Társios
Primatas do Novo Mundo
Primatas do Velho Mundo
Gibões
Orangotangos
Macacos antropóides africanos e humanos
98
65
55
36
24
5
1,8
Cretáceo tardio
Paleoceno
Eoceno
Oligoceno
Mioceno
Pleistoceno
Plioceno
Milhões de anos atrás

Figura 33.27 Uma árvore filogenética atual dos primatas A filogenia dos primatas está entre as mais estudadas de qualquer outro grupo de mamíferos. Essa árvore é baseada em evidência de muitos genes, morfologia e fósseis.

uma unha e não uma garra. Os membros preênseis com dedos opositores são uma das principais adaptações à vida arbórea que distinguem os primatas dos outros mamíferos.

No início da sua evolução, os primatas dividiram-se em dois ramos, os prossímios e os antropóides (**Figura 33.27**). Os *prossímios* – lêmures e lorisídeos – já existiram em todos os continentes, mas hoje são restritos a regiões da África, Madagascar e Ásia tropical. Todas as espécies continentais são arborícolas e noturnas (**Figura 33.28**). Na ilha de Madagascar, entretanto, o local de impressionante radiação de lêmures, também existem espécies diurnas e terrestres.

Um segundo ramo de primatas, os *antropóides* – társios, macacos do velho Mundo, macacos do Novo Mundo, e humanos – originaram-se há cerca de 65 milhões de anos na África ou na Ásia. Os macacos do Novo Mundo divergiram daqueles do Velho Mundo logo depois, porém cedo o suficiente para que alcançassem a América do Sul a partir da África quando os dois continentes ainda estavam próximos. Todos os macacos do Novo Mundo são arborícolas (**Figura 33.29A**). Muitos deles possuem a cauda longa e preênsil com a qual conseguem se agarrar nos galhos. Muitos macacos do Velho Mundo também são arborícolas, mas muitas espécies são terrestres (**Figura 33.29B**). Nenhum primata do Velho Mundo possui uma cauda preênsil.

Há cerca de 35 milhões de anos, uma linhagem que levou aos macacos modernos se separou dos macacos do Velho Mundo. Entre 22 e 5,5 milhões de anos atrás, dezenas de espécies de macacos viveram na Europa, Ásia e África. Os macacos da Ásia – gibões e orangotangos (**Figura 33.30A,B**) – descenderam a partir de duas dessas linhagens de macacos. Outro gênero extinto, *Dryopithecus*, é o grupo-irmão dos macacos africanos modernos – gorilas e chimpanzés (**Figura 33.30C,D**) – e dos humanos.

Os ancestrais humanos evoluíram para uma locomoção bípede

Em torno de 6 milhões de anos atrás, na África, uma divisão na linhagem levou os chimpanzés para um lado e os hominídeos, que incluem os humanos atuais e seus ancestrais, para outro. Os proto-hominídeos mais antigos, conhecidos como ardipitecíneos, possuíam adaptações morfológicas distintas para a locomoção bípede (caminhar sobre duas pernas). A locomoção bípede libera as mãos para a manipulação de objetos e para carregá-los enquanto caminha. Ela também eleva os olhos, permitindo que o animal olhe por sobre a vegetação para localizar predadores e presas. A locomoção bípede também é energeticamente mais econômica do que a locomoção quadrúpede. As três vantagens foram, provavelmente, importantes para os ardipitecíneos e seus descendentes, os australopitecíneos.

O primeiro crânio de um *australopitecíneo* foi encontrado na África do Sul em 1924. Desde então, fósseis de australopitecíneos têm sido encontrados em vários locais da África. O esqueleto fóssil mais com-

Eulemur coronatus

Figura 33.28 Um prossímio O lêmure coroado é uma das muitas espécies de lêmure encontrados em Madagascar, onde eles são parte de um conjunto único de plantas e animais endêmicos.

(A) *Ateles geoffroyi*

(B) *Mandrillus leucophaeus*

Figura 33.29 Macacos (A) Os macacos-aranha da América Central são típicos primatas do Novo Mundo, todos os quais são arborícolas. (B) Apesar de muitas espécies de primatas do Velho Mundo serem arborícolas, esses mandris estão entre os vários grupos terrestres.

pleto de um australopitecíneo foi descoberto na Etiópia em 1974. O esqueleto tinha aproximadamente 3,5 milhões de anos e pertencia a uma jovem fêmea que ficou mundialmente conhecida como "Lucy". Lucy foi considerada como sendo da espécie *Australopithecus afarensis*, e essa descoberta chamou a atenção de todo o mundo. Fósseis de mais de 100 indivíduos da espécie *A. afarensis*, já foram descobertos, e existem recentes descobertas de fósseis de outros australopitecíneos que viveram na África há 4-5 milhões de anos.

Especialistas discordam sobre quantas espécies são representadas pelos fósseis de australopitecíneos, porém está claro que no mínimo dois tipos distintos viveram juntos em grande parte do leste da África há vários milhões de anos (**Figura 30.31**). O maior deles (com cerca de 40 kg) é representado por pelo menos duas espécies (*Paranthropus robustus* e *P. boisei*), as quais desapareceram há cerca de 1,5 milhão de anos. O tipo menor, representado pelo *A. afarensis*, provavelmente deu origem ao gênero *Homo*.

Os primeiros membros do gênero *Homo* foram contemporâneos dos australopitecíneos na África, talvez por meio milhão de anos. Al-

(A) *Hylobates mulleri*

(B) *Pongo pygmaeus*

(C) *Gorilla gorilla*

(D) *Pan troglodytes*

Figura 33.30 Macacos (A) Os gibões são os menores dos macacos. Eles são encontrados na Ásia; a Indonésia é o lar deste gibão de Bornéu. (B) Os orangotangos vivem nas florestas de Sumatra e Bornéu. (C) Os gorilas, os maiores macacos, são restritos às florestas úmidas africanas. Esse macho é um gorila de terras baixas. (D) Os chimpanzés, nossos parentes mais próximos, são encontrados nas regiões florestais da África.

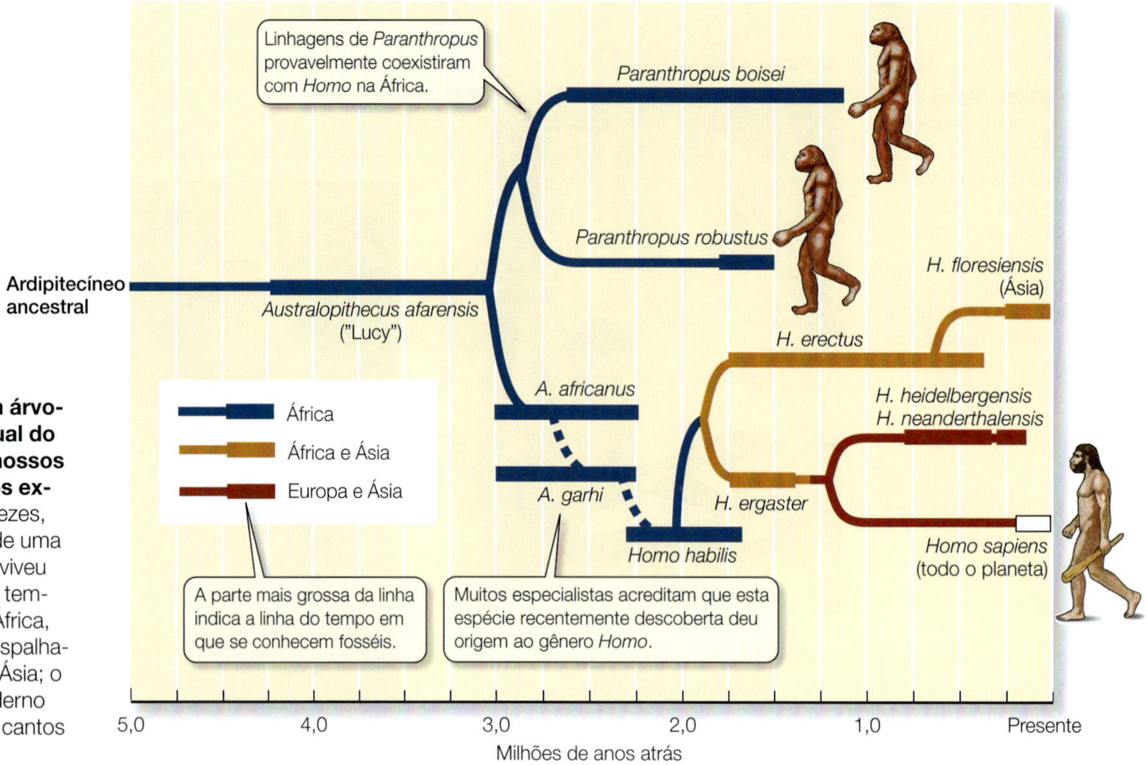
Linhagens de Paranthropus provavelmente coexistiram com Homo na África.
Paranthropus boisei
Paranthropus robustus
Ardipitecíneo ancestral
Australopithecus afarensis ("Lucy")
H. floresiensis (Ásia)
H. erectus
A. africanus
H. heidelbergensis
H. neanderthalensis
África
África e Ásia
Europa e Ásia
A. garhi
H. ergaster
Homo habilis
Homo sapiens (todo o planeta)
A parte mais grossa da linha indica a linha do tempo em que se conhecem fosséis.
Muitos especialistas acreditam que esta espécie recentemente descoberta deu origem ao gênero Homo.
5,0
4,0
3,0
2,0
1,0
Presente
Milhões de anos atrás

Figura 33.31 Uma árvore filogenética atual do *Homo sapiens* e nossos parentes próximos extintos Algumas vezes, no passado, mais de uma espécie hominídea viveu na Terra ao mesmo tempo. Originados na África, os hominídeos se espalharam para Europa e Ásia; o *Homo sapiens* moderno colonizou todos os cantos do planeta.

guns restos fósseis de aproximadamente 2 milhões de anos de uma espécie extinta chamada *H. habilis* foram descobertos no Olduvai Gorge, Tanzânia. Outros fósseis de *H. habilis* foram encontrados no Quênia e na Etiópia. Associadas aos fósseis estavam as ferramentas que esses antigos hominídeos usavam para obter alimento.

Uma outra espécie extinta de hominídeo, *Homo erectus*, evoluiu na África há cerca de 1,6 milhão de anos. Logo depois havia se espalhado até o leste asiático. Os membros de *H. erectus* eram tão altos quanto as pessoas de hoje, mas seus cérebros eram menores e tinham crânios pesados. O crânio, pesado e com paredes ósseas, pode ter sido uma adaptação para a proteção do cérebro, orelhas, e olhos, de impactos causados por quedas ou por golpes de um objeto duro. Qual teria sido a fonte de tais golpes? A briga com outros *H. erectus* machos é uma resposta bastante provável.

O *H. erectus* utilizava o fogo para cozinhar e para caçar grandes animais, e fazia ferramentas de pedra características que têm sido encontradas em muitas partes do Velho Mundo. Apesar do *H. erectus* ter sobrevivido na Eurásia até cerca de 250 mil anos atrás, ele foi substituído, nas regiões tropicais, pela nossa espécie, *Homo sapiens*, há cerca de 200 mil anos. Entretanto, como descrito na abertura deste capítulo, um descendente do *H. erectus*, *Homo floresiensis*, sobreviveu até 18 mil anos atrás.

Os cérebros humanos tornaram-se maiores quando as mandíbulas tornaram-se menores

Na linhagem hominídea que levou ao *Homo sapiens*, o cérebro aumentou rapidamente em tamanho, alcançando o tamanho atual há cerca de 160 mil anos. Ao mesmo tempo, a poderosa musculatura mandibular encontrada nos macacos existentes e nos australopitecíneos diminuiu bastante em tamanho. Essas duas mudanças foram simultâneas, sugerindo que elas podem ter estado funcionalmente correlacionadas. Uma mutação em um gene regulador, expresso somente na cabeça, pode ter removido uma barreira que anteriormente impedia o remodelamento do crânio humano.

O incrível aumento dos cérebros relativamente ao tamanho do corpo na linhagem hominídea foi, provavelmente, favorecido por uma vida social complexa. Quaisquer características que permitiram aos membros do grupo se comunicarem mais efetivamente teria sido de grande valor para a caça e para melhorar o status nas complexas interações sociais que deviam ter caracterizado as sociedades humanas primitivas, assim como acontece conosco nos dias atuais.

Várias espécies de *Homo* existiram durante a época do médio-Pleistoceno, entre cerca de 1,5 milhão e 300 mil anos atrás. Todos eram hábeis caçadores de grandes mamíferos, mas os vegetais continuaram sendo componentes importantes das suas dietas. Durante esse período, outra característica humana distinta surgiu: os rituais e o conceito de vida após a morte. Os mortos eram enterrados com roupas e utensílios, suprimentos para a vida presumida no outro mundo.

A espécie *Homo neanderthalensis* distribuía-se por toda a Europa e a Ásia entre cerca de 75 mil e 30 mil anos atrás. Os neandertais eram baixos, entroncados e com uma estrutura forte. Seus crânios enormes continham cérebros maiores que os nossos. Eles manufaturavam uma variedade de utensílios e caçavam grandes mamíferos, para os quais provavelmente armavam emboscadas e então os dominavam em combate. Por um curto período de tempo, seu domínio coincidiu em parte com aquele da forma atual de *H. sapiens* conhecida como homem de Cro-Magnon, mas depois os neandertais desapareceram abruptamente. Muitos cientistas acreditam que eles foram exterminados pelos Cro-Magnons após estes saírem da África e irem para o território dos neandertais.

Os homens de Cro-Magnon faziam e utilizavam uma variedade de ferramentas sofisticadas. Eles criaram as notáveis pinturas de grandes mamíferos, muitas delas mostrando cenas de caça, que foram descobertas em cavernas da Europa. Os animais retratados eram típicos das estepes e das pradarias frias que ocupavam a maior parte da Europa durante os períodos de expansão glacial. O homem de Cro-Magnon se espalhou pela Ásia, alcançando a América do Norte há cerca de 20 mil anos, apesar da data de sua chegada ao Novo Mundo ser ainda incerta. Em alguns milhares de anos ele se espalhou para o sul pela América do Norte até chegar ao extremo sul da América do Sul.

Os humanos desenvolveram uma complexa linguagem e cultura

À medida que os nossos ancestrais desenvolviam cérebros maiores, suas habilidades comportamentais aumentavam, principalmente a capacidade para desenvolver a linguagem. A maioria das comunicações animais consiste em um número limitado de sinais, os quais geralmente se referem a circunstâncias imediatas e estão associados com mudanças no estado emocional induzidas por tais circunstâncias. A linguagem humana é bem mais rica em caracteres simbólicos do que qualquer outra vocalização animal. Nossas palavras podem referir-se ao tempo passado e ao tempo futuro e também a lugares distantes. Somos capazes de aprender milhares de palavras, muitas das quais se referem a conceitos abstratos. Podemos reagrupar palavras para formar frases com significados complexos.

As habilidades mentais expandidas dos humanos possibilitaram o desenvolvimento de uma **cultura** complexa, na qual o conhecimento e as tradições são passados de uma geração para a outra pelos ensinamentos e pela observação. A cultura pode mudar rapidamente porque mudanças genéticas não são necessárias para que uma característica cultural se espalhe por uma população. Por outro lado, as normas culturais não são transferidas automaticamente, mas devem ser ensinadas para cada geração.

A transmissão da cultura facilitou grandemente o desenvolvimento e o uso de plantas e animais domésticos e a resultante conversão, da maioria das sociedades humanas, do modo de vida em que o alimento era obtido na caça e na coleta para aquele em que a *pecuária* (criação de animais de grande porte) e a *agricultura* fornecem a maior parte do alimento. O desenvolvimento da agricultura levou a um modo de vida cada vez mais sedentário, ao aumento das cidades, à grande expansão dos suprimentos alimentares, a um rápido aumento da população humana e ao surgimento de especializações ocupacionais, tais como artesãos, curandeiros e professores.

33.5 RECAPITULAÇÃO

Membros preênseis com dedos opositores distinguem os primatas dos outros animais. Os ancestrais humanos desenvolveram a locomoção bípede e cérebros grandes.

- Quais são as principais tendências na evolução de primatas?
- Descreva as diferenças entre os macacos do Velho Mundo e os macacos do Novo Mundo. Ver p. 738.
- Você entende como a evolução cultural difere da evolução genética? Ver p. 741.

RESUMO DO CAPÍTULO

33.1 O que é um deuterostomado?

Os deuterostomados variam na forma adulta, mas em virtude de compartilharem distintos padrões de desenvolvimento inicial, eles são considerados monofiléticos. Existem muito menos espécies de deuterostomados do que protostomados, porém muitos deuterostomados são grandes e ecologicamente importantes. Rever Figura 33.1.

33.2 Quais são os principais grupos de equinodermos e hemicordados?

Os equinodermos e os hemicordados apresentam uma larva bilateralmente simétrica. Os equinodermos adultos, entretanto, apresentam **simetria pentaradial**. Os equinodermos possuem esqueleto interno de placas calcificadas e um exclusivo **sistema vascular de água** conectado a extensões chamadas **pés ambulacrais**. Rever Figura 33.3.

Os **hemicordados** são bilateralmente simétricos e possuem um corpo de três partes que é dividido em probóscide, colar e tronco. Eles incluem os balanoglossos e os pterobrânquios. Rever Figura 33.5.

33.3 Que novas características evoluíram nos cordados?

Os cordados dividem-se em três subgrupos principais: **urocordados**, **cefalocordados** e **vertebrados**.

Em algum estágio de seu desenvolvimento, todos os cordados possuem cordão nervoso dorsal oco, cauda pós-anal e **notocorda**. Rever Figura 33.6

Os urocordados incluem as ascídeas (seringas-do-mar) e salpas. Os cefalocordados são os anfioxos, que vivem enterrados na areia de águas marinhas e salobras rasas.

O plano corporal dos vertebrados é caracterizado por um esqueleto interno rígido, sustentado por uma **coluna vertebral** que substituiu a notocorda, e um crânio anterior com um grande cérebro. Rever Figura 33.10.

A evolução de mandíbulas a partir dos arcos branquiais possibilitou aos indivíduos a captura de grandes presas e, junto com os dentes, a capacidade de cortá-las em pequenos pedaços. Rever Figura 33.11.

Os condrictes possuem esqueletos de cartilagem; quase todos são marinhos. Os esqueletos de peixes com nadadeiras raiadas são feitos de ossos, e esses peixes colonizaram todos os ambientes aquáticos.

33.4 Como os vertebrados colonizaram a Terra?

Os pulmões e os apêndices articulados possibilitaram que os vertebrados colonizassem a terra. Os primeiros vertebrados tetrápodes foram os **anfíbios**. A maioria dos anfíbios modernos está confinada a ambientes úmidos em virtude deles e seus ovos perderem água rapidamente. Rever Figura 33.16.

Uma pele impermeável, rins eficientes e um ovo que pode resistir à dissecação evoluíram nos **amniotas** (répteis e mamíferos). Rever Figura 33.17.

Os principais grupos de répteis são as tartarugas, os lepidosauros (tuataras, lagartos, cobras e anfisbenas), e os archosauros (crocodilianos e aves). Rever Figura 33.18.

Os **mamíferos** são únicos entre os animais no fornecimento de um líquido nutritivo (leite) à sua prole, secretado pelas **glândulas mamárias**. Existem duas linhagens de mamíferos: as três espécies de **prototérios**, e a linhagem **teriana** rica em espécies, adicionalmente subdividida nos **marsupiais** e nos **eutérios**. Rever Tabela 33.1.

33.5 Quais traços caracterizam os primatas?

Membros preênseis e dedos opositores distinguem os **primatas** de outros mamíferos. A linhagem dos **prossímios** inclui os lêmures e os lóris; a linhagem de **antropóides** inclui os macacos e humanos. Rever Figura 33.27.

Os ancestrais hominídeos eram primatas terrestres que desenvolveram uma eficiente locomoção bípede. Na linhagem que levou ao *Homo sapiens* atual, o cérebro tornou-se maior à medida que as mandíbulas se tornaram menores; os dois eventos podem ter tido ligação funcional. Rever Figura 33.31

QUESTÕES

1. Quais dos seguintes grupos de deuterostomados possuem um plano corporal de três partes?
   a. Balanoglossos e urocordados
   b. Balanoglossos e pterobrânquios
   c. Pterobrânquios e urocordados
   d. Pterobrânquios e anfioxos
   e. Urocordados e anfioxos
2. A estrutura utilizada por urocordados adultos para capturar alimento é um(a)
   a. cesta faringeal.
   b. probóscide.
   c. lofóforo.
   d. rede de muco.
   e. rádula.
3. As fendas faringeais dos cordados ancestrais funcionavam como locais de
   a. somente captação de oxigênio.
   b. somente liberação de dióxido de carbono.
   c. captação de oxigênio e liberação de dióxido de carbono.
   d. remoção de pequenas presas da água.
   e. expulsão forçada de água para movimentar o animal.
4. A chave para o plano corporal do vertebrado é um(a)
   a. esqueleto interno rígido sustentado por uma coluna vertebral.
   b. coluna vertebral à qual os órgãos internos estão fixados.
   c. coluna vertebral à qual dois pares de apêndices estão fixados.
   d. coluna vertebral à qual uma cesta faringeal está fixada.
   e. cesta faringeal e dois pares de apêndices.
5. Na maioria dos peixes as bolsas semelhantes a pulmões evoluíram em
   a. fendas faringeais.
   b. pulmões verdadeiros.
   c. cavidades celômicas.
   d. bexigas natatórias.
   e. nenhuma das alternativas anteriores
6. A maioria dos anfíbios de zonas temperadas retornou para a água para colocar seus ovos porque
   a. a água é isotônica para os fluidos dos ovos.
   b os adultos devem ficar na água enquanto eles protegem seus ovos.
   c. existem menos predadores na água do que na terra.
   d. os anfíbios precisam de água para produzirem seus ovos.
   e. os ovos de anfíbios perdem água rapidamente e dessecam se o ambiente que os circunda é seco.
7. As escamas córneas que cobrem a pele dos répteis impedem que os répteis
   a. usem sua pele como um órgão de troca gasosa.
   b. sustentem altos níveis de atividade metabólica.
   c. coloquem seus ovos na água.
   d. voem.
   e. rastejem em pequenos espaços.
8. Qual das sentenças sobre as penas das aves *não* é verdadeira?
   a. São escamas de répteis altamente modificadas.
   b. Funcionam como isolantes térmicos para o corpo.
   c. Existem em duas camadas.
   d. Auxiliam as aves no vôo.
   e. São importantes locais de troca gasosa.
9. Os prototérios diferem de outros mamíferos pois
   a. não produzem leite.
   b. não possuem pelos corporais.
   c. colocam ovos.
   d. vivem na Austrália.
   e. possuem uma bolsa na qual os jovens se desenvolvem.
10. Acredita-se que o bipedismo tenha evoluído na linhagem humana porque a locomoção bípede é
   a. mais eficiente que a locomoção quadrúpede.
   b. mais eficiente que a locomoção quadrúpede e libera as mãos para a manipulação de objetos.
   c. menos eficiente que a locomoção quadrúpede, porém libera as mãos para a manipulação de objetos.
   d. menos eficiente que a locomoção quadrúpede, porém os animais bípedes podem correr mais rápido.
   e. menos eficiente que a locomoção quadrúpede, porém a seleção natural não atua para melhorar essa eficiência.

PARA DISCUSSÃO

1. Em quais grupos animais a capacidade de voar evoluiu? Como as estruturas utilizadas para voar diferem entre esses animais?
2. Extrair alimento suspenso na água é uma maneira comum, entre os animais, de procurar alimento. Quais grupos contêm espécies que extraem o alimento do ar? Por que essa maneira de obter alimento é muito menos comum do que extrair presas da água?
3. O tamanho grande confere benefícios e também traz alguns riscos. Quais são esses riscos e benefícios?
4. Os anfíbios vêm sobrevivendo e prosperando há muitos milhões de anos, mas hoje muitas espécies estão desaparecendo e populações de outras espécies estão diminuindo seriamente. Quais aspectos da história de vida dos anfíbios podem torná-los especialmente vulneráveis aos tipos de mudanças ambientais que estão ocorrendo na Terra?
5. O plano corporal da maioria dos vertebrados está baseado em quatro apêndices. Quais as formas variadas que esses apêndices podem ter e como são usados?
6. Compare os modos pelos quais diferentes linhagens animais colonizaram a terra. Como esses modos foram influenciados pelos planos corporais dos animais das diferentes linhagens?

PARA PESQUISA

Uma mutação no gene que codifica a cadeia pesada da miosina (ver Capítulo 53) diminuiu o tamanho dos músculos mandibulares nos ancestrais humanos. Essa mutação pode ter possibilitado uma reestruturação do crânio e um aumento do tamanho do cérebro. Como poderíamos determinar quando essa mutação surgiu na história filogenética dos primatas?

PARTE 7
Ecologia

CAPÍTULO

34 A Ecologia e a Distribuição da Vida

Abrigo contra a tempestade

A cidade de Nova Orleans fica às margens do Rio Mississipi, no ponto em que ele se alarga em um magnífico delta de pântanos e zonas alagadiças. Mais da metade da cidade encontra-se abaixo do nível do mar. Um elaborado sistema de represas e diques para o controle de inundações, construído pelos engenheiros do exército, retém tanto o rio quanto o Lago Pontchartrain, um grande e salobro corpo d'água ao norte da cidade.

Em 29 de agosto de 2005, o furacão Katrina atingiu o leste de Nova Orleans. A princípio, parecia que a tempestade, inicialmente um aterrorizante furacão de categoria 5, havia se dissipado o suficiente para poupar a cidade do pior. Contudo, em um período de 24 horas, a combinação de ventos, chuvas fortes e tempestades repentinamente rompeu alguns diques, provocando efeitos catastróficos. Mais de 1.800 pessoas morreram. Milhares perderam as suas casas. O censo de 2000 nos Estados Unidos estimou a população de Nova Orleans em 485.000; dados coletados em junho de 2006 – nove meses depois do Katrina – estimaram a população da cidade em cerca de 225.000.

O impacto devastador do Katrina deveu-se, em parte, a uma situação que se desenvolveu por décadas. As represas que protegem Nova Orleans a montante também impedem o Rio Mississipi de depositar os sedimentos que sustentaram os pântanos vizinhos por séculos. As indústrias de óleo e gás natural abriram milhares de pequenos canais pelo delta do pântano para assentar oleodutos e equipamentos de perfuração, e a extração de gás e óleo de baixo da terra causou o seu afundamento. A crescente dragagem de canais para a navegação e o aumento do nível do mar devido ao aquecimento global contribuíram para aumentar a salinidade, matando muitos ciprestes dos pântanos. Tudo isso contribuiu para a perda de 80% (mais de 1,2 milhões de acres) dos pântanos protetores entre 1930 e 2005. Na época em que o Katrina atingiu Nova Orleans, os pântanos costeiros altamente reduzidos não puderam proteger a cidade. A ressaca moveu-se rapidamente ao longo dos caminhos esculpidos pelos canais naturais e de navegação para romper os diques e inundar cerca de 80% da cidade.

Os pântanos costeiros provêem muitos outros serviços além de proteção. Os pântanos da Louisiana servem como habitat de inverno para cerca de 70% das aves migratórias do imenso Vale do Mississipi. Também constituem os locais de desova para organismos marinhos, alguns deles são economicamente importantes. A indústria de camarões desta

Aproximação de uma poderosa tempestade Foto de satélite mostrando o Katrina em sua força máxima, como um furacão de categoria 5, aproximando-se da costa americana do Golfo do México. Embora a tempestade tenha perdido intensidade antes de atingir a superfície, a cidade de Nova Orleans e outras cidades costeiras sofreram danos devastadores e destruição.

A baía protetora Os ciprestes-calvos (Taxodium distichum) que crescem em pântanos de água doce são elementos característicos e vitais da baía de Louisiana. Sua destruição pela invasão da água salgada do Golfo do México está ameaçando a região.

região é conhecida há muito tempo, e a Costa do Golfo contribui com aproximadamente 30% de toda a pesca comercial de peixes dos Estados Unidos continental.

Pântanos costeiros e outros ecossistemas valiosos e indispensáveis estão sendo destruídos ou alterados a uma taxa assustadora ao redor do mundo. Alguns dos serviços prestados por esses sistemas podem ser repostos – usualmente com enormes custos – por tecnologia humana, mas alguns deles não podem ser substituídos. Os ecólogos trabalham para encontrar maneiras de utilizar os ecossistemas da Terra e garantir o fluxo sustentável dos seus benefícios para as futuras gerações.

NESTE CAPÍTULO definimos o campo da ecologia e os tipos de questões que os ecólogos tentam responder. Em seguida, descrevemos a distribuição dos climas da Terra e as forças que os criaram. Explicamos algumas maneiras pelas quais os climas e outras características do ambiente físico influenciam onde encontram-se as diferentes espécies. E concluímos descrevendo os principais biomas e regiões biogeográficas que refletem a distribuição da vida na Terra.

DESTAQUES DO CAPÍTULO

34.1 O que é ecologia?

Ecologia é a ciência que estuda as ricas e variadas interações entre os seres vivos e os seus ambientes. Os ecólogos estudam essas relações em muitos níveis. Conforme veremos no próximo capítulo, interações comportamentais entre indivíduos da mesma espécie podem originar sistemas sociais elaborados. Os seres vivos também interagem com indivíduos de diferentes espécies (por exemplo, predadores e presas, mutualistas e competidores) e com seu ambiente físico. Essas interações, por sua vez, influenciam a estrutura das **comunidades** (sistemas que incluem todos os seres vivos que vivem juntos em uma mesma área), **ecossistemas** (sistemas que incluem todos os seres vivos em uma área mais seu ambiente físico) e a **biosfera** (sistema que inclui todas as regiões do planeta onde vivem os seres vivos).

O termo **ambiente**, como utilizado pelos ecólogos, engloba tanto os fatores **abióticos** (físicos e químicos), como água, nutrientes minerais, luz, temperatura e vento, como os fatores **bióticos** (seres vivos). As interações entre os seres vivos e o seu ambiente são processos de ida e volta: os seres vivos tanto influenciam quanto são influenciados pelo ambiente. De fato, lidar com as alterações ambientais causadas pela nossa própria espécie consiste em um dos maiores desafios enfrentados atualmente pela humanidade. Por essa razão, os ecólogos são freqüentemente chamados para ajudar a analisar as causas dos problemas ambientais e auxiliar a encontrar soluções.

Existem muitas razões para se levar a ecologia a sério. Nossas vidas são enriquecidas pelas fascinantes interações entre as espécies que encontramos onde quer que nos aventuremos. Assistimos uma borboleta polinizando uma flor (**Figura 34.1**) e queremos saber mais sobre como as espécies interagem umas com as outras, pois temos curiosidade sobre as conseqüências dessas interações.

Além da simples curiosidade, no entanto, informações e idéias da ciência ecológica fazem-se necessárias para resolver muitos problemas práticos. Os humanos dependem de ecossistemas funcionais e vibrantes para se abastecer de muitos recursos e serviços – incluindo os serviços essenciais de limpeza da água e do ar. Um entendimento da ecologia nos permite um manejo dos ecossistemas para manter a disponibilidade de tais recursos e serviços. Um entendimento da ecologia nos permite cultivar alimentos, controlar pestes e doenças e lidar com desastres naturais, como as inundações, sem uma cascata de outras conseqüências inesperadas.

Vanessa cardui
Aster foliaceus

Figura 34.1 Uma interação ecológica A polinização de flores pelas borboletas consiste em mutualismo, pois beneficia ambos os participantes.

As informações ecológicas podem nos ajudar a resolver problemas práticos somente se soubermos como e por quê esses problemas surgiram. Assim, os ecólogos precisam familiarizar-se com vários ambientes e entender como os seres vivos se adaptam a eles. Este capítulo enfocará o grande cenário: os climas da Terra e os padrões gerais de distribuição da vida. Nos capítulos subseqüentes olharemos em maior detalhe as maneiras pelas quais os seres vivos interagem, a dinâmica das suas populações e as comunidades ecológicas em que vivem.

34.1 RECAPITULAÇÃO

Ecologia é a investigação científica das interações entre os seres vivos e entre eles e o seu ambiente físico.

- Quais são os componentes do ambiente definidos pelos ecólogos? Ver p. 745.
- Em que níveis os ecólogos estudam os sistemas ecológicos? Ver p. 745.
- Você entendeu por que o conhecimento ecológico pode ser considerado essencial para a sobrevivência humana? Ver p. 745.

O clima é um dos fatores abióticos que determinam quais os tipos de seres vivos que podem sobreviver e se reproduzir em um local. Começaremos o estudo da ecologia com uma visão geral dos climas da Terra.

34.2 Como os climas estão distribuídos na Terra?

O clima é a média das condições atmosféricas (temperatura, precipitação e direção e velocidade do vento) encontradas em uma região por um longo período. O tempo é o estado destas condições em um pequeno período. Em outras palavras, o clima é o que você espera, o tempo é o que você tem! O clima varia enormemente de um lugar para outro na Terra, principalmente porque diferentes locais recebem diferentes quantidades de energia solar. Nesta seção, examinaremos como essas diferenças na entrada de energia solar determinam padrões atmosféricos e de circulação oceânica – os fatores que mais fortemente influenciam o clima.

A energia solar direciona os climas globais

As diferenças na temperatura do ar entre lugares distintos da Terra são fortemente determinadas pelas diferenças de entrada de energia solar. Cada local na Terra recebe o mesmo número total de horas de luz solar a cada ano – uma média de 12 horas por dia –, mas não recebe a mesma quantidade de energia solar. A taxa na qual a energia solar chega na Terra por unidade de área de substrato depende principalmente do ângulo da luz solar. Se o sol estiver baixo no céu, uma dada quantidade de energia solar será espalhada por uma área maior (e, assim, com menor intensidade) do que se o sol estiver a pino. Além disso, quando o sol encontra-se baixo no céu, sua luz deve passar por uma camada maior da atmosfera terrestre e, deste modo, uma porção maior da sua energia é absorvida e refletida antes de atingir o chão. Então, altas latitudes (mais próximas dos pólos), recebem menos energia solar do que latitudes próximas ao Equador. Em média, a temperatura média anual do ar ao nível do mar diminui em cerca de 0,4°C a cada grau de latitude (cerca de 110 km). Além disso, altas latitudes apresentam maior variação tanto no comprimento do dia quanto no ângulo da energia solar durante o ano, levando a uma maior variação sazonal da temperatura.

A temperatura do ar também diminui com a altitude. À medida que uma quantidade de ar se eleva, ela se expande (suas moléculas se distanciam), sua pressão e temperatura caem e umidade é liberada. Quando uma quantidade de ar desce, ela comprime-se, sua pressão e sua temperatura aumentam retirando umidade do ambiente.

Os padrões globais de circulação de gases resultam da variação global da entrada de energia solar que descrevemos anteriormente e da rotação da Terra em seu eixo (**Figura 34.2**). Os gases se elevam quando se aquecem pela radiação solar. Desse modo, os gases quentes se elevam nos trópicos, os quais recebem a maior entrada de energia solar. Esses gases que se elevaram são substituídos por gases que fluem em direção ao Equador provenientes do norte e do sul. A junção dessas massas de ar produz a **zona de convergência intertropical**. Os gases frios não conseguem segurar tanta umidade como os gases quentes; então, fortes chuvas ocorrem na zona de convergência intertropical quando os gases que se elevam se esfriam e liberam umidade. A zona de convergência intertropical altera-se latitudinalmente com as estações, seguindo as alterações na zona de maior entrada de energia solar. Essas alterações resultam em estações chuvosas e secas previsíveis nas regiões tropical e subtropical.

Os gases que se movimentam para a zona de convergência intertropical a fim de substituir o ar que se eleva são repostos, por sua vez, pelos gases das alturas que descem bruscamente até 30° de latitude norte e sul após terem se afastado do Equador elevados na atmosfera. Este ar se esfria e perde umidade enquanto se eleva no Equador. Ele agora desce, se aquece e aprisiona, ao invés de liberar, a umidade. Muitos dos desertos da Terra, como o Saara e os desertos australianos, localizam-se nestas latitudes onde os gases secos descem.

A cerca de 60° de latitude norte e sul, o ar se eleva novamente podendo se mover na direção do Equador ou se afastar dele. Nos pólos, onde existe pouca entrada de energia solar, os gases descem. Esses movimentos das massas de gases são fortemente responsáveis pelos padrões de vento globais.

A rotação da Terra sobre o seu eixo também influencia os ventos de superfície porque a velocidade da Terra é rápida no Equador, onde o seu diâmetro é maior, mas relativamente lenta próxima dos pólos. Uma massa de ar estacionária tem a mesma velocidade da

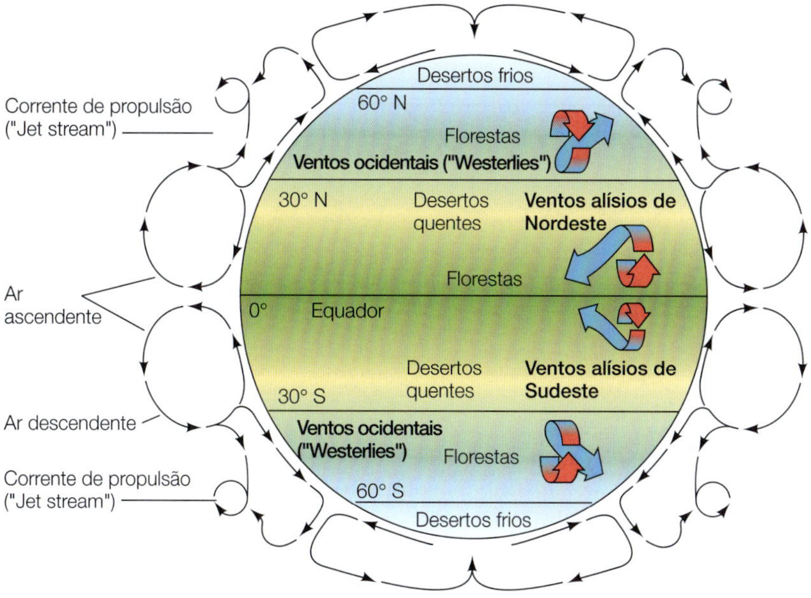
Corrente de propulsão
("Jet stream")
Ar
ascendente
Ar descendente
Corrente de propulsão
("Jet stream")
Desertos frios
60° N
Florestas
Ventos ocidentais ("Westerlies")
30° N
Desertos
quentes
Ventos alísios de
Nordeste
Florestas
0°
Equador
Desertos
quentes
Ventos alísios de
Sudeste
30° S
Ventos ocidentais
("Westerlies")
Florestas
60° S
Desertos frios

Figura 34.2 Circulação da atmosfera da Terra Se pudéssemos ficar fora da Terra e observássemos os movimentos de ar na sua atmosfera, poderíamos ver padrões de circulação de ar verticais semelhantes aqueles indicados pelas setas pretas e vermelhas e ventos de superfície semelhantes aqueles mostrados pelas setas azuis.

Terra na mesma latitude. À medida que uma massa de ar move-se em direção ao Equador, ela confronta-se com uma rotação cada vez mais rápida e seus movimentos rotatórios são mais lentos do que os da Terra abaixo dela. De maneira semelhante, à medida que uma massa de ar move-se em direção aos pólos, ela confronta-se com uma rotação cada vez mais lenta e se acelera em relação à velocidade da Terra abaixo dela. Por essa razão, as massas de ar que se movem latitudinalmente desviam-se para a direita no Hemisfério Norte e para a esquerda no Hemisfério Sul. As massas de ar que se movem em direção ao Equador, provenientes do norte e do sul, mudam de direção para tornarem-se os ventos alísios de nordeste e sudeste, respectivamente. As massas de ar que sopram para longe do Equador também mudam de direção e tornam-se os ventos ocidentais que prevalecem nas latitudes médias.

Quando estas correntes de vento fazem o ar entrar em contato com uma cadeia de montanhas, o ar se eleva para passar pelas montanhas, resfriando-se à medida que passa por elas. Desta forma, freqüentemente, nuvens se formam a barlavento da montanha (o lado que fica de frente para o vento) e liberam umidade em forma de chuva ou neve. Do lado sotavento da montanha (oposto à direção do vento), o ar, agora seco, desce, se aquece e novamente absorve umidade. Este padrão resulta, freqüentemente, em uma área seca chamada de **sombra de chuva** a sotavento de uma cadeia de montanhas (**Figura 34.3**).

A circulação oceânica global é determinada pelos padrões de vento

O padrão global de circulação do ar que descrevemos acima determina os padrões de circulação das águas oceânicas de superfície, conhecidas como *correntes* (**Figura 34.4**). Os ventos alísios que sopram na direção do Equador vindos do nordeste e sudeste fazem a água convergir no Equador e mover-se para o oeste até encontrar uma massa de terra continental. Neste ponto, a água de divide, parte dela se desloca para o norte e parte para o sul ao longo do litoral do continente. O movimento da água do oceano, aquecida nos trópicos, transfere grandes quantidades de calor para as altas latitudes. À medida que essas correntes se movem em direção aos pólos, levadas pelos ventos, a água gira para a direita no Hemisfério Norte e para a esquerda no Hemisfério Sul. Assim, a água que flui em direção aos pólos move-se para o leste até encontrar outro continente, onde é desviada lateralmente ao longo de seu litoral. Em ambos os hemisférios, a água flui em direção ao Equador ao longo do lado oeste dos continentes, continuando a girar para a direita ou esquerda até encontrar-se no Equador e a fluir para oeste novamente.

Os seres vivos precisam se adaptar às alterações em seu ambiente

Alguns tipos de alterações no ambiente de um ser vivo, como a aproximação do fogo, de uma tempestade ou de um predador, requerem respostas imediatas; outras alterações permitem um certo tempo para respostas mais graduais. Muitas plantas se adaptam a condições quentes reduzindo a perda de água e evitando o superaquecimento através da mudança da posição das suas folhas durante o dia. Elas interceptam a luz do sol no início e fim do período diurno e evitam o superaquecimento ao meio-dia. De maneira semelhante, lagartos expõem-se ao sol durante a manhã para aumentar sua temperatura corporal, mas se movem para a sombra quando fica muito quente.

Além destas alterações de curto prazo no comportamento, a evolução de muitas características morfológicas e fisiológicas permite aos seres vivos funcionarem em diversos ambientes físicos. Muitas dessas características encontram-se descritas nas Partes 8 e 9 deste livro.

Poucos indivíduos morrem exatamente onde nasceram: em algum momento de suas vidas a maioria dos seres vivos se move, ou é movida, para um novo local. Esse fenômeno denomina-se **dispersão**. Os indivíduos podem deixar o local do seu nascimento a fim de encontrar um lugar melhor para reproduzir. Outros podem procurar novos lugares para viver quando as condições locais se deterioram.

Se alterações sazonais repetidas alteram o ambiente de maneira previsível, os seres vivos podem desenvolver ciclos de vida

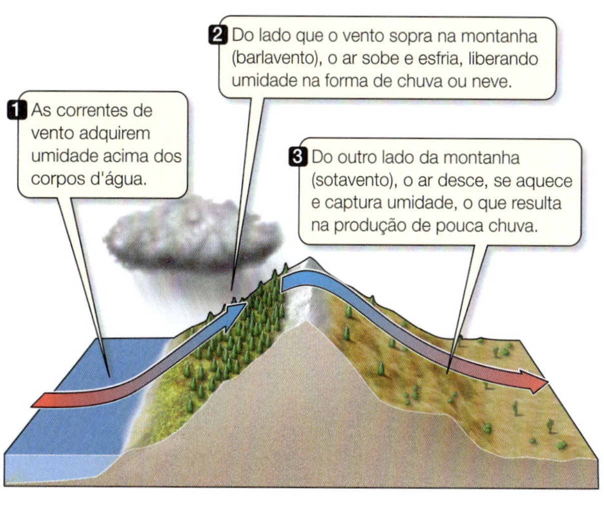
1 As correntes de vento adquirem umidade acima dos corpos d'água.
2 Do lado que o vento sopra na montanha (barlavento), o ar sobe e esfria, liberando umidade na forma de chuva ou neve.
3 Do outro lado da montanha (sotavento), o ar desce, se aquece e captura umidade, o que resulta na produção de pouca chuva.

Figura 34.3 Uma sombra de chuva A precipitação média anual tende a ser menor a sotavento do que a barlavento em uma cadeia de montanhas.

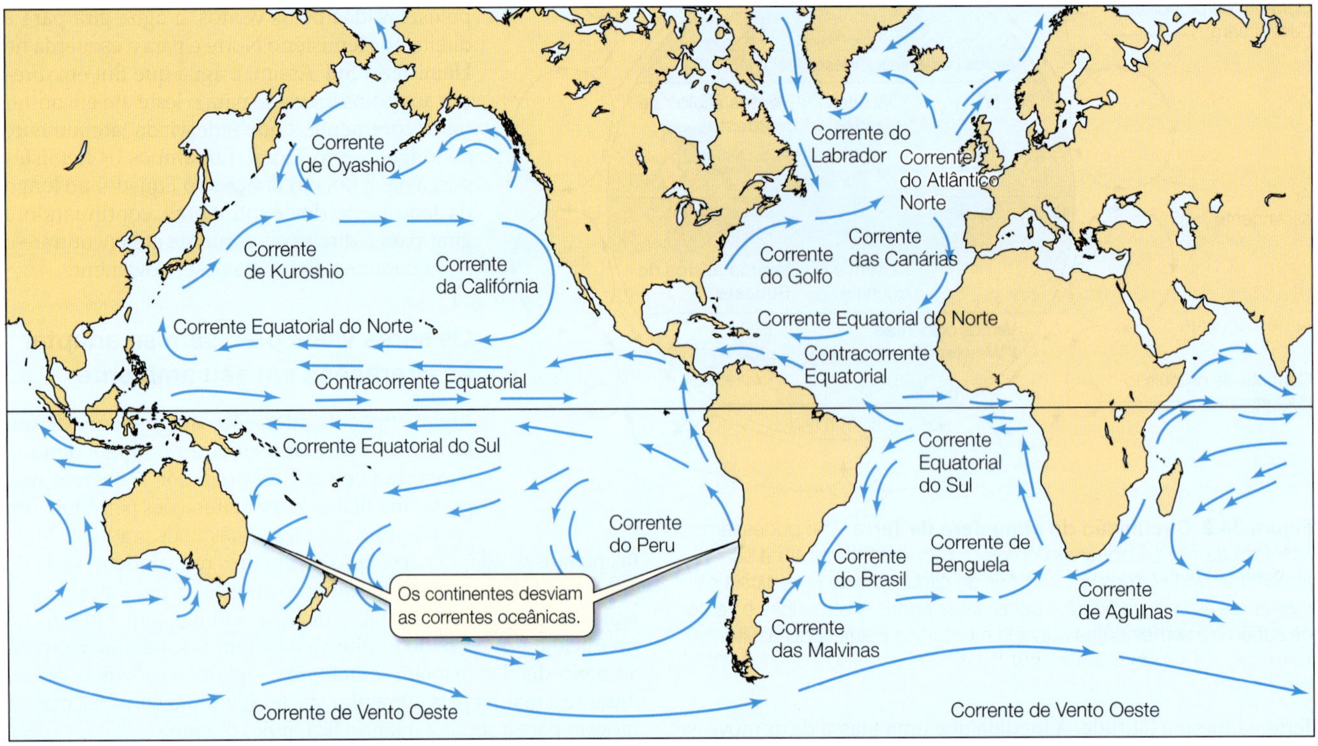
Corrente de Oyashio
Corrente de Kuroshio
Corrente da Califórnia
Corrente Equatorial do Norte
Contracorrente Equatorial
Corrente Equatorial do Sul
Corrente do Peru
Os continentes desviam as correntes oceânicas.
Corrente de Vento Oeste
Corrente do Labrador
Corrente do Atlântico Norte
Corrente das Canárias
Corrente do Golfo
Corrente Equatorial do Norte
Contracorrente Equatorial
Corrente Equatorial do Sul
Corrente do Brasil
Corrente de Benguela
Corrente das Malvinas
Corrente de Agulhas
Corrente de Vento Oeste

Figura 34.4 Circulação oceânica global Para ver que as correntes superficiais do oceano são determinadas principalmente pelos ventos, compare as correntes aqui mostradas com as correntes de vento que aparecem na Figura 34.2.

que parecem antecipar essas mudanças. A **migração** constitui uma das respostas a tais mudanças ambientais cíclicas. Outros animais entram em um estado de descanso (estivação, hibernação ou diapausa) antes do aparecimento das condições adversas. Eles permanecem naquele estado até que os sinais ambientais indiquem a melhoria das condições.

Os humanos têm certamente influenciado o clima da Terra, mas acreditava-se que tais influências seriam recentes. No entanto, modelos climáticos elaborados por cientistas da Universidade do Colorado sugerem que se os primeiros habitantes humanos da Austrália não tivessem queimado extensivamente as suas florestas, o clima deste continente seria atualmente muito mais úmido.

A maioria das alterações no ambiente físico, tanto a curto quanto a longo prazos, acontece independentemente de qualquer coisa que os seres vivos façam. O avanço e o recuo de geleiras, a formação de tempestades, as ondas de calor e as frentes frias vêm e vão sem a influência dos seres vivos que precisam lidar com elas. Outras alterações ambientais, no entanto, têm sido e continuam sendo influenciadas pelas atividades dos seres vivos. Por exemplo, conforme o Capítulo 21 descreve, os seres vivos produziram a atmosfera oxigenada e os solos da Terra. Como veremos nos capítulos a seguir, muitas variações significativas no ambiente, às quais os seres vivos precisam se adaptar, são causadas por outros seres vivos e muitas características dos seres vivos determinam-se, em grande escala, pela história dessas interações.

34.2 RECAPITULAÇÃO

Diferenças na quantidade de energia solar criam padrões de circulação atmosférica e estas correntes de vento afetam os padrões de circulação oceânica. Os seres vivos se adaptam tanto a variações climáticas de curto quanto de longo prazo em seu ambiente.

- Por que a temperatura média anual do ar diminui tanto com a latitude quanto com a altitude? Ver p. 746.
- Você entendeu como as variações na energia solar determinam os padrões globais de circulação do ar? Ver p. 747 e Figura 34.2.
- Como os padrões globais de circulação do ar afetam as correntes oceânicas? Ver p. 747 e Figura 34.4.

A grande variabilidade dos efeitos do clima da Terra tem originado muitos grupos de seres vivos diferentes. Os ecólogos acham útil classificar estes grupos em distintos tipos de ecossistemas. Dependendo de qual parte do sistema eles pretendem estudar, os ecólogos podem classificar os ecossistemas em biomas ou regiões biogeográficas.

34.3 O que é um bioma?

Quando os ecólogos identificam os ecossistemas, como decidem onde se localizam os limites entre os diferentes tipos de ecossistemas? Os hábitos (formas de crescimento) das plantas dominantes de um determinado ecossistema influenciam fortemente a vida dos outros seres vivos que ali vivem ao determinarem a estrutura da vegetação e modificarem o clima próximo ao solo. Um **bioma** consiste em um ambiente terrestre definido pelo hábito de suas plantas. Biomas comuns incluem as florestas, savanas, desertos e tundras (**Figura 34.5**).

As distribuições das plantas são muito influenciadas pelos padrões anuais de temperatura e pluviosidade. Em alguns biomas, como a floresta temperada decídua, a precipitação é relativamente constante ao longo de todo o ano, mas a temperatura varia de forma impressionante entre o verão e o inverno. Em outros, tanto a temperatura quanto a precipitação variam sazonalmente. Ainda em outros biomas, as temperaturas são quase constantes, mas a precipitação varia sazonalmente. Nos trópicos, onde as flutuações sazonais de temperatura são pequenas, os ciclos anuais apresentam-se dominados pelas estações seca e chuvosa. Os tipos de bioma tropical são determinados, principalmente, pela duração da estação seca.

É mais fácil compreender as semelhanças e diferenças entre os biomas através da combinação de fotografias e de gráficos de temperatura, precipitação e atividade biológica, acompanhada de algumas palavras que descrevem outros atributos destes biomas. Nas próximas páginas, cada bioma está representado por um mapa mostrando a sua localização e duas fotografias que o ilustram em diferentes épocas do ano ou o representam em diferentes lugares da Terra. Um conjunto de gráficos mostra os padrões sazonais de temperatura e precipitação em uma localidade dentro do bioma. Outro gráfico mostra o padrão de atividade de diferentes tipos de seres vivos durante o ano. (Para os biomas de altas latitudes, os padrões no Hemisfério Sul deslocam-se em seis meses em relação aos apresentados, os quais representam o Hemisfério Norte.) Os níveis de atividade biológica, representados pela largura das barras horizontais, variam devido às espécies residentes tornarem-se mais ou menos ativas (produção de folhas, saída da hibernação, eclosão ou reprodução) ou devido à sua migração para dentro ou para fora do bioma em diferentes épocas do ano. A caixa pequena descreve o hábito das plantas que dominam a vegetação e o padrão de **riqueza de espécies** (o número de espécies presentes nesta comunidade) no bioma.

Essas descrições dos biomas são muito gerais e não descrevem a variação que existe em cada bioma. Por exemplo, o bioma floresta temperada decídua contém lagos, rios, vegetação de baixo crescimento nos rochedos íngremes e áreas cobertas por grama recuperando-se do fogo ou de outros tipos de perturbação, bem como florestas. Além disso, os limites entre os biomas são de certa forma arbitrários. Embora algumas vezes uma alteração brusca possa ser observada em uma paisagem, o mais comum consiste em observar um bioma se transformando gradualmente em outro. Por exemplo, o limite entre uma floresta e uma pradaria pode não ser distinto; em vez disso, observa-se que os espaços entre as árvores parecem aumentar gradualmente, o que permite um aumento na quantidade de gramíneas que crescem entre elas. Contudo, é útil reconhecer os principais biomas do mundo.

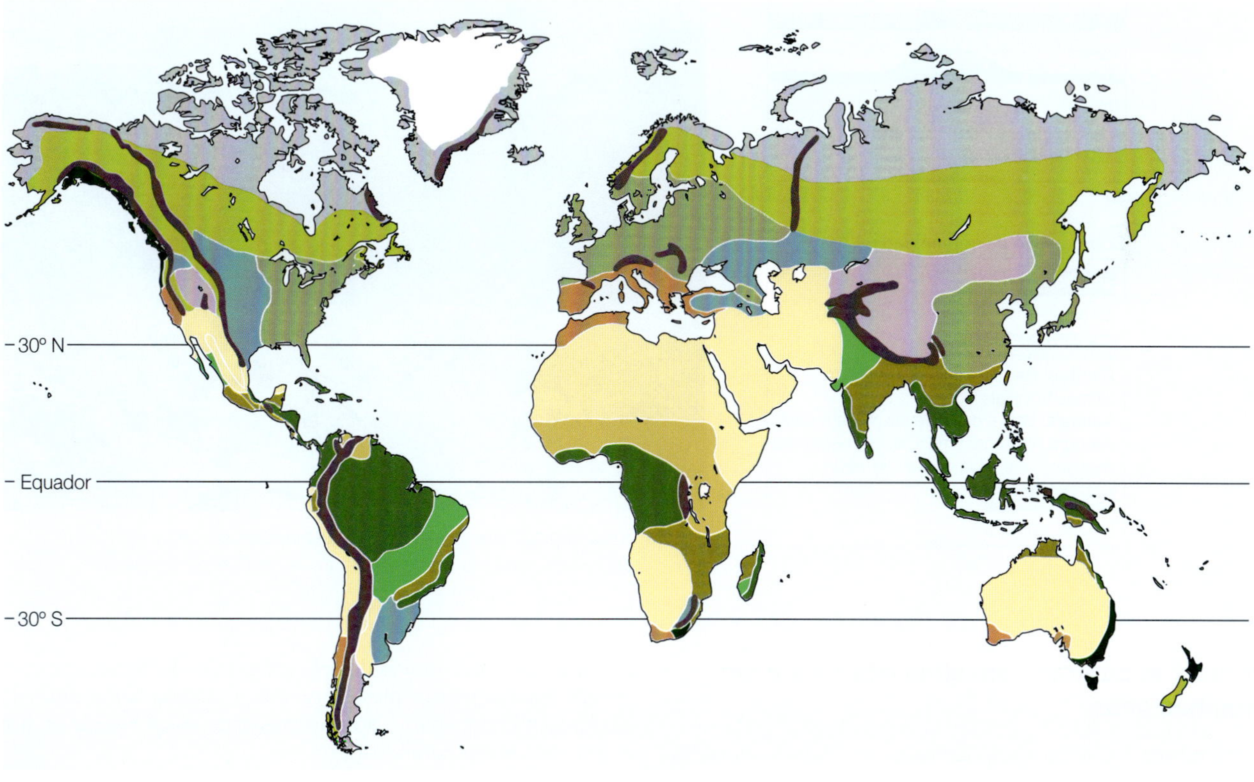

30° N
Equador
30° S
Floresta tropical perenifólia
Floresta tropical decídua
Caatinga
Savana tropical
Deserto quente
Chaparral
Deserto frio
Montanhas altas (floresta boreal e tundra)
Floresta temperada perenifólia
Floresta temperada decídua
Floresta boreal (taiga)
Tundra ártica
Pradaria temperada
Calota glacial polar

Figura 34.5 Os biomas têm distribuições geográficas distintas A distribuição dos biomas é fortemente influenciada pelos padrões de temperatura e chuva.

TUNDRA

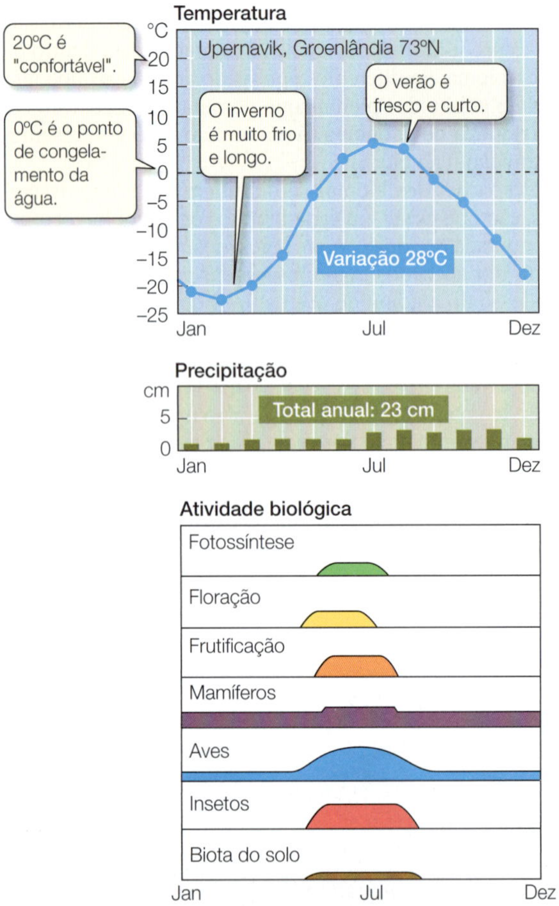

Temperatura
°C
20°C é "confortável".
0°C é o ponto de congelamento da água.
Upernavik, Groenlândia 73°N
O inverno é muito frio e longo.
O verão é fresco e curto.
Variação 28°C
20
15
10
5
0
–5
–10
–15
–20
–25
Jan
Jul
Dez
Precipitação
cm
Total anual: 23 cm
5
0
Jan
Jul
Dez
Atividade biológica
Fotossíntese
Floração
Frutificação
Mamíferos
Aves
Insetos
Biota do solo
Jan
Jul
Dez

Composição da comunidade

Plantas dominantes

Ervas perenes e pequenos arbustos

Riqueza de espécies

Plantas: Baixa; mais alta em tundras alpinas tropicais

Animais: Baixa; muitas aves migram para a tundra no verão; umas poucas espécies de insetos são abundantes no verão

Biota do solo

Poucas espécies

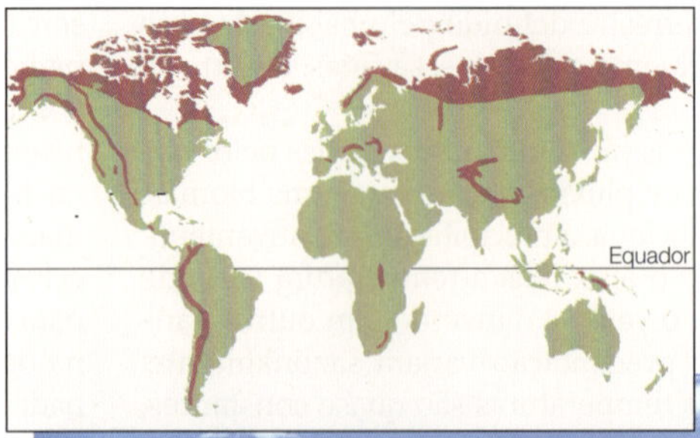

Equador

Tundra ártica, Groenlândia

Tundra alpina tropical: Vale Teleki, Monte Quênia, Quênia

A tundra é encontrada em altas latitudes e em montanhas altas

O bioma **tundra** encontra-se no Ártico e em altitudes elevadas nas montanhas existentes de todas as latitudes. Na *tundra ártica*, a vegetação, constituída por plantas perenes de baixo crescimento, sustenta-se em um solo cuja água está permanentemente congelada – o *permafrost*. Uns poucos centímetros da parte superior do solo descongelam durante os curtos verões, quando o sol brilha 24 horas por dia. Apesar de haver pouca precipitação, a tundra ártica é muito úmida porque a água não pode ser drenada para as camadas inferiores através do solo congelado. As plantas crescem apenas durante poucos meses por ano. A maioria dos animais da tundra ártica migra para a área apenas para passar o verão ou fica dormente a maior parte do ano.

A *tundra alpina tropical* não se sustenta sobre um solo congelado. Desta forma, a fotossíntese e a maioria das outras atividades biológicas continuam (embora mais lentas) ao longo de todo o ano. Como mostra a foto da vegetação alpina do Monte Quênia, uma maior riqueza de hábitos vegetais está presente na tundra alpina tropical do que na vegetação da tundra ártica.

FLORESTA BOREAL e FLORESTA TEMPERADA PERENIFÓLIA

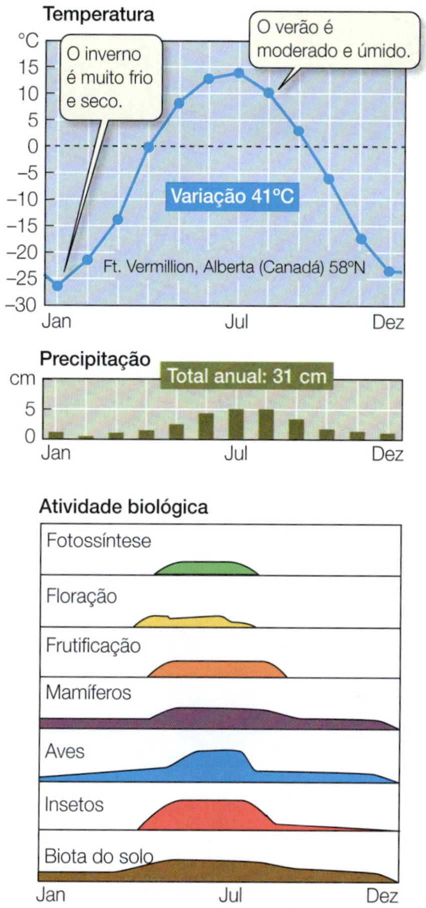
Temperatura
°C
15
10
5
0
−5
−10
−15
−20
−25
−30
O inverno é muito frio e seco.
O verão é moderado e úmido.
Variação 41°C
Ft. Vermillion, Alberta (Canadá) 58°N
Jan
Jul
Dez
Precipitação
cm
Total anual: 31 cm
5
0
Jan
Jul
Dez
Atividade biológica
Fotossíntese
Floração
Frutificação
Mamíferos
Aves
Insetos
Biota do solo
Jan
Jul
Dez

Composição da comunidade

Plantas dominantes

Árvores, arbustos e ervas perenes

Riqueza de espécies

Plantas: Baixa em árvores, alta no sub-bosque
Animais: Baixa, mas com picos de aves migratórias no verão

Biota do solo

Muito rica na camada profunda de serapilheira

Equador

Floresta boreal do norte, Floresta Nacional Gunnison, Colorado (EUA)

Floresta boreal do sul, Parque Nacional Fiordland, Nova Zelândia

As árvores perenifólias dominam a maioria das florestas boreais

O bioma **floresta boreal** ou **taiga** encontra-se em direção ao Equador a partir da tundra ártica e em baixas elevações nas montanhas da zona temperada. Os invernos das florestas boreais são longos e muito frios e os verões curtos (embora freqüentemente aquecidos). A duração reduzida dos verões favorece as árvores com folhas perenes, porque elas estão prontas para realizar a fotossíntese tão logo as temperaturas aumentam na primavera.

As florestas boreais do Hemisfério Norte são dominadas por gimnospermas coníferas perenifólias. No Hemisfério Sul, as árvores dominantes são as faias do sul (*Nothofagus*), algumas delas perenifólias. **Florestas temperadas perenifólias** também crescem ao longo da costa oeste dos continentes em latitudes médias a altas em ambos os hemisférios, onde os invernos são moderados, mas muito úmidos e os verões são frescos e secos. Estas florestas são o habitat das árvores mais altas da Terra.

As florestas boreais têm apenas poucas espécies de árvores. Os animais predominantes, como alces e lebres, comem folhas. As sementes nos cones das coníferas sustentam uma fauna de roedores, aves e insetos.

FLORESTA TEMPERADA DECÍDUA

Equador

Uma floresta de Rhode Island (EUA) no verão e... ...no inverno

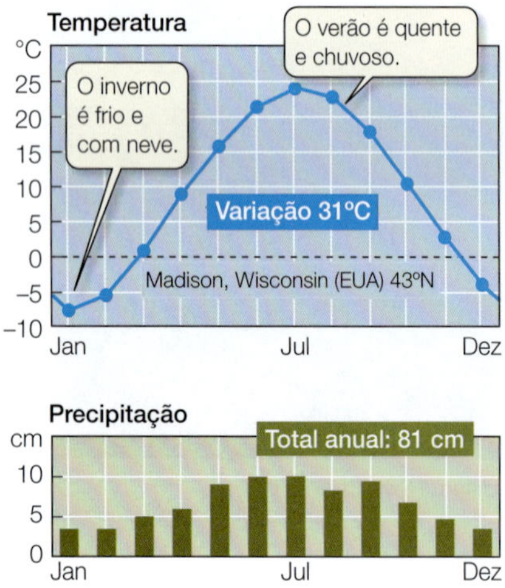
Temperatura
°C
25
20
15
10
5
0
–5
–10
O inverno é frio e com neve.
O verão é quente e chuvoso.
Variação 31°C
Madison, Wisconsin (EUA) 43°N
Jan
Jul
Dez
Precipitação
cm
10
5
0
Total anual: 81 cm
Jan
Jul
Dez

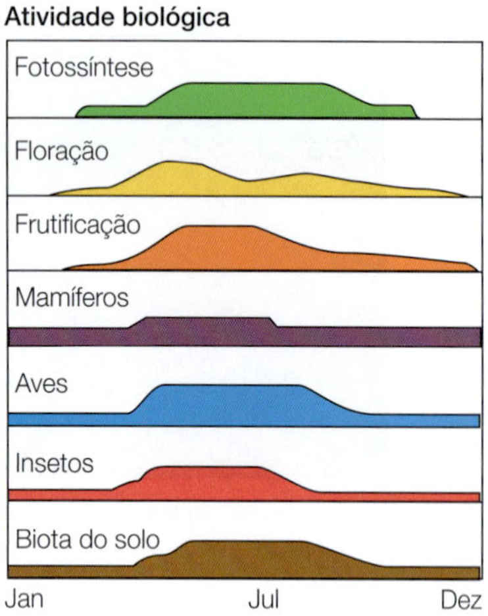
Atividade biológica
Fotossíntese
Floração
Frutificação
Mamíferos
Aves
Insetos
Biota do solo
Jan
Jul
Dez

Composição da comunidade

Plantas dominantes

Árvores e arbustos

Riqueza de espécies

Plantas: Muitas espécies de árvores no sudeste dos EUA e no leste da Ásia, camada de arbustos rica

Animais: Rica; muitas aves migratórias, comunidades de anfíbios mais ricas da Terra, fauna de insetos rica no verão

Biota do solo

Rica

As florestas temperadas decíduas mudam com as estações

O bioma **floresta temperada decídua** encontra-se no leste da América do Norte, no leste da Ásia e na Europa. Nestas regiões, as temperaturas flutuam drasticamente entre o verão e o inverno. A precipitação encontra-se relativamente bem distribuída ao longo de todo o ano.

Árvores caducifólias, dominantes nestas florestas, perdem suas folhas durante os invernos frios e produzem folhas que realizam rapidamente a fotossíntese durante os verões quentes e chuvosos. Muito mais espécies de árvores vivem neste bioma do que nas florestas boreais. As florestas temperadas mais ricas em espécies ocorrem nas Montanhas Apalaches dos Estados Unidos e no leste da China e Japão – áreas que não estiveram cobertas pelas geleiras durante o Pleistoceno. Embora geograficamente separadas, muitos gêneros de plantas e animais são compartilhados entre essas três regiões do bioma floresta decídua.

PRADARIA TEMPERADA

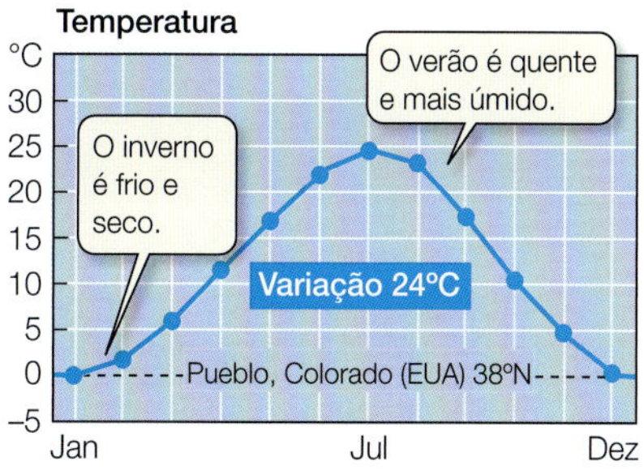
Temperatura
°C
30
25
20
15
10
5
0
−5
O inverno é frio e seco.
O verão é quente e mais úmido.
Variação 24°C
Pueblo, Colorado (EUA) 38°N
Jan
Jul
Dez

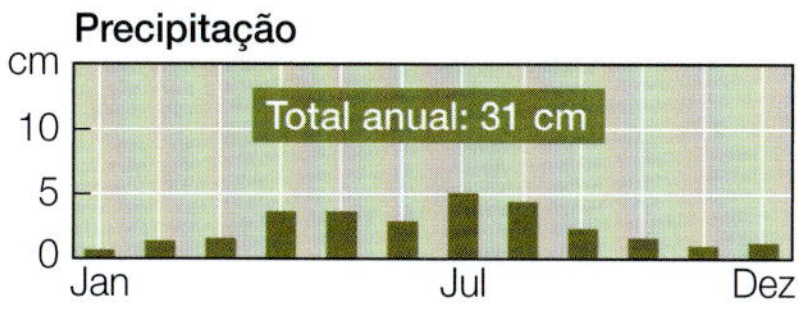
Precipitação
cm
10
5
0
Total anual: 31 cm
Jan
Jul
Dez

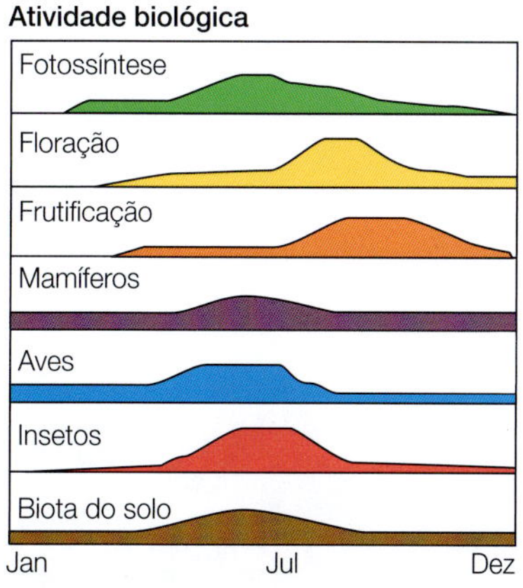
Atividade biológica
Fotossíntese
Floração
Frutificação
Mamíferos
Aves
Insetos
Biota do solo
Jan
Jul
Dez

Composição da comunidade

Plantas dominantes
Gramíneas e *forbs* perenes

Riqueza de espécies
Plantas: Razoavelmente alta
Animais: Relativamente pobre em aves por causa da estrutura simples; razoavelmente rica em mamíferos

Biota do solo
Rica

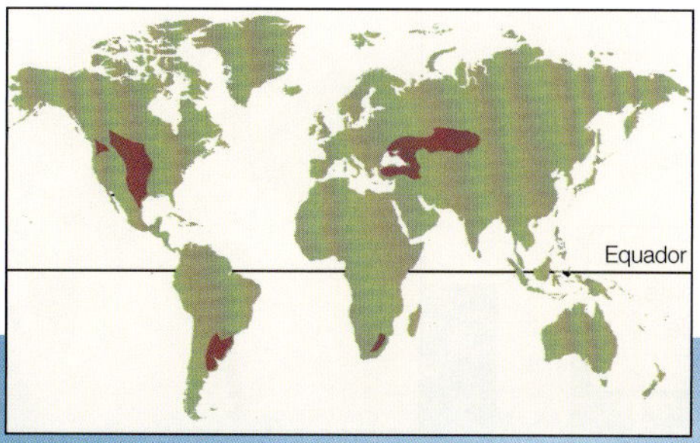
Equador

Pradaria de Nebraska (EUA) na primavera

A estepe, Natal, África do Sul

As pradarias temperadas estão difundidas

O bioma **pradaria temperada** encontra-se em muitas partes do mundo, as quais são relativamente secas durante a maior parte do ano. A maioria das pradarias, como os pampas da Argentina*, a estepe da África do Sul e as grandes planícies da América do Norte, tem verões quentes e invernos relativamente frios. A maior parte desse bioma tem sido convertida para a agricultura. Em algumas pradarias, a maior parte da precipitação ocorre no inverno (pradarias da Califórnia); em outras, a maioria ocorre no verão (grandes planícies, estepe russa).

A vegetação das pradarias é estruturalmente simples, mas rica em espécies de gramíneas perenes, ciperáceas e *forbs* (plantas herbáceas não gramíneas). As pradarias têm, freqüentemente, uma exuberância de cores quando as plantas herbáceas estão em período de floração. As plantas das pradarias estão bem adaptadas ao pastejo e ao fogo. Elas armazenam a maior parte de sua energia abaixo da superfície do solo e rapidamente rebrotam após serem queimadas ou comidas.

* N. do T. Os pampas do Rio Grande do Sul, no Brasil, e do Uruguai também fazem parte deste bioma.

DESERTO FRIO

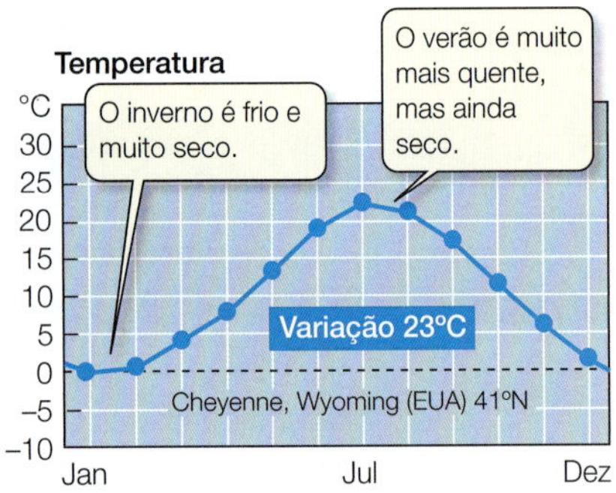
Temperatura
°C
O inverno é frio e muito seco.
O verão é muito mais quente, mas ainda seco.
30
25
20
15
10
5
0
−5
−10
Variação 23°C
Cheyenne, Wyoming (EUA) 41°N
Jan
Jul
Dez

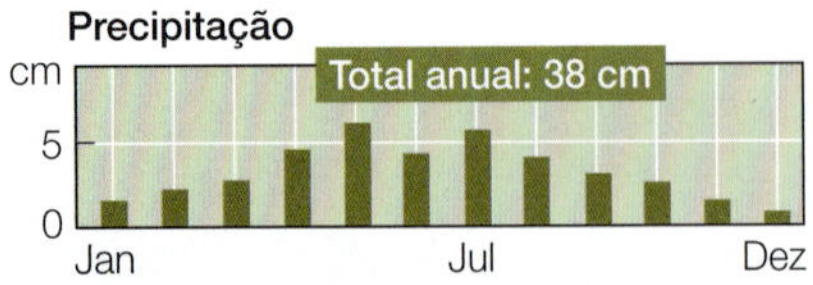
Precipitação
cm
Total anual: 38 cm
5
0
Jan
Jul
Dez

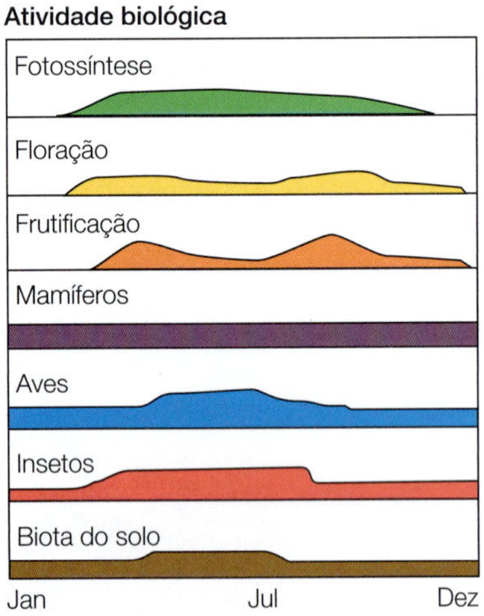
Atividade biológica
Fotossíntese
Floração
Frutificação
Mamíferos
Aves
Insetos
Biota do solo
Jan
Jul
Dez

Composição da comunidade

Plantas dominantes

Arbustos baixos e plantas herbáceas

Riqueza de espécies

Plantas: Poucas espécies
Animais: Rica em aves, formigas e roedores granívoros; baixa em todos os outros taxa

Biota do solo

Pobre em espécies

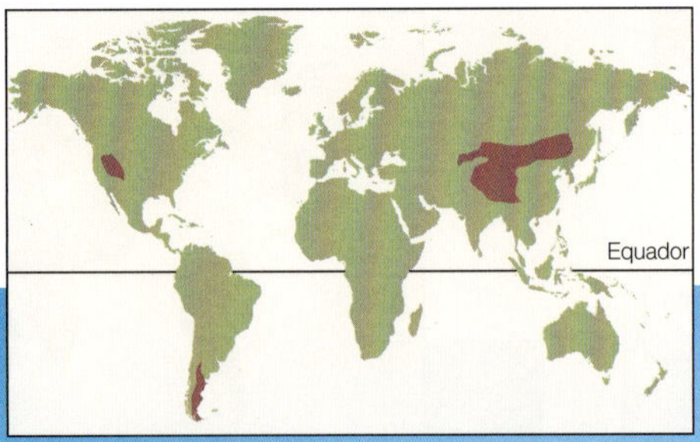
Equador

Estepe de artemísias próximo ao Lago Mono, Califórnia (EUA)

Patagônia, Argentina

Os desertos frios são altos e secos

O bioma **deserto frio** encontra-se em regiões secas de médias a altas latitudes, especialmente no interior de grandes continentes na sombra da chuva de cadeias de montanhas. As variações sazonais de temperatura são grandes.

Os desertos frios são dominados por poucas espécies de arbustos baixos. As camadas superficiais do solo são recarregadas com umidade no inverno e o crescimento das plantas concentra-se na primavera. A produtividade anual é baixa porque os solos secam rapidamente na primavera. Os desertos frios são relativamente pobres em espécies da maioria dos grupos taxonômicos, mas as plantas deste bioma tendem a produzir grandes quantidades de sementes, sustentando muitas espécies granívoras de aves, formigas e roedores.

DESERTO QUENTE

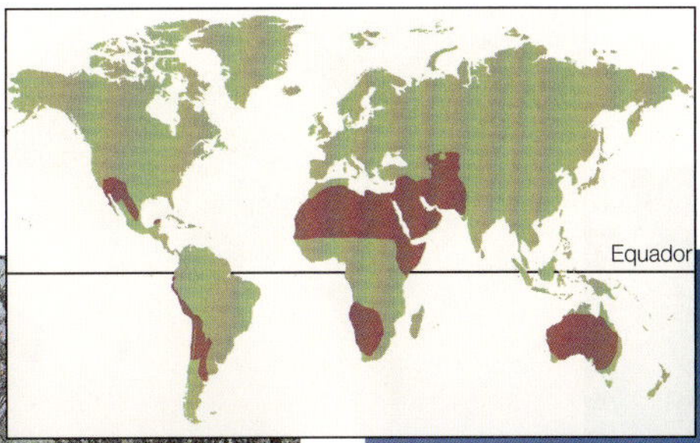
Equador

Deserto Anzo Borrego, Califórnia (EUA)

Deserto Simpson, Austrália, após chuva

Temperatura

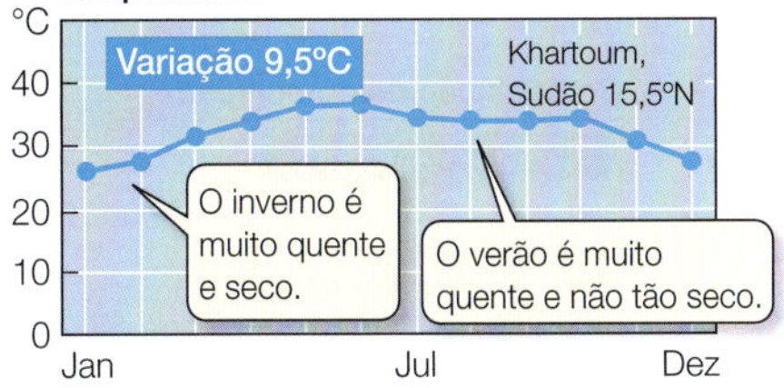
°C
40
30
20
10
0
Variação 9,5°C
Khartoum, Sudão 15,5°N
O inverno é muito quente e seco.
O verão é muito quente e não tão seco.
Jan
Jul
Dez

Precipitação

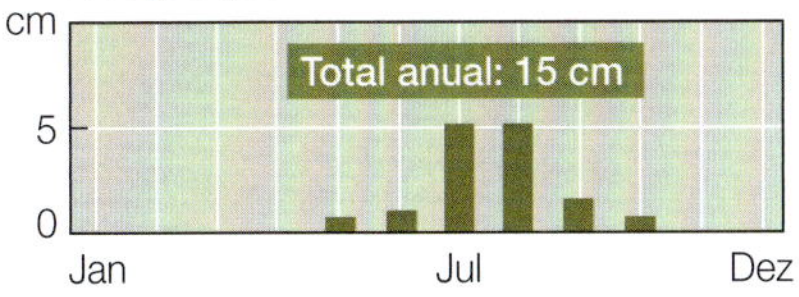
cm
5
0
Total anual: 15 cm
Jan
Jul
Dez

Atividade biológica

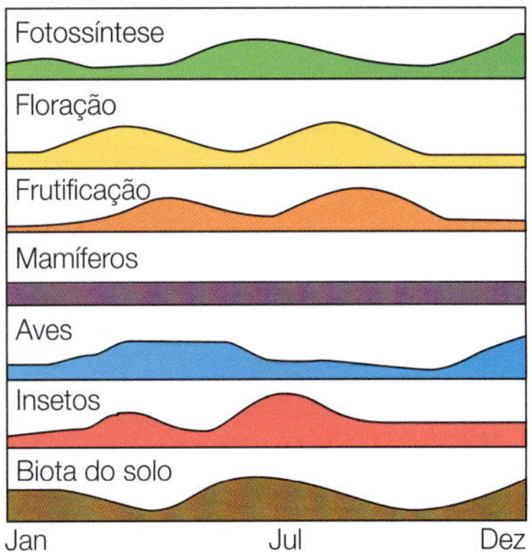
Fotossíntese
Floração
Frutificação
Mamíferos
Aves
Insetos
Biota do solo
Jan
Jul
Dez

Composição da comunidade

Plantas dominantes

Muitas formas de vida diferentes

Riqueza de espécies

Plantas: Razoavelmente rica; muitas anuais

Animais: Muito rica em roedores, répteis e borboletas. A mais rica comunidade de abelhas da Terra.

Biota do solo

Pobre em espécies

Os desertos quentes ocorrem por volta dos 30º de latitude

O bioma **deserto quente** encontra-se em dois cinturões, centrados ao redor das latitudes 30°N e 30°S, onde o ar desce, esquenta e adquire umidade. Os desertos quentes recebem a maior parte das raras precipitações no verão. A precipitação que ocorre durante o inverno provém de tempestades que se formam sobre os oceanos de latitude média. As grandes regiões mais secas, onde as chuvas de verão e inverno raramente penetram, estão no centro da Austrália e no meio do Deserto do Saara, na África.

Exceto nestas regiões mais secas, os desertos quentes têm uma vegetação mais rica e estruturalmente mais diversa do que os desertos frios. Plantas suculentas (como os cactos) que armazenam água em seus troncos expansíveis chamam a atenção em alguns desertos quentes. Quando chove, as plantas anuais germinam e crescem com abundância. A polinização e a dispersão de sementes por animais são comuns. Encontra-se nos desertos quentes uma fauna rica em roedores, cupins, formigas, lagartos e cobras.

CHAPARRAL

Sudoeste da Austrália

Equador

Santa Bárbara, Califórnia (EUA)

Temperatura

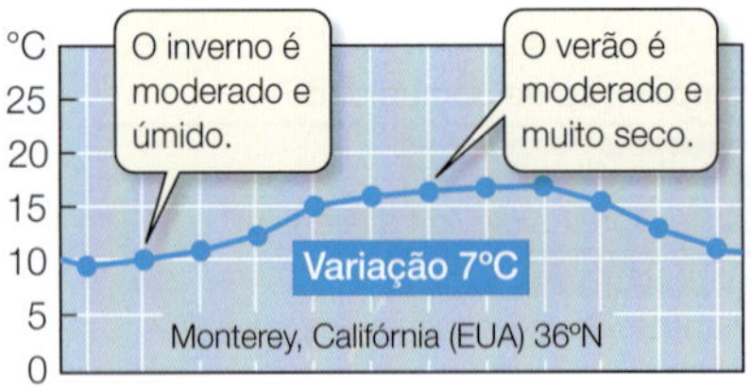
°C
25
20
15
10
5
0
O inverno é moderado e úmido.
O verão é moderado e muito seco.
Variação 7°C
Monterey, Califórnia (EUA) 36°N

Precipitação

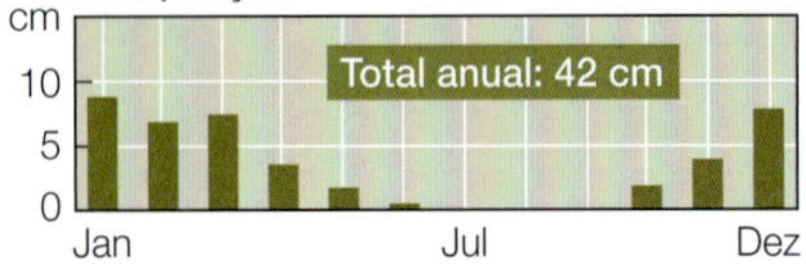
cm
10
5
0
Total anual: 42 cm
Jan
Jul
Dez

Atividade biológica

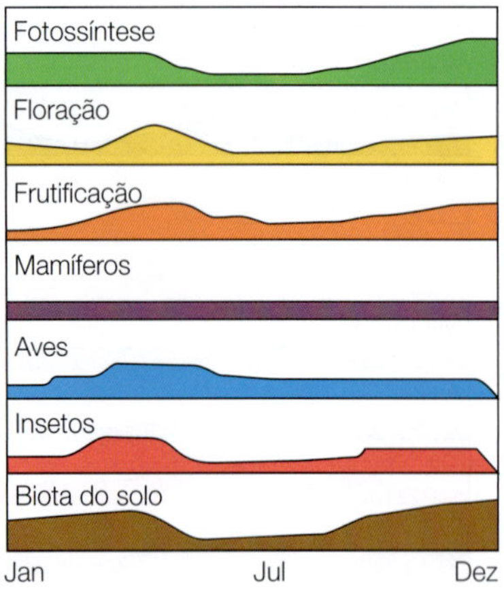
Fotossíntese
Floração
Frutificação
Mamíferos
Aves
Insetos
Biota do solo
Jan
Jul
Dez

Composição da comunidade

Plantas dominantes

Arbustos baixos e plantas herbáceas

Riqueza de espécies

Plantas: Extremamente alta na África do Sul e Austrália

Animais: Rica em roedores e répteis; muito rica em insetos, especialmente abelhas

Biota do solo

Moderadamente rica

O clima do bioma chaparral é seco e agradável

O bioma **chaparral** encontra-se no lado oeste dos continentes em latitudes médias (cerca de 30°), onde as correntes frias do oceano fluem para longe da costa. Os invernos neste bioma são frescos e úmidos; os verões são quentes e secos. Esses climas são encontrados na região mediterrânea da Europa, na costa da Califórnia, no Chile central, no extremo sul da África e no sudoeste da Austrália.

As plantas dominantes na vegetação do bioma chaparral consistem em arbustos e árvores baixas com folhas duras e perenes. Os arbustos realizam a fotossíntese e crescem principalmente no início da primavera, quando os insetos encontram-se ativos e as aves se reproduzem. As plantas anuais abundam e produzem muitas sementes que se depositam no solo. Assim, este bioma sustenta grandes populações de pequenos roedores, a maioria dos quais armazena sementes em cavidades subterrâneas. A vegetação do bioma chaparral está naturalmente adaptada para sobreviver a incêndios periódicos. Muitos arbustos do bioma chaparral do Hemisfério Norte produzem frutos dispersos por aves que amadurecem no final do outono, quando grandes números de aves migratórias chegam do norte.

CAATINGA e SAVANA TROPICAL

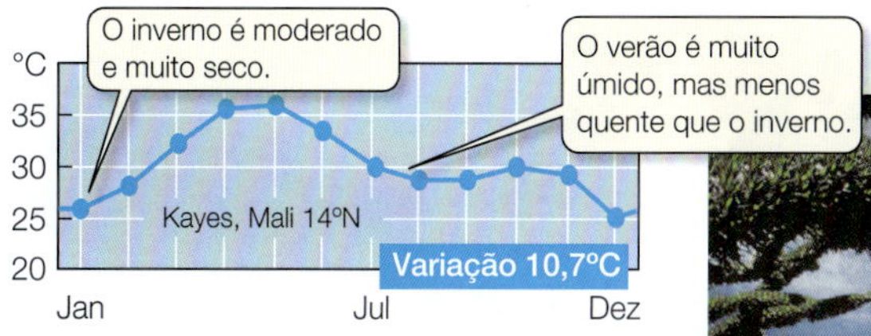
Temperatura
O inverno é moderado e muito seco.
O verão é muito úmido, mas menos quente que o inverno.
°C
35
30
25
20
Kayes, Mali 14°N
Variação 10,7°C
Jan
Jul
Dez

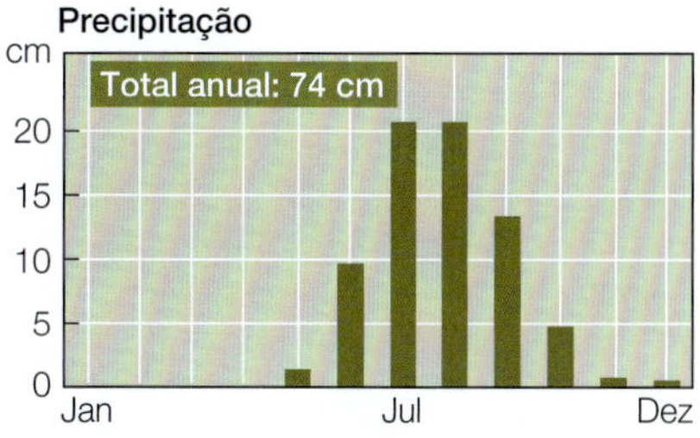
Precipitação
cm
Total anual: 74 cm
20
15
10
5
0
Jan
Jul
Dez

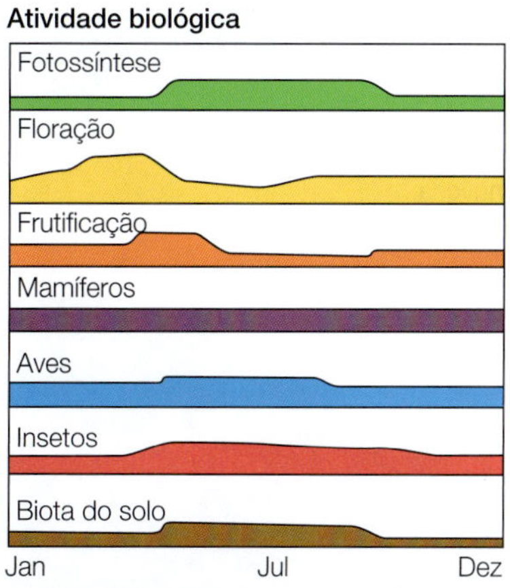
Atividade biológica
Fotossíntese
Floração
Frutificação
Mamíferos
Aves
Insetos
Biota do solo
Jan
Jul
Dez

Composição da comunidade

Plantas dominantes
Arbustos e pequenas árvores; gramíneas

Riqueza de espécies
Plantas: Moderada na caatinga; baixa na savana
Animais: Fauna de mamíferos rica; moderadamente rica em aves, répteis e insetos

Biota do solo
Rica

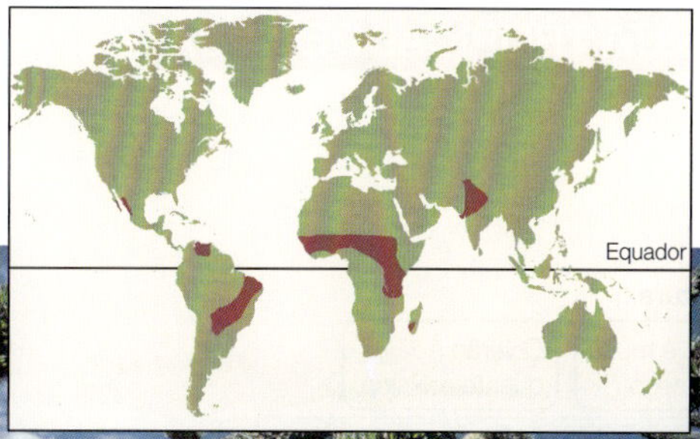
Equador

Caatinga em Madagascar

KwaZulu-Natal, África do Sul

As caatingas e as savanas tropicais têm climas semelhantes

O bioma **caatinga** ou bosque espinhoso ("thorn forest") encontra-se nos lados equatoriais dos desertos quentes. O clima é semiárido; chove pouco ou nada durante o inverno, mas a pluviosidade pode ser alta durante o verão. As caatingas contêm muitas plantas semelhantes àquelas encontradas nos desertos quentes. As plantas dominantes são arbustos espinhosos e árvores pequenas, muitos dos quais perdem as suas folhas durante o inverno longo e seco. Os membros do gênero *Acacia* são comuns nas caatingas de todo o mundo.

As regiões tropicais e subtropicais secas da África, América do Sul e Austrália, têm extensas áreas de **savanas tropicais*** – extensões de gramíneas e plantas semelhantes a gramíneas e árvores dispersas. As maiores savanas tropicais encontram-se na África central e ocidental, onde este bioma sustenta números enormes de mamíferos pastejadores e muitos carnívoros predadores de grande porte. Os pastejadores mantêm as savanas. Se a vegetação de savana não for pastada ou queimada, ela normalmente se reverterá em caatinga densa.

* N. do T. O cerrado brasileiro enquadra-se nesta categoria.

FLORESTA TROPICAL DECÍDUA

Equador

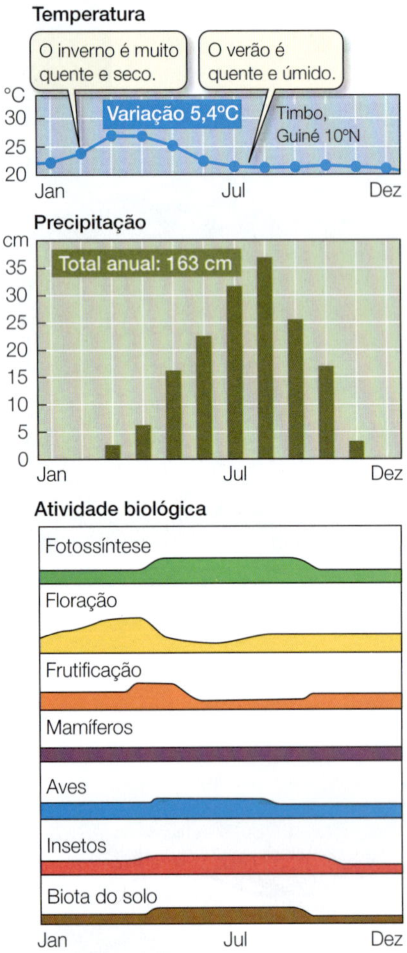
Temperatura
O inverno é muito quente e seco.
O verão é quente e úmido.
°C
30
25
20
Variação 5,4°C
Timbo, Guiné 10°N
Jan
Jul
Dez
Precipitação
cm
35
30
25
20
15
10
5
0
Total anual: 163 cm
Jan
Jul
Dez
Atividade biológica
Fotossíntese
Floração
Frutificação
Mamíferos
Aves
Insetos
Biota do solo
Jan
Jul
Dez

Composição da comunidade

Plantas dominantes

Árvores decíduas

Riqueza de espécies

Plantas: Moderadamente rica em espécies de árvores

Animais: Comunidades ricas em mamíferos, aves, répteis, anfíbios e insetos

Biota do solo

Rica, mas pouco conhecida

Parque Nacional Palo Verde, Costa Rica, na estação chuvosa...

...e na estação seca.

As florestas tropicais decíduas ocorrem em planícies quentes

À medida que a duração da estação chuvosa aumenta em direção ao Equador, o bioma **floresta tropical decídua** substitui as caatingas. As florestas tropicais decíduas têm árvores mais altas e plantas menos suculentas que as caatingas e são muito mais ricas em espécies de plantas e animais. A maioria das árvores, exceto aquelas que crescem ao longo dos rios, perde suas folhas durante a estação seca longa e quente. Muitas delas florescem enquanto estão desprovidas de folhas e muitas espécies são polinizadas por animais. A atividade biológica mostra-se intensa durante a estação chuvosa e quente.

Os solos do bioma floresta tropical decídua encontram-se entre os melhores solos dos trópicos para a agricultura porque eles contêm mais nutrientes do que os solos de áreas mais úmidas. Como resultado, a maior parte das florestas tropicais decíduas do mundo tem sido desmatada para dar espaço à agricultura e à pecuária. Esforços para promover a sua restauração estão em andamento em vários continentes.

FLORESTA TROPICAL PERENIFÓLIA

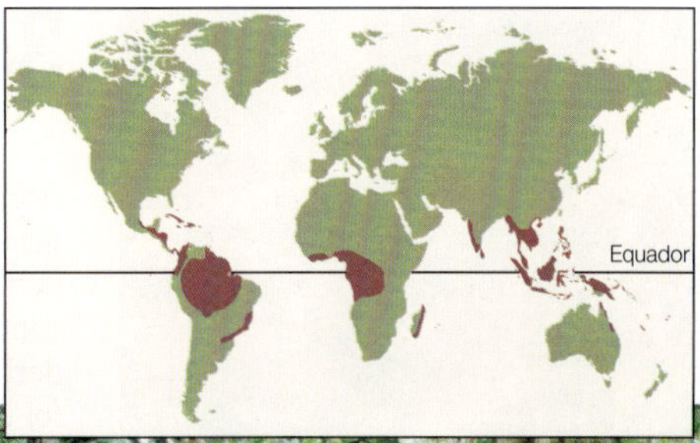
Equador

Uma floresta úmida de planície vista de fora...

...e em seu interior, Cocha Cashu, Peru

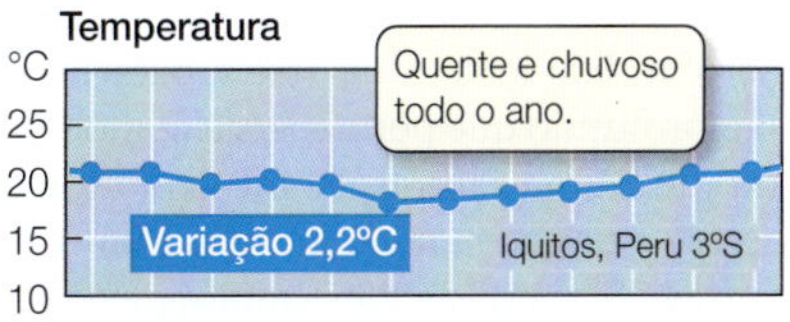
Temperatura
°C
25
20
15
10
Quente e chuvoso todo o ano.
Variação 2,2°C
Iquitos, Peru 3°S

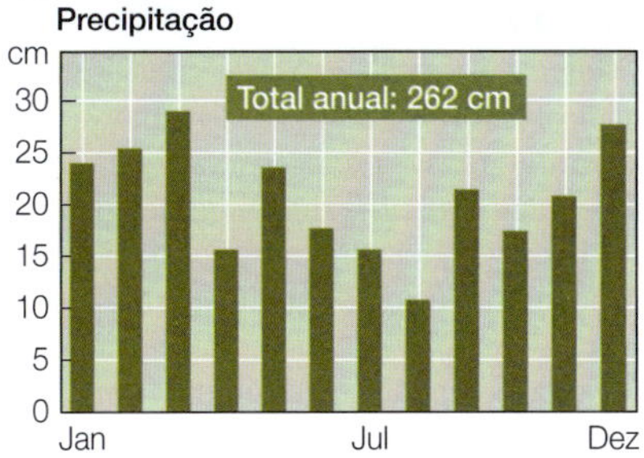
Precipitação
cm
30
25
20
15
10
5
0
Total anual: 262 cm
Jan
Jul
Dez

Atividade biológica
Fotossíntese
Floração
Frutificação
Mamíferos
Aves
Insetos
Biota do solo
Jan
Jul
Dez

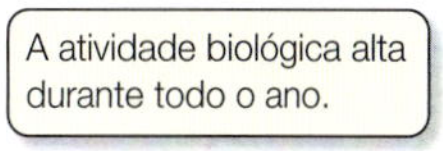
A atividade biológica alta durante todo o ano.

Composição da comunidade

Plantas dominantes
Árvores e cipós

Riqueza de espécies
Plantas: Extremamente alta
Animais: Extremamente alta em mamíferos, aves, anfíbios e artrópodos

Biota do solo
Muito rica, mas pouco conhecida

As florestas tropicais perenifólias são ricas em espécies

O bioma **floresta tropical perenifólia** encontra-se em regiões equatoriais onde a pluviosidade total anual excede 250 cm e a estação seca dura menos de 2 ou 3 meses. Este é o mais rico de todos os biomas em número de espécies de plantas e animais, com até 500 espécies de árvores por km^2. Junto com sua imensa riqueza de espécies, as florestas tropicais perenifólias têm a mais alta produtividade total entre todas as comunidades ecológicas. No entanto, a maioria dos nutrientes minerais está presa na vegetação. Normalmente, os solos não podem sustentar a agricultura sem a aplicação substancial de fertilizantes.

As árvores tropicais dos declives das montanhas constituem-se mais baixas do que as árvores de planície. Suas folhas são menores e existem mais *epífitas* (plantas que crescem sobre outras plantas e que retiram seus nutrientes e umidade diretamente do ar e da água ao invés do solo).

Figura 34.6 Os desertos australianos diferem daqueles em outros continentes Áreas extensas na Austrália são dominadas por uma gramínea fibrosa e resistente chamada "spinifex" (*Triodia*) que queima facilmente quando verde.

A distribuição dos biomas não é determinada apenas pelo clima

A partir da discussão anterior, você poderá concluir que apenas o clima determina a distribuição dos biomas e as características das plantas que os dominam. O clima importa, mas outros fatores, como fertilidade do solo e fogo, também exercem fortes influências na estrutura da vegetação de uma área. Por exemplo, a vegetação dos desertos australianos cresce em solos extremamente pobres em nutrientes. As folhas destas plantas, muito difíceis de serem digeridas, são muito pouco consumidas pelos herbívoros. Desse modo, restos inflamáveis se acumulam rapidamente sob as árvores e periodicamente fogos intensos se espalham pela paisagem. Como resultado, plantas suculentas, facilmente mortas pelo fogo, não são encontradas na Austrália, embora sejam comuns nos desertos de outros continentes (ver p. 755). Os desertos australianos apresentam uma vegetação diferenciada (**Figura 34.6**).

34.3 RECAPITULAÇÃO

Os ecólogos reconhecem um número grande de unidades ecológicas chamadas biomas, as quais estão baseadas no hábito de crescimento da vegetação dominante. A distribuição dos biomas terrestres é determinada principalmente pela temperatura e precipitação, mas também influencia-se pela fertilidade do solo e ocorrência de fogo.

O clima explica porque o bioma chaparral está confinado à costa oeste dos continentes e em latitude mediana, mas não pode explicar porque os chaparrais da Califórnia e da África do Sul não compartilham qualquer espécie. Para explicar a distribuição das espécies na Terra, precisamos estudar os ambientes físicos atuais e antigos.

34.4 O que é uma região biogeográfica?

Até os naturalistas europeus começarem a viajar pelo globo, eles não tinham como saber que tipos de seres vivos seriam encontrados em diferentes regiões. Alfred Russel Wallace, que juntamente com Charles Darwin, lançou a idéia de que a seleção natural poderia contribuir para a evolução da vida na Terra (ver Seção 22.1), foi um destes viajantes globais. Ele retornou para a Inglaterra na primavera de 1862 após sete anos viajando pelo Arquipélago Malaio. Ele notou alguns padrões marcantes na distribuição de espécies ao longo do arquipélago durante as suas viagens. Por exemplo, ele descreveu aves muito diferentes que habitavam duas ilhas adjacentes, Bali e Lombok:

> Em Bali, nós temos tordos, sabiás e pica-paus; passando para Lombok estes não são mais avistados, mas temos uma abundância de cacatuas,"honeyeaters" e perus, igualmente desconhecidos em Bali ou em qualquer outra ilha a oeste. O estreito que separa as duas ilhas tem 24 km de largura, desta forma, podemos passar em duas horas de uma grande divisão de terra para a outra, no entanto, a vida animal difere tanto quanto a Europa difere da América.

Wallace mostrou que essas surpreendentes diferenças biológicas não podiam ser explicadas pelo clima ou geologia, porque nestes aspectos Bali e Lombok eram essencialmente idênticas.

Wallace percebeu que baseado na distribuição das espécies de plantas e animais podia traçar uma linha através do Arquipélago Malaio dividindo-o em duas metades distintas. Ele concluiu corretamente que essas diferenças dramáticas na flora e fauna estavam relacionadas com a profundidade do canal que separava Bali e Lombok. Esse canal é tão profundo que permaneceu como uma barreira para o movimento de animais terrestres mesmo durante as glaciações do Pleistoceno, quando o nível do mar caiu mais de 100 metros e Java e outras ilhas à oeste conectaram-se com o continente asiático (**Figura 34.7**).

Com esses critérios, Wallace estabeleceu a base conceitual da **biogeografia**, o estudo científico dos padrões de distribuição das populações, espécies e comunidades ecológicas através da Terra. Ele notou que a história geológica de uma região influencia profundamente os tipos de seres vivos nela encontrados. Hoje, chamamos a linha que ele traçou através do Arquipélago Malaio de "linha de Wallace".

A flora, a fauna e os microorganismos de diferentes partes do mundo – isto é, sua biota – diferem o suficiente para nos permitir dividir a Terra em várias **regiões biogeográficas** principais (**Figura 34.8**). As regiões biogeográficas baseiam-se nas semelhanças taxonômicas entre seres que nelas vivem. Seus limites são colocados onde a composição das espécies muda dramaticamente em curtas distâncias. A linha de Wallace, por exemplo, separa o Arquipélago Malaio em duas diferentes regiões biogeográficas. As biotas das regiões biogeográficas diferem porque oceanos, montanhas, desertos e outras barreiras restringem a dispersão de espécies entre elas. Embora os seres vivos dispersem entre regiões biogeográficas adjacentes, essas trocas não são suficientemente freqüentes ou maciças para eliminar as diferenças marcantes que resultaram da especiação e extinção em cada uma das regiões. A maioria das espécies encontra-se confinada a uma única região biogeográfica.

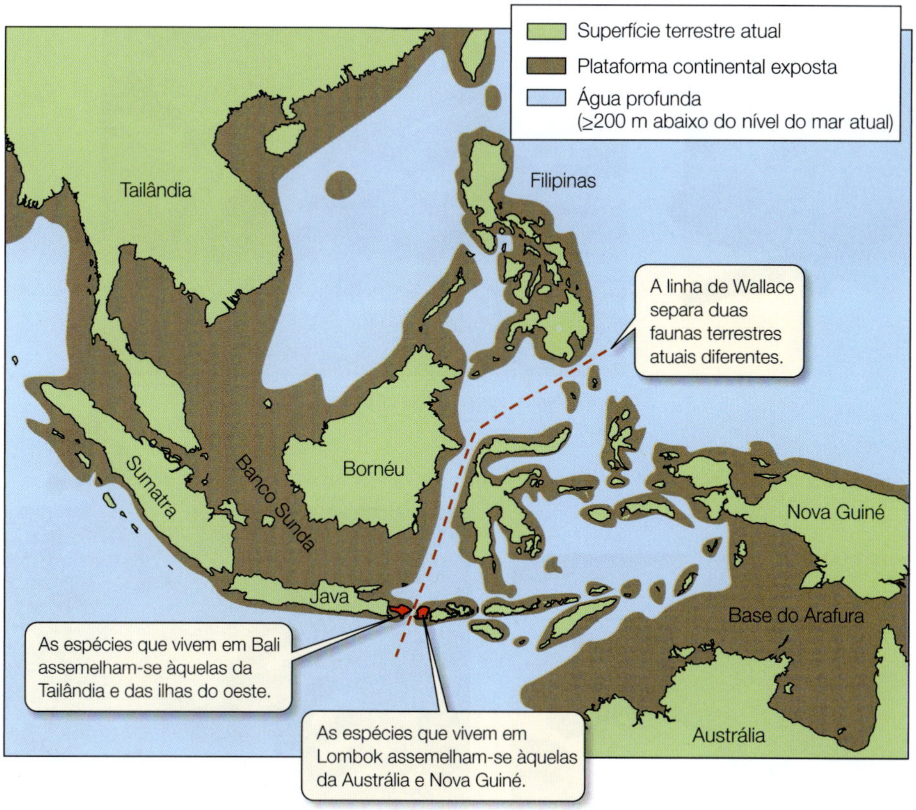
Superfície terrestre atual
Plataforma continental exposta
Água profunda
(≥200 m abaixo do nível do mar atual)
Tailândia
Filipinas
A linha de Wallace separa duas faunas terrestres atuais diferentes.
Sumatra
Banco Sunda
Bornéu
Nova Guiné
Java
Base do Arafura
As espécies que vivem em Bali assemelham-se àquelas da Tailândia e das ilhas do oeste.
As espécies que vivem em Lombok assemelham-se àquelas da Austrália e Nova Guiné.
Austrália

Figura 34.7 O Arquipélago Malaio durante o máximo glacial mais recente A linha de Wallace, que divide duas regiões geográficas distintas, corresponde ao canal de águas profundas entre as ilhas de Bali e Lombok. Este canal é suficientemente profundo para ter bloqueado o movimento de seres vivos terrestres mesmo durante as glaciações do Pleistoceno, quando o nível do mar era 100 metros mais baixo do que hoje.

Atualmente a espécie animal terrestre com maior distribuição geográfica é o *Homo sapiens*, mas também algumas poucas espécies de aves – por exemplo, a garça-branca-grande, a águia-pescadora, o falcão-peregrino e a coruja-da-igreja – são encontradas em todos os continentes, exceto na Antártica.

As espécies encontradas somente em uma determinada região chamam-se **endêmicas,** para esta região. Ilhas isoladas apresentam biotas endêmicas particulares porque a barreira de água restringe fortemente a imigração. Por exemplo, praticamente todas as espécies de plantas vasculares e vertebrados de Madagascar, uma grande ilha próxima à costa leste da África, são endêmicas desta ilha (**Figura 34.9**). Madagascar, sozinha, poderia ser considerada uma região biogeográfica. Contudo, como inúmeras ilhas seriam classificadas como regiões biogeográficas devido à distinção de suas biotas, as ilhas não são qualificadas como regiões biogeográficas.

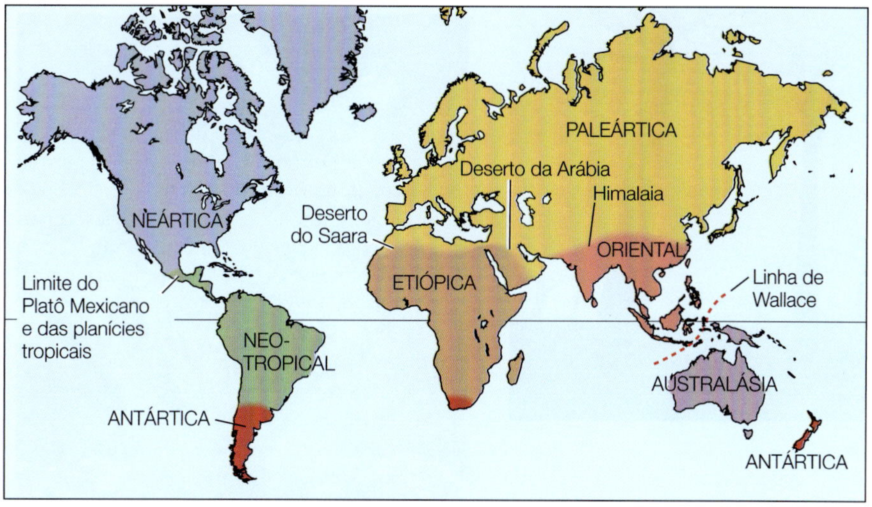
PALEÁRTICA
Deserto da Arábia
Himalaia
NEÁRTICA
Deserto do Saara
ORIENTAL
ETIÓPICA
Limite do Platô Mexicano e das planícies tropicais
Linha de Wallace
NEO-TROPICAL
AUSTRALÁSIA
ANTÁRTICA
ANTÁRTICA

Figura 34.8 Principais regiões biogeográficas As biotas das principais regiões biogeográficas da Terra diferem muito. Estas regiões são separadas por barreiras topográficas, climáticas ou aquáticas que dificultam a dispersão e geram biotas muito diferentes.

Três avanços científicos mudaram o campo da biogeografia

Por muitas décadas após os biogeógrafos determinarem que as biotas das principais regiões biogeográficas eram muito diferentes entre si, eles concentraram seus esforços para reunir informações sobre a distribuição das espécies. Eles especularam sobre as causas dos padrões de distribuição encontrados, mas o campo permaneceu principalmente descritivo. Os biogeógrafos tiveram a idéia do estudo dos fósseis, o qual pode mostrar por quanto tempo um táxon esteve presente em uma área e se seus membros antigos viveram em áreas onde eles não se encontram mais. Todavia, para isto, foram necessários três avanços científicos no final

Chamaeleo parsonii (camaleão)

Hemicentetes semispinosus ("tenrec")

Cryptoprocta ferox (fossa)

Lemur catta (lêmure de cauda anelada) subindo em *Alluaudia procera* ("Madagascar ocotillo")

Adansonia grandidieri (baobá gigante)

Pachypodium rosulatum (pé-de-elefante)

Figura 34.9 Madagascar é rica em espécies endêmicas
A maioria das espécies de plantas e vertebrados encontrada na ilha de Madagascar não ocorre em nenhum outro lugar da Terra.

do século XX para que a biogeografia se transformasse em um campo dinâmico e multidisciplinar como hoje conhecemos.

- A aceitação da teoria da *deriva continental.*
- O desenvolvimento da *taxonomia filogenética.*
- O desenvolvimento da teoria da *biogeografia de ilhas.*

Vamos ver como cada um desses avanços contribuiu para o desenvolvimento da biogeografia.

DERIVA CONTINENTAL Antes da metade do século XIX, a maioria das pessoas acreditava que a Terra era jovem e pouco tinha mudado ao longo do tempo. Carolus Linnaeus, o naturalista que iniciou a classificação das espécies há cerca de 250 anos atrás, acreditava que todos os seres vivos tinham sido criados em um local (o qual ele chamou de Paraíso) de onde haviam posteriormente dispersado. Na verdade, devido ao fato da maioria das pessoas acreditarem que os continentes estavam fixos em suas posições, a única maneira de se explicar as atuais distribuições era a invocação de dispersões em massa.

A noção de que os continentes poderiam ter se movido não foi seriamente considerada até 1912, quando Alfred Wegener lançou o conceito da deriva continental, propondo que os continentes teriam mudado de posição ao longo do tempo. Quando Wegener propôs esta idéia, poucos cientistas o levaram a sério, mas conforme descrito na Seção 21.2, evidências geológicas e mecanismos plausíveis capazes de mover continentes foram eventualmente descobertos.

Há cerca de 280 milhões de anos, os continentes estavam unidos formando uma única massa de terra, Pangéia (ver Figura 21.15). Os continentes nesta época começaram a se separar, mas no período Triássico (cerca de 245 milhões de anos atrás), quando ainda estavam muito próximos uns dos outros, muitos grupos de seres vivos terrestres e de água doce, tais como insetos, peixes de água doce, sapos e plantas vasculares, já tinham evoluído. Os ancestrais de alguns seres vivos que hoje vivem em continentes muito distantes estavam provavelmente presentes nessas massas de terra quando elas faziam parte da Pangéia.

TAXONOMIA FILOGENÉTICA Segundo discutido no Capítulo 25, os taxonomistas têm desenvolvido métodos poderosos para reconstruir as relações filogenéticas entre as espécies. Os biogeógrafos adaptaram esses métodos para ajudar a responder questões biogeográficas. Os biogeógrafos podem transformar árvores filogenéticas em **filogenias de área** substituindo os nomes dos táxons na árvore pelos nomes dos locais onde estes táxons vivem ou viveram. Por exemplo, sabemos, através de registros fósseis, que os primeiros ancestrais dos cavalos desenvolveram-se na América do Norte, mas uma filogenia de área dos cavalos torna possível seguir sua evolução e dispersão muito além disso. Ela sugere que os ancestrais dos cavalos atuais dispersaram da América do Norte para a Ásia, e, então, da Ásia para a África. Além disso, sugere que a especiação das zebras ocorreu inteiramente na África (**Figura 34.10**).

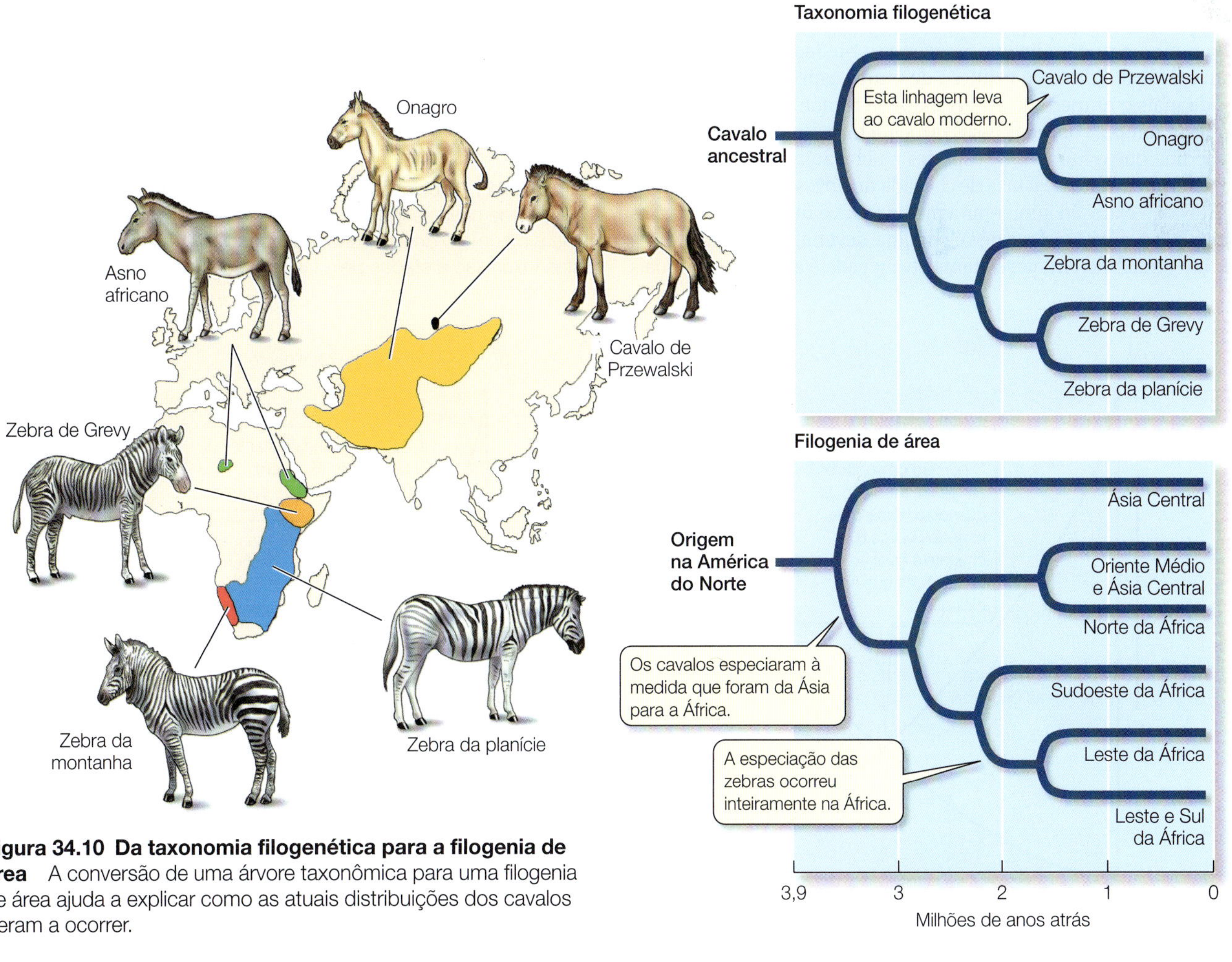
Onagro
Asno africano
Cavalo de Przewalski
Zebra de Grevy
Zebra da montanha
Zebra da planície
Taxonomia filogenética
Cavalo ancestral
Esta linhagem leva ao cavalo moderno.
Cavalo de Przewalski
Onagro
Asno africano
Zebra da montanha
Zebra de Grevy
Zebra da planície
Filogenia de área
Origem na América do Norte
Ásia Central
Oriente Médio e Ásia Central
Norte da África
Sudoeste da África
Leste da África
Leste e Sul da África
Os cavalos especiaram à medida que foram da Ásia para a África.
A especiação das zebras ocorreu inteiramente na África.
3,9
3
2
1
0
Milhões de anos atrás

Figura 34.10 Da taxonomia filogenética para a filogenia de área A conversão de uma árvore taxonômica para uma filogenia de área ajuda a explicar como as atuais distribuições dos cavalos vieram a ocorrer.

BIOGEOGRAFIA DE ILHAS Robert MacArthur e Edward O. Wilson desenvolveram a teoria da **biogeografia de ilhas** para ajudar a explicar porque as ilhas oceânicas sempre possuem menos espécies do que uma área continental de tamanho equivalente. Eles fundamentaram sua teoria em apenas dois processos: a imigração de novas espécies para uma ilha e a extinção das espécies já existentes nesta ilha. Eles exibiram o desdobramento desses dois processos sobre períodos de apenas poucas centenas de anos ou menos, durante os quais eles assumiram que não ocorreu nenhuma especiação.

Imagine uma ilha oceânica recentemente formada que recebe colonizadores de uma área no continente. A lista de espécies do continente que poderia possivelmente colonizar a ilha constitui o **conjunto ("pool") de espécies**. Os primeiros colonizadores a chegarem na ilha são todas espécies "novas" porque inicialmente não havia nenhuma espécie lá. À medida que o seu número na ilha aumenta, uma maior fração de indivíduos colonizadores pertencerá a espécies já presentes. Por conseguinte, mesmo que um número igual de espécies continue chegando, a taxa de chegada de novas espécies diminuirá, até que atingirá zero quando a ilha contiver todas as espécies do conjunto de espécies do continente.

Agora considere as taxas de extinção. Primeiro, existirá apenas um pequeno número de espécies na ilha e suas populações poderão aumentar. À medida que chegarem mais espécies e que suas populações aumentarem, os recursos da ilha serão divididos entre mais espécies. Daí, o tamanho médio da população de cada espécie se tornará menor à medida que o número de espécies aumenta. Quanto menor for uma população, maior será sua probabilidade de se tornar extinta (ver Seção 36.4). Além disso, o número de espécies com probabilidade de se extinguir aumenta à medida que as espécies se acumulam na ilha. Novas chegadas na ilha também podem incluir patógenos e predadores que aumentam a probabilidade de extinção de outras espécies, aumentando ainda mais o número de espécies que se tornam extintas por unidade de tempo. Por todas essas razões, a taxa de extinção aumenta à medida que o número de espécies na ilha aumenta.

Devido ao fato de a taxa de chegada de novas espécies diminuir e a taxa de extinção aumentar à medida que o número de espécies eleva-se, o número de espécies na ilha deveria, finalmente, atingir um equilíbrio em que as taxas de chegada e extinção são iguais (**Figura 34.11A**). Se existirem mais espécies do que o número de equilíbrio, as extinções deveriam exceder as chegadas, e a riqueza de espécies deveria declinar. Se existirem menos espécies do que o número de equilíbrio, as chegadas deveriam exceder as extinções, e a riqueza de espécies deveria aumentar. O equilíbrio é dinâmico porque se qualquer dessas taxas flutuar, como geralmente ocorre, o número de equilíbrio de espécies varia para cima e para baixo.

O modelo de MacArthur e Wilson pode também ser utilizado para prever como a riqueza de espécies deveria diferir entre ilhas de diferentes tamanhos e distâncias do continente. Esperamos taxas de extinção maiores em ilhas pequenas do que em ilhas grandes porque as populações das espécies são, em média, menores nas ilhas pequenas. De maneira semelhante, esperamos que menos imigrantes alcancem as ilhas mais distantes. A **Figura 34.11B** mostra o número relativo de espécies hipotéticas para ilhas de diferentes tamanhos e distâncias do continente. Conforme podemos ver, o número de espécies deveria ser maior em ilhas relativamente grandes e próximas do continente (como Madagascar). Estes princípios podem aplicar-se não apenas para ilhas oceânicas, mas também para "ilhas de habitats" em paisagens terrestres, como veremos na Seção 39.2.

A mais importante contribuição da teoria da biogeografia de ilhas consistiu em demonstrar que a biogeografia poderia, na realidade, ter um componente experimental. As taxas de imigração e extinção podem ser medidas e, algumas vezes, manipuladas para testar hipóteses. Além disso, grandes perturbações, que servem como "experimentos naturais", às vezes permitem aos cientistas estimar as taxas de colonização e extinção. Em agosto de 1883, Krakatoa, uma ilha no Estreito de Sunda entre Sumatra e Java, foi devastada por uma série de erupções vulcânicas que destruiu todas as formas de vida de sua superfície. Após o esfriamento da lava, plantas e animais vindos de Sumatra a oeste e de Java a leste rapidamente colonizaram Krakatoa. Em 1933, a ilha estava nova-

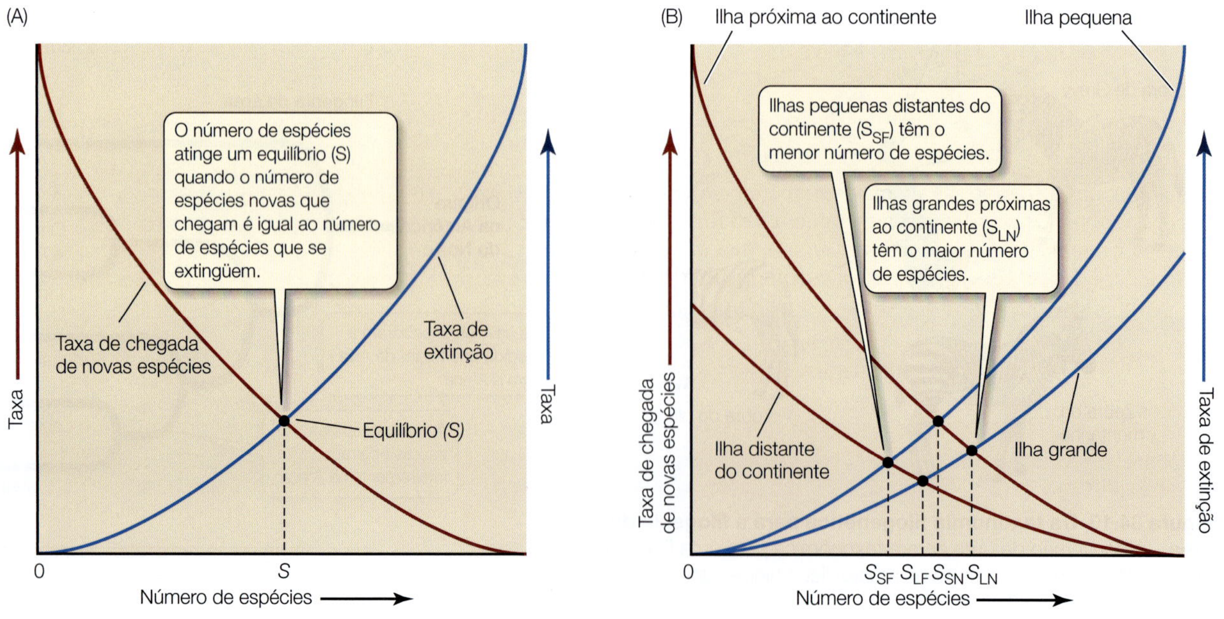
(A)
O número de espécies atinge um equilíbrio (S) quando o número de espécies novas que chegam é igual ao número de espécies que se extingüem.
Taxa de chegada de novas espécies
Taxa de extinção
Equilíbrio (S)
Taxa
Taxa
0
S
Número de espécies
(B)
Ilha próxima ao continente
Ilha pequena
Ilhas pequenas distantes do continente (S_{SF}) têm o menor número de espécies.
Ilhas grandes próximas ao continente (S_{LN}) têm o maior número de espécies.
Ilha distante do continente
Ilha grande
Taxa de chegada de novas espécies
Taxa de extinção
0
S_{SF} S_{LF} S_{SN} S_{LN}
Número de espécies

Figura 34.11 Teoria da biogeografia de ilhas (A) A taxa de chegada de novas espécies e a taxa de extinção presentes determinam o número de equilíbrio das espécies em uma ilha (S). (B) Estas taxas são afetadas pelo tamanho da ilha e pela sua distância do continente.

TABELA 34.1 Número de espécies de aves terrestres residentes em Krakatoa

PERÍODO	NÚMERO DE ESPÉCIES	EXTINÇÕES	COLONIZAÇÕES
1908	13		
1908 a 1919		2	17
1919 a 1921	28		
1921 a 1933		3	4
1933 a 1934	29		
1934 a 1951		3	7
1951	33		
1952 a 1984		4	7
1984 a 1996	36		

EXPERIMENTO

HIPÓTESE: Ilhas cuja fauna foi completamente removida serão rapidamente recolonizadas e alcançarão aproximadamente o mesmo número de espécies que apresentavam antes da remoção da fauna.

MÉTODO

Construir um andaime e uma tenda para envolver a ilhota. Fumigar a pequena ilhota com uma substância química (brometo de metila) que mata os artrópodos, mas não danifica as plantas. Monitoramento periódico da recolonização e extinção dos artrópodos na ilha.

RESULTADOS

A recolonização foi rápida, as taxas de reposição altas e a taxa de recolonização mais baixa na ilha mais distante do continente.

CONCLUSÃO: Uma ilha pode suportar um determinado número de equilíbrio de espécies.

Figura 34.12 Remoção experimental da fauna de uma ilha Simberloff e Wilson cercaram várias ilhas pequenas com andaimes para que eles pudessem cobri-las e fumigá-las para remover todos os artrópodos. Os pesquisadores, então, contaram e monitoraram os artrópodos enquanto eles recolonizavam cada ilha. PESQUISA ADICIONAL: Embora os resultados de Wilson e Simberllof para este experimento tenham sido significativos, o experimento durou apenas um curto período de tempo e poucos artrópodos foram considerados. Que experimentos você poderia conduzir para avaliar algumas das previsões de longo prazo da teoria da biogeografia de ilhas?

mente coberta por uma floresta tropical perenifólia e eram encontradas lá 271 espécies de plantas e 27 espécies de aves terrestres residentes.

Durante a década de 1920, quando a copa da floresta estava se formando em Krakatoa, aves e plantas colonizaram a ilha em altas taxas (**Tabela 34.1**). As aves provavelmente trouxeram as sementes de muitas plantas, pois entre 1908 e 1934 foram observados grandes aumentos na porcentagem (de 20% a 25%) e no número absoluto (de 21 a 54) de espécies vegetais com sementes ornitocóricas (dispersas por aves). Hoje, o número de espécies de plantas e aves não está aumentando tão rapidamente como durante a década de 1920, mas as colonizações e extinções continuam como previsto pela teoria da biogeografia de ilhas.

Experimentos também podem ser conduzidos para testar os componentes da teoria. Para testar a hipótese de que existe um número de equilíbrio de espécies em ilhas, Daniel Simberloff e Edward O. Wilson, da Universidade de Harvard, eliminaram todos os animais de pequenas ilhotas com árvores de mangue-vermelho na "Florida Keys" e monitoraram a sua recolonização (**Figura 34.12**). As ilhas foram rapidamente recolonizadas, e no fim todas mantiveram aproximadamente o mesmo número de espécies que apresentavam antes da eliminação. Além disso, a taxa de recolonização mais lenta observou-se na ilha mais afastada do continente.

No entanto, o papel da experimentação na biogeografia necessariamente limita-se porque os processos que guiam os padrões biogeográficos são completamente expressos somente após longos períodos de tempo, geralmente estendendo-se ao longo de milhões de anos. Os padrões marcantes que Alfred Russel Wallace observou tiveram sua origem há muito tempo. Agora, consideraremos alguns dos processos de longo prazo que resultam no reconhecimento de regiões biogeográficas.

Uma única barreira pode dividir a distribuição de muitas espécies

Dois processos principais – vicariância e dispersão – geram os padrões biogeográficos. O aparecimento de uma barreira física que separa a distribuição de uma espécie chama-se de **evento vicariante**. Um evento vicariante divide a população de uma espécie em duas ou mais populações descontínuas, mesmo que nenhum indivíduo tenha dispersado para novas áreas. Se, no entanto, membros de uma espécie ultrapassam uma barreira já existente e estabelecem uma nova população, a descontinuidade da distribuição da espécie considera-se como resultado da dispersão.

Estudando um clado, um biogeógrafo pode descobrir evidências que sugerem que a distribuição de uma espécie ancestral foi influenciada por um evento vicariante, como a alteração do nível do mar ou o soerguimento de montanhas (ver Figura 23.3). Se essa inferência estiver correta, é razoável assumir que outras espécies ancestrais teriam sido afetadas pelo mesmo evento e que padrões de distribuição semelhantes seriam encontrados para outros clados. Diferenças nos padrões de distribuição entre clados podem indicar que eles apresentaram diferentes respostas aos mesmos eventos vicariantes, que eles divergiram em diferentes períodos ou que tiveram histórias de dispersão muito diferentes. Ao analisar tais semelhanças e diferenças os biogeógrafos procuram descobrir os papéis relativos dos eventos vicariantes e da dispersão na determinação dos padrões atuais de distribuição.

O intercâmbio biótico segue a fusão de porções de terra

Quando porções de terra anteriormente separadas se unem, como pode acontecer através das alterações do nível do mar ou deriva continental, duas biotas diferentes podem se fundir. Muitas espécies de ambas as biotas estão aptas a dispersar na região que não haviam habitado anteriormente. Esse fenômeno chama-se **intercâmbio biótico**. Tal colonização em massa de novas áreas por mamíferos ocorreu quando a ponte de terra da América Central formou-se há aproximadamente quatro milhões de anos. Essa ponte de terra conectou as Américas do Norte e do Sul pela primeira vez em um período de cerca de 65 milhões de anos. Enquanto os dois continentes estavam separados, seus mamíferos evoluíram independentemente, porque mamíferos terrestres (com exceção dos morcegos) são maus dispersores através de barreiras aquáticas. A América do Sul desenvolveu uma fauna de mamíferos diferenciada dominada por marsupiais, primatas e edentados (tatus, preguiças, preguiças terrestres e tamanduás) e roedores caviomorfos (porcos-espinhos, capivaras, pacas, cutias, porquinhos-da-índia e chinchilas).

Muitas espécies de mamíferos dispersaram pela ponte de terra recentemente estabelecida. Somente umas poucas espécies sul-americanas – o porco-espinho, o tatu-galinha e o gambá-da-Virgínia – estabeleceram-se ao norte das florestas tropicais do México (**Figura 34.13A**). No entanto, muitos mamíferos norte-americanos – coelhos, camundongos, raposas, ursos, mãos-peladas, doninhas, gatos, antas, queixadas e veados – colonizaram com sucesso a América do Sul. A invasão da América do Norte aparentemente resultou na extinção de vários tipos de grandes marsupiais carnívoros e de grandes herbívoros que eram suas presas. Subseqüentemente, os invasores provenientes do norte originaram novas espécies que, atualmente, existem somente na América do Sul (**Figura 34.13B**).

A troca de mamíferos entre as Américas do Norte e do Sul não eliminou as diferenças entre a fauna de mamíferos dos dois continentes. Os norte-americanos que visitam a América do Sul apreciam observar a rica variedade de mamíferos que são estranhos a eles, a maioria dos quais é endêmica da América do Sul ou penetrou apenas uma curta distância pela América Central. Contudo, sem conhecer a história de longo prazo da região, nós não estaríamos atentos às muitas recentes extinções de espécies sul-americanas, nem poderíamos saber quais das espécies hoje existentes chegaram recentemente.

(A)

Dasypus novemcinctus *Erethizon dorsatum*

(B)

Pseudalopex griseus *Catagonus wagneri* *Vicugna vicugna*

Figura 34.13 A fauna de mamíferos trocada entre a américa do norte e do sul (A) O tatu-galinha e o porco-espinho estão entre as poucas espécies da América do Sul que colonizaram a América do Norte. (B) Algumas das espécies que atualmente existem apenas na América do Sul descendem de ancestrais que migraram da América do Norte, incluindo a raposa-da-Patagônia, o "*chacoan peccary*" (um porco-do-mato) e a vicunha (um membro da família dos camelos).

A vicariância e a dispersão influenciam a maioria dos padrões biogeográficos

Se tanto a vicariância quanto a dispersão influenciam os padrões de distribuição, como podemos determinar sua importância relativa em casos particulares? Quando várias hipóteses podem explicar um padrão, os cientistas normalmente preferem a mais parcimoniosa – aquela que requer o menor número de eventos para explicá-lo. Vimos na Seção 25.2 como o princípio da parcimônia utiliza-se na reconstrução de filogenias. Para ver como ele se aplica à biogeografia, considere a distribuição do gorgulho não-voador (*flightless weevil*) *Lyperobius huttoni* da Nova Zelândia, uma espécie que se encontra nas montanhas da Ilha do Sul ("South Island") e em penhascos marinhos do extremo sudoeste da Ilha do Norte ("North Island") (**Figura 34.14**). Se você conhecesse apenas sua atual distribuição e as atuais posições das duas ilhas, poderia supor que, embora este gorgulho não possa voar, ele teria dado algum jeito de atravessar o Estreito de Cook (*Cook Strait*), o corpo d'água de 25 km que separa as duas ilhas.

Mais de 60 outras espécies de animais e plantas, contudo, incluindo outras espécies de insetos não-voadores, vivem em ambos os lados do Estreito de Cook. Embora os indivíduos atravessem barreiras físicas, é improvável que todas essas espécies tenham feito a mesma travessia do oceano. De fato, não precisamos fazer esta suposição. A evidência geológica indica que a atual ponta sudoeste da Ilha do Norte esteve anteriormente unida à Ilha do Sul. Por conseguinte, nenhuma das 60 espécies precisa ter cruzado o mar. Um único evento vicariante – a separação da ponta norte da Ilha do Sul do resto da ilha pelo Estreito de Cook recentemente formado – poderia ter separado todas as distribuições.

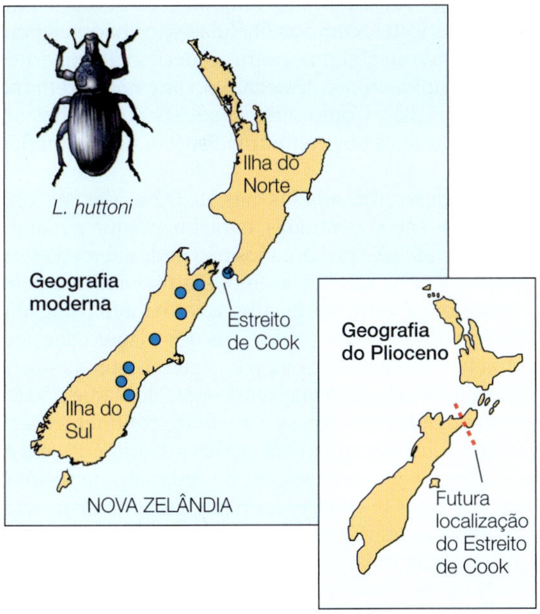
L. huttoni
Ilha do Norte
Geografia moderna
Estreito de Cook
Ilha do Sul
NOVA ZELÂNDIA
Geografia do Plioceno
Futura localização do Estreito de Cook

Figura 34.14 A explicação de uma distribuição vicariante Os círculos azuis indicam a atual distribuição do gorgulho *Lyperobius huttoni*. Uma comparação da atual geografia da Nova Zelândia com aquela do Plioceno, quando a parte meridional da Ilha do Norte de hoje fazia parte da Ilha do Sul, sugere que um evento vicariante – uma divisão física separando populações – explica esta distribuição.

34.4 RECAPITULAÇÃO

As regiões biogeográficas baseiam-se nas semelhanças taxonômicas dos organismos que nelas vivem. As biotas das regiões biogeográficas diferem porque barreiras restringem a dispersão e a troca de espécies entre elas.

- O que determina os limites das principais regiões biogeográficas da Terra? Ver p. 760 e Figura 34.8.
- Você entende como os conceitos de deriva continental, taxonomia filogenética e biogeografia de ilhas têm transformado e fortalecido a área da biogeografia? Ver p. 763-765.
- Como a vicariância e a dispersão interagem para gerar os principais padrões biogeográficos? Ver p. 765-767.

Agora que vimos como as espécies distribuem-se pelos ambientes terrestres da Terra, vamos dar uma olhada nos outros ¾ do planeta – o mundo aquático.

34.5 Como a vida está distribuída nos ambientes aquáticos?

A maioria dos ambientes aquáticos da Terra são mares e oceanos de água salgada. No entanto, a pequena porcentagem do mundo das águas constituída por lagos, rios, açudes e riachos hospeda um número significativo de ecossistemas e espécies.

As correntes criam regiões biogeográficas nos oceanos

Os oceanos da Terra formam uma grande massa de água interconectada e interrompida apenas parcialmente pelos continentes. Por essa razão, não esperaríamos encontrar regiões biogeográficas nos oceanos, mas estaríamos errados. As correntes geram descontinuidades físicas e biológicas marcantes, dividindo os oceanos em regiões distintas.

A Figura 34.4 representou os principais padrões circulares das correntes oceânicas mundiais. Mesmo os seres vivos com limitada habilidade para a natação podem viajar longas distâncias simplesmente flutuando com as correntes marinhas. Contudo, a maioria das espécies marinhas tem distribuição restrita. Por que isto é verdadeiro?

Os oceanos podem estar conectados, mas a temperatura e a salinidade da água e a disponibilidade de alimento variam espacialmente. Sobreviver sob essas condições variadas requer diferentes tolerâncias fisiológicas e atributos morfológicos. Mudanças na temperatura da água, por exemplo, podem ser barreiras para a dispersão porque muitos organismos marinhos funcionam bem em uma variação de temperatura relativamente estreita. As principais divisões biogeográficas do oceano coincidem com as regiões onde a temperatura e a salinidade da superfície da água variam de maneira abrupta como resultado das correntes horizontal e vertical (**Figura 34.15**).

A produção primária de alimento pela fotossíntese também varia através dos oceanos. Variações de temperatura combinadas com mudanças sazonais na quantidade de luz do sol determinam as estações de máxima fotossíntese. Diferentes espécies de algas marinhas fotossintetizam no verão ou no inverno, mas não em ambas as estações. Manguezais crescem em estuários nas regiões tropicais, corais geram estruturas complexas ao redor de ilhas tro-

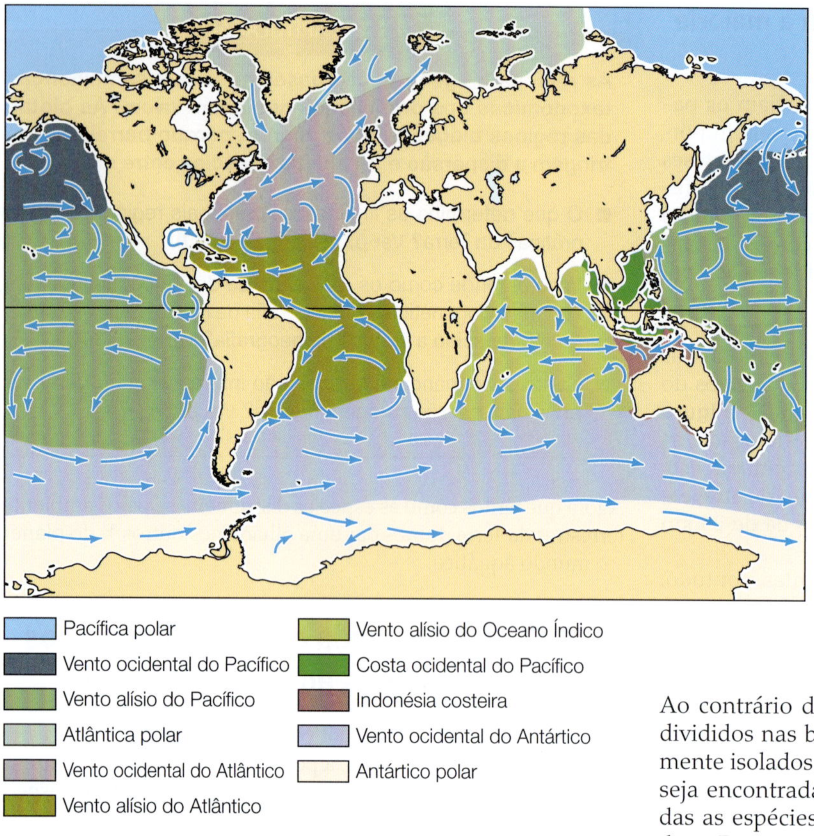
Pacífica polar
Vento ocidental do Pacífico
Vento alísio do Pacífico
Atlântica polar
Vento ocidental do Atlântico
Vento alísio do Atlântico
Vento alísio do Oceano Índico
Costa ocidental do Pacífico
Indonésia costeira
Vento ocidental do Antártico
Antártico polar

Figura 34.15 As regiões biogeográficas oceânicas são determinadas pelas correntes oceânicas As setas representam as correntes oceânicas. As diferentes regiões biogeográficas, nas quais a fotossíntese é maximizada em diferentes estações, são indicadas por cores diferentes.

picais e algas formam canteiros ao longo de muitas costas. Todavia, acima de tudo, na maioria dos oceanos, onde os fotossintetizantes dominantes são organismos unicelulares, a temperatura e a salinidade da água juntamente com as correntes determinam o ambiente físico ao qual os organismos precisam se adaptar.

As águas oceânicas de profundidade constituem barreiras à dispersão de organismos marinhos que vivem somente em águas rasas. A distância que as correntes oceânicas carregam ovos e larvas de muitas espécies marinhas determina-se em grande parte pelo tempo que leva para uma larva se metamorfosear em um adulto sedentário. Relativamente poucas espécies têm ovos e larvas que sobrevivem por um tempo suficientemente longo para dispersar através de extensas áreas de água profunda. Como resultado, a riqueza de espécies de águas rasas nas zonas entremarés e infralitoral de ilhas isoladas no Oceano Pacífico diminui com o aumento da distância até a Nova Guiné (**Figura 34.16**).

Ambientes de água doce podem ser ricos em espécies

Ao contrário dos oceanos, os ambientes de água doce estão divididos nas bacias dos rios e em milhares de lagos relativamente isolados. Embora apenas cerca de 2,5% da água da Terra seja encontrada em açudes, lagos e rios, cerca de 10% de todas as espécies aquáticas vivem nestes ecossistemas de água doce. Proeminente entre os táxons de água doce encontram-se as mais de 25 mil espécies de insetos que têm pelo menos um estágio aquático em seu ciclo de vida. Muitos desses insetos são capazes de dispersar através de barreiras terrestres e são encontrados em vários continentes. Normalmente, ovos e formas jovens (náiades) são aquáticos; enquanto os adultos têm asas. Alguns destes insetos, como as libélulas, são voadores potentes, mas as efeméridas e algumas outras espécies são voadores ineficientes que rapidamente dessecam no ar e não vivem mais do que uns poucos dias. Como seria de se esperar, as ilhas oceânicas têm muito poucas ou nenhuma espécie destes ineficientes voadores.

As descontinuidades nas distribuições de espécies aquáticas são encontradas, também, porque a maioria dos animais que vive nos oceanos não pode sobreviver na água doce e vice-versa. Por exemplo, a maioria dos peixes de água doce é incapaz de sobreviver na água salgada. Eles podem dispersar apenas entre os rios e lagos conectados de uma bacia hidrográfica ou para águas costeiras salobras. A maioria dos clados de peixes de água doce que não tolera a água salgada restringe-se a um único continente. Acredita-se que aqueles grupos com espécies distribuídas em ambos os lados de grandes barreiras de água salgada sejam clados antigos cujos ancestrais eram amplamente distribuídos na Laurásia ou na Gondwana, os dois supercontinentes que se formaram quando a Pangéia se separou à cerca de 250 milhões de anos atrás.

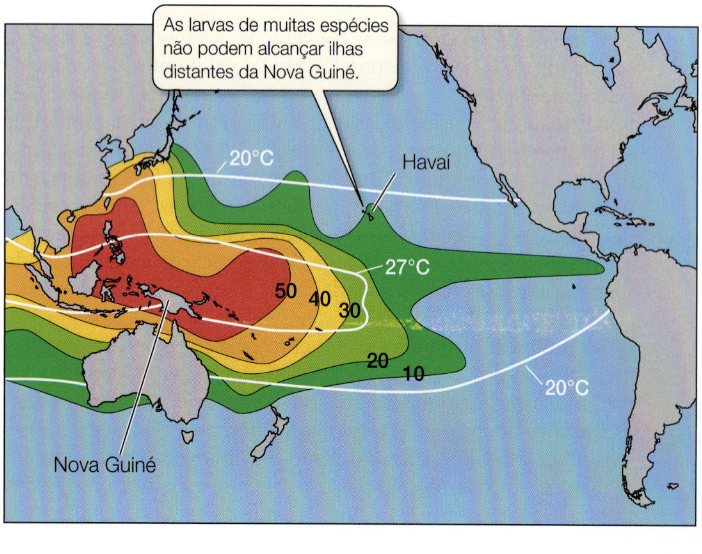
As larvas de muitas espécies não podem alcançar ilhas distantes da Nova Guiné.
20°C
Havaí
27°C
50
40
30
20
10
20°C
Nova Guiné

Figura 34.16 A riqueza de gêneros de corais dos recifes declina com a distância da Nova Guiné As zonas coloridas representam áreas com o mesmo número de gêneros. As temperaturas médias anuais isotermas de 20°C e 27°C também são mostradas.

34.5 RECAPITULAÇÃO

Apesar de estarem conectados, os oceanos dividem-se em regiões distintas por correntes que geram descontinuidades físicas e biológicas marcantes. As águas doces, por outro lado, dividem-se em bacias hidrográficas e milhares de lagos relativamente isolados.

- Por que as principais divisões biogeográficas dos oceanos coincidem com as regiões onde a temperatura e a salinidade da água superficial variam de maneira abrupta? Ver p. 767 e Figura 34.15.
- Como as espécies que vivem na água doce dispersam entre as bacias hidrográficas? Ver p. 768.

Agora que descrevemos como o ambiente físico influencia a distribuição das espécies e ecossistemas da Terra, estamos prontos para investigar os detalhes das interações entre as espécies e os seus ambientes. No Capítulo 35, consideraremos o comportamento dos indivíduos e as escolhas que eles fazem para se tornar aptos para sobreviver e se reproduzir em seus ambientes. No Capítulo 36, estudaremos a dinâmica das populações. No Capítulo 37, discutiremos como as populações de diferentes espécies interagem e como estas interações influenciam as comunidades ecológicas. Os últimos dois capítulos do livro recordam os padrões ecológicos globais e enfatizam a importância da ecologia tanto para a humanidade quanto para o nosso planeta como um todo.

RESUMO DO CAPÍTULO

34.1 O que é ecologia?

A **ecologia** é o campo da ciência que investiga as interações entre os seres vivos e entre estes e o ambiente físico.

O **ambiente** de um ser vivo engloba tanto os fatores **abióticos** (físicos e químicos) quanto os fatores **bióticos** (outros seres vivos).

Os ecólogos estudam as interações em vários níveis, desde as interações de um indivíduo com outros membros de sua própria espécie até o funcionamento das **comunidades**, **ecossistemas** e de toda a **biosfera**.

34.2 Como os climas estão distribuídos na Terra?

O **clima** de uma região consiste na média das condições atmosféricas (temperatura, precipitação e direção e velocidade do vento) encontradas ao longo do tempo.

A taxa na qual a energia solar atinge a Terra por unidade de superfície depende principalmente do ângulo no qual ela atinge o planeta.

A temperatura do ar média anual diminui com a latitude e com a altitude.

Os padrões globais de circulação do ar induzem as correntes oceânicas e influenciam fortemente os climas da Terra. Rever Figuras 34.2 e 34.4.

Os seres vivos respondem comportamentalmente a variações ambientais de curto prazo.

As características morfológicas e fisiológicas evoluem nos seres vivos como uma resposta às mudanças de longo prazo no ambiente físico.

34.3 O que é um bioma?

Os **biomas** são grandes unidades classificadas pela estrutura da vegetação dominante. Rever Figura 34.5.

Muitos biomas são reconhecidos, incluindo a **tundra** ártica e alpina, a **floresta boreal**, a **floresta temperada perenifólia**, a **floresta temperada decídua**, a **pradaria temperada**, os **desertos, frio** e **quente**, o **chaparral**, a **caatinga**, a **savana tropical**, a **floresta tropical decídua** e a **floresta tropical perenifólia**.

A distribuição dos biomas determina-se principalmente pelo clima, mas outros fatores, como a fertilidade do solo e o fogo, também influenciam os padrões de vegetação.

34.4 O que é uma região biogeográfica?

A **biogeografia** consiste no estudo científico dos padrões de distribuição das populações, espécies e comunidades ecológicas. As **regiões biogeográficas** baseiam-se nas semelhanças taxonômicas dos organismos que nelas vivem. Rever Figura 34.8.

As espécies que se encontram somente em uma determinada região são **endêmicas** desta área.

Três avanços científicos tiveram um papel importante para explicar a distribuição das espécies: o entendimento da deriva continental, o desenvolvimento da taxonomia filogenética e a teoria da biogeografia de ilhas.

As **filogenias de área** são árvores filogenéticas que mostram onde as espécies se originaram e onde vivem atualmente. Rever Figura 34.10.

A teoria da **biogeografia de ilhas** prediz um número de equilíbrio das espécies em uma ilha baseado nas taxas de imigração de novas espécies e de extinção das espécies existentes. Rever Figura 34.11.

Tanto os eventos vicariantes quanto a dispersão geram padrões biogeográficos. Quando massas de terra anteriormente separadas se unem, muitas espécies de ambas as biotas podem dispersar para a outra região – fenômeno conhecido como **intercâmbio biótico**.

34.5 Como a vida está distribuída nos ambientes aquáticos?

Os oceanos dividem-se em diferentes regiões biogeográficas por correntes que geram marcantes descontinuidades físicas e biológicas. As principais divisões biogeográficas dos oceanos coincidem com as regiões onde a temperatura e a salinidade da superfície da água variam de maneira abrupta. Rever Figura 34.15.

As águas doces dividem-se nas bacias hidrográficas e em milhares de lagos relativamente isolados. A maioria dos seres vivos que vive na água doce não pode sobreviver nos oceanos e vice-versa.

QUESTÕES

1. Os ecossistemas são compostos:
   a. por todos os organismos que vivem em uma área.
   b. por organismos que influenciam fortemente o ambiente dos outros organismos que vivem na área.
   c. por todos os organismos que vivem em uma área mais o ambiente físico.
   d. pela geologia, os solos e o clima de uma área.
   e. diferentes ecossistemas têm diferentes componentes.
2. Um bioma é:
   a. uma grande unidade ecológica baseada no hábito das plantas dominantes.
   b. uma grande unidade ecológica baseada nas formas de vida dos animais dominantes.
   c. uma grande unidade ecológica baseada no clima regional.
   d. uma grande unidade ecológica baseada na topografia e no clima.
   e. uma grande unidade ecológica baseada nos ciclos biogeoquímicos.
3. A taxa na qual a energia solar chega na Terra por unidade de área depende principalmente:
   a. do ângulo dos raios do sol.
   b. da umidade do ar.
   c. da quantidade de nuvens.
   d. da força dos ventos.
   e. do comprimento do dia.
4. Quando uma região está em uma zona de convergência intertropical, esta região:
   a. raramente apresenta ventos fortes.
   b. está no meio da estação seca.
   c. está no meio da estação chuvosa.
   d. apresenta ventos freqüentemente fortes, que vêm de múltiplas direções.
   e. apresenta dias cujo comprimento varia rapidamente.
5. A biogeografia como ciência começou quando:
   a. os naturalistas do século XIX notaram, pela primeira vez, diferenças intercontinentais na distribuição das espécies.
   b. os europeus foram para o Oriente Médio durante as Cruzadas.
   c. foram desenvolvidos métodos filogenéticos.
   d. o fenômeno da deriva continental foi aceito.
   e. Charles Darwin propôs a teoria da seleção natural.
6. Eventos vicariantes:
   a. são raros na natureza.
   b. foram comuns no passado, mas atualmente são raros.
   c. separam a distribuição de espécies na ausência de dispersão.
   d. foram raros no passado, mas atualmente são comuns.
   e. causaram a maioria das descontinuidades das distribuições atuais.
7. Regiões biogeográficas marinhas existem apesar dos oceanos estarem conectados porque:
   a. a taxa de fotossíntese é baixa nos oceanos.
   b. as correntes marinhas mantêm os seres vivos próximos do seu local de nascimento.
   c. a maioria dos táxons de organismos marinhos evoluiu antes da separação dos oceanos pela deriva continental.
   d. a temperatura e a salinidade da água variam de maneira abrupta onde as correntes oceânicas se encontram.
   e. a circulação oceânica mostra-se muito baixa para carregar os organismos marinhos de um oceano para o outro.
8. Uma interpretação parcimoniosa do padrão de distribuição é aquela que:
   a. requer o menor número de eventos vicariantes não-documentados.
   b. requer o menor número de eventos de dispersão não-documentados.
   c. requer o menor número total de eventos vicariantes e de dispersão não-documentados.
   d. concorda com a filogenia de uma linhagem.
   e. considera os centros de endemismo.
9. A única das principais regiões biogeográficas que hoje está completamente isolada por água de outras regiões biogeográficas é a:
   a. Paleártica.
   b. Etiópica.
   c. Oriental.
   d. Australásia.
   e. Neotropical.
10. De acordo com a teoria da biogeografia de ilhas, o equilíbrio da riqueza de espécies é atingido quando:
    a. as taxas de imigração de novas espécies e de extinção de espécies são iguais.
    b. as taxas de imigração de todas as espécies e de extinção de espécies são iguais.
    c. a taxa de eventos vicariantes é igual à taxa de dispersão.
    d. a taxa de formação de ilhas é igual à taxa de perda de ilhas.
    e. não existe o número de equilíbrio das espécies.

PARA DISCUSSÃO

1. Os cavalos evoluíram na América do Norte, mas posteriormente se tornaram extintos nesta região. Eles sobreviveram até os tempos modernos apenas na África e Ásia. Na ausência de um registro fóssil, provavelmente inferiríamos que os cavalos surgiram no Velho Mundo. Hoje, as Ilhas do Havaí têm, de longe, o maior número de espécies de mosca-das-frutas (*Drosophila*). Você concluiria que o gênero *Drosophila* evoluiu originalmente no Havaí e se espalhou para outras regiões? Sob quais circunstâncias você acha que é seguro concluir que um grupo de espécies evoluiu próximo ao local onde existe o maior número de espécies atuais?
2. Os processos na natureza nem sempre estão de acordo com os princípios da parcimônia. Por que, então, os biogeógrafos freqüentemente usam estes princípios para inferir histórias geográficas de espécies e linhagens?
3. Uma conhecida lenda conta que São Patrício conduziu as cobras para fora da Irlanda. Dê algumas explicações alternativas, baseadas nos princípios biogeográficos, para a ausência de cobras nativas neste país.
4. A maior parte das aves do mundo que não voam mostra-se noturna e discreta (como o quivi da Nova Zelândia) ou grande, rápida e forte (como o avestruz da África). As exceções encontram-se principalmente em ilhas. Muitas espécies destas ilhas tornaram-se extintas após a chegada dos homens e seus animais domésticos. Que condições especiais nas ilhas poderiam permitir a sobrevivência de aves que não voam? Por que a colonização humana tem resultado tão freqüentemente na extinção destas aves? A capacidade de voar foi perdida secundariamente em representantes de muitos grupos de aves e insetos; quais são algumas possíveis vantagens evolutivas da incapacidade de voar que poderiam compensar suas óbvias desvantagens?
5. A teoria da biogeografia de ilhas de Wilson e MacArthur não incorpora quase nada sobre a biologia das espécies. Que características das espécies poderiam ser incorporadas a modelos mais reais para as taxas de colonização e extinção de espécies em ilhas?
6. Um legislador introduz um polêmico projeto de lei no congresso norte-americano que proíbe toda a introdução de espécies exóticas nas ilhas do Havaí. Você votaria a favor deste projeto se estivesse no congresso? Por quê?

PARA INVESTIGAÇÃO

Alfred Russell Wallace observou que aves muito diferentes habitavam Bali e Lombok, apesar de estarem separadas por um estreito com apenas 24 km de largura. No entanto, muitas aves podem facilmente voar esta distância e podem, provavelmente, ver a outra ilha através da água. Quais os tipos de dados, além daqueles coletados por Wallace, que deveriam ser obtidos para determinar por que as aves não atravessam o estreito ou se o fizessem por que elas fracassariam em colonizar a outra ilha?

CAPÍTULO 35

Comportamento e Ecologia Comportamental

Macacos vêem, macacos fazem

Cientistas estudando um grupo de macacos-japoneses freqüentemente os alimentavam jogando-lhes pedaços de batata doce na praia, de um barco em movimento. Os macacos tentavam tirar a areia dos pedaços de batata, mas mesmo assim eles ainda ficavam sujos de areia. Um dia, uma fêmea jovem levou a batata doce até a água e começou a lavá-la. Logo, seus irmãos e irmãs e outros jovens de seu grupo de brincadeiras estavam imitando o novo comportamento. Então, as mães começaram a lavar suas batatas. Nenhum macho adulto imitou esse comportamento, mas os machos jovens aprenderam o comportamento por intermédio das mães e de irmãs e irmãos.

Os cientistas ficaram fascinados pela maneira como o comportamento criativo e criterioso de uma fêmea jovem se espalhou na população e decidiram apresentar um novo desafio para os macacos: jogaram grãos de trigo na praia. Separar o trigo da areia era difícil e entediante. A mesma fêmea jovem achou uma solução: desenvolveu a técnica de carregar punhados de areia e trigo até a água, onde os jogava. A areia afundava, mas o trigo flutuava, o que permitia à fêmea pegá-lo da superfície da água para comer. Esse comportamento se espalhou na população da mesma maneira que a lavagem de batatas doces, primeiro para os outros jovens, então para as mães e, depois, das mães para filhos e filhas, mas não para os machos adultos.

Hoje, os macacos daquele grupo normalmente lavam seus alimentos. Eles brincam na água, o que nunca faziam antes, e adicionaram alguns itens alimentares marinhos à dieta. Claramente, essa população de macacos adquiriu uma *cultura*: um conjunto de comportamentos compartilhados pelos membros da população e transmitidos por meio da aprendizagem.

Os animais também exibem muitos comportamentos elaborados que não precisam ser aprendidos. A construção da teia pelas aranhas, por exemplo, não requer experiência prévia. Em muitas espécies, quando as jovens aranhas eclodem, sua mãe já está morta (você lembra do livro *Charlotte's Web*, de E. B. White?). Elas não têm experiência com a teia de sua mãe. Além disso, quando constroem a própria teia, elas o fazem com perfeição, sem se beneficiar de experiência ou de um modelo para copiar. Quando as gerações não se sobrepõem, a orientação parental é fator ausente na aquisição de um comportamento.

A construção da teia requer milhares de movimentos executados na seqüência certa. Para qualquer espécie de aranha, a maior parte dessa seqüência é estereotipada – executada quase da mesma maneira a cada vez. Diferentes espécies de aranhas constroem teias com diferentes desenhos, usando diferentes seqüências de movimentos. Além disso, toda aranha

Comportamentos aprendidos e compartilhados tornam-se cultura No período de uma única geração, uma população de macacos-japoneses (*Macaca fuscata*) aprendeu e transmitiu um conjunto de comportamentos que incluía a lavagem do alimento, brincar na água e o consumo de itens alimentares marinhos – uma nova "cultura" de comportamentos relacionados à água.

As aranhas nascem projetistas de teias Cada aranha executa uma seqüência estereotipada de movimentos que resulta em um desenho de teia específico da espécie. A habilidade de tecer teias é inata, ou seja, as aranhas não têm a necessidade de aprender com a experiência ou copiar os movimentos de um progenitor.

DESTAQUES DO CAPÍTULO

35.1 **Quais** as perguntas que os biólogos fazem sobre o comportamento animal?

35.2 **Como** os genes e o ambiente interagem para moldar o comportamento?

35.3 **Como** as respostas comportamentais ao ambiente influenciam o valor adaptativo?

35.4 **Como** os animais se comunicam?

35.5 **Por que** a sociabilidade evoluiu em alguns animais?

35.6 **Como** o comportamento influencia as populações e as comunidades?

sabe como tecer a teia ao nascer; o comportamento é parte de sua herança genética.

A relação entre o comportamento aprendido e o herdado tem fascinado psicólogos, sociólogos e filósofos, bem como biólogos. Além disso, as respostas comportamentais dos indivíduos, tanto aprendidas quanto herdadas, são a base de muitos aspectos da ecologia. As interações, densidades e distribuições das populações e os efeitos dessas interações entre as populações nos ecossistemas podem variar como resultado de respostas comportamentais dos indivíduos.

NESTE CAPÍTULO vemos como os biólogos identificam a hereditariedade e o papel da experiência sobre o comportamento. Consideramos como os genes e o ambiente interagem para moldar o desenvolvimento do comportamento nos indivíduos e a evolução do comportamento ao longo do tempo. Discutimos vários tipos de comportamento animal: como os animais respondem a variações no ambiente, decidem onde desenvolver suas atividades, selecionam os recursos que necessitam (alimento, água, abrigo, locais de nidificação), respondem a predadores e competidores e associam-se com outros membros de sua própria espécie.

35.1 Quais as perguntas que os biólogos fazem sobre o comportamento animal?

Niko Tinbergen, um dos fundadores da **etologia** – o estudo do comportamento animal em uma perspectiva evolutiva – salientou que precisamos fazer várias perguntas sobre qualquer forma de comportamento para alcançarmos a sua compreensão completa. Algumas questões enfocam a descrição dos padrões de comportamento e como e quando os seres vivos o realizam. Elas também se dirigem para os mecanismos *próximos* que constituem a base do comportamento – os mecanismos neuronais, hormonais e anatômicos descritos na Parte 9 deste livro. Outras questões se referem à origem e às maneiras de aquisição de comportamentos específicos, especialmente nas funções relativas dos genes e da experiência. A maioria dos comportamentos resulta de interações complexas entre mecanismos anatômicos e fisiológicos herdados e a habilidade de modificá-los pela experiência.

Outras perguntas têm a ver com as *causas básicas* do comportamento – as pressões de seleção que moldaram sua evolução. De que maneira o comportamento contribui com o sucesso reprodutivo do indivíduo que o executa (ver Seção 22.3)?

O comportamento dos macacos que vimos no começo deste capítulo estimula muitas perguntas. Como uma fêmea jovem foi a primeira a pensar em lavar as batatas? Essa fêmea jovem difere geneticamente dos outros macacos? Caso afirmativo, de que forma ela era diferente? Por que as fêmeas eram mais aptas a aprender o comportamento? Por que nenhum macho adulto aprendeu o novo comportamento? A observação também estimula questões sobre a influência das alterações de comportamento no funcionamento das populações. Como os animais incorporam novos alimentos à dieta? Como os membros de grupos sociais se beneficiam? Como as diferenças nos benefícios que os indivíduos recebem do seu grupo influenciam a formação dos grupos e por que eles permanecem coesos?

Para muitos animais, grande parte do comportamento apresenta-se como a construção de teias pelas aranhas – não aprendido e altamente estereotipado (isto é, sempre exatamente o mesmo). Um comportamento estereotipado é freqüentemente *espécie-específico*, e a maioria dos indivíduos de uma espécie realiza-o da mesma maneira. Podemos identificar diferentes espécies de aranhas pelos padrões das teias. Por que os padrões são tão diferentes? Sabemos que os genes das aranhas codificam as proteínas da seda com a qual sua teia é tecida; mas como os genes codificam os movimentos das pernas necessários para produzir a teia? As questões levantadas pelo comportamento animal são infinitas e fascinantes.

35.1 RECAPITULAÇÃO

O estudo do comportamento animal enfoca questões básicas, mecânicas e descritivas.

- Você entende a diferença entre causa básica e próxima do comportamento? Ver p. 773.
- Você pode explicar o que significa dizer que um comportamento é estereotipado e espécie-específico? Ver p. 773.

Distinguir as inúmeras influências genéticas e ambientais do comportamento não é sempre um processo direto. A próxima seção introduz algumas técnicas experimentais que nos ajudam a fazer essa distinção. Em seguida, investigaremos como o aprendizado e a herança interagem moldando certos comportamentos.

35.2 Como os genes e o ambiente interagem para moldar o comportamento?

A observação de que um comportamento é estereotipado e requer pouco ou nenhum aprendizado diz pouco aos biólogos sobre os papéis relativos dos genes e da experiência no seu desenvolvimento. Um animal pode falhar na execução de um comportamento "geneticamente controlado" se as condições ambientais necessárias para estimulá-lo estiverem ausentes. Por outro lado, todos os indivíduos de uma população podem se comportar da mesma maneira, não devido à semelhança genética, mas porque imitaram o mesmo professor.

Os genes não codificam os comportamentos. Ao contrário, os produtos dos genes, como as enzimas, podem afetar o comportamento ao desencadear uma série de interações gene-ambiente que formam a base do desenvolvimento de mecanismos próximos que capacitam indivíduos a realizar certas respostas comportamentais. A seguir descrevemos alguns dos métodos utilizados pelos biólogos para determinar como os genes afetam o comportamento e como os genes e a experiência interagem para influenciar a maneira pela qual os comportamentos se desenvolvem e quando eles são realizados.

Experimentos podem diferenciar as influências ambientais e genéticas sobre o comportamento

Experimentos que controlam cuidadosamente o ambiente, eliminando oportunidades de aprendizado, ou que modificam o genoma da espécie podem nos ajudar a distinguir entre as influências genéticas e ambientais no desenvolvimento do comportamento. Duas abordagens experimentais são especialmente úteis para os biólogos na avaliação de como os genes e a experiência interagem para moldar os comportamentos:

- Em *experimentos de privação*, os pesquisadores criam um animal jovem privando-o de toda experiência relevante para o comportamento em estudo. Se ele continua a exibir o comportamento, podemos assumir que esse comportamento pode se desenvolver na ausência de aprendizagem.
- Em *experimentos genéticos*, os pesquisadores alteram os genótipos dos indivíduos cruzando espécies intimamente aparentadas, comparando indivíduos que diferem em apenas um ou poucos genes ou eliminando ou inserindo genes específicos para determinar como essas manipulações afetam seu comportamento.

EXPERIMENTOS DE PRIVAÇÃO Um experimento de privação simples pode produzir informações bastante úteis. Um esquilo arborícola recém-nascido foi criado em isolamento, com dieta líquida e em gaiola sem solo ou outro material particulado. Quando o jovem esquilo recebeu uma noz, ele colocou a noz na boca e correu pela gaiola. Finalmente, ele realizou movimentos estereotipados de escavação no canto da gaiola, colocou a noz no buraco imaginário, realizou movimentos de preenchimento do buraco e completou socando o solo inexistente com seu focinho. O esquilo nunca tinha manipulado um objeto alimentar e nunca tinha tido experiência com solo, mesmo assim, expressou completamente o comportamento estereotipado de um esquilo enterrando uma noz. Esse experimento mostrou que a hereditariedade forma a base do comportamento de estocagem de alimento do esquilo arborícola, mas o comportamento foi expresso apenas quando o ambiente forneceu condições que estimulassem o comportamento (a presença da noz).

CRUZAMENTO SELETIVO O cruzamento seletivo é um método de manipulação genética utilizado desde que as plantas e os animais foram domesticados. Ele tem sido usado extensivamente para selecionar características anatômicas e comportamentais, como pode ser visto em muitas raças de cachorros como pitbull, pastor alemão, perdigueiro, buldogue e poodle. Desse modo, embora essa abordagem seja aplicada ao invés de baseada em ciência teórica, ela nos informa acerca dos efeitos da constituição genética sobre o comportamento.

Figura 35.1 Pato fazendo a corte A exibição de cortejo do pato macho contém dez elementos. As exibições de espécies de patos intimamente aparentadas contêm alguns destes elementos, adicionados a outros não executados pelos patos domésticos. Os elementos da exibição de cortejo e sua seqüência são específicos e atuam no desestímulo ao acasalamento interespecífico.

1. Balançar a cauda
2. Sacudir a cabeça
3. Balançar a cauda
4. Balançar o bico
5. Assobio grunhido
6. Balançar a cabeça

(A)

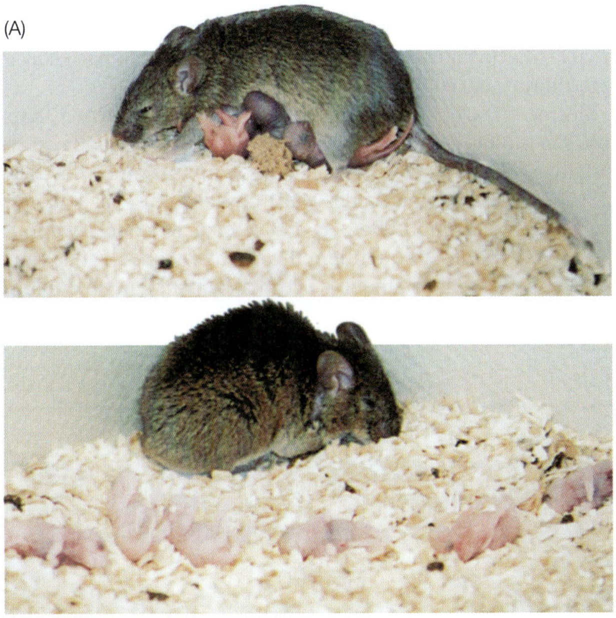

(B)

EXPERIMENTO

HIPÓTESE: A ausência do gene *fosB* altera o comportamento maternal em fêmeas de camundongo.

MÉTODO

1. Inativar o gene *fosB* em uma cepa de camundongos fêmeas. Quando elas atingirem a maturidade sexual, permitir o acasalamento e o nascimento de filhotes ao mesmo tempo que as fêmeas do tipo selvagem da mesma cepa.
2. Imediatamente após o nascimento, separar os filhotes das mães. Colocar três filhotes em cantos diferentes de uma caixa contendo a mãe.
3. Contar o número de filhotes que cada mãe recupera em um intervalo de 20 minutos.

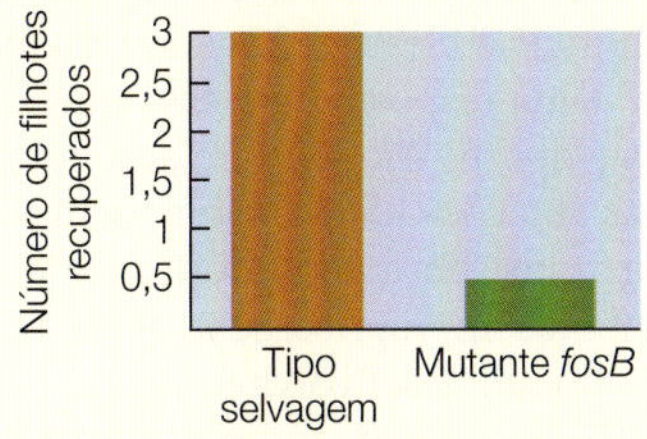
Número de filhotes recuperados
3
2,5
2
1,5
1
0,5
Tipo selvagem
Mutante *fosB*

RESULTADOS

As fêmeas normais recuperaram todos os seus filhotes em 20 minutos, enquanto as fêmeas mutantes *fosB* recuperaram uma média de apenas 0,5 filhotes.

CONCLUSÃO: A proteína produzida pelo gene *fosB* é necessária para a fêmea exibir o comportamento maternal normal.

Figura 35.2 Um único gene afeta o comportamento maternal em camundongos (A) Uma fêmea de camundongo selvagem reúne os filhotes e curva-se sobre eles (foto superior), mas uma fêmea com ausência do produto do gene *fosB* (foto inferior) não exibe esses comportamentos; seus filhotes podem ser vistos espalhados no primeiro plano da fotografia. (B) Um experimento confirma que camundongos com o *fosB* eliminado não exibem o comportamento maternal básico.

INTERCRUZAMENTO Konrad Lorenz, um dos pioneiros em etologia, usou cruzamento (hibridação) em espécies de patos para investigar a base hereditária de suas elaboradas exibições de corte. Algumas espécies de patos, como os patos domésticos, os marrequinhos e as marrecas, são intimamente aparentadas e podem ser intercruzadas, embora isso raramente ocorra na natureza. Cada pato macho executa um balé aquático executado cuidadosamente, típico de sua espécie (**Figura 35.1**). Uma fêmea provavelmente não aceitará suas investidas a menos que toda a exibição seja completada corretamente e com sucesso e ela utiliza as habilidades do macho na performance para julgar a sua qualidade.

Quando Lorenz intercruzou essas espécies de patos, as crias híbridas expressaram alguns elementos das exibições de corte dos machos de cada uma delas, mas em novas combinações. Além disso, Lorenz observou que os híbridos às vezes mostravam elementos da exibição que não estavam no repertório de nenhuma espécie de progenitor, mas eram característicos de outras espécies. Os estudos de hibridação de Lorenz demonstraram claramente que os padrões motores estereotipados das exibições de corte eram herdados. A observação de que as fêmeas não se interessavam por machos que desempenhavam exibições híbridas é evidência de que a seleção sexual (ver Seção 22.3) molda esses comportamentos geneticamente determinados.

EXPERIMENTOS DE ELIMINAÇÃO DE GENE As mutações de genes que afetam o comportamento têm sido estudadas em moscas-das-frutas e roedores, utilizando técnicas de eliminação e silenciamento de genes tais como aquelas descritas na Seção 16.5. Um exemplo marcante da influência da mutação de um único gene em um comportamento complexo é fornecido por experimentos com o camundongo doméstico.

As fêmeas de camundongos nas quais o gene *fosB* está ativado apresentam o comportamento de agrupamento, aquecimento e amamentação dos filhotes. As fêmeas que apresentam mutação que inativa o gene *fosB* parecem normais, mas diferem das outras na maneira como tratam os filhotes recém-nascidos. Após o nascimento, elas inspecionam os filhotes, mas depois os ignoram.

Os cientistas deslocaram filhotes do ninho de fêmeas normais v e de fêmeas *fosB* mutantes e registraram quantos filhotes cada mãe resgatou. As fêmeas normais resgataram todos os filhotes em 20 minutos, enquanto as fêmeas mutantes não resgataram quase nenhum (**Figura 35.2**).

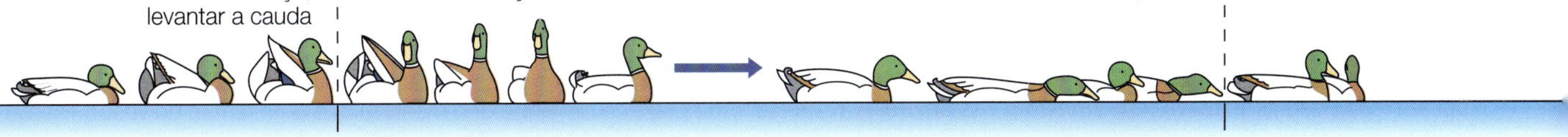
7. Levantar a cabeça, levantar a cauda
8. Virar na direção da fêmea
9. Nadar acenando com a cabeça
10. Virar a cabeça

Como o gene *fosB* influencia o comportamento maternal? A resposta não é definitiva, mas parece que a proteína codificada pelo *fosB* está envolvida na estimulação de alterações neuronais no hipotálamo do cérebro das mães, possivelmente em resposta a moléculas olfativas (odor) que elas encontram durante a inspeção inicial dos filhotes. Essas conexões neuronais modificadas aparentemente desempenham um papel na motivação da mãe para agrupar e cuidar dos seus filhotes; as alterações neuronais não ocorrem se o gene *fosB* está desativado.

O controle genético do comportamento é adaptativo sob muitas condições

Como vimos no começo deste capítulo, a habilidade para aprender e para modificar um comportamento como resultado de experiência pode ser altamente adaptativa. Então, por que os padrões de comportamento em muitas espécies são tão fortemente influenciados pelos genes? Uma resposta para essa questão já foi abordada. Sem modelos e oportunidades para aprendizagem – como nas espécies onde as gerações não se sobrepõem – os indivíduos poderiam falhar na aquisição do comportamento adequado ou adquirir comportamentos impróprios, se os genes não exercessem uma forte influência no seu desenvolvimento.

O comportamento herdado é também adaptativo quando os erros são dispendiosos ou perigosos. Acasalar com um indivíduo da espécie errada é um erro dispendioso, e em um ambiente no qual existem tanto modelos corretos quanto incorretos, aprender o padrão do comportamento de corte errado seria possível (ver a história dos grous no começo do Capítulo 39).

A herança de padrões de comportamento utilizados para evitar predadores ou capturar presas perigosas é, obviamente, adaptativa. Essas situações não permitem erros: se o comportamento não é executado rápida e precisamente na primeira vez, o animal provavelmente não terá uma segunda chance.

Os ratos-cangurus são roedores do deserto de pequeno porte, noturnos e com fortes pernas para saltar. Eles podem escapar de cascavéis na escuridão total porque assim que a cascavel inicia o ataque, eles escutam o movimento e saltam para sair da trajetória. Esse comportamento de pular não precisa ser aprendido.

Mesmo que um comportamento não seja expresso durante um experimento de privação ou em indivíduos geneticamente modificados, ele pode ser influenciado geneticamente. Alguns comportamentos são expressos somente sob certas condições. O esquilo descrito anteriormente, por exemplo, quando privado de uma noz não exibiu os comportamentos de cavar e enterrar; isto é, a noz provocou o comportamento. A noz agiu como um **liberador** – um objeto, evento ou condição necessária para induzir o comportamento. A visão das penas vermelhas no peito dos machos dos sabiás-europeus, por exemplo, pode liberar o comportamento agressivo de outros machos. Durante a estação reprodutiva, quando os machos estão defendendo os territórios de acasalamento, a visão de um macho adulto de sabiá estimula outro macho a cantar, a realizar exibições agressivas e a atacar o intruso. Um macho imaturo de sabiá que possui penas marrons não induz esse comportamento agressivo. Um tufo de penas vermelhas em um pedaço de pau, no entanto, é suficiente para liberar o comportamento agressivo em sabiás machos, apesar disso não se parecer com um sabiá verdadeiro. A resposta para o liberador pode depender do estado motivacional do animal; um sabiá macho não reage às penas vermelhas quando não está em seu território e em condições de acasalamento.

Mesmo que o controle genético do comportamento seja adaptativo sob muitas condições, a estereotipia completa pode não ser adaptativa. Portanto, aranhas ajustam alguns detalhes das teias para acomodar a geometria das estruturas às quais elas ancoram as teias. Como discutido na Seção 20.4, os genes que governam o desenvolvimento freqüentemente permitem aos seres vivos ajustar os seus comportamentos e formas ao ambiente no qual se desenvolvem.

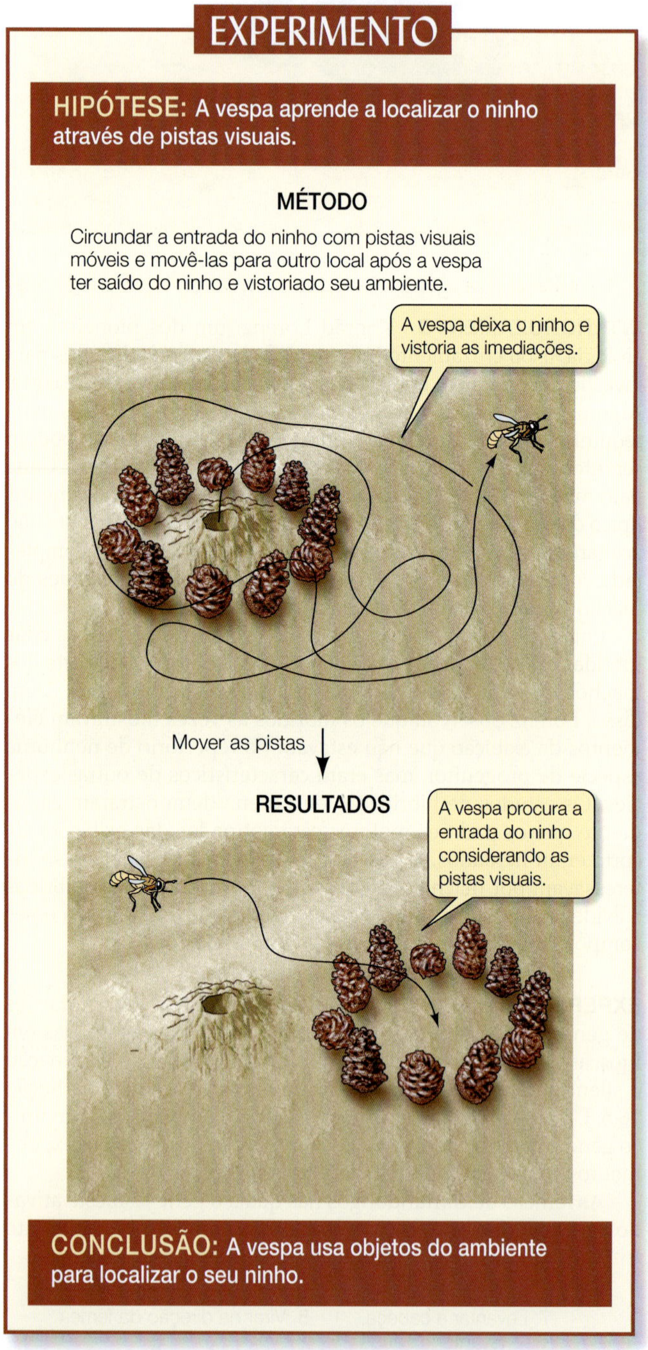
EXPERIMENTO
HIPÓTESE: A vespa aprende a localizar o ninho através de pistas visuais.
MÉTODO
Circundar a entrada do ninho com pistas visuais móveis e movê-las para outro local após a vespa ter saído do ninho e vistoriado seu ambiente.
A vespa deixa o ninho e vistoria as imediações.
Mover as pistas
RESULTADOS
A vespa procura a entrada do ninho considerando as pistas visuais.
CONCLUSÃO: A vespa usa objetos do ambiente para localizar o seu ninho.

Figura 35.3 Aprendizagem espacial em vespas O experimento clássico de Tinbergen mostrou que uma fêmea de vespa escavadora aprende a posição dos objetos em seu ambiente.

Por exemplo, muitos animais selecionam locais para nidificação com características específicas, mas não existem dois locais idênticos. Para localizar o ninho novamente, o indivíduo precisa aprender e lembrar algumas características do ambiente próximo a ele. Ao colocar pinhas próximas à entrada do ninho de uma vespa escavadora fêmea, Niko Tinbergen demonstrou que a vespa era capaz de usar características do seu ambiente para aprender a localização do ninho. Após a vespa ter saído de seu ninho, ele moveu as pinhas um pouco mais para longe. Ao retornar, a vespa orientada pelas pinhas deslocadas não conseguiu encontrar a entrada de seu ninho (**Figura 35.3**).

A estampagem ocorre em um momento específico do desenvolvimento

Alguns tipos de aprendizado somente ocorrem em um momento específico do desenvolvimento do animal, chamado **período crítico**. Em um tipo de aprendizagem chamado de **estampagem** (*imprinting*), o animal aprende um conjunto de estímulos durante um período crítico limitado. O exemplo clássico de comportamento aprendido através da estampagem é o reconhecimento das crias por progenitores e dos progenitores por suas crias, essencial quando pais e filhotes encontram-se em situação de superlotação, como colônia ou manada. O reconhecimento individual precisa, freqüentemente, ser aprendido rapidamente, pois a oportunidade de fazê-lo pode ocorrer apenas uma vez. Konrad Lorenz demonstrou que gansos jovens estampavam como pais a primeira coisa que viam ao nascer. Quando Lorenz era o primeiro ser que os gansos recém-nascidos viam, eles o estampavam e o seguiam em todo lugar como se ele fosse o progenitor (**Figura 35.4A**).

A estampagem requer apenas uma breve exposição, mas seus efeitos são fortes e podem durar por um longo período. Os pingüins imperadores se reproduzem durante o período mais frio e escuro do ano na Antártida. Os pais caminham até 150 km para o interior do continente para formar uma colônia compacta onde as fêmeas colocam seus ovos. Seu companheiro incuba os ovos enquanto ela volta para o oceano para se alimentar. Quando ela retorna, o filhote já nasceu. Ela passa, então, a cuidá-lo e alimentá-lo e o pai caminha de volta para o oceano para se alimentar. Antes do retorno do pai, a mãe precisa partir para evitar a inanição. Conseqüentemente, após ter permanecido longe por semanas, o pai tem que encontrar o seu filhote em uma colônia superlotada na qual todos os filhotes estão chamando pelos seus pais (**Figura 35.4B**). O pai reconhece o filhote pelo chamado que ele aprendeu antes de sair para se alimentar.

O período crítico para a estampagem pode ser determinado por um breve estado de desenvolvimento ou hormonal. Por exemplo, se uma mãe cabra não cheira nem lambe o seu recém-nascido até 10 minutos após o nascimento, mais tarde ela não o reconhecerá como seu próprio filhote. Os altos níveis do hormônio ocitocina no sistema circulatório da mãe na época do parto e dicas olfativas do recém-nascido determinam o período crítico.

Alguns comportamentos resultam de intrincadas relações entre herança genética e aprendizagem

Machos de aves canoras usam um som específico em exibições territoriais e de corte. Para muitas espécies, tal como o pardal-de-coroa-branca (*white-crowned sparrow*), a aprendizagem é etapa essencial na aquisição do canto. Se ovos do pardal-de-coroa-branca eclodem em uma incubadora e os machos jovens são criados em isolamento, eles não cantarão o canto típico da espécie ao atingirem a idade adulta. Os pardais dessa espécie não podem expressar seu canto específico a menos que o escutem enquanto ninhegos (**Figura 35.5**). Mas ainda que um macho de pardal-de-coroa-branca tenha que ouvir o canto da própria espécie como ninhego para cantá-lo quando adulto, ele não o canta por quase um ano. Ao invés disso, os sons que ele escuta quando ninhego formam uma memória de canto em seu sistema nervoso.

À medida que o jovem pardal macho aproxima-se da maturidade sexual na próxima primavera, ele começa a cantar. Finalmente, acessa e nivela a memória de canto armazenada por meio de tentativa e erro. Se uma ave que ouviu seu canto específico como ninhego perder a audição antes de começar a cantar, ela não desenvolverá o canto da espécie (Experimento 2 na Figura 35.5). A ave deve ser capaz de se ouvir para acessar sua memória de canto. Se ela ficar surda *após* cantar corretamente o canto, no entanto, ela continuará a cantar como ave normal. Desse modo, existem dois períodos críticos para a aprendizagem do canto: o primeiro no estágio de ninhego e o segundo quando a ave aproxima-se da maturidade sexual.

Embora um ninhego macho de pardal-de-coroa-branca na natureza escute o canto do pai e de outros machos da mesma espécie, ele também escutará o canto de muitas outras espécies de aves. Experimentos de privação têm demonstrado que pardais machos jo-

(A)

(B) *Aptenodytes forsteri*

Figura 35.4 A estampagem auxilia no reconhecimento de pais e filhos (A) Gansos que estamparam Konrad Lorenz logo após o nascimento o seguiam por onde fosse. (B) Um pingüim imperador macho precisa encontrar rapidamente o seu filhote no meio de uma multidão.

EXPERIMENTO 1

HIPÓTESE: A aprendizagem é essencial para a aquisição do canto pelos pardais-de-coroa-branca.

MÉTODO

Criar jovens pardais na presença de um pardal macho adulto que canta. Gravar os cantos destes pássaros-controle quando eles amadurecerem e plotar como um sonograma.

RESULTADOS

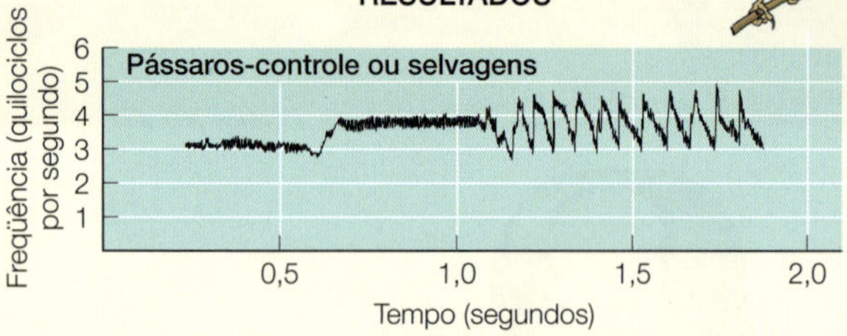
Freqüência (quilociclos por segundo)
6
5
4
3
2
1
Pássaros-controle ou selvagens
0,5
1,0
1,5
2,0
Tempo (segundos)

MÉTODO

Eclodir ovos em uma incubadora e criar os pássaros em isolamento. Gravar e plotar seus cantos. Compará-los com o canto dos pássaros-controle.

RESULTADOS

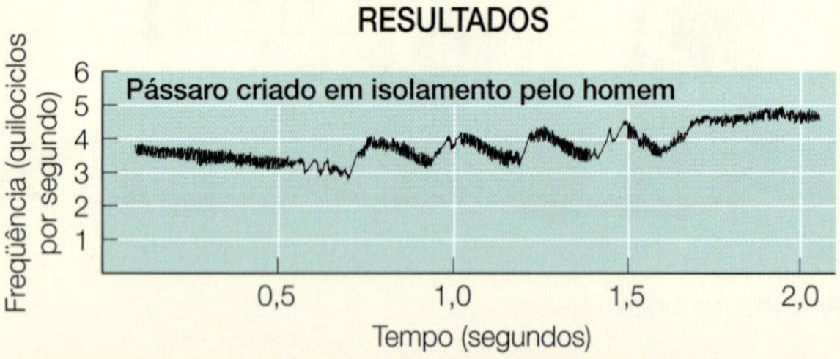
Freqüência (quilociclos por segundo)
6
5
4
3
2
1
Pássaro criado em isolamento pelo homem
0,5
1,0
1,5
2,0
Tempo (segundos)

CONCLUSÃO: Os pardais-de-coroa-branca que não ouvem o canto de adultos na condição de ninhegos não expressam o canto específico quando amadurecem.

EXPERIMENTO 2

HIPÓTESE: Os pardais-de-coroa-branca em amadurecimento precisam de retroalimentação auditiva para aprender a expressar o canto específico.

MÉTODO

Tornar surdo um pássaro subadulto que tenha ouvido o canto de machos adultos quando era ninhego. Gravar e plotar o seu canto como um sonograma.

RESULTADOS

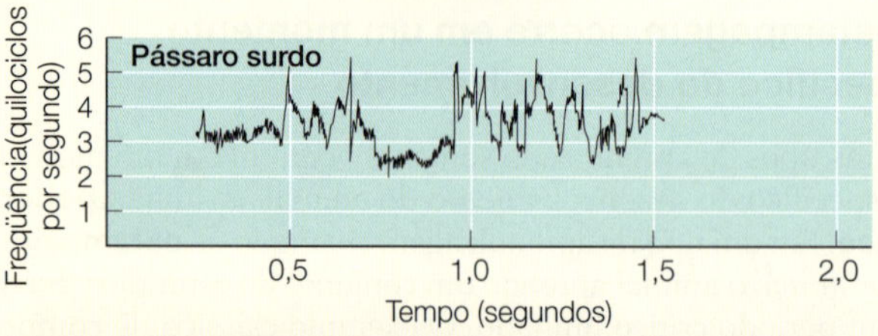
Freqüência(quilociclos por segundo)
6
5
4
3
2
1
Pássaro surdo
0,5
1,0
1,5
2,0
Tempo (segundos)

CONCLUSÃO: Mesmo que os pardais-de-coroa-branca tenham formado memória de canto, eles precisam de retroalimentação auditiva para aprender a equipará-lo ao canto característico da espécie.

Figur 35.5 Dois períodos críticos para a aprendizagem do canto Para emitir o canto de sua espécie quando adulto, um pardal-de-coroa-branca macho deve adquirir uma memória de canto ao ouvi-lo quando ainda ninhego e deve ser capaz de ouvir o próprio canto quando está tentando equiparar seu canto a essa memória.

vens não aprendem o som de outras espécies, mesmo que eles o escutem muitas vezes, mas a exposição a poucos cantos da sua própria espécie é suficiente para a estampagem. Assim, embora os pardais precisem aprender a cantar, os seus genes tornam muito difícil para eles aprender os cantos de outras espécies.

Os hormônios influenciam o comportamento em momentos determinados geneticamente

Em seres vivos multicelulares, todo comportamento depende do sistema nervoso para ser iniciado, coordenado e executado. Freqüentemente, no entanto, são os hormônios do sistema endócrino, através do controle das influências no desenvolvimento e no estado fisiológico do animal (ver Capítulo 47), que determinam quando um comportamento é executado, bem como quando certos comportamentos podem ser aprendidos.

Já vimos que a aprendizagem é essencial para a aquisição do canto em algumas aves. Tanto aves canoras machos quanto fêmeas ouvem o canto de sua espécie quando ainda ninhegos, mas apenas os machos de muitas espécies de aves migratórias cantam quando adultos. Os machos das aves usam o canto para reivindicar e anunciar um território de acasalamento, para competir com outros machos e para declarar dominância. Eles também usam o canto para atrair fêmeas, o que sugere que as fêmeas reconhecem o canto de suas espécies mesmo que não cantem. O que é responsável por essa diferença na aprendizagem e na expressão do canto em machos e fêmeas de aves canoras?

Após abandonar o ninho onde ouviram o canto de seu pai ou de vizinhos, aves canoras jovens de habitats temperados e árticos migram e se associam com outras espécies em bandos mistos. Elas não cantam durante esse período e não ouvem o canto de sua espécie novamente até a próxima primavera. À medida que a primavera se aproxima e os dias se tornam mais longos, os testículos dos machos jovens começam a crescer e a amadurecer. À medida que sobe o nível de testosterona, ele começa a cantar, comparando suas próprias vocalizações à memória estampada do canto do pai.

Por que as fêmeas dessas espécies não cantam? Elas não conseguem aprender os padrões de vocalização de seu canto específico? Elas carecem de capacidades musculares ou de sistema nervoso necessárias para cantar? Ou elas apenas carecem do estímulo hormonal para desenvolver esse comportamento? Para responder a essas questões, os pesquisadores injetaram testosterona em fêmeas de aves canoras durante a primavera. Em resposta a essas injeções, as fêmeas desenvolveram o canto da espécie e cantaram da mesma forma que os machos. Aparentemente, as fêmeas formam memória do canto específico quando ainda filhotes e têm a capacidade de expressá-lo, mas normalmente carecem de estímulo hormonal.

Como a testosterona estimula o macho de uma ave canora a cantar? Um estudo revelou que aumento na testosterona a cada primavera provoca aumento no crescimento de certas partes do cérebro do macho necessárias para a aprendizagem e o desenvol-

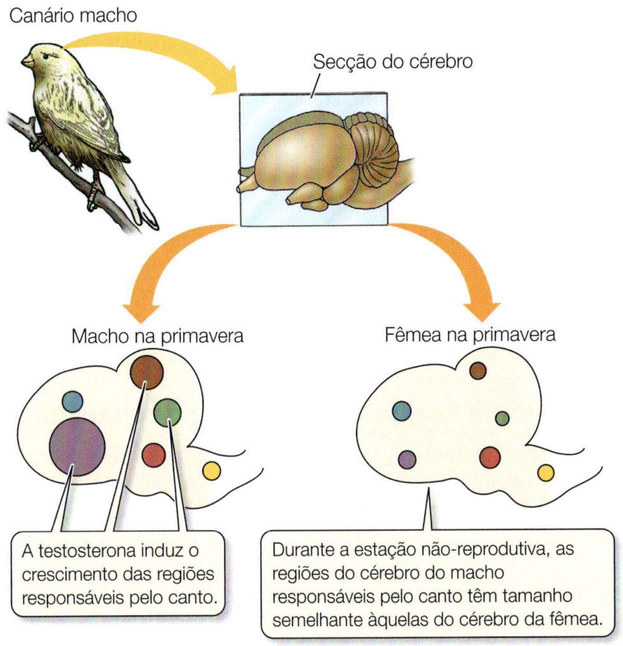
Canário macho
Secção do cérebro
Macho na primavera
Fêmea na primavera
A testosterona induz o crescimento das regiões responsáveis pelo canto.
Durante a estação não-reprodutiva, as regiões do cérebro do macho responsáveis pelo canto têm tamanho semelhante àquelas do cérebro da fêmea.

Figura 35.6 Efeito da testosterona no cérebro das aves Na primavera, níveis crescentes de testosterona causam o desenvolvimento das regiões do cérebro responsáveis pelo canto nos machos. O tamanho de cada círculo é proporcional ao volume do cérebro ocupado por cada região.

vimento do canto (**Figura 35.6**). Neurônios individuais nestas regiões do cérebro aumentam em número, tamanho e crescimento. Tal pesquisa sobre a neurobiologia do canto das aves revelou que, ao contrário do ponto de vista amplamente aceito de que novos neurônios não são produzidos nos cérebros de vertebrados adultos, os hormônios podem controlar o comportamento através da influência sobre a estrutura e a função do cérebro, tanto ontogenética quanto sazonalmente.

35.2 RECAPITULAÇÃO

Alguns comportamentos são fortemente influenciados pelos genes, o que resulta em padrões de comportamento altamente estereotipados. Os genes também desempenham um papel na definição do que os indivíduos aprendem. Muitos comportamentos adaptativos resultam de interações entre hereditariedade e aprendizagem e são freqüentemente modificados pelos hormônios.

- Quais os tipos de experimentos que podem mostrar se um comportamento é fortemente influenciado pelos genes? Ver p. 774-775 e Figura 35.2.
- Quais as vantagens adaptativas oferecidas pela estampagem? Ver p. 777.
- Você pode explicar como a hereditariedade e a aprendizagem interagem quando as aves canoras aprendem os seus cantos específicos? Ver p. 777-778 e Figura 35.5.

Agora vamos estudar as diversas decisões que os animais precisam tomar durante as suas vidas sobre como e quando se comportar de uma determinada maneira e a sua influência no valor adaptativo.

35.3 Como as respostas comportamentais ao ambiente influenciam o valor adaptativo?

Qualquer animal que alcança idade avançada tomou decisões à medida que amadureceu, se reproduziu e experimentou os efeitos. Provavelmente escolheu onde morar, quanto tempo permanecer e quando, se necessário, partir. O animal também terá encontrado os seus caminhos pelo ambiente e selecionado locais para atividades específicas, tais como descansar e fazer o ninho. Terá decidido o que comer dentro de uma variedade de potenciais fontes de alimento no ambiente. A maioria dos animais também escolhe com quem se associar e com quais propósitos.

Todas essas decisões são tomadas em um ambiente que varia drasticamente no tempo e no espaço. Por exemplo, em Serra Nevada na Califórnia, pode-se dirigir de um deserto seco e quente para campos de neve alpinos em meia hora. As florestas da Pensilvânia podem ser quentes e úmidas no verão e apresentar temperatura abaixo de zero no inverno. No ambiente marinho, somente poucos quilômetros podem separar uma zona entremarés rochosa das escuras profundezas oceânicas. Devido a essa grande variação, como os animais encontram um bom lugar para viver e decidem para onde ir se o ambiente onde estão se deteriora?

A escolha do local para viver influencia a sobrevivência e o sucesso reprodutivo

A seleção de um local para viver é uma das decisões mais importantes que um indivíduo toma. O ambiente no qual um indivíduo vive é chamado de seu **habitat**. Uma vez escolhido o habitat, um animal procura seu alimento, locais de descanso, locais de nidificação e rotas de fuga no seu interior. Um desafio para os ecólogos comportamentais é descobrir quais as informações que os animais utilizam para tomar as suas decisões e como estas informações se relacionam com a qualidade ambiental que influencia o seu valor adaptativo (*fitness*). Algumas das maneiras pelas quais os indivíduos tomam as suas decisões são surpreendentemente simples. As informações que a maioria dos indivíduos usa para selecionar habitats adequados têm uma característica em comum: são boas indicadoras das condições adequadas à futura sobrevivência e reprodução.

O abalone-vermelho é um molusco marinho que se fixa às rochas e não se locomove muito quando adulto. Os abalones, no entanto, depositam seus óvulos e espermatozóides na água. Os ovos fertilizados e as larvas ficam à deriva e nadam no oceano aberto por cerca de oito dias antes de se depositarem no fundo, escolherem um local para se fixar e desenvolverem-se até o estágio adulto. O melhor local para um abalone-vermelho é a alga coralina, sua principal fonte de alimento. As larvas do abalone-vermelho reconhecem as algas coralinas por meio de uma substância química que elas produzem. No laboratório, as larvas de abalone se estabelecerão em qualquer superfície na qual estas moléculas tenham sido colocadas, mas na natureza somente as algas coralinas as produzem. Ao usar esta informação química simples, as larvas sempre se estabelecem em uma superfície com potencial para suprir suas necessidades alimentares e garantir a sua futura sobrevivência e sucesso reprodutivo.

A informação visual pode, também, fornecer informações úteis sobre a qualidade do habitat. Muitos animais usam a presença de indivíduos já estabelecidos como uma indicação de que o habitat pode ser bom. Enquanto os papa-moscas-de-colar estão em sua área de procriação na primavera, eles regularmente observam atentamente os ninhos de outros indivíduos. Observando esse comportamento, os biólogos Blandine Doligez, Etienne Danchin e Jean Clobert, da

Suécia e França, lançaram a hipótese de que os papa-moscas estavam avaliando a qualidade do habitat através da observação da situação de seus vizinhos. Para testar essa hipótese, eles criaram algumas áreas com ninhadas muito maiores – normalmente, indicação de alimento abundante – pegando ninhegos de alguns ninhos e os adicionando aos ninhos de outra área. No ano seguinte, os papa-moscas se estabeleceram preferencialmente nas áreas onde as ninhadas tinham sido artificialmente aumentadas (**Figura 35.7**).

Alguns animais altamente sociais, na verdade,"votam"na qualidade dos habitats. As abelhas melíferas, por exemplo, vivem em um grande ninho colonial, que consiste em lâminas verticais de células hexagonais que elas constroem com cera. Algumas células são utilizadas para a criação de larvas, outras para a estocagem de mel e outras para a estocagem de pólen, fonte de proteína. Quando uma colônia ultrapassa o espaço disponível na colméia, a rainha a abandona juntamente com um enorme contingente de abelhas operárias – este grupo como um todo é chamado de *enxame*. A rainha não é boa voadora e o enxame não voa muito longe antes de parar para descansar na forma de uma massa enorme de abelhas intimamente agrupadas ao redor da rainha. Deste agrupamento, abelhas operárias voam individualmente para procurar uma cavidade que possa ser um bom local para a nova colônia. Quando a operária (uma batedora) encontra uma cavidade, ela a explora caminhando no seu interior. Ela, então, retorna para o enxame e dança na sua superfície. A sua dança transmite para as outras abelhas do enxame informações sobre a distância e direção do potencial local para o ninho que descobriu (veremos como ela realiza esta tarefa na Seção 35.4). O vigor da dança reflete a qualidade do local para o ninho. Em resposta à dança, outras abelhas operárias voam para o local e o avaliam. Quando elas retornam para o enxame, elas também dançam para comunicar as informações sobre o local e recrutam mais abelhas para visitá-lo. Normalmente, diferentes operárias fornecem, simultaneamente, informação sobre vários potenciais locais para o enxame. Finalmente, o local que estimulou a maioria das operárias é escolhido e o enxame levanta vôo outra vez para locomover-se para a nova localização.

EXPERIMENTO

HIPÓTESE: Os papa-moscas-de-colar utilizam informações sobre o sucesso reprodutivo de indivíduos já estabelecidos para decidir onde se estabelecer.

MÉTODO

Transferir os ninhegos de uma área para os ninhos de outra área para criar um local com ninhadas maiores e outro local com ninhadas bem menores. Deixar uma terceira área sem alteração para servir como controle. Observar o estabelecimento no ano seguinte.

RESULTADOS

A imigração foi mais alta nos locais com ninhadas maiores...
...e mais baixa nos locais com ninhadas menores.
Taxa relativa de imigração (ano $t + 1$)
Alta
Baixa
Ninhadas aumentadas
Controles
Ninhadas reduzidas
Tratamento experimental

CONCLUSÃO: Os papa-moscas-de-colar observam o tamanho da ninhada de indivíduos já estabelecidos para avaliar a qualidade de uma área de procriação.

Figura 35.7 Papa-moscas usam o sucesso dos vizinhos para avaliar a qualidade do habitat Papa-moscas-de-colar (*Ficedula albicollis*) estabeleceram-se em densidade maior em áreas onde os pesquisadores tinham aumentado artificialmente as ninhadas de outros papa-moscas.

Defender um território tem benefícios e custos

Quando um habitat de alta qualidade está com os seus recursos limitados, os animais podem competir por acesso a eles. Sob estas condições, um animal pode aumentar o seu valor adaptativo estabelecendo uso exclusivo para o habitat por ele escolhido. A maneira mais comum de o animal fazer isso é estabelecer um **território** do qual exclui os *coespecíficos* (outros indivíduos da mesma espécie) – e algumas vezes, também indivíduos de outras espécies – advertindo que aquela área é dele e, se necessário, os perseguindo. Mas alertar e perseguir requer tempo e energia que poderiam ser utilizados para outros objetivos benéficos, como procurar alimento e estar alerta para predadores.

Para entender a evolução dos comportamentos que envolvem esses tipos de trocas, os ecólogos freqüentemente utilizam uma abordagem custo-benefício. Uma **abordagem custo-benefício** assume que um animal tem apenas uma quantidade limitada de tempo e energia para alocar às suas atividades. Os animais não podem realizar comportamentos cujos custos totais sejam maiores do que a soma dos benefícios por longos períodos. Uma abordagem custo-benefício fornece a base para os ecólogos comportamentais fazerem predições, planejarem experimentos e fazerem observações capazes de explicar porque os padrões de comportamento evoluíram de determinada maneira.

Os benefícios de um comportamento são os aumentos em sobrevivência e sucesso reprodutivo que um animal obtém por realizá-lo. O custo total de qualquer comportamento tem, normalmente, três componentes:

- **Custo energético** é a diferença entre a energia que o animal gastaria se estivesse descansando e a energia gasta na execução do comportamento.
- **Custo de risco** é o aumento na probabilidade do animal se ferir ou ser morto como resultado da execução do comportamento, quando comparado com o descanso.
- **Custo de oportunidade** é a soma dos benefícios que o animal não receberá por não ser capaz de executar outros comportamentos durante o mesmo intervalo de tempo. Um animal que gasta todo o seu tempo em forrageio, por exemplo, não pode alcançar alto sucesso reprodutivo!

Michael Moore e Catherine Marler da Universidade Estadual do Arizona fizeram um experimento para estimar os custos impostos aos lagartos machos quando estão defendendo o território. O macho do lagarto espinhoso de Yarrow ("Yarrow's spiny lizard") defende territórios que incluem os hábitats de várias fêmeas, dos quais eles excluem machos coespecíficos. Normalmente eles fazem isto mais vigorosamente durante setembro e outubro, quando as fêmeas estão mais receptivas ao acasalamento. Para estimar os custos do comportamento territorial, os pesquisadores inseriram pequenas cápsulas contendo testosterona, um hormônio que os lagartos normalmente produzem no outono e que induz o comportamento territorial agressivo, abaixo da pele de alguns machos. Eles fizeram o experimento em junho e julho, época do ano em que os lagartos são normalmente pouco territoriais. Eles também capturaram e liberaram machos controles, os quais não receberam implantes de testosterona.

Os machos com cápsulas de testosterona implantada gastaram mais tempo patrulhando seus territórios, executaram mais exibições de advertência e gastaram cerca de um terço a mais de energia (um custo energético) do que os machos controles. Como resultado, eles tiveram menos tempo para se alimentar (um custo de oportunidade), capturaram menos insetos, armazenaram menos energia e apresentaram maior taxa de mortalidade (custo de risco) (**Figura 35.8**). Em junho e julho, quando as fêmeas estão menos receptivas, esse alto custo da vigorosa defesa territorial provavelmente supera os benefícios reprodutivos da territorialidade. Provavelmente essa é a razão pela qual os lagartos normalmente esperam para executar esses comportamentos apenas no final do verão.

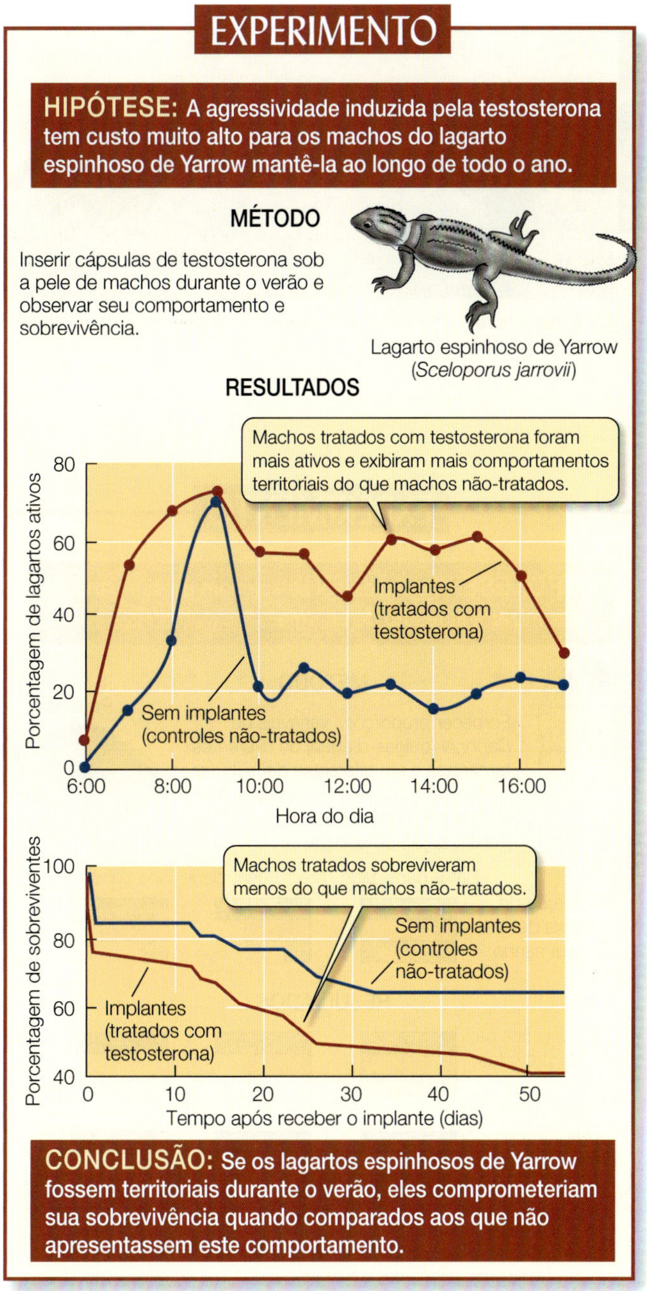
EXPERIMENTO
HIPÓTESE: A agressividade induzida pela testosterona tem custo muito alto para os machos do lagarto espinhoso de Yarrow mantê-la ao longo de todo o ano.
MÉTODO
Inserir cápsulas de testosterona sob a pele de machos durante o verão e observar seu comportamento e sobrevivência.
Lagarto espinhoso de Yarrow (*Sceloporus jarrovii*)
RESULTADOS
Machos tratados com testosterona foram mais ativos e exibiram mais comportamentos territoriais do que machos não-tratados.
Porcentagem de lagartos ativos
0
20
40
60
80
6:00
8:00
10:00
12:00
14:00
16:00
Hora do dia
Implantes (tratados com testosterona)
Sem implantes (controles não-tratados)
Machos tratados sobreviveram menos do que machos não-tratados.
Porcentagem de sobreviventes
40
60
80
100
0
10
20
30
40
50
Tempo após receber o implante (dias)
Sem implantes (controles não-tratados)
Implantes (tratados com testosterona)
CONCLUSÃO: Se os lagartos espinhosos de Yarrow fossem territoriais durante o verão, eles comprometeriam sua sobrevivência quando comparados aos que não apresentassem este comportamento.

Figura 35.8 Os custos da defesa do território Com o uso de implantes de testosterona para aumentar o comportamento territorial de lagartos machos, Moore e Marler mediram os custos resultantes da defesa de um território durante os meses de verão.

Alguns animais defendem territórios que incluem todos os recursos que o animal necessita para fazer o ninho, acasalar e buscar o alimento. Os tigres defendem territórios com muitos quilômetros quadrados de área demarcando os seus limites com cheiro (**Figura 35.9A**). Muitas aves canoras defendem esse tipo de território através de cantos e posturas ameaçadoras.

Os suprimentos de alimento de alguns animais não podem ser defendidos porque estão amplamente distribuídos no espaço ou estão sujeitos a flutuações na disponibilidade. Por exemplo, as aves marinhas não podem defender o oceano aberto onde se alimentam. No entanto, a maioria dessas aves faz o ninho em ilhas ou em penhascos rochosos, que oferecem proteção contra os predadores. Tais locais utilizados para a construção dos ninhos podem ser muito escassos e, por isso, são vigorosamente defendidos. Alguns destes territórios não são maiores do que a distância que a ave consegue alcançar enquanto está sentada no ninho (**Figura 35.9B**).

Alguns animais defendem territórios utilizados somente para acasalamento. Quando chega a estação de procriação, os machos de algumas espécies de tetrazes reúnem-se em áreas de exibição, onde cada um defende uma área muito pequena (**Figura 35.9C**). Suas exibições vigorosas mostram aos outros machos o quanto eles são fortes e às fêmeas as suas qualidades como consorte. Uma fêmea visita uma área de exibição e seleciona o macho com o qual acasalará. Então, ela parte e cria a ninhada sozinha. Os machos freqüentemente gastam tanta energia defendendo as suas pequenas áreas de exibição que machos menos exaustos podem eventualmente expulsá-los.

Os animais escolhem os alimentos

As análises de custo-benefício também têm sido utilizadas para investigar a escolha de alimento pelos animais. Quando um animal forrageia (procura seu alimento), quanto tempo ele deve gastar inspecionando uma área antes de deslocar-se para outro local? Quando muitos tipos diferentes de alimento estão disponíveis, quais deve comer e quais deve ignorar? Através da aplicação das abordagens de custo-benefício do comportamento de alimentação, os cientistas têm produzido um conjunto de conhecimentos conhecidos como a **teoria do forrageio**, que nos ajuda a entender o valor das escolhas de alimentação para a sobrevivência. Os principais benefícios do forrageio são os valores nutritivos dos alimentos obtidos – sua energia, seus minerais e suas vitaminas. Os custos do forrageio são semelhantes àqueles da defesa territorial: gasto de energia, tempo perdido para outras atividades que poderiam melhorar o valor adaptativo e o risco de aumentar o tempo de exposição a predadores.

Como exemplo, consideraremos alguns testes da hipótese de que os animais fazem escolhas entre as presas disponíveis a fim de maximizar a taxa de obtenção de energia. Essa é uma hipótese plausível porque quanto mais rapidamente for a captura de alimento por um animal, mais tempo e energia terá disponível para gastar em outras atividades, como a reprodução e a fuga de predadores. Para determinar como um animal deve escolher os itens alimentares para maximizar a sua taxa de ingestão de energia, os ecólogos podem caracterizar cada tipo de item alimentar disponível de duas maneiras: pelo tempo necessário para o animal perseguir, capturar e consumir cada item individualmente e pela quantida-

(A) *Panthera tigris*

(B) *Morus serrator*

(C) *Lyrurus tetrix*

Figura 35.9 Os animais defendem territórios de diferentes tamanhos (A) Para marcar os limites do seu extenso território, as fêmeas de tigre esfregam nas árvores as glândulas odoríferas produtoras de feromônios presentes na face. Outros tigres que passam pelo local sabem que ele é "reivindicado" e obtêm alguma informação sobre quem o reivindica. (B) O território de procriação de algumas aves coloniais não é maior do que a distância de seu alcance quando está no ninho. (C) Algumas exibições territoriais estão relacionadas ao acasalamento. Aqui, dois machos de tetraz-preto defendem um pequeno território na neve; o vencedor acasalará com as fêmeas próximas.

de de energia que cada item contém. Então, podemos ordenar os tipos de alimentos de acordo com a quantidade de energia que o animal adquire ao consumi-los em relação ao tempo gasto em sua perseguição, captura e manuseio. O tipo mais valioso de alimento é aquele que produz a maior quantidade de energia por unidade de tempo investida em sua obtenção e processamento.

Com essas informações, os ecólogos podem determinar a taxa na qual um animal obtém energia ao adotar uma estratégia particular de forrageio. Então, eles podem comparar estratégias de forrageio alternativas e determinar aquela que produz a taxa mais alta de ingestão de energia. Tais cálculos mostram que se o tipo mais valioso de alimento é suficientemente abundante, um animal ganha mais energia por unidade de tempo gasta em forrageio quando captura apenas os tipos mais valiosos e ignora os demais. No entanto, à medida que a abundância do tipo mais valioso diminui, um animal maximizador de energia adiciona tipos de menor valor à sua dieta em ordem decrescente da quantidade de energia que eles produzem por unidade de tempo.

Earl Werner e Donald Hall da Universidade Estadual de Michigan realizaram experimentos em laboratório com o peixe-sol-de-guelras-azuis para testar a hipótese da maximização de energia* (**Figura 35.10**). A primeira etapa dos experimentos envolveu a determinação do conteúdo energético de pulgas d'água de diferentes tamanhos (os diferentes tipos de alimento), do tempo que os peixes-sol (os forrageadores) necessitavam para capturar e comer cada um deles, da energia que eles gastavam os perseguindo e capturando e das taxas nas quais eles encontravam esses diferentes tipos de alimento sob diferentes densidades. Werner e Hall, então, supriram ambientes experimentais com diferentes densidades e proporções de pulgas d'água grandes, médias e pequenas. Eles fizeram duas previsões a partir da hipótese da maximização de energia: primeiro, que em um ambiente com abundância de pulgas d'água grandes, os peixes ignorariam as pulgas d'água menores; e segundo, que em um ambiente suprido com baixas densidades de pulgas d'água dos três tamanhos, os peixes-sol comeriam qualquer

* N. do T. Também conhecida como a hipótese do forrageio ótimo.

EXPERIMENTO

HIPÓTESE: Os peixes-sol selecionam presas para maximizar a ingestão de energia.

MÉTODO

Daphnia

Fornecer proporções variáveis de *Daphnia* (pulgas-d'água) de diferentes tamanhos e em diferentes densidades. Comparar as presas consumidas com as previsões da hipótese da maximização de energia.

Peixe-sol

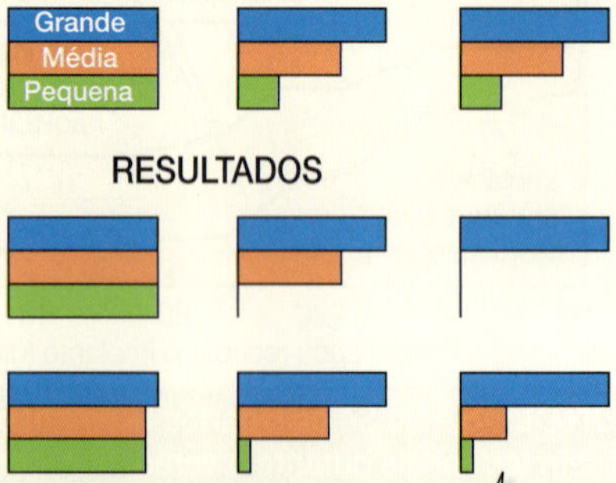
Baixa densidade
Média densidade
Alta densidade
Proporção de *Daphnia* de cada tamanho
Grande
Média
Pequena
RESULTADOS
Proporções na dieta previstas
Proporções reais na dieta

Os peixes-sol não selecionaram as presas grandes quando elas eram raras, mas o fizeram quando elas eram comuns.

CONCLUSÃO: Os peixes-sol selecionam presas a fim de maximizar suas taxas de ingestão de energia.

Figura 35.10 Peixes-sol são maximizadores de energia A seleção de presas pelo peixe-sol (*Lepomis macrochirus*) foi muito semelhante àquela prevista pela hipótese da maximização de energia.

Ara chloroptera

Figura 35.11 Em busca de minerais As araras-macau obtêm nutrientes minerais lambendo argila na Floreta Amazônica peruana.

pulga d'água que encontrassem. As proporções de pulgas d'água grandes médias e pequenas capturadas pelos peixes sob diferentes condições foram próximas daquelas previstas pela hipótese.

Nos experimentos com peixes-sol, apenas o conteúdo energético das pulgas d'água foi levado em consideração, mas os minerais também são importantes para alguns forrageadores. Alguns animais incorrem em altos custos energéticos e riscos ao locomoverem-se grandes distâncias para obter minerais essenciais. Muitas espécies de mamíferos e aves, especialmente herbívoras e granívoras, adquirem alguns nutrientes comendo barro em locais onde o solo exposto é rico em minerais (**Figura 35.11**). Os alces entram na água de riachos e lagos para comer a vegetação que contém mais sódio do que as plantas terrestres das quais obtêm a maior parte da sua energia.

Os animais também podem ingerir alguns alimentos por razões diferentes da aquisição de energia e nutrientes. Algumas espécies de sapos, por exemplo, têm veneno na pele. Como muitos outros animais que se defendem de predadores através de compostos tóxicos, esses sapos apresentam coloração brilhante e chamativa que avisa os potenciais predadores do perigo de ingeri-los. De onde esses sapos obtêm o seu veneno? Alguns deles o adquirem ao ingerir certas espécies de formigas que desenvolveram venenos como um mecanismo de defesa contra os seus próprios predadores. Os sapos podem comer as formigas porque são imunes ao seu veneno.

Um exemplo marcante da ingestão de alimentos não nutritivos é o uso de temperos na preparação de alimentos pelo homem. Valorizamos tanto os temperos que eles deveriam trazer algum benefício para homem. Os temperos contêm químicos conhecidos por proteger as plantas que os produzem contra fungos e bactérias; assim, é possível que os temperos utilizados na preparação dos alimentos protejam as pessoas de alimentos contaminados. Zhi-He Liu e Hiroyuki Nakano da Universidade de Hiroshima no Japão testaram esta hipótese antimicrobiana expondo bactérias de alimentos aos químicos encontrados nos temperos. A maioria dos temperos comumente utilizados inibiu o crescimento de mais de um tipo de bactéria (**Figura 35.12**).

Embora esses testes suportem a hipótese antimicrobiana, eles não excluem a possibilidade de hipóteses alternativas também

EXPERIMENTO

HIPÓTESE: Os temperos normalmente utilizados na culinária têm propriedades antibacterianas.

MÉTODO

Preparar extratos alcoólicos com os temperos e testar se eles inibem o crescimento de bactérias em meios de cultura.

RESULTADOS

Inibição completa
Inibição moderada
Sem inibição
Temperos
Flor da noz-moscada
Folha de louro
Noz-moscada
Alho
Sálvia
Canela
Tomilho
Páprica
Orégano
Erva-doce
Açafrão
Cardamomo
Pimenta-branca
Pimenta-preta
Pimenta-da-jamaica
Alecrim
Staphylococcus aureus
Bacillus stearothermophilus
Bacillus coagulans
Vibrio cholerae
Bactérias

CONCLUSÃO: Os temperos mais comuns têm forte atividade antibacteriana contra mais de uma espécie de bactérias que se originam em alimentos.

Figura 35.12 A maioria dos temperos têm atividade anti-microbiana Testes de laboratório têm mostrado que a maioria dos temperos comumente utilizados pode inibir o crescimento de bactérias.

explicarem o amor dos seres humanos pelos temperos. Uma hipótese alternativa é a de que os temperos disfarçam o cheiro e o sabor de alimentos deteriorados. Essa hipótese não pode ser facilmente testada. Ela prevê que alimentos deteriorados poderiam ser consumidos sem perigo se o seu odor e sabor tivessem sido superados. Sabemos, no entanto, que as toxinas das bactérias dos alimentos matam milhares de pessoas e debilitam outras tantas todos os anos. Conseqüentemente, consumir alimentos deteriorados encobrindo o seu sabor ruim é bastante perigoso, mesmo para uma pessoa sofrendo de inanição. A seleção natural provavelmente não favoreceu pessoas que comiam alimentos rançosos, por mais saborosos que fossem.

A escolha de parceiros influencia o valor adaptativo

A maioria dos animais não leva uma vida solitária. Eles se associam com outros indivíduos por várias razões. Uma importante decisão tomada por todos os animais que apresentam reprodução sexuada é a escolha do parceiro para o acasalamento. Essas escolhas podem ser baseadas nas qualidades inerentes do potencial parceiro, nos recursos que ele controla (alimento, locais de nidificação, locais para fuga) ou em uma combinação desses dois fatores.

As maneiras pelas quais machos e fêmeas escolhem os parceiros reprodutivos são freqüentemente bastante diferentes. Os machos da maioria das espécies iniciam a corte, raramente rejeitam fêmeas receptivas e freqüentemente lutam por oportunidades de acasalamento. As fêmeas da maioria das espécies raramente disputam os machos e freqüentemente os rejeitam para o acasalamento. Por que esses papéis sexuais são tão diferentes?

A resposta está, em parte, nos custos da produção de espermatozóides e óvulos. Tendo em vista que os espermatozóides são pequenos e de produção barata, um macho produz quantidade suficiente para ter um número muito grande de descendentes – geralmente bem mais do que o número de óvulos que uma fêmea pode produzir ou o número de filhotes que ela pode alimentar. Portanto, os machos de muitas espécies podem aumentar o sucesso reprodutivo ao acasalar com muitas fêmeas.

Os óvulos, por outro lado, são normalmente muito maiores que os espermatozóides e custam caro para serem produzidos. Conseqüentemente, uma fêmea geralmente não consegue aumentar muito o seu sucesso reprodutivo ao aumentar o número de machos com os quais acasala. O sucesso reprodutivo de uma fêmea pode depender da qualidade dos genes do parceiro, dos recursos que ele controla ou da sua participação no cuidado da prole. O papel das fêmeas na escolha do parceiro sexual pode causar a evolução de características que sinalizem com segurança a qualidade do macho, um componente da seleção sexual.

Os machos adotam uma variedade de táticas para induzir as fêmeas a copular. Eles podem usar um comportamento de corte que demonstre, de alguma forma, que eles gozam de boa saúde, são bons fornecedores de cuidado parental, podem controlar recursos ou têm um bom genótipo. Por exemplo, machos de algumas espécies de *hangingflies** cortejam as fêmeas oferecendo-lhes insetos mortos, um recurso valioso para elas. Uma fêmea de *hangingfly* acasalará com um macho somente se ele lhe fornecer alimento desta maneira. Quanto maior o item alimentar, mais longa a cópula e maior a quantidade de óvulos que o macho fertilizará (**Figura 35.13**).

As fêmeas podem aumentar o seu sucesso reprodutivo se forem capazes de avaliar corretamente a qualidade genética e a saúde dos potenciais parceiros, a qualidade dos recursos que eles controlam e a quantidade de cuidado parental que podem fornecer. Mas como as fêmeas podem fazer tais avaliações quando todos os machos se beneficiariam tentando demonstrar boas características? A resposta é que ao prestar atenção particularmente naqueles sinais que os machos não podem enganar, as fêmeas têm favorecido a evolução de sinais "confiáveis". Por exemplo, a posse de um grande inseto morto indica que um *hangingfly* macho é um bom forrageador.

* N. do T. Insetos da ordem Mecoptera.

Figura 35.13 Um macho ganha sua parceira O macho de *hangingfly* à direita acaba de presentear sua parceira com uma mariposa, demonstrando, assim, sua habilidade para o forrageio. A fêmea consome durante a cópula a recompensa fornecida por ele. Quanto maior a mariposa, mais tempo eles permanecem copulando e um maior número de óvulos ele fertiliza.

As respostas aos estímulos ambientais devem ocorrer na hora certa

A maioria dos ambientes não é constante. Conseqüentemente, os comportamentos adaptativos em dado momento não o são em outros. A Terra gira ao redor de seu eixo uma vez a cada 24 horas, criando ciclos diários de luz e escuridão, temperatura, umidade e marés. Além disso, a Terra está inclinada no seu eixo; por isso, o ciclo claro-escuro e, conseqüentemente, as estações mudam com a rotação ao redor do Sol. Essas alterações ambientais já foram discutidas em detalhe em relação às plantas (ver especialmente a Seção 44.2), mas tais ciclos também influenciam profundamente a fisiologia e o comportamento dos animais.

OS RITMOS CIRCADIANOS CONTROLAM O CICLO DIÁRIO DO COMPORTAMENTO Se os animais são mantidos em regime de escuridão completa, sob temperatura constante e com disponibilidade de alimento e água durante todo o tempo, eles ainda apresentarão os ciclos diários de atividade, tais como dormir, comer, beber e praticamente todo o resto que pode ser medido. A persistência desses ciclos diários na ausência de pistas ambientais quanto ao tempo sugere que os animais têm um relógio endógeno (interno). Apesar desses ciclos diários raramente terem duração exata de 24 horas, são conhecidos como **ritmos circadianos** (do latin *circa*, "cerca de", e *dies*, "dia").

Como aprendemos no Capítulo 44, qualquer ritmo biológico pode ser visto como uma série de ciclos e o comprimento de um ciclo é o *período* do ritmo (ver Figura 44.13). Qualquer ponto no ciclo é sua *fase*: portanto, quando dois ritmos combinam completamente, eles são ditos *em fase*. Quando um ritmo é alterado (como após o reajustamento de um relógio), ele está com um *avanço de fase* ou *retardo de fase*. Já que o período de um ritmo circadiano não é de exatamente 24 horas, ele deve apresentar *avanço de fase* ou *retardo de fase* a cada dia para permanecer em fase com o ciclo diário do ambiente. Em outras palavras, o ritmo tem que estar **sincronizado** com o ciclo claro-escuro do ambiente do animal.

Quando você viaja através de fusos horários, o seu ritmo circadiano fica fora de fase, resultando na síndrome da mudança brusca de fase. Como o seu biorritmo somente pode ser alterado em 30 a 60 minutos por dia, podem ser necessários vários dias para que o seu relógio interno seja reajustado e reflita corretamente o tempo do ambiente da nova localização.

Um animal mantido sob condições constantes não será ajustado para o ciclo do ambiente, e seu relógio circadiano correrá de acordo com o seu período natural – ele estará em *livre-curso*. Se o seu período for menor que 24 horas, o animal iniciará a atividade um pouco mais cedo a cada dia (**Figura 35.14**). O ritmo circadiano de livre-curso está sob controle genético. Diferentes espécies podem ter diferentes períodos médios e mutações podem levar uma espécie a períodos de diferentes comprimentos.

Sob condições naturais, pistas ambientais sobre o tempo, como o início da luz ou do escuro, ajustam o ritmo de livre-curso ao ciclo claro-escuro do ambiente. No laboratório, no entanto, é possível ajustar os ritmos circadianos de livre-curso com pulsos curtos de luz ou escuridão administrados a cada 24 horas (painel inferior da Figura 35.14).

Uma variedade de diferentes capacidades sensoriais tem evoluído em resposta aos ciclos diários de claro-escuro. Os animais ativos à noite são *noturnos* e têm capacidades sensoriais diferentes daquelas apresentadas pelos *diurnos* ou ativos durante o dia. Os animais diurnos (incluindo os homens e a maioria das aves) tendem a ser altamente visuais, enquanto os animais noturnos dependem mais das capacidades de audição e olfato e utilizam informações táteis. Entre os animais que dependem principalmente da visão, as adaptações evoluíram para sustentar hábitos diurnos ao invés de noturnos. Esquilos terrestres são diurnos e têm retinas compostas inteiramente por células cônicas (receptores visuais que podem processar comprimentos de onda da luz na percepção da cor, mas insensíveis aos níveis baixos de luz). Por outro lado, os esquilos voadores são noturnos e suas retinas são compostas inteiramente por bastonetes (receptores visuais altamente sensíveis ao estímulo da luz, mas não fornecem informações sobre cor; ver discussão sobre fotorreceptores na Seção 51.4).

O FOTOPERÍODO E OS RITMOS CIRCANUAIS CONTROLAM OS COMPORTAMENTOS SAZONAIS As variações sazonais do ambiente apresentam desafios para muitas espécies. A maioria dos animais reproduz com maior sucesso quando sincroniza o seu período reprodutivo com a época do ano mais favorável para a sobrevivência da sua prole. A capacidade de antecipar o momento correto para alterar seu sistema reprodutivo para o modo procriação é vantajoso para os animais, pois o tempo necessário para se preparar fisiologicamente para a reprodução pode ser considerável.

Para muitas espécies, a mudança no comprimento do dia – o *fotoperíodo* – é um indicador confiável das mudanças sazonais vindouras. Para alguns animais, no entanto, a mudança no comprimento do dia não é uma pista confiável. Os animais que hibernam, por exemplo, passam longos meses em buracos escuros debaixo do solo, mas têm que estar preparados fisiologicamente

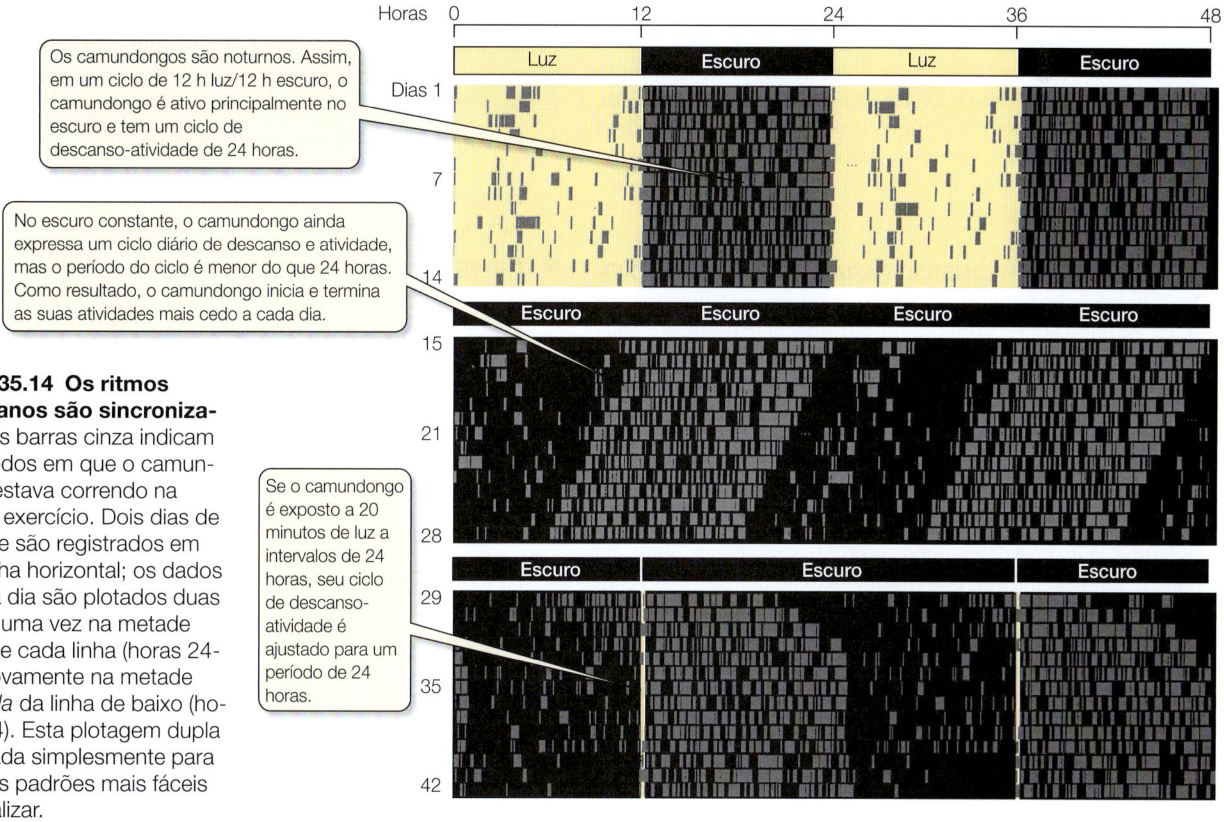
Horas
0
12
24
36
48
Luz
Escuro
Luz
Escuro
Dias 1
7
14
15
21
28
29
35
42
Escuro
Escuro
Escuro
Escuro
Escuro
Escuro
Escuro
Os camundongos são noturnos. Assim, em um ciclo de 12 h luz/12 h escuro, o camundongo é ativo principalmente no escuro e tem um ciclo de descanso-atividade de 24 horas.
No escuro constante, o camundongo ainda expressa um ciclo diário de descanso e atividade, mas o período do ciclo é menor do que 24 horas. Como resultado, o camundongo inicia e termina as suas atividades mais cedo a cada dia.
Se o camundongo é exposto a 20 minutos de luz a intervalos de 24 horas, seu ciclo de descanso-atividade é ajustado para um período de 24 horas.

Figura 35.14 Os ritmos circadianos são sincronizados As barras cinza indicam os períodos em que o camundongo estava correndo na roda de exercício. Dois dias de atividade são registrados em cada linha horizontal; os dados de cada dia são plotados duas vezes – uma vez na metade *direita* de cada linha (horas 24-48) e novamente na metade *esquerda* da linha de baixo (horas 0-24). Esta plotagem dupla é realizada simplesmente para tornar os padrões mais fáceis de visualizar.

para a reprodução quase imediatamente após emergirem de seus esconderijos na primavera. Uma ave que passa o inverno próximo ao Equador não pode usar mudanças no fotoperíodo como pista para saber a hora de migrar para os locais de reprodução no norte. Os animais que hibernam e os migrantes equatoriais têm *ritmos circanuais* construídos em um calendário no sistema nervoso que os mantêm informados sobre a época do ano.

Os esquilos terrestres do ártico têm uma estação muito curta para a reprodução e criação dos filhotes. As fêmeas estão prontas para o acasalamento assim que termina a hibernação e podem permanecer em estro por apenas um dia. Os machos precisam estar preparados! Eles terminam a hibernação com um mês de antecedência, mas permanecem nas tocas, queimando o precioso combustível metabólico. Por quê? Porque testículos gelados não produzem espermatozóides.

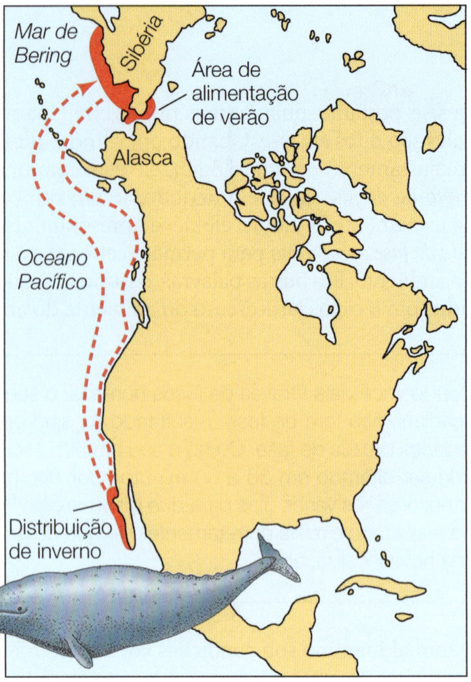
Mar de Bering
Sibéria
Área de alimentação de verão
Alasca
Oceano Pacífico
Distribuição de inverno

Figura 35.15 Pilotagem As baleias cinzentas migram no inverno do Mar de Bering para o sul (costa da Baja Califórnia) acompanhando, parcialmente, a costa oeste da América do Norte.

Os animais precisam encontrar os seus caminhos no ambiente

Para localizar bons habitats, encontrar alimento e parceiros, escapar de predadores e mau tempo, um animal precisa ser capaz de encontrar o seu caminho no ambiente. Dentro do seu habitat local, um animal pode organizar espacialmente o seu comportamento orientando-se por pontos de referência, como fazem as vespas escavadoras (ver Figura 35.3). Mas o que acontece se o local de destino estiver a uma distância considerável?

PILOTAGEM: ORIENTAÇÃO POR MARCOS REFERENCIAIS A maioria dos animais encontra o caminho através do conhecimento e lembranças de estruturas no ambiente em um processo chamado **pilotagem**. As baleias cinzentas, por exemplo, migram sazonalmente entre o Mar de Bering e as lagoas costeiras do México (**Figura 35.15**). Elas encontram o caminho, em parte, seguindo a costa oeste da América do Norte. Linhas costeiras, cadeias de montanhas, rios, correntes de água e padrões de vento podem servir como pistas para pilotagem. Mas alguns casos marcantes de orientação e deslocamento de longa distância não podem ser explicados pela pilotagem.

RETORNO AO LAR: REGRESSO PARA UM LOCAL ESPECÍFICO A habilidade de retornar através de longas distâncias para o local de nidificação, esconderijo ou outro local específico é chamado de **retorno ao lar** (***homing***). O retorno ao lar pode ser alcançado pela pilotagem em um ambiente conhecido, mas alguns animais são capazes de realizar retornos muito mais sofisticados.

Pombos, por exemplo, podem retornar para casa após terem sido transportados para locais remotos onde eles nunca estiveram antes. Eles não procuram ao acaso até encontrar um ambiente familiar, mas voam quase diretamente para casa a partir do ponto de soltura. Em uma série de experimentos, os pombos receberam lentes de contato foscas para impedir que enxergassem detalhes além do grau de luminosidade e escuridão. Estes pombos ainda retornaram para casa e flutuaram até o chão na vizinhança de seu pombal. Eles foram capazes de navegar sem o uso de imagens visuais da paisagem.

MIGRAÇÃO: PERCORRENDO GRANDES DISTÂNCIAS Desde que os seres humanos passaram a habitar as latitudes temperadas, sabemos que populações inteiras de animais, especialmente aves, desaparecem e reaparecem sazonalmente – isto é, elas migram. Foi apenas no início do século XIX, no entanto, que se conheceu os padrões de migração das aves por meio da marcação de indivíduos com anilhas. Somente quando os indivíduos podiam ser identificados sem erro era possível mostrar que as mesmas aves e seus descendentes freqüentemente retornavam aos mesmos locais de reprodução ano após ano e que elas poderiam ser encontradas em locais centenas ou mesmo milhares de quilômetros de distância dos locais de reprodução durante a estação não-reprodutiva.

Tendo em vista que muitas espécies migratórias que retornam a locais específicos são capazes de adotar rotas diretas para seus destinos através de ambientes por onde nunca passaram, acredita-se que elas devam possuir mecanismos de navegação diferentes da pilotagem. Existem dois sistemas de navegação:

- **Navegação de distância-e-direção** requer o conhecimento da direção e da distância do destino. Com uma bússola para determinar a direção e um meio de medir a distância, os seres humanos podem navegar.
- **Navegação com duas coordenadas**, também conhecida como *navegação verdadeira*, requer o conhecimento da latitude e longitude (as coordenadas do mapa) da posição atual e do destino.

O comportamento de muitos animais sugere a capacidade de realizar navegação com duas coordenadas. Os albatrozes-de-cabeça-cinza, por exemplo, procriam em ilhas oceânicas. Quando um jovem albatroz deixa o ninho pela primeira vez, ele voa a grandes distâncias através dos oceanos meridionais durante oito ou nove anos antes de atingir a maturidade sexual (**Figura 35.16A**). Neste momento, ele voa de volta para a ilha onde foi criado a fim de selecionar parceiro e construir ninho (**Figura 35.16B**). Como ele pode encontrar uma pequena ilha no meio do enorme oceano após vaguear durante anos? Provavelmente um relógio circadiano dá ao albatroz informações suficientes sobre a hora e a posição do sol para determinar as suas coordenadas – como faziam os velejadores antes do posicionamento por satélites.

Como os animais determinam a distância e a direção? Duas maneiras óbvias de determinar a direção são o sol e as estrelas. Durante o dia, o sol pode servir como bússola, desde que se saiba

(A)

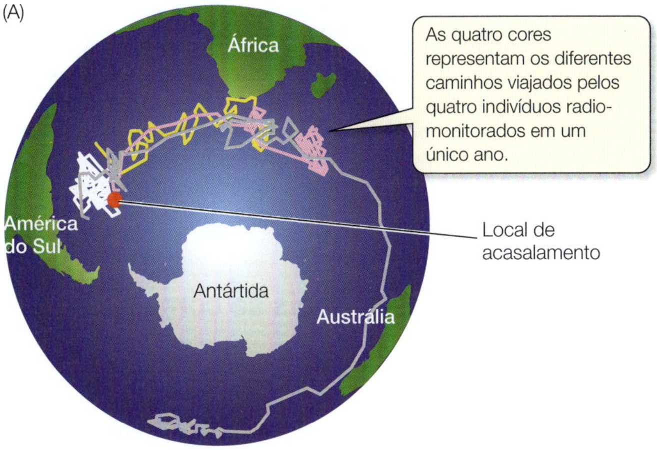
África
As quatro cores representam os diferentes caminhos viajados pelos quatro indivíduos radio-monitorados em um único ano.
América do Sul
Local de acasalamento
Antártida
Austrália

(B) *Diomedea chrysostoma*

Figura 35.16 Voltando para casa (A) Os albatrozes-de-cabeça-cinza nascem em ilhas nos oceanos subantárticos. As aves jovens vagueiam pelos oceanos meridionais por oito ou nove anos. (B) Quando atingem a maturidade sexual, as aves retornam para a ilha onde nasceram, acasalam e criam a sua prole. Na fotografia é mostrado um casal em corte.

a hora do dia. Como vimos, os animais podem saber a hora do dia através de seus relógios circadianos. Experimentos nos quais os relógios internos dos animais foram alterados demonstraram que os animais podem usar seus relógios circadianos para determinar a direção usando a posição do sol.

Pesquisadores colocaram pombos em uma gaiola circular que lhes permitia ver o sol e o céu, mas nenhuma outra pista visual. Receptáculos com alimento foram distribuídos ao redor da gaiola e as aves foram treinadas para esperar por alimento no receptáculo presente em uma certa direção – sul, por exemplo. Após o treinamento, independentemente do horário que elas fossem alimentadas, e mesmo que a gaiola fosse girada entre os períodos de alimentação, as aves sempre se dirigiam para o receptáculo na direção sul, mesmo que ele não contivesse alimento (**Figura 35.17**).

Posteriormente, as aves foram colocadas em uma sala com um ciclo de luz controlado e seus ritmos circadianos foram alterados. A luz era ligada à meia-noite e desligada ao meio-dia. Após cerca de duas semanas, os relógios circadianos das aves sofreram um avanço de seis horas. Então, as aves retornaram à gaiola circular sob condições de luz natural, com o nascer do sol às 06:00. Devido à mudança nos ritmos circadianos, seus relógios endógenos indicavam que o sol nasceria ao meio-dia. Assumindo que as aves utilizam o sol como bússola, se elas esperavam encontrar alimento no receptáculo sul, então deveriam ter procurado por alimento 90 graus para a direita da direção do sol na alvorada. Mas, devido aos seus relógios circadianos estarem indicando meio-dia, elas procu-

EXPERIMENTO

HIPÓTESE: Os pombos conseguem determinar a direção da bússola a partir da posição do sol.

Experimento 1 **MÉTODO**

Um pombo mantido em uma gaiola circular de onde pode ver o céu (mas não pode ver o horizonte), pode ser treinado a procurar alimento em uma direção, mesmo quando a gaiola é girada entre os testes.

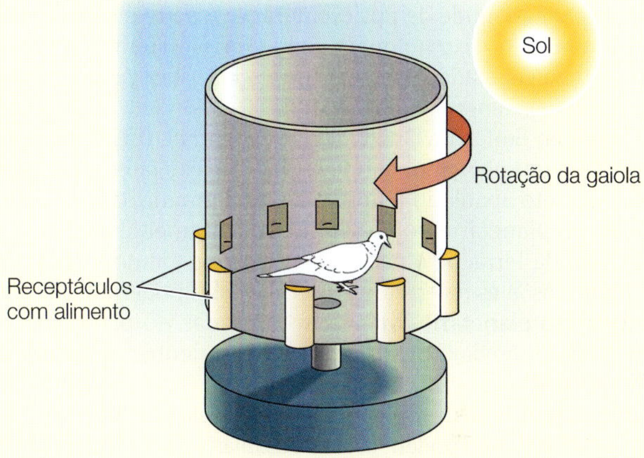
Sol
Rotação da gaiola
Receptáculos com alimento

RESULTADOS

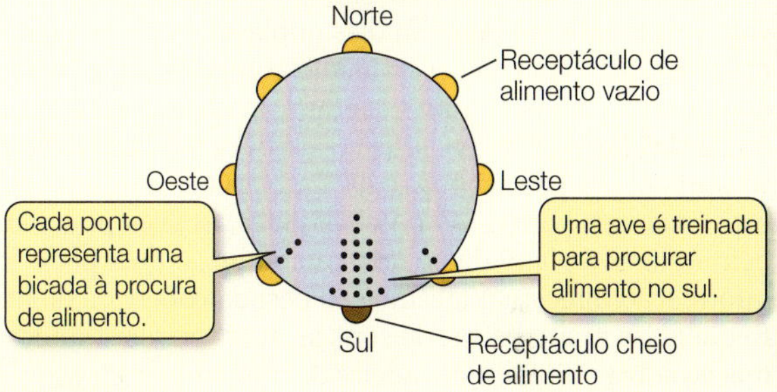
Norte
Receptáculo de alimento vazio
Oeste
Leste
Cada ponto representa uma bicada à procura de alimento.
Uma ave é treinada para procurar alimento no sul.
Sul
Receptáculo cheio de alimento

Experimento 2

MÉTODO **RESULTADOS**

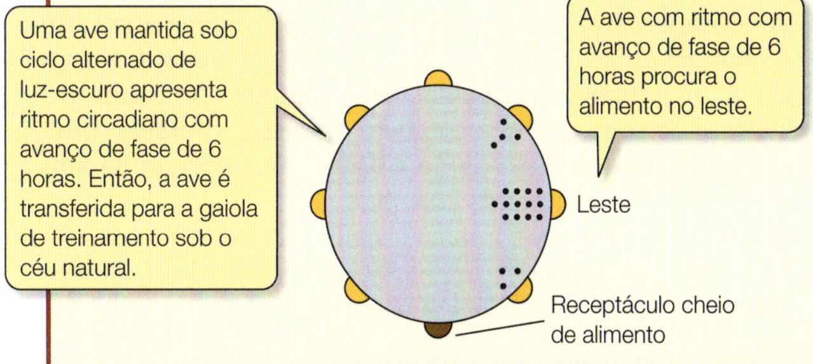
Uma ave mantida sob ciclo alternado de luz-escuro apresenta ritmo circadiano com avanço de fase de 6 horas. Então, a ave é transferida para a gaiola de treinamento sob o céu natural.
A ave com ritmo com avanço de fase de 6 horas procura o alimento no leste.
Leste
Receptáculo cheio de alimento

CONCLUSÃO: Os pombos têm a habilidade de determinar a direção através de uma bússola solar que compensa o tempo.

Figura 35.17 A bússola solar com compensação de tempo Os pombos cujos ritmos circadianos tiveram adiantamento de fase de 6 horas se orientaram como se o sol nascente estivesse em posição de meio-dia. Estes resultados mostram que as aves são capazes de usar seus relógios circadianos para determinar a direção a partir da posição do sol.

raram por alimento na direção do sol – no receptáculo localizado a leste. A mudança de seis horas nos relógios circadianos resultou em erro de orientação de 90 graus. Experimentos semelhantes em muitas espécies têm mostrado que os animais podem se orientar através de uma *bússola solar compensada pelo tempo*.

Muitos animais são normalmente ativos à noite; além disso, muitas espécies de aves diurnas migram à noite e, assim, não podem usar o sol para determinar a direção. As estrelas oferecem duas fontes de informação sobre a direção: as constelações em movimento e um ponto fixo. A posição das constelações varia porque a Terra está em rotação. Com mapa estelar e relógio pode-se determinar a direção a partir de qualquer constelação. Mas um ponto que não mude de posição durante a noite é o ponto diretamente sobre o eixo no qual a Terra gira. No Hemisfério Norte, uma estrela chamada Polaris ou Estrela Polar fica nesta posição e sempre indica o norte.

Stephen Emlen da Universidade de Cornell (EUA) criou aves jovens em um planetário, onde os padrões estelares eram projetados no teto abaulado (cúpula) de uma grande sala. O padrão estelar no planetário podia ser girado lentamente para simular a rotação da Terra. Se o padrão estelar fosse girado a cada noite enquanto as aves jovens amadureciam, elas poderiam se orientar bem no planetário. Mas as aves criadas no planetário sob céu estático moviam-se ao acaso e não orientavam-se em determinada direção. Esses experimentos mostraram que as aves podem aprender a usar os padrões estelares para a orientação.

Os animais não podem usar as bússolas solar e estelar com céu nublado, mas, sob tais condições, eles ainda migram e retornam corretamente para os seus destinos. Os pombos são capazes de voltar para casa tão bem em dias nublados como em dias claros, mas essa habilidade é severamente comprometida se pequenos imãs forem presos às suas cabeças – evidência de que os pombos usam um sentido magnético, embora a neurofisiologia desse sentido seja pouco conhecida. Embora não existam evidências experimentais para essas possibilidades, as aves poderiam também utilizar o plano de polarização da luz, o qual pode fornecer informação direcional mesmo sob pesada cobertura de nuvens e freqüências muito baixas de som, as quais podem fornecer informação sobre o litoral e as cadeias de montanhas.

35.3 RECAPITULAÇÃO

Os ecólogos investigam os fatores que influenciam como os animais escolhem os locais para viver, os alimentos para comer, os parceiros para acasalar e também como eles encontram os seus caminhos em um ambiente mutável. Uma análise custo-benefício ajuda a determinar porque os animais fazem determinadas escolhas.

- Descreva três tipos de custos que um animal pode incorrer ao defender um território. Ver p. 780-781 e Figura 35.8.
- Qual o prognóstico que a hipótese da maximização de energia faz sobre a escolha dos tipos de alimento por um forrageador? Ver p. 781-783 e Figura 35.10.
- Você pode explicar porque machos e fêmeas têm freqüentemente maneiras muito diferentes de escolher um parceiro para o acasalamento? Ver p. 784.
- Descreva algumas maneiras pelas quais os ritmos circadianos e circanuais aumentam o valor adaptativo de um animal. Ver p. 784-786.

Muitos comportamentos discutidos nesta seção são respostas ao ambiente físico, mas respostas a outros animais da mesma ou de diferentes espécies também são importantes aspectos do comportamento animal. Vamos considerar como os indivíduos se comportam em resposta às interações com outros animais e como essas interações influenciam a evolução da comunicação animal.

35.4 Como os animais se comunicam?

Quando os indivíduos interagem, eles transmitem informações; por essa razão, seu comportamento pode evoluir para sistemas de troca de informações ou **comunicação**. O comportamento dos animais pode se tornar elaborado como **exibições** ou **sinais**, se a transmissão de informações beneficia tanto o emissor quanto o receptor. Para entender porque essas condições precisam ocorrer, considere as exibições de corte de um macho (ver Figura 35.13). Uma exibição de corte pode beneficiar um macho se aumentar a sua atratividade para as fêmeas, mas a fêmea não se beneficia em responder a tais exibições a menos que elas possibilitem o acesso a um macho de sua espécie, que seja forte, vigoroso e possua outros atributos que o tornarão bom parceiro e pai. Uma fêmea de veado-vermelho, por exemplo, presta atenção às altas vocalizações dos machos adultos competidores (**Figura 35.18**) porque somente os machos grandes e saudáveis podem sustentá-las. Os machos mais fracos perdem esses concursos de mugidos.

Os animais se comunicam através de vários modos sensoriais. Esses modos diferem tanto na maneira como a comunicação é executada e nas propriedades do sinal, como em relação ao que pode ser comunicado. Vejamos alguns exemplos de modos sensoriais que os animais usam para se comunicar.

Figura 35.18 Machos fortes vencem os concursos de mugidos Os machos fracos do veado-vermelho não conseguem sustentar longas disputas de mugidos, e as fêmeas podem utilizar os resultados destes concursos para julgar a qualidade dos potenciais parceiros reprodutivos.

Os sinais visuais são rápidos e versáteis

Os sinais visuais são fáceis de produzir, existem em uma variedade infinita, podem ser alterados muito rapidamente e indicam claramente a posição do emissor. A maioria dos animais é sensível à luz e pode assim perceber sinais visuais. Contudo, a extrema direcionalidade dos sinais visuais significa que o receptor precisa estar olhando diretamente para o sinalizador.

A comunicação visual não é útil à noite ou em ambientes que careçam de luz, tais como cavernas e profundezas oceânicas. Algumas espécies superaram essa dificuldade através da evolução de mecanismos próprios de emissão de luz. Os vaga-lumes, por exemplo, usam um mecanismo enzimático para criar flashes de luz. Através da emissão de flashes em padrões específicos, os vaga-lumes podem chamar a atenção de seus parceiros sexuais durante a noite.

Os vagalumes também ilustram como alguns animais podem explorar os sistemas de comunicação de outras espécies. Existem vagalumes predadores que imitam os flashes de acasalamento das fêmeas de outras espécies. Quando um pretendente ansioso se aproxima da "fêmea" emissora, ele é devorado. Assim, o logro pode ser parte dos sistemas de comunicação animal, da mesma forma que é parte do uso da linguagem humana.

Os sinais químicos são duráveis

As moléculas utilizadas na comunicação química entre indivíduos da mesma espécie são chamadas de **feromônios**. Devido à diversidade da estrutura de suas moléculas, os feromônios podem comunicar mensagens muito específicas e ricas em informação. O feromônio de atração de parceiro sexual da fêmea da mariposa do bicho-da-seda-japonês, por exemplo, capacita os machos das mariposas que estiverem a vários quilômetros de distância a favor do vento a determinar qual das fêmeas de sua espécie está sexualmente receptiva (ver Figura 51.3). Orientando-se na direção do vento e seguindo o gradiente de concentração do feromônio, um macho poderá encontrá-la.

As mensagens deixadas com feromônio no ambiente por mamíferos que marcam o território com urina ou outra secreção podem revelar uma grande quantidade de informações sobre o sinalizador: espécie, identidade individual, estado reprodutivo, tamanho (indicado pela altura da mensagem no substrato marcado) e quão recentemente o animal esteve na área (indicado pela intensidade do odor).

Os feromônios permanecem no ambiente por algum tempo após serem liberados. Exibições vocais e visuais, por outro lado, desaparecem tão logo o animal pare de realizar a exibição. A durabilidade dos feromônios os torna úteis para a marcação de trilhas (como fazem as formigas), marcação de territórios (como fazem muitos mamíferos) ou para indicar uma localização (como no caso do atrativo sexual das mariposas). No entanto, a durabilidade dos feromônios os torna inadequados para uma rápida troca de informação.

Os sinais auditivos comunicam bem à distância

Comparada à comunicação visual, a comunicação auditiva tem vantagens e desvantagens. Como está implícito na expressão "Uma imagem vale mil palavras", os sinais auditivos não podem fornecer informação complexa tão rapidamente quanto os sinais visuais. Mas os sinais auditivos podem ser usados à noite e em ambientes escuros. Eles também podem desviar de objetos que interfeririam com os sinais visuais e podem ser transmitidos em ambientes complexos como as florestas. Eles são freqüentemente melhores do que os sinais visuais para chamar a atenção de um receptor porque este não precisa estar focado no emissor para receber a mensagem. Os sons também são úteis para a comunicação a longas distâncias. Ainda que a intensidade do som diminua com a distância a partir da fonte, sons altos podem ser usados para comunicar a distâncias muito maiores do que seria possível com os sinais visuais.

Os complexos cantos das baleias-jubarte, quando produzidos a uma profundidade de cerca de 1.000 m, podem ser ouvidos a centenas de quilômetros de distância. Dessa maneira, as baleias-jubarte localizam umas às outras em áreas de oceano muito vastas.

Os sinais táteis podem comunicar mensagens complexas

A comunicação pelo tato é comum, embora nem sempre óbvia. Os animais em contato íntimo usam interações táteis extensivamente, especialmente sob condições onde é difícil a comunicação visual. O caso mais bem estudado de comunicação tátil é a dança das abelhas melíferas, inicialmente descrita por Karl von Frisch. Quando uma abelha forrageadora encontra alimento, ela retorna à colméia e comunica a descoberta às outras operárias através de uma dança realizada no escuro sobre a superfície vertical do favo. As outras abelhas seguem e tocam a dançarina para interpretar a mensagem.

Se a fonte de alimento que a forrageadora encontrou estiver a uma distância maior que 80 metros da colméia, a abelha executa uma *dança das abelhas* (**Figura 35.19**), a qual fornece informação sobre a distância e a direção da fonte alimentar. A abelha forrageadora traça, repetidamente, um padrão de figura em oito à medida que corre sobre o favo. Ela alterna meio-círculos para a esquerda e para a direita com balanços vigorosos de seu abdômen no trecho curto e reto entre as voltas. O ângulo do trecho de corrida reto indica a direção da fonte alimentar em relação à direção do sol. A velocidade da dança indica a distância a ser percorrida até a fonte alimentar: quanto mais longe estiver, mais lentos serão os balanços.

Se o alimento que ela encontrou estiver a menos de 80 metros de distância da colméia, a forrageadora executa uma *dança circular*, andando rapidamente em círculo e revertendo a direção após cada circunferência. O odor em seu corpo e a dança circular combinam informações químicas e táteis: o odor indica a flor a ser procurada e a dança comunica o fato de que a fonte de alimento está a menos de 80 metros da colméia.

Os sinais elétricos podem transmitir mensagens em águas escuras

Algumas espécies de peixes geram campos elétricos na água ao redor por meio da emissão de uma série de pulsos elétricos. Essas seqüências de pulsos podem ser usadas para perceber objetos nas imediações do indivíduo e para a comunicação.

Por exemplo, cada indivíduo do peixe-faca-de-vidro (*glass knife fish*) emite pulsos em diferentes freqüências, relacionadas ao *status* do indivíduo na população. Os machos emitem freqüências mais baixas que as fêmeas; o macho mais dominante emite a freqüência mais baixa, e a fêmea mais dominante, a freqüência mais alta. Quando um novo indivíduo é introduzido no grupo, os outros indivíduos ajustam suas freqüências de maneira a não ocorrerem sobreposições com o recém-chegado e o sinal do novo indivíduo indica sua posição na hierarquia. No seu ambiente natural – as águas escuras das florestas tropicais – esses peixes podem determinar a identidade, o sexo e a posição social de outro peixe por meio de sinais elétricos. Eles também podem localizar presas pelas distorções que elas provocam em seu campo elétrico.

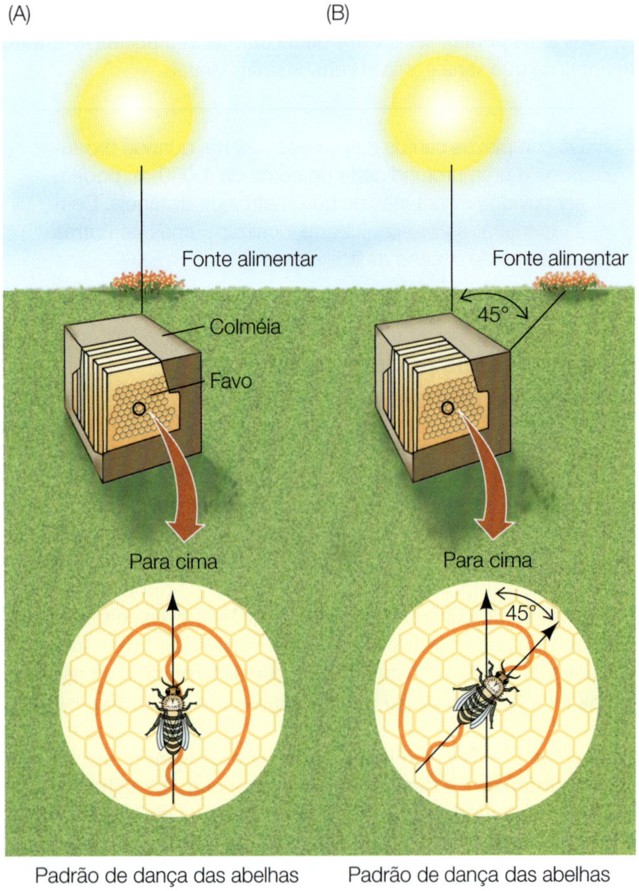

(A)
(B)
Fonte alimentar
Fonte alimentar
45°
Colméia
Favo
Para cima
Para cima
45°
Padrão de dança das abelhas
Padrão de dança das abelhas

Figura 35.19 A dança da abelha melífera (A) Uma abelha melífera corre para cima em linha reta sobre a superfície do favo na colméia escura enquanto balança o abdômen para informar outras operárias que existe uma fonte alimentar na direção do sol. (B) Quando suas corridas balançadas estão inclinadas em determinado ângulo com relação à vertical, as outras abelhas sabem que o mesmo ângulo separa a direção da fonte alimentar em relação à direção do sol.

35.4 RECAPITULAÇÃO

O desenvolvimento de um sistema de comunicação somente ocorre se tanto o emissor quanto o receptor forem beneficiados pela informação proporcionada pelo sinal.

- Quais as vantagens e desvantagens dos sinais visuais e químicos com relação à transferência de informação? Ver p. 789.
- Você entende como a "dança" das abelhas melíferas comunica a localização de uma boa fonte de alimento? Ver p. 789 e Figura 35.19.

O uso de sinais na comunicação permite aos animais funcionar não apenas individualmente, mas também como parte de um casal ou de um grupo maior. Muitos animais precisam se associar a outro para reproduzir, mas alguns formam grupos que permanecem juntos por longos períodos, eventualmente evoluindo para sociedades complexas. Por que os animais formam tais associações?

35.5 Por que a sociabilidade evoluiu em alguns animais?

O comportamento social evolui quando, através da cooperação, indivíduos coespecíficos alcançam, em média, taxas mais altas de sobrevivência e reprodução do que atingiriam se vivessem sozinhos. As elaboradas colônias de formigas, abelhas e vespas e os grupos sociais de leões e primatas são exemplos de sistemas sociais complexos. Como essas complexas sociedades animais evoluíram? Como o comportamento deixa poucos vestígios nos registros fósseis, os biólogos precisam inferir as possíveis rotas para a evolução dos sistemas sociais através do estudo dos padrões atuais de organização social. Felizmente, vários níveis de complexidade do sistema social existem entre as espécies atuais; os sistemas mais simples sugerem os estágios através dos quais passaram os sistemas mais complexos.

Como descreveremos somente poucos sistemas sociais, tenha em mente que eles são dinâmicos; os indivíduos repetidamente se comunicam e ajustam as suas relações. As relações mudam regularmente porque os custos e benefícios experimentados pelos indivíduos em um sistema social se alteram com a idade, sexo, condição fisiológica e status.

Tenha em mente, também, que os sistemas sociais não são melhor compreendidos perguntando como eles beneficiam a espécie como um todo, mas sim questionando como os indivíduos que se associam são beneficiados. Todos os indivíduos devem se beneficiar de alguma maneira por fazer parte de um grupo; de outra forma, eles o abandonariam. A opção por uma vida solitária pode conferir poucos benefícios, mas, nestes casos, pode ser melhor do que viver em um grupo social que não oferece qualquer benefício ou que impõe altos custos.

A vida em grupo confere benefícios e, também, impõe custos

A vida em grupo pode conferir muitos tipos de benefícios. Ela pode melhorar o sucesso na caça ou expandir o conjunto de alimentos que podem ser capturados. Por exemplo, ao caçar em grupos, nossos ancestrais foram capazes de matar grandes mamíferos que não poderiam ser subjugados por um único indivíduo. Estes seres humanos sociais também podiam defender-se e defender suas presas de outros carnívoros, e eles podiam contar uns para os outros sobre a localização de alimentos e inimigos.

Muitas aves pequenas forrageiam em bandos. Para testar se a formação de bandos fornece proteção contra predadores, um pesquisador soltou um gavião (*Accipiter gentilis*) próximo a uma espécie de pombos (*wood pigeons*) na Inglaterra. O gavião teve maior sucesso quando atacou pombos solitários. Seu sucesso na captura de pombos diminuiu à medida que o número de pombos aumentou no bando (**Figura 35.20**). Quanto maior o tamanho do bando, mais cedo algum indivíduo avistava o gavião e voava para longe. Esse comportamento de escape estimulava também outros indivíduos do bando a alçarem vôo.

O comportamento social, no entanto, apresenta muitos custos, além dos benefícios. Os pombos de um bando interferem na habilidade dos outros de encontrar sementes. Indivíduos sociais também podem inibir a reprodução ou machucar os filhotes de outros. Um custo quase universal associado com a vida em grupo é a maior exposição a doenças e parasitos. Muito antes das causas das doenças humanas serem conhecidas, as pessoas sabiam que o contato com doentes aumentava as chances de contrair a doença. A quarentena tem sido usada para combater a disseminação de doenças ao longo de toda a história que se tem registro. As doen-

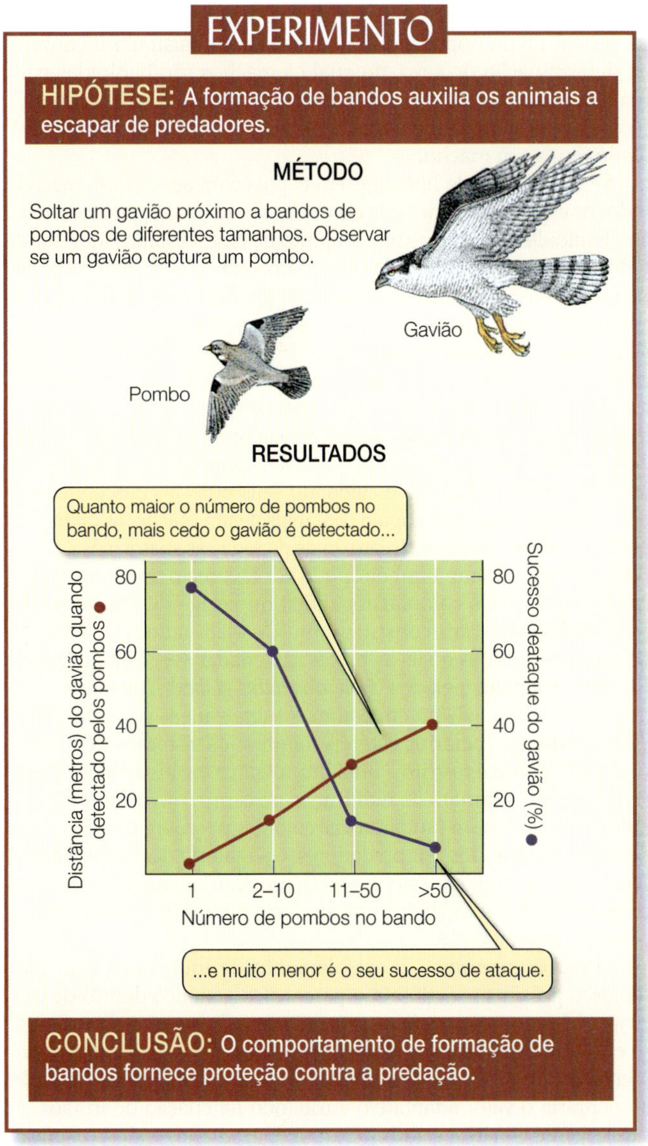
EXPERIMENTO
HIPÓTESE: A formação de bandos auxilia os animais a escapar de predadores.
MÉTODO
Soltar um gavião próximo a bandos de pombos de diferentes tamanhos. Observar se um gavião captura um pombo.
Gavião
Pombo
RESULTADOS
Quanto maior o número de pombos no bando, mais cedo o gavião é detectado...
Distância (metros) do gavião quando detectado pelos pombos ●
80
60
40
20
Sucesso deataque do gavião (%) ●
1
2–10
11–50
>50
Número de pombos no bando
...e muito menor é o seu sucesso de ataque.
CONCLUSÃO: O comportamento de formação de bandos fornece proteção contra a predação.

Figura 35.20 Os grupos fornecem proteção contra os predadores Quanto maior o bando de pombos, maior é a distância na qual eles detectam a aproximação do gavião e menor é a probabilidade do gavião ter sucesso na captura de um pombo.

ças dos animais selvagens não são bem compreendidas, mas muitas delas também são disseminadas por contato íntimo.

O cuidado parental pode evoluir para sistemas sociais mais complexos

A forma de sistema social mais difundida é a associação de um ou mais pais com sua prole de imaturos dependentes. Algumas unidades familiares incluem mais indivíduos adultos, normalmente os filhos mais velhos que permanecem com os pais e ajudam a cuidar dos irmãos mais jovens. Os gaios-da-Flórida, por exemplo, vivem o ano inteiro em territórios contendo um casal e até seis ajudantes que trazem alimento para o ninho. Praticamente todos os ajudantes são filhos da época reprodutiva anterior que permanecem com os pais.

Muitas espécies de mamíferos também desenvolveram sistemas sociais baseados em famílias ampliadas ou estendidas (*extended families*). Em sistemas sociais simples de mamíferos, fêmeas solitárias ou casais cuidam da prole. No momento em que o período de cuidado parental aumenta, a prole mais velha poderá ainda estar presente no nascimento da próxima geração e, freqüentemente, ajuda a cuidar dos irmãos mais novos. Na maioria das espécies de mamíferos sociais, as fêmeas permanecem no grupo em que nasceram, mas os machos tendem a abandoná-lo ou são forçados a sair. Portanto, a maioria dos ajudantes entre os mamíferos é composta por fêmeas. Em alguns casos, essas fêmeas aparentadas permanecem na unidade mesmo quando começam a ter os próprios filhotes. Entre os leões, por exemplo, as fêmeas de um grupo são aparentadas e cuidam dos filhotes umas das outras, enquanto os machos externos competem para ganhar os grupos e acasalar com elas.

O cuidado com a prole envolve um enorme custo para os pais e seus ajudantes. Os animais que fornecem alimento para os filhotes podem sacrificar o próprio alimento e protegê-los pode colocar a sua vida em perigo. É fácil entender como a seleção natural favoreceu o cuidado parental apesar dos seus custos quando o benefício é a sobrevivência da prole do próprio animal. Mas a seleção natural pode favorecer ações **altruístas** – comportamentos que reduzem as chances reprodutivas dos ajudantes, mas aumentam o valor adaptativo do indivíduo auxiliado. Por quê?

O altruísmo pode evoluir por meio de sua contribuição ao valor adaptativo inclusivo de um animal

Os comportamentos de ajuda exibidos pelos pais com relação à prole são facilmente compreendidos, pois eles apresentam relação genética próxima. A descendência de um animal contribui com o seu **valor adaptativo individual**. No entanto, o parentesco genético se estende além da relação pais-prole. Nos seres vivos diplóides, dois filhotes dos mesmos pais compartilham, em média, 50% dos mesmos alelos; um indivíduo compartilha, provavelmente, 25% dos alelos com seus netos. Portanto, um indivíduo pode aumentar a representatividade de alguns dos seus próprios alelos na população ao ajudar seus parentes. Juntos, o valor adaptativo individual mais o valor adaptativo adquirido pelo aumento no sucesso reprodutivo de um parente não-descendente determinam o **valor adaptativo inclusivo** de um indivíduo. Atos altruístas ocasionais podem, eventualmente, evoluir em padrões de comportamento altruísta se os benefícios (em termos de valor adaptativo inclusivo) excederem os custos (em termos de decréscimo no sucesso reprodutivo do próprio altruísta).

Muitos grupos sociais consistem em alguns indivíduos parentes próximos e outros não-aparentados ou parentes distantes. Os indivíduos de algumas espécies reconhecem os parentes e ajustam os comportamentos de acordo. Os abelheiros (*Merops* sp.) são aves africanas que nidificam em colônias. A maioria dos casais reprodutores é auxiliada por adultos não-reprodutores que ajudam a incubar os ovos e a alimentar os ninhegos. Quase todos os ajudantes auxiliam os parentes próximos (**Figura 35.21**). Quando os ajudantes podem escolher entre dois ninhos para auxiliar, em cerca de 95% dos casos eles escolhem aqueles onde os filhotes são parentes mais próximos. Os indivíduos aumentam o seu valor adaptativo inclusivo através da ajuda, pois os ninhos com ajudantes produzem mais filhotes prontos para o vôo do que os outros ninhos. Os ajudantes também aumentam as chances de herdar o território onde está o ninho após a morte dos proprietários.

Espécies cujos grupos sociais incluem indivíduos estéreis são chamadas de **eussociais**. Essa forma extrema de comportamento social evoluiu em cupins e muitos himenópteros (formigas, abelhas e vespas). Nessas espécies, a maioria das fêmeas é *operária*

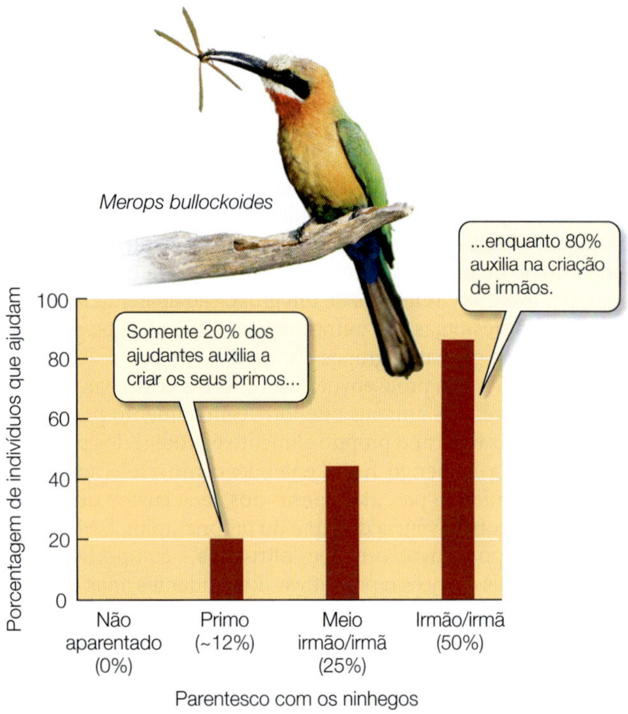

Merops bullockoides
...enquanto 80% auxilia na criação de irmãos.
Somente 20% dos ajudantes auxilia a criar os seus primos...
Porcentagem de indivíduos que ajudam
100
80
60
40
20
0
Não aparentado (0%)
Primo (~12%)
Meio irmão/irmã (25%)
Irmão/irmã (50%)
Parentesco com os ninhegos

Figura 35.21 Os abelheiros ("white-fronted bee-eaters") são altruístas discriminadores Os abelheiros ajudam a criar a prole, preferencialmente, dos parentes mais próximos. O eixo do parentesco apresenta a porcentagem aproximada dos alelos que seriam idênticos entre os parentes. Como alguns indivíduos auxiliam mais de um ninho, a soma das porcentagens é maior do que 100%.

não-reprodutiva que forrageia para a colônia e defende o grupo contra predadores. Entre as operárias podem existir *soldados* com grandes armas de defesa especializadas (**Figura 35.22**). Esses soldados podem ser mortos durante a defesa da colônia. Somente poucas fêmeas, conhecidas como *rainhas*, são férteis; elas produzem toda a descendência da colônia.

Fatores genéticos e ambientais podem facilitar a evolução da eussocialidade. O evolucionista inglês W. D. Hamilton foi o primeiro a sugerir que a eussocialidade evoluiu entre os membros da ordem Hymenoptera porque eles têm um sistema incomum de determinação do sexo, no qual os machos são haplóides e as fêmeas, diplóides. Entre os himenópteros, um ovo fertilizado (diplóide) dá origem a uma fêmea; um ovo não fertilizado (haplóide) dá origem a um macho.

Eciton hamatum

Figura 35.22 Os indivíduos estéreis são o extremo do altruísmo Espécies de insetos eussociais contêm castas de indivíduos operários estéreis. O exército de soldados de uma espécie de formiga da Costa Rica protege os seus companheiros de colônia com suas mandíbulas grandes e fortes.

Se uma fêmea de himenóptero copula com apenas um macho, todos os espermatozóides que ela recebe são idênticos, porque o macho haplóide tem apenas um conjunto de cromossomos, que serão todos transmitidos para cada espermatozóide. Nesse caso, as filhas de uma fêmea compartilham todos os genes do pai. Elas também compartilham, em média, metade dos genes recebidos da mãe. Conseqüentemente, elas compartilham 75% dos seus alelos, em média, ao invés dos 50% que compartilhariam se ambos os progenitores fossem diplóides. Já que as operárias são geneticamente mais semelhantes a suas irmãs do que seriam de sua própria prole, elas podem potencialmente aumentar mais o seu valor adaptativo cuidando das irmãs do que produzindo e cuidando seus próprios descendentes. Se, no entanto, a rainha copula com mais de um macho, as operárias podem não ser parentes tão próximas de todas as suas irmãs.

A eussocialidade também pode ser favorecida se o estabelecimento de novas colônias for difícil ou perigoso. Quase todos os animais eussociais constroem ninhos elaborados ou sistemas de tocas dentro das quais as proles são criadas (ver Figura 35.24). Os ratos-toupeira-pelados (*Heterocephalus glaber*) – os mamíferos mais eussociais – vivem em colônias subterrâneas contendo 70 a 80 indivíduos. Operários estéreis mantêm os sistemas de túneis. O acasalamento é restrito a uma única fêmea e vários machos que vivem em uma câmara de nidificação no centro da colônia. Os indivíduos que tentam fundar novas colônias possuem um alto risco de serem capturados por predadores, e a maioria das tentativas de fundação não tem sucesso. Essas circunstâncias que favorecem a cooperação entre indivíduos fundadores podem facilitar a evolução da eussocialidade.

O *endocruzamento* – o acasalamento de indivíduos com parentesco próximo – aumenta o parentesco genético dentro de um grupo. Mesmo no caso de os progenitores não serem aparentados, se cada um deles for o produto de gerações de intenso endocruzamento, toda a prole pode ser geneticamente quase idêntica. Tal prole aumentaria o valor adaptativo auxiliando na criação de irmãos. A similaridade genética gerada pelo endocruzamento poderia explicar a evolução da eussocialidade entre as muitas espécies de himenópteros cujas rainhas acasalam com muitos machos e entre os cupins e os ratos-toupeira-pelados em que ambos os sexos são diplóides.

35.5 RECAPITULAÇÃO

O comportamento social evolui quando os benefícios da vida em grupo ultrapassam os custos. Os sistemas sociais mais complexos surgiram a partir de famílias estendidas.

- Como o parentesco genético entre os membros de um grupo influencia a evolução de comportamentos altruístas? Ver p. 791 e Figura 35.21.
- Por que a eussocialidade é particularmente comum entre os himenópteros? Ver p. 792.

Os animais com sistemas sociais complexos freqüentemente alcançam populações muito densas. Por quê? Na próxima seção veremos como a interação entre os animais influencia os habitats e alimentos utilizados na natureza, as espécies com as quais eles convivem e a sua abundância.

35.6 Como o comportamento influencia as populações e as comunidades?

Os indivíduos utilizam os comportamentos descritos neste capítulo para executar as atividades necessárias para crescer, reproduzir e evitar tornarem-se alimento de outros animais. Esses comportamentos têm evoluído principalmente porque fornecem benefícios para os indivíduos que os realizam. Além disso, as maneiras pelas quais os animais tomam decisões sobre os seus habitats, alimentos e parceiros influenciam a estrutura e o funcionamento de populações, comunidades e ecossistemas.

A seleção de habitat e de alimento influencia a distribuição dos seres vivos

Embora os animais se estabeleçam preferencialmente em bons habitats, os indivíduos residentes nestes locais podem impedir a sua utilização por novos indivíduos. Se as densidades populacionais são altas, muitos indivíduos de uma espécie podem ser forçados a ocupar habitats de menor qualidade. E se os residentes anteriores não excluem os recém-chegados, suas atividades podem baixar a qualidade dos melhores habitats.

O comportamento de forrageio pode influenciar de várias maneiras a dinâmica populacional. Alguns animais amortecem as flutuações na disponibilidade de alimentos através da estocagem. Os recursos energéticos obtidos com o alimento podem ser guardados dentro do corpo do animal; os animais normalmente os estocam em forma de gordura e as plantas em forma de amido. Em ambientes frios e áridos, onde os alimentos não se decompõem facilmente, os animais podem estocar grandes quantidades de alimento fora do corpo (**Figura 35.23**). Alguns tipos de alimentos, particularmente sementes, esporos, madeira, fungos, folhas e néctar, são estocados mais facilmente do que outros porque apresentam baixa quantidade de umidade e porque podem ser secos antes da estocagem. O armazenamento de comida permite aos animais viver em ambientes onde o alimento poderia não estar disponível em todas as estações.

A maneira pela qual os animais selecionam o alimento pode influenciar a composição das espécies e a abundância das suas presas. Por exemplo, os peixes influenciam a composição das comunidades de pequenos animais planctônicos em lagos através da captura e ingestão seletiva dos maiores indivíduos (como vimos na Figura 35.10). Se os peixes predadores estão ausentes, o plâncton de maior tamanho sobrepõe o menor; conseqüentemente, espécies planctônicas grandes dominam os lagos com menos peixes, mas espécies planctônicas pequenas dominam os lagos onde existem peixes planctívoros.

A territorialidade influencia a estrutura da comunidade

Os indivíduos das espécies mais territoriais defendem os seus territórios apenas contra outros indivíduos da mesma espécie, mas alguns animais também se beneficiam defendendo seu território de indivíduos de outras espécies. Normalmente, o vencedor de uma disputa territorial interespecífica é a espécie com maior tamanho corporal. Como os indivíduos das espécies maiores precisam armazenar energia a uma taxa mais alta do que aqueles de espécies pequenas, os indivíduos das espécies dominantes podem ser capazes de sobreviver e reproduzir somente em habitats com alta produtividade. Se as espécies dominantes impedem as espécies subordinadas de viver nestes habitats, conclui-se que as espécies subordinadas ocupariam estes habitats se os indivíduos dominantes fossem removidos. A remoção das espécies subordinadas, por outro lado, teria pouco efeito na distribuição das espécies dominantes.

Stuart Pimm e Michael Rosenzweig testaram essa hipótese com beija-flores no sul do Arizona. Eles criaram canteiros artificiais de flores estabelecendo uma quantidade de alimentadores. Alguns alimentadores continham néctar artificial rico em sacarose. Outros continham a solução mais diluída de sacarose. Os beija-flores-de-garganta-azulada machos, que pesavam em média 8,3 gramas, dominavam os machos do beija-flor-de-papo-preto, que pesavam somente 3,2 gramas. Quando os machos de garganta-azulada estavam ausentes, os machos papo-preto utilizavam quase exclusivamente os alimentadores ricos. Mas quando os machos de garganta-azulada estavam presentes, os de papo-preto alimentavam-se mais nos alimentadores de baixa qualidade. Os de papo-preto eram capazes de manter o seu peso utilizando os alimentadores de baixa qualidade, mas os de garganta-azulada não.

Melanerpes formicivorus

Figura 35.23 Estocando energia para uma estação ruim Pica-paus (*acorn woodpeckers*) fazem buracos em árvores mortas onde armazenam frutos que os sustentam durante longas estações secas ou frias. As aves podem formar grupos sociais de nidificação, cujos membros defenderão sua árvore de provisões contra potenciais "ladrões".

Os animais sociais podem atingir altas densidades populacionais

As densidades populacionais alcançadas por alguns animais sociais são impressionantes. Por exemplo, mais de 94% dos indivíduos e 86% da biomassa dos artrópodes do dossel das florestas tropicais são formigas eussociais. Os cupins (também insetos eussociais) são os consumidores primários de tecidos vegetais nas savanas da África e Austrália. Eles constroem e vivem em grandes cupinzeiros, nos quais vivem muitas outras espécies de animais (**Figura 35.24**). Em partes da Austrália, a densidade de cupins pode atingir 1.000 colônias por hectare.

As formigas e os cupins atingem essa abundância impressionante em parte porque as suas organizações sociais lhes permitem explorar os serviços de armazenamento de recursos vitais de outros seres vivos. Os cupins e formigas mais produtivos e abundantes cultivam ativamente fungos que decompõem os tecidos vegetais difíceis de digerir, incluindo a madeira. Algumas formigas protegem afídeos e outros insetos que sugam o floema das plantas. O floema é rico em carboidratos, mas pobre em proteínas. Assim, os sugadores de floema ingerem mais carboidratos do que podem utilizar e expelem o excesso na forma de gotas anais ricas em açúcar (ver Figura 41.13), as quais são ingeridas pelas formigas. Como as formigas podem facilmente obter carboidratos suficientes pelas gotas anais, elas apenas precisam obter proteína de outra maneira, por exemplo, por meio da ingestão de outros insetos. No entanto, com suas altas taxas metabólicas abastecidas pelo fácil acesso aos carboidratos, as formigas podem gastar a energia necessária para expulsar outros insetos predadores da sua fonte de alimento. Dessa forma, as formigas influenciam fortemente a comunidade de insetos do dossel das florestas tropicais.

Figura 35.24 Os cupinzeiros são grandes e complexos Estes imensos cupinzeiros australianos são construídos durante muitos anos por milhares de cupins operários. Ninhos ou tocas elaboradas, que são dispendiosos para construir e manter, caracterizam quase todos os animais eussociais.

As densidades populacionais atingidas pela nossa própria espécie servem como impressionante lembrete das conseqüências do comportamento social (**Figura 35.25**). A vida em sociedade permitiu aos membros dos grupos humanos se especializarem em diferentes atividades. Entre os benefícios da especialização estavam a domesticação de plantas e animais e o cultivo da terra. Essas inovações permitiram aos nossos ancestrais o aumento drástico dos recursos disponíveis. Estes aumentos, por sua vez, estimularam um rápido crescimento populacional até o limite determinado pela produtividade agrícola que foi possível com a utilização de ferramentas de tração humana e animal. As máquinas agrícolas e os fertilizantes artificiais, graças à utilização de combustíveis fósseis, aumentaram muito a produtividade agrícola e removeram o limite imposto anteriormente. Além disso, o desenvolvimento da medicina moderna reduziu a taxa de mortalidade. Os remédios e as melhores condições de higiene têm permitido às pessoas viver em grande número em áreas onde anteriormente as doenças não permitiam o crescimento populacional. No entanto, estes sucessos são acompanhados por muitos problemas ambientais e sociais, alguns dos quais discutiremos nos próximos capítulos.

35.6 RECAPITULAÇÃO

A maneira como os indivíduos escolhem os seus habitats e alimentos influencia as suas interações intra- e interespecíficas. Os animais sociais podem atingir grandes densidades populacionais e podem, dessa forma, ter influência importante nas comunidades e nos ecossistemas.

- Como o comportamento de forrageio permite aos animais viverem em ambiente com flutuações no suprimento alimentar? Ver p. 793.
- Você pode explicar porque os animais altamente sociais freqüentemente atingem altas densidades populacionais? Ver p. 793-794.

Figura 35.25 A organização social permite aos humanos viver em altas densidades Cidades densamente povoadas, como Benidorm em Costa Blanca, Espanha, servem como exemplo de como a organização social permite à nossa espécie atingir e sustentar densidades populacionais extremas.

As observações do comportamento animal nos mostram que a forma como os animais escolhem o que comer, onde procurar o alimento e com quem se associar influenciam os tamanhos e distribuições das populações de muitas espécies e como elas interagem na natureza. Esses aspectos das populações serão o enfoque do próximo capítulo.

RESUMO DO CAPÍTULO

35.1 Quais as perguntas que os biólogos fazem sobre o comportamento animal?

Os cientistas que estudam o comportamento descrevem o que eles observam e então tentam responder questões próximas e básicas sobre esse comportamento.

35.2 Como os genes e o ambiente interagem para moldar o comportamento?

Os animais realizam muitos comportamentos estereotipados e específicos sem experiência anterior.

Em experimentos de privação um animal é privado de todas as experiências relevantes para a execução de um comportamento a ser estudado, permitindo assim que o componente genético do mesmo seja acessado.

Em um experimento genético, os pesquisadores são capazes de comparar os comportamentos de indivíduos que diferem em somente um ou poucos genes conhecidos. Rever Figura 35.2.

Os comportamentos herdados são freqüentemente provocados por um simples estímulo chamado **liberador**. Tal comportamento é adaptativo quando faltam oportunidades de aprendizado e quando os erros são dispendiosos ou, até mesmo, letais.

A **estampagem** é um tipo de aprendizado que ocorre durante um **período crítico** do desenvolvimento de um animal.

A habilidade para aprender requer mecanismos próximos cuja construção exige informação genética. Rever Figura 35.5.

Os hormônios podem influenciar o desenvolvimento e a expressão dos padrões de comportamento. Rever Figura 35.6.

35.3 Como as respostas comportamentais ao ambiente influenciam o valor adaptativo?

As dicas que a maioria dos seres vivos utiliza para selecionar hábitats adequados são boas preditoras da probabilidade de sobrevivência futura nestes hábitats.

Os animais podem estabelecer e defender um **território**, dando a eles mesmos o uso exclusivo daquele espaço.

Uma **abordagem custo-benefício** analisa os custos totais de qualquer comportamento em termos de **risco energético** e **custos de oportunidade**. Rever Figura 35.8.

A **teoria do forrageio** ajuda os ecólogos a entender o valor das escolhas de alimento para a sobrevivência dos animais. Quando selecionam alimentos, os animais freqüentemente funcionam como maximizadores de energia. Rever Figura 35.10.

Os indivíduos de todas as espécies que se reproduzem sexuadamente escolhem os seus companheiros para a reprodução baseados em qualidades inerentes do potencial parceiro, nos recursos que ele controla ou em uma combinação de ambos.

Os ritmos circadianos permitem aos animais antecipar variações diárias no ambiente. Os fotoperíodos e os ritmos circanuais os capacitam a antecipar variações sazonais. Rever Figura 35.14.

A **pilotagem** envolve a orientação por meio de marcos de referência; o **retorno ao lar** é a habilidade de regressar para casa independentemente da sua distância. A **migração** freqüentemente requer orientação ou navegação por longas distâncias.

Os humanos utilizam tanto a navegação de distância e direção quanto a navegação por duas coordenadas. Não se sabe se os animais podem utilizar técnicas de navegação por duas coordenadas, mas eles utilizam o sol e as estrelas para determinar a direção. Rever Figura 35.17.

35.4 Como os animais se comunicam?

As interações entre os indivíduos podem evoluir para **sistemas de comunicação** se a transmissão da informação por **exibições** ou **sinais** beneficiar tanto o sinalizador quanto o receptor.

Os animais se comunicam com a ajuda de diferentes sentidos, os quais diferem em suas propriedades e naquilo que pode ser transmitido pelo seu uso.

Os sinais visuais podem transmitir rapidamente informações complexas. Os sinais químicos, como os **feromônios**, podem transmitir informações complexas que podem durar por um longo período. Os sinais auditivos podem transmitir informações a longas distâncias em hábitats complexos. Os sinais táteis e elétricos podem transmitir as informações rapidamente onde outros tipos de sinais não podem ser utilizados.

35.5 Por que a sociabilidade evoluiu em alguns animais?

A vida em grupo inevitavelmente impõe benefícios e custos. O comportamento social evolui quando a cooperação entre coespecíficos resulta em taxas mais altas de sobrevivência e reprodução do que aquelas apresentadas por indivíduos solitários. Rever Figura 35.20.

Os sistemas sociais mais simples consistem em um ou dois pais com os seus filhotes imaturos e dependentes. Outros sistemas sociais incluem membros de famílias estendidas.

O sucesso reprodutivo de um animal contribui para o seu **valor adaptativo individual**. O sucesso reprodutivo de parentes próximos, com os quais ele compartilha alelos, contribui para o seu **valor adaptativo inclusivo**. Um animal que exibe comportamento altruístico reduz o seu próprio sucesso reprodutivo, mas pode melhorar o seu valor adaptativo inclusivo pelo aumento do valor adaptativo dos seus parentes. Rever Figura 35.21.

As espécies **eussociais** vivem em grupos que incluem indivíduos estéreis que auxiliam na reprodução dos parentes próximos.

35.6 Como o comportamento influencia as populações e as comunidades?

As formas como os animais selecionam os habitats e o alimento e interagem com os indivíduos de sua própria espécie e de outras espécies podem influenciar a variedade de habitats e alimentos que a espécie utiliza na natureza, quais espécies vivem juntas e quais as suas abundâncias.

Os animais com sistemas sociais complexos freqüentemente atingem densidades populacionais bastante altas.

QUESTÕES

1. Em um experimento de privação, os animais jovens são criados
   a. apenas com indivíduos jovens e ingênuos da própria espécie.
   b. com coespecíficos de todas as idades, mas em ambiente limitado.
   c. de maneira que não tenham experiência relevante em relação ao comportamento estudado.
   d. em um ambiente com falta de condições que os estimulariam a executar o comportamento.
   e. sob condições de privação de alimento.
2. Qual das respostas não é um componente dos custos para a execução de um comportamento?
   a. Seu custo energético.
   b. O risco de ser ferido.
   c. Seu custo de oportunidade.
   d. O risco de ser atacado por um predador.
   e. Seu custo de informação.
3. As aves que migram durante a noite
   a. herdam um mapa estelar.
   b. determinam a direção através do conhecimento da hora e posição no céu de uma constelação.
   c. se orientam através de um ponto específico no céu.
   d. se orientam através de uma ou mais constelações chaves.
   e. determinam a distância, mas não a direção, pelas estrelas.
4. Se uma ave é treinada para procurar alimento do lado oeste de uma gaiola exposta ao céu, e depois seu ritmo circadiano é atrasado em 6 horas e ela é colocada novamente na gaiola ao meio dia do tempo real, a ave procurará alimento no lado
   a. norte.
   b. sul.
   c. leste.
   d. oeste.
5. Para ser capaz de pilotar um animal precisa
   a. ter uma bússola solar com compensação de tempo.
   b. se orientar por um ponto fixo no céu noturno.
   c. conhecer a distância entre dois pontos.
   d. conhecer marcos de referência.
   e. conhecer a sua latitude e longitude.
6. Qual das afirmativas sobre comunicação a seguir é verdadeira?
   a. As informações complexas podem ser adquiridas mais rapidamente através de feromônios.
   b. A sinalização visual é vantajosa em ambientes complexos.
   c. A comunicação auditiva sempre revela a localização do sinalizador.
   d. Uma vantagem dos feromônios é que a mensagem pode persistir através do tempo.
   e. A dança das abelhas é um exemplo de sinalização visual.
7. Um custo comumente associado com a vida em grupo é
   a. o aumento do risco de predação.
   b. a interferência com o forrageio.
   c. a maior exposição a doenças e parasitos.
   d. o pior acesso a companheiros para o acasalamento.
   e. todas as alternativas anteriores.
8. A escolha de um parceiro para reprodução deve estar baseada
   a. nas qualidades inerentes do potencial parceiro.
   b. nos recursos mantidos pelo potencial parceiro.
   c. nas qualidades inerentes e nos recursos mantidos pelo potencial parceiro.
   d. na exibição de corte do potencial parceiro.
   e. todas as alternativas anteriores.
9. O comportamento altruísta
   a. é benéfico para quem o executa pela imposição de algum custo para alguns outros indivíduos.
   b. é benéfico tanto para quem o executa quanto para alguns outros indivíduos.
   c. impõe um custo tanto para o executor quanto para alguns outros indivíduos.
   d. é benéfico para um indivíduo que não os filhotes do executor, com algum custo para quem o executa.
   e. impõe um custo para o executor sem beneficiar qualquer outro indivíduo.
10. Um animal é eussocial se
    a. os membros do grupo interagem muito intensivamente.
    b. alguns membros do grupo produzem muito mais descendentes do que outros.
    c. existe uma hierarquia de dominância entre os membros do grupo.
    d. os indivíduos jovens permanecem no grupo para ajudar os seus pais a cuidar dos seus filhotes.
    e. o grupo social contém indivíduos estéreis.

PARA DISCUSSÃO

1. Os chopins são parasitos de ninhadas. Uma fêmea de chopim deposita seus ovos no ninho de outras espécies de aves, as quais, então, incubam os ovos e criam os filhotes. O que você acha que caracterizaria a aquisição do canto nos chopins? Em dada área, os chopins tendem a parasitar os ninhos de determinada espécie de ave. Como você acha que as fêmeas de chopim aprendem este comportamento? Como você testaria sua hipótese?
2. Os cães machos levantam um membro traseiro quando urinam; as cadelas se agacham. Se um cachorrinho macho recebe uma injeção de estrógeno quando é recém-nascido, ele nunca levantará sua perna para urinar pelo resto da vida; ele sempre se agachará. Como este resultado pode ser explicado?
3. A pardela-de-cauda-curta é uma ave que passa o inverno na Antártica e o verão no Ártico. Quais os problemas que essa espécie teria em usar o sol ou as estrelas para navegar? Qual é o meio mais provável que ela usa para encontrar o caminho até os seus locais de alimentação de verão e inverno?
4. A maioria dos gaviões são caçadores solitários. As andorinhas freqüentemente caçam em grupos. Cite algumas explicações plausíveis para essa diferença. Como você poderia testar suas idéias?
5. Entre as aves, os machos das espécies que acasalam com várias fêmeas e executam exibições de corte comuns são normalmente muito maiores e mais coloridos do que as fêmeas, enquanto entre as espécies que formam pares monogâmicos os machos são, geralmente, semelhantes às fêmeas em relação ao tamanho, independente de serem mais coloridos ou não. Qual a hipótese que pode auxiliar a explicar essa diferença?
6. Muitos animais defendem territórios, mas o tamanho desses territórios e os recursos que eles contém variam enormemente. Por que todos os animais não defendem o mesmo tipo e tamanho de território?
7. Entre os vertebrados, os ajudantes são indivíduos capazes de reproduzir e a maioria deles posteriormente o faz. Entre os insetos eussociais, castas estéreis evoluíram várias vezes. Quais diferenças entre vertebrados e insetos poderiam explicar a ausência de castas estéreis nos primeiros?

PARA INVESTIGAÇÃO

Os experimentos sobre migração mostram que os animais podem usar uma bússola solar com compensação de tempo ou a identificação de um ponto fixo no céu noturno como base para a navegação de distância e direção. No entanto, as observações da habilidade para o retorno ao lar de aves marinhas, tais como os albatrozes, indicam que os animais podem ser capazes de navegação verdadeira ou por duas coordenadas. Quais experimentos você faria para provar que os animais apresentam tais habilidades e para testar a hipótese sobre os mecanismos que eles utilizariam? Pelo menos duas hipóteses podem envolver o uso da elevação do sol ou os ângulos das linhas de força magnéticas da Terra como meio para determinar a latitude.

CAPÍTULO 36 Ecologia de Populações

Mariposa exótica controla cacto exótico

No começo da década de 1830, alguém pensou que a espécie de cacto sul-americana *Opuntia stricta* faria uma bonita cobertura terrestre no clima semi-árido da Austrália. O cacto reagiu bem a sua nova casa – em 1925 já tinha coberto mais de 25 milhões de hectares das valiosas pastagens do leste da Austrália.

Em 1926, outra espécie exótica (não-nativa) foi introduzida na Austrália, desta vez para controlar o crescimento da população de *Opuntia*. A lagarta da mariposa *Cactoblastis cactorum* alimenta-se do cacto. Cerca de 2 milhões de ovos desta mariposa, também nativa da América do Sul, foram importados e dispersos entre os espécimes de *Opuntia* na Austrália. A estratégia foi muito bem-sucedida e hoje o número total de indivíduos de cacto e mariposa mostra-se constante e razoavelmente baixo, embora existam muitas oscilações populacionais locais.

A fêmea da mariposa *Cactoblastis* fixa seus ovos em um espinho do cacto. Centenas de lagartas eclodem e alimentam-se juntas no interior dos cactos, que são reduzidos pelas mariposas a uma mistura verde pegajosa. As lagartas de *Cactoblastis* podem destruir completamente pequenas áreas com *Opuntia*, mas novas áreas aparecem em outros locais através da dispersão das sementes pelas aves. Os cactos prosperam na área até uma fêmea da mariposa encontrá-los e depositar uma grande quantidade de ovos. Na Austrália, tanto o cacto quanto a mariposa distribuem-se atualmente como subpopulações espalhadas entre as quais ocasionalmente ocorre a dispersão de indivíduos.

Várias espécies do gênero *Opuntia* nativas das Américas do Norte e do Sul têm sido introduzidas na Europa e África, bem como no Havaí e muitas ilhas do Caribe. Em alguns destes locais, os cactos se tornaram invasores e se introduziu *C. cactoblastis* para o seu controle. A mariposa foi introduzida na ilha caribenha de Nevis, onde controlou com sucesso a invasão da espécie exótica de *Opuntia*, mas também destruiu algumas espécies nativas de cacto. A mariposa atingiu a Flórida em 1989. Atualmente também encontra-se no sudoeste dos Estados Unidos, onde se tornou uma praga para as espécies nativas de *Opuntia*, muitas das quais estão ameaçadas de extinção. No México, onde este cacto mostra-se economicamente importante na produção de frutos, forragem, corantes e medicamentos, a mariposa é uma praga séria.

Por que o uso da mariposa na Austrália foi tão bem-sucedido, mas a sua utilização na América do Norte causou tantos problemas? A resposta é, provavelmente, porque a Austrália não possui espécies nativas de cactos e porque a mariposa não atacou nenhum outro tipo

Uma praga na Austrália Os homens introduziram o *Opuntia* na Austrália, onde não existiam espécies nativas de cactos. O cacto exótico rapidamente se espalhou sobre as valiosas pastagens, mas pôde ser controlado através da importação de ovos da mariposa *Cactoblastis cactorum*, cujas lagartas se alimentam vorazmente do suculento cacto.

Uma valiosa colheita no México No México, muitas espécies nativas de *Opuntia* fazem parte de plantações economicamente valiosas. A presença de mariposas *Cactoblastis* introduzidas acidentalmente colocam em risco alguns dos cactos nativos.

de planta. Em áreas onde existem outras espécies de *Opuntia*, a mariposa exótica é destrutiva.

As espécies introduzidas em regiões além da sua distribuição original freqüentemente atingem densidades populacionais muito mais altas do que na sua distribuição nativa. Isso pode acontecer porque na nova região não existem predadores para atacá-los – por isso, freqüentemente, introduzimos predadores e parasitos como tentativa de controlar uma espécie invasora. Conforme veremos neste capítulo, surpresas muitas vezes acompanham os esforços para o manejo de populações.

NESTE CAPÍTULO inicialmente exploramos como os ecólogos estudam as populações e descrevem algumas das relações entre as características bionômicas das espécies e a dinâmica de suas populações. Discutimos os fatores que influenciam as densidades populacionais e exploramos de que maneira as variações ambientais no espaço afetam a dinâmica populacional. Finalmente, mostramos como o conhecimento ecológico é utilizado para o manejo de populações importantes ou de interesse especial para os humanos.

DESTAQUES DO CAPÍTULO

36.1 Como os ecólogos estudam as populações?

Antes de considerarmos como os ecólogos estudam as populações, precisamos saber de que modo eles definem populações. Uma **população** consiste nos indivíduos de uma espécie dentro de determinada área em certo intervalo de tempo. Em qualquer momento no tempo, um ser vivo ocupa apenas um local no espaço e tem uma determinada idade e tamanho. Os membros de uma população, contudo, distribuem-se no espaço e diferem em idade e tamanho. A distribuição de idade dos indivíduos de uma população e a maneira como estes indivíduos espalham-se pelo ambiente definem a **estrutura populacional**. Os ecólogos estudam a estrutura populacional porque a distribuição espacial dos indivíduos e as suas idades influenciam a estabilidade das populações e afetam como estas populações interagem com outras espécies.

O número de indivíduos de uma população por unidade de área (ou volume) constitui sua **densidade populacional**. A densidade populacional exerce fortes influências sobre como os indivíduos de uma população interagem uns com os outros e com populações de outras espécies. Cientistas que trabalham com agricultura, conservação ou medicina, normalmente tentam manter ou aumentar as densidades populacionais de algumas espécies (plantas cultivadas, animais utilizados para a caça, espécies esteticamente atraentes, espécies ameaçadas de extinção) e reduzir a densidade de outras (pragas agrícolas, patógenos). Para manejar as populações, precisamos saber quais fatores fazem suas densidades aumentar ou diminuir e como eles funcionam.

A estrutura de uma população se modifica continuamente porque **eventos demográficos** – nascimentos, mortes, imigração (movimento de indivíduos para dentro de uma área) e emigração (movimento de indivíduos para fora de uma área) – são fatos comuns. O conhecimento de quando os indivíduos nascem e morrem fornece uma quantidade surpreendente de informações sobre uma população. O estudo das taxas de nascimento, óbito e movimentação, que criam a *dinâmica populacional* (mudanças na densidade e estrutura das populações), denomina-se *demografia*.

Os ecólogos utilizam vários tipos de artifícios para localizar os indivíduos

Para estudar as populações os ecólogos determinam quantos indivíduos encontram-se em uma área e onde eles estão localizados. Também estimam as taxas de nascimento, de óbito e de movimentação dos indivíduos para dentro e para fora de uma área. Como eles fazem tais medidas?

O Capítulo 35 descreve vários comportamentos que afetam a dinâmica populacional dos animais. Por exemplo, alguns indivíduos aumentam o seu *valor adaptativo* inclusivo ao ajudarem no cuidado de parentes próximos. Os indivíduos também mudam a sua localização através de migração ou dispersão. Para reconhecer e estudar esses eventos, os investigadores precisam ser capazes de localizar e reconhecer os indivíduos. Embora um pesquisador experiente apresente a habilidade de reconhecer os indivíduos pela sua aparência – os elefantes pelas suas orelhas, as orcas pelas diferenças no padrão das manchas brancas nos seus corpos (**Figura 36.1A**) – diferenças entre os indivíduos são freqüentemente muito pequenas para serem determinadas a campo. A maioria dos estudos de populações animais requer algum tipo de marcação dos indivíduos.

Não existe um tipo único de marcação que possa ser utilizado em todas as espécies. As aves são normalmente marcadas com anéis coloridos em suas pernas (**Figura 36.1B**), as borboletas através de manchas coloridas em suas asas, as abelhas por identificação numerada em seus corpos e os mamíferos através de etiquetas ou tingimento do seu pelo. As plantas são marcadas com etiquetas amarradas em seus galhos ou, como elas não se movimentam, com estacas no solo.

Até recentemente, a maioria das técnicas de campo para localizar os animais dependia da habilidade do pesquisador em vê-los. Atualmente, equipamentos para a localização são tão sofisticados que podem registrar e transmitir, muitas vezes por segundo, informações não apenas sobre a localização do animal, mas também sobre a sua fisiologia (medindo os seus batimentos cardíacos), comportamento alimentar (sua temperatura estomacal) e comportamento social (suas vocalizações). Microchips e outras formas de marcação eletrônica são utilizadas em indivíduos de todos os tamanhos (**Figura 36.1C**). Os equipamentos mais modernos também podem registrar informações sobre o ambiente dos animais.

Utilizam-se os marcadores moleculares para determinar o movimento de indivíduos através de longas distâncias. A mariquita-de-rabo-vermelho (*Setophaga ruticilla*) acasala em florestas decíduas do leste norte-americano. Após a estação de acasalamento de alto custo energético, essas pequenas aves canoras migram em direção ao sul para o Caribe e a América Central a fim de passar o inverno. É fácil determinar onde as mariquitas acasalam, mas como podemos determinar onde elas realizam a muda? Uma maneira consiste em analisar a composição química das penas que elas mudam enquanto migram para o sul. Os cientistas podem determinar onde elas mudaram avaliando os isótopos de hidrogênio das penas porque existe um forte gradiente latitudinal nos isótopos de hidrogênio estável presentes na água da chuva. Esses isótopos de hidrogênio são incorporados pelos tecidos das plantas, pelos animais que se alimentam delas (como os insetos herbívoros) e, por fim, pelos animais que comem os herbívoros, como as mariquitas. Como as penas são metabolicamente inertes após a sua formação, seus isótopos de hidrogênio indicam a latitude na qual as mariquitas as adquiriram (**Figura 36.2**). A maioria dos indivíduos muda suas penas próximo dos locais de acasalamento.

As densidades populacionais podem ser estimadas através de amostras

Como os seres vivos e seus ambientes diferem, as densidades populacionais devem ser medidas de diferentes maneiras. Os ecólogos normalmente medem as densidades de espécies em ambientes terrestres pelo número de indivíduos por unidade de área. O número por unidade de volume é geralmente uma medida mais utilizada para espécies aquáticas. Para as espécies cujos indivíduos diferem muito em relação ao tamanho, como a maioria das plantas e alguns animais (por exemplo, moluscos, peixes e répteis sem penas), a porcentagem de cobertura ou a massa total dos indivíduos podem ser parâmetros mais úteis do que o número de indivíduos.

A maneira mais precisa para determinar a densidade e a estrutura de uma população consiste em contar cada indivíduo e anotar a sua localização. Os ecólogos que estudam as plantas lenhosas podem fazer isto com freqüência. Na maioria dos estudos de campo com populações animais, no entanto, seria impossível contar todos

(A) *Orcinus orca*

(B) *Calidris alba*

(C) *Odocoileus virginianus*

Figura 36.1 Pelas suas marcas você pode conhecê-los (A) Muitos indivíduos distinguem-se dos outros por diferenças sutis no seu tamanho e marcas. As pequenas diferenças nas manchas brancas destas orcas são percebidas quando elas estão lado a lado. (B) As anilhas coloridas nas pernas deste maçarico-branco (pequena ave litorânea) permitem aos pesquisadores identificá-lo. (C) Uma fêmea do veado-de-rabo-branco tem uma etiqueta de identificação individual na orelha. Além disso, os pesquisadores colocaram um colar que emite sinais de rádio permitindo que os seus movimentos sejam monitorados mesmo que ele não possa ser visualizado.

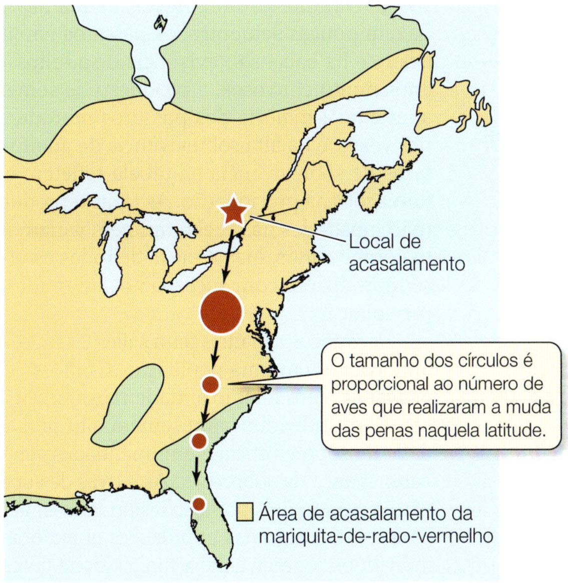
Local de acasalamento
O tamanho dos círculos é proporcional ao número de aves que realizaram a muda das penas naquela latitude.
Área de acasalamento da mariquita-de-rabo-vermelho

Figura 36.2 Os isótopos de hidrogênio mostram onde as mariquitas-de-rabo-vermelho migratórias mudam as suas penas As mariquitas que acasalam no sul de Ontário migram para o Caribe para passar o inverno. Os valores de um isótopo de hidrogênio estável nas penas de seu rabo indicam onde as penas foram mudadas.

os indivíduos. Felizmente, métodos estatísticos nos permitem estimar com segurança as densidades populacionais a partir de amostras representativas sem localizar e contar todos os indivíduos.

Torna-se mais fácil estimar as densidades populacionais de espécies sedentárias. Os pesquisadores precisam somente contar o número de indivíduos em uma amostra de habitats representativos e estender a contagem para todo o ecossistema. Os indivíduos podem ser contados em desenhos amostrais de várias formas (quadrado, retângulo, círculo) ou ao longo de transectos lineares através do habitat. Ao realizar censos repetidos, os pesquisadores também podem determinar as tendências do tamanho e da distribuição da população.

Contar as espécies móveis mostra-se muito mais difícil porque os indivíduos se locomovem para fora e para dentro da área do censo. A estimativa do número de indivíduos em uma população freqüentemente envolve a captura, marcação e, então, a liberação de um número de indivíduos. Depois de um período, após os indivíduos marcados terem tido tempo de se misturar com os não-marcados, realiza-se uma outra amostragem de indivíduos. A proporção de indivíduos nesta nova amostragem que já estava marcada pode ser utilizada para estimar o tamanho da população utilizando a fórmula

$$\frac{m_2}{n_2} = \frac{n_1}{N}$$

onde

n_1 = número de indivíduos marcados na primeira amostragem (todos foram marcados)

n_2 = número total de indivíduos da segunda amostragem

m_2 = número de indivíduos marcados na segunda amostragem

N = tamanho estimado da população total

É possível supor que uma estimativa do tamanho total de uma população computada a partir de um esforço de captura-marcação-recaptura será acurada somente se os indivíduos marcados tiverem se misturado ao acaso com os não-marcados e tiverem a mesma chance de sobreviver e de serem capturados. As estimativas do tamanho populacional total serão imprecisas se os indivíduos marcados aprenderem a evitar as armadilhas, se tornarem "viciados nas armadilhas" (já que eles conseguem uma rápida refeição) ou deixarem a área de estudo em decorrência da captura. Os ecólogos têm desenvolvido técnicas estatísticas que podem corrigir estes erros e aumentar a precisão das estimativas populacionais.

As taxas de natalidade e mortalidade podem ser estimadas a partir de dados de densidade populacional

Os ecólogos utilizam estimativas de densidade populacional para estimar as *taxas* (número por unidade de tempo) nas quais nascimentos, óbitos, imigrações e emigrações ocorrem em uma população e estudam como estas taxas são influenciadas pelos fatores ambientais, bionomias e densidades populacionais.

O número de indivíduos em uma população é igual ao número existente em algum tempo no passado mais o número de nascimentos entre este tempo e o presente, menos o número de óbitos, mais o número de imigrantes na população, menos o número de emigrantes da população. Isto é, o número de indivíduos de uma população em determinado tempo, N_1, calcula-se pela equação

$$N_1 = N_0 + B - D + I - E$$

onde

N_1 = número de indivíduos no tempo 1

N_0 = número de indivíduos no tempo 0

B = número de nascimentos entre os tempos 0 e 1

D = número de óbitos entre os tempos 0 e 1

I = número de indivíduos que imigraram para a população entre os tempos 0 e 1

E = número de indivíduos que emigraram da população entre os tempos 0 e 1.

Se medirmos estas taxas ao longo de vários intervalos, poderemos determinar de que forma a densidade populacional varia no tempo.

Uma maneira prática de analisar as informações sobre as taxas de nascimento e morte em uma população consiste na elaboração de uma **tabela de vida**. Podemos construir uma tabela de vida acompanhando um grupo de indivíduos nascidos durante o mesmo período (chamado de **coorte**) e determinando o número de sobreviventes após vários intervalos de tempo (**supervivência**). Algumas tabelas de vida também incluem o número de descendentes produzidos pela coorte (*fecundidade*) durante cada intervalo de tempo.

As tabelas de vida foram inicialmente desenvolvidas pelos romanos, há aproximadamente 2 mil anos, a fim de determinar quanto dinheiro precisava ser reservado para compensar as famílias dos soldados mortos em batalhas. Atualmente, as companhias de seguro utilizam as tabelas de vida ("tabelas atuariais") para determinar o valor do seguro de vida de pessoas de diferentes idades.

TABELA 36.1 Tabela de vida da coorte de 1978 dos tentilhões-dos-cactos (*Geospiza scandens*) na Ilha Daphne

IDADE EM ANOS (x)	NÚMERO DE INDIVÍDUOS VIVOS	SUPERVIVÊNCIA[a]	TAXA DE SOBREVIVÊNCIA[b]	TAXA DE MORTALIDADE[c]
0	210	1,000	0,434	0,566
1	91	0,434	0,857	0,143
2	78	0,371	0,898	0,102
3	70	0,333	0,928	0,072
4	65	0,309	0,955	0,045
5	62	0,295	0,678	0,322
6	42	0,200	0,548	0,452
7	23	0,109	0,652	0,348
8	15	0,071	0,933	0,067
9	14	0,067	0,786	0,214
10	11	0,052	0,909	0,091
11	10	0,048	0,400	0,600
12	4	0,019	0,750	0,250
13	3	0,014	0,996	

[a] Supervivência = proporção de recém-nascidos que sobrevive até a idade *x*.
[b] Taxa de sobrevivência = proporção de indivíduos de idade *x* que sobrevive até a idade *x*+1.
[c] Taxa de mortalidade = proporção de indivíduos de idade *x* que morre antes da idade *x*+1.

Os biólogos podem utilizar as tabelas de vida para predizer as tendências futuras nas populações. Uma tabela de vida baseada em um estudo intensivo dos tentilhões-dos-cactos granívoros desenvolvido na Ilha Daphne, no arquipélago das Galápagos, aparece na **Tabela 36.1**. Os dados baseiam-se em 210 pássaros que nasceram em 1978 e foram acompanhados até 1991, quando apenas três indivíduos continuavam vivos. A tabela mostra que a taxa de mortalidade para estas aves mostrou-se mais alta durante o primeiro ano de vida. Ela, então, diminuiu drasticamente por muitos anos, seguida por um aumento geral nos últimos anos. As taxas de mortalidade flutuaram entre os anos porque a sobrevivência destes pássaros depende da produção de sementes, a qual é fortemente influenciada pela precipitação. O arquipélago das Galápagos costuma passar por anos de seca e anos muito chuvosos. Durante os anos secos, as plantas produzem poucas sementes, os pássaros não nidificam, e há baixa sobrevivência de adultos. Nos anos muito chuvosos, a produção de sementes aumenta, a maioria dos pássaros reproduz várias vezes, e há alta sobrevivência de adultos. As taxas de sobrevivência na tabela refletem essas flutuações na precipitação. As taxas reprodutivas (não mostradas na tabela) também variam muito entre os anos, mas fêmeas de todas as idades se reproduzem com sucesso nos anos com alta precipitação.

Os gráficos são úteis para salientar mudanças importantes em uma população. Gráficos de supervivência em relação à idade mostram em que idades os indivíduos apresentam alta probabilidade de sobrevivência e em que idades eles têm baixa chance de sobreviver. As curvas de supervivência para muitas populações podem seguir três padrões. Em algumas populações, a maioria dos indivíduos sobrevive até a longevidade potencial da espécie e, então, morrem aproximadamente com a mesma idade. Por exemplo, devido ao intenso cuidado parental e a disponibilidade de serviços médicos a supervivência de humanos nos Estados Unidos apresenta-se alta por muitas décadas, mas, então, declina rapidamente nos indivíduos mais velhos (**Figura 36.3A**). Em um segundo padrão, o qual caracteriza muitas aves canoras, a probabilidade de sobrevivência é igual durante toda a vida (**Figura 36.3B**). Um terceiro padrão de supervivência muito comum encontra-se nos seres vivos que produzem muitos descendentes, cada um dos quais recebe poucos recursos energéticos e nenhum cuidado parental. Nestas espécies, as altas taxas de mortalidade de indivíduos jovens são seguidas por altas taxas de sobrevivência durante o meio da vida. *Spergula vernalis*, planta anual que cresce em dunas na Polônia, ilustra este padrão (**Figura 36.3C**).

A distribuição das idades dos indivíduos de uma população revela muito sobre a história recente de nascimentos e mortes dessa população. A regulação de nascimentos e óbitos pode influenciar a distribuição etária por muitos anos em populações de espécies de vida longa. A população humana dos Estados Unidos consiste em um bom exemplo. Entre 1947 e 1964, os Estados Unidos passaram pela chamada "explosão de bebês" do período pós-Segunda Guerra Mundial. Durante estes anos, o tamanho médio das famí-

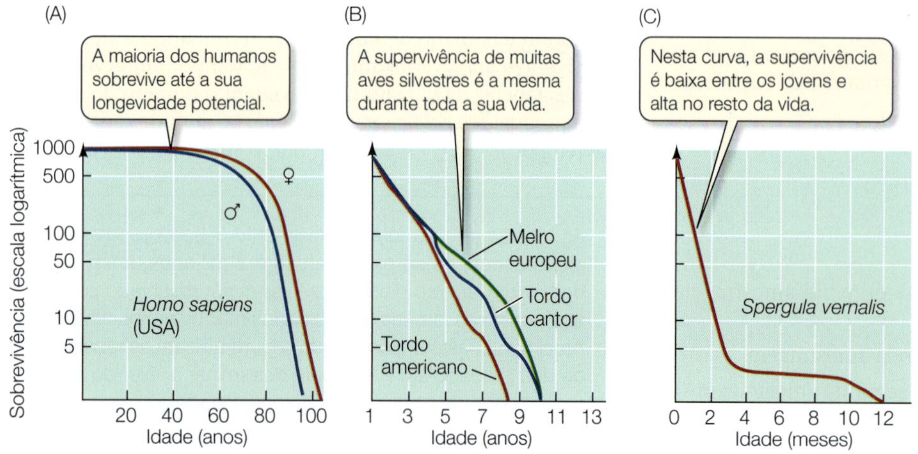
(A)
A maioria dos humanos sobrevive até a sua longevidade potencial.
Sobrevivência (escala logarítmica)
1000
500
100
50
10
5
♀
♂
Homo sapiens (USA)
20 40 60 80 100
Idade (anos)
(B)
A supervivência de muitas aves silvestres é a mesma durante toda a sua vida.
Melro europeu
Tordo cantor
Tordo americano
1 3 5 7 9 11 13
Idade (anos)
(C)
Nesta curva, a supervivência é baixa entre os jovens e alta no resto da vida.
Spergula vernalis
0 2 4 6 8 10 12
Idade (meses)

Figura 36.3 Curvas de supervivência Três curvas de supervivência comuns. (A) Para algumas espécies, a mortalidade é mais alta em idades avançadas. (B) Para outras espécies, a probabilidade de supervivência assemelha-se ao longo de toda a vida. (C) Outras, ainda, apresentam altas taxas de mortalidade em idades jovens, mas sobrevivem bem após este ponto crítico.

lias cresceu de 2,5 para 3,8 crianças; um recorde de 4,3 milhões de nascimentos ocorreu em 1957. As taxas de nascimento diminuíram durante a década de 60, mas os norte-americanos nascidos durante a explosão de bebês ainda constituem a classe etária dominante da primeira parte do século XXI (**Figura 36.4**). Os filhos da explosão de bebês se tornaram pais na década de 80, produzindo outra saliência na distribuição etária – um "eco" da explosão de bebês – mas eles tiveram, em média, menos filhos do que os seus pais e, por isso, a saliência não se mostra tão marcante.

Através do resumo de informações sobre o nascimento e a morte dos indivíduos, as tabelas de vida nos ajudam a entender porque as densidades populacionais mudam com o tempo. Os dados da tabela de vida podem também ser utilizados para determinar quanto de uma população pode ser explorado e quais os grupos etários que devem ser o foco dos esforços para salvar espécies raras.

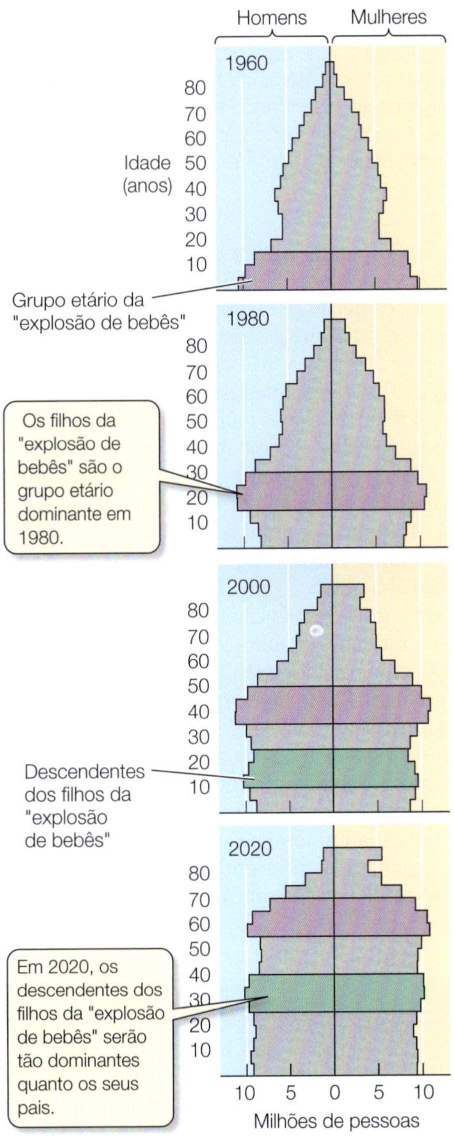
Homens
Mulheres
1960
Idade (anos)
80
70
60
50
40
30
20
10
Grupo etário da "explosão de bebês"
1980
Os filhos da "explosão de bebês" são o grupo etário dominante em 1980.
2000
Descendentes dos filhos da "explosão de bebês"
2020
Em 2020, os descendentes dos filhos da "explosão de bebês" serão tão dominantes quanto os seus pais.
10 5 0 5 10
Milhões de pessoas

Figura 36.4 As distribuições etárias se modificam no tempo Os gráficos mostram a distribuição etária para a população humana dos Estados Unidos de 1960 a 2020. A alta taxa de natalidade durante a "explosão de bebês" tem influenciado a estrutura da população por muitas décadas.

36.1 RECAPITULAÇÃO

Uma população consiste dos indivíduos de uma espécie em uma determinada área. A densidade populacional trata-se de uma medida do número de indivíduos por unidade de área ou volume. As taxas de natalidade e mortalidade e outros aspectos da dinâmica populacional podem ser estimados a partir de dados populacionais coletados ao longo do tempo.

- Descreva algumas maneiras de medir a densidade populacional. Ver p. 800-801.
- Quais os tipos de informação que as tabelas de vida podem fornecer sobre uma população? Ver p. 801-802 e Tabela 36.1.

Durante a sua vida, um indivíduo ingere nutrientes, cresce, interage com outros indivíduos da mesma espécie e de outras espécies e usualmente se locomove, ou é movido, de maneira que não morre exatamente onde nasceu. Na próxima seção discutiremos a significância ecológica de como os indivíduos distribuem o seu tempo e energia entre estas atividades.

36.2 Como as condições ecológicas afetam as bionomias?

A **bionomia** (*life history*) de uma espécie descreve como ela distribui o seu tempo e energia entre as várias atividades que ocupam a sua vida. A bionomia de diferentes espécies varia drasticamente. Algumas plantas crescem rapidamente, produzem um grande número de pequenas sementes e logo morrem. Outras plantas crescem lentamente, não reproduzem até terem vários anos de idade, produzem somente umas poucas sementes grandes e continuam a reproduzir por décadas. Alguns animais, como os elefantes e os seres humanos, geralmente dão à luz a uma única cria em cada episódio reprodutivo; outros, como as ostras, produzem milhares de ovos em um evento. Algumas espécies, os agaves e os salmões, por exemplo, geralmente reproduzem uma única vez e então morrem (**Figura 36.5**). Os ecólogos estudam as bionomias porque elas influenciam a distribuição e o crescimento das populações.

A bionomia do peixe *Sebastes melanops* da costa do Pacífico da América do Norte, oferece um exemplo de como as características bionômicas influenciam o crescimento de uma população que os homens gostariam de manejar. As fêmeas desse peixe continuam crescendo ao longo de toda a sua vida. As fêmeas maiores são muito mais produtivas do que as menores já que o número de ovos que uma fêmea produz é diretamente proporcional ao seu tamanho. Além disso, as fêmeas mais velhas e maiores produzem ovos contendo grandes gotículas de óleo. Essas gotículas fornecem energia ao peixe recém-eclodido, dando a eles um bom começo em suas vidas independentes (**Figura 36.6**). As larvas que eclodem de ovos com gotículas de óleo grandes crescem mais rápido e sobrevivem melhor do que as larvas que eclodem de ovos com gotículas de óleo pequenas. Esses fatos têm importantes implicações para a exploração das populações desse peixe. A intensiva pesca de arrasto de 1996 a 1999 na costa do Estado de Oregon (EUA) reduziu a idade média das fêmeas de 9,5 para 6,5 anos; com isso, as fêmeas reprodutivas tornaram-se muito menores em 1999 do que em 1996. Esta redução na idade diminuiu o número de ovos produzidos pelas fêmeas na população e reduziu a taxa média de crescimento das larvas em cerca de 50%. Desta maneira, a manu-

(A) *Agave americana*

Haste
floral
Indivíduos pré-reprodutivos

(B) *Oncorhyncus* sp.

Figura 36.5 *Big bang* reprodutivo (A) Agaves, também conhecidas como plantas centenárias, mobilizam a energia armazenada durante suas longas vidas para produzir uma longa haste floral com centenas de flores, literalmente reproduzindo até a morte. (B) Após gastar anos se alimentando e crescendo em mar aberto, os salmões encontram o caminho para o rio onde eclodiram. Lá eles desovam e, em seguida, morrem.

tenção da população produtiva dos peixes pode necessitar o estabelecimento de zonas de exclusão de pesca onde algumas fêmeas possam crescer até tamanhos muito grandes sem serem pescadas.

As interações ecológicas influenciam a evolução das bionomias. A influência da predação na evolução das características bionômicas foi testada em experimentos com *guppies* (*Poecilia reticulata*). Em Trinidad, os *guppies* vivem em rios onde são predados por peixes maiores. Contudo, alguns destes rios possuem cachoeiras que os peixes predadores não conseguem transpor. Os *guppies* que vivem nas áreas sem peixes predadores acima destas cachoeiras possuem baixa taxa de mortalidade; enquanto aqueles que vivem abaixo das quedas d'água têm alta taxa de mortalidade. David Reznick e seus colegas criaram em laboratório 240 guppies de locais com alta e baixa predação. Alguns *guppies* de cada grupo receberam bastante alimento, enquanto para outros o fornecimento foi limitado a fim de se igualar à variação que os peixes encontrariam na natureza. Na ausência de predadores no laboratório, eles observaram que os guppies oriundos dos locais com alta predação amadureceram mais cedo, reproduziram com maior freqüência e produziram mais descendentes em cada ninhada, quando comparados aos *guppies* de locais de baixa predação, independente da quantidade de alimento que recebiam. Desta maneira, a predação favoreceu a reprodução mais freqüente e de indivíduos mais jovens, levando a uma mudança no genótipo dos *guppies*.

Como estes exemplos ilustram, um estudo da dinâmica populacional de uma espécie precisa considerar as características da sua bionomia. Conforme veremos no final deste capítulo, a informação bionômica também é vital para a elaboração de planos de manejo.

(A) *Sebastes melanops*

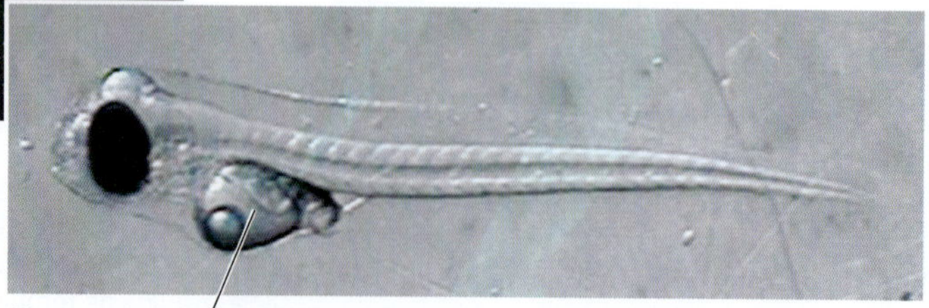
Gotícula de óleo

(B)

Figura 36.6 Uma gotícula de óleo é a energia inicial (A) Entre estes peixes, as fêmeas mais velhas e maiores têm melhor sucesso reprodutivo ao produzirem maior quantidade de ovos com maiores estoques de óleo nutritivo. (B) A gotícula de óleo na parte inferior desta larva fornece a nutrição necessária para abastecer o seu crescimento até que ela possa se alimentar sozinha.

36.2 RECAPITULAÇÃO

A bionomia de uma espécie descreve como ela distribui o seu tempo e a sua energia entre o crescimento, a reprodução e outras atividades.

- Como as diferenças na fecundidade relacionadas à idade influenciam a dinâmica populacional? Ver p. 803-804.
- Como os padrões de mortalidade influenciam a evolução das características bionômicas? Ver p. 804.

Uma espécie localmente rara pode ser abundante em algum outro local, mas algumas espécies apresentam baixa densidade populacional onde quer que sejam encontradas. Uma espécie rara em um determinado momento pode ser abundante algum tempo depois e vice-versa. Que fatores determinam as densidades populacionais e por que elas são tão variáveis?

36.3 Quais os fatores que influenciam as densidades populacionais?

Embora a densidade de algumas populações apresente grandes flutuações, nenhuma varia tão drasticamente quanto seria possível teoricamente. Considere, por exemplo, uma única bactéria da superfície do seu livro selecionada ao acaso. Se todos os seus descendentes fossem capazes de crescer e reproduzir em um ambiente com recursos ilimitados, ocorreria um crescimento explosivo. Em um mês esta colônia de bactérias pesaria mais do que o universo visível e estaria se expandindo na velocidade da luz. Da mesma forma, um único casal de bacalhaus do Atlântico e seus descendentes, reproduzindo na taxa máxima possível para a sua espécie, preencheriam o Oceano Atlântico em 6 anos, se nenhum deles morresse. O que impede que esses crescimentos populacionais drásticos ocorram na natureza?

Todas as populações têm potencial para um crescimento exponencial

Todas as populações apresentam potencial para um crescimento explosivo. À medida que o número de indivíduos em uma população aumenta, o número de novos indivíduos adicionados por unidade de tempo acelera-se, mesmo que a taxa de aumento expressa em uma base individual – chamada de *taxa de crescimento per capita* – permaneça constante. Se nascimentos e óbitos ocorrem continuamente e em taxas constantes, um gráfico de tamanho populacional em relação ao tempo forma uma curva ascendente contínua (ver Figura 36.7). Esse padrão, conhecido como **crescimento exponencial**, pode ser expresso como:

$$\text{Taxa de aumento no número de indivíduos} = \begin{pmatrix} \text{Taxa média de natalidade } \textit{per capita} \\ -\text{Taxa média de mortalidade } \textit{per capita} \end{pmatrix} \times \text{Número de indivíduos}$$

ou, mais resumidamente,

$$r = \frac{\Delta N}{\Delta t} = (b-d)N$$

onde

r = taxa reprodutiva líquida
ΔN = variação no número de indivíduos
Δt = variação no tempo
b = taxa populacional média de natalidade *per capita*
d = taxa populacional média de mortalidade *per capita*

O termo $\Delta N / \Delta t$ é a taxa de variação no tamanho da população no tempo. Em outras palavras, a diferença entre a taxa média de natalidade *per capita* em uma população (b) e a sua taxa média de mortalidade *per capita* (d) é a taxa reprodutiva líquida (r). (Nestas equações, b inclui nascimentos e imigração e d inclui óbitos e emigração).

O valor mais alto possível para a taxa reprodutiva líquida – a taxa na qual a população cresceria sob condições ótimas – chama-se de $r_{máx.}$ ou a **taxa intrínseca de crescimento natural**; $r_{máx.}$ tem um valor característico para cada espécie. A taxa de crescimento natural pode ser expressa dessa forma

$$\frac{\Delta N}{\Delta t} = r_{max} N$$

Em períodos muito curtos, algumas populações podem crescer a taxas próximas da taxa intrínseca de crescimento natural. Por exemplo, elefantes marinhos do norte foram caçados quase até a extinção no final do século XIX. Em 1890, restavam somente cerca de 20 animais confinados na Ilha Guadalupe na costa noroeste do México. Como um extenso habitat estava disponível para os elefantes marinhos, a população começou a crescer rapidamente quando a caça cessou (**Figura 36.7**). Os elefantes marinhos recolonizaram a Ilha Año Nuevo próximo a Santa Cruz, Califórnia, em 1960. Durante 20 anos após a colonização, a população reproduziu-se na ilha expandindo-se exponencialmente.

O crescimento populacional é limitado pelos recursos e interações bióticas

Nenhuma população real pode manter um crescimento exponencial por muito tempo. Assim que uma população aumenta em densidade, limites ambientais provocam uma diminuição na taxa de natalidade e um aumento na taxa de mortalidade. A maneira mais simples de demonstrar os limites impostos pelo ambiente consiste em assumir que ele não pode sustentar mais do que um certo número de indivíduos de uma determinada espécie qualquer por unidade de área (ou volume). Esse número, chamado de **capacidade de suporte ou capacidade de carga do ambiente** (***K***), é determinado pela disponibilidade de recursos – como alimentos, locais de nidificação ou abrigos – bem como por doenças, predadores e, em alguns casos, interações sociais.

O crescimento de uma população geralmente diminui quando sua densidade se aproxima da capacidade de suporte porque as limitações de recursos e as atividades de predadores e patógenos diminuem a taxa de natalidade e aumentam a taxa de mortalidade. Um gráfico mostrando o tamanho da população em relação ao tempo normalmente forma uma curva em forma de S; este padrão denomina-se **crescimento logístico** ou **sigmoidal** (**Figura 36.8**). A maneira mais simples de produzir uma curva de crescimento em forma de S consiste em adicionar à equação do crescimento exponencial um termo que diminua o crescimento da população à medida que esta se aproxima da capacidade de suporte. Este termo, expresso como $(K - N)/K$, significa que cada

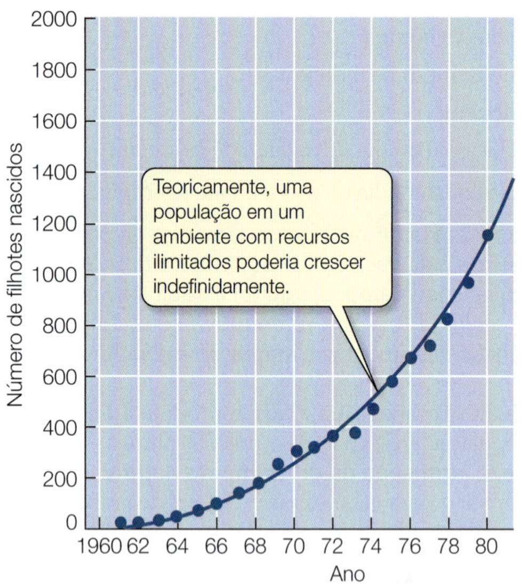
2000
1800
1600
1400
1200
1000
800
600
400
200
0
Número de filhotes nascidos
Teoricamente, uma população em um ambiente com recursos ilimitados poderia crescer indefinidamente.
1960 62 64 66 68 70 72 74 76 78 80
Ano

Mirounga angustirostris

Figura 36.7 Crescimento populacional exponencial A população de elefantes-marinhos na Ilha Año Nuevo, Califórnia, cresceu exponencialmente entre 1960 e 1980. Uma vez que não existem recursos ilimitados na Terra, este padrão não pode continuar por muito tempo. De fato, o crescimento da população de elefantes-marinhos em Año Nuevo tem diminuído.

indivíduo adicionado à população diminui o crescimento populacional na mesma proporção:

$$\frac{\Delta N}{\Delta t} = r\left(\frac{K-N}{K}\right)N$$

O crescimento populacional estaciona quando $N = K$ porque, nesta situação, $(K - N) = 0$, de maneira que $(K - N)/K = 0$ e, assim, $\Delta N/\Delta t = 0$.

A densidade populacional influencia as taxas de natalidade e mortalidade

Como em um ambiente com recursos limitados cada indivíduo adicional de uma população geralmente torna as coisas piores

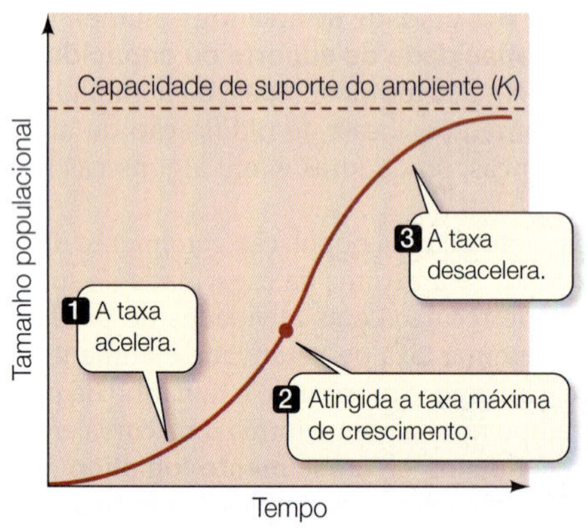
Capacidade de suporte do ambiente (*K*)
Tamanho populacional
1 A taxa acelera.
2 Atingida a taxa máxima de crescimento.
3 A taxa desacelera.
Tempo

Figura 36.8 Crescimento populacional logístico Normalmente, uma população em um ambiente com recursos limitados pára de crescer exponencialmente muito antes de atingir a capacidade de suporte do ambiente.

para os outros membros, as taxas de natalidade e mortalidade per capita geralmente modificam-se juntamente com as alterações na densidade populacional; isto é, elas são **dependentes da densidade**. As taxas de natalidade e mortalidade podem ser dependentes da densidade por várias razões:

- À medida que uma espécie aumenta em abundância, ela pode esgotar seu suprimento alimentar, reduzindo a quantidade de alimento disponível para cada indivíduo. Uma nutrição mais pobre pode, assim, aumentar as taxas de mortalidade e diminuir as taxas de natalidade.
- Predadores podem ser atraídos para áreas com altas densidades de presas. Se os predadores capturarem uma maior proporção de presas sob condições de alta densidade quando comparados a situações de escassez de presas, a taxa de mortalidade *per capita* das presas aumenta.
- Doenças podem se espalhar mais facilmente em populações densas do que em populações esparsas.

Nem todos os fatores que afetam o tamanho populacional agem de forma dependente da densidade. Um período frio no inverno ou um furacão que derruba a maioria das árvores no seu caminho podem matar uma grande proporção de indivíduos em uma população independentemente de sua densidade. Fatores que mudam as taxas de natalidade e mortalidade *per capita* de uma população independentemente de sua densidade denominam-se **independentes da densidade**.

As flutuações na densidade de uma população determinam-se por todos os fatores que agem sobre ela, dependentes e independentes da densidade. A ação combinada desses fatores pode ser ilustrada por um estudo da dinâmica de uma população de passarinhos *Melospiza melodia* da Ilha Mandarte da Columbia Britânica, Canadá. Em um período de 12 anos, o número desses passarinhos flutuou entre 4 e 72 fêmeas reprodutoras e entre 9 e 100 machos territoriais. A taxa de mortalidade era alta durante os invernos particularmente longos e nevados, indiferente da densidade populacional. Vários fatores dependentes da densidade também contribuíram para as flutuações na densidade populacional. O número de machos reprodutores, por exemplo, limitava-se pelo comportamento territorial: quanto maior o número de machos, maior o número que fracassava em ganhar territórios e vivia como machos "periféricos" com pouca chance de reproduzir (**Figura 36.9A**). Além disso, quanto maior o número de fêmeas reprodu-

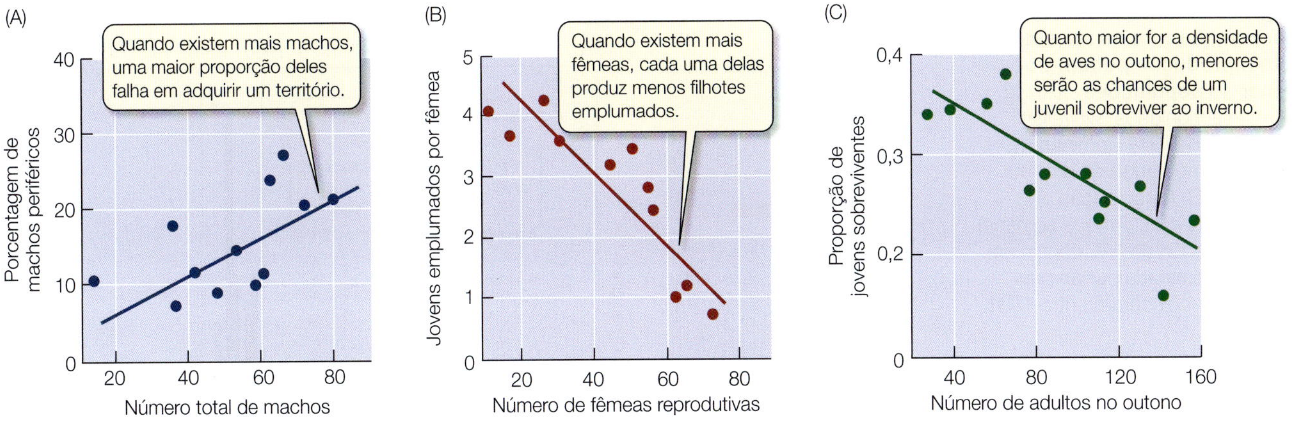
(A)
Quando existem mais machos, uma maior proporção deles falha em adquirir um território.
Porcentagem de machos periféricos
40
30
20
10
0
20
40
60
80
Número total de machos
(B)
Quando existem mais fêmeas, cada uma delas produz menos filhotes emplumados.
Jovens emplumados por fêmea
5
4
3
2
1
0
20
40
60
80
Número de fêmeas reprodutivas
(C)
Quanto maior for a densidade de aves no outono, menores serão as chances de um juvenil sobreviver ao inverno.
Proporção de jovens sobreviventes
0,4
0,3
0,2
0
40
80
120
160
Número de adultos no outono

Figura 36.9 Regulação de uma população insular de *Melospiza melodia* O tamanho de uma população de *Melospiza melodia* na Ilha Mandarte na Columbia Britânica determina-se em parte pela severidade do clima de inverno. Além disso, a população regula-se por fatores dependentes da densidade, entre os quais (A) o comportamento territorial dos machos, (B) o sucesso reprodutivo das fêmeas e (C) a sobrevivência dos juvenis durante o inverno.

toras, menos filhotes emplumados cada uma produzia (**Figura 36.9B**). E, quanto maior o número de aves vivas no outono, piores eram as chances dos juvenis nascidos naquele ano de sobreviverem ao inverno (**Figura 36.9C**). Assim, o número de machos e fêmeas acasalando em cada ano era influenciado tanto por fatores dependentes quanto independentes da densidade.

Todas as populações flutuam menos do que o máximo teórico, mas os tamanhos de algumas populações flutuam incrivelmente pouco. Em geral, populações mais estáveis são vistas em espécies com indivíduos de vida longa e taxas reprodutivas baixas, mas não em espécies de vida curta com altas taxas reprodutivas. Os indivíduos pequenos e de vida curta são geralmente mais vulneráveis às alterações ambientais do que os indivíduos de vida longa. As densidades de populações de insetos tendem a flutuar muito mais do que as de aves e mamíferos, e as densidades populacionais de plantas anuais flutuam muito mais do que as das árvores.

A maioria das flutuações nas densidades populacionais impulsiona-se por alterações nos ambientes biótico e abiótico que modificam a capacidade de suporte para as espécies. Consideremos dois exemplos:

REPRODUÇÃO OCASIONAL PRODUZ FLUTUAÇÕES POPULACIONAIS Para muitas espécies, alguns anos são melhores do que outros para o sucesso reprodutivo. No Lago Erie (América do Norte), 1944 foi um excelente ano para a reprodução de um peixe salmonídeo (o"whitefish") tanto que os indivíduos nascidos nesse ano dominaram as capturas desta espécie no lago por vários anos (**Figura 36.10A**). Da mesma maneira, a maioria dos indivíduos encontrados em uma população de cerejeiras-negras num bosque em Wisconsin (EUA) em 1971 estabeleceu-se entre 1931 e 1941 (**Figura 36.10B**). As densidades populacionais aumentaram nos anos que seguiram um bom sucesso reprodutivo, mas se reduziram após os anos de baixa reprodução.

FLUTUAÇÕES NOS RECURSOS GERAM FLUTUAÇÕES NOS CONSUMIDORES As densidades das populações de espécies que dependem de um único ou poucos recursos são mais propensas a flutuações do que aquelas de espécies que exploram uma grande variedade de recursos. Várias espécies de aves e mamíferos que vivem em florestas boreais alimentam-se de sementes produzidas nos cones de coníferas. A maioria das árvores destas florestas reproduz-se sincronicamente (todas ao mesmo tempo) e ocasionalmente (em uma base irregular). Em grandes áreas, existem anos de produção intensa de sementes e anos com pouca ou nenhuma produção de semente. Algumas aves, como o cruza-bico, vagueiam sobre grandes áreas procurando por locais onde os cones tenham sido produzidos. Outras, como os gaios e os quebra-nozes, e alguns mamíferos, como os esquilos, estocam sementes durante os anos de alta produtividade. Mesmo assim, estes últimos freqüentemente experimentam altas taxas de mortalidade durante os anos em que as árvores da sua área produzem poucas ou nenhuma semente.

Vários fatores explicam porque algumas espécies são mais comuns do que outras

Os processos que acabamos de discutir nos capacitam a entender como as populações crescem, porque elas flutuam em tamanho e porque as flutuações nas suas densidades são muito menores do que seria teoricamente possível. Todavia, eles não explicam porque algumas espécies são comuns, enquanto outras são raras. Muitos fatores determinam porque as densidades populacionais típicas variam tão grandemente entre as espécies, mas quatro deles – a abundância de recursos, o tamanho dos indivíduos, o tempo que a espécie viveu na área e a organização social – exercem fortes influências.

- *As espécies que usam recursos abundantes geralmente atingem densidades populacionais mais altas do que as espécies que usam recursos raros.* Assim, em média, os animais que comem plantas são caracteristicamente mais comuns do que aqueles que se alimentam de outros animais.
- *As espécies com pequeno tamanho corporal geralmente atingem densidades populacionais maiores do que as espécies com tamanho corporal maior.* Em geral, a densidade populacional diminui com o aumento do tamanho corporal, porque indivíduos pequenos necessitam de menos energia para sobreviver do que indivíduos grandes.

A relação entre o tamanho corporal e a densidade populacional é ilustrada por uma curva logarítmica da densidade populacional pelo tamanho corporal de mamíferos espalhados pelo mundo inteiro (**Figura 36.11**). Embora a relação seja forte, a grande dispersão de pontos no gráfico mostra que algumas espécies pequenas utilizam recursos escassos e algumas espécies grandes utilizam recursos abundantes.

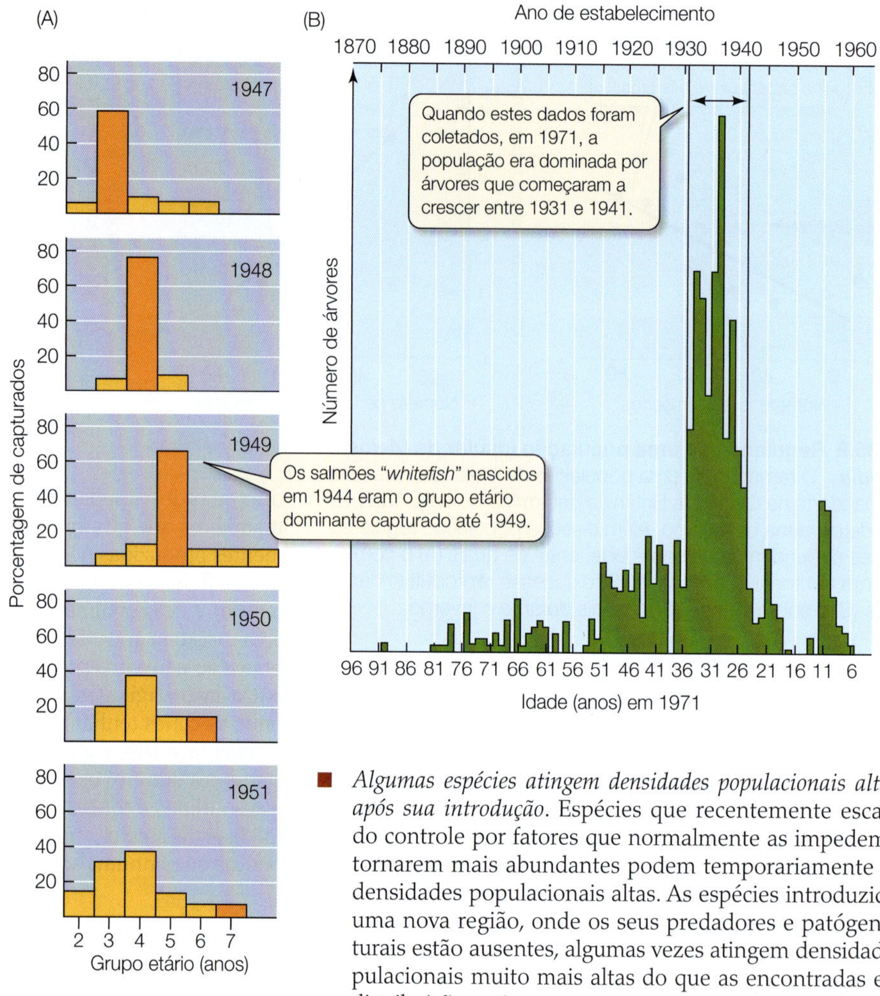
(A)
80
60
40
20
1947
1948
1949
1950
1951
Porcentagem de capturados
2 3 4 5 6 7
Grupo etário (anos)
Os salmões "whitefish" nascidos em 1944 eram o grupo etário dominante capturado até 1949.
(B)
Ano de estabelecimento
1870 1880 1890 1900 1910 1920 1930 1940 1950 1960
Quando estes dados foram coletados, em 1971, a população era dominada por árvores que começaram a crescer entre 1931 e 1941.
Número de árvores
96 91 86 81 76 71 66 61 56 51 46 41 36 31 26 21 16 11 6
Idade (anos) em 1971

Figura 36.10 Indivíduos que nascem durante os anos de alta reprodução podem dominar as populações (A) Os peixes salmonídeos *"whitefish"* nascidos em 1944 dominaram as pescas no Lago Erie por muitos anos. (B) A população de cerejeiras-negras (*Prunus serotina*) em um bosque em Wisconsin em 1971 foi dominada por árvores que se estabeleceram entre 1931 e 1941.

- *Algumas espécies atingem densidades populacionais altas logo após sua introdução.* Espécies que recentemente escaparam do controle por fatores que normalmente as impedem de se tornarem mais abundantes podem temporariamente atingir densidades populacionais altas. As espécies introduzidas em uma nova região, onde os seus predadores e patógenos naturais estão ausentes, algumas vezes atingem densidades populacionais muito mais altas do que as encontradas em sua distribuição nativa.

O mexilhão-zebra (*Dreissena polymorpha*) da Europa, cujas larvas são levadas na água de lastro de navios cargueiros comerciais, se estabeleceu nos Grandes Lagos da América do Norte por volta de 1985. O mexilhão-zebra se espalhou rapidamente e atualmente ocupa grande parte da drenagem dos Grandes Lagos e do Rio Mississipi (**Figura 36.12**). Em alguns lugares, estes mexilhões têm atingido densidades tão altas quanto 400.000 indivíduos/m^2; essas densidades nunca foram registradas na Europa. As densidades do mexilhão-zebra na América do Norte podem diminuir no futuro se predadores e patógenos locais começarem a atacá-los.

- *Uma organização social complexa pode facilitar altas densidades.* Como vimos na Seção 35.6, as espécies altamente sociais, incluindo as formigas, cupins e seres humanos, podem atingir densidades populacionais incrivelmente altas.

Embora importantes, esses quatro fatores não podem explicar muitas diferenças observadas na abundância das espécies. Por exemplo, tanto as sequóias gigantes quanto os abetos de Douglas

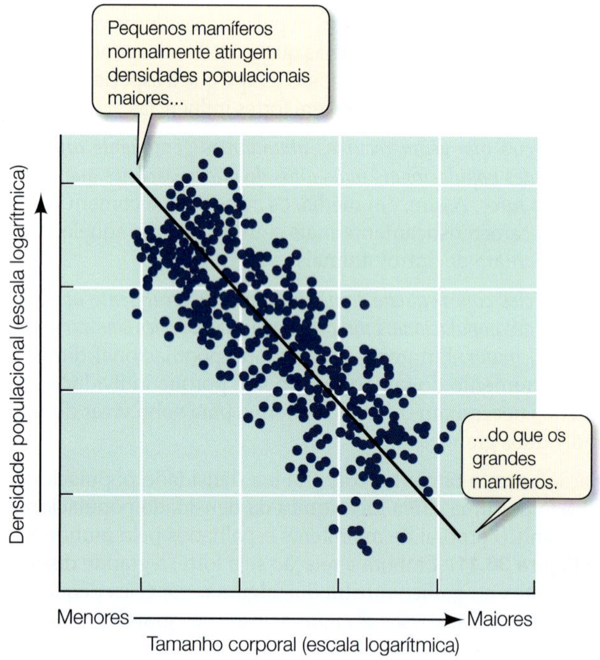
Pequenos mamíferos normalmente atingem densidades populacionais maiores...
...do que os grandes mamíferos.
Densidade populacional (escala logarítmica)
Menores
Maiores
Tamanho corporal (escala logarítmica)

Figura 36.11 A densidade populacional diminui com o aumento do tamanho corporal Esta tendência é ilustrada por uma curva logarítmica (isto é, cada uma das marcas representa um número 10 vezes maior do que a marca anterior) da densidade populacional pelo tamanho corporal de mamíferos de diferentes tamanhos. Cada ponto representa uma espécie de mamífero diferente e a inclinação resultante (linha reta) determina-se algebricamente.

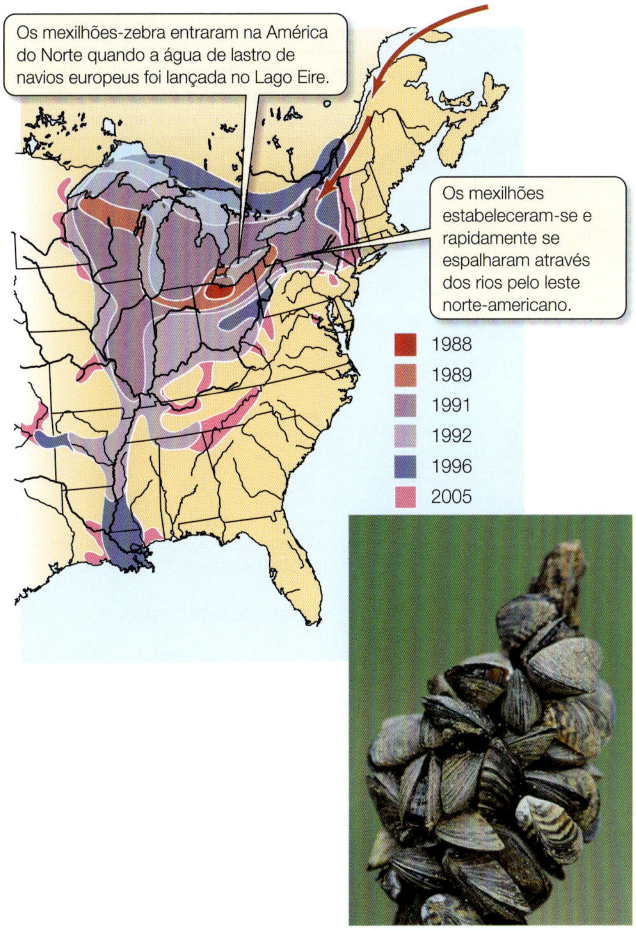
Os mexilhões-zebra entraram na América do Norte quando a água de lastro de navios europeus foi lançada no Lago Eire.
Os mexilhões estabeleceram-se e rapidamente se espalharam através dos rios pelo leste norte-americano.
1988
1989
1991
1992
1996
2005
Dreissena polymorpha

Figura 36.12 Mexilhões-zebra se espalharam rapidamente A distribuição dos mexilhões-zebra na América do Norte aumentou exponencialmente entre 1989 e 2005.

Sequoiadendron giganteum

Figura 36.13 O último refúgio A distribuição da sequóia gigante tem encolhido progressivamente em milhares de anos, principalmente devido a alterações climáticas. Somente uns poucos bosques de árvores permanecem espalhados em Sierra Nevada, Califórnia.

são árvores grandes que usam a mesma fonte de energia (luz do sol) e precisam dos mesmos nutrientes. Os abetos de Douglas são bem distribuídos e abundantes no oeste da América do Norte, enquanto as sequóias gigantes encontram-se restritas a uns poucos bosques no sul da Sierra Nevada na Califórnia (**Figura 36.13**). Da mesma maneira, cada uma das várias espécies de peixes do deserto estão restritas a uma única nascente no Vale da Morte (*Death Valley*), Califórnia, enquanto o *smallmouth bass* (*Micropterus dolomieui*) vive na maioria dos rios e lagos do leste norte-americano. Para explicar essas diferenças, precisamos entender a origem e a história passada dessas espécies.

Conforme descrito no Capítulo 23, uma nova espécie pode se originar de várias maneiras. Uma espécie que surge por poliploidia começa inevitavelmente com uma população local e muito pequena. Muitas espécies de plantas poliplóides surgidas recentemente não se espalharam além do seu local de origem. Elas apresentam uma pequena distribuição, embora as suas densidades populacionais locais possam ser altas. Da mesma forma, espécies que surgiram de eventos fundadores começam a sua história com uns poucos indivíduos apenas. Ao contrário, a maioria das espécies que surge de eventos vicariantes (ver Seção 34.4) começa com populações e distribuições grandes. Finalmente, quando uma espécie declina para a extinção, como pode estar acontecendo com as sequóias, sua distribuição encolhe até desaparecer com a morte do último indivíduo.

As interações com outras espécies também podem limitar a densidade e a distribuição de uma espécie. Exploraremos as conseqüências destas interações no Capítulo 37.

36.3 RECAPITULAÇÃO

Muitas populações apresentam grandes variações de densidade, mas mesmo as flutuações mais dramáticas são muito menores do que aquelas teoricamente possíveis. Os tamanhos populacionais limitam-se pela capacidade de suporte do ambiente, determinada pelas interações bióticas e pela disponibilidade de recursos.

- Por que as populações crescem exponencialmente apenas por curtos períodos? Ver p. 805-806.
- Como os fatores dependentes e independentes da densidade interagem para determinar as densidades populacionais? Ver p. 806-807 e Figura 36.9.
- Como a disponibilidade de recursos, o tamanho dos indivíduos, o tempo que a espécie vive na área e a organização social influenciam a densidade populacional? Ver p. 807-809.

Todas as espécies, independente de sua abundância, encontram-se apenas naqueles habitats onde podem sobreviver e se reproduzir bem o suficiente para persistir ao longo do tempo. No entanto, uma espécie é raramente encontrada em todos os habitats que parecem adequados para ela. A próxima seção explora por que isso acontece.

36.4 Como os ambientes variáveis espacialmente influenciam a dinâmica populacional?

A maioria dos guias de campo de história natural apresenta mapas que mostram a distribuição geográfica das espécies. Contudo, você sabe que não encontrará indivíduos de uma espécie em qualquer lugar dentro da área indicada pelo mapa. Nenhuma espécie, mesmo a mais abundante, encontra-se em toda a parte dentro da sua distribuição. Para saber onde procurar a espécie você consulta o texto que descreve o habitat no qual vive a espécie.

Muitas populações vivem em manchas de habitat separadas

A maioria das populações divide-se em *subpopulações* distintas separadas que vivem em diferentes manchas de habitat – áreas com um tipo específico de habitat cercado por outros tipos. A população maior, a qual as subpopulações pertencem, chama-se **metapopulação**. Cada subpopulação tem uma probabilidade de "nascimento" (colonização daquela mancha de habitat) e "morte" (extinção naquela mancha). O crescimento ocorre em cada subpopulação da forma que acabamos de discutir, mas como as subpopulações são muito menores do que a metapopulação, distúrbios locais e flutuações aleatórias no número de indivíduos são mais prováveis de causar a extinção da subpopulação do que a extinção de uma metapopulação inteira. No entanto, se os indivíduos costumarem mudar de subpopulações, os imigrantes podem prevenir uma subpopulação em declínio de tornar-ser extinta, um processo chamado **efeito resgate**.

A borboleta *Euphydryas editha bayensis* fornece um bom exemplo da dinâmica de metapopulações. As lagartas (larvas) desta borboleta se alimentam apenas de umas poucas espécies de plantas anuais que se restringem aos afloramentos de rochas serpentinas nas montanhas ao sul de São Francisco, Califórnia (EUA). Essa borboleta vem sendo estudada há muitos anos por biólogos da Universidade de Stanford. Durante os anos de seca, a maioria das plantas hospedeiras morre no início da primavera, antes das lagartas terem se desenvolvido o suficiente para serem capazes de entrar no estágio de descanso do verão. No mínimo três subpopulações dessa borboleta se extinguiram durante uma severa seca entre os anos de 1975 e 1977. A maior mancha de habitat apropriado para a espécie, Morgan Hill, normalmente sustentava milhares de borboletas (**Figura 36.14**). Até a população de Morgan Hill se tornar extinta recentemente, ela provavelmente serviu como fonte de indivíduos que dispersavam e recolonizavam pequenas manchas onde as borboletas tinham se extiguido.

Em outro estudo, os ecólogos manipularam o habitat de minúsculos artrópodes (colêmbolos – minúsculo hexápodo sem asas – e ácaros) para investigar sua dinâmica metapopulacional. Em um experimento, eles criaram manchas isoladas dos seus habitats – musgos crescendo em rochas – através da remoção do musgo de partes da superfície da rocha (**Figura 36.15, Experimento 1**). O número de espécies presentes nestas manchas diminuiu em cerca de 40% dentro de um ano, com mais espécies raras do que comuns desaparecendo das manchas. O experimento demonstrou que populações pequenas eram mais propensas à extinção do que as grandes.

Em um segundo experimento, os pesquisadores criaram manchas semelhantes conectadas por estreitos corredores de musgos que poderiam estar intactos ou separados por barreiras de apenas 10 milímetros (**Figura 36.15, Experimento 2**). As manchas conectadas por corredores intactos continham mais espécies de artrópodes após seis meses do que aquelas ligadas pelos "pseudocorredores" descontínuos. Neste caso, a falha de apenas 10 milímetros entre as manchas foi suficiente para reduzir o efeito resgate nestes minúsculos animais.

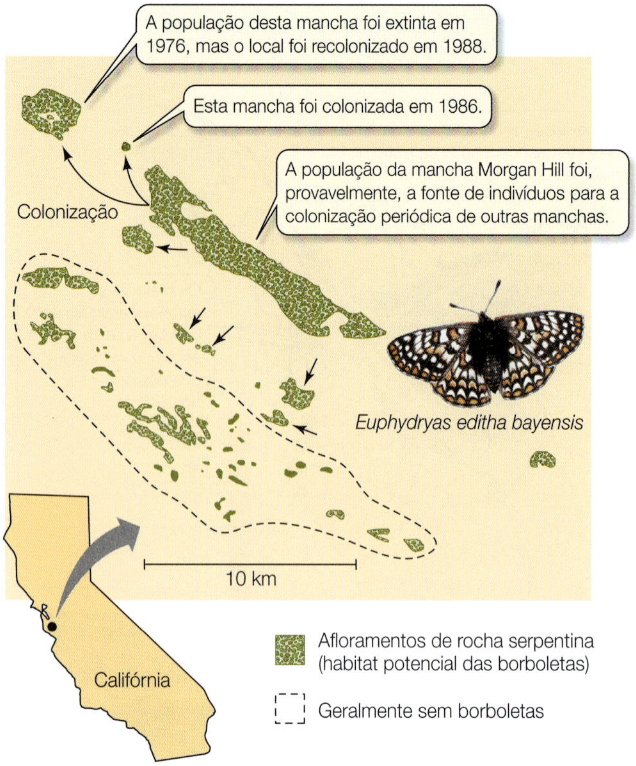
A população desta mancha foi extinta em 1976, mas o local foi recolonizado em 1988.
Esta mancha foi colonizada em 1986.
A população da mancha Morgan Hill foi, provavelmente, a fonte de indivíduos para a colonização periódica de outras manchas.
Colonização
Euphydryas editha bayensis
10 km
Califórnia
Afloramentos de rocha serpentina (habitat potencial das borboletas)
Geralmente sem borboletas

Figura 36.14 Dinâmica de metapopulação A população desta borboleta divide-se em um número de subpopulações confinadas a manchas de habitat (afloramentos de rocha serpentina) que contém as plantas das quais suas lagartas se alimentam. A extinção destas subpopulações é comum. Entretanto, nenhuma borboleta sobrevive atualmente em qualquer destas manchas de habitat.

Eventos ocorridos em locais distantes podem influenciar as densidades populacionais locais

Os guias de campo para aves possuem muitos mapas que mostram os locais de acasalamento e de inverno de espécies migratórias. Em alguns casos, o local onde passam o inverno localiza-se em outro continente. As populações de espécies migratórias podem ser influenciadas por eventos que ocorrem tanto no local de acasalamento quanto no de inverno, bem como nos locais onde os indivíduos param para descansar e se alimentar durante a migração. Para entender as flutuações nas populações de espécies migratórias, os ecólogos precisam estudar estes eventos ocorridos em locais distantes.

Um censo das aves em procriação conduzido em Eastern Wood, no sudeste da Inglaterra, ilustra este ponto. Entre 1950 e 1980, as populações de algumas espécies aumentaram enquanto outras diminuíram (**Figura 36.16**). A população do pombo-torcaz mais do que duplicou, mas a população da felosa-das-figueiras diminuiu a zero em 1971; desde então, não mais do que dois pares desta espécie acasalam-se na floresta. A população do chapim-azul aumentou de uns poucos pares para uma média de mais de 15 pares. Por que essas populações mostraram dinâmicas tão diferentes?

Os ecólogos não poderiam responder a essa questão, independente da quantidade de estudos que fizessem com as aves de Eastern Wood, pois duas dessas três espécies eram fortemente influenciadas por eventos externos a Eastern Wood. As pombas-

EXPERIMENTO

HIPÓTESE: Barreiras à recolonização mesmo quando pequenas podem reduzir o número de espécies em uma mancha de habitat.

MÉTODO

Podar o musgo que cresce sobre as rochas para formar diferentes manchas de habitat. O número de minúsculos indivíduos (principalmente artrópodes) que vivem nas manchas foi observado por um determinado período de tempo.

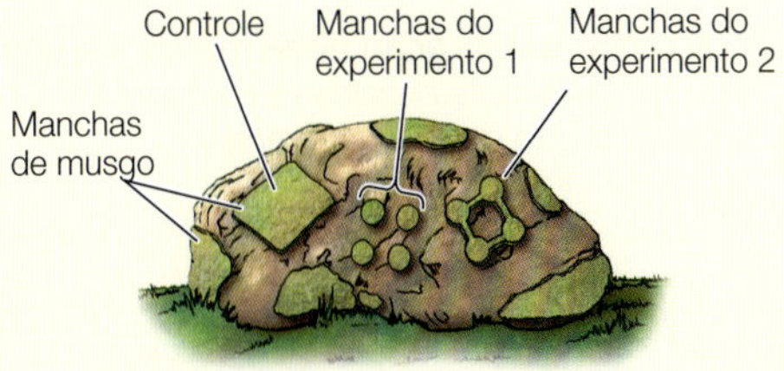
Controle
Manchas do experimento 1
Manchas do experimento 2
Manchas de musgo

Experimento 1

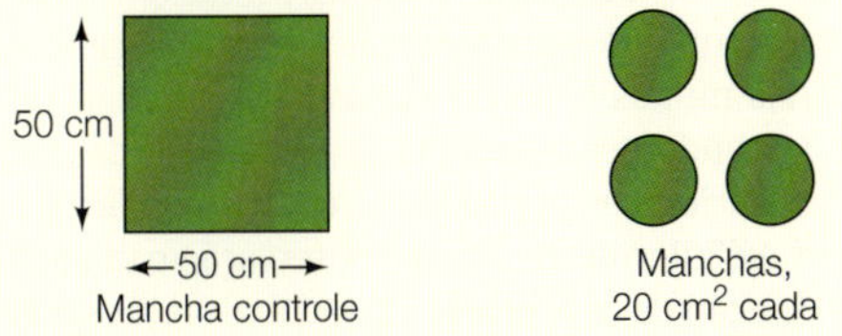
50 cm
50 cm
Mancha controle
Manchas, 20 cm² cada

RESULTADOS

40% das espécies das manchas foram extintas após 1 ano.

Experimento 2

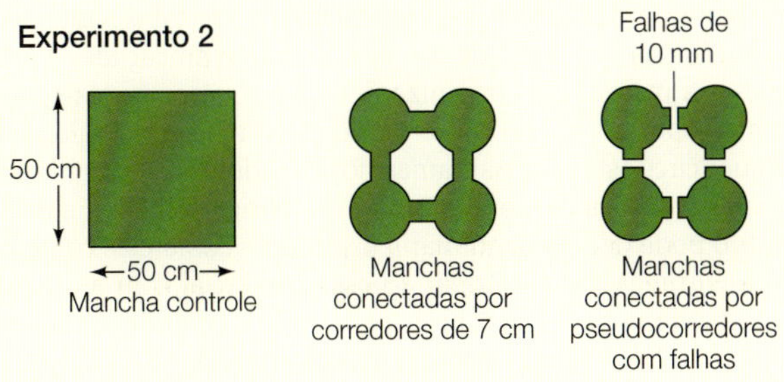
Falhas de 10 mm
50 cm
50 cm
Mancha controle
Manchas conectadas por corredores de 7 cm
Manchas conectadas por pseudocorredores com falhas

RESULTADOS: 14% das espécies foram extintas após 6 meses. 41% das espécies foram extintas após 6 meses.

CONCLUSÃO: Mesmo pequenas barreiras à recolonização aumentaram as taxas de extinção em uma metapopulação.

Figura 36.15 Barreiras estreitas são suficientes para separar subpopulações de artrópodes Muitas espécies de pequenos artrópodes foram extintas em manchas de habitat isoladas. Barreiras à dispersão tão pequenas quanto 10 milímetros impediram a recolonização das manchas. PESQUISA ADICIONAL: Estes experimentos investigaram a dispersão de espécies muito pequenas em distâncias diminutas e em um intervalo de tempo muito curto. É improvável que o número de espécies em uma mancha isolada tenha atingido o equilíbrio durante este tempo. Como os efeitos de longo prazo impostos pelas barreiras na dispersão poderiam ser investigados?

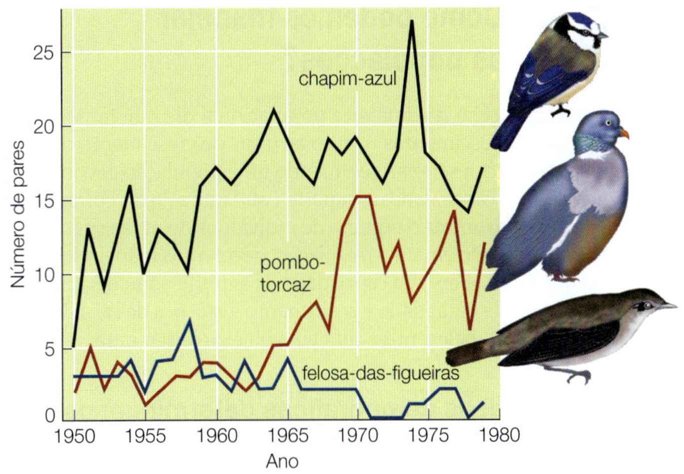
Número de pares
0
5
10
15
20
25
1950
1955
1960
1965
1970
1975
1980
Ano
chapim-azul
pombo-torcaz
felosa-das-figueiras

Figura 36.16 As populações podem ser influenciadas por eventos remotos As populações de algumas aves aumentaram em Eastern Wood, Inglaterra, enquanto outras diminuíram. A variação nas populações do pombo-torcaz (*Columba palumbus*) e da felosa-das-figueiras (*Sylvia borin*) foi fortemente influenciada por diferentes eventos que aconteceram longe de Eastern Wood. Somente a população de chapim-azul (*Parus caeruleus*) foi afetada por eventos na própria Eastern Wood.

trocazes cresceram muito sobre todo o sul da Inglaterra durante este período de 30 anos devido à adoção difundida da canola na agricultura. As plantações de canola forneciam alimento abundante durante o inverno para os pombos-torcazes. As felosas-da-figueira diminuíram, pois a sua sobrevivência era baixa no inverno devido à severa seca dos locais de invernação do oeste da África.

A população de chapins-azuis foi influenciada principalmente pelas mudanças na própria Eastern Wood. Até o início da década de 1950, as árvores da Eastern Wood eram derrubadas periodicamente e vendidas como madeira de lei. Após a parada da derrubada, uma maior quantidade de buracos, nos quais os chapins-azuis nidificam, tornaram-se disponíveis em árvores adultas mortas.

36.4 RECAPITULAÇÃO

A maioria das populações divide-se em subpopulações que vivem em manchas de hábitat adequado.

- Por que muitas populações são subdivididas em subpopulações? Ver p. 810 e Figura 36.14.
- Como as barreiras à dispersão podem reduzir a riqueza de espécies em uma mancha de habitat? Ver p. 810 e Figura 36.15.
- Como eventos ocorridos em sítios distantes podem influenciar as densidades populacionais locais? Ver p. 811.

Por muitos séculos, as pessoas tentaram reduzir as populações de espécies que consideravam indesejáveis e manter ou aumentar as populações de espécies úteis ou desejáveis. Esforços para controlar e manejar as populações, provavelmente obterão maior sucesso se forem baseados no conhecimento de como estas populações crescem e o que determina suas densidades. Vejamos de que forma essas informações podem ser utilizadas no manejo de populações.

36.5 Como podemos manejar as populações?

Um princípio geral da dinâmica populacional diz que tanto o número total de nascimentos quanto as taxas de crescimento dos indivíduos tendem a ser maiores quando uma população encontra-se bem abaixo da capacidade de suporte (ver Figura 36.8). Portanto, se desejarmos maximizar o número de indivíduos de uma espécie que pode ser explorado em uma população, deveremos manejá-la de tal forma que fique abaixo da capacidade de suporte a fim de apresentar altas taxas de natalidade e crescimento. Estações de caça de aves e mamíferos estabelecem-se com esse objetivo em mente.

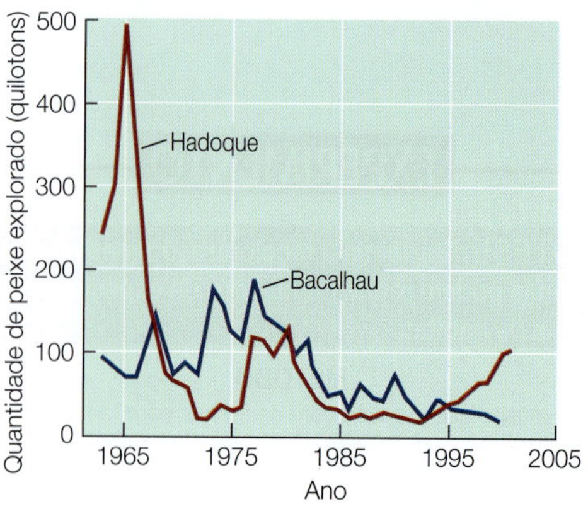
Quantidade de peixe explorado (quilotons)
500
400
300
200
100
0
Hadoque
Bacalhau
1965
1975
1985
1995
2005
Ano

Figura 36.17 A sobre-exploração pode reduzir as populações de peixes As populações de bacalhau e hadoque em Georges Bank entraram em colapso devido à sobrepesca.

Características demográficas determinam os níveis de exploração sustentável

Populações que possuem altas capacidades reprodutivas podem persistir mesmo com altas taxas de exploração. Em tais populações (que incluem muitas espécies de peixes), cada fêmea pode produzir milhares ou milhões de ovos. Nestas populações de reprodução rápida, as taxas de crescimento dependentes com freqüência da densidade. Assim, se indivíduos pré-reprodutivos são retirados da população a uma taxa alta, os indivíduos que permanecem podem crescer mais rapidamente. Algumas populações de peixes podem ser exploradas intensivamente em uma base sustentável porque um pequeno número de fêmeas produz ovos suficientes para manter a população.

Os peixes também podem ser sobrepescados, como ilustrado na história do peixe *Sebastes melanops* na Seção 36.2. Muitas populações de peixe foram demasiadamente reduzidas porque muitos indivíduos foram retirados e os poucos adultos reprodutivos remanescentes não conseguiram manter a população. O Georges Bank,* ao largo da costa da Nova Inglaterra – uma fonte de bacalhau, de hadoque e de outros peixes de primeira qualidade – foi tão explorado durante o século XX que muitos estoques de peixes reduziram-se a níveis insuficientes para sustentar a pesca comercial (**Figura 36.17**). Atualmente, a pesca do hadoque está suficientemente recuperada porque a exploração comercial foi interrompida e só reiniciada após a população estar recuperada. Um caso diferente ocorreu com o bacalhau. Em contraste, os gestores ambientais reduziram levemente a pressão de pesca sobre esta espécie; a sua população não cresceu.

Os registros de pesca da metade do século XIX da Nova Inglaterra continham dados geográficos específicos da atividade. Usando estes documentos, os pesquisadores estimaram que a biomassa de bacalhaus no rico banco de pesca do sul da Nova Escócia era de, aproximadamente, 1.260.000 toneladas métricas em 1852. Atualmente, a biomassa do bacalhau é menor do que 50.000 toneladas métricas.

A indústria baleeira também provocou uma sobre-exploração. Os baleeiros do século XX caçaram a baleia-azul, o maior animal da Terra, até quase a extinção. Eles, então, se voltaram para espécies menores de baleia, ainda suficientemente numerosas para suportar operações baleeiras comercialmente viáveis. A maioria das populações de baleia não conseguiu se recuperar.

O manejo de populações de baleias é difícil por duas razões. Primeiro, ao contrário da maioria dos peixes, as baleias, na condição de mamíferos, reproduzem-se a taxas muito baixas. Elas vivem anos antes de se tornarem sexualmente maduras, produzem apenas uma cria por vez e apresentam longos intervalos entre nascimentos. Assim, são necessárias muitas baleias adultas para produzir um pequeno número de descendentes. Segundo, devido ao fato das baleias serem amplamente distribuídas por todos os oceanos da Terra, elas constituem um recurso internacional cuja conservação e manejo inteligente depende da ação de cooperação de todas as nações baleeiras.

Por essas razões, não surpreende que a Comissão Internacional da Baleia, estabelecida como um grupo internacional para controlar a recuperação das populações de baleias, apresente uma história de disputas. As nações que fazem parte da comissão inicialmente votaram a favor da proibição de toda a exploração comercial de baleias, mas alguns participantes pressionaram para o restabelecimento da exploração das espécies que não se encontram ameaçadas. Outras nações e a maioria das organizações não-governamentais continuam se opondo ao recomeço da pesca comercial de baleias sob qualquer circunstância. As tramas nos bastidores são complexas, e as recomendações da Comissão não são obrigatórias. Uma nação-membro pode decidir continuar a exploração comercial, como tem feito a Noruega, ou continuar a pesca comercial com a desculpa de conduzir pesquisas científicas para melhor entender a dinâmica populacional das baleias, como tem feito o Japão.

As forças do comércio têm maior probabilidade de provocar o fim da pesca comercial de baleias do que as pressões internacionais. Por exemplo, o Instituto de Pesquisa de Cetáceos do governo japonês conta com a venda de carne de baleia para custear o seu programa de "pesquisa", mas cada vez menos japoneses consomem carne de baleia. Existe um excesso desta carne no mercado apesar das campanhas governamentais incentivando os jovens a comê-la e fornecendo "hambúrguer" de baleia para os lanches escolares. Defrontando-se com o mercado em declínio, o governo japonês pode perder a razão para forçar o recomeço da pesca comercial das baleias.

Informações demográficas são utilizadas para controlar populações

Os mesmos princípios de manejo devem ser aplicados se desejarmos reduzir o tamanho das populações de espécies indesejadas e mantê-las em baixas densidades. As populações normalmente apresentam altas taxas de nascimento sob densidades bem abaixo da capacidade de suporte e podem, assim, resistir a taxas de mortalidade mais altas do que quando estão próximas da capacidade de suporte. Quando a dinâmica populacional influencia-se principalmente por

* N. do T. Georges Bank: vasta área de fundo aceânico elevado que separa o Golfo do Maine do Oceano Atlântico e é rica em recursos pesqueiros.

Bufo marinus

Figura 36.18 Controle biológico errado Os sapos *Bufo marinus* não apenas falharam no controle dos destrutivos besouros-da-cana na Austrália, mas aumentaram muito em número e, atualmente, ameaçam muitas espécies de animais australianos.

fatores dependentes da densidade, matar parte da população geralmente a reduz para uma densidade na qual ela se reproduz a uma taxa maior. Uma abordagem mais efetiva para reduzir essa população consiste em remover os seus recursos, desta forma diminuindo a capacidade de suporte de seu ambiente. Por exemplo, podemos acabar mais facilmente com os camundongos de nossos aterros de lixo e cidades tornando o resíduo indisponível (reduzindo a capacidade de suporte do ambiente do camundongo) do que os envenenando (o que somente aumenta a sua taxa reprodutiva). No entanto, essa opção não é útil para o controle de pestes agrícolas uma vez que a alta densidade do cultivo constitui o objetivo do manejo.

Conforme vimos no começo deste capítulo, os homens tentam controlar a sua presa ou as populações de espécies indesejadas através da introdução de predadores; isso funcionou para *Opuntia* e *Cactoblastis* na Austrália. Algumas vezes esses esforços obtém sucesso, mas em outras tantas, não.

Às vezes um predador ou parasito introduzido simplesmente falha em controlar a sua presa ou o seu hospedeiro; conseqüências mais sérias ocorrem quando a espécie introduzida para controlar uma praga exótica não apenas ataca a praga, mas também destrói outras espécies consideradas valiosas. Isso aconteceu com o *Cactoblastis* no México e sudoeste dos Estados Unidos. Fato semelhante também ocorreu quando o sapo *Bufo marinus* oriundo da América Central foi introduzido na Austrália (**Figura 36.18**). Essa introdução serviu apenas para demonstrar uma das piores tragédias ecológicas da Austrália.

A intenção era utilizar os sapos no controle dos besouros-da-cana que estavam atacando as plantações de cana-de-açúcar no norte da Austrália. Acreditava-se que os sapos haviam controlado esses besouros no Havaí, então liberou-se um lote de sapos nas plantações australianas. Infelizmente, os sapos não conseguiam alcançar os besouros que ficavam na parte superior dos pés de cana-de-açúcar e, assim, não causaram nenhum efeito sobre a população de besouros. Contudo, produziram um efeito devastador sobre outras espécies.

Todos os estágios do ciclo de vida de *Bufo marinus* são venenosos, e cobras e mamíferos que os ingeriam, geralmente, morriam. Os sapos se multiplicaram rapidamente e passaram a competir por recursos com as espécies nativas de anfíbios. Eles se difundiram do norte da Austrália para a costa leste, onde ameaçam as espécies de sapos nativos. Atualmente, o governo australiano gasta milhões de dólares na tentativa de manipular geneticamente um patógeno que afetará exclusivamente o *B. marinus*.

Podemos manejar nossa própria população?

O manejo de nossa própria população tornou-se uma questão de grande preocupação, porque o tamanho do contingente humano contribui com a maioria dos problemas ambientais que hoje enfrentamos, da poluição à extinção de outras espécies. Por milhares de anos, a capacidade de suporte da Terra para populações humanas mante-ve a um baixo nível pelos suprimentos de alimento e água e por doenças. Vimos na Seção 35.6 como o comportamento social e a especialização humana nos permitem desenvolver tecnologias para aumentar nossos recursos e combater doenças. Nosso comportamento social, a domesticação de plantas e animais, a melhoria da produtividade na agricultura e na pecuária, a mineração e o uso de combustíveis fósseis e o desenvolvimento da medicina moderna contribuíram para um aumento surpreendente da população humana na Terra.

Levou mais de 10 mil anos para a população de *Homo sapiens* da Terra atingir 1 bilhão, o que ocorreu no final do século XIX. Nos subseqüentes 125 anos, a população humana aumentou para 6,5 bilhões. A taxa de crescimento diminuiu um pouco nas duas últimas décadas; o World Resources Institute estima a atual taxa de crescimento mundial em cerca de 1,1% por ano. Todavia com uma base de 6,5 bilhões, mesmo uma taxa mínima de crescimento significa um acréscimo de milhões de indivíduos.

Se metade das pessoas vivas hoje desaparecesse misteriosamente da Terra da noite para o dia, ainda assim existiria mais do dobro de indivíduos do que em 1900.

A atual capacidade de suporte da Terra para a humanidade determina-se pela habilidade da biosfera em absorver os subprodutos – especialmente o dióxido de carbono – de nosso enorme consumo de combustíveis fósseis, pela disponibilidade de água (em muitas áreas) e por nossa propensão ou não em causar a extinção de milhões de outras espécies para acomodar nosso uso crescente de recursos do planeta. Exploraremos os ciclos globais desses recursos no Capítulo 38 e listaremos algumas das conseqüências das altas densidades populacionais humanas e do alto uso *per capita* de recursos necessários para a sobrevivência de outras espécies no Capítulo 39. O Capítulo 39 também discutirá as ações que estão sendo tomadas para investigar e manter a diversidade biológica da Terra.

36.5 RECAPITULAÇÃO

Os esforços para controlar e manejar populações obtém maior sucesso quando são basedos no conhecimento de como estas populações crescem e do que determina as suas densidades. Em densidades bem abaixo da capacidade de suporte, as populações geralmente apresentam alta taxa de natalidade e podem, assim, sustentar taxas de mortalidade mais altas do que quando estão mais próximas da capacidade de suporte.

- Que princípios ecológicos gerais guiam os esforços humanos para o manejo de outras espécies?

RESUMO DO CAPÍTULO

36.1 Como os ecólogos estudam as populações?

Uma **população** consiste nos indivíduos de uma espécie dentro de uma determinada área em um certo intervalo de tempo.

A distribuição etária e a localização dos indivíduos em uma população descrevem a **estrutura populacional**.

A **densidade populacional** é o número de indivíduos por unidade de área ou volume.

Os **eventos demográficos** como os nascimentos, os óbitos, as imigração e as emigração afetam a estrutura de uma população.

Os ecólogos freqüentemente marcam e acompanham os animais em estudos populacionais.

O tamanho populacional pode ser estimado a partir de amostras representativas.

As **tabelas de vida** fornecem um resumo dos nascimentos, mortes e outros eventos demográficos em uma população. Rever Tabela 36.1

Uma tabela de vida acompanha uma **coorte** de indivíduos que nasceram no mesmo intervalo de tempo e registra sua **supervivência** ao longo do tempo.

36.2 Como as condições ecológicas afetam as bionomias?

A **bionomia** de uma espécie registra como ela distribui o seu tempo e energia entre o crescimento, reprodução e outras atividades.

As taxas de mortalidade podem influenciar a evolução das características bionômicas.

36.3 Quais os fatores que influenciam as densidades populacionais?

Muitas populações possuem densidades bastante flutuantes, mas mesmo as flutuações mais drásticas são muito menores do que as teoricamente possíveis.

As populações podem apresentar um **crescimento exponencial** por períodos curtos, mas à medida que a **capacidade de suporte ambiental** se aproxima, ela ocasiona uma diminuição na taxa de natalidade e um aumento na taxa de mortalidade. Rever Figura 36.7.

O **crescimento logístico** trata-se do padrão visto quando o crescimento de uma população diminui quando a sua densidade se aproxima da capacidade de suporte ambiental. Rever Figura 36.8.

As densidades populacionais determinam-se pela influência combinada de fatores dependentes e independentes da densidade. Rever Figura 36.9

Como e quando as espécies surgem influenciam a sua distribuição e a sua densidade populacional local.

Vários fatores – incluindo a abundância de recursos, o tamanho dos indivíduos em uma população, o tempo que a espécie está presente na área e a organização social – exercem fortes influências nas densidades atingidas pelas populações de diferentes espécies.

36.4 Como os ambientes variáveis espacialmente influenciam a dinâmica populacional?

Nenhuma espécie se encontra em toda parte dentro da sua distribuição geográfica. Os indivíduos da maioria das espécies vivem como subpopulações separadas em **manchas de hábitat** adequado.

Uma **metapopulação** é formada por subpopulações separadas entre as quais alguns indivíduos se movem com regularidade.

A extinção de uma subpopulação pode ser evitada pela imigração de indivíduos de uma outra subpopulação; este processo denomina-se **efeito resgate**.

Eventos ocorridos em locais distantes podem influenciar as densidades populacionais locais.

36.5 Como podemos manejar as populações?

Para maximizar o número de indivíduos que podem ser explorados em uma população, esta deve manter-se bem abaixo da capacidade de suporte do ambiente.

As espécies que possuem alta capacidade reprodutiva podem subsistir mesmo quando intensamente exploradas.

A redução da capacidade de suporte do ambiente consiste em uma maneira mais efetiva de reduzir uma população indesejada do que matar os seus indivíduos.

Predadores podem ser introduzidos para controlar populações de espécies introduzidas, no entanto esses podem causar outros problemas.

A capacidade de suporte da Terra para os seres humanos depende do nosso uso dos recursos e dos efeitos das nossas atividades sobre as outras espécies.

QUESTÕES

1. A distribuição etária dos indivíduos em uma população e a maneira como eles se distribuem no ambiente descreve a:
   a. dinâmica populacional.
   b. regulação populacional.
   c. estrutura populacional.
   d. estrutura da subpopulação.
   e. distribuição da biomassa.
2. A distribuição etária de uma população é determinada pelo:
   a. momento dos nascimentos.
   b. momento dos óbitos.
   c. momento dos nascimentos e óbitos.
   d. taxa de crescimento populacional.
   e. todas as respostas acima.
3. Qual das respostas não constitui um evento demográfico?
   a. Crescimento.
   b. Nascimento.
   c. Morte.
   d. Imigração.
   e. Emigração.
4. Um grupo de indivíduos nascidos em um mesmo momento é conhecido como:
   a. deme.
   b. subpopulação.
   c. população mendeliana.
   d. coorte.
   e. táxon.
5. Uma população cresce a uma proporção próxima da sua taxa intrínseca de crescimento natural quando:
   a. suas taxas de natalidade são mais altas.
   b. suas taxas de mortalidade são mais baixas.
   c. as condições ambientais são ótimas.
   d. está próxima da capacidade de suporte ambiental.
   e. está bem abaixo da capacidade de suporte ambiental.
6. O processo através do qual os imigrantes impedem uma subpopulação de se tornar extinta chama-se de:
   a. efeito colonização.
   b. efeito resgate.
   c. efeito metapopulação.
   d. efeito deriva genética.
   e. efeito salvamento.
7. Os fatores dependentes da densidade têm um maior efeito sobre as densidades populacionais quando:
   a. somente as taxas de natalidade variam em resposta à densidade.
   b. somente as taxas de mortalidade variam em resposta à densidade.
   c. doenças se espalham pela população em qualquer densidade.
   d. tanto as taxas de natalidade quanto de mortalidade variam em resposta à densidade.
   e. as densidades populacionais variam muito pouco.
8. Uma metapopulação é:
   a. uma população surpreendentemente grande.
   b. uma população que está espalhada por uma área muito grande.
   c. um grupo de subpopulações entre as quais alguns indivíduos se movimentam.
   d. um grupo de subpopulações isoladas umas das outras.
   e. um grupo de subpopulações entre as quais os indivíduos freqüentemente se movimentam.
9. A melhor maneira de reduzir a população de uma espécie indesejada a longo prazo é
   a. diminuir a capacidade de suporte do ambiente para a espécie.
   b. matar seletivamente os adultos reprodutivos.
   c. matar seletivamente os indivíduos pré-reprodutivos.
   d. tentar matar indivíduos de todas as idades.
   e. esterilizar indivíduos.
10. As populações mais sujeitas à sobre-exploração são caracterizadas por apresentarem
    a. adultos de vida muito longa.
    b. períodos pré-reprodutivos curtos e muitos descendentes.
    c. períodos pré-reprodutivos curtos e poucos descendentes.
    d. períodos pré-reprodutivos longos e poucos descendentes.
    e. períodos pré-reprodutivos longos e muitos descendentes.

PARA DISCUSSÃO

1. A maioria das espécies cujas populações desejamos manejar para atingir densidades mais altas tem vida longa e baixas taxas reprodutivas, enquanto a maioria das espécies cujas populações desejamos diminuir tem vida curta, mas altas taxas reprodutivas. Qual o significado destas diferenças para as estratégias de manejo e a eficiência de práticas de manejo?
2. Em meados do século XIX, a população humana da Irlanda era muito dependente de um único alimento, a batata. Quando uma doença comprometeu seriamente a safra de batatas, a população diminuiu drasticamente por três razões: (1) uma grande porcentagem da população emigrou para os Estados Unidos e outros países, (2) a idade média de uma mulher ao casar aumentou de cerca de 20 anos para cerca de 30 anos e (3) muitas famílias morreram de fome ao invés de aceitar comida da Inglaterra. Nenhuma dessas mudanças sociais foi planejada em nível nacional, embora todas tenham contribuído para o ajustamento do tamanho populacional até a nova capacidade de suporte. Discuta os princípios ecológicos envolvidos, usando exemplos de outras espécies. O que você teria feito se estivesse a cargo da política populacional da Irlanda nesta época?
3. Como algumas espécies introduzidas para controlar pragas acabaram se tornando um problema, alguns cientistas defendem que a introdução de espécies não deveria ser utilizada para o controle de pragas em nenhuma circunstância. Outros argumentam que se as introduções forem devidamente pesquisadas e monitoradas devemos continuar a utilizá-las enquanto parte do conjunto de ferramentas para o manejo de populações de pragas. Qual destas correntes você apóia e por quê?

PARA INVESTIGAÇÃO

As espécies cujas metapopulações foram estudadas no experimento descrito na Figura 36.15 eram de minúsculos animais com limitadas capacidades de dispersão. Como os experimentos poderiam ser planejados para testar o papel das barreiras na recolonização na dinâmica populacional de espécies como aves, lagartos e mamíferos, os quais facilmente dispersam através de grandes áreas? Você esperaria que os resultados desses experimentos fossem semelhantes àqueles encontrados para os pequenos artrópodes em rochas? Por quê?

CAPÍTULO 37 Ecologia de Comunidades

Hospedeiro doce hospedeiro

Muitas espécies de plantas produzem um néctar doce em suas flores. Esse néctar floral atrai os polinizadores – animais que auxiliam as plantas em sua reprodução. Contudo, as plantas de pelo menos várias centenas de gêneros também produzem néctar em partes não-reprodutivas (vegetativas). Esse néctar *extrafloral* atrai formigas. A planta proporciona néctar para as formigas, bem como outras recompensas alimentares e, em alguns casos, locais para o ninho. As formigas, por sua vez, patrulham a planta e atacam herbívoros, patógenos e plantas competidoras.

Algumas dessas plantas que hospedam formigas dependem dos insetos para sobreviver. As formigas, por sua vez, vivem e dependem de uma única espécie de planta. O fenômeno tem sido muito estudado entre as árvores espinhosas da América Central do gênero *Acacia* e as formigas do gênero *Pseudomyrmex*. Como os dois parceiros desse *mutualismo* se reproduzem de modo independente, a associação precisa ser restabelecida em cada geração subseqüente. Indivíduos de espécies de formigas competidoras, que consomem o néctar mas não defendem a planta, podem chegar a uma planta jovem antes que as formigas mutualistas a tenham colonizado e expulsá-las.

Como as plantas atraem as formigas que as ajudarão enquanto desencorajam as formigas que apenas se alimentarão do seu néctar e partirão?

Uma estratégia utilizada pelas plantas para atrair os insetos certos consiste no controle da composição do néctar. O néctar produzido pela maioria das plantas contém sacarose e quantidades variadas de glicose e frutose. A sacarose é um alimento particularmente importante para a maioria das espécies de formiga, que produzem uma enzima chamada invertase que quebra a sacarose em monômeros facilmente transportados através das membranas celulares. Surpreendentemente, descobriu-se que, embora os néctares das espécies de acácia que não apresentam uma associação íntima com as formigas contêm sacarose, o néctar de várias espécies de acácias defendidas por formigas especialistas não a apresentam.

O néctar sem sacarose não é atrativo para formigas generalistas, pois elas não podem digerir o seu açúcar. As formigas especialistas, por outro lado, comem prontamente o néctar sem sacarose das acácias e o digerem com eficiência. Por quê? Porque o néctar da planta mutualista apresenta uma característica que torna possível a sua digestão pelas formigas especialistas: contém uma enzima que estimula uma atividade enzimática específica no intestino das formigas especialistas que permite a elas digerir os açúcares encontrados no néctar.

Portanto, o néctar produzido por essas espécies que apresentam uma íntima associação com as formigas difere quimicamente do néctar produzido por outras acácias, mesmo em espécies aparentadas. Além disso, as enzimas digestivas das formigas especialistas diferem das enzimas das formigas generalistas. Essas diferenças sugerem que a associação mutuamente benéfica entre as acácias e as formigas existe há mui-

Lar doce lar Uma formiga operária (*Pseudomyrmex flavicornis*) entra pelo buraco no espinho da acácia (*Acacia cornigera*) na Costa Rica. O buraco fornece um local para o ninho. A formiga protege a árvore de muitos herbívoros.

Tudo que você puder comer A formiga *Pseudomyrmex ferrugineus* junto às estruturas de Belt (*beltian bodies*) da *Acacia collinsii*. Estas estruturas não possuem outra função além de servir como alimento para as larvas das formigas; a árvore não tem outro benefício além de colaborar para a presença das formigas protetoras.

to tempo. Durante este tempo, as características que beneficiam as formigas especialistas, mas excluem as outras espécies que não ajudam a planta, evoluíram em ambas as partes.

Todas as espécies interagem com outras espécies de várias maneiras. A maioria destas associações não é tão especializada como esta entre as acácias e as formigas, mas, apesar disso, elas influenciam a estrutura e dinâmica das comunidades ecológicas. Como elas fazem isso é o assunto deste capítulo.

NESTE CAPÍTULO descrevemos as comunidades ecológicas, discutimos os processos que determinam a estrutura da comunidade e mostramos como estes processos interagem na natureza. Também consideramos como as perturbações afetam as comunidades e como as comunidades ecológicas são formadas ao longo do tempo. Concluímos considerando os fatores que determinam de que maneira muitas espécies podem viver juntas em comunidades ecológicas.

DESTAQUES DO CAPÍTULO

37.1 O que são comunidades ecológicas?

Charles Darwin é lembrado principalmente pelas suas contribuições à teoria evolutiva, mas como mostra a citação a seguir do livro *A Origem das Espécies*, ele foi também um ecólogo pioneiro em entender a natureza e a complexidade das relações entre as espécies que vivem em um determinado local.

> É interessante contemplar um terreno coberto com plantas de muitos tipos, com aves cantando nos arbustos, com vários insetos esvoaçando de lá pra cá e com vermes rastejando pela terra úmida e refletir como estas formas cuidadosamente construídas, tão diferentes e tão dependentes umas das outras de maneira tão complexa, foram criadas pelas leis que agem entre nós.

As espécies que vivem e interagem em uma área constituem uma **comunidade** ecológica. O "terreno" próximo da casa de Darwin era uma comunidade ecológica com limites bem definidos por plantações, pastagens e jardins adjacentes. Contudo, os seres vivos que viviam no terreno não estavam confinados dentro daqueles limites. Algumas das sementes que caíram no terreno e se desenvolveram em árvores ou arbustos vieram de plantas que viviam distantes dali. As aves e os insetos que Darwin observou devem ter voado para dentro e para fora do terreno provenientes de uma área maior. Para saber quais espécies viviam no terreno e como interagiam, ele precisava entender esses movimentos. O conhecimento de como o terreno mudou ao longo do tempo também era relevante. Geleiras haviam coberto a área 10 mil anos antes. As espécies de plantas que Darwin observou tinham colonizado a Grã-Bretanha em diferentes momentos ao longo dos milhares de anos desde o derretimento das geleiras.

Comunidades são conjuntos variáveis de espécies

No começo do século XX, dois importantes ecólogos vegetais norte-americanos debateram a natureza das comunidades. Em 1926, Henry Gleason afirmou que as comunidades de plantas eram conjuntos variáveis de espécies, cada uma das quais era individualmente distribuída de acordo com as suas interações únicas com o ambiente físico. Por outro lado, em um artigo publicado em 1936, Frederick Clements afirmou que as comunidades vegetais eram "superorganismos" firme-

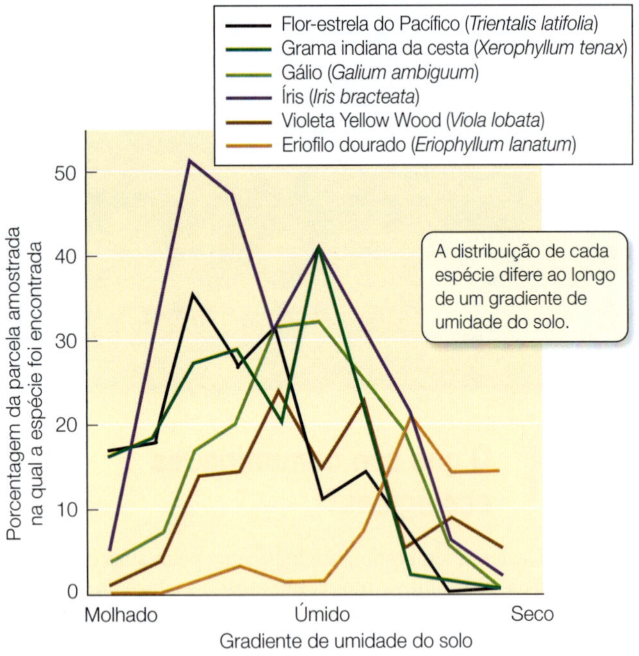
Flor-estrela do Pacífico (*Trientalis latifolia*)
Grama indiana da cesta (*Xerophyllum tenax*)
Gálio (*Galium ambiguum*)
Íris (*Iris bracteata*)
Violeta Yellow Wood (*Viola lobata*)
Eriofilo dourado (*Eriophyllum lanatum*)
A distribuição de cada espécie difere ao longo de um gradiente de umidade do solo.
Porcentagem da parcela amostrada na qual a espécie foi encontrada
50
40
30
20
10
0
Molhado
Úmido
Seco
Gradiente de umidade do solo

Figura 37.1 Distribuição de plantas ao longo de um gradiente ambiental A abundância de diferentes espécies de plantas muda gradualmente e individualmente ao longo de um gradiente de umidade do solo nas Montanhas Siskiyou do Oregon, EUA.

mente integrados e que as comunidades de ambientes semelhantes deveriam ter a mesma composição de espécies, a menos que tivessem sido recentemente perturbadas.

O debate resolveu-se através de estudos detalhados da distribuição das plantas. Especialmente influentes foram as análises da vegetação das Montanhas Siskiyou do Oregon (EUA), desenvolvidas por Robert Whittaker. Elas mostraram que diferentes combinações de espécies de plantas encontravam-se em diferentes locais. As espécies entram e saem das comunidades independentemente dentro de gradientes ambientais (**Figura 37.1**). Esses e outros resultados geralmente sustentam a visão de Gleason sobre a natureza das comunidades. No entanto, onde as condições ambientais variam abruptamente, como acontece nas margens de lagos e rios, a distribuição de muitas espécies pode terminar em um mesmo local.

Deste modo, as comunidades ecológicas não constituem conjuntos de indivíduos que se movimentam como uma unidade quando as condições ambientais variam. Ao contrário, cada espécie possui interações únicas com o seu ambiente biótico e abiótico. Todavia se as comunidades ecológicas são apenas conjuntos variáveis de espécies, por que nos interessamos por elas? Em parte, nos importamos com as comunidades ecológicas porque desejamos saber como funcionam estes conjuntos de espécies, por mais variáveis que eles sejam. Contudo, também nos interessamos por elas porque também somos parte dessas comunidades. Interagimos com muitas outras espécies e, como veremos, estas interações afetam o bem-estar humano de muitas formas.

Os seres vivos de uma comunidade utilizam várias fontes de energia

A maioria das comunidades ecológicas contém milhares de espécies que interagem em uma infinidade de maneiras com as outras espécies e com o ambiente. Assim, tentar entender de que forma as comunidades funcionam pode parecer uma missão impossível. Felizmente, não precisamos saber todos os detalhes para obter progressos consideráveis. Podemos entender uma grande parte do funcionamento da comunidade apenas descobrindo quem come quem. As espécies em uma comunidade podem dividir-se em níveis tróficos com base na sua fonte de energia (**Tabela 37.1**). Um **nível trófico** consiste nos seres vivos cuja fonte de energia passou através do mesmo número de etapas para atingi-lo. As plantas e outras espécies fotossintetizantes (*autotróficos*) adquirem sua energia diretamente da luz do sol. Coletivamente, elas constituem o nível trófico dos ***fotossintetizantes*** ou **produtores primários**. Elas produzem as moléculas orgânicas ricas em energia que quase todos os outros seres vivos consomem.

Na maioria das comunidades ecológicas, todas as espécies não-fotossintetizantes (*heterotróficos*) consomem, direta ou indiretamente, as moléculas orgânicas ricas em energia produzidas pelos produtores primários. As espécies que comem as plantas constituem o nível trófico dos *herbívoros* ou **consumidores primários**. As espécies que comem os herbívoros chamam-se **consumidores secundários**. Aqueles que comem os consumidores secundários chamam-se *consumidores terciários* e assim por diante. As espécies que comem cadáveres ou excretas de seres vivos chamam-se *detritívoros* ou **decompositores**. As espécies que obtêm seu alimento de mais de um nível trófico

TABELA 37.1 Os principais níveis tróficos

NÍVEL TRÓFICO	FONTE DE ENERGIA	EXEMPLOS
Fotossintetizantes (produtores primários)	Energia solar	Plantas, bactérias e protistas fotossintetizantes
Herbívoros (consumidores primários)	Tecidos de produtores primários	Cupins, gafanhotos, anchovas, veados e gansos
Carnívoros primários (consumidores secundários)	Herbívoros	Aranhas, mariquitas, lobos e copépodos
Carnívoros secundários (consumidores terciários)	Carnívoros primários	Atuns, falcões e orcas
Onívoros	Vários níveis tróficos	Homens, gambás, caranguejos e tordos
Detritívoros (decompositores)	Cadáveres e excretas de outros seres vivos	Fungos, muitas bactérias, urubus e minhocas

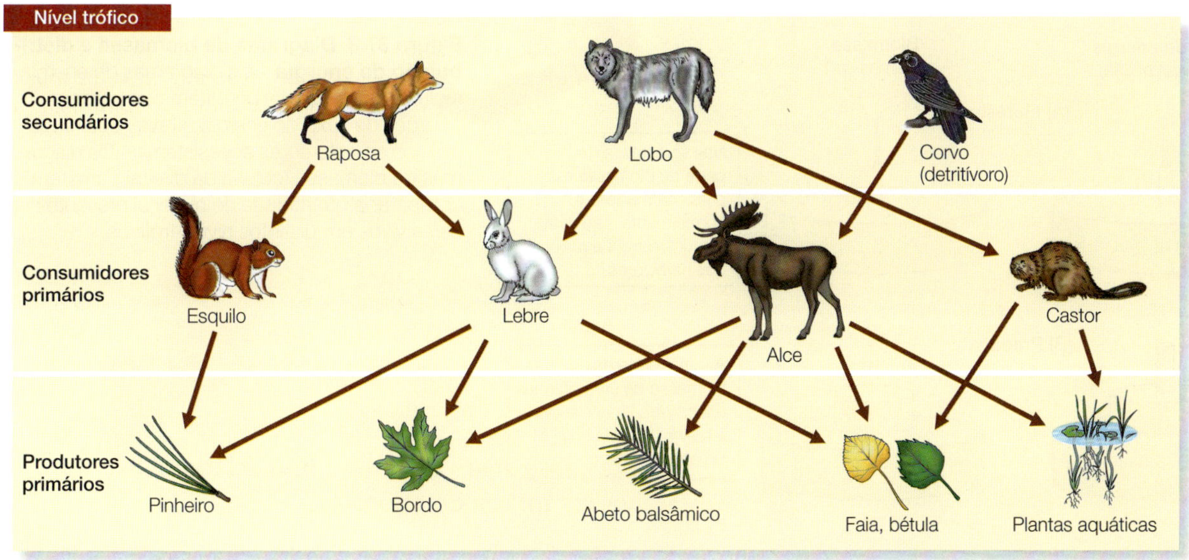
Nível trófico
Consumidores secundários
Consumidores primários
Produtores primários
Raposa
Lobo
Corvo (detritívoro)
Esquilo
Lebre
Alce
Castor
Pinheiro
Bordo
Abeto balsâmico
Faia, bétula
Plantas aquáticas

Figura 37.2 As teias alimentares mostram as interações tróficas em uma comunidade Esta teia alimentar do Parque Nacional Isle Royale, localizado em uma grande ilha no Lago Superior, inclui apenas grandes vertebrados e as plantas das quais eles dependem. Mesmo com estas restrições, a teia é complexa. As setas mostram quem se alimenta de quem.

denominam-se *onívoros**. Como muitas espécies são onívoras, os níveis tróficos freqüentemente não se mostram muito claros, mas se lembrarmos que os limites entre eles são vagos, o conceito ainda fornece um caminho útil para avaliar o fluxo de energia dentro das comunidades.

Uma seqüência de interações nas quais uma planta é consumida por um herbívoro, o qual, por sua vez, é comido por um consumidor secundário e assim por diante, pode ser desenhada como uma **cadeia alimentar**. As cadeias alimentares são geralmente interconectadas, formando uma **teia alimentar**, porque a maioria das espécies em uma comunidade se alimenta e serve de alimento a mais de uma espécie (**Figura 37.2**). As comunidades ecológicas contêm tantas espécies que se torna impossível mostrar todas elas em uma teia alimentar. Mesmo assim, diagramas simplificados de teias alimentares podem nos ajudar a entender as interações tróficas entre os seres vivos em um ecossistema.

Apesar dessas diferenças consideráveis, a maioria das comunidades apresenta somente de três a cinco níveis tróficos. Por que existem tão poucos níveis? A perda de energia entre os níveis tróficos é parcialmente responsável por isso. Para mostrar como a energia diminui em cada etapa enquanto passa de um nível mais baixo para um mais alto, os ecólogos constroem diagramas que mostram a distribuição de energia ou **biomassa** (o peso dos seres vivos) em cada nível trófico de uma comunidade. Os diagramas, como o da **Figura 37.3**, apresentam a quantidade de energia ou biomassa que se encontra disponível em um dado momento para as espécies do próximo nível trófico.

As distribuições de energia e biomassa para um determinado ecossistema têm, geralmente, formas semelhantes. As variações em suas dimensões dependem da natureza das espécies dominantes em cada nível trófico e de que modo elas alocam a sua energia. Na maioria dos ecossistemas terrestres, as plantas fotossintetizantes dominam, tanto em relação à quantidade de energia que representam, quanto em relação à biomassa que contêm. Elas acumulam energia por longos períodos, algumas delas em formas difíceis de digerir (como a celulose e a lignina). Em florestas, a biomassa no nível dos produtores primários é formada principalmente por madeira, a qual raramente serve como alimento, a menos que a planta esteja doente ou enfraquecida de alguma outra forma. Por outro lado, as plantas das pradarias produzem poucos tecidos de difícil digestão. Os mamíferos podem consumir 30 a 40% da biomassa vegetal aérea (isto é, acima do solo) anual das pradarias; os insetos podem consumir mais 5 a 15%. Os seres vivos do solo, principalmente nematóides, podem consumir 6 a 40% da biomassa subterrânea. Desta forma, em relação à biomassa das plantas, a biomassa dos herbívoros é maior nas pradarias do que nas florestas (**Figura 37.3A, B**).

Na maioria dos ecossistemas aquáticos, os fotossintetizantes dominantes são bactérias e protistas. Esses organismos unicelulares possuem taxas tão altas de divisão celular que uma pequena biomassa de fotossintetizantes pode alimentar uma biomassa muito maior de herbívoros, os quais crescem e se reproduzem muito mais lentamente. Esse padrão pode resultar em uma distribuição de biomassa invertida, ainda que a distribuição de energia para o mesmo ecossistema tenha o formato típico (**Figura 37.3C**).

Boa parte da energia ingerida pelos seres vivos converte-se em biomassa a qual é, eventualmente, consumida por decompositores, membros de um nível trófico não mostrado na Figura 37.3. Os **detritívoros**, como as bactérias, fungos, vermes, ácaros e muitos insetos, transformam *detritos* (os restos e excretas dos seres vivos) em nutrientes minerais livres que podem ser absorvidos novamente pelas plantas. Se não existissem detritívoros, a maior parte dos nutrientes acabaria ficando presa nos cadáveres, onde não estariam disponíveis para as plantas. A continuidade da produtividade de um ecossistema depende da rápida decomposição dos detritos.

Populações densas de caranguejos detritívoros vivem em comunidades nos respiradouros ("vents") hidrotermais de certas águas rasas pobres em nutrientes. Quando as correntes de água param, durante a maré baixa, as plumas sulfurosas dos respiradouros asfixiam um grande número de copépodos que afundam no oceano. Os caranguejos saem das fendas das rochas circundantes e alimentam-se dos copépodos mortos.

---

* N. do T. Onívoros são, na verdade, aqueles seres vivos que se alimentam do nível trófico dos produtores primários (ou seja, de vegetais ou seus produtos) e de qualquer outro nível trófico (herbívoros, carnívoros, detritívoros ou, mesmo, onívoros).

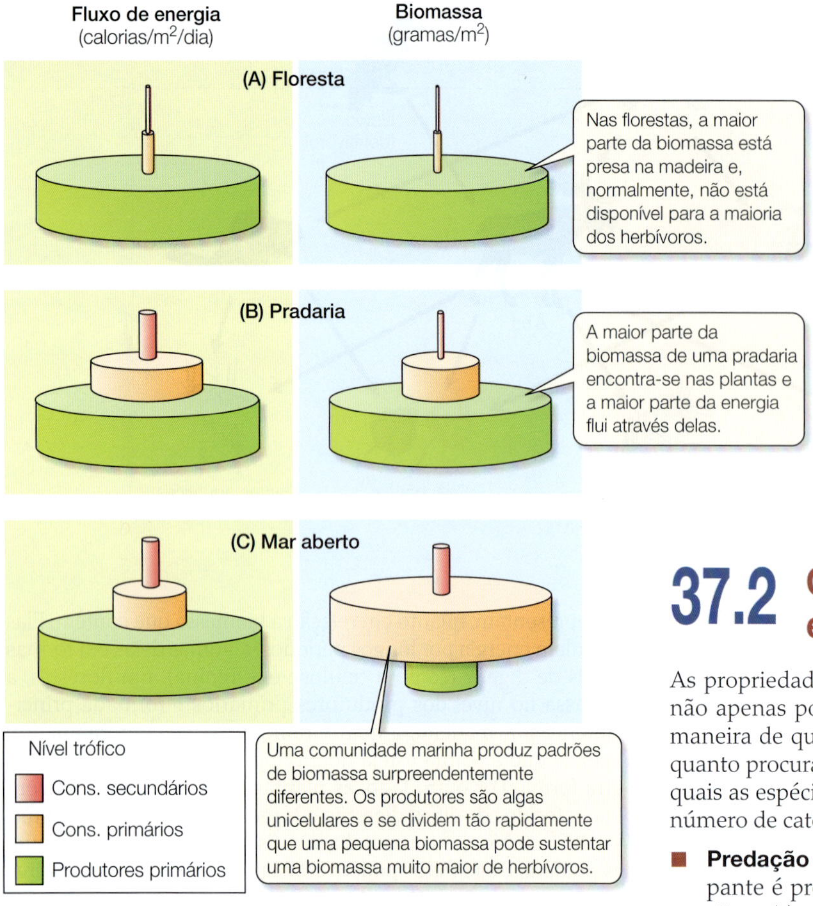

Fluxo de energia
(calorias/m²/dia)
Biomassa
(gramas/m²)
(A) Floresta
Nas florestas, a maior parte da biomassa está presa na madeira e, normalmente, não está disponível para a maioria dos herbívoros.
(B) Pradaria
A maior parte da biomassa de uma pradaria encontra-se nas plantas e a maior parte da energia flui através delas.
(C) Mar aberto
Nível trófico
Cons. secundários
Cons. primários
Produtores primários
Uma comunidade marinha produz padrões de biomassa surpreendentemente diferentes. Os produtores são algas unicelulares e se dividem tão rapidamente que uma pequena biomassa pode sustentar uma biomassa muito maior de herbívoros.

Figura 37.3 Diagrama de biomassa e distribuição de energia Os diagramas de energia (coluna da esquerda) permitem comparar os padrões de fluxo de energia através dos níveis tróficos em diferentes ecossistemas. Os diagramas de biomassa (coluna da direita) permitem comparar a quantidade de material presente nos seres vivos em distintos níveis tróficos.

37.1 RECAPITULAÇÃO

As espécies que vivem e interagem em uma área constituem uma comunidade ecológica. Embora cada espécie tenha interações únicas dentro de uma comunidade ecológica, a comunidade como um todo, pode ser estudada com base na sua distribuição de energia e biomassa.

- Você entende como o conceito de níveis tróficos é útil para a descrição das comunidades ecológicas? Ver p. 818 e Tabela 37.1.
- O que são as teias alimentares e o que elas descrevem? Ver p. 819 e Figura 37.2.
- Qual é a principal causa das diferenças entre os padrões de distribuição de energia e biomassa nas comunidades? Ver p. 819 e Figura 37.3.

A distribuição de energia e biomassa revela aspectos importantes das comunidades ecológicas, mas não nos mostram quais processos influenciam mais fortemente a estrutura e a dinâmica de uma comunidade. Na próxima seção, exploramos os diferentes tipos de interações entre as espécies e de que forma elas influenciam as propriedades das comunidades como um todo.

37.2 Que processos influenciam a estrutura das comunidades?

As propriedades das comunidades ecológicas são influenciadas não apenas por quem se alimenta de quem, mas também pela maneira de que forma os seres vivos afetam uns aos outros enquanto procuram alimento. Felizmente, as muitas maneiras pelas quais as espécies interagem podem classifica-se em um pequeno número de categorias (**Tabela 37.2**):

- **Predação ou parasitismo**: interações nas quais um participante é prejudicado enquanto o outro beneficia-se (interações +/-).
- **Competição**: interação na qual dois seres vivos usam os mesmos recursos e estes recursos são insuficientes para suprir as suas necessidades combinadas (interação -/-).
- **Mutualismo**: interação na qual ambos os participantes se beneficiam (interação +/+).
- **Comensalismo**: interação na qual um dos participantes é beneficiado e o outro não se afeta (interação +/0).
- **Amensalismo**: interação na qual um dos participantes é prejudicado e o outro não se afeta (interação 0/-).

Todos esses tipos de interação combinados com os efeitos do ambiente físico influenciam a densidade populacional das espécies. Eles também podem restringir a distribuição das condições ambientais sob as quais as espécies persistem. Se não existissem competidores, predadores ou patógenos no seu ambiente, a maioria das espécies seria capaz de persistir sob uma variedade mais ampla de condições abióticas do que o fazem na presença de outras espécies. Por outro lado, a presença de mutualistas pode aumentar a variação de condições ambientais sob as quais uma espécie pode persistir.

A predação e a competição parecem, à primeira vista, processos diferentes, mas eles interagem fortemente porque a maioria dos seres vivos são predados por mais de uma espécie e porque a maioria dos predadores inclui muitas outras espécies em sua dieta. Os competidores são, freqüentemente, predadores que exploram dietas semelhantes. Olharemos em maior detalhe todas essas interações para ver sob quais condições elas operam e como influenciam a dinâmica da comunidade.

TABELA 37.2 Tipos de interações ecológicas

		EFEITO NA ESPÉCIE 2		
		PREJUDICIAL	**BENÉFICO**	**NEUTRO**
EFEITO NA ESPÉCIE 1	**PREJUDICIAL**	Competição (–/–)	Predação ou parasitismo (–/+)	Amensalismo (–/0)
	BENÉFICO	Predação ou parasitismo (+/–)	Mutualismo (+/+)	Comensalismo (+/0)
	NEUTRO	Amensalismo (0/–)	Comensalismo (0/+)	–

A predação e o parasitismo são universais

A predação e o parasitismo são processos universais. Cada espécie serve de alimento para, pelo menos, uma outra espécie e nenhuma delas está inteiramente livre de parasitos e patógenos. Os *parasitos* são tipicamente menores do que seus hospedeiros e podem viver dentro ou fora do corpo do hospedeiro. Os parasitos freqüentemente se alimentam dos seus hospedeiros sem matá-los. Alguns parasitos são apenas um pouco menores do que o hospedeiro, mas os *microparasitos*, como os vírus, bactérias e protistas patogênicos, são muito menores. Múltiplas gerações de microparasitos podem existir dentro de um único indivíduo e um hospedeiro abrigar milhares ou milhões deles. Como resultado, as interações parasito-hospedeiro diferem de maneira interessante das interações predador-presa.

Os predadores são, geralmente, maiores e vivem fora do corpo da sua presa. Os herbívoros são predadores de plantas; eles podem se alimentar de muitos indivíduos sem matá-los, enquanto os predadores de animais normalmente matam as suas presas.

AS POPULAÇÕES DE PREDADORES E PRESAS FREQÜENTEMENTE OSCILAM Você pode pensar que os predadores simplesmente reduzem o tamanho das populações de suas presas, mas as conseqüências das interações predador-presa mostram-se muito mais complexas. Os predadores com freqüência debilitam as populações de suas presas, mas também causam flutuações nas *densidades* das populações das presas. Em parte, devido a esse aspecto da predação, as interações predador-presa podem, na verdade, resultar em aumentos nas populações de presas.

O aumento da população de um predador quase sempre ocorre após o aumento da população da sua presa. Conforme aumenta o número de predadores, eles podem consumir a maior parte da população de sua presa. Então, a população do predador, que não possui mais alimento suficiente, colapsa. As oscilações nas populações de pequenos mamíferos e de seus predadores em altas latitudes, onde existem apenas poucas espécies de predadores e presas, constituem os melhores exemplos conhecidos de tais flutuações na densidade populacional guiadas pela interação predador-presa. As populações de lemingues-do-ártico e seus principais predadores – coruja-das-neves, gaivota-rapineira e raposa-do-ártico – oscilam com periodicidade de 3 a 4 anos. As populações do lince-canadense e de sua principal presa, a lebre, oscilam em um ciclo de 9 a 11 anos (**Figura 37.4**).

Por muitos anos, os ecólogos pensaram que as oscilações populacionais lebre-lince eram causadas apenas pelas interações entre lebres e linces. Recentemente, Charles Krebs e colegas da Universidade da Columbia Britânica realizaram experimentos no Território Yukon, Canadá, a fim de testar a hipótese de que as oscilações entre as duas espécies são causadas por flutuações na disponibilidade de alimento para as lebres, bem como pela predação pelos linces. Eles cercaram algumas áreas com grades que permitiam a passagem das lebres, mas impediam a passagem dos linces, e forneceram alimento em algumas destas áreas. Os resultados dos experimentos mostraram que as oscilações são motivadas tanto pela predação pelo lince quanto pelas interações das lebres com o seu suprimento alimentar (**Figura 37.5**).

Lepus americanus
Lynx canadensis
Cada ciclo populacional consiste em um aumento até um pico, um declínio e um tamanho pequeno antes do próximo aumento.
O número de lebres (presa)
Número de linces (predador)
Estes ciclos predador-presa seguem um padrão de oscilação regular.
Número de peles (milhares)
0
20
40
60
80
100
120
140
160
1845
1855
1865
1875
1885
1895
1905
1915
1925
1935

Figura 37.4 Populações de lebre e lince apresentam ciclos na natureza O ciclo de 9 a 11 anos da população de lebres e de seu principal predador, o lince-canadense, foi revelado nos registros do número de peles vendidas por caçadores para a Hudson Bay Company.

EXPERIMENTO

HIPÓTESE: Os ciclos populacionais de lebres são influenciados tanto pelo suprimento alimentar quanto pelos predadores.

MÉTODO

1. Selecionar 9 áreas de 1 km^2 de floresta de conífera não-perturbada.
2. Fornecer alimento adicional para as lebres durante todo o ano, em duas destas áreas.
3. Colocar uma cerca elétrica ao redor de outras duas áreas, com malha larga o suficiente para permitir a passagem das lebres, mas não dos linces.
4. Fornecer alimento extra em uma dessas áreas fechadas.
5. Adicionar fertilizantes para melhorar a qualidade do alimento em outras duas áreas.
6. Usar as outras três áreas como controles não-manipulados.

RESULTADOS

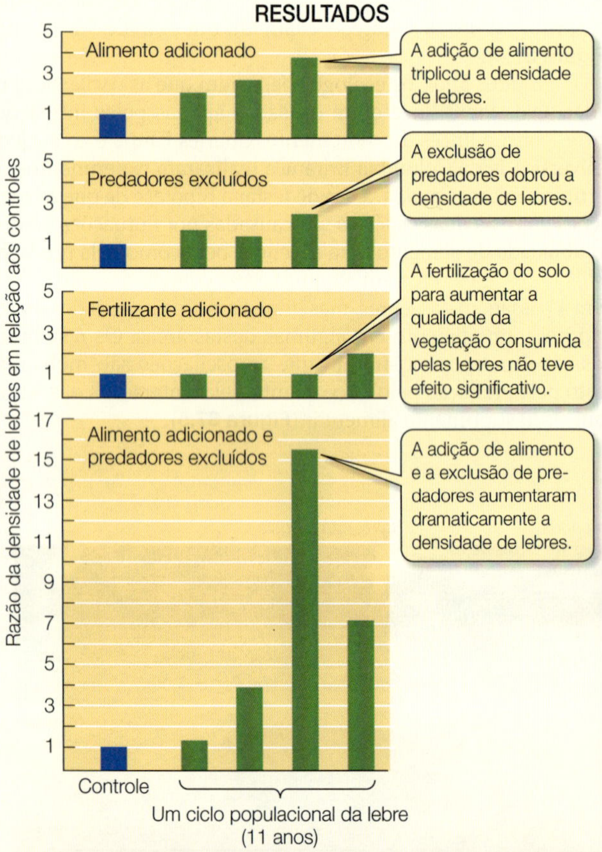
Alimento adicionado
A adição de alimento triplicou a densidade de lebres.
Predadores excluídos
A exclusão de predadores dobrou a densidade de lebres.
Fertilizante adicionado
A fertilização do solo para aumentar a qualidade da vegetação consumida pelas lebres não teve efeito significativo.
Alimento adicionado e predadores excluídos
A adição de alimento e a exclusão de predadores aumentaram dramaticamente a densidade de lebres.
Razão da densidade de lebres em relação aos controles
Controle
Um ciclo populacional da lebre (11 anos)

CONCLUSÃO: Os ciclos populacionais das lebres foram influenciados pela disponibilidade do seu alimento bem como pela interação com os seus predadores.

Figura 37.5 Os ciclos populacionais de presas podem ter múltiplas causas Experimentos mostraram que tanto o suprimento alimentar (mas não a qualidade do alimento) quanto a predação afetaram as densidades populacionais da lebre.

OS PREDADORES PODEM RESTRINGIR A DISTRIBUIÇÃO DAS ESPÉCIES Os predadores podem restringir, também, o habitat e a distribuição geográfica das suas presas. A região biogeográfica Australásia (ver Figura 34.8) consiste na moradia de um grupo de aves da família Megapodiidae que não incubam os seus ovos. Em vez disso, colocam os ovos em montículos de material vegetal em decomposição, onde eles são aquecidos pelo calor da decomposição (**Figura 37.6**). Os pais visitam freqüentemente o ninho e, se necessário, adicionam ou removem matéria decomposta para manter os ovos sob uma temperatura adequada.

Megapodídeos são excelentes colonizadores. Eles têm colonizado muitas ilhas oceânicas remotas e encontram-se em muitas ilhas à oeste da Linha de Wallace (ver Figura 34.7), mas estão ausentes em todas as ilhas asiáticas que possuem mamíferos predadores. Os ovos deixados em grandes e conspícuos montinhos de vegetação em decomposição são evidentes para os mamíferos comedores de ovos. Os megapodídeos têm sobrevivido apenas nas regiões onde os predadores primários são marsupiais, poucos dos quais alimentam-se de ovos.

O MIMETISMO EVOLUIU EM RESPOSTA À PREDAÇÃO Os predadores não capturam presas ao acaso. As presas apresentam variações que as tornam mais ou menos suscetíveis de serem capturadas. Conseqüentemente, as espécies de presas evoluíram uma ampla variedade de adaptações que as tornam mais difíceis de capturar, dominar e comer. Entre essas adaptações encontram-se pêlos e cerdas tóxicas, espinhos duros, substâncias químicas nocivas, camuflagem e mimetismo de objetos não-palatáveis ou de seres vivos maiores e mais perigosos. Os predadores, por sua vez, também evoluem para se tornarem mais eficientes em superar as defesas das presas.

O mimetismo é a adaptação da presa contra a predação melhor estudada. Uma espécie palatável pode mimetizar uma espécie não-palatável ou nociva – processo chamado **mimetismo Batesiano** – ou duas ou mais espécies não-palatáveis ou nocivas podem convergir para tornarem-se parecidas – processo chamado **mimetismo Mulleriano**. O mimetismo Batesiano funciona porque um predador que captura um indivíduo de uma espécie não-palatável ou nociva aprende a evitar outras presas de aparência semelhante. No entanto, se o predador captura um mimético palatável, ele é recompensado com alimento. Ele aprende a associar

Leipoa ocellata

Figura 37.6 A distribuição da família Megapodiidae é limitada pelos predadores de terra firme Um megapodídeo no seu montículo-ninho. Os mamíferos predadores de ovos destroem os ovos mais acessíveis; desta forma, estas aves limitam-se às áreas onde os únicos predadores mamíferos são os marsupiais, entre os quais são raros os comedores de ovos.

palatabilidade com a aparência daquela presa. Como resultado, indivíduos de espécies não-palatáveis são atacados mais freqüentemente do que seriam se não tivessem miméticos Batesianos. Indivíduos não-palatáveis, que diferem dos seus miméticos mais do que a média, têm menor probabilidade de serem atacados por predadores que tenham comido um mimético. Dessa forma, a seleção direcional (ver Seção 22.3) faz as espécies não-palatáveis evoluírem diferenças em relação aos miméticos. Sistemas de mimetismo Batesiano podem evoluir e permanecer apenas se o mimético evolui em direção a uma espécie-modelo não-palatável mais rápido do que o modelo não-palatável evolui diferenças em relação ao mimético. Geralmente isso acontece somente se o mimético é menos comum que a espécie-modelo não-palatável.

Todas as espécies em um sistema de mimetismo Mulleriano beneficiam-se quando um predador inexperiente come indivíduos de qualquer das espécies, porque os predadores aprendem que todas as espécies de aparência semelhante não são palatáveis. Algumas das borboletas tropicais mais espetaculares são membros de sistemas de mimetismo Mulleriano (**Figura 37.7**), da mesma forma que muitos tipos de abelhas e vespas.

OS HOSPEDEIROS RESISTEM ÀS INFECÇÕES POR MICROPARASITOS Para uma população de microparasitos sobreviver em uma população de hospedeiros, pelo menos um novo indivíduo hospedeiro, em média, deve ser infectado com o microparasito antes que cada hospedeiro infectado morra. Os membros de uma população hospedeira envolvidos em uma interação parasito-hospedeiro dividem-se em três classes distintas: suscetível, infectada ou recuperada (e, assim, imune; ver Capítulo 18). Alterações no número de indivíduos em cada classe dependem dos nascimentos, mortes, infecções e desenvolvimento e perda de imunidade.

Um microparasito pode invadir prontamente uma população de hospedeiros dominada por indivíduos suscetíveis, mas à medida que a infecção se espalha, cada vez menos indivíduos suscetíveis estarão presentes. Eventualmente, será atingido um ponto em que os indivíduos infectados, em média, não transmitirão a infecção para pelo menos um outro indivíduo. Então, a infecção desaparecerá. Como resultado, as taxas de infecção por microparasitos geralmente aumentam e, então, decaem e não crescem novamente até que uma população suficientemente densa de hospedeiros suscetíveis reapareça.

Um microparasito pode ser transferido de um indivíduo hospedeiro para outro através de contato corporal direto, da respiração, de fluidos corporais, de produtos excretados por indivíduos infectados, da água ou de um vetor animal. Um único hospedeiro infectado apresenta a capacidade de infectar um grande número de outros indivíduos se continuar a infectar outros por um longo período de tempo, até mesmo após a sua morte. Um indivíduo infectado também pode facilmente espalhar uma infecção para muitos outros indivíduos se o microparasito dispersar pela água. A cólera, uma das doenças humanas mais fatais, é causada pela bactéria *Vibrio cholerae*, que normalmente vive nos oceanos onde infecta copépodos e outros pequenos animais planctônicos, mas também vive em água doce. As pessoas ingerem o *V. cholerae* bebendo água contaminada. A bactéria produz uma toxina que danifica os mecanismos do balanço iônico das células que revestem o intestino delgado e as pessoas infectadas defecam grandes quantidades de bactérias (ver a abertura do Capítulo 5). Uma única pessoa infectada pode liberar milhares de bactérias patogênicas na água e estimular uma nova infecção. Em Bangladesh, onde a maioria das pessoas obtém a água para consumo diretamente dos rios, a filtragem da água através de tecido dobrado pode diminuir a taxa de infecção em 50% (**Figura 37.8**).

Recentemente, pesquisadores encontraram seis vírus característicos de espécies de primatas não-humanos no sangue de 930 pessoas em Camarões, as quais haviam consumido carne fresca de primatas ou "carne de caça". A derrubada das florestas tropicais aumenta o acesso dos caçadores aos primatas e gera um mercado local de carne de caça, estando, desta forma, relacionada com a transferência de vírus potencialmente perigosos para os seres humanos.

Altamente não-palatáveis
Moderadamente não-palatáveis
Altamente palatáveis (miméticos Batesianos)
Palatabilidade para pássaros ainda não testada
* Miméticos Mullerianos de borboletas na mesma coluna

Figura 37.7 Sistemas miméticos Mullerianos e Batesianos Através da convergência em aparência, os miméticos Mullerianos não-palatáveis entre estas espécies de borboletas e mariposas da Costa Rica se reforçam na intimidação de predadores. Os miméticos Batesianos palatáveis se beneficiam porque os predadores aprendem a associar estes padrões de cor com a não-palatabilidade.

CAPÍTULO 26

Bacteria e Archaea: Os Domínios Procarióticos

Vida no Planeta Vermelho?

Para os antigos fenícios, ele era o "Rio de Fogo". Hoje, para o astrobiólogo espanhol Ricardo Amils Pibernat, o Rio Tinto da Espanha ("Rio Pintado") é um possível modelo para o cenário de origem da vida que pode ter existido em Marte. O Rio Tinto serpenteia através de um enorme depósito de pirita de ferro – "ouro-de-tolo". A cor intensa do rio ocorre porque procariotos no rio e no solo ácido de onde ele nasce convertem a pirita de ferro em ácido sulfúrico e ferro dissolvido.

O Rio Tinto apresenta pH 2 e concentrações excepcionalmente altas de metais pesados, especialmente ferro. As concentrações de oxigênio no rio e no solo de origem são extremamente baixas. Amils acredita que esse solo se assemelha ao tipo de ambiente em que a vida poderia ter surgido em Marte. Independentemente da veracidade dessa especulação, o Rio Tinto representa um dos habitats mais incomuns para a vida na Terra.

Há vida – presumivelmente microscópica – em Marte hoje? A maioria dos cientistas é cética sobre essa possibilidade. No entanto, em um congresso em 2005, o cientista espacial italiano Vittorio Formisano relatou algumas descobertas sugestivas. Em particular, parece haver formaldeído, produto da quebra do metano, na atmosfera marciana.

Para acumular a concentração de formaldeído observada na atmosfera de Marte, seria necessária a produção anual em torno de 2,5 milhões de toneladas de metano. Formisano argumenta que há apenas três explicações para essa alta taxa de produção de metano: reações químicas induzidas por radiação solar na superfície planetária, reações químicas no interior do planeta ou reações bioquímicas em organismos vivos. Não existem evidências geológicas ou químicas para as duas primeiras explicações. Poderiam microrganismos vivos semelhantes aos muitos procariotos produtores de metano conhecidos na Terra serem os responsáveis?

Qual a probabilidade de populações de organismos simples estarem vivendo na crosta marciana? Sabemos que enormes números de procariotos encontram-se vivendo nas profundezas da subsuperfície da Terra em rochas, minas, reservatórios de óleo, lençóis de gelo e sedimentos em até 90 metros abaixo do fundo do oceano. Algumas dessas populações têm vivido e metabolizado debaixo da terra por milhões de anos.

Os procariotos têm estrutura relativamente simples, mas não faça o erro de subestimar suas capacidades. Os procariotos

Terra ou Marte antiga? O Rio Tinto da Espanha deve sua cor vermelho-ferrugem – e sua extrema acidez – à ação de procariotos no solo rico em pirita de ferro.

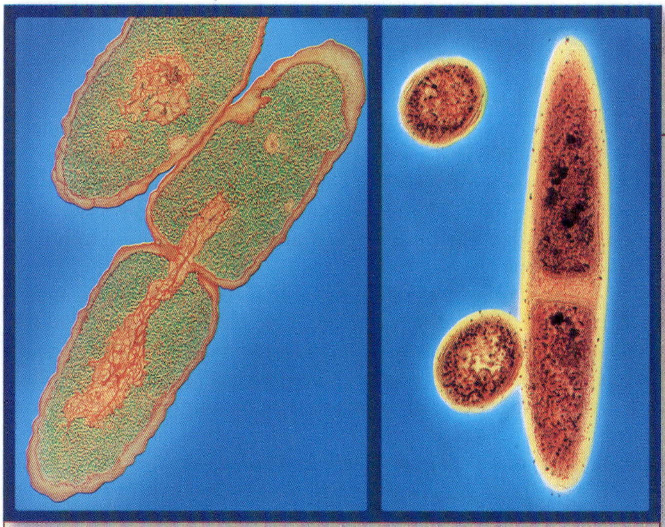

Procariotos muito diferentes *Salmonella typhimurium* (à esquerda) é de um membro do domínio *Bacteria*; *Methanospirillum hungatii* (à direita) é classificado no *Archaea*, provavelmente mais intimamente relacionado aos eucariotos do que às bactérias. As células em ambas as imagens estão dividindo-se, mas não se encontram na mesma escala; as células de *Archaea* são, na verdade, cerca de um décimo do tamanho das células de *Salmonella*.

DESTAQUES DO CAPÍTULO

26.1 **De que** maneira o mundo vivo começou a se diversificar?

26.2 **Onde** são encontrados os procariotos?

26.3 **Quais** são algumas das chaves para o sucesso dos procariotos?

26.4 **Como** podemos determinar a filogenia dos procariotos?

26.5 **Quais** são os principais grupos de procariotos conhecidos?

26.6 **Como** os procariotos afetam seus ambientes?

são, de longe, os mais numerosos organismos da Terra, onde encontram-se em mais habitats que os eucariotos. Há mais procariotos vivendo na superfície e no interior do seu corpo do que células humanas em você. Os procariotos são mestres da engenhosidade metabólica, tendo desenvolvido mais maneiras de obter energia do ambiente que os eucariotos. E existem há mais tempo que os outros organismos.

No final do século XX, tornou-se aparente para muito microbiologistas que certos procariotos diferem tão fundamentalmente de outros em seus processos metabólicos que deveriam ser considerados membros de linhagens evolutivas distintas. Além disso, as duas linhagens procarióticas divergiram muito cedo na evolução da vida. Referimo-nos a essas linhagens como os domínios *Bacteria* e *Archaea*.

NESTE CAPÍTULO discutimos a distribuição dos procariotos e examinamos sua extraordinária diversidade metabólica. Descrevemos os obstáculos para a determinação das relações evolutivas entre os procariotos e analisamos a surpreendente diversidade de organismos em cada domínio. Finalmente, discutimos os efeitos dos procariotos em seus ambientes.

26.1 De que maneira o mundo vivo começou a se diversificar?

O que significa ser *diferente*? Você e a pessoa mais próxima são bem diferentes – certamente vocês diferem mais entre si do que as duas células mostradas acima. Contudo, vocês dois pertencem à mesma espécie, enquanto esses dois minúsculos organismos que se parecem tanto são, na verdade, classificados em domínios totalmente distintos. Ainda assim, você – no domínio *Eukarya* – e aqueles dois procariotos dos domínios *Bacteria* e *Archaea* possuem muito em comum. Vocês três:

- realizam glicólise;
- replicam o DNA de forma semiconservativa;
- possuem DNA que codifica polipeptídeos;
- produzem esses polipeptídeos por transcrição e tradução utilizando o mesmo código genético;
- possuem membranas plasmáticas e ribossomos em abundância;

Apesar desses atributos comuns entre os domínios da vida, existem também diferenças importantes. Vamos primeiro distinguir entre o domínio *Eukarya* e os dois domínios procarióticos. Observe que "domínio" constitui um termo subjetivo utilizado para os maiores grupos da vida. Não há definição objetiva de um domínio, mais do que de um reino ou família.

Os três domínios diferem em aspectos significativos

As células procarióticas diferem das células eucarióticas em três importantes aspectos:

- As células procarióticas não possuem citoesqueleto e, na ausência de proteínas organizadoras de citoesqueleto, não realizam mitose. As células procarióticas dividem-se por seu próprio mecanismo, a *fissão binária*, após a replicação de seu DNA (ver Figura 9.2).
- A organização e a replicação do material genético diferem. O DNA das células procarióticas não se organiza no interior de um núcleo delimitado por membrana. As

uma relação de amensalismo. Além disso, a relação de comensalismo evoluiu entre grandes herbívoros e algumas espécies de aves predadoras de insetos. Aves como as garças-vaqueiras normalmente forrageiam no chão ao redor da cabeça e dos pés dos mamíferos, onde capturam insetos afugentados pelos cascos e boca. As garças-vaqueiras que forrageiam próximo aos mamíferos pastejadores capturam mais alimento com menos esforço do que as garças que forrageiam mais longe. O benefício para as garças é claro; os mamíferos não ganham nem perdem. Em outro aspecto da comunidade mostrada na Figura 37.11, uma relação de *mutualismo* evoluiu entre o rinoceronte e outra espécie de ave; as aves conhecidas como búfagas (*oxpecker*) arrancam os carrapatos que se alimentam de sangue da pele dos mamíferos pastejadores. A ave ganha uma refeição e o mamífero ganha alguma proteção contra o parasito. Esses mutualismos existem entre muitas espécies e são objeto de longos estudos.

A maioria das espécies participa de interações de mutualismo

Interações de mutualismo existem entre plantas e microrganismos, entre protistas e fungos, entre plantas e insetos e entre plantas. A maioria das plantas tem associações benéficas e críticas com fungos habitantes do solo chamados micorrizas que aumentam a habilidade da planta de extrair minerais do solo (ver Figura 30.10). A relação mutualística entre plantas e bactérias que fixam nitrogênio do gênero *Rhizobium* constitui a base da vida como a conhecemos (ver Seção 42.4).

São abundantes os exemplos de mutualismos entre animais e protistas. Os corais e algumas outras espécies marinhas ganham a maior parte de sua energia de protistas fotossintetizantes que vivem dentro de seus tecidos. Em pagamento, fornecem nutrientes dos pequenos animais planctônicos que capturam para os protistas. Os cupins têm protistas em seus intestinos que os ajudam a digerir a celulose da madeira que comem. Os cupins fornecem aos protistas um ambiente adequado para viver e um suprimento abundante de celulose.

Plantas terrestres têm muitas interações mutualísticas com animais. Conforme vimos no começo deste capítulo, muitas plantas produzem néctar em suas partes vegetativas que atraem formigas, as quais dão à planta proteção contra seus predadores e competidores. Experimentos com acácias da América Central mostraram que as árvores privadas de suas formigas são fortemente atacadas por herbívoros e apresentam um crescimento muito pequeno.

Muitas plantas dependem de animais para transportar o seu pólen e fornecem a eles recompensas ricas em nutrientes (**Figura 37.12A**). As plantas se beneficiam ao terem pólen transferido para outras plantas e ao receberem pólen para fertilizar os seus óvulos. Os animais se beneficiam pela obtenção de alimento na forma de néctar e pólen. O movimento para outra planta da mesma espécie é encorajado pela quantidade limitada de néctar em todas as plantas e pela existência de recompensas semelhantes em outras da mesma espécie. Contudo, esse arranjo tem um preço para a planta: a energia e os materiais que ela usa para produzir néctar e outras recompensas não podem ser utilizados para o crescimento ou a reprodução.

Interações entre plantas e seus polinizadores e dispersores de sementes são certamente, mas não somente, mutualísticas. Muitos dispersores de sementes também são predadores de sementes que destroem algumas que removem das plantas. Alguns animais que visitam flores fazem buracos nas pétalas para alcançar o néctar sem transferir qualquer pólen. Por outro lado, algumas plantas exploram os seus polinizadores. As flores de algumas orquídeas, por exemplo, mimetizam fêmeas de insetos, seduzindo os machos a copular com elas (**Figura 37.12B**). Esses insetos machos não produzem qualquer descendente nem obtêm qualquer recompensa, mas transferem pólen entre as flores, beneficiando a orquídea.

Figura 37.12 Mutualismos animal-planta são importantes para a polinização (A) Um morcego do gênero *Brachyphylla* obtém néctar de uma orquídea na Índia Ocidental. Geralmente, algum pólen amarelo se adere sobre a boca e a cabeça do morcego e é, então, espalhado para outras flores. (B) Por outro lado, a polinização da orquídea *Ophrys scolopax* não se qualifica como mutualismo. O macho da abelha *Eucera longicornis* é persuadido, pelo cheiro e aparência da flor, a uma tentativa de cópula. A orquídea será polinizada, mas a abelha não receberá nenhuma recompensa e desperdiçará valiosa energia.

(A)

(B)

37.2 RECAPITULAÇÃO

As interações entre as espécies agrupam-se em cinco categorias: interações predador-presa (ou parasito-hospedeiro), competições, comensalismos, amensalismos e mutualismos.

- Você pode explicar como as densidades das populações de predadores e presas freqüentemente sofrem oscilações? Ver p. 821 e Figura 37.5.
- Você pode nomear duas diferentes maneiras através das quais as espécies competem? Ver p. 824.
- Você pode nomear pelo menos dois tipos comuns de mutualismo que são vitais para a sustentação das plantas que mantém toda a vida terrestre? Ver p. 826.

Como ilustrado na Figura 37.11, muitas interações acontecem ao mesmo tempo em qualquer comunidade. De que modo essas múltiplas interações influenciam as propriedades das comunidades ecológicas?

37.3 Como as interações entre as espécies produzem as cascatas tróficas?

As interações de uma única espécie predadora em uma comunidade podem propiciar o desenvolvimento de efeitos indiretos através dos níveis tróficos sucessivamente mais baixos. Esse padrão chama-se **cascata trófica** e pode ser ilustrado pelos efeitos da população de lobos no Vale Lamar no Parque Nacional Yellowstone (EUA).

Um predador pode afetar muitas espécies diferentes

A teia alimentar no Parque Nacional Yellowstone é extremamente complexa. No parque, os lobos se alimentam de antilocapros, veados, bisões, carneiros silvestres e alces. Eles dividem essas presas com coiotes, pumas, ursos-pretos e ursos-pardos. Apesar da complexidade das interações em Yellowstone, os lobos exercem efeitos particularmente fortes na estrutura e dinâmica da comunidade do parque.

Yellowstone, o primeiro parque nacional dos Estados Unidos, estabeleceu-se em 1872, mas a caça ilimitada de mamíferos continuou no interior e entorno do parque por anos após a sua criação. Em 1886, o exército americano assumiu a responsabilidade de proteger os recursos silvestres no parque, mas os soldados continuaram a matar os mamíferos predadores (exceto os ursos) a fim de aumentar as populações dos grandes herbívoros que os visitantes queriam ver. A matança dos predadores continuou quando o Serviço de Parques Nacionais assumiu a administração do parque em 1918. Em 1926, os lobos já haviam sido extirpados do parque (**Figura 37.13A**).

Os censos anuais de alces começaram em Yellowstone em 1920. Para prevenir que os alces ultrapassassem a capacidade de suporte do parque, manadas de alces foram abatidas até 1968, quando, em resposta à pressão pública, o abate de alces foi interrompido. Quando o abate terminou, a população de alces cresceu rapidamente (**Figura 37.13B**). Sem lobos, a população de alces comeu os brotos de faias com tanta intensidade que nenhuma árvore jovem foi constatado na população após 1920 (**Figura 35.13C, D**). Os alces comeram também os brotos de salgueiro nas

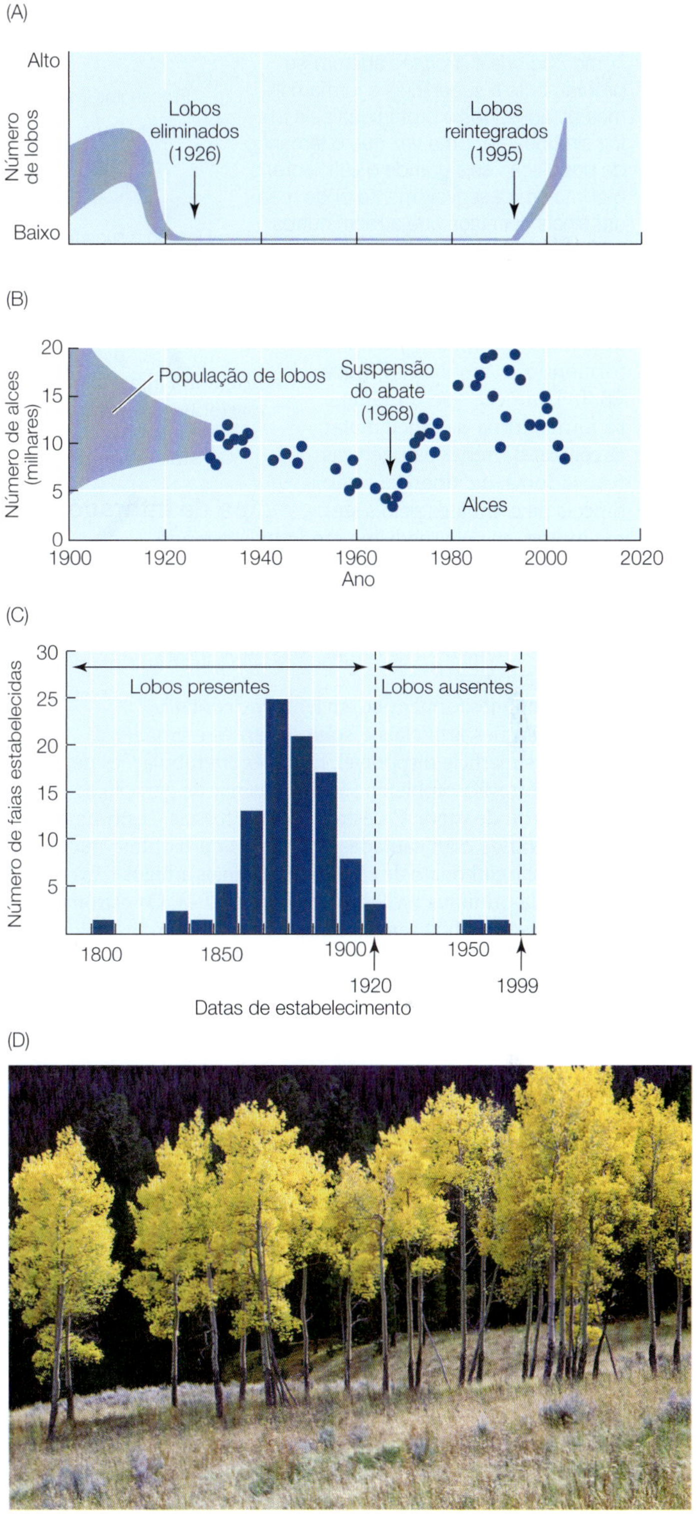

(A)
Alto
Número de lobos
Baixo
Lobos eliminados (1926)
Lobos reintegrados (1995)
(B)
20
15
10
5
0
Número de alces (milhares)
População de lobos
Suspensão do abate (1968)
Alces
1900
1920
1940
1960
1980
2000
2020
Ano
(C)
30
25
20
15
10
5
Número de faias estabelecidas
Lobos presentes
Lobos ausentes
1800
1850
1900
1950
1920
1999
Datas de estabelecimento
(D)

Populus tremuloides

Figura 37.13 Lobos iniciaram uma cascata trófica (A) Os lobos foram eliminados do Parque Nacional Yellowstone em 1926 e reintroduzidos em 1995. (B) Na ausência dos lobos, as populações de alces foram controladas pelo abate até 1968. Quando o abate dos alces terminou em 1968, a população dos alces cresceu rapidamente. (C) Na ausência dos lobos, os alces impediam o aparecimento de faias. Nenhum indivíduo jovem está se estabelecendo sob estas árvores velhas (D).

Figura 26.3 A formação de biofilme Microrganismos livre-natantes tais como *Bacteria* e *Archaea* aderem-se prontamente a superfícies e formam filmes estabilizados e protegidos pela matriz circundante. Uma vez que o tamanho da população seja grande o suficiente, o biofilme em desenvolvimento pode mandar sinais químicos que atraem outros microrganismos.

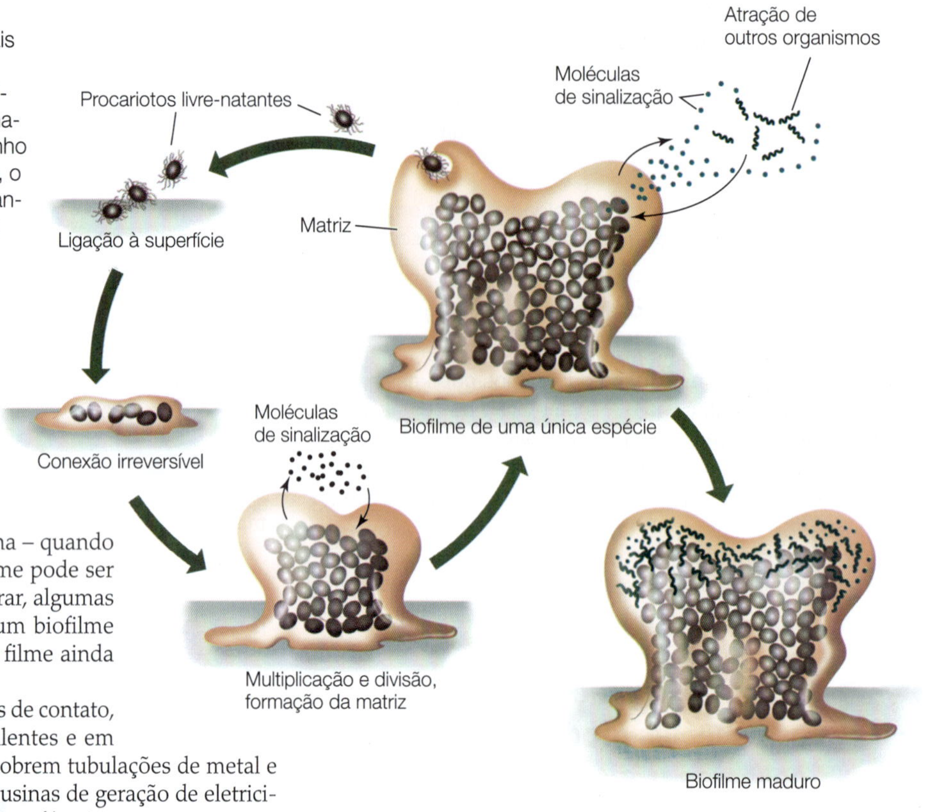
Atração de outros organismos
Moléculas de sinalização
Procariotos livre-natantes
Ligação à superfície
Matriz
Conexão irreversível
Moléculas de sinalização
Biofilme de uma única espécie
Multiplicação e divisão, formação da matriz
Biofilme maduro

então, aprisiona outras células, formando o biofilme (**Figura 26.3**). Uma vez que o biofilme se forma, torna-se difícil matar as células. Bactérias patogênicas (causadoras de doenças) são difíceis de combater pelo sistema imune – e pela medicina moderna – quando formam biofilme. Por exemplo, o filme pode ser impermeável a antibióticos. Para piorar, algumas drogas estimulam as bactérias em um biofilme a depositar mais matriz, tornando o filme ainda mais impermeável.

Os biofilmes formam-se em lentes de contato, em articulações artificiais e sobressalentes e em qualquer superfície disponível. Eles cobrem tubulações de metal e causam corrosão, problema sério em usinas de geração de eletricidade a partir de vapor. Os estromatólitos fósseis – estruturas grandes e rochosas com camadas alternadas de biofilme microbiano fossilizado e carbonato de cálcio – são os mais antigos remanescentes da vida primitiva na Terra (ver Figura 21.4). Os estromatólitos ainda se formam hoje, em algumas partes do mundo.

Os biofilmes são o tema de muitas pesquisas em andamento. Por exemplo, alguns biólogos estão estudando os sinais químicos utilizados pelas bactérias em biofilmes para se comunicar umas com as outras. Pelo bloqueio dos sinais que levam à produção de matriz polissacarídica, eles poderão ser capazes de prevenir a formação de biofilmes.

(A)

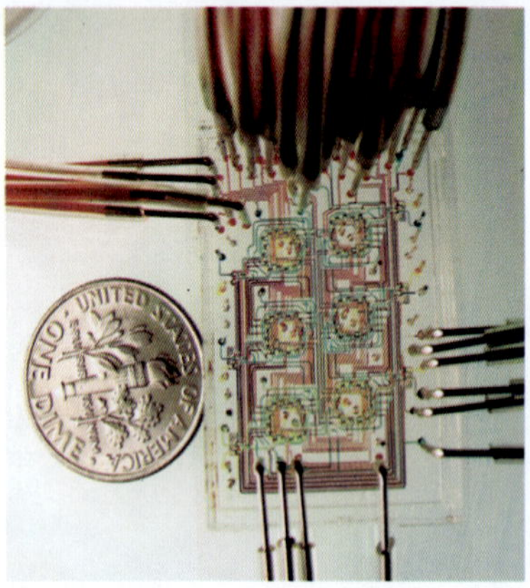

(B)

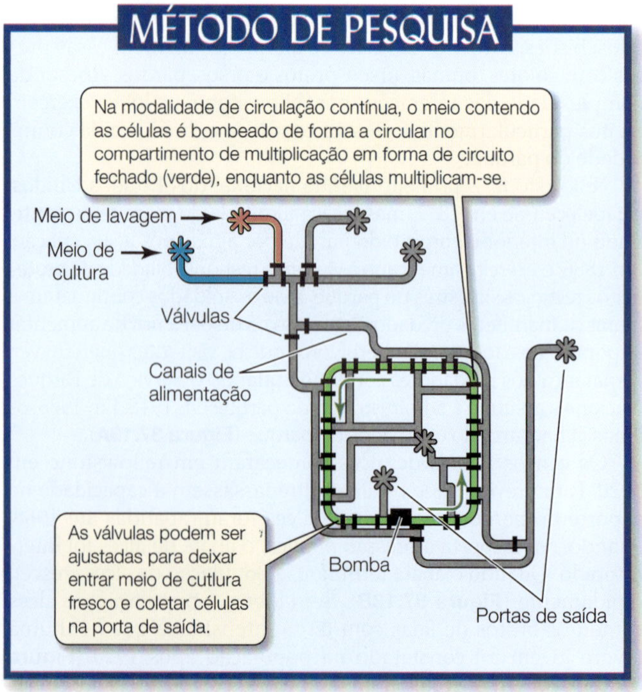
MÉTODO DE PESQUISA
Na modalidade de circulação contínua, o meio contendo as células é bombeado de forma a circular no compartimento de multiplicação em forma de circuito fechado (verde), enquanto as células multiplicam-se.
Meio de lavagem
Meio de cultura
Válvulas
Canais de alimentação
As válvulas podem ser ajustadas para deixar entrar meio de cutlura fresco e coletar células na porta de saída.
Bomba
Portas de saída

Figura 26.4 Os microquimiostatos nos permitem estudar a dinâmica microbiana (A) Seis microquimiostatos em um único *chip*. Biólogos e engenheiros monitoram a dinâmica da população microbiana em seis diferentes compartimentos simultaneamente pela aplicação das técnicas de microfluidos. (B) Um microquimiostato é equipado com portas de entrada para os meios de cultura e de lavagem e portas de saída para as células e para os rejeitos. Válvulas minúsculas, controladas por um computador, direcionam o fluxo. Duas modalidades são apresentadas aqui. Um meio de cultura contendo população bacteriana circula em um circuito com volume total de 16 nanolitros.

Aquela mancha nos seus dentes é um biofilme chamado de placa dental, uma camada de bactérias e matriz compacta sobre e entre seus dentes. Um biofilme bacteriano mais brando forma-se na língua se você não a escovar regularmente. Os dois biofilmes podem causar mau hálito.

Uma equipe de bioengenheiros e engenheiros químicos recentemente delinearam uma técnica sofisticada que os permite monitorar o desenvolvimento de biofilmes, célula a célula, em populações bacterianas extremamente pequenas. Eles desenvolveram um minúsculo *chip* com seis compartimentos separados de multiplicação, ou "microquimiostatos" (**Figura 26.4A**). As técnicas de *microfluidica* utilizam tubos microscópicos e válvulas controladas por computadores para direcionar o fluxo do fluido através de complexos "circuitos de canos" nas câmaras de multiplicação (**Figura 26.4B**).

26.2 RECAPITULAÇÃO

Os procariotos estabeleceram-se em todos os lugares da Terra. Com freqüência, eles vivem em comunidades chamadas de biofilmes.

- Você pode descrever as três formas mais comuns de células bacterianas? Ver p. 563 e Figura 26.2.
- Você compreende como os biofilmes são formados e por que são de especial interesse para os pesquisadores? Ver p. 563 e Figura 26.3.

Os procariotos não são apenas os mais numerosos organismos vivos, mas também os mais amplamente dispersos. A que eles devem esse sucesso espetacular?

26.3 Quais são algumas das chaves do sucesso dos procariotos?

As características dos procariotos que contribuíram para o seu sucesso incluem superfícies celulares e modos de locomoção, comunicação, nutrição e reprodução únicos. Essas características variam de grupo para grupo, e mesmo dentro de grupos de procariotos.

Os procariotos possuem paredes celulares distintas

Muitos procariotos possuem uma parede celular espessa e relativamente rija. Essa parede celular difere daquelas de plantas e algas, as quais contêm celulose e outros polissacarídeos, e daquelas de fungos, que contêm quitina. Quase todas as bactérias possuem paredes celulares contendo **peptideoglicanos** (um polímero de amino-açúcares). As paredes celulares de arqueas são de diferentes tipos, mas a maioria contém quantidades significativas de proteínas. Um grupo de arqueas possui *pseudopeptideoglicanos* na parede celular; como você já percebeu pelo prefixo *pseudo*, o pseudopeptideoglicano assemelha-se, mas difere do peptideoglicano de bactérias. Os monômeros que compõe o pseudopeptideoglicano diferem e são diferentemente ligados em relação ao peptideoglicano. O peptideoglicano é uma substância específica das bactérias; a sua ausência das paredes de arqueas é uma diferença-chave entre esses dois domínios procarióticos.

Para apreciar a complexidade de algumas paredes bacterianas, considere as reações das bactérias em um simples processo de coloração. A **coloração de Gram** separa a maioria dos tipos de bactérias em dois grupos distintos, gram-positivas e gram-negativas. Um esfregaço de células sobre uma lâmina de microscópio é embebido em corante violeta e tratado com tintura de iodo; ele é então lavado com álcool e corado com safranina (corante vermelho). As bactérias **gram-positivas** retêm o corante violeta e aparecem com cor de azul a púrpura (**Figura 26.5A**). O álcool lava o corante violeta das células **gram-negativas**; essas células,

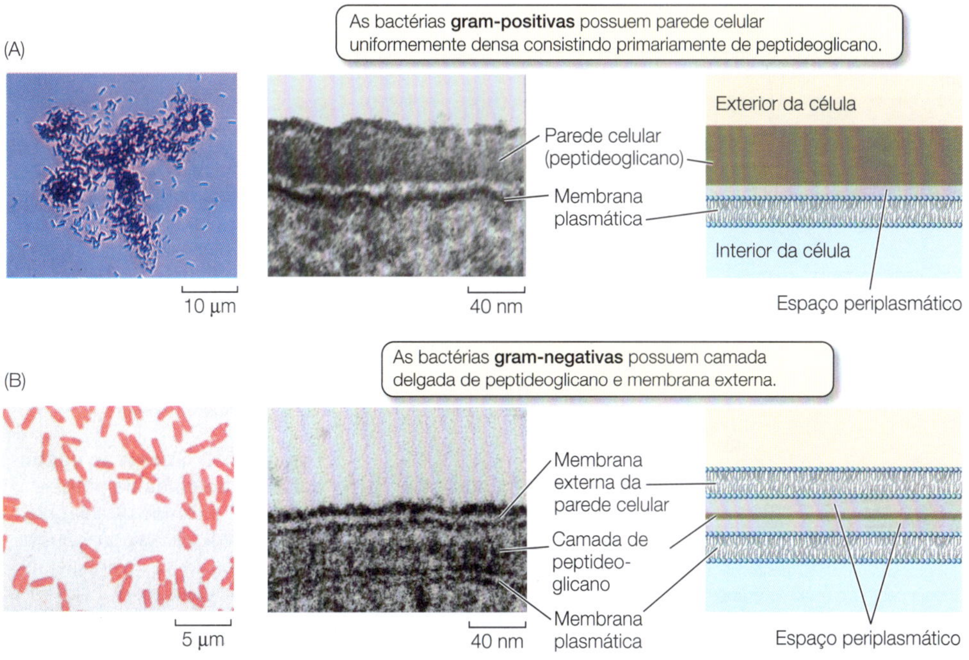

(A)
As bactérias **gram-positivas** possuem parede celular uniformemente densa consistindo primariamente de peptideoglicano.
Parede celular (peptideoglicano)
Membrana plasmática
Exterior da célula
Interior da célula
Espaço periplasmático
10 μm
40 nm
(B)
As bactérias **gram-negativas** possuem camada delgada de peptideoglicano e membrana externa.
Membrana externa da parede celular
Camada de peptideoglicano
Membrana plasmática
Espaço periplasmático
5 μm
40 nm

Figura 26.5 A coloração de Gram e a parede celular bacteriana Quando tratadas com a coloração de Gram, os componentes da parede celular de diferentes bactérias reagem de uma das duas formas. (A) As bactérias gram-positivas possuem parede celular espessa de peptideoglicano, a qual retém o corante violeta e se apresenta azul-escuro ou púrpura. (B) As bactérias gram-negativas possuem fina camada de peptideoglicano que não retém o corante violeta, mas absorve o segundo corante e se apresenta rosa-avermelhada.

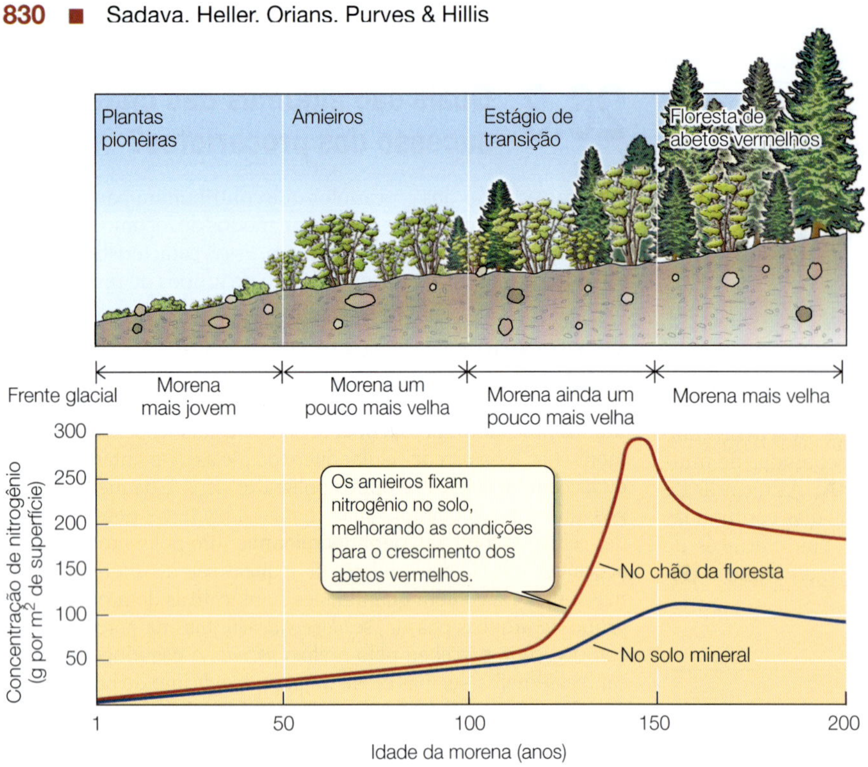
Plantas pioneiras
Amieiros
Estágio de transição
Floresta de abetos vermelhos
Frente glacial
Morena mais jovem
Morena um pouco mais velha
Morena ainda um pouco mais velha
Morena mais velha
Os amieiros fixam nitrogênio no solo, melhorando as condições para o crescimento dos abetos vermelhos.
No chão da floresta
No solo mineral
Concentração de nitrogênio (g por m² de superfície)
300
250
200
150
100
50
1
50
100
150
200
Idade da morena (anos)

Figura 37.17 Sucessão primária em uma morena glacial À medida que a comunidade vegetal que ocupa uma morena glacial na Glacier Bay, Alasca, muda de um conjunto de plantas pioneiras, como *Dryas*, para uma floresta de abetos vermelhos, o nitrogênio se acumula no solo mineral.

por muitos anos. Nenhum observador humano estava presente para medir todas mudanças que ocorreram durante o período de 200 anos, mas os ecólogos inferem o padrão temporal de sucessão através do estudo das comunidades vegetais nas morenas de diferentes idades. As morenas mais jovens, as mais próximas da atual frente glacial, são povoadas por bactérias, fungos e microrganismos fotossintéticos. Morenas um pouco mais velhas mais distantes da frente glacial têm liquens, musgos e umas poucas espécies de ervas com raiz superficial. Ainda mais distante da frente glacial as morenas sucessivamente mais velhas têm salgueiros arbustivos, amieiros e abetos.

Ao comparar morenas de diferentes idades, os ecólogos deduziram o padrão de sucessão vegetal e mudanças no conteúdo de nitrogênio do solo em uma morena glacial (**Figura 37.17**). A sucessão é causada, em parte, pelas mudanças no solo provocadas pelas próprias plantas. O nitrogênio encontra-se virtualmente ausente das morenas glaciais, as plantas que melhor crescem nas morenas recém-formadas da Glacier Bay consistem nas herbáceas *Dryas* e nas árvores de amieiro (*Alnus*), as quais têm bactérias fixadoras de nitrogênio em nódulos nas suas raízes (ver Figura 42.7). A fixação de nitrogênio por *Dryas* e amieiros melhorou o solo para o crescimento de abetos vermelhos. Os abetos vermelhos, então, venceram a competição e desalojaram os amieiros e *Dryas*. Se o clima local não mudar dramaticamente, uma comunidade de floresta dominada por abetos vermelhos provavelmente persistirá por muitos séculos nas morenas velhas da Glacier Bay.

A sucessão secundária pode começar com parte de um cadáver. A sucessão de espécies de fungos que decompõem acículas de pinheiros na serrapilheira abaixo dos pinheiros Scots (*Pinus sylvestris*) aparece na **Figura 37.18**. Novas acículas caem continuamente dos pinheiros, de maneira que a camada superficial da serapilheira é a mais nova e as camadas mais profundas são progressivamente mais velhas. A decomposição inicia quando o primeiro grupo de fungos começa a atacar as acículas tão logo elas caem. Cada grupo

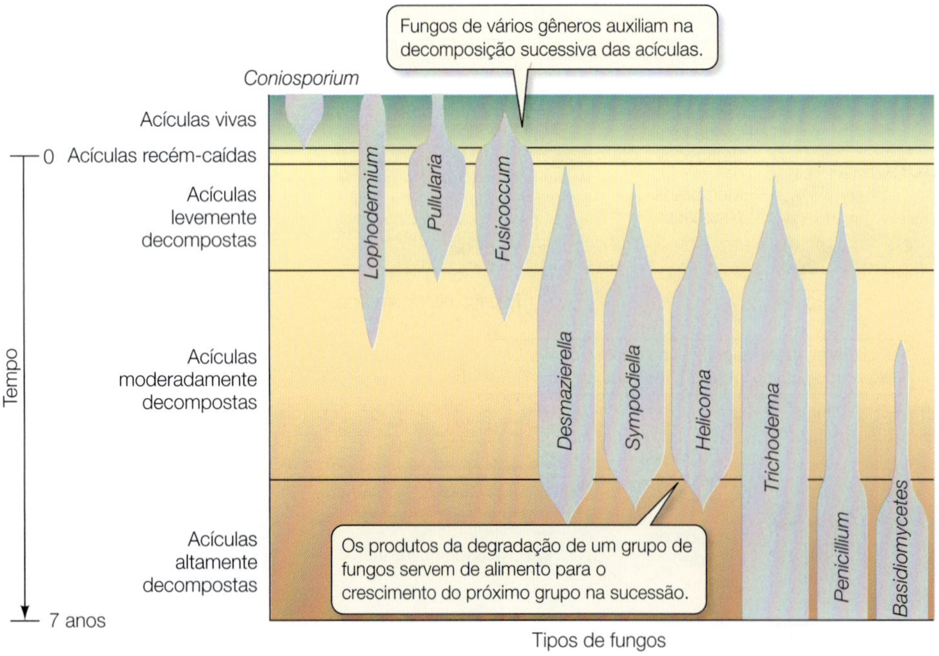
Fungos de vários gêneros auxiliam na decomposição sucessiva das acículas.
Coniosporium
Acículas vivas
0 Acículas recém-caídas
Acículas levemente decompostas
Acículas moderadamente decompostas
Acículas altamente decompostas
7 anos
Tempo
Lophodermium
Pullularia
Fusicoccum
Desmazierella
Sympodiella
Helicoma
Trichoderma
Penicillium
Basidiomycetes
Os produtos da degradação de um grupo de fungos servem de alimento para o crescimento do próximo grupo na sucessão.
Tipos de fungos

Figura 37.18 Sucessão secundária em acículas de pinheiro Como indicado pela largura das barras cinza, as abundâncias de dez tipos de fungos na serapilheira de acículas de pinheiro varia com o tempo à medida que as acículas são decompostas.

de fungos obtém sua energia através da decomposição de certos compostos, convertendo-os em outros que serão utilizados pelo próximo grupo de espécies. Esse processo continua ao longo de cerca de sete anos, quando o último grupo de fungos – os basidiomicetos – decompõe os últimos compostos restantes.

A riqueza de espécies é maior sob níveis de perturbação intermediários

Embora as conseqüências de vários tipos de perturbação sejam altamente variáveis, os resultados seguem um padrão geral: as comunidades com nível muito alto ou muito baixo de perturbação têm menos espécies do que aquelas sujeitas a níveis intermediários de perturbação. A descoberta deste padrão-geral deu origem à **hipótese da perturbação intermediária** que explica a baixa riqueza de espécies em áreas com alto nível de perturbação através da sugestão de que somente as espécies com grande capacidade de dispersão e alta taxa reprodutiva poderão persistir nestes ambientes. No outro extremo, a hipótese explica o declínio na riqueza de espécies onde os níveis de perturbação mostram-se baixos, sugerindo que espécies competitivamente dominantes desalojam outras espécies, como os mexilhões fizeram quando as estrelas-do-mar foram removidas.

A hipótese da perturbação intermediária foi testada utilizando seixos nas zonas entremarés das praias da Califórnia. Wayne Sousa observou que os seixos de tamanho intermediário possuíam mais espécies de algas e cracas fixados a eles do que os seixos menores. Ele levantou a hipótese de que esse padrão existia porque as ondas moviam os seixos menores mais facilmente, mais freqüentemente e por distâncias maiores do que os seixos maiores e não devido ao fato dos seixos menores serem habitats inadequados para muitas espécies. Quando uma onda movimenta um seixo, alguns seres que vivem em sua superfície são esmagados. Para testar a sua hipótese, Sousa alterou os níveis de perturbação fixando alguns seixos pequenos ao substrato. Após seis meses, estes seixos tinham mais espécies do que os seixos não-fixados (**Figura 37.19**). Os resultados do experimento suportaram a hipótese da perturbação intermediária e também contestaram a hipótese de que espécies geralmente não encontradas nos seixos pequenos estavam ausentes porque eles seriam hábitats inadequados para elas.

Os seixos dos experimentos de Sousa acumularam espécies rapidamente. A maioria das sucessões ecológicas progride muito mais lentamente, como acontece na Glacier Bay.

A facilitação e a inibição influenciam a sucessão

A sucessão na Glacier Bay ilustra como os primeiros colonizadores de um ambiente modificado podem transformá-lo de maneira a *facilitar* o estabelecimento de outras espécies. Este é sempre o caso ou as espécies estabelecidas podem *inibir* a colonização por outras espécies?

Novamente, Wayne Sousa utilizou os seixos da zona entremarés para testar a possível influência da inibição sobre a sucessão. Ele removeu todos os seres vivos de alguns seixos e colocou-os na zona entremarés. Os primeiros colonizadores destes seixos foram as algas verdes *Ulva* e *Enteromorpha*. Estas espécies foram substituídas muito mais tarde por grandes algas marrons e, finalmente, pela alga vermelha *Gigartina canaliculata*. Para avaliar o papel da inibição durante esta sucessão, Sousa removeu *Ulva* de alguns dos seixos. Os seixos que tiveram a *Ulva* removida logo tinham uma densidade populacional de *Gigartina* muito maior do que os outros.

EXPERIMENTO

HIPÓTESE: Seixos pequenos sustentam menos espécies do que seixos maiores porque eles estão sujeitos a níveis de perturbação maiores.

MÉTODO

Esterilizar um número de seixos pequenos. Fixar alguns deles com cola ao substrato natural. Deixar outros seixos pequenos soltos (não-fixados) para servirem como controle. Observar o acúmulo de espécies nos seixos depois de algum tempo.

RESULTADOS

Seixos pequenos fixos acumularam muito mais espécies do que os seixos pequenos não fixos.

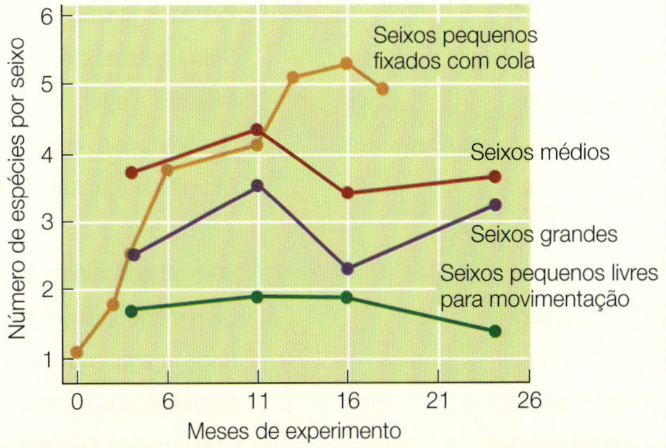
Número de espécies por seixo
1
2
3
4
5
6
0
6
11
16
21
26
Meses de experimento
Seixos pequenos fixados com cola
Seixos médios
Seixos grandes
Seixos pequenos livres para movimentação

CONCLUSÃO: Os seixos pequenos apresentam menos espécies porque as taxas mais altas de movimentação pelas ondas impedem muitas espécies de sobreviver sobre eles, não porque eles sejam habitats inadequados para as espécies locais.

Figura 37.19 A riqueza de espécies depende do nível de perturbação Através da fixação de seixos ao substrato, um ecólogo mostrou que seixos pequenos podem suportar mais espécies se eles não forem muito perturbados. Não se sabe porque eles acumularam mais espécies do que os seixos maiores.

A inibição influenciou claramente o padrão de sucessão nos seixos entremarés, mas os seus efeitos duraram apenas alguns meses. A inibição pode ter um efeito que dure por séculos ou mesmo milênios? A maioria das comunidades ecológicas atingirá um equilíbrio no número de espécies em um período de poucas décadas a poucos séculos após a perturbação. Contudo, as espécies que vivem em algumas comunidades podem ter se estabelecido em períodos de até muitos milênios atrás (como Darwin notou ao descrever um terreno no começo deste capítulo).

Como exemplo, aprendemos na Seção 34.5 que comunidades ecológicas sul-americanas incluem muitas espécies de mamíferos cujos ancestrais chegaram à América do Sul a partir da América do Norte, nos últimos quatro milhões de anos. As comunidades norte-americanas, por outro lado, contêm menos espécies de mamíferos cujos ancestrais vieram recentemente da

TABELA 27.1 Principais clados eucarióticos

CLADO	ATRIBUTOS	EXEMPLO (GÊNERO)
Chromalveolata		
Haptophyta	Unicelulares, freqüentemente com escamas de carbonato de cálcio	Emiliania
Alveolata	Estruturas em forma de saco sob a membrana plasmática	
Apicomplexa	Complexo apical para penetrar o hospedeiro	Plasmodium
Dinoflagelados	Pigmentos dão cor marrom-dourado	Gonyaulax
Ciliados	Cílios; dois tipos de núcleos	Paramecium
Stramenopila	Peludos com flagelos lisos	
Algas marrons	Multicelulares; marinhos; fotossintetizantes	Macrocystis
Diatomáceas	Unicelulares; fotossintetizantes; paredes celulares de duas partes	Thalassiosira
Oomycetes	Maioria cenocíticos; heterotróficos	Saprolegnia
Plantae		
Glaucophyta	Peptideoglicano nos cloroplastos	Cyanophora
Algas vermelhas	Sem flagelos; clorofila *a* e *c*; phycoeritrina	Chondrus
Chlorophyta	Clorofila *a* e *b*	Ulva
*Plantas terrestres (Caps. 28-29)	Clorofila *a* e *b*; embrião protegido	Ginkgo
Charophyta	Clorofila *a* e *b*; fuso mitótico orientado como nas plantas terrestres	Chara
Excavata		
Diplomonada	Sem mitocôndrias; dois núcleos; flagelos	Giardia
Parabassalídeos	Sem mitocôndrias; flagelos; membrana ondulante	Trichomonas
Heterolobosea	Pode alterar entre estágios amebóide e flagelado	Naegleria
Euglenídeos	Flagelos; tiras espirais de proteínas suportam a superfície celular	Euglena
Cinetoplastídeos	Cinetoplasto sem mitocôndria	Trypanosoma
Rhizaria		
Cercozoários	Pseudópodos filiformes	Cercomonas
Foraminíferos	Pseudópodos longos e ramificados; carapaça de carbonato de cálcio	Globigerina
Radiolária	Endoesqueleto vítreo; pseudópodos delgados e rijos	Astrolithium
Uniconta		
Opistoconta	Flagelo único posterior	
*Fungos (Cap. 30)	Heterotróficos que se alimentam por absorção	Penicillium
Coanoflagelados	Assemelham-se a células de esponja; heterotróficos; com flagelos	Choanoeca
*Animais (Caps. 31-33)	Heterotróficos que se alimentam por ingestão	Drosophila
Amebozoários	Amebas com pseudópodos em forma de lóbulo	
Lobósea	Alimentam-se individualmente	Amoeba
Bolor mucoso	Formam corpos de alimentação cenocíticos plasmodial	Physarum
Bolor mucoso celular	Células conservam sua identidade no pseudoplasmódeo	Dictyostelium

* Clados marcados com asterisco são constituídos de organismos multicelulares e serão discutidos nos capítulos indicados. Todos os outros grupos listados estão aqui tratados como eucariotos microbianos (freqüentemente conhecidos como protistas).

O fitoplâncton é o produtor primário da cadeia alimentar marinha

Um único clado de eucariotos microbianos, as *diatomáceas*, é responsável por cerca de um quinto de toda a fixação fotossintética de carbono da Terra – aproximadamente a mesma quantidade de fotossíntese realizada por todas as florestas tropicais do mundo. Esses espetaculares organismos unicelulares (**Figura 27.1**) são membros predominantes do fitoplâncton, mas outros clados de eucariotos microbianos incluem importantes espécies fitoplanctônicas que contribuem intensamente para a fotossíntese global. Assim como as plantas verdes no solo, o fitoplâncton serve de passagem para a energia do sol para dentro do mundo vivo; em outras palavras, eles são *produtores primários*. Por sua vez, eles servem de alimento para heterótrofos, incluindo animais e outros eucariotos microbianos. Esses consumidores são, em seguida, ingeridos por

Thalassiosira sp.
0,5 µm

Figura 27.1 Arquitetura em miniatura: uma diatomácea fotossintetizante Esta micrografia eletrônica de varredura colorida artificialmente mostra o padrão intricado das paredes celulares de diatomáceas. Estes espetaculares eucariotos unicelulares são fotossintetizantes e dominam a comunidade de fitoplâncton aquática.

Astrolithium sp.
250 µm

Figura 27.2 Dois eucariotos microbianos em uma relação endossimbiótica Dinoflagelados fotossintetizantes (ver Figura 27.18) estão vivendo como endossimbiontes dentro desta radiolária, suprindo nutrientes orgânicos para a radiolária e gerando a pigmentação marrom-dourada vista no centro do esqueleto vítreo.

outros consumidores. A maioria dos heterótrofos aquáticos (com exceção de algumas espécies que existem no fundo do mar) depende da fotossíntese realizada pelo fitoplâncton.

Alguns eucariotos microbianos são endossimbiontes

A **endossimbiose** é a condição em que dois organismos vivem juntos, um dentro do outro (ver Figura 4.15C). A endossimbiose é muito comum entre os eucariotos microbianos, muitos dos quais vivem dentro das células de animais. Membros dos dinoflagelados são eucariotos microbianos simbiontes, comuns tanto em animais como em outros eucariotos microbianos. A maioria das espécies de dinoflagelados endossimbiontes, porém nem todas, é fotossintetizante. Muitas radiolárias, por exemplo, portam endossimbiontes fotossintetizantes (**Figura 27.2**). Como resultado, as radiolárias, não-fotossintetizantes por si só, aparecem verdes ou douradas, dependendo do tipo de endossimbiontes que contêm. Esse arranjo é, com freqüência, mutuamente benéfico: as radiolárias podem fazer uso dos nutrientes orgânicos produzidos por seu hóspede, e o hóspede pode, em troca, fazer uso dos metabólitos produzidos pelo hospedeiro ou receber proteção física. Em alguns casos, entretanto, o hóspede é explorado pelos seus produtos fotossintéticos enquanto ele próprio não recebe qualquer benefício.

Alguns dinoflagelados vivem endossimbioticamente nas células de corais, contribuindo com produtos de sua fotossíntese para a parceria. A importância para os corais é demonstrada quando os dinoflagelados são atacados por certas bactérias; o coral é, enfim, prejudicado ou destruído quando seu suprimento de nutrientes é reduzido.

Alguns eucariotos microbianos são mortais

Os mais bem conhecidos eucariotos microbianos patogênicos são membros do gênero *Plasmodium*, grupo altamente especializado de apicomplexa que passa parte do seu ciclo vital como parasita dentro das células vermelhas do sangue humano, onde causam a malária (**Figura 27.3**). Em termos do número de pessoas afetadas, a malária é uma das três mais sérias doenças infecciosas do mundo, matando mais de um milhão de pessoas a cada ano. A cada 30 segundos, a malária mata alguém em algum lugar – normalmente na África, embora a malária ocorra em mais de 100 países. Aproximadamente 600 milhões de pessoas sofrem dessa doença.

Mosquitos fêmeas do gênero *Anopheles* transmitem o *Plasmodium* aos humanos. Em outras palavras, o *Anopheles* é o *vetor* da malária. O parasita entra no sistema circulatório humano quando um mosquito *Anopheles* penetra a pele humana na busca de sangue. Os parasitas instalam-se nas células do fígado e do sistema linfático, mudam sua forma, multiplicam-se e reentram na corrente sangüínea atacando as células vermelhas do sangue.

Os parasitas multiplicam-se dentro das células vermelhas do sangue, que, então, estouram, liberando uma nova população de parasitas. Se outro *Anopheles* picar a vítima, o mosquito ingere células de *Plasmodium* junto com o sangue. Algumas das células ingeridas são gametas formados nas células humanas. Os gametas unem-se no mosquito formando zigotos que se alojam nas suas vísceras, dividindo-se várias vezes e movendo-se para as glândulas salivares, das quais podem passar para outro hospedeiro humano. Dessa forma, o *Plasmodium* é um parasita extracelular no mosquito vetor e um parasita intracelular no hospedeiro humano.

O *Plasmodium* têm se demonstrado um patógeno singularmente difícil de atacar. O ciclo de vida complexo do *Plasmodium* é mais facilmente interrompido pela remoção de água parada na qual os mosquitos se acasalam. O uso de inseticidas para reduzir a população de *Anopheles* pode ser efetivo, mas seus benefícios devem ser ponderados em relação aos riscos ecológicos, econômicos e de saúde apresentados pelos próprios inseticidas.

O genoma de um dos parasitas da malária, o *Plasmodium falciparum*, e de um de seus vetores, o *Anopheles gambiae*, foram seqüenciados e publicados. Esses avanços devem levar a um

RESUMO DO CAPÍTULO

37.1 O que são comunidades ecológicas?

As espécies que vivem e interagem em uma área constituem uma **comunidade** ecológica.

As comunidades ecológicas são conjuntos variáveis de espécies. Rever Figura 37.1.

As espécies de uma comunidade podem ser divididas em **níveis tróficos** baseados na sua fonte de energia. Os **produtores primários** obtêm energia a partir da luz do sol. Os herbívoros que adquirem energia ao ingerir os produtores primários são os **consumidores primários**, as espécies que obtêm energia ao se alimentar dos herbívoros são **consumidores secundários** e assim por diante. Rever Tabela 37.1.

Uma **cadeia alimentar** representa quem se alimenta de quem. Uma **teia alimentar** mostra como as cadeias alimentares estão interconectadas em uma comunidade ecológica. Rever Figura 37.2.

Outros tipos de diagrama mostram como a energia diminui enquanto passa de um nível trófico mais baixo para um mais alto e a **biomassa** das espécies presentes em cada nível trófico. Rever Figura 37.3.

A maior parte da energia ingerida pelos indivíduos que se converte em biomassa, eventualmente, é consumida pelos **decompositores**.

37.2 Que processos influenciam a estrutura das comunidades?

As interações entre as espécies podem ser classificadas em cinco categorias: a **predação** ou parasitismo beneficiam o predador ou parasito enquanto prejudicam a presa ou hospedeiro; a **competição** é prejudicial para todos os participantes; o **mutualismo** é uma associação que beneficia todos os participantes; o **comensalismo** beneficia apenas uma das espécies envolvidas enquanto não beneficia nem prejudica a outra; o **amensalismo** não afeta uma das espécies, mas prejudica a outra. Rever Tabela 37.2.

As **interações predador-presa** geralmente sofrem oscilações. Quando a população de predadores cresce, eles podem consumir a maioria das suas presas; a população do predador, então, colapsa. Rever Figura 37.4.

Os predadores podem restringir a forma como as espécies de suas presas fazem uso do habitat e a sua distribuição geográfica. Rever Figura 37.6.

O **mimetismo** constitui uma adaptação da presa à predação. No **mimetismo Batesiano** uma espécie palatável mimetiza uma espécie não-palatável. No **mimetismo Mulleriano** duas ou mais espécies não-palatáveis convergem para se tornarem semelhantes. Rever Figura 37.7.

As populações de **microparasitos** podem persistir apenas se, em média, cada hospedeiro infectado transmitir a infecção para outro indivíduo.

A **competição** pode restringir a abundância e a distribuição das espécies. A **competição por interferência** torna o forrageio mais difícil; a **competição por exploração** diminui a disponibilidade de recursos. Na **exclusão competitiva** uma espécie impede todos os membros de uma outra espécie de utilizarem o habitat. Rever Figuras 37.9 e 37.10.

37.3 Como as interações entre as espécies produzem as cascatas tróficas?

Ao reduzir a população da sua presa, um predador pode gerar uma **cascata trófica** de efeito indireto sobre os níveis tróficos sucessivamente mais baixos. As cascatas tróficas podem se projetar sobre diferentes hábitats. Rever Figuras 37.13 e 37.14.

Os **engenheiros do ecossistema** são espécies que constroem estruturas que criam ambientes para outras espécies.

Uma **espécie-chave** afeta uma comunidade inteira desproporcionalmente em relação à sua abundância.

37.4 Como as perturbações afetam as comunidades ecológicas?

Uma **perturbação** consiste em um evento que modifica a taxa de sobrevivência de uma ou mais espécies em uma comunidade.

A **sucessão** ecológica é uma mudança na composição de espécies de uma comunidade após uma perturbação.

A **sucessão primária** ocorre em substratos previamente inabitados. A **sucessão secundária** ocorre em locais onde alguns indivíduos sobreviveram há mais recente perturbação. Rever Figuras 37.17 e 37.18.

A **hipótese da perturbação intermediária** explica porque as comunidades com nível intermediário de perturbação freqüentemente têm mais espécies do que as comunidades com níveis de perturbação muito altos ou muito baixos. Rever Figura 37.19.

As espécies já estabelecidas podem facilitar ou inibir a colonização por outras espécies.

37.5 O que determina a riqueza de espécies em comunidades ecológicas?

O número de espécies vivendo em uma comunidade constitui a sua **riqueza de espécies**. Um número maior de espécies da maioria dos clados encontra-se nas regiões de baixa latitude do que nas regiões de alta latitude. Rever Figura 37.20.

A riqueza de espécies freqüentemente aumenta com a produtividade, mas somente até certo ponto. Rever Figura 37.21.

Os ecossistemas ricos em espécies tendem a variar menos em relação à produtividade e à composição de espécies do que os ecossistemas pobres em espécies. Rever Figura 37.22.

QUESTÕES

1. Uma comunidade ecológica é o conjunto de:
   a. todas as espécies que vivem e interagem com as outras espécies em uma área.
   b. todas as espécies que vivem e interagem com as outras espécies em uma área junto com o ambiente abiótico.
   c. todas as espécies em uma área que pertencem a um mesmo nível trófico.
   d. todas as espécies componentes de uma teia alimentar local.
   e. todas as respostas acima.
2. Um nível trófico consiste nas espécies:
   a. cuja fonte de energia passou através do mesmo número de etapas para atingi-las.
   b. que utilizam métodos de forrageio semelhantes para obter alimento.
   c. consumidas por um grupo semelhante de predadores.
   d. que se alimentam de plantas e de outros animais.
   e. que competem umas com as outras pelo alimento.
3. Quando um recurso está escasso, duas espécies que utilizam este mesmo recurso são chamadas de:
   a. predadoras.
   b. competidoras.
   c. mutualistas.
   d. comensais
   e. amensais
4. O dano causado aos arbustos pelos galhos que caem das árvores constitui um exemplo de:
   a. competição por interferência.
   b. predação parcial.
   c. amensalismo.
   d. comensalismo.
   e. coevolução difusa.
5. Os gráficos de distribuição de energia e biomassa de florestas e pradarias diferem porque:
   a. as florestas são mais produtivas do que as pradarias.
   b. as florestas são menos produtivas do que as pradarias.
   c. os grandes mamíferos evitam viver em florestas.
   d. as árvores armazenam muito mais energia em madeira de difícil digestão, enquanto as plantas da pradaria produzem poucos tecidos de difícil digestão.
   e. as gramíneas crescem mais rápido do que as árvores.
6. As espécies-chave:
   a. influenciam as comunidades onde vivem mais do que seria esperado com base na sua abundância.
   b. podem influenciar a riqueza de espécies das comunidades.
   c. podem influenciar o fluxo de energia e nutrientes através dos ecossistemas.
   d. não são necessariamente predadoras.
   e. todas as respostas acima.
7. Qual é a relação comum entre riqueza de espécies e perturbação?
   a. A riqueza de espécies chega a um ponto máximo em níveis baixos de perturbação.
   b. A riqueza de espécies chega a um ponto máximo em níveis altos de perturbação.
   c. A riqueza de espécies chega a um ponto máximo em níveis intermediários de perturbação.
   d. A riqueza de espécies é menor em níveis intermediários de perturbação.
   e. Não existe uma relação entre a riqueza de espécies e o nível de perturbação.
8. Sucessão ecológica caracteriza-se:
   a. pelas mudanças nas espécies ao longo do tempo.
   b. pelas mudanças na composição da comunidade após uma perturbação.
   c. pelas mudanças em uma floresta com o crescimento das árvores.
   d. pelo processo através do qual as espécies tornam-se abundantes.
   e. pela composição nutricional do solo.
9. A sucessão primária começa:
   a. logo após o término de uma perturbação.
   b. em tempos variados após o término de uma perturbação.
   c. em locais onde alguns seres vivos sobreviveram à perturbação.
   d. em locais inabitados antes da perturbação.
   e. em locais onde somente produtores primários sobreviveram à perturbação.
10. Um gradiente latitudinal na riqueza de espécies:
   a. encontra-se na América do Norte, mas não na América do Sul.
   b. existe para aves, anfíbios e mamíferos, mas não para plantas.
   c. existe porque as regiões tropicais são mais montanhosas do que as regiões de alta latitude.
   d. existe porque são poucas as penínsulas nos trópicos.
   e. existe em terra, mas não nos oceanos.

PARA DISCUSSÃO

1. Algumas evidências sugerem que a competição interespecífica é responsável pelo decréscimo na riqueza de espécies sob altos níveis de produtividade. Que outras hipóteses poderiam explicar esta intricada relação? Como você poderia testá-las?
2. O aumento na produtividade e estabilidade em comunidades ricas em espécies poderia explicar-se pelas diferenças ecológicas entre as espécies ou pelo fato de que quanto mais espécies existirem em uma comunidade maior será a sua chance de possuir uma espécie surpreendentemente produtiva. Como você poderia diferenciar estas duas hipóteses?
3. Se as comunidades ricas em espécies são mais produtivas do que as comunidades pobres em espécies como a agricultura moderna, baseada quase inteiramente em uma única espécie cultivada em uma área, pode ser tão produtiva?
4. As Figuras 37.17 e 37.18 ilustram a sucessão com dois exemplos de florestas. De que forma a sucessão ecológica poderia diferir nas pradarias? Nos desertos? Nas zonas rochosas entremarés?
5. Muitos biólogos da conservação acreditam que os nossos maiores esforços deveriam ser empregados para salvar os ecossistemas inalterados. Muitos usuários dos recursos naturais, por outro lado, argumentam que perturbar os ecossistemas para a extração de recursos, na verdade, aumentaria a riqueza de espécies. Essa última visão consiste em uma invocação apropriada da hipótese da perturbação intermediária?

PARA INVESTIGAÇÃO

Os experimentos ilustrados na Figura 37.5, mesmo realizados em parcelas fechadas de 1 km^2, eram pequenos quando comparados à escala na qual o ciclo natural lebre-lince é sincronizado na floresta boreal. De que forma os cientistas poderiam investigar o papel do suprimento de alimentos, da predação e de outros fatores na sincronização do ciclo em áreas maiores?

Nesta seção foi apresentada uma breve visão geral dos muitos e diversos tipos de eucariotos microbianos. De fato, talvez a única coisa que todos esses organismos claramente têm em comum é o fato de serem todos eucariotos. Enquanto trabalhamos para avaliar suas origens e diversidade, estamos também trabalhando para compreender a origem da própria célula eucariótica.

27.2 Como surgiram as células eucarióticas?

As células eucarióticas diferem das células procarióticas em muitas maneiras. Dada a natureza dos processos evolutivos, essas muitas diferenças não podem ter surgido simultaneamente. Podemos fazer algumas inferências razoáveis sobre os eventos mais importantes que levaram a evolução de um novo tipo celular, tendo em mente que o ambiente global sofreu uma mudança enorme – de anaeróbio para aeróbio – durante o curso desses eventos (ver Seção 21.2). Mantenha em mente que essas inferências, ainda que razoáveis e fundamentadas, são ainda conjeturais; a hipótese que adotamos aqui é uma de algumas poucas sob consideração corrente. Nós a apresentamos como exemplo para pensarmos sobre este problema desafiador.

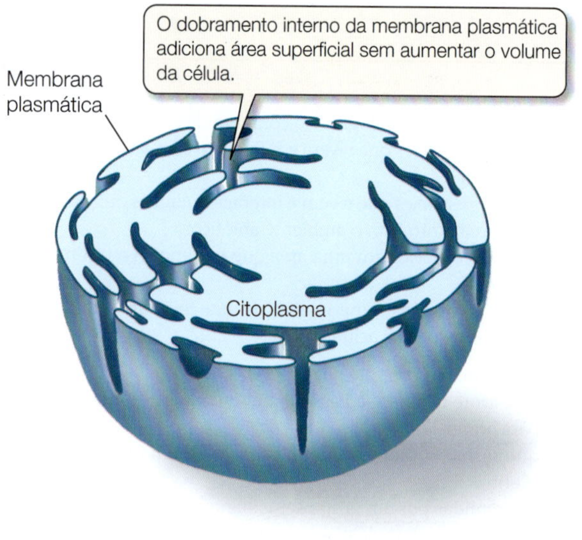
O dobramento interno da membrana plasmática adiciona área superficial sem aumentar o volume da célula.
Membrana plasmática
Citoplasma

Figura 27.6 Invaginações da membrana A perda da parede celular procariótica rígida pode ter permitido à membrana plasmática dobrar-se para dentro e criar maior área superficial.

A célula eucariótica moderna surgiu em várias etapas

Diversos eventos precederam à origem da célula eucariótica moderna:

- a origem de uma superfície celular flexível;
- a origem de um citoesqueleto;
- a origem de um envelope nuclear;
- o aparecimento de vesículas digestivas, ou *vacúolos;*
- a aquisição endossimbiótica de certas organelas.

RAMIFICAÇÕES DE UMA SUPERFÍCIE CELULAR FLEXÍVEL Muitos procariotos fósseis antigos parecem bastões e presumimos que eles, como a maioria das células procarióticas, tiveram paredes celulares firmes. O primeiro passo em direção à condição eucariótica foi a perda da parede celular por uma célula procariótica ancestral. Essa condição de célula destituída de parede está presente em alguns procariotos de hoje em dia, ainda que muitos outros tenham desenvolvido novos tipos de paredes celulares. Vamos considerar as possibilidades abertas para uma célula flexível sem uma parede.

Primeiro, pense no tamanho celular. Conforme uma célula cresce, sua proporção entre área de superfície/volume decresce (ver Figura 4.2). A menos que a área superficial possa ser aumentada, o volume celular alcançará um limite. Se a superfície celular é flexível, ela pode dobrar-se para dentro (invaginar-se) e elaborar-se, criando mais área superficial para trocas de gás e nutrientes (**Figura 27.6**).

Com uma superfície suficientemente flexível para permitir invaginações, a célula pode trocar materiais com o ambiente de forma suficientemente rápida para sustentar um volume celular maior e um metabolismo mais veloz. Além disso, uma superfície flexível pode furtar pedaços do ambiente, trazendo-os para dentro da célula por endocitose (**Figura 27.7, etapas 1-3**).

MUDANÇAS NA ESTRUTURA E NA FUNÇÃO DA CÉLULA Outras etapas primordiais na evolução da célula eucariótica provavelmente incluíram três avanços: a aparência de um citoesqueleto; a formação de membranas guarnecidas de ribossomos, algumas das quais cercando o DNA; e a evolução de vesículas digestivas (**Figura 27.7, etapas 3-7**).

Um citoesqueleto constituído de microfilamentos e microtúbulos sustentaria a célula e permitiria a condução de mudanças em seu formato, para distribuir cromossomos filhos e para mover materiais de uma parte para outras de uma célula, agora, muito maior. A presença de microtúbulos no citoesqueleto poderia ter evoluído em algumas células para originar o característico flagelo eucariótico. A origem do citoesqueleto está tornando-se mais clara, conforme homólogos dos genes que codificam muitas das proteínas do citoesqueleto têm sido encontrados em procariotos modernos.

O DNA de uma célula procariótica é preso a um local na sua membrana plasmática. Se essa região da membrana plasmática se dobrasse para dentro da célula, um primeiro passo teria sido tomado em direção à evolução de um núcleo, um aspecto primário da célula eucariótica.

A partir de um tipo intermediário de célula, o próximo passo seria provavelmente a fagocitose – a habilidade de consumir outras células engolfando-as e digerindo-as. O primeiro eucarioto verdadeiro possui citoesqueleto e envelope nuclear. Ele pode ter tido retículo endoplasmático e complexo de Golgi associados e, talvez, um ou mais flagelos do tipo eucariótico.

ENDOSSIMBIOSE E ORGANELAS Enquanto os processos já descritos estavam acontecendo, as cianobactérias estavam ocupadas gerando gás oxigênio como produto da fotossíntese. Os níveis de O_2 crescentes na atmosfera tiveram conseqüências desastrosas para a maioria dos outros seres vivos, uma vez que a maioria dos organismos da época (*Archaea* e *Bacteria*) era incapaz de tolerar o novo ambiente aeróbico e oxidante. Mas alguns procariotos conseguiram enfrentar essas mudanças e – afortunadamente para nós – também o fizeram alguns dos novos eucariotos fagocíticos.

Mais ou menos nessa época, a endossimbiose deve ter entrado em jogo (**Figura 27.7, etapas 8 e 9**). Lembre-se que a teoria da endossimbiose propõe que algumas organelas são descendentes de procariotos engolfados, mas não digeridos, por células eucarióticas ancestrais (ver Seção 4.5). Um evento endossimbiótico crucial na história de *Eukarya* foi a incorporação de uma protobactéria que evoluiu para se tornar a mitocôndria. Inicialmente, a função primária da nova organela foi provavelmente desintoxicar O_2 pela

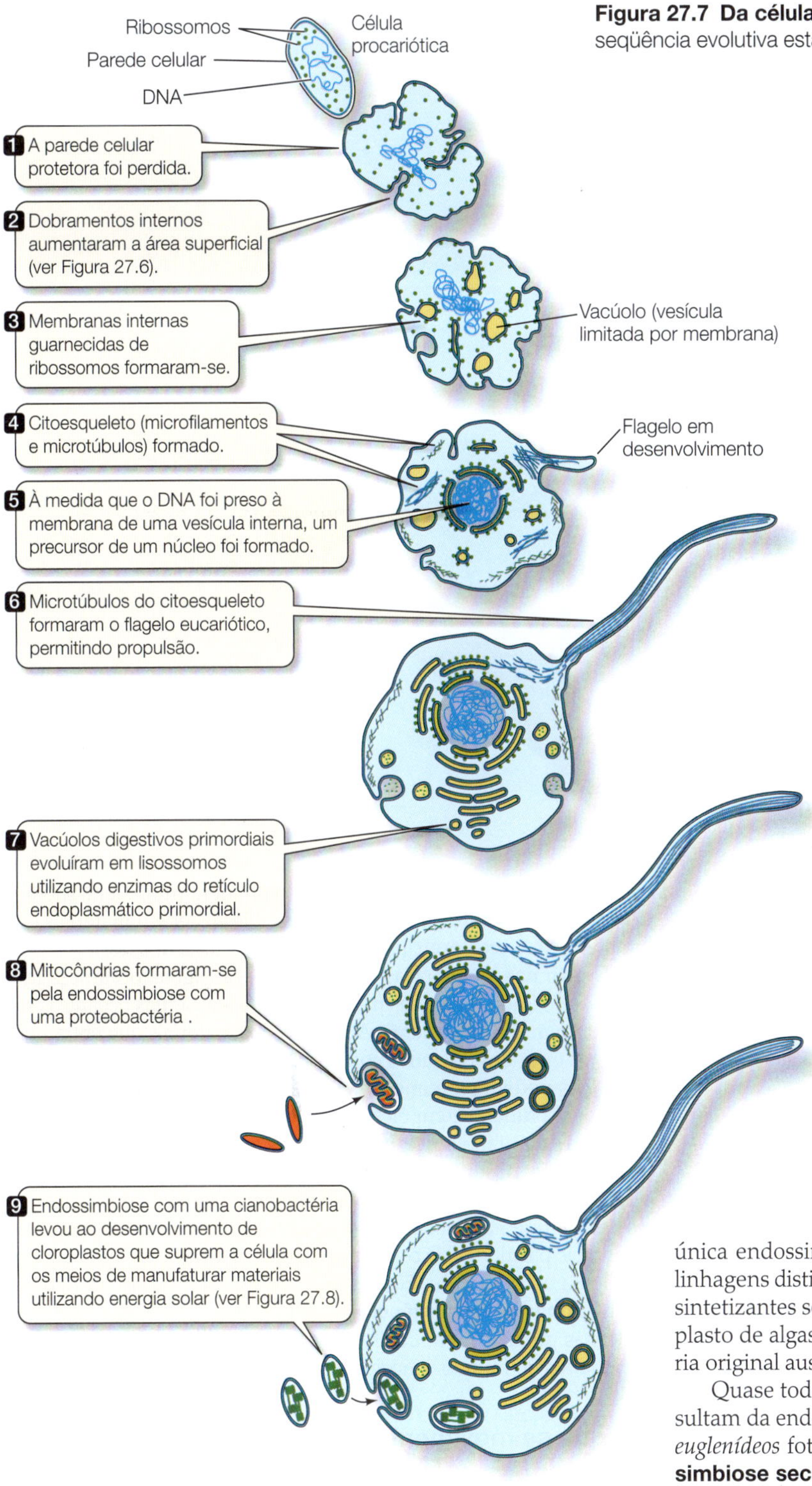

Ribossomos
Parede celular
DNA
Célula procariótica
1 A parede celular protetora foi perdida.
2 Dobramentos internos aumentaram a área superficial (ver Figura 27.6).
3 Membranas internas guarnecidas de ribossomos formaram-se.
Vacúolo (vesícula limitada por membrana)
4 Citoesqueleto (microfilamentos e microtúbulos) formado.
Flagelo em desenvolvimento
5 À medida que o DNA foi preso à membrana de uma vesícula interna, um precursor de um núcleo foi formado.
6 Microtúbulos do citoesqueleto formaram o flagelo eucariótico, permitindo propulsão.
7 Vacúolos digestivos primordiais evoluíram em lisossomos utilizando enzimas do retículo endoplasmático primordial.
8 Mitocôndrias formaram-se pela endossimbiose com uma proteobactéria .
9 Endossimbiose com uma cianobactéria levou ao desenvolvimento de cloroplastos que suprem a célula com os meios de manufaturar materiais utilizando energia solar (ver Figura 27.8).

Figura 27.7 Da célula procariótica à célula eucariótica Uma possível seqüência evolutiva está aqui representada.

sua redução à água. Mais tarde, essa redução tornou-se acoplada com a formação de ATP – respiração. Com essa etapa concluída, a célula básica eucariótica moderna estava completa.

Alguns eucariotos importantes são resultado de mais uma outra etapa de endossimbiose, a incorporação de um procarioto relacionado às cianobactérias de hoje, as quais tornaram-se cloroplastos.

Os cloroplastos são aprimoramentos da endossimbiose

Os eucariotos de vários grupos diferentes possuem cloroplastos, e grupos com cloroplastos aparecem em diversos clados distantemente relacionados. Alguns desses grupos diferem quanto ao pigmento fotossintético que seus cloroplastos contêm. Veremos que nem todos os cloroplastos possuem um par de membranas ao seu redor – em alguns eucariotos microbianos, eles são envolvidos por *três ou mais* membranas. Somente agora compreendemos essas observações em termos de uma série notável de endossimbioses, embasada por extensas evidências de microscopia eletrônica e seqüenciamento de ácidos nucléicos.

Todos os cloroplastos remetem sua ancestralidade ao engolfamento de uma cianobactéria por uma célula eucariótica maior (**Figura 27.8A**). Esse evento, o passo que deu origem a eucariotos fotossintetizantes, é conhecido como endossimbiose primária. A cianobactéria, uma bactéria gram-negativa, possuía tanto membrana interna como externa. Dessa forma, o cloroplasto original possuía duas membranas envoltórias – a membrana interna e a externa da cianobactéria. E a parede da bactéria contendo peptideoglicano? É ainda hoje representada por um pouco de peptideoglicano entre as membranas do cloroplasto de *glaucophyta*, o primeiro grupo de eucariotos microbianos a se ramificar após a endossimbiose primária.

A endossimbiose primária deu origem aos cloroplastos das"algas verdes"(incluindo clorofíceas e carofíceas) e as *algas vermelhas*. É quase certo que ambas se originam de uma única endossimbiose primária, e que a divergência dessas duas linhagens distintas ocorreu mais tarde. As plantas terrestres fotossintetizantes se originariam de uma alga verde ancestral. O cloroplasto de algas vermelhas retêm certos pigmentos da cianobactéria original ausentes nos cloroplastos das algas verdes.

Quase todos os eucariotos microbianos fotossintetizantes resultam da endossimbiose secundária ou terciária. Por exemplo, os *euglenídeos* fotossintetizantes obtiveram cloroplastos da **endossimbiose secundária** (**Figura 27.8B**). Seu ancestral tomou uma clorofícea unicelular, retendo o cloroplasto do endossimbionte e finalmente perdendo o resto dos seus constituintes. Essa história explica porque os cuglenídeos fotossintetizantes possuem os mesmos pigmentos que as clorofíceas e as plantas terrestres. Ela também explica a terceira membrana do cloroplasto euglenóide, derivada da membrana plasmática do euglenídeo (como resultado da endocitose). Outras evidências da endossimbiose secundária vêm da observação de que certos cloroplastos, produtos da endossimbiose secundária, contêm traços do núcleo das células que foram engolfadas.

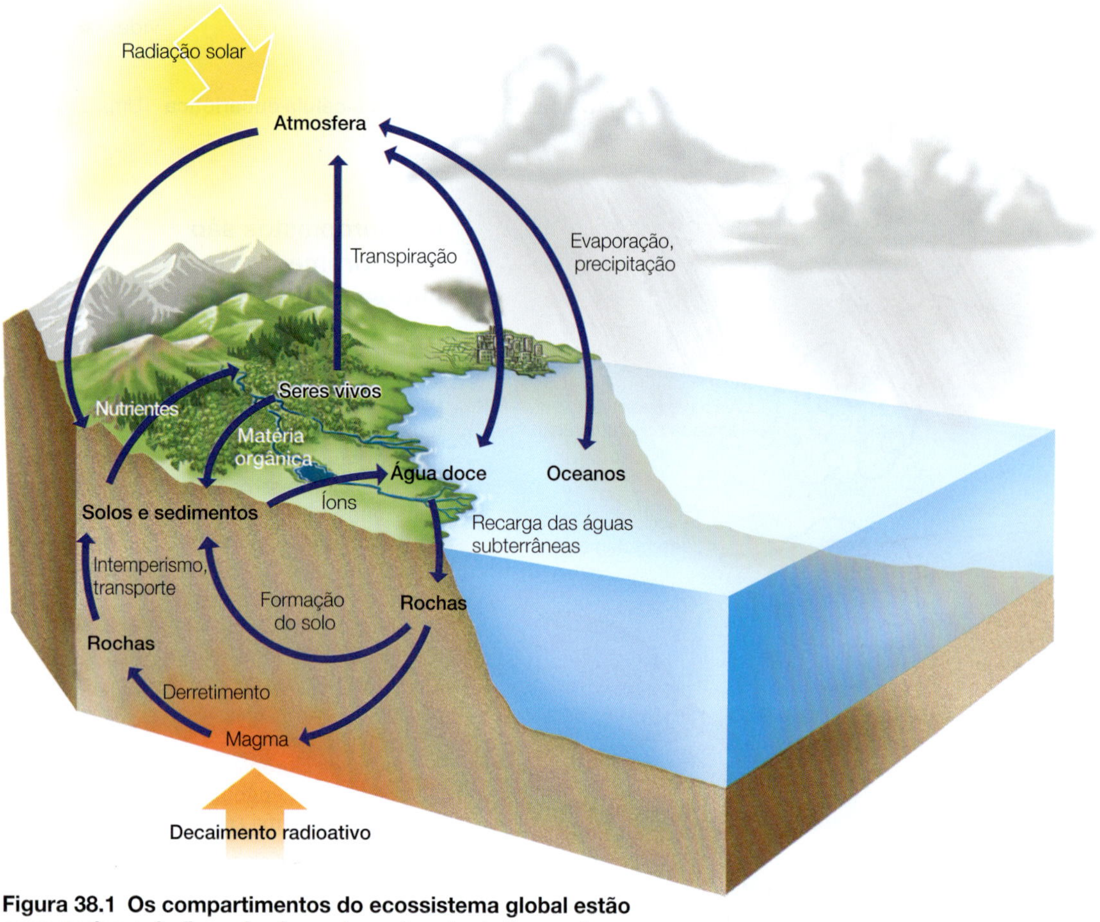
Radiação solar
Atmosfera
Transpiração
Evaporação, precipitação
Seres vivos
Nutrientes
Matéria orgânica
Água doce
Oceanos
Solos e sedimentos
Íons
Recarga das águas subterrâneas
Intemperismo, transporte
Formação do solo
Rochas
Rochas
Derretimento
Magma
Decaimento radioativo

Figura 38.1 Os compartimentos do ecossistema global estão conectados pelo fluxo de elementos As setas indicam o fluxo de materiais entre os compartimentos. A atmosfera troca alguns elementos muito rapidamente. A troca de materiais entre rochas, solos e oceanos é geralmente muito mais lenta.

para os consumidores nos ecossistemas. A cada transformação, uma grande proporção dessa energia é utilizada para fornecer energia para o metabolismo e dissipada na forma de calor. Outros seres vivos não podem utilizar o calor para alimentar o seu metabolismo. Os elementos químicos, por outro lado, não se alteram quando transferidos entre os seres vivos. A disponibilidade de elementos químicos que compõem os seres vivos – carbono, nitrogênio, fósforo, cálcio, sódio, enxofre, hidrogênio, oxigênio e alguns outros – é fortemente influenciada pela forma como os seres vivos os adquirem, por quanto tempo permanecem nos seres vivos e pelo que os seres vivos fazem com eles enquanto os retém.

Para entender o movimento de energia e materiais na Terra convém dividir o ambiente físico em quatro **compartimentos** conectados: oceano, água doce, atmosfera e terra. Esses quatro compartimentos são muito diferentes, assim como os tipos de seres vivos neles encontrados. Por essa razão, a quantidade dos diferentes elementos existentes em cada compartimento, o que acontece com esses elementos e a taxa na qual eles entram e saem de tais compartimentos diferem de forma marcante. Após descrevermos os quatro compartimentos, discutiremos como a energia flui e os elementos circulam através deles.

Os oceanos recebem materiais vindos do ambiente terrestre e da atmosfera

Em uma escala de centenas a milhares de anos, a maioria dos materiais que circula pelos quatro compartimentos acaba nos oceanos. Os oceanos são enormes, mas trocam material com a atmosfera apenas na sua superfície, e, por isso, respondem muito lentamente às entradas dos outros compartimentos. Eles recebem materiais do ambiente terrestre, principalmente, pela descarga dos rios.

Exceto nas plataformas continentais – as águas oceânicas rasas que circundam grandes massas de terra – as águas oceânicas se misturam muito lentamente. A maioria dos materiais que entra nos oceanos oriundos de outros compartimentos desce para o fundo do mar. Eles podem permanecer ali por milhões de anos até os sedimentos do fundo serem elevados acima do nível do mar pela formação de montanhas. Por essa razão, as concentrações de nutrientes minerais mostram-se muito baixas na maior parte dos oceanos. Alguns elementos são trazidos de volta para a superfície próximo às costas continentais, onde os ventos costeiros empurram as águas da superfície para longe da costa provocando a elevação da água fria do fundo para a superfície (**Figura 38.2**). As águas ricas em nutrientes destas **zonas de ressurgência** sustentam taxas altas de fotossíntese e densas populações animais. A maior parte dos grandes estoques pesqueiros do mundo concentram-se nesses locais.

A água se movimenta rapidamente através de lagos e rios

O compartimento de água doce do ecossistema global compõe-se por rios, lagos e **água subterrânea** (água no solo e nas rochas). Somente uma pequena fração da água da Terra reside em algum momento em lagos e rios, mas essa fração se movimenta rapidamente através deles. Alguns nutrientes minerais entram no compartimento de água doce pela chuva, mas a maioria é liberada pelo intemperismo das rochas. Eles são carregados para lagos e rios pelo fluxo de superfície ou por movimentos das águas subterrâneas.

Os nutrientes minerais são geralmente carregados rapidamente para os lagos ou para os oceanos após entrarem nos rios. Nos la-

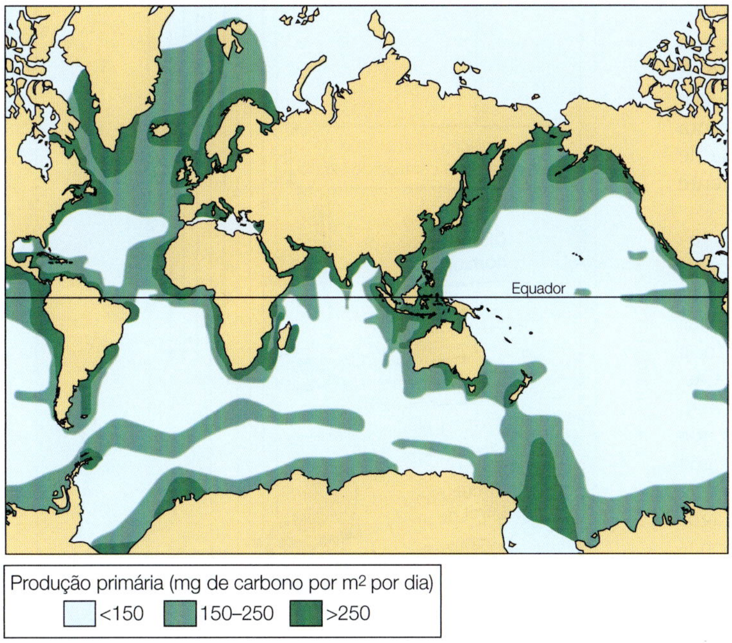
Equador
Produção primária (mg de carbono por m2 por dia)
<150
150–250
>250

Figura 38.2 As zonas de ressurgência são produtivas A produtividade biológica é maior próxima aos continentes, onde as águas de superfície, levadas pelas correntes de vento, deslocam-se para longe da costa e são substituídas por águas frias ricas em nutrientes que vêm de baixo.

gos, eles são absorvidos pelos seres vivos e incorporados em suas células. Esses indivíduos eventualmente morrem e se depositam no fundo, levando os nutrientes com eles. A decomposição de seus tecidos por detritívoros consome o O_2 da água do fundo. Assim, as águas de superfície dos lagos tornam-se rapidamente desprovidas de nutrientes, enquanto as águas mais profundas tornam-se desprovidas de O_2. No entanto, esse processo é compensado pelos movimentos verticais de água chamados ***turnover***, que trazem nutrientes e CO_2 dissolvido para a superfície e levam O_2 para as águas mais profundas.

O vento é um importante agente de *turnover* em lagos rasos, mas, em lagos mais profundos, ele usualmente apenas mistura as águas de superfície. Os lagos profundos de climas temperados têm um ciclo anual de *turnover* guiado pela temperatura (**Figura 38.3**). Esses lagos apresentam o *turnover* porque a água se mostra mais

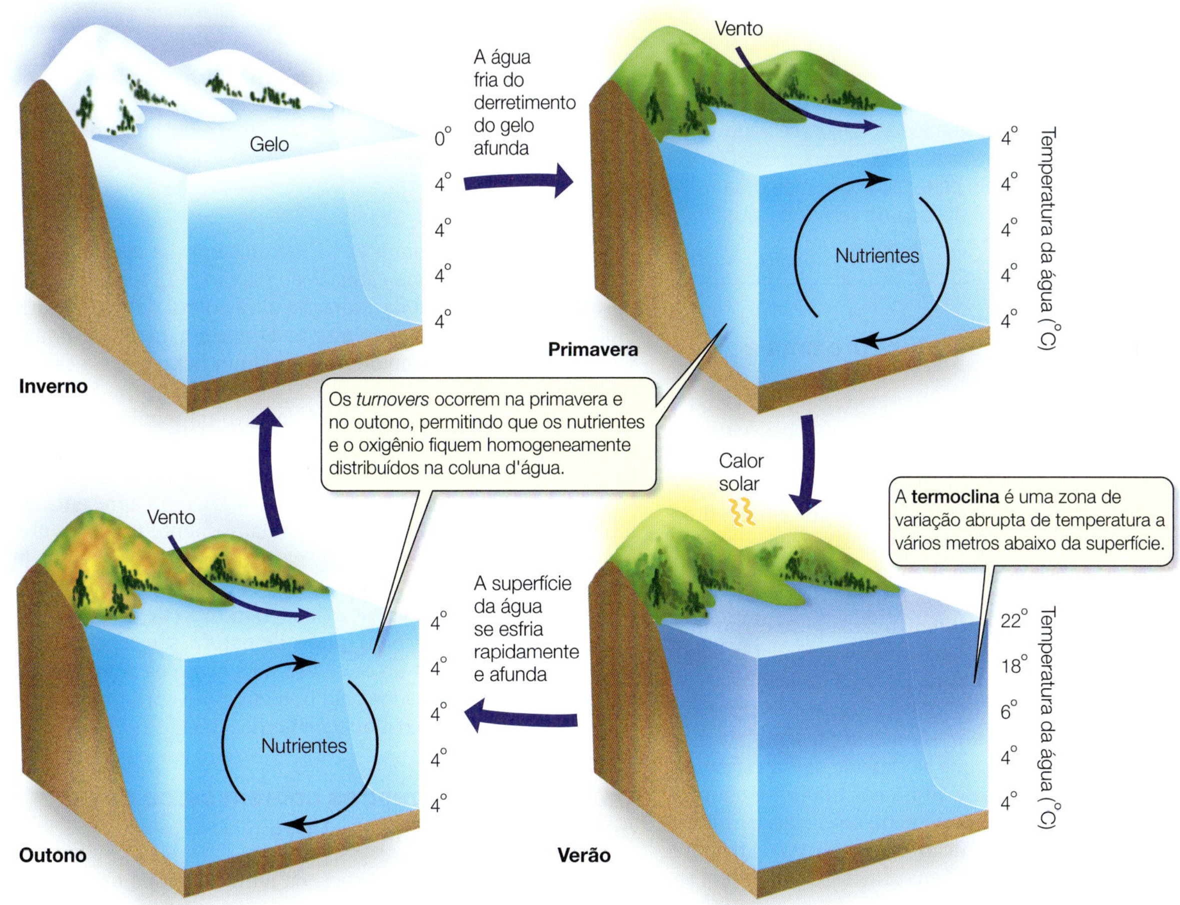
Gelo
0°
4°
4°
4°
4°
Inverno
A água fria do derretimento do gelo afunda
Vento
Nutrientes
4°
4°
4°
4°
4°
Temperatura da água (°C)
Primavera
Os turnovers ocorrem na primavera e no outono, permitindo que os nutrientes e o oxigênio fiquem homogeneamente distribuídos na coluna d'água.
Calor solar
A termoclina é uma zona de variação abrupta de temperatura a vários metros abaixo da superfície.
Vento
Nutrientes
4°
4°
4°
4°
4°
Outono
A superfície da água se esfria rapidamente e afunda
22°
18°
6°
4°
4°
Temperatura da água (°C)
Verão

Figura 38.3 O ciclo de *turnover* em um lago temperado Os *turnovers* que ocorrem na primavera e outono permitem que os nutrientes e o oxigênio tornem-se bem distribuídos na coluna d'água. Os perfis verticais de temperatura mostrados são típicos de lagos de zonas temperadas que congelam no inverno.

densa a 4°C e acima ou abaixo desta temperatura ela se expande. Desta maneira, no inverno a água mais fria do lago flutua na sua superfície, freqüentemente coberta por uma camada de gelo. A água abaixo permanece a 4°C. Quando o sol de primavera aquece a superfície do lago, a temperatura da água da superfície aumenta ultrapassando os 4°C. Neste momento, a densidade da água de todo o lago é uniforme e mesmo um vento modesto facilmente mistura toda a coluna d'água.

À medida que a primavera e o verão avançam, a água da superfície se torna mais quente e a profundidade da camada aquecida aumenta gradualmente. No entanto, ainda existe uma *termoclina* bem definida onde a temperatura baixa abruptamente. Apenas se o lago for suficientemente raso para aquecer até o fundo, a temperatura das águas mais profundas atingirá mais de 4°C. Outro *turnover* ocorre no outono, à medida que a superfície do lago esfria, e a água de superfície mais fria – agora mais densa do que a água mais quente abaixo dela – afunda e é substituída pela água mais quente que vem de baixo.

Os lagos árticos são revirados apenas uma vez por ano. Lagos tropicais e subtropicais profundos podem ter termoclinas permanentes porque eles nunca se tornam suficientemente frios para terem água uniformemente densa. Suas águas de fundo carecem de oxigênio porque a decomposição rapidamente esgota qualquer oxigênio que as alcance. Contudo, muitos lagos tropicais são revirados, pelo menos periodicamente, por fortes ventos, oxigenando suas águas mais profundas. Se o *turnover* não acontece, a produtividade do lago pode ser afetada drasticamente.

O Tanganica é um lago tropical extremamente profundo no leste africano. Os pescadores locais têm observado um declínio de até 50% na pesca ao longo dos últimos 30 anos. Essa queda se deve, em parte, ao aquecimento da temperatura da água e a uma década de ventos calmos que impediram o *turnover* da água do lago.

A atmosfera regula a temperatura próxima à superfície da Terra

O terceiro maior compartimento do ecossistema global, a *atmosfera*, é uma fina camada de gases que envolve a Terra. A atmosfera compõe-se de 78,08% N_2, 20,95% O_2, 0,93% de argônio e 0,03% de dióxido de carbono (CO_2). Ela também contém traços de hidrogênio gasoso, néon, hélio, criptônio, xenônio, ozônio e metano. A atmosfera contém o maior depósito de nitrogênio da Terra, bem como uma grande proporção do seu O_2. Embora o CO_2 constitua uma fração muito pequena da atmosfera, o dióxido de carbono é a fonte do carbono utilizado pelos seres vivos terrestres fotossintetizantes e dos carbonatos dissolvidos na água utilizados pelos produtores primários marinhos.

Cerca de 80% da massa da atmosfera está presente em sua camada mais baixa, a **troposfera**, que se estende da superfície da Terra até cerca de 17 quilômetros de altura nos trópicos e subtrópicos, mas apenas até cerca de 10 quilômetros nas altas latitudes. A maior parte da circulação global de ar ocorre dentro da troposfera e, virtualmente, todo o vapor d'água atmosférico também se encontra nessa camada (**Figura 38.4**).

A **estratosfera**, que se estende do topo da troposfera até cerca 50 quilômetros acima da superfície da Terra, contém muito pouco vapor d'água. A maioria dos materiais provenientes da troposfera entra na estratosfera na zona de convergência intertropical, onde o ar aquecido pelo sol sobe a grandes altitudes. Estes ma-

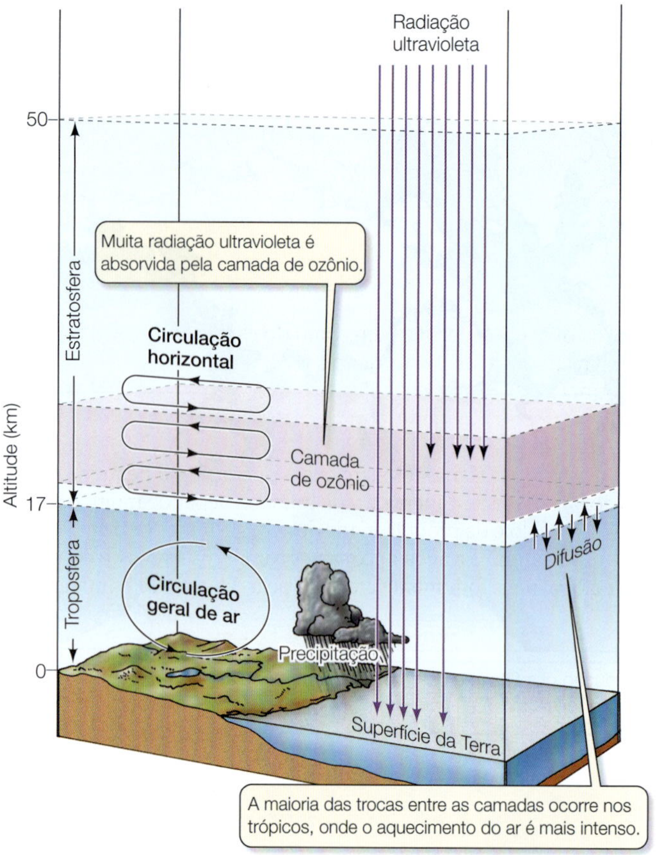
Radiação ultravioleta
50
Muita radiação ultravioleta é absorvida pela camada de ozônio.
Estratosfera
Circulação horizontal
Altitude (km)
Camada de ozônio
17
Difusão
Troposfera
Circulação geral de ar
Precipitação
0
Superfície da Terra
A maioria das trocas entre as camadas ocorre nos trópicos, onde o aquecimento do ar é mais intenso.

Figura 38.4 As duas camadas da atmosfera terrestre A troposfera e a estratosfera diferem quanto aos padrões de circulação, à quantidade de vapor d'água que contêm e à quantidade de radiação ultravioleta que recebem.

teriais tendem a permanecer na estratosfera por um tempo relativamente longo. Uma camada de ozônio (O_3) na estratosfera absorve a maior parte da radiação ultravioleta de ondas curtas biologicamente nociva que entra na atmosfera, razão pela qual é tão preocupante o desenvolvimento de um buraco nesta camada no Hemisfério Sul.

A atmosfera exerce um papel decisivo na regulação da temperatura na superfície da Terra e suas imediações. Se a Terra não tivesse atmosfera, a temperatura média da sua superfície seria de cerca de -18°C, ao invés dos atuais +17°C. A Terra apresenta esta temperatura porque a atmosfera é relativamente transparente à luz visível, mas retém uma grande parte da radiação infravermelha (calor) emitida pela Terra. Ela retém o calor que a Terra irradia de volta para o espaço. O vapor d'água, o dióxido de carbono e outros gases, conhecidos como **gases de estufa**, são especialmente importantes retentores de calor. Veremos como os aumentos dos gases de estufa provocados pelo homem estão contribuindo para o aquecimento climático global na Seção 38.3.

Os ambientes terrestres cobrem cerca de um quarto da superfície da Terra

Cerca de um quarto da superfície da Terra, a maioria no Hemisfério Norte, encontra-se atualmente acima do nível do mar. Apesar do suprimento global de elementos químicos ser constante, deficiências regionais e locais de determinado elemento afetam fortemente os processos ecossistêmicos no ambiente terrestre, pois os elementos se movem muito lentamente e normalmente se deslocam apenas por curtas distâncias neste compartimento.

O compartimento terrestre conecta-se ao compartimento atmosférico pelos seres vivos que retiram e, algum tempo depois, liberam elementos químicos no ar. Nos solos, os elementos químicos são carregados em solução para as águas subterrâneas e, por fim, para os oceanos, onde estão indisponíveis para os seres vivos terrestres até que processos geológicos levantem os sedimentos marinhos e comece um novo ciclo de intemperismo. O tipo de solo existente em uma área depende da rocha que existe embaixo dele, da qual ele se forma, bem como do clima, da topografia, dos seres vivos que o habitam e do tempo de ação dos seus processos de formação. Solos muito velhos são muito menos férteis do que a maioria dos solos jovens, porque os nutrientes são lixiviados ao longo do tempo.

Embora o ambiente terrestre cubra apenas uma pequena proporção da superfície da Terra, a vida humana depende muito da fertilidade do solo e da produtividade dos ecossistemas terrestres e de água doce. A terra e a água doce são os compartimentos do ecossistema global mais fortemente afetados pelas atividades humanas.

38.1 RECAPITULAÇÃO

A Terra é um sistema fechado em relação à matéria atômica, mas aberto em relação à energia. O ambiente físico pode dividir-se em quatro compartimentos – oceano, água doce, atmosfera e terra – através dos quais ocorre o fluxo de energia e a circulação de nutrientes.

- O que impede a atmosfera terrestre de atingir o equilíbrio químico? Ver p.837-838.
- Você pode descrever o processo de *turnover* em um lago de zona temperada no outono? Ver p.839 e Figura 38.3.
- Como a atmosfera mantém a temperatura na superfície da Terra e em suas imediações mais quente do que seria na sua ausência? Ver p. 840 e Figura 38.4.

Os elementos circulam através do ecossistema global, mas o ciclo de energia ocorre unidirecionalmente. Na próxima seção introduziremos alguns conceitos que nos ajudam a rastrear o fluxo de energia global.

38.2 Como a energia flui através do ecossistema global?

Começaremos nossa discussão explicando como a energia solar guia os processos no ecossistema e descrevendo a distribuição geográfica da quantidade de energia acumulada pelos produtores primários. Depois mostraremos como as atividades humanas estão modificando o fluxo de energia no ecossistema global.

A energia solar guia os processos nos ecossistemas

Com exceção de uns poucos ecossistemas nos quais a energia solar não constitui a principal fonte (algumas cavernas e respiradouros hidrotermais de águas profundas), toda a energia utilizada pelos seres vivos vem (ou alguma vez veio) do Sol. Mesmo os combustíveis fósseis – carvão, óleo e gás natural – nos quais a economia da civilização humana moderna está baseada, são reservas de energia solar capturadas e contidas nos restos de seres vivos que viveram há milhões de anos atrás.

A energia solar entra para o ecossistema através das plantas e de outros seres fotossintetizantes. Apenas cerca de 5% da energia solar que chega à Terra é capturada pela fotossíntese. A energia restante pode irradiar-se de volta para a atmosfera como calor ou absorvida pela evaporação da água das plantas ou de outras superfícies. A **produtividade primária bruta** (**PPB**) constitui a taxa na qual a energia incorpora-se nos corpos de seres vivos fotossintetizantes. A energia acumulada denomina-se **produção primária bruta**. Em outras palavras, a produtividade é a taxa e a produção, o produto. Os produtores primários usam parte da energia acumulada para o seu próprio metabolismo; o resto armazena-se nos seus corpos ou utilizado para o seu próprio crescimento e reprodução. A energia disponível para os seres vivos que se alimentam dos produtores primários, chamada **produção primária líquida** (**PPL**), é a produção primária bruta menos a energia gasta pelo produtor primário durante o seu metabolismo. Somente a energia da produção líquida de um ser vivo – seu crescimento mais reprodução – está potencialmente disponível para os seres vivos que venham a consumi-lo (**Figura 38.5**).

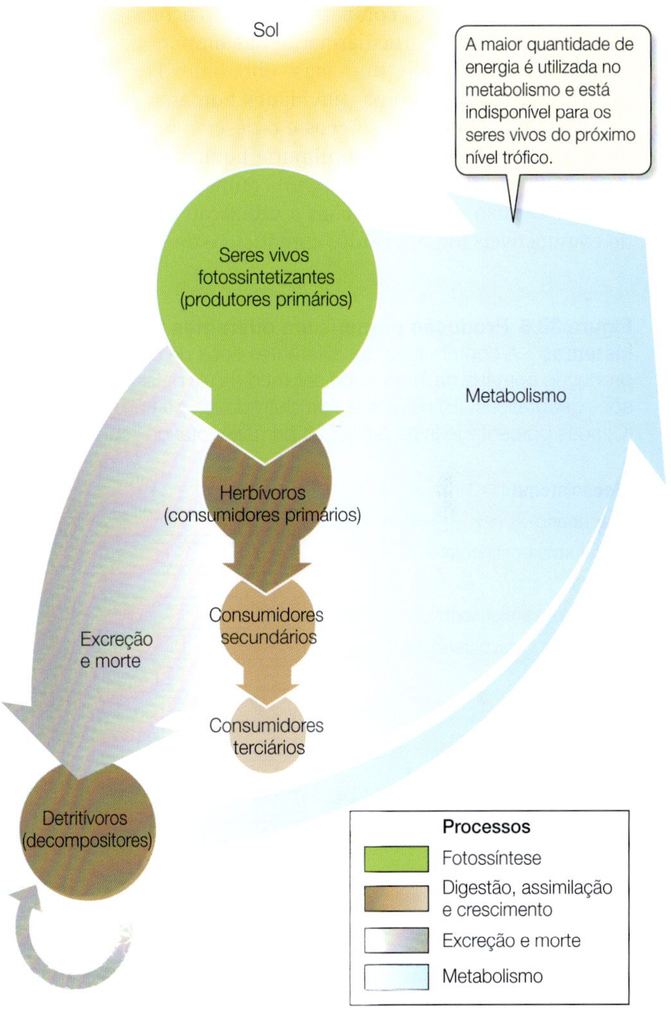

Sol
A maior quantidade de energia é utilizada no metabolismo e está indisponível para os seres vivos do próximo nível trófico.
Seres vivos fotossintetizantes (produtores primários)
Metabolismo
Herbívoros (consumidores primários)
Consumidores secundários
Excreção e morte
Consumidores terciários
Detritívoros (decompositores)
Processos
Fotossíntese
Digestão, assimilação e crescimento
Excreção e morte
Metabolismo

Figura 38.5 Fluxo de energia através de um ecossistema Somente a energia da produção líquida de um ser vivo – seu crescimento mais reprodução – está potencialmente disponível para os seres vivos que o consomem. Neste diagrama, a largura de cada seta é proporcional à quantidade de energia que flui através daquele canal. As setas indicam a direção do fluxo de energia.

A distribuição geográfica da energia assimilada pelos produtores primários reflete a distribuição das massas de terra, da temperatura e da umidade da Terra (**Figura 38.6**). Próximo ao Equador no nível do mar, as temperaturas são altas durante todo o ano e, normalmente, o suprimento de água mostra-se adequado para o crescimento vegetal na maior parte do tempo. Nesses climas prosperam florestas produtivas. Nos desertos de baixas ou médias latitudes, onde o crescimento das plantas limita-se pela falta de umidade, a produção primária é baixa. Em altas latitudes, mesmo que a umidade esteja geralmente disponível, a produção primária também é baixa porque faz frio na maior parte do ano (**Figura 38.7**). A produção em ambientes aquáticos limita-se pela luz, cuja penetração diminui rapidamente com a profundidade; pelos nutrientes, que se afundam e precisam ser repostos pela ressurgência da água; e pela temperatura.

As atividades humanas modificam o fluxo de energia

As atividades humanas modificam a maneira como a energia flui e é distribuída entre os compartimentos do ecossistema global. No último século e particularmente nas últimas cinco décadas, os efeitos das atividades humanas sobre o fluxo de energia têm aumentado muito. Algumas atividades humanas (como a conversão de florestas em pastagens e o desenvolvimento urbano) diminuíram a produtividade primária líquida global, enquanto outras (como agricultura intensiva) a aumentaram. Também alteramos o fluxo de energia com a utilização sempre crescente de combustíveis fósseis. Dados climáticos e de satélites indicam que os seres humanos estão se apropriando de aproximadamente 20% da produção primária líquida anual média da Terra. Essa porcentagem varia muito entre as regiões: as áreas urbanas consomem mais de 300 vezes a PPL que produzem, mas a população das partes pouco habitadas da Bacia do Amazonas não se apropria de quase nada.

38.2 RECAPITULAÇÃO

Praticamente toda a energia utilizada pelos seres vivos é proveniente do Sol. As atividades humanas influenciam o fluxo de energia e utilizam uma grande quantidade da produção primária líquida terrestre da Terra.

- Qual é a diferença entre produção primária bruta e produção primária líquida? Ver p. 841.
- Qual a porcentagem da produção primária líquida anual média da Terra utilizada pelos humanos e como esta porcentagem varia regionalmente? Ver p. 842.

A compreensão de como a apropriação da produção primária líquida pelos seres humanos afeta as quantidades e os padrões dos fluxos de energia requer o conhecimento de como os compostos de carbono, os quais estocam a maior parte da energia, são formados e circulam entre os compartimentos físicos da Terra. Na próxima seção consideraremos de que forma o carbono, assim como os outros elementos químicos essenciais para os seres vivos, circulam pelos compartimentos do ecossistema global.

Figura 38.6 Produção primária em diferentes tipos de ecossistemas A contribuição dos diferentes tipos de ecossistema na produção primária da Terra pode ser medida (A) pelas suas extensões geográficas, (B) pelas suas produtividades primárias líquidas e (C) suas porcentagens na produção primária total da Terra.

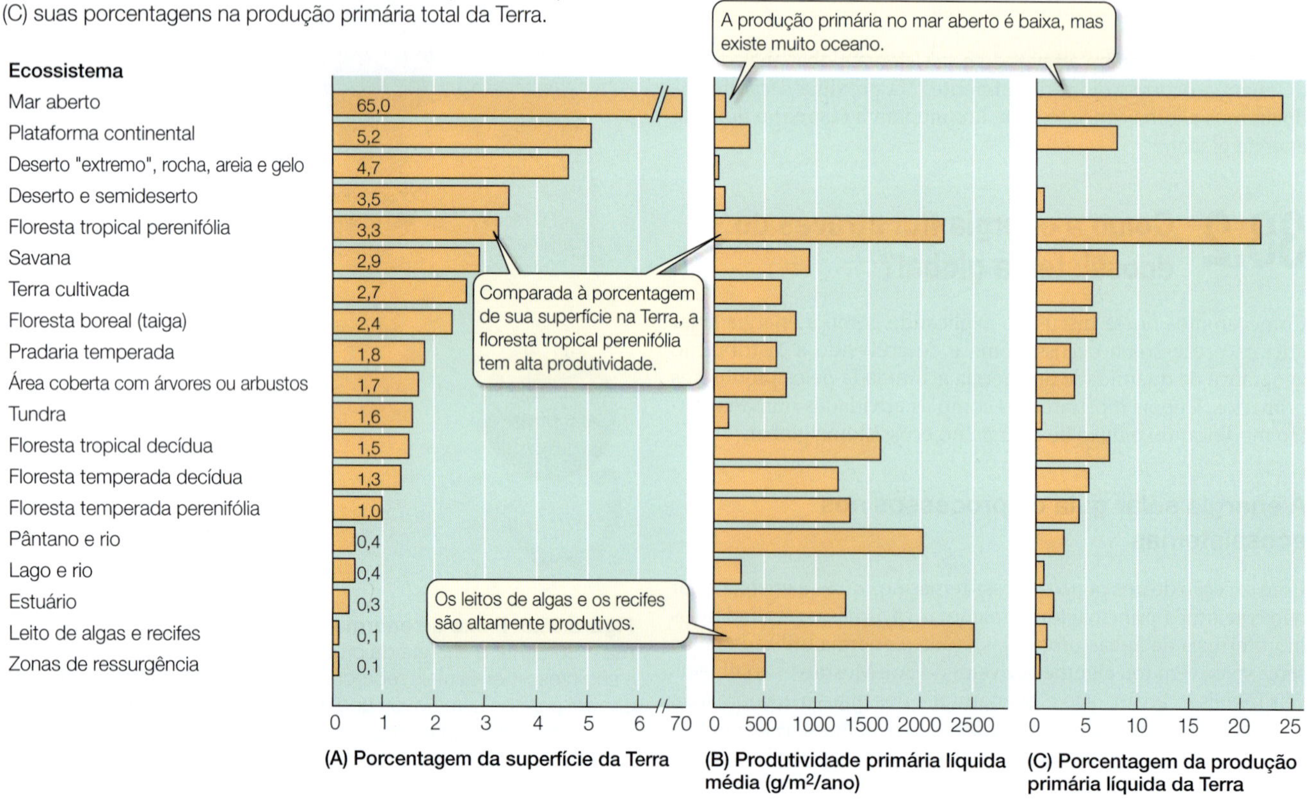
Ecossistema
Mar aberto
Plataforma continental
Deserto "extremo", rocha, areia e gelo
Deserto e semideserto
Floresta tropical perenifólia
Savana
Terra cultivada
Floresta boreal (taiga)
Pradaria temperada
Área coberta com árvores ou arbustos
Tundra
Floresta tropical decídua
Floresta temperada decídua
Floresta temperada perenifólia
Pântano e rio
Lago e rio
Estuário
Leito de algas e recifes
Zonas de ressurgência
65,0
5,2
4,7
3,5
3,3
2,9
2,7
2,4
1,8
1,7
1,6
1,5
1,3
1,0
0,4
0,4
0,3
0,1
0,1
A produção primária no mar aberto é baixa, mas existe muito oceano.
Comparada à porcentagem de sua superfície na Terra, a floresta tropical perenifólia tem alta produtividade.
Os leitos de algas e os recifes são altamente produtivos.
0 1 2 3 4 5 6 70
0 500 1000 1500 2000 2500
0 5 10 15 20 25
(A) Porcentagem da superfície da Terra
(B) Produtividade primária líquida média (g/m2/ano)
(C) Porcentagem da produção primária líquida da Terra

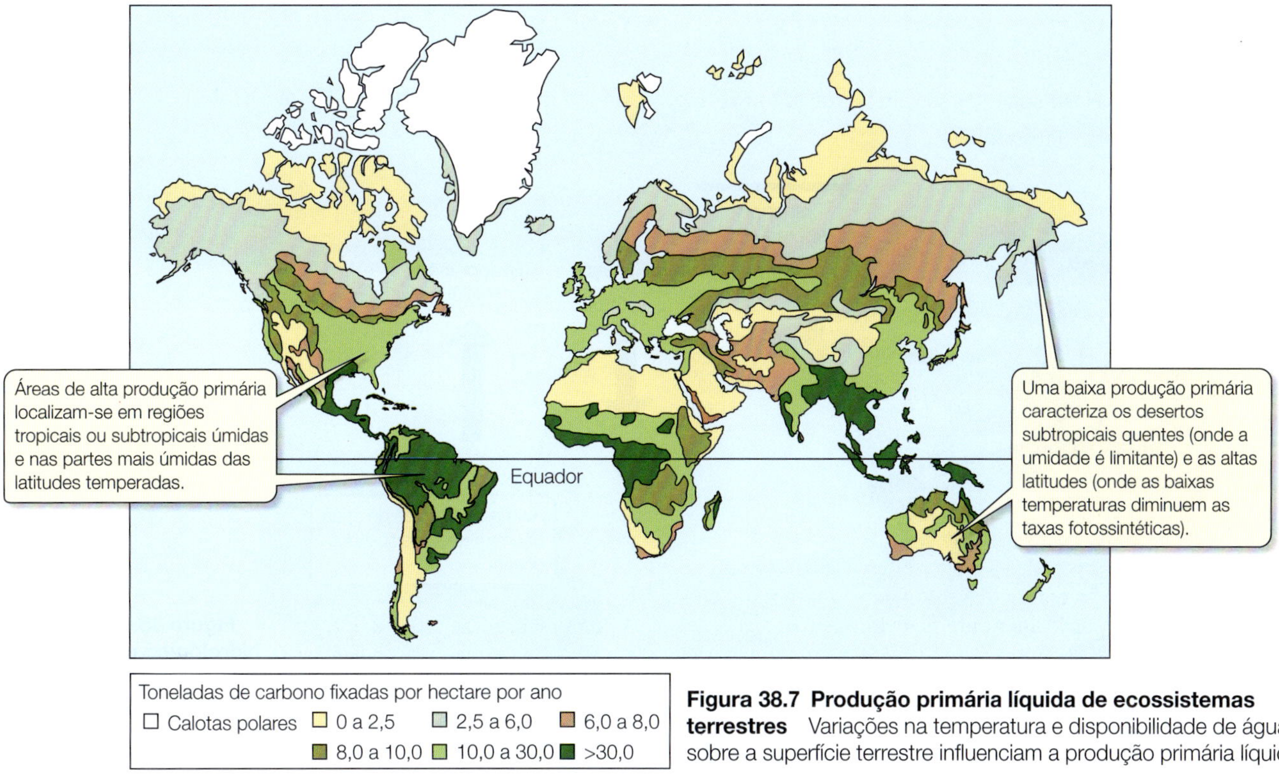
Áreas de alta produção primária localizam-se em regiões tropicais ou subtropicais úmidas e nas partes mais úmidas das latitudes temperadas.
Equador
Uma baixa produção primária caracteriza os desertos subtropicais quentes (onde a umidade é limitante) e as altas latitudes (onde as baixas temperaturas diminuem as taxas fotossintéticas).
Toneladas de carbono fixadas por hectare por ano
Calotas polares
0 a 2,5
2,5 a 6,0
6,0 a 8,0
8,0 a 10,0
10,0 a 30,0
>30,0

Figura 38.7 Produção primária líquida de ecossistemas terrestres Variações na temperatura e disponibilidade de água sobre a superfície terrestre influenciam a produção primária líquida.

38.3 Como é o ciclo de materiais através do ecossistema global?

Os elementos químicos que os seres vivos necessitam em grandes quantidades – carbono, hidrogênio, oxigênio, nitrogênio, fósforo e enxofre – circulam através dos indivíduos e destes para o ambiente físico e vice-versa. O padrão de movimento de um elemento químico através dos seres vivos e dos outros compartimentos do ecossistema global chama-se **ciclo biogeoquímico**.

Cada elemento químico tem um ciclo biogeoquímico distinto, cujas propriedades dependem da natureza física e química do elemento e da maneira como os seres vivos o utilizam. Todos os elementos químicos circulam rapidamente através dos seres vivos porque nenhum indivíduo, mesmo aqueles pertencentes à espécie de maior longevidade, vive muito tempo em termos geológicos.

Antes de descrevermos os ciclos biogeoquímicos dos elementos individualmente, precisamos discutir o papel da água e do fogo.

- O movimento da *água* transfere muitos elementos químicos entre a atmosfera, a terra, a água doce e os oceanos.
- O *fogo* é um agente poderoso que impulsiona a circulação dos elementos químicos.

A água transfere materiais entre os compartimentos

A circulação da água através dos oceanos, da atmosfera, das águas doces e dos ambientes terrestres é denominada **ciclo hidrológico**. O ciclo hidrológico funciona porque uma maior quantidade de água evapora da superfície dos oceanos do que retorna como *precipitação* (chuva ou neve). O excesso da água evaporada é carregado pelos ventos para a terra, onde cai como precipitação. Água também evapora dos solos, dos lagos e rios e das folhas das plantas (transpiração), mas a quantidade total evaporada dessas superfícies é menor do que a quantidade que cai sobre elas como precipitação. A precipitação terrestre excedente acaba retornando aos oceanos através dos rios, descargas costeiras e fluxos subterrâneos (**Figura 38.8**). Os 16 maiores rios da Terra contribuem com mais de 1/3 das descargas costeiras, das quais mais da metade vem dos três maiores rios (Amazonas, Congo e Yangtze). Apesar do volume relativamente pequeno, os rios têm um papel muito importante no ciclo hidrológico, pois o tempo médio de residência das moléculas de água nos rios e lagos é de apenas 4,3 anos, comparados com 2.640 anos nos oceanos. Nos seres vivos, o tempo de residência médio da água é muito curto – cerca de 5,6 dias.

Através da construção de barragens, canais e reservatórios e pelo desvio de grandes quantidades de água para campos irrigados, os humanos têm provocado efeitos importantes na distribuição espacial e temporal da água doce na Terra. A conseqüência mais importante das atividades humanas é que, atualmente, mais água evapora dos ambientes terrestres do que

> Um átomo "X" de fósforo marca o tempo nas camadas de calcário desde que os oceanos do Paleozóico cobriram o ambiente terrestre. O tempo, para um átomo preso a uma rocha, não passa. A ruptura veio quando uma raiz de carvalho abriu uma fenda na rocha e começou a separá-la e a sugar nutrientes. No período de um século, a rocha deteriorou e "X" foi transferido para o mundo dos seres vivos. Ele ajudou a formar uma flor, que se tornou um fruto, que engordou um veado, que alimentou um índio; tudo isso em um único ano.
>
> Aldo Leopold, *A Sand County Almanac*

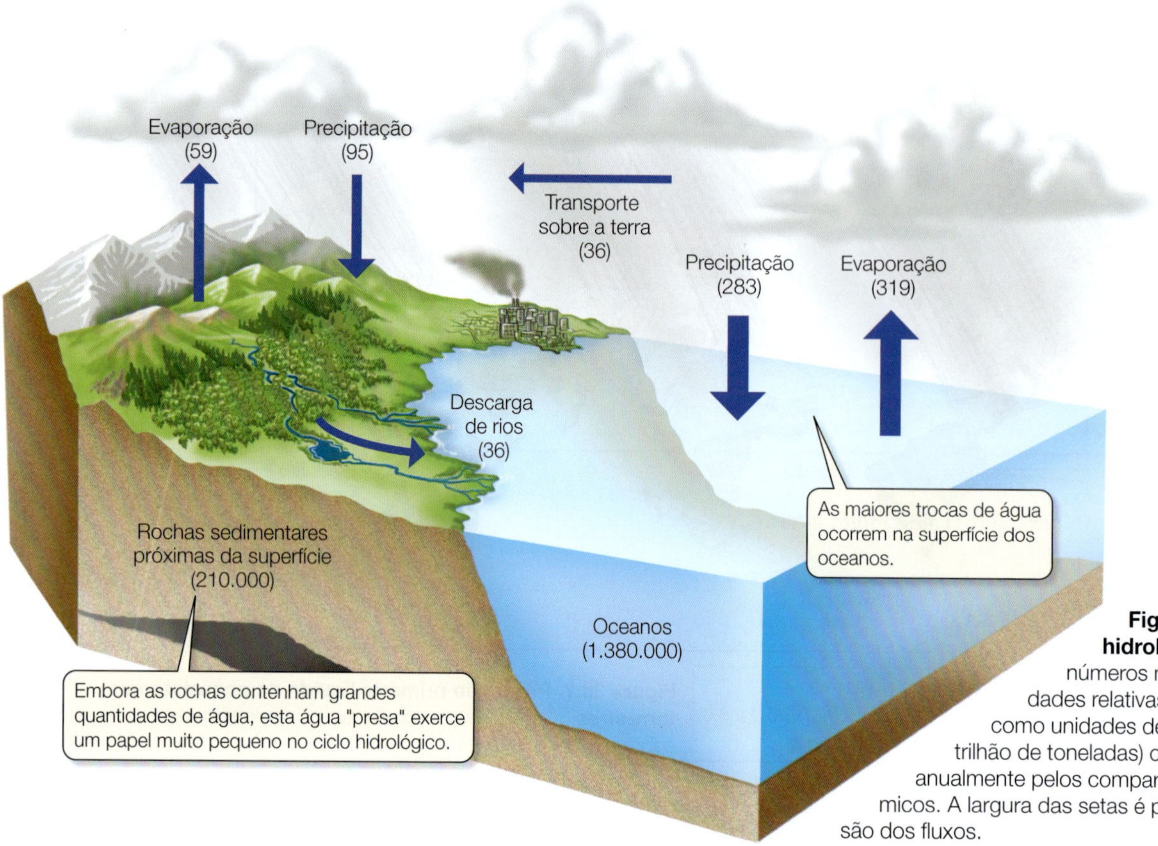
Evaporação
(59)
Precipitação
(95)
Transporte
sobre a terra
(36)
Precipitação
(283)
Evaporação
(319)
Descarga
de rios
(36)
As maiores trocas de água ocorrem na superfície dos oceanos.
Rochas sedimentares próximas da superfície (210.000)
Oceanos
(1.380.000)
Embora as rochas contenham grandes quantidades de água, esta água "presa" exerce um papel muito pequeno no ciclo hidrológico.

Figura 38.8 O ciclo hidrológico global Os números mostram as quantidades relativas de água (expressas como unidades de 10^{18} gramas=1 trilhão de toneladas) contidas ou trocadas anualmente pelos compartimentos ecossistêmicos. A largura das setas é proporcional à dimensão dos fluxos.

antes da Revolução Industrial. Além disso, os padrões do fluxo de água doce estão sendo seriamente alterados. Por exemplo, as represas no Rio Columbia no Estado de Washington (EUA) são manejadas para reduzir a variação das taxas de fluxo de água durante o ano (**Figura 38.9**). Um resultado inesperado desta prática consiste na redução, durante o outono e o inverno, da salinidade da superfície oceânica na costa da foz do rio em direção ao norte até a Ilha Aleuatian, com conseqüências negativas para o crescimento e sobrevivência do salmão nesta parte do Oceano Pacífico.

Embora grandes quantidades de água subterrânea estejam presentes em piscinas subterrâneas chamadas **aqüíferos**, esta água tem um tempo de residência subterrânea longo e desempenha apenas um pequeno papel no ciclo hidrológico. Em alguns locais, no entanto, a água subterrânea está sendo seriamente esgotada, pois os homens a estão utilizando, principalmente para irrigação, mais rapidamente do que ela pode ser reposta. Em algumas áreas de planície no centro dos Estados Unidos, mais da metade da água subterrânea foi removida. Na planície norte da China, a deterioração dos aqüíferos pouco profundos está forçando a construção de poços com mais de mil metros de profundidade para atingir a água.

Muita água subterrânea atualmente utilizada no Hemisfério Norte depositou-se durante a última Idade do Gelo, quando a precipitação regional era muito maior do que é atualmente. O uso dessa água subterrânea para a irrigação e outras finalidades aumentou o fluxo de água para os oceanos e tem contribuído para a elevação do nível do mar no último século.

Se o padrão de consumo de água atual continuar, pelo menos 3,5 bilhões de pessoas (48% da população mundial) viverão em áreas com suprimento inadequado de água até 2025. Provavelmente, a população da Ásia será a mais seriamente afetada. Felizmente, os padrões de consumo de água atuais não precisam continuar. O consumo de água *per capita* nos Estados Unidos e Europa tem diminuído com o aumento na utilização de aparelhos domésticos que não desperdiçam água, o aumento de seu preço e o desenvolvimento de leis que restringem o seu uso. Se esses programas para aumentar a eficiência no uso da água forem rigorosamente implementados, o uso da água global em 2025 poderá ser menor do que o atual, apesar da continuidade do crescimento populacional.

O fogo é um importante condutor de elementos

A cada ano, 200 a 400 milhões de hectares de savanas, 5 a 15 milhões de hectares de florestas boreais e quantidades menores de outros biomas são queimados. Raios iniciam alguns incêndios, mas os homens começam a maioria das queimadas para manejar a vegetação (por exemplo, quando desmatam e queimam florestas para "limpar" a terra para plantações). O fogo consome a energia da vegetação que queima e libera os seus elementos químicos. Alguns nutrientes, como o nitrogênio, o enxofre e o selênio são facilmente vaporizados pelo fogo. Eles são liberados para a atmosfera na fumaça ou carregados para a água subterrânea pela chuva que cai sobre o solo queimado.

O fogo também libera grandes quantidades de carbono para a atmosfera. Nas savanas e florestas, estima-se que o fluxo anual global de carbono liberado pelo fogo para a atmosfera encontra-se entre 1,7 a 4,1 petagramas (1,7 a 4,1 bilhões de toneladas). A queima de biomassa é responsável por cerca de 40% da produção

(A)

(B)

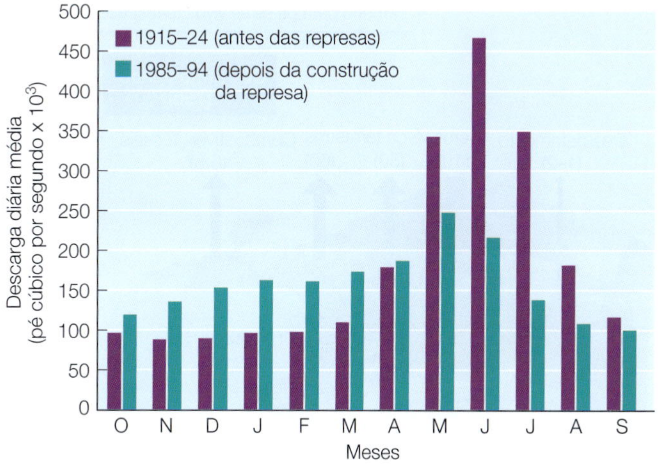
500
450
400
350
300
250
200
150
100
50
0
1915–24 (antes das represas)
1985–94 (depois da construção da represa)
Descarga diária média
(pé cúbico por segundo × 10³)
O N D J F M A M J J A S
Meses

Figura 38.9 O fluxo do rio Columbia tem sido muito alterado (A) A represa Bonneville, próxima a Portland (Oregon, EUA), é apenas uma das dezenas de represas construídas ao longo do rio Columbia e seus afluentes a fim de regular o seu fluxo e gerar energia hidrelétrica. (B) Antes da construção das represas, a taxa de fluxo de água doce do rio Columbia para o Oceano Pacífico variava muito entre as estações. A intervenção humana tem reduzido consideravelmente esta variação.

Atualmente, os oceanos absorvem 20 a 25 milhões de toneladas de CO_2 a cada dia – a taxa mais alta dos últimos 20 milhões de anos. Como resultado, a água próxima da superfície do oceano está se tornando mais ácida. De que modo esse aumento de acidez afetará as espécies marinhas é uma incógnita.

anual de CO_2 da Terra. Ela também contribui significativamente para a produção de outros gases de estufa, como o monóxido de carbono (CO), o metano (CH_4) e o ozônio troposférico (O_3).

Como os humanos deliberadamente começam a maioria das queimadas, podemos tomar algumas precauções para reduzir as suas conseqüências indesejáveis. A queima periódica de vegetação propensa ao fogo pode prevenir o armazenamento de grandes quantidades de combustível e reduzir a freqüência de incêndios de alta intensidade no dossel, que liberam grandes quantidades de materiais para a atmosfera. A melhoria da produtividade na agricultura tropical pode reduzir a taxa de desmatamentos e queimadas das florestas para criar mais áreas agrícolas. O aumento no uso de fogões movidos à energia solar pode reduzir a necessidade de colheita de lenha para o preparo das refeições.

A discussão sobre a água e o fogo mostra que os ciclos biogeoquímicos de diferentes elementos químicos estão interconectados. No entanto, é mais fácil entender as interações desses ciclos se primeiro discutirmos cada um separadamente. Começaremos seguindo o ciclo biogeoquímico do carbono.

O ciclo do carbono tem sido alterado pelas atividades industriais

Conforme vimos na Parte 2 deste livro, todas as macromoléculas importantes que compõem os seres vivos contém carbono, e uma grande quantidade da energia que eles precisam para ativar as suas atividades metabólicas vem de compostos com carbono (orgânicos). O carbono incorpora-se nas moléculas orgânicas das células dos autótrofos através da fotossíntese. Todos os seres heterótrofos adquirem o seu carbono ao consumir os autótrofos ou outros heterótrofos, os seus restos e os seus produtos de excreção.

A maior parte do carbono terrestre está estocado nas rochas e sedimentos marinhos e dissolvido nas águas oceânicas. No compartimento terrestre, a maioria do carbono disponível para os seres vivos armazena-se nos solos. Os processos biológicos movem o carbono entre os compartimentos atmosférico e terrestre, removendo-o da atmosfera durante a fotossíntese e devolvendo-o durante o metabolismo (**Figura 38.10**).

Algumas vezes no passado remoto, grandes volumes de carbono foram removidos do seu ciclo global quando grandes quantidades de seres vivos morreram e foram enterrados em sedimentos que careciam de O_2. Nesses ambientes anaeróbicos, os detritívoros não converteram o carbono orgânico em CO_2. Ao contrário, as moléculas orgânicas se acumularam e foram, eventualmente, transformadas em depósitos de petróleo, gás natural, carvão ou turfa. Os seres humanos vêm descobrindo e usando estes depósitos, conhecidos como **combustíveis fósseis**, em taxas crescentes durante os últimos 150 anos. Como resultado, um dos produtos finais da queima dos combustíveis fósseis, o CO_2, está sendo atualmente liberado na atmosfera mais rápido do que consegue dissolver-se na superfície das águas dos oceanos ou incorporar-se na biomassa terrestre. Com base em uma variedade de cálculos, os cientistas que estudam a atmosfera acreditam que antes da Revolução Industrial a concentração de CO_2 atmosférico era, provavelmente, de aproximadamente 265 partes por milhão. Hoje, ela é de 380 partes por milhão (**Figura 38.11**), representando uma taxa de aumento mais de 10 vezes mais rápida do que em qualquer outro período nos últimos milhões de anos.

ONDE FOI PARAR TODO ESTE CARBONO? Menos da metade da enorme quantidade de CO_2 liberado pelas atividades humanas permanece na atmosfera. Onde está o resto? A maior parte do restante encontra-se dissolvida nos oceanos. Durante décadas e até séculos, os oceanos, que contêm 50 vezes mais carbono inorgânico dissolvido do que a atmosfera, determinaram a concentração de CO_2 atmosférico. A taxa de movimentação do CO_2 da atmosfera para o oceano depende, em parte, da fotossíntese realizada pelo fitoplâncton na superfície da água. Esses seres removem o carbono da água, aumentando assim a absorção do carbono

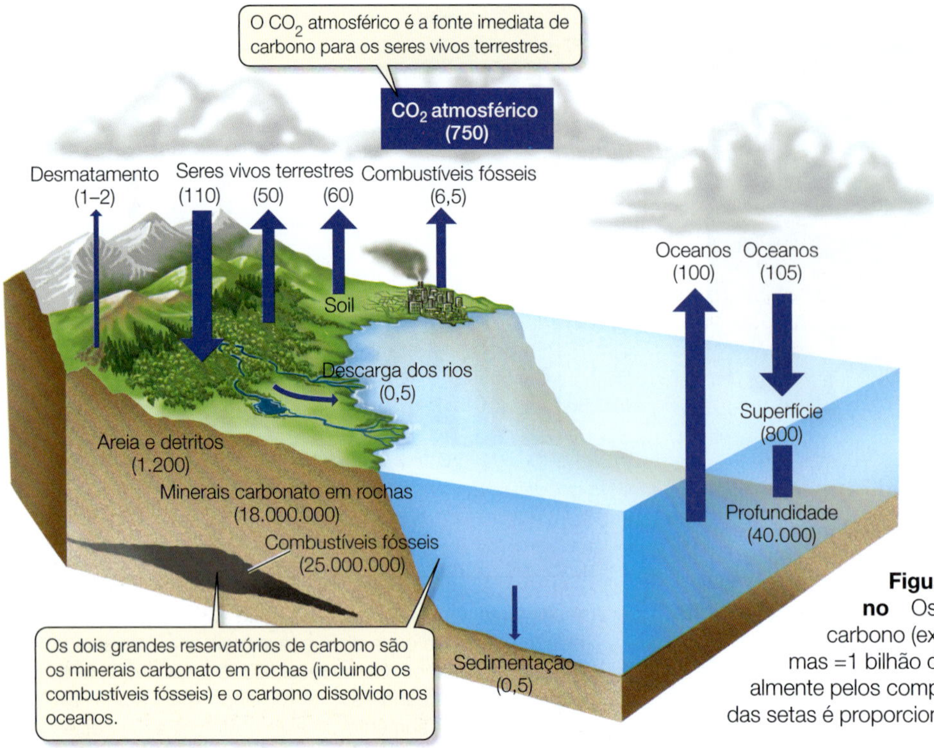
O CO_2 atmosférico é a fonte imediata de carbono para os seres vivos terrestres.
CO_2 atmosférico (750)
Desmatamento (1–2)
Seres vivos terrestres (110) (50) (60)
Combustíveis fósseis (6,5)
Soil
Oceanos (100)
Oceanos (105)
Descarga dos rios (0,5)
Superfície (800)
Areia e detritos (1.200)
Minerais carbonato em rochas (18.000.000)
Profundidade (40.000)
Combustíveis fósseis (25.000.000)
Os dois grandes reservatórios de carbono são os minerais carbonato em rochas (incluindo os combustíveis fósseis) e o carbono dissolvido nos oceanos.
Sedimentação (0,5)

Figura 38.10 O ciclo global do carbono Os números mostram as quantidades de carbono (expressas como unidades de 10^{15} gramas =1 bilhão de toneladas) contidas ou trocadas anualmente pelos compartimentos do ecossistema. A largura das setas é proporcional ao tamanho dos fluxos.

atmosférico por ela. Além disso, muitos seres marinhos formam conchas de carbonato de cálcio ($CaCO_3$) que eventualmente afundam no oceano. Dessa forma, através da remoção do carbono das águas da superfície, os seres marinhos aumentam a absorção de carbono da atmosfera.

Entre 1800 e 1994, os oceanos absorveram um total de aproximadamente 118 petagramas (118 bilhões de toneladas) de carbono, o equivalente a quase metade do carbono das emissões de CO_2 pelas atividades humanas. De outra forma, este carbono teria permanecido na atmosfera. No entanto, o carbono gerado pelos homens não se distribui uniformemente nos oceanos. O Oceano Atlântico, por exemplo, cobre apenas 15% da área oceânica global, mas armazena 23% do carbono gerado pelas atividades humanas. O Atlântico Sul, abaixo da latitude 50°S, contém apenas 9% do carbono total. Já o Atlântico Norte é um importante sumidouro de carbono (um *sumidouro* consiste em um local onde um elemento é tirado de circulação) devido ao padrão de circulação, chamado *cinturão termoalino mundial*, definido pelo afundamento de água salina densa entre a Groenlândia e a Europa. Através da remoção da água rica em carbono da superfície, o cinturão termoalino mundial aumenta a taxa de transferência de carbono da atmosfera para os oceanos.

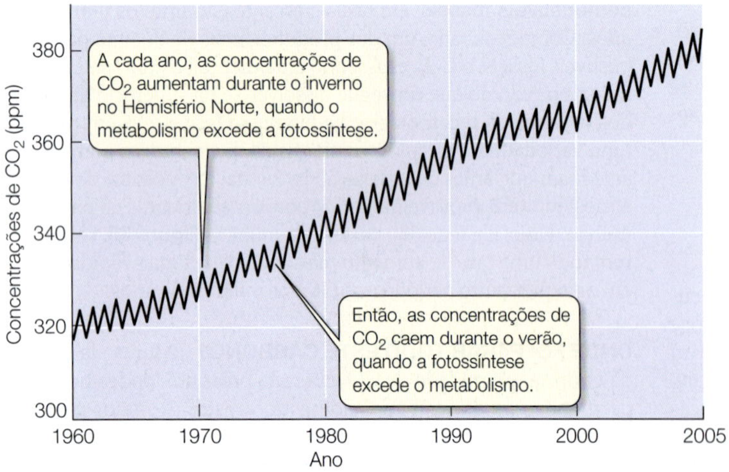
380
360
340
320
300
Concentrações de CO_2 (ppm)
A cada ano, as concentrações de CO_2 aumentam durante o inverno no Hemisfério Norte, quando o metabolismo excede a fotossíntese.
Então, as concentrações de CO_2 caem durante o verão, quando a fotossíntese excede o metabolismo.
1960
1970
1980
1990
2000
2005
Ano

Figura 38.11 As concentrações de dióxido de carbono atmosférico estão aumentando Estas concentrações de dióxido de carbono, expressas como partes por milhão por volume de ar seco, foram registradas no topo do Mauna Loa, Havaí, distante da maioria das fontes de emissões de CO_2 humanas.

Parte do carbono gerado pelas atividades humanas armazena-se na terra. A fotossíntese realizada pela vegetação terrestre, principalmente nas florestas e savanas, absorve aproximadamente a mesma quantidade de carbono gerada pelo seu metabolismo, cerca de metade pelas plantas e a outra metade pelos micróbios que decompõem a matéria orgânica produzida pelas plantas. Geralmente, no entanto, o consumo de CO_2 na fotossíntese excede a produção metabólica. Assim, a vegetação terrestre do planeta armazena carbono que caso contrário estaria aumentando as concentrações de CO_2 atmosférico.

Os ecossistemas terrestres podem ajudar a absorver o CO_2 adicional que as atividades humanas liberam para a atmosfera? Como vimos no começo deste capítulo, pesquisas recentes com árvores das florestas sugerem que não podemos contar com a vegetação terrestre para o armazenamento de muito mais carbono. Christian Körner e colegas da Universidade de Basel, na Suíça, monitoraram o crescimento, a reprodução e o armazenamento de carbono em árvores expostas a altas concentrações de CO_2 por um período de quatro anos. Eles observaram que as árvores que atingiram somente 2/3 do seu tamanho médio na época do experimento, aumentaram as suas taxas de crescimento, mas várias espécies responderam de maneira diferente. Por exemplo, as faias mantiveram as suas folhas por mais tempo, enquanto os carvalhos permaneceram com as suas por um tempo menor.

Os resultados deste e de outros experimentos sugerem que em um mundo rico em carbono, embora as florestas *jovens* estejam mais aptas a armazená-lo, a vegetação terrestre como um todo pode, na verdade, *perder* carbono ao invés de estocá-lo. Por exemplo, uma recente pesquisa intensiva baseada em quase seis mil locais representando todos os tipos de uso da terra na Inglaterra e País de Gales, mostrou que cerca de 13 milhões de toneladas de carbono foram perdidos do solo desses países nos últimos 25 anos. O carbono orgânico do solo foi perdido de todos os tipos de ecossistema, incluindo as florestas naturais, mas as perdas foram maiores nos solos utilizados para a agricultura. Não está claro porque as perdas ocorreram, mas o aquecimento climático (que aumenta o metabolismo vegetal) constitui o mais provável fator causador das perdas de carbono nas florestas naturais.

CO_2 ATMOSFÉRICO E AQUECIMENTO GLOBAL Como o clima e o ecossistema globais mudarão em resposta ao rápido enriquecimento de dióxido de carbono provocado pelas atividades humanas? O acúmulo de CO_2 atmosférico que tem resultado da queima de combustíveis fósseis está aquecendo a Terra. A concentração de CO_2 no ar preso no gelo das calotas polares da Antártica e da Groenlândia durante a última Idade do Gelo – entre 15 e 30 mil anos atrás – era tão baixa quanto 200 partes por milhão. Durante um intervalo quente, cinco mil anos atrás, o CO_2 atmosférico pode ter sido um pouco mais alto do que o atual. Esse registro de longo prazo mostra que a Terra tem estado mais quente quando os níveis de CO_2 estão mais altos e mais fria quando eles estão mais baixos (**Figura 38.12**). A atmosfera teria aquecido ainda mais se os oceanos não tivessem absorvido grandes quantidades de calor. Os 100 a 200 metros abaixo da superfície de todos os oceanos se aqueceram muito e o aquecimento penetrou a até 700 metros de profundidade no Oceano Atlântico Norte e Sul (**Figura 38.13**).

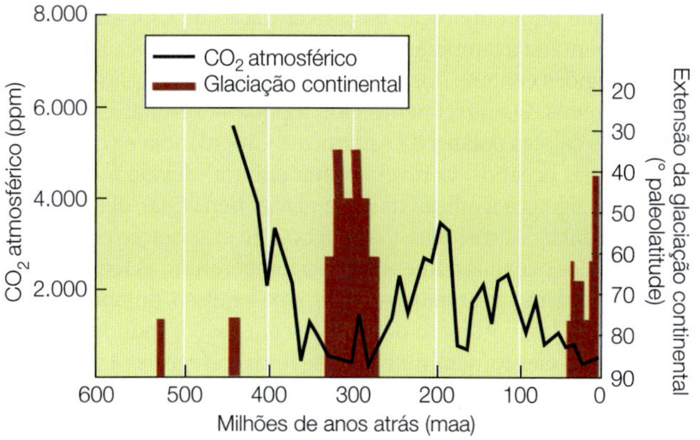
8.000
6.000
4.000
2.000
CO_2 atmosférico (ppm)
CO_2 atmosférico
Glaciação continental
20
30
40
50
60
70
80
90
Extensão da glaciação continental (° paleolatitude)
600
500
400
300
200
100
0
Milhões de anos atrás (maa)

Figura 38.12 Altas concentrações de CO_2 atmosférico estão relacionadas com temperaturas mais quentes O registro geológico das variações no dióxido de carbono nos últimos 500 milhões de anos (linha preta) mostra que os mais baixos níveis de CO_2 ocorreram durante as épocas de extensa glaciação (barras vermelhas) e, então, presumivelmente, períodos com temperaturas mais baixas.

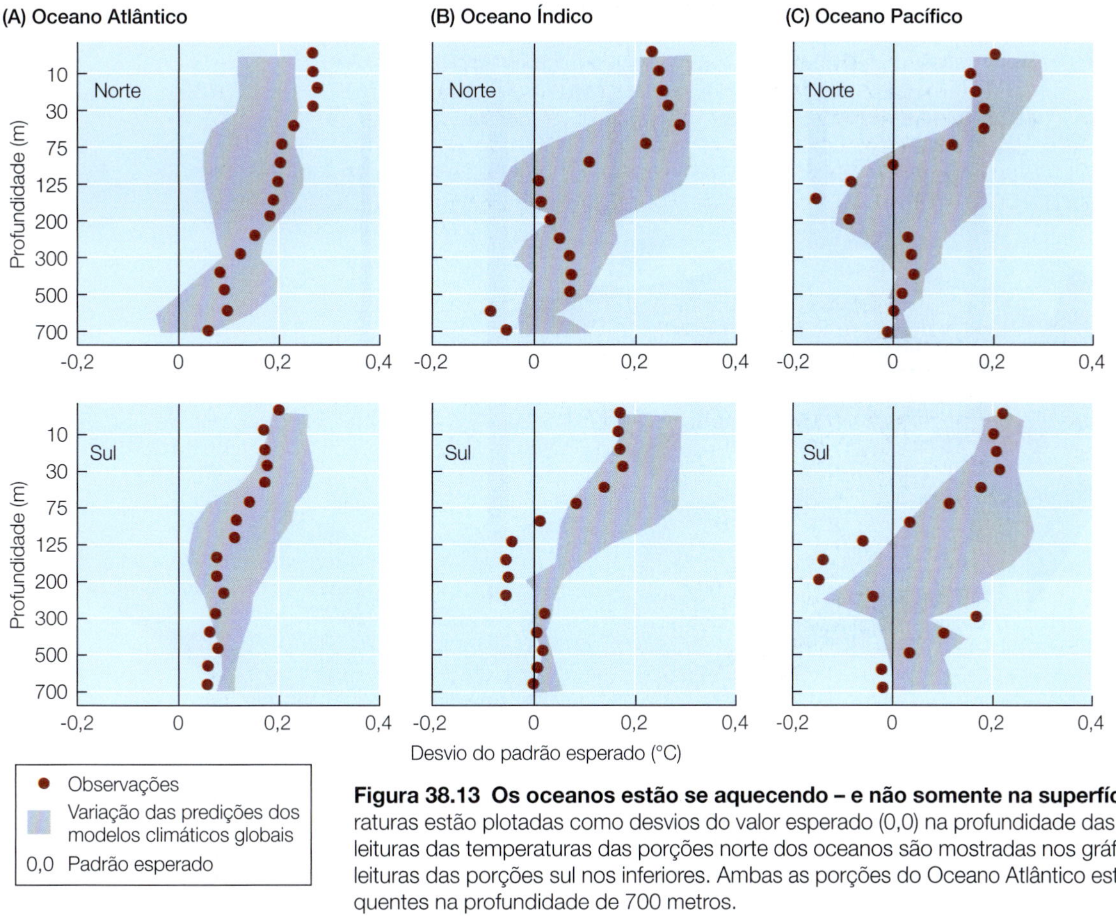
(A) Oceano Atlântico
(B) Oceano Índico
(C) Oceano Pacífico
Norte
Sul
Profundidade (m)
10
30
75
125
200
300
500
700
-0,2
0
0,2
0,4
Desvio do padrão esperado (°C)
Observações
Variação das predições dos modelos climáticos globais
0,0 Padrão esperado

Figura 38.13 Os oceanos estão se aquecendo – e não somente na superfície As temperaturas estão plotadas como desvios do valor esperado (0,0) na profundidade das observações. As leituras das temperaturas das porções norte dos oceanos são mostradas nos gráficos superiores; as leituras das porções sul nos inferiores. Ambas as porções do Oceano Atlântico estão anormalmente quentes na profundidade de 700 metros.

Complexos modelos computadorizados do ecossistema global indicam que uma duplicação da concentração de CO_2 atmosférico atual aumentaria a temperatura média anual mundial, causando secas nas regiões centrais dos continentes e aumento das chuvas nas áreas costeiras. O aquecimento global poderia resultar no derretimento das calotas polares da Antártica e Groenlândia e continuaria a aquecer os oceanos. O nível do mar subiria (devido à expansão termal das águas e a adição da água glacial derretida), alagando cidades e plantações costeiras. Como a taxa de evaporação da água da superfície dos oceanos aumenta com a temperatura, as tempestades tropicais tendem a ficar mais intensas. Apesar disso, durante as duas últimas décadas, o número de furacões em todo o mundo não aumentou, mas eles tornaram-se mais severos (categorias 4 e 5).

Outro resultado do aquecimento global é o crescente aparecimento de muitas doenças. O inverno frio normalmente mata muitos patógenos, algumas vezes eliminando até 99% da sua população. Se o aquecimento climático reduz este estrangulamento populacional, algumas doenças irão se tornar mais comuns em regiões temperadas. Por exemplo, a dengue e o seu mosquito vetor estão atualmente se espalhando para latitudes maiores, onde antes estavam ausentes. Várias doenças de plantas são mais severas após um inverno mais ameno ou durante períodos de temperatura mais quente. Por exemplo, durante um estudo de 39 anos no Maine (EUA), o cancro causado por um fungo (*Nectria* spp.) no tronco das faias, foi mais severo após invernos amenos ou outonos secos. Essas condições climáticas favorecem a sobrevivência e a propagação da cochonilha das faias, as quais enfraquecem as árvores e as predispõem à infecção pelos fungos. A disseminação desse patógeno representa um problema sério para a indústria madeireira.

O relatório de avaliação de 1990 do Painel Intergovernamental sobre Mudanças Climáticas (IPCC) deu pouca atenção para os riscos à saúde humana. Já o relatório do IPCC de 1996 fez considerações detalhadas sobre os efeitos potenciais da mudança climática na saúde humana. A sociedade global interconectada de modo crescente permite que as doenças viajem rapidamente ao redor do mundo. Por exemplo, pessoas infectadas carregaram o vírus SARS (Síndrome Respiratória Aguda Grave) da China para o Canadá em poucos dias. A combinação entre a mobilidade humana e o aquecimento climático apresenta sérios desafios para a sanidade humana em todo o mundo.

Perturbações recentes no ciclo do nitrogênio têm efeitos adversos sobre os ecossistemas

O gás nitrogênio (N_2) representa até 78% da atmosfera da Terra, mas a maioria dos seres vivos não pode usá-lo na forma gasosa. Somente poucas espécies de microrganismos convertem o N_2 em formas utilizadas pelas plantas, processo chamado de *fixação de nitrogênio*. Outros microrganismos realizam a *desnitrificação*, o principal processo de remoção de nitrogênio da biosfera e devolução para a atmosfera (ver Seção 42.4 e Figura 42.10). Esses movimentos do nitrogênio representam cerca de 95% de todos os fluxos naturais de nitrogênio na Terra (**Figura 38.14**).

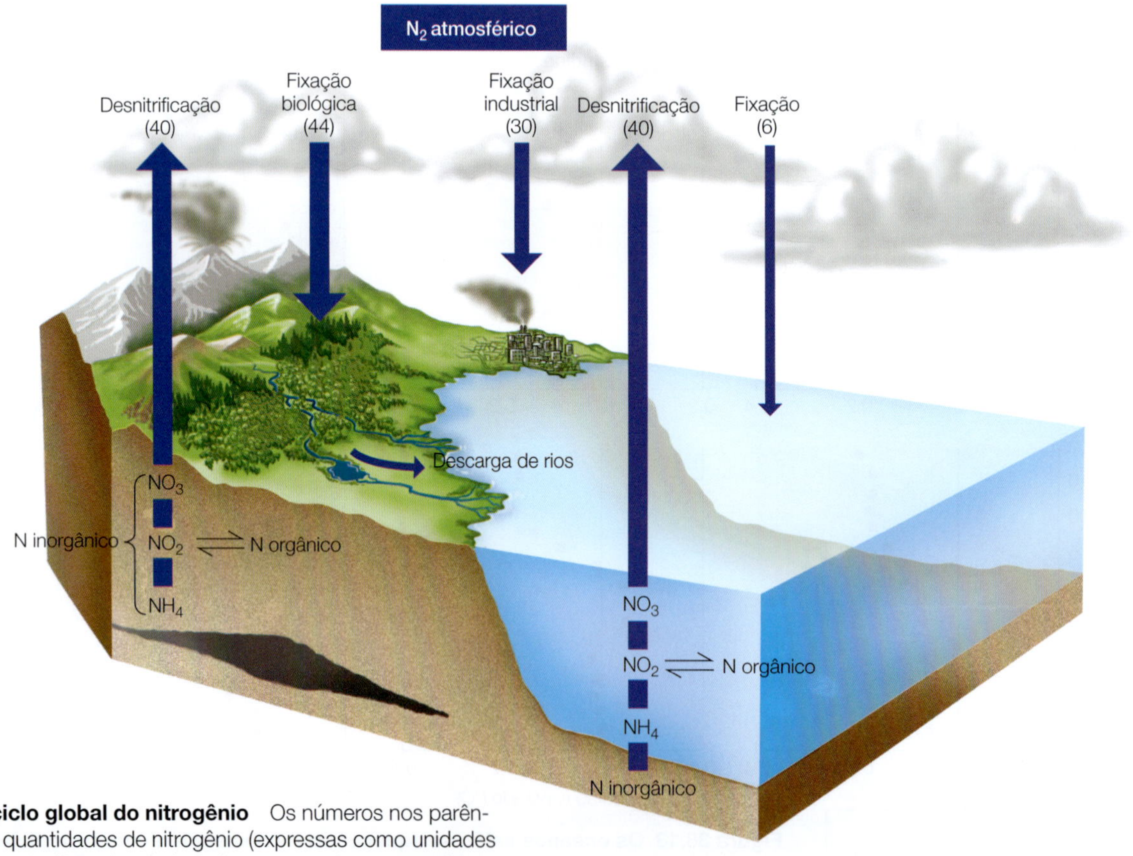
N_2 atmosférico
Desnitrificação (40)
Fixação biológica (44)
Fixação industrial (30)
Desnitrificação (40)
Fixação (6)
Descarga de rios
N inorgânico
NO_3
NO_2
N orgânico
NH_4
NO_3
NO_2
N orgânico
NH_4
N inorgânico

Figura 38.14 O ciclo global do nitrogênio Os números nos parênteses mostram as quantidades de nitrogênio (expressas como unidades de 10^9 quilogramas=1milhão de toneladas) nos seres vivos e em vários reservatórios e as quantidades movimentadas anualmente entre os compartimentos do ecossistema. A largura das setas é proporcional à dimensão dos fluxos.

O nitrogênio biologicamente utilizável está freqüentemente em pequenas quantidades nos ecossistemas. Por isso, quase todos os fertilizantes contêm nitrogênio. As populações de seres vivos fixadores de nitrogênio geralmente não aumentam tanto para que ele deixe de ser limitante, pois o N tende a ser rapidamente perdido do ecossistema por lixiviação, vaporização de amônia e desnitrificação. Além disso, a fixação de nitrogênio requer grandes quantidades de energia. Os seres vivos fixadores de nitrogênio freqüentemente perdem na competição com os seres vivos não-fixadores quando o nitrogênio torna-se mais prontamente disponível.

Atualmente, a fixação de nitrogênio total pelo homem é quase igual à fixação de nitrogênio natural global, um resultado da utilização extensiva de fertilizantes na agricultura e da queima de combustíveis fósseis (o que gera óxido nítrico) (**Figura 38.15**). Acredita-se que esse fluxo de nitrogênio gerado pelo homem continuará aumentando durante as próximas décadas. Uma variedade de efeitos adversos está associada com estas grandes perturbações no ciclo do nitrogênio. Eles incluem a contaminação da água subterrânea com nitrato (NO_3^-) proveniente do escoamento da agricultura, o aumento de óxido nitroso atmosférico (N_2O) e de ozônio troposférico (ambos gases de estufa) e a produção de *smog*.

Quando a quantidade de nitrogênio aplicada nas plantações constitui-se maior que a consumida pelas plantas, o excesso move-se para as águas subterrâneas ou é descarregado nos rios, lagos e oceanos. A adição de nutrientes a estes corpos d'água, conhecida como **eutrofização**, pode ter vários efeitos negativos nos ecossistemas aquáticos, como veremos na discussão do ciclo do fósforo. A "zona morta" do Golfo do México, que se formou próxima da foz do Rio Mississipi, resulta do fluxo de água enriquecida com nitrogênio proveniente da agricultura do Centro-Oeste (**Figura 38.16**). Explosões de dinoflagelados tóxicos *Pfiesteria* nos estuários da costa do Atlântico da América do Norte também são provocadas pelo enriquecimento com nitrogênio.

Parte do nitrogênio que entra para a atmosfera retorna para a terra com a precipitação ou como partículas secas. Esse depósito de nitrogênio afeta a composição da vegetação terrestre ao favorecer espécies melhor adaptadas a altos níveis de nutrientes. Devido às atividades humanas, a deposição atmosférica de nitrogênio tem aumentado muito durante as últimas décadas. A variação espacial nas taxas de deposição permite aos ecólogos determinar qual a riqueza de espécies vegetais está inversamente correlacionada com o depósito de nitrogênio nas pastagens do Reino Unido. As taxas de deposição de nitrogênio sobre a maior parte da Europa e leste dos Estados Unidos são altas o suficiente para causar reduções na riqueza de espécies nas pastagens de ambos os continentes.

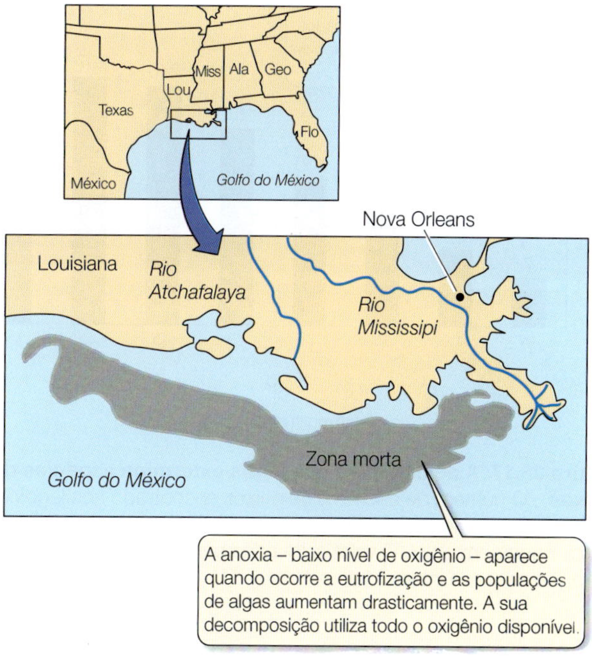
Texas
Miss
Ala
Geo
Lou
Flo
México
Golfo do México
Nova Orleans
Louisiana
Rio Atchafalaya
Rio Mississipi
Zona morta
Golfo do México
A anoxia – baixo nível de oxigênio – aparece quando ocorre a eutrofização e as populações de algas aumentam drasticamente. A sua decomposição utiliza todo o oxigênio disponível.

Figura 38.16 Uma "zona morta" próxima à foz do rio Mississipi Quantidades elevadas de nitrogênio e fósforo presentes na descarga das terras agrícolas no Centro-Oeste dos Estados Unidos são carregadas pelo rio Mississipi para o Golfo do México. Este enriquecimento de nutrientes provoca um excessivo crescimento de algas, esgotando o oxigênio da água e criando uma "zona morta" desoxigenada na qual a maioria dos seres vivos aquáticos não pode sobreviver.

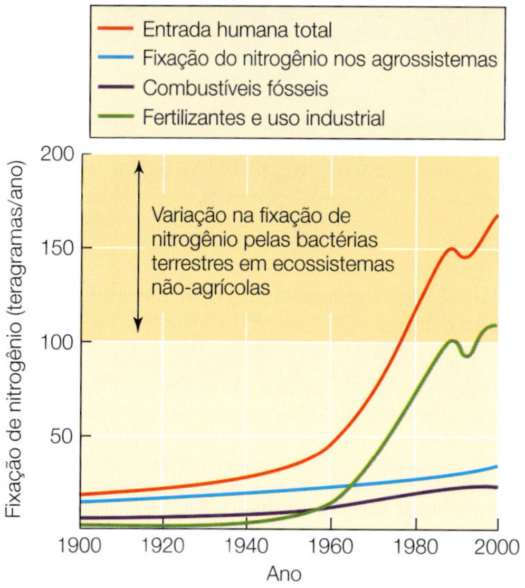
Entrada humana total
Fixação do nitrogênio nos agrossistemas
Combustíveis fósseis
Fertilizantes e uso industrial
Fixação de nitrogênio (teragramas/ano)
200
150
100
50
Variação na fixação de nitrogênio pelas bactérias terrestres em ecossistemas não-agrícolas
1900
1920
1940
1960
1980
2000
Ano

Figura 38.15 As atividades humanas têm aumentado a fixação de nitrogênio A maior parte do nitrogênio biologicamente reativo produzida pelo homem é manufaturada para o uso na agricultura (fertilizantes sintéticos) e indústria. Algum nitrogênio é, também, um produto da queima de combustíveis fósseis (1 teragrama = 1 milhão de toneladas).

A queima de combustíveis fósseis afeta o ciclo do enxofre

Emissões dos gases dióxido de enxofre (SO_2) e ácido sulfídrico (H_2S) por vulcões e fumarolas (fissuras que exalam gases relacionados a processos vulcânicos) são os únicos fluxos naturais não-biológicos significativos de enxofre. Essas fontes liberam para a atmosfera, em média, entre 10 e 20% do fluxo natural total de enxofre, mas elas variam muito no tempo e no espaço. Grandes erupções vulcânicas espalham grandes quantidades de enxofre sobre vastas áreas, mas são eventos raros. Seres vivos terrestres e marinhos também emitem compostos contendo enxofre. Certas algas marinhas produzem grandes quantidades de dimetil sulfeto (CH_3SCH_3), que representa cerca de metade do componente biótico do ciclo do enxofre (daí o odor de putrefação das algas marinhas). Aparentemente, o enxofre está sempre suficientemente abundante para satisfazer as necessidades dos seres vivos.

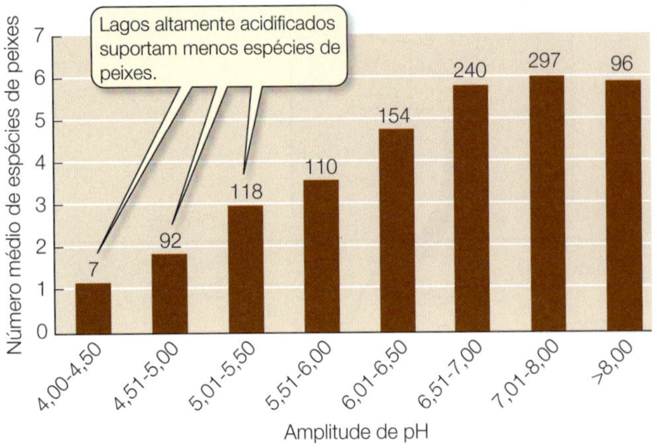
Número médio de espécies de peixes
Lagos altamente acidificados suportam menos espécies de peixes.
7
92
118
110
154
240
297
96
0
1
2
3
4
5
6
7
4,00-4,50
4,51-5,00
5,01-5,50
5,51-6,00
6,01-6,50
6,51-7,00
7,01-8,00
>8,00
Amplitude de pH

Figura 38.17 A acidificação dos lagos extermina espécies de peixes O número de espécies de peixes encontrado nos lagos da região Adirondack no Estado de Nova York (EUA) está diretamente relacionado com o pH. O valor acima das barras indica o número de lagos em cada intervalo de pH.

O enxofre exerce um importante papel no clima global. Mesmo que o ar esteja úmido, não há formação imediata de nuvens a menos que existam pequenas partículas na atmosfera ao redor das quais a água pode se condensar. O dimetil sulfeto é o principal componente dessas partículas. Daí, acréscimos ou decréscimos nos níveis de enxofre atmosférico podem alterar a cobertura de nuvens e, conseqüentemente, o clima.

O homem tem alterado o ciclo do enxofre, bem como o do nitrogênio, através da queima de combustíveis fósseis. Um importante efeito dessas alterações em nível regional consiste na **precipitação ácida**: chuva ou neve cujo pH é reduzido pela presença de ácido sulfúrico (H_2SO_4) e ácido nítrico (HNO_3). Esses ácidos podem viajar centenas de quilômetros na atmosfera antes de caírem na Terra como partículas secas ou junto com a precipitação.

Atualmente, a precipitação ácida cai em todos os grandes países industrializados e está particularmente difundida no leste da América do Norte e na Europa. O pH normal da precipitação na Nova Inglaterra (EUA) era de cerca de 5,6, mas a precipitação hoje apresenta, em média, um pH de aproximadamente 4,4 e, tem ocorrido, ocasionalmente, chuvas e nevascas com pH tão baixo quanto 3,0. A precipitação com pH de cerca de 3,5 ou mais ácido causa dano direto às folhas das plantas e reduz as taxas de fotossíntese. A acidificação dos lagos na região de Adirondack, no Estado de Nova York (EUA) tem reduzido a riqueza de peixes através da extinção de espécies sensíveis a um pH ácido (**Figura 38.17**). Felizmente, como resultado do estabelecimento de um sistema de regulação flexível nas Emendas da Lei do Ar Puro de 1990 ("1990 Clean Air Act Amendments"), a precipitação na maior parte do Leste dos Estados Unidos mostra-se menos ácida atualmente do que era há 20 anos atrás, principalmente por causa da redução nas emissões de enxofre (**Figura 38.18**).

David Schindler da Universidade de Alberta (Canadá) estudou os efeitos da precipitação ácida em pequenos lagos canadenses através da adição de H_2SO_4 suficiente para reduzir o pH de cerca de 6,6 para 5,2 em dois lagos. Em ambos os lagos, as bactérias nitrificantes não sobreviveram a estas condições moderadamente ácidas. Como resultado, o ciclo do nitrogênio foi bloqueado e houve acúmulo de íons de amônia na água. Quando Schindler parou de adicionar o ácido em um dos lagos, seu pH aumentou para 5,4 e a nitrificação voltou a ocorrer. Após cerca de um ano, o pH do lago retornou ao seu valor original. Esses experimentos mostram que os lagos são muito sensíveis à acidificação, mas que o pH pode retornar rapidamente ao normal porque as águas dos lagos são trocadas rapidamente.

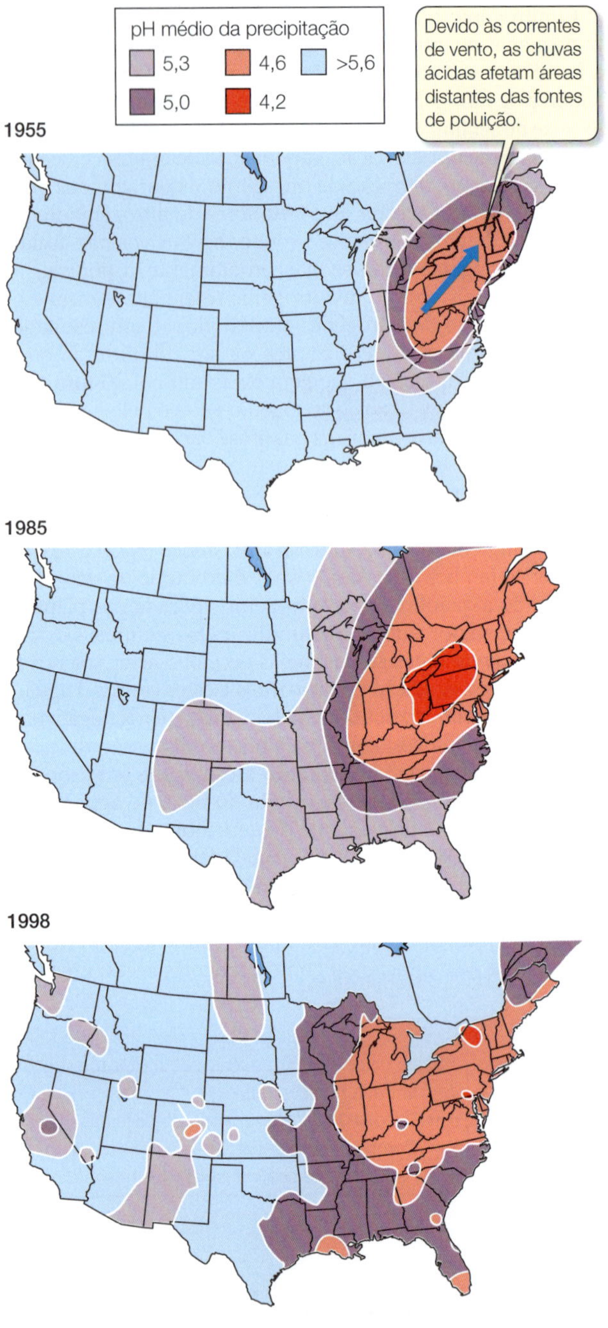
pH médio da precipitação
5,3
4,6
>5,6
5,0
4,2
Devido às correntes de vento, as chuvas ácidas afetam áreas distantes das fontes de poluição.
1955
1985
1998

Figura 38.18 A precipitação ácida está diminuindo no Leste dos Estados Unidos Graças ao controle das emissões de enxofre, a precipitação em muitas partes do Leste dos Estados Unidos está menos ácida do que na década passada, mas a acidez está aumentando em partes do Oeste.

O ciclo global do fósforo não tem um componente atmosférico

O fósforo representa apenas cerca de 0,1% da crosta terrestre, mas é um nutriente essencial para todas as formas de vida. Ele é um componente-chave do DNA, do RNA e do ATP. Ao contrário dos

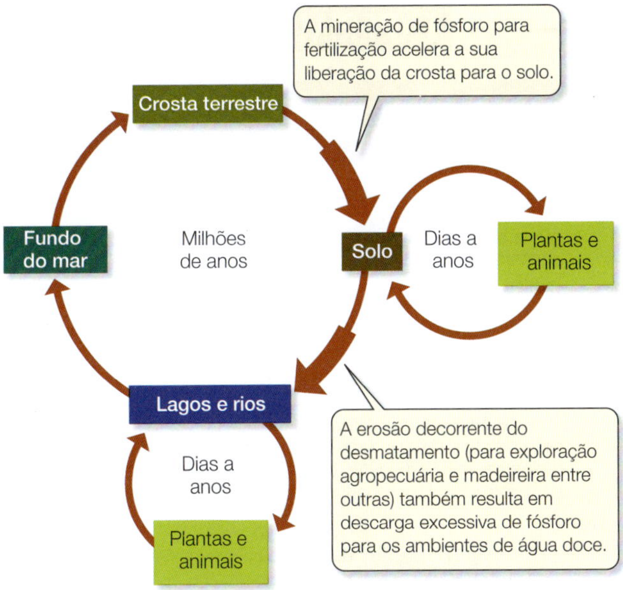
A mineração de fósforo para fertilização acelera a sua liberação da crosta para o solo.
Crosta terrestre
Fundo do mar
Milhões de anos
Solo
Dias a anos
Plantas e animais
Lagos e rios
Dias a anos
Plantas e animais
A erosão decorrente do desmatamento (para exploração agropecuária e madeireira entre outras) também resulta em descarga excessiva de fósforo para os ambientes de água doce.

Figura 38.19 O ciclo do fósforo A largura das setas é proporcional à taxa do fluxo. Os dois grandes aumentos no fluxo do fósforo (setas mais largas) resultam de atividades humanas.

outros elementos discutidos nesta seção, o fósforo não apresenta fase gasosa. Algum fósforo é transportado em partículas de poeira, mas muito pouco do ciclo do fósforo ocorre no compartimento atmosférico. O ciclo global do fósforo leva milhões de anos para se completar porque os processos de formação de rochas sedimentares no fundo do oceano, sua subseqüente elevação e a intemperização da rocha em solo agem vagarosamente (**Figura 38.19**). No entanto, freqüentemente o fósforo circula rapidamente entre os seres vivos.

A atividade humana tem acelerado radicalmente algumas partes do ciclo do fósforo. Cerca de 90% do fósforo extraído é utilizado na produção de fertilizantes e ração animal. Uma conseqüência do uso excessivo de fósforo para fertilização é que entre 10,5 e 15,5 teragramas (1 teragrama = 1 milhão de toneladas) de fósforo acumula-se no solo a cada ano, principalmente em solos utilizados para a agricultura. Concentrações elevadas de fósforo no solo das plantações certamente levam a um aumento na descarga de fósforo nos rios e lagos. A erosão do solo, devido ao desmatamento para fins agrícolas e madeireiros, está aumentando a quantidade de fósforo e outros nutrientes nas descargas.

O fósforo é, freqüentemente, um nutriente limitante nos solos e ambientes de água doce, razão pela qual a sua adição nos solos agrícolas e nos lagos aumenta as taxas de fotossíntese e produtividade biológica. A maior parte do fósforo extra entra nos lagos como fosfatos derivados dos fertilizantes e detergentes domésticos. A eutrofização resultante permite a multiplicação de algas e bactérias, formando florações que deixam a água com uma coloração verde. Quando esses organismos morrem, a sua decomposição consome todo o oxigênio do lago, e os seres vivos anaeróbicos passam a dominar os sedimentos do fundo. Esses indivíduos anaeróbicos não quebram os compostos de carbono até a formação de CO_2. Como conseqüência, formam-se os seus produtos metabólicos finais, muitos dos quais têm odores desagradáveis.

Duzentos anos atrás, o Lago Erie, um dos Grandes Lagos no limite entre os Estados Unidos e o Canadá, tinha apenas níveis moderados de fotossíntese e água clara e oxigenada. Hoje, no entanto, as mais de 15 milhões de pessoas que vivem na bacia do Lago Erie despejam mais de 250 bilhões de litros de lixo doméstico e industrial anualmente no lago. Toda a bacia está intensamente cultivada e fortemente fertilizada.

Na primeira parte do século XX, quando começou a industrialização, as concentrações dos nutrientes aumentaram muito no lago e as algas se proliferaram. Na usina de tratamento de água de Cleveland, as algas aumentaram de 81 por mililitro em 1929 para 2.423 por mililitro em 1962. As populações de bactérias também aumentaram: a quantidade dos coliformes fecais, *Escherichia coli*, aumentou a ponto de obrigar o fechamento de muitas praias do lago por representarem riscos à saúde.

Desde 1972, os Estados Unidos e o Canadá têm investido mais de 9 bilhões de dólares para melhorar os estabelecimentos de tratamento de lixo municipal e reduzir as descargas de fósforo no Lago Erie. Como resultado, a quantidade de fosfato adicionada ao Lago Erie diminuiu em mais de 80% e as concentrações de fósforo no lago declinaram substancialmente. As águas mais profundas do Lago Erie ainda ficam pobres em oxigênio durante os meses de verão, mas a taxa de diminuição de O_2 está decrescendo.

Felizmente, o potencial de recuperação e reciclagem do fósforo é alto. O fósforo contido na água do esgoto e nos dejetos animais poderia suprir muitas das necessidades da indústria de fertilizantes e detergentes. A aplicação cuidadosa dos fertilizantes nas plantações poderia reduzir a taxa de acúmulo de fósforo no solo sem diminuir o rendimento das colheitas. No entanto, a redução do fósforo nos solos demora décadas após serem iniciadas as ações corretivas. Durante este tempo, certamente acontecerá o aumento da eutrofização de rios e lagos.

Outros ciclos biogeoquímicos também são importantes

Além dos elementos comuns envolvidos nos ciclos biogeoquímicos que acabamos de discutir, alguns elementos raros também são ecologicamente muito importantes. Em adição aos macronutrientes, existe um conjunto de nutrientes essenciais que os seres vivos necessitam em quantidades muito pequenas.

Um destes importantes nutrientes é o *ferro* (Fe), necessário para a fotossíntese. O ferro está facilmente disponível na terra, de onde é transportado para as águas costeiras pelos rios e para o oceano aberto pela poeira atmosférica. Como o ferro mostra-se insolúvel em água oxigenada, ele rapidamente se deposita no fundo do oceano. Por essa razão, na maior parte do oceano, a taxa de fotossíntese limita-se pelo ferro.

Três micronutrientes muito importantes ocorrem em concentrações particularmente baixas: iodo (I), cobalto (Co) e selênio (Se). As plantas terrestres precisam destes nutrientes em concentrações mínimas, mas os animais, especialmente os vertebrados endotérmicos, precisam de I, Co e Se em concentrações que excedem o suprimento de muitos ambientes. Os grandes herbívoros podem obter esses elementos bebendo água de fontes minerais ou comendo terra enriquecida.

- O *iodo* é um componente essencial do hormônio tiroxina, o qual governa muitos processos metabólicos. O oceano é o principal reservatório de iodo e a água doce é pobre neste elemento. O iodo é fornecido para a terra principalmente pelas algas marinhas que o liberam para o ar; como conseqüência, o interior dos continentes é com freqüência deficiente em iodo.

- O *cobalto* é um componente essencial da vitamina B_{12} e necessário para a síntese de proteínas. As bactérias que fixam o nitrogênio atmosférico precisam das coenzimas cobalamina e cobamida. Os herbívoros não podem sintetizar a cobalamina. Portanto os micróbios em seus intestinos são importantes não apenas para a fixação do nitrogênio atmosférico e digestão das fibras vegetais, mas, também, para a síntese da cobalamina.
- O *selênio* é um componente de várias enzimas importantes, como a antioxidante glutationa peroxidase, que protege os tecidos dos danos da oxidação.

O iodo, juntamente com o Co e o Se, regula a produção e funcionamento de muitos agentes metabólicos, incluindo hormônios, vitaminas e enzimas que contêm zinco e cobre. Embora I, Co e Se sejam necessários para os animais em quantidades muito pequenas, ainda assim são potencialmente deficientes em seus alimentos vegetais, os quais têm concentrações menores do que as encontradas nos solos e rochas. Deficiências em iodo, cobalto e selênio não são comuns em toda parte, mas a Austrália, que se caracteriza por solos pobres em nutrientes, tem raros lugares onde os herbívoros podem obter as quantidades necessárias desses nutrientes. A deficiência de cobalto ocorre mais comumente entre os ruminantes domésticos no oeste australiano.

Os ciclos biogeoquímicos interagem

Como os ciclos biogeoquímicos interagem de maneira significativa, alterações em um ciclo podem afetar os demais. Já vimos como as alterações humanas em vários ciclos biogeoquímicos estão aumentando as concentrações dos gases de estufa na atmosfera e aquecendo o clima da Terra. Observamos anteriormente que a precipitação ácida resulta da influência combinada dos ácidos nítrico e sulfúrico liberados para a atmosfera por atividades humanas. O nitrato liberado pelo homem é um poderoso oxidante; através da oxidação do ferro, aumenta o movimento de ferro e arsênico nos lagos. O arsênico é um elemento tóxico de considerável importância nos Estados Unidos e sul da Ásia Central. O ferro interage com o silício para influenciar a produtividade do fitoplâncton em algumas áreas dos oceanos. A cada ano, os cientistas encontram novas interações ainda não descobertas e aumenta a quantidade de experimentos que exploram as interações biogeoquímicas.

A interação entre a elevada concentração de CO_2 atmosférico e a fixação de nitrogênio foi estudada por um grupo de ecólogos em uma vegetação de carvalhos arbustivos no solo arenoso e ácido da Flórida central. Eles aumentaram artificialmente a concentração de CO_2 ao redor de uma trepadeira *Galactia elliottii* fixadora de nitrogênio e mediram a sua reação. Níveis mais elevados de CO_2 aumentaram a fixação de nitrogênio durante o primeiro ano do experimento, mas, surpreendentemente, o efeito positivo desapareceu no terceiro ano. Níveis elevados de CO_2, na verdade, diminuíram a fixação de nitrogênio durante o quinto, sexto e sétimo anos do experimento (**Figura 38.20**). Os pesquisadores suspeitaram que a deficiência de outros micronutrientes, como o ferro e molibdênio, causava a diminuição da fixação de nitrogênio, então mediram as concentrações desses nutrientes nas folhas de *G. elliottii*. A concentração de molibdênio (Mo) era particularmente baixa nas folhas, pois o acúmulo de matéria orgânica e a redução do pH do solo – os quais fortalecem a fixação do Mo às partículas de solo – reduziram a disponibilidade de Mo para as plantas.

EXPERIMENTO

HIPÓTESE: Níveis mais elevados de CO_2 aumentam a fixação de nitrogênio.

MÉTODO

Aumentar artificialmente a concentração de CO_2 atmosférico ao redor das plantas. Medir as taxas de fixação de nitrogênio ao longo de sete anos. Determinar a concentração de ferro e molibdênio nas folhas das plantas experimentais. Manter os níveis normais de CO_2 para as plantas-controle.

RESULTADOS

Embora os níveis mais elevados de CO_2 aumentam inicialmente a taxa de fixação de nitrogênio, o efeito é rapidamente revertido. No quarto ano, a taxa de fixação de nitrogênio foi mais baixa do que nas plantas-controle.

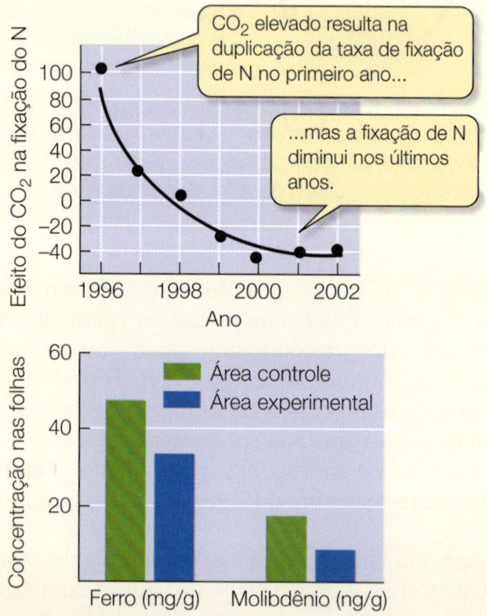
CO2 elevado resulta na duplicação da taxa de fixação de N no primeiro ano...
...mas a fixação de N diminui nos últimos anos.
Efeito do CO2 na fixação do N
100
80
60
40
20
0
−20
−40
1996
1998
2000
2002
Ano
Concentração nas folhas
60
40
20
Área controle
Área experimental
Ferro (mg/g)
Molibdênio (ng/g)

CONCLUSÃO: Para predizer os prováveis efeitos do enriquecimento com CO_2 precisamos investigar as interações entre muitos fatores que podem estar alterando os processos sob estudo.

Figura 38.20 Concentrações altas de CO_2 atmosférico afetam negativamente a fixação de nitrogênio Embora a expectativa inicial dos pesquisadores fosse de que o enriquecimento com CO_2 aumentaria a fixação do nitrogênio, alterações no pH do solo tornaram o molibdênio (um componente-chave da nitrogenase) menos disponível para as plantas, gerando diminuição na fixação do nitrogênio.

38.3 RECAPITULAÇÃO

O padrão de movimentação de um elemento químico pelos seres vivos e o ambiente físico é o seu ciclo biogeoquímico. As atividades humanas têm alterado muitos ciclos biogeoquímicos, especialmente os ciclos da água, carbono, nitrogênio, enxofre e fósforo. O aumento das concentrações de dióxido de carbono e de outros gases de estufa na atmosfera está envolvido no aquecimento global.

- O que controla o ciclo hidrológico? Ver p. 843-844 e Figura 38.8.
- Você pode descrever como os processos biológicos levam o carbono do compartimento atmosférico para o compartimento terrestre e, então, o devolvem para a atmosfera? Ver p. 845-847 e Figura 38.10.
- Quais são os resultados das alterações induzidas pelo homem nos ciclos do nitrogênio e enxofre? Ver p. 848-850.

Os ciclos biogeoquímicos dos elementos químicos estão fortemente conectados com o funcionamento dos ecossistemas. Da mesma forma que as alterações humanas nesses ciclos provocam muitos efeitos nos ecossistemas em todo o mundo, as mudanças resultantes nestes ecossistemas geram efeitos profundos nas vidas humanas.

38.4 Quais serviços são fornecidos pelos ecossistemas?

Os ecossistemas fornecem às pessoas uma variedade de bens e serviços: alimento, água limpa, ar limpo, controle de inundações, estabilização do solo, polinização, regulação do clima, satisfação espiritual e lazer, citando apenas uns poucos. A maioria desses benefícios não pode ser reposta ou a tecnologia necessária para sua reposição é excessivamente cara. Por exemplo, a água potável pode ser fornecida com a dessalinização da água marinha, mas com custo muito elevado.

A rápida expansão da população humana tem modificado muito os ecossistemas da Terra com a intenção de aumentar a sua habilidade de fornecer alguns dos bens e serviços que necessitam, particularmente, alimento, água, madeira, fibra e combustível. Essas modificações contribuem substancialmente para o bem-estar humano e o desenvolvimento econômico. No entanto, os benefícios não têm sido igualmente distribuídos e, na realidade, algumas pessoas têm sido prejudicadas com estas alterações. Além disso, aumentos a curto prazo em alguns serviços e benefícios do ecossistema apareceram às custas da degradação de longo prazo de outros. Por exemplo, os esforços para aumentar a produção de alimentos e fibras têm diminuído a habilidade de alguns ecossistemas de fornecer água limpa, regulação de inundações e suporte à biodiversidade.

O aumento da consciência das ligações complexas e trocas entre os bens e serviços fornecidos pelos ecossistemas levou ao estabelecimento da Avaliação dos Ecossistemas do Milênio ("Millennium Ecosystem Assessment") (MA) em 2001, um projeto que envolveu mais de mil cientistas e administradores de todo o mundo (**Figura 38.21**). As metas da MA eram fornecer uma avaliação global dos ecossistemas da Terra, determinar as

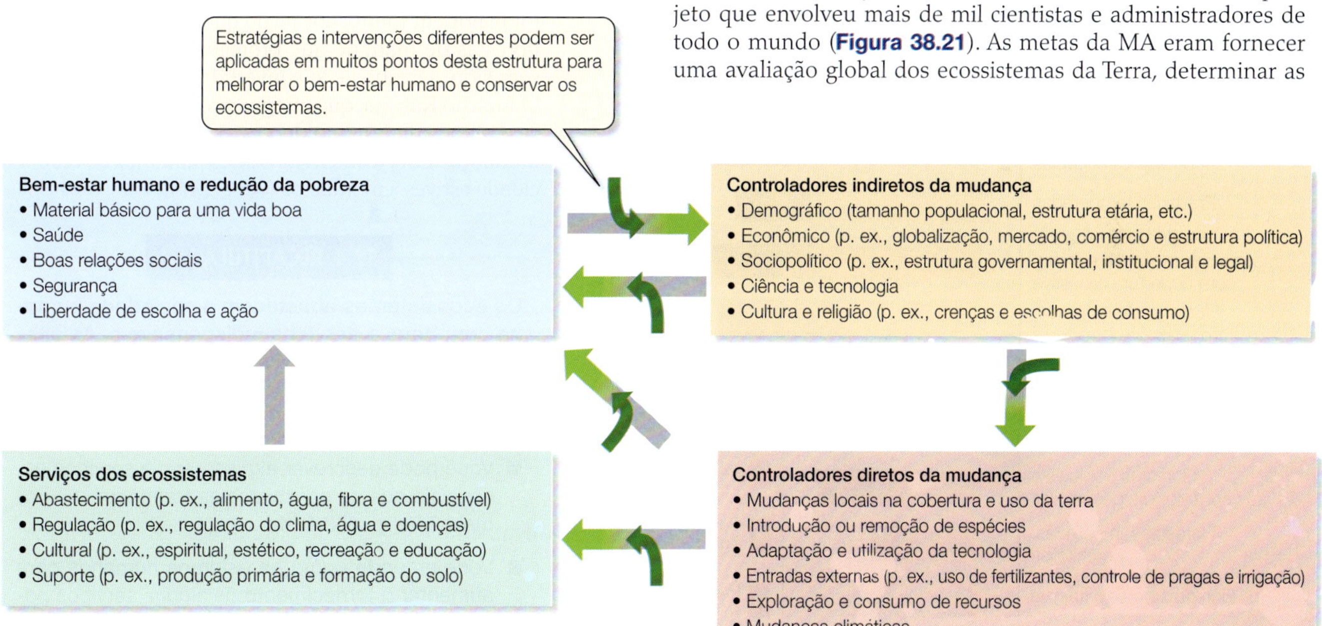
Estratégias e intervenções diferentes podem ser aplicadas em muitos pontos desta estrutura para melhorar o bem-estar humano e conservar os ecossistemas.
Bem-estar humano e redução da pobreza
• Material básico para uma vida boa
• Saúde
• Boas relações sociais
• Segurança
• Liberdade de escolha e ação
Controladores indiretos da mudança
• Demográfico (tamanho populacional, estrutura etária, etc.)
• Econômico (p. ex., globalização, mercado, comércio e estrutura política)
• Sociopolítico (p. ex., estrutura governamental, institucional e legal)
• Ciência e tecnologia
• Cultura e religião (p. ex., crenças e escolhas de consumo)
Serviços dos ecossistemas
• Abastecimento (p. ex., alimento, água, fibra e combustível)
• Regulação (p. ex., regulação do clima, água e doenças)
• Cultural (p. ex., espiritual, estético, recreação e educação)
• Suporte (p. ex., produção primária e formação do solo)
Controladores diretos da mudança
• Mudanças locais na cobertura e uso da terra
• Introdução ou remoção de espécies
• Adaptação e utilização da tecnologia
• Entradas externas (p. ex., uso de fertilizantes, controle de pragas e irrigação)
• Exploração e consumo de recursos
• Mudanças climáticas
• Controladores naturais, físicos e biológicos (p. ex., evolução e vulcões)

Figura 38.21 Avaliação dos Ecossistemas do Milênio A figura mostra a estrutura conceitual da Avaliação do Milênio incluindo as quatro categorias de serviços dos ecossistemas, as conexões destes serviços com o bem-estar humano, os controladores das mudanças nos ecossistemas que podem afetar as suas capacidades de fornecerem estes serviços e vários pontos (setas curvas verde-escuras) onde as intervenções podem prevenir ou mitigar alterações indesejáveis.

tendências nos serviços que eles fornecem e avaliar a sua importância para o bem-estar humano. Para alcançar estas metas, a MA dividiu os serviços dos ecossistemas em quatro categorias: serviços de abastecimento, serviços de regulação, serviços culturais e serviços de suporte. A MA determinou os controladores das mudanças nos ecossistemas que fornecem estes serviços e identificou fortes laços entre estes serviços e os componentes do bem-estar humano. A avaliação também procurou identificar opções para mitigar as alterações indesejáveis na disponibilidade de serviços do ecossistema.

O mais importante condutor de alterações nos ecossistemas e nos serviços que eles fornecem tem sido as mudanças no uso da terra, visto que os ecossistemas naturais têm sido convertidos em outros de uso mais intensivo. Mais terras foram convertidas em plantações entre 1950 e 1980 do que nos 150 anos entre 1700 e 1850. As conversões recentes mostra-se particularmente rápidas nos ecossistemas terrestres tropicais e subtropicais (**Figura 38.22**). Os ecossistemas aquáticos também têm sofrido perdas: cerca de 20% dos recifes de corais perderam-se entre 1970 e 2000; além de 20% que foi degradado. Há tanta água presa nas represas que, atualmente, existe seis vezes mais água nos reservatórios do que nos rios naturais. A quantidade de água removida dos rios dobrou desde 1960; a maior parte da qual vai para a agricultura. A utilização de mais da metade de todo o nitrogênio sintético dos fertilizantes utilizado pela Terra ocorreu após 1985. Atualmente, as mudanças nestes componentes do ecossistema global continuam acontecendo rapidamente.

Estes ecossistemas alterados fornecem serviços que contribuem com muitos fatores para uma vida boa – saúde, boas relações sociais e segurança. A produção de alimento, sem dúvida, contribui muito com a atividade econômica e o trabalho. O valor de mercado global da produção de alimento foi de 981 bilhões de dólares em 2000. Cerca de 22% da população mundial está empregada na agricultura. Mais de 40% das pessoas vivem em lares baseados na agricultura, mas a porcentagem é muito mais baixa nos países industrializados. Exploração madeireira, pesca e aquacultura marinhas e pesca e caça recreativas são atividades que utilizam os serviços do ecossistema fazendo importantes contribuições para o bem-estar humano.

Infelizmente, se por um lado a modificação dos ecossistemas beneficia os seres humanos, por outro ela tem resultado na degradação de outros serviços. Por exemplo, a expansão da agricultura para terras marginais tem aumentado a degradação do solo e reduzido a habilidade de muitos ecossistemas em fornecer água limpa. O uso extensivo de pesticidas controla os insetos-praga, mas também reduz fortemente as populações de polinizadores e os serviços que fornecem tanto para as plantas nativas quanto para as cultivadas. Descrevemos no início do Capítulo 34, que a perda das terras úmidas e outras áreas-tampão naturais tem reduzido a capacidade dos ecossistemas de regular os perigos naturais. O dano causado pelo tsunami que atingiu a Indonésia e outros países do sudeste asiático em dezembro de 2004 foi maior em muitos locais do que seria esperado se as florestas de mangue que protegem a costa não tivessem sido derrubadas e convertidas para a agricultura. O furacão Katrina, que atingiu a costa do Golfo do México menos de um ano depois, não teria causado tanta inundação em Nova Orleans se os pântanos ao redor da cidade estivessem intactos (ver p. 744).

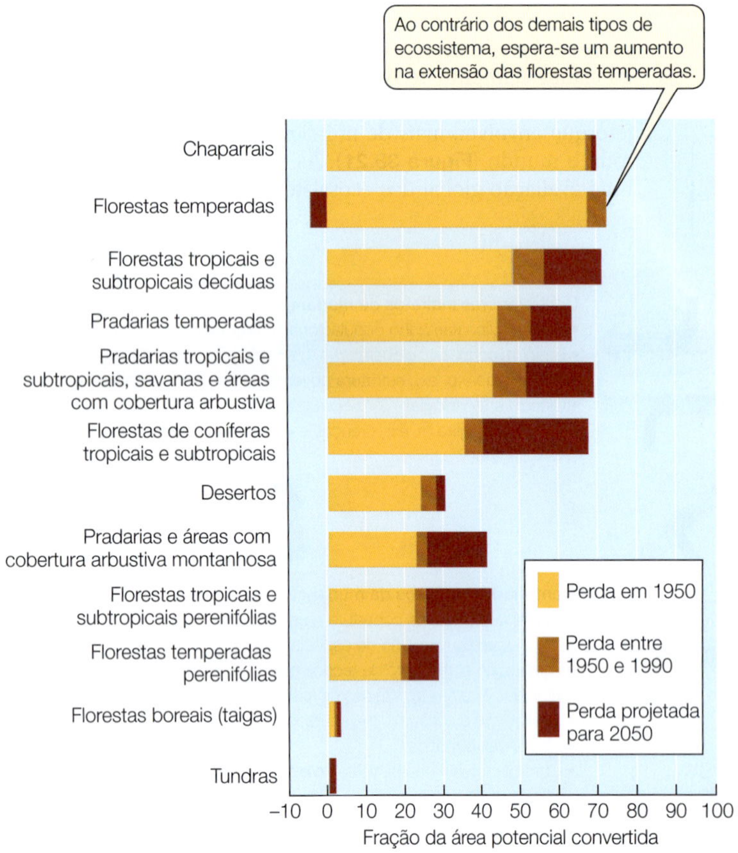
Ao contrário dos demais tipos de ecossistema, espera-se um aumento na extensão das florestas temperadas.
Chaparrais
Florestas temperadas
Florestas tropicais e subtropicais decíduas
Pradarias temperadas
Pradarias tropicais e subtropicais, savanas e áreas com cobertura arbustiva
Florestas de coníferas tropicais e subtropicais
Desertos
Pradarias e áreas com cobertura arbustiva montanhosa
Florestas tropicais e subtropicais perenifólias
Florestas temperadas perenifólias
Florestas boreais (taigas)
Tundras
Perda em 1950
Perda entre 1950 e 1990
Perda projetada para 2050
–10 0 10 20 30 40 50 60 70 80 90 100
Fração da área potencial convertida

Figura 38.22 Alguns tipos de ecossistema têm sofrido enormes perdas Mudanças no uso da terra têm sido o principal responsável pelas alterações dos ecossistemas, mas alguns tipos de ecossistemas terrestres têm sido convertidos para diferentes usos mais rapidamente e extensivamente do que outros.

38.4 RECAPITULAÇÃO

Os ecossistemas abastecem a sociedade humana com bens e serviços indispensáveis. As alterações humanas nestes ecossistemas podem modificar a sua habilidade para fornecer estes bens e serviços.

- Você pode descrever alguns bens e serviços essenciais que os ecossistemas fornecem aos homens? Ver p. 853-854.
- Você entende como os esforços humanos para aumentar o fornecimento de alguns serviços podem aumentar a degradação de outros?

A sociedade humana enfrenta o desafio de determinar como podemos obter os bens e os serviços que desejamos dos ecossistemas sem comprometer a sua habilidade de fornecê-los a longo prazo. Felizmente, muitas opções existem para o manejo sustentável dos ecossistemas.

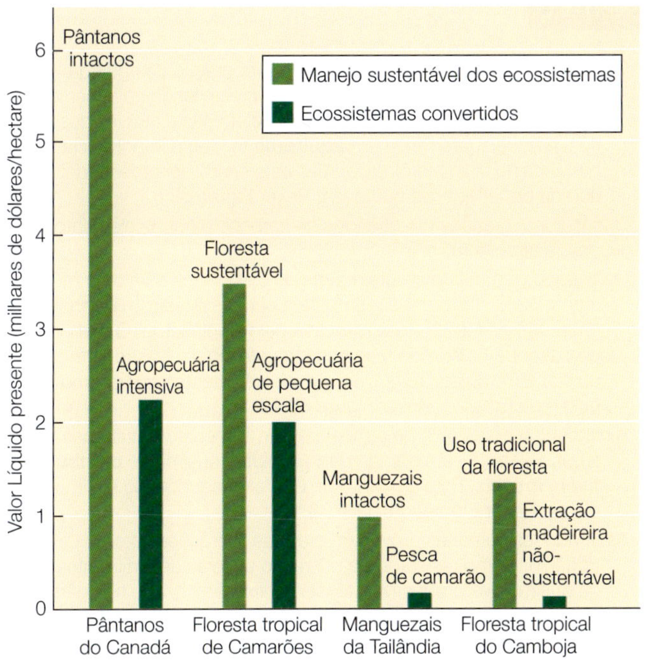

Valor Líquido presente (milhares de dólares/hectare)
0
1
2
3
4
5
6
Manejo sustentável dos ecossistemas
Ecossistemas convertidos
Pântanos intactos
Agropecuária intensiva
Floresta sustentável
Agropecuária de pequena escala
Manguezais intactos
Pesca de camarão
Uso tradicional da floresta
Extração madeireira não-sustentável
Pântanos do Canadá
Floresta tropical de Camarões
Manguezais da Tailândia
Floresta tropical do Camboja

Figura 38.23 Valor econômico do manejo sustentável e dos ecossistemas convertidos A Avaliação do Milênio estima que os ecossistemas com manejo sustentável freqüentemente fornecem mais bens e serviços do que aqueles que foram convertidos para uso intensivo.

38.5 Quais são as opções de manejo sustentável dos ecossistemas?

Apesar da degradação de importantes serviços dos ecossistemas, existem muitas maneiras de conservar ou melhorar alguns serviços específicos do ecossistema sem comprometer os outros. Freqüentemente, o valor econômico total de um ecossistema com manejo sustentável é mais alto do que o valor de um ecossistema extensivamente explorado, como aqueles que foram submetidos ao desmatamento ou agricultura intensiva (**Figura 38.23**). Os benefícios econômicos de longo prazo da prevenção da exploração excessiva das populações de peixes marinhos, por exemplo, são enormes; o colapso na pesca de bacalhau em Newfoundland na década de 1990 devido à sobrepesca resultou na perda de dezenas de milhares de empregos e custou pelo menos 2 bilhões de dólares em seguro-desemprego e retreinamento. Conforme vimos na Seção 36.5, a recuperação da indústria pesqueira pode demorar muitos anos.

A principal barreira para alcançar esses maiores benefícios de longo prazo é que muitos serviços dos ecossistemas são considerados "bens públicos" que não apresentam valor de mercado. Ninguém recebe incentivo para pagar por esses serviços, enquanto a conversão de ecossistemas pode produzir um grande benefício econômico privado para os seus proprietários. É preciso a ação do governo para criar incentivos que encorajem o manejo sustentável dos ecossistemas. Uma das ações que os governos poderiam tomar é a eliminação de subsídios que promovam a exploração excessiva dos ecossistemas. Por exemplo, os governos dos países desenvolvidos subsidiaram a agricultura doméstica com mais de 324 bilhões de dólares por ano entre 2001 e 2003. Estes subsídios levaram a uma maior produção de alimentos naqueles países do que o mercado global garantia. Eles também promoveram o uso excessivo de fertilizantes e reduziram a rentabilidade da agricultura nos países em desenvolvimento.

Um uso mais sustentável da água doce pode ser alcançado cobrando dos usuários o valor total do abastecimento de água, desenvolvendo métodos mais eficientes para o seu uso na agricultura (a atividade que mais consome água) e alterando a alocação dos direitos sobre água fazendo com que os incentivos favoreçam a conservação.

O uso sustentável dos recursos pesqueiros pode ser atingido através do estabelecimento de mais reservas marinhas protegidas e zonas livres de pesca flexíveis onde os peixes podem facilmente crescer até a idade reprodutiva. O estabelecimento e a implementação de um limite para o número de permissões de pesca pode aumentar o valor econômico total do pescado e fornecer melhores peixes para os consumidores em alguns tipos de pesca. Tais melhorias foram observadas após o estabelecimento de licenças de pesca do hipoglosso no Pacífico Norte que poderiam ser compradas e vendidas.

Embora existam muitas opções para o manejo dos ecossistemas capazes de elevar o valor total dos bens e serviços dos ecossistemas e proporcionar uma distribuição mais eqüitativa dos seus benefícios entre as pessoas, implementá-las não será fácil. A maioria das pessoas não está ciente de como muitas atividades humanas afetam o funcionamento dos ecossistemas ou do grande valor de longo prazo dos serviços dos ecossistemas, de forma que se faz necessária a ativação de programas de educação pública. A manutenção e melhoria dos serviços dos ecossistemas que não tenham valor de mercado estabelecido serão difíceis. A diversidade biológica é, provavelmente, o serviço mais difícil de manter considerando o aumento da utilização dos ecossistemas globais pelo homem. Dedicamos o capítulo final deste livro a este importante tópico.

RESUMO DO CAPÍTULO

38.1 Quais são os compartimentos do ecossistema global?

A Terra é um sistema fechado em relação à matéria atômica, mas aberto em relação à energia.

O ambiente físico da Terra pode ser dividido em quatro compartimentos: oceano, água doce, atmosfera e terra. Rever Figura 38.1.

A maioria dos materiais que circulam pelos quatro compartimentos acaba nos oceanos. Água fria e rica em nutrientes sobe para a superfície do oceano nas **zonas de ressurgência** costeiras.

Apenas uma pequena fração de água da Terra está no compartimento água doce, no qual ela circula rapidamente. Os nutrientes chegam aos lagos e rios pelo fluxo na superfície ou pelo movimento da água subterrânea.

O "turnover" vertical da água dos lagos traz para a superfície nutrientes e CO_2 dissolvido e leva o O_2 para as águas profundas. O "turnover" ocorre na primavera e no outono em lagos de regiões temperadas. Rever Figura 38.3.

A atmosfera tem papel decisivo na regulação da temperatura na superfície do planeta e suas imediações. A maior parte da circulação de ar global ocorre na camada mais baixa, a **troposfera**. A camada de ozônio na **estratosfera** absorve radiação ultravioleta. Rever Figura 38.4.

O vapor d'água, o dióxido de carbono e outros **gases de estufa** na atmosfera são transparentes à luz do sol, mas aprisionam o calor, aquecendo a superfície terrestre.

Os ambientes terrestres cobrem apenas 1/4 da superfície do planeta, mas a vida humana depende muito da produtividade deste compartimento.

38.2 Como a energia flui através do ecossistema global?

A **produtividade primária bruta** é a taxa de energia que se incorpora pelos produtores primários (que obtém sua energia diretamente do Sol). A energia acumulada constitui a **produção primária bruta** (**PPB**).

A energia disponível para os seres vivos que se alimentam dos produtores primários, ou a **produção primária líquida** (**PPL**), é a produção primária bruta menos a energia gasta pelos produtores primários para o seu próprio metabolismo.

A distribuição geográfica da produção primária reflete a distribuição das massas de terra, da temperatura e da umidade. Rever Figura 38.7.

Os humanos utilizam cerca de 20% da produção primária líquida anual média da Terra, embora esta porcentagem varie regionalmente.

38.3 Como é o ciclo de materiais através do ecossistema global?

O padrão de movimento de um elemento químico pelos seres vivos e pelos compartimentos do ecossistema global constitui o seu **ciclo biogeoquímico**.

O **ciclo hidrológico** determina-se pela evaporação da água da superfície dos oceanos. O excesso da precipitação na superfície terrestre retorna para os oceanos, principalmente através dos rios. A água subterrânea em **aqüíferos** tem uma importância pequena no ciclo hidrológico, mas está sendo seriamente deteriorada por atividades humanas. Rever Figura 38.8.

O fogo libera grandes quantidades de carbono e outros elementos para a atmosfera.

Os oceanos agem como sumidouros de carbono. A taxa de movimentação de carbono da atmosfera para os oceanos depende, em parte, da fotossíntese realizada pelo fitoplâncton. O carbono circula entre os compartimentos atmosférico e terrestre através da sua remoção da atmosfera pela fotossíntese e seu retorno pelo metabolismo. Rever Figura 38.10.

A concentração de CO_2 na atmosfera tem aumentado muito nos últimos 150 anos, em grande parte devido à queima de **combustíveis fósseis**. Este aumento de CO_2 está aquecendo o clima global. Rever Figuras 38.11 e 38.12.

As atividades humanas provocam grandes alterações no ciclo do nitrogênio. Como resultado da utilização agrícola de fertilizantes e da queima de combustíveis fósseis, a fixação total de nitrogênio pelo homem é praticamente igual à fixação natural de nitrogênio. Rever Figuras 38.14 e 38.15.

As alterações humanas no ciclo do nitrogênio têm ocasionado um excesso de compostos de nitrogênio e outros nutrientes nos corpos d'água, levando à **eutrofização**. Rever Figura 38.16.

A queima de combustíveis fósseis aumenta a quantidade de nitrogênio e enxofre na atmosfera, provocando a **precipitação ácida**.

Atividades humanas, como o uso de fertilizantes e a conversão de terras para a agricultura, têm aumentado drasticamente a entrada de fósforo nos solos e na água doce. Rever Figura 38.19.

38.4 Quais serviços são fornecidos pelos ecossistemas?

Os serviços dos ecossistemas incluem alimento, água limpa, estabilização do solo pelas plantas, polinização, regulação climática, realização espiritual e beleza estética. A maioria dos serviços dos ecossistemas é insubstituível ou a tecnologia necessária para a sua substituição é proibitivamente cara.

Os esforços para aumentar a capacidade do ecossistema em fornecer alguns bens e serviços vêm normalmente acompanhados de custos para a sua capacidade de fornecer outros bens e serviços.

38.5 Quais são as opções de manejo sustentável dos ecossistemas?

O valor econômico do manejo sustentável dos ecossistemas é freqüentemente maior do que o valor do ecossistema convertido ou intensivamente explorado. Rever Figura 38.23.

O reconhecimento do valor do manejo sustentável dos ecossistemas para os "bens públicos" pode induzir a sua proteção por organizações e entidades governamentais. A educação pública é necessária para conscientizar as pessoas sobre como a maior parte das atividades humanas afeta a sustentabilidade dos ecossistemas.

QUESTÕES

1. A Terra não está em equilíbrio químico porque
   a. tem uma lua.
   b. os seres vivos dissipam a energia como calor.
   c. a maioria dos continentes está no Hemisfério Norte.
   d. tem seres vivos que produzem O_2.
   e. gira em torno do seu próprio eixo.

2. As zonas de ressurgência marinhas são importantes porque
   a. ajudam os cientistas a medir a química das águas profundas dos oceanos.
   b. trazem para a superfície seres vivos difíceis de observar em outras regiões.
   c. os navios podem velejar mais rápido nestas zonas.

d. aumentam a produtividade marinha ao trazer os nutrientes de volta para a superfície da água.
e. trazem água rica em oxigênio para a superfície.

3. Qual das afirmativas abaixo não é verdadeira para a troposfera?
a. Ela contém praticamente todo o vapor d'água atmosférico.
b. Os materiais entram na troposfera principalmente na zona de convergência intertropical.
c. Ela tem cerca de 17 km de espessura nos trópicos e subtrópicos.
d. A maioria da circulação de ar global ocorre na troposfera.
e. Ela contém cerca de 80% da massa atmosférica.

4. O ciclo hidrológico é determinado
a. pelo fluxo de água para os oceanos a partir dos rios.
b. pela evaporação (transpiração) de água das folhas das plantas.
c. pela evaporação da água das superfícies oceânicas.
d. pela precipitação terrestre.
e. pelo fato de que mais água cai no oceano como precipitação do que evapora da sua superfície.

5. O dióxido de carbono chama-se de gás de estufa porque
a. é utilizado em estufas para melhorar o crescimento das plantas.
b. é transparente ao calor, mas aprisiona a luz do sol.
c. é transparente à luz do sol, mas aprisiona o calor.
d. é transparente tanto para o calor quanto para a luz do sol.
e. aprisiona tanto o calor quanto a luz do sol.

6. Os micronutrientes cujos ciclos são particularmente importantes para os animais incluem
a. iodo, cobalto e molibdênio.
b. selênio, iodo e cobalto.
c. molibdênio, iodo e ferro.
d. iodo, zinco e selênio.
e. cobalto, selênio e molibdênio.

7. O ciclo do fósforo difere dos ciclos do carbono e nitrogênio, pois
a. no ciclo do fósforo falta um componente atmosférico.
b. no ciclo do fósforo falta uma fase líquida.
c. somente o fósforo circula entre os seres vivos marinhos.
d. os seres vivos não precisam de fósforo.
e. o ciclo do fósforo não difere marcantemente dos ciclos do carbono e nitrogênio.

8. O ciclo do enxofre influencia o clima global porque
a. os compostos sulfurosos são importantes gases de estufa.
b. os compostos sulfurosos ajudam a transferir carbono da atmosfera para os oceanos.
c. os compostos sulfurosos na atmosfera fazem parte das partículas ao redor das quais a água se condensa para formar as nuvens.
d. os compostos sulfurosos contribuem para a precipitação ácida.
e. O ciclo do enxofre não influencia o clima global.

9. A precipitação ácida é resultado das modificações humanas nos ciclos do
a. carbono e nitrogênio.
b. carbono e enxofre.
c. carbono e fósforo.
d. nitrogênio e enxofre.
e. nitrogênio e fósforo.

10. A manutenção da capacidade dos ecossistemas de fornecer bens e serviços para a humanidade é importante porque
a. a maioria dos serviços fornecidos pelos ecossistemas não pode ser de nenhuma forma replicada.
b. a maioria dos serviços dos ecossistemas pode ser substituída por tecnologia, mas apenas a um alto custo.
c. substitutos tecnológicos ocupam terras valiosas.
d. os governos não podem funcionar sem cobrar impostos sobre os serviços dos ecossistemas.
e. isso não é importante; os seres humanos podem sobreviver muito bem, mesmo com uma grande diminuição dos serviços fornecidos pelos ecossistemas.

PARA DISCUSSÃO

1. Uma seqüência de poderosos furacões atingiu a costa leste dos Estados Unidos durante uma única estação de tornados. Algumas pessoas afirmam que esse desastre ocorreu devido ao aquecimento dos oceanos provocado pelos gases de estufa na atmosfera. Outros defendem que o aquecimento global não é responsável, pois os furacões têm ocorrido por muitos séculos. Como você poderia avaliar estas duas afirmativas conflitantes?
2. As águas do Lago Washington, adjacente à cidade de Seattle (EUA), retornaram rapidamente à sua condição pré-industrial quando o esgoto parou de ser despejado em suas águas e passou a ser liberado no Puget Sound, um braço do Oceano Pacífico. Todos os lagos poluídos por esgoto se limpariam com a mesma rapidez que o Lago Washington se tais despejos fossem cessados? Quais são as características mais importantes de um lago em relação à sua taxa de recuperação após a redução da fonte poluidora?
3. As florestas tropicais estão sendo derrubadas a uma taxa muito rápida. Isso significa, necessariamente, que o desmatamento é uma importante fonte de dióxido de carbono para a atmosfera? Se não, por quê?
4. Que tipos de experimentos você poderia conduzir para avaliar as prováveis conseqüências da fertilização dos oceanos com ferro para aumentar as taxas de fotossíntese? Em quais escalas espaciais e temporais eles deveriam ser conduzidos?
5. Um membro do governo autoriza a construção de uma grande usina termoelétrica em uma área previamente despovoada. Suas chaminés liberam grandes quantidades de resíduos da combustão. Liste e descreva todos os prováveis efeitos no ecossistema em nível local, regional e global. Se os resíduos forem completamente depurados dos gases das chaminés, quais dos efeitos que você acabou de resumir ainda ocorreriam?
6. Muitas nações assinaram o Protocolo de Kyoto, comprometendo-se a reduzir suas emissões de dióxido de carbono para a atmosfera. Os Estados Unidos têm se recusado a assinar o tratado, argumentando que ele contraria os interesses do país. Os Estados Unidos têm sido severamente criticados por essa ação. Tais críticas são justificadas? Justifique a sua resposta.

PARA INVESTIGAÇÃO

O experimento descrito na Figura 38.20 mostrou que interações entre uma elevação no dióxido de carbono atmosférico e na fixação de nitrogênio podem reduzir a disponibilidade de outros nutrientes essenciais. Os pesquisadores sugeriram uma expansão no conjunto de elementos que deveriam ser estudados para determinar se a elevação dos níveis de dióxido de carbono produziria um grande sumidouro de carbono nos ecossistemas terrestres. Que outros elementos deveriam ser considerados e como a sua influência deveria ser investigada?

CAPÍTULO 39

Biologia da Conservação

Ultraleve e ultra-útil

Em 10 de outubro de 2004, um bando de grous-americanos alçou vôo sobre Neceda, Estado de Wisconsin (EUA), juntamente com três ultraleves pilotados por integrantes de uma organização chamada *Operation Migration*. As aves criadas em cativeiro foram treinadas desde o nascimento para seguir um ultraleve se movendo lentamente pelo chão. Agora, as aves estavam prontas para voar com os ultraleves que as guiariam através de sete estados norte-americanos até a sua tradicional casa de inverno, nas proximidades do Golfo do México. Após dois meses e quase 2 mil quilômetros, os ultraleves e seus acompanhantes aéreos aterrissaram em um refúgio para a vida silvestre na Flórida. Surpreendentemente, na primavera seguinte a maioria dos grous concluiu sozinha a viagem de retorno para Wisconsin – eles aprenderam a rota de migração durante a sua jornada para o sul.

Quando os primeiros europeus chegaram na América do Norte, grandes populações de grous-americanos procriavam na costa do Golfo, no meio-oeste setentrional e no Canadá. Em meados do século XX, a pressão de caça e a perda de habitat os tinha reduzido a um pequeníssimo grupo composto por menos de 20 indivíduos. Essas poucas aves remanescentes passavam o inverno no Refúgio para a Vida Silvestre Aransas na costa do Texas e se reproduziam no Parque Nacional Wood Buffalo nos territórios do noroeste do Canadá.

O projeto de recuperação dos grous-americanos envolve a cooperação entre U.S. Fish and Wildlife Service, Operation Migration, Whooping Crane Eastern Partnership e International Crane Foundation (ICF). A ICF cria os jovens grous em cativeiro sem que eles sejam expostos a seres humanos, pois são alimentados por pessoas fantasiadas de grou. Esses métodos são vitais para os esforços de recuperação, pois os jovens grous-americanos aprendem quem são através da estampagem de quem os cuida (ver Seção 35.2).

Essas não foram as primeiras tentativas para salvar espécies de grou ameaçadas. Os primeiros esforços para estabelecer uma população de grous-americanos no Estado de Montana (EUA) falharam. Os ovos de grous-americanos eram colocados nos ninhos dos não-ameaçados grous-do-Canadá. Os "pais adotivos" criavam os filhotes de grous-americanos com sucesso, mas os filhotes não conseguiam aprender os comportamentos de corte e acasalamento específicos de sua própria espécie – simplesmente se comportavam como grous-do-Canadá – sendo, assim, incapazes de reproduzir com sucesso. Alguns desses grous-americanos continuam migrando com os grous-do-Canadá para o Refúgio para a Vida Silvestre Bosque del Apache no Novo México,

Operação migração Um ultraleve guia os jovens grous-americanos em sua primeira migração longa para o seu local de inverno. Após serem guiadas uma vez desta maneira, as aves podem encontrar o seu próprio caminho na rota de migração.

Salvando uma espécie As aves jovens estampam o ultraleve e o humano fantasiado de grou que os alimenta. Dessa forma, elas crescem preparadas para seguir o ultraleve como seu "líder".

mas eles são um beco sem saída genético que não deixará descendentes.

Atualmente existe uma população não-migratória composta por 50 grous-americanos na Flórida, 64 aves no bando migratório que passa o verão em Wisconsin e 214 que invernam no Texas. Como grande parte do seu habitat foi perdido, os grous-americanos nunca mais serão tão comuns como na época em que os europeus chegaram na América do Norte, mas a espécie foi tirada da beira da extinção. Agora, o seu futuro mostra-se seguro, contanto que continuemos a proteger o seu habitat reprodutivo.

NESTE CAPÍTULO descrevemos o campo, em rápida expansão, da biologia da conservação, o qual se dedica a preservar a diversidade da vida. Mostramos como os biólogos da conservação prevêem as extinções de espécies e de que forma algumas atividades humanas estão provocando tais extinções. Finalmente, descrevemos as estratégias utilizadas pelos biólogos da conservação para reduzir as taxas de extinção e ajudar na recuperação das populações de espécies ameaçadas.

DESTAQUES DO CAPÍTULO

- **39.1** **O que** é biologia da conservação?
- **39.2** **Como** os biólogos prevêem as mudanças na biodiversidade?
- **39.3** **Quais** são os fatores que ameaçam a sobrevivência das espécies?
- **39.4** **Quais** são as estratégias utilizadas pelos biólogos da conservação?

39.1 O que é biologia da conservação?

A **biologia da conservação** é uma disciplina científica aplicada dedicada à preservação da diversidade da vida na Terra. As pessoas praticam a biologia da conservação há séculos, mas atualmente ela difere dos esforços do passado de duas maneiras importantes. Primeiro, a biologia da conservação moderna é apoiada e integrada a outras disciplinas científicas. Os biólogos da conservação baseiam-se fortemente nos conceitos e conhecimentos da genética populacional, evolução, ecologia, biogeografia, manejo de vida silvestre, economia e sociologia. Em contrapartida, as necessidades e metas da biologia da conservação estimulam novas pesquisas nestas áreas.

Segundo, até recentemente os homens direcionavam os seus esforços de conservação principalmente para as espécies que traziam benefícios econômicos diretos. As ações de manejo eram formuladas para maximizar os lucros com os produtos úteis provenientes das populações de animais e plantas silvestres. Atualmente, os biólogos da conservação estudam o conjunto completo de bens e serviços que os humanos podem obter das espécies e ecossistemas, incluindo benefícios estéticos e espirituais. O entendimento do ecossistema global e dos efeitos das atividades humanas sobre esse sistema são atualmente compreendidos como essenciais para o nosso bem-estar a longo prazo.

Praticamente todos os ecossistemas naturais do planeta têm sido alterados pelas atividades dos 6,5 bilhões de humanos que vivem atualmente na Terra. Muitos habitats desapareceram completamente e muitos outros têm sido muito alterados. Até mesmo o clima do planeta e seus grandes ciclos biogeoquímicos são modificados. Uma conseqüência dessas alterações é o aumento rápido da taxa de extinção de espécies.

A biologia da conservação é um campo científico normativo

A biologia da conservação é um campo **normativo** – isto é, ela abrange certos valores e aplica métodos científicos com o objetivo de atingi-los. Os biólogos da conservação não são neutros com relação à preservação da biodiversidade. Eles motivam-se pela convicção de que a preservação da biodiversidade é boa e que sua perda é ruim. Algumas pessoas têm criticado esse campo com o argumento de que a ciência deveria ser "supostamente" neutra, mas na realidade, a maioria das ciências aplicadas mostra-se normativa. A ciência médica, por exemplo, motiva-se pelo desejo de melhorar a saúde humana – saúde é bom, doença é ruim. A ciência de boa qualidade conduz-se facilmente nos campos científicos tanto normativos quanto nos livres de valoração, estipulando que os pesquisadores farão as suas investigações utilizando os padrões e técnicas de métodos científicos estabelecidos.

A biologia da conservação guia-se por três princípios básicos:

- *A evolução é o processo que une toda a biologia*. Para sermos efetivos na preservação da biodiversidade, precisamos saber como os processos evolutivos geraram e mantiveram esta diversidade.
- *O mundo ecológico é dinâmico*. Não existe um"balanço da natureza"estático que pode servir como uma meta para as atividades conservacionistas.
- *Os humanos fazem parte dos ecossistemas*. As atividades e necessidades humanas precisam ser incorporadas nas metas e práticas conservacionistas.

A biologia da conservação visa a prevenção da extinção de espécies

Por que devemos nos preocupar com a extinção das espécies? Afinal, muitos eventos naturais levaram à extinção de espécies – algumas delas maciças, como vimos na Seção 21.2. Os seres vivos sempre alteraram os ecossistemas da Terra. Os indivíduos das primeiras espécies provavelmente reduziram o suprimento de compostos energética e estruturalmente úteis (pelo menos próximo a eles), os substituindo com os seus produtos de excreção. Os primeiros procariotos e eucariotos fotossintetizantes geraram oxigênio, tornando a atmosfera terrestre imprópria para os seres vivos anaeróbicos. Quando as plantas colonizaram a terra, aceleraram o intemperismo das rochas, ganhando, assim, acesso aos nutrientes nelas presentes. O intemperismo do fósforo aumentou a produtividade global, contribuindo para o aumento da concentração de oxigênio. O aparecimento das plantas vasculares ajudou a aumentar a concentração de oxigênio atmosférico enquanto diminuía a concentração de dióxido de carbono. Todas essas mudanças, e muitas outras que não mencionamos, criaram condições que favoreceram alguns seres vivos, enquanto outros foram negativamente afetados.

Os seres humanos também vêm causando a extinção de outras espécies por milhares de anos. Quando as primeiras pessoas chegaram na América do Norte, cerca de 20 mil anos atrás, encontraram uma fauna rica em grandes mamíferos, incluindo bisões, cavalos, mamutes e preguiças-gigantes terrestres. A maioria dessas espécies foi exterminada – provavelmente pela sobrecaça – dentro de poucos milhares de anos. Um extermínio semelhante de grandes animais seguiu a colonização humana da Austrália, há cerca de 40 mil anos. Naquele tempo, a Austrália tinha 13 gêneros de marsupiais com mais de 50 kg (**Figura 39.1**), um gênero de lagartos gigantes e um gênero de pesados pássaros não-voadores. Todas as espécies em 13 dos 15 gêneros foram extintas 18 mil anos atrás. Quando os polinésios se estabeleceram no Havaí, cerca de 2 mil anos atrás, exterminaram provavelmente pela sobrecaça pelo menos 39 espécies de aves terrestres **endêmicas** – que não se encontram em nenhum outro lugar.

Se os seres vivos têm continuamente alterado a natureza dos ecossistemas da Terra e os humanos exterminado espécies por milhares de anos, por que devemos nos preocupar com as alterações que os homens causam atualmente? A vida sobreviveu àquelas alterações. De fato, tanto a produtividade quanto a riqueza da biota terrestre têm aumentado durante o longo curso da evolução da vida. Contudo, uma perspectiva histórica de longo prazo pode nos levar a ser complacente com as alterações provocadas pelos humanos nos dias de hoje, a situação atual é única. Pela primeira vez na história, todas as principais alterações ambientais são causadas por uma única espécie. Ao contrário de todos os engenheiros ambientais anteriores, temos consciência do que estamos fazendo. Exterminando espécies deliberada ou inadvertidamente, destruímos de forma irreversível um recurso potencialmente valioso.

Figura 39.1 Megafauna australiana extinta Vários grandes marsupiais, incluindo *Diprotodon* (no fundo), *Palorchestes* (no centro) e *Zygomaturus* (na frente), eram encontrados na Austrália durante o Pleistoceno. Estas e outras espécies de grande porte tornaram-se extintas após a chegada dos humanos ao continente.

As pessoas preocupam-se com a manutenção da biodiversidade da Terra porque reconhecem o seu valor. Elas dão importância para a biodiversidade por muitas razões:

- Os humanos dependem de outras espécies como fonte de alimentos, fibras e medicamentos. Mais da metade de todas as prescrições médicas nos Estados Unidos contém ou baseiam-se em produtos naturais vegetais ou animais.
- As espécies são necessárias para o funcionamento dos ecossistemas e dos muitos benefícios e serviços que eles fornecem para a humanidade (como a água potável e a purificação do ar, ver Seção 38.4).
- Os humanos obtêm muito prazer estético ao interagir com outros seres vivos. Muitas pessoas considerariam um mundo com poucas espécies um lugar menos agradável para viver.
- As extinções nos privam das oportunidades de estudar e compreender as relações ecológicas entre os seres vivos. Quanto mais espécies são perdidas, mais difícil será compreender a estrutura e o funcionamento das comunidades e ecossistemas.

- O modo de vida que provoca a extinção de outras espécies levanta sérias questões éticas que preocupam cada vez mais os filósofos, os especialistas em ética e os líderes religiosos, pois essas espécies possuem valores intrínsecos.

Mais adiante neste capítulo, veremos como os biólogos da conservação incorporam esses valores nas estratégias para a preservação da biodiversidade.

39.1 RECAPITULAÇÃO

A biologia da conservação constitui um campo científico aplicado e normativo dedicado à preservação da biodiversidade.

- O que é um campo normativo e como isso influencia as suas práticas e metas? Ver p. 859 e 860.
- Se o ecossistema varia e as extinções de espécies sempre fizeram parte da história evolutiva da Terra, por que atualmente os biólogos encontram-se tão preocupados com a preservação da biodiversidade? Ver p. 860.

Para preservar a biodiversidade, os biólogos da conservação precisam entender a biodiversidade que existe atualmente e como ela está mudando. A seguir, consideraremos como os biólogos da conservação prevêem as taxas de extinção e inferem as suas causas.

39.2 Como os biólogos prevêem as mudanças na biodiversidade?

Conforme descrito no Capítulo 23, o rico conjunto de espécies da Terra gerou-se pelos processos de especiação que atuaram por vários bilhões de anos. Mesmo que os humanos não existissem, muitas espécies se tornariam extintas durante os próximos 100 anos. Todavia, as atividades humanas causam mais extinções do que ocorreriam na nossa ausência. Para preservar a biodiversidade da Terra, precisamos manter os processos que geram novas espécies e fornecer as condições que mantenham as taxas de extinção em seus níveis típicos.

Os cientistas não podem estimar precisamente o número de extinções que ocorrerão durante o próximo século por quatro razões:

- *Não sabemos quantas espécies vivem na Terra*. Muitas das espécies que podem se tornar extintas nos próximos 50 anos não foram ainda identificadas e descritas!
- *Não sabemos onde as espécies vivem*. A distribuição da maioria das espécies descritas é pouco conhecida.
- *É difícil determinar quando uma espécie realmente se torna extinta*.
- *Não sabemos o que acontecerá no futuro*. O número de extinções que realmente ocorre dependerá do que os homens fazem e de eventos naturais imprevistos.

Vivemos em um planeta pouco explorado e, mesmo no caso das espécies conspícuas de áreas biologicamente bem estudadas, o conhecimento da biodiversidade é incompleto. Por exemplo, acredita-se que o maior pica-pau da América do Norte, o pica-pau-bico-de-marfim (**Figura 39.2A**), tenha sido visto de relance no Estado de Arkansas no final de 2004, após 60 anos sem nenhum avistamento confirmado. A maioria dos ornitólogos tinha assumido que a espécie estava extinta; um guia de campo das aves da América do Norte publicado em 2000 nem citava a espécie. Embora atualmente existam vários avistamentos respeitavelmente documentados (avistamentos que requerem observadores sentados imóveis por longas horas em terreno pantanoso; **Figura 39.2B**), os observadores ainda não conseguiram uma fotografia clara da ave.

Quando o roedor *Laonastes aenigmamus* foi encontrado e descrito no Laos em 2005 recebeu classificação em uma linhagem própria, pois era muito diferente de todos os outros roedores atuais. Em 2006, pesquisas indicaram que esse animal, na realidade, pertence à Família Diatomydae, uma linhagem de roedores conhecida de registros fósseis, mas considerada extinta por 11 milhões de anos.

(A) *Campephilus principalis*

(B)

Figura 39.2 De volta da extinção? (A) O pica-pau-bico-de-marfim, mostrado aqui em um desenho da Audubon do século XIX, foi considerado extinto até 2004, quando foram registrados avistamentos em uma floresta. (B) Os ornitólogos e os observadores de aves amadores gastam longas e silenciosas horas procurando por sinais da majestosa ave no Refúgio Nacional para a Vida Selvagem Cache River. Este naturalista e a sua canoa estão camuflados à espera da ave.

As áreas verdes indicam densa cobertura florestal.
Belize
1950
Honduras
Nicarágua
Guatemala
El Salvador
Costa Rica
Panamá
1970
1985

Figura 39.3 As taxas de desmatamento são altas nas florestas tropicais Menos da metade da floresta tropical que existia na América Central em 1950 restava em 1985. Muito da floresta remanescente está em pequenos fragmentos.

Apesar dessas dificuldades, existem métodos para estimar a provável taxa de extinção resultante das ações humanas, como a destruição de habitats. Uma ferramenta freqüentemente utilizada para fazer essas estimativas consiste na **relação espécies-área,** uma relação matemática bem estabelecida entre o tamanho da área e o número de espécies que ela contém. Os biólogos da conservação medem a taxa na qual a riqueza de espécies diminui com a diminuição do tamanho do fragmento de habitat. As suas descobertas sugerem que, em média, uma perda de 90% do habitat resultará no decréscimo de metade das espécies que vivem e dependem deste habitat.

Cálculos semelhantes podem ser feitos para a área total de um tipo de habitat remanescente na Terra. A atual taxa de perda da floresta tropical perenifólia – o bioma terrestre com maior riqueza de espécies – fica em aproximadamente 2% da floresta restante a cada ano, devido ao aumento na demanda por recursos florestais pela rápida expansão da população humana (**Figura 39.3**). Se essa taxa de perda continuar, pelo menos 1 milhão de espécies que vivem nas florestas tropicais perenifólias podem se tornar extintas durante este século.

Para estimar o risco de extinção de uma população, os biólogos da conservação desenvolvem modelos estatísticos que incorporam informações sobre o tamanho da população, sua variação genética e a morfologia, a fisiologia e o comportamento dos seus membros.

As espécies com perigo iminente de extinção em toda ou em uma parte significativa de sua distribuição classificam-se como espécies *Em Perigo* ou *Criticamente em Perigo*, dependendo da seriedade da sua situação. As espécies classificadas como *Vulnerável* são aquelas com tendência a se tornar *Em Perigo* em um futuro próximo. A raridade de uma espécie nem sempre configura-se motivo para preocupação, pois algumas espécies que vivem em habitats altamente especializados foram, provavelmente, sempre raras e estão bem adaptadas a essas condições. No entanto, espécies cujas populações estão encolhendo subitamente – as "*recentemente raras*" – geralmente encontram-se sob maior risco. As espécies com habitats ou necessidades alimentares especiais são mais propensas a se tornarem extintas do que as espécies com necessidades mais generalizadas.

Populações compostas por poucos indivíduos confinados a áreas pequenas podem facilmente ser eliminadas por perturbações locais, como fogo, clima incomum, alteração climática, doenças, destruição do habitat ou predadores. Por exemplo, o sapo *Bufo periglenes,* que vive somente na Reserva Florestal Monteverde Cloud na Costa Rica, desapareceu durante a década de 1980 (ver Figura 33.16B). Naquela época, a altitude de formação das nuvens nas montanhas havia aumentado em decorrência do aquecimento climático. As florestas tornaram-se muito secas para o sapo, cuja distribuição já estava próxima do pico das montanhas. De maneira semelhante, um grupo de cientistas fazendo um inventário rápido de espécies no oeste dos Andes, no Equador, encontrou 90 espécies de plantas endêmicas em um único pico. Logo após completarem a pesquisa, todo o pico foi "limpo" para a agricultura. As populações de todas as 90 espécies foram destruídas. Pesquisas futuras podem revelar que algumas dessas espécies existem em algum outro lugar, mas muitas delas provavelmente encontram-se extintas.

39.2 RECAPITULAÇÃO

A relação espécies-área pode ser utilizada para prever as taxas de extinção em áreas sujeitas à perda de habitat. Modelos que consideram variáveis como tamanho populacional, necessidades tróficas e de habitat e variação genética ajudam a prever o risco de extinção das espécies.

- Por que as espécies com somente uns poucos indivíduos e confinadas em pequenas áreas estão especialmente vulneráveis à extinção? Ver p. 862.
- Você entende por que as espécies raras não necessariamente estejam em perigo de extinção? Ver p. 862.

Agora que estudamos alguns dos fatores que colocam as espécies em risco de extinção, veremos como as atividades humanas contribuem com estes riscos.

39.3 Quais são os fatores que ameaçam a sobrevivência das espécies?

As atividades humanas que ameaçam a sobrevivência das espécies incluem a modificação e destruição do habitat, a introdução de espécies exóticas, a sobre-exploração e a mudança climática. Os biólogos da conservação determinam como essas atividades afetam as espécies e utilizam essas informações para planejar estratégias para preservar as espécies em perigo ou vulneráveis.

As espécies estão ameaçadas pela fragmentação, degradação e perda de habitat

A perda de habitat é a causa mais importante da ameaça às espécies nos Estados Unidos, especialmente para aquelas que vivem em água doce, o habitat que tem sido mais extensivamente degradado (**Figura 39.4**). Obviamente, quando os habitats estão destruídos ou tornam-se inabitáveis, as espécies que ali vivem são perdidas. Contudo, essa perda afeta inclusive os habitats remanescentes que não se encontram destruídos. Como eles são progressivamente perdidos para as atividades humanas, os fragmentos de habitat restantes se tornam menores e mais isolados. Em outras palavras, o habitat se torna cada vez mais **fragmentado**.

Os pequenos fragmentos de habitat diferem qualitativamente dos fragmentos maiores do mesmo habitat, o que afeta a sobrevivência das espécies. Os fragmentos pequenos não podem manter as populações das espécies que necessitam de grandes áreas e suportam apenas populações pequenas das muitas espécies que podem sobreviver em fragmentos pequenos. Além disso, a fração do fragmento que é influenciada por fatores que se originam fora dele aumenta rapidamente com a redução do seu tamanho (**Figura 39.5**). Próximo das bordas de um fragmento de floresta, por exemplo, os ventos são mais fortes, a temperatura mais alta, a umidade mais baixa e a luminosidade maior do que no interior da floresta. As espécies dos habitats vizinhos freqüentemente colonizam as bordas do fragmento para predar ou competir com as espécies que ali vivem. Os efeitos desses fatores denominam-se **efeitos de borda**.

Normalmente não sabemos quais seres vivos viveram em uma área antes de seus habitats terem sido fragmentados. Pesquisas adequadas podem fornecer parte dessas informações. Por exemplo, um grande projeto de pesquisa em uma área de floresta tropical perenifólia próxima a Manaus, no Brasil, iniciou-se antes da fragmentação. Os proprietários das terras concordaram em preservar fragmentos de floresta de certos tamanhos e configurações (**Figura 39.6**). Os biólogos contaram as espécies nestes futuros "fragmentos" enquanto ainda faziam parte da floresta contínua. Logo após a floresta circundante ter sido cortada e convertida em pastagem, as espécies começaram a desaparecer dos fragmentos isolados. As primeiras espécies a serem eliminadas foram os macacos que necessitam de grandes áreas. As formigas de correição e as aves que seguem as colônias de formigas também desapareceram logo.

As espécies perdidas dos pequenos fragmentos provavelmente não os recolonizarão, porque os indivíduos dispersantes têm uma menor probabilidade de localizar fragmentos isolados. Como mostra a Seção 36.4, no entanto, uma espécie pode persistir em um pequeno fragmento se este estiver conectado com outros por **corredores** de habitats, através dos quais os indivíduos podem dispersar. Algumas das pastagens que cercavam os fragmentos de floresta experimentais no Brasil foram abandonadas e atualmente uma floresta jovem se desenvolve nelas. Após um período de 7 a 9 anos de abandono, as formigas e algumas das

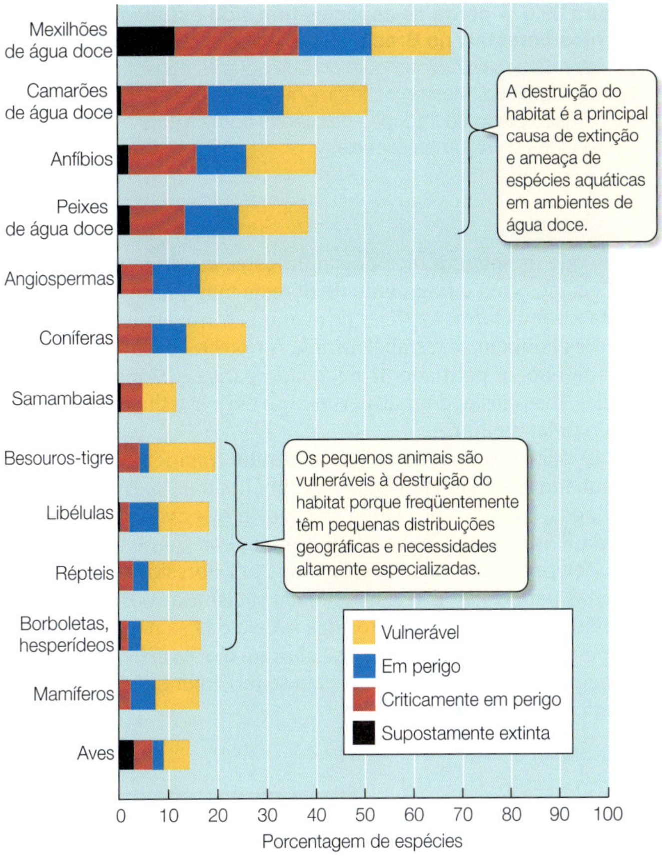

Mexilhões de água doce
Camarões de água doce
Anfíbios
Peixes de água doce
Angiospermas
Coníferas
Samambaias
Besouros-tigre
Libélulas
Répteis
Borboletas, hesperídeos
Mamíferos
Aves
A destruição do habitat é a principal causa de extinção e ameaça de espécies aquáticas em ambientes de água doce.
Os pequenos animais são vulneráveis à destruição do habitat porque freqüentemente têm pequenas distribuições geográficas e necessidades altamente especializadas.
Vulnerável
Em perigo
Criticamente em perigo
Supostamente extinta
0 10 20 30 40 50 60 70 80 90 100
Porcentagem de espécies

Figura 39.4 Proporção de espécies extintas ou ameaçadas nos Estados Unidos Os grupos de espécies mais ameaçados de extinção – mexilhões, camarões, anfíbios e peixes – vivem em ambientes de água doce, os quais têm sido extensamente destruídos, degradados e poluídos.

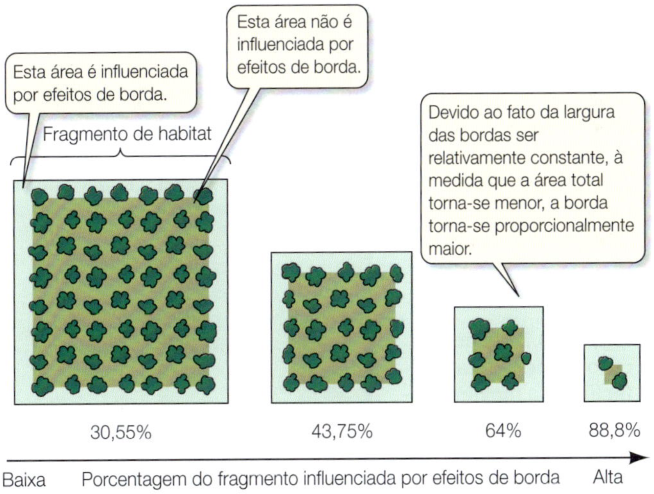

Esta área é influenciada por efeitos de borda.
Esta área não é influenciada por efeitos de borda.
Fragmento de habitat
Devido ao fato da largura das bordas ser relativamente constante, à medida que a área total torna-se menor, a borda torna-se proporcionalmente maior.
30,55%
43,75%
64%
88,8%
Baixa
Porcentagem do fragmento influenciada por efeitos de borda
Alta

Figura 39.5 Efeitos de borda Quanto menor for um fragmento de habitat, maior será a proporção influenciada por condições do ambiente circundante.

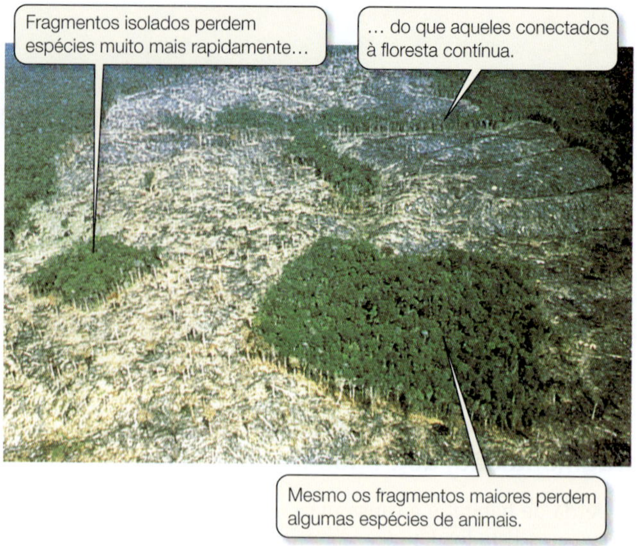
Fragmentos isolados perdem espécies muito mais rapidamente...
... do que aqueles conectados à floresta contínua.
Mesmo os fragmentos maiores perdem algumas espécies de animais.

Figura 39.6 A perda de espécies tem sido estudada em fragmentos florestais no Brasil Fragmentos isolados perdem espécies muito mais rapidamente do que aqueles conectados com a floresta contínua. Mesmo os fragmentos maiores, como o mostrado no primeiro plano da foto, são pequenos demais para manter as populações de algumas espécies.

aves que as seguem recolonizaram estes espaços que estavam conectados com o fragmento de floresta maior através desta floresta jovem. Outras espécies de aves que forrageiam na copa das árvores também se restabeleceram. A floresta jovem não constitui um habitat permanente adequado para a maioria dessas espécies, mas elas podem dispersar através dela a fim de encontrar um habitat melhor.

O valor dos corredores que conectam fragmentos de habitat adequado pode ser estudado experimentalmente. Um grupo de ecólogos, liderados por Douglas Levey e colegas da Universidade da Flórida e da Universidade Estadual da Carolina do Norte, estabeleceu oito locais experimentais em florestas de pinheiros abertas para testar se o azulão (*Sialia sialis*) usava os corredores. Monitorando os movimentos das aves e das sementes que elas dispersam, os pesquisadores descobriram que os azulões freqüentemente usavam os corredores para se movimentar entre os fragmentos (**Figura 39.7**).

A sobre-exploração levou muitas espécies à extinção

Os seres humanos têm causado extinções por milhares de anos, mas até recentemente, eles fizeram isso principalmente pela caça excessiva. Atualmente, algumas espécies ainda são ameaçadas pela sobre-exploração. Elefantes e rinocerontes estão

EXPERIMENTO

HIPÓTESE: Os azulões (*Sialia sialis*) utilizam corredores para se locomover entre os fragmentos abertos de uma floresta.

MÉTODO

1. Criar fragmentos apropriados do habitat do azulão em florestas de pinheiros através do corte de árvores a fim de criar as condições abertas preferidas dessas aves. Conectar dois fragmentos com corredores de habitats.
2. Em um dos fragmentos conectados, plantar louro-bravo com frutas marcadas com tinta fluorescente. Como as aves que se alimentam destas frutas carregam as sementes no seu trato digestório e mais tarde as defecam, as sementes com tinta servem como marcadores.
3. Observar as aves enquanto voam para longe dos louros-bravos até saírem de vista. Registrar a direção e a distância que cada ave percorreu. Procurar nos fragmentos vizinhos as sementes marcadas com fluorescência defecadas pelas aves. Desenvolver um modelo para o computador que preveja o movimento das sementes com base nas observações das aves.

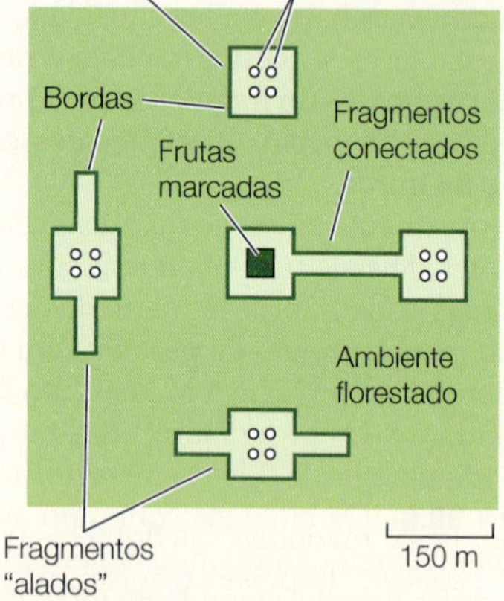
Fragmento retangular
Armadilhas de sementes
Bordas
Frutas marcadas
Fragmentos conectados
Ambiente florestado
Fragmentos "alados"
150 m

RESULTADOS

Os azulões normalmente permanecem dentro de um fragmento de hábitat quando encontram uma borda, mas locomovem-se através dos corredores. Uma quantidade bem maior de sementes fluorescentes foi transportada entre os fragmentos conectados por corredores do que entre os desconectados. O modelo previu corretamente o número de sementes que foram transportadas.

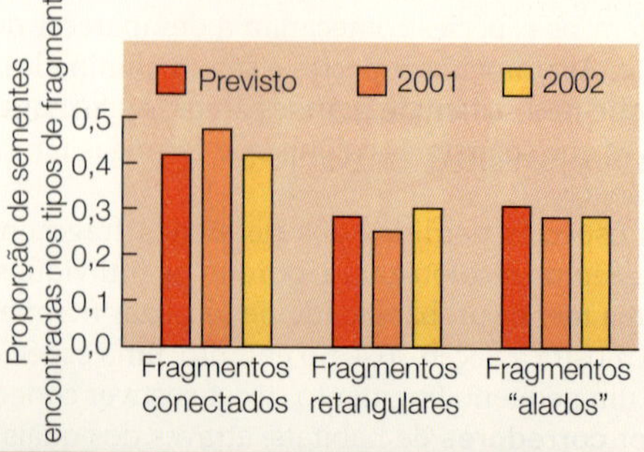
Proporção de sementes encontradas nos tipos de fragmento
0,5
0,4
0,3
0,2
0,1
0,0
Previsto
2001
2002
Fragmentos conectados
Fragmentos retangulares
Fragmentos "alados"

CONCLUSÃO: Os azulões utilizam os corredores para se movimentar entre os fragmentos de hábitat adequado.

Figura 39.7 Os corredores de hábitat facilitam a movimentação Os azulões (*Sialia sialis*) se deslocaram mais freqüentemente entre fragmentos de hábitats conectados por corredores do que entre fragmentos desconectados.

(A) *Dicerorhinus sumatrensis*

(B) *Saiga tatarica*

Figura 39.8 Ameaçados pelas práticas medicinais (A) Os ameaçados rinocerontes são mortos porque seus chifres são muito utilizados na medicina popular oriental. (B) A tentativa de estimular o uso dos chifres do antílope-saiga no lugar dos chifres dos rinocerontes teve muito sucesso, porém, como conseqüência negativa, atualmente o antílope é uma espécie ameaçada.

ameaçados em quase toda a África e Ásia porque caçadores ilegais os matam para retirar suas presas e chifres, utilizados como enfeites e cabos de faca; além disso, alguns homens acreditam que o pó de chifre melhora a potência sexual, e os chifres dos rinocerontes são muito utilizados em remédios tradicionais na China (**Figura 39.8**). O uso de partes de animais nas práticas médicas tradicionais é uma ameaça para algumas espécies. O comércio internacional maciço de animais de estimação, plantas ornamentais e madeiras das florestas tropicais vem dizimando muitas espécies de peixes tropicais, corais, papagaios, répteis, orquídeas e árvores.

Predadores, competidores e patógenos invasores ameaçam muitas espécies

As pessoas têm levado, deliberada ou acidentalmente, muitas espécies para fora de sua distribuição original. Algumas dessas espécies exóticas (estrangeiras) se tornam **invasoras** – isto é, se espalham muito e se tornam excessivamente abundantes – o que freqüentemente produz um custo para as espécies nativas da região. Sementes de ervas daninhas são acidentalmente carregadas ao redor do mundo nas sacas de sementes para plantio e espécies marinhas têm se espalhado pelos oceanos carregadas na água de lastro dos navios. Os europeus introduziram deliberadamente coelhos e raposas na Austrália para a prática da caça. Aproximadamente metade dos roedores e marsupiais de pequeno e médio porte foi exterminada durante os últimos 100 anos pela combinação da competição com os coelhos e a predação pelas raposas, gatos e cães introduzidos.

Na década de 1940, a serpente arborícola *Boiga irregularis* (**Figura 39.9**) chegou nas cargas aéreas a Guam, uma ilha localizada na Micronésia. Até então, a única serpente em Guam era uma pequena espécie insetívora. Por razões desconhecidas, a serpente arborícola permaneceu rara até a década de 1960, quando começou a aparecer em grandes quantidades. Atualmente podem ser encontradas em densidades tão altas quanto 5.000 indivíduos/km^2. Essa serpente já exterminou 15 espécies de aves, três delas encontradas apenas em Guam.

As plantas invasoras podem acarretar muitos efeitos negativos aos ecossistemas. A maioria das espécies introduzidas é importada sem os seus inimigos naturais, enquanto as espécies nativas precisam gastar uma quantidade considerável de energia para se defender dos herbívoros nativos. As plantas invasoras geralmente apresentam taxas de crescimento e reprodutiva altas, pois normalmente investem menos energia na produção de compostos defensivos. Dessa forma, as invasoras tendem a tirar vantagem dos nutrientes do solo de uma maneira que as plantas nativas não conseguem.

As espécies causadoras de doenças também podem proliferar rapidamente logo após a sua introdução em novos continentes. Patógenos introduzidos destruíram populações inteiras de várias espécies florestais norte-americanas. A ferrugem do castanheiro, provocada por um fungo introduzido (*Cryphonectria parasitica*) reduziu o castanheiro-americano (*Castanea dentata*), uma árvore originalmente abundante nas florestas das Montanhas Apalaches, a um arbusto de sub-bosque. Uma doença ("*dutch elm disease*") provocada pelo fungo *Ophiostoma ulmi*, introduzido na América do Norte em 1930, matou praticamente todos os elmos-americanos (*Ulmus americana*) em grandes áreas do leste e meio-oeste. Os ecólogos suspeitam que o movimento intercontinental dos seres que causam doenças provocou extinções no passado, mas, geralmente, os surtos de doenças não deixam vestígios nos registros fósseis.

Praticamente todas as espécies de aves que viviam abaixo de 1.500 metros de altitude nas ilhas havaianas foram eliminadas pela malária aviária, introduzida na ilha com aves exóticas. As aves nativas, que nunca tinham sido expostas à malária, eram altamente suscetíveis à doença. As espécies que vivem em altitude

Boiga irregularis

Figura 39.9 Agente de extinção Esta serpente arborícola levou 15 espécies de aves terrestres à extinção desde a sua introdução acidental em Guam.

superior a atual área do mosquito que transmite a doença estão se saindo melhor, mas a área do mosquito pode estar se expandindo para cima com o aquecimento global.

A rápida mudança climática pode causar a extinção de espécies

Os cientistas prevêem que, como resultado das atividades humanas, as temperaturas médias na América do Norte aumentarão 2° a 5°C até o final do século XXI. Se o clima esquentar em apenas 1°C, a temperatura média atualmente encontrada em uma determinada localidade na América do Norte será encontrada 150 km para o norte. Se o clima esquentar 2° a 5°C, algumas espécies precisarão deslocar suas áreas de ocorrência até 500 a 800 km em um único século. Alguns habitats, como a tundra alpina, poderiam ser eliminados à medida que as florestas se expandissem montanha acima.

Os biólogos da conservação não podem alterar as taxas do aquecimento global, mas as suas pesquisas podem ajudar a prever como os resultados das alterações climáticas afetarão os seres vivos e a encontrar maneiras de mitigar estes efeitos. Suas atividades de pesquisa incluem a análise de eventos climáticos passados e o estudo de locais que atualmente passam por rápida alteração climática. É útil saber, por exemplo, a velocidade da variação da distribuição das espécies durante os 10 mil anos seguintes ao aquecimento pós-glacial. Quais espécies foram e quais não foram capazes de acompanhar a mudança climática através da modificação de sua área de ocorrência? Quantas e de que maneira as comunidades ecológicas do passado diferem das atuais como resultado de diferenças nas taxas de alteração da distribuição das espécies?

As espécies capazes de dispersar facilmente, como a maioria das aves, podem ser capazes de modificar a sua distribuição tão rapidamente quanto a alteração climática, contanto que habitats apropriados existam nas novas áreas. No entanto, a distribuição das espécies com hábitos sedentários provavelmente mudará lentamente. Quando as geleiras recuaram na América do Norte, cerca de 8 mil anos atrás, por exemplo, a distribuição de algumas coníferas se expandiu para o norte, tanto que atualmente elas crescem no mais extremo norte que o clima atual permite (ver Figura 21.22). Por outro lado, algumas espécies de minhocas se difundiram muito lentamente pelas áreas que estiveram cobertas pelo gelo.

Se a superfície da Terra aquecer conforme previsto, climas inteiramente novos irão se desenvolver, e alguns existentes desaparecerão. Certamente novos climas aparecerão em elevações baixas nos trópicos porque mesmo um aquecimento de apenas 2°C resultaria em climas mais quentes do que os encontrados em qualquer parte dos trópicos úmidos dos dias de hoje em áreas próximas ao nível do mar. A adaptação a esses climas pode ser difícil para muitas espécies tropicais. Embora observe-se apenas um pequeno aquecimento climático recentemente nas regiões tropicais, as noites são na atualidade um pouco mais quentes do que eram poucas décadas atrás. Desde a metade da década de 1980, a temperatura média mínima noturna na Estação Biológica La Selva, nas terras caribenhas da Costa Rica, aumentou de cerca de 20°C para 22°C. Durante as noites mais quentes, as árvores utilizam mais a sua reserva de energia. O resultado tem sido a redução de cerca de 20% nas taxas de crescimento médio de seis espécies de árvores.

O coral *Acropora cervicornis* foi recentemente descoberto próximo a Fort Lauderdale, Flórida (EUA). Outra espécie, *A. palmata*, foi descoberta no norte do Golfo do México. Ambos os locais estão 50 km ao norte do limite da distribuição anterior destas espécies, fornecendo a primeira evidência de expansão da distribuição de corais do Caribe em resposta ao aquecimento global.

Em 1998, a mais alta temperatura da superfície do oceano já registrada provocou a perda dos dinoflagelados endosimbiontes dos corais (um fenômeno conhecido como *branqueamento*) e aumentou a sua mortalidade no mundo todo (**Figura 39.10**). Se o aquecimento dos oceanos continuar conforme previsto, cerca de 40% dos recifes de corais provavelmente morrerão até 2010. Para identificar possíveis maneiras de ajudar a preservar os corais, os biólogos da conservação têm avaliado as condições das áreas onde os corais conseguem escapar do branqueamento. Eles constataram que os recifes próximos a águas frias e turbulentas e os recifes de águas turvas, ambos recifes com temperaturas relativamente baixas, são geralmente saudáveis. Esses recifes estão recebendo proteção especial, pois os corais provavelmente continuarão a sobreviver bem nestes locais. Os corais desses recifes poderão ser utilizados como colonizadores para a recuperação de colônias que sofreram o branqueamento se as temperaturas mais frias dos oceanos retornarem no futuro.

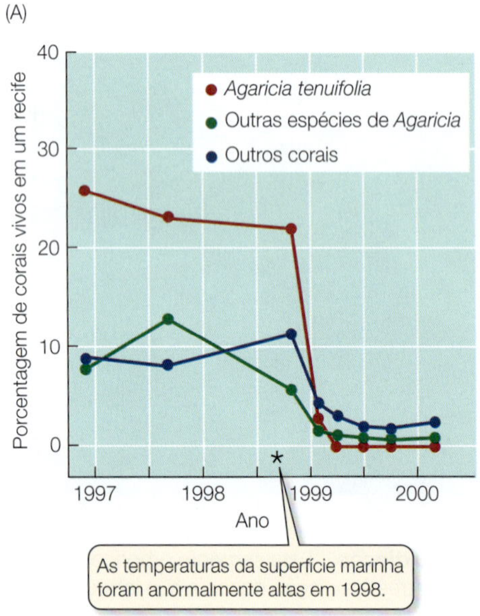
(A)
40
30
20
10
0
Porcentagem de corais vivos em um recife
Agaricia tenuifolia
Outras espécies de Agaricia
Outros corais
*
1997
1998
1999
2000
Ano
As temperaturas da superfície marinha foram anormalmente altas em 1998.

(B) Lobophyllia sp.

Figura 39.10 O aquecimento global ameaça os corais (A) As temperaturas surpreendentemente altas da superfície marinha no ano de 1998 causaram o branqueamento e a morte dos corais em um recife em Belize. (B) Um único pólipo fotossintetizante (ao centro) permanece vivo entre os restos esbranquiçados desta colônia de corais na Indonésia.

39.3 RECAPITULAÇÃO

Várias atividades humanas ameaçam a sobrevivência das espécies, incluindo a destruição e fragmentação dos habitats, a introdução de espécies invasoras, a sobre-exploração e a rápida alteração climática.

- Você pode explicar por que as taxas de extinção são altas em pequenos fragmentos de habitat? Ver p. 863-864 e Figura 39.5.
- Você entende as preocupações dos biólogos da conservação com as mudanças climáticas? Ver p. 866.

A aquisição de dados para demonstrar que as espécies ou as comunidades estão ameaçadas é um exercício vazio se não pudermos implementar um plano de ação para salvá-las. Na próxima seção, consideraremos algumas das ações positivas que podemos adotar para preservar a biodiversidade.

39.4 Quais são as estratégias utilizadas pelos biólogos da conservação?

Os biólogos da conservação utilizam dados, conceitos e ferramentas de várias áreas para ajudar a preservar as espécies e comunidades ameaçadas. Eles determinam quais fatores, incluindo as atividades humanas, afetam os números e a saúde das espécies e usam essas informações para projetar um plano de ação. As informações que se mostram relevantes dependem dos principais fatores que estão ameaçando a biodiversidade em cada caso. A redução das ameaças às espécies freqüentemente requer mudanças na legislação nacional ou nas regras e nos tratados internacionais. Por essa razão, os biólogos regularmente se associam com os sociólogos, cientistas políticos e ambientalistas para influenciar a legislação. Vamos ver algumas das ações realizadas pelos biólogos da conservação para a manutenção da diversidade biológica.

Áreas protegidas preservam o habitat e previnem a sobre-exploração

O estabelecimento de *áreas protegidas* é um importante componente dos esforços para a preservação da diversidade biológica. As áreas protegidas preservam os habitats, ao mesmo tempo em que impedem a exploração humana das espécies que nelas vivem. Podem servir de berçários, de onde os indivíduos dispersam para as áreas exploradas ou reabastecer populações que de outra forma se tornariam extintas. A importância das áreas protegidas foi enfatizada pela Convenção sobre Diversidade Biológica das Nações Unidas, um documento gerado pela ECO 92, no Rio de Janeiro:"O requisito fundamental para a conservação da diversidade biológica é a conservação *in situ* dos ecossistemas e habitats naturais e a manutenção e recuperação das populações viáveis de espécies em seu ambiente natural."

Todavia, como devemos selecionar as áreas a serem protegidas? Dois critérios óbvios são o número de espécies vivendo em uma área – a *riqueza de espécies* – e o número de espécies endêmicas. Utilizando esses critérios, Norman Myers identificou alguns "hotspots" de biodiversidade com riqueza e endemismos incomuns (**Figura 39.11**). Esses "hotspots" ocupavam originalmente 15,7% da superfície terrestre do planeta (a área remanescente atualmente, representa apenas 2,3% da superfície terrestre) e são moradia de 77% das espécies de vertebrados terrestres. A maioria desses "hotspots" mostra-se também regiões com alta densidade populacional humana onde a destruição do habitat é um problema importante. Conseqüentemente, muitos esforços são empregados para salvar certos habitats nestas regiões.

A idéia de "hotspots" direciona com sucesso a atenção para locais que apresentam elevada riqueza de espécies, mas não representam toda a biodiversidade da Terra. Muitas áreas com riqueza de espécies mais baixa e menos endemismos são, sem dúvida, biologicamente muito importantes. Utilizando a primazia taxonômica, os fenômenos evolutivos e ecológicos incomuns e a raridade global, bem como a riqueza de espécies e os endemismos, os cientistas do WWF identificaram 200 ecorregiões de grande importância para a conservação (**Figura 39.12**). Algumas dessas ecorregiões "Global 200" são áreas marinhas. A lista também inclui tundra, floresta boreal e deserto, ecossistemas ausentes nos "hotspots".

No entanto, a identificação de áreas-foco para a preservação é apenas o primeiro passo em um programa de conservação. O desenvolvimento de uma estratégia para a conservação de uma ecorregião requer uma análise detalhada da distribuição das es-

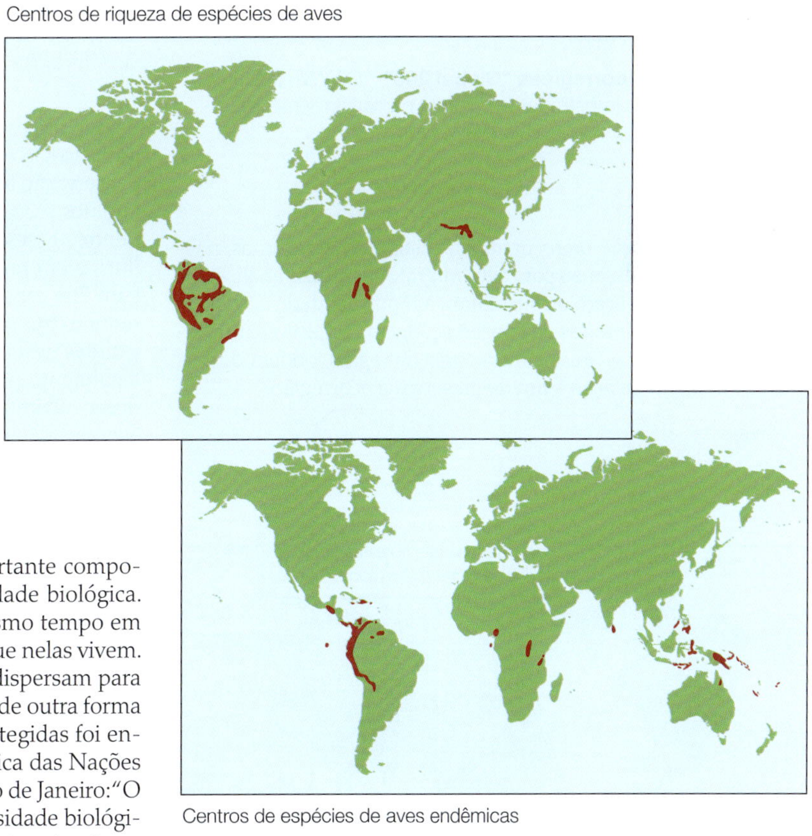
Centros de riqueza de espécies de aves
Centros de espécies de aves endêmicas

Figura 39.11 "Hotspots" para a biodiversidade de aves As regiões marcadas em vermelho contêm uma rica biodiversidade de aves em termos do número total de espécies ou do número de espécies endêmicas (espécies não encontradas em nenhum outro lugar no mundo).

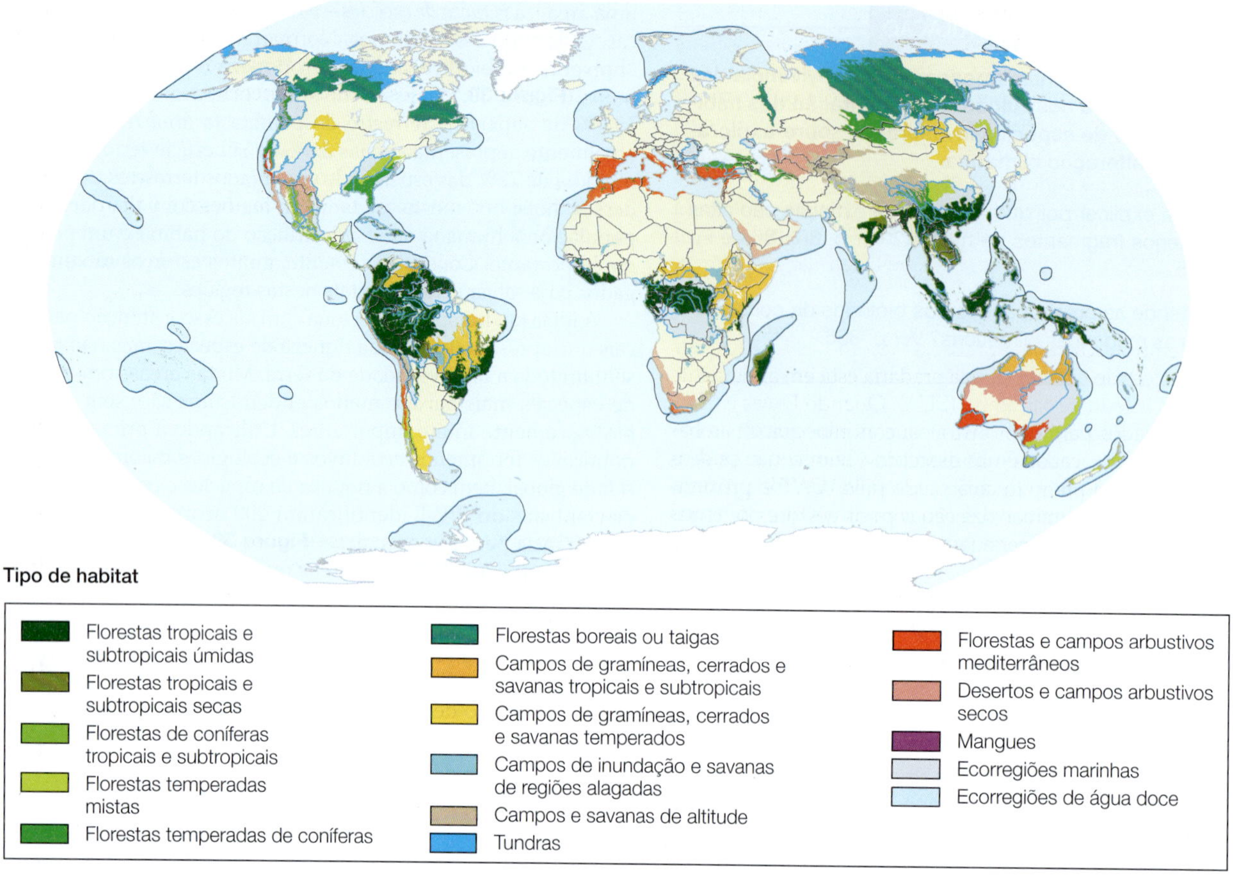
Tipo de habitat
Florestas tropicais e subtropicais úmidas
Florestas tropicais e subtropicais secas
Florestas de coníferas tropicais e subtropicais
Florestas temperadas mistas
Florestas temperadas de coníferas
Florestas boreais ou taigas
Campos de gramíneas, cerrados e savanas tropicais e subtropicais
Campos de gramíneas, cerrados e savanas temperados
Campos de inundação e savanas de regiões alagadas
Campos e savanas de altitude
Tundras
Florestas e campos arbustivos mediterrâneos
Desertos e campos arbustivos secos
Mangues
Ecorregiões marinhas
Ecorregiões de água doce

Figura 39.12 As ecorregiões "Global 200" O WWF designou 200 áreas mundiais (mostradas em cores) particularmente importantes para a preservação da biodiversidade.

pécies e a localização de recursos especiais, como cavernas, nascentes, locais de descanso para aves migratórias e uma análise dos processos que ameaçam ou sustentam a biodiversidade na região. Depois disso, os biólogos da conservação, em conjunto com pesquisadores de outras áreas e moradores da região, podem desenvolver um plano de ação a fim de preservar a ecorregião.

Em um esforço para identificar locais com espécies ameaçadas que não são encontradas em nenhum outro lugar, os biólogos da conservação analisaram a distribuição de mamíferos, aves, répteis, anfíbios e coníferas, identificando 595 "centros de extinção iminente". Esses centros concentram-se nas florestas tropicais, em ilhas e em regiões montanhosas (**Figura 39.13**). Os locais abrigam 794 espécies consideradas em sério risco de extinção – um número três vezes maior do que o número conhecido de espécies extintas nestes grupos desde 1500. Somente 1/3 destes locais está legalmente protegido. A maioria deles é circundada por rápido desenvolvimento humano. Se desejamos evitar a extinção destas espécies, são necessárias ações urgentes nestes locais.

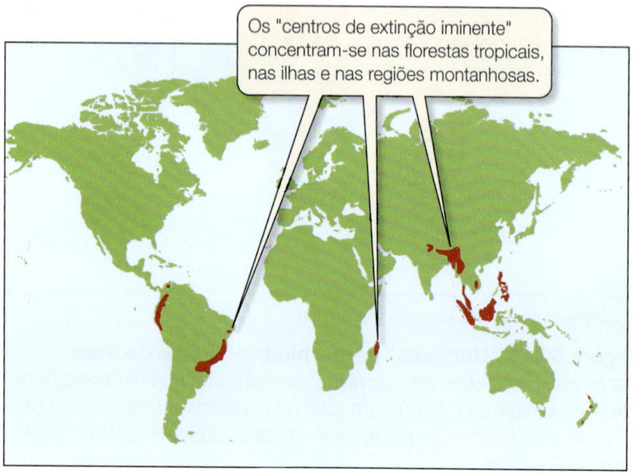
Os "centros de extinção iminente" concentram-se nas florestas tropicais, nas ilhas e nas regiões montanhosas.

Figura 39.13 Centros de extinção iminente As áreas mostradas em vermelho incluem 595 "centros de extinção iminente". Estas regiões são o habitat de 794 espécies que se encontram seriamente ameaçadas de extinção.

Ecossistemas degradados podem ser restaurados

Se o motivo da ameaça é a modificação e não a perda do habitat, a preservação da espécie pode depender da restauração do habitat para o seu estado natural. Os profissionais que utilizam a **ecologia da restauração** estão desenvolvendo métodos que tentam restaurar os habitats naturais. Essas intervenções são freqüentemente necessárias porque muitos ecossistemas degradados não se recuperarão ou o farão apenas muito lentamente sem intervenção humana.

Muitos habitats de campo crescem em solos ricos, e o homem os tem convertido avidamente para o uso agrícola. Já na metade do século XX, por exemplo, a maioria das pradarias norte-americanas havia sido transformada em plantações ou altamente utilizada para a criação de animais domésticos. As populações dos grandes mamíferos que vagavam pelas pradarias quando os europeus chegaram ao continente encontram-se atualmente reduzidas a poucos remanescentes confinados em pequenas áreas. A maioria dessas populações remanescentes é muito pequena para manter a sua diversidade genética ou o seu papel ecológico original.

Entretanto, como as espécies *têm* sobrevivido, existe a possibilidade de reintrodução se as pradarias forem restauradas. Um importante projeto de restauração da pradaria está em andamento no nordeste do Estado de Montana (EUA). Quando Lewis e Clark mapearam essa região 200 anos atrás, ela continha grandes rebanhos de bisões, alces, veados e antilocapras, bem como os seus predadores. A meta do projeto conduzido pelo WWF e a American Prairie Foundation, em cooperação com os gestores de terras públicas, consiste em restaurar a pradaria nativa e sua fauna em uma área de 15.000 km^2 próxima ao rio Missouri (**Figura 39.14A**).

Esse projeto ambicioso e de longa duração torna-se factível por três razões. Primeiro, as terras privadas na área são de propriedade de um pequeno número de fazendeiros que arrendam extensas pastagens vizinhas do Bureau of Land Management, do Fish and Wildlife Service ou do Estado de Montana. Segundo, a maior parte da terra nunca foi arada, então a vegetação nativa irá, provavelmente, se recuperar rapidamente quando for reduzida a pressão de pastejo. Terceiro, a região vem perdendo constantemente a sua população humana. Em 1920, existiam 9.300 pessoas no município de Phillips, o qual engloba uma grande porção da área do projeto. Apenas 4.200 permaneciam no município em 2000. Os fazendeiros estão envelhecendo e seus filhos preferem a agitação das cidades e um salário regular do que o trabalho duro e os lucros incertos da criação. Os fazendeiros precisam vender as suas terras para financiar as suas aposentadorias; as terras arrendadas são transferidas automaticamente para os novos proprietários.

A American Prairie Foundation está comprando esses ranchos com o objetivo de reintroduzir os bisões, aumentar bastante as populações do roedor conhecido como cão-da-pradaria e restaurar população viável dos furões-de-patas-negras, o mamífero mais ameaçado da América do Norte. Através da escavação de longos túneis e da manipulação da vegetação, os cães-das-pradarias suportam dezenas de espécies de aves, mamíferos, répteis e invertebrados (**Figura 39.14B**). Os primeiros 16 bisões provenientes do Parque Nacional Wind Cave foram reintroduzidos em um rancho adquirido pela Fundação em novembro de 2005 (**Figura 39.14C**). Quando os rebanhos de vida livre com várias centenas de bisões e grandes números de alces e seus predadores (lobos) estiverem estabelecidos, turistas preocupados com a natureza afluirão para a área a fim de presenciar o espetáculo da vida selvagem restaurado. O ecoturismo irá, por sua vez, empregar dinheiro na região, proporcionando uma nova base econômica para o município de Phillips. Após um certo período, o ecossistema restaurado trará importantes benefícios econômicos para a região.

Padrões de alteração precisam, algumas vezes, ser restaurados

Muitas espécies dependem de padrões particulares de alteração no ambiente, como fogo, tempestades de vento e pastejo. Os biólogos da conservação tentam avaliar se o restabelecimento de perturbações históricas pode ajudar a preservar a biodiversidade. No entanto, os homens normalmente tentam reduzir a freqüência e a intensidade destas perturbações. Por exemplo, embora muitas espécies de plantas necessitem de queimadas periódicas para obter sucesso no seu estabelecimento e sobrevivência, por muitos anos a política oficial nos Estados Unidos consistiu em eliminar toda a queimada florestal. Atualmente, no entanto, a queima controlada é uma ferramenta comum para o manejo das florestas, especialmente no oeste da América do Norte. Contudo, para determinar como utilizar essa ferramenta precisamos conhecer o histórico do padrão do fogo na região.

Cicatrizes nos anéis de crescimento anual das árvores preservam evidências de incêndios passados que não as mataram. Especialistas em anéis de crescimento podem determinar quando os incêndios ocorreram, as suas intensidades e quando os seus padrões se alteraram. Os anéis de crescimento anual dos pinheiros mostram que fogos rasteiros de baixa intensidade eram comuns próximo a Los Alamos, Novo México (EUA) até 1900 (**Figura 39.15A**). Após esta época, o pastejo pelos rebanhos bovino e ovino nas florestas de pinheiros e a supressão do fogo reduziram muito a freqüência

(A)

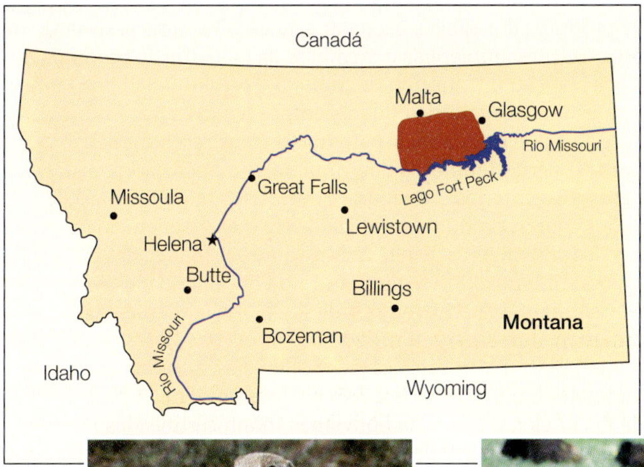

Canadá
Malta
Glasgow
Rio Missouri
Lago Fort Peck
Great Falls
Missoula
Lewistown
Helena
Butte
Billings
Bozeman
Montana
Rio Missouri
Idaho
Wyoming

(B)

(C)

Figura 39.14 Uma pradaria americana está sendo restaurada (A) Um importante projeto de restauração da pradaria está em andamento ao norte do Rio Missouri no Estado de Montana (EUA). (B) Os cães-das-pradarias escavadores manipulam a vegetação e são essenciais na modelagem do ecossistema natural. (C) Os bisões foram reintroduzidos.

(A)

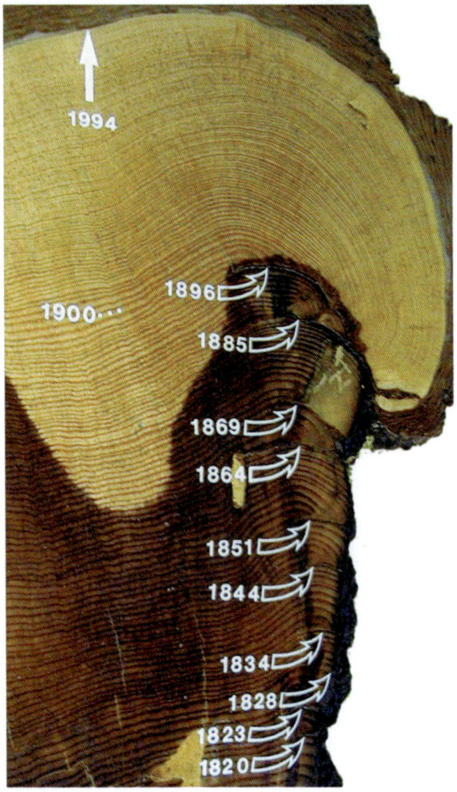
1994
1900
1896
1885
1869
1864
1851
1844
1834
1828
1823
1820

(B)

Figura 39.15 A freqüência e a intensidade dos incêndios afeta os ecossistemas (A) Como revelado pelas cicatrizes (setas) nos anéis de crescimento deste pinheiro, as queimadas rasteiras de baixa intensidade eram freqüentes nas florestas de pinheiros no sudoeste dos Estados Unidos antes da supressão do fogo. (B) A supressão do fogo ocasiona o armazenamento de grandes quantidades de combustível; com isso, os incêndios subseqüentes se espalham para as copas e provocam a morte da maioria das árvores.

de incêndios de baixa intensidade. Sem essas queimadas, galhos e acículas mortos se acumularam na floresta. Quando o fogo inevitavelmente ocorreu, o combustível armazenado o tornou mais intenso, provocando a queima das copas das árvores e a sua morte (**Figura 39.15B**). Atualmente, os fogos rasteiros são iniciados deliberadamente em muitas áreas a fim de reduzir o armazenamento de combustível e prevenir incêndios destrutivos.

Novos habitats podem ser criados

Nos Estados Unidos, a crença de que os humanos sabem como criar ecossistemas funcionais tem resultado em políticas que tornam fácil a aquisição de licenças para programas de desenvolvimento que destroem os habitats. Os promotores do desenvolvimento precisam apenas afirmar que criarão novos habitats para substituir aqueles destruídos. Muito preocupante é a destruição dos banhados, a qual é permitida, pois acreditam que banhados alternativos podem ser criados. No entanto, criar novos banhados que sustentem todas as espécies que vivem naqueles que estão sendo destruídos é difícil e requer conhecimento ecológico detalhado.

No sul da Califórnia, onde 90% dos banhados costeiros foram destruídos, a sua restauração tem alta prioridade. Como as espécies foram perdidas nas áreas de banhado degradadas, a sua restauração requer a reintrodução de espécies, mas não é fácil decidir quais espécies devem ser reintroduzidas. As primeiras tentativas de restauração, nas quais uma ou duas espécies de banhado comuns e de fácil crescimento foram plantadas, não tiveram sucesso; outras espécies associadas ao banhado falharam na recolonização dos lugares "reabilitados". Para entender os motivos, os biólogos da conservação estabeleceram um grande campo experimental no Estuário Tijuana para examinar os efeitos da riqueza de espécies de plantas no sucesso do restabelecimento dos banhados. Eles observaram que as áreas experimentais plantadas com uma mistura rica de espécies desenvolveram uma estrutura vegetacional complexa, o que é importante para os insetos e as aves. As áreas ricas em espécies também acumularam nitrogênio mais rapidamente do que as áreas pobres em espécies (**Figura 39.16**).

Utilizamos mercados para influenciar a exploração das espécies

Muitas pessoas gostariam de consumir apenas produtos naturais que fossem produzidos de maneira a proteger a biodiversidade e a produtividade do ecossistema. Para capacitar os consumidores de produtos florestais a exercitar esta escolha, uma associação de organizações ambientais e membros da indústria de produtos florestais lançou o Conselho de Manejo Florestal (FSC) em 1993. O FSC estabelece critérios que as empresas que utilizam produtos florestais precisam atingir para que os seus produtos sejam certificados. Certas empresas determinam se a operação florestal está dentro dos critérios e asseguram que exista uma seqüência de cuidados com os produtos certificados até que cheguem ao mercado. Cerca de 34 milhões de hectares de florestas manejadas em todo o mundo tinham sido certificadas pelo FSC, em 66 países, nos cinco continentes até novembro de 2005. Inicialmente, o FSC teve um impacto mais significativo no manejo das florestas de zonas temperadas, mas a certificação de florestas tropicais cresce rapidamente. Em outubro de 2005, por exemplo, mais de 2 milhões de hectares das florestas bolivianas foram certificadas pelo FSC. Mais de 400 empresas em 18 países se comprometeram a comprar produtos madeireiros certificados.

Com a mesma função, mas enfocando produtos marinhos, o Conselho de Manejo Marinho formou-se através da aliança entre o WWF e a Unilever, uma das maiores indústrias de frutos-do-mar congelados. O seu primeiro produto certificado, uma espécie de lagosta australiana, foi para o mercado em 2000. O salmão do Alasca também recebeu o certificado; outros pescados importantes também encontram-se em processo para se tornarem certificados. Essa ação, combinada com a eliminação dos subsídios governamentais, pode ajudar a reduzir a atual sobre-exploração de muitos estoques de peixes marinhos.

EXPERIMENTO

HIPÓTESE: As áreas de banhado a serem restauradas e que foram plantadas com misturas de espécies se aproximarão mais rapidamente da condição original do que as áreas plantadas com uma única espécie.

MÉTODO

Plantar em algumas áreas somente uma das oito espécies de plantas típicas dos banhados da região. Plantar em outras áreas conjuntos de três e seis espécies escolhidas ao acaso. Plantar a mesma quantidade de sementes em todas as áreas. Capinar e replantar, se necessário, para compensar a mortalidade prematura das sementes.

RESULTADOS

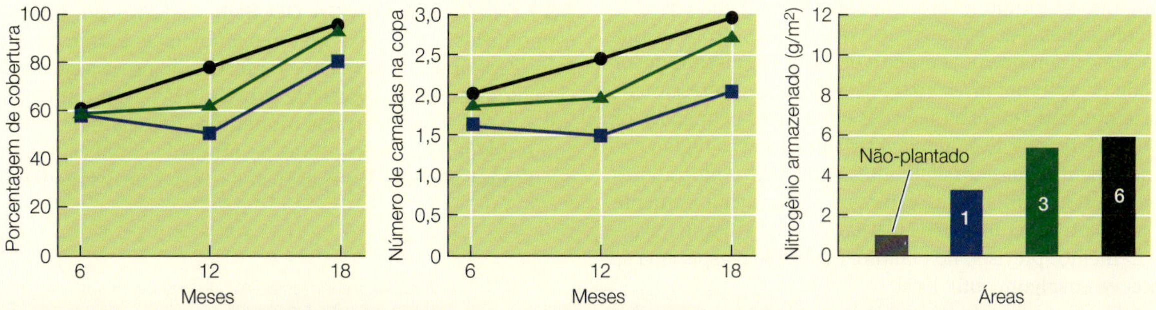

■ Área com 1 espécie
▲ Área com 3 espécies
● Área com 6 espécies
Porcentagem de cobertura
100
80
60
40
20
0
6
12
18
Meses
Número de camadas na copa
3,0
2,5
2,0
1,5
1,0
0,5
0
6
12
18
Meses
Nitrogênio armazenado (g/m²)
12
10
8
6
4
2
0
Não-plantado
1
3
6
Áreas

CONCLUSÃO: A cobertura vegetacional, a complexidade da copa e o acúmulo de nitrogênio são incrementados pela riqueza de espécies. Em tentativas futuras de restauração de banhados deverá ser plantada uma mistura rica em espécies.

Figura 39.16 A riqueza de espécies ajuda na restauração dos banhados Tanto a complexidade da vegetação quanto o acúmulo de nitrogênio são maiores nas áreas experimentais mais ricas em espécies do que nas áreas mais pobres, que foram degradadas e carecem de plantas de banhado.

O fim do comércio é crucial para salvar algumas espécies

A maioria das espécies ameaçadas não pode enfrentar qualquer redução em suas populações. O mecanismo legal para proibir a exploração dessas espécies é um acordo internacional chamado de Convenção sobre o Comércio Internacional de Espécies da Flora e Fauna Selvagens em Perigo de Extinção (CITES). A maioria das nações do mundo são membros da CITES. Representantes nacionais se encontram a cada dois anos para rever o *status* das espécies da sua lista de espécies protegidas, para determinar quais espécies não necessitam continuar protegidas e para adicionar novas espécies. Atualmente, a CITES controla a proibição do comércio internacional de itens como a carne de baleia, os chifres de rinoceronte e muitas espécies de papagaios e orquídeas.

A CITES instituiu a proibição do comércio internacional das presas de elefantes em 1989, mas a demanda pelo marfim permanece alta, especialmente no Japão e China. Como resultado, a caça aos elefantes continua nas florestas do centro e leste da África. Os países do sul da África (Botsuana, Namíbia, África do Sul, Zâmbia e Zimbábue), no entanto, possuem tantos elefantes que os oficiais do governo precisam sacrificar muitos deles para controlar as populações nas limitadas áreas onde eles podem perambular. Esses países gostariam de vender o marfim dos elefantes sacrificados para financiar os seus esforços em conservação. Os outros países, no entanto, preocupam-se, pois se as restrições para o comércio relaxarem, a caça poderá aumentar em todo o continente. O controle e a regulação do comércio de marfim seria possível se os pesquisadores pudessem determinar a sua proveniência.

Samuel Wasser e colaboradores da Universidade de Washington identificaram 16 microsatélites marcadores de DNA que podem ser extraídos das fezes dos elefantes. Guardas florestais em Malawi e Zâmbia conseguiram amostrar as populações de elefantes em seus países em duas semanas através da coleta de excrementos frescos enquanto faziam a patrulha de rotina. Agora, a fonte da presa do elefante pode ser determinada pela combinação do DNA extraído do marfim com as freqüências geograficamente baseadas dos 16 microsatélites. Em junho de 2002, 6,5 toneladas de marfim ilegal foram confiscadas em Singapura. A análise do DNA mostrou que os elefantes foram mortos na Zâmbia, fornecendo um sistema de alarme para direcionar os esforços de combate à caça.

O controle das invasões de espécies exóticas é importante

Como algumas espécies são ameaçadas por espécies exóticas invasoras, o controle dessas invasoras é um componente importante da biologia da conservação. A melhor maneira de reduzir o dano causado pelas espécies invasoras consiste, obviamente, em prevenir a sua introdução. Considerando a dimensão gigantesca do tráfico global entre os continentes, seria impossível restringir a propagação das espécies exóticas. Existem, no entanto, algumas opções promissoras. Por exemplo, o transporte transoceânico de espécies invasoras na água de lastro poderia ser praticamente eliminado através do simples procedimento de desoxigenação da água antes de ser bombeada para fora da embarcação. Essa prática extermina quase todas as espécies presentes na água. Ela também aumenta a durabilidade dos tanques de lastro, fornecendo um benefício econômico para os proprietários.

A regulação da importação e venda de espécies exóticas pode reduzir as introduções deliberadas. Em 2003, a Assembléia Legislativa de Connecticut (EUA) estabeleceu uma multa de 100 dólares por planta à venda de qualquer uma das 81 espécies consideradas invasoras no Estado. Em 2002, alguns membros da indústria da horticultura americana elaboraram um código de conduta voluntário para a sua profissão. O código estipula que uma planta invasora potencial deve ser investigada antes da sua introdução e comércio. Os horticultores trabalham com os biólogos da conservação, a fim de determinar quais espécies são atualmente invasoras, quais podem se tornar e para identificar espécies alternativas adequadas. Os estoques de plantas invasoras serão eliminados e os jardineiros, encorajados a utilizar plantas não-invasoras.

Como os pesquisadores avaliam a probabilidade de uma espécie se tornar invasora? Uma maneira é comparar as características de uma espécie que se tornou invasora quando introduzida em uma nova área com aquelas de outra espécie que não se tornou. Essas comparações mostram que uma espécie de planta apresenta maior probabilidade de se tornar invasora se: tiver alta taxa de crescimento; possuir tempo curto entre as gerações e sementes pequenas; for dispersa por vertebrados; tiver ampla distribuição na sua região nativa; depender de mutualistas (simbiontes nas raízes, polinizadores e dispersores de sementes) não-específicos; e não estiver fortemente relacionada evolutivamente com as plantas da área em que for introduzida. O melhor previsor, no entanto, é saber se a espécie já se tornou invasora em algum outro local.

Utilizando as peculiaridades que caracterizam a maioria das invasoras, os biólogos da conservação desenvolveram uma árvore de decisão para ajudá-los a determinar quando uma espécie exótica pode ser permitida na América do Norte (**Figura 39.17**). Embora a obediência dos protocolos estipulados pela árvore de decisão não elimine a introdução de todas as espécies potencialmente invasoras, sua aplicação pode reduzir grandemente o risco se utilizada cuidadosamente.

A biodiversidade pode ser lucrativa

Grande parte do valor dos ecossistemas para os humanos depende da sua biodiversidade. Contudo, é difícil avaliar o valor da biodiversidade em termos monetários. Quando se percebe que um ecossistema possui um valor econômico, as indústrias e as agências governamentais recebem um incentivo maior para a sua preservação quando comparado à situação de ausência desse valor. Felizmente, a nossa habilidade de perceber o valor econômico potencial dos serviços dos ecossistemas está melhorando rapidamente.

Já se conhece o suficiente sobre o valor da diversidade biológica e o seu papel no funcionamento dos ecossistemas naturais para estabelecer um mercado dos serviços dos ecossistemas. Em 2005, foi lançado o "Ecosystem Marketplace", a primeira câmara de compensação global para a informação deste comércio emergente. A câmara de compensação é mantida por organizações ambientalistas como a "The Nature Conservancy" e por grandes corporações como o Citigroup e a empresa de resseguro Swiss Re. Sua página na Internet contém informação sobre o papel básico das florestas, incluindo filtração da água, manutenção da qualidade do solo, habitats e seqüestro de carbono. A página encoraja o comércio fornecendo detalhes das transações para os potenciais compradores e vendedores que estão considerando a possibilidade de entrar para um mercado considerado de risco. Ele inclui novos aspectos provenientes de todo o mundo e uma página "Market Watch" que monitora o fluxo financeiro para os serviços do ecossistema. Os serviços do ecossistema podem brevemente se tornar um grande negócio!

Existem muitos casos que demonstram o valor financeiro de sustentar a biodiversidade. Analisaremos três destes casos.

OS *FYNBOS* DA ÁFRICA DO SUL Estudos de um grupo de economistas, ecólogos e gestores ambientais tentaram calcular o valor econômico dos benefícios fornecidos pela vegetação nativa biologicamente diversa da Província Western Cape, África do Sul. A vegetação nativa das montanhas dessa área constitui uma comunidade rica em espécies de arbustos conhecida como *fynbos* (**Figura 39.18A**). Esses arbustos sobrevivem às regulares secas

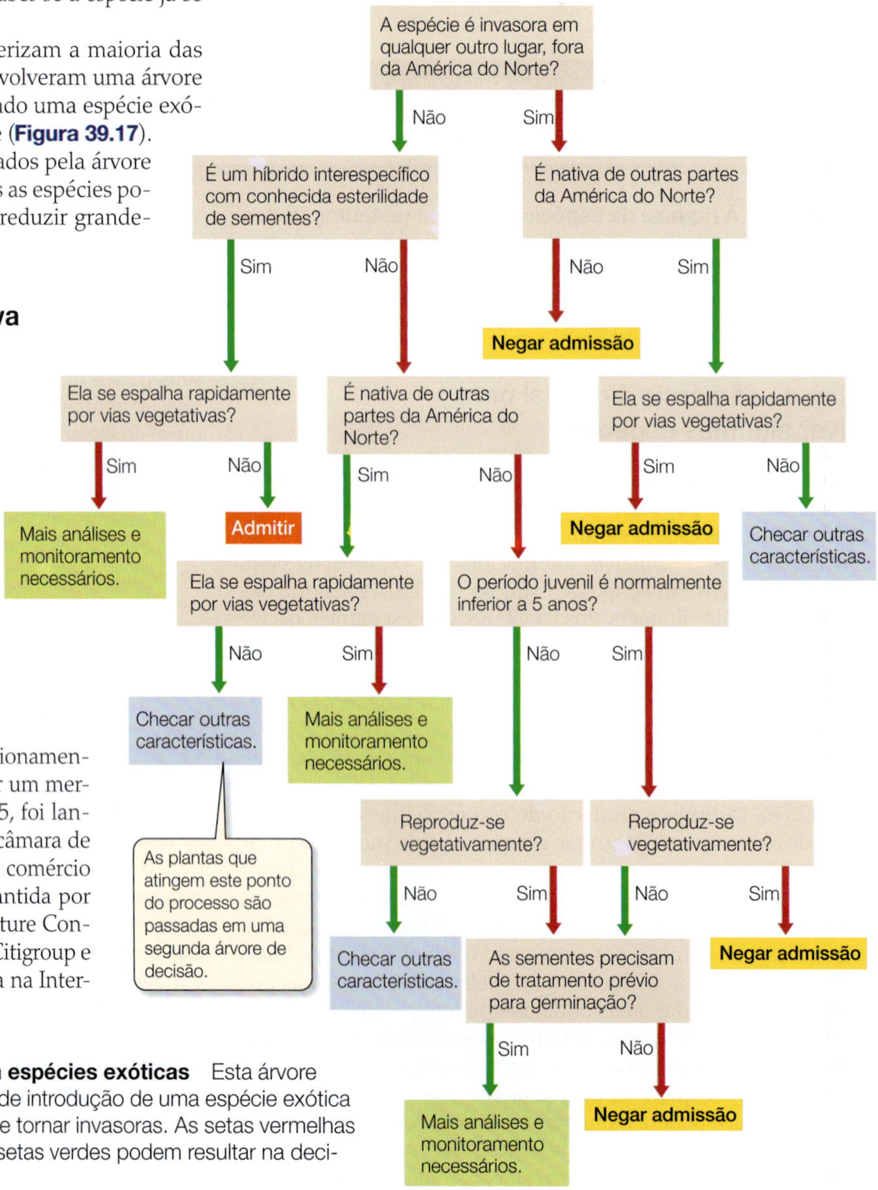
A espécie é invasora em qualquer outro lugar, fora da América do Norte?
Não
Sim
É um híbrido interespecífico com conhecida esterilidade de sementes?
É nativa de outras partes da América do Norte?
Sim
Não
Não
Sim
Negar admissão
Ela se espalha rapidamente por vias vegetativas?
É nativa de outras partes da América do Norte?
Ela se espalha rapidamente por vias vegetativas?
Sim
Não
Sim
Não
Sim
Não
Mais análises e monitoramento necessários.
Admitir
Negar admissão
Checar outras características.
Ela se espalha rapidamente por vias vegetativas?
O período juvenil é normalmente inferior a 5 anos?
Não
Sim
Não
Sim
Checar outras características.
Mais análises e monitoramento necessários.
As plantas que atingem este ponto do processo são passadas em uma segunda árvore de decisão.
Reproduz-se vegetativamente?
Reproduz-se vegetativamente?
Não
Sim
Não
Sim
Checar outras características.
As sementes precisam de tratamento prévio para germinação?
Negar admissão
Sim
Não
Mais análises e monitoramento necessários.
Negar admissão

Figura 39.17 Uma árvore de decisão para espécies exóticas Esta árvore determina protocolos para avaliar a proposta de introdução de uma espécie exótica e ajuda a identificar as espécies que podem se tornar invasoras. As setas vermelhas indicam decisões para negar a admissão; as setas verdes podem resultar na decisão de admitir a espécie.

(A)
(B)
Descarga prevista da vegetação nativa.
Descarga (mm/ano)
380
340
300
260
220
180
140
Descarga prevista da vegetação dominada pelas espécies exóticas invasoras.
0
20
40
60
80
100
Anos

Figura 39.18 Espécies invasoras desorganizam o funcionamento dos ecossistemas (A) Os *fynbos*, um ecossistema único da Província Western Cape na África do Sul, fornece a maioria da água na região. (B) Uma simulação de computador do fluxo dos rios das montanhas invadidas e não-invadidas por árvores exóticas.

de verão, aos solos pobres em nutrientes e ao fogo que atinge as montanhas periodicamente.

As montanhas cobertas por *fynbos* fornecem um serviço econômico crucial – cerca de 2/3 do suprimento de água de Western Cape provém destas montanhas. Além disso, algumas dessas plantas endêmicas são cultivadas para arranjos e flores secas e palha para telhados. O valor combinado desses cultivos em 1993 alcançou cerca de 19 milhões de dólares. Parte da renda proveniente do turismo na região vem de pessoas que queriam conhecer os *fynbos*. Cerca de 400 mil visitantes vão a Reserva Natural Cabo da Boa Esperança a cada ano, principalmente para ver as plantas endêmicas.

Durante as últimas décadas, uma quantidade de plantas de outros continentes introduzidas na África do Sul invadiram os *fynbos*. Como elas são mais altas e crescem mais rápido do que as plantas nativas, estas exóticas aumentaram a intensidade e a severidade dos incêndios. Através da transpiração de uma maior quantidade de água, diminuíram o fluxo dos rios para menos da metade do fluxo nas montanhas cobertas pelas plantas nativas, reduzindo o suprimento de água (**Figura 39.18B**). Dependendo da densidade das plantas invasoras, a sua remoção através da escavação e derrubada das árvores e arbustos e do manejo do fogo custa entre 140 e 830 dólares por hectare. Operações anuais de manutenção custam cerca de 8 dólares por hectare.

Os serviços fornecidos pelos *fynbos* podem ser repostos, mas somente com um custo muito elevado. Uma usina de purificação da água do esgoto que forneceria o mesmo volume de água para a Província de Western Cape que uma bacia de 10.000 hectares bem controlada custaria 135 milhões de dólares para construir e 2,6 milhões de dólares por ano para operar. A dessalinização da água do mar custaria quatro vezes mais. Dessa forma, as alternativas disponíveis forneceriam água a um custo estimado entre 1,8 e 6,7 vezes maior do que o custo da manutenção da vegetação natural na bacia. Os métodos tecnologicamente sofisticados que poderiam substituir os serviços fornecidos pela biodiversidade dos *fynbos* são mais caros do que os métodos de manutenção, de trabalho intensivo e geradores de emprego destes serviços.

OS CACHORROS SELVAGENS E O ECOTURISMO O *ecoturismo* existe porque a biodiversidade é uma importante fonte de renda para muitos países. Por exemplo, como as doenças provocaram um declínio acentuado nas populações dos cachorros selvagens africanos (*Lycaon pictus*) em todo o continente, atualmente os turistas estão muito interessados em ver os cachorros selvagens quando se inscrevem para um safári. A África do Sul tem cerca de 400 dos 5.700 cachorros selvagens remanescentes, a maioria deles no Parque Nacional Kruger. Uma pesquisa entre os turistas da África do Sul revelou que aproximadamente 3/4 deles estavam dispostos a pagar um adicional de US$ 12 para ver os cachorros. Em outras palavras, 10 cachorros selvagens gerariam um lucro anual adicional de cerca de US$ 90.000. Atualmente, os pesquisadores estão trabalhando para que os proprietários de pousadas e fazendeiros da África do Sul e do Quênia se juntem a eles nos esforços para restabelecer os cachorros selvagens nas áreas de onde desapareceram.

O CAFÉ E A ABELHA Taylor Ricketts e colaboradores da Universidade de Stanford, nos Estados Unidos, estimaram o valor econômico do serviço da polinização fornecido pelas abelhas que vivem e dependem dos fragmentos de floresta tropical adjacentes a plantações de café na Costa Rica. Em uma paisagem em que os cafezais imbricam-se aos fragmentos de florestas, eles descobriram que a produção de café era mais elevada nos locais mais próximos aos fragmentos florestais. (**Figura 39.19**). Eles também polinizaram manualmente alguns pés de café para mostrar que a diferença na produção era um resultado do serviço da polinização e não de alguma outra condição ambiental. Os pesquisadores calcularam que o valor do serviço da polinização para a plantação na qual se realizou o experimento foi de cerca de US$ 60.000 por ano, valor superior aos atuais incentivos à conservação oferecidos aos proprietários de terra para a preservação dos fragmentos de floresta.

Um estilo de vida comedido ajuda a preservar a biodiversidade

As áreas protegidas, conforme vimos, são um componente essencial dos esforços para a manutenção da biodiversidade. Uma maior quantidade de áreas protegidas precisa ser estabelecida, mas elas não podem fazer o trabalho sozinhas. As extensas áreas nas quais as pessoas vivem e de onde extraem os seus recursos também apresentam um importante papel na conservação da biodiversidade. A boa notícia consiste em que estas áreas podem contribuir muito mais para a conservação do que fazem atualmente se forem utilizadas com cuidado. A prática da exploração da terra de maneira que sustente a biodiversidade está se tornando conhecida como a **ecologia da reconciliação**.

Figura 39.19 Estabelecendo o valor econômico dos fragmentos florestais Pés de café em plantações localizadas próximo a fragmentos florestais, onde podem se beneficiar dos serviços dos polinizadores nativos (abelhas) que vivem nas florestas, produzem mais grãos de café (as sementes dos pés de café) do que as plantações distantes desses locais.

EXPERIMENTO

HIPÓTESE: Polinizadores nativos (abelhas) das flores do café, que vivem nas florestas, aumentam a quantidade e qualidade das sementes de café produzidas nas plantações adjacentes.

MÉTODO

Estabelecer 12 locais próximos (50 m), intermediários (800 m) e distantes (1600 m) dos fragmentos de floresta. Medir a qualidade das sementes produzidas por planta e a freqüência de sementes pequenas e malformadas. Para testar se as diferenças encontradas resultam da freqüência de visitas dos polinizadores, polinizar manualmente algumas flores.

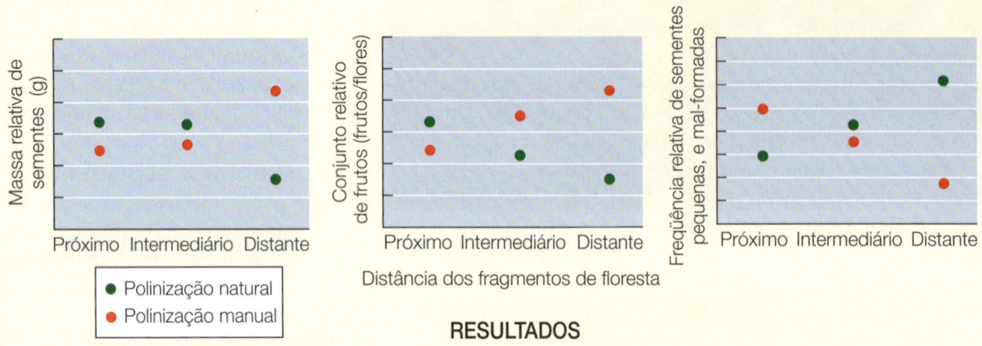
Massa relativa de sementes (g)
Conjunto relativo de frutos (frutos/flores)
Freqüência relativa de sementes pequenas, e mal-formadas
Próximo Intermediário Distante
Próximo Intermediário Distante
Próximo Intermediário Distante
Polinização natural
Polinização manual
Distância dos fragmentos de floresta

RESULTADOS

As abelhas que habitam a floresta aumentaram o rendimento do café em 20% nos locais localizados a até 1km do fragmento de floresta. Ocorreram visitas suficientes das abelhas para sustentar a produção total nos locais próximos e intermediários. Nestes locais, a polinização manual não aumentou a produção de sementes. No entanto, nos locais distantes, a polinização manual aumentou a quantidade de sementes colhidas e o conjunto de frutos. Esse procedimento também diminuiu a proporção de sementes pequenas e malformadas.

CONCLUSÃO: Os pés de café próximos aos fragmentos de floresta produziram mais sementes e tinham menos sementes malformadas do que os pés mais distantes dos fragmentos de floresta.

A maioria dos serviços que o ecossistema fornece dá-se localmente. Felizmente, é mais fácil motivar as pessoas para trabalhar na proteção dos seus interesses locais do que estimulá-los a trabalhar em questões nacionais ou globais. A "National Wildlife Federation" estabeleceu um programa de muito sucesso que solicitava às pessoas que tornassem os seus quintais "amigos da vida selvagem". Os critérios para a certificação incluíam a plantação de arbustos que fornecem alimento para as aves e a não-utilização de pesticidas nos gramados. A cidade de Tucson, no Estado do Arizona (EUA), lançou um grande projeto para tornar a cidade um habitat importante para muitas espécies de aves, não apenas para aquelas tipicamente urbanas que vivem na maioria das cidades da América do Norte.

Às vezes, as alterações que fazem uma grande diferença para a biodiversidade são incrivelmente simples. Durante a época mais quente do ano, cerca de 1,5 milhões de morcegos mexicanos sem rabo se alojam sob a ponte da Congress Avenue em Austin, Estado do Texas (EUA). Essa é a maior população de morcegos da América do Norte, muito maior do que a famosa colônia que vive no Parque Nacional Carlsbad Caverns. O espetáculo da sua partida do alojamento para se alimentar todas as noites é uma atração turística importante. Vinte anos atrás, no entanto, poucos milhares de morcegos se alojavam sob a ponte. Quando ela foi reconstruída, há alguns anos, os engenheiros, sem a intenção de ajudar os morcegos, adicionaram juntas de expansão com 2,5 cm de largura e 40 cm de profundidade. Esses locais são perfeitos para o alojamento dos morcegos, os quais rapidamente se mudaram às dezenas de milhares.

A energia elétrica de Turkey Point, no sul da Flórida, é gerada por duas unidades movidas a combustível fóssil e duas unidades movidas a combustível nuclear. Essas quatro unidades geram uma grande quantidade de água quente. Para resfriar a água eliminada, a companhia de energia elétrica da Flórida escavou um sistema de 38 canais que cobre cerca de 24 km^2. Os canais de resfriamento separam-se por margens baixas que suportam uma variedade de plantas nativas e exóticas. Árvores de mangue vermelho crescem nas margens dos canais. Atualmente, os canais mantêm uma população próspera de crocodilos americanos, uma espécie altamente ameaçada. Os crocodilos que vivem nesses canais produzem cerca de 10% de todos os crocodilos jovens dos Estados Unidos. Tendo descoberto a importância desse sistema de resfriamento para a biodiversidade, a companhia emprega biólogos para monitorar os crocodilos e toma as medidas a seu alcance para assegurar a continuidade de seu sucesso reprodutivo.

O uso de pimenta-malagueta como isolante ao redor dos cultivos de milho, sorgo e painço para deter a invasão e destruição das plantações pelos elefantes, búfalos e outros grandes mamíferos – que são repelidos pelo sabor da pimenta – é incentivado na África. Uma alternativa utilizada pelos fazendeiros é borrifar uma mistura de capsaicina (o ingrediente ativo das pimentas) e engraxar os arames das cercas ao redor das plantações.

Programas de reprodução em cativeiro podem manter poucas espécies

Poucas (das muitas) espécies ameaçadas de extinção do mundo podem ser mantidas em cativeiro enquanto as ameaças externas à sua existência são reduzidas ou removidas. No entanto, a reprodução em cativeiro é apenas uma medida temporária para ganhar tempo a fim de lidar com as ameaças. Os zoológicos, aquários e jardins botânicos não possuem espaço suficiente para manter populações adequadas de mais do que uma pequena fração das espécies raras ou ameaçadas da Terra. Todavia, a reprodução em cativeiro pode ter um importante papel para a manutenção das espécies durante períodos críticos e pode representar uma fonte de indivíduos para a reintrodução na natureza. Projetos de reprodução em cativeiro nos zoológicos também criam uma consciência pública sobre as espécies ameaçadas.

Como observamos no começo deste capítulo, a reprodução em cativeiro ajudou a salvar o grou-americano. O condor da Califórnia, a maior ave da América do Norte, somente sobrevive nos dias atuais devido à reprodução em cativeiro (**Figura 39.20**). Duzentos anos atrás, os condores se distribuíam do sul da Colúmbia Britânica (EUA) ao norte do México, mas em 1978, a população selvagem mergulhava rumo à extinção – apenas entre 25 e 30 aves permaneciam no sul da Califórnia. Muitas aves morreram pela ingestão de carcaças contendo munição de chumbo.

Para salvar o condor da extinção, os biólogos iniciaram um programa de reprodução em cativeiro em 1983. O primeiro filhote concebido em cativeiro nasceu em 1988. Até 1993, nove casais cativos estavam produzindo filhotes e a população em cativeiro aumentou para mais de 60 aves. Seis aves nascidas em cativeiro foram libertadas nas montanhas ao norte de Los Angeles em 1992. Essas aves recebem alimentos livres de chumbo em áreas remotas. Elas estão utilizando os mesmos locais de descanso, piscinas de banho e cumes de montanha utilizados por seus antepassados. Aves criadas em cativeiro também foram libertadas no norte do Estado do Arizona (EUA) e no Estado da Baja Califórnia (México). Em outubro de 2005, existiam 121 condores selvagens na Califórnia, Arizona e Baja Califórnia. Três filhotes nascidos na natureza encontram-se voando livremente pela primeira vez nos últimos 20 anos no Arizona e na Califórnia. O envenenamento por chumbo continua sendo um problema, mas está em andamento uma tentativa de encorajamento dos caçadores a utilizarem munição livre de chumbo.

Gymnogyps californianus

Figura 39.20 Um condor da Califórnia plana nas alturas Condores da Califórnia criados em cativeiro sobreviveram com sucesso após terem sido libertados na natureza. Marcas numeradas nas asas permitem aos biólogos da conservação identificar as aves individualmente e seguir os seus movimentos. A sobrevivência da maior espécie de ave da América do Norte depende deste projeto de reprodução em cativeiro.

A herança de Samuel Plimsoll

Muitos navios mercantes britânicos navegaram pelos oceanos da Terra durante o século XIX. Naquele tempo, não existiam cabos telegráficos submersos ou rádios de bordo. Quando uma embarcação deixava o porto, ficava sem contato com o resto do mundo; no caso de um naufrágio, o resgate era impossível. Os proprietários poderiam maximizar os seus lucros sobrecarregando os navios, mesmo que isso os tornasse ruins para a navegação e aumentassem a sua chance de afundar. Samuel Plimsoll, membro do parlamento inglês, ficou preocupado com a taxa de perda de embarcações e marujos ingleses. Ele convenceu o parlamento a requerer que uma "linha de carga" fosse pintada no casco de toda grande embarcação que rumasse para o oceano. A posição da linha era calculada usando fatores como a força estrutural da embarcação e a forma do seu casco. Se a linha de carga estava em baixo da água, não era permitido que a embarcação deixasse o porto. A "linha de Plimsoll", como se tornou conhecida, reduziu drasticamente a taxa de perda de marinheiros e embarcações britânicas no mar.

O aumento da perda de espécies na Terra sugere que a carga de atividades humanas empurrou o casco da Arca de Noé abaixo da linha de Plimsoll. Todavia, onde e como a sociedade poderia desenhar essa linha? A decisão deveria basear-se em informação científica, mas exatamente como na época de Samuel Plimsoll, a ciência não consegue determinar uma "taxa aceitável de perda". Considerações éticas deverão exercer um papel proeminente nas decisões que a sociedade tomará em relação às modificações na maneira como utilizamos os ecossistemas para permitir a sobrevivência de outras espécies no planeta conosco.

39.4 RECAPITULAÇÃO

Para preservar a biodiversidade precisamos nos dispor a proteger áreas, restaurar habitats e desenvolver programas para aumentar as populações de espécies ameaçadas, executar as leis que restringem o transporte de espécies invasoras e, por outro lado, reconhecer os benefícios da manutenção do bom funcionamento dos ecossistemas.

- Enumere as prioridades que os biólogos da conservação consideram para o estabelecimento de áreas protegidas.
- Por que a restauração de ecossistemas degradados é freqüentemente necessária? Ver p. 868-869.
- Explique por que o controle da importação de espécies exóticas é um importante componente da biologia da conservação. Ver p. 871-872 e Figura 39.17.

RESUMO DO CAPÍTULO

39.1 O que é biologia da conservação?

A **biologia da conservação** é uma disciplina científica dedicada à preservação da biodiversidade.

A biologia da conservação é um campo normativo, mas os seus usuários aderem a padrões e a práticas científicas.

Os biólogos da conservação reconhecem que os ecossistemas da Terra são dinâmicos e que as pessoas são componentes integrantes dos ecossistemas.

Existem muitas razões atrativas para a preservação da biodiversidade, incluindo a manutenção de ecossistemas funcionais que fornecem muitos bens e serviços aos seres humanos.

39.2 Como os biólogos prevêem as mudanças na biodiversidade?

A **relação espécies-área** estima o número de espécies que podem ser sustentadas por uma área de determinado tamanho.

Modelos estatísticos consideram dados de tamanho populacional, variação genética, fisiologia, morfologia e comportamento para estimar as prováveis taxas de extinção.

A raridade nem sempre consiste em uma causa de preocupação, mas as espécies cujas populações encolhem rapidamente estão, geralmente, em risco de extinção.

As populações compostas por poucos indivíduos confinados em uma pequena área de ocorrência podem ser eliminadas por perturbações locais como o fogo, as variações climáticas imprevisíveis, as doenças, a destruição dos habitats e os predadores.

39.3 Quais são os fatores que ameaçam a sobrevivência das espécies?

A perda do habitat mostra-se a mais importante causa da ameaça de espécies em todo o mundo. Enquanto os habitats estão se tornando cada vez mais **fragmentados**, mais espécies são perdidas destes habitats. Pequenos fragmentos de habitats podem suportar apenas diminutas populações que são influenciadas negativamente pelos **efeitos de borda**. Rever Figura 39.5.

As espécies introduzidas em regiões fora da sua distribuição original freqüentemente tornam-se **invasoras**, provocando a extinção de espécies nativas através da competição, predação ou transmissão de doenças.

Historicamente, a sobre-exploração tem sido a principal causa da extinção de espécies e continua agindo atualmente.

As alterações climáticas provavelmente estão se tornando uma importante causa de extinção para aquelas espécies que não podem modificar a sua distribuição na mesma velocidade que o aquecimento global.

39.4 Quais são as estratégias utilizadas pelos biólogos da conservação?

O estabelecimento de áreas protegidas é fundamental para a preservação da biodiversidade. As áreas protegidas são selecionadas considerando a riqueza de espécies, os **endemismos**, a eminência de ameaças e a necessidade de proteger ecossistemas representativos.

A **ecologia da restauração** constitui uma importante estratégia conservacionista, pois muitos ecossistemas degradados não se recuperarão, ou o farão muito lentamente, sem a assistência humana. Rever Figura 39.16.

O comércio internacional de espécies ameaçadas é controlado por leis apoiadas pela maioria dos países.

Determinar as espécies com potencial para se tornarem invasoras e prevenir a sua introdução em novas áreas é um importante componente da biologia da conservação.

O cálculo do valor econômico dos serviços dos ecossistemas está ajudando no estabelecimento de incentivos para preservá-los.

Mesmo nas extensas paisagens onde as pessoas vivem e de onde extraem os seus recursos podem ser tomadas medidas para preservar a biodiversidade. Essa tendência está se tornando conhecida como a **ecologia da reconciliação**.

Os programas de reprodução em cativeiro podem manter algumas espécies ameaçadas enquanto os riscos à sua existência são reduzidos ou eliminados.

QUESTÕES

1. Qual das opções abaixo geralmente não é uma das principais causas da extinção de espécies?
   a. Destruição do habitat.
   b. Elevação do nível do mar.
   c. Sobre-exploração.
   d. Introdução de predadores.
   e. Introdução de doenças.
2. Atualmente, a causa mais importante de ameaça às espécies nos Estados Unidos é:
   a. poluição.
   b. espécie invasora.
   c. sobre-exploração.
   d. destruição do habitat.
   e. perda de mutualistas.
3. As pessoas se preocupam com a extinção de espécies porque:
   a. mais da metade das prescrições médicas nos Estados Unidos contém produtos de origem animal ou vegetal.
   b. as pessoas sentem prazer em interagir com outras espécies.
   c. causar a extinção de espécies levanta importantes questões éticas.
   d. a biodiversidade ajuda a manter os valiosos serviços dos ecossistemas.
   e. todas as opções acima.
4. Quando um fragmento de habitat torna-se menor, ele
   a. não pode suportar populações de espécies que necessitam de grandes áreas.
   b. suporta apenas pequenas populações de muitas espécies.
   c. é influenciado em um maior grau pelos efeitos de borda.
   d é invadido por espécies dos habitats vizinhos.
   e. todas as opções acima.
5. Uma espécie de planta possui maior probabilidade de se tornar invasora quando introduzida em uma nova área se:
   a. cresce mais alto.
   b. tornou-se invasora em outros locais onde foi introduzida.
   c. é altamente aparentada a espécies que vivem na área onde foi introduzida.
   d. possui disseminadores especializados das suas sementes.
   e. tem um tempo de vida longo.

6. Os biólogos da conservação se preocupam com o aquecimento global porque:
   a. estima-se que a taxa de alteração climática será mais rápida do que a taxa na qual muitas espécies poderão alterar as suas distribuições.
   b. já está muito quente nos trópicos.
   c. o clima tem estado tão estável por milhares de anos que muitas espécies não têm a capacidade de tolerar variações.
   d. a variação climática será danosa principalmente para as espécies raras.
   e. nenhuma das opções acima.
7. Os pesquisadores podem determinar a freqüência histórica das queimadas em uma área:
   a. examinando o carvão nos locais de vilas antigas.
   b. medindo o carbono nos solos.
   c. datando radiativamente os troncos de árvores caídas.
   d. examinando as cicatrizes do fogo nos anéis de crescimento das árvores vivas.
   e. determinando a estrutura etária das florestas.
8. A reprodução em cativeiro é uma ferramenta útil para a conservação, desde que
   a. exista espaço suficiente nos zoológicos, aquários e jardins botânicos para a reprodução de alguns indivíduos.
   b. a área de origem de todos os indivíduos seja conhecida.
   c. os riscos que ameaçam as espécies estejam sendo reduzidos para que os indivíduos criados em cativeiro possam ser mais tarde libertados na natureza.
   d. existam tratadores suficientes.
   e. nenhuma das opções acima. A reprodução em cativeiro nunca deveria ser utilizada, pois desvia a atenção da necessidade de proteger as espécies em seus habitats naturais.
9. A ecologia da restauração é um importante campo, pois
   a. muitas áreas foram altamente degradadas.
   b. muitas áreas estão vulneráveis às alterações climáticas globais.
   c. muitas espécies sofrem de estocasticidade demográfica.
   d. muitas espécies encontram-se geneticamente empobrecidas.
   e. o fogo é uma ameaça em muitas áreas.
10. A nova disciplina da ecologia da reconciliação se desenvolveu porque:
   a. todos os outros métodos de preservação da biodiversidade falharam.
   b. as áreas protegidas deveriam ser capazes de manter a biodiversidade.
   c. as áreas protegidas não são suficientes para manter a biodiversidade sozinhas.
   d. atualmente os pesquisadores não são capazes de controlar as doenças.
   e. não estamos em harmonia com as outras espécies.

PARA DISCUSSÃO

1. A maioria das espécies levadas à extinção pelo homem no passado eram grandes vertebrados. Você espera que este padrão persista no futuro? Se negativo, por que não?
2. Os biólogos da conservação têm debatido extensivamente qual melhor opção: muitas áreas protegidas pequenas – as quais podem manter muitas espécies – ou algumas poucas áreas protegidas grandes – as quais podem ser as únicas capazes de sustentar populações de espécies que necessitam de grandes áreas. Que processos ecológicos deveriam ser avaliados ao se julgar o tamanho e a localização das áreas protegidas?
3. Durante a Primeira Guerra Mundial, os médicos adotaram um sistema de "triagem" para tratar dos soldados feridos. Os feridos eram divididos em três categorias: aqueles que quase certamente morreriam independente da ajuda recebida, aqueles que provavelmente se recuperariam mesmo sem assistência e aqueles cuja probabilidade de sobrevivência aumentaria muito se recebessem atenção médica imediata. Os limitados recursos médicos disponíveis direcionaram-se principalmente para a terceira categoria. Quais são algumas das implicações da adoção de uma atitude semelhante em relação à preservação das espécies?
4. Os argumentos utilitários dominam as discussões sobre a importância da preservação da riqueza biológica do planeta. Na sua opinião, que papéis deveriam ter os argumentos morais e éticos?
5. O carneiro selvagem (*Ovis canadensis*) do sudoeste dos Estados Unidos está ameaçado. Seu principal predador, o puma, também está ameaçado na região. Sob quais condições, se existir alguma, a eliminação da população de uma espécie rara em favor de outra espécie rara seria apropriada?

PARA INVESTIGAÇÃO

As abelhas aumentam a produção de sementes nos pés de café que crescem a uma distância de até um quilômetro do fragmento de floresta onde vivem na Costa Rica (ver Figura 39.19). Que espécies da floresta provavelmente fornecem outros benefícios, além da polinização, como o controle de insetos (praga), para as plantações vizinhas? Esses efeitos podem ser sentidos até que distância? Que experimentos poderiam ser planejados para testar a importância desses efeitos e como eles variam com o aumento da distância dos fragmentos de floresta?

IMPRESSÃO:

GRÁFICA EDITORA Pallotti IMAGEM DE QUALIDADE

Santa Maria - RS - Fone/Fax: (55) 3220.4500
www.pallotti.com.br